Bergmann-Schaefer · Lehrbuch der Experimentalphysik
Band IV, Teil 2 · Aufbau der Materie

BERGMANN-SCHAEFER

Lehrbuch der Experimentalphysik

Zum Gebrauch bei Akademischen Vorlesungen und zum Selbststudium

Band IV, Teil 2

Aufbau der Materie

Herausgegeben von H. Gobrecht

Autoren:
Hans Bucka, Jürgen Dietrich, Jürgen Geiger,
Heinrich Gobrecht, Klaus Gobrecht, Achim Hese, Kurt Hunger,
H. Küsters, Martin Lambeck, Günther Lehner, Horst Nelkowski,
Dietrich Neubert, Udo Scherz, Rolf Seiwert, Hugo Strunz,
Arthur Tausend, Ludwig Thomas, Roger Thull, Kurt Ueberreiter,
Hans-Günther Wagemann, Burkhardt Wende

Walter de Gruyter · Berlin · New York · 1975

Herausgeber: Prof. Dr. Heinrich Gobrecht
Technische Universität Berlin

Der Band IV, Teil 2 enthält 419 Abbildungen und 1 Karte

CIP-Kurztitelaufnahme der Deutschen Bibliothek

Bergmann, Ludwig

Lehrbuch der Experimentalphysik: zum Gebrauch bei akad. Vorlesungen u. z. Selbststudium/Bergmann-Schaefer.

NE: Schaefer, Clemens:; SD

Bd. 4. Aufbau der Materie/hrsg. von H. Gobrecht.
Autoren: Hans Bucka [u. a.]. T. 2. – 1975.
ISBN 3-11-006609-2

Satz: IBM-Composer, Walter de Gruyter & Co., Berlin – Druck: Gerike, Berlin – Bindearbeiten: Lüderitz & Bauer, Berlin.

Autorenverzeichnis

Bucka, Prof. Dr. H.
Institut für Strahlungs- und Kernphysik
Technische Universität Berlin
Kap. VII Elementarteilchen

Dietrich, Dipl.-Ing. J.
Institut für Festkörperphysik
Technische Universität Berlin
Kap. V.1.d Paramagnetische Resonanzen

Geiger, Prof. Dr. J.
Universität Trier–Kaiserslautern
Kap. III Moleküle und Bindungsarten

Gobrecht, Prof. Dr.-Ing. H.
Institut für Festkörperphysik
Technische Universität Berlin
Kap. I Einführung
Kap. V,1.c Lichtabsorption und Dispersion in Kristallen

Gobrecht, Dr. K. H.
Institut M. v. Laue-P. Langevin
und Universität Grenoble
Kap. VI Makroskopische Quantenzustände

Hese, Prof. Dr. A.
Institut für Strahlungs- und Kernphysik
Technische Universität Berlin
Kap. VIII Kernphysik

Hunger, Prof. Dr. K.
Institut für Astrophysik
Technische Universität Berlin
Kap. XII Die Sterne

Küsters, Dr. H.
Institut für Neutronenphysik und
Reaktortechnik (INR)
Kernforschungszentrum, Karlsruhe
Kap. IX Reaktorphysik

Lambeck, Prof. D. M.
Optisches Institut der Technischen
Universität Berlin
Kap. V.5 Magnetismus

Lehner, Prof. Dr. G.
Institut für Theorie der Elektrotechnik
Universität Stuttgart
Kap. XI Fusionsexperimente

Nelkowski, Prof. Dr.-Ing. H.
Institut für Festkörperphysik
Technische Universität Berlin
Kap. V.4 Lumineszenz und Photoleitung

Neubert, Dr. D.
Physikalische Technische Bundesanstalt,
Institut Berlin
Kap. V.1.f Fehlordnungen in Kristallen

Scherz, Prof. Dr. U.
Institut für Festkörperphysik
Technische Universität Berlin
Kap. V.1.b Gitterschwingungen
Kap. V.1.e Energiezustände in Kristallen

Seiwert, Prof. Dr. R.
Technische Fachhochschule Berlin
Kap. II Die Elektronenhülle des Atoms

Strunz, Prof. Dr. H.
Institut für Mineralogie und Kristallographie
Technische Universität Berlin

Kap. V.1.a Struktur der Kristalle

Tausend, Prof. Dr. A.
Institut für Festkörperphysik
Technische Universität Berlin

Kap. V.1.c Lichtabsorption und Dispersion in Kristallen

Thomas, Prof. Dr. L.
Institut für Metallforschung
Technische Universität Berlin

Kap. V.2 Metalle

Thull, Dr. R.
Department f. Biomedizinische Technik
Universität Erlangen

Kap. IV e Elektrolytische Flüssigkeiten

Ueberreiter, Prof. Dr. K.
Fritz-Haber-Institut der MPG, Berlin

Kap. IV A Nichtelektrolytische Flüssigkeiten

Kap. IV B Hochpolymere Flüssigkeiten

Kap. IV C Eingefrorene Flüssigkeiten (Gläser)

Kap. IV D Flüssige Kristalle

Wagemann, Dr. H. G.
Hahn-Meitner-Institut für Kernforschung
Berlin

Kap. V.3 Halbleiter

Wende, Prof. Dr. B.
Physikalisch-Technische Bundesanstalt,
Institut Berlin

Kap. X Das Plasma

Inhaltsverzeichnis

I. Kapitel. Einführung

von Prof. Dr.-Ing. Heinrich Gobrecht, Technische Universität Berlin

II. Kapitel. Die Elektronenhülle des Atoms

von Prof. Dr. rer. nat. Rolf Seiwert, Technische Fachhochschule Berlin

III. Kapitel. Moleküle und Bindungsarten

von Prof. Dr. rer. nat. Jürgen Geiger, Universität Trier–Kaiserslautern

IV. Kapitel. Flüssigkeiten

A. Nichtelektrolytische Flüssigkeiten

von Prof. Dr. rer. nat. Kurt Ueberreiter, Fritz-Haber-Institut der Max-Planck-Gesellschaft, Berlin-Dahlem

B. Hochpolymere Flüssigkeiten

von Prof. Dr. rer. nat. Kurt Ueberreiter, Fritz-Haber-Institut der Max-Planck-Gesellschaft, Berlin-Dahlem

C. Eingefrorene Flüssigkeiten (Gläser)

von Prof. Dr. rer. nat. Kurt Ueberreiter, Fritz-Haber-Institut der Max-Planck-Gesellschaft, Berlin-Dahlem

D. Flüssige Kristalle

von Prof. Dr. rer. nat. Kurt Ueberreiter, Fritz-Haber-Institut der Max-Planck-Gesellschaft, Berlin-Dahlem

E. Elektrolytische Flüssigkeiten

von Dr.-Ing. Roger Thull, Universität Erlangen-Nürnberg

V. Kapitel. Der feste Körper

1. Kristalle a) Struktur

von Prof. Dr. phil. habil. Dr. sc. techn. Hugo Strunz, Technische Universität Berlin

1. Kristalle b) Gitterschwingungen

von Prof. Dr. rer. nat. Udo Scherz, Technische Universität Berlin

1. Kristalle c) Lichtabsorption und Dispersion

von Prof. Dr.-Ing. Heinrich Gobrecht und Prof. Dr.-Ing. Arthur Tausend, Technische Universität Berlin

1. Kristalle d) Paramagnetische Resonanzen

von Dipl.-Phys. Jürgen Dietrich, Technische Universität Berlin

1. Kristalle e) Energiezustände in Kristallen (Bandstrukturen)

von Prof. Dr. rer. nat. Udo Scherz, Technische Universität Berlin

1. Kristalle f) Fehlordnungen

von Dr. rer. nat. Dietrich Neubert, Physikalisch-Technische Bundesanstalt Berlin

2. Metalle

von Prof. Dr.-Ing. Ludwig Thomas, Technische Universität Berlin

3. Halbleiter

von Dr.-Ing. Hans-Günther Wagemann, Hahn-Meitner-Institut für Kernforschung, Berlin

4. Lumineszenz und Photoleitung

von Prof. Dr.-Ing. Horst Nelkowski, Technische Universität Berlin

5. Magnetismus

von Prof. Dr.-Ing. Martin Lambeck, Technische Universität Berlin

VI. Kapitel. Makroskopische Quantenzustände

Teil 2.

(Supraleitung und Suprafüssigkeit)

von Dr. Klaus H. Gobrecht, Universität Grenoble und Institut Laue-Langevin, Grenoble

VII. Kapitel. Elementarteilchen

von Prof. Dr. rer. nat. Hans Bucka, Technische Universität Berlin

VIII. Kapitel. Kernphysik

von Prof. Dr. rer. nat. Achim Hese, Technische Universität Berlin

IX. Kapitel. Reaktorphysik

von Dr. Heinz Küsters, Kernforschungszentrum Karlsruhe

X. Kapitel. Das Plasma

von Prof. Dr.-Ing. Burkhard Wende, Physikalisch-Technische Bundesanstalt Berlin

XI. Kapitel. Fusionsexperimente

von Prof. Dr. rer. nat. Günther Lehner, Universität Stuttgart

XII. Kapitel. Die Sterne

von Prof. Dr. rer. nat. Kurt Hunger, Technische Universität Berlin

Makroskopische Quantenzustände

(Supraleitung und Suprafüssigkeit)

(Klaus H. Gobrecht, Grenoble)

1. Einleitung

In diesem Kapitel wird ein Zustand der Materie behandelt, den man auch den 4. Aggregatzustand nennt. Teilchen (Atome oder Elektronen) kondensieren in einen Zustand, der nur mit Hilfe der Quantenmechanik verstanden werden kann. Während aber sonst die Quantenmechanik nur zur Erklärung des Verhaltens einzelner Teilchen (z.B. Lichtquanten) angewandt wird, erzeugen hier Teilchen im kondensierten Quantenzustand durch ihr gemeinsames Wirken neue, eigenartige und eindrucksvolle makroskopische Effekte. Man spricht deswegen auch von makroskopischen Quantenerscheinungen.

Bisher sind nur zwei Teilchensysteme entdeckt worden, die solche Effekte zeigen: die Atome im flüssigen Helium und die Leitungselektronen in gewissen Metallen. Es ist aber möglich, daß sich z. B. auch die Neutronen in den ungeheuer dichten Neutronensternen in einem kondensierten Quantenzustand befinden.

Beim Helium führt der Effekt zur **Suprafüssigkeit**, bei einigen Metallen und Verbindungen zur **Supraleitung**. Beide Systeme müssen sich dabei auf Temperaturen nahe dem absoluten Nullpunkt (einige Kelvin) befinden. Überhaupt spielt die Temperatur hier eine fundamentale Rolle.

Diese Effekte kommen uns wie Ausnahmen oder physikalische Anomalien vor und spielen bisher im menschlichen Leben keine besondere Rolle. Das liegt daran, daß der Mensch sich und seine Umgebung zum Maßstab der Temperaturskala macht. Thermodynamisch gesehen leben wir in einer relativ „heißen" Umgebung; denn die Gleichgewichtstemperatur des Weltalls z.B. beträgt nur etwa 3 K. Wenn wir also einige Kelvin „nahe am absoluten Nullpunkt" nennen, müssen wir uns bewußt sein, daß wir immer noch unendlich weit von 0 K entfernt sind. Man kann sich das am besten klar machen, indem man die Kelvinskala logarithmisch aufträgt.

Im folgenden sollen zuerst die Eigenschaften der Supraleiter und deren theoretische Deutung beschrieben werden. Anschließend wird das supraflüssige Helium phänomenologisch und theoretisch behandelt. Zum Abschluß sollen die beiden Systeme miteinander verglichen werden.

2. Supraleitung

Der supraleitende Zustand der Materie sei durch zwei grundlegende Eigenschaften charakterisiert: Das plötzliche Verschwinden des elektrischen Widerstands bei Temperaturen nahe dem absoluten Nullpunkt, was zuerst der holländische Physiker Heike Kamerlingh Onnes (1911) entdeckte, und die Fähigkeit des Supraleiters, ein magnetisches Feld aus seinem Inneren auszutreiben, wie die deutschen Physiker W. Meißner und R. Ochsenfeld (1933) fanden. Erst viele Jahre später gelang es zu finden, was eigentlich im atomaren Bereich des Supraleiters passiert, nämlich erst, als man besser das Verhalten der Elektronen im normalen, also nicht supraleitenden Metall verstand.

2.1 Elektrizitätsleitung in Metallen

Ein Stück Metall besteht aus kleinen Körnchen, deren jedes ein perfekter Einkristall mit einer dreidimensionalen periodischen Anordnung der Atome ist. Die elektrischen Eigenschaften der Metalle ergeben sich aus der Tatsache, daß ein Elektron sein Atom verlassen und sich wegen seiner kleinen Masse mit ziemlich hoher Geschwindigkeit frei durch den ganzen Kristall bewegen kann. Diese freien Elektronen oder Leitungselektronen können Korngrenzen überwinden und von einem Metall in ein anderes übertreten. In vieler Hinsicht können sie als ein negativ geladenes „Elektronengas" betrachtet werden, das das leere Kristallgitter (der Ionendurchmesser ist sehr klein verglichen mit der Gitterkonstanten) ausfüllt und die positive Ladung der ionisierten Gitteratome kompensiert (Abb. VI,1).

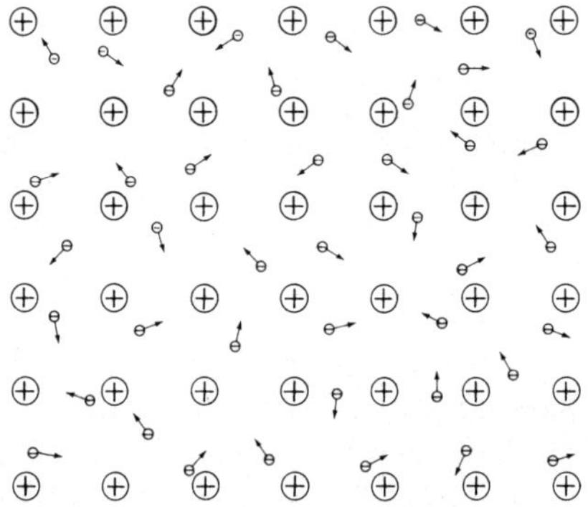

Abb. VI,1. Im normalen Metall durchdringt das negativ geladene „Gas" freibeweglicher Leitungselektronen ⊖ das „leere" Gitter positiver Ionen ⊕ . In diesem zweidimensionalen Modell ist die ungeordnete Bewegung der Elektronen durch Pfeile symbolisiert. Wird eine elektrische Spannung angelegt, wandert das ganze Elektronengas in Richtung des elektrischen Feldes. Die mittlere Geschwindigkeit des einzelnen Elektrons ist groß verglichen mit der Driftgeschwindigkeit des Elektronengases.

So kann der elektrische Strom, der in einem Stück Draht beim Anlegen einer Spannung fließt, als langsames Strömen (Driften) des Elektronengases in Richtung des elektrischen Feldes mit maximaler Geschwindigkeit von etwa 0,4 mm/s beschrieben werden.

Die Behandlung der Leitungselektronen als diskrete geladene Teilchen beschreibt aber den Elektronenzustand im Metall nicht vollständig. Man muß auch die Quantenmechanik zuhilfe nehmen, in der die Elektronen als ebene Wellen, sogenannte de-Broglie-Wellen, dargestellt werden. Die Wellenlänge einer solchen Materie-Welle ist der Geschwindigkeit des Elektrons umgekehrt proportional, und seine Amplitude entspricht der Elektronendichte. (Wenn $p = m \cdot u$ der Absolutwert des Elektronenimpulses ist, dann gilt wegen $E = mc^2$ (Einstein) und $E = h\nu$ (Planck): $p = h\nu/u$ bzw. $\lambda = h/p$. Hat ein Elektron die Energie $E = 1$ eV, so ist seine Wellenlänge $\lambda = 12$ Å.)

Das Elektronengas im Metall kann als eine Überlagerung vieler ebener de-Broglie-Wellen angesehen werden. Durch Reflexion an den Kristallgrenzen wandern sie in alle möglichen Richtungen, und der resultierende Strom ist null in Abwesenheit eines elektrischen Feldes. Wegen der hohen Geschwindigkeit der Elektronen ist die mittlere de-Broglie-Wellenlänge relativ klein, etwa von der Größe der Gitterkonstanten. Beim Anlegen einer elektrischen Spannung wird den de-Broglie-Wellen eine zusätzliche Wellenkomponente überlagert, die einen meßbaren Strom hervorruft.

Der ideale Kristall besteht aus einer periodischen Folge paralleler Ebenen, die jeweils aus einer zweidimensionalen regelmäßigen Anordnung von Ionen bestehen. Bloch hat 1928 gezeigt, daß de-Broglie-Wellen zwischen diesen Ebenen ungestreut wandern können. Im idealen Kristall dürfte es also keinen elektrischen Widerstand geben.

In Wirklichkeit zeigt der normale Metallkristall jedoch einen elektrischen Widerstand, d.h. die de-Broglie-Wellen werden gestreut. Streuung von Wellen kann immer nur an Teilchen stattfinden, deren Ausdehnung mindestens von der Größenordnung der Wellenlänge ist. (s. z. B. Bd. III, Kap. VIII.)

Die Streuung der Elektronen kommt von den Kristallbaufehlern einerseits und von der thermischen Bewegung der Metallionen, also von der Wechselwirkung mit den Phononen andererseits. Bei Zimmertemperatur ist der thermische Anteil am elektrischen Widerstand stark überwiegend (Temperaturabhängigkeit des Widerstands), während bei tiefer Temperatur (< 10 K) auch bei besten Kristallen im Wesentlichen die Kristallbaufehler die Streuung bewirken (Temperaturunabhängigkeit des Widerstands, sog. **Restwiderstand**).

Der Begriff des Elektronengases verliert seine Anschaulichkeit, wenn man die Energieverteilung der Elektronen untersucht. Im Gegensatz zu einem klassischen Gas (Maxwell'sche Geschwindigkeitsverteilung) findet man bei der Betrachtung aller beteiligten Elektronen nicht zwei in demselben Zustand: sie unterscheiden sich wegen des Pauli-Prinzips immer durch mindestens einen Quantenzustand, z.B. Energie, Impuls oder Spin.

Deswegen läßt sich ein Elektron thermisch nur anregen, also in einen neuen Zustand versetzen, wenn dieser Zustand noch unbesetzt ist, sich z.B. oberhalb der Grenzenergie aller schon besetzten Zustände befindet.

Elektronen befolgen die Fermi-Dirac-Statistik. Die Grenzenergie, die sogenannte Fermi-Energie, beträgt:

$$E_F = \frac{1}{2} (3\pi^2)^{2/3} \frac{\hbar^2}{m} N^{2/3} \qquad \text{(VI,1)}$$

($\hbar = \frac{h}{2\pi}$, h = Plancksches Wirkungsquantum, m = Elektronenmasse, N = Zahl der Elektronen im betrachteten Volumen).

Die Temperaturabhängigkeit folgt aus der Fermi-Diracschen Verteilungsfunktion

$$N = \int \frac{N(E)\, \mathrm{d}E}{1 + \exp{(E - E_F)/kT}}$$

in der $N(E)\,\mathrm{d}E$ die Zahl der Elektronen im Energieabschnitt $\mathrm{d}E$ um E herum bedeutet.

Aus diesem Grunde tragen zum Stromtransport und zu den thermodynamischen Eigenschaften des Elektronengases nur wenige Elektronen (bei Zimmertemperatur etwa $N/1000$) bei, nämlich diejenigen, die sich in einem Energieband von wenigen kT Breite um E_F herum befinden.

2.2 Cooper-Paare

Um verstehen zu können, was mit den Elektronen beim Übergang vom normalen Metall zum Supraleiter passiert, muß man etwas mehr über die elektrostatische Wechselwirkung der Elektronen untereinander und der Wechselwirkung zwischen Elektron und Phonon wissen. Während nämlich zwischen einem Paar isolierter, freier Elektronen im wesentlichen die Coulombsche Abstoßung herrscht, ist diese im Metall wegen des Einflusses aller anderen Elektronen und der Ionen bei Abständen von etwa 1 μm fast vernachlässigbar. Außerdem versetzt jedes Elektron, wenn es in die Nähe eines Ions kommt, dieses in Schwingungen; d.h. es erzeugt ein Phonon. Es kann ebenfalls ein Phonon absorbieren. In beiden Fällen ändert sich sein Impuls.

Der amerikanische Physiker L. N. Cooper hat nun zeigen können, daß zwischen zwei Elektronen eine anziehende Wechselwirkung herrschen kann, wenn das vom ersten Elektron emittierte Phonon gleichzeitig vom zweiten absorbiert wird. Voraussetzung ist allerdings, daß die beiden Elektronen entgegengesetzten Spin haben und daß der Gesamtimpuls erhalten bleibt. Dieser Austausch eines Phonons senkt die Energie der beiden Elektronen. Sind die Austauschkräfte größer als die Coulomb-Kräfte, ist das Zwei-Elektronen-Gebilde stabil.

Ein solches Gebilde eines gebundenen Zustands nennt man ein **Cooper-Paar**. Die anziehende Wechselwirkung ist also nicht unmittelbar, sondern mittelbar über ein Phonon. Dabei ist die Lebensdauer des Phonons so kurz, daß man von einem virtuellen Phonon spricht. Anschaulich kann man sich etwa vorstellen, daß zwei negativ geladene Kugeln durch eine Spiralfeder miteinander verbunden sind und gegeneinander schwingen (Abb. VI,2). Dabei bewegen sich die Kugeln mit entgegengesetzten Geschwindigkeiten, während über die Feder (die das Gitter darstellt) Impuls ausgetauscht wird.

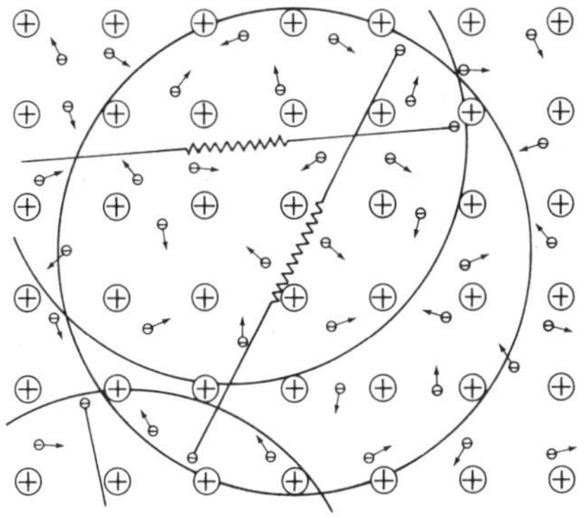

Abb. VI,2. Im Supraleiter unterhalb der Sprungtemperatur können die Leitungselektronen sich zu Cooper-Paaren vereinigen, die sich in vieler Hinsicht wie Teilchen verhalten, die zwei Elektronenmassen und -ladungen besitzen. Die Ausdehnung eines Cooper-Paares, die sogenannte Kohärenzlänge, wird hier durch einen großen Kreis dargestellt, der Paarungsmechanismus durch eine Spiralfeder symbolisiert. Wenn durch Anlegen einer Spannung oder eines magnetischen Feldes ein elektrischer Strom fließt, bewegen sich die Schwerpunkte aller Cooper-Paare mit einheitlicher Geschwindigkeit in Stromrichtung.

2.3 BCS-Theorie

L. W. Cooper und seine Kollegen J. Bardeen und J. R. Schrieffer zeigten dann (1957), daß unterhalb einer für jeden Supraleiter typischen Sprungtemperatur das Cooper-Paar den energetisch günstigsten Zustand darstellt. D.h. die innere Energie des Metalls ist umso kleiner, je mehr Cooper-Paare gebildet werden. Beim absoluten Nullpunkt sind alle Leitungselektronen gepaart. Oberhalb der Sprungtemperatur verhindern die thermischen Phononen die Bildung von Cooper-Paaren, d.h. die an sich schon schwache Wechselwirkung wird zerstört.

Diese Theorie erweist sich als sehr erfolgreich. Sie kann nicht nur die meisten Supraleitungsphänomene erklären, sondern sogar neue Effekte voraussagen. Nach den Initialen ihrer Erfinder wird sie **BCS-Theorie** genannt. Bardeen, Cooper und Schrieffer haben dafür 1972 den Nobelpreis bekommen.

Um die elektrischen Eigenschaften der Supraleiter zu verstehen, muß man sich die Cooper-Paare als neuartige Teilchen vorstellen, die zwei Elektronenmassen, zwei Elementarladungen, aber keinen Spin haben, und nur in bestimmten Metallen existieren können. Der wirksame Durchmesser eines Cooper-Paares beträgt 0,1 bis 1 μm; diese sogenannte **Kohärenzlänge** ξ reicht über viele Gitterkonstanten; die von Cooper-Paaren besetzten Flächen können sich überschneiden. Damit gehört die Supraleitung zu den sogenannten Fernordnungsphasen (engl.: „long range interaction").

In Abwesenheit eines elektrischen Feldes sind die Schwerpunkte aller Cooper-Paare in Ruhe. Fließt aber ein Strom, so bewegen sich alle Schwerpunkte mit einheitlicher Geschwindigkeit in Stromrichtung. Die neuen Teilchen zeichnen sich also durch einen einheitlichen Impuls aus. Dies ist möglich und widerspricht nicht dem Pauli-Prinzip, da die Cooper-Paare nicht mehr der Fermi-Dirac- sondern der Bose-Einstein-Statistik gehorchen, die für spinlose Teilchen gilt.

In den folgenden Abschnitten wird die Supraleitung eingehender beschrieben und dabei die BCS-Theorie zum Verständnis herangezogen.

2.4 Verschwinden des Widerstandes

Während im normalen Metall der elektrische Strom als die Überlagerung vieler ebener de-Broglie-Wellen mit ebenso vielen verschiedenen Phasen dargestellt werden muß, gehört zu den gemeinsam fortschreitenden Cooper-Paaren eine einzige de-Broglie-Welle. Die neue Wellengleichung

$$\psi = \sqrt{\rho}\ e^{i\varphi}$$

enthält nur eine wohldefinierte Phase φ und die Operation $(\psi^*\psi)$ gibt hier nicht die Wahrscheinlichkeitsdichte (d.h. die Wahrscheinlichkeit, ein Teilchen an einer bestimmten Stelle zu finden) an, sondern ist (wegen der großen Zahl von Cooper-Paaren) gleich der „makroskopischen" Cooper-Paar-Dichte ρ. Änderungen von φ und ρ in Raum und Zeit ergeben die Bewegung der „quantisierten Elektronenflüssigkeit". Die Bewegungsgleichung des Makrozustandes muß der Bewegungsgleichung des individuellen Cooper-Paares absolut gleichen; das ist ja gerade die Definition der neuen Wellengleichung. Insbesondere sieht man hier, daß alle betroffenen Teilchen eine gemeinsame Phase φ haben, während normalerweise Phaseneffekte sich bei großer Teilchenzahl ausmitteln und nicht beobachtet werden können.

Wenn die Zahl der strömenden Cooper-Paare groß ist, ergibt sich für einen bestimmten Strom eine kleine Geschwindigkeit. Das bedeutet aber, daß die Wellenlänge der makroskopischen de-Broglie-Welle groß ist. Selbst bei sehr hohen Stromdichten ist sie noch groß, verglichen mit den Abmessungen der Kristallbaufehler, die bei den hier gültigen Temperaturen die Streuung der normalen Elektronen hervorrufen würden. Unter diesen Umständen sind Streuprozesse äußerst selten und der elektrische Widerstand ist verschwindend klein.

Ins Teilchenbild übersetzt bedeutet die „makroskopische" de-Broglie-Welle, daß alle Cooper-Paare nur einen Quantenzustand besetzen und immer denselben Impuls haben. Sollte ein einzelnes Cooper-Paar mit einem Phonon oder Gitterbaufehler wechselwirken, würde sich sein Impuls verglichen mit dem aller anderen ändern und es wäre kein Cooper-Paar mehr.

Das Verschwinden des Widerstandes ist die offensichtlichste, auch zuerst entdeckte Erscheinung der Supraleitung und hat ihr seinen Namen gegeben (Abb. VI,3). Heute

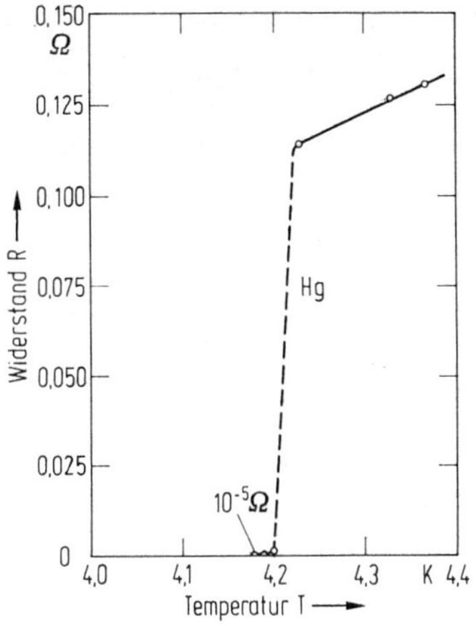

Abb. VI,3. Diese Kurve (nach der Originalmessung von H. Kamerlingh-Onnes) zeigt den plötzlichen Abfall des elektrischen Widerstandes einer sehr reinen Quecksilberprobe. Statt mit fallender Temperatur einen konstanten Wert anzunehmen, sinkt der Widerstand bei etwa 4,2 K auf einen unmeßbar kleinen Wert ab. Die Anmerkung 10^{-5} Ω bedeutet hier die Meßempfindlichkeit. Kommentar von Kamerlingh-Onnes: „Mercury has passed into a new state, which on account of its extraordinary electrical properties may be called the superconductive state".

weiß man, daß dieser Name zu Recht besteht, denn der Widerstand ist mindestens 10^{14} mal kleiner als der kleinste spezifische Widerstand eines normalen Metalls. Die Messung so kleiner Widerstände ist nicht einfach. Die empfindlichste Methode bleibt das Abklingen des Dauerstroms in einem supraleitenden Ring. In dem Ring wird magnetisch ein Strom induziert, dessen begleitendes Magnetfeld mit empfindlichen Magnetometern auf zeitliche Konstanz geprüft wird.

Neben der eigentlichen Supraleitung zeigen die Supraleiter zahlreiche andere eindrucksvolle Effekte, die die BCS-Theorie erklären kann und die diese Theorie stützen. Die nun folgende Beschreibung und Erklärung einiger dieser Effekte besteht aus zwei Teilen je nach der Ab- oder Anwesenheit eines magnetischen Feldes.

2.5 Kritischer Strom und Energielücke

Die Gesamtheit der Cooper-Paare gewinnt beim Anlegen eines elektrischen Feldes an Energie und transportiert ohne Wechselwirkung mit dem Gitter einen elektrischen Strom. Die Energie kann jedoch nicht beliebig große Werte annehmen. Es muß deshalb eine kritische Stromdichte, entsprechend einem kritischen Impuls, geben, oberhalb derer die kinetische Energie der Cooper-Paare größer als die aus der anziehenden Wechselwirkung resultierende Bindungsenergie ist und der supraleitende Zustand zusammenbricht. Der kritische Strom ist temperaturabhängig und am absoluten Nullpunkt am größten. Wir werden bei der Behandlung der magnetischen Eigenschaften genauer auf den kritischen Strom eingehen.

Unterhalb der Übergangstemperatur ist also eine gewisse Energie notwendig, ein Cooper-Paar aufzubrechen. Die in Cooper-Paaren gebundenen Elektronen sind durch eine

Energielücke (engl. gap) der Größe 2 Δ von den Energieniveaus der normalen Leitungselektronen getrennt. Wie schon angedeutet, senken die beim Paarungsmechanismus auftretenden Austauschkräfte die Energie der beiden beteiligten Elektronen. Die Existenz der Energielücke wird auch durch das Verhalten der spezifischen Wärme und vor allem durch Tunnelexperimente deutlich. 2 Δ ist von der Größenordnung 0,1 bis 1 meV und hängt in charakteristischer Weise von der Temperatur ab (Abb. VI,4). Bei der Über-

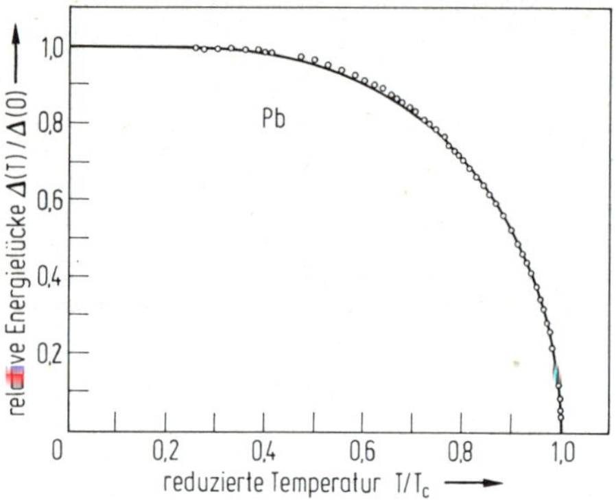

Abb. VI,4. Die Temperaturabhängigkeit der Energielücke zeigt die gute Übereinstimmung zwischen den aus der BCS-Theorie berechneten Werten (ausgezogene Kurve) und den Resultaten der Tunnelexperimente (Kreise). Die Koordinatenachsen sind in der Weise reduziert, daß die Eigenschaften verschiedener Supraleiter auf einer einzigen Kurve vereint erscheinen. Es gibt aber Supraleiter, die nicht in dieses Schema passen, deren Energielücke (und andere Eigenschaften) von der Kristallrichtung abhängt, also anisotrop ist.

gangstemperatur T_c wird $\Delta = 0$. Die BCS-Theorie gibt eine sehr einfache Beziehung zwischen der Energielücke bei 0 K (Δ (0)) und der Übergangstemperatur an:

$$2\,\Delta\,(0) = 3{,}5\;k\,T_c$$

(Tabelle VI,1).

Tabelle VI,1. Übergangstemperaturen und experimentelle Werte für die Energielücken (auf 0 K extrapoliert) einiger Elementsupraleiter. Das Verhältnis $2\Delta\,(0)/kT_c$ sollte nach der BCS-Theorie immer 3,5 betragen.

Element	T_c, K	2Δ (0), meV	$2\Delta\,(0)/kT_c$
Al	1,18	0,34	3,3
V	5,3	1,6	3,4
Zn	0,88	0,24	3,2
Ga	1,09	0,33	3,5
Nb	9,46	3,05	3,8
Mo	0,92	0,27	3,4
Cd	0,52	0,15	3,2
In	3,4	1,05	3,6
Sn	3,72	1,15	3,5
Ta	4,48	1,4	3,6
Hg	4,15	1,65	4,6
Tl	2,39	0,74	3,6
Pb	7,19	2,73	4,4

2.6 Isotopeneffekt

Die Sprungtemperatur ist nicht nur von Metall zu Metall verschieden, sondern wird auch bei jedem Element durch seine Isotopen-Zusammensetzung beeinflußt. Je schwerer die Isotope des Metalls sind, desto niedriger ist die Sprungtemperatur. Genau gilt für viele Metalle (Abb. VI,5):

$$T_c \sim A_r^{-1/2} \qquad (A_r = \text{rel. Atommasse}) \qquad \text{(VI,2)}$$

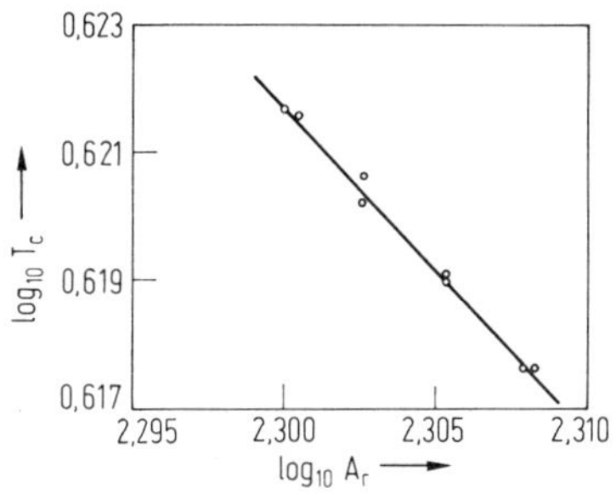

Abb. VI,5. Die Sprungtemperatur in Abhängigkeit der mittleren relativen Atommasse für verschiedene Isotopengemische des Quecksilbers, in logarithmischen Koordinaten. Die ausgezogene Gerade hat die Gleichung $A_r^{\alpha}\ T_c$ = konst., der Bestwert für α beträgt 0,504. Die Genauigkeit dieses über 20 Jahre alten Resultats ist bemerkenswert: Die Sprungtemperaturen liegen zwischen 4,185 K und 4,146 K, die Atommassen zwischen 199,5 und 203,4. Nach Reynolds, Serin und Nesbitt, Phys. Rev. **84**, 691 (1951).

Das ist ein erstaunlicher Effekt, wenn man bedenkt, daß sich die Isotope eines Metalls nur durch ihre Masse, also ihre Neutronenzahl, nicht aber durch die Kernladungszahl oder die rein elektronischen Eigenschaften unterscheiden. Der Effekt zeigt eben deutlich den großen Einfluß der mechanischen Schwingungen des Metallions bei der Bildung der Cooper-Paare. Die genaue Rechnung zeigt, daß die Energielücke der mittleren Phononenfrequenz proportional ist. Diese wiederum ändert sich mit $A_r^{-1/2}$ (schwere Atome schwingen langsamer als leichte; deswegen ist auch die Debye-Temperatur proportional $A_r^{-1/2}$). Mit Gl. (VI,2) ergibt sich also genau der Isotopeneffekt.

2.7 Tunneleffekt und Phononenspektroskopie

Die Energielücke und ihre Temperaturabhängigkeit können direkt aus Tunnelexperimenten bestimmt werden. Der quantenmechanische Tunneleffekt gibt die Möglichkeit, daß Elektronen eine Isolierschicht zwischen zwei Metallen durchdringen, d.h. von einem Metall zum anderen gelangen. Liegt zwischen den beiden Metallen eine Spannung, so fließt ein Tunnelstrom (Abb. VI,6). Wenn eines der Metalle supraleitend ist, dann müssen die Cooper-Paare erst zu normalen Elektronen aufgebrochen werden, die in das andere Metall tunneln können. Dazu ist eine gewisse Energie eU_0 nötig, entsprechend einer kritischen Spannung U_0. Unterhalb dieser Energie können nur solche Elektronen Tunneleffekt zeigen, die vorher nicht Cooper-Paare waren. Da beim absoluten Nullpunkt alle Elektronen gepaart sind, fließt kein Tunnelstrom, solange nicht die Spannung U_0 überschritten wird (Abb. VI,6 links). Die Energielücke ergibt sich dann direkt aus: $2\,\Delta = 2\,eU_0$.

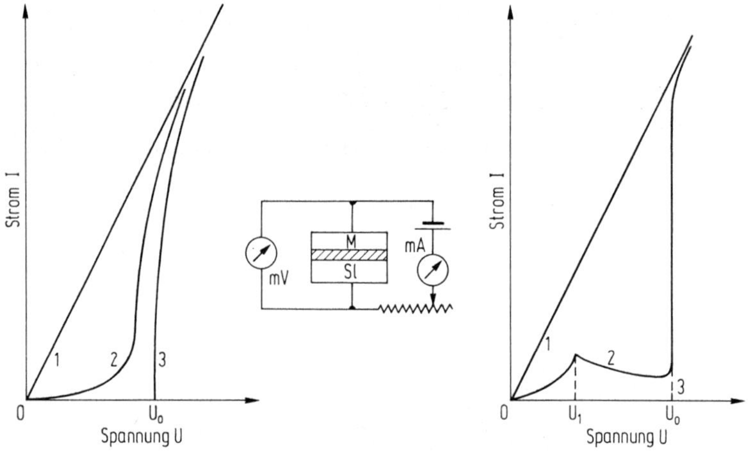

Abb. VI,6. Der quantenmechanische Tunneleffekt liefert bei diesem Experiment direkt die Energielücke. Nur die „normalen" Elektronen können die dünne (< 40 Å) Isolierschicht (schraffiert) durchtunneln. Links der Fall, daß ein Supraleiter Sl einem normalen Metall M gegenübersteht. Oberhalb T_c ergibt sich beim Anlegen der Spannung U der normale Tunnelstrom I (Kurve 1). Bei 0 K muß erst die Energie $2eU_0 = 2\Delta$ aufgebracht werden, um 2 normale Elektronen zu erzeugen, es fließt kein Tunnelstrom für $U < U_0$ (Kurve 3). Oberhalb 0 K sind nicht alle Elektronen gepaart, und es gibt einen kleinen Tunnelstrom auch für $U < U_0$. Im Fall, daß M auch ein Supraleiter ist (rechts), tritt bei 0 K erst dann ein Tunnelstrom auf, wenn $eU_0 = \Delta_1 + \Delta_2$ ist. Für $0 < T < T_c$ entsteht bei $U_1 = (\Delta_2 - \Delta_1)/e$ ein Maximum. (Nach Ivar Giaver, der dafür 1973 den Nobelpreis erhielt).

Die Zahl der nichtgepaarten, also „normalen" Elektronen ist stark temperaturabhängig. Dadurch ergibt sich die Möglichkeit, durch Messung des Tunnelstroms unterhalb U_0 die Temperatur zu bestimmen, die Anordnung somit als „absolutes" Tieftemperaturthermometer zu verwenden.

Sind beide Metalle Supraleiter, dann gibt es zwei Möglichkeiten: 1. Die Isolierschicht ist so dünn, daß auch Cooper-Paare hindurchtunneln können. Man spricht dann vom Josephson-Effekt (siehe VI,2.17).

2. Die Isolierschicht ist so dick, daß nur noch die normalen Elektronen Tunneleffekt zeigen (Abb. VI,6 rechts). In diesem Fall ähnelt die Tunnelstromkurve bei $T = 0$ K der Kurve 1 links, nur daß U_0 jetzt proportional der Summe der beiden Energielücken ist: $eU_0 = \Delta_1 + \Delta_2$. Haben die beiden Supraleiter verschiedene Sprungtemperaturen $(T_{c1} < T_{c2})$, so zeigt die Tunnelstromkurve für Temperaturen $0 < T < T_{c1}$ ein

scharfes Maximum bei $eU_1 = \Delta_2 - \Delta_1$, um dann wieder bei U_0 in die (T = 0 K)-Kurve einzumünden. Das Maximum entsteht dadurch, daß die Energieniveaus der normalen Elektronen in beiden Supraleitern bei U_1 gerade gleich groß, aber sehr ungleich besetzt sind. Die Tunnelstromcharakteristik liefert hier also gleichzeitig genaue Werte für Δ_1 und Δ_2.

Je zwei getunnelte Elektronen vereinigen sich in dem zweiten Supraleiter wieder zu einem Cooper-Paar. Dabei wird die Energie $eU - 2\,\Delta_2$ frei, da jedes Elektron erst genau die Energie $2\,\Delta_2$ über dem Grundzustand haben muß, um sich mit einem zweiten Elektron mit entgegengesetztem Spin und Impuls paaren zu können. Dann erst wird die Paarungsenergie $2\,\Delta_2$ frei. Beide Energien werden an das Kristallgitter abgegeben und es entstehen hochfrequente Phononen der Energie $h\nu$. Für Aluminium z.B. beträgt $2\,\Delta = 0{,}34$ meV und die entsprechende Phononenfrequenz $\nu \approx 82$ GHz.

Damit stellt der Tunneleffekt eine wichtige Quelle hochfrequenter und monochromatischer Phononen dar. Außerdem können umgekehrt Phononen der Energie $h\nu \geqslant 2\,\Delta$ mit dem Tunneleffekt nachgewiesen werden, da sie Cooper-Paare aufbrechen. Hochfrequente Phononen reagieren empfindlich auf viele Arten von Kristallzuständen, und es ist interessant und aufschlußreich, **Phononenspektroskopie** mit supraleitenden Tunnelkontakten zu betreiben.

2.8 Vorkommen der Supraleitung

Die BCS-Theorie ist eine Theorie der Wechselwirkung zwischen Teilchen, also eine „mikroskopische" Theorie. Sie kann keine Voraussagen darüber machen, welche Stoffe überhaupt und bei welchen Sprungtemperaturen supraleitend werden. Die Situation ist hier ähnlich wie im normalen Festkörper, dessen Schmelztemperatur nicht berechnet werden kann, obwohl man weiß, wie und warum die einzelnen Atome (z.B. durch die Coulombkräfte) zusammenhalten. Man ist also auf empirische Regeln angewiesen, was die Häufigkeit und die Sprungtemperaturen der supraleitenden Stoffe anbetrifft.

Betrachtet man die Verteilung der supraleitenden Elemente im Periodensystem (Tabelle VI,2), so fällt eine gewisse Gruppierung auf: Nichtmetalle können selbstver-

Tabelle VI,2. Verteilung der supraleitenden Elemente

H																	He
Li	Be											B	C	N	O	F	Ne
Na	Mg											Al	Si	P	S	Cl	Ar
K	Ca	Sc	Ti	V	Cr	Mn	Fe	Co	Ni	Cu	Zn	Ga	Ge	As	Se	Br	Kr
Rb	Sr	Y	Zr	Nb	Mo	Tc	Ru	Rh	Pd	Ag	Cd	In	Sn	Sb	Te	I	Xe
Cs	Ba	Lu	Hf	Ta	W	Re	Os	Ir	Pt	Au	Hg	Tl	Pb	Bi	Po	At	Rn
Fr	Ra	Ac	Th	Pa	U	Np	Pu	Am	Cm	Bk	Cf	E	Fm	Md	No	Lw	

Seltene Erden

La	Ce	Pr	Nd	Pm	Sm	Eu	Gd	Tb	Dy	Ho	Er	Tm	Yb

supraleitend — supraleitend nur unter Druck oder in dünnen Schichten

ständlich nicht supraleitend werden, wegen der Abwesenheit von Leitungselektronen. Ebenso wenig ferromagnetische Stoffe, bei denen Elektronen mit parallelen Spins gekoppelt sind, im Gegensatz zu den supraleitenden Elektronen, die nach der BCS-Theorie mit antiparallelen Spins gekoppelt sind. Dagegen können einige Halbleiter supraleitend werden, wenn durch Anwendung hoher Drucke oder in dünnen Schichten die elektronischen Eigenschaften genügend geändert werden. Es ist zur Zeit nicht vorauszusagen, ob bei genügend tiefen Temperaturen alle unmagnetischen Metalle supraleitend werden oder nicht.

Die höchste Sprungtemperatur der Elementsupraleiter hat Niob mit 9,46 K. Höhere Sprungtemperaturen können chemische Verbindungen oder metallische Legierungen haben, vor allem mit Niob und anderen Übergangsmetallen:

NbZr 12 K, NbTi 10 K, Nb_3Sn 18 K, $Nb_3(AlGe)$ 21 K, Nb_3Ge 23 K, V_3Si 18 K etc.

Wichtig für hohe Sprungtemperaturen ist offenbar eine bestimmte Valenzelektronendichte. Das ist die Zahl aller Elektronen in ungesättigten Schalen geteilt durch die Zahl der Atome (für Elemente also immer ganzzahlig). Sie liegt für die höchsten Sprungtemperaturen bei 4,5 (Abb. VI,7), aber es gibt auch andere Maxima, z.B. bei 6,4.

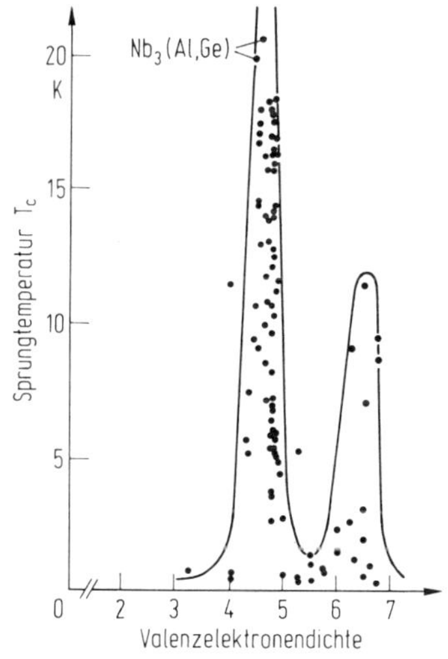

Abb. VI,7. Die Abhängigkeit der Sprungtemperatur T_c von der Valenzelektronendichte für Legierungen, die wie β-Wolfram kristallisieren. Solche Legierungen sind mechanisch nicht sehr stabil. Je höher die Sprungtemperatur, desto spröder ist die Substanz.

Die Kristallstruktur spielt auch eine wesentliche Rolle: die höchsten Sprungtemperaturen haben Stoffe, die wie die β-Modifikation des Wolframs kristallisieren. Es zeigt sich aber, daß, je höher die Sprungtemperatur, desto instabiler (oft auch spröder) ist die Verbindung oder Legierung. Sehr viel höhere Sprungtemperaturen als 23 K sind, wenn überhaupt, wahrscheinlich nur mit anderen Paarungsmechanismen, also nicht nur über virtuelle Phononen, möglich.

2.9 Thermische Eigenschaften

Die thermischen Eigenschaften des Supraleiters sind nur dann verschieden von denen des normalen Metalls, wenn die Leitungselektronen auf die betreffende Eigenschaft einen Einfluß haben. So ändern sich unterhalb der Sprungtemperatur weder die elastischen Konstanten, noch die Schallgeschwindigkeit, die Wärmeausdehnung oder die spezifische Wärme der Gitterbausteine wesentlich. Der elektronische Anteil der Wärmeleitung dagegen verringert sich in dem Maße, wie mehr und mehr Leitungselektronen Cooper-Paare bilden und damit nicht mehr mit den thermischen Phononen oder den Kristallbaufehlern interferieren können (Abb. VI,8).

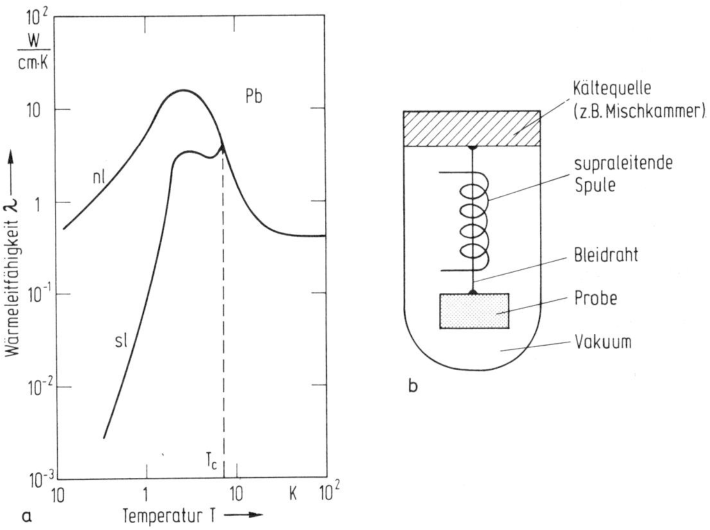

Abb. VI,8. Die Wärmeleitfähigkeit von Blei im normalen (nl) und supraleitenden (sl) Zustand. Die Kurven enthalten neben der Wärmeleitung durch Elektron-Phonon-Wechselwirkung auch noch die durch Phonon-Phonon-Wechselwirkung, die das ausgeprägte Maximum bei 3 K bewirkt. Der große Unterschied der Wärmeleitfähigkeit unterhalb 1 K ermöglicht die Konstruktion von Wärmefluß-schaltern (Schema rechts). Oft soll eine Probe abgekühlt und dann thermisch isoliert werden (Messung der Wärmekapazität, adiabatische Entmagnetisierung usw.). Sie wird durch einen Bleidraht an die Kältequelle angeschlossen. Um den Bleidraht herum befindet sich eine kleine Magnetspule. Durch Einschalten eines überkritischen Feldes wird die Supraleitung des Bleis zerstört und die Wärmeleitung zwischen Probe und Kältequelle ist gut. Beim Abschalten des Magnetfeldes wird der Bleidraht wieder supraleitend und damit sehr schlecht wärmeleitend; die Probe ist thermisch isoliert.

Die Thermokraft des Supraleiters ist in erster Annäherung null, da sich im Supraleiter keine Potentialdifferenz ausbilden kann; auch die kleinste Potentialdifferenz würde sofort einen Kurzschlußstrom hervorrufen.

Die spezifische Wärmekapazität der Leitungselektronen c_e befolgt im normalen Metall (Index n) bei tiefer Temperatur das Gesetz

$$c_{en} = \gamma T$$

γ ergibt sich dabei aus der schon erwähnten Fermi-Dirac'schen Verteilungsfunktion als proportional der Elektronenzustandsdichte bei der Fermi-Energie $N(E_F)$:

$$\gamma = \frac{1}{3} \pi^2 k^2 N(E_F)$$

Im Supraleiter ist die Temperaturabhängigkeit der elektronischen spezifischen Wärme nicht mehr linear, sondern exponentiell (Abb. VI,9). Dieses Verhalten ist ein Hinweis auf die Existenz der Energielücke und bestätigt die BCS-Theorie (Abb. VI,10).

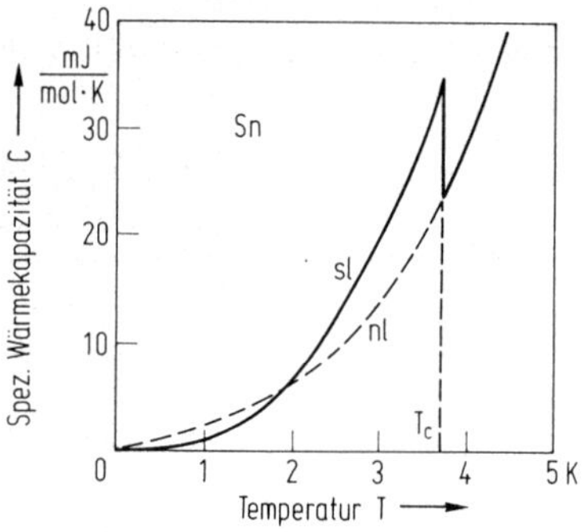

Abb. VI,9. Die spezifische Wärmekapazität von Zinn als Funktion der Temperatur. Der in diesen Kurven noch enthaltene Anteil der Phononen ($c_{ph} = \beta T^3$) ist in beiden Fällen derselbe: die Supraleitung hat keinen meßbaren Einfluß auf das Phononenspektrum. Man beachte den kleinen Wert der spezifischen Wärmekapazität, die für Zinn bei T_c nur etwa ein Tausendstel des Wertes bei Zimmertemperatur beträgt.

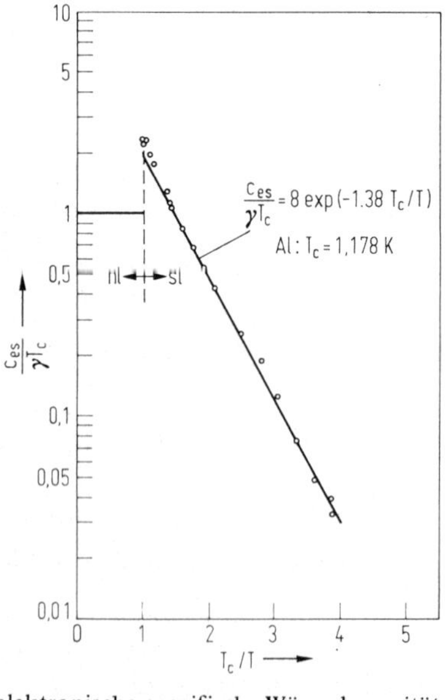

Abb. VI,10. Die reduzierte elektronische spezifische Wärmekapazität als Funktion der reziproken reduzierten Temperatur in halblogarithmischer Auftragung zeigt das exponentielle Verhalten, das die BCS-Theorie postuliert.

2.10 Meißner-Ochsenfeld-Effekt

Die Tatsache, daß ein Magnetfeld auf ein sich bewegendes Elektron eine Kraft ausübt und es zu einer kreisförmigen Bahn ablenkt, läßt vermuten, daß auch Elektronen, die in einem Cooper-Paar gebunden sind, von einem Magnetfeld abgelenkt werden und eventuell sogar größeren Kräften ausgesetzt sind, als die schwache Wechselwirkung über ein virtuelles Phonon erlaubt. Es sieht so aus, als könnten Supraleitung und Magnetfeld nicht an einem Ort koexistieren. Folglich muß man annehmen, daß das magnetische Feld entweder aus dem Supraleiter ausgetrieben wird oder diesen in den Normalzustand überführt. In der Tat findet je nach Stärke des Magnetfeldes das eine oder das andere statt. In einem schwachen Feld verhält sich der Supraleiter wie ein perfekter Diamagnet, d.h. die magnetische Flußdichte in seinem Inneren ist null.

Dieses Verhalten wird **Meißner-Ochsenfeld-Effekt** genannt und ist dadurch möglich, daß das Magnetfeld in einer dünnen Oberflächenschicht verlustfreie Supraleitungsströme induziert, die das Innere des Supraleiters magnetisch abschirmen. Die Dicke dieser Schicht ist die **Eindringtiefe** λ; sie ist von der Größenordnung der Kohärenzlänge und hängt wie diese vom Material und von der Temperatur ab (Abb. VI,11 und VI,12). Das Magnetfeld hat soweit es eindringt, einen großen Einfluß auf die Konzen-

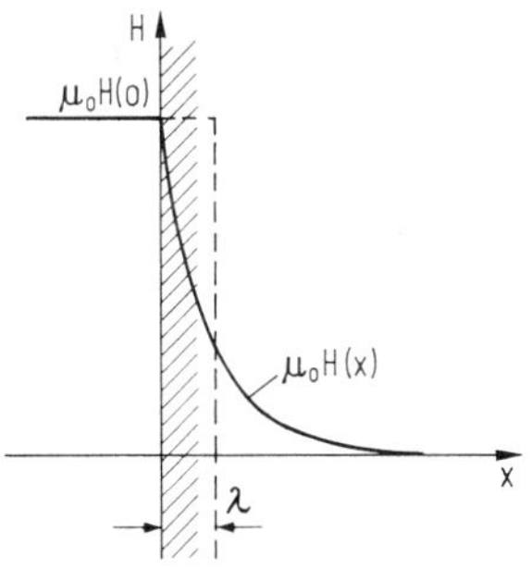

Abb. VI,11.

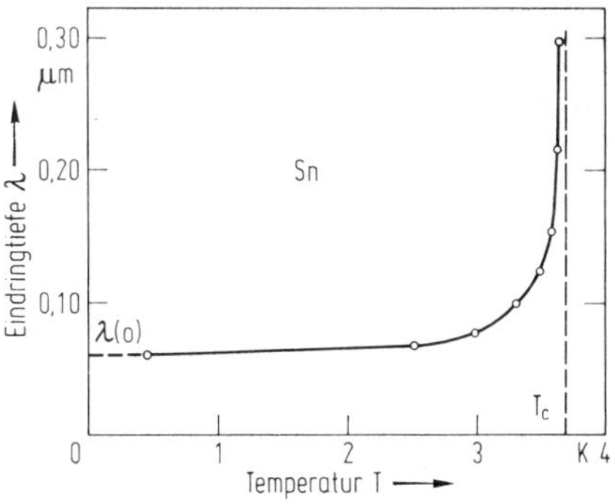

Abb. VI,12.

Abb. VI,11. Das Magnetfeld dringt etwas in die Oberfläche des Supraleiters ein, um hier die feldkompensierenden, stationären Supraleitungsströme zu induzieren. Der Abfall der magnetischen Flußdichte erfolgt in ähnlicher Weise, wie die Dämpfung eines Hochfrequenzfeldes im Normalleiter (Skineffekt), d.h. exponentiell. Die Eindringtiefe λ ist dabei die Tiefe, bei der die Flußdichte um 1/e verringert ist.

Abb. VI,12. In der Nähe der Sprungtemperatur ist die Eindringtiefe λ stark temperaturabhängig, wie hier am Beispiel von Zinn ersichtlich. λ nimmt erst wenige millionstel Grad unterhalb der Sprungtemperatur so große Werte an, daß man für dreidimensionale Proben nicht mehr von perfektem Diamagnetismus sprechen kann.

tration der Cooper-Paare. Diese kann sich aber nur über Längen wesentlich ändern, die vergleichbar mit der Ausdehnung des Cooper-Paares, also der Kohärenzlänge sind. Das Verhalten der Supraleitung in einem starken Magnetfeld wird daher von dem Verhältnis der Eindringtiefe zur Kohärenzlänge ξ bestimmt. Es soll hier zuerst der Fall betrachtet werden, daß die Eindringtiefe kleiner als die Kohärenzlänge ist. Das sind die sogenannten **Typ I-Supraleiter.**

2.11 Kritische Feldstärke

Nur bei Typ I-Supraleitern ist der Meißner-Ochsenfeld-Effekt vollständig (Abb. VI,13). Oberhalb einer kritischen Feldstärke H_c ist die Probe normal. H_c hängt von der Temperatur ab (Abb. VI,14) und ist bei 0 K am größten, während bei der Sprungtem-

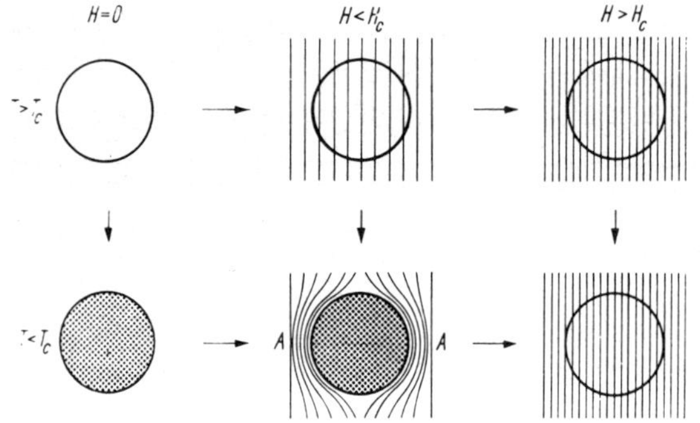

Abb. VI,13. Der Meißner-Ochsenfeld-Effekt zeigt, daß es unterhalb einer kritischen Feldstärke H_c im Inneren des Supraleiters keine magnetische Induktion gibt ($B = 0$). H_c hängt für einen gegebenen Supraleiter von der Probengeometrie ab: Der ideale Meißner-Ochsenfeld-Effekt mit maximalem H_c ist nur für Probengeometrien ohne Scherung (z.B. langgestreckter Zylinder, Achse parallel zum Feld) möglich. Für den hier gezeichneten Fall einer Kugel ist für ein angelegtes Feld $H_a = 2/3\, H_c$ infolge der Scherung in den Punkten A die Feldstärke H_c gerade erreicht. Für Feldstärken $H_a < H < H_c$ dringt Magnetfluß an den Punkten A beginnend in die Probe ein, ohne daß die Probe völlig normal wird. Man spricht vom Zwischenzustand (engl. intermediate state).

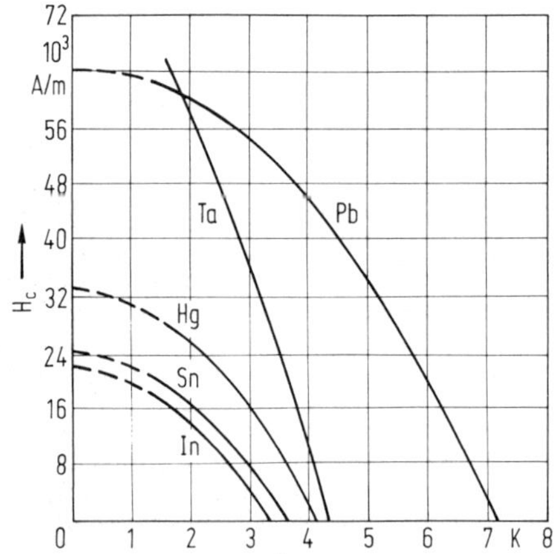

Abb. VI,14. Unterhalb der normalen ($H = 0$) Übergangstemperatur T_c kann die Supraleitung durch Anlegen eines genügend starken Magnetfeldes ($H > H_c$) zerstört werden. Für die meisten Supraleiter ist die kritische Feldstärke bei 0 K (H_{c0}) umso kleiner, je niedriger die Übergangstemperatur ist. Die kritischen Feldkurven sind Parabeln, die der Gleichung $H_c/H_{c0} = 1 - (T/T_c)^2$ gehorchen (s. auch Gl. VI,8).

peratur T_c ein unendlich kleines Feld genügt, um die Supraleitung zu zerstören. Zur genauen Bestimmung von T_c muß daher das erdmagnetische Feld abgeschirmt werden. Durch Modulieren eines Magnetfeldes um H_c herum kann man eine Probe abwechselnd normal oder supraleitend machen. Auf diesem Prinzip beruht die Konstruktion supraleitender Schaltelemente (Kryotron) und Rechenspeicher (Abb. VI,15).

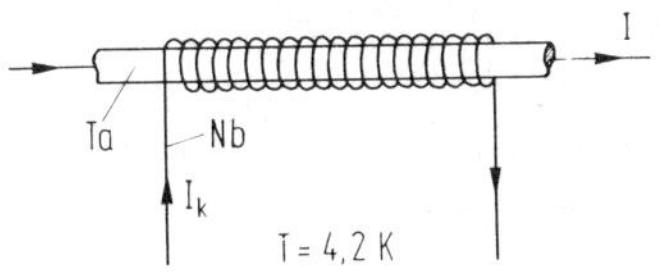

Abb. VI,15. Ein Kryotron ist ein supraleitendes Stromtor. Nach Abkühlen auf 4,2 K (Siedepunkt von Helium) ist sowohl der gerade Tantaldraht als auch der einlagig darumgewickelte Niobdraht supraleitend. Durch einen schwachen Kontrollstrom I_k im Niobdraht wird das kritische Feld des Ta (etwa 4 mT) überschritten, und der vorher im Tantaldraht verlustfrei fließende Strom I wird stark verringert. Die Kontrollspule bleibt supraleitend, da Nb bei 4,2 K ein viel höheres kritisches Feld hat. Dieses Beispiel zeigt, daß der Meißner-Ochsenfeld-Effekt vollständig umkehrbar ist.

Die Möglichkeit, durch Anlegen eines Magnetfeldes die Supraleitung auch bei tiefsten Temperaturen zu zerstören, gestattet es, die Physik des Normalzustandes der Supraleiter auch unterhalb von T_c zu studieren.

Im stromdurchflossenen Supraleiter wird H_c mit steigender Stromstärke kleiner. Die strömenden Cooper-Paare mit der Ladung $2e$ erzeugen selbst ein Magnetfeld. Da Magnetfeld und Supraleitung im Inneren der Probe nicht koexistieren können, ist der Strom auf eine dünne Oberflächenschicht beschränkt. Das an der Oberfläche eines supraleitenden Drahtes vom Strom erzeugte Feld $H_0 = I/2\pi R$ (R – Radius des Drahtes) und das angelegte Feld H_a dürfen zusammen nicht größer als H_c sein. Bei $H_a = 0$ ergibt $H_c = H_0 = I_c/2\pi R$ den kritischen Strom, der wie H_c von der Temperatur abhängt und bei 0 K am größten ist.

Wenn man annimmt, daß der Strom nur in einer Oberflächenschicht von der Dicke der Eindringtiefe λ fließt, dann kann man die kritische Stromdichte ausrechnen:

$$j_c = I_c/2\,\pi R\,\lambda\,.$$

Ein hohler Draht entsprechender Wandstärke ($> \lambda$) kann einen ebenso großen Strom wie ein voller Draht gleichen Durchmessers transportieren.

Man kann versuchen, die Eindringtiefe aus den elektronischen Eigenschaften des entsprechenden Metalls abzuleiten. Das haben schon 1935 die Brüder F. und H. London gemacht.

Die Dichte des Supraleitungsstromes j_s ist an jedem Ort im Metall an das ortsabhängige Vektorpotential A (rot $A \equiv H$) gebunden:

$$j_s = -\frac{1}{\Lambda c}\,A \qquad \text{(VI,3)}$$

Λ hängt vom jeweiligen Material ab und beträgt für das ideale freie Elektronengas $\Lambda = m/\rho_s e^2$. (m ist die Elektronenmasse, e seine Ladung, ρ_s die temperaturabhängige Dichte der supraleitenden Elektronen.) A ist so gewählt, daß $\nabla \times \boldsymbol{A} = 0$ (Stromerhaltung). Aus Gl. VI,3 folgt, daß das Magnetfeld aus dem Supraleiter ausgetrieben wird bis auf eine Schicht der Tiefe λ_L:

$$\lambda_L^2 = m\,c^2/4\,\pi\,\rho_s\,e^2\ , \quad \lambda_L^2\,\nabla^2\,\boldsymbol{H} = \boldsymbol{H}$$

Diese London'sche Eindringtiefe λ_L ist im Allgemeinen wesentlich kleiner als die wirklich beobachtete Eindringtiefe. Das liegt u.a. an dem Einfluß der mittleren freien Weglänge der Leitungselektronen.

Die Aufteilung der Elektronendichte in zwei Komponenten

$$\rho = \rho_n + \rho_s$$

stammt von C. J. Gorter und H. G. B. Casimir (1934), die die Elektronen als zwei unabhängige, einander ungehindert durchdringende Flüssigkeiten (eine normale mit der Dichte ρ_n, eine ideal supraleitende mit der Dichte ρ_s) betrachteten, um die thermodynamischen Eigenschaften der Supraleiter, insbesondere den Phasenübergang ohne Entropieänderung (Phasenübergang „zweiter Art“ in Abwesenheit eines Magnetfeldes) zu erklären. Wir werden später auf dieses wichtige **Zwei-Flüssigkeiten-Modell** zurückkommen (VI,3.3).

2.12 Thermodynamik des Phasenübergangs

Die vollständige Umkehrbarkeit des magnetischen Verhaltens der Typ I-Supraleiter erlaubt die Anwendung der einfachen Thermodynamik reversibler Vorgänge, um Beziehungen zwischen thermischen und magnetischen Eigenschaften abzuleiten (z.B. Bd. I, Nr. 108 und 109).

In einem System im Gleichgewicht hat die freie Enthalpie

$$G = U - T\,S + p\,V \tag{VI,4}$$

ein Minimum. Im Festkörper bei Normaldruck ist $p\,\mathrm{d}V$ vernachlässigbar klein. An seine Stelle tritt dafür die Magnetisierungsarbeit; das ist die magnetische Flußdichte multipliziert mit der Magnetisierung, wenn die Magnetisierung stark von der Flußdichte abhängt.

Es sei daran erinnert, daß die magnetische Flußdichte $\boldsymbol{B} = \mu_0\,(\boldsymbol{H} + \boldsymbol{M})$ ist. Die Magnetisierung $\boldsymbol{M}$ hat für die folgende Betrachtung die Richtung von $\boldsymbol{H}$ und $\boldsymbol{B}$, der Vektorcharakter dieser Größen ist also nicht mehr wesentlich. Im Vakuum ist $M = 0$, in erster Annäherung auch in nicht ferromagnetischen Metallen. Im Internationalen Maßsystem (SI) hat B die Einheit Tesla (1 T = 1 Vsm^{-2}), H und M die Einheit Am^{-1}, μ_0 ist eine Konstante: $\mu_0 = 4\pi.\ 10^{-7}$ VsA^{-1} m^{-1}.

Das Produkt BMV (V = Volumen der Probe) hat also die Dimension einer Energie. In der Technik der Supraleiter wird statt der in die Probe eindringenden Flußdichte B meist die sie umgebende Feldstärke H benutzt.

Wenn mit V_s das vom supraleitenden Zustand eingenommene Volumen in der Probe bezeichnet wird, kann man statt Gl. VI,4 schreiben

$$G = U - TS - \mu_0 V_s H M$$

Das vollständige Differential der freien Enthalpie ist

$$\mathrm{d}G = \mathrm{d}U - T\,\mathrm{d}S - S\,\mathrm{d}T - \mu_0 V_s (M\,\mathrm{d}H + H\,\mathrm{d}M)$$

Da nach dem zweiten Hauptsatz

$$\mathrm{d}U = T\,\mathrm{d}S - p\,\mathrm{d}V\,,$$

also analog

$$\mathrm{d}U = T\,\mathrm{d}S + \mu_0 V_s H\,\mathrm{d}M$$

ist ($\mu_0 V_s H\,\mathrm{d}M$ ist also das Differential der Magnetisierungsarbeit), findet man

$$\mathrm{d}G = S\,\mathrm{d}T - \mu_0 V_s M\,\mathrm{d}H\,.$$

Wird die Temperatur konstant gehalten ($S\,\mathrm{d}T = 0$), so gilt

$$\mathrm{d}G = -\mu_0 V_s M\,\mathrm{d}H\,.$$

Im Inneren des Supraleiters ist infolge des Meißner-Ochsenfeld-Effekts $B = 0$, also $M = -H$ (perfekter Diamagnetismus). Die freie Enthalpie des Supraleiters G_s ergibt sich daher aus der Integration von

$$\mathrm{d}G_s = -\mu_0 V_s M\,\mathrm{d}H = \mu_0 V_s H\,\mathrm{d}H$$

zu

$$G_s(T, H) = G_s(T, 0) + \frac{\mu_0 V_s}{2} H^2 \qquad \text{(VI,5)}$$

d.h. die freie Enthalpie wird im Supraleiter mit steigendem Magnetfeld größer (Abb. VI,16).

Die freie Enthalpie zweier Phasen ist dann gleich, wenn die Phasen im Gleichgewicht sind (daraus folgt z.B. die Clausius-Clapeyron'sche Gleichung). Entlang der Kurve der kritischen Feldstärke $H_c = f(T)$ (Abb. VI,14) sind die beiden Phasen (normalleitend und supraleitend) im Gleichgewicht, und für ihre freien Enthalpien gilt:

$$G_n(T, H_c) = G_s(T, H_c) \quad \text{und} \quad \mathrm{d}G_n = \mathrm{d}G_s \qquad \text{(VI,6)}$$

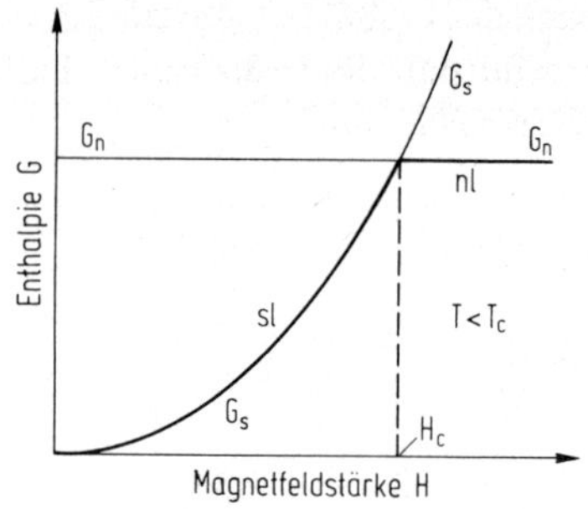

Abb. VI,16. Bei einer konstanten Temperatur unterhalb der Sprungtemperatur steigt die freie Enthalpie des Supraleiters G_s mit dem Quadrat der angelegten Feldstärke, ist aber kleiner als die freie Enthalpie G_n des normalen Metalls, die praktisch feldunabhängig ist. Der supraleitende Zustand ist also stabil. Bei Erreichen der kritischen Feldstärke H_c wird die freie Enthalpie des supraleitenden Zustands größer als die des Normalzustands, und dieser ist stabil.

Da die Magnetisierung im normalen Metall praktisch null ist (kleine Suszeptibilität), ist dessen freie Enthalpie G_n feldunabhängig:

$$G_n(T, H_c) = G_n(T, 0)$$

und man kann mit Gl. VI,5 schreiben

$$G_n(T, H_c) = G_n(T, 0) = G_s(T, H_c) = G_s(T, 0) + \frac{\mu_0 V_s}{2} H_c^2$$

bzw.

$$G_n(T, 0) - G_s(T, 0) = \frac{\mu_0 V_s}{2} H_c^2 \qquad \text{(VI,7)}$$

Für $H > H_c$ gilt $G_s > G_n$ und der Normalzustand ist stabil (Abb. VI,16). Aus $dG_n = dG_s$ (Gl. VI,6) folgt

$$\left(\frac{\partial G_n}{\partial T}\right)_{H_c} dT + \left(\frac{\partial G_n}{\partial H_c}\right)_T dH_c = \left(\frac{\partial G_s}{\partial T}\right)_{H_c} dT + \left(\frac{\partial G_s}{\partial H_c}\right)_T dH_c$$

Da bei festgehaltenem Feld $S = -\left(\frac{\partial G}{\partial T}\right)_H$ ist, findet man den Entropieunterschied zwischen Normalzustand und Supraleitungszustand mit Gl. VI,7, nämlich

$$S_n - S_s = \Delta S = -\frac{\mu_0 V_s}{2} \frac{d}{dT} H_c^2 \qquad \text{(VI,8)}$$

Die Entropie des Normalzustandes ist immer größer als die des Supraleitungszustandes. Entropie ist gleichbedeutend mit Unordnung; im Supraleiter herrscht also mehr Ordnung als im normalen Metall. Deswegen spricht man von der Kondensation der Leitungselektronen in den supraleitenden Grundzustand.

Der Entropieunterschied der Gl. VI,8 wird beim Übergang normal→supraleitend als die Wärme $T\Delta S$ frei. Da aber bei der Sprungtemperatur T_c die kritische Feldstärke verschwindet, ist der Entropieunterschied in Abwesenheit eines Magnetfeldes gleich null. Phasenübergänge ohne Entropieunterschied heißen Phasenübergänge zweiter Art. Das Abknicken der Entropiekurve bei der Sprungtemperatur (Abb. VI,17) weist aber auf

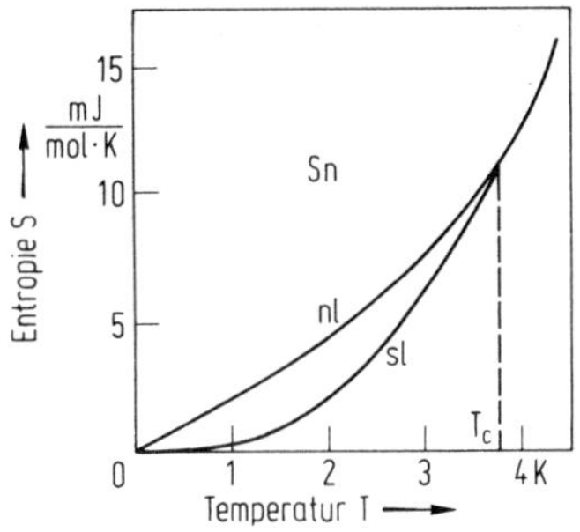

Abb. VI,17. Die Entropie von supraleitendem und normalem Zinn als Funktion der Temperatur. Der Übergang in den supraleitenden Zustand ist bei der Sprungtemperatur T_c, also in Abwesenheit eines Magnetfeldes, ein Phasenübergang zweiter Ordnung; denn der Entropieunterschied ist null. Unterhalb T_c wird die Supraleitung durch ein Magnetfeld zerstört. Dabei ändert sich die Entropie: Der Phasenübergang ist von erster Ordnung.

den schon erwähnten Unterschied in den spezifischen Wärmen $\Delta c(T,H_c)$ (Abb. VI,9) hin:

$$\Delta c = c_s - c_n = T\frac{d(S_n - S_s)}{dT} = \mu_0 V_s T \left(H_c \frac{d^2 H_c}{dT^2} + \left(\frac{dH_c}{dT}\right)^2\right)$$

und bei der Sprungtemperatur T_c ($H_c = 0$):

$$\Delta c_c = \mu_0 V_s T_c \left(\frac{dH_c}{dT}\right)^2$$

Man sieht hier deutlich, welche wichtige Rolle die kritische Feldstärke für die thermodynamischen Eigenschaften der Supraleiter spielt. Δc_c ist eine Größe für den feldfreien Fall, deren Wert (immer positiv) sich aus dem Verlauf der kritischen Feldkurve (also einer feldabhängigen Größe) berechnen läßt.

Der Entropieunterschied ΔS der Gl. VI,8 kann theoretisch zum Erreichen tiefer Temperaturen benutzt werden. Um eine supraleitende Probe unterhalb der Sprungtemperatur normalleitend zu machen, muß ein magnetisches Feld der Größe $H_c(T)$ angewandt werden. Der Übergang verbraucht dabei eine bestimmte Wärmemenge. Ist die Probe gleichzeitig thermisch von seiner Umgebung isoliert, so kann diese Wärme nur der Probe selbst entzogen werden. Die Folge ist eine Abkühlung der Probe. Man nennt diesen Effekt adiabatische Magnetisierung; adiabatisch, weil kein Wärmeaustausch mit der Umgebung stattfindet.

In der Praxis wird die adiabatische Magnetisierung nicht benutzt, da der Kühleffekt sehr klein ist und außerdem teilweise durch den Wärmeeffekt der beim Magnetisieren in den normalleitenden Teilen der Probe auftretenden Wirbelströme aufgehoben wird.

Die freie Energie ist außer von der Temperatur und vom Magnetfeld auch eine vom Ort im Supraleiter abhängige Funktion. Der reine Typ I-Supraleiter verhält sich nämlich so, als hätte er eine positive Oberflächenenergie, d.h. die supraleitenden Bereiche, z.B. im Zwischenzustand, nehmen immer Formen an, die die Gesamtoberfläche zu einem Minimum machen. Den gleichen Effekt hat z.B. die Oberflächenspannung in Flüssigkeiten. Diese Zunahme der freien Energie an den Oberflächen ist eine spezielle Eigenschaft der Typ I-Supraleiter und hängt vom Verhältnis Eindringtiefe λ zu Kohärenzlänge ξ ab (Abb. VI,18).

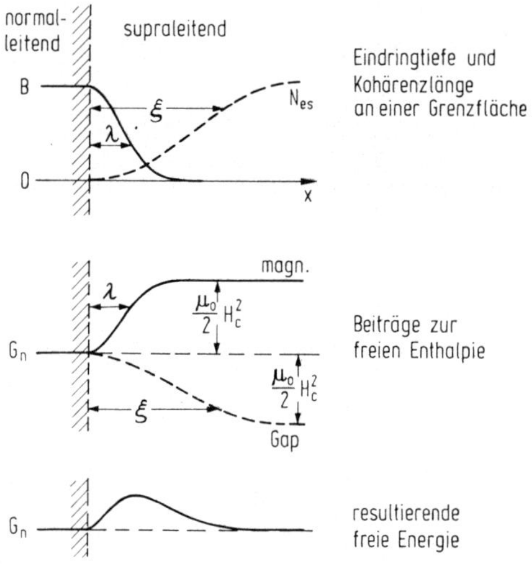

Abb. VI,18. Im Typ I-Supraleiter können beim lokalen Überschreiten des kritischen Feldes makroskopische supraleitende Bereiche neben normalen Bereichen koexistieren (sog. Zwischenzustand), weil die supraleitenden Bereiche eine positive Oberflächenenergie besitzen. Von der Oberfläche aus gesehen steigt der magnetische Beitrag (magn.) der freien Enthalpie G (wegen der mit λ abnehmenden Flußdichte B) schneller an, als der elektronische Beitrag (wegen der mit ξ abnehmenden Konzentration der normalen Elektronen N_{en}) abnimmt. Die Summe dieser beiden Beiträge ist also in der Nähe der Oberfläche positiv, wenn $\lambda/\xi < 1\sqrt{2}$ ist.

2.13 Typ II-Supraleiter

Ausschlaggebend für die Unterscheidung zwischen Typ I- und Typ II-Supraleitern ist das Verhältnis Eindringtiefe zu Kohärenzlänge. Diese fundamentale Größe heißt **Ginzburg-Landau-Parameter** κ und ist folgendermaßen definiert

$$\kappa = \frac{\lambda}{\xi\sqrt{2}}$$

In Typ I-Supraleitern gilt also $\kappa < 1/\sqrt{2}$ und die Oberflächenenergie ist positiv. Im Typ II-Supraleiter ist das Gegenteil der Fall ($\kappa > 1/\sqrt{2}$): der supraleitende Zustand hat oberhalb einer kritischen Feldstärke H_{c1} die Tendenz, eine möglichst große Oberfläche anzunehmen, denn die Oberflächenenergie ist negativ (Abb. VI,19). In der Tat bildet sich im Inneren der Probe eine Vielzahl zylinderförmiger normalleitender

Bereiche, die parallel zum angelegten Feld von einer Probenoberfläche zur anderen reichen.

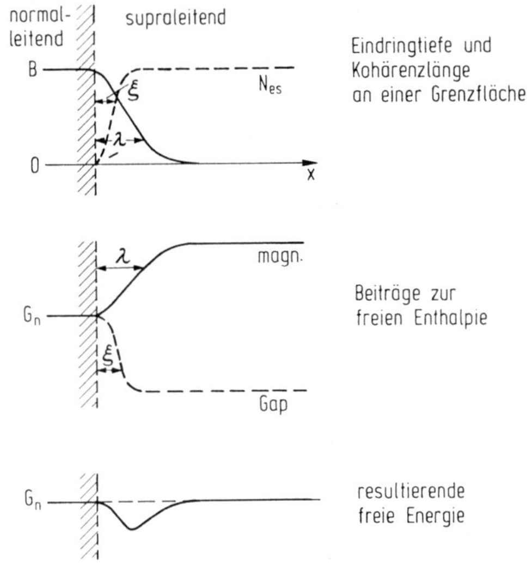

Abb. VI,19. In Typ II-Supraleitern ist die Kohärenzlänge ξ klein verglichen mit der Eindringtiefe λ. Oberhalb eines kritischen Feldes H_{c1} ergibt sich an der Oberfläche des supraleitenden Bereichs ein rascher Abfall der freien Enthalpie mit zunehmender Dichte der Cooper-Paare, dem eine langsamere Zunahme mit abnehmender Flußdichte gegenübersteht. Daraus resultiert der negative Wert der Oberflächenenergie: Die größtmögliche Oberfläche ist energetisch am günstigsten.

In diesen Bereichen herrscht magnetischer Fluß, der durch verlustfreie stationäre Ströme der supraleitenden Cooper-Paare am Eindringen in die supraleitenden Bereiche gehindert wird.

Unterhalb einer oberen kritischen Feldstärke $H_{c2} > H_{c1}$ bleibt die Probe elektrisch supraleitend, d.h. der supraleitende Bereich ist zusammenhängend. Nur das Volumenverhältnis supraleitend zu normal, und damit die Magnetisierung, wird mit steigender Feldstärke immer kleiner (Abb. VI,20).

Die normalen Bereiche werden **Flußlinien** (englisch flux lines oder vortex lines) genannt. Jede Flußlinie trägt den gleichen magnetischen Fluß, nämlich ein Flußquant der Größe

$$\Phi_0 = h/2\,e$$

Der von der negativen Oberflächenenergie geforderten Bedingung nach größtmöglicher Oberfläche (gleichbedeutend mit größtmöglicher Zahl von Flußlinien) wirkt die Quantisierung der Flußlinien entgegen. Bei einem vorgegebenen totalen Fluß in der Probe ist die Zahl der Flußlinien gleich dem totalen Fluß dividiert durch Φ_0.

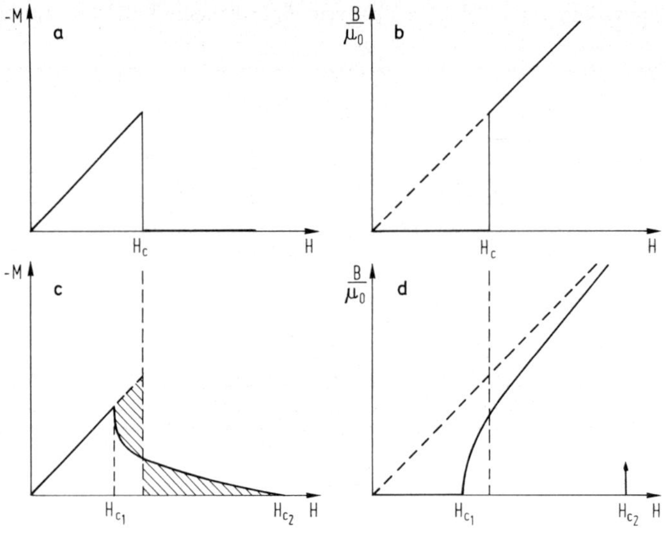

Abb. VI,20. Im normalen, nichtmagnetischen Metall ist die Induktion B dem angelegten Feld H praktisch proportional und die Magnetisierung ist sehr klein. Im Typ I-Supraleiter ist $B = 0$ und $-M = H$ (a), aber bei H_c wird die Probe normal und $B \sim H$ (b). Der Typ II-Supraleiter verhält sich bis zu einem Feld $H_{c1} < H_c$ wie ein Typ I-Supraleiter (vollkommener Meißner-Ochsenfeld-Effekt). Oberhalb H_{c1} dringt Magnetfluß in die Probe ein, und die Magnetflußdichte steigt stark an, um bei H_{c2} den Wert des normalen Metalls zu erreichen (d). Zwischen H_{c1} und H_{c2} befindet sich die Probe in dem sogenannten gemischten Zustand (engl. mixed state, besser vortex state), ist aber immer noch elektrisch supraleitend. Oberhalb H_{c2} ist sie normal. Es gilt $H_{c1} \approx (\xi/\lambda) H_c$ und $H_{c2} \approx (\lambda/\xi) H_c$. H_c ist dadurch festgelegt, daß die schraffierten Flächen einander gleich sein müssen (c).

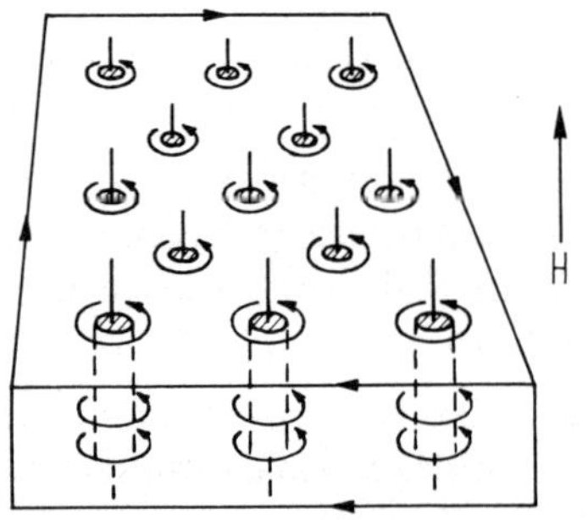

Abb. VI,21. Im gemischten Zustand enthält der Supraleiter zylinderförmige normalleitende Bereiche. Die Zylinderachsen sind parallel zum angelegten Feld in einer Dreieckskonfiguration angeordnet. Der Durchmesser eines Zylinders (schraffiert) beträgt etwa eine Kohärenzlänge ξ. Wegen des darin befindlichen Magnetflusses heißt ein solcher Bereich Flußlinie. Außerhalb der Flußlinie fällt die Flußdichte innerhalb der Eindringtiefe λ ab. Die gebogenen Pfeile stellen die verlustlos kreisenden Cooper-Paare dar, die den Magnetfluß auf die unmittelbare Umgebung der Flußlinie beschränken. Jede Flußlinie enthält genau den quantisierten Magnetfluß $\Phi_0 = h/2e = 2 \cdot 10^{-15}$ Vs. Die Oberflächenströme (gerade Pfeile) verhindern das Eindringen des Feldes von außen.

2.14 Flußliniengitter

Von der Achse der Flußlinie aus verringert sich die magnetische Flußdichte und steigt die Dichte der supraleitenden Elektronen (also der Cooper-Paare) gemäß Abb. VI,19. Der Durchmesser einer Flußlinie ist von der Größenordnung der Kohärenzlänge. Die Stabilität ergibt sich aus der kreisenden Bewegung der Cooper-Paare um die Flußlinienachse, ähnlich der Wirbelbildung in Flüssigkeiten und Gasen (s. VI,3.10). Da die Flußlinien sich wie kleine Permanentmagnete gegenseitig abstoßen, ihre Dichte aber dem Supraleiter durch das angelegte Magnetfeld vorgegeben ist, bildet sich ein regelmäßiges Flußliniengitter (Abb. VI,21).

Die Existenz der Flußlinien und ihre Anordnung in einem Dreiecksgitter (jede Flußlinie ist von 6 nächsten Nachbarn umgeben) wurde schon 1957 in theoretischen Arbeiten des russischen Physikers A. A. Abrikosov postuliert. Das Austreten der Flußlinien aus einer zur Feldachse senkrecht stehenden Oberfläche kann mit einem sehr schönen Experiment sichtbar gemacht werden:

Beim langsamen Aufstäuben von feinstem Eisenpulver (Korngröße etwa 200 Å) werden die Körnchen von dem Magnetfeld der aus der Oberfläche austretenden Flußlinien angezogen. Die Probe ist dabei natürlich supraleitend, sie befindet sich im flüssigen Helium, und in einem Magnetfeld der Größe $H_{c1} < H < H_{c2}$. Nach Erwärmen auf Zimmertemperatur wird das Eisenpulvermuster auf einen Plastikfilm übertragen und unter dem Elektronenmikroskop betrachtet (Abb. VI,22). (Versuch von U. Essmann und H. Träuble 1966)

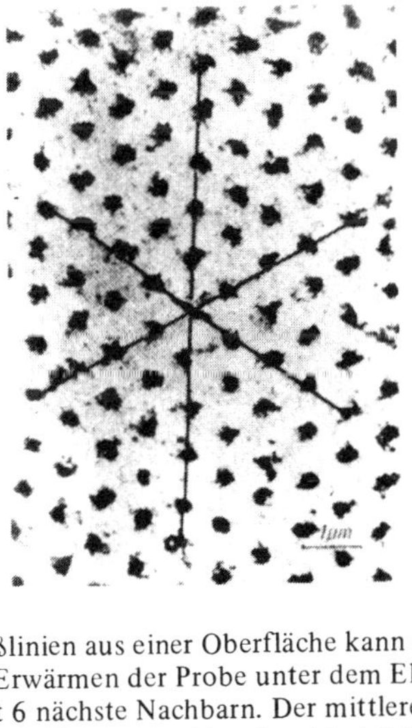

Abb. VI,22. Das Austreten der Flußlinien aus einer Oberfläche kann durch Bestäuben mit feinem Eisenpulver festgehalten und nach Erwärmen der Probe unter dem Elektronenmikroskop sichtbar gemacht werden. Jede Flußlinie hat 6 nächste Nachbarn. Der mittlere Abstand zwischen zwei Flußlinien ist im Idealfall dem Wert $H_{c2} - H_{c1}$ proportional und beträgt für dieses Bild etwa 1 μm.

Die Eigenschaften des Flußliniengitters im Inneren der Probe kann mit Hilfe der Neutronenbeugung untersucht werden, da langwellige Neutronen empfindlich auf magnetische

Strukturen reagieren. So kann gezeigt werden, daß die Flußlinien nur ungefähr den ihnen im idealen Gitter zugehörigen Platz einnehmen (das Beugungsbild ist verwaschen). Wird aber gleichzeitig ein elektrischer Strom durch die Probe geschickt, stabilisieren sich die Flußlinien auf den idealen Gitterplätzen (sehr scharfe Beugungsbilder).

2.15 Erzeugung hoher Magnetfelder

Im zwischen den Flußlinien befindlichen zusammenhängenden Bereich fließt der elektrische Strom weiterhin widerstandslos wie in Typ I-Supraleitern. Da aber die Stabilität der Typ II-Supraleiter durch laufende Vergrößerung der Oberfläche (Erzeugung neuer Flußlinien) auch in höheren Magnetfeldern erhalten bleibt, sind hier die oberen kritischen Feldstärken H_{c2}, sowie die dazugehörigen Stromdichten, wesentlich größer als in Typ I-Supraleitern (Abb. VI,23).

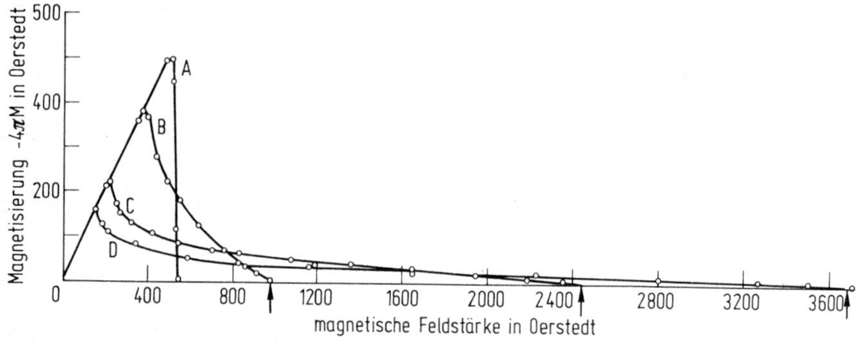

Abb. VI,23. Magnetisierungskurven bei 4,2 K von reinem Blei (A) und Blei-Indium-Legierungen mit einem Indiumgehalt von 2 % (B), 8 % (C) und 20 % (D). Der zunehmende Indiumgehalt verkürzt die mittlere freie Weglänge der Leitungselektronen im Blei, was den Ginzburg-Landau-Parameter $\kappa = \lambda/\xi\sqrt{2}$ vergrößert und aus dem Typ I-Supraleiter (reines Blei: $\kappa < 1/\sqrt{2}$) einen Typ II-Supraleiter ($\kappa > 1/\sqrt{2}$) macht. (Nach J. D. Livingston, Phys. Rev. **129**, 1943 (1963)).

Die Flußliniendichte ist dem Magnetfeld proportional: steigt die Feldstärke, so rücken die Flußlinien näher zusammen. In einem veränderlichen Magnetfeld wären sie dauernd in Bewegung. Kristallbaufehler, Korngrenzen und Verunreinigungen hindern jedoch die freie Bewegung; Flußlinien werden an solchen Stellen verankert (engl. „vortex pinning"). Die Folge ist eine Hysterese in der Magnetisierungskurve (Abb. VI,24) und sogar eine gewisse Remanenz, d.h. nach Abschalten des Magnetfeldes bleiben einige Flußlinien in der Probe erhalten. Die Bewegung der Flußlinien in einem gestörten Gitter verbraucht magnetische Energie, die als Wärme frei wird. Diese Wärme kann lokal

in einem stromdurchflossenen supraleitenden Draht in der Nähe von H_{c2} sogar die Transition hervorrufen. In dem normal gewordenen Stück erzeugt der Strom sofort soviel Joule'sche Wärme, daß auch die angrenzenden Zonen normal werden, die Transition pflanzt sich lawinenartig fort. Dies ist bei der Herstellung von supraleitenden

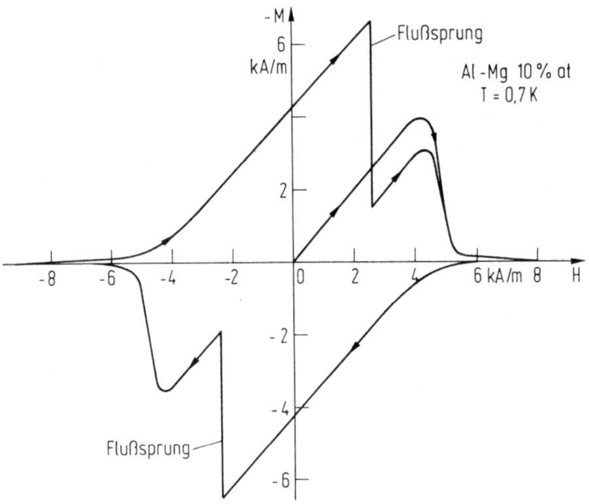

Abb. VI,24. Hohe Stromdichten bei großen Magnetfeldstärken sind erst durch das Verankern der Flußlinien möglich. Die Zahl der Flußlinien ist nicht mehr eine eindeutige Funktion des Feldes; die Folge sind Hysterese in der Magnetisierungskurve und Remanenz. Supraleiter, die sich so verhalten, haben ein stark gestörtes Kristallgitter (Gitterbaufehler oder Verunreinigungen). Sie zeichnen sich durch besonders hohe Stromdichten aus und werden auch Supraleiter 3. Art genannt.

Magnetspulen zu beachten. Obwohl kurze Stücke supraleitenden Materials (vom Typ II) hohe Stromdichten bei hohen Magnetfeldern vertragen, ist für eine Spule aus kilometerlangem Draht die Wahrscheinlichkeit für das Auftreten von solchen Flußsprüngen groß, d.h. die Spule erreicht nicht das berechnete größte Feld oder arbeitet nicht stabil.

Ein vielbenutzter Ausweg ist heute die Einbettung einer großen Zahl (bis zu vielen Tausend) sehr dünner ($\leqslant 10\,\mu$m) paralleler Drähte in ein reines normales Metall (z.B. Kupfer oder Aluminium). Dadurch wird künstlich eine große Oberfläche zwischen supraleitenden und normalen Bereichen geschaffen. Außerdem haben die Flußlinien praktisch keinen Platz mehr zum Springen. Sollte ein Stück feinen Drahtes durch einen Flußsprung normal werden, dann wird der Strom momentan durch die gut leitende normale Umgebung umgeleitet. Auf diese Weise werden heute Feldstärken bis zu 16 T, Stromdichten bis zu 10^{10} A/m^2 und Spulenenergien von 800 MJ erreicht. Ein Problem bleibt die Erzeugung zeitlich schnell veränderlicher Magnetfelder ohne große Hystereseverluste.

2.16 Flußquantisierung

Die Magnetisierungskurve von Typ II-Supraleitern im gemischten Zustand (Abb. VI,20) besteht, wenn man sie mit großer Auflösung betrachtet, aus vielen kleinen Stufen der Größe Φ_0, denn jede neu gebildete Flußlinie bringt gerade ein solches Flußquant in die Probe.

Die Quantisierung des Magnetflusses ist einfach zu verstehen, wenn man wieder die makroskopische de-Broglie-Welle betrachtet, die den supraleitenden Zustand der Elektronen charakterisiert. In einem einfach zusammenhängenden Bereich kann es nur eine eindeutige Phasenbeziehung zwischen allen Cooper-Paaren geben. Wenn kein Strom fließt, ist die Wellenlänge der de-Broglie-Welle unendlich, andernfalls ist der Phasenunterschied zwischen zwei Punkten in der Strombahn immer konstant.

In einem mehrfach zusammenhängenden Bereich, einem supraleitenden Ring z.B., kann man aber nach Umfahren des nicht supraleitenden (hohlen) Zentrums nicht mehr unterscheiden, ob die Phase dieselbe ist, oder sich um 2π bzw. ganzzahlige Vielfache davon geändert hat. Dies ist gerade die Eigenschaft eines mehrfach zusammenhängenden Bereichs. Demnach müßten also auch de-Broglie-Wellen mit verschiedenen Wellenlängen in den Ring passen, unter der Bedingung, daß es sich immer um eine ganze Zahl n von Wellen handelt (Abb. VI,25). Jedem Phasensprung um 2π entspricht die Zunahme des Magnetflusses im Ringzentrum um genau ein Flußquantum $\Phi_0 = h/2e = 2{,}07 \quad 10^{-15}$ Wb.

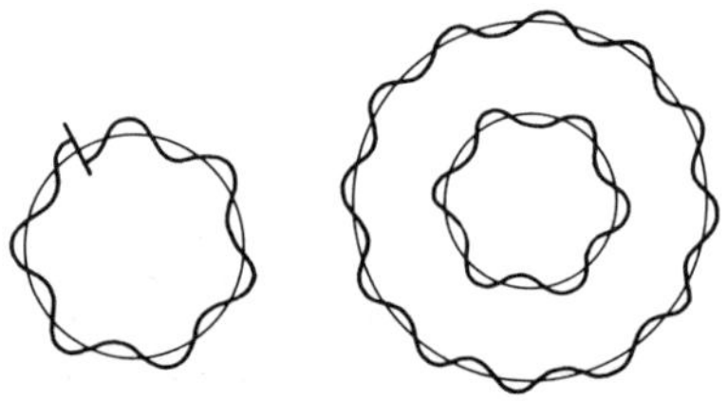

Abb. VI,25. Die Elektronen auf den Bohr'schen Kreisbahnen um den Atomkern gehorchen der Quantisierungsbedingung. Ihre Darstellung als de-Broglie-Wellen zeigt, daß sich die Phasen für erlaubte Bahnen immer nur um ganzzahlige Vielfache von 2π ändern. Die linke Anordnung ist also nicht möglich. Es muß gelten $2\pi r = n\lambda$ (rechts). Da $\lambda = h/p$, also $2\pi rp = nh$ ist, kann der Impuls p des umlaufenden Teilchens nur ganze Vielfache von h betragen. Insbesondere ist auch die hier nicht gezeichnete Anordnung einer einzigen Wellenlänge auf einer Kreisbahn möglich.

In eleganten Experimenten ist es 1961 gelungen, in einem kleinen supraleitenden Ring Magnetfluß quantenhaft einzufrieren (Abb. VI,26). Schon 10 Jahre früher hatte F. London das quantisierte Auftreten von Magnetfluß in einem solchen Ring postuliert. Er fand in Anlehnung an die Bohr'schen Bahnen im Wasserstoffatom, daß das Flußquant den Wert h/e haben müßte. Die Experimente liefern dagegen nur den halben Wert ($h/2e$), was nur mit dem paarweisen Auftreten der Elektronen erklärbar ist und damit die BCS-Theorie bestätigt.

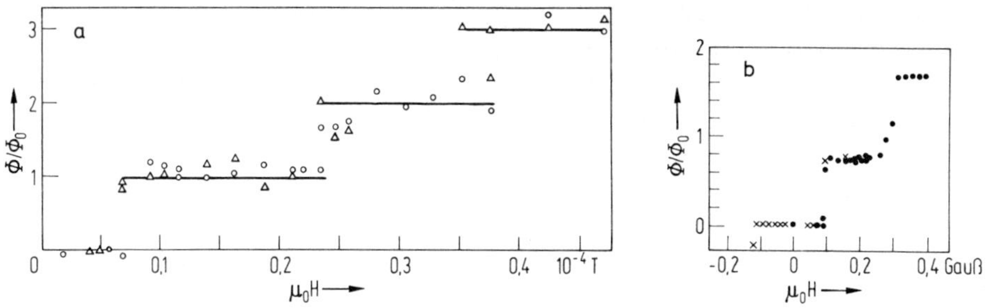

Abb. VI,26. Die Flußquantisierung: Wird ein Ring oder ein Hohlzylinder aus supraleitendem Material in einem schwachen Magnetfeld unter die kritische Temperatur abgekühlt, so wird in ihm Magnetfluß eingefroren. Die Meßpunkte in den Abbildungen stellen die nach dem Abkühlen in einem bestimmten Feld $\mu_0 H$ (Abszisse) erhaltenen Magnetflüsse in Einheiten von $\Phi_0 = h/2e$ (Ordinate) dar. Die stufenförmige Kurve zeigt das quantenhafte Eindringen des Magnetflusses in den Ring. Der Fluß bleibt zeitlich konstant wegen des widerstandslosen Kreisens eines quantisierten Dauerstromes der Größe $I = \Phi_0/L$ (L = Selbstinduktion des Ringes). Die Streuung der Meßpunkte und die Abweichung von dem genauen Wert Φ_0 reflektieren die experimentellen Schwierigkeiten, so kleine Magnetflüsse zu messen. Ein Fluß von $\Phi_0 = 2 \cdot 10^{-15}$ Vs in einem Feld von 16 A/m bedeutet einen Ringinnendurchmesser von nur etwa 10 μm. Nach Deaver und Fairbank (links) und Doll und Näbauer (rechts). s. auch Bd. III, Abschn. VIII,2.

2.17 Josephson-Effekte

Die eindeutige Phasenbeziehung zwischen allen Cooper-Paaren eines Supraleiters wird mit dem Begriff **Phasenkohärenz** charakterisiert. Diese Kohärenz der Phasen aller individuellen de-Broglie-Wellen führt zu der einen makroskopischen de-Broglie-Welle.

Die aus der Optik bekannten Beugungs- und Interferenzerscheinungen treten nur bei kohärentem Licht auf; sie sind umso eindrucksvoller, je ausgedehnter der Bereich ist, über den die Kohärenzbedingung erfüllt ist (z.B. bei Laserlicht). Im Supraleiter führt die Phasenkohärenz auch zu Interferenzerscheinungen, die wegen der Verbreitung der Kohärenz über das ganze Probenvolumen sehr schöne Effekte erzeugen. Sie werden unter dem Begriff Quanteninterferenz zusammengefaßt.

Die bisher wichtigsten Quanteninterferenzeffekte sind die Josephson-Effekte, so benannt nach dem englischen Physiker B. D. Josephson, der sie 1962 voraussagte und dafür 1973 den Nobelpreis erhielt.

Zwei völlig voneinander isolierte supraleitende Proben A und B enthalten zwei unabhängige de-Broglie-Wellensysteme. Koppelt man die Proben elektrisch schwach aneinander, sei es durch eine schmale Strombrücke oder einen punktförmigen Kontakt oder gar durch eine genügend dünne Isolierschicht (< 1 nm), so können Cooper-Paare von einer Probe in die andere diffundieren oder tunneln, ohne daß die Phasendifferenz zwischen den beiden Systemen beeinflußt wird. Jede Phasendifferenz bewirkt aber ein Driften der Cooper-Paare derart, daß die Phasendifferenz ausgeglichen wird. Durch den Kontakt zwischen den beiden Proben fließt also ein Strom, ohne daß sich eine Potentialdifferenz entwickelt. Dieser Strom ist umso größer, je mehr sich die beiden

Phasen unterscheiden. Bei einer Phasendifferenz von $\pi/2$ wird der größtmögliche Strom erreicht, der sogenannte kritische Strom des Josephsonkontakts I_c (Abb. VI,27). φ_A und φ_B seien die Phasen der beiden Systeme, dann gilt:

$$I = I_c \sin(\varphi_A - \varphi_B) \qquad \text{(VI,9)}$$

I_c ist viel kleiner als der kritische Strom in den Proben selbst ($I_c \approx 1$ mA). Entsprechend ist der Kontakt sehr magnetfeldempfindlich; oft genügt schon das Erdfeld, um den

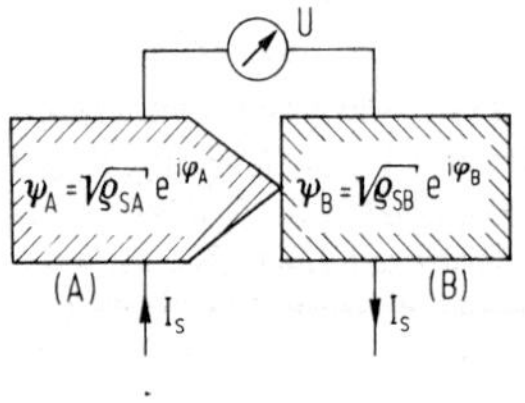

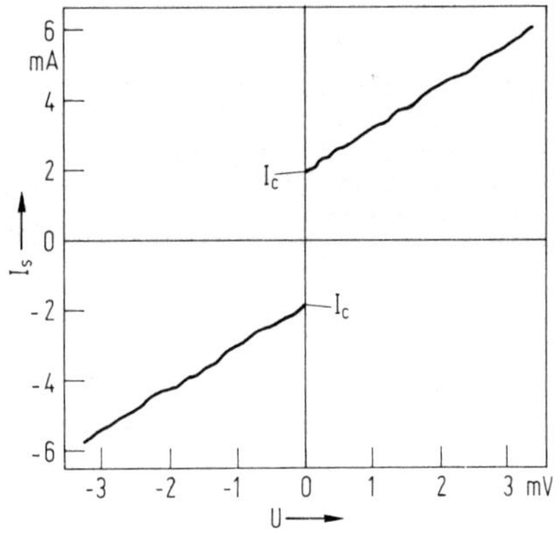

Abb. VI,27. Links die schematische Darstellung einer Josephsondiode, hier ein Punktkontakt mit den beiden makroskopischen de-Broglie-Wellengleichungen; rechts die *U-I*-Kennlinie der Josephsondiode, die das Auftreten einer Potentialdifferenz oberhalb des kritischen Stromes I_c zeigt.

Josephsoneffekt zu zerstören. Eine genauere Analyse zeigt, daß es auf den magnetischen Fluß, dem die Kontaktstelle quer zum Cooper-Paar-Strom ausgesetzt ist, ankommt, denn der Magnetfluß ändert die Phasendifferenz derart, daß ein Flußquant Φ_0 gerade eine Phasenverschiebung von π bewirkt (Abb. VI,28). Das Auftreten eines spontanen Gleichstromes durch einen Josephsonkontakt ohne Spannungsabfall heißt Gleichstrom-Josephson-Effekt.

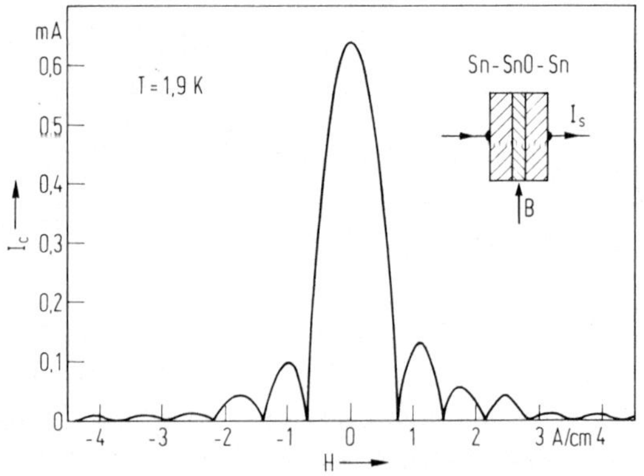

Abb. VI,28. Beim Gleichstrom-Josephson-Effekt hängt der kritische Strom I_c in charakteristischer Weise vom anliegenden Magnetfeld ab. Immer wenn der Magnetfluß quer zur Stromrichtung in der Kontaktzone Φ_0 oder ganzzahlige Vielfache von Φ_0 beträgt, ist die Phasendifferenz der beiden Wellensysteme gerade $n\pi$ und es kann kein Strom fließen. Die Interferenzkurve folgt der Gleichung

$$I_c(H) = I_c(0)\,\frac{\sin(\pi\,\Phi/\Phi_0)}{\pi\,\Phi/\Phi_0}\,; \quad (\Phi = \text{Magnetfluß durch die Kontaktzone}).$$

Legt man an die Proben eine Spannung an, so fließt nach Überschreiten des kritischen Stromes I_c ein der Spannung proportionaler Strom, dem eine hochfrequente Wechselstromkomponente überlagert ist. Diese entsteht dadurch, daß das Cooper-Paar beim Durchwandern des Kontakts eine gewisse Energie aufnehmen oder abgeben muß, was durch Emission oder Absorption eines Photons geschieht. Anstelle von Gl. VI,9 gilt

$$I = I_c \sin(\varphi_A - \varphi_B - \omega t) \quad \text{mit} \quad \omega = 2\, e\, U/\hbar \qquad \text{(VI,10)}$$

Die Wechselstromfrequenz ist der angelegten Spannung streng proportional: einem Mikrovolt entspricht $\nu = 483{,}6$ MHz. Das erzeugte oder absorbierte Photon hat die Energie $h\nu = 2eU$. Durch genaue Messungen von ν und U kann der Wert von h/e mit großer Genauigkeit bestimmt werden: $h/e = 4{,}137707 \cdot 10^{-15}$ Vs $\pm\, 10^{-6}$.

Interferenzerscheinungen entstehen, wenn ein supraleitender Ring zwei Josephson-Kontakte enthält (Abb. VI,29). Da, wie im letzten Abschnitt gezeigt, ein Magnetfluß der Größe Φ_M in einem Ring eine Phasendifferenz

$$\Delta\varphi_M = \frac{2e}{h}\,\Phi_M$$

erzeugt, der Josephsoneffekt aber durch eine Phasendifferenz gemäß Gl. VI,10 entsteht, ergeben sich regelmäßige Interferenzerscheinungen, d.h. der Strom, der von einer Ringhälfte in die andere fließt, hat eine periodische Komponente. Die Periode ist genau $\Phi_0 = h/2e$.

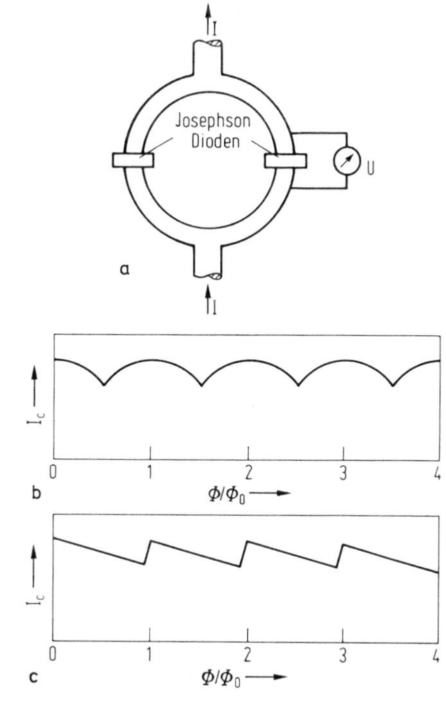

Abb. VI,29. Prinzip des SQUID (Superconducting Quantum Interference Device): a) schwache Magnetfelder können dadurch nachgewiesen werden, daß zwei Josephson-Dioden einen Ring bilden, in dem ein Supraleitungsstrom induziert wird. Dieser Strom moduliert den kritischen Josephson-Strom I_c mit der Periode $\Phi_0 = h/2e$ (b). I_c wird immer dann erreicht, wenn zwischen den beiden Ringhälften eine Spannung U erscheint. Eine assymetrische Stromverteilung in den beiden Ringhälften erhöht die Empfindlichkeit des Quanteninterferometers, denn es entsteht das Interferenzbild (c). Die bisher erreichten Empfindlichkeiten betragen etwa $10^{-3}\,\Phi_0$. Kleinste Ströme und Spannungen werden dadurch gemessen, daß in den Ring eine kleine supraleitende Spule gebracht wird, in der der Meßstrom den nötigen Fluß erzeugt (supraleitendes Galvanometer).

Mit einem solchen System können noch Magnetflüsse nachgewiesen werden, die nur einen Bruchteil von Φ_0 betragen. Supraleitende Quanteninterferometer sind käuflich (z.B. der Squid) und werden außer zum Nachweis kleinster Magnetflüsse auch für kleinste Ströme und Spannungen ($<$ 1 pV) verwandt. Der Wechselstrom-Josephson-Effekt (Gl. VI,10) dient der Erzeugung und dem Nachweis von Infrarot- und Mikrowellenstrahlung.

3. Flüssiges Helium

Das Edelgas Helium hat zwei stabile Isotope: ^{3}He und ^{4}He. In der Natur kommt praktisch nur das schwerere Isotop vor. ^{3}He kann aus dem β^--Zerfall von Tritium, dem Wasserstoffisotop ^{3}H, gewonnen werden, das bei der Herstellung schwererer radioaktiver Elemente in größeren Mengen anfällt.

Beide Isotope haben mindestens je zwei flüssige Phasen, eine normalflüssige und eine supraflüssige Phase. Die supraflüssige Phase des ^{3}He ist erst 1972 entdeckt worden, da sie nur unterhalb etwa 3 mK (das sind nur drei Tausendstel Grad vom absoluten Nullpunkt) existiert. Die Erforschung dieser Phase ist noch sehr im Fluß, und es sei nur kurz am Ende dieses Abschnitts darauf eingegangen.

Zunächst sollen vor allem die Eigenschaften des flüssigen ^{4}He beschrieben werden, dann die der flüssigen ^{3}He-^{4}He-Gemische.

3.1 Phasendiagramm

^{4}He verflüssigt sich unter Normaldruck bei 4,2 K. Wird es weiter abgekühlt, so bleibt es unter seinem eigenen Dampfdruck flüssig. Selbst beim absoluten Nullpunkt haben die He-Atome noch genügend Schwingungsenergie, die den schwachen Bindungskräften zwischen den Atomen entgegenwirkt und die Verfestigung verhindern. Die Existenz dieser sogenannten Nullpunktsenergie am absoluten Nullpunkt ist quantenmechanischen Ursprungs. Sie ist eine unmittelbare Folge der Heisenberg'schen Unschärferelation $\Delta p \Delta q = \hbar$: würde ein Teilchen ruhen, so wäre sein Impuls $p = 0$, also auch $\Delta p = 0$; im Widerspruch zur Unschärferelation.

Erst unter einem Druck von mindestens 2,5 MPa (= 25 bar) verfestigt sich ^{4}He (Abb. VI,30).

Ähnliches gilt für das Isotop ^{3}He: Es siedet unter Normaldruck bei 3,2 K und bleibt flüssig bis zum absoluten Nullpunkt, solange nicht ein Verfestigungsdruck von mindestens 2,9 MPa (= 29 bar) angewandt wird. Interessant ist dabei, daß der Mindestverfestigungsdruck nicht bei 0 K sondern bei 0,3 K liegt, d.h. es gibt ein Minimum in der Schmelzkurve. Beim absoluten Nullpunkt ist der Verfestigungsdruck wieder auf 3,4 MPa gestiegen. In dem Temperaturbereich unter 0,3 K muß daher die Flüssigkeit

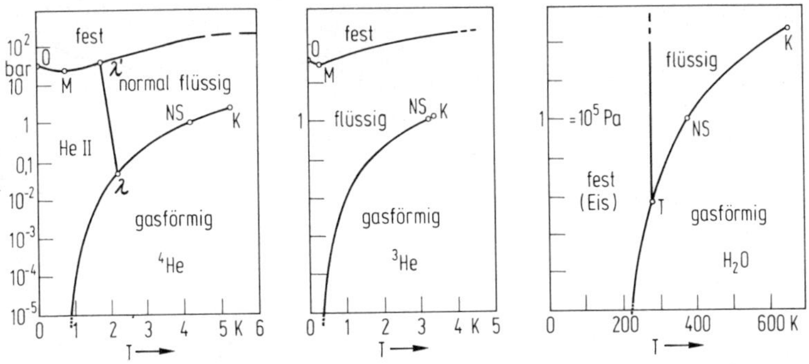

Abb. VI,30. Die Druck-Temperatur(p, T)-Phasendiagramme für ^{4}He (links) und ^{3}He (Mitte) im Vergleich mit einer klassischen Flüssigkeit (H_2O). Die beiden Heliumisotope haben keinen Tripelpunkt (T), aber ein Minimum (M) in der Schmelzkurve. Auch bei 0 K gibt es noch einen Schmelzpunkt (0). Die Normalsiedepunkte (NS) befinden sich in der Nähe der kritischen Punkte (K). ^{4}He zeichnet sich vor allem durch das Auftreten einer supraflüssigen Phase He II aus, die von der normalflüssigen Phase durch die λ-Kurve getrennt ist. ^{3}He besitzt auch eine supraflüssige Phase, aber erst unterhalb 2,5 mK (hier nicht abgebildet). Die festen Phasen haben je nach Temperatur und Druck verschiedenen (nicht abgebildete) Modifikationen.

geordneter sein als das feste ^{3}He. Das läßt sich auch aus der Clausius-Clapeyron'schen Gleichung ableiten. Die Entropie der Flüssigkeit ist also kleiner als die des festen ^{3}He. Diese Eigenschaft kann zum Kühlen ausgenutzt werden: es genügt, die Flüssigkeit bei Temperaturen unter 0,3 K zu komprimieren. Solange die flüssige und die feste Phase koexistieren, entspricht die Gleichgewichtstemperatur des Systems der der Schmelzkurve für den entsprechenden Druck. Bei adiabatischer Kompression sinkt also die Temperatur, bis alles ^{3}He fest geworden ist. Diese Kühlmethode, nach ihrem Erfinder Pomerantchuk-Effekt genannt, wird mit Erfolg im Temperaturbereich 1 bis 30 mK benutzt (siehe auch Abb. VI,45). Wir werden später auf die wichtige Rolle, die ^{3}He in der Kryotechnik bei sehr tiefen Temperaturen spielt, zurückkommen (VI,3.12).

3.2 λ-Punkt

^{4}He zeigt eine andere, äußerst wichtige Eigenschaft, der dieser Abschnitt gewidmet ist: die **Supraflüssigkeit**. Wie bei der Supraleitung handelt es sich hier um einen makroskopischen Quanteneffekt. Auch die Supraflüssigkeit ist von H. Kamerlingh-Onnes (1913) entdeckt worden.

In einem Reservoir voll flüssigen Heliums gehört zu jedem Dampfdruck eine eindeutige Gleichgewichtstemperatur. Beim Erniedrigen des Dampfdrucks sinkt die Temperatur. Bei 2,17 K, entsprechend 4925 Pa, entsteht eine neue Phase, das **He II**. Unterhalb dieser Temperatur ändern sich sprunghaft die meisten Eigenschaften des flüssigen ^{4}He (Abb. VI,31). Insbesondere wird die Wärmeleitfähigkeit unendlich groß und die Viskosität unendlich klein. Außerdem ändern sich Dichte, spezifische Wärme, Dielektrizitätskonstante, Schallgeschwindigkeit und das Verhalten unter Rotation.

Der Phasenumwandlungspunkt heißt λ-Punkt. Der Ausdruck kommt von der λ-förmigen Anomalie der spezifischen Wärme bei dieser Temperatur (Abb. VI,32). Der

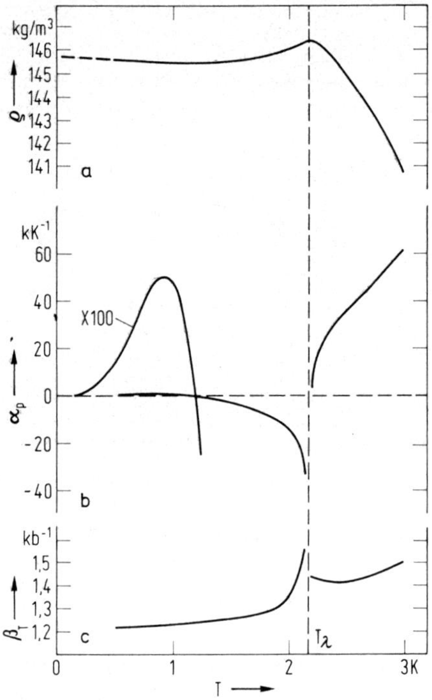

Abb. VI,31. Dichte (a), Wärmeausdehnung (b) und Kompressibilität (c) von flüssigem Helium unter seinem eigenen Dampfdruck in Abhängigkeit von der Temperatur. Die Dichteanomalie führte H. Kamerlingh-Onnes 1913 auf die Phasenänderung beim λ-Punkt.

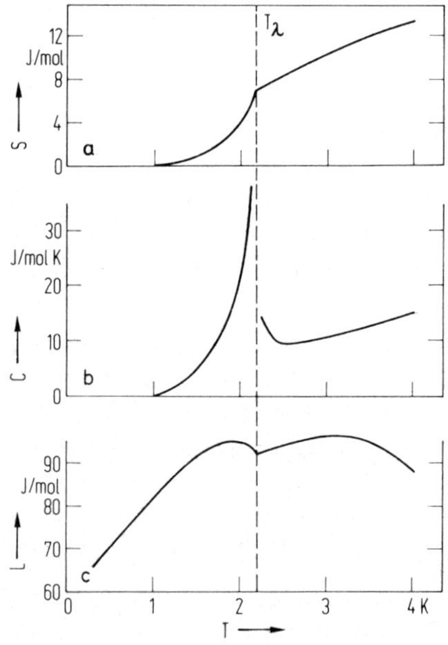

Abb. VI,32. Entropie (a), spezifische Wärme (b) und Verdampfungswärme (c) des flüssigen Heliums unter seinem eigenen Dampfdruck in Abhängigkeit von der Temperatur. Die Form der Anomalie der spezifischen Wärme hat dem λ-Punkt seinen Namen gegeben. Der Phasenübergang verläuft ohne Entropieänderung (Phasenübergang zweiter Art). Die Entropie fällt unterhalb des λ-Punktes stark ab, ein Hinweis auf die Bildung eines Zustands höherer Ordnung (Entropie bedeutet soviel wie Unordnung).

Phasenübergang erfolgt ohne latente Wärme, d.h. am λ-Punkt ist die Entropie in beiden Phasen gleich. Es handelt sich also wie bei der Supraleitung um einen Phasenübergang zweiter Art. Der λ-Punkt ist druckabhängig und der Existenzbereich des He II ist von der λ-Kurve und der Schmelzkurve begrenzt (Abb. VI,30).

3.3 Zwei-Flüssigkeiten-Modell

Am absoluten Nullpunkt ist die Viskosität des He II gleich null. Supraflüssiges Helium kann ungehindert durch feinste Kapillaren und Poren hindurchtreten, es kann ohne Drehimpulsverluste ewig in einem Gefäß rotieren. In der Nähe des λ-Punktes ist das nicht mehr so. Versuche mit Drehscheibenviskosimetern zeigen, daß He II offenbar aus zwei Komponenten besteht: der supraflüssigen Komponente, die auch in der Nähe des λ-Punktes noch durch feinste Kapillaren dringt, und der normalen Komponente, die von den Drehscheiben mitgenommen wird und eine gewisse Gesamtviskosität vortäuscht. Das Drehscheibenexperiment (Andronikashvili 1946) erlaubt es, die Dichte ρ_n des Normalanteils und ihre Temperaturabhängigkeit quantitativ zu erfassen. Dabei ist die Gesamtdichte ρ gleich der Summe von ρ_n und ρ_s (Abb. VI,33):

$$\frac{\rho_n}{\rho} + \frac{\rho_s}{\rho} = 1 \qquad \text{(Zwei-Flüssigkeiten-Modell)}$$

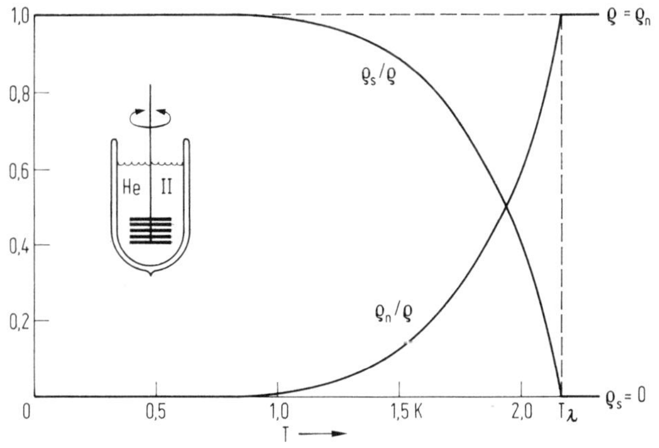

Abb. VI,33. Die Phase He II existiert nur im flüssigen ^{4}He unterhalb der λ-Temperatur T_λ. Sie benimmt sich, als bestünde sie aus zwei einander durchdringenden Komponenten n und s, die sich gegenseitig nicht beeinflussen. Das Dichteverhältnis jeder Komponente zur Gesamtdichte ρ hängt von der Temperatur gemäß der Abbildung ab. Unterhalb 1 K besteht He II praktisch nur noch aus der supraflüssigen Komponente s. Das Dichteverhältnis kann z.B. aus der Dämpfung eines oszillierenden Scheibenpakets (Skizze) abgeleitet werden (Versuch von Andronikashvili).

Zu jeder Temperatur (und entsprechend zu jedem Dampfdruck) gehört ein bestimmtes Verhältnis supraflüssig zu normalflüssig. Durch Ändern dieses Verhältnisses, z.B. durch

Zu- oder Abführen von reinem supraflüssigen Helium durch feinste Poren, können Druck- oder Temperaturgradienten erzielt werden (und umgekehrt).

Ein Beispiel dafür ist der sogenannte Springbrunneneffekt (Allen und Jones 1938) (Abb. VI,34): Zwei Gefäße sind durch ein Superleck (engl. „super leak") mit einander

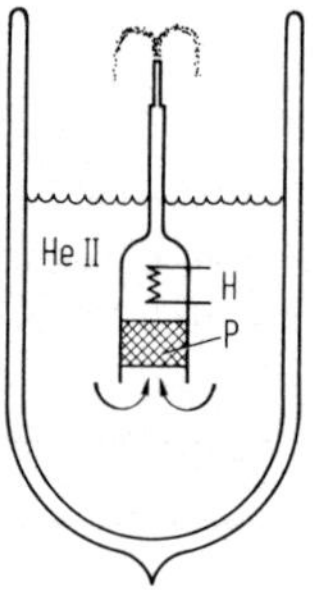

Abb. VI,34. Der Springbrunneneffekt (engl. fountain effect): Dicht gepacktes feinstes Pulver (P) läßt nur die supraflüssige Komponente aus dem He II-Bad in die Ampulle eindringen. Das durch Heizen (H) erzeugte normalflüssige Helium kann nur nach oben entweichen.

verbunden, d.h. es kann nur die supraflüssige Komponente des He II von einem Gefäß in das andere gelangen. Das Heliumniveau ist in beiden Gefäßen gleich, solange die Temperatur gleich ist. Heizt man aber eines der Gefäße, so steigt in ihm mit der Temperatur der Flüssigkeitsspiegel. Ist das Gefäß nach oben hin bis auf eine Düse geschlossen, so bildet sich sogar eine bis zu 30 cm hohe Fontäne. Das kommt daher, daß die Temperaturerhöhung automatisch zu einer Verarmung der supraflüssigen Komponente führt, diese aber ungehindert durch das Superleck nachgeliefert wird, während die überschüssige normale Komponente nicht durch das Superleck entweichen kann.

Der Springbrunneneffekt kann mit dem osmotischen Druck verglichen werden, der entsteht, wenn eine Lösung oder ein Gemisch an eine semipermeable Wand angrenzt.

Die supraflüssige Komponente enthält keine Entropie (man kann sagen, sie hat die Temperatur 0 K) und transportiert deswegen keine Wärme. Ein Gefäß, aus dem supraflüssiges Helium durch ein Superleck ausströmt, erwärmt sich, denn die Entropie bleibt konstant, während die Masse abnimmt.

3.4 Wärmeleitung

Ersetzt man das Superleck in Abb. VI,34 durch ein dickes Rohr, dann bleibt auch beim Heizen des einen das Niveau der beiden Gefäße gleich, aber man kann eine Strömung vom geheizten zum ungeheizten Gefäß feststellen. Eine „meßbare" Strömung kann nur von der normalen, viskosen Komponente herrühren, das ist diejenige, die die Entropie enthält und die Wärme transportiert. Damit die Flüssigkeitsspiegel gleichbleiben, muß gleichzeitig in dem Rohr ein (unmeßbarer) Strom supraflüssigen Heliums in entgegengesetzter Richtung herrschen. Die beiden Komponenten durchdringen sich völlig, ohne miteinander zu interferieren. Der Wärmetransport der Normalkomponente gleicht alle Temperaturgradienten aus. Die thermische Supraleitung ist also keine echte Wärmeleitung, sondern eine Konvektionsströmung (d.h. mit Materietransport verbunden).

Sehr schön sichtbar wird die thermische Supraleitung durch den Effekt, daß beim Unterschreiten des λ-Punktes das flüssige Helium plötzlich zu kochen aufhört. Es bilden sich nicht mehr die für das Kochen charakteristischen Dampfblasen, da jeglicher Temperaturgradient verschwindet und alle Wärme direkt zur Kältequelle (in diesem Falle die Oberfläche, über der gepumpt wird) transportiert wird. Helium verdampft natürlich weiterhin in der Wärmezufuhr entsprechender Menge.

3.5 Zweiter Schall

Neben dem oben beschriebenen Entropiegleichstrom kann durch periodisches Heizen auch ein Entropiewechselstrom erzeugt werden. In diesem Falle strömt lokal die normale Komponente mit der Entropie während der ersten Halbperiode in einer Richtung und der supraflüssigen Komponente entgegen; – während in der nächsten Halbperiode die Strömungen umgekehrt verlaufen. Es entstehen longitudinale Entropiewellen, die schon 1938 von L. Tisza aus dem Zweiflüssigkeitenmodell vorausgesagt, aber erst 1944 von V. P. Peshkov hergestellt wurden. Nach Landau wird der Effekt auch **Zweiter Schall** genannt, da wie beim „ersten" Schall eine longitudinale Welle periodischer Dichteschwankungen (genauer gesagt: Schwankungen des Dichteverhältnisses normal/supraflüssig) entsteht. Die Schallgeschwindigkeit ist temperaturabhängig und etwa zehnmal kleiner als die normale Schallgeschwindigkeit (Abb. VI,35).

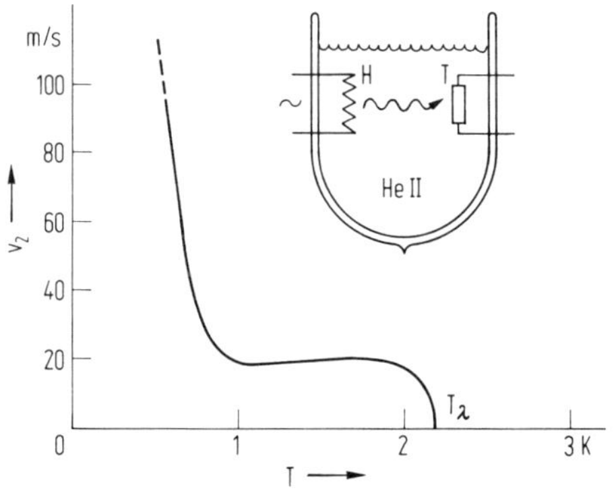

Abb. VI,35. Der Zweite Schall im He II ist die Ausbreitung longitudinaler Temperaturwellen, die durch das Gegeneinanderströmen der supraflüssigen Komponente (ohne Entropie) und der normalflüssigen Komponente entstehen. Die Ausbreitungsgeschwindigkeit v_2 ist etwa zehnmal kleiner als die normale Schallgeschwindigkeit, und temperaturabhängig. Unterhalb 0,5 K ist der Zweite Schall wegen des Fehlens der normalflüssigen Komponente nicht mehr definiert. Im Einsatz ist der Versuchsaufbau schematisiert: Ein elektrischer Wechselstrom erzeugt in dem Heizkörper (H) eine periodische Temperaturänderung, die sich durch das He II fortpflanzt. Das schnell ansprechende Thermometer (T) registriert die Temperaturschwankungen und erlaubt die Bestimmung der Wellenlänge, bzw. der Ausbreitungsgeschwindigkeit.

Unterhalb von 0,5 K kann man nicht mehr von Zweitem Schall sprechen, da die Konzentration der Normalkomponente verschwindend klein wird.

3.6 Heliumfilm

Die Supraflüssigkeit des He II zeigt sich noch in einem anderen Phänomen: dem **Heliumfilm**.

Alle mit He II in Berührung stehenden Körper sind von einem relativ dicken, beweglichen Film aus flüssigem Helium überzogen. Die Dicke hängt von der Höhe über der Flüssigkeitsoberfläche ab und beträgt z.B. in 1 cm Höhe 300 Å ≈ 80 Atomlagen. Sind zwei ungleich hoch mit He II gefüllte Gefäße durch eine genügend kalte Fläche miteinander verbunden, dann transportiert der Heliumfilm solange flüssiges Helium von dem einen Gefäß in das andere, bis die Flüssigkeitsspiegel ausgeglichen sind (Abb. VI,36).

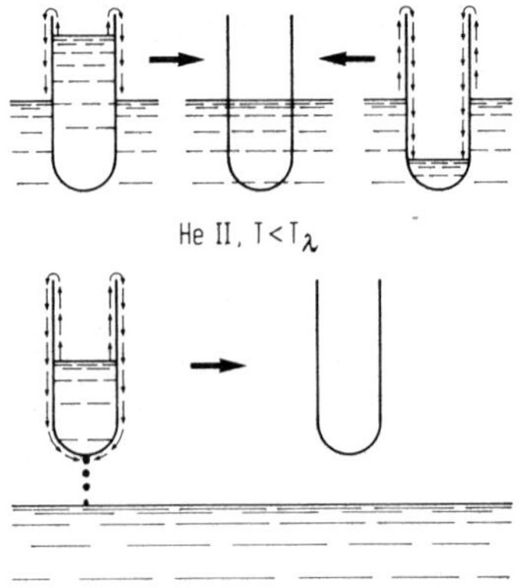

Abb. VI,36. Alle kalten Flächen, die mit He II in Berührung stehen, überziehen sich mit einem dünnen, beweglichen Film aus flüssigem Helium. Der Film gleicht alle Flüssigkeitsniveaus auch entgegen der Schwerkraft aus. Ist der Film im Gleichgewicht mit dem zu seiner Temperatur gehörenden Dampfdruck (sogenannter gesättigter Film), dann hängt seine Dicke d von der Höhe h über der Oberfläche nach folgender empirischer Beziehung ab:

$$d = 3 \cdot 10^{-6} \cdot h^{-1/3} \qquad \text{(in cm)}$$

Der Film ist umso dünner, je mehr über der He II-Oberfläche gepumpt wird (ungesättigter Film).

Die durch den Film von der Flüssigkeitsoberfläche weg transportierbare Heliummenge hängt neben der Temperatur vom Umfang der engsten Stelle oberhalb der Flüssigkeit ab. Bei 1 K transportiert der Film aus einem kreisrunden Topf von 10 cm Durchmesser zum Beispiel etwa 2,5 mm^3/s flüssiges Helium. Obwohl der Film sogar Temperaturen über dem λ-Punkt erreichen kann, verschwindet seine Beweglichkeit beim λ-Punkt.
Da Helium aus dem Film genau so wie aus der Flüssigkeit verdampft, seine Temperatur und damit sein Dampfdruck beim Aufsteigen aber zunehmen, benötigt man große

Pumpgeschwindigkeiten, um He II durch Abpumpen wesentlich unter den λ-Punkt abzukühlen. Die oben angegebenen 2,5 mm^3/s flüssigen Heliums, die mit abgepumpt werden müssen, liefern – dem Dampfdruck bei 1 K entsprechend – 12,5 l/s Heliumgas zusätzlich zu der den normalen Verlusten entsprechenden Gasmenge von 1,7 l/s pro mW Wärmezufuhr.

Durch Anbringen einer kleinen Blende (z.B. $\phi = 1$ mm) oberhalb der Flüssigkeitsoberfläche kann das vom Heliumfilm transportierte Volumen stark verringert werden, denn es ist dem kleinsten Umfang proportional. Damit können auch Temperaturen unter 1 K mit einer kleinen Vakuumpumpe erreicht werden. Wegen der durch das kleine Loch stark verringerten Sauggeschwindigkeit ist die Kälteleistung einer solchen Anordnung allerdings sehr gering.

3.7 Kritische Geschwindigkeit

Analog der kritischen Stromdichte im Supraleiter gibt es im He II eine **kritische Geschwindigkeit** u_c, oberhalb derer die Suprafüssigkeit zerstört wird. Sie hängt von der Filmdicke oder – bei Strömung in engen Kanälen – von der kleinsten Ausdehnung d ab. Experimentell wird folgende Beziehung gefunden: $u_c d^{1/4} \approx 1$. Für den oben beschriebenen Film von 300 Å Dicke beträgt $u_c = 25$ cm/s. Solange diese Geschwindigkeit nicht überschritten wird, kann sich in einer geeigneten Geometrie eine Dauerströmung analog dem Dauerstrom im Supraleiter ausbilden.

Man stelle sich einen rotierenden Ring vor, der dicht mit feinem Pulver gepackt und voll flüssiges Helium ist. Wird der Ring unter den λ-Punkt abgekühlt und angehalten, dann rotiert das suprafüssige Helium relativ zum Beobachter ewig weiter. Der Nachweis dieser Rotation ist nicht einfach, wenn man nicht dabei die Bewegung zerstören will. Um unter der kritischen Geschwindigkeit zu bleiben, müssen extrem kleine Winkelgeschwindigkeiten benutzt werden (etwa eine Umdrehung pro Stunde). Es ist aber durch Ausnutzen des Kreiseleffektes gelungen, eine Dauerströmung 5 Stunden lang ohne meßbare Abnahme des Drehimpulses aufrecht zu erhalten (Abb. VI,37).

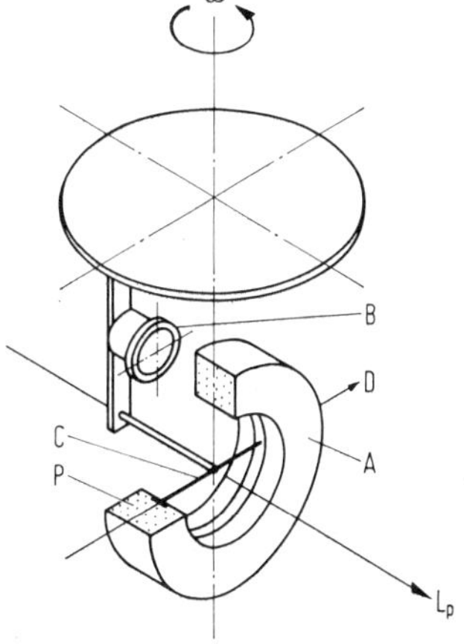

Abb. VI,37. Schema eines Apparates zum Nachweis der suprafüssigen Dauerströmung: Der Drehimpuls L_p des mit feinstem Pulver P und dem strömenden He II gefüllten Ringes A bewirkt bei Rotation ω um die senkrechte Achse eine Ausweichbewegung um die Achse D entsprechend den Kreiselgesetzen. Der Torsionsstab C aus Wolfram stabilisiert den Ring in einem seinem Drehimpuls proportionalen Abstand von dem kapazitiven Detektor B (nach J. D. Reppy, Phys. Rev. Lett. **14**, 733 (1965)).

3.8 Anregungsspektrum

Die Existenz einer kritischen Geschwindigkeit kann aus dem Anregungsspektrum des He II abgeleitet werden. In Anlehnung an die Debye'sche Theorie des festen Körpers, dessen elastische und thermische Eigenschaften sich aus dem Phononenspektrum (die Energie der Gitterschwingungen ist Funktion des Impulses) ergeben, hat der russische Physiker L. D. Landau 1941 ein Spektrum der Elementaranregungen im He II vorgeschlagen. Es besteht aus zwei sich überlagernden Zweigen: dem linearen **Phononenzweig** und dem quadratischen **Rotonenzweig** (Abb. VI,38).

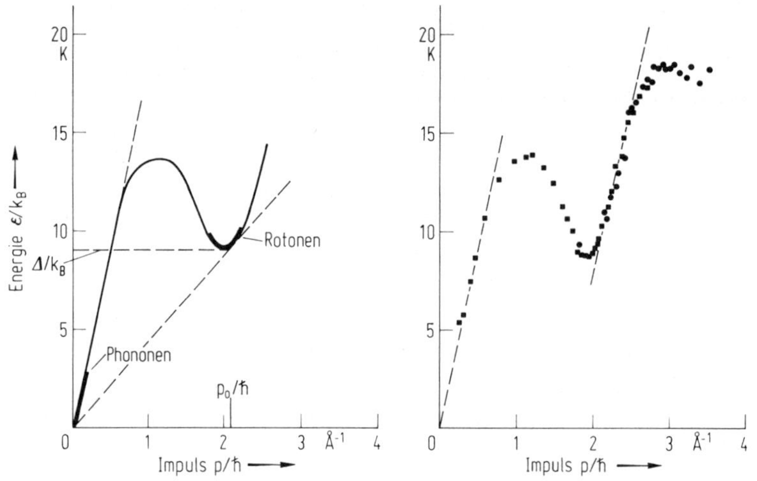

Abb. VI,38. Die Dispersionsrelation des He II: links das Modell von Landau (Ordinate: Energie der Anregungen in K, Abszisse: Impuls in $Å^{-1}$). Die natürlicherweise am häufigsten vorkommenden Anregungen sind verdickt gezeichnet. Der Rotonenzweig ist vom Grundzustand durch eine Energielücke Δ getrennt. Das Rotonensprektrum hat ein Minimum bei $p_0 = 1/a$ und verläuft in der Umgebung dieses Wertes quadratisch. Rechts: Durch inelastische Neutronenstreuung (Messung von Energie und Ausfallwinkel der gestreuten Neutronen bei konstanter Einfallsenergie) erhält man direkt das Anregungsspektrum in den oben angegebenen Einheiten (nach Henshaw und Woods, Phys. Rev. **121**, 1266 (1961)).

Die Phononenenergie steigt zuerst linear mit dem Impuls an:

$$E(p) = c\,p \qquad (c = \text{Schallgeschwindigkeit})\,.$$

Für Impulswerte um den Wert $p_0 = h/a$ (a = mittlerer Abstand zwischen Heliumatomen) gilt jedoch:

$$E(p) = (p - p_0)^2/2\,m^* + \Delta \qquad \text{(VI,11)}$$

mit $a = 0{,}53$ Å, $m^* = 0{,}16$ He-Atommassen, $\Delta = 1{,}2 \cdot 10^{-22}$ J.

Anregungen, die Gl. VI,11 befolgen, heißen Rotonen. Sie müssen als eine besondere Art von Phononen angesehen werden, die vom Grundzustand durch eine Energielücke Δ getrennt sind. Sie existieren nur in Flüssigkeiten und hängen mit der Wirbelbildung zusammen.

Das Anregungsspektrum läßt sich sehr gut mit Hilfe der Neutronenspektroskopie ausmessen; die oben angegebenen Parameter der Gl. VI,11 sind auf diese Weise gewonnen worden (Abb. VI,38 rechts).

Bei 0 K werden unterhalb der kritischen Geschwindigkeit keine Phononen oder Rotonen erzeugt. Die Bewegung des flüssigen Heliums erfolgt reibungslos. Die kritische Geschwindigkeit ist dann erreicht, wenn auf der Dispersionskurve (Abb. VI,38) $E(p)/p = \mathrm{d}E/\mathrm{d}p$ ist.

3.9 Rotierendes Helium

Wegen der verschwindend kleinen inneren Reibung zeigt He II ein besonders eigenartiges Verhalten in rotierenden Gefäßen. In der klassischen Mechanik der Flüssigkeiten muß man zwischen der rotationsfreien (wirbelfreien) Strömung und der Rotationsströmung unterscheiden (s. z.B. Bd. I, Nr. 56 ff). Erstere gilt für eine Flüssigkeit ohne innere Reibung. He II bei Temperaturen genügend weit unterhalb des λ-Punktes erfüllt diese Bedingung. Auch in einem rotierenden Gefäß muß das Geschwindigkeitsfeld **rotationsfrei** sein:

$$\mathrm{rot}\, \boldsymbol{u}_s = 0$$

Da außerdem die Kontinuitätsbedingung (Erhaltung der He-Masse im Gefäß) gelten soll und man annehmen muß, daß He II praktisch inkompressibel ist (ρ = konst.), folgt, daß auch div $\boldsymbol{u}_s = 0$ sein muß (Quellenfreiheit) und damit

$$\boldsymbol{u}_s = 0$$

in einem einfach zusammenhängenden Bereich.

Die wesentliche Eigenschaft des einfach zusammenhängenden Bereichs, daß nämlich jedes geschlossene Linienintegral zu dem Wert Null zusammenschrumpfbar ist, wurde schon im Abschnitt Supraleitung erwähnt. Analog darf angenommen werden, daß in einem mehrfach zusammenhängenden Bereich die Bedingung rot $\boldsymbol{u}_s = 0$ auch für $\boldsymbol{u}_s \neq 0$ aufrechterhalten werden kann. Mit anderen Worten: ohne die Eigenschaften der Supraflüssigkeit (Reibungsfreiheit) zu verlieren, kann die supraflüssige Komponente in einem Gefäß rotieren.

Man kann in der Tat leicht zeigen, daß auch bei tiefsten Temperaturen (wo es praktisch nur die supraflüssige Komponente gibt) in einem offenen rotierenden Gefäß die Heliumoberfläche die Form eines Rotationsparaboloids annimmt, daß also die Fliehkraft auf die Flüssigkeit wirkt, was natürlich nur möglich ist, wenn die Flüssigkeit rotiert. Es ergibt sich sogar, daß die Winkelgeschwindigkeit des He II mit der des Gefäßes übereinstimmt.

Der Ursprung des mehrfach zusammenhängenden Bereichs ist in der Bildung von Wirbeln zu finden, denn für einen solchen Bereich ist die Wirbelfreiheit nicht mehr Bedingung für die Rotationsfreiheit. Allerdings kann es sich hier nur um Potentialwirbel handeln. Wegen div rot $\boldsymbol{u} = 0$ kann ein Wirbel im Inneren der Flüssigkeit weder anfangen noch enden. Er muß entweder eine geschlossene Kurve (Wirbelring) bilden, oder bis zur Oberfläche bzw. den Gefäßwänden reichen. Der Wirbelkern wird immer von denselben Flüssigkeitsteilchen gebildet. Die Wirbelstärke wird durch eine skalare Größe, die Zirkulation bestimmt:

$$\Gamma = \oint \boldsymbol{u} \, \mathrm{d}s = u \cdot 2\pi r$$

Γ ist für einen bestimmten Wirbel eine Konstante, d.h. die Tangentialgeschwindigkeit u steigt zur Wirbelachse hin mit $1/r$ an. Da es keine unendlich großen Geschwindigkeiten geben kann, stellt die Wirbelachse eine Singularität dar, die sogenannte Wirbellinie.

Rotierendes He II enthält eine gewisse Anzahl von Wirbeln, die alle parallel zur Gefäßachse von der Oberfläche zum Gefäßboden reichen (Abb. VI,39). Die zur Wirbelachse

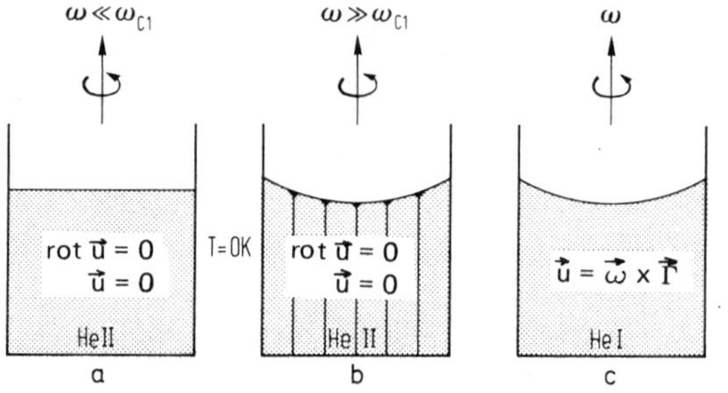

Abb. VI,39. Verhalten von rotierendem He II nahe 0 K (schematisch): a) bei sehr kleinen Winkelgeschwindigkeiten des Gefäßes bildet die gesamte Flüssigkeit einen einfach zusammenhängenden Bereich; der supraflüssige Anteil (praktisch 100 %) ruht. b) bei großen Winkelgeschwindigkeiten entstehen mehrfach zusammenhängende Bereiche durch die Bildung von Wirbellinien. Die Zahl der Wirbellinien ist $n = \frac{2\omega}{(h/m)}$. Die Supraflüssigkeit scheint wie eine klassische Flüssigkeit zu rotieren (Meniskus), aber die Bewegung der einzelnen He-Atome ist sehr kompliziert, da die Viskosität der Supraflüssigkeit weiterhin null ist. c) Rotation einer klassischen Flüssigkeit, z.B. ^{3}He (sog. Festkörperrotation).

hin ansteigende Geschwindigkeit u_s (s für supraflüssig) erreicht beim Radius r_c seinen kritischen Wert. Anstelle einer singulären Wirbellinie enthält jeder Wirbel im He II einen normalflüssigen Wirbelfaden (englisch vortex line), der einen gewissen Durchmesser $2r_c$ hat (Abb. VI,40). Die Zirkulation Γ_s hat für alle Wirbel den gleichen Wert, sie ist quantisiert.

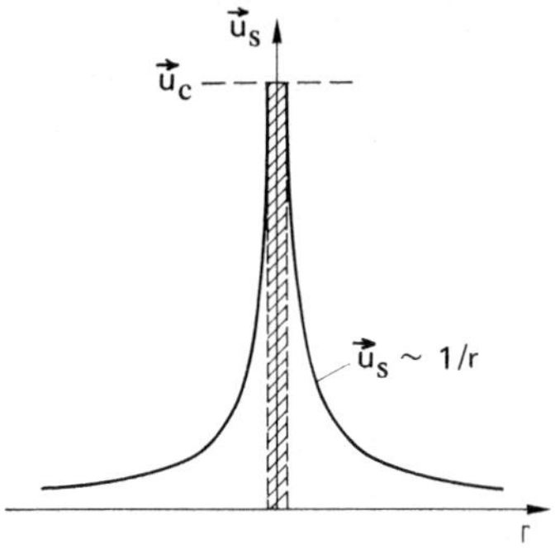

Abb. VI,40. In einem Wirbel ist das Produkt aus Tangentialgeschwindigkeit u_s und Abstand von der Wirbelachse r eine Konstante $\Gamma/2\pi$. Für sehr kleine Werte von r nimmt u_s daher so große Werte an, daß die kritische Geschwindigkeit u_c erreicht und das Wirbelzentrum über einen Durchmesser von einigen Å normalflüssig wird. Dadurch wird für die supraflüssige Komponente ein mehrfach zusammenhängender Bereich geschaffen, der die Bedingung rot $u_s = 0$ erfüllt, ohne daß u_s selbst null ist. Da aber alle Atome denselben Quantenzustand besetzen und damit phasenkorreliert sind, ist nur eine bestimmte Wirbelstärke $\Gamma_0 = h/m$ erlaubt bzw. ganze Vielfache davon ($n\Gamma_0$).

3.10 Quantisierte Wirbel

Heliumatome bestehen aus 2 Protonen und 2 Neutronen und haben deswegen einen ganzzahligen Spin. Sie befolgen die Bose-Einstein-Statistik. In der gleichen Weise wie die Cooper-Paare im Supraleiter, sind die supraflüssigen Heliumatome im untersten Quantenzustand kondensiert (Bose-Einstein-Kondensation). Sie gehorchen alle derselben makroskopischen de-Broglie-Wellenfunktion ψ, die mit $\psi^*\psi = \rho_s$ (der supraflüssigen Dichte) und der Phase φ folgendermaßen lautet:

$$\psi = \sqrt{\rho_s}\ \exp(\mathrm{i}\,\varphi)$$

Analog der üblichen Quantenmechanik folgt für die Geschwindigkeit der Teilchen:

$$u_s = (\hbar/m)\ \mathrm{grad}\ \varphi \qquad (m = \text{Masse eines He-Atoms}).$$

Ruhendes He II hat überall die gleiche Phase, die Wellenlänge der de-Broglie-Welle ist unendlich. Außerdem ergibt sich unmittelbar rot $u_s = 0$ (da rot grad $\varphi = 0$ ist), die Rotationsfreiheit.

Betrachtet man nun einen supraflüssigen Bereich, der einen normalflüssigen umschließt (also einen mehrfach zusammenhängenden Bereich), so liefert das Linienintegral für jeden geschlossenen Integrationsweg

$$\oint u_s\, \mathrm{d}s = \oint (\hbar/m)\ \mathrm{grad}\ \varphi\ \mathrm{d}s = \hbar/m\ (\varphi_1 - \varphi_2) \qquad \text{(VI,12)}$$

Dabei ist $(\varphi_1 - \varphi_2)$ die Phasenänderung bei Integration um den Wirbelfaden herum. Die Bedingung für Supraflüssigkeit ist die Eindeutigkeit der Wellenfunktion: ihr Wert muß der gleiche sein, wenn der Ausgangspunkt des Integrationsweges erreicht ist. Das ist aber nur für Phasenunterschiede möglich, die ganzzahlige Vielfache von 2π sind:

$$\varphi_1 - \varphi_2 = 2\,\pi\,n$$

Die linke Seite der Gl. VI,12 ist aber gerade die Definition der Zirkulation. Γ_s ist also gequantelt: $\Gamma_s = nh/m$, die Zirkulation der Supraflüssigkeit um einen normalflüssigen Kern (aber auch um ein festes Hindernis) kann nur bestimmte Werte, nämlich Vielfache von $\Gamma_0 = h/m \approx 10^{-3}$ cm^2/s annehmen.

Hier wird deutlich, was der Ausdruck „makroskopisches Quantensystem" wirklich bedeutet. Das Auftreten des Planck'schen Wirkungsquantums ist sonst in der Physik immer an die Eigenschaften eines einzelnen Teilchens gebunden: ein Photon hat die Energie $h\nu$, ein Elektron hat auf seiner Umlaufbahn um den Atomkern den Drehimpuls $n\hbar$, usw. Beim He II dagegen erfolgt die Bewegung aller Teilchen, das sind etwa 10^{23} Atome, korreliert und führt zu Zirkulationen, die sich genau durch h/m unterscheiden, also durch ein Wirkungsquantum geteilt durch eine He-Atommasse.

Die gesamte supraflüssige Komponente des He II muß in einem rotierenden Gefäß entweder in Ruhe verharren ($\omega < \omega_c$) oder aber eine Wirbelbewegung ausführen, deren Geschwindigkeit durch die Quantisierung der Zirkulation gegeben ist. Wird ein Wirbel gebildet, so müssen alle Atome gleichzeitig den Übergang von $u_s = 0$ zu $u_s = n\,\hbar/mr$ vollbringen.

Die Quantisierung der Wirbel kann durch schöne Experimente qualitativ und quantitativ bestätigt werden. In der Achse eines mit He II gefüllten Bechers sei eine feine Saite gespannt. Wenn die Saite in transversale Schwingungen versetzt wird und die Flüssigkeit rotiert, wirkt auf sie eine Kraft gemäß dem Magnuseffekt. Diese Kraft wirkt sich auf die Eigenfrequenz der Saite aus, die für einfach oder mehrfach quantisierte Zirkulation bestimmte stabile Werte annehmen muß (Versuch von W. F. Vinen Abb. VI,41).

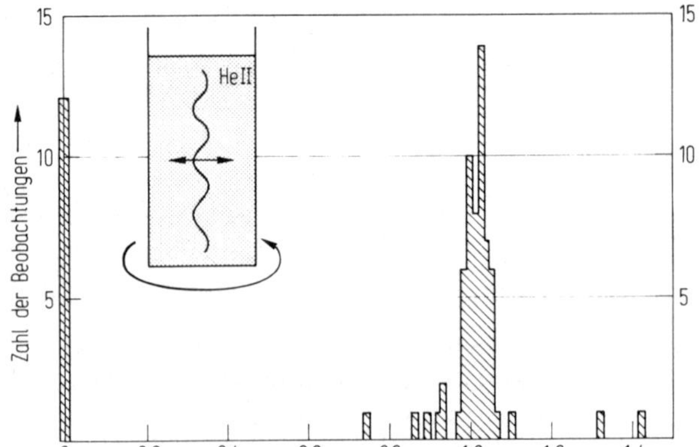

Abb. VI,41. Der Versuch von Vinen (1961) zeigt die Quantisierung des Zentralwirbels in rotierendem He II. Die Eigenfrequenz der in der Gefäßachse aufgespannten Saite ist wegen des Magnuseffektes eine Funktion der Wirbelstärke. Dieses Diagramm zeigt, daß sich die Beobachtungen bei zwei ganz bestimmten Wirbelstärken, nämlich $\Gamma_s = 0$ und $\Gamma_0 = h/m$ häufen.

Eine andere Methode zum Nachweis der Quantisierung beruht auf der Tatsache, daß die normalflüssige Wirbelachse bevorzugt neutrale oder elektrisch geladene Teilchen sammelt und in achsialer Richtung zu den Wirbelenden transportiert. So werden radial in rotierendes He II eingeschossene Elektronen von einer am Boden liegenden, schwach polarisierten Elektrode nur in einer der Zahl der Wirbel proportionalen Menge gesammelt (Abb. VI,50). Dabei wird gefunden, daß freie Wirbel nur einfach quantisiert sind ($n = 1$). Es ist für die Supraflüssigkeit günstiger, zwei einfach quantisierte Wirbel anstelle eines zweifach quantisierten zu bilden, da die Energie eines Wirbels dem Quadrat der Zirkulation proportional ist ($E \sim \Gamma_s^2$). Γ_s beträgt also immer 10^{-3} cm^2/s $= \Gamma_0$.

Die Bewegung der Flüssigkeit in einem rotierenden Gefäß erreicht bei vorgeschriebener Winkelgeschwindigkeit einen stabilen Gleichgewichtszustand, wenn die freie Enthalpie des Systems ein Minimum wird. Die freie Enthalpie G ist gegeben durch

$$G = F - \omega L$$

(F = freie Energie, L = Drehimpuls, ω = Winkelgeschwindigkeit des Gefäßes). Für F wird hier, da nur kinetische Beiträge zur Energie interessieren, die kinetische Energie $\int \frac{\rho_s}{2} u_s^2 \, 2\pi r \mathrm{d}r$ gesetzt.

Die freie Enthalpie erreicht ihr Minimum für die sogenannte Festkörperrotation $u = \omega r$, die von klassischen Flüssigkeiten und der Normalkomponente des He II ausgeführt wird. Für die Supraflüssigkeit gibt es aber nur zwei Bewegungsformen, die der Quantisierungsbedingung rot $\boldsymbol{u}_s = 0$ genügen:

$$\boldsymbol{u}_s = 0 \quad \text{oder} \quad |\boldsymbol{u}_s| = n\hbar/m\,r$$

d.h. Ruhe oder Wirbel.

Die Erzeugung eines quantisierten Wirbels mit dem Drehimpuls L verbraucht eine bestimmte Energie F. Bei kleinen Winkelgeschwindigkeiten ist $G > 0$, da $\omega L < F$. Bei ruhender Flüssigkeit ist dagegen $G = 0$, da $L = 0$ und $F = 0$ ist. Deshalb hat bei kleinem ω die ruhende, wirbelfreie Supraflüssigkeit die kleinste Enthalpie. Wird die Rotationsgeschwindigkeit des Gefäßes erhöht, nimmt der Ausdruck $G = F - \omega L$ für die Erzeugung eines Wirbels ab, bis er schließlich bei einer kritischen Geschwindigkeit ω_{c1} null und dann negativ wird: $G \leqslant 0$ für $\omega \geqslant \omega_{c1}$. Oberhalb dieser kritischen Winkelgeschwindigkeit entspricht der Zustand niedrigster freier Enthalpie einem Zustand, bei dem sich in der Supraflüssigkeit ein quantisierter Wirbel in der Achse des rotierenden Bechers befindet. Durch Einsetzen von L und F findet man

$$\omega_{c1} = \frac{h}{m\,2\,\pi R^2} \log(R/r_0)$$

(R = Gefäßradius, r_0 = Radius des normalen Wirbelfadens). r_0 ist von der Größenordnung der Kohärenzlänge im supraflüssigen Helium. Diese Länge ist analog zum Supraleiter definiert als eine Distanz, über die sich die supraflüssigen Eigenschaften nicht wesentlich ändern können. Die Kohärenzlänge beträgt höchstens einige Å.

3.11 Wirbelfadengitter

Bei weiterer Erhöhung der Winkelgeschwindigkeit ist es energetisch am günstigsten, immer neue Wirbel zu schaffen. Zu jeder Winkelgeschwindigkeit gehört eine Zahl von Wirbeln, die die freie Enthalpie zum Minimum macht. Alle Wirbelfäden sind parallel zur Rotationsachse angeordnet und reichen vom Gefäßboden bis zur Flüssigkeitsoberfläche. Die Zirkulation der Wirbel beträgt immer ein Zirkulationsquantum h/m. Alle Wirbel haben ungefähr den gleichen Abstand von einander und bilden wahrscheinlich ein Dreiecksgitter ähnlich dem der Supraleiter zweiter Art (Abb. VI,42). Es sind Versuche im Gange, die Wirbelfäden direkt oder indirekt sichtbar zu machen (etwa in der Art der Sichtbarmachung der Flußlinien in den Supraleitern in Abb. VI,22).

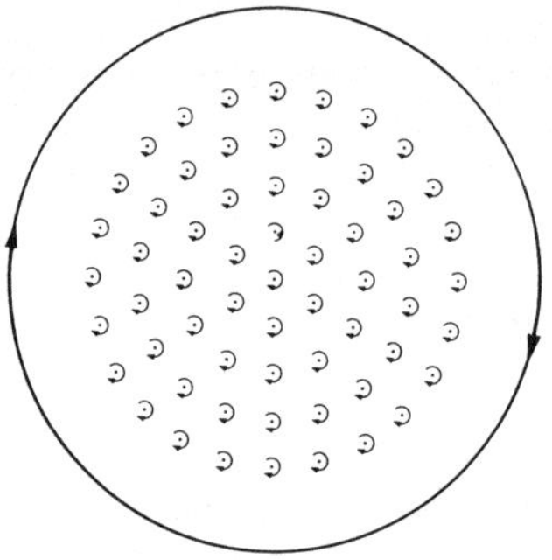

Abb. VI,42. Analog zum Supraleiter ist es auch für die Wirbel im rotierenden He II energetisch am günstigsten, eine Dreieckskonfiguration zu bilden. Am Gefäßrand ist die Wirbelverteilung jedoch komplizierter. Das Bild zeigt eine mögliche, von Stauffer, Pobell und Schoepe berechnete Wirbelanordnung für $\omega = 0{,}05\ \mathrm{s}^{-1}$ und einen Gefäßdurchmesser $2R = 1{,}1$ cm.

Bei hohen Winkelgeschwindigkeiten (bis zu 10 Umdrehungen pro Sekunde) gilt für die Wirbelfadendichte etwa $2000 \cdot \omega$ Wirbelfäden/cm^2. Bei weiterer Erhöhung der Winkelgeschwindigkeit müßte die Wirbelfadendichte einmal so groß werden, daß He II nur noch aus den normalflüssigen Wirbelfäden besteht, d.h. normal wird. Wegen der Kleinheit des Wirbelfadendurchmessers (einige Å) beträgt diese obere kritische Winkelgeschwindigkeit ω_{c2} etwa $10^{12}\ \mathrm{s}^{-1}$ (für $T < 2$ K), ein Wert, der im Laboratorium kaum je erreichbar sein wird.

3.12 ^{3}He-^{4}He-Gemische

Die beiden verflüssigten Heliumisotope sind in gewissen Grenzen miteinander mischbar. Die Beimischung von ^{3}He zu ^{4}He verschiebt den λ-Punkt zu tieferen Temperaturen (Abb. VI,43). Eine Mischung mit 67 at % ^{3}He wird erst bei 0,83 K supraflüssig. Unterhalb dieser Temperatur kann sich eine **Phasentrennung** ausbilden: es entstehen zwei Phasen, die nicht miteinander mischbar sind. Die spezifisch leichtere, oben schwimmende

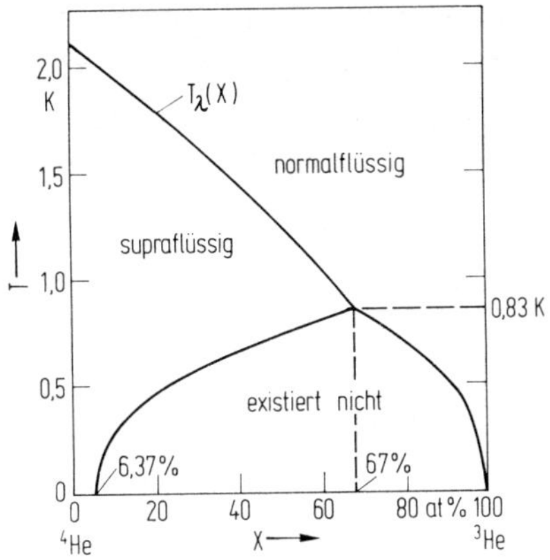

Abb. VI,43. Das (T,X)-Phasendiagramm von ^{3}He-^{4}He-Gemischen. Oberhalb 0,83 K ist das Gemisch je nach der ^{3}He-Konzentration supraflüssig oder normalflüssig. Unterhalb dieser Temperatur bilden sich zwei nicht mischbare Phasen verschiedener Dichte, die eine reich an ^{3}He, normalflüssig und leicht, die andere reich an ^{4}He, supraflüssig und schwer. Nahe dem absoluten Nullpunkt besteht die normalflüssige Phase aus reinem ^{3}He, die supraflüssige enthält noch 6,37 at % ^{3}He. Unterhalb 2,5 mK wird reines ^{3}He selbst supraflüssig.

Phase enthält im Wesentlichen ^{3}He und ist nicht supraflüssig. Darunter befindet sich die schwerere, ^{4}He-reiche supraflüssige Phase. In beiden Phasen sinkt die Löslichkeit der minoritären Komponente mit der Temperatur. Während auf der ^{3}He-Seite des Phasendiagramms unterhalb 0,1 K praktisch kein (< 0,5 %) ^{4}He mehr löslich ist, beträgt die Löslichkeit von ^{3}He in ^{4}He auf der ^{4}He-reichen Seite selbst bei den tiefsten erreichten Temperaturen noch etwa 6,4 %. Ein Gemisch mit z.B. 5 % ^{3}He ist unterhalb 2 K supraflüssig und seine Konzentration bleibt konstant. Ein Gemisch mit 50 % dagegen wird erst unterhalb 1,25 K supraflüssig und erfährt bei 0,8 K die Phasentrennung. Bei weiter sinkender Temperatur nimmt dann die ^{3}He-Konzentration in der supraflüssigen Phase langsam ab, während sich darüberschwimmend die ^{3}He-reiche Phase mit 75 % ^{3}He bildet und unter Volumenzunahme immer ^{4}He-ärmer wird.

Die Trennfläche zwischen den beiden Phasen ist wegen des großen Unterschieds der beiden Dielektrizitätskonstanten deutlich sichtbar (Abb. VI,44). Dieser Unterschied

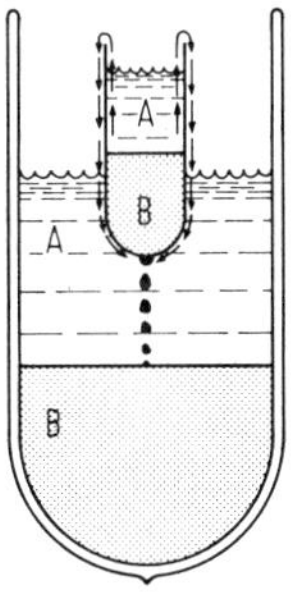

Abb. VI,44. Die für die supraflüssige Phase B charakteristische Ausbildung des beweglichen Films existiert auch in Heliumgemischen. Hier durchwandert der Film die normalflüssige Phase und entleert den oberen Becher, bis dieser nur noch die normalflüssige Phase A enthält. Die Phasengrenze („Tropfen") ist wegen des Unterschieds der Dielektrizitätskonstanten der beiden Phasen gut sichtbar. Der aus dem oberen Becher austretende Film enthält interessanterweise praktisch nur reines ^{4}He, ein Phänomen, daß noch nicht befriedigend geklärt ist.

wird auch benutzt, um die Konzentration eines Gemisches zu messen, indem die Kapazität eines mit Gemisch gefüllten Kondensators bestimmt wird.

Bringt man ein ^{3}He-Atom mit dem Impuls $\boldsymbol{p}$ aus der ^{3}He-Umgebung (leichte Phase) in die ^{4}He-Umgebung, so ändert sich die Energie des Systems um den Betrag

$$\epsilon_3 = \frac{p^2}{2\,m^*} - E_3$$

E_3 ist die Nullpunktsenergie, m^* die effektive Masse des ^{3}He-Quasiteilchens, die etwa 2,4 mal größer als die des freien ^{3}He-Atoms ist. ϵ_3 stellt also das Anregungsspektrum der ^{3}He-Atome im suprafüssigen ^{4}He dar. Die im ^{4}He vorkommenden Phononen und Rotonen haben bei Temperaturen unter 0,5 K praktisch keinen Einfluß mehr auf die Anregungen des ^{3}He.

Dieser Energieunterschied entspricht einer latenten Wärme, die dem System entzogen wird. Man stelle sich vor, ^{3}He verdampft und ^{4}He bildet den Träger für das ^{3}He-Quasigas und hat sonst keinen Einfluß. Ein solcher Mechanismus ist möglich, da flüssiges ^{4}He bei diesen Temperaturen nur aus der suprafüssigen Komponente besteht, die keine Zähigkeit und keine Entropie hat. Im Gegensatz zu den ^{4}He-Atomen, die Bosonen sind, befolgen die ^{3}He-Atome die Fermi-Dirac-Statistik (sie haben einen halbzahligen Spin), man nennt solche Teilchen Fermionen. Sie stellen in der konzentrierten Form eine Fermi-Flüssigkeit und in im ^{4}He verdünnter Form ein Fermi-Gas dar. ^{4}He dient diesem Gas als Träger und bewirkt die effektive Masse der ^{3}He-Quasiteilchen m^*. Die kritische Temperatur der Fermiflüssigkeit ist gerade 0,83 K (Tripelpunkt in Abb. VI,43). Die latente Wärme beträgt 0,2 J/mol bei 50 mK und 2 mJ/mol bei 5 mK.

3.13 Entmischungskryostat

Die Phasentrennung macht eine interessante Kühltechnik im Temperaturbereich 5 mK bis 600 mK möglich.

Man stelle sich das oben beschriebene 50 %-Gemisch vor. Die suprafüssige Phase enthält mindestens 6,4 % ^{3}He. Wenn es gelingt, ^{3}He aus dieser Phase zu entfernen, dann muß neues ^{3}He aus der ^{3}He-reichen Phase „verdampfen", um in der suprafüssigen Phase die Konzentration zu erhalten. Die latente Wärme wird dabei dem Gemisch entzogen. Man kann den Vorgang mit dem Kühleffekt vergleichen, den das Pumpen über einer reinen Flüssigkeit hat. Anstelle des Dampfdrucks herrscht hier aber der osmotische Druck des ^{3}He in ^{4}He. Die Kühlleistung hängt in beiden Fällen vom Massedurchsatz durch die Oberfläche bzw. Trennfläche ab. Beim Kühlprozeß durch Abpumpen ist die latente Wärme (Verdampfungswärme) praktisch von der Temperatur unabhängig, aber der Dampfdruck stark temperaturabhängig. Für reines ^{3}He ist bei Drucken unter 1 Pa ($\approx 10^{-2}$ torr) der Massedurchsatz auch bei großen Pumpleistungen so gering, daß die Kühlleistung nicht mehr gegen die natürlichen Energiequellen (Wärmeleitung, Konvektion, elektromagnetische Strahlung usw.) ankommt, und man eine tiefere Temperatur als 0,3 K kaum erreichen kann (Abb. VI,45).

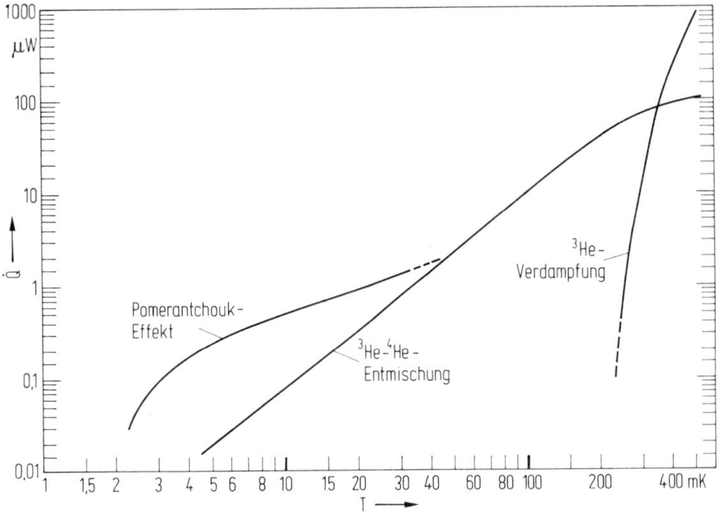

Abb. VI,45. Vergleich der Kälteleistung $\dot{Q}$ der drei nichtmagnetischen Kühlmethoden unterhalb 1 K. Während beim einfachen ^{3}He-Kryostaten (rechts) $\dot{Q}$ von der Menge des gepumpten ^{3}He abhängt, also vom Dampfdruck ($p \sim \exp T$), ist bei der Entmischung (Mitte) der Heliumdurchfluß konstant, aber die Kälteleistung pro ^{3}He-Atom von der Temperatur abhängig ($\sim T^2$). Der Pomerantchuk-Effekt ist als adiabatische Kühlmethode dem Produkt $T\Delta S$ proportional. Da ΔS (= $S_{\text{fest}} - S_{\text{flüssig}}$) sich oberhalb 5 mK nur wenig mit T ändert, ist die Kälteleistung der absoluten Temperatur in etwa proportional.

Bei den ^{3}He-^{4}He-Gemischen ist die Situation umgekehrt: der osmotische Druck ist bei sehr tiefen Temperaturen konstant und beträgt theoretisch beim absoluten Nullpunkt etwa 2,5 kPa (= 17 torr). Die Verdünnungswärme ist stark temperaturabhängig ($\epsilon_3 \sim T^2$), jedoch nicht so stark wie der ^{3}He-Dampfdruck (logarithmischer Abfall), was den besseren Kühleffekt erklärt.

Bei der praktischen Ausführung des Entmischungskryostaten sind einige technische Probleme zu überwinden. Um ^{3}He aus der supraflüssigen Phase zu entfernen, muß diese durch Heizen auf so hohe Temperaturen gebracht werden, daß der Dampfdruck des ^{3}He genügend hoch ist (etwa 13 Pa bei 0,6 K), damit ein Massedurchsatz von einigen 30 μmol/s möglich ist. Die Stelle, wo geheizt wird (der Verdampfer), muß also thermisch möglichst gut von der Mischkammer (wo die Phasentrennung stattfindet) isoliert sein. Wegen der guten Wärmeleitung der supraflüssigen Phase findet sich aber trotzdem ein Teil dieser Heizenergie in der Mischkammer, die ja gerade die Kältequelle darstellt, wieder. Damit die Mischkammer keine zu große Wärmekapazität hat, soll nur mit kleinen Flüssigkeitsmengen gearbeitet werden. Dann verbraucht sich aber der ^{3}He-Vorrat schnell und die Kühlleistung steht nicht lange genug zur Verfügung. Das abgepumpte ^{3}He muß deswegen über

Wärmeaustauscher wieder in die Mischkammer gebracht werden (Abb. VI,46). Die Konstruktion guter Wärmeaustauscher ist ein Problem, da der Wärmeübergang zwischen Festkörper und Flüssigkeit bei diesen Temperaturen anormal niedrige Werte hat (Kapitza-Widerstand).

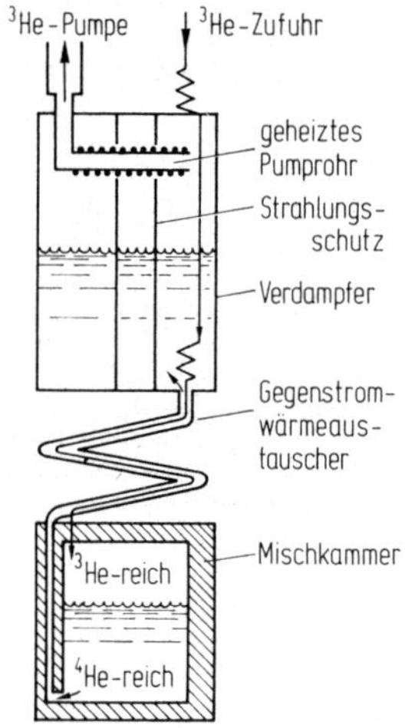

Abb. VI,46. Schema des Entmischungskryostaten. Die Mischkammer ist die Kältequelle. Hier besteht die Phasentrennung und ^{3}He diffundiert von oben nach unten durch die Phasengrenze, um in der ^{4}He-reichen supraflüssigen Phase eine ^{3}He-Konzentration von mindestens 6,4 % aufrecht zu erhalten. Die Lösungswärme wird dem Flüssigkeitsgemisch entzogen. ^{3}He steigt dann im ^{4}He durch den Gegenstromwärmeaustauscher in den Verdampfer, wo es bei ca. 0,7 K abgepumpt wird. Um möglichst reines ^{3}He abzupumpen, muß man den ^{4}He-Film unterdrücken (durch Heizen des Pumprohres). ^{3}He wird auf der Hochdruckseite der Pumpe wieder verflüssigt und nach Abkühlen im Gegenstromwärmeaustauscher in der Mischkammer der ^{3}He-reichen Phase zugeführt. Die Mischkammer ist zur Vermeidung von Wirbelstromverlusten aus Kunstharz. Die Mischkammer und der Verdampfer sind von Vakuum und einem Strahlenschutz bei 1 K umgeben.

Im kontinuierlichen Betrieb werden, wie zu erwarten, nicht die tiefsten Temperaturen erreicht, dafür aber große Wärmemengen abgeführt (Abb. VI,45). Um tiefere Temperaturen zu erreichen, braucht nur die ^{3}He-Zufuhr gedrosselt zu werden (diskontinuierlicher Betrieb).

Für Temperaturen unter 5 mK kann an die Mischkammer ein Pomerantschuk Kompressor (s. VI,3.1) oder (und) eine adiabatische Entmagnetisierungs-Stufe angeschlossen werden. Die Hauptprobleme bei Temperaturen unter 1 mK entstehen durch die großen thermischen Relaxationszeiten zwischen den verschiedenen Teilchensystemen, aus denen Probe und Kältequelle bestehen.

3.14 Supraflüssiges ^{3}He

Wie schon oben erwähnt, befolgen die ^{3}He-Atome die Fermi-Dirac-Statistik. Es gilt, wie für die Elektronen im Metall, das Ausschließungsprinzip von Pauli. Überhaupt können in vieler Hinsicht die Theorien des Elektronengases im Metall auf flüssiges ^{3}He übertragen werden. So ändert sich z.B. seine spezifische Wärmekapazität genau wie die der Elektronen proportional zur absoluten Temperatur. Seit den Erfolgen der BCS-Theorie gibt es deshalb Theorien, die eine der Supraleitung in Metallen analoge Phase im flüssigen ^{3}He voraussagen.

Die Fermi-Temperatur des Elektronengases im Metall[1] beträgt etwa 10^4 K. Die höchsten Übergangstemperaturen für Supraleitung liegen bei 20 K. Für ^{3}He-Atome, die eine Fermi-Temperatur von etwa 1 K haben, sollte man also eine Übergangstemperatur von etwa 2 mK erwarten. Der Phasenübergang sollte auch von zweiter Ordnung sein (ohne Entropieänderung). Unterhalb des Phasenübergangs sollten sich die ^{3}He-Atome mehr und mehr zu Paaren gruppieren, die den Spin 1 haben und die Bose-Einstein-Statistik befolgen.

Die spezifische Wärmekapazität zeigt in der Tat eine Anomalie (einen plötzlichen Sprung auf das Dreifache bei sinkender Temperatur) bei 2,6 mK unter einem Druck von 33,8 bar (das ist der Verfestigungsdruck des ^{3}He bei dieser Temperatur). Bei 19 bar findet der Sprung schon bei 2,3 mK statt (Abb. VI,53). Die Temperatur des Phasenübergangs hat für ^{3}He – im Gegensatz zum ^{4}He – einen positiven Druckkoeffizienten. Die Phasenübergangstemperatur für ^{3}He unter dem eigenen Dampfdruck beträgt 0,93 mK.

Außer der Anomalie der spezifischen Wärme gibt es eine Anomalie der Zähigkeit: ^{3}He zeigt deutlich Eigenschaften einer Supraflüssigkeit, wie mit einem Saitenviskometer (siehe 3.10) gezeigt werden kann. Die Art des Abfalls der Zähigkeit unterhalb der Übergangstemperatur deutet darauf hin, daß man auch auf ^{3}He das Zweiflüssigkeitsmodell anwenden kann.

Der genaue Paarungsmechanismus und die Quantenzustände der ^{3}He-Paare sind noch nicht bekannt. Wahrscheinlich führt die schwach anziehende Wechselwirkung zwischen zwei Atomen mit gleichgerichtetem Spin unter dem gleichzeitigen „Druck" aller anderen Atome zur geforderten Paarung. In diesem Falle muß wegen des Ausschließungsprinzips der Drehimpuls des Paares ganze ungerade Vielfache von h (Plancksches Wirkungsquantum) betragen (z.B. $L = 1$). Für Cooperpaare gilt $S = 0$ und $L = 0$. Die Supraflüssigkeit besteht vielleicht auch aus Bereichen mit verschiedenen Spin- und Drehimpulszuständen.

Da Spins magnetfeldempfindlich sind, sind in Gegenwart eines Magnetfeldes zwei Stellungen der gepaarten Spins möglich: Parallel oder antiparallel zum Magnetfeld. Da die Energien dieser beiden Stellungen etwas von einander abweichen, spaltet die Übergangstemperatur im Magnetfeld in zwei Übergangstemperaturen auf, die um etwa 70 μK/Tesla von einander getrennt sind.

Alle diese Experimente, die die Supraflüssigkeit des ^{3}He zeigen und zu erklären versuchen, sind erst 1973 zum ersten Mal durchgeführt worden. Mit weiteren Fortschritten der Experimentiertechnik werden in den nächsten Jahren noch viele interessante und wahrscheinlich auch unerwartete Effekte entdeckt werden.

[1] $T_F = E_F/k$, siehe auch Gl. VI,1

4. Zusammenfassender Vergleich der Eigenschaften von Supraleitern und He II

Die beiden makroskopischen Quantensysteme, die bisher weitgehend erforscht sind, Supraleiter und He II, zeigen für eine große Zahl ihrer Eigenschaften ein analoges Verhalten. Die beobachteten Ähnlichkeiten sind oft so erstaunlich, daß man versucht ist, für alle Eigenschaften des einen Systems ein analoges Verhalten im anderen System vorauszusagen. In wie weit dies gerechtfertigt ist, kann sich erst nach der Behandlung zweier grundsätzlicher Fragen zeigen: Welcher Mechanismus ruft die beobachteten Ähnlichkeiten hervor und welche sind die wesentlichen Unterschiede im Aufbau der beiden Systeme?

4.1 Transporteigenschaften

Die wohl auffälligste Ähnlichkeit betrifft die Transporteigenschaften: sowohl die Cooper-Paare als auch die He-Atome im He II können sich widerstandslos bewegen. Sie bilden eine neue Phase, die mit der normalen Phase in einem temperaturabhängigen Gleichgewicht steht und deren wichtigste Eigenschaft in der völligen Abwesenheit von Entropie liegt: der Wärmeinhalt dieser Phase ist null, die Temperatur der Teilchen beträgt 0 K (Abb. VI,47).

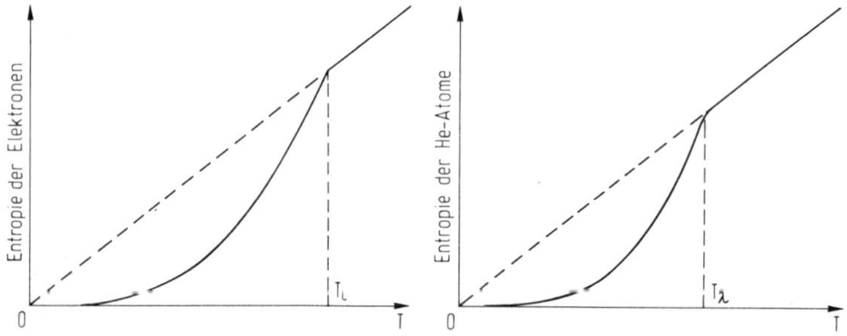

Abb. VI,47. Unterhalb der Phasenumwandlungstemperatur nimmt die Ordnung in beiden Teilchensystemen (Elektronen links und Heliumatome rechts) dadurch zu, daß mehr und mehr Teilchen in den Grundzustand kondensieren, was sich in dem plötzlichen Abfall der Entropie mit der Temperatur äußert. Das Fehlen einer latenten Wärme ($\Delta S = 0$ am Umwandlungspunkt) weist darauf hin, daß in beiden Systemen die Kondensation der Quasiteilchen im Impulsraum und nicht im Koordinatenraum stattfindet (Phasenübergang zweiter Art).

Dieser Zustand größtmöglicher Ordnung wird quantenmechanisch so verstanden, daß die Teilchen in einen makroskopischen Quantenzustand kondensieren, d.h. über weite Entfernungen hin korreliert sind. Anstelle einer Überlagerung individueller de-Broglie-Wellen mit Wellenlängen von der Größenordnung des mittleren Teilchenabstands, ergibt die Korrelation eine einzige de-Broglie-Welle, der alle Teilchen gehorchen und deren Phasenbeziehung eine eindeutige Funktion von Raum und Zeit ist (Phasenkohärenz). Wesentlich ist dabei, daß die größtmögliche Ordnung nicht im Koordinatenraum, sondern im Impulsraum herrscht. Im Gegensatz zur klassischen Kondensation ist nicht die Lage, sondern die Bewegung der Teilchen korreliert.

Die effektive Wellenfunktion der korrelierten Teilchen

$$\psi = \sqrt{\rho_s} \exp(i\varphi)$$

beschreibt die Bewegung des Kondensats s. Bei konstanter Temperatur gilt für den Impuls

$$p_s = \hbar \operatorname{grad} \varphi$$

Die Phase spielt hier dieselbe Rolle wie ein elektrisches Potential oder ein hydrostatischer Druck (Abb. VI,48). Im normalen Metall oder in der normalen Flüssigkeit ist der Strom dem elektrischen Feld- bzw. dem Druckgradienten proportional; die Abwesenheit eines Gradienten bedeutet gleiches Potential bzw. gleicher Druck überall im betrachteten Volumen. Entsprechend ist die Phase der de-Broglie-Welle überall dieselbe, wenn die Supraflüssigkeit (hier Cooper-Paare oder He-Atome) ruht: die Wellenlänge ist unendlich.

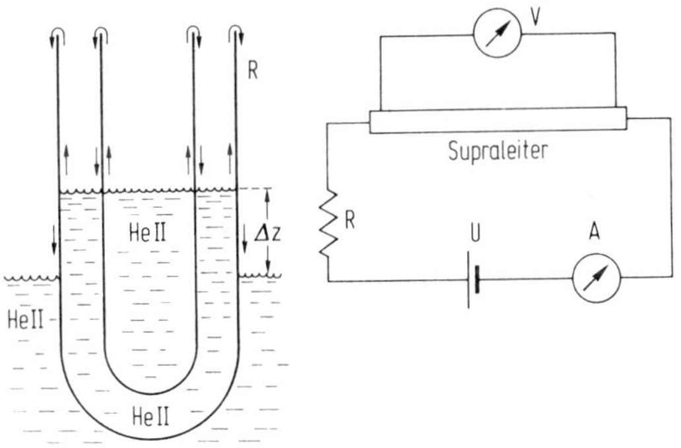

Abb. VI,48. Die Zwei-Becher-Anordnung von Mendelssohn (links) ist das Analogon zum stromdurchflossenen Supraleiter (rechts). Dem Niveauunterschied zwischen Becher und Umgebung Δz ist die Batteriespannung U äquivalent, dem Heliumfilm der elektrische Strom. Der Spannungsabfall am Supraleiter ist null; entsprechend gibt es keinen Niveauunterschied zwischen den beiden Bechern. Der mit dem Supraleiter in Reihe geschaltete Widerstand wirkt als Strombegrenzer, er hält den Strom unter dem kritischen Wert I_c. An seiner Stelle hätte ein zweites, viel dünneres Stück Supraleiter denselben Effekt gehabt, denn die kritische Stromdichte wäre darin überschritten worden und es hätte den „normalen“ Widerstand ersetzt. Der äußere Becher hat genau diese Aufgabe: der He II-Film erreicht hier, wegen des größeren Umfangs, seine kritische Geschwindigkeit und der Helium-Transport wird durch die Strömungsverluste infolge innerer Reibung begrenzt (R).

Die Wellenfunktion beschreibt nicht die Bewegung des einzelnen Teilchens oder des Schwerpunktes einer Gruppe von Teilchen, sondern die des gesamten Kondensats. Die statistische Quantenmechanik zeigt, daß nur Teilchen ohne oder mit ganzzahligem Spin (also Bosonen) einen bestimmten Zustand (den Grundzustand) in großer Anzahl besetzen können. Für andere Teilchen (Fermionen) gilt das Pauli-Prinzip. Für Elektronen wird die Statistik umgangen, indem je zwei Elektronen (Spin 1/2) mit entgegengesetztem Spin ein Paar bilden. Die dazu notwendige anziehende Wechselwirkung ergibt sich aus dem Austausch eines virtuellen Phonons. Die so gebildeten Cooper-Paare dürfen zwar nicht als reelle Bosonen (im Koordinatenraum) angesehen werden, sondern als Quasiteilchen im Impulsraum, was aber für statistische Zwecke keine große Bedeutung hat. ^{4}He-Atome sind Bosonen und können ohne Paarung den Grundzustand besetzen.

4.2 Einfluß der elektrischen Ladung

Ein wesentlicher Unterschied zwischen He-Atomen und Cooper-Paaren liegt nun darin, daß letztere elektrisch geladen sind. Damit scheinen weitere Analogiebetrachtungen zwecklos, denn auf die ungeladenen He-Atome hat ein Magnetfeld natürlich keinen Einfluß. Andererseits ist es auffallend, daß die Teilchenmasse (die bei der Quantisierung des rotierenden He II eine wichtige Rolle spielt) deutlich – schon wegen ihrer Kleinheit – für das Verhalten der Cooperpaare belanglos ist. Sollte die Ladung im Supraleiter eine ähnliche Rolle spielen, wie die Masse im He II ?

Hier noch einmal die Tatsachen: Der Meißner-Ochsenfeld-Effekt sagt aus, daß unterhalb einer kritischen Feldstärke H_c das Innere des Supraleiters feldfrei ist: $\operatorname{rot} \boldsymbol{A} = \boldsymbol{B} = 0$ ($\boldsymbol{A}$ ist das Vektorpotential). Der Grund dafür sind verlustlose stationäre Oberflächenströme, die das Probeninnere magnetisch abschirmen. Zur Erzeugung dieser Oberflächenströme ist es notwendig, daß das Feld in gewissem Maße in die Oberfläche der Probe eindringt. Solange die Eindringtiefe kleiner ist, als die mittlere Ausdehnung eines Cooper-Paares ($\kappa = \frac{\lambda}{\xi} < 1/\sqrt{2}$), ist die Oberflächenenergie positiv. Andernfalls ($\kappa > 1/\sqrt{2}$) ist sie negativ und das Magnetfeld dringt in Form von Flußschläuchen oberhalb der kritischen Feldstärke H_{c1} in die Probe ein. Der Magnetfluß in einem Flußschlauch ist quantisiert und beträgt mindestens $\Phi_0 = h/2e$. Beim oberen kritischen Feld H_{c2} gibt es soviele Flußschläuche, daß die Probe normal wird.

He II in einem rotierenden Gefäß verharrt in Ruhe, solange es einen einfach zusammenhängenden Bereich bildet, denn dann ist $\operatorname{rot} \boldsymbol{u}_s = 0$, $\operatorname{div} \boldsymbol{u}_s = 0$ und $\boldsymbol{u}_s = 0$. Durch Erzeugung normalflüssiger Wirbelfäden wird oberhalb einer kritischen Winkelgeschwindigkeit des Gefäßes ω_{c1} ein mehrfach zusammenhängender Bereich geschaffen, und die Rotation kann in das Flüssigkeitsvolumen eindringen: $\operatorname{rot} \boldsymbol{u}_s = 0$, $\boldsymbol{u}_s \neq 0$. Die Zirkulation um einen Wirbelfaden ist quantisiert und beträgt $\Gamma_0 = h/m$. Oberhalb einer (theoretischen) oberen kritischen Winkelgeschwindigkeit ω_{c2} ist alles He II normal.

Dieses in beiden Systemen ähnliche Verhalten ist in Abb. VI,49 skizziert. Quantitativ kann man von einem System in das andere gelangen, indem man folgende Beziehung anwendet (in SI-Einheiten):

$$2\,e\,\mu_0\,H \leftrightharpoons m_{\mathrm{He}}\,\omega$$

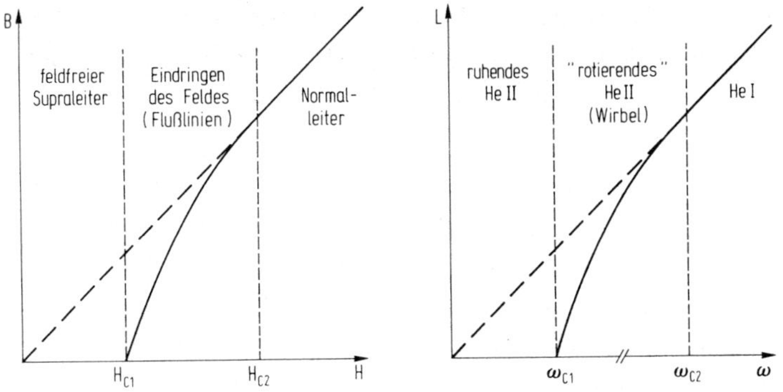

Abb. VI,49. Schematische Darstellung des Eindringens von Magnetfluß in einen Supraleiter zweiter Art (links) und von Rotation in He II (rechts). Während es aufgrund der Elektron-Phonon-wechselwirkung im Metall viele verschiedene Supraleiter gibt, die sich je nach ihrem Ginzburg-Landau-Parameter κ in zwei Arten einteilen lassen, ist He II immer „zweiter Art", da die Eindringtiefe mindestens gleich dem Gefäßdurchmesser, die Kohärenzlänge dagegen sehr klein ist. κ liegt für die meisten Supraleiter zweiter Art zwischen 0,8 und 2, für He II aber um viele Größenordnungen darüber (für D = 1 cm $\kappa \approx 10^8$). Die Zeichnung wird diesem Umstand nicht gerecht (ω_{c2} ist zu nahe an ω_{c1}).

Entsprechend gilt auch $2\,e\,\Phi_0 = m_{He}\,\Gamma_0$. Hier sei noch einmal die Analogie zwischen beiden Systemen in der Vortex-Quantisierung [1)] gegenübergestellt (Abb. VI,50).

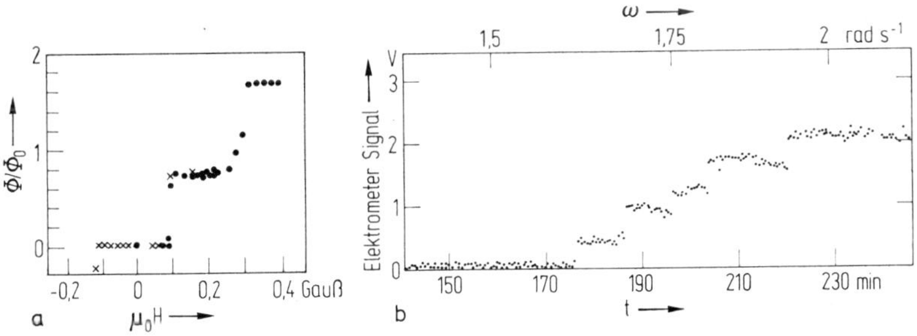

Abb. VI,50. Die Vortex-Quantisierung: Sowohl die Cooper-Paare im Supraleiter als auch die He-Atome im He II bilden oberhalb einer bestimmten Anregungsenergie eine regelmäßige Anordnung quantisierter Wirbel. Im rotierenden He II hat das Zirkulationsquantum den Wert $\Gamma_0 = h/m_{He}$, im Supraleiter beträgt das Flußquantum $\Phi_0 = h/2e$. Links der in Einheiten von Φ_0 in einem supraleitenden Ring eingefrorene Magnetfluß in Abhängigkeit vom angelegten Feld (Versuch von Näbauer und Doll, Abb. VI,26). Rechts das Resultat des in Nr. VI,3.10 beschriebenen Versuchs von Packard und Sanders (1969). Die schrittweise ansteigende Kurve stellt den von den Wirbellinien transportierten Elektronenstrom in Abhängigkeit von der Winkelgeschwindigkeit des He II-Gefäßes dar. Die Analogie zwischen beiden Systemen in bezug auf die Vortex-Quantisierung ist offenbar vollständig, wenn man die Beziehung $2e\mu_0 H \langle = \rangle m_{He}\omega$ anwendet.

1) Das lateinische Wort Vortex sei der Sammelbegriff aller quantisierter Wirbel (Wirbelfäden im He II und Flußlinien im Supraleiter).

Betrachtet man jedoch z.B. die Energie, die zur Bildung eines Wirbels oder einer Flußlinie pro Längeneinheit aufgewendet werden muß:

$$\epsilon_\Phi = \Phi_0 H_{c1} \quad \text{(Supraleiter)} \qquad \epsilon_\Gamma = \frac{\rho_s R^2}{2} \Gamma_0 \omega_{c1} \quad \text{(He II)}$$

dann sieht man, daß im Falle des He II makroskopische Dimensionen, nämlich der Gefäßradius R in die Gleichung eingehen. Das liegt an der Eindringtiefe.

Im Supraleiter ist die Eindringtiefe von der Größenordnung der Kohärenzlänge. Im He II dagegen dringt die Rotation „unendlich" weit in die Flüssigkeit ein (Festkörperrotation), man kann nur eine obere Grenze für die Eindringtiefe angeben, das ist der Gefäßradius.

Die mikroskopischen Theorien geben die Beziehungen zwischen den mikroskopischen Längen und den kritischen Werten an:

$$H_{c1} = \frac{\Phi_0}{\mu_0} \cdot \frac{\log(\lambda/\xi)}{\lambda^2} \qquad \omega_{c1} = \Gamma_0 \cdot \frac{\log(R/\xi)}{2\pi R^2}$$

$$\text{(Supraleiter),} \qquad \text{(He II)}$$

$$H_{c2} = \frac{\Phi_0}{\mu_0} \cdot \frac{1}{\xi^2} \qquad \omega_{c2} = \frac{\Gamma_0}{2\pi} \cdot \frac{1}{\xi^2}$$

Da im He II ξ so klein ist (~ 1 Å) und die Eindringtiefe so groß (muß durch den Gefäßradius ersetzt werden), ist das Verhältnis ω_{c2}/ω_{c1} sehr groß ($\approx 10^{15}$), im Gegensatz zum Supraleiter, wo $\xi \approx \lambda$ und H_{c2}/H_{c1} kaum den Wert 10 übersteigt.

Formal ist die Analogie aber weiterhin überraschend.

4.3 Phasenkohärenzeffekte

Nach dem bisher gesagten sollte man annehmen, daß auch die Josephsoneffekte oder andere Quanteninterferenzeffekte im He II beobachtbar sein sollten. Die Josephsoneffekte entstehen dadurch, daß zwei supraleitende Systeme schwach genug aneinander gekoppelt sind, daß zwar Cooper-Paare von einem System in das andere tunneln können, daß aber jedes System seine eigene Phasenbeziehung behält. Dabei muß die Kontaktzone von der Größenordnung der Kohärenzlänge sein. Die Schwierigkeiten, eine derartige Kontaktzone im He II herzustellen, liegen auf der Hand, wenn man bedenkt, daß die Kohärenzlänge im He II etwa 1 Å beträgt (für Temperaturen unterhalb 2 K). Eine Möglichkeit wäre das Arbeiten sehr dicht am λ-Punkt, wo die Dichte ρ_s sehr klein wird. Bei diesen Temperaturen treten aber auch im He II schon Schwankungserscheinungen auf, abgesehen von der experimentellen Schwierigkeit, eine Temperatur so genau einzuhalten.

Bisher ist nur das Analog des Wechselstrom-Josephson-Effektes mit Sicherheit beobachtet worden (Abb. VI,51). Im Supraleiter ist die Josephsonfrequenz $\nu = 2\,eU/h$.

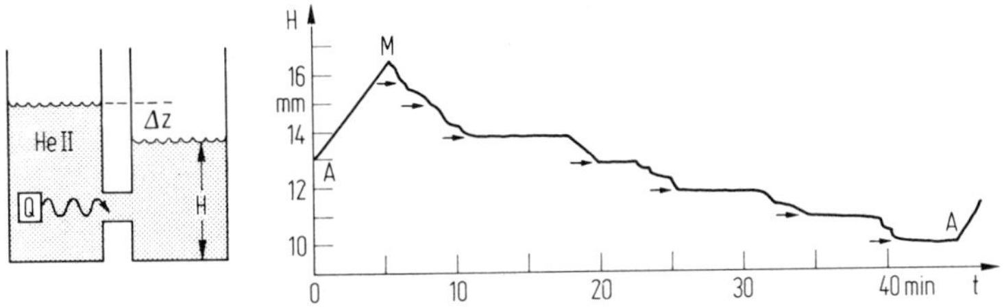

Abb. VI,51. Phasenkohärenzeffekt in He II: Zwei He II-Bäder sind durch ein kleines Loch (Durchmesser $\approx$ 10 μm) mit einander verbunden. Da das Loch sehr viel größer als die Kohärenzlänge im He II ist, gleichen sich Niveauunterschiede in beiden Bädern so schnell aus, wie es möglich ist, ohne die kritische Geschwindigkeit in dem Loch zu überschreiten (Kurventeil AM). Wird aber einseitig gegen das Loch mittels eines Schwingquarzes Ultraschallenergie der Frequenz ν_Q gestrahlt, dann wirkt das Loch, als wäre es klein genug, um Phasenunterschiede zwischen den Wellensystemen der beiden Bäder zu erzeugen. Wahrscheinlich wird es von den vom Schwingquarz erzeugten Wirbelringen „verstopft". Die Heliumatome sollten dann mit der vom Niveauunterschied abhängenden Frequenz $\nu = mg\Delta z/h$ (analog der Josephsonfrequenz $\nu_J = 2e\Delta\,U/h$) durch das Loch treten. Immer wenn sich das Niveau um eine bestimmte Höhe z geändert hat, dann ist die Durchtrittsfrequenz wieder ein ganzes Vielfaches von ν_Q (in diesem Falle 100 kHz). Es entsteht Resonanz (Phasenunterschied $\pi/2$) und der Heliumstrom verschwindet (Pfeile im Kurventeil MA). Nach Richards und Anderson.

Die von einem Cooper-Paar gewonnene oder abgegebene Energie beim Passieren der Tunnelbarriere beträgt $2eU$. Für den Durchfluß von He II durch ein feines Loch findet man eine charakteristische Frequenz:

$$\nu = m_{\mathrm{He}}\, g\, \Delta z/h$$

$mg\,\Delta z$ ist, wie zu erwarten, genau der Unterschied der potentiellen Energie pro He-Atom zwischen den beiden He-Bädern. Durch eine genaue Messung von Δz müßte es möglich sein, den Wert der Loschmidt'schen Zahl zu verbessern, genau wie es gelungen ist, mit dem Wechselstrom-Josephson-Effekt im Supraleiter einen genaueren Wert der Naturkonstanten e/h zu messen.

4.4 Schwankungserscheinungen

Zwei wichtige Erscheinungen im He II zeigen die Grenzen der Analogiebetrachtungen: der Zweite Schall und die λ-Anomalie der spezifischen Wärme.

Zweiter Schall sind longitudinale Temperatur- oder Entropiewellen, die sich wegen der vollkommenen Durchdringbarkeit der beiden Komponenten suprafl üssig und normal über größere Entfernungen ungeschwächt ausbreiten können. Der Grund für das Fehlen solcher Entropiewellen im Supraleiter liegt in der Existenz des Kristallgitters. Die mittlere freie Weglänge der normalen Teilchen wird im Supraleiter nicht von der Stoßzahl der Teilchen untereinander (wie im He II), sondern durch die Wechselwirkung mit dem Gitter bestimmt. Daraus folgt, daß eine Bewegung der normalen Elektronen im Supraleiter im hydrodynamischen Sinne wegen der starken Dämpfung nicht möglich ist. Das Gleichstromgegenstück des Zweiten Schalls ist der Springbrunneneffekt. Hier spielen Relaxationsprozesse nur eine untergeordnete Rolle und es ist zu erwarten, daß ein Supraleiter, in dem ein Temperaturgradient herrscht, eine schwache Potentialdifferenz zwischen seinen Enden erzeugt. Eine solche Potentialdifferenz äußert sich in einer Thermospannung, die aber – ähnlich einem Kontaktpotential – nicht direkt meßbar ist. Man erwartet Potentialdifferenzen in der Größenordnung $2 \cdot 10^{-8}$ V/K.

Obwohl der Phasenübergang in beiden Systemen von der zweiten Art ist (Abb. VI,47), ergeben sich wesentliche Unterschiede, was die Form der Anomalie der spezifischen Wärme anbetrifft (Abb. VI,52). Der Grund dafür sind bei den Übergangstemperaturen

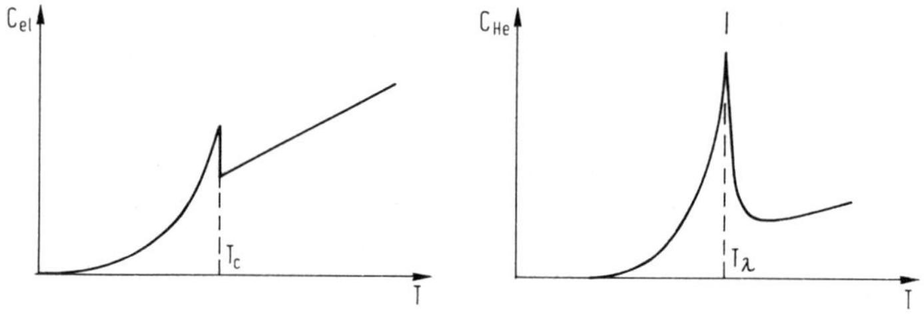

Abb. VI,52. Die Anomalie in der spezifischen Wärme bei der Übergangstemperatur ist im Falle des Supraleiters (links) gut definiert: oberhalb T_c gibt es keinerlei Anzeichen für das Auftreten der Supraleitung, und die Größe des Sprungs ist endlich und berechenbar. Im flüssigen ^{4}He dagegen deutet sich schon oberhalb T_λ der Phasenübergang an und die spezifische Wärme geht bei T_λ logarithmisch gegen unendlich. Der Grund für dieses Verhalten liegt in den sehr verschiedenen Maßstäben der Schwankungserscheinungen in beiden Systemen.

auftretende **Schwankungserscheinungen** (engl. fluctuations). Statistische Schwankungen um ein thermisches Gleichgewicht treten in allen physikalischen Systemen auf: z.B. verdampft Wasser auch unterhalb der Siedetemperatur, weil „zufällig" einige Moleküle die zum Austreten aus der Flüssigkeitsoberfläche nötige Energie haben. Nahe der Übergangstemperatur ist es möglich, daß örtlich und für kurze Zeit Teilchen auch oberhalb derselben in den Grundzustand kondensieren. Die Ausdehnung der Schwankungen bei einer bestimmten Temperatur $> T_c$ ist aus energetischen Gründen direkt an die Kohärenzlänge gebunden. Innerhalb ξ kann die Energie der Teilchen keine großen Änderungen erfahren. Im Supraleiter erstreckt sich ξ (Durchmesser eines Cooper-Paares) über viele Atomabstände; die Schwankungen müssen daher klein bleiben. Im flüssigen Helium beträgt ξ etwa 1 Å und selbst für Temperaturen weit oberhalb von T_λ sind relativ große Schwankungen möglich. Die Amplitude der Schwankungen in Helium bei 3 K ist von der Größenordnung der Schwankungsamplitude in einem Supraleiter bei nur 10^{-7} K oberhalb T_c.

Im suprafüssigen ^{3}He ist die Kohärenzlänge wieder groß, und die Anomalie der spezifischen Wärmekapazität scharf (Abb. VI,53).

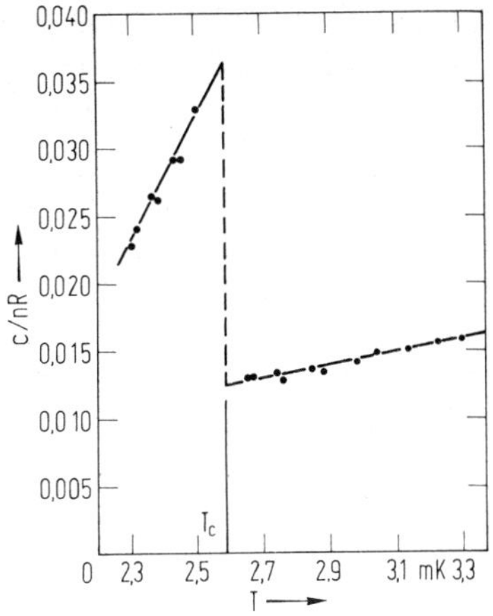

Abb. VI,53. Temperaturabhängigkeit der spezifischen Wärmekapazität c von flüssigem ^3He beim Phasenübergang unter einem Druck von 30 bar (etwa ein bar unter dem Verfestigungsdruck). c ist in Einheiten von R (Gaskonstante R = 8,31 J/molK) aufgetragen. Diese historische Messung von J. C. Wheatley et al. (1972) wurde folgendermaßen durchgeführt: Ein Gemisch aus flüssigem ^3He unter Druck und feinem Pulver eines paramagnetischen Salzes (CMN) wurde in einem Entmischungskryostaten im Magnetfeld auf etwa 10 mK abgekühlt. Dann wurde das Magnetfeld abgeschaltet, was zu einer adiabatischen Entmagnetisierung (siehe z.B. Bd. I Nr. 117) führte und das Gemisch auf etwa 1 mK abkühlte. Beim schrittweisen Erwärmen wurde gleichzeitig die Energieaufnahme und die magnetische Suszeptibilität des Gemisches bestimmt. Aus der Suszeptibilität konnte die Temperatur (mit einer Unsicherheit von etwa ± 5 %), aus der Energieaufnahme die Wärmekapazität ermittelt werden. Dann wurde der Druck auf etwa 0,1 bar erniedrigt und die Messung wiederholt. Der Unterschied wurde auf ein Mol umgerechnet und in der Abb. aufgetragen. Er war wegen der steigenden Wärmekapazität des CMN unter 2,2 mK kleiner als 4 % der Gesamtkapazität und konnte nicht weiter ausgewertet werden.

Aber auch im Supraleiter sind Schwankungserscheinungen unter gewissen Bedingungen beobachtbar: Es genügt, eine Meßmethode zu benutzen, die schon wenige Cooper-Paare „sieht" und eine Geometrie zu wählen, die die Schwankungen in der Meßrichtung verstärkt. So zeigt der elektrische Widerstand von dünnen, amorphen Metallfilmen aus supraleitendem Material schon weit oberhalb der Sprungtemperatur eine deutliche Abnahme. Mit dünn sind hier Schichtdicken kleiner als die Kohärenzlänge gemeint. Die Cooper-Paardichte kann in solchen zweidimensionalen Supraleitern nur in der Schichtebene schwanken, was die Schwankungswahrscheinlichkeit in der Meßrichtung erhöht. Amorph soll hier nur ungeordnet bedeuten, der Vorteil ungeordneter Schichten liegt in deren hohem spezifischen Widerstand.

Das Studium der Schwankungserscheinungen ist ein sehr wichtiger und interessanter Zweig der modernen Physik. Die makroskopischen Quantensysteme sind dazu sehr gut geeignet.

4.5 Schlußbemerkung

Im letzten Abschnitt wurde versucht, die erstaunlich weitgehenden Ähnlichkeiten zwischen suprafüssigem Helium und den Supraleitern, was ihr Verhalten anbetrifft, aufzuzeigen. Die Ähnlichkeiten sind jedoch oft nicht unmittelbar ersichtlich, sie können z.B. von der Tatsache, daß die Elektronen im Supraleiter elektrisch geladen sind, verdeckt werden, so daß tiefergehende Studien der physikalischen Zusammenhänge zu ihrer Erkenntnis notwendig sind. Auch treten manche Effekte, die im Prinzip in beiden Systemen vorkommen, mit so verschiedener Stärke auf, daß sie oft nur in einem System nachweisbar sind. Dazu gehört Zweiter Schall und Springbrunneneffekt im Supraleiter sowie Gleichstrom-Josephson-Effekt und Hochfrequenzverhalten im He II. Es ist daher wichtig, daß für das völlige Verständnis der makroskopischen Quantenerscheinungen weiterhin beide Systeme erforscht werden. Schließlich steht die für den Supraleiter vollständige mikroskopische Theorie im Falle des He II immer noch aus (was paradox erscheint, wenn man an die Schwierigkeiten, die im Supraleiter durch die elektrische Ladung und das Kristallgitter entstehen, denkt).

Diese Argumente gelten sicher auch für noch zu entdeckende andere makroskopische Quantensysteme.

Literatur

Ch. Kittel: Introduction to Solid State Physics, Wiley & Sons, New York (1971), 4. Auflage. Deutsche Übersetzungen: Ch. Kittel, Einführung in die Festkörperphysik, R. Oldenbourg, München und Wien 1968 und 1973.

W. Buckel: Supraleitung (Grundlagen und Anwendungen), Physik Verlag, Weinheim (1972)

R. D. Parks: Superconductivity, Dekker, Inc. New York (1969), 2 Bände

A. C. Rose-Innes and E. H. Rhoderick: Introduction to Supercoductivity, Pergamon Press, Braunschweig (1969)

Z. M. Galasiewicz: Quantum Fluids, Pergamon Press, Braunschweig 1970

Quantum Fluids, D. F. Brewer, Ed. (Vorträge einer Tagung in Brighton 1965), North-Holland, Amsterdam (1966)

Progress in Low Temperature Physics, Ed. C. J. Gorter, North-Holland, Amsterdam (Band 6: 1970) (zusammenfassende Artikel seit 1954)

W. E. Keller: Helium-3 and Helium-4, Plenum Press, New York (1969)

VII. Kapitel

Elementarteilchen

(Hans Bucka, Berlin)

1. Einleitung

Viele physikalische Beobachtungen können innerhalb eines bestimmten Energiebereichs verstanden werden, wenn man zur Erklärung der Vorgänge die Existenz einiger weniger Sorten von Teilchen annimmt, die durch Wechselwirkungen miteinander verbunden sind. Die Teilchen einer Sorte sind dabei untereinander völlig gleich und durch wenige innere Eigenschaften charakterisiert. Wird der Energiebereich verändert, so zeigt es sich verschiedentlich bei größer werdender Energie, daß die ursprünglich als unveränderbare Teilchen angenommenen Einzelbestandteile selbst wieder in andere Teilchen zerlegt werden können. So sind Atome und Moleküle, welche für gaskinetische Vorgänge bei thermischen Energien oft als unverändert betrachtet werden können, selbst aus Elektronen und Atomkernen zusammengesetzt und können in vielen verschiedenen Konfigurationen existieren. Auch die Atomkerne sind wiederum aus kleineren Bestandteilen, aus Protonen und Neutronen aufgebaut.

Ein ganz wesentlicher Gesichtspunkt für die Beschreibung von Elementarteilchen ergibt sich dadurch, daß diese im Zusammenhang mit Wechselwirkungen emittiert und absorbiert werden können. Für eine quantitative Formulierung dieser Prozesse beschreibt man die Absorption eines Teilchens oder die Emission durch eine Änderung eines zugeordneten Feldes, dessen Quanten die betreffenden Teilchen sind. Die Partikel einiger Teilchensorten, wie Photonen und Mesonen, können dabei in beliebiger Zahl entstehen oder vernichtet werden. Für eine zweite Gruppe von Teilchen gelten Teilchenzahlgesetze, die bedeuten, daß nur bestimmte Paare von Teilchen und Antiteilchen emittiert oder absorbiert werden. Physikalische Vorgänge bei hohen Energien, wie sie im Bereich von 10^9 eV durch Teilchenbeschleuniger erzeugt werden können oder mit noch größeren Energien in der Höhenstrahlung vorkommen, sind durch die Produktion von Mesonen- und Baryonenzuständen und durch deren spontane Zerfälle charakterisiert.

Hinsichtlich der Untersuchung der Eigenschaften von Elementarteilchen ergibt sich die Frage, wie viele verschiedene Partikel zur Erklärung physikalischer Vorgänge erforderlich sind. Gibt es unendlich viele verschiedene Teilchen oder braucht man nur eine endliche Zahl von Teilchen, die sich in einige wenige Gruppen einteilen lassen? Die unendlich vielen Energiezustände des Wasserstoffatoms sind beispielsweise durch die Eigenschaften des Elektrons, des Protons, der elektromagnetischen Wechselwirkung beider Teilchen und der Wechselwirkung mit dem elektromagnetischen Strahlungsfeld beschreibbar. Außer den Teilchensorten „Proton" und „Elektron", welche beide stabil sind, sind die Quanten des elektromagnetischen Feldes, die „Lichtquanten" mit einzuschließen.

Die Existenz weiterer Elementarteilchen wurde bei Prozessen der Wechselwirkung von elektromagnetischer Strahlung mit Materie und aus dem β-Zerfall und weiteren Untersuchungen der Atomkerne evident. Die Wechselwirkung der Elektronen mit dem elektromagnetischen Feld beinhaltet die Paarbildung und somit die Existenz des Positrons neben anderen Prozessen, wie beispielsweise der Erzeugung von Lichtquanten bei der Elektronbremsstrahlung. Das Positron hat die umgekehrte Ladung wie das Elektron und ist das Antiteilchen zum Elektron. In Kernreaktionen konnte das Neutron als Bestandteil der Atomkerne nachgewiesen werden. Neutron und Proton haben bezüglich der starken Wechselwirkung dasselbe Verhalten und bilden die beiden Komponenten eines Isospinmultipletts. Der β-Zerfall des freien Neutrons ergibt die Umwandlung des Neutrons in ein Proton unter gleichzeitiger Entstehung eines Elektrons und eines Elektronantineutrinos $\bar{\nu}_e$. Beim β^+-Zerfall von Atomkernen wird ein Positron und ein Elektronneutrino ν_e bei gleichzeitiger Umwandlung eines Protons in ein Neutron erzeugt.

In dem Maße, in welchem Teilchenbeschleuniger für hohe Energien entwickelt worden waren, wie durch genaue Untersuchungen der Höhenstrahlung wurden viele weitere Teilchenzustände entdeckt. Es zeigt sich hinsichtlich der Baryonen, daß neben dem Proton, welches stabil ist, und dem Neutron noch das Λ-Teilchen, die Σ-Hyperonen, die Ξ-Hyperonen und das Ω-Hyperon als relativ langlebige Zustände gebildet werden, die mit Ausnahme des Σ^0-Hyperons nur durch schwache Wechselwirkung zerfallen. Hinsichtlich der Mesonen wurden als relativ langlebige Zustände die π-Mesonen, π^+, π^-, π^0, die K-Mesonen, K^+, K^0, K^-, $\bar{K}^0$, das η-Meson entdeckt, welche durch schwache oder elektromagnetische Wechselwirkung wieder zerfallen. Beim Zerfall der π-Mesonen durch schwache Wechselwirkung werden μ-Mesonen und μ-Neutrinos emittiert, welche analoge Zustände in bezug auf das Elektron und Elektronneutrino sind. Außer diesen relativ langlebigen Teilchen ergeben sich im Spektrum der Baryonen und Mesonen viele weitere Teilchenzustände, die sehr schnell durch starke Wechselwirkung zerfallen und viel Ähnlichkeit mit Resonanzzuständen haben. Die Energieunschärfe infolge der kurzen Zerfallszeiten dieser Teilchenzustände beträgt dabei oft mehrere hundert MeV.

Im Zusammenhang mit der Existenz der verschiedenen Sorten von Elementarteilchen ergibt sich die Frage, durch wieviel unabhängige Parameter der Zustand eines freien Teilchens zu charakterisieren ist. Dabei werden die Symmetrieeigenschaften der Teilchen durch Quantenzahlen beschrieben, wie Drehimpuls, Parität, Leptonenzahl und Baryonenzahl, Isospin, G-Parität, Strangeness und durch deren Statistik.

In bezug auf die Wechselwirkungen, an denen die Teilchen teilnehmen, geben Matrixelemente genaueren Einblick, welche in Zerfallskonstanten und Wirkungsquerschnitten enthalten sind. Die Eigenschaften der verschiedenen Wechselwirkungen sind bestimmend für die Änderung der Teilchenzustände zum Beispiel beim Zusammenstoß von Teilchen bei Beschleunigerexperimenten oder beim spontanen Zerfall. Insbesondere interessieren die Symmetrieeigenschaften der Wechselwirkungen, durch welche die Auswahlregeln gegeben sind, sowie die Abhängigkeit der Wechselwirkungen von verschiedenen Operatoren, welche auf die Teilchenzustände wirken, und die Größe der Kopplungskonstanten.

Im Zusammenhang mit der Statistik, zu welcher die verschiedenen Teilchen gehören, sowie durch das Verhalten der Teilchen in bezug auf die Frage, an welchen Wechselwirkungen die Teilchen teilnehmen, ergibt sich die in Tab. VII,1 angegebene Zusammenstellung für stabile und langlebige Teilchenzustände sowie Resonanzzustände.

Tab. VII,1

Statistik			Wechselwirkungen
Fermionen	Baryonen	Nukleonen p, n Hyperonen Λ, Σ, Ξ, Ω Resonanzzustände	starke, elektromagnetische und schwache Wechselwirkung
	Leptonen	Elektronen e^+, e^- Elektronenneutrinos ν_e, $\bar{\nu}_e$ Muonen μ^+, μ^- Muonenneutrinos ν_μ, $\bar{\nu}_\mu$	schwache und teilseise elektromagnetische Wechselwirkung
Bosonen	Mesonen	Pionen $\pi^{\pm,0}$ Kaonen $K^\pm$, K^0, $\bar{K}^0$ η-Meson Resonanzzustände	starke, schwache und teilweise elektromagnetische Wechselwirkung
	Lichtquant γ, J-Partikel		elektromagnetische Wechselwirkung

2. Phänomenologische Beschreibung von Wechselwirkungen

Geht man davon aus, daß in der Natur einzelne beobachtbare Elementarteilchen in bestimmten Zuständen existieren, so ist die Frage naheliegend, ob diese Teilchen eine gegenseitige Wechselwirkung aufeinander ausüben oder ob die Teilchen in ihrem Zustand unendlich lange verharren. Zunächst sei der Fall betrachtet, daß zwei Teilchen – ob von derselben Art oder von verschiedener Art – einander nahekommen, wie es sich beispielsweise ergibt, wenn ein Teilchen bestimmter Energie auf ein Target auffällt. Besteht eine Wechselwirkung zwischen den Teilchen, die umso stärker ist, je geringer der Abstand der Teilchen ist, so ergibt sich für die Abhängigkeit der Wechselwirkung als Funktion der Zeit (Abb. VII,1). Die Wechselwirkung hat dann zur Folge, daß nach dem Zusammentreffen sich der Anfangszustand mit gewisser Wahrscheinlichkeit verändert hat. Beispielsweise kann eine Ablenkung stattgefunden haben, die durch die neue Impulsrichtung gekennzeichnet ist. Die Änderung des Zustandes ist oft von mehreren Parametern abhängig, wie beispielsweise von der Energie im Schwerpunktsystem und von inneren Eigenschaften.

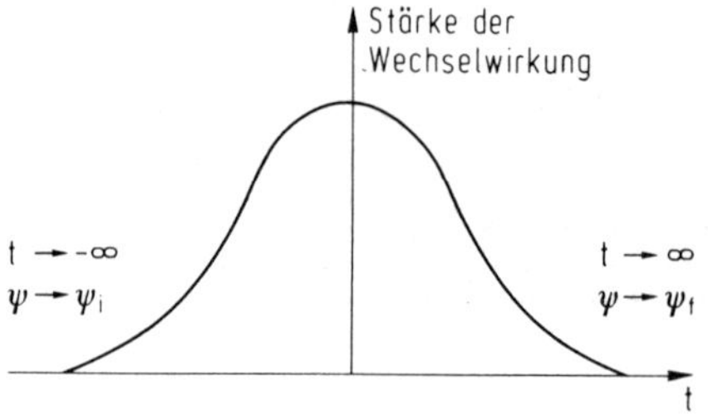

Abb. VII,1. Wechselwirkung als Funktion der Zeit beim Zusammentreffen von Teilchen.

Zur Untersuchung der Wechselwirkung zwischen zwei Teilchen sei zunächst als einfacher Prozeß die *elastische Streuung* genannt (Gl. VII,1). Hierbei finden keine Umwand-

$$n + p \to n' + p' \qquad \text{(VII,1)}$$

lungen in neue Teilchen statt, es wird dagegen eine Änderung des Teilchenzustandes beobachtet. Aus der Streuung des Neutrons n, welches keine elektrische Ladung hat, an einem Proton p geht hervor, daß eine „*starke Wechselwirkung*“ vorhanden sein muß, die nicht elektromagnetischen Ursprungs ist, wie auch aus dem Zusammenhalt vieler Protonen und Neutronen in Atomkernen ersichtlich ist. Die elastische Streuung von Teilchen mit starker Wechselwirkung (siehe z. B.: Gl. VII,2) ist bis in den Bereich

$$\pi^+ + p \to \pi^{+\prime} + p' \qquad \text{(VII,2)}$$
$$K^+ + p \to K^{+\prime} + p'$$

von mehreren 10^9 eV untersucht worden und gibt Aufschluß über Resonanzzustände wie über Pole in der Streuamplitude. Die Streuung hochenergetischer Elektronen

$$e^- + p \to e^{-\prime} + p' \qquad \text{(VII,3)}$$

(Gl. VII,3), die durch *elektromagnetische Wechselwirkung* zustande kommt, gibt Informationen über die elektromagnetische Struktur von Nukleonen und Atomkernen. Da die *schwache Wechselwirkung* sehr gering ist, sind genaue experimentelle Untersuchungen über diesbezügliche Streuprobleme nicht leicht durchzuführen, während Reaktionen durch schwache Wechselwirkung nachgewiesen werden konnten, bei denen eine Änderung der vor der Reaktion vorhandenen Teilchen erfolgt.

Die verschiedenen Wechselwirkungen sind auch die Ursache für Prozesse der Emission und Absorption von Teilchen bei Reaktionen (Gl. VII,4) wie für die Entstehung von

Teilchen bei spontaner Emission. Die Untersuchung von Wirkungsquerschnitten für die Produktion neuer Teilchen in Beschleunigerexperimenten und die Messung der Übergangswahrscheinlichkeit in bestimmte Endzustände bei spontaner Emission bilden Hauptuntersuchungsgebiete.

Als einfaches Beispiel hinsichtlich der *Produktion von Teilchen bei Teilchenreaktionen* sei die Bildung von π-Mesonen beim Zusammenstoß von Protonen betrachtet (Gl. VII,4).

$$\begin{aligned} p + p &\to p + p + \pi^0 \\ &\to p + n + \pi^+ \end{aligned} \tag{VII,4}$$

Der Vorgang der Entstehung eines π-Mesons kann beschrieben werden mit Hilfe der Kopplung der Nukleonen an das *π-Mesonenfeld* Φ_π, so daß eine Änderung im Nukleonensystem eine Änderung im π-Mesonenfeld zu verursachen vermag. In Gl. VII,5 ist diesem

$$H = \underbrace{H_N}_{\text{Nukleonen}} + \underbrace{H_{\Phi_\pi}}_{\pi\text{-Mesonenfeld}} + \underbrace{H_{N\Phi_\pi}}_{\text{Kopplung zwischen } \pi\text{-Mesonenfeld und Nukleonen}} \tag{VII,5}$$

Verhalten Ausdruck gegeben, indem der gesamte Hamiltonian H sich zusammensetzt aus dem Hamiltonian für die Bewegung der Nukleonen H_N, dem Hamiltonian für das π-Mesonenfeld H_Φ und dem Kopplungsausdruck $H_{N\Phi}$, welcher die Wechselwirkung beschreibt. Quantisiert man das π-Mesonenfeld, so entspricht der Übergang zwischen zwei benachbarten Energieniveaus des π-Mesonenfeldes (Gl. VII,6), die zu einem be-

$$\begin{aligned} &H|\Phi_\pi > = E|\Phi_\pi > \\ &|\Phi_\pi\rangle = \prod_{p_i} |\Phi_{p_i}\rangle \\ &E = \sum_i (n_i + \tfrac{1}{2}) \sqrt{(m_\pi c^2)^2 + (p_{\pi_i} c)^2} \end{aligned} \tag{VII,6}$$

stimmten Impuls p_i eines π-Mesons gehören, der Emission oder der Absorption eines π-Mesons. Der Prozeß der Erzeugung eines π-Mesons in Nukleon-Nukleon-Zusammenstößen ist dabei in verschiedenen Aspekten vergleichbar mit der Entstehung eines γ-Quants bei der Elektronbremsstrahlung (Abb. VII,2).

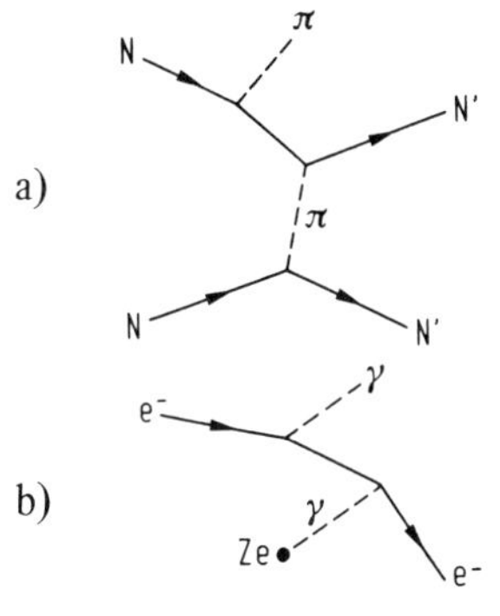

Abb. VII,2. a) Emission eines π-Mesons bei der Nukleon-Nukleon-Streuung,
b) Emission eines γ-Quants bei der Elektronenbremsstrahlung.

Weitere wichtige Prozesse stellen Reaktionen dar, bei welchen gleichzeitig Teilchen und Antiteilchen entstehen (Abb. VII,3). In Gl. VII,7 sind als Beispiel die Bildung

$$\gamma \rightarrow e^+ + e^- \text{ im Coulombfeld einer elektrischen Ladung} \quad \text{(VII,7)}$$

$$p + p \rightarrow p + p + \bar{p} + p \quad \text{(VII,8)}$$

eines Elektron-Positron-Paares infolge elektromagnetischer Wechselwirkung und in Gl. VII,8 die Bildung eines Nukleon-Antinukleon-Paares $p + \bar{p}$ durch die starke Wechselwirkung beschrieben.

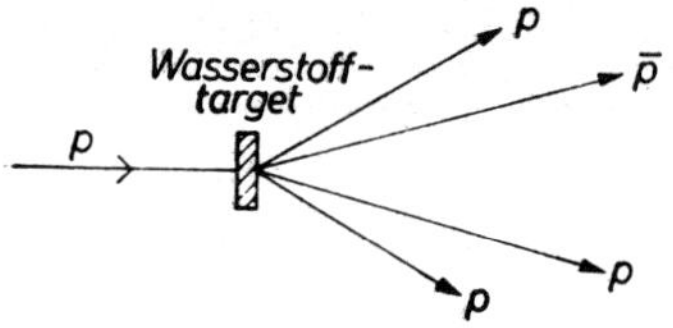

Abb. VII,3. Entstehung von Protonen und Antiprotonen bei Nukleon-Nukleon-Zusammenstößen hoher Energie.

Die simultane Produktion von zwei Teilchen mit bestimmter Strangeness in bezug auf jedes der beiden Teilchen durch starke Wechselwirkung (Gl. VII,9) ergibt Informatio-

$$\pi^- + p \rightarrow \Lambda + K^0 \quad \text{(VII,9)}$$

nen über die Symmetrieeigenschaft der starken Wechselwirkung hinsichtlich der Strangenesseigenschaft der beteiligten Teilchen.

Existiert ein System in einem Zustand hoher Energie, der in einen anderen Zustand übergehen kann unter Aussendung von Teilchen, so ergeben sich *Prozesse der sponta-Emission*, welche durch die Wechselwirkung der Teilchen im Ausgangszustand mit verschiedenen Feldern verursacht werden können. Beispielsweise zerfallen die angeregten Zustände der Nukleonen unter Aussendung von π-Mesonen durch starke Wechselwirkung in das Proton oder Neutron, wobei sich sehr kurze Lebensdauern in der Größenordnung von 10^{-22} sec ergeben (Gl. VII,10). Im Zusammenhang mit der elektromagne-

$$\begin{aligned} \Delta_1^+ \text{ (1236 MeV)} &\rightarrow p + \pi^0 \\ &\rightarrow n + \pi^+ \end{aligned} \quad \text{(VII,10)}$$

menhang mit der elektromagnetischen Wechselwirkung resultieren ebenso verschiedene Zerfälle von Baryonen und Mesonen (Gl. VII,11), die unter sonst gleichen Umständen

$$\begin{aligned} &\Delta_1^+ \rightarrow p + \gamma \\ &\Sigma^0 \rightarrow \Lambda + \gamma \\ &\pi^0 \rightarrow 2\gamma, \quad \pi^0 \rightarrow \gamma + e^+ + e^- \end{aligned} \quad \text{(VII,11)}$$

langsamer als entsprechende Prozesse der starken Wechselwirkung erfolgen. Ein großes Gebiet hinsichtlich der Untersuchung spontaner Zerfälle steht mit der schwachen Wechselwirkung im Zusammenhang. Da insbesondere die starke Wechselwirkung wie die elektromagnetische Wechselwirkung die Strangeness erhalten, können Teilchen mit Strangeness unter Änderung der Strangenessquantenzahl nur durch schwache Wechselwirkung in tiefere Zustände übergehen. Verschiedene energetisch tiefliegenden Teilchenzustände des Baryonen- wie Mesonenspektrums zerfallen ausschließlich durch schwache Wechselwirkung. In Gl. VII,12 sind einige Zerfälle von Teilchenzuständen

$$\begin{aligned} n &\to p + e^- + \overline{\nu}_e \\ \Lambda &\to n + \pi^0 \\ &\to p + \pi^- \\ \pi^- &\to \mu^- + \overline{\nu}_\mu, \quad \mu^- \to e^- + \overline{\nu}_e + \nu_\mu \\ K^+ &\to \mu^+ + \nu_\mu \\ &\to \pi^+ \pi^0 \\ &\to \pi^+ + \pi^+ + \pi^- \\ &\quad \cdot\ \cdot\ \cdot\ \cdot \end{aligned} \tag{VII,12}$$

uurch schwache Wechselwirkung dargestellt. Die K-Mesonen zerfallen zu einem großen Teil in ein μ-Meson und ein μ-Mesonenneutrino, ebenso werden Zerfälle beobachtet, bei welchen π-Mesonen emittiert werden. Da die π-Mesonen die leichtesten Teilchen sind, welche an der starken Wechselwirkung teilnehmen, zerfallen diese in Leptonen beziehungsweise Lichtquanten. Die Bestimmung der Quantenzahlen des Systems der Teilchen im Endzustand beim Zerfall der K-Mesonen führte zur Entdeckung der Nichterhaltung der Parität bei der schwachen Wechselwirkung. Die Zerfallszeiten für schwache Wechselwirkung sind sehr viel größer als diejenigen für elektromagnetische und starke Wechselwirkung und liegen bei den tiefsten Zuständen des Mesonen- und Baryonenspektrums in der Größenordnung von 10^{-10} bis 10^{-6} sec.

Im Vorangegangenen wurde der Zusammenhang von Wechselwirkungen mit den Wirkungsquerschnitten für Reaktionen oder mit den Übergangswahrscheinlichkeiten für spontane Zerfälle diskutiert. Durch starke Wechselwirkung ergeben sich in den Atomkernen gebundene Zustände von Nukleonen oder auch von Baryonen mit Strangeness, die ebenfalls Aussagen uber die Natur der Wechselwirkungen erlauben.

3. Symmetrieeigenschaften von Teilchen und Wechselwirkungen und Erhaltungssätze

Aus den Untersuchungen aller meßbaren Größen im Anfangs- und im Endzustand von Teilchenreaktionen oder spontanen Zerfällen ergibt sich, daß die Wechselwirkungen durch verschiedene Symmetrieeigenschaften bestimmt sind, welche sich in Auswahlregeln wiederspiegeln. Hinsichtlich der Charakterisierung der Teilchenzustände ergibt sich, daß diese durch wenige Quantenzahlen, wie Parität, Drehimpuls, Ladung, Baryonen- und Leptonenzahlen, Isospin und Strangeness beschreibbar sind, welche innere

Symmetrieeigenschaften der einzelnen Teilchen darstellen. Ist die Wechselwirkung invariant gegenüber dieser Eigenschaften, so resultieren hieraus Erhaltungssätze für Übergänge zwischen verschiedenen Zuständen. Im Folgenden wird auf Symmetrieeigenschaften der Teilchen wie der Wechselwirkungen in bezug auf die genannten Größen eingegangen.

3.1 Energie, Impuls, Drehimpuls

Die ersten Untersuchungen der klassischen Mechanik hinsichtlich der Bewegung von Körpern ergaben, daß Energie und Impuls für ein System von Teilchen erhalten sind, wenn keine äußeren Kräfte auf dieses einwirken. Die *Erhaltung der Energie* resultiert, wenn der Hamilton-Operator unabhängig von der Zeit ist (Gl. VII,13). Die *Erhaltung*

$$\frac{\partial H}{\partial t} = 0 \,, \qquad H = \text{const} \tag{VII,13}$$

des Impulses ergibt sich aus der Unabhängigkeit des Hamilton-Operators in bezug auf Translation im Raum (Gl. VII,14). Alle bisher beobachtbaren Reaktionen und Zerfälle

$$-\frac{\partial H}{\partial q_i} = \dot{p}_i = 0 \,, \qquad p_i = \text{const} \tag{VII,14}$$

ergeben innerhalb der Fehlergrenzen Übereinstimmung mit diesen beiden klassischen Erhaltungssätzen.

Die Ruheenergie der verschiedenen Elementarteilchen, welche sich aus dessen Masse m zu $m\,c^2$ ergibt, ist eine wichtige charakteristische Größe für das betreffende Teilchen. Die Untersuchungen dieser Ruheenergie für verschiedene Zustände des Baryonen- und Mesonenspektrums zeigen, daß die Teilchenzustände in Multipletts in der Natur vorkommen, wobei sich die Masse der einzelnen Komponenten des Multipletts nur wenig voneinander unterscheidet. Die genaue Vermessung der Energien der Aufspaltung solcher Multipletts wie auch die Bestimmung des Energieabstandes verschiedener Multipletts geben Hinweise für die innere Struktur von Baryonen und Mesonen. Hinsichtlich der Leptonen sind an Teilchen mit Masse lediglich die Elektronen und die μ-Mesonen bekannt, während den Lichtquanten und Neutrinos innerhalb der heute bekannten Fehlergrenze die Ruhemasse Null zugeschrieben werden muß.

Für ein Teilchen ergibt sich die Gesamtenergie E aus dem Impuls p und der Ruheenergie $m\,c^2$ gemäß Gl. VII,15. Für die Analyse von Reaktionen und Zerfällen ist es häufig

$$E = \sqrt{(m\,c^2)^2 + (p\,c)^2} \tag{VII,15}$$

nützlich, die kinematischen Größen p und E in das Schwerpunktsystem zu transformieren. Da Energie und Impuls einen Vierervektor darstellen, ergibt sich die Umrechnung nach der speziellen Relativitätstheorie entsprechend Gl. VII,16, wobei $\beta = \mathrm{v}/c$ und v die

$$\begin{vmatrix} \frac{1}{\sqrt{1-\beta^2}} & 0 & 0 & \frac{i\beta}{\sqrt{1-\beta^2}} \\ 0 & 1 & 0 & 0 \\ 0 & 0 & 1 & 0 \\ \frac{-i\beta}{\sqrt{1-\beta^2}} & 0 & 0 & \frac{1}{\sqrt{1-\beta^2}} \end{vmatrix} \begin{vmatrix} p_1 \\ p_2 \\ p_3 \\ i\frac{E}{c} \end{vmatrix} = \begin{vmatrix} p'_1 \\ p'_2 \\ p'_3 \\ i\frac{E'}{c} \end{vmatrix} \qquad \text{(VII,16)}$$

Geschwindigkeit des Ursprungs des Koordinatensystems $x'y'z'$ parallel zur x-Achse bedeuten und c die Lichtgeschwindigkeit ist.

Die Bewegungsgleichungen der klassischen Mechanik im freien Raum sind unabhängig gegenüber infinitesimaler Drehungen im Raum. Durch Aneinanderfügen solcher Drehungen kann in kontinuierlicher Weise jede makroskopische Drehung erreicht werden. Ebenso wie bei der Betrachtung in bezug auf Unabhängigkeit der Bewegungsgleichungen hinsichtlich einer Translation handelt es sich um eine kontinuierlich durchführbare Transformation im Gegensatz zu den später behandelten Operationen der Parität oder beispielsweise der Ladungskonjugation. Ist die Bewegungsgleichung eines Systems von Teilchen unabhängig von der Richtung des Koordinatensystems, so erfolgt hieraus

$$\partial H/\partial \varphi = 0, \quad \partial H/\partial \vartheta = 0 \quad \text{Bahndrehimpuls } \boldsymbol{l} = \boldsymbol{r} \times \boldsymbol{p} = \text{const} \qquad \text{(VII,17)}$$

die *Erhaltung des gesamten Drehimpulses* (Gl. VII,17).

Hinsichtlich der Untersuchung der Eigenschaften der Elementarteilchen zeigt sich, daß viele von diesen einen inneren Eigendrehimpuls (Spin) haben. Der Gesamtdrehimpuls j setzt sich dann aus Bahndrehimpuls $\boldsymbol{l}$ und Spin $\boldsymbol{S}$ gemäß Gl. VII,18 zusammen. Der

$$j = \boldsymbol{l} + \boldsymbol{S} \qquad \text{(VII,18)}$$

innere Drehimpuls beschreibt die Eigenschaft des Teilchens, daß selbst im Falle des Bahndrehimpulses $l = 0$ dieses Teilchen verschiedene Werte für die z-Komponente des Drehimpulses in bezug auf eine Quantisierungsachse annehmen kann (Gl. VII,19). Die

$$\sigma_z |\psi> = m |\psi> \qquad m = s, \quad s-1, \ldots -s \qquad \text{(VII,19)}$$
$$2s + 1 = \text{Zahl der Spinzustände}$$

Eigenwerte hinsichtlich der Drehimpulsoperatoren für den Gesamtdrehimpuls sind in Gl. VII,20 aufgeführt.

$$j_z |\psi> = m_j |\psi> \qquad m_j = j, \quad j-1, \ldots -j$$
$$\text{(VII,20)}$$
$$j^2 |\psi> = j(j+1) |\psi>$$

In vielen Experimenten wird ein Teilchenstrahl bestimmter Impulsgröße und Richtung $\hbar \boldsymbol{k}$ auf ein Target gesandt. Eine solche Anfangsbedingung kann durch eine ebene

Welle charakterisiert werden entsprechend Gl. VII,21, wobei alle Bahndrehimpulse

$$e^{ikz} = \sum_{l=0}^{\infty} \sqrt{4\pi(2l+1)}\, i^l j_l(kr)\, Y_{1,0}(\Theta) \qquad \text{(VII,21)}$$

$$k = 2\pi/\lambda$$

im Teilchenstrahl enthalten sind. Die Partialwellenanalyse der ebenen Welle zeigt, daß das Maximum der Radialabhängigkeit umso weiter vom Koordinaten-Ursprung entfernt ist (Abb. VII,4), je größer der Drehimpuls ist, wie es sich bei konstanter Teilchengeschwindigkeit auch in der klassischen Mechanik ergibt. Ist die Wechselwirkung zwischen zwei Teilchen durch eine endliche Reichweite a charakterisiert, wie es für die starke Wechselwirkung der Fall ist, so folgt, daß oft nur wenige Drehimpulse an einer Reaktion beteiligt sein können, wofür Gl. VII,22 eine Abschätzung darstellt. Durch Analyse der

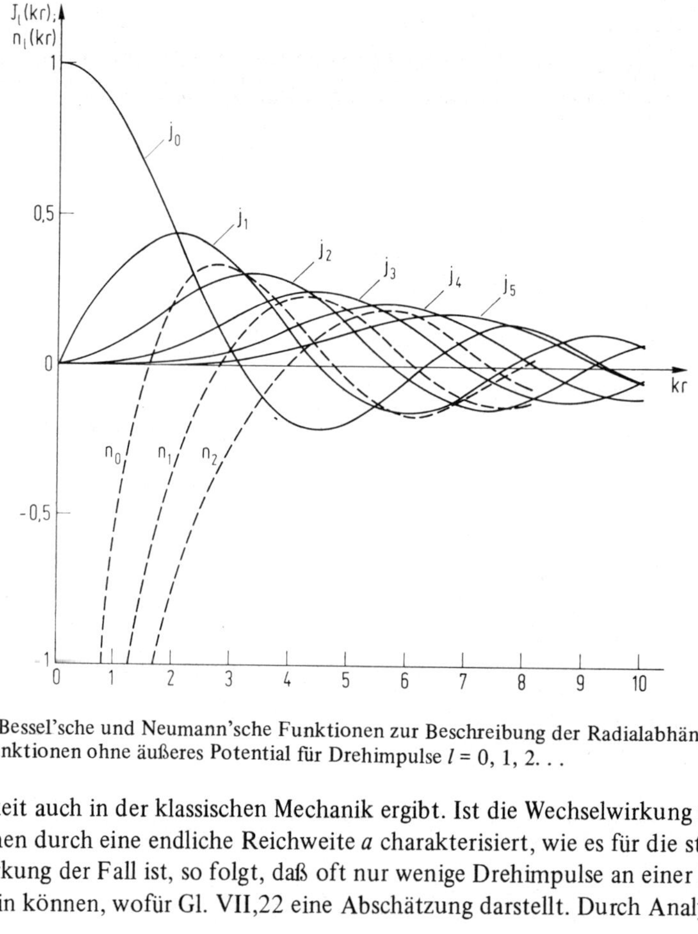

Abb. VII,4. Bessel'sche und Neumann'sche Funktionen zur Beschreibung der Radialabhängigkeit der Wellenfunktionen ohne äußeres Potential für Drehimpulse $l = 0, 1, 2 \ldots$

$$l \lessgtr k\,a \qquad \text{(VII,22)}$$

Winkelabhängigkeit des Wirkungsquerschnittes für elastische Streuung und Teilchenreaktionen können Aussagen über den Drehimpuls der beteiligten Teilchen oft abgeleitet werden.

3.2 Parität

Die Übergänge zwischen Anfangszustand und Endzustand infolge von Wechselwirkungen sind durch eine weitere Symmetrieeigenschaft charakterisiert, welche die Paritätsoperation P betrifft, die eine nichtkontinuierliche Transformation $\boldsymbol{r} \to -\boldsymbol{r}$ bewirkt (Gl. VII,23). Ein Zusammenhang der Paritätsoperation läßt sich mit der Spiegelopera-

$$P\,0(\boldsymbol{r}) = 0(-\boldsymbol{r}) \qquad \text{(VII,23)}$$

$$\begin{aligned} \boldsymbol{r} &\to -\boldsymbol{r} \\ x &\to -x \\ y &\to -y \\ z &\to -z \end{aligned}$$

tion an einer Ebene herstellen, bei welcher sich nur das Vorzeichen einer Koordinate umkehrt (Gl. VII,24). Durch eine anschließende Drehung um 180° um die Achse,

$$\begin{aligned} x &\to -x \\ y &\to y \\ z &\to z \end{aligned} \qquad \text{Spiegelung an der } y\text{-}z\text{-Ebene} \qquad \text{(VII,24)}$$

$$\begin{aligned} -x &\to -x \\ y &\to -y \\ z &\to -z \end{aligned} \qquad 180^\circ\text{-Drehung um die } x\text{-Achse}$$

welche auf der Spiegelungsebene senkrecht steht und durch den Nullpunkt geht, ergibt sich wieder die Paritätsoperation. Im Gegensatz zur Drehoperation kann die Paritätsoperation nicht durch infinitesimale Zwischenschritte erreicht werden. In der klassischen Physik führt sie zu keinem Erhaltungssatz.

In bezug auf die Paritätsoperation gelten für die Operatoren des Impulses $\boldsymbol{p}$, des Bahndrehimpulses $\boldsymbol{l}$, des Spins $\boldsymbol{s}$ sowie der elektrischen Feldstärke $\mathcal{E}$ und magnetischen Feldstärke $\vec{\mathcal{H}}$ die in Gl. VII,25 angegebenen Transformationseigenschaften. Ist der Hamiltonoperator eines Systems von Teilchen invariant in Bezug auf die Paritätsoperation,

$$\begin{aligned} &\boldsymbol{r} \to -\boldsymbol{r}, \quad \boldsymbol{p} \to -\boldsymbol{p} \\ &\boldsymbol{L} = \boldsymbol{r} \times \boldsymbol{p} \to \boldsymbol{L}, \quad \vec{\sigma} \to \vec{\sigma} \\ &\vec{\mathcal{E}} \to -\vec{\mathcal{E}}, \quad \vec{\mathcal{H}} \to +\vec{\mathcal{H}}, \end{aligned} \qquad \text{(VII,25)}$$

so ergibt sich als Konsequenz, daß die Teilchenzustände definierte Parität haben (Gl. VII,26). Die Eigenzustände zum Hamilton-Operator sind dann gleichzeitig Eigen-

$$P\,\psi(\boldsymbol{r}) = \psi(-\boldsymbol{r}) = \xi\,\psi(\boldsymbol{r}) \qquad \xi = \pm 1 \qquad \text{(VII,26)}$$

zustände des Paritätsoperators (Gl. VII,27). Betrachtet man die Wechselwirkung der

$$H(\boldsymbol{r}) = H(-\boldsymbol{r}) \to P\,\psi = \pm\,\psi \qquad \text{(VII,27)}$$

Teilchen mit einem anderen System (zum Beispiel mit dem elektromagnetischen Feld) und erhält sowohl die Kopplung wie auch der Hamiltonoperator des anderen Systems ebenfalls die Parität, so können nur Übergänge stattfinden, bei welchen die gesamte Parität des Systems in Anfangs- und Endzustand dieselbe ist.

Die erste Paritätsauswahlregel wurde in der Atomspektroskopie entdeckt. Laporte [1] fand, daß bei den Emissionslinien der Atomspektren nur diejenigen mit verschiedener Parität miteinander kombinieren, bei denen der Bahndrehimpulsunterschied bei einem Einelektronenspektrum ± 1 beträgt (Gl. VII,28). Da sich bei einer Multipolentwicklung

$$\xi_i \, \xi_f = -1 \quad \text{für Übergänge bei elektrischer Dipolstrahlung} \qquad \text{(VII,28)}$$

des elektromagnetischen Feldes zeigt, daß die Lichtquanten der elektrischen Dipolstrahlung, welche in der Atomspektroskopie hauptsächlich von Bedeutung sind, negative Parität haben, ist ersichtlich, daß *bei dem gesamten Prozeß die Parität* im Anfangs- und Endzustand die gleiche ist. Viele weitere experimentelle Resultate bestätigen die *Erhaltung der Parität durch elektromagnetische Wechselwirkung.*

Hinsichtlich elektromagnetischer Zerfälle unter Aussendung eines γ-Quants zeigt die Multipolentwicklung des elektromagnetischen Feldes, daß zu jedem Drehimpuls $l > 0$ zwei verschiedene Quanten gebildet werden können, die sich in ihrer Parität unterscheiden und zur elektrischen beziehungsweise magnetischen Multipolstrahlung gehören. Die Zuordnung der Parität zur Multipolstrahlung ergibt sich gemäß Gl. VII,29.

$$\begin{aligned} \xi(E, l) &= (-1)^l \quad && \text{elektrische Multipolstrahlung} \qquad \text{(VII,29)} \\ \xi(M, l) &= -(-1)^l \quad && \text{magnetische Multipolstrahlung} \end{aligned}$$

Für jeden Übergang mit $l = 1, 2, 3 \ldots$ kann in jedem Fall ein γ-Quant unter Erhaltung von Drehimpuls und Parität abgestrahlt werden, wobei jedoch die magnetische Dipolstrahlung im Zusammenhang mit dem Matrixelement mit geringerer Wahrscheinlichkeit als die elektrische erfolgt. Während oft die Zuordnung von magnetischer oder elektrischer Multipolstrahlung bei vorgegebenem Drehimpuls bereits aus der Zerfallskonstanten geschlossen werden kann, unterscheiden sich beide Strahlungsarten darüber hinaus in der Polarisation.

In bezug auf die Diskussion von Reaktionen und Zerfällen von Elementarteilchen ist die Parität des Anfangs- und Endzustandes zu bestimmen. Für ein System von einzelnen Teilchen wird die Parität durch die Bahndrehimpulse l_i der Teilchen und durch die Quantenzahlen ξ_i der inneren Parität gemäß Gl. VII,30 bestimmt. Während die

$$\begin{aligned} \xi_i &= (-1)^{l_j} \, \xi_i \qquad \text{(VII,30)} \\ \xi &= \xi_1 \cdot \xi_2 \cdot \ldots \end{aligned}$$

Parität hinsichtlich des Bahndrehimpulses aus der Ortsabhängigkeit der Legendre'schen Polynome folgt, stellt die innere Parität eine für ein bestimmtes Teilchen charakteristische Größe dar, welche relativ zu anderen Teilchen gemessen werden kann.

Gilt für die Wechselwirkung, welche einen Zerfall oder eine Reaktion bewirkt, die Erhaltung der Parität, so folgen in einfacher Weise strenge Auswahlregeln. Als ein einfaches Beispiel sei der α-Zerfall eines Atomkerns diskutiert, der sich in einer Nukleonenkonfiguration mit dem Drehimpuls 1 und positiver Parität befinden möge. In bezug auf einen Zerfall in einen neuen Atomkern, dessen Nukleonenkonfiguration den Drehimpuls 0 hat, folgt, daß das emittierte α-Teilchen somit den Drehimpuls 1 übernehmen muß. Da das α-Teilchen positive innere Parität hat, ergibt somit die Emission des α-Teilchens den Faktor - 1 hinsichtlich der Parität des Endzustandes. Hat nun die Nukleonenkonfiguration im neuen Kern positive Parität, so ist bei Erhaltung der Parität der Zerfall streng verboten.

Die innere Parität eines Teilchens kann gemessen werden, wenn bei einer Reaktion, für welche die Parität erhalten ist, alle paritätsbestimmenden Faktoren im Anfangs- und Endzustand bis auf die zu bestimmende innere Parität des betreffenden Teilchens bekannt sind. Als Beispiel sei die Absorption eines langsamen π-Mesons durch ein Deuteron infolge starker Wechselwirkung betrachtet. Ist ein geladenes π-Meson in einem Target so weit abgebremst, daß die DeBroglie-Wellenlänge λ sehr viel größer als die Reichweite der Kernkräfte ist, so ist nur der Anteil mit Bahndrehimpuls $l = 0$ wesentlich an der Reaktion beteiligt. Da sich die beiden Nukleonen des Deuterons in einem s-Zustand befinden (positive Parität) und der relative Drehimpuls zwischen π-Mesonen und Deuteronen ebenfalls Null ist, wird die Parität des Anfangszustandes durch die innere Parität ξ_π des π-Mesons bestimmt (Gl. VII,31). Betrachten wir die Reaktion, welche zu

	π^-	$+$	$d \rightarrow n + n$	(VII,31)
Drehimpuls	0	1	${}^3P_1$	
Parität	ξ_π	$+1$	-1	
	$\xi_\pi = -1$			

zwei Neutronen führt, so können diese nur in den Zuständen ${}^1S_0$, ${}^3P_{2,1,0}$, ${}^1D_2$.. existieren, da wegen der Fermi-Statistik die beiden Nukleonen insgesamt eine antisymmetrische Wellenfunktion bilden müssen. Nun ist der Drehimpuls im Ausgangszustand durch das Deuteron bestimmt, da das zu absorbierende π-Meson den Drehimpuls 0 hat und sich nach der Abbremsung im Drehimpulszustand $l = 0$ befindet. Aus der Existenz der Reaktion $\pi + d \rightarrow n + n$ mit langsamen π-Mesonen folgt, daß die beiden Neutronen wegen der Erhaltung des Drehimpulses in einem ${}^3P_1$-Zustand sein müssen, woraus eine negative Parität für den Endzustand resultiert. Im Zusammenhang mit der *Erhaltung der Parität bei der starken Wechselwirkung* folgt hieraus, daß die innere Parität des π-Mesons negativ ist.

Während die starke Wechselwirkung und die elektromagnetische Wechselwirkung die Parität erhalten, zeigen die spontanen Zerfälle der schwachen Wechselwirkung, daß der Endzustand zu verschiedenen Paritäten gehören kann und die schwache Wechselwirkung somit nicht die Parität erhält (Tab. VII,2). Auf die Analyse des spontanen Zerfalls der K-Mesonen in Endzustände mit zwei oder drei π-Mesonen und verschiedener

Tab. VII,2.

Wechselwirkung	Eigenschaft hinsichtlich der Erhaltung der Parität
starke Wechselwirkung	erhalten
elektromagnetische Wechselwirkung	erhalten
schwache Wechselwirkung	Erhaltung nicht notwendig

Parität durch schwache Wechselwirkung (Gl. VII,32) wird später noch genauer eingegangen.

$$K \to 2\,\pi \quad \text{(positive Parität)} \qquad \text{(VII,32)}$$
$$K \to 3\,\pi \quad \text{(negative Parität)}$$

3.3 Ladungskonjugation

Unter der Operation der Ladungskonjugation wird die Transformation verstanden, durch welche Teilchen in Antiteilchen verwandelt werden (Gl. VII,33). In Gl. VII,34

$$C|\text{Teilchen}> = |\text{Antiteilchen}> \qquad \text{(VII,33)}$$
$$C|\text{Antiteilchen}> = |\text{Teilchen}>$$

$$C|e^+> = |e^-> \qquad \text{(VII,34)}$$
$$C|\pi^+> = |\pi^->$$
$$C|p> = |\bar{p}>$$

sind einige Beispiele eingetragen. Da die Antiteilchen die umgekehrte Ladung wie die Teilchen haben, ist die Bezeichnung Ladungskonjugation leicht verständlich. Die Operation der Ladungskonjugation ist wie die Parität eine diskontinuierliche Transformation, die nicht durch Aneinanderfügen infinitesimaler Schritte durchgeführt werden kann. Mit Hinblick auf spontane Zerfälle und Reaktionen ergibt sich die Frage, welche Aussagen aus einer Invarianz einer Wechselwirkung in bezug auf die Ladungskonjugation erhalten werden können. Bei Erhaltung der Ladungskonjugation ergeben sich Auswahlregeln für spontane Zerfälle. Ebenso können Relationen von Wirkungsquerschnitten für verschiedene Reaktionen, die durch Ladungsumkehr auseinander hervorgehen, erhalten werden.

Da durch die Ladungskonjugation das Vorzeichen aller Ladungen umgekehrt wird, können Eigenzustände des Ladungskonjugationsoperators nur für neutrale Systeme existieren, wobei sich die Wellenfunktion des Systems nach Ladungsumkehr nur durch einen konstanten Faktor unterscheidet. Als Beispiel sei das Positronium betrachtet, welches mit einem Elektron und einem Positron ein wasserstoffähnliches gebundenes System darstellt. Da die Ladungskonjugation eine Vertauschung der Teilchen bedeutet, ergibt

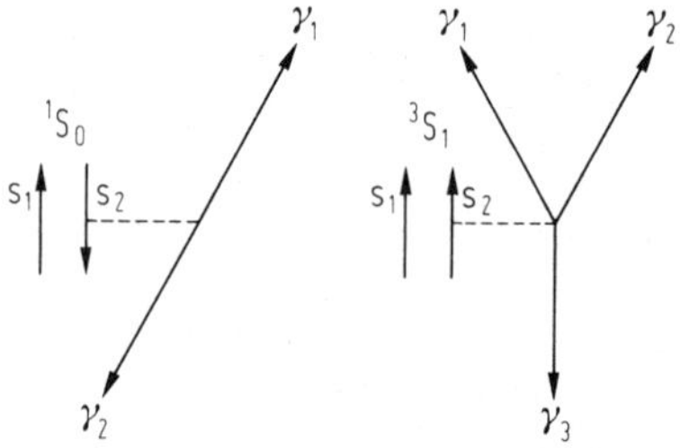

Abb. VII,5. Zerstrahlung von Positronium für verschiedene Spinzustände in zwei beziehungsweise drei γ-Quanten.

sich eine Abhängigkeit des Eigenwertes der Ladungskonjugation in einfacher Weise vom Drehimpuls l. Die Eigenzustände des Positroniums sind darüber hinaus durch die Spinfunktion von Elektron und Positron bestimmt. Da die Spintriplettfunktion symmetrisch in bezug auf Vertauschung der Teilchen und die Spinsingulettfunktion antisymmetrisch ist und bei Vertauschung von Ort $\boldsymbol{r}$, Spin $\boldsymbol{S}$ und Ladung Q sich das Vorzeichen der Eigenfunktion für Fermiteilchen ändert[1], ergibt sich Gl. VII,35

$$C|\text{Positronium } l, S\rangle = (-1)^{l+S}\,|\text{Positronium } l, S\rangle \qquad \text{(VII,35)}$$

für den Eigenwert der Ladungskonjugation. Wird nun für die Wechselwirkung, welche eine Änderung des Positroniumsystems bewirkt, angenommen, daß diese invariant gegenüber der Ladungskonjugation ist, so muß der Endzustand denselben Eigenwert hinsichtlich der Ladungskonjugation haben. Eine Änderung des Systems ergibt sich durch die elektromagnetische Wechselwirkung, wobei das Positronium in γ-Quanten zerfällt. Bei Invarianz gegenüber Ladungskonjugation resultiert eine Aussage darüber, ob die Zerstrahlung in eine gerade oder ungerade Photonenzahl stattfindet (Abb. VII,5). Hierzu sei der Eigenwert hinsichtlich der Ladungskonjugation für ein System von Photonen betrachtet. Wenn die Wechselwirkung zwischen dem elektromagnetischen Feld und elektrisch geladenen Teilchen (Gl. VII,36) invariant ist gegenüber der

$$H' = \frac{e\,\boldsymbol{p}\,\boldsymbol{A}}{m\,c}, \qquad CH' = H'C \qquad \text{(VII,36)}$$

Ladungskonjugation, folgt, daß das Vektorpotential $\boldsymbol{A}$ das Vorzeichen bei dieser Transformation ändert, da auch die Ladung e sich bei dem Prozeß umkehrt. Betrachtet man mit Hinblick auf die Beschreibung von Emissions- und Absorptionsprozessen der Lichtquanten die Amplituden des Vektorpotentials als Erzeugungs- und Vernichtungsoperatoren, so ist ersichtlich, daß hinsichtlich der Ladungskonjugation die Erzeugungsoperatoren dann dieselben Eigenschaften wie das Vektorpotential $\boldsymbol{A}$ haben. Unter der Annahme, daß der Vakuumzustand (keine Lichtquanten) definitionsgemäß einen positiven Eigenwert in bezug auf die Ladungskonjugation hat, folgt für einen Einphotonenzustand diesbezüglich der Eigenwert -1. Somit ergibt sich, daß eine Zerstrahlung des Positroniums aus einem Zustand mit positiver Ladungskonjugationsparität nur in eine gerade Zahl von Lichtquanten erfolgen kann, während ein Zustand mit negativer Ladungskonjugationsparität in eine ungerade Zahl von Lichtquanten zerstrahlt

$$C|n\ \gamma\text{-Quanten}\rangle = (-1)^n\,|n\ \gamma\text{-Quanten}\rangle \qquad \text{(VII,37)}$$

(Gl. VII,37). Bei strenger Gültigkeit der Invarianz der elektromagnetischen Wechselwirkung in bezug auf Ladungskonjugation resultiert für den Zerfall von Positronium somit eine strikte Auswahlregel gemäß Gl. VII,38.

$$\begin{aligned} S &= 0 \quad e^+ + e^- \to k\,\gamma, \quad k \text{ gerade} \\ S &= 1 \quad e^+ + e^- \to q\,\gamma, \quad q \text{ ungerade} \end{aligned} \qquad \text{(VII,38)}$$

Die Untersuchung anderer Zerfälle ergibt Aussagen in bezug auf die Symmetrieeigenschaften der Wechselwirkung hinsichtlich der Ladungskonjugation. Beispielsweise zerfällt das π^0-Meson in zwei γ-Quanten. Sind die Prozesse, welche diesen Zerfall bewirken, invariant gegenüber der Ladungskonjugation, so kann das π^0-Meson keinesfalls in drei γ-Quanten zerfallen. Experimentell konnte kein Zerfall in drei γ-Quanten beobachtet werden, was somit auf eine Erhaltung in bezug auf Ladungskonjugation für die beteiligten Wechselwirkungen hinweist. Wenn man für den Zerfall annimmt, daß zunächst durch starke Wechselwirkung das π^0-Meson in ein Proton-Antiproton-Paar zerstrahlt und der Zerfall in zwei γ-Quanten anschließend durch elektromagnetische Wechselwirkung erfolgt, ergibt sich ein Hinweis, daß auch die starke Wechselwirkung invariant gegenüber der Ladungskonjugation ist.

Gleiche Wirkungsquerschnitte müßten sich in bezug auf Reaktionen ergeben, welche durch Ladungskonjugation ineinander übergehen (Gl. VII,39). Experimentelle Unter-

$$\begin{aligned} &\pi^- + p \to \pi^- + p\,, \qquad \pi^+ + \bar{p} \to \pi^+ + \bar{p} \\ &e^+ + p \to e^+ + p\,, \qquad e^- + \bar{p} \to e^- + \bar{p} \end{aligned} \tag{VII,39}$$

suchungen liegen für Prozesse im Zusammenhang mit der Zerstrahlung von Nukleon-Antinukleon-Paaren in π-Mesonen vor und ergaben eine Invarianz der starken Wechselwirkung in bezug auf Ladungsumkehr innerhalb der Fehlergrenze [2].

Hinsichtlich der schwachen Wechselwirkung zeigen schon die β-Zerfälle der Atomkerne, daß die Ladungskonjugation keine Erhaltungsgröße ist.

Bei der allgemeinen Forderung, daß alle Prozesse, die in der Natur ablaufen, entsprechend der Relativitätstheorie, invariant gegenüber einer Lorentz-Transformation sind, konnte abgeleitet werden, daß die Operation von Ladungskonjugation, Parität und Zeitumkehr (T) eine Erhaltungsgröße (CPT-Theorem) ist. Die schwache Wechselwirkung erhält nicht die Parität. Der β-Zerfall der Atomkerne zeigte jedoch in bezug auf die Helicität der emittierten Elektronen und Neutrinos beispielsweise, daß die Operation von Ladungskonjugation und Parität innerhalb der Meßgenauigkeit von wenigen Prozent eine Erhaltungsgröße ist. Nach dem CPT-Theorem müßten dann auch die Zeitumkehr innerhalb der Meßgenauigkeit erhalten sein. Die Untersuchung eines Zerfalls oder einer Reaktion in bezug auf die Frage, ob der Prozeß invariant bezüglich der Operation CP abläuft, ist mit Hinblick auf das CPT-Theorem somit auch ein indirekter Test des Verhaltens der Zeitumkehr.

Beim Zerfall der neutralen K-Mesonen durch schwache Wechselwirkung wurde jedoch eine geringe Abweichung gegenüber einer Erhaltung des Zerfalls in bezug auf die CP-Operation gefunden. Unter Zugrundelegung der Gültigkeit der Relativitätstheorie muß jeder Prozeß invariant gegenüber der Operation CPT sein, wobei T die Zeitumkehr bedeutet. Die Nichterhaltung von CP ist dann äquivalent der Nichterhaltung der Zeitumkehr. Auf die Analyse der Zerfälle von K-Mesonen wird in einem späteren Kapitel noch eingegangen.

3.4 Teilchen und Antiteilchen

Die Entstehung und Zerstrahlung von Teilchen-Antiteilchen-Paaren kann mit Hilfe von relativistischen Wellengleichungen beschrieben werden. Relationen von Teilchen

und Antiteilchen wurden zunächst in bezug auf die Elektronen gefunden. Um eine relativistische invariante Beschreibung der Elektronen zu erhalten, wurde von Dirac eine Wellengleichung für das Elektron aufgestellt (Gl. VII,40), welche die Spinbahn-

$$\left(i\hbar\frac{\partial}{\partial t} - i\hbar c\,\vec{\alpha}\,\vec{\Delta} + m\,c^2\right)\psi = 0 \qquad \text{(VII,40)}$$

wechselwirkung des Elektrons und den g-Faktor* richtig beschreibt sowie positive und negative Energiezustände zuläßt. Ist ein Energiezustand mit positiver Energie besetzt – einem Elektron mit bestimmter Impulsrichtung und bestimmten Spinzustand entsprechend –, so kann ein Übergang in ein tiefer liegendes Niveau mit negativer Energie nicht stattfinden, wenn alle Energiezustände mit negativer Energie als besetzt angenommen werden. Bei Berechnung der Eigenschaften der Zustände bei Wechselwirkung mit einem elektromagnetischen Feld ergibt sich, daß sich ein Loch in den Zuständen mit negativer Energie, wie ein Teilchen mit positiver Ladung bewegt. Ein Übergang zwischen den Zuständen negativer Energie in einen Zustand positiver Energie unter Absorption eines γ-Quants, dessen Energie größer als die doppelte Ruheenergie des Elektrons ist, ergibt so die Beschreibung der Erzeugung eines Elektron-Positron-Paares (Abb. VII,6). Die Zerstrahlung von einem Elektron und einem Positron entspricht dem

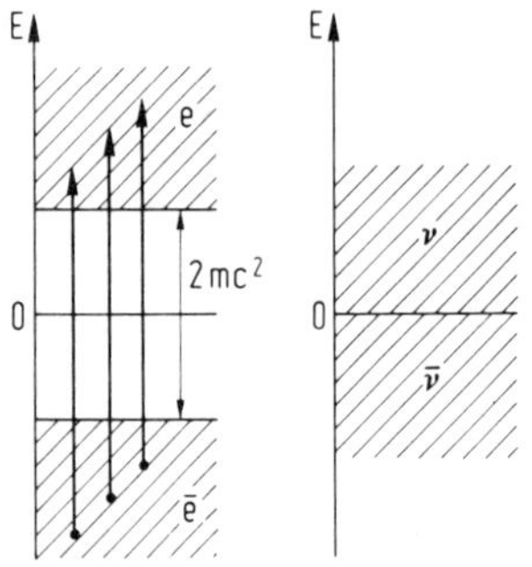

Abb. VII,6. Energiezustände für Teilchen und Antiteilchen für Elektronen und Neutrinos.

umgekehrten Übergang. Elektron-Positron-Paare können durch elektromagnetische Prozesse nicht nur in der Nähe eines Atomkerns gebildet werden, sondern ergeben sich auch beispielsweise beim Zerfall von π_0-Mesonen (Gl. VII,41) (Dalitz-Paare).

$$\begin{aligned} \pi^- + p &\rightarrow \pi^0 + n \qquad \text{(VII,41)}\\ &\rightarrow \gamma + \gamma + n \\ &\rightarrow e^+ + e^- + \gamma + n \\ &\rightarrow e^+ + e^- + e^+ + e^- + n \end{aligned}$$

Elektron und Positron unterscheiden sich im Vorzeichen der elektrischen Ladung des magnetischen Moments, während die Masse, der Spin und die Lebensdauer die-

* Bis auf Strahlungskorrekturen

selben sind.

Ebenso wie für Elektronen können für Baryonen die zugehörigen Antiteilchen beim Zusammenstoß hochenergetischer Protonen gebildet werden (Gl. VII,42).

$$p + p \to p + p + \overline{p} + p \qquad \text{(VII,42)}$$
$$\to p + p + \overline{n} + n$$

Nukleon und Antinukleon zerstrahlen durch Emission mehrerer π-Mesonen (Gl. VII,43)

$$p + \overline{p} \to n\,\pi \qquad \text{(VII,43)}$$

(Abb. VII,7). Beim Zusammentreffen von Proton und Antiproton werden bei kleiner kinetischer Energie im Mittel ≈ 5 Mesonen gebildet. Im Zusammenhang mit Experi-

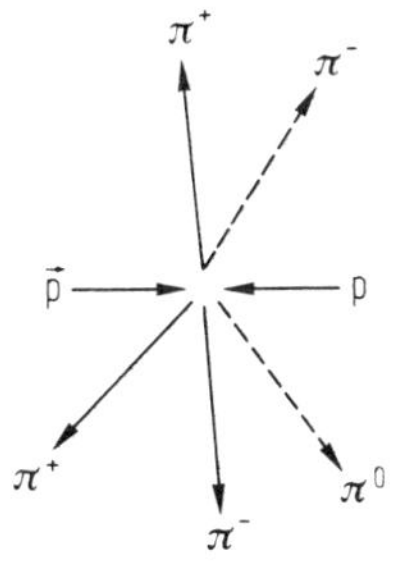

Abb. VII,7. Zerstrahlung von Protonen und Antiprotonen unter Emission mehrerer π-Mesonen.

menten, bei denen Teilchen auf hohe Energie durch Beschleuniger gebracht wurden, konnten weitere Antiteilchen für verschiedene Baryonenzustände sowie für die K-Mesonen beispielsweise gebildet werden (Gl. VII,44). Auch bei diesen neuen Zustän-

$$p + \overline{p} \to \Lambda + \overline{\Lambda} \qquad \text{(VII,44)}$$
$$\pi^- + p \to K^+ + K^- + n$$

den sind die Masse, die Lebensdauer und der Drehimpuls von Teilchen und Antiteilchen gleich, während die Ladung, das magnetische Moment, Strangeness das umgekehrte Vorzeichen haben (Tab. VII,3). Beim Zusammentreffen von Teilchen und Antiteilchen zerstrahlen beide in die Quanten desjenigen Feldes, welches die Wechselwirkung der Teilchen beschreibt.

Vom theoretischen Standpunkt der Beschreibung von Teilchen und Antiteilchen wurde durch Pauli und Weisskopf [3] am Beispiel der relativistischen Gleichung für Teilchen ohne Spin gezeigt, daß Aspekte für Paarbildung und Paarvernichtung auch für Partikel sich ergeben, welche nicht der Fermi-Statistik angehören.

Da Teilchen und Antiteilchen beim Zusammentreffen zerstrahlen, existieren nur jeweils Teilchen der einen Sorte in großer Zahl in geringem Abstand als Bausteine der Materie. So ist es willkürlich, welche der beiden Teilchensorten als Teilchen oder Antiteilchen bezeichnet wird.

Tab. VII,3.

	Teilchen	Antiteilchen
Masse	m	m
Drehimpuls	J	J
Isospin	T	T
Lebensdauer	τ	τ
Ladung	e	$-e$
magnetisches Moment	μ	$-\mu$
Baryonenzahl	1	-1
Strangeness	S	$-S$
innere Parität für Fermiteilchen	P	$-P$

3.5 Erhaltungssätze für Teilchenzahlen und Statistik

Durch die verschiedenen Wechselwirkungen, die zwischen Elementarteilchen wirksam sind, ergeben sich bei Teilchenreaktionen wie bei spontanen Zerfällen Übergänge vom Ausgangszustand zu einem anderen Zustand, wobei die Zahl der beteiligten Elementarteilchen und auch deren Art in beiden Zuständen verschieden sein kann. Als Beispiel seien Paarbildungs- und Paarvernichtungsprozesse genannt oder die im ersten Abschnitt beschriebenen Zerfälle durch schwache Wechselwirkung.

Die Frage, welche Teilchen bei Prozessen entstehen können, ist eine Frage nach weiteren Symmetrieeigenschaften der Teilchen sowie der Wechselwirkung, welche die Änderung des Zustandes bewirkt. Solche Symmetrieeigenschaften werden evident, wenn Reaktionen, die nach den anderen Erhaltungssätzen erlaubt sind, nicht beobachtet werden. Beispielsweise können Proton und Antiproton in mehrere π-Mesonen zerstrahlen, während zwei Neutronen beim Zusammentreffen nicht vernichtet werden können. Die experimentellen Untersuchungen von Teilchenzuständen wie Zerfällen zeigen, daß für Teilchen, welche der Fermistatistik genügen, Teilchenzahlerhaltungssätze gelten.

Die Bildung eines Nukleon-Antinukleon-Paares durch starke Wechselwirkung (Gl. VII,42) kann dabei so beschrieben werden, daß man den Nukleonen eine Baryonenzahl + 1 und den Antinukleonen die Baryonenzahl - 1 zuschreibt, so daß der Prozeß dahingehend abläuft, daß die gesamte Baryonenzahl vor und nach der Reaktion konstant ist (Gl. VII,45). In derselben Weise schreibt man den anderen Teilchenzuständen im Baryonenspektrum die Baryonenzahl + 1 und den dazugehörigen Antiteilchen die Baryonenzahl - 1 zu. Alle übrigen Elementarteilchen erhalten die Baryonenzahl Null. Mit dem *Erhaltungssatz der Baryonenzahl* sind dann gleichzeitig Prozesse ausgeschlossen, bei welchem beispielsweise zwei Protonen in zwei Positronen oder zwei Neutronen in γ-Quanten zerstrahlen.

$$\sum_{\mathrm{n}} B_{\mathrm{i,n}} = \sum_{\mathrm{n}'} B_{\mathrm{f,n}'} \qquad \text{(VII,45)}$$

Die Untersuchung der Zerfälle durch schwache Wechselwirkung zeigen, daß hinsichtlich der Leptonen insgesamt vier geladene Teilchen e^+, e^-, μ^+, μ^- und vier Neutrinos ν_e, $\overline{\nu}_e$, ν_μ und $\overline{\nu}_\mu$ existieren. Die Zerfälle und auch die inversen Reaktionen können durch *Erhaltungssätze für Leptonenzahlen* beschrieben werden, indem man den elektronischen Leptonen Leptonenzahlen l_e und den μ- und ν_μ-Leptonen Leptonenzahlen l_μ zuschreibt, wobei alle übrigen Elementarteilchen Leptonenzahlen Null erhalten

$$\sum_n l_{e,i,n} = \sum_{n'} l_{e,f,n'} \qquad \text{(VII,46)}$$

$$\sum_n l_{\mu,i,n} = \sum_{n'} l_{\mu,f,n'}$$

(Gl. VII,46). Tab. VII,4 zeigt eine Übersicht für die Zuordnung der Teilchenzahlen.

Tab. VII,4.

Partikel	B	l_e	l_μ
Baryonen	+ 1	0	0
Antibaryonen	- 1	0	0
e^-, ν_e	0	1	0
e^+, $\overline{\nu}_e$	0	- 1	0
μ^-, ν_μ	0	0	1
μ^+, $\overline{\nu}_\mu$	0	0	- 1
Pionen	0	0	0
Kaonen	0	0	0
γ-Quanten	0	0	0

Für Elementarteilchen, die der Bose-Statistik genügen, wie γ-Quanten, π-Mesonen, K-Mesonen und für alle anderen Teilchen des Bosonenspektrums gelten keine Teilchenzahlerhaltungssätze. Die Frage, wieviele Bosonen bei einem Zerfallsprozeß oder bei einer Reaktion entstehen, ist von der Stärke der Wechselwirkung abhängig. Bei elektromagnetischer Wechselwirkung nimmt die Wahrscheinlichkeit der Bildung mehrerer γ-Quanten schnell ab wegen der kleinen Kopplungskonstanten, während für π-Mesonen wegen deren starker Wechselwirkung die Zahl der produzierten Teilchen oft auch größer als eins ist.

Die Statistik, welche die Teilchen befolgen, spiegelt sich im Charakter der Eigenfunktion wieder, wenn mehrere identische Teilchen im Anfangs- oder Endzustand vorhanden sind [4]. Für Fermi-Teilchen ist die gesamte Wellenfunktion der identischen Teilchen antisymmetrisch und kehrt bei Vertauschung zweier Teilchen das Vorzeichen um (Gl. VII,47)[1]. Alle Teilchen des Baryonenspektrums sowie die Leptonen gehören

$$\psi(r_1\,\chi_1, \ldots, r_i\,\chi_i, \ldots, r_k\,\chi_k, \ldots) \quad \text{Fermi-Statistik} \qquad \text{(VII,47)}$$
$$= -\,\psi(r_1\,\chi_1, \ldots, r_k\,\chi_k, \ldots, r_i\,\chi_i, \ldots)$$

der Fermistatistik an. Für ein System identischer Bose-Teilchen muß dagegen die Wellenfunktion symmetrisch in bezug auf Vertauschung sein (Gl. VII,48). Der Charakter

$$\psi(r_1, r_2) = \psi(r_2, r_1) \qquad \text{Bose-Statistik} \qquad \text{(VII,48)}$$

der Eigenfunktion in bezug auf die Vertauschung ergibt einfache Konsequenzen für die in der Natur realisierten Zustände. Für Reaktionen, bei denen identische Gruppen von Nukleonen (gleiche Atomkerne) beispielsweise aneinandergestreut werden, ist die Statistik durch die Zahl der im Atomkern vorhandenen Nukleonen A gemäß Gl. VII,49 bestimmt. Atomkerne mit gerader Zahl von Nukleonen gehören demnach zur Bose-

$$A \begin{array}{l} \text{gerade} \rightarrow \text{Bose-Statistik} \\ \text{ungerade} \rightarrow \text{Fermi-Statistik} \end{array} \qquad \text{(VII,49)}$$

Statistik und solche mit einer ungeraden Zahl zur Fermi-Statistik. Die Statistik der Atomkerne ist von Einfluß beispielsweise für die in Spektren der Moleküle mit zwei identischen Atomkernen vorkommenden Rotationszustände und zeigt sich ebenso in der Winkelverteilung der Streuung identischer Atomkerne aneinander.

3.6 Isospin, G-Parität

Im Spektrum der Baryonen wie Mesonen mit starker Wechselwirkung existieren verschiedene Gruppen von Teilchenzuständen, die jeweils nahezu gleiche Masse haben, sich aber in der Ladung unterscheiden. Die Symmetrieeigenschaft hinsichtlich des Isospins [5], der diese Ladungsmultipletts charakterisiert, entsteht dadurch, daß die starke Wechselwirkung unabhängig vom Ladungszustand der Teilchen eines Multipletts ist und den Isospin erhält. Bezeichnet man die Zahl der Ladungszustände mit $2T + 1$ (Gl. VII,50), wobei T die Isospinquantenzahl ist, so ergeben sich hinsichtlich des Iso-

$$2T + 1 = \text{Zahl der Ladungszustände} \qquad \text{(VII,50)}$$

spins im Baryonenspektrum Singuletts ($T = 0$), Tripletts ($T = 1$), Dubletts ($T = 1/2$) und Quartetts ($T = 3/2$). Im Mesonenspektrum werden Isospinsinguletts und -tripletts sowie Isospindubletts beobachtet.

Zur quantitativen Beschreibung von Verzweigungsverhältnissen bei Reaktionen und spontanen Zerfällen wird das Verhalten hinsichtlich des Isospins durch eine Isospinfunktion charakterisiert. Für ein einzelnes Teilchen ist damit die Wellenfunktion zusammengesetzt aus einem Anteil der Bahn und Spin enthält und einem Anteil, welcher den Isospinzustand beschreibt (Gl. VII,51). Hinsichtlich der Isospineigenfunktion kön-

$$\psi = \varphi(\nu)\, \chi(\vec{\sigma})\, T(\vec{\tau}) \qquad \text{(VII,51)}$$

nen Aufsteige- und Absteigeoperatoren $\tau \pm$ in Analogie zu den Spinoperatoren gebildet werden (Abb. VII,8). Für Teilchen mit dem Isospin 1/2 sind am Beispiel des

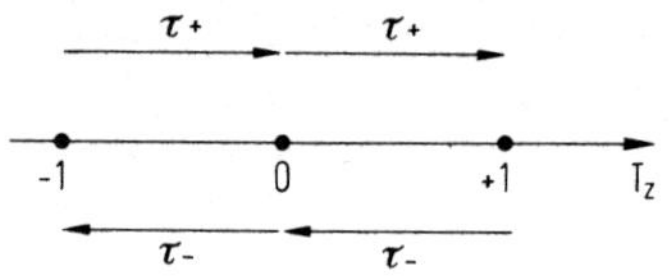

Abb. VII,8. Konstruktion von Isospinmultiplettzuständen.

Isospindubletts von Proton und Neutron in Gl. VII,52 die entsprechenden Definiti-

$$\tau_+ |n> = |p> \qquad \tau_- |p> = |n> \qquad \text{(VII,52)}$$
$$\tau_- |n\rangle = 0 \qquad \tau_+ |p\rangle = 0$$

onen angegeben. Die Isospinfunktion eines einzelnen Teilchens ist somit die Eigenfunktion zur dritten Komponente des Isospins τ_3 (Gl. VII,53) sowie zum Quadrat τ^2

$$\tau_3 = (\tau_+ \tau_- - \tau_- \tau_+)/2 \qquad \text{(VII,53)}$$
$$\tau_3 |p\rangle = \frac{1}{2} |p\rangle \qquad \tau_3 |n\rangle = -\frac{1}{2} |n\rangle$$

des Isospins entsprechend Gl. VII,54.

$$\tau^2 = \tau_3^2 + \frac{1}{2}(\tau_+ \tau_- + \tau_- \tau_+) \qquad \text{(VII,54)}$$
$$\tau^2 |p\rangle = T(T+1)|p\rangle = \frac{3}{4}|p\rangle$$
$$\tau^2 |n\rangle = T(T+1)|n\rangle = \frac{3}{4}|n\rangle$$

Für viele Reaktionen sind im Anfangs- wie im Endzustand mehrere Teilchen mit starker Wechselwirkung vorhanden. Die Isospineigenfunktion des Gesamtsystems ergibt sich aus den Isospinfunktionen der einzelnen Teilchen in der Weise, daß die Mannigfaltigkeit der Komponenten zu Gruppen zusammengefaßt wird, welche Eigenfunktion zu T^2 und T_z sind. Sind beispielsweise im Anfangszustand zwei Teilchen vorhanden, die beide zu $T = 1/2$ gehören (zum Beispiel Proton und Neutron oder Proton und K-Meson), so resultieren die in Gl. VII,55 angegebenen Isospinfunktionen zum Gesamt-

Isospin Triplett:

$$|t_3(1) = \frac{1}{2},\ t_3(2) = \frac{1}{2}\rangle = |T = 1, T_3 = 1\rangle \qquad \text{(VII,55)}$$

$$\frac{1}{\sqrt{2}}\left\{|t_3(1) = \frac{1}{2},\ t_3(2) = -\frac{1}{2}\rangle + |t_3(1) = -\frac{1}{2},\ t_3(2) = +\frac{1}{2}\rangle\right\} = |T = 1, T_3 = 0\rangle$$

$$|t_3(1) = -\frac{1}{2},\ t_3(2) = -\frac{1}{2}\rangle = |T = 1, T_3 = -1\rangle$$

Isospin Singulett:

$$\frac{1}{\sqrt{2}}\left\{|t_3(1)=\frac{1}{2},\ t_3(2)=-\frac{1}{2}\rangle-|t_3(1)=-\frac{1}{2},\ t_3(2)=+\frac{1}{2}\rangle\right\}=|T=0, T_3=0\rangle$$

isospin $T = 1$ und $T = 0$. Zur Beschreibung von Reaktionen von einem π-Meson (Isospin $T = 1$) und einem Nukleon (Isospin $T = 1/2$) sind die entsprechenden Eigenfunktionen zum Gesamtisospin $T = 3/2$ und $T = 1/2$ in Gl. VII,56 aufgeführt.

Isospin Quartett

$$|\frac{1}{2}, 1\rangle = |T=\frac{3}{2}, T_3=\frac{3}{2}\rangle \tag{VII,56}$$

$$\sqrt{\frac{2}{3}}|\frac{1}{2}, 0\rangle+\sqrt{\frac{1}{3}}|-\frac{1}{2}, 1\rangle = |T=\frac{3}{2}, T_3=\frac{1}{2}\rangle$$

$$\sqrt{\frac{2}{3}}|-\frac{1}{2}, 0\rangle+\sqrt{\frac{1}{3}}|+\frac{1}{2}, -1\rangle = |T=\frac{3}{2}, T_3=-\frac{1}{2}\rangle$$

$$|-\frac{1}{2}, -1\rangle = |T=\frac{3}{2}, T_3=-\frac{3}{2}\rangle$$

Isospin Dublett

$$-\sqrt{\frac{1}{3}}\ |\frac{1}{2}, 0\rangle+\sqrt{\frac{2}{3}},\ |-\frac{1}{2}, 1\rangle = |T=\frac{1}{2}, T_3=\frac{1}{2}\rangle$$

$$+\sqrt{\frac{1}{3}}|-\frac{1}{2}, 0\rangle-\sqrt{\frac{2}{3}}\ |\frac{1}{2}, -1\rangle = |T=\frac{1}{2}, T_3=-\frac{1}{2}\rangle$$

Aus der *Erhaltung des Isospins für Prozesse der starken Wechselwirkung* (Gl. VII,57)

$$\sum_n T_{i,n} = \sum_{n'} T_{f,n'} \qquad \text{für starke Wechselwirkung} \tag{VII,57}$$

ist ersichtlich, daß bei der Reaktion durch starke Wechselwirkung von zwei Teilchen, die zu den Isospins T_1 und T_2 gehören nur Endzustände gebildet werden können, deren Isospin innerhalb der in Gl. VII,58 angegebenen Grenzen liegt. Verläuft eine

$$|T_1 - T_2| \leqq T \leqq T_1 + T_2 \tag{VII,58}$$

Reaktion über Zwischenzustände, beispielsweise bei Resonanzprozessen, so ist ersichtlich, daß nur solche Zwischenzustände erlaubt sind, deren Isospin aus den vorhandenen zusammengesetzt werden kann. Im Anfangszustand von Reaktionen sind somit nur wenige Isospinkanäle enthalten im Gegensatz zur Situation hinsichtlich des Bahndrehimpulses bei Reaktionen von Teilchen mit bestimmter Richtung des Anfangsimpulses.

Da die elektromagnetische Wechselwirkung für unterschiedlich geladene Teilchen verschieden ist, wird der Gesamtisospin T nicht erhalten, jedoch die dritte Komponente T_3 des Isospins im Zusammenhang mit der Erhaltung der elektrischen Ladung. Beispielsweise ergibt sich für die Coulombsche Wechselwirkung zwischen Nukleonen im

Atomkern Gl. VII,59, woraus ersichtlich ist, daß Zustände mit verschiedenem Gesamtisospin durch die elektromagnetische Wechselwirkung untereinander verbunden werden können. So sind die Kernenergieniveaus wenigstens bei schwereren Atomkernen meist keine reinen Isospinzustände. Die Zumischung verschiedener Isospinzustände kann durch Messung der Abweichung von Auswahlregeln für Kernreaktionen oder elektromagnetische Strahlung beispielsweise bestimmt werden. Tab. VII,5 zeigt das Verhalten der verschiedenen Wechselwirkungen hinsichtlich des Isospins.

$$H_{\text{Coulomb}} = e^2 \sum_{i<j}^{A} \left(\frac{1}{2} + \tau_{3,i}\right)\left(\frac{1}{2} + \tau_{3,j}\right)/r_{ij} \qquad \text{(VII,59)}$$

Tab. VII,5.

Wechselwirkung	Eigenschaft hinsichtlich der Erhaltung von T
Starke Wechselwirkung	Isospin erhalten
Elektromagnetische Wechselwirkung	Erhaltung von T nicht notwendig, $\Delta T = 0, 1$; T_z erhalten, $\Delta T_z = 0$
Schwache Wechselwirkung	Erhaltung von T nicht notwendig, $\Delta T = 0, 1/2, 1, (3/2)$ Keine Erhaltung von T_z, $\Delta T_z = \pm 1,0$

Für die Mesonen ohne Strangeness ist die G-Parität eine weitere wichtige Quantenzahl, die den Eigenwert eines Operators darstellt, der die sukzessive Anwendung der Ladungskonjugation C und einer Drehung im Isospinraum um die T_3-Achse um 180° bedeutet (Gl. VII,60). Das π-Meson hat negative G-Parität. Ein System von π-Mesonen mit gera-

$$e^{i\pi T_3}\, C\,|\pi\rangle = -\,|\pi\rangle \qquad G = -1 \qquad \text{(VII,60)}$$
$$G\,|n\,\pi\rangle = (-1)^n$$

der G-Parität besteht stets aus einer geraden Anzahl von π-Mesonen, ein System mit ungerader G-Parität aus einer ungeraden Zahl von π-Mesonen. *Die G-Parität ist bei Prozessen der starken Wechselwirkung erhalten.* Ein angeregter Mesonenzustand mit $G + 1$ kann *durch starke Wechselwirkung* nur in eine gerade Anzahl von π-Mesonen zerfallen, für einen Mesonenzustand mit $G = -1$ führt der Zerfall bei starker Wechselwirkung in eine ungerade Zahl von π-Mesonen.

3.7 Strangeness

Bei der Produktion neuer Teilchenzustände des Baryonen- und Mesonenspektrums zeigt sich, daß verschiedene Teilchen nur simultan mit einem weiteren Teilchen produziert wurden. Der Wirkungsquerschnitt der Reaktion weist auf einen Prozeß starker Wechselwirkung hin. Treffen beispielsweise π-Mesonen mit einer Energie größer als 0,9 GeV auf Protonen, so wird neben anderen Reaktionen das Λ-Hyperon mit einer Masse von 1115 MeV gleichzeitig ein neutrales K-Meson mit einer Masse von 498 MeV gebildet (Gl. VII,61). Dagegen wurden keine Prozesse beobachtet, bei welchen nur

$$\pi^- + p \to \Lambda + K^0 \qquad \text{(VII,61)}$$

eines der beiden Teilchen gebildet wird. Eine entsprechende Reaktion führt bei etwas höherer Energie zur Produktion eines Σ-Hyperons, Σ^+, Σ^0 oder Σ^- zusammen mit einem K-Meson (Gl. VII,62).

$$\pi^- + p \to \Sigma^- + K^+, \quad \Sigma^0 + K^0 \qquad \text{(VII,62)}$$
$$\pi^+ + p \to \Sigma^+ + K^+$$

Die gleichzeitige Produktion von zwei Teilchen weist darauf hin, daß die Wechselwirkung eine weitere Symmetriegröße erhält, wodurch andere Reaktionen ausgeschlossen sind, die dieser Erhaltung widersprechen würden. Zu einer quantitativen Formulierung gelangt man, wenn man den Nukleonen und den π-Mesonen die Strangeness-Quantenzahl S = o zuordnet, dem Λ-Hyperon und den Σ-Hyperonen $S = -1$ und den gleichzeitig produzierten K-Mesonen $S = +1$. Der Prozeß der Produktion durch starke Wechselwirkung von zwei Teilchen, die jeweils zu einer bestimmten Teilchengruppe gehören, ist dann dadurch gekennzeichnet, daß die gesamte Strangeness-Quantenzahl, die sich additiv aus den einzelnen Strangenessquantenzahlen zusammengesetzt, vor und nach der Reaktion dieselbe ist (Gl. VII,63).

$$\sum_n S_{i,n} = \sum_{n'} S_{f,n'} \qquad \text{für starke Wechselwirkung} \qquad \text{(VII,63)}$$

Ebenso wird die Strangeness bei der elektromagnetischen Wechselwirkung erhalten.

Aus der Messung von Verzweigungsverhältnissen und aus den beobachteten Ladungszuständen der K-Mesonen folgt, daß die K-Mesonen mit positiver Strangeness ein Isospin-Dublett mit den Zuständen K^0 und K^+ bilden. Mit größer werdender π-Mesonenenergie werden Reaktionen beobachtet, bei denen zwei K-Mesonen simultan entstehen (Gl. VII,64). Hieraus ergibt sich die Existenz eines weiteren K-Mesonen-

$$\pi^- + p \to K^+ + K^- + n \qquad \text{(VII,64)}$$

Dubletts mit Strangeness $S = -1$ und den Ladungszuständen $\overline{K^0}$ und K^-.

Unter Verwendung von K^--Mesonen im Eingangskanal werden weitere Baryonenzustände mit Strangeness-Quantenzahlen $S = -2$ und $S = -3$ gebildet (Gl. VII,65, VII,66).

$$K^- + p \to \Xi^0 + \pi^0 + K^0 \qquad \text{(VII,65)}$$
$$\to \Xi^- + \pi^+ + K^0$$

$$K^- + p \to \Omega^- + K^+ + K^0 \qquad \text{(VII,66)}$$

Die Ξ-Hyperonen, Ξ^- und Ξ^0 ($S = -2$) bilden ein Isospindublett, während das Ω-Hyperon ($S = -3$) einen Isospinsingulettzustand darstellt.

In Tab. VII,6 sind die tiefsten Hyperonen- und Mesonenzustände mit ihren Quantenzahlen in bezug auf Strangeness und Isospin eingetragen. Während die Zustände des Baryonenspektrums mit den Strangenessquantenzahlen $S = 0, -1, -2, -3$ beschrieben werden können, sind für das Mesonenspektrum die Strangeness-Quantenzahlen $S = -1$, 0, + 1 ausreichend. Zu den meisten aufgeführten Teilchenzuständen mit $S \neq 0$ sind ebenso wie für die Nukleonen viele Resonanzzustände beobachtet worden.

Tab. VII,6.

Partikel	S
$p, n, \bar{p}, \bar{n}; \pi^{-, 0, +}, \eta$	0
$\Delta^0, \Sigma^{-, 0, +}; K^-, \bar{K}^0$	- 1
$\Xi^{-, 0}$	- 2
Ω^-	- 3
$\bar{\Lambda}, \bar{\Sigma}; K^+, K^0$	+ 1
$\bar{\Xi}$	+ 2
$\bar{\Omega}$	+ 3

Auch für elektromagnetische Wechselwirkungen ist die Strangeness erhalten (Gl. VII,67).

$$\sum_n S_{i,n} = \sum_{n'} S_{f,n'} \quad \text{für elektromagnetische Wechselwirkung} \tag{VII,67}$$

Dieses Verhalten ist in Übereinstimmung mit einem Zusammenhang zwischen Ladung, T_3-Komponente des Isospins, Baryonenzahl und Strangeness, auf das im nächsten Kapitel eingegangen wird. Die Eigenschaften der Wechselwirkungen in bezug auf die Strangeness zeigt Tabelle VII,7.

Tab. VII,7

Wechselwirkung	Eigenschaft hinsichtlich der Erhaltung von S
starke Wechselwirkung	erhalten
elektromagnetische Wechselwirkung	erhalten
schwache Wechselwirkung	Erhaltung nicht notwendig $\lvert \Delta S \rvert = 1, 0$

Die Erhaltung der Strangeness durch starke Wechselwirkung und elektromagnetische Wechselwirkung hat als Konsequenz, daß das Λ-Teilchen die Σ-Hyperonen, die Ξ-Hyperonen und das Ω-Hyperon nur durch schwache Wechselwirkung in einen Zustand mit anderer Strangeness ($S \to S - 1$) zerfallen können (Gl. VII,67), da der

$$\Lambda \xrightarrow{2{,}5 \cdot 10^{10}\ \text{sec}} \begin{matrix} p + \pi^-, \\ n + \pi^0 \end{matrix} \tag{VII,68}$$

$$\Sigma^+ \xrightarrow{0{,}8 \cdot 10^{-10}\ \text{sec}} \begin{matrix} p + \pi^0, \\ n + \pi^+ \end{matrix}$$

$$\Sigma^- \xrightarrow{1{,}5 \cdot 10^{-10}\ \text{sec}} n + \pi^-$$

$$\Xi^0 \xrightarrow{3{,}0 \cdot 10^{-10}\ \text{sec}} \Lambda + \pi^0$$

$$\Xi^- \xrightarrow{1{,}7 \cdot 10^{-10}\ \text{sec}} \Lambda + \pi^-$$

$$\Omega^- \xrightarrow{1{,}3 \cdot 10^{-10}\ \text{sec}} \begin{matrix} \Xi^0 + \pi^-, \\ \Xi^- + \pi^0 \end{matrix}$$

Massenunterschied nicht ausreicht, um mit starker Wechselwirkung ein K-Meson mit $S = -1$ zu produzieren, welches die Differenz der Strangeness-Quantenzahl übernehmen könnte.

4. Multipletts im Baryonen- und Mesonenspektrum

4.1 Teilchenzustände des Baryonen- und Mesonenspektrums

Beim Zusammentreffen hochenergetischer Nukleonen und bei Reaktionen von Mesonen mit Nukleonen bei hohen Energien wurde eine Anzahl neuer Teilchenzustände entdeckt, die sich in bezug auf die Gesamtenergie, die Ladung und weitere Quantenzahlen sowie in Lebensdauern und elektromagnetischen Eigenschaften voneinander unterscheiden (Abb. VII,9, 10). Zum Verständnis aller Zustände ist es wünschenswert, die Frage zu untersuchen, ob die Mannigfaltigkeit der Eigenschaften dieser Teilchen in einem Zusammenhang steht und aus einigen wenigen Grundgesetzen abgeleitet werden kann. Ein erster Anhaltspunkt hierfür ergibt sich aus der Gegebenheit, daß viele Teilchenzustände als Isospinmultipletts beobachtet werden, deren einzelne Komponenten sich in der Masse nur geringfügig unterscheiden. Bei den Resonanzzuständen, die eine sehr große Breite haben, ist ein genauer Massenunterschied dabei nicht feststellbar, doch ist der Abstand der Resonanzen noch groß genug, daß einzelne Multipletts unterschieden werden können. Die Zahl der einzelnen Komponenten, die zu einem Multiplett gehören, ist verschieden und kann durch Angabe des Isospins T charakterisiert werden, wobei die Gesamtzahl der Teilchenzustände eines Isospinmultipletts $2T + 1$ beträgt.

Aus der Anzahl von Reaktionen, bei denen jeweils zwei Teilchen aus verschiedenen Gruppen simultan produziert werden, resultiert die Zuordnung einer Strangeness-Quantenzahl, die einen weiteren Unterschied zwischen einzelnen Multipletts ergibt. Dabei zeigt sich, daß alle Terme eines Isospinmultipletts zur selben Strangeness gehören. Die Einteilung der bekannten tiefliegenden Zustände in Isospinmultipletts unter Berücksichtigung der Strangeness ergibt dabei folgende Zusammenstellung für das Baryonenspektrum. Den Nukleonen schreibt man die Strangeness $S = 0$ zu. Für die Zustände mit $S = 0$ ergibt sich so als Grundzustand ein Isospindublett mit Proton und Neutron, während die Resonanzzustände sowohl einem Isospindublett mit $T = 1/2$ als auch einem Isospinquartett mit $T = 3/2$ zugehören können. Die Baryonen mit der Strangeness $S = -1$ werden als Isospinsingulett $T = 0$ und Isospintriplett $T = 1$ gebildet, wobei der Grundzustand des Isospinsinguletts das Λ-Teilchen (1116 MeV) ist und der Grundzustand für die Isospintripletts die Σ-Teilchen bei ungefähr 1193 MeV sind. Zu beiden Arten von Teilchen sind wiederum mehrere Resonanzzustände bekannt. Die Teilchen im Baryonenspektrum mit der Strangeness $S = -2$ gehören zu einem Isospindublett $T = 1/2$, der tiefste Zustand wird durch die beiden Ξ-Teilchen Ξ^0 und Ξ^- bei ungefähr 1317 MeV gebildet. Zur Strangeness-Quantenzahl $S = -3$

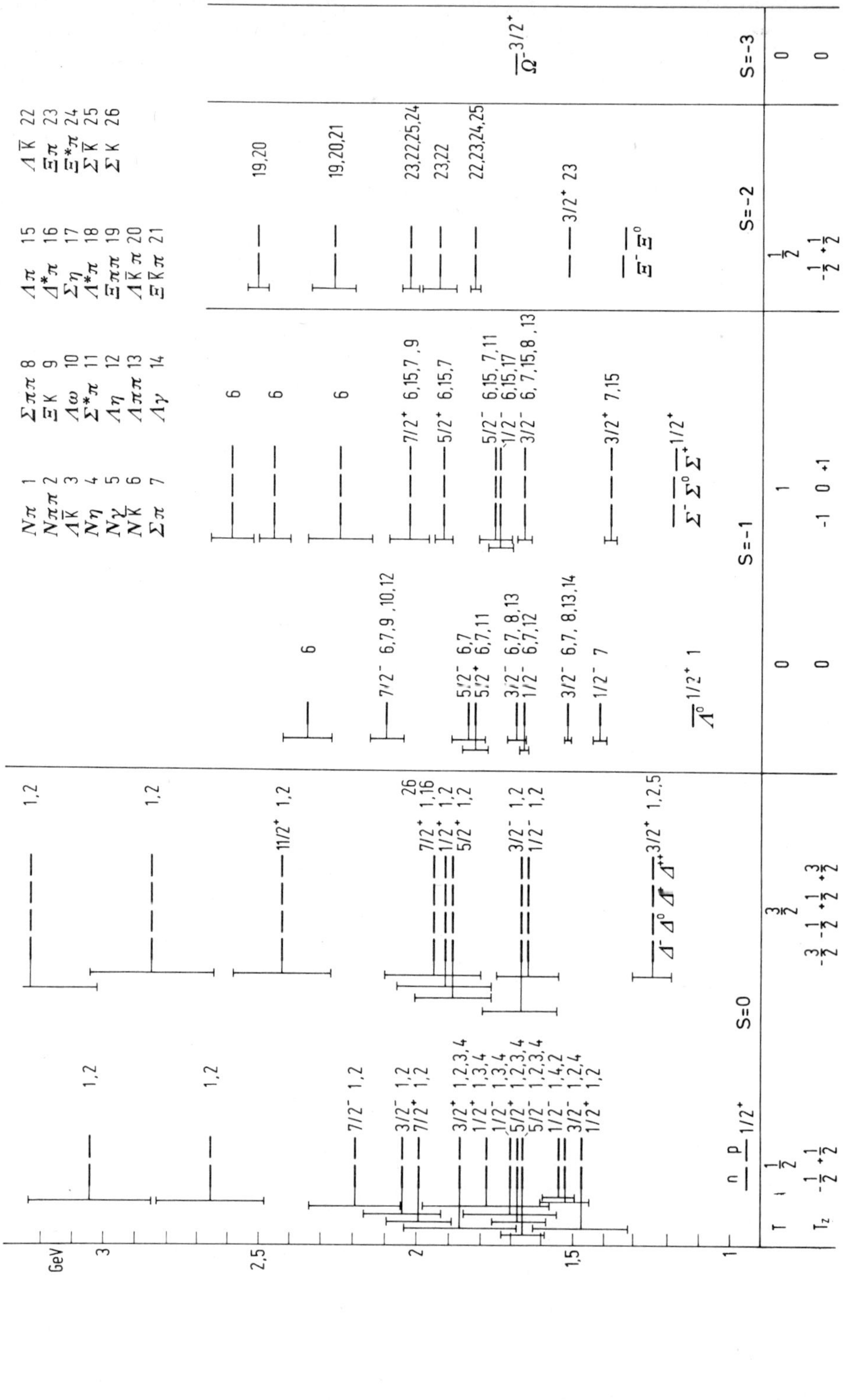

Abb. VII,9. Teilchenzustände des Baryonenspektrums.

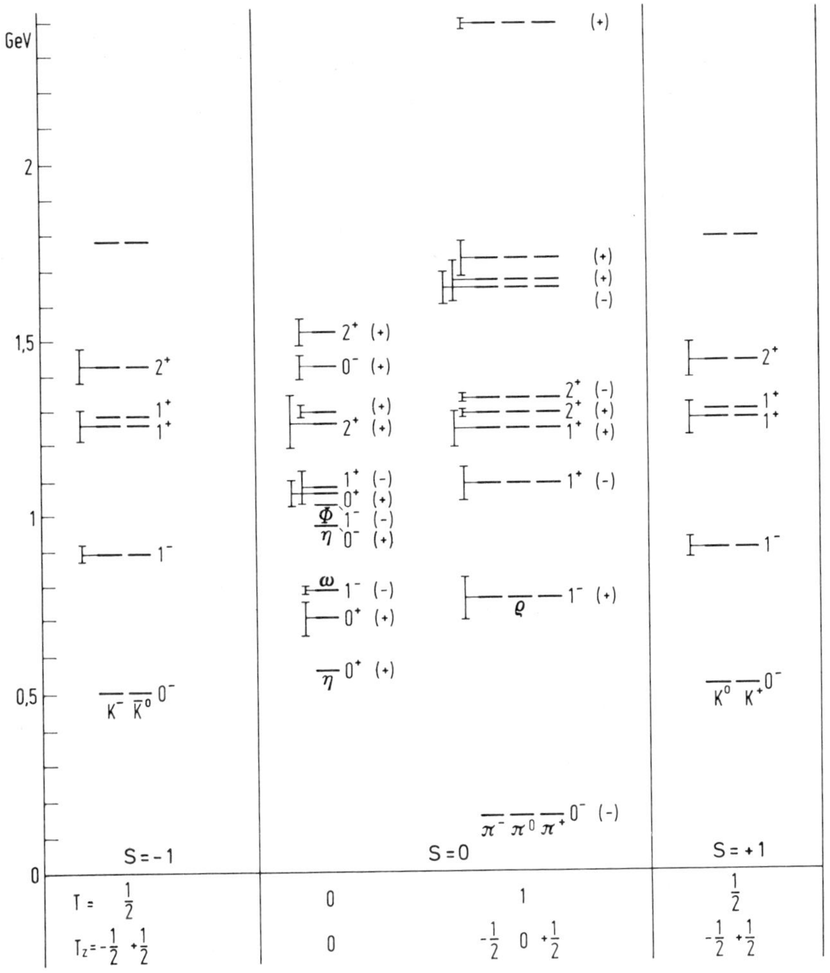

Abb. VII,10. Teilchenzustände des Bosonenspektrums.

gehört im Baryonenspektrum das Ω-Teilchen, welches durch ein Isospinsingulett $T = 0$ bei 1673 MeV beschrieben wird. Für das *Baryonenspektrum* ist charakteristisch, daß nur Isospinsinguletts, Dubletts, Tripletts und Quartetts beobachtet werden und keine Zustände mit noch größerem Isospin. Ebenso erscheint eine einfache Zuordnung in bezug auf die Strangenessquantenzahl vorzuliegen, welche nur die Werte 0, - 1, - 2 und - 3 annimmt (für die Antiteilchen der diskutierten Zustände ergeben sich die Strangenessquantenzahlen $S = 0, + 1, + 2, + 3$). Die zu einem Isospinmultiplett zugehörigen Teilchen haben stets dieselbe innere Parität und denselben Drehimpuls. Größere Gruppen von Teilchen mit demselben Drehimpuls und derselben inneren Parität können bei unterschiedlichen Strangenessquantenzahlen und Isospinquantenzahlen zu Multipletts höherer Symmetrie zusammengefaßt werden. Die tiefsten Zustände bilden ein Oktett, welches die Nukleonen p und n, das Λ-Teilchen, die Σ-Teilchen Σ^+, Σ^0 und Σ^- sowie die beiden Ξ-Teilchen Ξ^0 und Ξ^- enthält, und sind durch den Drehimpuls $j = 1/2$ und positive innere Parität charakterisiert. Die nächst höheren Zustände ergeben ein Dekuplett, welches aus Teilchen mit positiver innerer Parität und Drehimpuls $j = 3/2$ zusammengesetzt ist.

Hinsichtlich des Ladungszustandes der einzelnen Niveaus eines Isospinmultipletts wurde ein einfacher Zusammenhang zwischen Strangeness, Baryonenzahl und Isospinkomponente T_3 von Gell-Mann und Nishijima abgeleitet [6]. Da die Teilchen eines Isospinmultipletts verschiedene Ladung haben, welche sich jeweils um eine Ladungseinheit unterscheiden, ergibt sich die Gesamtladung aus der 3-Komponente des Isospins plus einer additiven Konstanten. Die für die verschiedenen Isospinmultipletts gefundenen Ladungszustände zeigen, daß die additive Konstante durch Baryonenzahl und Strangeness eindeutig bestimmt ist und den in Gl. VII,69 angegebenen Wert hat. Das

$$Q = T_3 + \frac{Y}{2} \qquad \text{(VII,69)}$$

$$Y = 2\,\frac{\sum\limits_{n} Q_n}{2\,T + 1} = B + S$$

Doppelte der mittleren Ladung wird als Hyperladung Y bezeichnet.

Ein Blick auf das *Bosonenspektrum* (Abb. VII,10) zeigt, daß dieses für die tiefliegenden Zustände durch ähnliche einfache Gesetzmäßigkeit gekennzeichnet ist. Die Zustände zur Strangenessquantenzahl $S = 0$ sind durch Isospintripletts $T = 1$ und Isospin-Singuletts ($T = 0$) charakterisiert. Der tiefste Triplettzustand wird durch π^-, π^0- und π^+-Meson repräsentiert, wogegen der tiefste Singulettzustand durch das η-Teilchen bei 548 MeV gebildet wird. Das ρ-Meson bei 765 MeV und das ω-Meson bei 784 MeV bilden angeregte Zustände zu $T = 1$ und $T = 0$. Für die Strangenessquantenzahl $S = +1$ ergeben sich Isospindubletts $T = 1/2$, welche durch die K-Mesonen K^+ und K^0 bei 494 MeV und 498 MeV und durch angeregte Zustände hierzu beispielsweise bei 892 MeV gekennzeichnet sind. Zur Strangenessquantenzahl $S = -1$ gehören die Antiteilchen der für $S = 1$ benannten Teilchen, welche durch K^- und $\bar{K}^0$-Mesonen und deren angeregte Zustände gebildet werden. Auch im Bosonenspektrum werden Gruppen von Teilchen bei verschiedenen Strangenessquantenzahlen beobachtet, die dieselbe innere Parität und denselben Drehimpuls haben. Die energetisch am tiefsten gebundenen Zustände für $S = 0$ wie $S = \pm 1$ gehören zum Drehimpuls Null und haben negative innere Parität, während die ersten angeregten Zustände, die Vektormesonen, durch Drehimpuls 1 und ebenfalls negative innere Parität charakterisiert sind. Die Ladungszustände ergeben sich wieder entsprechend Gl. VII,69, wobei für alle Mesonen $B = 0$ zu setzen ist.

Aus dem Vorangegangenen geht hervor, daß die Quantenzahlen von Isospin und Hyperladung nur wenige Werte annehmen und zur Charakterisierung eines Teilchenzustandes verwendet werden können. Diese Quantenzahlen können dabei als Eigenwerte von zugehörigen Operatoren aufgefaßt werden. Dies ist mit Hinblick auf ein theoretisches Verständnis der verschiedenen Eigenschaften der Elementarteilchen von Bedeutung.

Ist beispielsweise der Energieoperator, welcher die Energie der einzelnen Zustände bestimmt, invariant gegenüber Drehung im Isospinraum, so haben alle zu einem Isospinmultiplett zugehörigen Teilchenzustände dieselbe Energie. Ist die Energie in einfacher Weise von einem Operator abhängig, so folgen meist einfache Regeln unter anderem für die Abstände in einem Termultiplett. Ein einfaches Beispiel sei aus der Atomphysik hinsichtlich der Energie von Zuständen zur Erläuterung eingefügt. Befindet sich das Atom in einem äußeren Magnetfeld, so ergibt der mit dem Magnetfeld verbundene Anteil des Operators $H' = g_j \cdot \mu_0 \cdot H_z \cdot J_z$, daß alle Komponenten, die zum Drehimpulsmultiplett J gehören, gleiche Termabstände aufweisen. Mit Hinblick auf die Masse der einzelnen Elementarteilchen kann versucht werden, aus den empirischen Daten entsprechende Gesetzmäßigkeiten abzuleiten. Die hierfür einzusetzende Operatorabhängigkeit soll dann eine solche Eigenschaft haben, daß das beobachtete Spektrum damit beschrieben werden kann. Mit den Quantenzahlen sind darüber hinaus weitere einfache Fragen verbunden, beispielsweise bezüglich des Problems, welche Isospinmultipletts bei einer bestimmten Strangenessquantenzahl beobachtet werden, oder welche Quantenzahlen für Drehimpuls und innere Parität einem bestimmten Isospinmultiplett zuzuordnen sind. Hinsichtlich der elektromagnetischen Eigenschaften interessieren beispielsweise die magnetischen Momente der Teilchen. In bezug auf elektromagnetische Übergänge sind Auswahlregeln hinsichtlich der Quantenzahlen von Interesse. Mit Hinblick auf Reaktionen durch starke Wechselwirkung sollten sich Verhältnisse von Wirkungsquerschnitten zwischen verschiedenen Reaktionen ableiten lassen, wenn die Übergänge mit Hilfe der Kopplung von Multipletts beschrieben werden können. Im folgenden wird auf Multipletts der Symmetriegruppe $S\,U_3$ eingegangen, denen verschiedene Gruppen von Elementarteilchen zugeordnet werden können.

4.2 Multipletts der $S\,U_3$-Symmetrie

Um eine geeignete SU_3-Basis für die Elementarteilchenmultipletts unter Hinzunahme der Strangeness zu finden, sind in Tab. VII,8 die bei einer bestimmten Strangeness S

Tab. VII,8.

S	Baryonen	Bosonen
1	–	$T = \frac{1}{2}$
0	$T = \frac{1}{2}, \frac{3}{2}$	$T = 0, 1$
-1	$T = 0, 1$	$T = \frac{1}{2}$
-2	$T = \frac{1}{2}$	–
-3	$T = 0$	–

vorkommenden Isospinmultipletts für Baryonen und Bosonen eingetragen. Die Isospinquantenzahlen könnten durch drei SU_2-Isospindubletts gebildet werden. Um dagegen beispielsweise einen Zustand mit Strangeness $S = -3$ und $T = 0$ beschreiben zu können, ist es erforderlich, daß im Ausgangssystem ein Basiszustand mit Strangeness − 1 und Isospin 0 vorhanden ist, so daß drei solcher Zustände zusammen die Strangeness $S = -3$ ergeben würden. Es erscheint somit für die Beschreibung der Multipletts im Baryonenspektrum ausreichend, wenn man von drei Basiszuständen 1, 2, 3 ausgeht, von denen zwei ein Isospindublett bilden und Strangeness 0 haben, während der dritte Basiszustand ein Isospinsingulett ist und die Strangeness − 1 besitzt. Mit diesen drei Basiszuständen könnte man in den Kombinationen, wie sie in Tab. VII,9 beschrieben sind,

Tab. VII,9.

$T = \frac{1}{2}, S = 0;$	$T = \frac{1}{2}, S = 0;$	$T = \frac{1}{2}, S = 0$	$\rightarrow T = \frac{1}{2}, \frac{3}{2}, \quad S = 0$
$T = 0, S = -1;$	$T = \frac{1}{2}, S = 0;$	$T = \frac{1}{2}, S = 0$	$\rightarrow T = 1, 0 \quad S = -1$
$T = 0, S = -1;$	$T = 0, S = -1;$	$T = \frac{1}{2}, S = 0$	$\rightarrow T = \frac{1}{2}, \quad S = -2$
$T = 0, S = -1;$	$T = 0, S = -1;$	$T = 0, S = -1$	$\rightarrow T = 0, \quad S = -3$

die dort eingetragenen Multipletts bilden, wobei alle vorkommenden Multipletts vertreten sind. Benutzt man zur Beschreibung der Strangeness-Verhältnisse die Hyperladung $Y = (B + S)/2$, so ergeben sich für die Quantenzahlen der drei Basiszustände „1", „2", „3", die häufig als Quarks q bezeichnet werden, die in Tab. VII,10 genannten Werte.

Tab. VII,10.

	T_3	Y	B	Q	S
„1" = q_1	$-\frac{1}{2}$	$\frac{1}{3}$	$\frac{1}{3}$	$-\frac{1}{3}$	0
„2" = q_2	$+\frac{1}{2}$	$\frac{1}{3}$	$\frac{1}{3}$	$+\frac{2}{3}$	0
„3" = q_3	0	$-\frac{2}{3}$	$\frac{1}{3}$	$-\frac{1}{3}$	− 1

Hinsichtlich einer Zusammensetzung von Multipletts, die sich beispielsweise aus dem Produkt dreier Quarks $q\ q\ q$ ergeben, ist eine graphische Darstellung oft von Vorteil (vgl. Abb. VII,11).

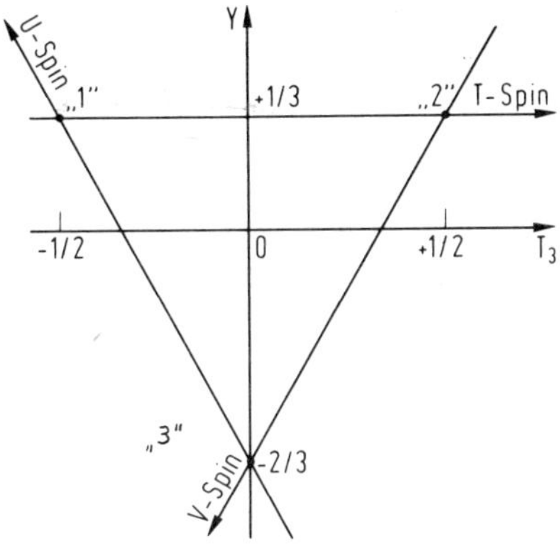

Abb. VII,11. Basiszustände von SU_3 unter Einbeziehung der Hyperladung Y.

Die Multipletts des Bosonenspektrums können gebildet werden durch das Produkt von einem Quark „q“ und einem Antiquark „$\bar{q}$“, dessen Quantenzahlen in Tab. VII,11 aufgeführt sind. Enthält das Produkt beide Male Zustände, welche zu einem Isospin-

Tab. VII,11.

	T_3	Y	B	Q	S
„$\bar{1}$“ = $\bar{q}_1$	$\frac{1}{2}$	$-\frac{1}{3}$	$-\frac{1}{3}$	$+\frac{1}{3}$	0
„$\bar{2}$“ = $\bar{q}_2$	$-\frac{1}{2}$	$-\frac{1}{3}$	$-\frac{1}{3}$	$-\frac{2}{3}$	0
„$\bar{3}$“ = $\bar{q}_3$	0	$+\frac{2}{3}$	$-\frac{1}{3}$	$+\frac{1}{3}$	+1

dublett gehören, so ergibt sich entsprechend Tab. VII,12 die Bildung von Zuständen mit der Strangeness $S = 0$ mit $T = 0$ und $T = 1$. Ist dagegen das Produkt zusammengesetzt aus einem Basiszustand, welcher zu einem Isospindublett gehört und einem

Tab. VII,12.

$T = \frac{1}{2}$, $S = 0$;	$\bar{T} = \frac{1}{2}$, $\bar{S} = 0$	$\rightarrow T = 0, 1,$	$S = 0$
$T = 0$, $S = -1$;	$\bar{T} = \frac{1}{2}$, $\bar{S} = 0$	$\rightarrow T = \frac{1}{2}$,	$S = -1$
$T = 0$, $S = 1$;	$\bar{T} = \frac{1}{2}$, $\bar{S} = 0$	$\rightarrow T = \frac{1}{2}$,	$S = 1$

Basiszustand, welcher einem Isospinsingulett zugeordnet ist und dafür Strangeness besitzt, so folgt hieraus ein Isospindublett, das entweder zur Quantenzahl $S = -1$ oder $S = +1$ gehört.

Bevor verschiedenen Elementarteilchen SU_3-Spinfunktionen zugeordnet werden, die sich aus den Produkten $q\,q\,q$ beziehungsweise $q\,\overline{q}$ ergeben, seien die Operatoren erwähnt, welche die einzelnen Basiszustände der Gruppe SU_3 ineinander umwandeln [7]. In Analogie zum Isospin können offenbar aus Symmetriegründen ebenso Aufsteige- und Absteigeoperatoren für Übergänge zwischen den Basiszuständen 1 und 3 beziehungsweise 2 und 3 definiert werden, denen man den U-Spin und den V-Spin zuordnen kann. Die Wirkungsweise dieser Operatoren erhält man analog zum Vorgehen beim Isospin, wenn man bilineare Produkte von Erzeugungs- und Vernichtungsoperatoren a_i^* und a_k bildet. Die Anwendung dieser Operatoren auf die Basiszustände 1, 2, 3, ist mit Gl. VII,70 beschrieben. Die Gruppe SU_3 ist dann durch acht Operatoren be-

$$\begin{array}{ll} a_2^* a_1 |q_1\rangle = |q_2\rangle & a_1^* a_2 |q_2\rangle = |q_1\rangle \\ a_3^* a_1 |q_1\rangle = |q_3\rangle & a_1^* a_3 |q_3\rangle = |q_1\rangle \\ a_3^* a_2 |q_2\rangle = |q_3\rangle & a_2^* a_3 |q_3\rangle = |q_2\rangle \end{array} \qquad \text{(VII,70)}$$

stimmt, welche lediglich nur Übergänge innerhalb eines Multipletts bewirken die in Gl. VII,71 aufgeführten sind und Isospin sowie Hyperladung bestimmen. Für die acht

$$\begin{array}{ll} \tau_+ = a_2^* a_1 & \tau_- = a_1^* a_2 \\ U_+ = a_1^* a_3 & U_- = a_3^* a_1 \\ V_+ = a_3^* a_2 & V_- = a_2^* a_3 \\ \tau_3 = \frac{1}{2}(a_2^* a_2 - a_1^* a_1) & \\ N = \frac{1}{3}(a_1^* a_1 + a_2^* a_2 + a_3^* a_3) - a_3^* a_3 & \end{array} \qquad \text{(VII,71)}$$

Operatoren gelten analoge Vertauschungsrelationen wie für die Operatoren des Isospins. Ist ein Zustand durch das Produkt mehrerer Quarks beschrieben, so ergibt sich der Gesamtoperator durch Addition der einzelnen Operatoren (Gl. VII,72). Die Matrixele-

$$O = \Sigma\, O_i \qquad \text{(VII,72)}$$

mente für Auf- und Absteigeoperatoren sind für Isospin, U-Spin und V-Spin dieselben und in Gl. VII,73 angegeben.

$$T_\pm |T, T_3\rangle = \sqrt{T(T+1) - T_3(T_3 \pm 1)}\, |T, T_3 \pm 1\rangle \qquad \text{(VII,73)}$$

Als Beispiel für die Bildung von SU_3-Multipletts seien im folgenden verschiedene Zustände, welche sich aus dem Produkt $q\,q\,q$ ergeben, dargestellt. Die Multipletts lassen sich einfach durch graphische Addition der einzelnen Quantenzahlen in einem ebenen Diagramm aufzeichnen. Im Hinblick auf die Ermittlung der Multiplettzustände, die sich aus dem Produkt dreier Quarks ergeben, sind in Abb. VII,12 zunächst die Quantenzahlen graphisch ermittelt, die aus dem Produkt $q\ q$ folgen. Die angeschriebenen

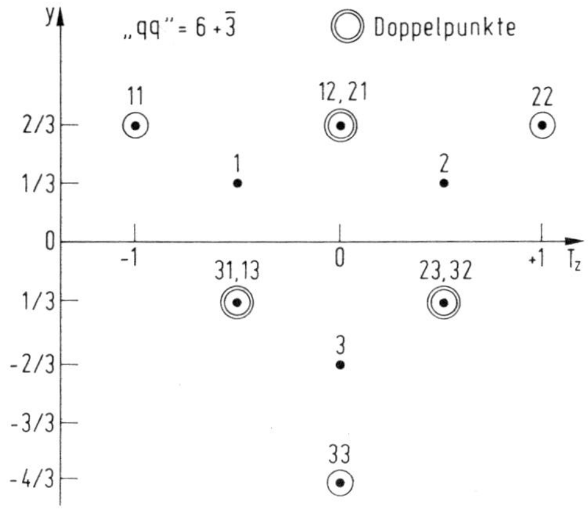

Abb. VII,12. Quantenzahlen für das Produkt aus zwei Basiszuständen $q \cdot q$ von SU_3.

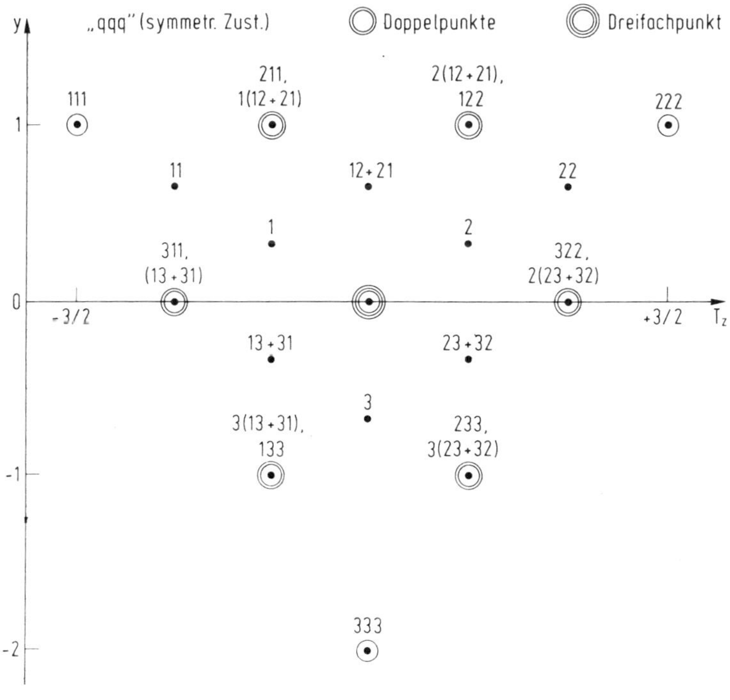

Abb. VII,13. Quantenzahlen für das Produkt aus drei Basiszuständen $q \cdot q \cdot q$.

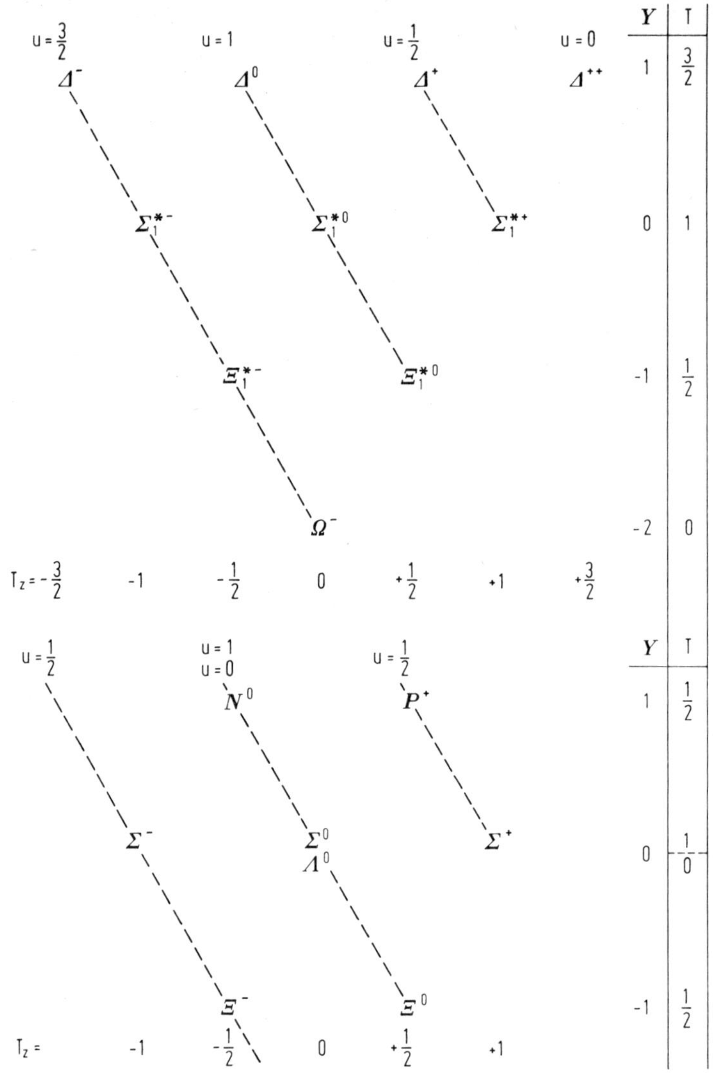

Abb. VII,14. Zuordnung von Quantenzahlen zu Teilchenzuständen im Baryonenspektrum für das tiefste Oktett und Dekuplett.

Zahlen beziehen sich auf die SU_3-Spinfunktion (ohne Normierungsfaktoren). Man erhält 6 symmetrische Zustände in bezug auf Vertauschung der beiden Quarks und 3 antisymmetrische (Gl. VII,74). In Abb. VII,13 sind zur Illustration die Quanten-

$$q\,q = 3 \times 3 = 6 \text{ symmetrische Zustände} + 3 \text{ antisymmetrische Zustände} \qquad \text{(VII,74)}$$

zahlen der Zustände eingetragen, welche sich aus den symmetrischen Zuständen von $q\,q$ durch Multiplikation mit einem weiteren SU_3-Multiplett ergeben. Um zu sehen, in welcher Weise sich diese 18 Zustände in SU_3-Multipletts zusammensetzen, kann man beispielsweise von dem doppelpunktfreien Zustand 111 ausgehen und mit Aufsteige- und Absteigeoperatoren des U-Spins, des V-Spins und des Isospins die übrigen Zustände zu erreichen versuchen. Man erhält somit ein Dekuplett und ein teilweise symmetrisches Oktett. Betrachtet man für die einzelnen Zustände die Ladung und den Isospin, so ergibt sich die in Abb. VII,14 angegebene Zuordnung von bekannten Zuständen des Baryonenspektrums. Dabei haben alle Zustände des Baryonenoktetts denselben Spin und die gleiche Parität ($J^P = 1/2^+$), dasselbe gilt für das Baryonen-Dekuplett ($J^P = 3/2^+$). Hinsichtlich des Oktetts ergibt sich in der Mitte ein Doppelpunkt, wobei die eingetragene Bezeichnung so gewählt ist, daß das Isospintriplett der Σ-Teilchen und das Isospinsingulett des Λ-Teilchens zum Ausdruck kommen. Die beiden Zustände in der Mitte des Oktetts, welche dieselben Quantenzahlen hinsichtlich der Hyperladung Y und des Isospins T_z haben, können dabei ebenso gut einem U-Spintriplett und einem U-Spinsingulett oder einem V-Spintriplett und V-Spinsingulett zugeordnet werden, wobei dann die beiden Zustände eine lineare Zusammensetzung von Λ-Teilchen und Σ^0-Teilchen darstellen (Gl. VII,75).

$$|U = 1, U_3 = 0\rangle = -\frac{1}{2}|\Sigma^0\rangle + \frac{\sqrt{3}}{2}|\Lambda\rangle \qquad \text{(VII,75)}$$

$$|U = 0, U_3 = 0\rangle = \frac{1}{2}|\Lambda\rangle + \frac{\sqrt{3}}{2}|\Sigma^0\rangle$$

In bezug auf die Bosonenmultipletts ergeben sich aus der Multiplikation von einem Quark und einem Antiquark $\bar{q}$ 9 Zustände. Geht man nach graphischer Zusammensetzung (Abb. VII,15) wiederum von einem Eckpunkt aus, so folgt durch Anwendung von Aufsteige- und Absteigeoperatoren hinsichtlich der Spins U, V, T ein Oktett und eine Invariante, wobei das Oktett zwei Zustände mit Hyperladung 0 und Isospin 0 enthält und die Invariante dieselben Quantenzahlen hat. Durch Berechnung der zugehörigen Ladungen ergibt sich die in Abb. VII,16 eingetragene Zuordnung für die tiefsten Zustände des Bosonenspektrums.

4.3 Energieaufspaltung der Multipletts, „broken Symmetrie“

Der Vergleich mit den gemessenen Energiewerten der einzelnen Teilchen zeigt, daß die in Isospinmultipletts zusammengefaßten Zustände nahezu die gleiche Masse haben. In erster Näherung kann dann die Gesamtenergie nicht abhängig sein von der Isospinkomponente. Die energetische Lage der einzelnen Isospinmultipletts weist dagegen auf eine Abhängigkeit von der Strangenessquantenzahl S hin, da innerhalb eines SU_3-Multipletts die Energie der Teilchenzustände um so größer ist, je größer der Betrag der Strangeness ist (vgl. Abb. VII,9, 10). Ein solches Verhalten ergäbe sich qualitativ, wenn der Quark q_3, welcher die Strangeness enthält, eine größere Masse als q_1

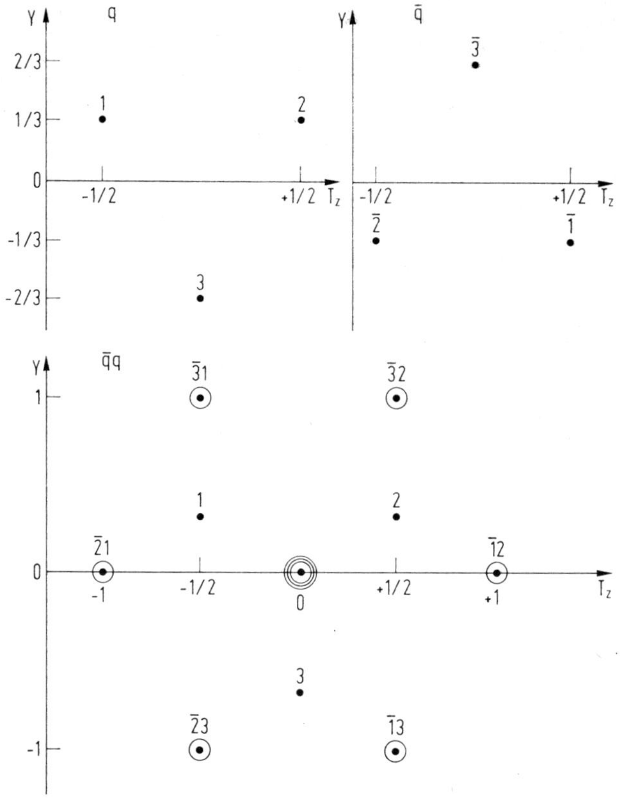

Abb. VII,15. Quantenzahlen für das Produkt aus einem Basiszustand q und einem Basiszustand $\bar{q}$.

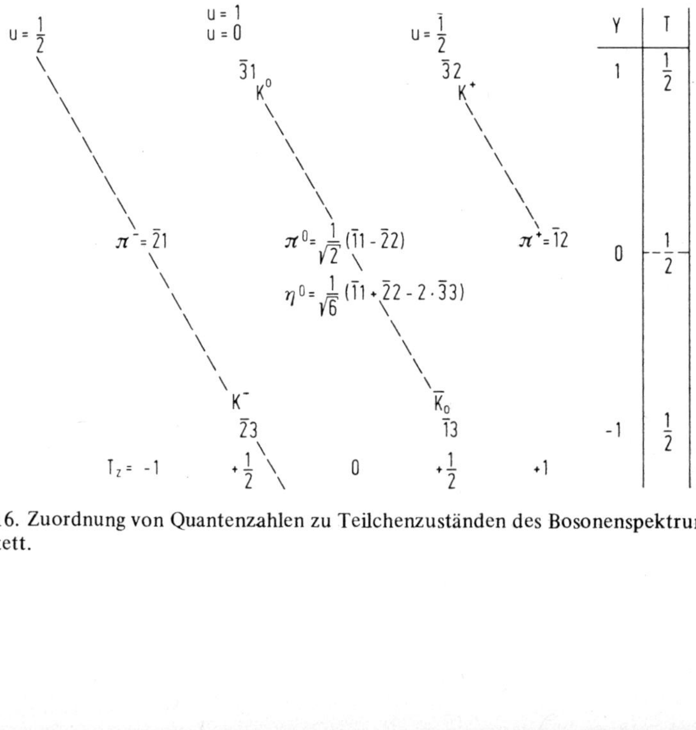

Abb. VII,16. Zuordnung von Quantenzahlen zu Teilchenzuständen des Bosonenspektrums für das tiefste Oktett.

und q_2 zur Gesamtenergie beitragen würde. Der Energieoperator würde dann von der Hyperladung abhängig sein (Gl. VII,76). Da die Komponenten eines *U*-Spinmultipletts

$$M = M_0 + C f(Y) \tag{VII,76}$$

beispielsweise verschiedene Hyperladung Y aufweisen, kann untersucht werden, ob die Massen der Teilchenzustände vom *U*-Spin abhängig sind. Die einfachste Annahme basiert darauf, daß der Operator, welcher die Teilchenenergie bestimmt, einen Term enthält, welcher proportional zur z-Komponente des *U*-Spins ist (Gl. VII,77). Unter

$$M = M_0 + C\, U_3 \tag{VII,77}$$

dieser Annahme ergibt sich, daß die Energieeigenwerte die in Gl. VII,78 angegebene

$$M = M_0 \; \{1 + a\, Y + b[T(T+1) - \frac{1}{4} Y^2]\} \tag{VII,78}$$

Form haben und insbesondere, daß Elementarteilchen, welche in der z-Komponente des *U*-Spins benachbarte Eigenwerte haben, denselben Energieabstand voneinander aufweisen [8]. Betrachtet man das Dekuplett im Baryonenspektrum, so bedeutet es, daß der Abstand zwischen dem ersten angeregten Nukleonenzustand Δ^- und dem ersten angeregten Zustand des Σ-Hyperons Σ^{-*} nahezu genau so groß ist, wie der Energieabstand zwischen Σ^- und dem ersten angeregten Zustand des Ξ-Hyperons Ξ^{-*} und schließlich, daß der Abstand zwischen Ξ^{-*} und dem Ω-Teilchen ebenfalls denselben Wert hat, wie die beiden anderen Abstände. Die gemessenen Werte bestätigten diese einfache Annahme in guter Näherung. Dieselbe Aussage ergibt sich in bezug auf das *U*-Spintriplett, welches zu dem ersten angeregten Nukleonenzustand Δ^0 gehört. Hinsichtlich des Oktetts ist zur Interpretation dieser Annahme erforderlich, daß einzelne Zustände miteinander verglichen werden, welche zu *U*-Spinmultipletts gehören. In diesem Zusammenhang ergibt sich eine Komplikation hinsichtlich des *U*-Spintripletts, welches das Neutron und das Ξ^0-Teilchen mit den *U*-Spinkomponenten + 1 und - 1 enthält, da für den Zustand mit der U_z-Spinkomponenten $U_z = 0$ zwei Teilchen, das Σ^0-Teilchen und das Λ-Teilchen, zur Verfügung stehen. Durch Anwendung des *U*-Spin-Absteigeoperators U^-, ausgehend vom Neutron, erhält man den mittleren Zustand $U = 1$, $U_3 = 0$ des *U*-Spintripletts (Gl. VII,79), von welchem man durch den Isospin-

$$U^- \,|n\rangle = \sqrt{2}\; \{\alpha_1\, \Sigma^0 + \beta_1\, \Lambda^0\} \tag{VII,79}$$

aufsteigeoperator τ^+ zum Σ^+-Teilchen gelangt (Gl. VII,80). Für die Zusammensetzung

$$\begin{aligned} \tau^+\; U^- \,|n\rangle &= \sqrt{2}\; \{\alpha_1\; \tau_+\; \Sigma^0 + \beta_1\; \tau_+\; \Lambda^0\} \\ &= \sqrt{2}\quad \alpha_1 \sqrt{2}\; \Sigma^+ \;\; = \Sigma^+\} \end{aligned} \tag{VII,80}$$

des Zustandes $U = 1$, $U = 0$ aus Λ-Hyperonen und Σ^0-Hyperonen folgt dann Gl. VII,75. Hinsichtlich der Massen von Neutron und Λ^-, Σ^0- und Ξ^0-Hyperon ergibt sich daraus die in Gl. VII,81 beschriebene Relation.

$$\frac{m_n + m_{\Xi^0}}{2} = \frac{m_{\Sigma^0} + 3\, m_\Lambda}{4} \tag{VII,81}$$

4.4 Elektromagnetische Eigenschaften und *U*-Spin-Multipletts

Im Zusammenhang mit der Untersuchung elektromagnetischer Eigenschaften der SU_3-Zustände ist eine charakteristische Eigenschaft der Niveaus der *U*-Spinmultipletts, daß diese dieselbe elektrische Ladung aufweisen (vgl. Abb. VII,14 und Abb. VII,16), während die Niveaus der Isospin- und auch *V*-Spin-Multipletts jeweils verschiedene Ladung haben. Zur Untersuchung von elektromagnetischen Massenunterschieden, von elektromagnetischen Momenten oder γ-Übergangswahrscheinlichkeiten kann davon ausgegangen werden, daß die elektromagnetische Wechselwirkung unabhängig vom *U*-Spin ist.

Wenn die elektromagnetische Wechselwirkung unabhängig vom *U*-Spin ist, so folgt daraus, daß die Matrixelemente zwischen zwei Zuständen, die nicht zum selben *U*-Spin-Multiplett gehören, gleich Null sind. Für elektromagnetische Übergänge resultiert daraus die einfache Übergangsregel gemäß Gl. VII,82a. Für elektromagnetische Übergänge

$$A_1 \to A_2 + \gamma, \qquad \Delta U = 0 \tag{VII,82a}$$

zwischen Niveaus des Dekupletts und des Oktetts im Baryonenspektrum ergeben sich die in Gl. VII,82b aufgeführten Beispiele.

$$\begin{array}{lll} Y_1^{*+} \to \Sigma^+ + \gamma & \text{erlaubt} \\ \Delta_1^+ \to p + \gamma & \text{erlaubt} \\ \Xi^{*-} \not\to \Xi^- + \gamma & \text{verboten} \\ Y^{*-} \not\to \Sigma^- + \gamma & \text{verboten} \end{array} \tag{VII,82b}$$

Schreibt man einen geringen Massenanteil (EM) der Niveaus eines Isospinmultipletts der elektromagnetischen Wechselwirkung zu, so folgt für die Zustände der *U*-Spinmultipletts, daß diese gleiche (EM)-Massenanteile haben müssen. Für das Oktett, welches das Neutron und Proton enthält, ergeben sich dann die in Gl. VII,83, 84 angegebenen Massenbeziehungen.

$$\begin{aligned} (EM)_p &= (EM)_{\Sigma^+} \\ (EM)_n &= (EM)_{U=1,U_3=0} = (EM)_{\Xi^0} \\ (EM)_{\Sigma^-} &= (EM)_{\Xi^-} \end{aligned} \tag{VII,83}$$

$$\begin{aligned} (EM)_p - (EM)_n = {} & (EM)_{\Sigma^+} - (EM)_{\Sigma^-} \\ & - \{(EM)_{\Xi^0} - (EM)_{\Xi^-}\} \end{aligned} \tag{VII,84}$$

Hinsichtlich der statischen elektromagnetischen Momente folgt zunächst wieder aus der Invarianz der elektromagnetischen Wechselwirkung in bezug auf den *U*-Spin, daß die magnetischen Momente innerhalb eines *U*-Spinmultipletts gleich sind (Gl. VII,85).

$$\begin{aligned} \mu_n &= \mu_{\Xi^0} = \mu_{U=1,U_3=0} \\ \mu_p &= \mu_{\Sigma^+} \\ \mu_{\Sigma^-} &= \mu_{\Xi^-} \end{aligned} \tag{VII,85}$$

Für die magnetischen Momente von Λ-Hyperonen und Σ^0-Hyperonen ergibt sich mit Hilfe der Umrechnung der *U*-Spinzustände Gl. VII,75 eine Relation zum magnetischen Moment des Neutrons gemäß Gl. VII,86. Unter der Annahme, daß der Stromoperator

$$2\,\mu_{U=1,\,U_3=0} = 3\,\mu_\Lambda - \mu_{\Sigma^0} \qquad \text{(VII,86)}$$

proportional zur *z*-Komponente des Isospins ist, resultiert Gl. VII,87, mit deren Hilfe

$$\sum_{\text{Oktett}} \mu_i = 0 \qquad \text{(VII,87)}$$

die Relationen in Gl. VII,88 folgen. Durch die Hinzunahme des räumlichen Spins

$$\mu_\Lambda = \frac{\mu_n}{2}\,, \qquad \mu_p + \mu_n = -\mu_{\Xi^-} \qquad \text{(VII,88)}$$

$S = 1/2$ für die Basiszustände von SU_3 läßt sich zusätzlich mit Hilfe der SU_6-Gruppe, für die einige Aspekte anschließend qualitativ beschrieben werden, die in Gl. VII,89

$$\mu_p = -\frac{3}{2}\,\mu_n \qquad \text{(VII,89)}$$

angegebene Beziehung zwischen dem magnetischen Moment des Protons und dem des Neutrons gewinnen.

4.5 Berücksichtigung des Spins und einige Aspekte für Multipletts der Gruppe SU_6

Mit Hinblick auf den nicht geradzahligen Drehimpuls der Baryonenzustände und die Erklärung der SU_3-Multipletts durch das Produkt von drei Quarks $q\,q\,q$ liegt es nahe, jedem Quark q einen Drehimpuls 1/2 zuzuordnen. Hinsichtlich der Mesonen mit starker Wechselwirkung, welche durch das Produkt $\overline{q}\,q$ dargestellt werden, ergibt sich aus dieser Hypothese ein geradzahliger Spin für alle Zustände dieses Spektrums, wie es ebenfalls auch den Beobachtungen entspricht. Jeder Quark q hat demnach 6 verschiedene Zustände, indem zu jedem der SU_3 Basiszustände jeweils die beiden Spinstellungen mit Spin $m_q = +1/2$ und $m_q = -1/2$ hinzukommen.

Zur Diskussion von Multipletts kann man davon ausgehen, daß man die gesamte Wellenfunktion hinsichtlich der 3 Quarks wiederum in symmetrische und antisymmetrische Zustände zu gruppieren versucht. Soll beispielsweise eine unsymmetrische Zustandsfunktion aufgestellt werden, so kann bei einer symmetrischen SU_6-Spinfunktion eine insgesamt unsymmetrische Funktion durch einen entsprechenden multiplikativen Anteil in zusätzlichen Koordinaten, der Einfluß auf die Parität hat, hergestellt werden.

Für die Baryonen hatte es sich gezeigt, daß das energetisch am tiefsten liegende Dekuplett aus einer symmetrischen Funktion der 3 Quarks in der Darstellung SU_3 hervorgeht (vgl. Abb. VII,13). Ordnet man diesem Dekuplett die symmetrischen Spinfunktionen zu, welche aus 3 Spins gebildet werden können und dann zum Gesamtspin 3/2 gehören (vgl. Tab. XIII), so ist ersichtlich, daß insgesamt 40 völlig symmetrische

Zustände im SU_6-Spin mindestens vorhanden sind. Das tiefliegendste Oktett, zu welchem die Nukleonen, Proton und Neutron, gehören, sowie das zweite Oktett hatten jedoch keine völlige Symmetrie in bezug auf die Vertauschung zweier beliebiger Quarks. Mit Hilfe der Spinfunktionen können jedoch noch weitere symmetrische beziehungsweise antisymmetrische Funktionen gebildet werden. Somit ergibt sich die Frage, wieviele symmetrische Funktionen aus 3 Quarks mit je 6 Basiszuständen überhaupt gebildet werden können. Insgesamt stehen dabei $6 \cdot 6 \cdot 6 = 216$ Zustände zur Verfügung. Zunächst ergeben sich 6 völlig symmetrische Zustände, bei denen jeder der 3 Quarks q dieselbe Quantenzahl in bezug auf Isospin, Hyperladung und räumlichen Spin hat. Weitere $6(6 - 1)$ symmetrische Zustände kann man bilden aus Summen von Produkten, wobei bei den einzelnen Summanden jeweils nur noch 2 Quarks dieselben Quantenzahlen haben. Schließlich können aus Summen von Produkten, bei welchen jeder Summand Quarks mit verschiedenen Quantenzahlen hat, $6(6 - 1)(6 - 2)/6$ symmetrische Zustände gebildet werden. Die Gesamtzahl aller symmetrischen Zustände hinsichtlich des Baryonenspektrums ergibt sich somit zu 56. Da bereits 40 im Spin völlig symmetrische Zustände den in SU_3 völlig symmetrischen Zuständen des Dekupletts zugeschrieben sind, verbleiben 16 weitere symmetrische Zustände, welche dem energetisch am tiefsten liegenden Oktett zugeordnet werden können. Da jedoch das Oktett selbst nicht völlig symmetrisch ist, kommen schon aus diesem Grunde für die Symmetriesierung nicht die völlig symmetrischen Spinfunktionen in Frage. Vielmehr sind es Spinkombinationen, welche zum Gesamtdrehimpuls 1/2 führen, welche für die Symmetriesierung des tiefsten Oktetts Verwendung finden. Die aus der Gruppe SU_6 folgenden symmetrischen Zustände setzen sich somit aus zwei Multipletts mit insgesamt $40 + 16 = 56$ Zuständen zusammen. Einige SU_6-Spinfunktionen [9], aus denen auch Relationen der magnetischen Momente abgelesen werden können, wenn man dem Quark q_1 ein magnetisches Moment $c(-e/3)$ und dem Quark q_2 ein magnetisches Moment $c(+e \cdot 2/3)$ zuordnet, sind in Tab. VII,13 dargestellt.

Hinsichtlich der Mesonen resultieren aus dem Produkt $q\bar{q}$ 36 Zustände. Die Aufteilung in symmetrische und antisymmetrische Zustände ergibt eine Invariante und ein Multiplett mit 35 Zuständen gemäß $36 = 1 + 35$. In bezug auf SU_6 stellen die 35 Zustände eine irreduzible Gruppe dar, da unter den Operatoren, welche die einzelnen Quarkzustände ineinander umtransformieren, sich auch solche befinden, welche gleichzeitig Spin und SU_3-Eigenschaften verändern. Einige andere „Generatoren" für die Gruppe SU_6 verändern lediglich Spineigenschaften oder SU_3-Eigenschaften. Zwei weitere Operatoren messen die Hyperladung und den Isospin. Da bei der SU_6 Darstellung 6 Basiszustände vorhanden sind, werden bei einer Matrizendarstellung die Operatoren durch $6 \cdot 6$ Matrizen beschrieben. Das Multiplett mit den 35 Zuständen enthält einmal die 8 *pseudoskalaren Mesonen* π^+, π^0, π^-, das η-Meson und die K-Mesonen $K^+, K^0, \bar{K}^0$ und K^-. Hinsichtlich des Spins stellen diese Mesonen den $^1S_0$-Zustand dar. Die *Vektormesonen* gehören zum $^3S_1$-Zustand, bei welchem die beiden Spins parallel angeordnet sind und welche die Mesonen ρ (765 MeV), K^* (893 MeV), ω(783 MeV) und φ(1019 MeV) umfassen. Bei nicht völliger Erhaltung der SU_6-Symmetrie ergibt sich eine Mischung von verschiedenen Zuständen.

Tab. VII,13.

Zustand	I, I_z	Y	T	T_3	SU_6-Zuordnung
$\Delta^{-}_{+3/2}$ (1236)	3/2, + 3/2	1	3/2	- 3/2	$\overset{\uparrow\uparrow\uparrow}{111}$
$\Delta^{-}_{+1/2}$	3/2, + 1/2	1	3/2	- 3/2	$\frac{1}{\sqrt{3}}(\overset{\uparrow\uparrow\downarrow}{111}+\overset{\uparrow\downarrow\uparrow}{111}+\overset{\downarrow\uparrow\uparrow}{111})$
$\Delta^{0}_{+1/2}$	3/2, + 1/2	1	3/2	- 1/2	$\frac{1}{\sqrt{9}}(\overset{\uparrow\uparrow\downarrow}{112}+\overset{\uparrow\downarrow\uparrow}{112}+\overset{\downarrow\uparrow\uparrow}{112}$
					$\overset{\uparrow\uparrow\downarrow}{121}+\overset{\uparrow\downarrow\uparrow}{121}+\overset{\downarrow\uparrow\uparrow}{121}$
					$\overset{\uparrow\uparrow\downarrow}{211}+\overset{\uparrow\downarrow\uparrow}{211}+\overset{\downarrow\uparrow\uparrow}{211})$
$\Omega^{-}_{-1/2}$ (1672)	3/2, - 1/2	- 2	0	0	$\frac{1}{\sqrt{3}}(\overset{\downarrow\downarrow\uparrow}{333}+\overset{\downarrow\uparrow\downarrow}{333}+\overset{\uparrow\downarrow\downarrow}{333})$
$p_{+1/2}$	1/2, + 1/2	1	1/2	+ 1/2	$\frac{1}{\sqrt{18}}(2[\overset{\downarrow\uparrow\uparrow}{122}+\overset{\uparrow\downarrow\uparrow}{212}+\overset{\uparrow\uparrow\downarrow}{221}]$
					$-\overset{\uparrow\uparrow\downarrow}{122}-\overset{\uparrow\uparrow\downarrow}{212}-\overset{\uparrow\downarrow\uparrow}{221}$
					$-\overset{\uparrow\downarrow\uparrow}{122}-\overset{\downarrow\uparrow\uparrow}{212}-\overset{\downarrow\uparrow\uparrow}{221})$
$n_{+1/2}$	1/2, + 1/2	1	1/2	- 1/2	$\frac{1}{\sqrt{18}}(2[\overset{\downarrow\uparrow\uparrow}{211}+\overset{\uparrow\downarrow\uparrow}{121}+\overset{\uparrow\uparrow\downarrow}{112}]$
					$-\overset{\uparrow\uparrow\downarrow}{211}-\overset{\uparrow\uparrow\downarrow}{121}-\overset{\uparrow\downarrow\uparrow}{112}$
					$-\overset{\uparrow\downarrow\uparrow}{211}-\overset{\downarrow\uparrow\uparrow}{121}-\overset{\uparrow\uparrow\downarrow}{112})$

4.6 Aspekte zur Schwerpunktsenergie von Multipletts im Mesonenspektrum

Mit Hinblick auf ein Verständnis des Spektrums der Elementarteilchen interessiert neben dem Problem, wieviele Multipletts das Spektrum enthält, auch die Frage, bei welchen Energien die Schwerpunkte dieser Multipletts liegen. Eine vollständige Erklärung des Spektrums ist derzeit noch nicht bekannt, jedoch existieren einfache Modellvorstellungen für dieses Problem. Insbesondere sind verschiedene Untersuchungen für das Bosonenspektrum durchgeführt worden, für welches angeregte Zustände bis zu 3 GeV bekannt sind, die trotz der großen Energie zum Teil eine relativ geringe Breite aufweisen. Da die Bosonenzustände bei der Beschreibung mit SU_6-Spinfunktionen durch eine Kombination von einem Quark mit einem Antiquark beschrieben werden können, ergibt sich in dieser Hinsicht ein etwas einfacheres Problem als im Falle der Baryonen.

Ein einfacher Zusammenhang zwischen dem Drehimpuls und der Energie vom Teilchensystem ist aus verschiedenen Gebieten der Physik bekannt. Im allgemeinen zeigt sich, daß Zustände mit größerem Drehimpuls zum ersten Mal bei höheren Energien auftreten als der Zustand mit niedrigstem Drehimpuls, wofür die Niveaus im Schalenmodell der Atomkerne, Niveaus im Wasserstoffspektrum oder in Molekülspektren Beispiele bilden. Trägt man im Bosonenspektrum das Quadrat der Energie über dem Drehimpuls L auf, so ergibt sich ein nahezu linearer Zusammenhang. In verschiedenen einfachen Modellvorstellungen wird versucht, die Dynamik eines Systems, welches aus einem Quark und einem Antiquark besteht, hinsichtlich der Drehimpulszustände, Paritäten und Energien zu beschreiben. Beispielsweise wurde untersucht, welche Bosonenzustände sich ergäben, wenn man jedem Quark eine sehr große Masse zuschreibt, die Bindungsenergie der beiden Quarks nahezu gleich der Masse ist und die relative Bewegung der beiden Quarks nicht relativistisch beschrieben wird. Insbesondere erlaubt eine nicht relativistische Bewegung von zwei Teilchen eine sinnvolle Aufteilung des Drehimpulses in Bahndrehimpuls L und Spin s, während bei einer relativistischen Bewegung nur der Gesamtdrehimpuls j eine gute Quantenzahl ist.

Hinsichtlich der Parität der Zustände ergibt sich bei einem Drehimpuls L, wenn man bedenkt, daß die innere Parität von Quark und Antiquark entgegengesetzt ist (Gl. VII,90). Ordnet man Quark wie Antiquark den Spindrehimpuls $s = 1/2$ zu, so

$$\pi = -(-1)^L \qquad \text{(VII,90)}$$

existiert zu jedem Bahndrehimpuls L ein Spintriplettzustand $S = 1$ und ein Spinsingulettzustand $S = 0$.

Als Bewegungsgleichung kann jedoch nicht die Schrödinger-Gleichung eingesetzt werden, da die Bindungsenergie nahezu so groß wie die Masse der beiden Quarks selbst ist. Eine Wellengleichung wurde von Dalitz [10] aus der relativistischen gültigen Bethe-Salpeter-Gleichung abgeleitet für den Grenzfall nichtrelativistischer relativer Bewegung der beiden Quarks umeinander (Gl. VII,91, $c = h = 1$).

$$\frac{E^2}{4}\,\psi = \left(M^2 + \frac{3}{2}\,p^2 + M\,V\right)\psi \qquad \text{(VII,91)}$$

Da die Energie nur quadratisch in der Form des Energiequadrats in die Gleichung eingeht, ergibt sich zwanglos, daß bei Massenformeln das Quadrat der Energie einzusetzen ist. Für das Potential $V(r)$ wird in einer einfachen Modellvorstellung ein Oszillatorpotential in erster Näherung betrachtet (Gl. VII,92), wobei die Eigenfunktionen

$$V(r) = V_0 + \frac{1}{2}\,M\,\omega^2\,r^2 \qquad \text{(VII,92)}$$

Oszillatorfunktionen sind. Für das Quadrat der Energie der einzelnen Zustände folgt gemäß Gl. VII,93 eine lineare Abhängigkeit vom Drehimpuls L. Für den in Gl. VII,93

$$E^2(n, L) = E_0^2 + 4\sqrt{3}\,M\,\omega(2\,n + L - 3) \qquad \text{(VII,93)}$$

eingehenden Parameter $4\sqrt{3}\ 3\ M\ \omega$ ergibt sich aus den gemessenen Energieniveaus (1,01 GeV)^2 und für den mittleren quadratischen Radius $0{,}42 \cdot 10^{-13}$ cm. Das Energietermschema in Abhängigkeit vom Bahndrehimpuls L ist in Abb. VII,17 eingetragen.

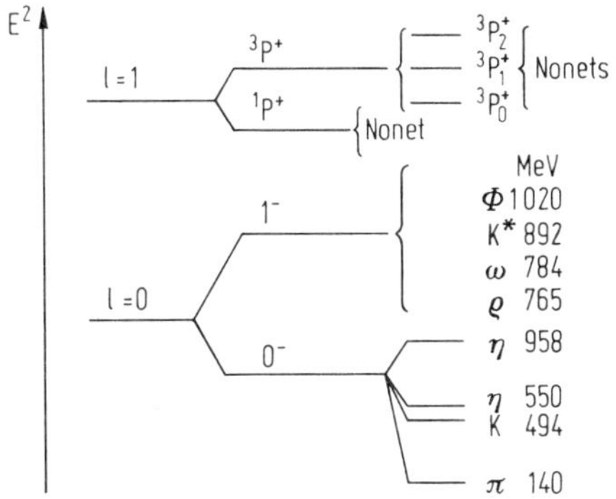

Abb. VII,17. Aufspaltung der Oszillatorniveaus in Multipletts.

Aufgrund der SU_3-Spinfunktion enthält jeder Zustand neun SU_3-Unterniveaus, die zum Drehimpuls J zugeordnet sind. Würde die „superstarke" Wechselwirkung unabhängig sein sowohl vom räumlichen Spin s wie vom SU_3-Spin (Gl. VII,94), so würden

$$U = V(r) \tag{VII,94}$$

insgesamt 36 Zustände dieselbe Energie haben.

Ist die Wechselwirkung abhängig vom räumlichen Spin (Gl. VII,95), jedoch nicht vom

$$U^{(1)} = V(r)\,(1 + \alpha\,\vec{\sigma}_i\,\vec{\sigma}_k) \tag{VII,95}$$

SU_3-Spin, so ergibt sich eine Trennung vom Triplett-S- und Singulett-S-Zustand, so daß beide Terme durch jeweils neun energiegleiche $S\,U_3$-Unterniveaus gebildet werden. Eine Aufspaltung dieser Multipletts resultiert, wenn die Wechselwirkung zusätzlich abhängig von den Operatoren F der Symmetriegruppe SU_3 ist (Gl. VII,96).

$$U^{(2)} = V(r)\,(1 + \alpha\,\vec{\sigma}_i\,\vec{\sigma}_k)\,(1 + F\,\overline{F}) \tag{VII,96}$$

Nimmt man weiter eine Spinbahnwechselwirkung (Gl. VII,97) hinzu, so ergibt sich

$$U^{(3)} = U^{(2)} + f(r)\,(\vec{\sigma} + \vec{\overline{\sigma}})\,L \tag{VII,97}$$

beispielsweise eine Aufspaltung der Triplett-P-Terme (vgl. Abb. VII,17). Einem solchen Termschema im Bosonenspektrum können Mesonenzustände bis zu den Termen ^3P und ^1P zugeordnet werden.

Die tiefsten beiden Zustände mit Drehimpuls $L = 0$ und mit negativer innerer Parität werden durch die tiefliegenden Mesonen-Oktetts gebildet. Das Oktett, zu welchem die Spinquantenzahl $S = 0$ gehört, enthält die π-Mesonen, K-Mesonen und das η-Meson, während das Multiplett mit $S = 1$ durch die Vektormesonen dargestellt wird. Im Zusammenhang mit einer die $S\,U_3$-Symmetrie nicht erhaltender Wechselwirkung ergibt sich eine Mischung der Zustände des ω-Mesons und des Φ-Mesons (Gl. VII,98), wobei der Winkel Θ, der die Mischung beschreibt, ungefähr 39° beträgt.

$$\omega' = \omega \cos\Theta + \Phi \sin\Theta \qquad \text{(VII,98)}$$
$$\Phi' = \Phi \cos\Theta - \omega \sin\Theta$$

Auch im Baryonenspektrum ist eine näherungsweise lineare Abhängigkeit des Quadrats der Energie vom Drehimpuls bei miteinander vergleichbaren Zuständen beobachtet. Auf die Bedeutung solcher Regge-Trajectories wird im Abschnitt 6 näher eingegangen.

5. Experimentelle Untersuchungen der starken Wechselwirkung

5.1 Streuphasen der π-Meson-Nukleon-Streuung und Resonanzzustände der Nukleonen

Bei den Reaktionen und Zerfällen von Elementarteilchen sind in vielen Fällen π-Mesonen und Nukleonen beteiligt. Die elastische Streuung von π-Mesonen an Nukleonen stellt einen der einfachsten Prozesse infolge der starken Wechselwirkung zwischen π-Mesonen und Nukleonen dar und gibt Aufschluß über die Resonanzzustände der Nukleonen (Tab. VII,14). Bei der experimentellen Untersuchung werden hochenergetische

Tab. VII,14.

Isospin	Bezeichnung	Resonanzenergien in MeV
$T = 1/2$	N	1470, 1520, 1535, 1670, 1688, 1700, 1780, 1860, 2190, 2220, 2650, 3030, ..?..
$T = 3/2$	Δ	1236, 1650, 1670, 1890, 1910, 1950, 2420, 2850, 3230, ..?..

π-Mesonen mit Energie bis zu mehreren GeV auf ein Protonentarget gesandt (Abb. VII,18). Bezüglich des Ausgangszustandes können dabei vornehmlich π^+-Mesonen und π^--Mesonen Verwendung finden, deren Energie mit dem Protonenbeschleuniger, mit welchem die π-Mesonen erzeugt werden, variiert werden kann. Zur Beobachtung gelangt die Wahrscheinlichkeit für elastische Streuung von π-Mesonen in einen bestimmten Winkel (Gl. VII,99), wobei auch die Winkelverteilung der Rückstoßnukleonen beobachtet

$$\pi^+ + p \rightarrow \pi^+ + p \qquad \text{(VII,99)}$$

werden kann. Zu den elastischen Prozessen gehören dabei auch solche, bei denen ein Ladungsaustausch stattfindet (Gl. VII,100). Um möglichst viele Streudaten erfas-

$$\pi^- + p \rightarrow \pi^- + p \qquad \text{(VII,100)}$$
$$\rightarrow \pi^0 + n$$

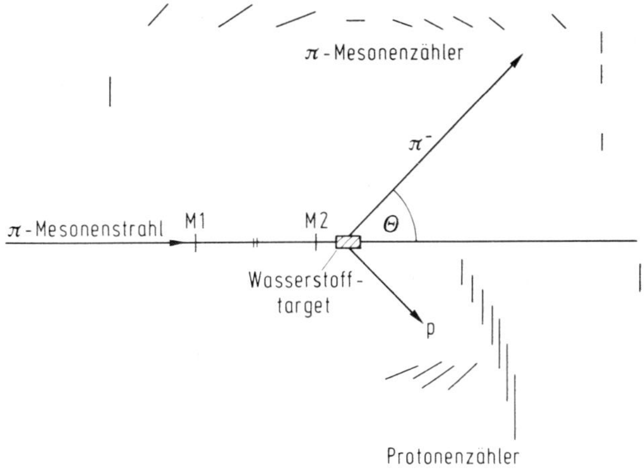

Abb. VII,18. Experimentelle Anordnung zur Untersuchung der Resonanzzustände der Nukleonen.

sen zu können, werden eine ganze Reihe von Zählern für π-Mesonen und Nukleonen um das Target angeordnet. Aus der Koinzidenz von einem gestreuten π-Meson und einem Rückstoßnukleon kann unter Hinzunahme der Erhaltungssätze für Energie und Impuls ein Prozeß der elastischen Streuung identifiziert und von anderen Prozessen unterschieden werden, die bei großen Energien im Eingangskanal ebenfalls stattfinden können.

Für die Streuung von π-Mesonen ist als stärkste Ursache die starke Wechselwirkung zwischen den π-Mesonen und den Nukleonen in Rechnung zu setzen. Da bei Reaktionen der starken Wechselwirkung der gesamte Isospin T des Systems wie die gesamte z-Komponente T_z erhalten bleiben, ist es vorteilhaft, die beobachteten Streuungen in bezug auf verschiedene Isospinkanäle zu diskutieren. Da die Nukleonen zum Isospin $T = 1/2$ gehören und die π-Mesonen zum Isospin $T = 1$, lassen sich entsprechend Gl. VII,101 Zustände zum Gesamtisospin $T = 3/2$ und $T = 1/2$ bilden. Zu

$$T = T_1 + T_2 \qquad \text{(VII,101)}$$

beiden Gruppen gibt es $2\,T + 1$ Isospinzustände, die den verschiedenen Komponenten T_z des Systems entsprechen. Diese Zustände können in einer Repräsentation beschrieben werden, bei der von den einzelnen Isospinkomponenten der Nukleonen und π-Mesonen ausgegangen wird. Somit ergeben sich zum Gesamtisospin $T = 3/2$ vier Isospineigenfunktionen entsprechend Gl. VII,56 und für den Isospin $T = 1/2$ zwei. Hinsichtlich einer vollständigen Beschreibung sind für die Eigenfunktionen des gesamten Systems außer dem Isospin zusätzlich der Bahndrehimpuls l und der Gesamtdrehimpuls j zu berücksichtigen.

Die im Experiment vorliegenden Anfangszustände sind nicht durch die in Gl. VII,56 angegebenen Eigenfunktionen realisiert, sondern werden vielmehr durch Zusammensetzung aus diesen Funktionen beschrieben. Da die Ladung der π-Mesonen im einfallenden Strahl ausgewählt werden kann, ergibt sich unter Verwendung von Protonen als Target, daß im Anfangszustand die Komponente T_z des Gesamtsystems vorgegeben ist. Für ein System, welches aus π^+-Mesonen und Protonen besteht, ergibt sich hieraus $T_z = +3/2$, während für ein System, das aus π^--Mesonen und Protonen besteht, $T_z = \langle -\frac{1}{2}$ folgt. Die Anfangszustände können demnach mit Hilfe der Isospinfunktionen in Gl. 56 entsprechend Gl. VII,102 beschrieben werden und setzen sich somit aus zwei

$$|p\,\pi^-\rangle = \sqrt{\frac{1}{3}}\,|T = 3/2,\quad T_z = -1/2\rangle - \sqrt{\frac{2}{3}}\,|T = 1/2,\quad T_z = -1/2\rangle \qquad \text{(VII,102)}$$

$$|n\,\pi^0\rangle = \sqrt{\frac{2}{3}}\,|T = 3/2,\quad T_z = -1/2\rangle + \sqrt{\frac{1}{3}}\,|T = 1/2,\quad T_z = -1/2\rangle$$

Isospinfunktionen zusammen, die zum Gesamtisospin $T = 3/2$ und $T = 1/2$ gehören. Liegen nun für das π-Mesonen-Nukleonensystem Resonanzzustände vor, die durch den Gesamtisospin T charakterisiert sind, so ist verständlich, daß nur derjenige Anteil im Anfangszustand zur Resonanz beiträgt, welcher dem entsprechenden Gesamtisospin T des Resonanzzustandes entspricht. Da jedoch bei verschiedenen Anfangsbedingungen die Anteile der Isospinfunktionen verschieden stark vertreten sind, ergeben sich bestimmte Verhältnisse für die Wirkungsquerschnitte, aus denen eine Isospinzuordnung des Resonanzzustandes hergeleitet werden kann. Entsprechend der in Gl. VII,102 aufgeführten Zusammensetzung der Anfangszustände ergibt sich bei einem Resonanzzustand mit $T = 3/2$ für das Verhältnis der Wirkungsquerschnitte Gl. VII,103, während

$$\sigma_{p\pi^+\to p\pi^+} : \sigma_{p\pi^-\to n\pi^0} : \sigma_{p\pi^-\to p\pi^-} = 9 : 2 : 1 \qquad \text{(VII,103)}$$

für einen Resonanzzustand mit $T = 1/2$ für das Verhältnis der Wirkungsquerschnitte Gl. VII,104 folgt. Aus den experimentell bestimmten Verhältnissen der verschiedenen

$$\sigma_{p\pi^+\to p\pi^+} : \sigma_{p\pi^-\to n\pi^0} : \sigma_{p\pi^-\to p\pi^-} = 0 : 2 : 4 \qquad \text{(VII,104)}$$

Wirkungsquerschnitte kann so beispielsweise dem Resonanzzustand bei 1236 MeV der Isospin $T = 3/2$ zugeordnet werden. Demgemäß hat der erste isobare Nukleonenzustand vier Ladungszustände. Die Energien weiterer Resonanzzustände sind in Tab. VII,14 angegeben.

Für eine Zuordnung von Drehimpulsquantenzahlen und Parität ist eine Partialwellenanalyse [11] für die einzelnen Reaktionskanäle hinsichtlich der Drehimpulsquantenzahlen und Isospinquantenzahlen erforderlich. Berücksichtigt man nur Bahndrehimpulse $l = 0$ und $l = 1$, so ergibt sich für die differentiellen Wirkungsquerschnitte Gl. VII,105. Aus der Analyse der gemessenen Winkelabhängigkeit werden für niedrige

$$\left(\frac{d\sigma}{d\Omega}\right)_{p\pi^+\to p\pi^+} = |f_{s,1/2}^{T=3/2} + (2f_{p,3/2}^{T=3/2} + f_{p,1/2}^{T=3/2})\cos\Theta|^2 \qquad \text{(VII,105)}$$

$$+\,|(f_{p,3/2}^{T=3/2} - f_{p,1/2}^{T=3/2})\sin\Theta|^2$$

$$\left(\frac{d\sigma}{d\Omega}\right)_{p\pi^-\to n\pi^0} = |f^{T=3/2}_{s,1/2} - f^{T=1/2}_{s,1/2} + (2f^{T=3/2}_{p,3/2} + f^{T=3/2}_{p,1/2} - 2f^{T=1/2}_{p,3/2} - f^{T=1/2}_{p,1/2})\cos\Theta|^2$$

$$+ |(f^{T=3/2}_{p,3/2} - f^{T=3/2}_{p,1/2} - f^{T=1/2}_{p,3/2} + f^{T=1/2}_{p,1/2})\sin\Theta|^2$$

$$\left(\frac{d\sigma}{d\Omega}\right)_{p\pi^-\to p\pi^-} = |f^{T=3/2}_{s,1/2} + 2f^{T=1/2}_{s,1/2} + (2f^{T=3/2}_{p,3/2} + f^{T=3/2}_{p,1/2} + 4f^{T=1/2}_{p,3/2} + 2f^{T=1/2}_{p,1/2})\cos\Theta|^2$$

$$+ |(f^{T=3/2}_{p,3/2} - f^{T=3/2}_{p,1/2} + 2f^{T=1/2}_{p,3/2} - 2f^{T=1/2}_{p,1/2})\sin\Theta|^2$$

Drehimpulse l die in der Tab. VII,15 angegebenen Werte der Streuphasen für kleine Werte des Impulses p_π erhalten. Bei der ersten Resonanz durchläuft die Streuphase mit $T = 3/2, j = 3/2, l = 1$ den Resonanzwert, welches im Zusammenhang mit der negativen inneren Parität des π-Mesons für den Resonanzzustand positive Parität ergibt.

Tab. VII,15.

J \ T	$T = \frac{1}{2}$	$T = \frac{3}{2}$
$\delta\, S_{1/2}$	$+ 0{,}170\, p$	$- 0{,}089\, p$
$\delta\, p_{1/2}$	$- 0{,}104\, p^3$	$- 0{,}040\, p^3$
$\delta\, p_{3/2}$	$- 0{,}030\, p^3$	$0{,}215\, p^3$
	$p = p_\pi / m_\pi c$	

Die Energieabhängigkeit der resonanten Streuphase in der Nähe von 1236 MeV zeigt eine Halbwertsbreite der Resonanz von 120 MeV. Die große Breite steht im Zusammenhang mit der großen Kopplung zwischen π-Mesonenfeld und Nukleon durch die starke Wechselwirkung. Auch die übrigen Resonanzen der isobaren Nukleonenzustände zeigen ebenso große Halbwertsbreiten, welche charakteristisch für Zustände sind, die durch starke Wechselwirkung zerfallen können. Ähnliche große Übergangswahrscheinlichkeiten werden auch bei verschiedenen Resonanzzuständen des Mesonenspektrums beobachtet.

5.2 Resonanzen im π-Mesonen-System

Die Untersuchungen der Eigenschaften von Elementarteilchen stehen zu einem großen Teil mit der Frage nach der Art und Form der Wechselwirkung im Zusammenhang. Hinsichtlich der Natur eines Elementarteilchens gilt es, dabei beispielsweise zu erforschen, welche Wechselwirkungen die Teilchen derselben Art untereinander verbinden.

Zur experimentellen Untersuchung des Sachverhaltes müssen Messungen durchgeführt werden, aus denen abzuleiten ist, in welcher Weise sich Teilchen derselben Art gegenseitig beeinflussen, wenn sie einander nahe kommen. Die Untersuchungen von π-Mesonen-Systemen führten zur Entdeckung verschiedener interessanter Teilchenzustände, auf die im folgenden eingegangen wird. Da die π-Mesonen keine stabilen Teilchen sind, können nur π-Mesonenstrahlen zur Zeit erzeugt werden, welche einer sehr geringen Dichte von beispielsweise 10^{-5} π-Mesonen pro cm^3 entsprechen. Die Chance, eine direkte Streuung zweier π-Mesonenstrahlen aneinander zu beobachten, ist daher zunächst nahezu außerhalb der Möglichkeit der Experimentiertechnik. Ginge man von einem π-Mesonenstrahl der Intensität von 10^5 Teilchen/cm^2 und sec aus und nimmt man für die Größe des Wirkungsquerschnittes beispielsweise 10^{-25} cm^2 an, so würde von dem gekreuzten π-Mesonenstrahl nur jedes 10^{-30} ste π-Meson zu einer Reaktion führen, welches bei der zugrunde gelegten Strahlintensität nur einem Ereignis in 10^{25} sec entspräche. Während so aus der Streuung von π-Mesonenstrahlen aneinander aus Intensitätsgründen keine Resultate abgeleitet werden können, besteht doch die Möglichkeit, die Wechselwirkung in solchen Prozessen von π-Mesonen zu untersuchen, bei welchen im Zusammenhang mit Reaktionen zwischen Elementarteilchen oder Zerfällen mehr als ein π-Meson entsteht (Gl. VII,106). Bei diesen Prozessen kann angenom-

$$p + \overline{p} \rightarrow n\,\pi \tag{VII,106}$$

men werden, daß im Augenblick der Entstehung mehrere π-Mesonen auf relativ engem Raum für kurze Zeit zusammen sind, wobei für den Ablauf des Prozesses in bezug auf Impuls- und Winkelverteilung der π-Mesonen eine Wechselwirkung gegebenenfalls merklich wird. Insbesondere können dann die experimentellen Resultate mit denjenigen statistischen Voraussagen verglichen werden, welche sich ergeben würden, wenn keine Wechselwirkung zwischen den π-Mesonen existiert. Die Untersuchungen von Prozessen, bei denen mehrere π-Mesonen beteiligt sind, ergaben die Existenz einer Anzahl von Resonanzzuständen des π-Mesonensystems, so daß auf eine Wechselwirkung der π-Mesonen untereinander geschlossen werden kann.

Als erstes Beispiel für die Untersuchung von Resonanzzuständen im Bosonenspektrum sei die in Gl. VII,107 beschriebene Reaktion betrachtet. In einer einfachen Modell-

$$\begin{aligned} \pi^- + p &\rightarrow p + \pi^- + \pi^0 \\ &\rightarrow n + \pi^- + \pi^+ \\ &\rightarrow n + \pi^0 + \pi^0 \end{aligned} \tag{VII,107}$$

vorstellung kann dabei das mit dem Proton zusammenstoßende π-Meson mit einem π-Meson der Mesonenwolke des Nukleons an deren Peripherie zur Wechselwirkung kommen (Abb. VII,19), so daß bei einem geeigneten π-Mesonenmoment sich ein Resonanzzustand aus den beiden π-Mesonen für kurze Zeit bildet. Um experimentell die Frage zu untersuchen, ob ein solcher gebundener Zustand bei bestimmter π-Mesonenenergie entsteht, ist die Kinematik des Prozesses und damit insbesondere die Vertei-

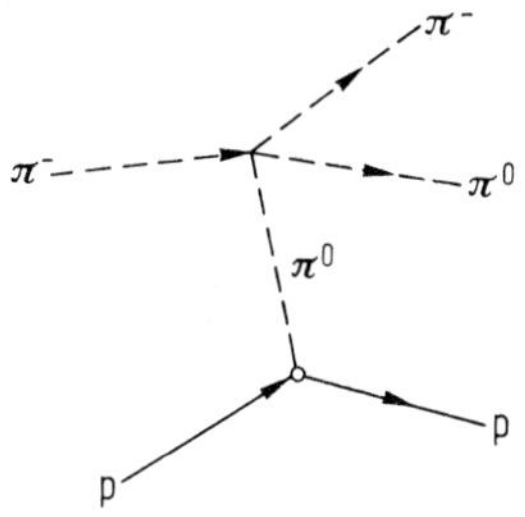

Abb. VII,19. Bildung von Resonanzzuständen im π-Mesonensystem durch Zusammenstoß mit einem peripheren π-Meson der Mesonenwolke des Nukleons.

lung der insgesamt vorhandenen Energie auf die drei Teilchen des Endzustandes von Bedeutung. Erfolgt zunächst die Bildung eines Resonanzzustandes und nachträglich

$$\pi + N \to N + \rho \qquad \text{(VII,108)}$$
$$\rho \to \pi + \pi$$

erst der Zerfall (Gl. VII,108), wenn sich das den Resonanzzustand darstellende Teilchen bereits außerhalb der Reichweite der Kernkräfte bezüglich des Nukleons befindet, so entsteht für die Aufteilung der Energie eine zusätzliche Bedingung, die Prozesse ausschließt, welche eintreten können, wenn der Prozeß statistisch abläuft und keinerlei Resonanzzustand dabei gebildet wird. Zur Diskussion der Verteilung bei Entstehen eines Resonanzzustandes seien zunächst die bei dem Prozeß fest vorgegebenen Größen genannt. Betrachtet man der Einfachheit halber den Prozeß im Schwerpunktsystem, so gilt zunächst für das Quadrat des Vierervektors, welcher durch die drei Impulskomponenten p_i und die Gesamtenergie E gebildet wird, daß dieser bei der Transformation erhalten bleibt (Gl. VII,109). Bei vorgegebener Energie des π-Mesons im Laborsystem ist somit das Quadrat des Vierervektors festgelegt, welches auch im Schwerpunktsystem denselben Wert hat. Die Summe bezieht sich auf die Addition der jeweiligen Komponente des Vierervektors in bezug auf die beteiligten Teilchen. Das Schwerpunktsystem ist dadurch ausgezeichnet, daß darin die Summe der Impulse verschwindet (Gl. VII,110). Nun sei der Fall betrachtet, daß nach der Reak-

$$(\Sigma\, c\, \boldsymbol{p}_{\rm i})^2 - (\Sigma\, E_{\rm i})^2 = \text{const} = -A^2 \qquad \text{(VII,109)}$$

$$\Sigma\, \boldsymbol{p}_{\rm i} = 0 \quad \text{im Schwerpunktsystem} \qquad \text{(VII,110)}$$

tion außer dem Nukleon nur noch ein weiteres Teilchen mit der gesamten Masse M gebildet wird. Das Quadrat des Vierervektors ist dementsprechend zusammengesetzt aus der Gesamtenergie $E_{\rm M}$ des Teilchens der Masse M, welche den Impuls $p_{\rm M}$ haben möge und der Gesamtenergie des Nukleons $E_{\rm N}$, dessen Impuls mit $p_{\rm N}$ bezeichnet sei (Gl. VII,111). Wegen der Erhaltung des Impulses ist $p_{\rm N}$ entgegengesetzt gerichtet zu

$$A^2 = (E_{\rm M} + E_{\rm N})^2 \qquad \text{(VII,111)}$$
$$= \{\sqrt{(m_{\rm M}\, c^2)^2 + (p_{\rm M}\, c)^2} + \sqrt{(m_{\rm N}\, c^2)^2 + (p_{\rm N}\, c)^2}\,\}^2$$

p_M und dem Betrag nach gleich p_M (Gl. VII,112). Entsprechend Gl. VII,111 ist daraus

$$\boldsymbol{p}_M = -\boldsymbol{p}_N \tag{VII,112}$$

nur eine einzige Verteilung der Energie auf das Nukleon und auf das Teilchen der Masse M im Schwerpunktsystem realisierbar. Zum Vergleich sei nun der *statistische* Fall betrachtet, daß bei Reaktionen nicht nur das Nukleon einen Impuls erfährt, sondern zwei π-Mesonen entstehen, ohne daß ein Resonanzzustand gebildet wird. Das Quadrat des Vierervektors ergibt sich dann im Schwerpunktsystem aus der Summe der Gesamtenergie E_i, des Neutrons und der beiden π-Mesonen gemäß Gl. VII,113, wobei

$$\begin{aligned} A^2 &= (E_N + E_{\pi_1} + E_{\pi_2})^2 \\ &= \left(\sqrt{(m_N c^2)^2 + (p_N c)^2} + \sqrt{(m_{\pi_1} c^2)^2 + (p_{\pi_1} c)^2} + \sqrt{(m_{\pi_2} c^2)^2 + (p_{\pi_2} c)^2}\right)^2 \end{aligned} \tag{VII,113}$$

Energie, welche auf das Nukleon und die π-Mesonen übertragen wird, auf verschiedene Weise aufgeteilt werden kann. Da das Quadrat des Vierervektors auch beim Vorhandensein eines Resonanzzustandes mit der Masse M erhalten sein muß, folgt, daß das Quadrat der Gesamtenergie des Resonanzzustandes gleich sein muß dem Quadrat der Summe $E_{\pi_1} + E_{\pi_2}$ der Gesamtenergien der beiden π-Mesonen (Gl. VII,114). Existiert

$$(M c^2)^2 + (p_M c)^2 = (E_{\pi_1} + E_{\pi_2})^2 \tag{VII,114}$$

nun ein resonanter Zustand, so erhält man dessen Masse M gemäß Gl. VII,115. Dies

$$M c^2 = \sqrt{(\Sigma E_{\pi_i})^2 - (\Sigma p_{\pi_i} c)^2} \tag{VII,115}$$

bedeutet, daß zwischen Gesamtenergie der π-Mesonen und den Impulsen der π-Mesonen nach der Reaktion diese zusätzliche Bedingung zu erfüllen ist. Wird dagegen kein resonanter Zustand gebildet, so kann die Energie in beliebiger Weise in Übereinstimmung mit Gl. VII,113 auf die beiden π-Mesonen und auf das Nukleon übertragen werden. In einem Diagramm, bei welchem die Zahl der beobachteten Zerfälle als Funktion der „effektiven Masse" M der π-Mesonen aufgetragen ist, ergibt sich dann beim Vorliegen eines resonanten Zustandes mit der Masse M ein scharfes Maximum für die Verteilung der Prozesse, welches um so breiter wird, je kleiner die Lebensdauer und damit je größer die Breite des Resonanzzustandes ist (Abb. VII,20).

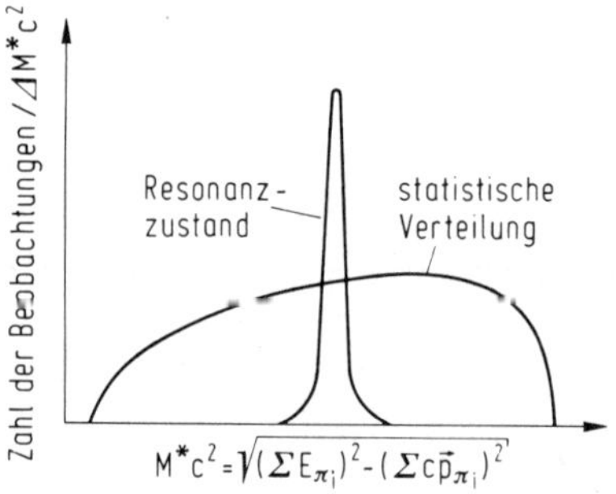

Abb. VII,20. Effektive Masse beim Vorliegen eines Resonanzzustandes.

Untersuchungen der Reaktionen gemäß Gl. VII,108 wurden beispielsweise bei einer π-Mesonenenergie von 1.9 MeV durchgeführt [12]. Die Art des Zustandekommens des resonanten Zustandes ($\pi + \pi$) im π-Mesonen-System wird deutlich, wenn man die effektive Masse einmal für Prozesse aufträgt, bei welchen die Impulsübertragung auf das Nukleon klein ist und zum anderen für alle Prozesse, bei welchen die Impulsübertragung einen größeren Wert hat (Abb. VII,21). Bei kleiner Impulsübertragung ergibt

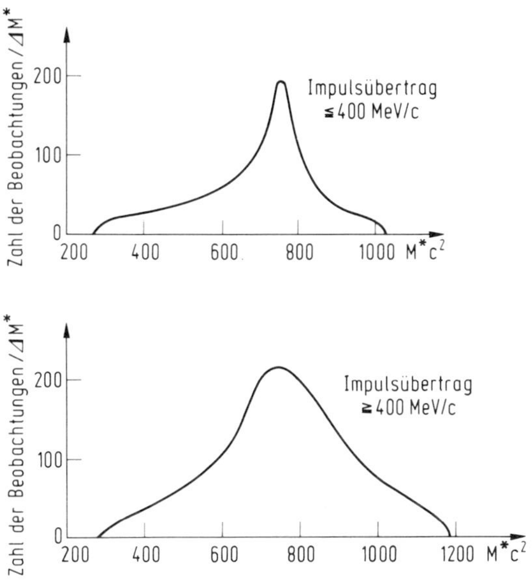

Abb. VII,21. Effektive Masse für das ρ-Meson (A. R. Erwin, . . . l. c.)

sich eine deutliche Resonanz in der Nähe von 765 MeV, während bei Prozessen mit großer Impulsübertragung die Bildung des Resonanzzustandes mit wesentlich geringer Wahrscheinlichkeit erfolgt. Der damit nachgewiesene Resonanzzustand wird als ρ-Meson bezeichnet. Das Auftreten des ρ-Mesons bei kleiner Impulsübertragung auf das Nukleon unterstützt die Annahme, daß die Bildung des ρ-Mesons durch Zusammenstoß mit einem π-Meson an der Peripherie der π-Mesonenwolke des Nukleons entsteht. Die meisten Prozesse der Bildung von ρ-Mesonen sind somit im Laborsystem dadurch ausgezeichnet, daß das Nukleon in Rückwärtsstreuung erscheint. Für Lage und Breite der Resonanz ergeben sich $M_\rho c^2 = 765$ MeV, $\Gamma = 125$ MeV. Resonanzen bei der für das ρ-Meson effektiven charakteristischen Masse wurden beobachtet bei π-Mesonenpaaren, welche die gesamte z-Komponenten des Isospins 1, 0, − 1 haben, jedoch nicht für Paare von π-Mesonen mit derselben Ladung, die zu einem Isospin $T = 2$ gehören würden. Aus dem Ausbleiben der Resonanz für π-Mesonenpaare, deren Gesamtladung ± 2 ist, ergibt sich der Hinweis, daß das ρ-Meson zum Isospin $T = 1$ gehört. Eine weitere Bestätigung des Isospins $T = 1$ folgt aus dem Verzweigungsverhältnis der in Tab. VII,16 angegebenen Reaktionen mit Hinsicht auf die Isospinfunktionen im Endzustand. Das gemessene

Tab. VII,16.

	$T = 0$	$T = 1$	$T = 2$	Experiment
$\pi^- + p \to \rho^0 + n \to \pi^- + \pi^+ + n$	2	2	$\frac{2}{9}$	1, 7
$\to \pi^0 + \pi^0 + n$	1	0	$\frac{4}{9}$	–
$\to \rho^- + p \to \pi^- + \pi^0 + p$	0	1	1	1

Verhältnis 1,7 der Wirkungsquerschnitte für die Endzustände π^-, π^+, n und π^-, π^0, p ist näherungsweise in Übereinstimmung mit dem Isospin $T = 1$ für die Resonanz. Weil ein System von zwei π-Mesonen, aus denen der Gesamtisospin $T = 1$ gebildet wird, eine antisymmetrische Isospinfunktion darstellt, muß auch die Ortsfunktion der beiden Bosonen bei Vertauschung das Vorzeichen wechseln, negativer Parität entsprechend. Da der Wirkungsquerschnitt für die Streuung der zwei π-Mesonen aneinander, der unter Annahme des peripheren Modells aus dem Reaktionswirkungsquerschnitt experimentell gewonnen wurde, bei der Resonanzenergie den Wert $12\,\pi\,\lambda\!\!\!^{-2}$ nahezu erreicht, ergibt sich ein Hinweis, daß der Drehimpuls des ρ-Mesons = 1 ist.

Einen weiteren Resonanzzustand im π-Mesonen-System stellt das ω-Meson dar. In bezug auf die Experimente, bei welchen die π-Mesonen bei der Zerstrahlung von Proton und Antiproton beobachtet wird (Gl. VII,116), wie auch in einer Reaktion, bei der

$$p + \bar{p} \to \omega + \pi^+ + \pi^- \qquad \text{(VII,116)}$$
$$\omega \to \pi^+ + \pi^0 + \pi^-$$

π-Mesonen mit Deuteronen zusammentreffen (Gl. VII,117), wurde die Zahl der beob-

$$\pi^+ + d \to \omega + p + p \qquad . \qquad \text{(VII,117)}$$

achteten Reaktionen als Funktion der effektiven Masse von jeweils drei π-Mesonen so ausgewählt, daß die gesamte Ladung dieser drei Mesonen $Q = \pm 1$ oder $Q = \pm 2$ ist, ergibt sich kein Anzeichen für einen resonanten Zustand (Abb. VII,22). Wird dagegen die Auswahl der drei π-Mesonen so getroffen, daß deren Gesamtladung $Q = 0$ ist, so zeigt sich eine deutliche Resonanz über einem statistischen Untergrund. Da die Resonanz der drei π-Mesonen nur für $Q = 0$ gefunden wird, ergibt sich die Zuordnung des Isospins $T = 0$ zum ω-Meson. Aus der gemessenen Verteilung für die effektive Masse resultieren für das ω-Meson für Energie und Breite die in Gl. VII,118 angegebenen

$$M_\omega = 784 \text{ MeV} \quad \Gamma_\omega \approx 10 \text{ MeV} \qquad \text{(VII,118)}$$

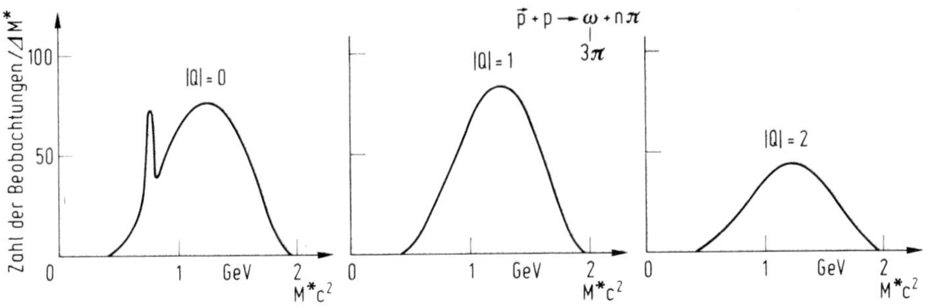

Abb. VII,22. Effektive Masse für das ω-Meson

Werte, die Resonanzbreite ist dabei wesentlich geringer als diejenige des ρ-Mesons. Drehimpuls und Parität können mit Hilfe der Impulsverteilung der π-Mesonen untersucht werden und ergeben für das ω-Meson die Zuordnung 1^-.

Die Häufigkeit der Reaktionen als Funktion der effektiven Masse zeigt bei der Reaktion Gl. VII,117 eine weitere Resonanz bei ungefähr 549 MeV. Auch diese Resonanz wird nur beobachtet bei einer Gesamtladung $Q = 0$. Demzufolge wird dem Resonanzzustand, der als η-Meson bezeichnet wird, der Gesamtisospin $T = 0$ zugeordnet. Für Energie und Breite des η-Mesons folgen die in Gl. VII,119 angegebenen Daten, für

$$M_\eta = 549 \text{ MeV} \qquad \Gamma \approx 2{,}6 \text{ keV} \tag{VII,119}$$

Drehimpuls und Parität wurden die Werte 0^- zugeordnet.

Viele Resonanzzustände im Mesonenspektrum sind mit einer Experimentiermethode gefunden worden, bei welcher nicht die effektive Masse direkt bestimmt wird, sondern der differentielle Wirkungsquerschnitt für die Reaktionen zur Beobachtung gelangt. Das Verfahren sei mit Hinblick auf die in Gl. VII,120 angegebenen Reaktion erläu-

$$\pi + p \to A^* + p \tag{VII,120}$$

tert, bei welcher durch Auftreffen eines π-Mesons auf ein Protonentarget ein angeregter Zustand im Mesonenspektrum A^* entsteht und das Rückstoßproton zur Beobachtung gelangt. Aus der im Anfangszustand vorgegebenen Energie und dem Impuls des Rückstoßprotons folgt zunächst die für die Bildung des Resonanzzustandes aufzubringende zusätzliche Energie. Hinsichtlich des differentiellen Wirkungsquerschnittes ergeben sich ähnliche Verhältnisse wie bei endothermen Reaktionen der Kernphysik, insbesondere für Energien, die nicht viel über der Anregungsschwelle liegen, so daß die Schwerpunktgeschwindigkeit v größer als die Geschwindigkeit v′ des inelastisch gestreuten Teilchens *im Schwerpunktssystem* ist [13]. In diesem Fall werden nicht in allen Winkeln die gestreuten Teilchen beobachtet, vielmehr ist für die Reaktion der Grenzwinkel Θ_{max}

$$\sin \Theta_{max,L} = v'/v \tag{VII,121}$$

durch Gl. VII,121 gegeben. Der Grenzwinkel Θ_{max} ist eine Funktion der Anfangsenergie und der aufzubringenden Energie zur Anregung des Resonanzzustandes. Für Beobachtungswinkel kleiner als Θ_{max} ergeben sich zwei verschiedene Energien der gemessenen Teilchen. In bezug auf den differentiellen Wirkungsquerschnitt resultiert dann, daß dieser im Laborsystem einen maximalen Wert annimmt für den Grenzwinkel $\Theta = \Theta_{max}$. Das Maximum im differentiellen Wirkungsquerschnitt bleibt auch erhalten, wenn der Wirkungsquerschnitt im Laborsystem eine langsam variable Funktion des Streuwinkels ist. Ist somit die Energie im Schwerpunktsystem des Eingangskanals nicht zu groß, so kann aus dem Winkel für das Maximum im differentiellen Wirkungsquerschnitt (Abb. VII,23) die zur Reaktion aufgewendete Energie und damit die Masse M des Resonanzzustandes ermittelt werden, wobei sich für relativistische Energien der Zusam-

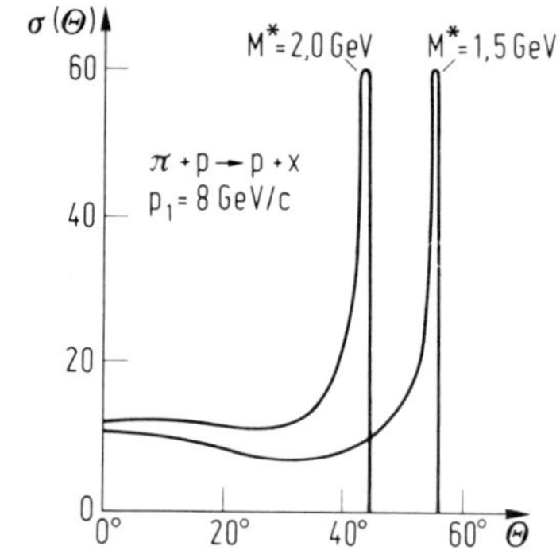

Abb. VII,23. Zur Winkelverteilung des inelastisch gestreuten Protons im „missing mass"-Spektrometer.

menhang in Gl. VII,121 ergibt ($c = 1$). Im Gegensatz zu der oben beschriebenen experimentellen Methode der Messung der effektiven Masse sind bei diesem Verfahren

$$m_1 + m_3 \to m_3 + M$$

$$\cos\Theta_{3,\max} = \frac{1}{2\,m_3\,p_1}\sqrt{(M^2 - m_1^2)(4\,m_3\,E_0 - M^2 + m_1^2)} \qquad \text{(VII,122)}$$

keine direkten Energiemessungen durchzuführen, vielmehr ist die einzige zu messende Größe der differentielle Wirkungsquerschnitt im Laborsystem [14].

Da die Anregungsenergie entsprechend der Masse dieses Teilchenzustandes im Ausgangskanal an der kinetischen Energie fehlt, wird das Verfahren häufig als missing-mass-spectrometer bezeichnet.

5.3 Bestimmung von Matrixelementen und Quantenzahlen aus der Dichteverteilung in DALITZ-Diagrammen

Bei einem Zerfall eines Zustandes in mehr als zwei Teilchen können die einzelnen Partikel verschiedene Energie erhalten unter Einhaltung von Energie- und Impulssatz. Die

Häufigkeit einer bestimmten Verteilung gibt eine Aussage für die Matrixelemente zwischen Anfangszustand und Endzustand in bezug auf den Störoperator, mit welchem der Zerfall beschrieben werden kann. Zunächst sei der Fall betrachtet, in welchem eines der drei Teilchen des Endzustandes eine viel größere Masse als die beiden anderen Teilchen hat: In einem Diagramm, in welchem die Beträge der Impulse der beiden leichten Teilchen als Parameter aufgetragen sind, ergibt sich in diesem Zusammenhang, daß die einzig möglichen Verteilungen auf einer Linie liegen, die die beiden Punkte verbindet, in denen das eine oder andere Teilchen maximale Energie erhält (Abb. VII,24)

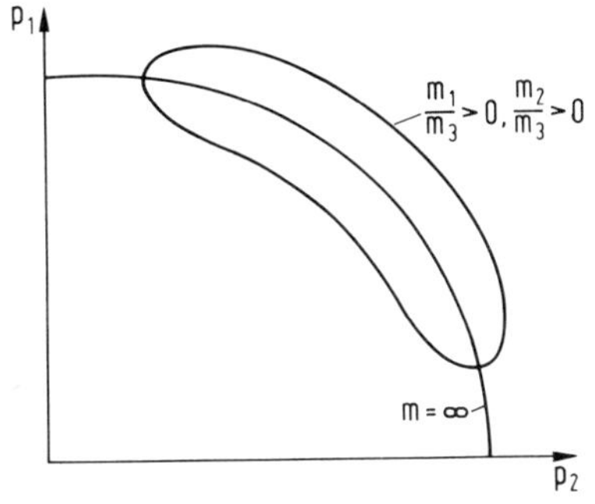

Abb. VII,24. Aufteilung der Energie bei einem Prozeß mit drei Teilchen im Endzustand für verschiedene Teilchenmassen.

Ein einfaches Beispiel hierzu ist schon durch den β-Zerfall der Atomkerne gegeben, bei welchem ein Elektron und ein Neutrino entsteht und außerdem der neu gebildete Kern vorhanden ist. Ist nun die Masse des dritten Teilchens nicht unendlich groß, so kann auch auf dieses beim Zerfall Energie übertragen werden. Alle mit Energie und Impulssatz verträglichen Reaktionen liegen dann innerhalb einer geschlossenen Linie. Auf der Umrandung selbst liegen dabei die Reaktionen, bei denen größtmöglicher Impuls auf die einzelnen Teilchen übertragen wird.

Beim Zerfall in drei Teilchen ist insbesondere bei gleicher Masse der Partikel im Endzustand eine Darstellung besonders übersichtlich, in welcher die Gesamtenergie jedes der drei Teilchen in einem symmetrischen Diagramm dargestellt wird. Ist im Schwerpunktsystem die gesamte Energie vor dem Zerfall festgelegt, so muß auch nach dem Zerfall die Summe der Gesamtenergien der drei Teilchen denselben Wert haben (Gl. VII,123).

$$E_1 + E_2 + E_3 = \text{const} \qquad \text{(VII,123)}$$

Benutzt man den Satz, daß in einem gleichseitigen Dreieck die Summe der auf die drei Seiten von irgendeinem Punkt aus gefällten Lote konstant und gleich der Höhe im gleichseitigen Dreieck ist, so ist ersichtlich, daß im Zusammenhang mit dem Energiesatz alle gemessenen Reaktionen innerhalb des Dreiecks liegen müssen (Abb. VII,25). Die Eckpunkte würden bedeuten, daß ein Teilchen die gesamte Energie erhält. Da der gesamte Impuls ebenfalls erhalten und im Schwerpunktsystem gleich Null ist, ergibt sich eine weitere einschränkende Bedingung. Die Bedingung der Erhaltung des Impuls-

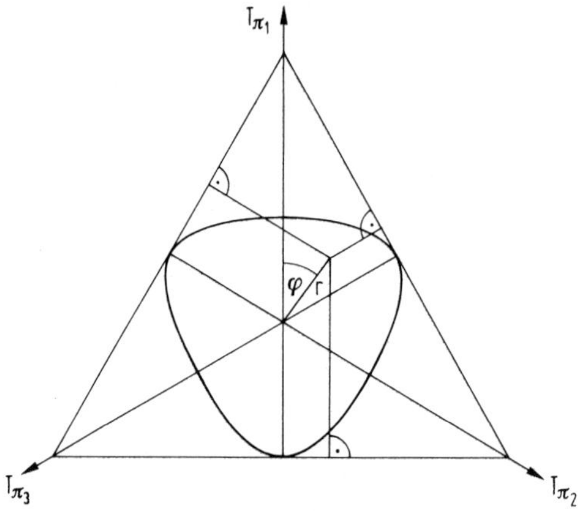

Abb. VII,25. Diagramm zur Aufzeichnung der Reaktionsdichte bei drei Teilchen im Endzustand.

satzes ergibt, daß alle Reaktionen innerhalb einer Kurve im vorgegebenen Dreieck liegen müssen, welche die Dreieckseiten tangiert. Im Grenzfall nichtrelativistischer Bewegung der drei Teilchen gleicher Masse mit kinetischer Energie T_i liegen alle Reaktionen innerhalb des eingeschriebenen Kreises. Von den drei in Abb. VII,25 eingetragenen Größen der Gesamtenergie sind nur zwei wegen des Energiesatzes voneinander unabhängig. Haben die drei Teilchen ungleiche Massen, so geht die Symmetrie der begrenzenden Kurve im gleichseitigen Dreieck verloren. Da nur zwei unabhängige Parameter wegen des Energiesatzes vorhanden sind, ist eine Darstellung in rechtwinkligen Koordinaten, bei welcher eine Achse die Energie E_1 eines Teilchens, die andere Achse die Energie E_2 eines anderen Teilchens bezeichnet, äquivalent in bezug auf die Darstellung in einem Dreieck. Bezeichnet man die Lage der Punkte in einer symmetrischen Darstellung mit r und φ entsprechend Abb. 25, so ergibt sich als Umrechnung der in Gl. VII,124 aufgeführte Ausdruck.

$$E_3 = \frac{M}{3}\left[1 + \epsilon r \cos\left(\varphi - \frac{2\pi}{3}\right)\right] \qquad \text{(VII,124)}$$

$$E_2 = \frac{M}{3}\left[1 + \epsilon r \cos\left(\varphi + \frac{2\pi}{3}\right)\right]$$

$$E_1 = \frac{M}{3}\left[1 + \epsilon r \cos\varphi\right] \qquad \text{mit } \epsilon = 1 - \frac{3m}{M}$$

Ein Zusammenhang zwischen den Matrixelementen des Übergangs und der Dichteverteilung der beobachteten Reaktionen in einem Dalitz-Diagramm[1] sei zunächst phänomenologisch an einem allgemeinen Beispiel erklärt. Ist das Matrixelement des Störoperators für den Zerfall von der Art, daß sich beispielsweise besonders große Werte ergeben, wenn alle drei Teilchen nahezu dieselbe Energie erhalten, so ist ersichtlich, daß eine Häufung der beobachteten Reaktionen im Mittelpunkt des in Abb. VII,26 angegebenen Dalitz-Diagramms vorhanden sein wird. Ist das Matrixelement dagegen beispielsweise von der Größe der Energie der emittierten Teilchen unabhängig, wie es bei Zerfällen

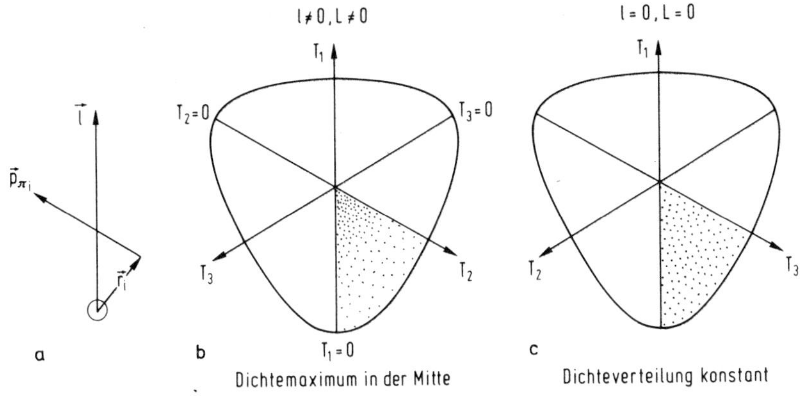

Abb. VII,26. Reaktionsdichte im Dalitz-Diagramm für verschiedene Drehimpulszustände im Endzustand.

geschieht, bei denen alle Teilchen im Endzustand den Drehimpuls Null haben, so ergibt sich eine Konstante Verteilung der Dichten der Reaktionen. Durch die Bedingungen des Zerfalls in bezug auf den Gesamtdrehimpuls der Teilchen im Endzustand und weitere Quantenzahlen des Systems entstehen Dichteverteilungen der Reaktionen, welche oft in charakteristischer Weise von einer konstanten Dichteverteilung abweichen. Die Dichteverteilung der Reaktionen gibt somit Aufschluß über die beteiligten Quantenzahlen. Der Formalismus der Übergangsmatrix T_{fi} zeigt, daß bei einem Zerfall in 3 Teilchen die Übergangswahrscheinlichkeit $d\,w_{fi}$ sich gemäß Gl. VII,125 ergibt, woraus folgt, daß die Dichte D_i für einen bestimmten Endzustand i im Dalitz-Diagramm

$$d\,w_{fi} \sim |T_{fi}|^2\, d\,E_1\, d\,E_2 \qquad \text{(VII,125)}$$

$$D_i \sim |T_{fi}|^2$$

direkt proportional zum Quadrat des Matrixelements $|T_{fi}|^2$ ist. Hinsichtlich der Bestimmung von Quantenzahlen des zerfallenden Resonanzzustandes gilt es nun, aus der Dichteverteilung beispielsweise die beteiligten Drehimpulse abzulesen. Hierzu muß man die Größe $|T_{fi}|^2$ in Zusammenhang mit der Dreihimpulsabhängigkeit bringen mit Hinblick auf die sich ergebende Dichteverteilung als Funktion der Koordinaten im Dalitz-Diagramm. Als Beispiel sei der Zerfall eines Mesonenzustandes in drei π-Mesonen betrachtet.

Zur Diskussion der Drehimpulsverhältnisse eines Systems von drei π-Mesonen kann dieses beispielsweise zunächst in ein „Dipion" (zwei Mesonen) und ein π-Meson aufgeteilt gedacht werden. Dipion und π-Meson mögen den Drehimpuls l in bezug auf ihren gemeinsamen Schwerpunkt bilden, wobei die beiden Impulse $\boldsymbol{p}$ und $-\boldsymbol{p}$ sein sollen. Die beiden π-Mesonen im Dipion sollen bezüglich ihrer relativen Bewegung den Drehimpuls $\boldsymbol{L}$ und in bezug auf ihren gemeinsamen Schwerpunkt die Impulse $\boldsymbol{q}$ und $-\boldsymbol{q}$ haben. Der Gesamtdrehimpuls $\boldsymbol{J}$ ergibt sich gemäß Gl. VII,126, wobei sich die Wellenfunktion

$$\boldsymbol{J} = \boldsymbol{l} + \boldsymbol{L} \qquad \text{(VII,126)}$$

hinsichtlich der Abhängigkeit bezüglich der Ortskoordinate r gemäß Gl. VII,127 er-

$$\psi(r) \sim j_1(r\,p/\hbar)\,j_L(r\,q/\hbar) \tag{VII,127}$$

gibt. Nimmt man nun an, daß der Wechselwirkungsraum eine Ausdehnung a hat, welche verglichen mit den DeBrogliewellenlängen $\hbar/p$ und $\hbar/q$ klein ist, was zumindest für relativ geringe Energien der π-Mesonen gilt, und betrachtet man den einfachsten Fall, daß der Wechselwirkungsoperator selbst die Impulse p und q nicht enthält, so kann man das Übergangsmatrixelement proportional zu dem in Gl. VII,128 angegebe-

$$\begin{aligned} &a\,p/\hbar \ll 1\,, \quad a\,q/\hbar \ll 1 \rightarrow \\ &j_1(r\,p/\hbar)\,j_L(r\,q/\hbar) \sim p^2\,q^L \end{aligned} \tag{VII,128}$$

nen Ausdruck annehmen. Beispielsweise folgt dann für den Fall $L = 0$ eine von p und q unabhängige und somit konstante Dichteverteilung der Zerfälle im Dalitz-Diagramm.

Während sich das obige Beispiel auf eine Diskussion des Drehimpulses der beiden Teilsysteme bezog, seien im folgenden weitere Gesichtspunkte für das Matrixelement beim Zerfall des ω-Mesons betrachtet. Ein allgemeiner zusätzlicher Gesichtspunkt für die Untersuchung der Dichte ergibt sich dadurch, daß das ω-Meson nur in einem Ladungszustand $Q = 0$ vorkommt und somit zu einem Isospinsingulettzustand gehört. Die Funktion der drei π-Mesonen im Endzustand muß somit zu $T = 0$ gehören und wird von einer antisymmetrischen Isospinfunktion repräsentiert (Gl. VII,129). Nimmt

$$\begin{aligned} \psi(\pi) \sim \frac{1}{\sqrt{6}}\,&\{|\pi^+\,\pi^0\,\pi^-\rangle + |\pi^0\,\pi^-\,\pi^+\rangle + |\pi^-\,\pi^+\,\pi^0\rangle \\ &- \pi^+\,\pi^-\,\pi^0\rangle - |\pi^0\,\pi^+\,\pi^-\rangle - |\pi^-\,\pi^0\,\pi^+\rangle\} \end{aligned} \tag{VII,129}$$

man im Zusammenhang mit der großen Zerfallsbreite des ω-Mesons von 9 MeV an, daß der Zerfall durch starke Wechselwirkung verursacht wird, so ergibt sich, daß das Matrixelement (Gl. VII,130) ebenfalls antisymmetrisch in bezug auf die Vertauschung

$$T_{fi}(k_{\pi_i}, E_{\pi_i}) = \langle 3\,\pi\,|T|\,\omega\rangle \tag{VII,130}$$

zweier π-Mesonen sein muß, da die starke Wechselwirkung invariant gegenüber dem Isospin ist und auf die Statistik keinen Einfluß hat. Berücksichtigt man, daß die starke Wechselwirkung die Parität erhält, so ergibt sich ferner für das Matrixelement bei Umkehrung aller Impulse $\overline{p}_i \rightarrow -\overline{p}_i$ dem Vorzeichen nach die Bedingung in Gl. VII,131,

$$T_{fi}(-k_{\pi_i}, E_{\pi_i}) = (-1)\cdot P_{\xi\omega}\cdot T_{fi}(k_{\pi_i}\,E_i) \tag{VII,131}$$

wobei $P_{\xi\omega}$ die innere Parität des ω-Mesons bedeutet. Mit Hilfe dieser beiden einfachen Bedingungen für das Matrixelement ergeben sich entsprechend der Untersuchung von Rosenfeld [16] folgende Aspekte für die Dichteverteilung im Dalitz-Diagramm mit Hinblick auf die Drehimpulszustände des ω-Mesons mit $J = 0$ oder $J = 1$. Ist beispielsweise der Drehimpuls des ω-Mesons Null und die Parität negativ, so ist eine einfache Form für das pseudoskalare Matrixelement entsprechend Gl. VII,132 gegeben, welches gegen-

$$J^{\pi}(\omega) = 0^{-} \rightarrow \qquad \text{(VII,132)}$$
$$T_{\text{fi}} \sim (E_{-} - E_0)(E_0 - E_{+})(E_{+} - E_{-})$$

über der Paritätsoperation sich nicht ändert, im Einklang mit Gl. VII,131 und bei Vertauschung zweier π-Mesonen antisymmetrisch ist. Die zugehörige Dichteverteilung verschwindet überall, wenn zwei Teilchen dieselbe Energie haben und würde zu der in Abb. VII,27a skizzierten Darstellung im Dalitz-Diagramm führen. Betrachtet man als

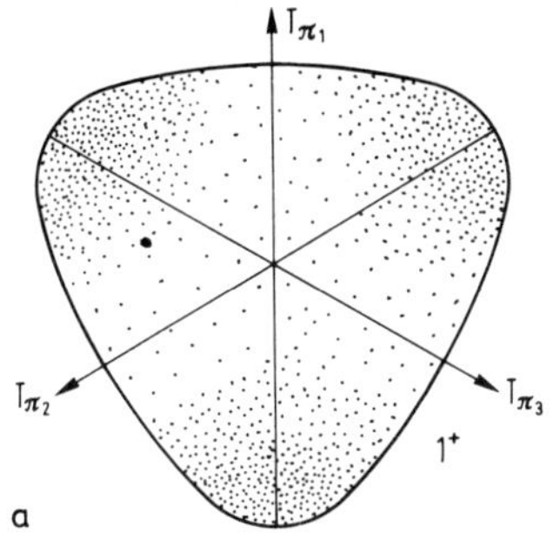

Abb. VII,27a

nächsten Fall, daß das ω-Meson ein Vektormeson sei mit Drehimpuls 1 und positiver Parität, so kann als einfaches Beispiel das Matrixelement gemäß Gl. VII,133 zusammengesetzt sein.

$$J^{\pi}(\omega) = 1^{+} \rightarrow \qquad \text{(VII,133)}$$
$$T_{\text{fi}} \sim E_{-}(\boldsymbol{p}_0 - \boldsymbol{p}_{+}) + E_0(\boldsymbol{p}_{+} - \boldsymbol{p}_{-}) + E_{+}(\boldsymbol{p}_{-} - \boldsymbol{p}_0)$$

mengesetzt sein. Der Ausdruck ist wiederum antisymmetrisch in Bezug auf die Vertauschung zweier ω-Mesonen und ändert sein Vorzeichen bei der Paritätsoperation. Die entsprechende Dichteverteilung für die Übergangswahrscheinlichkeit ist in Abb. VII,27b dargestellt. Es ergibt sich für alle Reaktionen die Übergangswahrscheinlichkeit Null,

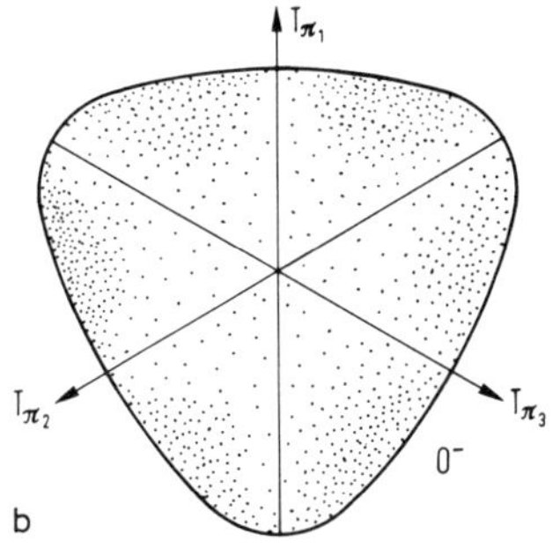

Abb. VII,27b

wenn zwei Impulse einander gleich sind (siehe beispielsweise Gl. VII,134). Als letzter

$$p_0 = p_{max} \to p_+ = p_-, \quad E^+ = E^- \qquad \text{(VII,134)}$$

Fall sei diskutiert, daß das ω-Meson ein Vektormeson mit dem Drehimpuls l und negativer Parität ist. Als einfaches Beispiel für das Matrixelement kann die in Gl. VII,135

$$J^{\pi}(\omega) = 1^- \qquad \text{(VII,135)}$$

$$T_{fi} \sim (\boldsymbol{p}_0 \times \boldsymbol{p}_+) + (\boldsymbol{p}_+ \times \boldsymbol{p}_-) + (\boldsymbol{p}_- \times \boldsymbol{p}_0)$$

angegebene Form dienen. Dieser Ausdruck wird überall Null, wenn zwei Impulse nach Betrag und Richtung denselben Wert haben (Gl. VII,136). Die zugehörige Verteilung

$$T_{fi} = 0 \quad \text{für} \quad \boldsymbol{p}_+ \equiv \boldsymbol{p}_- = -\frac{1}{2}\boldsymbol{p}_0 \qquad \text{(VII,136)}$$

der Übergangswahrscheinlichkeit ist in dem Dalitz-Diagramm (Abb. VII,27c) charakterisiert. Der Vergleich der experimentellen Resultate mit den verschiedenen Annahmen hinsichtlich der Quantenzahlen des ω-Mesons gibt Übereinstimmung mit der Zuordnung des Drehimpulses 1 und negativer innerer Parität.

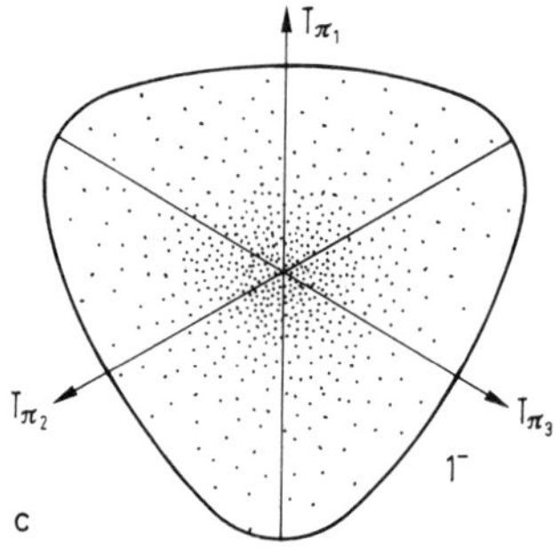

Abb. VII,27c

Abb. VII,27. Reaktionsdichten im Dalitz-Diagramm für verschiedene Quantenzahlen eines Drei-π-Mesonensystems.

5.4 Nukleon-Nukleon-Wechselwirkung

Die ersten Informationen über die starke Wechselwirkung wurden aus der Nukleon-Nukleon-Wechselwirkung erhalten, welche für die Bindung der Nukleonen in Atomkernen, für die Streuung von Nukleonen an Nukleonen und für viele inelastische Prozesse die Ursache ist. Aus der Untersuchung der Atomkerne, die im allgemeinen Systeme mit vielen Nukleonen darstellen, konnten beispielsweise einfache Informationen zur Nukleon-Nukleon-Wechselwirkung gewonnen werden. So weisen die gleichen Eigenschaften von Energieniveaus der Spiegelkerne so wie Analogresonanzen auf die Erhaltung des Isospins hin, während die konstante Dichte einer unendlich weit ausgedehnt gedachten Kernmaterie sowie die konstante mittlere Bindungsenergie pro Nukleon mit einer kurzen Reichweite der Nukleon-Nukleon-Wechselwirkung in Übereinstimmung sind, wobei für sehr kleine Abstände einem effektiven Potential ein abstoßender Charakter zugeschrieben wird.

Zusätzliche einfache Untersuchungsmöglichkeiten ergeben Systeme, an denen nur zwei Nukleonen beteiligt sind. Kommen zwei Nukleonen zur Reaktion und ist der Prozeß durch die starke Wechselwirkung bedingt, so kann der Gesamtisospin 0 oder 1 betragen. Als einziger gebundener Zustand des Zweinukleonensystems wird das Deuteron gebildet, welches beispielsweise beim Strahlungseinfang aus Proton und Neutron entsteht (Gl. VII,137). Der Drehimpuls beträgt 1, die Parität ist positiv und

$$n + \underbrace{p \to d}_{^3S_1,\, T = 0} + d \qquad \text{(VII,137)}$$

der Isospin ist Null. Das geringe Kernquadrupolmoment (Gl. VII,138) weist auf einen Tensoranteil V_T der Nukleon-Nukleon-Wechselwirkung hin.

$$Q_d = + 0{,}00282 \cdot 10^{-24}\ \text{cm}^2 \qquad \text{(VII,138)}$$

Eine weiterreichende Kenntnis über die Nukleon-Nukleon-Wechselwirkung ergibt sich aus der Proton-Neutron- und Proton-Proton-Streuung, wobei man bei der Proton-Proton-Streuung nach Abzug des Coulomb'schen Anteils Aussagen über die starke Wechselwirkung der beteiligten Nukleonen erhält. Da die Nukleonen zu den Fermiteilchen gehören, ergeben sich die in Gl. VII,139 angegebenen Drehimpulszustände.

$$\left.\begin{matrix} p\,p \\ p\,n \\ n\,n \end{matrix}\right\}, \quad T = 1 \qquad {}^1S_0,\ {}^3P_0,\ {}^3P_1,\ {}^3P_2,\ {}^1D_2,\ {}^3F_2,\ {}^3F_3,\ {}^3F_4, \ldots \qquad \text{(VII,139)}$$

$$p\,n, \qquad T = 0 \qquad {}^3S_1,\ {}^1P_1,\ {}^3D_1,\ {}^3D_2,\ {}^3D_3,\ {}^1F_3, \ldots$$

Insbesondere ist die Winkelverteilung des elastischen Streuwirkungsquerschnittes bei verschiedenen Energien genau untersucht. Da die Nukleon-Nukleon-Wechselwirkung eine endliche Reichweite hat, sind die Streuwirkungsquerschnitte $n, p \to n', p'$ bis zur Größenordnung von 10 MeV nahezu isotrop (Abb. VII,28).

Für den Grenzfall verschwindender Energie $E \to 0$ kann der Streuwirkungsquerschnitt durch die Streulänge a beschrieben werden (Gl. VII,140), welche verschieden für Spin-

$$E \to 0 \qquad \sigma_{sc} = 4\,\pi\,a^2 \qquad a = \lim_{k \to 0} \left(-\frac{\delta_s}{k}\right) \qquad \text{(VII,140)}$$

$$^1a = -\,23{,}7 \cdot 10^{-13}\ \text{cm} \qquad {}^3a = +\,5{,}4 \cdot 10^{-13}\ \text{cm}$$

triplett- und Singulettzustand der beiden Nukleonen ist, somit auf einen spinabhängigen Anteil in der Wechselwirkung hinweisend (Gl. VII,141). Die Polarisation von

$$V_s = V_s(r)\,(1 + \vec{\sigma}_1\,\vec{\sigma}_2) \qquad \text{(VII,141)}$$

Nukleonen bei der Streuung von Nukleonen an Atomkernen wie auch die Aufspaltung von Kernenergieniveaus zeigt die Existenz einer Spin-Bahn-Wechselwirkung V_{sl}. Bei

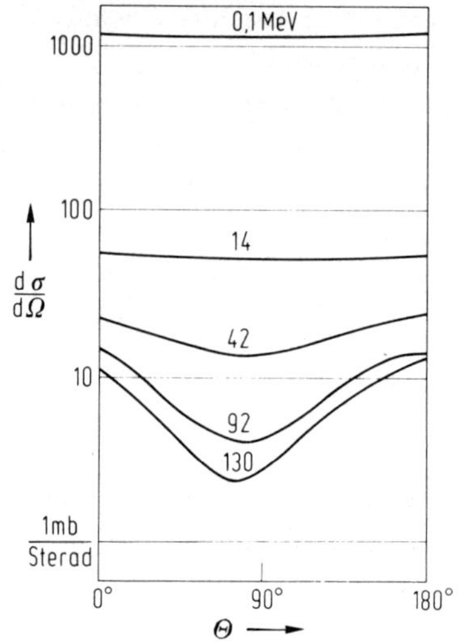

Abb. VII,28. Differentieller Wirkungsquerschnitt der Proton-Neutron-Streuung.

größeren Energien werden Partialwellen mit $l > 0$ durch die Wechselwirkung beeinflußt. Die Symmetrie der Wirkungsquerschnitte in bezug auf Vorwärts- und Rückwärtsstreuung bei höheren Energien weist auf einen Austauschprozeß hin.

Zur Beschreibung der experimentell bestimmten Daten der Nukleon-Nukleon-Streuung können die Partialwellen-Phasenverschiebungen benutzt werden [17] (Abb. VII,29),

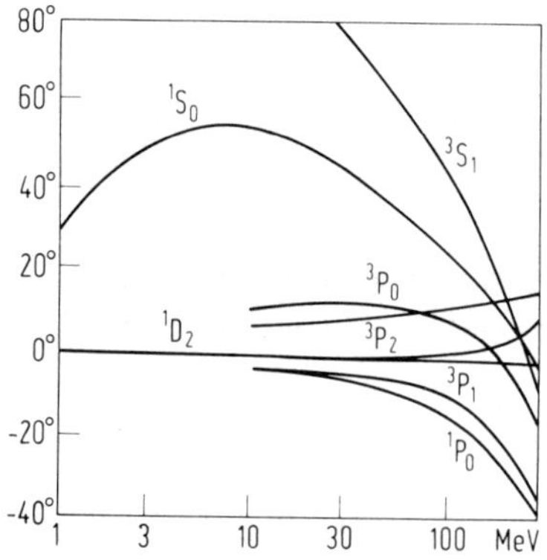

Abb. VII,29. Streuphasen der Nukleon-Nukleon-Streuung.

auf die in Kapitel 6.1 eingegangen wird. Zur Bestimmung aller Streuphasen für die Partialwellen ${}^1S_0$, ${}^3S_1$, ${}^1P_1$, ${}^3P_2$, ${}^3P_1$, ${}^3P_0$, ... müssen experimentelle Ergebnisse bezüglich der Polarisation bei der Streuung mit ausgewertet werden. Hinsichtlich der Änderungen bezüglich der Spinverhältnisse χ kann man diese nach Wolfenstein durch Einführung einer Streumatrix M für den Spinraum beschreiben (Gl. VII,142).

$$\chi_{sc} = M(\Theta)\,\chi_i \qquad \text{(VII,142)}$$

Im Zusammenhang mit der Ladungsunabhängigkeit der starken Wechselwirkung, mit der Erhaltung der Parität, dem Austauschcharakter und der Spinabhängigkeit können für nicht zu große Energien einige allgemeine Formen eines effektiven Nukleon-Nukleon-Potentials angegeben werden, deren Parameter experimentell bestimmt werden können (Gl. VII,143).

Hinsichtlich der Nukleon-Nukleon-Wechselwirkung in einem räumlichen Gebiet, bei

$$V = V(r) + V_s + V_T + V_{sl} \qquad + \text{Austauschpotentiale} \qquad \text{(VII,143)}$$

$$V_T = V_T(r)\left(\frac{(\vec{\sigma}_1\,\vec{r})(\sigma_2\,\vec{r})}{r^2} - \frac{\vec{\sigma}_1\,\vec{\sigma}_2}{3}\right) \qquad \text{(Tensorwechselwirkung)}$$

$$V_{s_1 l s_2 l} = V_{s_1 l s_2 l}(r)\,(l\,\vec{\sigma}_1)\,(l\,\vec{\sigma}_2) \qquad \text{(Spinbahnwechselwirkung)}$$

welchem die Nukleonen nicht zu dicht zusammen sind, kann man für Abstände größer als ungefähr $1{,}5 \cdot 10^{-13}$ cm annehmen, daß die Wechselwirkung durch den Austausch eines π-Mesons beschrieben wird. Für diesen Bereich läßt sich die Wechselwirkung entsprechend Gl. VII,144 darstellen (f_0 = Kopplungskonstante $\hat{r} = r/r$).

$$V_{12} \rightarrow f_0^2\,\vec{\tau}_1\,\vec{\tau}_2\,\frac{e^{-r/\lambda_c}}{r/\lambda_c} \qquad \text{(VII,144)}$$

$$\left\{[3(\vec{\sigma}_1\,\hat{r})(\vec{\sigma}_2\,\hat{r}) - \vec{\sigma}_1\,\vec{\sigma}_2]\left(\frac{3\,\lambda_c^2}{r^2} + \frac{3\,\lambda_c}{r} + 1\right) + \vec{\sigma}_1\,\vec{\sigma}_2\right\} \quad \text{mit} \quad \lambda_c = \hbar/m_\pi c$$

Im Zusammenhang mit der Wechselwirkung zwischen Nukleonen und π-Mesonen ergibt sich bei der *unelastischen* Nukleon-Nukleon-Streuung der Prozeß der π-Mesonenerzeugung (Gl. VII,145). Die Energieabhängigkeit wird durch die Bildung von Nukleon-

$$N + N \rightarrow N' + N'' + \pi \qquad \text{(VII,145)}$$

$$N + N \rightarrow N' + N^* \qquad \text{(VII,145)}$$

$$N^* \rightarrow N'' + \pi$$

Resonanzzuständen dabei beeinflußt (Gl. VII,145), welche anschließend in ein Nukleon und ein π-Meson beispielsweise zerfallen. Bei Energien von einigen GeV resultiert als weiterer inelastischer Prozeß die Bildung von Nukleon-Antinukleon-Paaren wie beispielsweise $p + p \rightarrow p + p + \bar{p} + p$ oder der Bildung weiterer Baryon-Antibaryonpaaren. Für sehr hohe Energien sind die Messung des totalen Wirkungsquerschnittes und des Streuwirkungsquerschnittes für die Nukleon-Nukleon-Wechselwirkung von Interesse im Zusammenhang mit Problemen der „Shrinkage" auf die im Abschnitt 6.4 eingegangen wird. Ein Zusammenhang mit den Wechselwirkungsverhältnissen in korrelierten anderen Streukanälen, der die Eigenschaften bezüglich Vorwärts- und Rückwärtsstreuung betrifft, resultiert aus der Mandelstamdarstellung, die im Kapitel 6.3 geschildert werden.

5.5 Teilchen mit Strangeness

Die vorangegangenen Beispiele aus der Baryonen- und Mesonen-Spektroskopie bezogen sich auf Untersuchungen von Teilchen ohne Strangeness und deren angeregte Zustände. Die Symmetrieaspekte hinsichtlich des Spektrums der Baryonen und Mesonen mit der Aufteilung in SU_3-Multipletts werden erst evident, wenn die Zustände der Elementarteilchen mit Strangeness hinzugenommen werden.

Die Untersuchung der Resonanzzustände dieser Teilchen mit Strangeness kann in solchen Reaktionen erfolgen, bei denen die Erhaltung der Strangeness-Quantenzahl gewährleistet ist. In Analogie zu den angeregten Nukleonenzuständen kann dabei zunächst die Resonanzstreuung von K^--Mesonen an Nukleonen benutzt werden. Da jedoch das K^--Meson selbst eine Masse von 494 MeV hat, ist ersichtlich, daß der Resonanzzustand mindestens eine Energie haben muß, welche größer ist als die Energie aus der Nukleonenmasse und der Masse des K-Mesons (Gl. VII,146), wenn dieser in

$$K^- + N \to A^* \to K^- + N \qquad \text{(VII,146)}$$

$$S = -1$$

$$E(A^*) > 939 \text{ MeV} + 494 \text{ MeV}$$

einem Resonanzstreuexperiment bestimmt werden soll. In bezug auf die Erhaltung der Strangeness ist ersichtlich, daß die Resonanzen von Teilchen mit negativer Strangeness nur aus einem Nukleon und einem K^-- oder $\bar{K}^0$-Meson gebildet werden können, da das K^+- und K^0-Meson positive Strangeness haben. Der Unterschied der beiden Teilchen zeigt sich auch im totalen Wirkungsquerschnitt für die K-Meson-Nukleon-Wechselwirkung. Für die K^+-Mesonen ergibt sich ein nahezu glatter Verlauf mit einem Wirkungsquerschnitt zwischen 10 mb und 20 mb im interessierenden Energiebereich, während für die K^--Mesonen eine deutliche Variation des Wirkungsquerschnittes mit der Energie sichtbar ist, aus welcher Aussage über Resonanzzustände erhalten werden können. Zur Untersuchung der Frage, ob Resonanzzustände für das Λ-Teilchen oder das Σ-Teilchen unterhalb von 1433 MeV existieren, kann für den Fall, daß solche Resonanzzustände vorhanden sind, der Zerfall dieser Resonanzen beobachtet werden. Ist im Eingangskanal die Energie groß genug, daß der Resonanzzustand gebildet werden kann, so ist dies dann in der effektiven Masse von einem Hyperon und einem der beiden π-Mesonen in derselben Weise sichtbar, wie die angeregten π-Mesonenzustände in der effektiven Masse der emittierten π-Mesonen realisiert sind. Die Bestimmung der effektiven Masse ist dabei nicht auf die tiefliegenden Resonanzzustände beschränkt, vielmehr können auch die höher liegenden Zustände, welche aus der Resonanzstreuung der K-Mesonen schon ersichtlich sind, ebenfalls auf diese Weise untersucht werden.

Als Beispiel zeigt Abb. VII,30 in rechtwinkligen Koordinaten die Zahl der beobachteten Reaktionen in Abhängigkeit vom Quadrat der effektiven Massen [18], die einmal für Λ-Teilchen und π^+-Mesonen und zum anderen für Λ-Teilchen und π^--Mesonen bei den Reaktionen in Gl. VII,147 gemessen wurden. Die deutliche Anhäufung der

$$K^- + p \to Y_1^{*-} + \pi^+ \qquad K^- + p \to Y_1^{*+} + \pi^- \qquad \text{(VII,147)}$$

$$Y_1^{*-} \to \Lambda + \pi^- \qquad Y_1^{*+} \to \Lambda + \pi^+$$

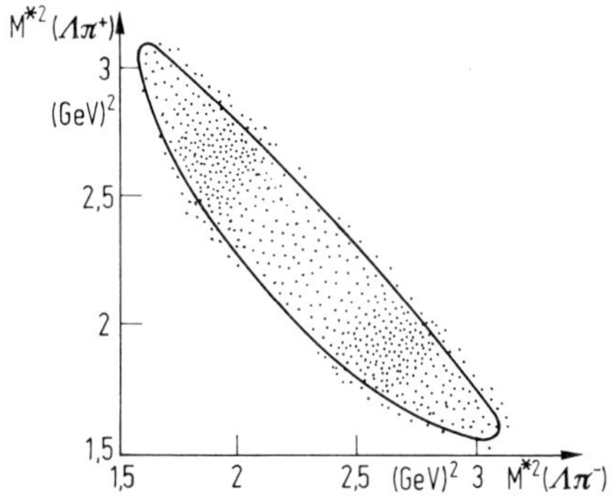

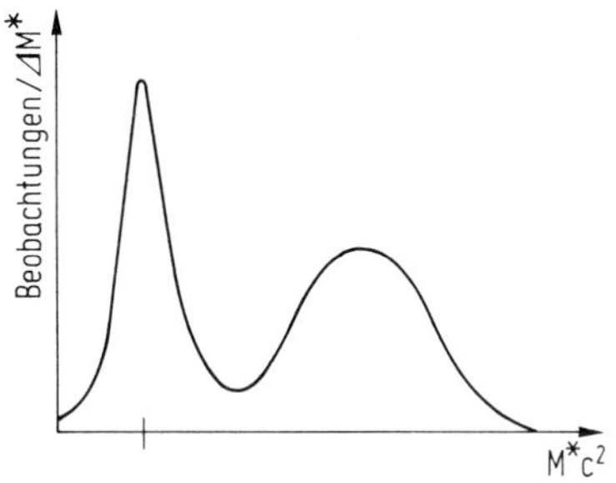

Abb. VII,30. Effektive Masse zur Bestimmung des angeregten Zustandes Y_1^0 aus der Reaktionsdichte im π-System [16].

Punkte bei einem Massenquadrat von ungefähr 1,9 GeV^2 zeigt, daß ein Resonanzzustand bei 1,385 GeV vorliegt. Da der Resonanzzustand sowohl unter Aussendung eines π^+-Mesons wie eines π^--Mesons in das Λ-Hyperon zerfallen kann, ist die Resonanz sowohl in der effektiven Masse für das $\Lambda\,\pi^-$-System wie für die effektive Masse im $\Lambda\,\pi^+$-System ersichtlich. In analoger Weise wurde durch Bestimmung der effektiven Masse beispielsweise der Y_1^{**}-Zustand des Σ-Hyperons bei 1670 MeV sichtbar. Verschiedene Zerfallsmöglichkeiten des Y_1^{**}-Teilchenzustandes sind in Gl. VII,148

$$\begin{aligned} K^- + p &\to Y_1^{**+} + \pi^- \\ Y_1^{**} &\to \Lambda + \pi^+ \\ &\to \Sigma^+ + \pi^0 \\ &\to \Sigma^0 + \pi^+ \end{aligned} \qquad \text{(VII,148)}$$

beschrieben. Bei einer Untersuchung von insgesamt ungefähr 3000 Resonanzreaktionen, bei denen das Y_1^{**}-Hyperon gebildet wurde, ergaben sich beispielsweise 1852 $\Lambda\,\pi^+$-Zerfälle, 752 $\Sigma^+\,\pi^0$-Zerfälle und 504 $\Sigma^0\,\pi^+$-Zerfälle [19]. In entsprechender Weise wurde der Resonanzzustand Ξ^* des Ξ-Mesons bei 1530 MeV untersucht. Verschiedene Endzustände der Reaktionen sind in Gl. VII,149 angegeben. Abb. VII,31

$$\begin{aligned} K^- + p \to\ & \Xi^- + \pi^+ + K^0 \\ & \Xi^- + \pi^0 + K^+ \\ & \Xi^0 + \pi^- + K^+ \\ & \Xi^0 + \pi^0 + K^0 \\ & \Lambda + K^0 + K^0 \\ & \Lambda + K^- + K^+ \end{aligned} \qquad \text{(VII,149)}$$

zeigt in einem Dalitz-Diagramm die Dichteverteilung der beobachteten Reaktionen für den ersten angeregten Zustand des Ξ-Hyperons.

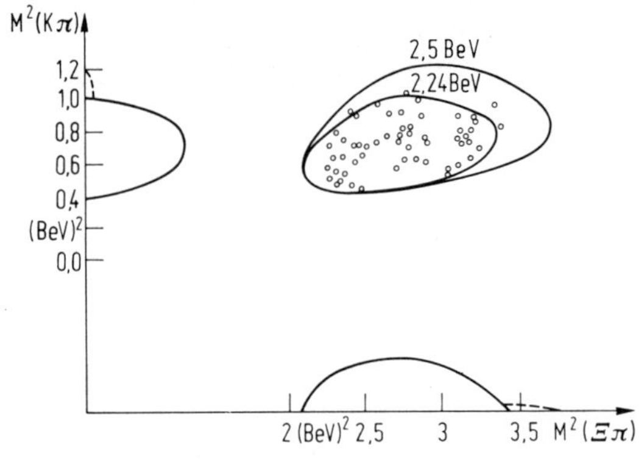

Abb. VII,31. Effektive Masse zur Bestimmung des angeregten Zustandes des Ξ-Hyperons und des *K*-Mesons [17].

Bei der Berechnung der effektiven Masse für das System, welches bei der Reaktion Gl. VII,149 aus Kaon und Pion nach dem Zerfall gebildet wird, ist der erste angeregte Zustand des *K*-Mesons bei $(M_{eff})^2 \approx 0{,}75\ \text{GeV}^2$ sichtbar, der einer Energie von 892 MeV entspricht. Angeregte Zustände der *K*-Mesonen wurden beobachtet für Strangeness + 1 und – 1. Die ersten angeregten Zustände im *K*-Mesonen-System bilden mit den entsprechenden angeregten Zuständen des π-Mesons ein Oktett, wobei alle Resonanzzustände den Drehimpuls 1 und wiederum negative innere Parität haben.

Auf einige weitere Untersuchungen zur starken Wechselwirkung wird im nächsten Abschnitt noch eingegangen.

6. Einige allgemeine Relationen zur Übergangsamplitude mit Berücksichtigung von Teilchenreaktionen bei hohen Energien

Beim Zusammentreffen von zwei Teilchen werden durch die Wechselwirkung zwischen den Teilchen Änderungen der Teilchenzustände bewirkt, welche beispielsweise zur elastischen Streuung oder zu einer Reaktion führen, bei welcher andere Teilchenarten im Endzustand vorhanden sind. Die experimentellen Untersuchungen werden in Abhängigkeit von der Gesamtenergie durchgeführt, wobei ein weiterer Parameter der Analyse die Winkelabhängigkeit der beobachteten Prozesse ist. Bei Teilchen mit Spin liefert zusätzlich die Beobachtung der Polarisation eine weitere Information. In dem Maße, in welchem Beschleuniger hoher Energie bis in den Bereich von 10 GeV und darüber großen Teilchenintensitäten gebaut wurden, konnten viele Wirkungsquerschnitte in Abhängigkeit von Energie und Impulsübertrag (Streuwinkel) gemessen werden. Zur Interpretation dieser vielen experimentellen Informationen können verschiedene allgemeine Relationen benutzt werden, die Übergangsamplituden, welche zu verschiedenen experimentellen Bedingungen gehören, miteinander verbinden. Die physikalischen Annahmen, welche man bei solchen Untersuchungen voraussetzt, sind sehr allgemeiner Art, wie beispielsweise die Kausalität sowie die Lorentz-Invarianz bei Streuprozessen. Auf diese Weise können verschiedene Beziehungen hergeleitet werden, welche weitgehend unabhängig von einem bestimmten Modell der Wechselwirkung und ebenso unabhängig von den Begriffen der Störungsrechnung sind. Insbesondere mit Hinblick auf Prozesse der starken Wechselwirkung, welche sich nur sehr schlecht durch Störungsrechnung behandeln lassen, ergibt sich ein weites Untersuchungsfeld. Im folgenden werden in diesem Zusammenhang einige Begriffe der Wirkungsquerschnitte, Dispersionsrelationen, Mandelstam-Diagramme und Regge-Trajectories erläutert. Gleichzeitig wird dabei ein Zusammenhang der Übergangsamplituden mit den Eigenschaften der Teilchenzustände im Baryonen- und Mesonenspektrum hergestellt.

6.1 Streuphasen, Wirkungsquerschnitt und optisches Theorem

Die Streuphasen stehen mit den Wirkungsquerschnitten in einem einfachen Zusammenhang und führen zu besonders einfachen Relationen. Fällt ein Teilchen mit bestimmter Impulsrichtung $\boldsymbol{p}$ auf ein Target auf, so wird durch die Wechselwirkung eine Veränderung des Teilchenzustandes bewirkt werden, wobei die Streuung entsprechend Gl. VII,150 dargestellt werden kann und $f(\Theta)$ die Streuamplitude bedeutet. Die

$$\psi(\boldsymbol{r}) \sim e^{ikz} + f(\Theta)\,\frac{e^{ikr}}{r}, \qquad k = p/\hbar \tag{VII,150}$$

asymptotische Wellenfunktion für $r \to \infty$, welche sich unter dem Einfluß der Wechselwirkung für das Teilchen ergibt, kann zerlegt werden in ein- und auslaufende Wellen entsprechend Gl. VII,151, wobei η_e die Amplitude der auslaufenden Wellen beschreibt.

$$\psi\; r \to \infty = \sqrt{\frac{4\pi}{\nu}} \sum_{l=0}^{\infty} \sqrt{2l+1} \cdot \frac{i^{l+1}}{2} \cdot \left[e^{-i\left(kr - \frac{l\pi}{2}\right)} - \eta_l\, e^{i\left(kr - \frac{l\pi}{2}\right)}\right] Y_l^0\,(\Theta) \tag{VII,151}$$

Die Größe η_l steht mit der Streuphase δ_l, welche auch komplexe Werte annehmen kann, gemäß Gl. VII,152 in Verbindung. Findet nur eine Streuung ohne inelastische

$$\eta_l = |\eta_l|\, e^{2 i \delta_l} \tag{VII,152}$$

Teilchenreaktionen statt, so ist ersichtlich, daß $|\eta_l| = 1$ ist. Findet gar keine Streuung statt, so ist η_l identisch $= 1$ und ψ stellt eine ebene Welle mit Wellenzahl k dar. Findet dagegen eine inelastische Reaktion statt, so sind die auslaufenden Wellen in der Intensität geringer als die einlaufenden und somit ist $|\eta_l| < 1$. Der Streuwirkungsquerschnitt für elastische Streuung σ_{sc} ergibt sich durch Bildung des Stromes und Integration über eine große Kugel entsprechend Gl. VII,153. Für den Reaktionswirkungsquerschnitt

$$\sigma_{sc} = \pi \lambda\!\!\!^{-2} \sum_{l=0}^{\infty} (2l+1)\,|\,\eta_l - 1\,|^2 = \int d\,\Omega\,|f(\Theta)|^2, \quad \lambda\!\!\!^- = 1/k \tag{VII,153}$$

folgt aus der Differenz der ein- und auslaufenden Welle (Gl. VII,154) und für den

$$\sigma_r = \int d\,\Omega\, v\, r^2 (|\psi_{in}|^2 - |\psi_{out}|^2) \qquad \text{(VII,154)}$$

$$= \pi \lambda\!\!\!{}^{-2} \sum_{l=0}^{\infty} (2\,l + 1)(1 - |\eta_l|^2)$$

totalen Wirkungsquerschnitt Gl. VII,155. Die Streuamplitude in Abhängigkeit vom

$$\sigma_T = \sigma_{sc} + \sigma_r = 2\,\pi \lambda\!\!\!{}^{-2} \sum_{l=0}^{\infty} (2\,l + 1)(1 - Re\,\eta_l) \qquad \text{(VII,155)}$$

$$\sigma_{sc}(\Theta) = |f(\Theta)|^2 \qquad \text{(VII,156)}$$

$$f(\Theta) = \sum_{l=0}^{\infty} \sqrt{4\,\pi(2\,l+1)}\, \frac{(\eta_l - 1)}{2\,i}\, \lambda\!\!\!{}^{-}\, Y_{1,0}(\Theta)$$

Streuwinkel Θ enthält die Kugelflächenfunktionen $Y_1^0(\Theta)$ und ergibt sich gemäß Gl. VII,156.

$$I\,m\,f(\Theta = 0) = \frac{\lambda\!\!\!{}^{-}}{2} \sum_{l=0}^{\infty} (2\,l + 1)(1 - Re\,\eta_l) \qquad \text{(VII,157)}$$

Die Streuamplitude selbst ist eine komplexe Zahl und wird somit durch zwei Konstanten mit Imaginärteil und Realteil für einen bestimmten Winkel beschrieben. Für die Vorwärtsrichtung $\Theta = 0$ ergibt sich der Imaginärteil der Streuamplitude in besonders einfacher Weise aus den Größen η_l entsprechend Gl. VII,157. Ein Vergleich mit dem

$$4\,\pi\,\lambda\!\!\!{}^{-}\,I\,m\,f(\Theta = 0) = \sigma_T \qquad \text{(VII,158)}$$

Ausdruck für den totalen Wirkungsquerschnitt zeigt, daß dieser in einfacher Relation zum Imaginärteil der Streuamplitude in Vorwärtsrichtung steht. Dieser Zusammenhang (Gl. VII,158) wird als *oötisches Theorem* bezeichnet. Die Streuamplitude in Vorwärtsrichtung ist damit noch nicht bestimmt, da Gl. VII,158 lediglich den Imaginärteil der Streuamplitude in Vorwärtsrichtung betrifft. Gelingt es, einen Zusammenhang des Realteils der Streuamplitude mit meßbaren Größen herzustellen, so ist dann der gesamte Streuwirkungsquerschnitt (Gl. VII,159) in Vorwärtsrichtung festgelegt.

$$\sigma_{sc}(0) = |f(\Theta = 0)|^2 = |Re\,f(\Theta = 0) + i\,Im\,f(\Theta = 0)|^2 \qquad \text{(VII,159)}$$

6.2 Dispersionsrelationen

Mit der experimentellen Bestimmung von Wirkungsquerschnitten für eine bestimmte Teilchenreaktion bei vielen verschiedenen Energien liegen verschiedentlich Meßdaten für einen großen zusammenhängenden Energiebereich vor. Bei Dispersionsrelationen kann in bezug auf Streuprozesse beispielsweise die Vorwärtsstreuamplitude $f(\Theta = 0, E)$ mit Hilfe eines Integrals über eine Funktion bestimmt werden, welches den totalen Wirkungsquerschnitt σ_t multipliziert mit einer Energiefunktion, enthält. Zunächst sei das Zustandekommen von Dispersionsrelationen qualitativ beschrieben.

Dispersionsrelationen können verschiedentlich angewendet werden, wenn zwei physikalische Größen sich als Realteil und Imaginärteil einer komplexen Funktion $F(z)$ darstellen lassen und Realteil wie Imaginärteil unabhängige physikalische Bedeutungen haben, die getrennt der Messung zugänglich sind. Eine weitere Bedingung ist, daß die Funktion $F(z)$ in der oberen Halbebene der komplexen z-Ebene analytisch ist und nach außen hinreichend stark abfällt. Durch Anwendung des Cauchy'schen Satzes für Integration in der komplexen Ebene können dann Dispersionsrelationen abgeleitet werden [20], welche den Realteil der Funktion $F(z)$ in Zusammenhang mit einem Integral über eine Funktion bringen, welche den Imaginärteil von $F(z)$ enthält und umgekehrt (Gl. VII,160).

$$Re\,F(z) = \frac{1}{\pi} P \int_{-\infty}^{+\infty} \frac{Im\,F(z')}{z' - z}\, dz' \qquad \text{(VII,160)}$$

$$Im\,F(z) = -\frac{1}{\pi} P \int_{-\infty}^{+\infty} \frac{Re\,F(z')}{z' - z}\, dz'$$

$$\text{mit } P \int_{-\infty}^{+\infty} \frac{F(z')}{z' - z}\, dz' = \lim_{\epsilon \to 0} \left[\int_{-\infty}^{z'-\epsilon} \frac{F(z')}{z' - z}\, dz' + \int_{z'+\epsilon}^{\infty} \frac{F(z')}{z' - z}\, dz' \right]$$

Als Beispiel seien Realteil und Imaginärteil des Brechungsindexes erwähnt, wobei der erste die optischen Eigenschaften hinsichtlich der Ablenkung eines Strahles an der Grenzfläche zweier Medien, der zweite Anteil die Absorption beschreibt. Die elektrische Impedanz in Wechselstromkreisen, die mit Realteil und Imaginärteil die aufgenommene Leistung beziehungsweise die Phasenverschiebung bestimmt, bildet ein weiteres Beispiel. Für die Untersuchung von Elementarteilchen sind die Dispersionsrelationen von großem Nutzen für ein Verständnis der Eigenschaften der Streuamplituden.

Um den weiten Gültigkeitsbereich der Dispersionsrelationen aufgrund der sehr allgemeinen Voraussetzungen zu erläutern, welche nur geringe Anforderungen hinsichtlich der Kenntnis der Eigenschaften des zu beschreibenden Systems stellen, sei der Zusammenhang von Kausalität und Dispersionsrelation zunächst skizziert. Um Dispersionsrelationen aufstellen zu können, genügt nach dem Theorem von Titchmarsh [21] die sehr allgemeine Voraussetzung der Kausalität des Prozesses sowie die Bedingung, daß die interessierende Funktion $F(z)$ in der oberen Halbebene der komplexen ω-Ebene analytisch ist und mindestens so schnell wie $1/|z|$ für große Werte von z abfällt. Die Bedingung der Kausalität bedeutet, daß die Auswirkung bei einem Streuprozeß, also das gestreute Teilchen, nicht zeitlich vor dem Eintreffen des Teilchens am Target beobachtet werden kann. Ähnliches gilt beispielsweise für die Polarisation eines dielektrischen Mediums, welches nicht vor Eintreffen einer elektromagnetischen Welle durch diese polarisiert ist.

Die so illustrierte Gesetzmäßigkeit der Kausalität bedeutet eine einfache Bedingung für die Übertragungsfunktion, welche das Eingangssignal $U(t_1)$ mit dem Ausgangssignal $K(t_2)$ gemäß Gleichung VII,161 korreliert. Soll das Ausgangssignal nicht vor dem Ein-

$$K(t_2) = \int_{-\infty}^{+\infty} dt_1\, g(t_1, t_2)\, U(t_1) \tag{VII,161}$$

gangssignal erscheinen, so bedeutet dies für die Übertragungsfunktion $g(t_1, t_2)$ die Bedingung gemäß Gl. VII,162. Unter der Annahme, daß die inneren Eigenschaften des

$$g(t_1, t_2) \equiv 0 \quad \text{für } t_2 - t_1 < 0 \tag{VII,162}$$

Systems unabhängig von der Zeit sind, kann man für die Übertragungsfunktion g als Variable die Zeitdifferenz $t = t_2 - t_1$ einsetzen. Die Übertragungsfunktion $g(t)$ läßt sich dann zweckmäßig durch die Fourrier-Transformierte $F(\omega)$ beschreiben, wobei der Zusammenhang zwischen $g(t)$ und $F(\omega)$ durch Gl. VII,163 gegeben ist. Der Zusammen-

$$g(t) = \int_{-\infty}^{\infty} d\omega\, e^{-i\omega t}\, F(\omega) \tag{VII,163}$$

$$F(\omega) = \int_{-\infty}^{\infty} dt\, g(t)\, e^{i\omega t}$$

hang zwischen Kausalität und Dispersionsrelation läßt sich nun folgendermaßen formulieren: Gilt für $F(\omega)$ die in Gl. VII,164 angegebene Dispersionsrelation, so folgt nach

$$F(\omega) = \frac{1}{\pi i} P \int_{-\infty}^{+\infty} d\omega' \frac{F(\omega')}{\omega' - \omega} \tag{VII,164}$$

Umrechnung gemäß Gl. VII,163 für die Übertragungsfunktion $g(t)$ die ursprünglich geforderte Kausalitätsbedingung Gl. VII,165.

$$\begin{aligned} g(t) &= g(t) && \text{für } t > 0 \\ g(t) &= -g(t) = 0 && \text{für } t < 0 \end{aligned} \tag{VII,165}$$

Hinsichtlich der Variablen ω, die beispielsweise die Frequenz oder auch die Energie des gestreuten Teilchens charakterisiert, ist der physikalische Bereich nur für reelle Werte zwischen 0 und ∞ gegeben. Im Zusammenhang mit der Untersuchung von Streuprozessen ist der totale Wirkungsquerschnitt für alle reellen positiven Werte von ω beispielsweise eine physikalisch definierte Größe, die experimentell zumindest in einem bestimmten endlichen Energiebereich bestimmt werden kann. Der Integrationsweg für ein Cauchy'sches Integral kann dann entsprechend Abb. VII,32 gewählt werden, wobei der „unphysikalische Bereich" von $\omega = -\infty$ verschiedentlich gemäß der crossing-relation Gl. VII,166 erfaßt werden kann. Für den Fall, daß es sich um ein Teilchen mit end-

$$F(\omega) = F^*(-\omega) \tag{VII,166}$$

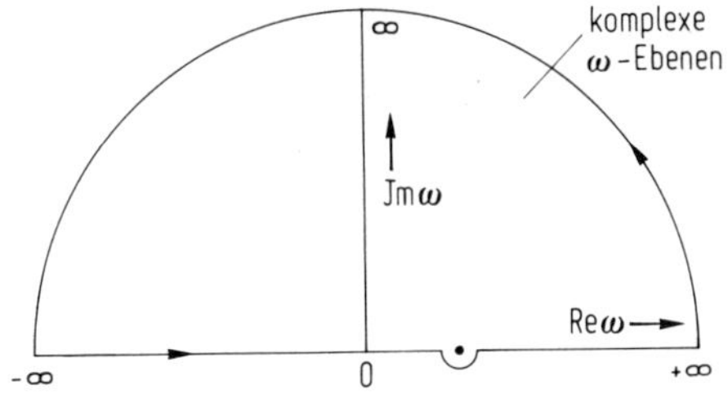

Abb. VII,32. Integrationsweg zur Ableitung von Dispersions-Relationen

licher Masse m handelt, beginnt der physikalische Bereich der Variablen ω erst bei $\omega = m$, einem Teilchen mit dem Impuls $p = 0$ entsprechend, gemäß $\hbar\,\omega = \sqrt{(m\,c^2)^2 + (p\,c)^2}$. Über den Bereich zwischen $\omega = 0$ und $\omega = p$ sind dann gesonderte Überlegungen anzustellen, auf die weiter unten noch eingegangen wird.

Als Beispiel der Anwendungen von Dispersionsrelationen zunächst für ein Teilchen ohne Masse sei die Streuung von Licht betrachtet. Die Streuamplitude $f(\omega)$ für ein einzelnes Streuzentrum kann dabei mit dem Brechungsindex $n(\omega)$ entsprechend Gl. VII,167 in Zusammenhang gebracht werden, wobei N die Anzahl der Streuzentren

$$n(\omega) = 1 + \frac{2\,\pi}{k^2}\,N\,f(\omega) \qquad \text{(VII,167)}$$

pro cm^3 und k die Wellenzahl bedeuten. Gl. VII,167 erhält man aus der Addierung der Streuwellen, die an den einzelnen Streuzentren ausgelöst werden unter Berücksichtigung der sich ergebende Phase an einem im Streumedium oder dahinterliegenden Punkt. Die Dispersionsrelation für die Funktion Gl. VII,168 ist dadurch gegeben, daß

$$P(\omega) = \frac{n^2 - 1}{4\,\pi}\,E \qquad \text{(VII,168)}$$

sie die Übertragungsfunktion zwischen der elektrischen Feldstärke E und der Polarisation P bildet, wobei für E und P eine Kausalitätsbedingung derart gilt, daß die Polarisation zeitlich erst nach Eintreffen der elektrischen Welle mit der elektrischen Feldstärke ϵ in Erscheinung tritt. Aus der Dispersionsrelation für den Ausdruck $n(\omega) - 1$ folgt mit Hilfe der crossing-Relation die bekannte Kramers-Kronig-Relation Gl. VII,169. Für den Realteil der Streuamplitude $f(\omega)$ folgt daraus Gl. VII,170. Wenn

$$Re\,n(\omega) - 1 = \frac{2}{\pi}\,P \int_0^{+\infty} d\,\omega'\,\omega'\,\frac{Im\,n(\omega')}{\omega'^2 - \omega^2} \qquad \text{(VII,169)}$$

$$Re\,f(\omega) = \frac{2\,\omega^2}{\pi}\,P \int_0^{+\infty} d\,\omega'\,\frac{Im\,f(\omega')}{\omega'(\omega'^2 - \omega^2)} \qquad \text{(VII,170)}$$

man berücksichtigt, daß der Imaginärteil der Streuamplitude $Im\,f(\omega')$ in Vorwärtsrichtung gemäß dem optischen Theorem sich aus dem totalen Wirkungsquerschnitt σ_T

ableitet, ist somit die Streuamplitude in Vorwärtsrichtung bei jeder beliebigen Frequenz ω bekannt, wenn der totale Wirkungsquerschnitt im gesamten Energiebereich gegeben ist. Durch Anwendung der Dispersionsrelationen für eine sehr große Frequenz $\omega \gg \omega'$ ergibt sich bei der Annahme, daß dann die Streuamplitude dem Wert der Thomson-Streuung entspricht, ein Zusammenhang mit dem Summensatz (Gl. VII,171).

$$\int \sigma_T \, d\omega' = 2\pi^2 \frac{e^2}{m c^2} \qquad \text{(VII,171)}$$

Die Anwendung der Dispersionsrelation auf ein Teilchen mit endlicher Ruhemasse sei anhand der π-Meson-Nukleon-Streuung skizziert. Die Gesamtenergie des π-Mesons ist durch Gl. VII,172 bestimmt, wobei p der Impuls und m die Ruhemasse des π-Mesons

$$E = \sqrt{(m c^2)^2 + (p c)^2} \qquad \text{(VII,172)}$$

bedeuten. Der physikalische Bereich erstreckt sich auf der positiven reellen ω-Achse von $\omega = m$ bis $\omega = \infty$ (Abb. VII,33 b). Während das Gebiet von $\omega = -m$ bis $\omega = -\infty$

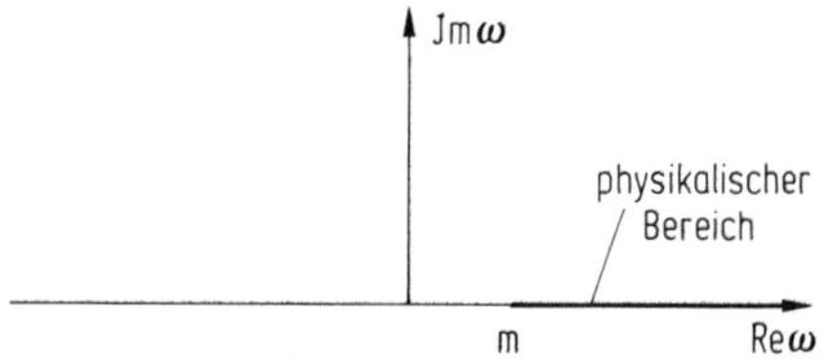

Abb. VII,33. Physikalischer Bereich für die Streuung eines Teilchens mit Masse m

wieder durch eine crossing-Relation erfaßt werden kann, muß für die Anwendung der Dispersions-Relation untersucht werden, ob in dem nichtphysikalischen Gebiet zwischen $\omega = m$ und $\omega = -m$ sich für die Streuamplitude absorptive Anteile infolge der Wechselwirkung zwischen dem π-Meson und dem Nukleon ergeben. Betrachten wir bei der Streuung der π-Mesonen als virtuellen Zwischenzustand die Absorption eines π-Mesons gemäß Abb. VII,34 und beschränken wir uns sogleich nur auf die Vorwärtsstreuung des Prozesses mit Hinblick auf die Anwendung des optischen Theorems, so kann die energetische Lage dieses „Nukleonenpoles" ω_R aus Energie und Impulssatz be-

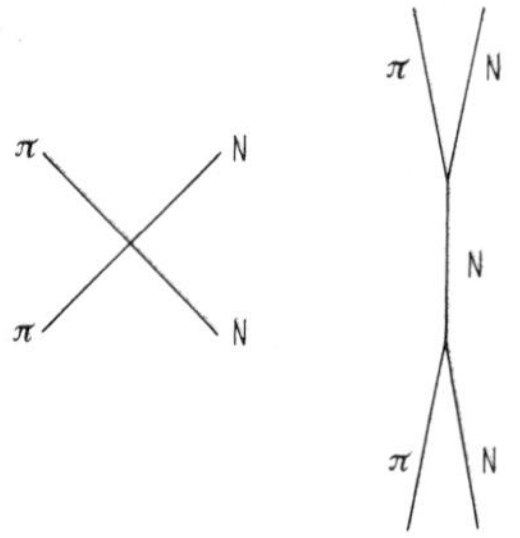

Abb. VII,34. Virtueller Zwischenzustand bei der π-Mesonen-Nukleonenstreuung stimmt werden. Da das Matrixelement nur bei Erhaltung des Impulses von Null verschieden ist, folgt die Energie des Nukleonpoles gemäß Gl. VII,173. (M = Nukleonenmasse).

$$M c^2 + \sqrt{(m c^2)^2 + q^2} = E \sqrt{(M c^2)^2 + q^2} \qquad \text{(VII,173)}$$

$$\omega_R = - \frac{m c^2}{2 M c^2} m c^2$$

Bei der Ausrechnung der Dispersionsintegrale auf der reellen ω-Achse ist dieser Prozeß in dem unphysikalischen Frequenzgebiet mit zu berücksichtigen. Für den Realteil der Streuamplituden für π^--Mesonen und π^+-Mesonen kann dann der in Gl. VII,174 ange-

$$Re\,[f^-(\omega) + f^+(\omega)] = - \frac{f^2}{4\pi} \frac{4\omega}{(\omega^2 - \omega_R^2)} + \frac{\omega}{2\pi^2} P \int_m^\infty d\omega' \frac{(\sigma_T^-(\omega') - \sigma_T^+(\omega')) \cdot k'}{\omega'^2 - \omega^2} \qquad \text{(VII,174)}$$

gebene Ausdruck abgeleitet werden [22, 23] (f bedeutet die π-Meson-Nukleon-Kopplungskonstante). Ein Interesse an solchen Dispersionsrelationen besteht nun darin, daß Aussagen über den Wirkungsquerschnitt der π-Mesonen-Nukleon-Streuung bei sehr hohen Energien, die bisher experimentell noch nicht erfaßt werden konnten, enthalten sind. Aus dem endlichen Wert der gemessenen Streuamplituden in Vorwärtsrichtung bei einer bestimmten Energie ω resultieren für die totalen Wirkungsquerschnitte obere Grenzen. Beispielsweise ist mit Hinblick auf die Konvergenz des Integrals zu fordern, daß die Differenz der totalen Wirkungsquerschnitte für die Streuung von π^--Mesonen und π^+-Mesonen bei hohen Energien gegen Null konvergieren muß (Abb. VII,35).

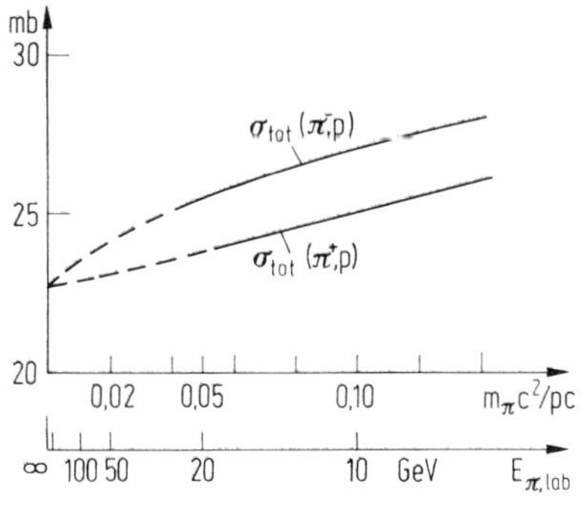

Abb. VII,35. Asymptotisches Verhalten für Wirkungsquerschnitte der π-Mesonen-Nukleon-Streuung

In ähnlicher Weise wie für die π-Mesonen-Nukleon-Streuung können Dispersionsrelationen für die Nukleon-Nukleon-Streuung angewendet werden [24]. Im unphysikalischen Bereich sind dabei folgende Pole in Rechnung zu setzen. Zunächst können Neutron und Proton einen gebundenen Zustand, das Deuteron, bilden, so zu einem Pol bei $2MB$ führend ($c = 1$), wobei M die Nukleonenmasse und B die Bindungsenergie sind. In Wellenzahlen beschrieben, ergibt sich dieser Pol gemäß Gl. VII,175. Der nächste Pol

$$k_D^2 = -MB \qquad \text{(VII,175)}$$

folgt aus der Emission eines π-Mesons, wobei für Vorwärtsrichtung hinsichtlich der energetischen Lage Gl. VII,176 resultiert. Prozesse, an denen zwei π-Mesonen beteiligt

$$k^2 = -\frac{m_\pi^2}{4} \qquad \text{(VII,176)}$$

sind, führen zu einem π-Mesonen-Kontinuum, welches durch Gl. VII,177 bestimmt ist.

$$k^2 \leqq -\frac{1}{4}(2\,m_\pi)^2 \qquad \text{(VII,177)}$$

(Abb. VII,36). Prozesse noch höherer Ordnung führen zu weiteren Gliedern. Die Vorwärtsstreuung von Nukleonen im nichtrelativistischen Bereich kann dann durch eine Dispersionsrelation gemäß Gl. VII,178 beschrieben werden, wobei die Streuung bei

$$Re\,f(\Theta = 0) = -\frac{1}{2}\frac{3\,k_D}{k^2 + k_D^2}\,\frac{1}{1 - k_d\,r_e} + f^2\,\frac{M}{4\,k^2 + m_\pi^2} + \frac{1}{\pi}\,P\int_0^\infty \frac{Im\,f(k')}{k'^2 - k^2}\,d\,k' \qquad \text{(VII,178)}$$

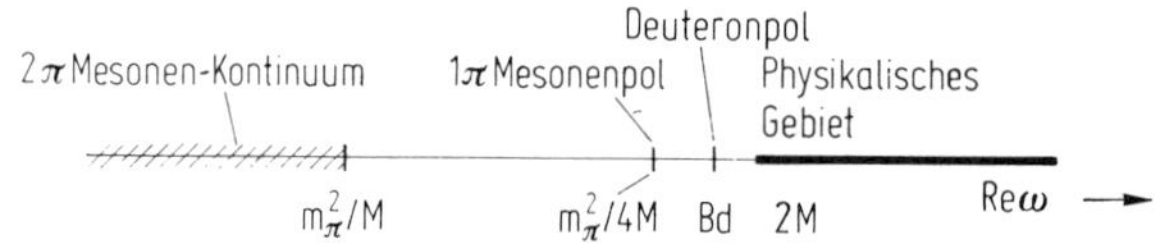

Abb. VII,36. Pole für Dispersionsrelationen der Nukleon-Nukleon-Streuung

geringen Energien durch den Deuteronpol in der Hauptsache bestimmt ist. Dispersionsrelationen sind auch für Streuprozesse mit endlichem Impulsübertrag abgeleitet worden. Da jedoch das optische Theorem, welches die Vorwärtsstreuamplitude mit dem totalen Wirkungsquerschnitt in Verbindung setzt, hierbei nicht benutzt werden kann, ergeben sich keine so einfachen Anwendungen wie für die Vorwärtsstreuung.

6.3 Eigenschaften der Vorwärts- und Rückwärtsstreuung bei hohen Energien und Mandelstam-Diagramme

Einige allgemeine Aussagen über die Streuprozesse, bei welchen zwei Teilchen im Anfangszustand und zwei Teilchen im Endzustand vorhanden sind, können in bezug auf die Abhängigkeit der Streuamplitude von Energie und Winkel mit Hilfe von Mandelstam-Diagrammen [25] diskutiert werden. Ein besonderer Vorteil solcher Betrachtungen ist dabei, daß die Streuprozesse für die verschiedenen Kombinationen in bezug auf einlaufende und auslaufende Teilchen miteinander in Verbindung gebracht werden können (Abb. VII,37). Die Streuamplitude für diese einzelnen Prozesse beschreibt man dabei meistens in Abhängigkeit von relativistisch invarianten Parametern. Aus der Kinematik lassen sich diese Variablen s, t, u dabei wie folgt definieren.

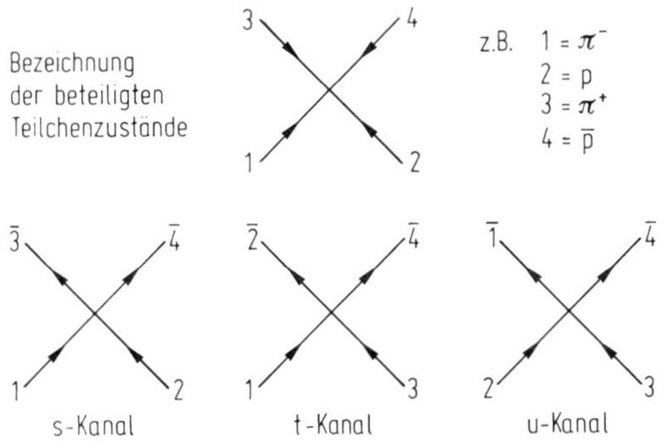

Abb. VII,37. Zweiteilchenreaktionen

Die Vierervektoren der beiden Teilchen vor und nach der Wechselwirkung seien zunächst mit v_1, v_2, v_3 und v_4 bezeichnet. Es ist dabei zweckmäßig, diese vier Größen, welche Eingangs- und Ausgangszustand beschreiben, durch vier Vierervektoren p_1, p_2, p_3, p_4 zu bezeichnen, welche nur einlaufenden Teilchen entsprechen würden. Der Zusammenhang dieser vier Größen mit den tatsächlich gemessenen kinematischen Größen für Impuls und Energie ist in Gl. VII,179 dargestellt, wobei die jeweils an zweiter

$$\begin{aligned} p_1 &= \nu_1 \rightarrow p_c^i, \; iE_1 \\ p_2 &= \nu_2 \rightarrow -p_c^i, \; iE_2 \\ p_3 &= -\nu_3 \rightarrow -p_c^f, -iE_3 \\ p_4 &= -\nu_4 \rightarrow +p_c^f, -iE_4 \end{aligned} \tag{VII,179}$$

Stelle aufgeführte Darstellung den Bezeichnungen im Schwerpunktssystem entspricht. Aus den so gekennzeichneten Größen $p_1 \ldots p_4$ können die drei relativistisch invarianten Variablen s, t, u gemäß Gl. VII,180 gebildet werden, wobei nur zwei der drei Größen s, t, u als unabhängige Variablen angesehen werden können, da zwischen ihnen der Zusammenhang Gl. VII,181 besteht. Der Zusammenhang dieser Variablen mit den

$$\begin{aligned} s &= -(p_1 + p_2)^2 = -(p_3 + p_4)^2 \\ t &= -(p_2 + p_4)^2 = -(p_1 + p_3)^2 \\ u &= -(p_1 + p_4)^2 = -(p_2 + p_3)^2 \end{aligned} \qquad \text{(VII,180)}$$

$$s + t + u = m_1^2 + m_2^2 + m_3^2 + m_4^2 \qquad \text{(VII,181)}$$

physikalisch meßbaren Größen der Energie der Teilchen und des Impulses der Teilchen ist für das Schwerpunktsystem in Gl. VII,182 für den Prozeß wiedergegeben, bei

$$\begin{aligned} &\text{für „}s\text{" Kanal} \quad 1 + 2 = \overline{3} + \overline{4} \\ &s = (E_1 + E_2)^2 - (\vec{p}_1 + \vec{p}_2)^2 = E_c^2 \\ &t = (E_1 - E_3)^2 - (\vec{p}_1 - \vec{p}_3)^2 \\ &-2 p_c^2 (1 - \cos \Theta_c) \qquad \text{für elastische Streuung} \end{aligned} \qquad \text{(VII,182)}$$

welchem die mit 1 und 2 bezeichneten Teilchen einlaufen und die mit $\overline{3}$ und $\overline{4}$ bezeichneten Teilchen im Endzustand vorhanden sind. Um möglichst große Einfachheit zu erhalten, betrachten wir unseren Streuprozeß $1 + 2 = \overline{3} + \overline{4}$ im Schwerpunktsystem. Für diesen Streuprozeß $1 + 2 = \overline{3} + \overline{4}$ hat gemäß Gl. VII,182 die Variable s die Bedeutung des Quadrates der Gesamtenergie im Schwerpunktsystem, während die Variable t bei elastischer Streuung durch den Streuwinkel Θ_c und den Schwerpunktimpuls p_c bestimmt ist und die Größe des Impulsübertrages beschreibt ($\Theta_c \to 0$ bewirkt $t \to 0$).

Wir betrachten nun zunächst dasjenige Gebiet der Variablen s und t, in welchem physikalische Prozesse beobachtet werden können. Die Bedingungen dafür sind, daß der Streuwinkel Θ_c nur reelle Werte zwischen 0 und 180° annehmen kann und die Energie stets größer als die Summe der Masse der beiden Teilchen ist (Gl. VII,183). Da die

$$\begin{aligned} &s = (E_1 + E_2)^2 \\ &\text{mit} \quad E_1 = \sqrt{m_1^2 c^4 + (c p_1)^2} \geqq m_1 c^2 \\ &\qquad\quad E_2 = \sqrt{m_2 c^4 + (c p_2)^2} \geqq m_2 c^2 \\ &t = -2 p_c^2 (1 - \cos \Theta_c) \quad \text{mit} \quad -1 \langle \cos \Theta \langle +1 \end{aligned} \qquad \text{(VII,183)}$$

Summe der Variablen s, t und u konstant ist, bietet sich eine Darstellung gemäß dem Diagramm Abb. VII,38 an, wobei das physikalische Gebiet für den Fall gleicher Massen $m_1 = m_2$ für die Reaktion $1 + 2 = \overline{3} + \overline{4}$ zwischen den über die Ecken des Dreiecks verlängerten Seitenlinien liegt. Die Grenzlinien ergeben sich in einfacher Weise gemäß Gl. VII,183).

Als nächstes sei nun ein Prozeß betrachtet, bei welchem das Teilchen 2 ebenfalls einläuft, aber anstelle von Teilchen 1 das mit 3 bezeichnete Teilchen im einlaufenden

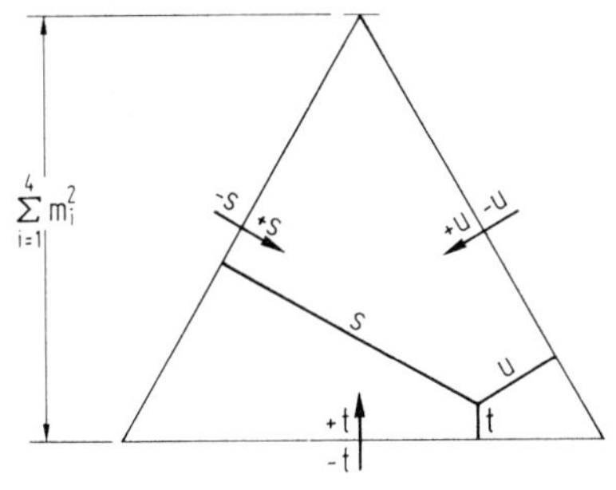

Abb. VII,38. Mandelstamdiagramm und Bedeutung der Variablen s, t, u

Kanal vorhanden ist. In Analogie zur Definition der Variablen s, t, u sei die Reaktion $1 + 3 \to \overline{2} + \overline{4}$ als t-Kanal bezeichnet (Gl. VII,184). Eine dritte Möglichkeit ergibt sich,

$$\begin{aligned} &s\text{-Kanal } 1 + 2 \to \overline{3} + \overline{4} \\ &t\text{-Kanal } 1 + 3 \to \overline{2} + \overline{4} \\ &u\text{-Kanal } 2 + 3 \to \overline{1} + \overline{4} \end{aligned} \tag{VII,184}$$

wenn Teilchen 2 und Teilchen 3 sich im einlaufenden Kanal befinden. Die Bedeutung der Variablen u, s, t ergibt sich wieder aus der Definitionsgleichung unter Berücksichtigung der Rolle, welche die mit 1 bis 4 bezeichneten Teilchen in dem betreffenden Kanal spielen. Für den u-Kanal 2 + 3 und $\overline{1} + \overline{4}$ bedeutet dementsprechend u das Quadrat der Gesamtenergie im Schwerpunktsystem, während t wiederum den Impulsübertrag darstellt. Um an einem konkreten Beispiel die Prozesse zu erläutern, seien die Teilchen wie folgt bezeichnet: $1 = \pi^-$, $2 = p$, $3 = \pi^+$, $4 = \overline{p}$. Die Reaktion $2 + 3 = \overline{1} + \overline{4}$, die somit der Streuung von π^+-Mesonen an Protonen entspricht, wird dann durch den u-Kanal repräsentiert, wobei das physikalische Gebiet in Abb. VII,39 schraffiert eingetragen ist. Die Reaktion $1 + 3 = \overline{2} + \overline{4}$ entspricht dann gemäß Gl. VII,185 der Streuung von

$$\begin{aligned} &\pi^- + p \to \pi^- + p \quad && s\text{-Kanal} \\ &\pi^+ + \pi^- \to p + \overline{p} \quad && t\text{-Kanal} \\ &\pi^+ + p \to \pi^+ + p \quad && u\text{-Kanal} \end{aligned} \tag{VII,185}$$

π^+- und π^--Mesonen. Das physikalische Gebiet ist im Mandelstam-Diagramm Abb. VII,39 jeweils schraffiert eingetragen. Der Grundgedanke einer solchen Darstellung der Streuprozesse besteht nun darin, daß die Streuamplitude im gesamten Bereich der Variablen s, t, u durch eine analytische Funktion gegeben ist, gleichviel, ob es sich um ein physikalisches oder ein unphysikalisches Gebiet dabei handelt. Hinsichtlich der Streuprozesse für einen bestimmten Kanal kann zur qualitativen Diskussion der Streuamplitude angenommen werden, daß diese in der Nähe eines Pols (oder gebundenen Zustandes) sehr große Werte annimmt. Die Pole haben dabei einen Einfluß auf die Streuamplitude unabhängig davon, ob die Pole in einem physikalischen Gebiet oder als virtueller Zwischenzustand im unphysikalischen Gebiet gelegen sind. Da in den physi-

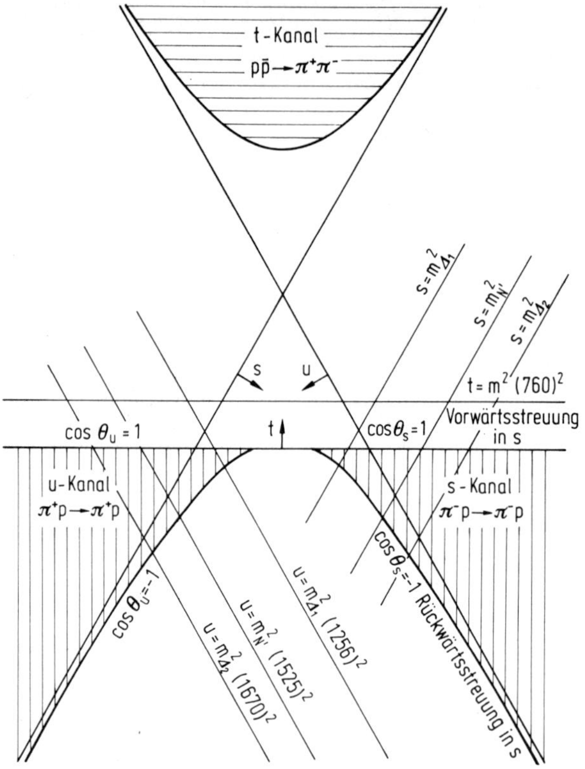

Abb. VII,39. Beeinflussung der Vorwärts- und Rückwärtsstreuung durch Mesonenaustausch beziehungsweise Baryonenaustausch

kalischen Gebieten entsprechend den jeweiligen Werten der Variablen die einzelnen Punkte bestimmten Streuwinkeln entsprechen, können die Pole sich verschieden auf die Vorwärts- oder Rückwärtsstreuung auswirken.

Zur Diskussion der Wirkung der Pole auf die Winkelabhängigkeit der π Mesonen Nukleon-Streuung sei das Diagramm in Abb. VII,39 betrachtet, in welchem Pole in den verschiedenen Kanälen eingetragen sind. Für die Reaktion im u-Kanal $\pi^+ p \to \pi^+ p$ ergeben sich Pole bei den direkten Resonanzzuständen der Nukleonen im s-Kanal, von denen einige eingetragen sind. In bezug auf die Reaktion im s-Kanal folgt unter Berücksichtigung der Position der verschiedenen Streuwinkel, daß sich die direkten Resonanzen im u-Kanal hauptsächlich für solche Streuwinkel auswirken, für die $\cos \Theta_u = -1$ ist und somit einen Anstieg der Streuamplitude in Rückwärtsstreuung bedeuten. Die Rückwärtsstreuung ist natürlich auch durch Pole im s-Kanal selbst mitbestimmt. Bei hohen Energien überlappen sich jedoch die verschiedenen Resonanzen, so daß deren Einfluß nicht mehr ausgeprägt zur Wirkung kommt. In einem solchen Gebiet hoher Energie der π^--p-Streuung kann man dann die Auswirkung der Pole des Baryonenaustausches im u-Kanal als Anstieg des Streuwirkungsquerschnitts im Winkelbereich der Rückwärtsstreuung untersuchen. Für die Vorwärtsstreuung im s-Kanal ist dagegen ein Pol von

Interesse, welcher im t-Kanal sich durch Austausch eines ρ-Mesons ergibt (Abb. VII,40). Hinsichtlich der π^--p-Streuung im s-Kanal führt dieser Pol zu einem Anstieg der Streuamplitude hauptsächlich für cos $\Theta = +1$ und damit für die Vorwärtsstreuung.

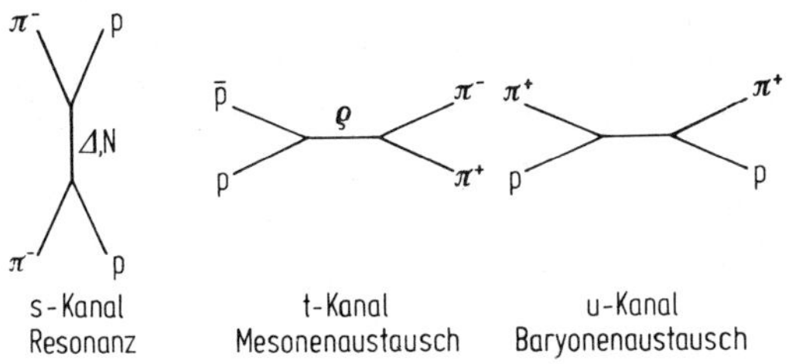

Abb. VII,40. S-Kanal-Resonanz, Mesonenaustausch im t-Kanal und Baryonenaustausch im u-Kanal

Die Auswirkung von Polen im Mandelstam-Diagramm sei anschließend für die Streuung von K-Mesonen an Protonen skizziert. Das entsprechende Diagramm ist in Abb. VII,41 dargestellt. Die Resonanzen, welche sich im s-Kanal in der Streuung von

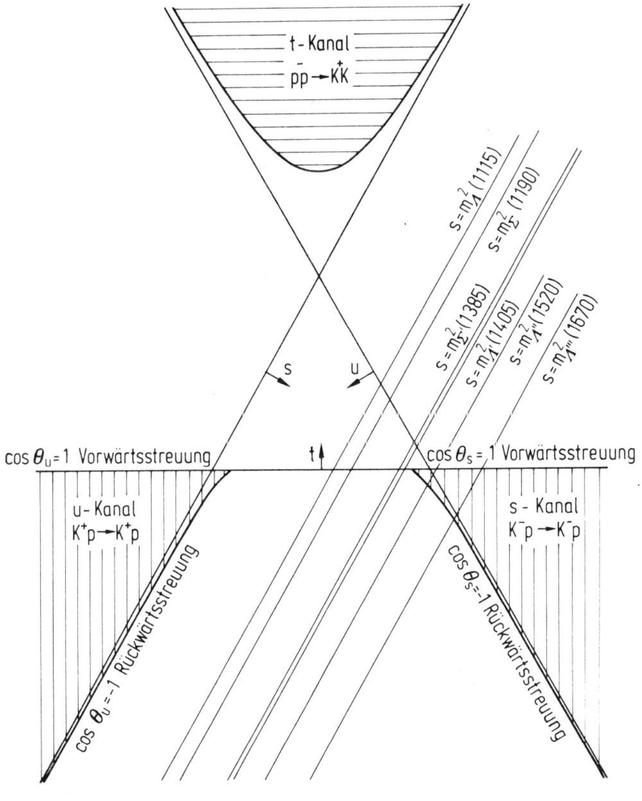

Abb. VII,41. Mandelstam-Diagramm für die K-Mesonen-Nukleon-Streuung

Tab. VII,17.

s-Kanal	Teilchen-zustände	*t*-Kanal	Quantenzahlen im *t*-Kanal			Mesonen-austausch (Vorwärts-streuung)	*u*-Kanal	Quantenzahlen im *u*-Kanal			Baryonen-austausch (Rückwärts-streuung)
$1 + 2 \to \overline{3} + \overline{4}$	1 2 3 4	$1 + 3 \to \overline{2} + \overline{4}$	Q	I	Y_t		$2 + 3 \to \overline{1} + \overline{4}$	Q	I	Y_u	
$\pi^- p \to \pi^- p$	$\pi^- p \pi^+ \overline{p}$	$\pi^- \pi^+ \to \overline{p} p$	0	0,1	0	ja	$p \pi^+ \to p \pi^+$	2	$\frac{1}{2}, \frac{3}{2}$	1	ja
$\pi^- p \to \pi^0 n$	$\pi^- p \pi^0 \overline{n}$	$\pi^- \pi^0 \to \overline{p} n$	- 1	1	0	ja	$p \pi^0 \to \pi^+ n$	1	$\frac{1}{2}, \frac{3}{2}$	1	ja
$\pi^- p \to K^+ \Sigma^-$	$\pi^- p K^- \overline{\Sigma}^-$	$\pi^- K^- \to \overline{p} \Sigma^-$	- 2	$\frac{3}{2}$	- 1	nein	$p K^- \to \pi^+ \Sigma^-$	0	0, 1	0	ja
$K^- p \to \overline{K}^0 n$	$K^- p K^0 \overline{n}$	$K^- K^0 \to \overline{p} n$	- 1	1	0	ja	$p K^0 \to K^+ n$	1	0, 1	2	nein
$\overline{p} p \to \overline{\Lambda} \Lambda$	$\overline{p} p \Lambda \overline{\Lambda}$	$\overline{p} \Lambda \to \overline{p} \Lambda$	- 1	$\frac{1}{2}$	- 1	ja	$p \Lambda \to p \Lambda$	1	$\frac{1}{2}$	1	nein ($B = 2$)
$\overline{p} p \to \overline{\Sigma}^- \Sigma^-$	$\overline{p} p \Sigma^- \overline{\Sigma}^-$	$\overline{p} \Sigma^- \to \overline{p} \Sigma^-$	- 2	$\frac{3}{2}$	- 1	nein	$p \Sigma^- \to p \Sigma^-$	0	$\frac{1}{2}, \frac{3}{2}$	1	nein ($B = 2$)

K^--Mesonen an Protonen als Zwischenzustand mit negativer Strangeness bilden lassen, wirken sich besonders auf die Rückwärtsstreuung im u-Kanal für K^+-Mesonen an Protonen aus. Im u-Kanal selbst sind jedoch keine Resonanzen der $K^+ p$-Streuung realisierbar, da keine Baryonen-Zustände mit positiver Strangeness vorhanden sind. Demzufolge existiert auch nicht eine solche Auswirkung für die Streuung von K^--Mesonen an Protonen. Das Fehlen eines Anstiegs der Streuamplitude in der Rückwärtsstreuung bei diesem Prozeß ($K^-p \to K^-p$) ist somit aus dem Diagramm in Abb. VII,41 ersichtlich.

Während im Vorangegangenen Prozesse der elastischen Streuung betrachtet wurden, ergibt sich ein weiteres Anwendungsgebiet der Mandelstam-Diagramme ebenso für unelastische Reaktionen, bei welchen eine Änderung der Teilchenart durch die Reaktion bewirkt wird. Die jeweils diskutierte Reaktion sei im s-Kanal beschrieben. Das Verhalten des differentiellen Wirkungsquerschnitts hinsichtlich der Vorwärtsstreuung ist wiederum davon abhängig, ob im t-Kanal mit den diesen charakterisierenden Quantenzahlen geeignete Mesonen bekannt sind. Die Rückwärtsstreuung hängt in derselben Weise davon ab, ob im u-Kanal für den Baryonenaustausch geeignete Baryonen mit den geforderten Quantenzahlen existieren. In Tab. VII,17 sind einige Beispiele aufgeführt. Es ist somit ersichtlich, daß die Untersuchungen des differentiellen Wirkungsquerschnitts für die Reaktion gleichzeitig darüber zunächst qualitative Aussagen ergeben, ob Teilchen mit den entsprechenden Quantenzahlen existieren. Die bisherigen Messungen haben eine Bestätigung der Vorstellungen über die Quantenzahlen von Baryonen und Mesonen entsprechend den in Kapitel 5 dargestellten SU_3-Klassifizierungen ergeben. Die Untersuchung des differentiellen Wirkungsquerschnitts bei hohen Energien ist somit eine Kontrolle der Vorstellungen über Teilchenzustände bezüglich der zugeordneten Kanäle und gibt damit wesentliche Beiträge hinsichtlich der Aufklärung der Struktur dieser Spektren.

6.4 Regge-Trajectories und Energieabhängigkeit des Wirkungsquerschnitts vom Impulsübertrag

Die bisherigen qualitativen Betrachtungen bezogen sich darauf, ob in Vorwärts- oder Rückwärtsrichtung Teilchen bei den betreffenden Reaktionen beobachtet werden. Eine quantitativere Betrachtung insbesondere auch hinsichtlich der Abhängigkeit des Wirkungsquerschnitts vom Impulsübertrag, also für endliche Winkel, gelingt mit Hilfe der Vorstellungen über den Zusammenhang zwischen Regge-Trajectories [26, 27] für einen bestimmten Kanal und den Wirkungsquerschnitt für einen anderen zugeordneten Kanal.

Zur Erläuterung sei als Beispiel die wechselseitige Beziehung zwischen der Regge-Trajectory im t-Kanal und dem Wirkungsquerschnitt in Abhängigkeit vom Impulsübertrag im s-Kanal betrachtet. In diesem Zusammenhang sei von der Streuamplitude für eine Reaktion im physikalischen Bereich des t-Kanals ausgegangen (Gl. VII,186),

$$f_t(\Theta_t, E) = \lambda \sum_{l=0}^{\infty} (2\,l + 1) \sin \delta_l(E)\, e^{i\delta_l(E)}\, P_l(\cos \Theta_t) \qquad \text{(VII,186)}$$

$$= \sum_{l=0}^{\infty} P_l(\cos \Theta_t)\, A(l, E)$$

wobei sich die Summierung über die Partialwellen für alle Drehimpulse l erstreckt. Die Streuamplitude ist eine Funktion von cos Θ und ist proportional zur Übergangsamplitude T (wenn man beispielsweise den Wirkungsquerschnitt gemäß Gl. VII,187 schreibt).

$$\frac{d\sigma}{d\Omega} = \frac{1}{(2\,\pi\,E_1)^2}\,\frac{1}{n^2}\,\frac{p_c^f}{p_c^i}\,|\,T_{fi}\,|^2 \qquad \text{(VII,187)}$$

n^2 = Normierungsfaktor

$T \sim f(\Theta)$

Die Streuphasen δ_l sind von der Energie im betrachteten t-Kanal abhängig und enthalten detaillierte Informationen für die Wechselwirkung, die zu einer vollständigen Beschreibung der Energieabhängigkeit der Streuamplitude natürlich erforderlich sind. Ein Zusammenhang der Verhältnisse dieser Streuamplituden in bezug auf die Reaktion im s-Kanal ist im Sinne der Mandelstam-Diagramme gegeben, wenn man die verschiedene Bedeutung der Variablen s, t, u hinsichtlich Energie und Streuwinkel jeweils für den diskutierten Kanal berücksichtigt. Setzt man also die Streuamplitude T aus dem t-Kanal durch das unphysikalische Gebiet bis in das physikalische Gebiet des s-Kanals fort, so ist eine Verbindung zwischen den Wirkungsquerschnitten im s-Kanal mit der Streuamplitude des t-Kanals gegeben, welche die detaillierte Energieabhängigkeit der Streuamplitude von der Energie im t-Kanal beispielsweise enthält. Für große Energien zeigt es sich jedoch, wie sogleich beschrieben wird, daß dann die Streuamplitude nur noch von den Polen in der komplexen Drehimpulsebene der Reaktion im t-Kanal abhängig ist, so daß einfache Aussagen für den Wirkungsquerschnitt im s-Kanal als Funktion des übertragenen Impulses abgeleitet werden können.

Zunächst sei hierzu mit Hilfe der Watson-Sommerfeld-Transformation die Streuamplitude T durch ein Integral über die ins Komplexe ausgedehnte Drehimpulsvariable, die mit α bezeichnet ist, umgeschrieben (Gl. VII,188). Die Identität von Gl. VII,188 mit

$$T = \sum_{l=0}^{\infty} P_l(\cos \Theta_t)\, A(l, E) = \frac{1}{2\,\pi\,i} \oint \pi\, \frac{P(-\cos \Theta_t)\, A(\alpha, E)}{\sin \pi\,\alpha}\, d\,\alpha \qquad \text{(VII,188)}$$

Gl. VII,188 ist leicht erkennbar, daß die Residuen der bei $\alpha_i = 1, 2, 3, 4 \ldots$ liegenden Pole durch Gl. VII,189 gegeben sind. Der Integrationsweg ist aus Abb. VII,42 ersicht-

$$\text{Residuum von } \frac{\pi}{\sin \pi\,\alpha} = (-\,1)^l \qquad \text{(VII,189)}$$

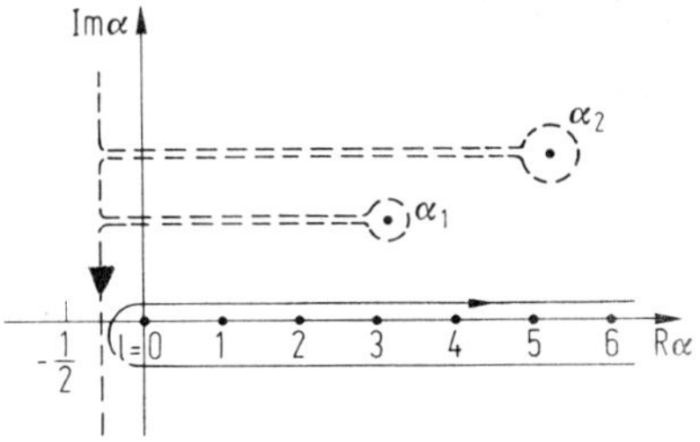

Abb. VII,42. Integrationsweg für die Sommerfeld–Watson-Transformation bei Berücksichtigung von Regge-Polen in der komplexen Drehimpulsebene

lich und kann nach Regge in vielen Fällen auf die eingezeichnete Parallele zur Imaginärachse durch den Punkt $Re(l) = -1/2$ ausgedehnt werden. Die Existenz von Teilchenzuständen (z. B. Resonanzen) im t-Kanal entspricht Polen in der komplexen l-Ebene, wobei der Realteil des Drehimpulses ganzzahlig ist und der Imaginärteil mit der Breite der Resonanz (Dämpfung) im Zusammenhang steht. Die Vorstellung dieser Pole ergibt sich beispielsweise aus der Betrachtung der Schrödinger-Gleichung.

$$\psi(r) = \Sigma \frac{u(r)}{r} Y_{1,m}(\Theta, \varphi) \tag{VII,190}$$

$$-\frac{d^2 u_l}{d r^2} + \frac{l(l+1)}{r^2} u_l + \left[\frac{2 m V(r)}{\hbar^2} - k^2\right] u_l = 0$$

(Gl. VII,190), wenn man diese für komplexe Werte von l als Parameter löst. Die Pole, welche durch das Verhalten der Wellenfunktion für r sich gemäß Gl. VII,191 gegeben,

$$u_l \xrightarrow[r\to\infty]{} A\, e^{ikr - \frac{i}{2}(l+1)\pi} + B\, e^{-ikr + \frac{i}{2}(l+1)\pi} \tag{VII,191}$$

$$\frac{A}{B} \to \infty \quad \text{für Pole}$$

sind dann eine Funktion der Energie E im t-Kanal, wobei die physikalischen Teilchenzustände denjenigen Energiewerten entsprechen, für welche der Realteil des gesamten Drehimpulses für Baryonen einen halbzahligen Wert oder einen ganzzahligen für Bosonen einnimmt. Unter Berücksichtigung solcher Pole ist der Integrationsweg ebenfalls in Abb. VII,42 angegeben. Die Streuamplitude in Abhängigkeit von Energie und Streuwinkel im t-Kanal (t und $\cos \Theta_t$) ergibt sich gemäß Gl. VII,192. Gehen wir nun in das

$$T(t, \cos \Theta_t) = \frac{1}{2 \pi i} \int\limits_{-\frac{1}{2}, -i\infty}^{-\frac{1}{2}, +i\infty} d\alpha\, A(t, \alpha) \frac{P_\alpha(-\cos \Theta_t)}{\sin \pi \alpha} \tag{VII,192}$$

$$+ \sum_{\alpha_i} \frac{P_\alpha(-\cos \Theta_t)}{\sin \pi \alpha} \Phi_{\alpha_i}(t)$$

unphysikalische Gebiet des t-Kanals für $-\cos\Theta_t \to \infty$, so folgt über die Relation

$$\lim_{-\cos\Theta_t\to\infty} P_\alpha(-\cos\Theta_t) \to (\cos\Theta_t)^\alpha \qquad \text{(VII,193)}$$

Gl. VII,193 das asymptotische Verhalten der Streuamplitude (Gl. VII,194). Für die

$$T(\cos\Theta_t, t) = T(s,t) \to \Sigma \frac{\Phi(t)}{\sin\pi\alpha_i}\left(\frac{s}{s_0}\right)^{\alpha_i} \qquad \text{(VII,194)}$$

Reaktion im s-Kanal bedeutet s jedoch die Gesamtenergie, während t mit dem Streuwinkel für Reaktionen im s-Kanal zusammenhängt. Die Übergangsamplitude für sehr große Energien im s-Kanal ist damit durch die Lage der Pole α_i in der komplexen Drehimpulsebene der Reaktionen des t-Kanals gegeben. Für die Abhängigkeit des Wirkungsquerschnittes vom Impulsübertrag für Reaktionen im s-Kanal folgt demnach Gl. VII,195.

$$\frac{d\sigma}{dt} = \frac{4\pi}{s}\frac{d\sigma}{d\Omega} \sim \frac{1}{s^2}\,|T_{fi}|^2 \qquad \text{(VII,195)}$$

$$\frac{d\sigma}{dt} \underset{s\to\infty}{\longrightarrow} F(t)\left(\frac{s}{s_0}\right)^{2\alpha(t)-2}$$

Die Abhängigkeit der Lage der Pole für Reaktionen im t-Kanal von der Energie im t-Kanal $\alpha(t)$ ist durch die Regge-Trajectories gegeben. Aufgrund der experimentell bestimmten Energien und Drehimpulse der Resonanzen in dem betreffenden Kanal zeigt sich, daß $\alpha(t)$ durch Gl. VII,196 dargestellt werden kann, wobei die Steigung α'

$$\alpha(t) = \alpha(t=0) + \alpha'\,t \qquad \text{(VII,196)}$$

für die verschiedenen Trajectories, die verschiedenen inneren Quantenzahlen entsprechen, nahezu gleich ist und ungefähr $1/(\text{Ge V})^2$ bedeutet. In Abb. VII,43 sind einige dieser Trajectories aufgezeichnet.

Untersucht man somit die Winkelabhängigkeit, beispielsweise der Streuung von π-Mesonen an Protonen $\pi^- + p \to \pi^0 + n$, so erhält man damit gemäß Gl. VII,197 die

$$\log\frac{d\sigma}{dt} = \log F(t) + (2\,\alpha(t) - 2)\log\frac{s}{s_0} \qquad \text{(VII,197)}$$

Funktionalgleichung der Regge-Trajectories im s-Kanal. Während sich der physikalische Bereich für die Streuung auf ein negatives Gebiet der Variablen t bezieht, liegen die Teilchenzustände im t-Kanal in einem Gebiet von positiven Werten für t. Abb. VII,44 zeigt die aus der Streuung von π^- an p gewonnenen Regge-Trajectories für negatives t. Bei Verlängerung der Trajectory für positive Werte von t zeigt sich, daß das ρ-Meson sich beispielsweise gut dieser Trajector einordnen läßt. Aus der Winkelabhängigkeit der entsprechenden Streuexperimente werden die folgenden Daten [28] für die Regge-Trajectories für die Nukleonenzustände mit Isospin $T = 1/2$ und $T = 3/2$ gewonnen (Gl. VII,198).

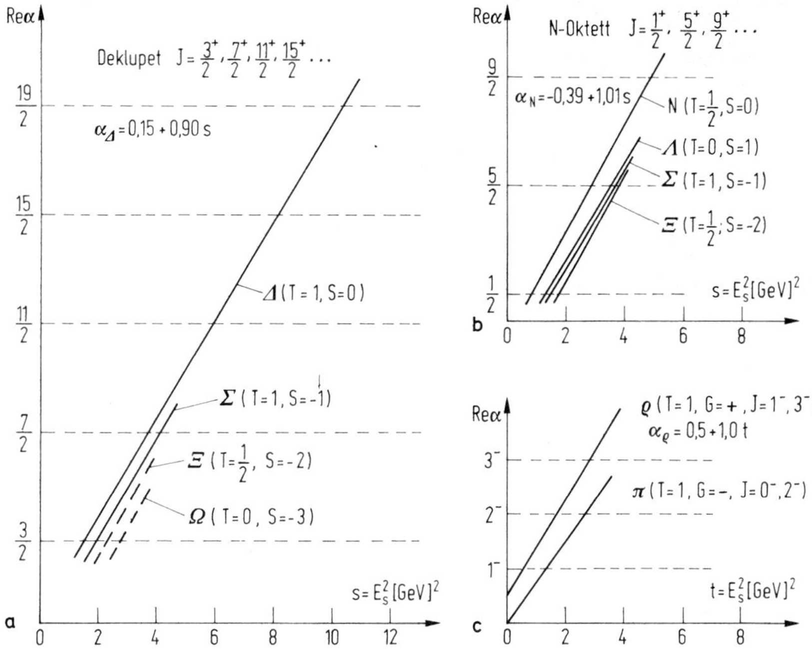

Abb. VII,43. Regge-Trajectories für Mesonen und Baryonen

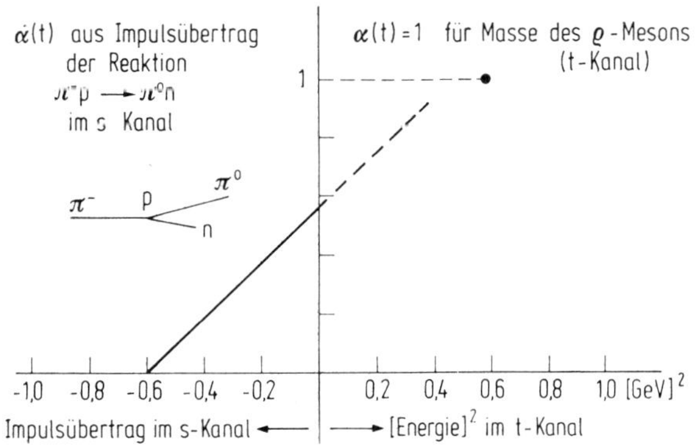

Abb. VII,44. Bestimmung der Steigung der Regge-Trajectories für das ρ-Meson aus Streuprozessen für negatives t

Streuung	beobachtete Resonanzen	
$\alpha_N = -0{,}38 + 0{,}88\,u$	$\alpha = -0{,}34 + 1{,}0\,\mu$	(VII,198)
$\alpha_\Delta = +0{,}19 + 0{,}87\,u$	$\alpha = +0{,}15 + 0{,}9\,u$	

Die Abhängigkeit des Reaktionswirkungsquerschnitts vom übertragenen Impuls t zeigt bei einigen Reaktionen Minima an, die teilweise ebenfalls mit der zugehörigen Regge-Trajectory in Zusammenhang gebracht werden.

Im Zusammenhang mit dem optischen Theorem, das eine Verbindung zwischen dem totalen Wirkungsquerschnitt und dem Imaginärteil der Streuamplitude darstellt, kann ebenfalls eine Aussage über Trajectories gewonnen werden (Gl. VII,199). Berücksich-

$$Im\, T_{ii} = s\, \sigma_t \tag{VII,199}$$

tigt man, daß der totale Wirkungsquerschnitt bei hohen Energien einen nahezu konstanten Wert anzunehmen scheint, so ergibt sich aus Gl. VII,200, daß der dazugehörige

$$\sigma_t \sim f(t)\, s^{\alpha_j(0)-1}, \qquad \alpha_j = 1, \qquad \sigma_{sc} \sim e^{-2\alpha'|t|\log s} \tag{VII,200}$$

effektive Pol in der komplexen Drehimpulsebene den Wert 1 haben muß. Die Steigung dieser Pomeranchuk-Trajectory ist jedoch geringer, als die der anderen Trajectories, soweit man es bisher aus Streuexperimenten feststellen konnte. Für einen konstanten Impulsübertrag wird für die Proton-Proton-Streuung eine Abnahme des differentiellen Wirkungsquerschnittes bei konstantem Impulsübertrag mit der Energie beobachtet (Gl. VII,200), die als shrinkage bezeichnet wird.

6.5 Veneziano-Amplituden

Aus den vorangegangenen Darstellungen ist ersichtlich, daß die Streuamplitude von Polen in den zugeordneten Kanälen abhängen, zum anderen ergibt die Untersuchung der Streuung von Teilchen in einem Kanal bei geringeren Energien im Gebiet von einigen GeV das Bild der Resonanzzustände. Um die Dualität der Beschreibung der Streuamplitude durch Resonanzen im direktem Kanal oder durch Regge-Trajectories in den zugeordneten Kanälen zu untersuchen, wurde von Veneziano [29] ein Ausdruck für die Streuamplituden im Gesamtgebiet des Mandelstam-Diagramms vorgeschlagen (Gl. VII,201).

$$T \sim \left\{ \frac{\Gamma(1-\alpha_s)\,\Gamma(1-\alpha_t)}{\Gamma(2-\alpha_s-\alpha_t)} + (s \leftrightarrow u) + (t \leftrightarrow u) \right\} \tag{VII,201}$$

Aus der Form der Streuamplitude ist ersichtlich, daß sich die Beschreibung von Polen ergibt im Zusammenhang mit den Eigenschaften der Gamma-Funktionen (Gl. VII,202).

$$\Gamma(n) = \int_0^\infty e^{-x}\, x^{n-1}\, dx \tag{VII,202}$$

Die besondere Form des Nenners schließt die Existenz von Doppelpolen aus. Die Abhängigkeit der Streuamplituden von den Variablen s und t ist in der Abhängigkeit der Regge-Trajectories α_s, α_t, α_u von diesen Größen enthalten. Betrachtet man nun beispielsweise einen Pol im s-Kanal, für $\alpha_s = j$, so ergibt die Entwicklung des restlichen Faktors Gl. VII,203. Nimmt man im Einklang mit den Beobachtungen eine lineare Abhän-

$$\frac{\Gamma(-\alpha_t)}{\Gamma(-\alpha_t - j)} \to \sum_{l}^{j} E_l P_l \cos \Theta_s \qquad \text{(VII,203)}$$

gigkeit der Trajectories gemäß Gl. VII,196 an und betrachtet man die Bedeutung der Variablen t für den s-Kanal, welche dem Impulsübertrag entspricht, so ist durch die Lage eines Poles im s-Kanal auch die Winkelabhängigkeit der Streuamplitude im s-Kanal gegeben. Es ergibt sich somit ein Polynom in Abhängigkeit von der Variablen $\cos \Theta_s$, welches das Verhalten von Resonanzen im s-Kanal beschreibt. Durch Pole in der komplexen Drehimpulsebene des s-Kanals werden somit gleichzeitig Resonanzen der Streuamplitude dieses Kanals beschrieben, welches die Äquivalenz der Betrachtungsweise einschließt.

Die Form der Veneziano-Amplituden wird für verschiedene Reaktionen angewendet. Beispielsweise werden die Amplituden für die Energieverteilung von π-Mesonen bei der Reaktion Gl. VII,204 mit den Veneziano-Amplituden beschrieben [30], wenn

$$\bar{p} + n \to p + \pi + \pi + \pi \qquad \text{(VII,204)}$$

man die Regge-Trajectories des ρ-Mesons unter Berücksichtigung eines bestimmten Drehimpulsanteils als Abhängigkeit von α_s einsetzt.

7. Untersuchungen von Prozessen der schwachen Wechselwirkung

Die schwache Wechselwirkung erlaubt verschiedentlich den Zerfall eines Elementarteilchens in andere mit geringerer Ruhemasse, da sie Baryonen, Mesonen und Leptonen – wenn auch nur bei sehr schwacher Kopplung – miteinander verbindet. In den Fällen, wo Übergänge durch starke oder elektromagnetische Wechselwirkung wegen der Erhaltungssätze nicht erlaubt sind, wird der Zerfall durch schwache Wechselwirkung dann bestimmend für die Lebensdauer und die Eigenschaften des Endzustandes. In einigen günstigen Fällen konnten auch Reaktionen durch schwache Wechselwirkung beobachtet werden.

7.1 β-Wechselwirkung der Nukleonen

Die ersten Untersuchungen zur schwachen Wechselwirkung wurden beim Zerfall von Atomkernen beobachtet. Als einfachster Zerfall ist in Gl. VII,205 der Übergang eines

$$n \to p + e^- + \bar{\nu}_e \qquad \text{(VII,205)}$$

Neutrons in ein Proton, ein Elektron und ein Antineutrino wiedergegeben. Die Lebensdauer beträgt ungefähr 932 sec. Einige weitere β-Prozesse sind in Gl. VII,206 eingetragen.

$$p + e^- \to n + \nu_e \quad (K\text{-Einfang in Atomkernen}) \qquad \text{(VII,206)}$$
$$p \to n + \nu_e + e^+ \quad (\beta^+\text{-Zerfall in Atomkernen})$$
$$\overline{\nu}_e + p \to n + e^+ \quad (\text{induzierte } \beta\text{-Reaktion})$$

Hinsichtlich der physikalischen Vorstellungen bezüglich der Emission oder Absorption von Leptonen durch die schwache Wechselwirkung könnte man sich die Kopplung der vier beteiligten Fermionen, die sich in einer effektiven Vier-Fermionen-Wechselwirkung äußert, auch so vorstellen, daß als Zwischenzustand ein „*intermidiate Boson*" entsteht, welches darauf in die Leptonen zerfällt (Gl. VII,207).

$$n \to p + W, \quad W \to e^- + \overline{\nu}_e \qquad \text{(VII,207)}$$

Die Übergangswahrscheinlichkeit von β-Prozessen kann mit Hilfe der Störungsrechnung erhalten werden, da die Wechselwirkung sicher nur eine sehr geringe Störung des Systems wegen der kleinen Kopplungskonstanten darstellt. Der Störoperator muß dabei einmal die Umwandlung des Neutrons in ein Proton beschreiben, wie auch die Erzeugung eines Elektrons und eines Antineutrinos. Die Kopplung zwischen den Nukleonen und den Feldern von Elektron und Neutrino kann unter Berücksichtigung der experimentell beobachteten Nichterhaltung der Parität durch Gl. VII,208 beschrieben werden, wobei der Isospinoperator τ die Umwandlung der Nukleonen bewirkt, γ_i die Dirac'schen Matrizen ($\gamma_5 = \gamma_1 \gamma_2 \gamma_3 \gamma_4$) bedeutet, ψ_ν und ψ_e sind die Wellenfunktionen von Neutrino und Elektron; J beschreibt den Leptonenstrom. Die Zahl der Endzustände pro Energieintervall ergibt sich für den β-Zerfall gemäß Gl. VII,209.

$$H_\beta = \sqrt{2}\, g\, \beta^N \gamma_\alpha^N (C_V - C_A\, \gamma_5^N)\, \tau_+ J_\alpha + h.\, c. \qquad \text{(VII,208)}$$

$$J_\alpha - \frac{1}{2} \psi_e^* \beta \gamma_\alpha (1 + \gamma_5) \psi_\nu$$

$$\left(\frac{dN}{dE_0}\right)_{p_e, p_e + d p_e} = \frac{4 \pi p_e^2\, d p_e \cdot 4 \pi p_\nu^2}{c\, h^6} \qquad \text{(VII,209)}$$

Für Übergänge in Atomkernen ist es oft günstiger eine Entwicklung nach Drehimpulseigenzuständen der freien Teilchen im Endzustand vorzunehmen. Befinden sich im Endzustand geladene Teilchen, so sind Korrekturen für die Wellenfunktion der Leptonen mit elektrischer Ladung infolge der Coulomb'schen Wechselwirkung zusätzlich zu berücksichtigen, welche die Aufenthaltswahrscheinlichkeit eines Positrons bei einem Proton verringern und eines Elektrons erhöhen. Setzt man in Rechnung, daß die Wellenlänge der Leptonen im Energiegebiet von einigen MeV in jedem Fall sehr viel größer ist als die räumliche Ausdehnung des zerfallenden Atomkerns ($\lambda \gg$ Kernradius), so ergibt sich für die erlaubten β-Übergänge in entsprechender Näherung die Übergangs-

$$N(\epsilon)\, d\,\epsilon = \frac{m\,c^2}{\hbar}\,\frac{G^2}{2\,\pi^3}\,F(Z,\epsilon)\,|M|^2\,\epsilon\sqrt{\epsilon^2 - 1}\,(\epsilon_0 - \epsilon)^2\,d\,\epsilon \tag{VII,210}$$

$$\text{mit}\quad G = \frac{g}{m\,c^2}\left(\frac{m\,c}{\hbar}\right)^3 \approx 0{,}3\cdot 10^{-11},\quad g = 1{,}41\cdot 10^{-49}\ \text{erg cm}^3$$

$$\epsilon_0 = \frac{E_0}{m\,c^2}\,,\qquad \epsilon = \frac{E_e}{m\,c^2}$$

$$|M|^2 = \left|\int 1\right|^2 + \left|\frac{C_A}{C_\nu}\right|^2 \left|\int \vec{\sigma}\right|^2,\qquad \left|\frac{C_A}{C_v}\right|^2 = 1{,}41$$

$$\int 1 \equiv \langle I_f\, M_f\,|\,\tau_\pm\,|\,I_i\, Mi\,\rangle\,,\quad \text{für Fermi-Übergänge}$$

$$\int \vec{\sigma} \equiv \langle I_f\, M_f\,|\,\vec{\sigma}\,\tau_\pm\,|\,I_i\, M_i\,\rangle\,,\quad \text{für Gamow-Teller-Übergänge}$$

wahrscheinlichkeit gemäß Gl. VII,210. Der erste Anteil für das Matrixelement M enthält keine Operatoren hinsichtlich des Spins und bewirkt Übergänge, bei welchen durch die Leptonen kein zusätzlicher Drehimpuls mitgenommen wird. Diese „*Germi*-Übergänge" haben demnach als Auswahlregel $\Delta I = 0$ und $\pi_i \cdot \pi_f = +1$, wobei sich π_i und π_f auf die Parität des Nukleonenzustandes beziehen. Der zweite Teil des Matrixelementes in Gl. VII,210 ergibt eine Änderung des Spins und führt zu den „*Gamow-Teller*-Übergängen", für welche die Auswahlregeln $\Delta I = 0, \pm 1$ und $\pi_i \cdot \pi_f = +1$ gelten. In diesem Fall sind die Spins von Elektron und Neutrino in einem Triplett-Zustand mit Gesamtspin $S = 1$.

Hinsichtlich des Isospins resultieren aus der Wechselwirkung die Auswahlregeln $\Delta T = 0$ für Fermiübergänge und $\Delta T = 0, \pm 1$ für Gamow-Teller-Übergänge.

Durch die besondere Form der Wechselwirkung (Gl. VII,208), welche die Parität nicht erhält, ergibt sich für die „*Helizität*" der Leptonen nach dem Zerfall Gl. VII,211.

$$\frac{\langle \boldsymbol{p}\,\vec{\sigma}\rangle}{\|\boldsymbol{p}\|\cdot\|\vec{\sigma}\|} = \pm\frac{v}{c}\ \text{für}\ \begin{matrix} e^+, \bar{\nu}_e, \mu^+, \bar{\nu}_\mu \\ e^-, \nu_e, \mu^-, \nu_\mu \end{matrix} \tag{VII,211}$$

Ebenso läßt sich aus dem Wechselwirkungsoperator die Winkelabhängigkeit der Emission der Leptonen in bezug auf den Anfangsspin des Nukleons korrekt beschreiben.

$$\omega\, d\,\Omega = N(E)\left\{1 + a_1\frac{\boldsymbol{p}_e\,\boldsymbol{p}_{\bar{\nu}}}{E_e\,E_{\bar{\nu}}} + a_2\frac{\langle \boldsymbol{I}\rangle\,\boldsymbol{p}_e}{I\;E_e} \right. \tag{VII,212}$$

$$\left. + a_3\frac{\langle \boldsymbol{I}\rangle\,\boldsymbol{p}_{\bar{\nu}}}{I\,E_{\bar{\nu}}} + a_4\frac{\langle \boldsymbol{I}\rangle}{I}\,\frac{\boldsymbol{p}_e \times \boldsymbol{p}_{\bar{\nu}}}{E_e\,E_{\bar{\nu}}}\right\} d\,\Omega$$

Gl. VII,212 gibt eine allgemeine Form der Winkelabhängigkeit, wobei hinsichtlich der Ableitung zunächst keine Voraussetzungen über die Erhaltung oder Nichterhaltung der Parität oder Zeitumkehr berücksichtigt sind [31]. Bei der experimentellen Untersuchung des β-Zerfalls polarisierter Neutronen (Abb. VII,45) ergab sich, daß die Koeffizienten a_2 und a_3 von Null (Tab. VII,18) verschieden sind, der Nichterhaltung der Parität entsprechend, da der zugehörige Faktor das Vorzeichen bei der Paritätsoperation umkehrt

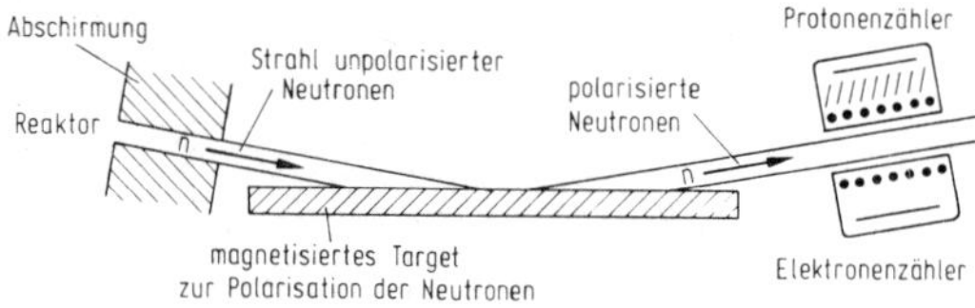

Abb. VII,45. Schematische Darstellung zur experimentellen Untersuchung des β-Zerfalls polarisierter Neutronen.

Tab. VII,18.

a_3	=	$-0{,}114 \pm 0{,}019$
a_3	=	$0{,}36 \pm 0{,}04$
a_4	=	$0{,}04 \pm 0{,}05$

(Gl. VII,212). Für den Faktor a_4 konnte jedoch innerhalb der Fehlergrenze keine Abweichung von Null gefunden werden, die Zeitumkehr ist somit beim β-Zerfall des Neutrons innerhalb dieser Fehlergrenzen erhalten (der zugehörige Faktor von a_4 in Gl. VII,212 kehrt bei Zeitumkehr das Vorzeichen um).

Aussagen über die Helicität des Neutrinos wurden aus Experimenten gewonnen, bei denen der Neutrinoimpuls mit Hilfe des Rückstoßes des Atomkerns bestimmt wurde. Für einen erlaubten Übergang ist die Winkelkorrelation zwischen Elektron und Neutrino durch die Matrixelemente des Fermi-Übergangs, des Gamow-Teller-Übergangs und das Verhältnis der Kopplungskonstanten gemäß Gl. VII,213 gegeben, hierbei

$$w \sim \left(1 + a\,\boldsymbol{q}_\nu \frac{\mathrm{v_e}}{C}\right) \qquad \text{(VII,213)}$$

$$a = \frac{C_\mathrm{V}^2 \langle 1 \rangle^2 - \frac{1}{3} C_\mathrm{A}^2 \langle \sigma \rangle^2}{C_\mathrm{V}^2 \langle 1 \rangle^2 + C_\mathrm{A}^2 \langle \sigma \rangle^2}$$

bedeutet $\mathrm{v_e}$ die Geschwindigkeit des Elektrons und $\boldsymbol{q}$ ist der Einheitsvektor in Richtung des Neutrinoimpulses.

Im Zusammenhang mit der geringen Kopplungskonstanten sind Wirkungsquerschnitte für inverse β-Prozesse (Gl. VII,214) sehr gering und liegen bei einer Energie von 1 MeV

$$\bar{\nu}_\mathrm{e} + p \to n + e^+ \qquad \text{(VII,214)}$$

$$\bar{\nu}_\mu + p \to n + \mu^+$$

$$\nu_\mathrm{e} + Cl^{35} \to A^{35} + e^-$$

$$\nu + N \to \nu' + N'$$

in der Größenordnung von 10^{-44} cm². Mit größerwerdender Energie steigt der Wirkungsquerschnitt zunächst proportional mit E^2 dabei an. Inverse β-Prozesse werden zum Nachweis von Neutrinos benutzt. Wegen des kleinen Wirkungsquerschnittes kann durch Neutrinos bei der Kontraktionsphase von Sternen Energie seitens des Sterns abgegeben werden. Auch bei Kernspaltungsprozessen im Reaktor wie bei anderen Fusionsreaktionen bezüglich der Bildung der Elemente im Kosmos wird ein Teil der Energie (einige Prozent) von Neutrinos übernommen. Mit der Vervollkommnung experimenteller Einrichtungen zur Erzeugung hinreichend intensiver Neutrinoströme höherer Energie konnte nicht nur die Existenz zweier verschiedener Neutrinos ν_e und ν_μ und der zugehörigen Antineutrinos $\bar{\nu}_e$ und $\bar{\nu}_\mu$ bewiesen werden, die Entdeckung von Teilchenreaktion der schwachen Wechselwirkung durch neutrale Ströme (Gl. VII,214) bildet ein weiteres Beispiel des interessanten Forschungsgebietes der Neutrinophysik.

7.2 Zerfall von π-Mesonen und μ-Mesonen

Das Isospin-Triplett der π-Mesonen hat im Bosonenspektrum die geringste Energie in bezug auf alle übrigen bekannten Zustände. Da es keine Bosonen mit starker Wechselwirkung gibt, die eine noch geringere Masse haben, kommen als Endprodukte für den Zerfall lediglich Leptonen oder γ-Quanten in Frage. Die Zerfälle der tiefsten Bosonenzustände (π-Mesonen, K-Mesonen) durch schwache Wechselwirkung, bei denen die Zerfallsenergie in der Größenordnung von 100 MeV liegt, führen zu Lebensdauern in der Größenordnung von 10^{-10} bis 10^{-8} sec. Entstehen im Endzustand γ-Quanten, so muß bei solchen Prozessen die elektromagnetische Wechselwirkung beteiligt sein. Ein Zerfall, der im Endzustand lediglich γ-Quanten enthält, kann wegen der Erhaltung der Ladung dabei nur die neutralen π-Mesonen betreffen.

Beim Zerfall der Bosonen durch schwache Wechselwirkung kann im Zusammenhang mit dem ganzzahligen Drehimpuls des Ausgangszustandes nur eine gerade Zahl von Fermi-Teilchen entstehen. Im Zusammenhang mit der Erhaltung der Leptonenzahl ist dementsprechend der Zerfall in ein μ-Meson und ein μ-Neutrino oder in ein Elektron und ein Elektron-Neutrino realisierbar (Gl. VII,215a). Die experimentellen Unter-

$$\pi^\pm \to \mu^\pm + \left[\begin{matrix}\nu_\mu \\ \bar{\nu}_\mu\end{matrix}\right. \qquad \text{(VII,215a)}$$

$$\to e^\pm + \left[\begin{matrix}\nu_e \\ \bar{\nu}_e\end{matrix}\right.$$

suchungen ergeben, daß der Zerfall der Pionen $\pi^\pm$ in μ-Meson und μ-Neutrino ungefähr 10^4mal schneller erfolgt als der Zerfall in Elektron und Elektronneutrino. Das Verzweigungsverhältnis ist aus dem Unterschied der beiden Zerfälle hinsichtlich des Phasenraumes und bezüglich der Helizitätsbedingung für die erzeugten Leptonen wie folgt verständlich. Da das μ-Meson eine viel größere Masse hat als das Elektron folgt, daß in bezug auf den Phasenraum der Zerfall in ein Elektron und ein Neutrino begünstigt ist (Gl. VII,215b). Beim Zerfall durch schwache Wechselwirkung haben jedoch

$$\frac{dN_\mu}{dN_e} = \frac{p_\mu^2\, dp_\mu}{p_e^2\, dp_e} = \frac{1}{3{,}5} \qquad \text{(VII,215b)}$$

die Teilchen festgelegte Helizität, und es können nur solche Zerfälle auftreten, bei denen die Polarisation der Leptonen den vorgeschriebenen Werten entspricht. Da jedoch auch der Drehimpulssatz erhalten ist, muß die Spinrichtung der Leptonen zueinander entgegengesetzt sein (Abb. VII,46). Betrachten wir als Beispiel den Zerfall in ein Positron und ein Elektron-Neutrino, so ist hinsichtlich der Helizität zu beachten, daß

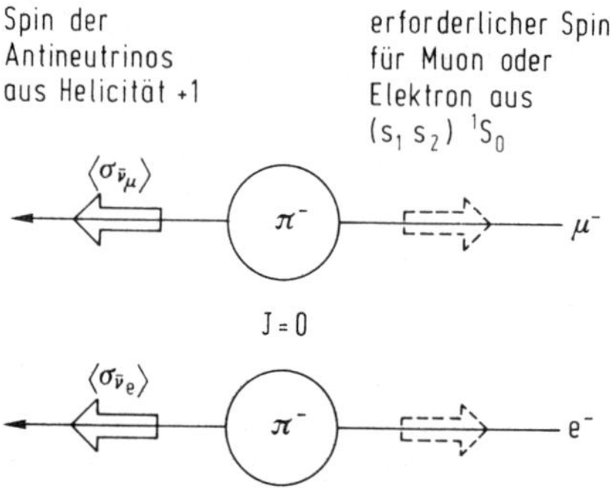

Abb. VII,46. Spinrichtungen beim Zerfall des π-Mesons.

das Positron rechtshändig und das Elektron-Neutrino linkshändig sind, wobei der Polarisationsgrad entsprechend Gl. VII,211 bestimmt ist. Während die Polarisation für das Neutrino den Wert − 1 hat, wird der Maximalwert + 1 für das Positron nicht ganz erreicht, da wegen dessen Ruhemasse die Geschwindigkeit ein wenig geringer ist als die Lichtgeschwindigkeit. Der zur Erhaltung des Drehimpulses erforderliche Spinzustand wird somit nur mit ganz geringer Intensität erzeugt, wodurch dieser Zerfall sehr beungünstigt wird. Für den Zerfall in das μ-Meson ist die Bedingung der Helizität jedoch nicht von so großem Einfluß, da die zur Verfügung stehende kinetische Energie geringer ist als die Ruhemasse des μ-Mesons. Dies hat zur Folge, daß die Geschwindigkeit des μ-Mesons bei weitem nicht die Lichtgeschwindigkeit erreicht und somit die Komponente, die zur Erfüllung des Drehimpulssatzes erforderlich ist, mit größerer Intensität durch die β-Wechselwirkung erzeugt werden kann. Der Faktor, welcher sich aus der Phasenraumbetrachtung ergibt, ist somit mit einem weiteren Ausdruck zu multiplizieren (Gl. VII,215 c), welcher den Zerfall in das μ-Meson wesentlich begünstigt gegenüber dem Zerfall in das Elektron und das Elektronneutrino. Unter Berücksichtigung der in Gl. VII,190 angegebenen Polarisation resultiert für die diskutierten Zerfälle hinsichtlich der Helizität der in Gl. VII,215 c angegebene Faktor. Nimmt man an, daß

$$f_h = (1 - v_\mu/c)/(1 - v_e/c) \qquad \text{(VII,215 c)}$$

die Kopplung für die beiden Prozesse der schwachen Wechselwirkung gleich ist, so resultiert für das Verzweigungsverhältnis der in Gl. VII,216 angegebene Wert.

$$\frac{w_{\pi} \to e, \nu_e}{w_{\pi} \to \mu, \nu_{\mu}} \approx \frac{m_e^2(m_\pi^2 - m_e^2)}{m_\mu^2(m_\pi^2 - m_\pi^2)} \approx 1{,}2 \cdot 10^{-4} \qquad \text{(VII,216)}$$

Die $\pi^{\pm}$-Mesonen können durch schwache Wechselwirkung auch in das neutrale π^0-Meson und ein Elektron und Neutrino zerfallen, da die Masse des π^0-Mesons um ungefähr 4 MeV geringer ist, als diejenigen der π-Mesonen mit elektrischer Ladung (Gl. VII,217). In bezug auf den Zerfall der geladenen π-Mesonen in ein ungeladenes

$$\pi^{\pm} \to \pi^0 + e^{\pm} + \nu_e \qquad \text{(VII,217)}$$

π-Meson unter Emission von einem Elektron und einem Neutrino ist die Zahl der Endzustände wegen der geringen Zerfallsenergie klein.

Die Messung dieses geringen Verzweigungsverhältnisses ist realisierbar, da die Entstehung des π^0-Mesons durch den anschließenden Zerfall des π^0-Mesons in zwei γ-Quanten angezeigt wird und als spezifisches Kennzeichen im Zusammenhang mit der Zerstrahlung des Positrons benutzt werden kann. Experimentelle Untersuchungen ergaben für das Verzweigungsverhältnis einen Wert von $\approx 10^{-8}$.

In bezug auf die absolute Größe der Übergangswahrscheinlichkeit der geladenen π-Mesonen in ein μ-Meson und ein μ-Neutrino sei das in Abb. VII,47 angegebener Zerfalls-

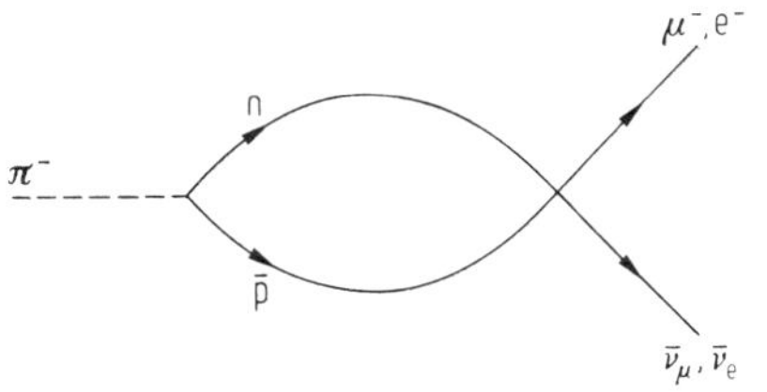

Abb. VII,47. Zum Zerfall des π^--Mesons durch schwache Wechselwirkung.

schema diskutiert (Gl. VII,218). Hierbei wird ein Nukleon-Anti-Nukleonpaar als virtueller Zwischenzustand angenommen, der anschließend in ein geladenes Lepton und ein Neutrino zerfällt. Der Zerfallsprozeß entspräche dann demjenigen des Einfangs eines $\bar{\mu}$-Mesons von einem Proton gemäß Gl. VII,219. Es ist ersichtlich, daß bei der

$$\pi^- \to \bar{p} + n \to \mu^- + \bar{\nu}_\mu \qquad \text{(VII,218)}$$

$$\bar{p} + n \to \mu^- + \bar{\nu}_\mu \qquad \text{(VII,219)}$$

$$p + \mu^- \to n + \nu_\mu$$

Berechnung der Zerfallskonstanten die Kopplung der starken Wechselwirkung in die Betrachtung mit eingeht, welche für das Zustandekommen des virtuellen Nukleon-Antinukleon-Zustandes erforderlich ist.

Hinsichtlich des Zerfalls des μ-Mesons durch schwache Wechselwirkung in ein Elektron und zwei Neutrinos sind Richtungskorrelation der emittierten Teilchen, die Form des Energiespektrums der Elektronen sowie Fragen im Zusammenhang mit der Natur der emittierten Neutrinos von Interesse. Bezüglich der Winkelverteilung sei der Zerfall eines π^--Mesons im Schwerpunktsystem betrachtet. Da beim Zerfall des π^--Mesons die Geschwindigkeit des μ-Mesonen-Neutrinos gleich der Lichtgeschwindigkeit ist, liegt dessen Helizität fest. Infolge der Erhaltung des Drehimpulses folgt dann, daß das μ^--Meson in bezug auf seine Flugrichtung eine rechtshändige Polarisation aufweist. Hinsichtlich der Richtungsverteilung der Elektronen sei der Fall diskutiert, daß das Elektron die maximale Energie (~ 50 MeV) erhalten hat. In diesem Fall müssen die beiden emittierten Neutrinos Impulse entgegengesetzt zum Elektron haben (Abb. VII,48).

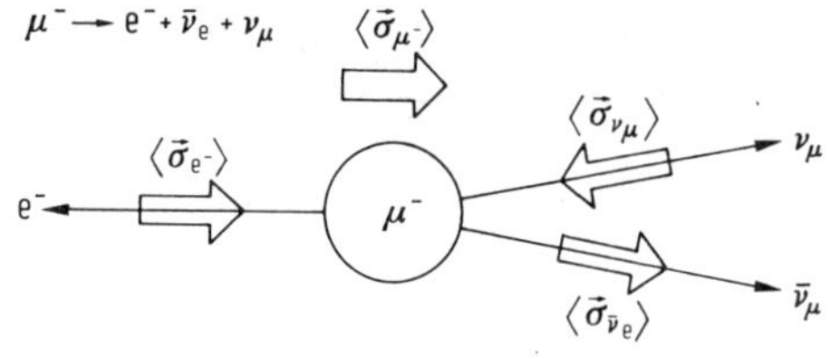

Abb. VII,48. Richtungskorrelation beim Zerfall des μ-Mesons.

Aus der Erhaltung des Drehimpulssatzes folgt, daß die Impulse der Neutrinos und des Elektrons durch die Flugrichtung des μ-Mesons bestimmt sind. Da vom Elektron bekannt ist, daß dies durch die schwache Wechselwirkung mit linkshändiger Helizität erzeugt wird, folgt daraus, daß das Elektron bei großer Energie hauptsächlich in Rückwärtsrichtung emittiert werden muß. Mit geringerer Elektronenenergie wird diese Bedingung gelockert, so daß das Elektron bei kleiner Energie sich mehr auf den ganzen Raum verteilt.

Da der Zerfall des μ-Mesons in drei Teilchen erfolgt, ist das Energiespektrum der Elektronen kontinuierlich. Die From des Spektrums hängt von den Kopplungskonstanten des Zerfalls ab und wird durch den „Michel-Parameter" ρ beschrieben [32] (Gl. VII,220, Abb. VII,49).

$$N(E_e)\,dx \sim 4x^2[3(1-x) + \tfrac{2}{3}\rho(4x-3)]\,dx \qquad \text{(VII,220)}$$

$$\text{mit } x = E_e/E_{max}, \quad E_{max} \approx \tfrac{1}{2} m_\mu c^2$$

$$\rho = 3/4 = \text{Michel-Parameter}$$

In bezug auf die Natur der mit dem μ-Meson verbundenen Neutrinos entstand die Frage, in welcher Weise sich diese gegebenenfalls von den Neutrinos unterscheiden, die beispielsweise beim Zerfall des Neutrons durch schwache Wechselwirkung erzeugt werden. Zur Klärung dieser Frage wurde eine Reaktion untersucht, welche durch Neutrinos ausgelöst wurde, die aus dem Zerfall von π-Mesonen entstanden waren. Läßt man zu-

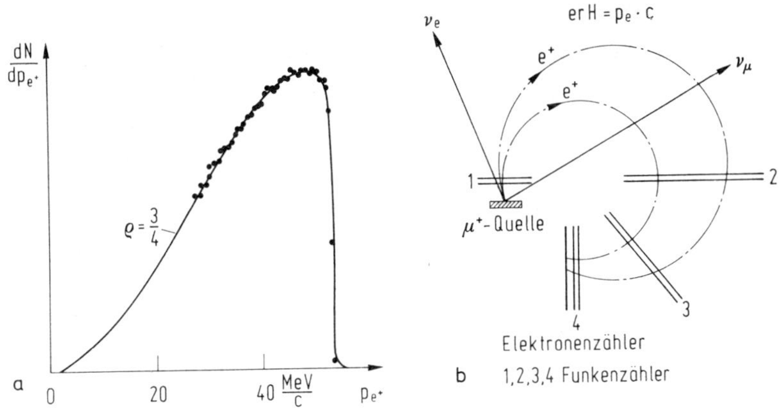

Abb. VII,49. Energiespektrum beim Zerfall des μ-Mesons.

nächst den Unterschied zwischen den verschiedenen Neutrinos außer acht, so ergeben sich die in Gl. VII,221 angegebenen Prozesse, Benutzt man für die Neutrinos solche, welche aus dem Zerfall des π-Mesons entstehen, so müßten – falls kein Unterschied zwischen den μ-Mesonen- und den Elektron-Neutrinos besteht, alle vier Reaktionen

$$\nu + n \rightarrow p + e^- \qquad \text{(VII,221)}$$
$$\bar{\nu} + p \rightarrow n + e^+$$
$$\nu + n \rightarrow p + \mu^-$$
$$\bar{\nu} + p \rightarrow n + \mu^+$$

ausgelöst werden. Bei der Untersuchung ergab sich jedoch, daß im vorliegenden Prozeß nur Reaktionsprodukte auftreten, bei denen μ-Mesonen entstehen, jedoch keine Elektronen. Das Experiment gibt somit einen Hinweis, daß mit μ-Neutrinos keine Reaktionen ausgelöst werden können, die mit Elektronen verbunden sind und daß somit die μ-Neutrinos in ihrer Natur verschieden von den Elektron-Neutrinos sind. tron Neutrinos.

Die Ergebnisse des Zerfalls des μ-Mesons durch schwache Wechselwirkung geben weitere interessante Aspekte hinsichtlich der Kopplungskonstanten. Das μ-Meson wie das Neutron zerfallen beide in drei Fermiteilchen (Gl. VII,221), wobei der Zerfall durch die Vektorkopplungskonstante C_V und die Axialvektorkopplungskonstante C_A im Zusammenhang mit der allgemeinen Form der β-Wechselwirkung Gl. VII,208 charakterisiert werden kann. Während die Vektorkopplungskonstanten nahezu gleich sind („conserved vector current-theory"), trifft dies nicht für die Axialvektorkopplungskonstante zu. Die Gleichheit der Vektorkopplungskonstanten für den Zerfall des Neutrons wie für den Zerfall des μ-Mesons (Gl. VII,222) gibt Anlaß zu theoretischen Überlegungen, die sich mit der Frage beschäftigen, warum trotz der starken Wechselwirkung des Neutrons kein verschiedener Wert der Kopplungskonstanten beobachtet wird. Diesbezügliche Überlegungen wurden durch einen Vergleich der Operatorform der elektro-

$$\mu \to e + \nu_e + \nu_\mu \to C_V^\mu, C_A^\mu \qquad \text{(VII,222)}$$

$$n \to p + e^- + \nu_e \to C_V^\beta, C_A^\beta$$

$$C_V^\beta \approx C_V^\mu, \quad C_A^\mu = - C_V^\mu, \quad C_A^\beta = - 1{,}2\, C_V^\beta$$

magnetischen Kopplung mit der Kopplung durch schwache Wechselwirkung unternommen. Beide Operatoren, welche den Übergang zwischen Anfangs- und Endzustand bewirken, enthalten den Stromoperator und Komponenten eines Isospinoperators.

Zunächst sei die elektromagnetische Wechselwirkung zwischen dem Strahlungsfeld und den Nukleonen betrachtet. Bei der Wechselwirkung elektromagnetischer Strahlung mit Protonen resultiert eine Streuung an den Protonen wegen deren Ladung. Da infolge der starken Wechselwirkung die Protonen in einen virtuellen Zwischenzustand ein Neutron und ein positiv geladenes π-Meson übergehen können, wird in diesem Fall die Beeinflussung des elektromagnetischen Feldes durch die Ladung des π-Mesons übernommen. Hinsichtlich der Aufteilung der Nukleonen in Neutronen und Protonen wird die Wechselwirkung üblicherweise durch Gl. VII,223 beschrieben, wobei der Strom-

$$H'_{N_\gamma} = \overline{\psi}_N\, \gamma_\alpha\, \frac{1}{2}(1 + \tau_z)\, \psi_N \qquad \text{(VII,223)}$$

operator einmal mit einem Isospinskalar („1") und zum anderen einen Teil eines Isospinvektors („τ_z") enthält. Um die Gültigkeit einer Kontinuitätsgleichung (Gl. VII,224) für den Isospinvektoranteil zu gewährleisten, ist es erforderlich, den Isospinvektoranteil

$$\nabla\, j_\alpha^V + \frac{\partial \rho}{\partial t} = 0 \qquad \text{(VII,224)}$$

der Stromkopplung mit einem additiven Glied zu ergänzen [33], welches den π-Mesonenstrom beschreibt (Gl. VII,225). Das Bild der Dissoziation eines Protons in Neutron

$$j_\alpha^V = \frac{1}{2}\, \overline{\psi}_N\, \gamma_\alpha\, \tau_z\, \psi_N + \left(\pi + \frac{\partial \pi}{\partial x_\alpha}\right)_z \qquad \text{(VII,225)}$$

und π^+-Meson (Abb. VII,50) kann beispielsweise mit physikalischen Messungen der räumlichen Ausdehnung eines Nukleons oder mit der Frage nach der Streuung am annormalen magnetischen Moment in Verbindung gebracht werden, wobei quantitative Berechnungen dann mit der erwähnten Ergänzung des Isospinvektoranteils in Gl. VII,225 in Zusammenhang stehen. Dieser Anteil im Kopplungsoperator, der mit der Erhaltung der Ladung bei der Dissoziation im Zusammenhang steht, ergibt jedoch auch eine Verbindung zu Meßgrößen bei Prozessen der schwachen Wechselwirkung.

Für die Kopplung durch schwache Wechselwirkung kann man im Zusammenhang mit dem Zerfall von π-Mesonen durch schwache Wechselwirkung eine ähnliche Ergänzung des Stromoperators für den Isospinvektoranteil der Kopplung postulieren (Gl. VII,226).

$$j_\alpha^+ = \frac{1}{\sqrt{2}}\, \overline{\psi}_N\, \gamma_\mu\, \tau_+\, \psi_N + \left(\pi + \frac{\partial \pi}{\partial x}\right)_+ \qquad \text{(VII,226)}$$

Betrachtet man nun wiederum die Dissoziation eines Nukleons in Nukleon und π-Meson durch starke Wechselwirkung, so werden gemäß der These des „conserved vector currents" diesbezügliche Eigenschaften der schwachen Wechselwirkung auch auf das π-Meson im dissoziierten Zustand übertragen, so daß insgesamt eine die schwache Wechselwirkung charakterisierende Größe in ähnlicher Weise wie bei der elektromagnetischen Wechselwirkung die elektrische Ladung erhalten bleibt, auch wenn eine Dissoziation durch andere Wechselwirkungen (wie die starke Wechselwirkung) erfolgt.

Der Übergang eines Nukleons in Nukleon plus π-Meson führt hinsichtlich eines Prozesses der schwachen Wechselwirkung ebenfalls zu einer Korrektur in der Form eines Formfaktors, die um so größer ist, je eher die Wellenlänge der emittierten Leptonen mit der Ausdehnung des jetzt nicht mehr punktförmigen Nukleons vergleichbar ist. Daraus geht hervor, daß Formfaktoren des Nukleons, die in der elektromagnetischen Wechselwirkung gemessen werden, verglichen werden können mit Formfaktoren, die aus einem Prozeß der schwachen Wechselwirkung hervorgehen (Abb. VII,50). Aus dem

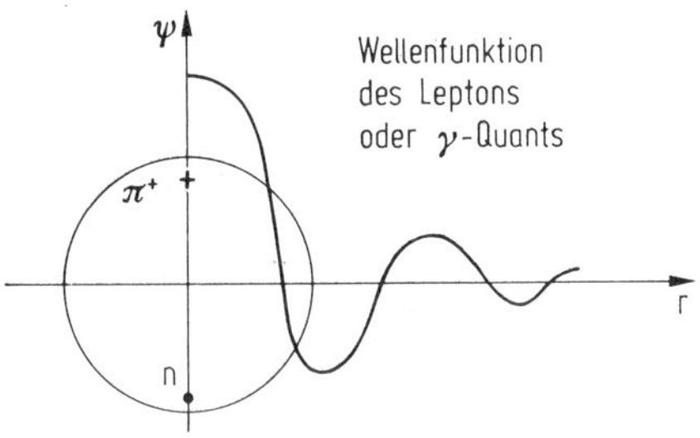

Abb. VII,50. Zu Formfaktoren der Nukleonen für schwache Wechselwirkung und elektromagnetische Wechselwirkung im Zusammenhang mit der „Conserved vector current theory"

Vergleich der anomalen magnetischen Momente der Nukleonen mit Korrekturfaktoren des β-Zerfalls bei großen Energien der Leptonen konnten Relationen abgeleitet werden, wobei der Korrekturterm des β-Zerfalls als „weak-magnetism" bezeichnet wird [33].

Bei Gültigkeit der „conserved vector current theory" erscheint es sinnvoll, wenn man den Zerfall der geladenen π-Mesonen in das neutrale π^0-Meson so behandelt wie einen β-Zerfall zwischen zwei Atomkernen mit geradzahligen Isospinzuständen und die gleiche Vektorkopplungskonstante einsetzt. Die so erhaltene Größenordnung für die Zerfallskonstante steht nicht im Widerspruch mit den experimentellen Untersuchungen.

7.3 Zerfall geladener K-Mesonen in zwei und drei π-Mesonen

In den ersten Untersuchungen der Eigenschaften der K-Mesonen waren zwei Teilchen entdeckt worden, die nahezu die gleiche Masse von ~ 970 Elektronenmassen hatten, sich jedoch in den Eigenschaften des Endzustandes nach dem Zerfall wesentlich unterschieden. Die beiden Ausgangszustände, welche der Masse nach innerhalb der Fehlergrenze dasselbe Teilchen darstellen konnten, wurden wegen der verschiedenen Zerfallsprodukte zunächst als „Θ"-Meson und „τ"-Meson bezeichnet. Der Aspekt, daß es sich um ein einziges Teilchen handeln könnte, wurde noch dadurch unterstützt, daß die gemessenen Lebensdauern von $1{,}21 \pm 0{,}02$ (10^{-8} sec) für das Θ-Meson und $1{,}19 \pm 0{,}05 \cdot 10^{-8}$ sec für das τ-Mesone innerhalb der Fehlergrenzen ebenfalls übereinstimmten. Hinsichtlich des Zerfalls der beiden Mesonen erfolgte die Unterscheidung in der Weise, daß Zerfallsprodukte mit zwei π-Mesonen dem „Θ-Meson" zugeordnet wurden, während für den Zerfall in drei π-Mesonen der Ausgangszustand als τ-Meson bezeichnet wurde (Gl. VII,227).

$$\text{„}\Theta\text{"} \rightarrow \pi^+ + \pi^- \qquad \text{(VII,227)}$$
$$\text{„}\tau\text{"} \rightarrow \pi^+ + \pi^- + \pi^0$$

Für die Interpretation der beiden Zerfälle ist die Bestimmung von Drehimpuls und Parität des Systems der π-Mesonen nach dem Zerfall von Interesse.

Betrachtet man zunächst den Zerfall in zwei π-Mesonen, die in einem Zustand mit dem Drehimpuls L sind, so ergibt sich die Parität entsprechend Gl. VII,228 aus dem

$$P \mid \pi_1\, \pi_2 \rangle = (-1)^2\, (-1)^L \mid \pi_1\, \pi_2 \rangle = (-1)^L \mid \pi_1\, \pi_2 \rangle \qquad \text{(VII,228)}$$

Produkt der inneren Parität der beiden Teilchen und der Parität des Drehimpulszustandes. Da die π-Mesonen den Spin Null haben, ist wegen der Erhaltung des Drehimpulssatzes der Bahndrehimpuls des Zwei-π-Mesonen-Systems L gleich dem Drehimpuls S des zerfallenen Mesons. Die Parität des Ausgangszustandes beim Zerfall in zwei π-Mesonen ist gleich $(-1)^2 \cdot (-1)^L$, so daß zu den bestimmten Drehimpulsen die Paritätszuordnungen 0^+, 1^-, 2^+ . . . sich für das ursprünglich vorhandene Meson dann ergeben, wenn die Annahme zu Grunde gelegt wird, daß Parität und Drehimpuls bei dem Zerfallsprozeß erhalten sind.

Zur Untersuchung der Paritäts- und Drehimpulsverhältnisse beim Zerfall in drei π-Mesonen sei im folgenden die Bestimmung der zugehörigen Quantenzahlen für diese Endzustände diskutiert. Für die gesamte kinetische Energie stehen beim Zerfall des Ausgangszustandes mit 494 MeV nach Abzug der Ruheenergie der π-Mesonen nur ungefähr 80 MeV zur Verfügung. Unter Berücksichtigung des Energie- und Impulssatzes resultiert, daß ein π-Meson höchstens die Energie von ≈ 50 MeV dabei erhalten kann. Da die zugehörige DeBroglier-Wellenlänge wesentlich größer ist als der mutmaßliche Wechselwirkungsradius, ist schon ersichtlich, daß vermutlich die π-Mesonen in Drehimpulszustände mit $l_i = 0$ emittiert werden, so daß auch der Gesamtdrehimpuls des Ausgangszustandes dann wiederum Null ist. Die genaue Feststellung des Gesamtdrehimpulses kann jedoch genauer aus einer Analyse der Verteilung der beobachteten Reaktionen hinsichtlich der Aufteilung der kinetischen Energie auf die drei π-Mesonen mit Hilfe des Dalitz-Diagramms erfolgen. Die gemessene konstante Verteilung der Reaktionen im Dalitz-Diagramm beim Zerfall des K-Mesons (Abb. VII,51) ergibt für das System der drei π-Mesonen nach dem Zerfall die Drehimpuls- und Paritätszuordnung 0^-. Da somit beim Zerfall in zwei π-Mesonen der Endzustand durch die Quantenzahlen $J^P = 0^+$ und der Zerfall in drei π-Mesonen durch die Quantenzahlen $J^P = 0^-$ ge-

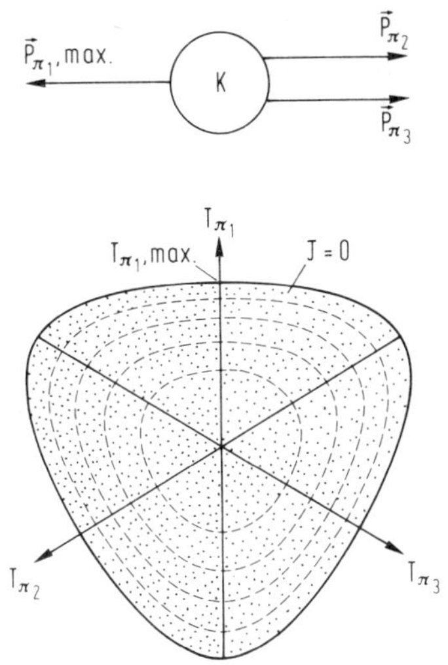

Abb. VII,51. Zum Zerfall von K-Mesonen in drei π-Mesonen.

kennzeichnet ist, folgt unter Zugrundelegung der Annahme, daß der Ausgangszustand identisch ist, die Nichterhaltung der Parität beim Zerfallsprozeß.

7.4 Eigenschaften der neutralen K-Mesonen

Die Untersuchung der Bildung und Zerfälle der neutralen K-Mesonen K^0 und $\overline{K}^0$ zeigte einmal, daß diese aus zwei Mesonen K_S und K_L zusammengesetzt sind, welche verschiedene Lebensdauern aufweisen. Interferenzeffekte aus der Überlagerung der Amplituden dieser beiden Mesonenzustände zeigten, daß für K_L und K_S eine geringe Massendifferenz in der Größenordnung von 10^{-5} eV vorliegt. Mit steigender Meßgenauigkeit wurde schließlich entdeckt, daß der Zerfall dieser Mesonenzustände nicht streng invariant gegenüber der CP-Operation verläuft. Im folgenden wird auf diese für die Natur der schwachen Wechselwirkung interessanten Eigenschaften eingegangen.

Der Zerfall der K-Mesonen ergab, daß bei Prozessen der schwachen Wechselwirkung in bezug auf Anfangs- und Endzustand die Parität keine Erhaltungsgröße ist. Nach dem CPT-Theorem sollte der Prozeß hinsichtlich der gleichzeitigen Anwendung der Paritätsoperatoren P, der Ladungskonjugation C und der Zeitumkehr T invariant sein. Mit der Verletzung von P muß somit mindestens noch eine der anderen Operationen keine Erhaltungsgröße bei der schwachen Wechselwirkung sein. Der β-Zerfall des Neutrons zeigt, daß die Zeitumkehr zumindest innerhalb der Fehlergrenze erhalten ist. Bei dem Zerfall der K-Mesonen hat man hingegen eine geringe Verletzung der CP-Operation in der Größenordnung von 0,3% messen können, worauf später noch eingegangen wird.

Da die Zerfallsprozesse in bezug auf die CP-Operation näherungsweise invariant ablaufen, kann der Zerfall der K^0-Mesonen zumindest approximativ mit Wellenfunktionen beschrieben werden, die Eigenfunktionen der Operation CP sind. Um die hieraus sich ergebenden Aspekte zu diskutieren, seien die Endzustände des Zerfalls der K^0- und $\overline{K}^0$-Mesonen beim Zerfall in π-Mesonen betrachtet. Die Gesamtladung für Anfangs- und

$$\begin{aligned} K^0 &\to \pi^+ + \pi^- \\ &\to \pi^0 + \pi^0 \\ K^0 &\to \pi^+ + \pi^0 + \pi^- \\ &\to \pi^0 + \pi^0 + \pi^0 \end{aligned} \tag{VII,229}$$

Endzustand ist bei allen Zerfällen wegen der Erhaltung der Ladung Null. Entsprechend Gl. VII,229 werden Zerfallsprozesse in zwei π-Mesonen beobachtet, welche entweder eine Kombination von einem positiv und einem negativ geladenen π-Meson enthält oder zwei neutrale π-Mesonen; entsprechendes ergibt sich für die Zerfallsprozesse in drei π-Mesonen. Die verschiedenen Arten von Endzuständen für den Zerfall in zwei π-Mesonen oder drei π-Mesonen sind Eigenzustände zur Operation CP, wie durch

$$\begin{aligned} CP\,|\pi^+\,\pi^-\rangle &= (-1)^2\,|\pi^-\,\pi^+\rangle = |\pi^+\,\pi^-\rangle \\ CP\,|\pi^+\,\pi^0\,\pi^-\rangle &= (-1)^3\,|\pi^-\,\pi^0\,\pi^+\rangle = -\,|\pi^+\,\pi^0\,\pi^-\rangle \end{aligned} \tag{VII,230}$$

Anwendung dieses Operators auf die entsprechende π-Mesonenfunktion (Gl. VII,230) ersichtlich ist. Der Operator P ergibt bei einem Zustand mit n π-Mesonen den Faktor $(-1)^n$, während der Operator C die Ersetzung eines π^+-Mesons durch ein π^--Meson und umgekehrt bedeutet, während die Anwendung auf ein π^0-Meson dasselbe Teilchen ergibt. In bezug auf den Zerfall in zwei π-Mesonen folgt aus der zugehörigen π-Mesonenfunktion, daß der Operator CP den Eigenwert + 1 hat, während sich für den Zerfall in drei π-Mesonen entsprechend der zugehörigen π-Mesonenfunktion der Eigenwert − 1 ergibt (Gl. VII,230). Da nun die Endzustände Eigenwerte zum Operator CP sind, folgt aus der näherungsweise richtigen Annahme, daß bei der schwachen Wechselwirkung keine Verletzung hinsichtlich der CP-Operation vorliegt, daß auch die Anfangszustände Eigenwerte in bezug auf diese Operation darstellen.

Aus den Reaktionen, bei denen K-Mesonen entstehen, folgte die Existenz zweier verschiedener ungeladener K-Mesonen K^0 und $\overline{K}^0$, die sich in der Strangeness unterscheiden und als Teilchen und Antiteilchen einander zugeordnet sind. Da die K-Mesonen zu dem tiefliegenden Oktett im Bosonenspektrum gehören, haben sie dieselbe innere Parität wie das π-Meson, welche negativ ist. Die Operation CP führt somit für die beiden K-Mesonen K^0 und $\overline{K}^0$ zu dem in Gl. VII,231 angegebenen Resultat, woraus

$$\begin{aligned} CP\,|K^0\rangle &= -\,|\overline{K}^0\rangle \\ CP\,|\overline{K}^0\rangle &= -\,|K^0\rangle \end{aligned} \tag{VII,231}$$

sich ergibt, daß keines der beiden Teilchen ein Eigenzustand des CP-Operators ist. Um die beobachteten Zerfälle in Einklang mit der Erhaltung bezüglich der Operation CP zu bringen, wurde nach Gell-Mann und Pais die Interpretation gegeben [34], daß der Ausgangszustand für die in Gl. VII,229 beschriebenen Zerfälle in zwei beziehungsweise drei π-Mesonen verschiedenen zusammengesetzten Zuständen der beiden K-Mesonen entspricht. Aus den Mesonen K^0 und $\bar{K}^0$ können somit zwei Zustände K_S und K_L gebildet werden, die bei der in Gl. VII,232 angegebenen Zusammensetzung die Eigen-

$$|K_S\rangle = \frac{|K^0\rangle - |\bar{K}^0\rangle}{\sqrt{2}} \quad CP\,|K_S\rangle = +\,|K_S\rangle \qquad \text{(VII,232)}$$

$$|K_L\rangle = \frac{|K^0\rangle + |\bar{K}^0\rangle}{\sqrt{2}} \quad CP\,|K_L\rangle = -\,|K_L\rangle$$

$$K_S \to 2\,\pi, \quad \tau_S = 0{,}86 \cdot 10^{-10}\ \text{sec}; \quad K_L \to 3\,\pi, \quad \tau_L = 5{,}3 \cdot 10^{-8}\ \text{sec}$$

werte + 1 und – 1 hinsichtlich des Operators CP haben. Dem Zustand K_S kann dann der Zerfall in zwei π-Mesonen zugeordnet werden und dem Zustand K_L der Zerfall in drei π-Mesonen (Gl. VII,232), ohne daß dadurch eine CP-Verletzung vorliegt. Da es sich um zwei verschiedene Zerfallsarten handelt, ist zu erwarten, daß diese beiden Zustände K_S und K_L verschiedene Lebensdauern haben. Beide Zerfallsarten unterscheiden sich beispielsweise in der Zahl der Endzustände. Die experimentelle Untersuchung des Zerfalles der neutralen K-Mesonen ergab die in Gl. VII,232 angegebenen Lebensdauern.

Hinsichtlich der experimentellen Untersuchung ist zu bedenken, daß die K-Mesonen durch starke Wechselwirkung erzeugt werden. Gl. VII,233 gibt hierfür zwei Beispiele.

$$\pi^- + p \to \Lambda^0 + K^0 \qquad \text{(VII,233)}$$

$$\begin{array}{l} \pi^+ + p \to K^+ + \Sigma^+ \\ \qquad\quad\ \downarrow \\ \qquad\quad K^+ + n \to K^0 + p \end{array}$$

Da bei der starken Wechselwirkung die Strangeness erhalten ist, folgt daraus, daß die dadurch entstehenden Mesonen K^0 bzw. $\bar{K}^0$ eine definierte Strangeness haben. Demzufolge stellen die erzeugten K-Mesonen im Augenblick ihrer Entstehung eine kohärente Mischung der beiden Zustände K_S und K_L dar, deren Zusammensetzung sich aus Gl. VII,232 ergibt und in Gl. VII,234 dargestellt ist. Der Zerfall von K_S geschieht

$$|K_0\rangle = \frac{|K_S\rangle + |K_L\rangle}{\sqrt{2}} \qquad \text{(VII,234)}$$

$$|\bar{K}_0\rangle = \frac{|K_L\rangle - |K_S\rangle}{\sqrt{2}}$$

wegen der kurzen Lebensdauer bereits in der Nähe des Targets, während bis zum Zerfall des Zustandes K_L das gebildete Teilchen eine größere Wegstrecke zurücklegen kann.

Die im Labor mit definierter Strangeness erzeugten Zustände K^0 und $\bar{K}^0$ unterscheiden sich hinsichtlich ihrer Zusammensetzung aus den Zuständen K_S und K_L dadurch, daß es sich einmal um die Summe, das andere Mal um die Differenz dieser beiden Zustände handelt (Gl. VII,234). Je nach der Phase bezüglich der beiden Zustände K_S

und K_L hat man es umgekehrt mit einem Zustand zu tun, der die Eigenschaft des K^0-Mesons (Strangeness + 1) oder des $\bar{K}^0$-Mesons (Strangeness – 1) oder eine kohärente Mischung von K^0 und $\bar{K}^0$ darstellt. Wenn ein Prozeß existiert, mit welchem die relative Phase dieser beiden Zustände K_S und K_L verändert werden kann, so ergibt sich bei einer Drehung der Phase um 180°, daß sich das im Labor erzeugte K^0-Meson in ein $\bar{K}^0$-Meson umgewandelt hat und umgekehrt. Eine solche Änderung der Phase mit der Zeit ist dann gegeben, wenn die Massen der beiden Zustände K_S und K_L etwas verschieden sind und wenn man bedenkt, daß die Zeitabhängigkeit dieser beiden Zustände gemäß Gl. VII,235 beschrieben ist. Daß die beiden Zustände K_S und K_L verschieden

$$\psi = \psi_1 \, e^{-iE_1 t/\hbar} + \psi_2 \, e^{-iE_2 t/\hbar} \tag{VII,235}$$

große Strahlungskorrekturen erfahren und so einen geringen Massenunterschied aufweisen, ist plausibel, wenn man berücksichtigt, daß beide Zustände auf verschiedene Weise zerfallen, somit einer stärkeren und einer schwächeren Kopplung an den Endzustand entsprechend. Da die Kopplung selbst durch die schwache Wechselwirkung verursacht wird, ist anzunehmen, daß eine „Strahlungskorrektur" bezüglich der Ruhemasse zu einer geringen Energieaufspaltung führt und weil die Zerfallskonstante selbst ein Maß für die Stärke der schwachen Wechselwirkung ist, welche auch die Größe der Strahlungskorrektur bestimmt, stehen Energieverschiebung und Zerfallskonstante miteinander im Zusammenhang, wobei sich die Größenordnung der Energieverschiebung gemäß $E = a \cdot \hbar/\tau_S$ ergibt mit $a \approx 1$. Der Massenunterschied selbst wird nunmehr über die Änderung der Phase meßbar im Zusammenhang mit der Umwandlung des K^0-Mesons in ein $\bar{K}^0$-Meson. Würde der Massenunterschied beispielsweise 10^{-6} eV betragen, so ergibt sich aus Gl. VII,235, daß die zugehörige Umwandlung nach ungefähr 10^{-9} sec erfolgt ist. Bei der gesamten Beschreibung des Zustandes sind außerdem die Lebensdauern τ_S und τ_L für das K_S und K_L-Meson zu berücksichtigen. Bezeichnet man die Massen der beiden Zustände K_S und K_L mit m_S und m_L, so folgt für die Beschreibung des Zustandes in Abhängigkeit von der Zeit t, gemessen vom Zeitpunkt der Entstehung der in Gl. VII,236 angegebene Zusammenhang. Die Zerfallszei-

$$\psi(t) = \frac{1}{\sqrt{2}} \, |K_S\rangle \, e^{-im_S t - -t/2\tau_S} + \frac{1}{\sqrt{2}} \, |K_L\rangle \, e^{-im_L t - -t/2\tau_L} \tag{VII,236}$$

ten τ_S und τ_L entsprechen damit der Dämpfung der Zustände K_S und K_L. Dies hat zur Folge, daß der Interferenzeffekt nur während der Lebensdauer des schneller zerfallenden Teilchenzustandes K_S gemessen werden kann, während nach längerer Zeit im Strahl selbst nur noch der Zustand K_L vorhanden ist (Abb. VII,52). Nach einer Zeit, welche größer ist als die Lebensdauer des K_S-Zustandes hat sich der K-Mesonenstrahl in eine kohärente Mischung von K^0 und $\bar{K}^0$ verwandelt, somit Teilchen mit der Strangeness $S = 1$ *und* $S = -1$ aufweisend. Somit ändert sich periodisch mit der Zeit das Verhalten des durch die Reaktion entstandenen Zustandes, wobei dieser zunächst für

$t = 0$ ein K^0-Meson darstellt und nach einiger Zeit die Eigenschaften des $\overline{K}^0$-Mesons mit hervortreten. Insbesondere ergibt sich für die Wahrscheinlichkeit des Auftretens derselben Eigenschaften, wie sie im Augenblick der Entstehung des K-Mesons vorliegt, der in Gl. VII,237 angegebene Zusammenhang (Abb. VII,53).

$$|\langle K_0 \mid \psi \rangle|^2 = 1 - \frac{1}{4}\left[1 + e^{-t/\tau_S} + 2\cos(\Delta m\, t)\, e^{-t/2\tau_S}\right] \qquad \text{(VII,237)}$$

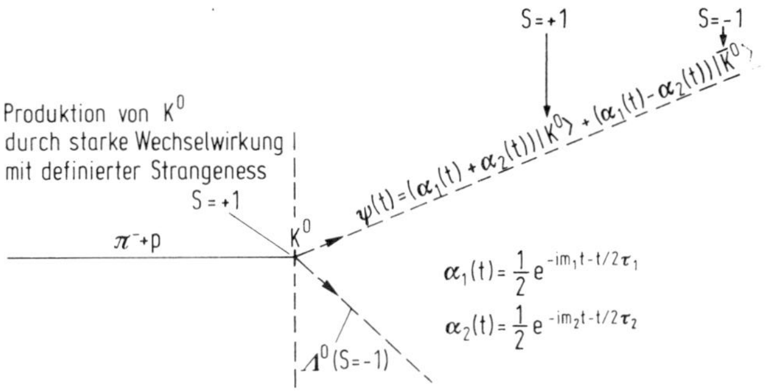

Abb. VII,52. Änderung der Strangeness beim Zerfall von K^0-Mesonen durch schwache Wechselwirkung.

Die Messung des geringen Massenunterschiedes ist experimentell feststellbar, wenn die Zeit beobachtet werden kann, während der sich die Phase um 180° geändert hat. Als „Detektor" für die Phasenänderung kann jeweils die Eigenschaft des gebildeten Zustands betrachtet werden, die verschieden ist, gemäß der Zusammensetzung aus K^0- und $\overline{K}^0$-Mesonen. Die Feststellung der Änderung ist erleichtert, da sich das K^0-Meson und das $\overline{K}^0$-Meson in ihrer Strangeness-Quantenzahl unterscheiden. Während mit einem Zustand der Strangeness $S = -1$, der dem $\overline{K}^0$-Meson entspricht, mit einem Proton die Teilchenreaktion entsprechend Gl. VII,238 hervorgerufen werden kann, ist dies nicht

$$\overline{K}^0 + p \rightarrow \Lambda + \pi^+ \qquad \text{(VII,238)}$$

möglich mit einem K^0-Meson, da dieses die Strangeness $S = +1$ hat, so daß damit kein Λ-Teilchen erzeugt werden kann, welches die Strangeness $S = -1$ besitzt. Das Auftreten der Reaktion in Gl. VII,238 ist somit ein Anzeichen für eine Phase von K_S und K_L, die von 0° mod. 2π abweicht. Die Zeit wird durch die verschiedene Entfernung, die das K-Meson zurücklegt und durch dessen Geschwindigkeit bestimmt.

Wartet man die Zeit ab, bis der Zustand K_S zerfallen ist, so sind im Strahl selbst nur noch K-Mesonen im Zustand K_L vorhanden, die jedoch entsprechend Gl. VII,230 eine kohärente Mischung von K^0- und $\overline{K}^0$-Mesonen darstellen. Da beispielsweise die Streuwirkungsquerschnitte für K^0-Mesonen anders sind als diejenigen für $\overline{K}^0$-Mesonen, ergibt sich nach Durchsetzen eines Targets eine Regenerierung der K_S-Mesonen. Bezeichnet man die verschiedenen Streuamplituden für K^0- und $\bar{K}^0$-Mesonen mit f_+ und f_-, so folgt für einen K-Mesonenstrahl nach Durchsetzen eines Targets Gl. VII,239. Nachdem so

$$\psi \sim \frac{f_+ - f_-}{\sqrt{2}} \,|K_S\rangle + \frac{f_+ + f_-}{\sqrt{2}} \,|K_L\rangle \qquad \text{(VII,239)}$$

der K-Mesonenstrahl sich regeneriert hat, können erneut Zerfälle beobachtet werden, die für das K_S-Meson charakteristisch sind und durch den Zerfall in zwei π-Mesonen (Abb. VII,54) der Beobachtung zugänglich sind. Aus der Untersuchung der Regenerierung des K-Mesonenstrahls kann wiederum der Massenunterschied zwischen den beiden K-Mesonen bestimmt werden.

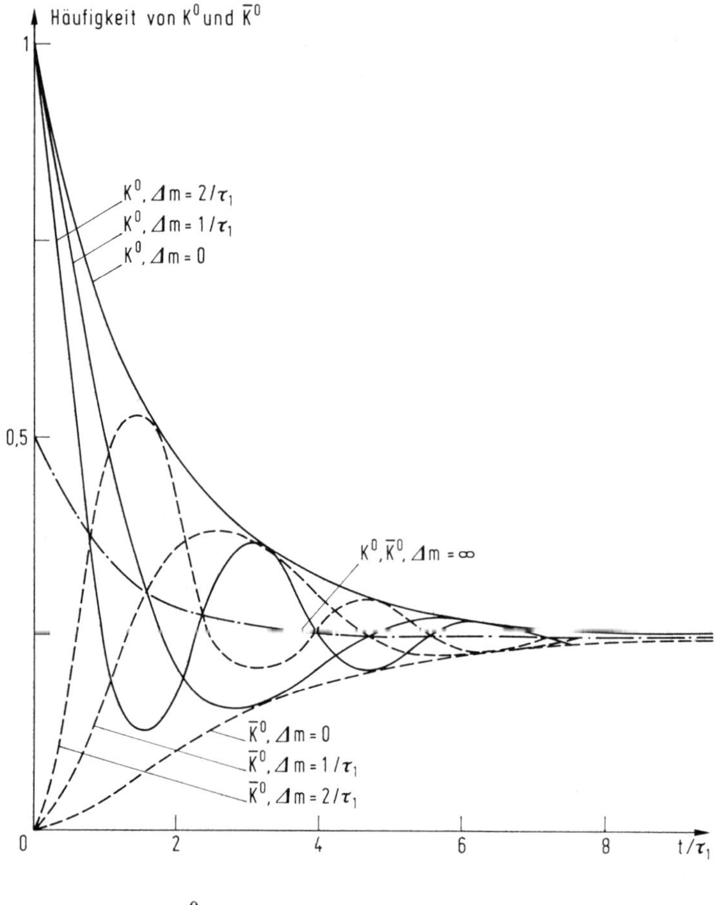

Abb. VII,53. Intensität der K^0-Mesonen als Funktion der Zerfallszeit und für verschiedene Werte des Massenunterschiedes Δm von K_1^0 und K_2^0-Mesonen.

Für die Messungen wurden die K^0-Mesonen durch schnelle Protonen in einem Hochenergiebeschleuniger erzeugt. Beim Auftreffen von 10^{11}-Protonen auf das Target

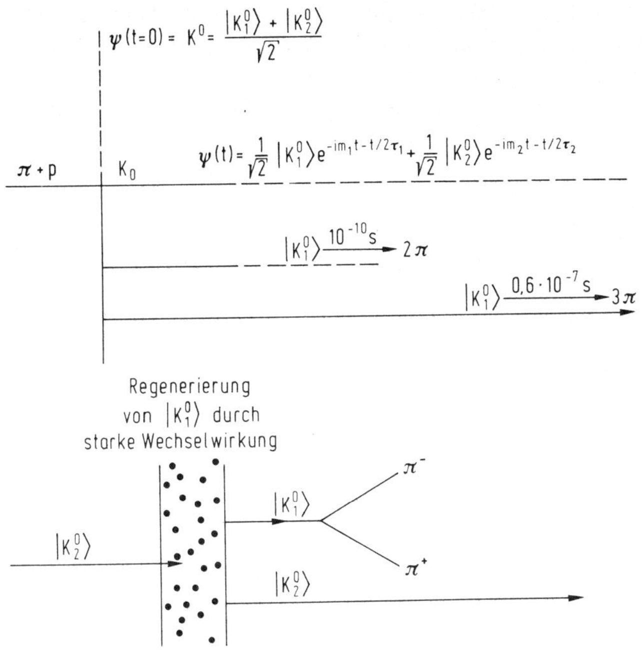

Abb. VII,54. Experimentelle Untersuchung zur Regenerierung der K_1-Mesonen durch Wechselwirkung mit Nukleonen.

durchsetzte ungefähr ein K^0-Meson die Untersuchungsapparatur. Das Ergebnis hängt von der Dicke des Regenerierungstargets ab. Aus der Messung der Abhängigkeit der Prozesse als Funktion dieser Größe ergibt sich für den Massenunterschied zwischen K_S-Mesonen und K_L-Mesonen der oben angegebene Wert von ungefährt 10^{-5} eV.

Die im Vorangegangenen beschriebenen experimentellen Beobachtungen wurden unter dem Gesichtspunkt der Erhaltung bezüglich der Operation CP interpretiert und führten zu der Erklärung, daß zwei verschiedene Mesonen K_S und K_L existierten, welche in zwei beziehungsweise drei Mesonen zerfallen und verschiedene Lebensdauern aufweisen. Genaue Messungen zeigten jedoch, daß K_L zwar in der Hauptsache in zwei Mesonen, zu einem sehr geringen Anteil jedoch auch in drei π-Mesonen zerfällt (Gl. VII,240).

$$\begin{aligned} K_L \to\ & \pi^0\,\pi^0\,\pi^0 && (21{,}4 \pm 0{,}7)\,\% \\ & \pi^+\,\pi^-\,\pi^0 && (12{,}6 \pm 0{,}3)\,\% \\ & \pi\,\mu\,\nu && (26{,}8 \pm 0{,}6)\,\% \\ & \pi\,e\,\nu && (39{,}0 \pm 0{,}6)\,\% \\ & \pi^+\,\pi^- && (0{,}157 \pm 0{,}005)\,\% \\ & \pi^0\,\pi^0 && (0{,}094 \pm 0{,}019)\,\% \end{aligned} \qquad \text{(VII,240)}$$

Hinsichtlich der schwachen Wechselwirkung der K-Mesonen ergibt sich also eine Verletzung gegenüber der CP-Operation, die im Zusammenhang mit dem CPT-Theorem dann einer geringen Verletzung der Zeitumkehr entspricht. Die Zustände K_S und K_L werden dementsprechend besser durch Gl. VII,241 charakterisiert, wobei K_1 und K_2 der in Gl. VII,232 gegebenen Zusammensetzung entsprechen. Führt man nun ein Expe-

$$K_S = \frac{K_1 + \epsilon K_2}{\sqrt{1+\epsilon^2}} \qquad \text{(VII,241)}$$

$$K_L = \frac{K_2 + \epsilon K_1}{\sqrt{1+\epsilon^2}}$$

$$\text{mit} \quad CP\,|K_1\rangle = +\,|K_1\rangle, \quad CP\,|K_2\rangle = -\,|K_2\rangle$$

riment durch, bei welchem aus den langlebigen K_L-Mesonen durch Regenerierung K_S-Mesonen kohärent produziert werden, so kann außer der Amplitude die Phase zwischen den zwei π-Mesonen-Zerfällen von K_S und den „eigenständigen" Zwei-π-Mesonen-Zerfällen von K_L gemessen werden. Da der Phasenfaktor selbst eine komplexe Größe darstellt, können je nachdem ob man den Zerfall in zwei neutrale oder zwei geladene π-Mesonen betrachtet, die in Gl. VII,242 definierten Größen experimentell bestimmt wer-

$$\eta_{+-} = \frac{\langle \pi^+ \pi^- \,|\, T \,|\, K_L \rangle}{\langle \pi^+ \pi^- \,|\, T \,|\, K_S \rangle} = |\eta_{+-}|\, e^{i\Phi_{+-}} \qquad \text{(VII,242)}$$

$$\eta_{00} = \frac{\langle \pi^0 \pi^0 \,|\, T \,|\, K_L \rangle}{\langle \pi^0 \pi^0 \,|\, T \,|\, K_S \rangle} = |\eta_{00}|\, e^{i\Phi_{00}}$$

$$|\eta_{+-}| = (1{,}9 \pm 0{,}03)\; 10^{-3} \qquad \Phi_{+-} = 43^\circ \pm 3^\circ$$

$$|\eta_{00}| = (2{,}09 \pm 0{,}12)\; 10^{-3} \qquad \Phi_{00} = 43^\circ \pm 19^\circ$$

den. Die experimentell gefundenen Werte sind in Gl. VII,242 mit angegeben.

Eine weitere Verletzung der CP-Operation wurde experimentell beobachtet für die halbleptonischen Zerfälle der K^0-Mesonen. Bei Erhaltung der Vorgänge bezüglich der CP-Operation müßten die in Gl. VII,243 beschriebenen Zerfallsprozesse mit gleicher

$$K_L \to \pi^- + \begin{matrix} \mu^+ + \gamma_\mu \\ e^+ + \nu_e \end{matrix} \qquad \text{(VII,243)}$$

$$\to \pi^+ + \begin{matrix} \mu^- + \bar{\nu}_\mu \\ e^- + \bar{\nu}_e \end{matrix}$$

Häufigkeit beobachtet werden. Für die in Gl. VII,244 definierte Abweichung wurde

$$\delta = \frac{\mu^+ - \mu^-}{\mu^+ + \mu^-} = \frac{e^+ - e^-}{e^+ + e^-} \qquad \text{(VII,244)}$$

jedoch der in Gl. VII,245 angegebene Wert gemessen. Die Größe δ steht mit der in Gl. VII,240 angegebenen Größe ϵ gem. Gl. VII,245 in Zusammenhang.

$$\delta = \langle K_L \mid K_S \rangle = \frac{2\,Re\,\epsilon}{\sqrt{1+\epsilon^2}} = 3{,}2 \cdot 10^{-3} \qquad \text{(VII,245)}$$

7.5 Zerfälle durch schwache Wechselwirkung und Isospin

Als Beispiel eines nichtleptonischen Prozesses sei zunächst der Zerfall des Λ-Teilchens erwähnt. Als Endzustand ergeben sich entweder ein π^--Meson und ein Proton oder ein π^0-Meson und ein Neutron entsprechend Gl. VII,246. Da der Anfangszustand aus

$$\begin{aligned} \Lambda &\to \pi^- + p \\ &\to \pi^0 + n \end{aligned} \qquad \text{(VII,246)}$$

einem Teilchen mit Isospin $T = 0$, der Endzustand jedoch aus zwei Teilchen mit $T = 1/2$ und $T = 1$ besteht, kann die gesamte Isospinänderung somit $T = 1/2$ oder $T = 3/2$ betragen. Erfolgt der Zerfall ausschließlich unter der Auswahlregel $\Delta\, T = 1/2$ oder ausschließlich unter der Auswahlregel $\Delta\, T = 3/2$, so können die Verzweigungsverhältnisse entsprechend den Isospinfunktionen erhalten werden (Gl. VII,246). Unter der Annahme, daß die Auswahlregel $\Delta\, T = 1/2$ gilt, sind die entsprechenden Isospinfunktionen nach dem Zerfall für Protonen und -Mesonen zum Gesamtspin $T = 1/2$ zugehörig. Als Verzweigungsverhältnis für die in Gl. VII,246 dargestellte Reaktion ergibt sich dann der Wert 2:1 (Gl. VII,247). Das gemessene Verzweigungsverhältnis liegt nahe dem Wert, welcher der Isospinänderung $\Delta\, T = 1/2$ entspricht.

$$\begin{aligned} \mid p\,\pi^-\rangle &= -\sqrt{2/3} \mid T = 1/2,\ T_3 = -1/2\rangle \\ &\quad + \sqrt{1/3} \mid T = 3/2,\ T_3 = -1/2\rangle \\ \mid n\,\pi^0\rangle &= \sqrt{1/3} \mid T = 1/2,\ T_3 = -1/2\rangle \\ &\quad + \sqrt{2/3} \mid T = 3/2,\ T_3 = -1/2\rangle \end{aligned} \qquad \text{(VII,247)}$$

Als nächstes Beispiel sei der nichtleptonische Zerfall des K^0-Mesons betrachtet (Gl. VII,248). Für den Fall, daß der Endzustand aus 2 π-Mesonen besteht, kann der

$$\begin{aligned} K^0 &\to \pi^+ + \pi^- \\ &\to \pi^0 + \pi^0 \end{aligned} \qquad \text{(VII,248)}$$

Endzustand hinsichtlich der Zerfallsmöglichkeit entweder aus einem positiv und einem negativ geladenen π-Meson oder aus zwei π^0-Mesonen gebildet werden. Da das K^0-Meson den Isospin 1/2 hat und die beiden π-Mesonen zusammen den Isospin 2, 1 oder 0 bilden können, ergibt sich, daß als Gesamtisospinänderung $\Delta\, T = 3/2$ und $\Delta\, T = 1/2$ zur Diskussion stehen. Zur Interpretation des Verzweigungsverhältnisses in bezug auf die Änderung des Isospins seien die Verzweigungsverhältnisse für $\Delta\, T = 3/2$ und $\Delta\, T = 1/2$

betrachtet. Erfolgt der Übergang entsprechend $\Delta T = 3/2$, so müssen die beiden π-Mesonen in einen Zustand mit Gesamtisospin $T = 2$ sein, wogegen für den Übergang entsprechend $\Delta T = 1/2$ als Isospinfunktionen diejenige für $T = 1$ bzw. $T = 0$ einzusetzen wäre. Das experimentelle Ergebnis des Verzweigungsverhältnisses gemäß Gl. VII,249

$$\Gamma_{K\to\pi_0+\pi_0}/(\Gamma_{K\to\pi_0+\pi_0} + \Gamma_{K\to\pi^+ + \pi^-}) = 1/3 \qquad \text{(VII,249)}$$

ist wiederum in Übereinstimmung mit der Isospinänderung $\Delta T = 1/2$. Der Zerfall von K^+ in $\pi^+ + \pi^0$ ergibt hingegen $|\Delta T| = 3/2$, da die beiden Mesonen im Drehimpulszustand $l = 0$ sich befinden, eine symmetrische Isospinfunktion haben müssen und somit nur $T = 2$ zur Verfügung steht, da $T = 0$ wegen $T_3 = 1$ ausfällt.

Während die vorangegangenen beiden Prozesse sich auf nichtleptonische Zerfälle der schwachen Wechselwirkung beziehen, sei der leptonische, mit ≈ 64 Prozent häufigste Zerfall der $K^{\pm}$-Mesonen noch erwähnt (Gl. VII,250). Alle beobachteten Reaktionen zeigen, daß sich beim Zerfall die Ladung um 1 ändert und ebenso die Änderung der

$$K^{\pm} \to \mu^{\pm} + \begin{cases} \nu_\mu \\ \bar{\nu}_\mu \end{cases} \qquad \text{(VII,250)}$$

Strangeness den Wert 1 hat (Gl. VII,251).

$$|\Delta S| = 1 \quad |\Delta T| = 1/2 \quad \Delta S/\Delta Q = +1 \qquad \text{(VII,251)}$$
$$\Delta S = 0 \quad |\Delta T| = 1, 0$$

8. Untersuchungen von Prozessen der elektromagnetischen Wechselwirkung

Bei der Untersuchung elektromagnetischer Prozesse ergibt sich die allgemeine Fragestellung, welche meßbaren Größen zur Charakterisierung der elektromagnetischen Eigenschaften der Elementarteilchen, der Wechselwirkung und der Eigenschaften des elektromagnetischen Feldes selbst bestimmt werden können. Ein einfacher Fall betrifft Wechselwirkungen mit statischen elektromagnetischen Feldern, wie sie beispielsweise durch ein statisches Magnetfeld oder das elektromagnetische Feld der Atomelektronen gegeben sind. Aus einer statischen Wechselwirkung kann auch die Änderung in erster Näherung verstanden werden, welche die elastische Streuung von Elektronen bei nicht zu großen Energien angeht. In den beiden genannten Fällen verbleibt das zu untersuchende Teilchen in seinem Zustand ψ_i und die gemessene Größe entspricht dem Diagonalmatrixwlement eines bestimmten Operators (Gl. VII,252).

$$M_{fi} = \int \psi_i^* \, O \, \psi_i \, d\tau \qquad \text{(VII,252)}$$

Eine andere Gruppe von Prozessen bilden diejenigen, bei welchen verschiedene Teilchenzustände durch die elektromagnetische Wechselwirkung miteinander verbunden werden. Das Matrixelement betrifft dann das Matrixelement eines Operators, wobei Anfangszustand ψ_i und Endzustand ψ_f verschiedene Teilchenzustände darstellen (Gl. VII,253). Damit bei diesen Reaktionen oder spontanen Zerfällen die Erhaltungssätze erfüllt werden können, werden die entsprechenden Größen wie Energiedifferenz,

$$M_{fi} = \int \psi_f^* O \, \psi_i \, d\tau \tag{VII,253}$$

Drehimpulsunterschied, Paritätsänderung durch das elektromagnetische Feld selbst oder durch andere Teilchen mit Hilfe der elektromagnetischen Wechselwirkung übernommen oder abgegeben.

8.1 Elektromagnetische Momente

Die elektromagnetische Wechselwirkung, die ein Elementarteilchen mit elektromagnetischen Eigenschaften in einem elektromagnetischen Feld erfährt, kann durch einen zusätzlichen Term H' im Hamiltonian des gesamten Systems beschrieben werden. Aus H' können die beobachtbaren Änderungen des Systems abgeleitet werden, die als Parameter elektromagnetische Eigenschaften des Teilchens enthalten. Aspekte für die Aufstellung des die Wechselwirkung beschreibenden Operators H' stehen mit der Symmetrie der Felder wie des Teilchens und auch mit der räumlichen Verteilung der elektromagnetischen Eigenschaften im Zusammenhang. Besonders einfache Verhältnisse ergeben sich beispielsweise, wenn das äußere Feld am Ort des Elementarteilchens nur von den Winkeln abhängig ist und der Radialanteil als konstant angesehen werden kann. Dies ist für viele Hyperfeinstrukturuntersuchungen, bei denen die Wechselwirkung der Elektronenhülle mit dem Atomkern gemessen wird, der Fall. Da die Elementarteilchen sehr viel kleiner als die räumliche Ausdehnung der Wellenfunktion eines Atomelektrons sind, ist die genannte Bedingung approximativ oft gut erfüllt. Denkt man sich das äußere Feld nach Multipolen entwickelt, so folgt, daß mit einem bestimmten Multipolanteil des äußeren Feldes ein bestimmter zugehöriger Multipolanteil der Verteilung der Ladungen und Ströme in dem zu untersuchenden Teilchen gemessen werden kann, wie sich aus der Orthogonalität der Kugelfunktionen ergibt. Da die Elementarteilchen einen bestimmten inneren Drehimpuls I haben, ist damit die Multipolordnung der realisierbaren Multipolmomente des Elementarteilchens gegrenzt entsprechend Gl. VII,254,

$$O_k \, \psi(I) = \sum_{j=I-k}^{j=I+k} F_j \tag{VII,254}$$

$$j^2 F^j = j(j+1) F^j \qquad \breve{j}_z F = m_j F$$

wobei O_k eine Kugelfunktion der Ordnung k bedeutet, und ψ_I die Wellenfunktion des Elementarteilchens mit Drehimpuls I ist. Für die elektrischen und magnetischen Multipoloperatoren $O(E, k, \mu)$ und $O(M, k, \mu)$ erhält man nach Entwicklung der Multipolfelder Gl. VII,255 und Gl. VII,256. Das Verhalten dieser Operatoren hinsichtlich der

$$O(E, k, \mu) = e\, g_q\, r^k\, C_\mu^k(\Theta, \varphi)\,, \tag{VII,255}$$

$$C_\mu^k = \sqrt{\frac{4\pi}{2k+1}}\; Y_{k\mu}(\Theta, \varphi)$$

$g_q = 1$ für Protonen

$g_q = 0$ für Neutronen

Gl. VII,255 und Gl. VII,256. Das Verhalten dieser Operatoren hinsichtlich der Paritäts-

$$O(M, k, \mu) = \frac{e\hbar}{2mc}\, \overrightarrow{\text{grad}}\, r^k\, C_\mu^k(\Theta, \varphi)\, \left(\frac{2 g_q}{k+1} L + g_s \vec{\sigma}\right) \tag{VII,256}$$

Paritätsformation stellt Gl. VII,257 dar. Mit der annahme, daß die Elementarteilchen

$$P\, O(E, k, \mu) = (-1)^k\, O(E, k, \mu) \tag{VII,257}$$
$$P\, O(M, k, \mu) = -(-1)^k\, O(M, k, \mu)$$

definierte Parität haben (gerade oder ungerade) folgt aus Gl. VII,255, daß nur statische elektromagnetische Momente gerader Multipoloperatoren existieren (Tab. VII,19). Im Zusammenhang mit der universalen schwachen Wechselwirkung, welche die Parität

Tab. VII,19.

Kernmoment	k	Kernspin
magnetischer Dipol	1	$I \geqq 1/2$
elektrischer Quadropol	2	$I \geqq 1$
magnetischer Oktupol	3	$I \geqq 3/2$
elektrischer Sechzehnpol	4	$I \geqq 2$

nicht erhält, entsteht die Frage, in wie weit die Elementarteilchenzustände geringe Zumischungen der entgegengesetzten Paritäten haben können. Genaue experimtentelle Untersuchungen der Frage, ob ein geringes elektrisches Dipolmoment des Neutrons existiert, ergaben bisher keinen diesbezüglichen Anhaltspunkt.

Ist im Unterschied zu den oben behandelten einfachen Verhältnissen des äußeren elektromagnetischen Feldes auch in radialer Richtung das Feld verschieden groß für verschiedene Gebiete eines räumlich ausgedehnt gedachten Elementarteilchens, so kann in günstigen Fällen eine Aussage über die räumliche Verteilung der elektromagnetischen Eigenschaften des Elementarteilchens erhalten werden. Hinsichtlich der Verteilung der magnetischen Eigenschaften ergibt sich eine Meßmöglichkeit durch Bestimmung der Hyperfeinstruktuṙanomalie.

Für die physikalischen Vorstellungen über die Natur der Leptonen ist die Messung der magnetischen Momente von Interesse. Präzisionsmessungen der magnetischen Momente von Elektron und μ-Meson ergaben, daß sich diese wie die reziproken Werte der Teilchenmassen verhalten und das μ-Meson einem „schweren Elektron" diesbezüglich entspricht.

8.2 Formfaktoren

Eingehende Untersuchungen hinsichtlich der Frage der räumlichen Ausdehnung der Ladungen und Ströme in Proton und Neutron wurden durch die Messung des differentiellen Wirkungsquerschnitts der Streuung sehr schneller Elektronen unternommen, deren DeBroglie-Wellenlänge wesentlich kleiner als die Comptonwellenlänge des π-Mesons $\hbar/m_\pi c$ ist. Es zeigt sich eine Abweichung der gemessenen Streuwirkungsquerschnitte von denjenigen, die sich für punktförmige Teilchen ergeben würden. Hinsichtlich des Wirkungsquerschnitts für die Streuung eines hochenergetischen Elektrons an einem punktförmig gedachten Proton wird von der Rosenbluthformel [35] ausgegangen, wobei der über den Diracschen Anteil des magnetischen Momentes eines Teilchens mit Spin 1/2 hinausgehende Anteil durch einen anomalen Anteil des magnetischen Moments μ_a berücksichtigt wird (Gl. VII,258). Hierbei bedeuten $\hbar k$ den über-

$$\sigma_{p,\,\text{punktf}}(\Theta) = \frac{1}{4}\left(\frac{e^2}{E}\right)^2 \frac{\cos^2 \Theta/2}{\left(\sin^4 \frac{\Theta}{2}\right)\left(1 + \frac{2E}{mc^2}\sin^2\frac{\Theta}{2}\right)} \tag{VII,258}$$

$$\left\{1 + \frac{\hbar^2 K'^2}{4m^2c^2}\left[2(1+\mu_a)^2 \operatorname{tang}^2 \Theta/2 + \mu_a^2\right]\right\}$$

$$K' = 2k \frac{\sin^2 \Theta/2}{\sqrt{1 + \frac{2E}{mc^2}\sin^2\Theta}}$$

tragenen Impuls und E die Gesamtenergie des Elektrons. Für den Fall einer räumlich ausgedehnten Verteilung der elektrischen Ladung und des anomalen Anteils des magnetischen Momentes kann man versuchen, die Streuformel durch die Formfaktoren F_q und F_a gemäß Gl. VII,259 zu modifizieren. Experimentelle Untersuchungen ergaben

$$\left\{1 + \frac{\hbar^2 K'^2}{4m^2c^2}\left[2(1+\mu_a)^2 \operatorname{tang}^2 \Theta/2 + \mu_a^2\right]\right\} \tag{VII,259}$$

$$\rightarrow \left\{F_q^2 + \frac{\hbar^2 K'^2}{4m^2c^2}\left[2(F_q + F_a\mu_a)^2 \operatorname{tang}^2 \Theta/2 + F_a^2\mu_a^2\right]\right\}$$

für Protonen für F_q und F_a den in Abb. VII,55 skizzierten Verlauf. Bei großen Elektronenenergien werden auch inelastische Prozesse beobachtet, die mit der Bildung von Mesonen oder der Anregung von Resonanzprozessen im Zusammenhang stehen.

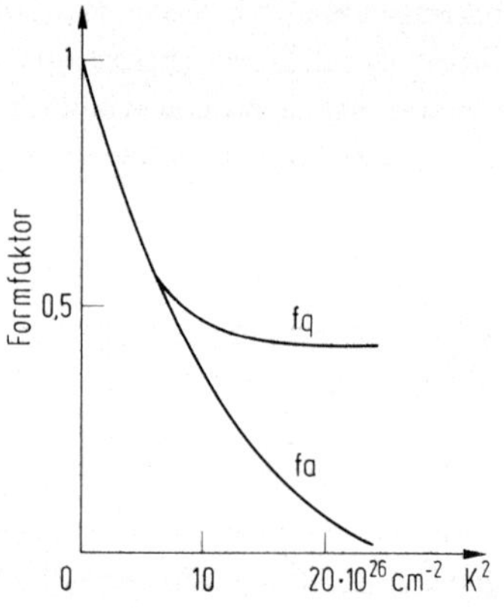

Abb. VII,55. Formfaktor in Abhängigkeit vom Quadrat des übertragenen Impulses $\hbar K'$.

8.3 Übergänge durch elektromagnetische Wechselwirkung

Treffen hochenergetische γ-Quanten auf ein Target, so können durch die elektromagnetische Wechselwirkung neue Teilchenzustände gebildet werden. Da keine intensiven, energetisch durchstimmbaren Quellen für γ-Quanten hoher Energie existieren, ist man auf die Bremsstrahlung schneller Elektronen angewiesen oder auf Prozesse virtueller γ-Quanten, die bei der Ablenkung von Elektronen entstehen. Die Elektronenbremsstrahlung liefert ein kontinuierliches γ-Spektrum. Auf die Energie eines γ-Quants, welches eine Reaktion bewirkte, kann in günstigen Fällen aus der Energiebilanz nach der Reaktion geschlossen werden. Bei Experimenten mit Verwendung eines kontinuierlichen γ-Spektrums, welches beispielsweise mit einem Paarspektrometer geeicht wird, ergeben sich Informationen über integrierte Wirkungsquerschnitte.

Als ein wichtiges Beispiel für einen inelastischen Prozeß sei die Photoproduktion von π-Mesonen genannt (Gl. VII,260). In Abhängigkeit von der Energie des γ-Quants zeigt

$$\begin{aligned} \gamma + p &\to p + \pi^0 \\ &\to n + \pi^+ \end{aligned} \qquad \text{(VII,260)}$$

sich ein breites Maximum für den Produktionswirkungsquerschnitt in der Nähe des Energiewertes, welcher der Anregung der ersten Nukleonenresonanz Δ_1 (1236 MeV) ungefähr $2,8 \cdot 10^{-28}$ cm^2 entspricht. Handelt es sich um eine Reaktion, die hauptsächlich über einen Zwischenzustand abläuft, so sind die Quantenzahlen des Zwischenzustandes für den Vorgang von wesentlichem Einfluß. Von dem auf das Protonentarget auftreffenden γ-Quantenstrahl, der alle Multipolordnungen E1, M1, E2, M2, E3, . . . enthält, können dann nur diejenigen Partialwellenanteile an der Reaktion beteiligt sein, welche bei Erhaltung von Drehimpuls und Parität den Zwischenzustand zu bilden erlauben. Da nach der Reaktion ebenso das entstandene π-Meson eine solche Wellenfunktion haben muß, daß Drehimpuls und Parität bei dem gesamten Prozeß erhalten sind, wird aus der Winkelverteilung des entstandenen π-Mesons eine Information über die Multipolarität des elektromagnetsichen Übergangs erhalten. Die in der Nähe der Resonanz gemessene Winkelverteilung (Gl. VII,261) entspricht der Multipplordnung 1. Aus der elastischen Streuung von π-Mesonen an Protonen wurden als Quantenzahlen

$$\sigma(\Theta_\pi) \sim 5 - 3 \cos^2 \Theta \quad \text{nahe } \Delta^1\text{-Resonanz} \qquad \text{(VII,261)}$$

für die erste Nukleonenresonanz Δ_1 die Werte $3/2^+$ bestimmt, da die Nukleonen die Spin- und Paritätszuordnung $1/2^+$ haben und das π-Meson negative innere Parität besitzt. Als Multipolordnung für den elektromagnetischen Übergang ergibt sich somit M1. Außer π-Mesonen können mit γ-Quanten oder Elektronen durch elektromagnetische Wechselwirkung auch weitere Mesonen mit Strangeness $S = 0$ in Photoprozessen erzeugt werden.

Als weiteres Beispiel einer Reaktion durch elektromagnetische Wechselwirkung sei die unelastische Elektronenstreuung genannt, bei welcher durch ein zwischen Elektron und Nukleon ausgetauschtes virtuelles γ-Quant ein Übergang zu einem angeregten Nukleonenzustand bewirkt wird (Gl. VII,263). Die Anregungsenergie wird als Energiever-

$$\begin{aligned} e + N \rightarrow e' + \gamma + N \ &\rightarrow N^* + e' \qquad \text{(VII,263)} \\ N^* &\rightarrow N \ + \pi \end{aligned}$$

lust des Elektrons gemessen. Da es ein elektromagnetischer Übergang ist, gilt die Auswahlregel $\Delta S = 0$. Der angeregte Nukleonenzustand zerfällt nach sehr kurzer Zeit in den meisten Fällen unter Emission von π-Mesonen.

Untersuchung zur elektromagnetischen Wechselwirkung hochenergetischer Elektronen oder μ-Meson sind mit vielerlei interessanten Aspekten zur Untersuchung von Baryonen- und Mesonenzuständen verbunden.

Mit immer größer werdender Energie der zusammenstoßenden Teilchen ergibt sich die Frage, wieviele Resonanzzustände überhaupt auffindbar sind, oder ob sich ein Kontinuum bei hohen Energien anschließt. Auch werden Experimente mit der Fragestellung durchgeführt, ob die Nukleonen aus noch kleineren Bausteinen – Partonen oder Quarks – aufgebaut gedacht werden können.

Nicht nur hinsichtlich der Baryonen und Mesonen ergeben sich offene Fragen. So ist man beispielsweise daran interessiert, zu untersuchen, ob die Streuung von Elektronen an Elektronen bei sehr hohen Energien – sehr kleinen Abständen entsprechend – sich noch durch die Quantenelektrodynamik beschreiben läßt. Sehr große Energien können insbesondere in Speicherringen erzeugt werden, wenn Teilchen, die sich in entgegengesetzter Richtung bewegen, zusammenstoßen. Während bei einem ruhenden Target von der zur Verfügung stehenden Beschleunigerenergie ein Teil für die kinetische Energie der Schwerpunktsbewegung des gesamten Systems aufgewandt wird, entfällt dieser Umstand, wenn bereits vor der Reaktion die Schwerpunktsenergie des gesamten Systems verschwindet. Bei relativistischen Energien ist der erwähnte Effekt von ausschlaggebenden Einfluß, da wegen der relativistischen Kinematik bei ruhendem Target die im Schwerpunktssystem zur Verfügung stehende Energie beim Zusammenstoß von Teilchen derselben Masse lediglich $\sqrt{2\, m\, c^2\, E}$ beträgt.

Bei der Untersuchung von Fragen, ob unsere Kenntnis der Teilchenzustände vollständig ist oder ob noch weitere neue Teilchenzustände existieren, die beispielsweise wegen ihrer geringen Produktionswirkungsquerschnitte und kleinen Strahlungsbreite bisher nicht entdeckt werden konnten, wurden in jüngster Zeit Informationen über eine neue Art von Teilchenzuständen mit dem J-Teilchen gewonnen [36]. Der neue Teilchenzustand, für den eine Masse von 3,1 GeV und eine Niveaubreite von nur ungefähr 80 keV bestimmt wurden, ergab sich beim Zusammenstoß von hochenergetischen Protonen wie auch bei Zusammentreffen hochenergetischer Elektronen in Speicherringen. Der elektrisch neutrale Zustand zerfällt in ein Elektron-Positron-Paar, dessen Messung den Nachweis des Teilchens darstellt. Das J-Teilchen wird somit den Vektormesonen zugeordnet, Entstehung und Zerfall werden durch elektromagnetische Wechselwirkung verursacht. Die Vermutung, daß es sich um eine neue Art von Teilchen handelt, steht mit der sehr geringen Strahlungsbreite im Zusammenhang. Würde das Teilchen durch starke Wechselwirkung in energetisch tieferliegende Zustände übergehen, so müßten die Breiten, wie bei entsprechend hochangeregten Mesonenzuständen eher in der Größenordnung von mehreren 100 MeV liegen. Die geringe Strahlungsbreite läßt darauf schließen, daß der Zerfall nicht durch starke Wechselwirkung stattfindet, welches entweder durch eine unbekannte Auswahlregel infolge einer bisher unbekannten Symmetrieeigenschaft beispielsweise verstanden werden könnte oder damit im Zusammenhang steht, daß das J-Teilchen nicht durch starke Wechselwirkung mit anderen Zuständen verbunden ist. Bei negativer Ladungskonjugationsparität entsprechen die Quantenzahlen des J-Partikels denjenigen des γ-Quants.

In dem Experiment, bei welchem das neue Teilchen durch den Zusammenstoß hochenergetischer Protonen in der Reaktion $p + Be \to e^+ e^- + X$ gebildet wurde, betrug der Protonenstrom am 30 GeV-Alternating Gradient Synchrotron des Brookhaven National Laboratory 10^{10} bis $2 \cdot 10^{12}$ Protonen/Puls. Da die Intensität des nachzuweisenden Teilchenzustandes außerordentlich gering ist (von ungefähr 10^{12} Protonen führt nur eines zur Produktion des Teilchenzustandes) und mit wesentlich größerer Wahrscheinlichkeit Paare von Teilchen mit starker Wechselwirkung ($\pi^+ \pi^-, K^+ K^-, \bar{p} p, \ldots$) gebildet werden, wurden viele Vorkehrungen getroffen, um den sehr großen Untergrund auszuschalten, so einer außerordentlich komplizierten experimentellen Anordnung entsprechend. Das Elektron-Positron-Paar kann durch die Kinematik unter Berücksichtigung des Winkels, welchen e^+ und e^- miteinander bilden, dem neuen Zustand zugeordnet werden. Der effektive Wirkungsquerschnitt beträgt ungefähr 10^{-34} cm^2/ Nukleonen. Zur Zeit werden Untersuchungen durchgeführt, ob noch weitere langlebige Teilchenzustände in diesem Energiegebiet produziert werden können.

Im Zusammenhang mit den theoretischen Vorstellungen ergeben sich mit der Entdeckung des J-Teilchens neue interessante Aspekte zur Natur der Elementarteilchen selbst sowie zu den Eigenschaften der Wechselwirkungen.

8.4 Spontane Zerfälle

Infolge der elektromagnetischen Wechselwirkung werden bei spontanen Zerfällen von Elementarteilchen verschiedentlich γ-Quanten oder auch Positron-Elektron-Paare beobachtet in Übereinstimmung mit den Auswahlregeln Gl. VII,263. So zerfällt beispiels-

$$\Delta S = 0, \quad \Delta U = 0, \quad \Delta T_z = 0 \qquad \text{(VII,263)}$$

weise das Σ^0-Hyperon in ein Λ-Hyperon und ein γ-Quant. Sind auch gleichzeitig Zerfälle durch starke Wechselwirkung erlaubt, so ergibt wegen der viel kleineren Kopplungskonstanten der elektromagnetische Übergang nur einen kleinen Anteil zur Zerfallskonstanten. Als Beispiel sei der Zerfall des angeregten Nukleonenzustandes Δ^+ (1236 MeV) erwähnt (Gl. VII,264, Abb. VII,56).

$$\Delta^+(1238\ \text{MeV}) \to p + \gamma, \quad 0{,}6\% \qquad \text{(VII,264)}$$

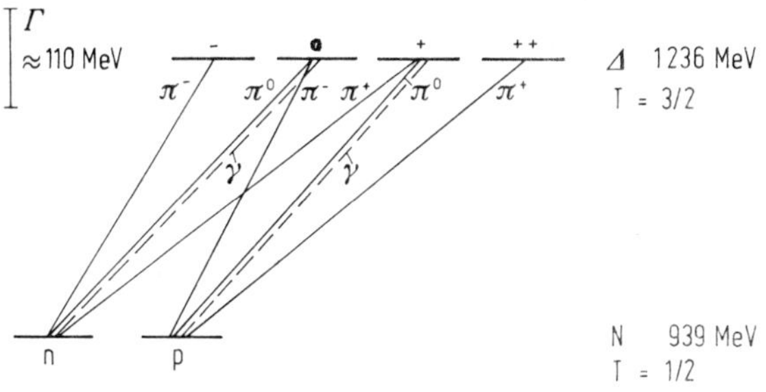

Abb. VII,56. Verzweigungsverhältnis von elektromagnetischem Zerfall der Δ-Resonanz und Zerfall durch starke Wechselwirkung.

Da für die Mesonen kein Teilchenzahlerhaltungssatz wie für die Baryonen gilt, ergeben sich hier auch Zerfälle, bei welchen im Endzustand lediglich γ-Quanten vorhanden sind. Als erstes Beispiel sei der Zerfall des π^0-Mesons in zwei γ-Quanten betrachtet (Gl. VII,265). Mit der Annahme, daß die Ladungsparität des π^0-Mesons gerade ist

$$\begin{aligned} \pi^0 &\to 2\gamma \\ &\to e^+ + e^- + \gamma \\ &\to e^+ + e^- + e^+ + e^- \end{aligned} \qquad \text{(VII,265)}$$

und die des γ-Quants ungerade, folgt aus der Erhaltung der Ladungsparität, daß das π^0-Meson nur in eine gerade Zahl von γ-Quanten zerfallen kann. Der negativen inneren Parität des π-Mesons entsprechend, muß der 2-Photonenzustand ebenfalls negative Parität haben, welches dadurch gekennzeichnet ist, daß die Polarisationsrichtungen der beiden γ-Quanten senkrecht aufeinander stehen. Ein entsprechendes Verhalten ergibt sich für die gegenseitige Lage der Produktionsebenen der e^+-, e^--Paare, die experimentell einfacher untersucht werden kann. Hinsichtlich des absoluten Wertes der Zerfallskonstanten sei folgender Ablauf des Zerfallsprozesses diskutiert: Zunächst entsteht durch starke Wechselwirkung als Zwischenzustand ein Proton-Antiproton-Paar, welches durch elektromagnetische Wechselwirkung dann in zwei γ-Quanten zerstrahlt (Gl. VII,266). Die Zerfallskonstante [37] enthält außer der Kopplungskonstanten

$$\pi^0 \to p + \bar{p} \to p + \bar{p} + \gamma \to 2\gamma \qquad \text{(VII,266)}$$

für elektromagnetische Wechselwirkung auch diejenige der starken Wechselwirkung (Gl. VII,266).

$$\Gamma \approx \frac{m_\pi c^2}{\hbar} \frac{e^4 f_0^2}{4 \pi^2 \hbar^3 c^3} \tag{VII,266}$$

Der Zerfall des π^0-Mesons unter Bildung von Dalitz-Paaren (Gl. VII,267) erfolgt mit geringerer Wahrscheinlichkeit als der Zerfall in zwei γ-Quanten und ist in einigen Aspekten der inneren Paarbildung bei einem Übergang eines hochangeregten Atomkerns in einen energetisch tiefer gelegenen Zustand vergleichbar.

$$\pi^0 \to e^+ + e^- + \gamma \tag{VII,267}$$

Als weiteres Beispiel sei das η-Meson genannt, welches ebenfalls durch elektromagnetische Wechselwirkung zerfällt (Gl. VII,268). Der Zerfall in zwei γ-Quanten zeigt wiede-

$$\begin{aligned} \eta &\to 2\gamma && 38{,}6\% \\ &\to 3\pi^0 && 30{,}3\% \\ &\to \pi^0 \gamma\gamma && 3{,}3\% \\ &\to \pi^+ \pi^- \pi^0 && 23{,}1\% \\ &\to \pi^+ \pi^- \gamma && 4{,}7\% \end{aligned} \tag{VII,268}$$

rum, daß das η-Meson wie das π^0-Meson positive Ladungsparität besitzt. Aus diesem Zerfall folgt gleichzeitig, daß der Spin lediglich 0 oder 2 sein kann. Da ein System mit Drehimpuls 0 und positiver innerer Parität auch durch starke Wechselwirkung in zwei π-Mesonen zerfallen müßte, dieser Zerfall jedoch nicht beobachtet wurde, folgt, daß das η-Meson negative innere Parität hat, wobei eine genaue Analyse der Zerfälle die Zuordnung 0^- ergab. Das η-Meson zerfällt zum größten Teil in ungeladenen Teilchen. Der Zerfall in 3 π^0-Mesonen ergibt einen Endzustand, der zum Isospin 1 gehört. Da dem η-Meson der Isospin 0 zuzuordnen ist, folgt, daß auch dieser Übergang in drei π^0-Mesonen nicht durch starke Wechselwirkung zustande kommt sondern durch elektromagnetische Wechselwirkung im Einklang mit der langen Lebensdauer des η-Mesons.

Auch beim Zerfall angeregter Mesonenzustände wie beispielsweise dem η'-Meson oder ω-Meson werden verschiedentlich zusammen mit π-Mesonen γ-Quanten beobachtet. Ist jedoch die Strangenessquantenzahl im Endzustand anders als diejenige des zerfallenden Teilchens, so können nur dann, wenn in einem Prozeß höherer Ordnung gleichzeitig die schwache Wechselwirkung am Zerfall beteiligt ist, γ-Quanten beobachtet werden.

Die Beobachtung der Bildung des $e^+ e^-$-Paares beim Zerfall des J-Zustandes, die ähnliche Aspekte wie die Bildung eines Elektron-Positron-Paares bei Absorption eines γ-Quants aufweist (Gl. VII,269) bildet ein weiteres Beispiel zur Änderung von Teilchenzuständen durch elektromagnetische Wechselwirkung.

$$J \to e^+ + e^+, \qquad \gamma \to e^+ + e^- \tag{VII,269}$$

Literatur:

[1] O. Laporte, Z. Phys. **23**, 135 (1924).

[2] J. J. Sakurai, Invariance Principles and Elementary Particles, Princeton 1964, p 115.

[3] W. Pauli und V. Weisskopf, Phys. Acta 7, 709 (1934).

[4] W. Pauli, Zs. Phys. **31**, 765 (1925).

[5] W. Heisenberg, Zs. Phys. 77, 1 (1932).

[6] M. Gell-Mann, Supl. Nuovo Cim. **4**, 848 (1956),
K. Nishijima, Progr. Th. Phys. **13**, 285 (1955).

[7] siehe z. B. H. J. Lipkin, „Lie Groups for Pedestrians" (North-Holland Tubl. Co., Amsterdam 1962).

[8] S. Okubo (1962) Progr. Th. Phys. **27**, 949.

[9] in bezug auf Spinfunktionen des Oktetts siehe z. B. V. Weisskopf, CERN-Vorträge 65/1280/10.

[10] siehe R. H. Dalitz, „Mesonic Resonance states" in Meson Spectroscopy (W. A. Benjamin, New York 1968).
R. H. Dalitz, Proc. XIII. Int. Conf. on High Energy Physics, p. 215 (Berkeley 1967).

[11] siehe z. B. H. Muirhead „The Physics of Elementary Particles", Pergamon Press, Oxford (1965), 633.

[12] A. R. Erwin, R. March, W. D. Walker and E. West, Phys. Rev. Lett. **6**, 628 (1961).

[13] B. Maglič and G. Gosta, Physics Letter **18**, 185 (1965).

[14] M. Focacci, W. Kienzle, B. Levrat, B. Maglic and M. Martin, Phys. Rev. Letters 7, 890 (1966).

[15] H. Dalitz, Rep. Prog. Phys. **20**, 163 (1957).

[16] M. L. Stevenson, L. W. Alvarez, B. C. Maglić, A. H. Rosenfeld, Phys. Rev. **126**, 687 (1962).

[17] A. E. S. Green, M. H. MacGregor, R. Wilson, Revs. Mod. Phys. **39**, 498 (1967).

[18] J. Button-Shaefer, J. J. Murray and D. Huwe, Phys. Rev. Lett. **10**, 179 (1963).

[19] L. Bertanza, V. Brisson, P. L. Connolly, E. L. Hart, I. S. Mittra, G. C. Monbti, R. R. Rau, N. P. Samios, I. O. Skillicorn, S. S. Yamamoto, M. Goldberg, L. Gray, J. Leitwor, Phys. Rev. Lett. 9, 180 (1962).

[20] siehe z. B. H. Muirhead „The Physics of Elementary Particles", Pergamon Press, Oxford (1965) 405f.

[21] E. C. Titchmarsh (1948) Introduction of the Theory of Fourier Integrals, Oxford.

[22] H. Muirhead „The Physics of Elementary Particles", Pergamon Press, Oxford (1965) 689.

[23] N. N. Khuri, Phys. Rev. **107**, 1148 (1957),
J. Hamilton, Phys. Rev. **114**, 1170 (1959),
M. L. Goldberger, Y. Nambu and R. Oehme, Ann. Phys. **2**, 226 (1957).

[24] M. L. Goldberger, Phys. Rev. **99**, 979 (1955).

[25] S. Mandelstam (1958a) Phys. Rev. **112**, 1344; (1958b) Proc. Roy. Soc. A244, 491,
S. Mandelstam (1959) Phys. Rev. **115**, 1741, 1752.

[26] T. Regge (1959) Nuovo Cim. **14**, 951,
T. Regge (1960) Nuovo Cim. **18**, 947.

[27] G. F. Chew and S. Frautschi (1962) Phys. Rev. Lett. 8, 41,
G. F. Chew and S. Frautschi and S. Mandelstam (1962) Phys. Rev. **126**, 1202.

[28] V. Barger and D. Cline (1966) Phys. Rev. Lett. **16**, 913,
V. Barger and D. Cline (1968) Phys. Rev. Lett. **21**, 392.

[29] G. Veneziano (2968) Nuovo Cim. **57A**, 190.

[30] C. Lovelace (1968) Phys. Lett. **28B**, 264.

[31] J. Jackson, S. B. Treiman and W. Wyld, Phys. Rev. **106**, 517 (1957).

[32] L. Michel, Phys. Rev. **86**, 814 (1952).

[33] Gell-Mann, Phys. Rev. **111**, 362 (1958).

[34] I. M. Gell-Mann and A. Pais, Phys. Rev. **97**, 1387 (1955).

[35] M. N. Rosenbluth (1950) Phys. Rev. **79**, 615.

[36] J. J. Aubert et al., Phys. Rev. Lett. **33**, 1404 (1974);
C. Bacci et al., Phys. Rev. Lett. **33**, 1408 (1974);
J. J. Aubert u. a., Laboratory for Nuclear Science Report, Massachusetts Institute of Technology, Report No. COO-3069-285, January 1975.

[37] M. L. Goldberger, Nuovo Cimento **9**, 451 (1958);
R. J. Finkelstein, Phys. Rev. **72**, 415 (1947).

VIII. KAPITEL

Kernphysik

(Achim Hese, Berlin)

1. Grundlegende Begriffe

Zusammensetzung, Nomenklatur und Systematik der Atomkerne

Nach unserer heutigen Vorstellung, die auf einen Vorschlag von W. Heisenberg [1] zurückgeht, sind die Atomkerne aus Protonen und Neutronen aufgebaut. Sie sind auf einem Raum von nur 10^{-14} m Durchmesser konzentriert und vereinigen doch bis auf einen geringen Bruchteil die gesamte Masse des Atoms auf sich. Protonen und Neutronen können als zwei Zustände eines Teilchens, des sogenannten Nukleons, aufgefaßt werden. Die Kräfte, die zwischen den Nukleonen wirken und den Zusammenhalt sowie die Struktur der Atomkerne bestimmen, werden durch Starke Wechselwirkungen hervorgerufen. „Stark" ist hier gemeint im Vergleich zur Elektromagnetischen Wechselwirkung, die über die Abstoßung der Protonen untereinander ebenfalls zur Kernstruktur beiträgt und Anlaß zu Strahlungsprozessen (γ-Zerfall) gibt. Ein weiterer Typ von Wechselwirkungen, der nur einen geringen Beitrag zum Kernaufbau leistet und sich in $\beta^{\pm}$-Zerfallsprozessen äußert, gehört zur Kategorie der Schwachen Wechselwirkungen.

Die Stärke von Wechselwirkungen läßt sich durch Kopplungskonstanten ausdrücken. Da diese mit unterschiedlichen Dimensionen behaftet sind, ist ein Vergleich nur durch eine Vereinbarung bei der Umrechnung auf dimensionslose Größen durchführbar. Tab. VIII,1 gibt einen Eindruck von der Größenordnung der Kopplungskonstanten für die vier zur Zeit bekannten fundamentalen Wechselwirkungen in der Natur. Zur Umrechnung wurden die Größen $\hbar c$ und die Ruheenergie des π-Mesons $m_\pi c^2$ verwendet. Die Eigenschaften freier Nukleonen, die Gegenstand intensiver Untersuchungen sind, werden in Tab. VIII,2 angegeben. Die Nukleonen sind Teilchen mit nahezu gleicher Ruhemasse, die wegen des Eigendrehimpulses (Spin) $\frac{1}{2}$ der Fermi–Dirac Statistik gehorchen. Es ist üblich, auch das Neutron als stabiles Teilchen aufzufassen, da die

Energieunschärfe auf Grund seiner endlichen Lebensdauer sehr klein gegen seine Ruhemasse ist (anderenfalls spricht man von Resonanzen). Nach der Dirac'schen Theorie sollte das magnetische Moment des Protons + 1 μ_N betragen und das des Neutrons verschwinden. Bemerkenswerterweise liegt jedoch das beobachtete magnetische Moment des Protons ungefähr um den Betrag über dem Dirac-Wert, wie das magnetische Moment des Neutrons darunter. Auch hierdurch kommt zum Ausdruck, daß Proton und Neutron zu einer anderen Klasse von Teilchen, den sogenannten Hadronen, gehören.

Die Anzahl Z der Protonen im Kern bestimmt die Gesamtladung des Kerns zu $Z \cdot e$ als ganzzahliges Vielfaches der Elementarladung e ($-e$ = Ladung des Elektrons) und wird Atomnummer oder Ordnungszahl genannt. Sie kennzeichnet das chemische Verhalten des zugeordneten neutralen Atoms, welches genau Z Elektronen enthält. N bezeichnet die Anzahl der Neutronen im Kern, die mit Z die Gesamtnukleonen – oder Massenzahl $A = N + Z$ ergibt.

Tab. VIII,1. Wechselwirkungen in der Natur

Art der Wechselwirkung	Universelle Größe	Kopplungskonstante (dimensionslos)	Manifestierung	Quant des Feldes
Starke WW	f	$\frac{f^2}{\hbar c} \approx 1$	Kernbindung	Meson
Elektrom. WW	e	$\frac{e^2}{\hbar c} = \frac{1}{137}$	Strahlungsprozesse	Photon
Schwache WW	g_V	$\frac{G^2}{\hbar c} \equiv g_V^2 \frac{(m_\pi c^2)^4}{(\hbar c)^6} \approx 5 \cdot 10^{-14}$	β-Zerfall	intermediäres Boson?
Gravitations-WW	γ	$\gamma \cdot \frac{m_p^2}{\hbar c} \approx 2 \cdot 10^{-39}$	Planetenbewegung	Graviton?

Tab. VIII,2. Eigenschaften von Proton, Neutron und Elektron

Teilchen	Ruheenergie $m \cdot c^2$ [MeV]	Spin	Ladung	mittlere Lebensdauer	Magnetisches Moment in μ_N bzw. μ_B
Proton	938,265(2) MeV	1/2	$+e$	$> 10^{26}$ Jahre	+ 2,79274
Neutron	939,550(5) MeV	1/2	0	(936 ± 14) s	- 1,91314
Elektron	0,511006(2) MeV	1/2	$-e$		- 1,00115

Kerne mit gleichem Z, jedoch mit unterschiedlichem N heißen Isotope, die zugeordneten Atome zeichnen sich durch praktisch gleiches chemisches Verhalten aus. Isotone sind Kerne mit gleichem N aber unterschiedlichem Z. Wegen der Ähnlichkeit von Proton und Neutron spielen die Isobaren Kerne in der Kernphysik eine besondere Rolle, die etwa mit derjenigen der Isotope in der Atomphysik zu vergleichen ist. Bei festgehaltenem Z, N oder A existieren stabile Kerne nur für einen geringen Wertebereich von A, N und Z.

Kerne mit gleichem A und Z aber unterschiedlichem Anregungszustand werden Isomere genannt, wenn ihre Lebensdauer im Bereich von 10^{-1} s bis zu Jahren liegt.

Eine erst seit 1953 bekannte Klasse von nuklearen Objekten sind die Hyperkerne. Sie entstehen beim Einfang stark wechselwirkender Elementarteilchen, wie etwa des Λ^0, durch Atomkerne. Dabei wird im Nukleonenverband ein Neutron durch ein Λ^0 ersetzt. Hyperkerne sind instabil, ihre Lebensdauer ist vergleichbar mit derjenigen des freien Elementarteilchens und beträgt bei Einfang eines Λ^0 ca. 10^{-10} s. Negativ geladene Elementarteilchen (μ^-, π^- . . .) können auch von der Atomhülle eingefangen werden. Sie treten an die Stelle von Atomelektronen und bilden sogenannte Exotische Atome. Aus den Röntgenspektren Exotischer Atome lassen sich genaue Aussagen über die Kernladungsverteilung gewinnen.

Das Interesse der Kernphysiker richtet sich heute auf die Suche nach Überschweren Kernen mit Hilfe von Schwerionenbeschleunigern. Es werden auf Grund theoretischer Untersuchungen im „Meer der Instabilität" jenseits der Transurane bei den „magischen Zahlen" $Z = 114{,}164$, $N = 184{,}318$ also $A = 298{,}482$ Kerne in „Inseln" relativer Stabilität erwartet.

Während Kerne im allgemeinen durch das Zahlenpaar (A, Z) in der Form ${}^{A}_{Z}\mathrm{X}$ gekennzeichnet werden, wobei für X das entsprechende chemische Symbol einzusetzen ist, wird zur Unterscheidung isobarer Kerne mit Vorteil neben A die dritte Komponente des Isospins $T_3 = \frac{1}{2}(Z - N)$ benutzt, die ein Maß für den Neutronenüberschuß darstellt. Beispiele: ${}^{10}_{4}\mathrm{Be}$, ${}^{10}_{5}\mathrm{B}$ und ${}^{10}_{6}\mathrm{C}$ sind drei isobare Kerne mit $T_3 = -1, 0, +1$.

Isobare Kerne, die ineinander übergehen, wenn man Protonen in Neutronen und Neutronen in Protonen transformiert, heißen Spiegelkerne. ${}^{3}_{1}\mathrm{H}$, ${}^{3}_{2}\mathrm{He}$ und ${}^{7}_{3}\mathrm{Li}$, ${}^{7}_{4}\mathrm{Be}$ mit $N = Z \pm 1$ sind Spiegelkerne 1. Ordnung. ${}^{8}_{3}\mathrm{Li}$, ${}^{8}_{5}\mathrm{B}$ und ${}^{10}_{4}\mathrm{Be}$, ${}^{10}_{6}\mathrm{C}$ sind Spiegelkerne 2. Ordnung mit $N = Z \pm 2$.

Es hat sich ferner als sehr nützlich erwiesen, Atomkerne danach zu klassifizieren, ob Z oder N eine gerade (g) oder ungerade (u) Zahl ist. Dadurch läßt sich die Gesamtheit aller Kerne in vier Untermengen aufteilen (Protonen vor Neutronen): ug-, gu-, gg- und uu-Kerne.

gg-Kerne zeichnen sich vor allen anderen Kernen dadurch aus, daß sie im Grundzustand den Drehimpuls Null haben und daher auch kein magnetisches Moment besitzen. Unter den stabilen Kernen sind sie über dreimal so häufig wie ug- oder gu-Kerne, während es nur acht stabile uu-Kerne gibt. Dies erlaubt, auf bevorzugte Bildung von pp- und nn-Paaren in der Kernmaterie zu schließen. Erste wichtige Informationen über einen stabilen oder instabilen Kern kann man einer Nuklid-Karte entnehmen. In einem Koordinatensystem Z über N werden die bekannten Kerne durch gleich große aber verschieden strukturierte quadratische Flächen repräsentiert. Die in diese Flächen eingetragenen Daten geben Auskunft über: Chemisches Symbol und Massenzahl A, Häufigkeit im natürlichen Isotopengemisch, Einfangquerschnitt pro Atomkern für langsame Neutronen, Masse der natürlichen Elemente nach der ^{12}C-Skala, Halbwertszeiten, Zerfallsarten und Zerfallsenergien. Instabilen Kernen stehen die Zerfallskanäle nach Tab. VIII,3 zur Verfügung.

Tab. VIII,3. Zerfallskanäle

Zerfallsart	Symbol	Prozeß
	β^-	Elektronenemission
β-Zerfall	β^+	Positronenemission
	ϵ	Elektroneneinfang aus der Atomhülle
p- bzw. n-Zerfall	(p), (n)	Emission von Protonen bzw. Neutronen
α-Zerfall	α	Emission von $^4_2$He-Kernen
Spontane Spaltung	sf	Spaltung in annähernd gleich große Teile
γ-Zerfall	γ	Emission von γ-Quanten, häufig in Kaskaden
Isomerer Übergang	I_γ	γ-Übergänge geringer Energie und hoher Multipolordnung
Innere Konversion	Ic, e^-	Übertragung von Kernenergie auf Hüllenelektronen, die als Koversionselektronen emittiert werden

In der Regel führen die angegebenen Zerfallsmechanismen nicht in den Grundzustand eines stabilen Kerns. Dies besorgen vielmehr Prozesse der Elektromagnetischen Wechselwirkung, wie im unteren Teil von Tab. VIII,3 angegeben. Genauere Auskünfte über Eigenschaften von Atomkernen können z. B. dem Landolt–Börnstein oder den Nuclear Data Tables entnommen werden.

Einheiten und Definitionen

In dieser Abhandlung wird das internationale Einheitensystem SI verwendet, doch treten in der Kernphysik einige weitere Einheiten hinzu, die den behandelten Problemen besonders angepaßt sind und häufig benutzt werden.

Kernphysikalische Längeneinheit: $1\ \mathrm{F} = 10^{-15}\ \mathrm{m}$

Die atomare Masseneinheit ist seit 1960 durch 1 u definiert als $\frac{1}{12}$ der Masse des neutralen unangeregten ^{12}C-Atoms, welches aus 6 Protonen, 6 Neutronen und 6 Elektro nen besteht:

$$1\ \mathrm{u} = \frac{10^{-3}\ \mathrm{kg}}{N_\mathrm{A}} = 1{,}66043 \cdot 10^{-27}\ \mathrm{kg},$$

mit der Avogadro-Konstanten $N_\mathrm{A} = 6{,}02252 \cdot 10^{23}\ \mathrm{mol}^{-1}$.

Die Energie wird in der Kernphysik statt in Joule zumeist in Elektronenvolt (1 MeV = 10^3 keV = 10^6 eV) angegeben, wobei 1 eV diejenige Energie ist, die ein Teilchen mit Ladung $e = 1{,}60210 \cdot 10^{-19}$ C bei Beschleunigung durch eine Potentialdifferenz von 1 V aufnimmt:

$$1\ \mathrm{eV} = 1{,}60210 \cdot 10^{-19}\ \mathrm{J}\,.$$

Das Energieäquivalent von 1 u ist danach gemäß $E = m\,c^2$:

$$1\ \mathrm{u} \mathrel{\hat{=}} 931{,}478\ (5)\ \mathrm{MeV}$$

mit $c = 2{,}997925 \cdot 10^8\ \mathrm{ms}^{-1}$ für die Lichtgeschwindigkeit im Vakuum.

Die relativistische Energie ist nach Einstein gegeben durch

$$E = m\,c^2 \quad \text{mit} \quad m = \frac{m_0}{\sqrt{1-\beta^2}} \quad \text{und} \quad \beta = \frac{v}{c} \tag{VIII,1}$$

Daraus ergibt sich der Zusammenhang zwischen Gesamtenergie einerseits und Ruhemasse m_0 sowie Impuls p andererseits zu:

$$E = \sqrt{(m_0\,c^2)^2 + c^2\,p^2} \tag{VIII,2}$$

Es sind zwei Grenzfälle dieser Gleichung wichtig:

Nichtrelativistisch: $m_0\,c \gg p,\quad E \approx m_0\,c^2 + \dfrac{p^2}{2\,m_0}$

Relativistisch: $m_0\,c \ll p \quad E \approx c\,p + \dfrac{(m_0\,c^2)^2}{2\,c\,p}$

Der Impuls wird entsprechend der Angabe der Energie in MeV in $\frac{\mathrm{MeV}}{c}$ gemessen.

Jedem Materieteilchen ist über die Gleichung

$$\lambda\!\!\!^{-} = \frac{\hbar}{\sqrt{2\,m\,E}} \tag{VIII,3}$$

eine Wellenlänge, die de Broglie-Wellenlänge, zugeordnet. Unter E ist hier die kinetische Energie zu verstehen.

Numerisch läßt sich für Nukleonen folgende nichtrelativistische Relation angeben:

$$\lambda\!\!\!^{-} = \frac{1}{\sqrt{E}} \cdot 4{,}55\ \mathrm{F} \qquad E \text{ in MeV} \tag{VIII,4}$$

Viele Aussagen über den Atomkern werden aus der Analyse von Streuexperimenten gewonnen. Dort tritt als beobachtbare Größe der differentielle bzw. totale Wirkungsquerschnitt $\frac{d\sigma}{d\Omega}$ bzw. σ auf.

Die Definition lautet:

$$\frac{d\sigma}{d\Omega} = \frac{\text{Zahl der beobachteten Streuprozesse } s^{-1} \text{ pro Targetkern i. d. Raumwinkelelement } d\Omega}{\text{Einfallender Teilchenstrom in } m^{-2}\, s^{-1}} \qquad \text{(VIII,5)}$$

Der totale Wirkungsquerschnitt hat die Dimension einer Fläche. Es wird als Einheit das „barn" verwendet:

$$1\ \text{b} = 10^{-28}\ \text{m}^2$$

Der differentielle Wirkungsquerschnitt hat dann Gl. (VIII,5) entsprechend die Dimension barn/Steradian.

Man kann grob verallgemeinert sagen, daß für nichtresonante Streuprozesse die Größenordnung von σ durch die „geometrische Ausdehnung" von Projektil und Targetkern gegeben ist, d. h.

$$\sigma = 4\pi R^2 \approx 1\ \text{b} \qquad\qquad R \leqslant 10^{-14}\ \text{m}$$

und für resonante Prozesse durch das Quadrat der de Broglie-Wellenlänge des gestreuten Teilchens gegeben ist, d. h. $\sigma = 4\pi\lambda\!\!\!^{-2}$, was die geometrischen Querschnitte um Größenordnungen übertreffen und Werte von 1000 b erreichen kann.

Protonen und Neutronen haben wie Elektronen den inneren Drehimpuls (Spin) $s = \frac{1}{2}$. Gehen wir zunächst von dem einfachen Bild aus, daß sich die Nukleonen praktisch frei auf definierten Bahnen um den Kernschwerpunkt bewegen, so sind sie des weiteren mit bestimmten ganzzahligen Bahndrehimpulsquantenzahlen $l = 0, 1, 2, \ldots$ zu beschreiben. Der Drehimpuls von Atomkernen, häufig wenig treffend Kernspin genannt, resultiert dann aus der jeweiligen Addition der Spin- und Bahndrehimpulse. Er ist halbzahlig für Kerne mit ungeradem A und ganzzahlig für solche mit geradem A. Es ist üblich, den Kerndrehimpuls mit dem Buchstaben I oder J zu bezeichnen. Der Betrag des Kerndrehimpulses lautet:

$$|\vec{\Theta}_I| = \sqrt{I(I+1)}\ \hbar$$

Relativ zu einer ausgezeichneten Richtung im Raum, etwa der Richtung eines von außen angelegten Magnetfeldes, kann der Kerndrehimpuls $2I + 1$ Einstellungen mit den Komponenten $(\Theta_I)_z = -I\hbar, (-I+1)\hbar, \ldots, I\hbar$ annehmen. Diese Einstellungen werden durch die magnetische Quantenzahl $m_I = -I, (-I+1), \ldots, I-1, I$ beschrieben.

Da die Drehimpulse von Kernniveaus wichtigen Aufschluß über die innere Struktur der Kerne geben, wird mit vielfältigen experimentellen Methoden versucht, sie zu bestimmen.

Eng verknüpft mit den Kerndrehimpulsen ist die Existenz von permanenten magnetischen Kerndipolmomenten, denn schon die klassische Behandlung eines sich auf einer geschlossenen Bahn bewegenden geladenen Teilchens ergibt einen einfachen Zusammenhang des Dipolmoments mit dem Bahndrehimpuls: In der Elektrodynamik wird gezeigt, daß das magnetische Moment eines Kreisstromes der Stärke $j = q\,\nu$ (q: Ladung, ν: Teilchenumlauffrequenz) gegeben ist zu

$$\vec{\mu} = j \cdot \boldsymbol{F} ,$$

worin $\boldsymbol{F}$ ein Vektor ist, der die Richtung der Flächennormalen hat und dessen Betrag gleich der Größe der vom Kreisstrom eingeschlossenen Fläche ist. Der Flächensatz der klassischen Mechanik stellt den Zusammenhang mit dem Drehimpuls $\boldsymbol{l}$ her:

$$\boldsymbol{F} = \frac{1}{2}\,\frac{1}{\nu m}\,\boldsymbol{l} \quad \text{also} \quad \vec{\mu} = \frac{q}{2m}\,\boldsymbol{l} \tag{VIII,6}$$

$\vec{\mu}$ und $\boldsymbol{l}$ stehen zueinander parallel oder antiparallel je nach Vorzeichen der Ladung q. Die Relation wird in die Quantenmechanik übernommen. Da die Komponente des Drehimpulses bezüglich einer ausgezeichneten Richtung (z-Achse) $m_l\,\hbar$ beträgt, ergibt sich die z-Komponente des magnetischen Dipolmoments etwa für ein Elektron im Atom zu:

$$\mu_z = \frac{\hbar e}{2\,m_e}\,m_l\,, \qquad m_e\text{: Ruhemasse des Elektrons} \tag{VIII,7}$$

Der nur von Naturkonstanten abhängige Proportionalitätsfaktor wird als Bohr'sches Magneton μ_B bezeichnet

$$\mu_B = 9{,}2732 \cdot 10^{-24}\ \text{Joule} \cdot \text{m}^2 \cdot \text{Wb}^{-1}$$

bzw.

$$\mu_B = 0{,}578817 \cdot 10^{-4}\ \text{eV} \cdot \text{m}^2 \cdot \text{Wb}^{-1}$$

Handelt es sich bei dem geladenen Teilchen um ein Proton, dann ist in (VIII,7) die Elektronenmasse durch die Protonenmasse zu ersetzen. Der Proportionalitätsfaktor wird in diesem Fall als Kernmagneton bezeichnet und ist um das Massenverhältnis $\frac{m_p}{m_e} = 1836{,}12$ kleiner als das Bohr'sche Magneton:

$$\mu_N = 5{,}0505 \cdot 10^{-27}\ \text{Joule} \cdot \text{m}^2 \cdot \text{Wb}^{-1}$$

bzw.

$$\mu_N = 3{,}1524 \cdot 10^{-8}\ \text{eV} \cdot \text{m}^2 \cdot \text{Wb}^{-1}$$

Als magnetisches Dipolmoment μ von Kernzuständen wird grundsätzlich die maximale z-Komponente des Dipolmoments definiert, also der Erwartungswert des Operators $\hat{\mu}_z$ im Zustand $m_I = I$. Dies rührt daher, daß bei Wechselwirkung von magnetischen Dipolen mit Magnetfeldern durch $W_{\text{magn.}} = -(\vec{\mu} \cdot \boldsymbol{B}) = -\mu_z \cdot B$ (die z-Achse des auszuwählenden Koordinatensystems wird zweckmäßigerweise in die durch $\boldsymbol{B}$ ausgezeichnete Richtung gelegt.) die z-Komponente die direkt beobachtbare Größe ist. Kerndipolmomente werden stets in Einheiten von μ_N angegeben.

Zu den beobachteten magnetischen Kerndipolmomenten tragen nicht nur die Bahnbewegungen der Protonen, sondern auch die an die Eigendrehimpulse gekoppelten Dipolmomente von Proton und Neutron bei.

Die Untersuchungen der Kernmaterie haben gezeigt, daß die Kernwellenfunktionen ein definiertes Verhalten unter der Paritätsoperation $\hat{P}$ besitzen. Als Paritätsoperation wird die Spiegelung der räumlichen Koordinaten am Koordinatenursprung verstanden. Man spricht von gerader (positiver) Parität, wenn die Kernwellenfunktion ihr Vorzeichen bei der Paritätsoperation nicht ändert und von ungerader (negativer) Parität, wenn sie ihr Vorzeichen ändert:

$$\hat{P}\,\psi(\boldsymbol{r}) = \psi(-\boldsymbol{r}) = (+1)\,\psi(\boldsymbol{r}) \quad \text{für gerade Parität} \tag{VIII,8}$$

oder

$$\hat{P}\,\psi(\boldsymbol{r}) = \psi(-\boldsymbol{r}) = (-1)\,\psi(\boldsymbol{r}) \quad \text{für ungerade Parität}$$

Wir können in (VIII,8) $\pi = \pm 1$ als Eigenwerte des Operators $\hat{P}$ auffassen. Es ist üblich, die Parität eines Kernzustandes in der Form I^{π} als hochgestelltes + oder - Zeichen am Drehimpuls anzuzeigen. Die Parität hat im Zusammenhang mit anderen Symmetrien eine tiefgreifende Bedeutung bei den Untersuchungen der Struktur der Kernmaterie gewonnen, seit entdeckt wurde, daß die Schwache Wechselwirkung die Paritätssymmetrie verletzt, während alle anderen Wechselwirkungen sie offenbar erhalten.

Eine einfache Konsequenz der definierten Parität von Kernzuständen ist, daß Kerne ebenso wie Atome kein permantes elektrisches Dipolmoment, wohl aber ein momentanes Dipolmoment $\vec{\mu}_E$ haben können.

Das Bestehen definierter Parität schließt jedoch nicht aus, daß Kerne in ihrer Ladungsverteilung Abweichungen von der Kugelsymmetrie aufweisen. Heute wissen wir, daß die meisten Atomkerne mehr oder weniger deformiert sind. Als einfachste Modelle für diese Kerne bieten sich homogen geladene abgeplattete oder langgestreckte Rotationsellipsoide an. Die Abweichung von der Kugelsymmetrie wird durch das elektrische Quadrupolmoment Q ausgedrückt. Es wird definiert durch (VIII,9) und hat die Dimension einer Fläche.

$$Q = \int (3\,z^2 - r^2)\,\rho_p(\boldsymbol{r})\,\mathrm{d}\,\tau \tag{VIII,9}$$

ρ_p: Dichteverteilung der Protonen im Kern

Das Q eines homogenen Z-fach geladenen Rotationsellipsoids beträgt nach (VIII,9):

$$Q = \frac{2}{5}\,Z(a^2 - b^2) = \frac{4}{5}\,Z\,\bar{R}^2\,\left(\frac{\Delta R}{\bar{R}}\right) \tag{VIII,10}$$

$$\bar{R} = \frac{1}{2}\,(a+b), \qquad \Delta R = (a-b), \qquad \delta = \left(\frac{\Delta R}{\bar{R}}\right)$$

wobei die Halbachse a mit der Symmetrieachse (z'-Achse) zusammenfällt. δ wird als Deformationsparameter bezeichnet und zur Charakterisierung deformierter Kerne häufig verwendet. Man erkennt, daß Q in der Größenordnung der Kernquerschnittsfläche liegt. Es ist daher üblich, Q wie den Wirkungsquerschnitt in barn anzugeben.

2. Quantenmechanische Elemente, Symmetrien und Invarianzen

Die Atomkerne sind quantenmechanische Systeme, da bei einer mittleren kinetischen Energie der Nukleonen von ca. 30 MeV die reduzierte de Broglie-Wellenlänge $\lambda\!\!\!{}^{-} \approx 1$ F beträgt und daher mit dem Kerndurchmesser vergleichbar ist. Die Ablösearbeit eines Nukleons vom Kern erreicht größenordnungsmäßig 10 MeV. Dieser Wert ist klein gegen die Ruhemasse der π-Mesonen von $m_\pi = 140 \frac{\text{MeV}}{c^2}$, die die Kernkräfte hervorrufen, und klein gegen die Ruhemasse der Nukleonen von $m_N = 940 \frac{\text{MeV}}{c^2}$. Daher ist es in einer ersten Näherung möglich, Kerne als ein Ensemble von Nukleonen, die die an freien Nukleonen beobachteten Eigenschaften haben, aufzufassen. Nun übersteigt die Geschwindigkeit der im Kern gebundenen Nukleonen 0,2 c nicht, so daß in einer systematischen Theorie der Kerne ein Vielkörperproblem mit Hilfe der nichtrelativistischen Schrödinger-Gleichung zu behandeln ist. Unter der Annahme von Zwei-Körper-Kräften, die sich durch Potentiale $\hat{V}(\mathrm{i},\mathrm{j})$ beschreiben lassen müssen, resultiert die Schrödinger-Gleichung (VIII,11).

$$\hat{H}\,\Psi(1,\ldots,A) \equiv \Big(-\sum_{\mathrm{i}=1}^{A} \frac{\hbar^2}{2m_\mathrm{i}} \nabla_\mathrm{i}^2 + \sum_{\mathrm{i}>\mathrm{j}} \hat{V}(\mathrm{i},\mathrm{j})\Big)\,\Psi(1,\ldots,A) = E\,\Psi \qquad \text{(VIII,11)}$$

Die Zahlen im Argument der Ψ-Funktion in (VIII,11) symbolisieren die Koordinaten der 1 bis Z Protonen, sowie der $Z + 1$ bis A Neutronen für Ort, Spin, Isospin usw.

Bindungsenergieberechnungen z. B. für ^{3}H (Tritium) weisen darauf hin, daß der Einfluß von Drei-Körper-Wechselwirkungen 20% des Zwei-Körper-Beitrags nicht übersteigt, so daß die Annahme von Zwei-Körper-Wechselwirkungen halbwegs gerechtfertigt erscheint. Schon für $A > 2$ ist eine geschlossene Lösung von (VIII,11) bei exakter Kenntnis der Wechselwirkungspotentiale nicht möglich, und man ist auf Näherungsverfahren angewiesen. Hinzu kommt, daß die Nukeon-Nukleon-Wechselwirkungspotentiale außerordentlich kompliziert in ihrer Abhängigkeit vom relativen Abstand, von der Geschwindigkeit und vom Spin der Nukleonen sind. Eine Auswertung von (VIII,11) ist daher für größeres A mit hohem rechnerischen Aufwand verbunden.

Heute benutzen wir eine große Anzahl von Kernmodellen, die mathematisch einfacher zu behandeln sind und unser Verständnis der Kernmaterie außerordentlich erweitert haben, jedoch Symmetrien verletzen und jeweils nur einen begrenzten Bereich von experimentellen Befunden zu interpretieren gestatten.

Eine herausragende Stellung unter diesen Modellen nimmt das Schalenmodell ein. Es geht von der sehr erfolgreichen Annahme aus, daß die Bewegung eines herausgegriffenen Nukleons unter dem Einfluß der Wechselwirkung mit allen übrigen Nukleonen durch ein auf den Kernschwerpunkt bezogenes Zentralpotential beschrieben werden kann. Durch dieses Modell wird ein Punkt im Raum, nämlich der Schwerpunkt, willkürlich vor anderen Punkten ausgezeichnet. Dies stellt eine Verletzung der Homogenität des Raumes dar und ist daher mit einer Verletzung der Translationsinvarianz verbunden. Die Wellenfunktionen des Schalenmodells sind daher keine Eigenfunktionen des Schwerpunktimpulses, was in manchen Fällen beachtet werden muß. Beim Atom ist die Situation anders. Dort ist der Schwerpunkt zugleich das Kraftzentrum und daher physikalisch vor allen anderen Punkten des Raumes ausgezeichnet.

Die Bewegungsgleichung (VIII,11) für das System aus A-Nukleonen vereinfacht sich im Schalenmodell zu:

$$\sum_{i=1}^{A} \left\{-\frac{\hbar^2}{2\,m_i}\nabla_i^2 + \hat{V}(i)\right\}\Psi = \left\{\sum_{i=1}^{A} \hat{h}_i\right\}\Psi = E\,\Psi(1,\ldots,i,\ldots,A) \qquad \text{(VIII,12)}$$

Gl. (VIII,12) geht mit Hilfe des Ansatzes für Ψ als antisymmetrisches Produkt aus Einteilchenwellenfunktionen in die Einteilchenschrödingergleichung (VIII,13) über.

$$\hat{h}_i\,\varphi_j(i) = E_j\,\varphi_j(i) \qquad \text{(VIII,13)}$$

Die Eigenschaften der Lösungen der Einteilchenschrödingergleichung sind für Zentralpotentiale sehr genau bekannt. Gl. VIII,13 hat schon bei der Behandlung der Atomhülle entscheidende Bedeutung erlangt. Für die Ableitung der Eigenschaften von Atomkernen treten an Stelle des Coulombpotentials Zentralpotentiale mit endlicher und sehr kurzer Reichweite. Außerhalb der Reichweite der Potentiale klingen die Lösungen exponentiell sehr schnell ab. Daher fällt es auch leichter, einen Kernradius zu definieren als einen Atomradius. Für Nukleonen, die relativ zum Kernschwerpunkt einen Bahndrehimpuls $l \neq 0$ besitzen, tritt bei der Separation von Winkel- und Radialkoordinate ein Zentrifugalpotential $V_{ZP} = \dfrac{l(l+1)\,\hbar^2}{2\,m_N\,r^2}$ hinzu, welches die Aufenthaltswahrscheinlichkeit $|\varphi^2|\,d\,\tau$ der Nukleonen am Kernschwerpunkt $r = 0$ um so mehr vermindert, je größer l ist. Abb. VIII,1 zeigt für ein Nukleon im 2 s- bzw. 2 f-Zustand schematisch das wirksame effektive Potential und das Verhalten der Radialfunktion. Das 2 f-Nukleon hält sich offensichtlich nur in der Nähe des Potentialrandes auf. Bemerkenswert an Abb. VIII,1b ist das Auftreten einer Potentialbarriere am Potentialrand. Sie kann dazu führen, daß ein Neutron auch mit $E_n > 0$ im Zentralpotential gebunden wird (angedeutet durch die Schraffierung). Allerdings ist ein solcher Zustand auf Grund des Tunneleffekts nur quasistationär, d. h. es findet Zerfall mit charakteristischer Zerfallskonstanten statt. Für Nukleonensysteme lassen sich auch ohne Lösung von Gl. (VIII,11) auf Grund von Symmetrieforderungen an den Hamiltonoperator weitreichende Aussagen machen.

Vor allem die auf Anregung von Lee und Yang [2] 1956 erfolgende Entdeckung der Paritätsverletzung durch Experimente von Wu und Mitarbeitern beim β-Zerfall hat ein starkes Interesse auf die Symmetrieeigenschaften der in der Natur vorkommenden Wechselwirkungen gelenkt. Man war bis 1956 davon ausgegangen, daß die im Makroskosmos beobachteten Symmetrien auch im Bereich der Nukleonen und Elementarteilchen gelten würden. Dies trifft jedoch nicht zu.

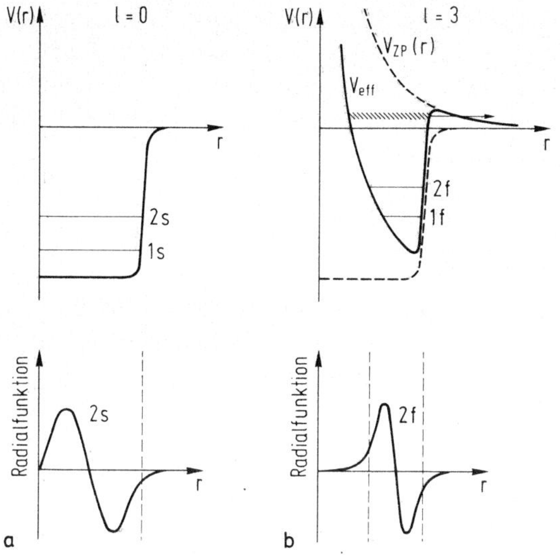

Abb. VIII,1. Schematische Darstellung von gebundenen Ein-Nukleonen-Zuständen und den zugehörigen Radialwellenfunktionen in einem kastenförmigen Zentralpotential für den Bahndrehimpuls $l = 0$ (s-Zustand) und $l = 3$ (f-Zustand). Man beachte, daß sich für Zustände mit $l \neq 0$ das tatsächlich wirksame Zentralpotential wegen des Auftretens des Zentrifugalpotentials erheblich vom aufgeprägten Kastenpotential unterscheidet.

Ein quantenmechanisches System besitzt Symmetrie, wenn die Bewegungsgleichung für die dynamischen Zustände invariant ist unter einem Satz von Transformationen $\mathcal{T} = \{T_i\}$ bzw. der Hamiltonoperator $\hat{H}$ mit einem Satz von Operatoren $\mathcal{G} = \{\hat{G}_i\}$ vertauscht:

$$[\hat{H}, \hat{G}_i] = \hat{H}\,\hat{G}_i - \hat{G}_i\,\hat{H} = 0 \qquad \text{(VIII,14)}$$

Mit den in der Physik auftretenden Transformationen, die zu einem großen Teil geometrischer Natur sind, lassen sich eine bestimmte Anzahl von Gruppen von Transformationen bilden, wobei jeder Gruppe (im mathematischen Sinne) von Transformationen eine Gruppe von Operatoren zugeordnet ist. Jede Observable, die sich durch die Operatoren $\hat{G}_i$ ausdrücken läßt, ist eine Konstante der Bewegung, bzw. zu einer Symmetriegruppe existiert in der Regel eine bestimmte Zahl von Erhaltungssätzen. Die Symmetrieoperatoren induzieren im Raum $\mathfrak{E}$ der Eigenzustände des jeweiligen Hamiltonoperators $\hat{H}$ eine Eins zu Eins Zuordnung (VIII,15), wobei über die Phase $e^{i\alpha}$ der transformierten Zustände noch verfügt werden kann. Da wir voraussetzen, daß die physikalischen Eigenschaften des betrachteten Systems erhalten bleiben sollen, muß u. a. das Absolutquadrat des Skalarprodukts invariant unter der Transformation sein. (Wir bedienen uns hier der bra-ket-Schreibweise von Dirac [3])

$$|i'\rangle = \mathcal{T}[\,|i\rangle], \qquad |j'\rangle = \mathcal{T}[\,|j\rangle] \qquad \text{(VIII,15)}$$
$$|\langle i'|j'\rangle|^2 = |\langle i|j\rangle|^2 \qquad \text{für alle i, j}$$

Es kann gezeigt werden, daß bei geeigneter Wahl der Phasen der transformierten Zustände die Transformation entweder unitär linear oder unitär antilinear gemacht werden kann. Für lineare Transformationen gilt dann $\langle i|j\rangle = \langle i'|j'\rangle$ und für antilineare $\langle i'|j'\rangle = \langle i|j\rangle^*$. Linearität eines Operators $\hat{A}$ wird durch Gl. (VIII,16) definiert während Antilinearität in Gl. (VIII,17) besteht.

$$\hat{A}(\alpha_i|i\rangle + \alpha_j|j\rangle) = \alpha_i(\hat{A}|i\rangle) + \alpha_j(\hat{A}|j\rangle) \tag{VIII,16}$$

$$\hat{A}(\alpha_i|i\rangle + \alpha_j|j\rangle) = \alpha_i^*(\hat{A}|i\rangle) + \alpha_j^*(\hat{A}|j\rangle) \tag{VIII,17}$$

Der einzige antilineare Symmetrieoperator, mit dem wir zu tun bekommen, ist der Operator für die Zeitumkehr. Die Unitarität der Symmetrieoperatoren $\hat{G}$ bedeutet, daß der adjungierte Operator gleich seinem Inversen ist:

$$\hat{G}^+ \hat{G} = 1 \tag{VIII,18}$$

Wir können uns das Bestehen von Symmetrie zunächst an einem einfachen geometrischen Beispiel klarmachen. Dazu suchen wir in Abb. VIII,2 diejenigen geometrischen Operationen wie z. B. Drehungen, Spiegelungen und Inversion, die den Buchstaben H bestehend aus drei gleich langen Strichen in sich überführen. Offensichtlich enthält die Symmetriegruppe des Buchstaben H die vier Operationen E, C_2, σ_x und σ_y (Die Inversion ist mit C_2 identisch). Ein anderes geometrisches Beispiel liefert eine Kugel. Sie geht bei beliebigen Drehungen um beliebige Achsen in sich über. Hier ist die Symmetriegruppe die dreidimensionale Drehgruppe O_3.

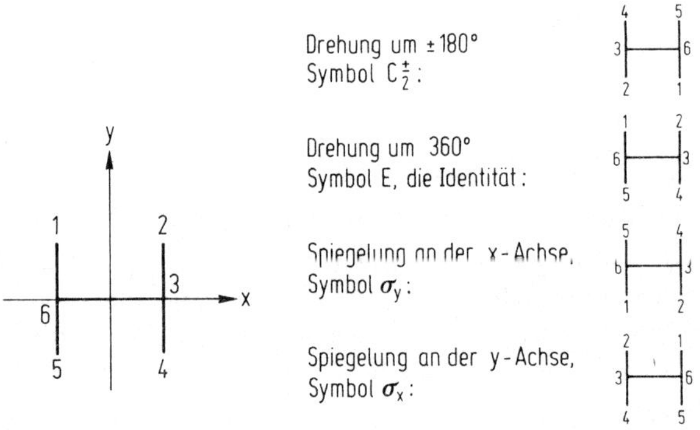

Abb. VIII,2. Die Elemente der Symmetriegruppe des Buchstaben H. Zur Bezeichnung wurden die Schönfließ-Symbole verwendet.

In der Quantenmechanik müssen wir bei Vorliegen von Symmetrie verlangen, daß die Erwartungswerte von Observablen, die durch Operatoren $\hat{A}$, $\hat{B}$ usw. repräsentiert werden, bei den Symmetrieoperationen erhalten bleiben. Beim Übergang von einem System S, auf das der Operator $\hat{A}$ und die Zustände $|i\rangle$ und $|j\rangle$ bezogen seien, zu einem neuen

System S', auf das $\hat{A}'$ und $|i'\rangle$ sowie $|j'\rangle$ bezogen seien, folgt aus der Forderung (VIII,19) das Transformationsgesetz (VIII,20) für die Operatoren $\hat{A}$, $\hat{B}$ usw.

$$\langle i'|\hat{A}'|j'\rangle = \langle i|\hat{A}|j\rangle \qquad \text{(VIII,19)}$$

$$\hat{A} = \hat{G}^{-1}\,\hat{A}'\,\hat{G} \quad \text{bzw.} \quad \hat{A}' = \hat{G}\,\hat{A}\,\hat{G}^{-1} \qquad \text{(VIII,20)}$$

Das Vorhandensein von Symmetrie hat eine Anzahl wichtiger physikalischer Konsequenzen:

1. Die Energieniveaus E eines quantenmechanischen Systems lassen sich entsprechend dem Transformationsverhalten der zugehörigen Wellenfunktion kennzeichnen.
2. Der Grad der Energieentartung ist gleich der Dimension der zugehörigen irreduziblen Darstellung.
3. Symmetriegruppen sind in der Regel mit Erhaltungssätzen verknüpft.
4. Die Verhältnisse von Wechselwirkungsmatrixelementen lassen sich unmittelbar angeben.
5. Es bestehen bestimmte Auswahlregeln bei Übergängen

In Tab. VIII,4 sind eine Reihe von Kontinuierlichen und diskreten Symmetrietransformationen mit den dazugehörigen Erhaltungssätzen aufgeführt. Auf diese Symmetrien soll entsprechend den Erfordernissen dieser Abhandlung mehr oder weniger ausführlich eingegangen werden.

Tab. VIII,4. Symmetrien

Symmetrietransformation	Erhaltene Größe
Räumliche Translationen	Gesamtimpuls
Galilei Transformation	
Räumliche Drehungen	Drehimpuls
Inversion am Koordinatenursprung	Parität
Teilchenvertauschung	Symmetriecharakter der Wellenfunktion: antisymmetrisch oder symmetrisch
Drehungen im Isospinraum	Isospin
Zeitumkehr	Kein zugeordneter Erhaltungssatz bekannt
Teilchen-Antiteilchen-Konjugation	C-Parität

Translationsinvarianz

Ist ν ein Zustand des betrachteten physikalischen Systems und Ψ nach (VIII,11) die zugehörige Wellenfunktion, dann mögen ν' und Ψ' denjenigen Zustand und die entsprechende Wellenfunktion bezeichnen, die das System nach der Verschiebung hat:

$$\nu' = \mathcal{T}[\nu]\,, \qquad \Psi' = \mathcal{T}[\Psi] \qquad \text{(VIII,21)}$$

Die Definition von $\mathcal{T}$ sei am Beispiel einer Ortsmessung für das Teilchen i näher erläutert. Die Wahrscheinlichkeit, das Teilchen i am Ort $\boldsymbol{r}$ im Volumenelement d τ anzutreffen, beträgt:

$$|\psi(\boldsymbol{r})|^2 \, \mathrm{d}\,\tau = \mathrm{d}\,\tau \int\limits_{-\infty}^{+\infty} |\Psi(\boldsymbol{r}_1, \ldots, \boldsymbol{r}_\mathrm{i}, \ldots, \boldsymbol{r}_\mathrm{A})|^2$$

$$\mathrm{d}\,\tau_1 \ldots \mathrm{d}\,\tau_{\mathrm{i}-1} \, \mathrm{d}\,\tau_{\mathrm{i}+1} \ldots \mathrm{d}\,\tau_\mathrm{A} \qquad \text{(VIII,22)}$$

Der Wert von (VIII,22) ist nach der Translation am Ort $\boldsymbol{r}$ gleich dem Wert von (VIII,22) an einem anderen Ort $\boldsymbol{r}'$, der aus $\boldsymbol{r}$ durch die inverse Translation hervorgeht (das Volumenelement d τ bleibt dabei ungeändert):

$$|\psi'(\boldsymbol{r})|^2 \, \mathrm{d}\,\tau = |\psi(\boldsymbol{r}')|^2 \, \mathrm{d}\,\tau , \qquad \boldsymbol{r}' = \mathcal{T}^{-1}[\boldsymbol{r}] \qquad \text{(VIII,23)}$$

oder bis auf einen Phasenfaktor:

$$\psi'(\boldsymbol{r}) \equiv \hat{T}\,\psi(\boldsymbol{r}) = \psi(\mathcal{T}^{-1}\,[\boldsymbol{r}]) \qquad \text{(VIII,24)}$$

beziehungsweise für das Vielteilchenproblem:

$$\Psi'(\boldsymbol{r}_1, \ldots, \boldsymbol{r}_\mathrm{A}) \equiv \hat{T}\,\Psi(\boldsymbol{r}_1, \ldots, \boldsymbol{r}_\mathrm{A}) = \Psi(\mathcal{T}^{-1}[\boldsymbol{r}_1], \ldots, \mathcal{T}^{-1}[\boldsymbol{r}_\mathrm{A}]) \qquad \text{(VIII,25)}$$

Gl. (VIII,25) definiert einen unitären Operator $\hat{T}$ für Translationen, von dem wir wegen der vorausgesetzten Homogenität des Raumes verlangen wollen, daß er mit dem Hamiltonoperator des Gesamtsystems in (VIII,11) vertauscht:

$$[\hat{H}, \hat{T}] = 0 \qquad \text{(VIII,26)}$$

Die durch Gl. (VIII,25) definierten kontinuierlichen Transformationen werden häufig als aktive Transformationen bezeichnet, da das gesamte physikalische System, im oben aufgeführten Beispiel repräsentiert durch die Wahrscheinlichkeitsdichte, verschoben wird. Völlig äquivalent hierzu sind die als passiv bezeichneten Transformationen. Dort findet ein Übergang vom ursprünglichen Koordinatensystem K zu einem neuen Koordinatensystem K′ statt, wobei ein Punkt im Raum und die mit ihm verbundenen physikalischen Größen festgehalten werden. Einer aktiven Translation in positiver x-Richtung entspricht eine Translation des Koordinatensystems in umgekehrter Richtung. Die Operatoren $\hat{T}$ unterscheiden sich in beiden Definitionen durch das Vorzeichen des die Transformation erzeugenden Operators. In dieser Abhandlung wird stets mit aktiven Transformationen gearbeitet.

Zur Ableitung des Operators $\hat{T}$ reicht es aus, eine infinitesimale Translation um $\delta\,a$ in positiver x-Richtung zu betrachten. Aus einer Taylorentwicklung der Wellenfunktion in (VIII,25) um die Stelle $\boldsymbol{r}$ ergibt sich der Translationsoperator in (VIII,27):

$$\hat{T}_x(\delta a)\,\Psi(\boldsymbol{r}_1,\ldots,\boldsymbol{r}_A) = \Psi(\boldsymbol{r}_1 - \delta a,\ldots,\boldsymbol{r}_A - \delta a) =$$

$$= \left\{1 - \delta a\left(\sum_{j=1}^{A} \frac{\partial}{\partial x(j)}\right)\right\}\Psi\,, \quad -i\hbar\frac{\partial}{\partial x(j)} = \hat{p}_x(j)\,,$$

$$\sum_{j=1}^{A} \frac{\partial}{\partial x(j)} = \frac{i}{\hbar}\hat{P}_x\,, \quad \hat{T}_x(\delta a) = 1 - \frac{i}{\hbar}\,\delta a\,\hat{P}_x \qquad \text{(VIII,27)}$$

Nach (VIII,27) läßt sich $\hat{T}$ auch für eine Verschiebung in beliebiger Richtung $\delta\boldsymbol{a}$ sofort angeben:

$$\hat{T}(\delta\boldsymbol{a}) = 1 - \frac{i}{\hbar}\,\delta\boldsymbol{a}\cdot\hat{\boldsymbol{P}} \qquad \text{(VIII,28)}$$

Der die infinitesimalen Translationen erzeugende Operator $\hat{\boldsymbol{P}}$ ist der Operator des Gesamtimpulses. Eine endliche Verschiebung $\boldsymbol{a}$ kann durch eine unendliche Folge infinitesimaler Verschiebungen $\delta\boldsymbol{a} = \frac{\boldsymbol{a}}{n}$ dargestellt werden:

$$\hat{T}(\boldsymbol{a}) = \lim_{n\to\infty}(\hat{T}(\delta\boldsymbol{a}))^n = \lim_{n\to\infty}\left(1 - \frac{i}{\hbar}\frac{a}{n}\,\boldsymbol{e}_a\cdot\hat{\boldsymbol{P}}\right)^n = \exp\left\{-\frac{i}{\hbar}\boldsymbol{a}\cdot\hat{\boldsymbol{P}}\right\}\,,$$

$$\boldsymbol{e}_a = \frac{\boldsymbol{a}}{a} \qquad \text{(VIII,29)}$$

Die Forderung in (VIII,26) bedeutet daher in Gl. (VIII,30) die Erhaltung des Gesamtimpulses.

$$[\hat{H},\hat{\boldsymbol{P}}] = 0 \qquad \text{(VIII,30)}$$

Dazu ist erforderlich, daß das noch nicht näher spezifizierte NN-Wechselwirkungspotential nur vom Relativabstand der Nukleonen abhängt. Nach Transformation auf Relativ- und Schwerpunktskoordinaten muß für das NN-Potential Gl. (VIII,31) gelten.

$$\boldsymbol{R}_{ij} = \frac{1}{2}(\boldsymbol{r}_i + \boldsymbol{r}_j)\,, \quad \boldsymbol{r}_{ij} = \boldsymbol{r}_i - \boldsymbol{r}_j$$

$$\hat{V}(i,j) = \hat{V}(\boldsymbol{R}_{ij} - \boldsymbol{a}, \boldsymbol{r}_{ij}) = \hat{V}(\boldsymbol{r}_{ij}) \qquad \text{(VIII,31)}$$

Galileiinvarianz

Sie beinhaltet die Gleichwertigkeit von zwei Koordinatensystemen, die sich relativ zueinander mit gleichförmiger Geschwindigkeit bewegen. Die Forderung nach der Vertauschbarkeit der Operatoren der Galileitransformation mit dem Hamiltonoperator führt darauf, daß das NN-Potential sich bei dieser Transformation nicht ändern darf, d. h. auf eine Abhängigkeit vom Relativimpuls $\boldsymbol{p}_i - \boldsymbol{p}_j$ eingeschränkt wird.

$$\hat{V}(i,j) = \hat{V}(\boldsymbol{r}_i - \boldsymbol{r}_j, \boldsymbol{p}_i - \boldsymbol{p}_j) \qquad \text{(VIII,32)}$$

Rotationsinvarianz

Die Rotationsinvarianz beruht auf der Annahme der Gleichwertigkeit aller Richtungen im Raum und führt auf den Drehimpulserhaltungssatz. Es seien einige Aspekte aufgeführt, die eine Diskussion der Rotationsinvarianz nahelegen.

Von einigen Kernen ist bekannt, daß ihre Nukleonenverteilung in guter Näherung kugelsymmetrisch ist. Ein Nukleon in einem solchen Kern wird alle Raumrichtungen „im Mittel" als gleichwertig „empfinden", was bedeutet, daß der Gesamtdrehimpuls dieses Nukleons eine Erhaltungsgröße darstellt.

Viele Kerne sind deformiert, ihre Gleichgewichtsgestalt entspricht oft der eines langgestreckten Rotationsellipsoids. Das letztgebundene Nukleon findet daher „im Mittel" eine ausgezeichnete Richtung im Raum, nämlich die Symmetrieachse, vor. Der Gesamtdrehimpuls für dieses Nukleon ist nicht erhalten, sondern nur seine Komponente in Richtung der Symmetrieachse. Fassen wir einen solchen deformierten Atomkern als starren Körper auf, dann ist er als quantenmechanischer Rotator zu behandeln, der sich durch eine charakteristische Folge von Energieniveaus der Rotation auszeichnet. Die Betrachtung von Drehungen erlaubt, das mit dem deformierten Kern verbundene körperfeste Koordinatensystem mit dem laborfesten Koordinatensystem in Beziehung zu setzen.

Der Operator $\hat{R}_z(\delta\varphi)$ für eine infinitesimale Drehung $\delta\varphi$ um die z-Achse kann analog zu den Translationen in Gl. (VIII,27) durch (VIII,33) definiert werden, wobei ψ zunächst als skalares Feld aufgefaßt werde.

$$\hat{R}_z(\delta\varphi)\,\psi(\boldsymbol{r}) = \psi(\mathcal{R}^{-1}[\boldsymbol{r}]) = \psi(x + y\,\delta\varphi, y - x\,\delta\varphi, z) \qquad \text{(VIII,33)}$$

Nach Taylorentwicklung um den durch $\boldsymbol{r}$ festgelegten Punkt im Raum und Vernachlässigung von Gliedern $(\delta\varphi)^n$ mit $n \geqslant 2$ ergibt sich der in (VIII,34) aufgeführte infinitesimale Drehoperator:

$$\hat{R}_z(\delta\varphi)\,\psi = \psi(\boldsymbol{r}) + \delta\varphi\left(y\frac{\partial\psi}{\partial x} - x\frac{\partial\psi}{\partial y}\right) = \left\{1 - \frac{\mathrm{i}}{\hbar}\,\delta\varphi\,\hat{l}_z\right\}\psi \qquad \text{(VIII,34)}$$

$$\hat{R}_z(\delta\varphi) = \left\{1 - \frac{\mathrm{i}}{\hbar}\,\delta\varphi\,\hat{l}_z\right\}, \qquad \hat{l}_z = -\mathrm{i}\hbar\left(x\frac{\partial}{\partial y} - y\frac{\partial}{\partial x}\right)$$

Wie sich zeigt, werden die infinitesimalen Drehungen durch den Operator des Bahndrehimpulses $\hat{\boldsymbol{l}}$ erzeugt. Die Erweiterung auf eine Drehung um eine beliebige Drehachse, repräsentiert durch den Einheitsvektor $\boldsymbol{e}$ für ein System aus A Teilchen, wird durch Gl. (VIII,35) gegeben, worin $\hat{\boldsymbol{L}}$ der Operator für die Summe der Einteilchendrehimpulse ist.

$$\hat{R}_{\boldsymbol{e}}(\delta\varphi) = \left\{1 - \frac{\mathrm{i}}{\hbar}\,\delta\varphi(\boldsymbol{e}\cdot\hat{\boldsymbol{L}})\right\}, \qquad \hat{\boldsymbol{L}} = \sum_{i=1}^{A}\hat{\boldsymbol{l}}_i \qquad \text{(VIII,35)}$$

Den Drehimpulsoperator erhält man nach dem Korrespondenzprinzip aus dem klassischen Ausdruck $\boldsymbol{l} = \boldsymbol{r} \times \boldsymbol{p}$ für den Bahndrehimpuls, indem $\boldsymbol{r}$ und $\boldsymbol{p}$ durch die entsprechenden Operatoren $\hat{\boldsymbol{r}}$ und $\hat{\boldsymbol{p}} = -\mathrm{i}\hbar\nabla$ ersetzt werden: $\hat{\boldsymbol{l}} = -\mathrm{i}\hbar\,\hat{\boldsymbol{r}} \times \nabla$.

$\hat{l}$ ist ein Vektoroperator, dessen kartesische Komponenten die bekannten Vertauschungsrelationen erfüllen (VIII,36).

$$[\hat{l}_x, \hat{l}_y] = i\hbar\, \hat{l}_z\,, \quad \text{zyklisch} \qquad \text{(VIII,36)}$$

Wichtig ist, daß jede der drei Komponenten mit dem Operator $\hat{l}^2$ vertauscht, was durch (VIII,37) beschrieben sei.

$$[\hat{l}^2, \hat{l}] = 0\,, \qquad \hat{l}^2 = \hat{l}_x^2 + \hat{l}_y^2 + \hat{l}_z^2 \qquad \text{(VIII,37)}$$

Es ist eine Konvention, die z-Achse eines ausgewählten Koordinatensystems als Quantisierungsachse zu verwenden (man hätte wegen (VIII,37) auch die x- oder y-Achse benutzen können), so daß die Eigenfunktionen zum Bahndrehimpuls lediglich diagonale Matrixelemente für $\hat{l}^2$ und $\hat{l}_z$ bilden.

Bei diesen Eigenfunktionen handelt es sich um die Kugelfunktionen $Y\, l, m_l(\vartheta, \varphi)$:

$$\hat{l}^2\, Y_{l,m_l}(\vartheta, \varphi) = \hbar^2\, l(l+1)\, Y_{l,m_l}(\vartheta, \varphi) \qquad \text{(VIII,38)}$$

$$\hat{l}_z\, Y_{l,m_l}(\vartheta, \varphi) = \hbar\, m_l\, Y_{l,m_l}(\vartheta, \varphi)$$

$$l = 0, 1, 2, \ldots \qquad m_l = -l, -l+1, \ldots, l-1, l$$

Sie tragen diesen Namen, da sie den Punkten auf der Oberfläche der Einheitskugel gewisse Funktionswerte zuordnen und bilden ein vollständiges, orthonormiertes Funktionensystem. Die Orthonormierung wird durch Gl. (VIII,39) ausgedrückt.

$$\int_0^{\pi} d\vartheta \int_0^{2\pi} d\varphi \sin\vartheta\, Y^*_{l,m_l}(\vartheta, \varphi)\, Y_{l',m_l'}(\vartheta, \varphi) = \delta_{l,l'}\, \delta_{m_l,m_l'} \qquad \text{(VIII,39)}$$

$$\text{mit} \quad Y^*_{l,m_l} = (-1)^m\, Y_{l,-m_l}$$

Kugelfunktionen bis $l = 3$ sind in Tab. II,1 dieses Bandes aufgeführt. Zwischen den Kugelfunktionen und den Legendre Polynomen besteht ein Zusammenhang, der bei Anwendungen häufig verwendet wird:

$$P_l(\cos\vartheta) = \left(\frac{4\pi}{2l+1}\right)^{\frac{1}{2}} Y_{l,0}(\vartheta, \varphi) \qquad \text{(VIII,40)}$$

$$P_l(\cos\vartheta) = \frac{4\pi}{2l+1} \sum_{m_l=-l}^{+l} Y^*_{l,m_l}(\vartheta_1, \varphi_1)\, Y_{l,m_l}(\vartheta_2, \varphi_2) \qquad \text{(VIII,41)}$$

Gl. (VIII,41) wird als Additionstheorem der Kugelfunktionen bezeichnet. Es ist ϑ der Winkel zwischen zwei Einheitsvektoren $\boldsymbol{e}_1$ und $\boldsymbol{e}_2$, die durch ihre Polar- und Azimutwinkel ϑ_1, ϑ_2 und φ_1, φ_2 festgelegt sind.

An Stelle von $\hat{l}_x$ und $\hat{l}_y$ lassen sich oft mit Vorteil sogenannte Aufsteige- und Absteigeoperatoren $\hat{l}_\pm$ verwenden, deren Definition und Wirkung durch (VIII,42) beschrieben wird.

$$\hat{l}_\pm = \hat{l}_x \pm \mathrm{i}\,\hat{l}_y \qquad \text{(VIII,42)}$$

$$\hat{l}_\pm\,|l, m_l\rangle = \hbar\sqrt{(l \mp m_l)(l \pm m_l + 1)}\;|l, m_l \pm 1\rangle$$

Sie verbinden daher Zustände, die sich in der magnetischen Quantenzahl um eine Einheit unterscheiden.

Ergänzend seien auch die nichtverschwindenden Matrixelemente von $\hat{l}_x$ und $\hat{l}_y$ angegeben:

$$\begin{aligned}
\langle l, m_l + 1|\hat{l}_x|l, m_l\rangle &= \frac{\mathrm{i}}{2}\hbar\sqrt{(l - m_l)(l + m_l + 1)}\\
\langle l, m_l - 1|\hat{l}_x|l, m_l\rangle &= \frac{\mathrm{i}}{2}\hbar\sqrt{(l + m_l)(l - m_l + 1)}\\
\langle l, m_l + 1|\hat{l}_y|l, m_l\rangle &= +\frac{\mathrm{i}}{2}\hbar\sqrt{(l - m_l)(l + m_l + 1)}\\
\langle l, m_l - 1|\hat{l}_y|l, m_l\rangle &= -\frac{\mathrm{i}}{2}\hbar\sqrt{(l + m_l)(l - m_l + 1)}
\end{aligned} \qquad \text{(VIII,43)}$$

Betrachten wir ein quantenmechanisches System, das sich durch einen Gesamtdrehimpuls J (also nicht nur Bahndrehimpuls) auszeichnet, dann verallgemeinert sich (VIII,35) zu (VIII,44):

$$\hat{R}_e(\delta\varphi) = \left\{1 - \frac{\mathrm{i}}{\hbar}\,\delta\varphi(e\cdot\hat{J})\right\} \qquad \text{(VIII,44)}$$

In Fällen, wo es nicht unmittelbar klar ist, was unter dem Operator $\hat{J}$ konkret zu verstehen ist, kann (VIII,44) als Definition für $\hat{J}$ herangezogen werden. Die Behandlung von Multipolfeldern in Abschnitt VIII,6 wird ein Beispiel dafür liefern.

Die Erweiterung auf endliche Drehungen läßt sich in formaler Analogie zu (VIII,29) durchführen:

$$\hat{R}_e(\varphi) = \exp\left\{-\frac{\mathrm{i}}{\hbar}\,\varphi(e\cdot\hat{J})\right\} \qquad \text{(VIII,45)}$$

Im allgemeinen wird die Lage eines gedrehten physikalischen Systems bezüglich des ursprünglichen Systems durch die drei Eulerschen Winkel α, β und γ beschrieben, wie sie in Abb. VIII,3 eingetragen sind. Als Drehachsen treten die z''-, die y'- und die z-Achse auf. Es kann gezeigt werden, daß diese Drehung auch aus drei aufeinander folgenden Drehungen um die ursprünglichen Achsen zusammengesetzt werden kann, so daß sich der Drehoperator durch Gl. (VIII,46) darstellen läßt.

$$\hat{R}(\alpha, \beta, \gamma) = \hat{R}_z(\alpha)\cdot\hat{R}_y(\beta)\cdot\hat{R}_z(\gamma) \qquad \text{(VIII,46)}$$

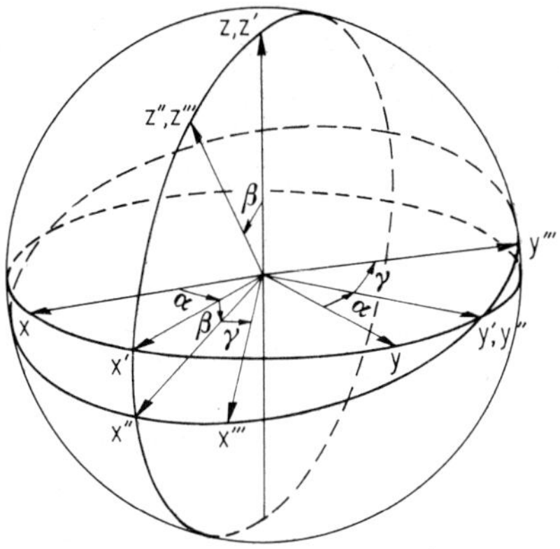

Abb. VIII,3. Definition der drei Euler'schen Winkel α, β und γ, die zur Parametrisierung endlicher Drehungen eingeführt werden.

Für ein System mit Drehimpuls J, wegen (VIII,45):

$$\hat{R}(\alpha, \beta, \gamma) = \exp\left\{-\frac{i}{\hbar}\alpha \hat{J}_z\right\} \cdot \exp\left\{-\frac{i}{\hbar}\beta \hat{J}_y\right\} \cdot \exp\left\{-\frac{i}{\hbar}\gamma \hat{J}_z\right\} \qquad \text{(VIII,47)}$$

Die Matrixelemente des Drehoperators zwischen den Eigenzuständen $|J, M\rangle$ des Gesamtdrehimpulses heißen „Matrixelemente der endlichen Drehungen" oder „D-Funktionen".

$$D^J_{M,M'}(\alpha, \beta, \gamma) = \langle J, M|\hat{R}(\alpha, \beta, \gamma)|J, M'\rangle = e^{-i(\alpha M + \gamma M')}\, d^J_{M,M'}(\beta) \qquad \text{(VIII,48)}$$

Sie bilden $(2J + 1)$ – dimensionale Matrizen, die Drehmatrizen genannt werden. Die entstehende Menge von Drehmatrizen wird auch als „Darstellung" des Drehoperators zur Basis $|J, M\rangle$ bezeichnet. Aus (VIII,47) folgt, daß $\hat{R}$ mit $\hat{J}^2$, nicht aber mit $\hat{J}_z$ vertauscht. Der gedrehte Zustand ist demnach wieder ein Eigenzustand von $\hat{J}^2$. Wegen der vorausgesetzten Vollständigkeit des Basissystems ergibt sich folgendes Transformationsgesetz:

$$\hat{R}(\alpha, \beta, \gamma)|J, M\rangle = \sum_{M=-J}^{+J} \langle J, M'|\hat{R}|J, M\rangle |J, M'\rangle \qquad \text{(VIII,49)}$$

$$= \sum_{M=-J}^{+J} D^J_{M',M}(\alpha, \beta, \gamma)|J, M'\rangle$$

Ergibt eine Messung der Projektion von J auf die z-Achse den Wert M, dann gibt $|D^J_{MM'}|^2$ die Wahrscheinlichkeit dafür an, nach der Drehung den Wert M' zu beobachten. Es besteht die folgende Normierungsrelation:

$$\int_0^{2\pi} d\alpha \int_0^{\pi} d\beta \sin\beta \int d\gamma\, D^{J_1 *}_{M'_1,M_1}(\alpha,\beta,\gamma)\, D^{J_2}_{M'_2,M_2}(\alpha,\beta,\gamma) \qquad \text{(VIII,50)}$$

$$= \frac{8\pi^2}{2J_1+1}\,\delta_{J_1,J_2}\,\delta_{M'_1,M'_2}\,\delta_{M_1,M_2}$$

wobei

$$D^{J^*}_{M,M'} = (-1)^{M-M'}\, D^{J}_{-M,-M'} \qquad \text{gilt.}$$

Die D-Funktionen finden reichliche Anwendung in der Molekül- und Kernphysik, da sie die Eigenfunktionen des symmetrischen quantenmechanischen Kreisels sind.

Für ein System, das lediglich durch Bahndrehimpuls l ausgezeichnet ist, nehmen einige D-Funktionen eine einfache Form an:

$$D^{l}_{m_l,0}(\alpha,\beta,\gamma) = (-1)^{m_l}\sqrt{\frac{4\pi}{2l+1}}\; Y_{l,m_l}(\beta,\alpha) \qquad \text{(VIII,51)}$$

$$D^{l}_{0,0}(\alpha,\beta,\gamma) = P_l(\cos\beta)$$

Von den Nukleonen wissen wir, daß sie zusätzliche innere Freiheitsgrade besitzen, da sie Teilchen mit Spin $\frac{1}{2}$ sind. Die Wellenfunktion ist daher kein skalares Feld, sondern ein Spinorfeld. Die dem Spin eines Nukleons zugeordneten Spinoperatoren genügen wieder den Vertauschungsrelationen (VIII,36) für Drehimpulse:

$$[\hat{s}_x, \hat{s}_y] = i\hbar\, \hat{s}_z \quad \text{zyklisch,} \quad [\hat{s}^2, \hat{s}] = 0 \qquad \text{(VIII,51a)}$$

Die simultanen Eigenfunktionen χ_{s,m_s}, zu $\hat{s}^2$ und $\hat{s}_z$ spannen einen zweidimensionalen Basisraum auf, sie werden Spinoren genannt:

$$\hat{s}^2\, \chi_{\frac{1}{2},m_s} = \hbar^2\, s(s+1)\, \chi_{\frac{1}{2},m_s} = \frac{3}{4}\hbar^2\, \chi_{\frac{1}{2},m_s}$$

$$\hat{s}_z\, \chi_{\frac{1}{2},m_s} = \hbar\, m_s\, \chi_{\frac{1}{2},m_s} \qquad \text{(VIII,52)}$$

$$\hat{s}_{\pm} = \hat{s}_x \pm i\, \hat{s}_y$$

Es ist üblich, durch (VIII,53) neue Spinoperatoren $\vec{\hat{\sigma}}$ einzuführen

$$\hat{s} = \frac{\hbar}{2}\vec{\hat{\sigma}} \qquad \text{(VIII,53)}$$

Ordnet man die Matrixelemente von $\hat{\sigma}_x$, $\hat{\sigma}_y$ und $\hat{\sigma}_z$ in einem quadratischen Schema an, so ergeben sich die Pauli-Spin-Matrizen:

$\langle \frac{1}{2}, m_s' | \hat{\sigma}_x | \frac{1}{2}, m_s \rangle$ $\langle \frac{1}{2}, m_s' | \hat{\sigma}_y | \frac{1}{2}, m_s \rangle$ $\langle \frac{1}{2}, m_s' | \hat{\sigma}_z | \frac{1}{2}, m_s \rangle$

m_s' \ m_s	$+\frac{1}{2}$	$-\frac{1}{2}$
$+\frac{1}{2}$	0	1
$-\frac{1}{2}$	1	0

m_s' \ m_s	$+\frac{1}{2}$	$-\frac{1}{2}$
$+\frac{1}{2}$	0	- i
$-\frac{1}{2}$	i	0

m_s' \ m_s	$+\frac{1}{2}$	$-\frac{1}{2}$
$+\frac{1}{2}$	1	0
$-\frac{1}{2}$	0	- 1

$$\sigma_x = \begin{pmatrix} 0 & 1 \\ 1 & 0 \end{pmatrix}, \quad \sigma_y = \begin{pmatrix} 0 & -i \\ i & 0 \end{pmatrix}, \quad \sigma_z = \begin{pmatrix} 1 & 0 \\ 0 & -1 \end{pmatrix} \qquad \text{(VIII,54)}$$

Die Spineigenfunktionen lassen sich entsprechend durch Spaltenvektoren darstellen:

$$\chi_+ \equiv \chi_{\frac{1}{2},\frac{1}{2}} \equiv |\tfrac{1}{2},\tfrac{1}{2}\rangle \equiv \begin{pmatrix} 1 \\ 0 \end{pmatrix}, \quad \chi_- \equiv \chi_{\frac{1}{2},-\frac{1}{2}} \equiv |\tfrac{1}{2},-\tfrac{1}{2}\rangle \equiv \begin{pmatrix} 0 \\ 1 \end{pmatrix} \qquad \text{(VIII,55)}$$

Eine Eigenwertgleichung in Matrix-Schreibweise ist beispielsweise:

$$\hat{\sigma}_z \, \chi_{\frac{1}{2},\frac{1}{2}} = \chi_{\frac{1}{2},\frac{1}{2}}, \qquad \text{oder} \qquad \begin{pmatrix} 1 & 0 \\ 0 & -1 \end{pmatrix} \begin{pmatrix} 1 \\ 0 \end{pmatrix} = \begin{pmatrix} 1 \\ 0 \end{pmatrix}$$

Der Drehoperator im Spinorraum nimmt unter Verwendung von (VIII,47) die Form (VIII,56) an.

$$\hat{R}^{\frac{1}{2}}(\alpha, \beta, \gamma) = \exp\left\{-\frac{i}{2}\,\alpha\,\hat{\sigma}_z\right\} \exp\left\{-\frac{i}{2}\,\beta\,\hat{\sigma}_y\right\} \exp\left\{-\frac{i}{2}\,\gamma\,\hat{\sigma}_z\right\} \qquad \text{(VIII,56)}$$

Wie bei E. R. Edmonds [4] gezeigt wird, haben die zugehörigen Drehmatrizen im Spinorraum folgende Form:

$$\left(D^{\frac{1}{2}}_{m_s', m_s}\right) = \begin{pmatrix} \exp\left\{-\frac{i}{2}(\alpha+\gamma)\right\} \cos\frac{\beta}{2} & -\exp\left\{-\frac{i}{2}(\alpha-\gamma)\right\} \sin\frac{\beta}{2} \\ \exp\left\{-\frac{i}{2}(\gamma-\alpha)\right\} \sin\frac{\beta}{2} & \exp\left\{\frac{i}{2}(\alpha+\gamma)\right\} \cos\frac{\beta}{2} \end{pmatrix} \qquad \text{(VIII,57)}$$

Die Matrizen nach (VIII,57) bilden eine Darstellung der speziellen unitären Gruppe in zwei Dimensionen, abgekürzt SU_2, die durch die Spinoperatoren erzeugt wird. Die Gruppe SU_2 wird uns im Zusammenhang mit dem Isospin wieder begegnen.

Im allgemeinen haben wir es mit Nukleonen zu tun, die sich durch einen Gesamtdrehimpuls j auszeichnen, der sich aus Bahndrehimpuls l und Spin s zusammensetzt, d. h. der Operator für den Gesamtdrehimpuls hat die Form (VIII,58):

$$\hat{j} = \hat{l} + \hat{s} \qquad \text{(VIII,58)}$$

Da $\hat{s}$ und $\hat{l}$ kommutieren, ist der Drehoperator, der die Nukleonenwellenfunktion transformiert, das Produkt aus zwei Drehoperatoren:

$$\hat{R}^{j}(\alpha, \beta, \gamma) = \hat{R}^{\frac{1}{2}}(\alpha, \beta, \gamma) \cdot \hat{R}^{l}(\alpha, \beta, \gamma) \qquad \text{(VIII,59)}$$

Um die Wellenfunktion, die Eigenfunktion zum Gesamtdrehimpuls in (VIII,58) ist, angeben zu können, muß das Problem der Kopplung von Drehimpulsen (hier von Bahndrehimpuls und Spin) gelöst werden.

Wir gehen davon aus, daß der Gesamtdrehimpuls j_3 aus den beiden Komponenten j_1 und j_2 aufgebaut wird und die Wechselwirkung derart beschaffen ist, daß j_1, j_2 und die entsprechenden z-Komponenten erhalten sind. Dann existiert folgender Satz untereinander kommutierender Operatoren: $\hat{j}_1^2, \hat{j}_{1z}, \hat{j}_2^2, \hat{j}_{2z}$. Der zugehörige Eigenzustand ist durch einen Produktansatz in (VIII,60)

$$\begin{aligned} |j_1 j_2 m_1 m_2\rangle &= |j_1 m_1\rangle\, |j_2 m_2\rangle \\ \hat{j}_1^2\, |j_1 j_2 m_1 m_2\rangle &= \hbar^2 j_1(j_1+1)\, |j_1 j_2 m_1 m_2\rangle \\ \hat{j}_{1z} |j_1 j_2 m_1 m_2\rangle &= \hbar m_1\, |j_1 j_2 m_1 m_2\rangle \end{aligned} \qquad \text{(VIII,60)}$$

gegeben. Die Eigenwertgleichungen für $\hat{j}_2$ entsprechen den für $\hat{j}_1$ notierten. Man kann alternativ einen anderen Satz kommutierender Operatoren aufstellen, der genau so viel Observable enthält wie der vorherige: $\hat{j}_1^2, \hat{j}_2^2, \hat{j}_3^2 = (\hat{j}_1 + \hat{j}_2)^2, \hat{j}_{3z} = \hat{j}_{1z} + \hat{j}_{2z}$. Die Eigenwertgleichungen lauten jetzt für die gekoppelten Zustände $|j_1 j_2 j_3 m_3\rangle$ in (VIII,61)

$$\begin{aligned} \hat{j}_3^2\, |j_1 j_2 j_3 m_3\rangle &= \hbar^2 j_3(j_3+1)\, |j_1 j_2 j_3 m_3\rangle \\ \hat{j}_{3z} |j_1 j_2 j_3 m_3\rangle &= \hbar m_3\, |j_1 j_2 j_3 m_3\rangle \\ \hat{j}_1^2\, |j_1 j_2 j_3 m_3\rangle &= \hbar^2 j_1(j_1+1)\, |j_1 j_2 j_3 m_3\rangle \\ \hat{j}_2^2\, |j_1 j_2 j_3 m_3\rangle &= \hbar^2 j_2(j_2+1)\, |j_1 j_2 j_3 m_3\rangle \end{aligned} \qquad \text{(VIII,61)}$$

Eine unitäre Transformation verbindet die beiden Systeme von Eigenzuständen:

$$|j_1 j_2 j_3 m_3\rangle = \sum_{m_1, m_2} \langle j_1 j_2 m_1 m_2 | j_3 m_3\rangle\, |j_1 j_2 m_1 m_2\rangle$$

bzw. (VIII,62)

$$|j_1 j_2 m_1 m_2\rangle = \sum_{j_3, m_3} \langle j_3 m_3 | j_1 j_2 m_1 m_2\rangle\, |j_1 j_2 j_3 m_3\rangle$$

Die dabei auftretenden Vektorkopplungskoeffizienten $\langle j_1 j_2 m_1 m_2 | j_3 m_3\rangle$ werden Clebsch–Gordan-Koeffizienten genannt. Sie verschwinden, wenn $m_3 \neq m_1 + m_2$ und wenn j_3 nicht der Dreiecksungleichung $|j_1 - j_2| \leq j_3 \leq j_1 + j_2$ genügt. Häufig werden an Stelle der Clebsch–Gordon-Koeffizienten, die in der Vertauschung der

Argumente symmetrischeren Wigner'schen 3 j-Symbole verwendet. Ihre Definition wird in (VIII,63) angegeben.

$$\begin{pmatrix} j_1 & j_2 & j_3 \\ m_1 & m_2 & m_3 \end{pmatrix} = (-1)^{j_1 - j_2 - m_3} (2 j_3 + 1)^{-\frac{1}{2}} \langle j_1 j_2 m_1 m_2 | j_3 - m_3 \rangle \qquad \text{(VIII,63)}$$

Eine gerade Permutation der Spalten läßt den Wert des 3 j-Symbols ungeändert, während eine ungerade Permutation der Multiplikation mit dem Faktor $(-1)^{j_1+j_2+j_3}$ entspricht. Die gekoppelten Eigenzustände $|j_1 j_2 j_3 m_3\rangle$ sind in dem Fall eine geeignete Basis, wenn eine Wechselwirkung zwischen den beiden durch j_1 und j_2 charakterisierten Systemen besteht, die als kleine Störung aufgefaßt werden kann, aber dazu führt, daß die Komponenten j_{1z} und j_{2z} nicht erhalten sind. Als aktuelles Beispiel sei die Kopplung von Bahndrehimpuls und Spin für ein Nukleon im Zentralpotential behandelt. Gl. (VIII,60) ergibt unter Verwendung von (VIII,38) und (VIII,52) folgende ungekoppelte Basisfunktion:

$$\psi_{\mathrm{nlsm_lm_s}} = R_{\mathrm{nl}}(r)\, \mathrm{Y}_{\mathrm{l,m_l}}(\vartheta, \varphi)\, \chi_{\mathrm{s,m_s}}$$

Die Drehimpulskopplung führt mit (VIII,62) auf (VIII,64)

$$\psi_{\mathrm{nljm}} = \sum_{\mathrm{m_s}=-\frac{1}{2}}^{+\frac{1}{2}} \langle s\, l\, m_s\, m_l | j\, m \rangle\, \psi_{\mathrm{nlsm_lm_s}} \qquad \text{(VIII,64)}$$

Nähere Einzelheiten über die Theorie der Drehimpulse und Tabellen über Clebsch–Gordon-Koeffizienten findet der Leser bei Condon & Shortley [5], Edmonds [4], Rose [6] und Messiah [7]. Für (VIII,64) ergibt sich explizit:

$$j = l + \frac{1}{2} : \psi_{\mathrm{n}\frac{1}{2}\mathrm{ljm}} = R_{\mathrm{nl}}(r) \left[\sqrt{\frac{l + m + \frac{1}{2}}{2l + 1}}\, \mathrm{Y}_{\mathrm{l,m_l}-\frac{1}{2}}\, \chi_+ + \right.$$

$$\left. + \sqrt{\frac{l - m + \frac{1}{2}}{2l + 1}}\, \mathrm{Y}_{\mathrm{l,m}+\frac{1}{2}}\, \chi_- \right] \qquad \text{(VIII,65)}$$

$$j = l - \frac{1}{2} : \psi_{\mathrm{n}\frac{1}{2}\mathrm{ljm}} = R_{\mathrm{nl}}(r) \left[\sqrt{\frac{l - m + \frac{1}{2}}{2l + 1}}\, \mathrm{Y}_{\mathrm{l,m}-\frac{1}{2}}\, \chi_+ - \right.$$

$$\left. - \sqrt{\frac{l + m + \frac{1}{2}}{2l + 1}}\, \mathrm{Y}_{\mathrm{l,m}+\frac{1}{2}}\, \chi_- \right]$$

Es ist in der Atom- und Kernphysik sehr zweckmäßig, für die den Observablen zugeordneten Operatoren sphärische Tensoroperatoren zu verwenden. Da die Erwartungswerte zwischen Zuständen mit definierten Drehimpulsen gebildet werden, kommt man zu besonders übersichtlichen Ausdrücken, wenn sich auch die Operatoren unter Drehungen wie die Eigenfunktionen zum Drehimpuls, d. h. die Kugelfunktionen, transformieren. Als sphärischer (irreduzibler) Tensoroperator vom Rang k (k: ganzzahlig) wird ein Satz von $(2k+1)$ Operatoren $\hat{T}^k_q$ $(q = -k, \ldots, +k)$ definiert, die sich unter einer Drehung der Achsen (!) entsprechend Gl. (VIII,66) transformieren.

$$\hat{T}^{k'}_q = \hat{R}\,\hat{T}^k_q\,\hat{R}^{-1} = \sum_{q'} \hat{T}^k_{q'}\,D^k_{q',q}(\alpha,\beta,\gamma) \qquad \text{(VIII,66)}$$

Setzt man in (VIII,66) für $\hat{R}$ die infinitesimalen Drehoperatoren ein, so ergibt sich nach kurzer Rechnung, daß die in (VIII,67) aufgeführten Vertauschungsrelationen gelten.

$$[\hat{J}_\pm, \hat{T}^k_q] = \hbar\,\sqrt{(k \pm q + 1)(k \mp q)}\;\hat{T}^k_{q\pm 1} \qquad \text{(VIII,67)}$$

$$[\hat{J}_z, \hat{T}^k_q] = \hbar\,q\,\hat{T}^k_q$$

Einfache Beispiele für Tensoroperatoren vom Rang 1 sind:

$$\hat{l}_{+1} = -\frac{1}{\sqrt{2}}(\hat{l}_x + i\,\hat{l}_y),\quad \hat{l}_{-1} = \frac{1}{\sqrt{2}}(\hat{l}_x - i\,\hat{l}_y),\quad \hat{l}_0 = \hat{l}_z$$

$$\hat{r}_{+1} = -\frac{1}{\sqrt{2}}(\hat{x} + i\,\hat{y}),\quad \hat{l}_{-1} = \frac{1}{\sqrt{2}}(\hat{x} - i\,\hat{y}),\quad \hat{r}_0 = \hat{z}$$

Aus den sphärischen Komponenten zweier Vektoroperatoren $\hat{A}^1_m$ und $\hat{B}^1_n$ lassen sich mit Hilfe der Drehimpulskopplung nach (VIII,62) sphärische Tensoroperatoren vom Rang 2 aufbauen:

$$\hat{T}^2_q(\hat{A},\hat{B}) = \sum_{m,n} \hat{A}^1_m\,\hat{B}^1_n\,\langle 1\,1\,m\,n | 2\,q\rangle$$

z. B.

$$\hat{T}^2_0(\hat{A},\hat{B}) = \frac{1}{\sqrt{6}}(3\,\hat{A}_z\,\hat{B}_z - \hat{A}\cdot\hat{B})$$

Der Operator für die Wechselwirkungsenergie in einem zusammengesetzten System, man denke etwa an das System Atom = Atomkern + Atomhülle, muß ein skalarer Operator sein. Jedem Teilsystem mögen aber Tensoroperatoren vom Rang k $(k = 1, 2, 3 \ldots)$ $\hat{T}^k_q(1)$ bzw. $\hat{T}^k_q(2)$ zugeordnet sein. Dann ist es üblich, die Wechselwirkungsenergie durch das in (VIII,69) definierte skalare Produkt von Tensoroperatoren auszudrücken.

$$\hat{W}(1,2) = (\hat{T}^k_{(1)}\cdot\hat{T}^k_{(2)}) \equiv \sum_q (-1)^q\,\hat{T}^k_q(1)\cdot\hat{T}^k_{-q}(2) \qquad \text{(VIII,69)}$$

Gl. (VIII,69) stellt eine Verallgemeinerung des Skalarprodukts zweier Vektoroperatoren dar. Bei der Berechnung von Wechselwirkungsenergien hat man Matrixelemente von Tensoroperatoren zwischen Drehimpulseigenzuständen $|j\,m\rangle$ und $|j'\,m'\rangle$ zu berechnen. In diesem Zusammenhang macht das Wigner–Eckart-Theorem den großen Vorteil bei der Verwendung von sphärischen Tensoroperatoren deutlich. Es sagt in Gl. (VIII,70) aus, daß das Matrixelement $\langle j\,m | \hat{T}^k_q | j'\,m'\rangle$ in ein Produkt aus einem

Vektorkopplungskoeffizienten und einem von der magnetischen Quantenzahl m unabhängigen Faktor, der reduziertes Matrixelement genannt wird, zerlegt werden kann:

$$\langle j' m' | T^k_q | j m \rangle = (-1)^{j'-m'} \begin{pmatrix} j' & k & j \\ -m' & q & m \end{pmatrix} \langle j' \| \hat{T}^k \| j \rangle \qquad \text{(VIII,70)}$$

Die durch (VIII,70) gegebene Definition des reduzierten Matrixelements $\langle j' \| \hat{T}^k \| j \rangle$ folgt der von Edmonds [4]. Die Bedeutung des Wigner–Eckart-Theorems liegt darin, daß eine vollständige Trennung von geometrischen und physikalischen Eigenschaften des Systems erfolgt. Während das 3 j-Symbol die Orientierung des Systems bezüglich des vorgegebenen Koordinatensystems beschreibt, enthält das reduzierte Matrixelement die Information über die physikalischen Eigenschaften.

Wir wollen nun noch untersuchen, welche Konsequenzen das Bestehen von Rotationsinvarianz auf die Form des NN-Potentials hat, wobei nur die Relativbewegung zu diskutieren ist. Die Operatoren, aus denen eine Wechselwirkung zwischen Nukleonen aufgebaut werden kann, sind: der Relativabstand $\hat{\boldsymbol{r}} = \hat{\boldsymbol{r}}_1 - \hat{\boldsymbol{r}}_2$, der Relativimpuls $\hat{\boldsymbol{p}} = \hat{\boldsymbol{p}}_1 - \hat{\boldsymbol{p}}_2$ und die beiden Spins $\frac{1}{2}\vec{\sigma}_i$ bzw. $\frac{1}{2}\vec{\sigma}_j$. Daraus lassen sich der Relativ-Bahndrehimpuls $\hat{\boldsymbol{L}} = \hat{\boldsymbol{r}} \times \hat{\boldsymbol{p}}$, der Gesamtspin $\hat{\boldsymbol{S}} = \frac{1}{2}(\vec{\sigma}_1 + \vec{\sigma}_2)$ und der Gesamtdrehimpuls $\hat{\boldsymbol{J}} = \hat{\boldsymbol{L}} + \hat{\boldsymbol{S}}$ bilden. Einfachste skalare Produkte aus den aufgeführten Operatoren, die zusätzlich auch der Zeitumkehr-Invarianz und der Raumspiegelungsinvarianz genügen, sind in dem Wechselwirkungsansatz (VIII,71) aufgeführt.

$$\hat{V}(\mathrm{i}, \mathrm{j}) = \hat{V}_0(r) + V_\sigma(\vec{\sigma}_\mathrm{i} \cdot \vec{\sigma}_\mathrm{j}) + V_{\mathrm{LS}}(\hat{\boldsymbol{L}} \cdot \hat{\boldsymbol{S}}) + V_\mathrm{T}\,\hat{S}_{\mathrm{ij}} \qquad \text{(VIII,71)}$$

Gl. (VIII,71) enthält neben einem Zentralpotential $\hat{V}_0(r)$ eine Spin-Spin-, eine Spin-Bahn- und eine Tensorwechselwirkung $\hat{S}_{ij}$. Da $\hat{S}_{ij}$ zwar mit $\hat{\boldsymbol{S}}^2$, jedoch nicht mit $\hat{\boldsymbol{L}}^2$ kommutiert, sind $\boldsymbol{S}$ und $\boldsymbol{J}$ aber nicht $\boldsymbol{L}$ erhalten. Die Tensorwechselwirkung $V_\mathrm{T}\,\hat{S}_{ij}$ ist ähnlich derjenigen, die zwischen magnetischen Dipolen wirksam ist.

Raumspiegelungsinvarianz

Wie bereits im Zusammenhang mit Gl. (VIII,8) erwähnt, handelt es sich bei der der Raumspiegelungsinvarianz zugeordneten Symmetrieoperation um die Inversion der räumlichen Koordinaten am Koordinatenursprung. Dadurch wird ein rechtshändiges Koordinatensystem in ein linkshändiges transformiert. Die zugehörige Erhaltungsgröße heißt Parität. Die Symmetriegruppe enthält nur zwei Elemente, $\hat{P}$ und $\hat{P}^2$, mit den Eigenwertgleichungen (VIII,72).

$$\begin{aligned} &\hat{P}\,|\mathrm{i}\rangle = \pi_\mathrm{i}\,|\mathrm{i}\rangle \\ &\hat{P}^2\,|i\rangle = |i\rangle \qquad\qquad \pi_\mathrm{i} = \pm 1 \\ &\hat{P} = \hat{P}^{-1} \end{aligned} \qquad \text{(VIII,72)}$$

Darin ist $|\mathrm{i}\rangle$ ein Eigenzustand des Hamiltonoperators $\hat{H}$, von dem wir annehmen wollen, daß er mit $\hat{P}$ vertauscht. Da es sich hier um eine diskrete Symmetriegruppe handelt, ist die Paritätsquantenzahl multiplikativ. Die magnetische Quantenzahl m ist dagegen additiv.

Operatoren lassen sich bezüglich ihres Verhaltens unter der Paritätstransformation durch (VIII,73) charakterisieren.

$$\hat{P}\hat{O}\hat{P}^{-1} = \pi_0 \hat{O} \tag{VIII,73}$$

Die elementaren Operatoren $\hat{\boldsymbol{r}}, \hat{\boldsymbol{p}}$ und $\hat{s}$ transformieren sich wie folgt:

$$\hat{P}\hat{\boldsymbol{r}}\hat{P}^{-1} = -\hat{\boldsymbol{r}}, \quad \hat{P}\hat{\boldsymbol{p}}\hat{P}^{-1} = -\hat{\boldsymbol{p}}, \quad \hat{P}\hat{s}\hat{P}^{-1} = \hat{s} \tag{VIII,74}$$

Die Forderung nach der Paritätserhaltung in der NN-Wechselwirkung schließt daher Operatoren der Form $\hat{\boldsymbol{r}} \cdot (\vec{\sigma}_i \times \vec{\sigma}_j)$ und $(\vec{\sigma}_i + \vec{\sigma}_j) \cdot \hat{\boldsymbol{p}}$ aus, läßt aber des weiteren noch einen Operator $(\vec{\sigma}_i \cdot \hat{\boldsymbol{L}}\, \vec{\sigma}_j \cdot \hat{\boldsymbol{L}} + \vec{\sigma}_j \cdot \hat{\boldsymbol{L}}\, \vec{\sigma}_i \cdot \hat{\boldsymbol{L}})$ zu. Die Paritätsauswahlregel für eine Wechselwirkung, die durch einen Operator mit der Eigenschaft (VIII,73) beschrieben wird, ergibt sich mit (VIII,72) zu:

$$\langle e|\hat{O}|a\rangle = \langle e|\hat{P}^{-1}\hat{P}\hat{O}\hat{P}^{-1}\hat{P}|a\rangle = \pi_e\,\pi_0\,\pi_a\,\langle e|\hat{O}|a\rangle \tag{VIII,75}$$

Auswahlregel: $\pi_e\,\pi_0\,\pi_a = 1$

Für die Einteilchenwellenfunktionen (VIII,65) ist die Parität durch die Parität der Kugelfunktion festgelegt und zwar gilt:

$$\hat{P}\,Y_{l,m_l}(\vartheta,\varphi) = (-1)^l\,Y_{l,m_l}(\vartheta,\varphi) \tag{VIII,76}$$

$\pi = -1$ für l ungerade

d. h. $\pi = +1$ für l gerade

Ist die NN-Wechselwirkung wie in Gl. (VIII,71) beschaffen, so ist l keine gute Quantenzahl mehr. Da jedoch nach Voraussetzung $\hat{V}(i, j)$ mit $\hat{P}$ vertauscht, werden nur „Bahnen" mit gleicher Parität gemischt.

Die nachgewiesene Paritätsverletzung bei der Schwachen Wechselwirkung wirft die Frage auf, inwieweit die Parität von Kernzuständen verletzt ist. Man formuliert dies durch Gl. (VIII,77), indem der regulären Kernwellenfunktion mit einer Amplitude $\mathfrak{F}$ durch ein paritätsverletzendes Potential eine (irreguläre) Wellenfunktion von entgegengesetzter Parität zugemischt wird.

$$\Psi = \Psi_{reg} + \mathfrak{F}\,\Psi_{irr}, \quad \mathfrak{F} \ll 1 \tag{VIII,77}$$

In einer Reihe von Experimenten wird in der Kernphysik versucht, $\mathfrak{F}$ zu bestimmen. In Übereinstimmung mit theoretischen Voraussagen konnte z. B. mit Hilfe eines γ-Übergangs beim Hf eine Paritätsverletzung von der Größenordnung $\mathfrak{F} \approx 10^{-6}$ beobachtet werden.

Die Raumspiegelungsinvarianz ist mit der Zeitumkehr T ($t \to -t$) und der Teilchen-Antiteilchen-Symmetrie C im CPT-Theorem (siehe z. B. G. Källén [8]) verknüpft. Es spielt bei Untersuchungen der Symmetrieeigenschaften von Wechselwirkungen in der Kern- und Elementarteilchenphysik eine zentrale Rolle. Unter der Voraussetzung der

Gültigkeit von Axiomen der relativistischen Quantenfeldtheorie fordert es die Invarianz von Wechselwirkungen unter der kombinierten Symmetrieoperation CPT. Die Schwache Wechselwirkung verletzt zwar die P-Invarianz, erhält aber die CP-Invarianz. In der Elementarteilchenphysik ist bisher nur beim Zerfall des K_2^0-Mesons eine Verletzung der CP-Invarianz und der T-Invarianz mit Sicherheit beobachtet worden. Das CPT-Theorem konnte jedoch durch jene Experimente bestätigt werden, d. h. CP und T sind gerade so verletzt, daß CPT erhalten bleibt. In der Kernphysik erweist sich die Prüfung der T-Invarianz schwieriger als die Prüfung der P-Invarianz. Es ist dazu beispielsweise erforderlich, eine Kernreaktion mit ihrer inversen Reaktion (Bewegungsumkehr) in Beziehung zu setzen, etwa durch Untersuchung der Reaktion $d + {}^{24}Mg \rightleftharpoons p + {}^{25}Mg$. Die bisher erreichte Genauigkeit liegt bei $3 \cdot 10^{-3}$.

Permutationssymmetrie

Der Hamiltonoperator des Kerns in (VIII,11) hängt von den Z Koordinaten der Protonen und den N Koordinaten der Neutronen ab. Bei Vertauschung identischer, also ununterscheidbarer Teilchen ändert sich der Hamiltonoperator nicht. Ist durch $\hat{P}_{ij}$ ein Operator definiert, der Proton i und j oder Neutron i und j miteinander vertauscht, dann gilt:

$$[\hat{H}, \hat{P}_{ij}] = 0 \qquad \text{(VIII,78)}$$

Anwendung von $\hat{P}_{ij}$ auf eine Kernwellenfunktion Ψ reproduziert diese bis auf eine Konstante c, da $\hat{P}_{ij}\,\Psi$ wieder ein Eigenzustand des Hamiltonoperators zum gleichen Eigenwert wie Ψ sein muß.

$$\hat{P}_{ij}\,\Psi = c\,\Psi, \qquad \hat{P}_{ij}^2\,\Psi = c^2\,\Psi = \Psi \qquad \text{(VIII,79)}$$

$$c = \begin{cases} +1 & \text{symmetrisch} \\ -1 & \text{antisymmetrisch} \end{cases}$$

Der Symmetriecharakter bleibt erhalten, d. h., es kann ein symmetrischer Kernzustand nicht in einen antisymmetrischen übergehen. Die Gesamtwellenfunktion für ein System bestehend aus Teilchen mit halbzahligem Spin ist antisymmetrisch, die für ein System bestehend aus ganzzahligem Spin ist symmetrisch. Da Protonen und Neutronen Teilchen mit Spin $\frac{1}{2}$ (Fermionen) sind, ist jede Teilchensorte der Fermi–Dirac-Statistik unterworfen. Die Gesamtwellenfunktion eines Kerns muß daher das antisymmetrisierte Produkt aus allen Einteilchenwellenfunktionen der Form (VIII,65) sein, d. h. sie muß sowohl total antisymmetrisch gegenüber der Vertauschung der Protonen untereinander als auch der Vertauschung der Neutronen untereinander sein. Dies wird erreicht, wenn Ψ in Gl. (VIII,80) als Produkt zweier Determinanten dargestellt wird.

$$\Psi(1,\ldots,A) = \Phi_p(1,\ldots,Z)\,\Phi_n(1,\ldots,N) \qquad \text{(VIII,80)}$$

$$\Phi_p = \frac{1}{\sqrt{Z!}}\begin{vmatrix} \psi_{q_1}(1)\ldots\psi_{q_1}(Z) \\ \vdots \qquad \vdots \\ \psi_{q_Z}(1)\ldots\psi_{q_Z}(Z)\end{vmatrix}, \quad \Phi_n = \frac{1}{\sqrt{N!}}\begin{vmatrix} \psi_{q_1}(1)\ldots\psi_{q_1}(N) \\ \vdots \qquad \vdots \\ \psi_{q_N}(1)\ldots\psi_{q_N}(N)\end{vmatrix}$$

q_i: Satz aller beteiligten Quantenzahlen

In Übereinstimmung mit dem Pauliprinzip verschwindet Ψ, wenn zwei identische Teilchen in allen individuellen Quantenzahlen übereinstimmen. Glücklicherweise kann man es häufig vermeiden, mit den oben notierten Determinanten zu rechnen. Ist $\hat{O}$ irgendein Einteilchen-Operator entsprechend (VIII,81),

$$\hat{O} = \sum_k \hat{O}(\hat{r}_k) \qquad \text{(VIII,81)}$$

dann ist sein Erwartungswert im antisymmetrischen Zustand (VIII,80) durch Gl. (VIII,82) gegeben.

$$\langle\Psi|\hat{O}|\Psi\rangle = \sum_k \langle\psi_{q_k}(1)|\hat{O}(\hat{r}_1)|\psi_{q_k}(1)\rangle \qquad \text{(VIII,82)}$$

Man hat also lediglich die Erwartungswerte mit den Einteilchenwellenfunktionen zu bestimmen und kann die Determinante vergessen.

Isospin-Invarianz

Sorgfältige experimentelle Untersuchungen der Zwei-Nukleonensysteme pp, nn, pn und np, die in Abschnitt VIII,4 näher beschrieben werden, haben ergeben, daß die Wechselwirkungen zweier Nukleonen bei gleichem Raum-Spin-Zustand im Relativsystem abzüglich der Coulombwechselwirkung im Fall zweier Protonen mit hoher Genauigkeit gleich sind. Es besteht daher nicht nur Ladungssymmetrie, dies würde lediglich die Gleichheit von pp- und nn-Kräften bedeuten, sondern Ladungsunabhängigkeit der NN-Wechselwirkungen. Unter Berücksichtigung elektromagnetischer Korrekturen wie Vakuumpolarisation und magnetische Wechselwirkungen wird die Verletzung der Ladungssymmetrie von Henley [9] mit

$$\frac{\Delta V}{V} \approx (0 \pm 0{,}8)\,\%$$

und die der Ladungsunabhängigkeit mit

$$\frac{\Delta V}{V} = (2{,}13 \pm 0{,}52)\,\%$$

angegeben. Für diese Verletzungen können indirekte elektromagnetische Effekte wie etwa die Massendifferenzen zwischen geladenen und neutralen π- bzw. ρ-Mesonen, welche die Nukleonen bei der Wechselwirkung austauschen, verantwortlich gemacht werden.

Das NN-Potential muß sich daher in einer Form darstellen lassen, in der es vom Ladungszustand (0 oder $+e$) der beteiligten Nukleonen unabhängig ist. Der Hamiltonoperator $\hat{H}$ für ein Nukleonensystem wird dementsprechend, abgesehen von der Coulombwechselwirkung zwischen Protonen, unabhängig von Z und N, er hängt nur von der Gesamtnukleonenzahl A ab. Die Coulombwechselwirkung $\hat{H}_C$ wird vom Gesamthamiltonoperator abgespalten und zunächst vernachlässigt, da sie wegen der erheblich geringeren Kopplungskonstanten als kleine Störung aufgefaßt werden kann:

$$\hat{H} = \hat{H}_h + \hat{H}_C$$

Als Folge der Ladungsunabhängigkeit zeigt $\hat{H}_h$ Vertauschungssymmetrie gegenüber dem Austausch irgendwelcher zwei Nukleonen i und j:

$$[\hat{H}_h, \hat{P}_{ij}] = 0 \qquad \text{(VIII,83)}$$

Da die Ladung eine meßbare Größe darstellt, die wie der Drehimpuls nur diskrete Werte annimmt, muß sich ein hermitescher Operator $\hat{Q}$ definieren lassen*, der die bei den Elementarteilchen beobachteten Ladungswerte (in Einheiten der Elementarladung) zu Eigenwerten hat:

$$\hat{Q}\,\eta_m = m\,\eta_m \qquad \text{(VIII,84)}$$

η_m sind in (VIII,84) die orthonormierten Ladungseigenfunktionen, m die Eigenwerte. Der Satz von der Erhaltung der Ladung fordert dann für jeden beliebigen Hamiltonoperator $\hat{H}$:

$$[\hat{H}, \hat{Q}] = 0\,. \qquad \text{(VIII,85)}$$

Da beispielsweise beim β-Zerfall des Neutrons ein Neutron in ein Proton und ein Elektron zerfällt, ergibt sich die Notwendigkeit, Operatoren $\hat{Q}_+$ und $\hat{Q}_-$ einzuführen, die die Ladung um eine Einheit erhöhen bzw. erniedrigen. Man kann zum Vergleich dabei an die Drehimpulsaufsteige bzw. Absteigeoperatoren denken (Gl. (VIII,42)). Um in die allgemein übliche Beschreibungsweise einzumünden, definieren wir

$$\hat{Q}_+\,\eta_m = \lambda_m\,\eta_{m+1} \qquad \text{(VIII,86)}$$

und $\hat{Q}_+\,\eta_{m'} = 0\,,$

wenn m' der maximale Ladungszustand ist. λ_m ist eine Zahl, die auch komplex sein kann. Hieraus folgt mit Gl. (VIII,84):

$$[\hat{Q}, \hat{Q}_+]\,\eta_m = \{(m+1)\,\lambda_m - \lambda_m\,m\}\,\eta_{m+1} = \hat{Q}_+\,\eta_m$$

d. h., es gilt folgende Operatorengleichung als Definitionsgleichung für die $\hat{Q}_\pm$:

$$[\hat{Q}, \hat{Q}_\pm] = \pm\,\hat{Q}_\pm \qquad \text{(VIII,87)}$$

* Wir folgen hier einer Darstellung von K. W. McVoy [10].

Gl. (VIII,87) ist nun genau diejenige Kommutatorrelation, die die Generatoren einer Lie-Gruppe befolgen, wie z. B. die Spinoperatoren $\hat{s}$ und $\hat{s}_\pm$ als Generatoren der Gruppe SU_2. Die Vermutung liegt nahe, daß auch die Ladungsoperatoren eine Lie-Gruppe erzeugen. Mit Gewißheit läßt sich das erst feststellen, wenn der noch fehlende Kommutator bekannt ist. Zunächst läßt sich leicht zeigen, daß

$$[[\hat{Q}_+, \hat{Q}_-], \hat{Q}] = 0$$

gilt, d. h. $[\hat{Q}_+, \hat{Q}_-]$ hat die gleichen Eigenzustände wie $\hat{Q}$. Um den Kommutator zu bestimmen, müssen weitere physikalische Informationen verarbeitet werden. Wir können Neutron und Proton als Fundamental-Ladungsdublett auffassen und uns vorstellen, daß die Ladungseigenfunktionen der Atomkerne in der gleichen Weise aus Ladungsdubletts aufgebaut werden, wie die Drehimpulseigenzustände aus Spindubletts (Spinoren). Dieser Ansatz ermöglicht es, die Gruppe eindeutig festzulegen. Zur Darstellung der Ladungsdublettzustände für Proton und Neutron können Spaltenvektoren mit den Eigenwerten m_1 und m_2 verwendet werden:

$$\text{Proton:} \quad \eta_{m_1} \equiv \begin{pmatrix}1\\0\end{pmatrix}, \qquad \text{Neutron:} \quad \eta_{m_2} \equiv \begin{pmatrix}0\\1\end{pmatrix} \tag{VIII,88}$$

Die drei Generatoren $\hat{Q}, \hat{Q}_+, \hat{Q}_-$ lassen sich dann durch die 2×2 Matrizen in (VIII,89) darstellen.

$$\hat{Q} = \begin{pmatrix}m_1 & 0\\0 & m_2\end{pmatrix}, \quad \hat{Q}_+ = \begin{pmatrix}0 & \lambda\\0 & 0\end{pmatrix}, \quad \hat{Q}_- = \begin{pmatrix}0 & 0\\\lambda' & 0\end{pmatrix} \tag{VIII,89}$$

Nach den Regeln der Matrizenmultiplikation folgen aus (VIII,89) die Relationen:

$$\hat{Q}_+ \hat{Q}_- = \lambda\lambda' \begin{pmatrix}1 & 0\\0 & 0\end{pmatrix} = \frac{\lambda\lambda'}{m_1 - m_2}(\hat{Q} - m_2\,\hat{1}) \tag{VIII,90}$$

$$\hat{Q}_- \hat{Q}_+ = \lambda\lambda' \begin{pmatrix}0 & 0\\0 & 1\end{pmatrix} = \frac{\lambda\lambda'}{m_2 - m_1}(\hat{Q} - m_1\,\hat{1})$$

$$\text{Einheitsmatrix:} \qquad \hat{1} = \begin{pmatrix}1 & 0\\0 & 1\end{pmatrix}$$

Ohne Beschränkung der Allgemeinheit können $\hat{Q}_+$ und $\hat{Q}_-$ durch $\lambda\lambda' = 1$ normiert werden, so daß die gesuchte Vertauschungsrelation folgende Form annimmt:

$$[\hat{Q}_+, \hat{Q}_-] = \frac{2}{m_1 - m_2}\left\{\hat{Q} - \frac{1}{2}(m_1 + m_2)\,\hat{1}\right\} \tag{VIII,91}$$

Gl. (VIII,87) und Gl. (VIII,91) zeigen, daß Abgeschlossenheit der Operatoren $\hat{Q}_+, \hat{Q}_-$ und $\hat{Q}$ gegenüber der Multiplikation besteht. Sie sind daher die Generatoren einer Liegruppe von Drehungen im Ladungsraum. Mit $m_1 = 1$ und $m_2 = 0$ wird entsprechend den Ladungen von Proton und Neutron

$$[\hat{Q}_+, \hat{Q}_-] = 2\,\hat{Q} - \hat{1} \tag{VIII,92}$$

Die bisher nur auf die Ladung der beiden Nukleonen gerichteten Betrachtungen haben weiterreichende Bedeutung. Wie Heisenberg [1] bereits 1932 kurz nach der Entdeckung des Neutrons formulierte, kann dem Verhalten der NN-Wechselwirkung dadurch Rechnung getragen werden, daß Neutron und Proton als zwei Zustände eines Teilchens, des Nukleons, aufgefaßt werden. Dies legt in formaler Analogie zur nichtrelativistischen Theorie des Elektronenspins nahe, durch Modifizierung von (VIII,88) Proton und Neutron als Komponenten eines Spinors mit den Quantenzahlen $m_1 = +1/2$ und $m_2 = -1/2$ aufzufassen:

$$\text{Proton:}\quad \eta_{1/2,\,1/2} = \eta_+ \equiv \binom{1}{0}, \qquad \text{Neutron:}\quad \eta_{1/2,\,-1/2} = \eta_- \equiv \binom{0}{1} \qquad \text{(VIII,93)}$$

Wir haben uns bei den Definitionsgleichungen (VIII,93) der in der Elementarteilchenphysik gebräuchlichen Beschreibung angeschlossen. In manchen Lehrbüchern findet man die umgekehrte Festlegung. Durch (VIII,93) wird allerdings unterstellt, daß n und p von gleicher hadronischer Struktur sind, was nicht notwendig aus dem Bestehen der Ladungsunabhängigkeit folgt, jedoch durch viele experimentelle und theoretische Resultate gestützt wird. So erscheinen p und n in der Elementarteilchenphysik (siehe Kap. VII,7 dieses Bandes) als Grundzustandsdublett im Spektrum der Baryonen mit Spin $\frac{1}{2}$. Die Dublettaufspaltung, d. h. der Massenunterschied von n und p ist sehr gering, er beträgt:

$$\Delta m = m_n - m_p = (1{,}2933 \pm 0{,}0001)\,\frac{\text{MeV}}{c^2} \qquad \text{(VIII,94)}$$

$$\frac{\Delta m}{m} = \frac{\Delta m}{\frac{1}{2}(m_n + m_p)} = 0{,}14\%$$

In neueren theoretischen Untersuchungen wird gezeigt, daß ein Zusammenwirken von Hadronischer und Elektromagnetischer Wechselwirkung zu der beobachteten Massendifferenz nach Größe und Vorzeichen führt. Auch die von Hofstadter und Mitarbeitern durchgeführten Elektronenstreuexperimente weisen in die gleiche Richtung.

Der dem Nukleon durch (VIII,93) zugeschriebene abstrakte Spin $\boldsymbol{t}$ wird als Isospin bezeichnet, seine Komponente mit Isospin nach „oben" beschreibt vereinbarungsgemäß ein Proton, seine Komponente mit Isospin nach „unten" ein Neutron, aber natürlich hat der Isospin nichts mit dem gewöhnlichen dreidimensionalen Raum zu tun. Vielmehr geht der Isospinraum aus dem Ladungsraum hervor, indem in (VIII,87) und (VIII,91) mit $m_1 = +1/2$, $m_2 = -1/2$, $\hat{Q}_\pm \to \hat{t}_\pm$ und $\hat{Q} \to \hat{t}_3$ gesetzt wird:

$$[\hat{t}, \hat{t}_\pm] = \pm \hat{t}_\pm, \quad [\hat{t}_+, \hat{t}_-] = 2\,\hat{t}_3 \qquad \text{(VIII,95)}$$

Die Einführung neuer Bezeichnungen für die Generatoren $\hat{Q}$ ist wegen des oben geschilderten neuen physikalischen Grundgedankens erforderlich. $\hat{t}_3$ ist dadurch nicht mehr der Ladungsoperator, er steht jedoch in einfachem Zusammenhang mit ihm.

Ein Vergleich mit den Vertauschungsrelationen der Spinoperatoren in Gl. (VIII,51a) zeigt vollständige Analogie, so daß es sich bei der durch die Operatoren $\hat{t}_+$, $\hat{t}_-$ und $\hat{t}_3$ erzeugten Symmetriegruppe um eine weitere physikalische Realisierung der mathematischen Gruppe SU_2 handelt, die isomorph zur Drehgruppe O_3 ist. Bei der Behandlung des Isospins kann daher der gesamte Formalismus, der zur Beschreibung des gewöhnlichen Spins entwickelt wurde, benutzt werden. E. P. Wigner [11] führte dies 1937 erstmals konsequent durch.

Wie sich bereits in (VIII,89) andeutete, sind die Isospinoperatoren in der Matrixdarstellung durch die bekannten Pauli'schen Matrizen gegeben:

$$\hat{t} = \frac{1}{2}\vec{\hat{\tau}}, \quad \vec{\hat{\tau}} = \{\hat{\tau}_1, \hat{\tau}_2, \hat{\tau}_3\}, \quad \hat{t}_\pm = \hat{t}_1 \pm i\,\hat{t}_2 \tag{VIII,96}$$

$$\hat{\tau}_1 = \begin{pmatrix} 0 & 1 \\ 1 & 0 \end{pmatrix}, \quad \hat{\tau}_2 = \begin{pmatrix} 0 & -i \\ i & 0 \end{pmatrix}, \quad \hat{\tau}_3 = \begin{pmatrix} 1 & 0 \\ 0 & -1 \end{pmatrix}$$

$$\hat{t}_+ = \begin{pmatrix} 0 & 1 \\ 0 & 0 \end{pmatrix}, \quad \hat{t}_- = \begin{pmatrix} 0 & 0 \\ 1 & 0 \end{pmatrix}$$

$\hat{t}_+$ und $\hat{t}_-$ erhöhen bzw. erniedrigen die Ladung um eine Einheit, indem sie ein Neutron in ein Proton und umgekehrt umwandeln:

$$\hat{t}_+ \eta_{\frac{1}{2},-\frac{1}{2}} = \eta_{\frac{1}{2},\frac{1}{2}} \quad \text{bzw.} \quad \begin{pmatrix} 0 & 1 \\ 0 & 0 \end{pmatrix}\begin{pmatrix} 0 \\ 1 \end{pmatrix} = \begin{pmatrix} 1 \\ 0 \end{pmatrix}$$

$$\hat{t}_+ \eta_{\frac{1}{2},\frac{1}{2}} = 0 \quad \text{bzw.} \quad \begin{pmatrix} 0 & 1 \\ 0 & 0 \end{pmatrix}\begin{pmatrix} 1 \\ 0 \end{pmatrix} = \begin{pmatrix} 0 \\ 0 \end{pmatrix}$$

$$\hat{t}_- \eta_{\frac{1}{2},\frac{1}{2}} = \eta_{\frac{1}{2},-\frac{1}{2}} \quad \text{bzw.} \quad \begin{pmatrix} 0 & 0 \\ 1 & 0 \end{pmatrix}\begin{pmatrix} 1 \\ 0 \end{pmatrix} = \begin{pmatrix} 0 \\ 1 \end{pmatrix}$$

$$\hat{t}_- \eta_{\frac{1}{2},-\frac{1}{2}} = 0 \quad \text{bzw.} \quad \begin{pmatrix} 0 & 0 \\ 1 & 0 \end{pmatrix}\begin{pmatrix} 0 \\ 1 \end{pmatrix} = \begin{pmatrix} 0 \\ 0 \end{pmatrix}$$

$\eta_{\frac{1}{2},\frac{1}{2}}$ und $\eta_{\frac{1}{2},-\frac{1}{2}}$ sind die simultanen Eigenzustände zu den invarianten Operatoren $\hat{t}^2$ und $\hat{t}_3$ der Isospingruppe mit den Eigenwerten $t(t+1)$ und t_3:

$$\hat{t}^2 \eta_{\frac{1}{2},t_3} = \frac{3}{4}\eta_{\frac{1}{2},t_3}, \quad \hat{t}_3 \eta_{\frac{1}{2},t_3} = \pm\frac{1}{2}\eta_{\frac{1}{2},t_3}$$

Es kann leicht nachgeprüft werden, daß sich der Operator für die Ladung der Nukleonen $\hat{Q}$ durch die dritte Komponente $\hat{t}_3$ ausdrücken läßt:

$$\hat{Q} = \hat{t}_3 + \frac{1}{2}\hat{1} \tag{VIII,97}$$

Dieser Operator kann als Projektionsoperator $\hat{P} = \frac{1}{2}(\hat{1} \pm \hat{\tau}_3)$ aufgefaßt werden, der Protonen- und Neutronenzustände aus einer Kernwellenfunktion herausprojeziert. Der große Vorteil des oben eingeführten Nukleondubletts als Fundamentalmultiplett der SU_2-Symmetrie ist, daß die Isospinzustände der Kerne aus diesem Fundamentaldublett mit den für die Kopplung von Drehimpulsen entwickelten Methoden aufgebaut werden können. Dem entsprechen die Relationen:

$$\hat{T} = \sum_{i=1}^{A} \hat{t}^{(i)}, \qquad \hat{T}_3 = \Sigma\, \hat{t}_3^{(i)} \tag{VIII,98}$$

für die Isospinoperatoren eines Kerns mit A Nukleonen. Der Isospinbasisraum für das Zwei-Nukleonensystem ist z. B. der reduzible Produktraum in

$$\mathbf{M}^{\frac{1}{2}} \otimes \mathbf{M}^{\frac{1}{2}} = \mathbf{M}^0 + \mathbf{M}^1,$$

der entsprechend dem Transformationsverhalten eines Bispinors unter Drehungen in ein Singulett ($T = 0$) und ein Triplettsystem ($T = 1$) zerfällt. Die zugehörigen Isospineigenfunktionen ergeben sich aus der Drehimpulskopplung zweier Isospins mit $t = 1/2$ nach (VIII,62) und sind in Tab. VIII,5 zusammengestellt.

$$\eta_{T,T_3}(1,2) = \sum_{t_3^{(1)}} \langle t^{(1)}\, t^{(2)}\, t_3^{(1)}\, T_3 - t_3^{(1)} | T, T_3 \rangle\, \eta^{(1)}_{t,t_3}\, \eta^{(2)}_{t,T_3-t_3} \tag{VIII,99}$$

Das Neutron-Proton-System kann nach dieser Tabelle sowohl in einem Isospinsingulett- als auch in einem Isospintriplettzustand auftreten.

Die Ladungserhaltung, die durch $[\hat{H}_h, \hat{T}_3] = 0$ ausgedrückt wird, führt zusammen mit der Bedingung für die Ladungsunabhängigkeit $[\hat{H}_h, \hat{T}_\pm] = 0$ auf die Vertauschbarkeit von $\hat{T}$, bzw. $\hat{T}^2$ mit $\hat{H}_h$:

$$[\hat{H}_h, \hat{T}] = 0, \qquad [\hat{H}_h, \hat{T}^2] = 0. \tag{VIII,100}$$

$\hat{H}_h$ muß demnach gegenüber beliebigen Drehungen im Isospinraum invariant sein und muß sich darüber hinaus so darstellen lassen, daß es von den $\hat{t}^{(i)}$ nicht abhängt. Die allgemeinste Form, die das NN-Potential unter diesen Umständen annehmen kann, ist in (VIII,101) angegeben, wobei A_{ij} und B_{ij} allein Funktionen der Orts- und Spinvariablen sind.

$$\hat{V}_{ij} = A_{ij} + B_{ij}(\hat{t}^{(i)} \cdot \hat{t}^{(j)}) \tag{VIII,101}$$

Im Zusammenhang mit der Vertauschungssymmetrie werden wir zeigen, daß $\hat{V}_{ij}$ tatsächlich in einer Form dargestellt werden kann, in der es von den $\hat{t}^{(i)}$ unabhängig ist. Als Folgerung läßt sich die Gesamtwellenfunktion eines Nukleonensystems als Produkt aus Orts-Spin-Funktion und Isospinfunktion darstellen:

$$\Psi(1, \ldots, i, j, \ldots, A) = \Phi(1, \ldots, A)\, \eta_{T,T_3}(1, \ldots, A) \tag{VIII,102}$$

Da der NN-Hamiltonoperator invariant gegenüber der Teilchenvertauschung $\hat{P}_{\text{ij}}$ ist, können die Eigenfunktionen von $\hat{H}$ nach ihrer Symmetrie bezüglich der Nukleonenvertauschung klassifiziert werden, d. h. der Symmetriecharakter bezüglich Teilchenvertauschung ist eine Erhaltungsgröße. Entsprechend dem Pauliprinzip sollte die Gesamtwellenfunktion antisymmetrisch gegenüber der Vertauschung aller Koordinaten eines herausgegriffenen Nukleonenpaares sein, da durch Einführung des Isospins n und p als identische Teilchen aufgefaßt werden.

$$\hat{P}_{\text{ij}}\,\Psi = \hat{P}^{\text{r}}_{\text{ij}}\,\hat{P}^{\sigma}_{\text{ij}}\,\hat{P}^{\tau}_{\text{ij}}\,\Psi = -\,\Psi \qquad \text{(VIII,103)}$$

Die durch Gl. (VIII,103) dargestellte Forderung an Ψ wird als verallgemeinertes Pauliprinzip bezeichnet. Der Operator für die Vertauschung der Ortskoordinaten $\hat{P}^{\text{r}}_{\text{ij}}$ ist identisch mit dem Paritätsoperator, sein Erwartungswert wird durch den relativen Bahndrehimpuls l der beiden herausgegriffenen Nukleonen bestimmt.

$$\langle \hat{P}^{\text{r}} \rangle = \langle \hat{P} \rangle = (-\,1)^{l} \qquad \text{(VIII,104)}$$

Der Spinaustauschoperator $\hat{P}^{\sigma}_{\text{ij}}$ ist gegeben durch $\hat{P}^{\sigma}_{\text{ij}} = \frac{1}{2}\,(1 + \vec{\sigma}^{(\text{i})} \cdot \vec{\sigma}^{(\text{j})})$. Er hat die Erwartungswerte $\langle \hat{P}^{\sigma} \rangle = +\,1$ im Spintriplett und $\langle \hat{P}^{\sigma} \rangle = -\,1$ im Spinsingulett. Da formale Analogie zwischen Spin und Isospin besteht, kann man auch $\hat{P}^{\tau}_{\text{ij}}$ sofort angeben:

$$\hat{P}^{\tau}_{\text{ij}} = \frac{1}{2}\,(1 + \vec{\tau}^{(\text{i})} \cdot \vec{\tau}^{(\text{j})}), \quad \langle \hat{P}^{\tau} \rangle = \begin{cases} +\,1 & T = 1 \\ -\,1 & T = 0 \end{cases} \qquad \text{(VIII,105)}$$

Dies ist leicht nachzuprüfen:

$$\hat{\boldsymbol{T}}^{2}_{\text{ij}} = \hat{\boldsymbol{t}}^{2}_{\text{i}} + 2\,\hat{\boldsymbol{t}}_{\text{i}} \cdot \hat{\boldsymbol{t}}_{\text{j}} + \hat{\boldsymbol{t}}^{2}_{\text{j}}, \qquad \langle \hat{\boldsymbol{t}}^{2}_{\text{i,j}} \rangle = \frac{3}{4} \qquad \text{(VIII,106)}$$

$$\hat{\boldsymbol{t}} = \frac{1}{2}\,\vec{\tau}, \qquad \hat{\boldsymbol{T}}^{2}_{\text{ij}} - \hat{1} = \frac{1}{2}\,(\hat{1} + (\hat{\vec{\tau}}_{\text{i}} \cdot \hat{\vec{\tau}}_{\text{j}})) = \hat{P}^{\tau}_{\text{ij}}$$

Da der Eigenwert von $\hat{\boldsymbol{T}}^{2}$ gleich 2 ist für $T = 1$ und gleich 0 ist für $T = 0$, wird (VIII,105) bestätigt. An (VIII,106) wird deutlich, daß neben $\hat{T}_{3}$ auch dem Operator $\hat{\boldsymbol{T}}^{2}$ eine gewisse anschauliche Bedeutung zukommt, er ist bis auf den Eins-Operator identisch mit dem Ladungsvertauschungsoperator P^{τ}.

Das NN-Potential enthält wegen (VIII,101) eine Ladungsaustauschwechselwirkung, die durch Austausch eines geladenen π-Mesons interpretiert werden kann.

Unter Verwendung des verallgemeinerten Pauliprinzips nach Gl. (VIII,103) wird es möglich, das NN-Wechselwirkungspotential in eine Form zu bringen, so daß es vom Isospin nicht mehr abhängt:

$$\hat{P}^{\text{r}}\,\hat{P}^{\sigma} = -\,\hat{P}^{\tau}$$

$$\vec{\tau}_{\text{i}} \cdot \vec{\tau}_{\text{j}} = 2\,\hat{P}^{\tau} - \hat{1} = -\,2\,\hat{P}^{\text{r}}\,\hat{P}^{\sigma} - \hat{1} \qquad \text{(VIII,107)}$$

$$\hat{V}_{\text{ij}} = \text{a}_{\text{ij}} + \text{b}_{\text{ij}}(\hat{P}^{\text{r}}\,\hat{P}^{\sigma})$$

Im Folgenden wird untersucht, welche Zustände nach dem Pauliprinzip für die Zwei-Nukleonen-Systeme erlaubt sind. Werden p und n als zwei verschiedene Teilchen behandelt, dann können nach dem gewöhnlichen Pauliprinzip folgende Orts-Spin-Funktionen auftreten:

Dineutron:	$\Phi_A(\boldsymbol{r}_n - \boldsymbol{r}_n'; s_n, s_{n'})$	antisymmetrisch
Diproton:	$\Phi_A(\boldsymbol{r}_p - \boldsymbol{r}_{p'}; s_p, s_{p'})$	antisymmetrisch
Deuteron:	$\Phi_A(\boldsymbol{r}_p - \boldsymbol{r}_n; s_p, s_n)$	antisymmetrisch
Deuteron:	$\Phi_S(\boldsymbol{r}_p - \boldsymbol{r}_n; s_p, s_n)$	symmetrisch

Werden n und p als identische Teilchen aufgefaßt, dann lautet die Zwei-Nukleonen-funktion in (VIII,108):

$$\Psi(1, 2) = \Phi(\boldsymbol{r}_1 - \boldsymbol{r}_2; s_1, s_2)\, \eta_{T,T_3}(1, 2) \qquad \text{(VIII,108)}$$

Tab. VIII,5. Isospin-Eigenfunktionen des Zweinukleonensystems

System	Eigenfunktion zu $\hat{T}^2$ und $\hat{T}_3$	(T, T_3) Vertauschungs-Symmetrie
Diproton	$\eta_+(1)\, \eta_+(2)$	(1, 1) symmetrisch
Deuteron	$\frac{1}{\sqrt{2}}(\eta_+(1)\, \eta_-(2) + \eta_-(1)\, \eta_+(2))$	(1, 0) symmetrisch
Dineutron	$\eta_-(1)\, \eta_-(2)$	(1, - 1) symmetrisch
Deuteron	$\frac{1}{\sqrt{2}}(\eta_+(1)\, \eta_-(2) - \eta_-(1)\, \eta_+(2))$	(0, 0) antisymmetrisch

Die auftretenden Isospineigenfunktionen können zusammen mit ihrem Verhalten gegenüber Vertauschungen Tab. VIII,5 entnommen werden. Da die Gesamtwellenfunktion $\Psi(1, 2)$ antisymmetrisch gegenüber der Vertauschung aller Koordinaten sein muß, ist das Verhalten der Orts-Spin-Funktion Φ festgelegt, wenn ein bestimmter Isospinzustand vorgegeben wird. Daraus ergeben sich die folgenden Zuordnungen:

$$\phi_A(\boldsymbol{r}_p - \boldsymbol{r}_{p'}; s_p, s_{p'}) \longleftrightarrow \phi_A(1, 2)\, \eta_{1,1}(1, 2)$$

$$\phi_A(\boldsymbol{r}_n - \boldsymbol{r}_p; s_n, s_p) \longleftrightarrow \phi_A(1, 2)\, \eta_{1,0}(1, 2)$$

$$\phi_A(\boldsymbol{r}_n - \boldsymbol{r}_{n'}; s_n, s_{n'}) \longleftrightarrow \phi_A(1, 2)\, \eta_{1,-1}(1, 2)$$

$$\phi_S(\boldsymbol{r}_n - \boldsymbol{r}_p; s_p, s_n) \longleftrightarrow \phi_S(1, 2)\, \eta_{0,0}(1, 2)$$

Offensichtlich ist das in Verbindung mit dem Isospin eingeführte verallgemeinerte Pauliprinzip dem gewöhnlichen Pauliprinzip äquivalent. Die für das Zwei-Nukleonen-system realisierbaren Spin- und Drehimpulsquantenzahlen werden durch die Forderung von Symmetrie oder Antisymmetrie der Spin-Bahn-Funktion Φ eingeschränkt. Unter

Verwendung von (VIII,104) und (VIII,105) ergeben sich für die niedrigsten Bahndrehimpulse die in Tab. VIII,6 aufgeführten Raum-Spin-Zustände. Wir werden in Abschnitt VIII,4 darauf zurückkommen.

Tab. VIII,6. Neutron-Neutron- und Proton-Proton-System

Bahn-Spin-Symmetrie	Bahndrehimpuls und Ortssymmetrie	Spin und Symmetrie	Term
a	$l = 0$ s	$S = 0$ a	$^1S_0$
a	$l = 1$ a	$S = 1$ s	$^3P_0$, $^3P_1$, $^3P_2$
a	$l = 2$ s	$S = 0$ a	$^1D_2$
	Neutron-Proton-System		
a	$l = 0$ s	$S = 0$ a	$^1S_0$
a	$l = 1$ a	$S = 1$ s	$^3P_1$
a	$l = 2$ s	$S = 0$ a	$^1D_2$
s	$l = 0$ s	$S = 1$ s	$^3S_1$
s	$l = 1$ a	$S = 0$ a	$^1P_1$
s	$l = 2$ s	$S = 1$ s	$^3D_1$, $^3D_2$, $^3D_3$

Zunächst sollen die Konsequenzen der I-Spin-Invarianz für die Energiespektren der Kerne beschrieben werden. Von großer praktischer Bedeutung ist, daß sich die Atomkerne durch ihre Energiespektren ähnlich wie Menschen durch ihre Fingerabdrücke identifizieren lassen. Die I-Spin-Invarianz wird sich in den Spektren als ordnendes Prinzip erweisen.

Außer durch die Energie, den Gesamtdrehimpuls und die Parität werden die Kernzustände wie in dem oben beschriebenen Fall des Zwei-Nukleonensystems durch die beiden Quantenzahlen T und T_3 für den Isospin gekennzeichnet:

$$^{A}_{Z}X_N \longleftrightarrow \Psi(\alpha, \pi, I, T, T_3)$$

Die Isospins der A Nukleonen in einem Kern können sich wie Drehimpulse maximal zu $T_{max} = \frac{A}{2}$ addieren oder gegenseitig zu $T_{min} = 0$ oder $\frac{1}{2}$ kompensieren. Daher kann T die Werte $\frac{A}{2}, \frac{A}{2} - 1, \ldots, 0$ oder $\frac{1}{2}$ durchlaufen und ist ganz- oder halbzahlig, je nachdem ob eine gerade oder ungerade Gesamtnukleonenzahl A vorliegt. Die Bedeutung von T_3 läßt sich folgendermaßen gewinnen:

$$\hat{T}_3 \, \Psi = \frac{1}{2} (\hat{\tau}_3^{(1)} + \hat{\tau}_3^{(2)} + \ldots + \hat{\tau}_3^{(A)}) \, \Psi = T_3 \, \Psi$$

Besteht der Kern aus N Neutronen und Z Protonen, dann nehmen die $\hat{\tau}_3^{(i)}$ N mal die Werte -1 und Z mal die Werte $+1$ an, so daß:

$$T_3 = \frac{1}{2}(Z - N), \quad \text{oder mit} \quad N + Z = A \quad T_3 = Z - \frac{A}{2} \tag{VIII,109}$$

Der Eigenwert T_3 ist nach (VIII,109) durch den halben Wert des Neutronenüberschusses gegeben und hat als Verallgemeinerung von (VIII,97) einen einfachen Zusammenhang mit der Gesamtladung Z. Betrachten wir eine Reihe von isobaren Kernen, d. h. Kerne mit festem Wert von A, dann bilden die Energieniveaus dieser Kerne Isospinmultipletts, die durch einen Wert von T mit $T \leqslant \frac{A}{2}$ und durch die $2\,T + 1$-Werte von T_3 gekennzeichnet sind. Es erhebt sich die Frage, welchen Wert T für die niedrig liegenden Anregungszustände und insbesondere für die Grundzustände annimmt. Von G. I. Selzer [12] wird aus einer Diskussion der Anzahlen der symmetrischen und antisymmetrischen Teilchenpaare gezeigt, daß stets

$$T \geqslant |T_3| \quad \text{mit} \quad T_3 = T, T-1, \ldots, -T \tag{VIII,110}$$

gelten muß. Wenn wir uns daran erinnern (vgl. Tab. VIII,5), daß mit sinkendem Wert für T ein Anwachsen der Antisymmetrie der Isospinfunktion verbunden ist, so bedeutet dies auf Grund des verallgemeinerten Pauliprinzips gleichzeitig eine Erhöhung der Raum-Spin-Symmetrie. Für anziehende Kräfte (also im Gegensatz zur Coulombwechselwirkung der Elektronen untereinander in der Atomhülle) führt größtmögliche Vertauschungssymmetrie der Raum-Spin-Funktion zu einem Minimum für die Energie. Dies wird verständlich, wenn man bedenkt, daß eine Vergrößerung der Orts-Spin-Symmetrie zu einem Anwachsen der Wahrscheinlichkeit führt, die Nukleonen in kürzeren Abständen voneinander anzutreffen. Kerne nehmen als Ergebnis verschiedener Berechnungen in Übereinstimmung mit den experimentellen Resultaten im Grundzustand den kleinstmöglichen Wert von T an, also

$$T_{\text{Grundzst.}} = |T_3| \tag{VIII,111}$$

Zustände, die Mitglieder eines Isospin-Multipletts sind, entsprechen Energieniveaus mit gleichem Gesamtdrehimpuls und gleicher Parität in benachbarten isobaren Kernen; sie werden isobare Analogzustände genannt und sollten auch die gleiche Energie besitzen. Analogzustände unterscheiden sich lediglich dadurch, daß mit $T_3 = -T$ beginnend Einteilchenzustände, die mit Neutronen „besetzt" sind, sukzessiv von Protonen eingenommen werden, ohne daß die Einteilchenbahn ihre Raum-Spineigenschaften verändert. Isobare Kerne in Analogzuständen sind daher bezüglich ihrer Nukleonenstruktur identisch. Hier wird verständlich, weshalb eingangs behauptet wurde, daß isobare Kerne in der Kernphysik eine ähnliche Rolle spielen wie die Isotope in der Atomphysik.

In der Abb. VIII,4 wird der prinzipielle Aufbau der Spektren isobarer Kerne mit geradzahligem bzw. ungeradzahligem A dargestellt. Der Kern mit $N = Z$ in Abb. VIII,4a hat wegen $T_3 = 0$ auch $T = 0$ im Grundzustand. Es folgt mit steigender Anregungsenergie in der Regel eine Anzahl weiterer Isospinsinglettzustände, die unterschiedliche Nukleonenkonfigurationen besitzen, ehe ein Isospintriplett, gebildet mit den Grundzuständen der Nachbarkerne, auftritt. Kerne mit ungerader Massenzahl (s. Abb. VIII,4b) bilden Spiegelkerne 1. Ordnung, für die $T_3 = \pm \frac{1}{2}$ und daher weitgehend $T = \frac{1}{2}$ gilt.

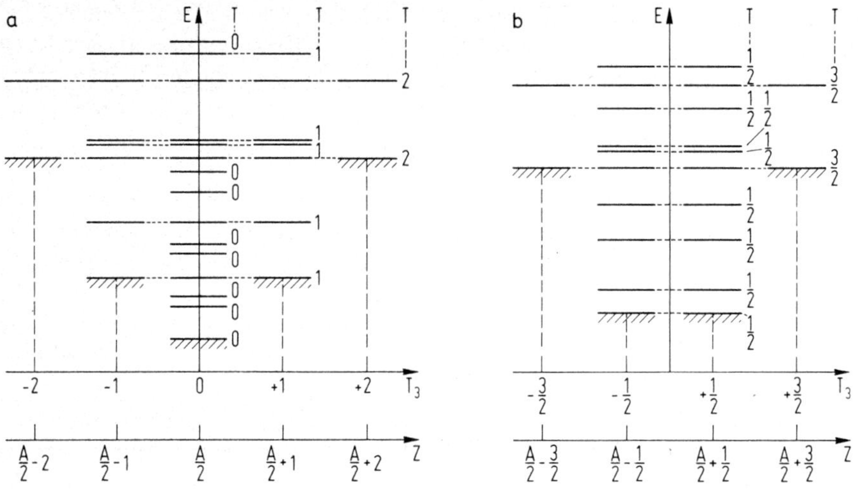

Abb. VIII,4. Der Isospin als ordnendes Prinzip in den Spektren isobarer Kerne. Graphische Darstellung zum prinzipiellen Aufbau der Spektren für isobare Kerne mit gerader Massenzahl (a) und ungerader Massenzahl (b) unter Vernachlässigung der Coulombwechselwirkung. Die Schraffur an bestimmten Niveaus kennzeichnet Kerne im Grundzustand.

Die Energiespektren von Spiegelkernen 1. Ordnung bestehen fast ausschließlich aus Isospindubletts und sollten nahezu identisch sein.

Sowohl die Coulombwechselwirkung zwischen den Protonen als auch der Massenunterschied von Proton und Neutron brechen die Isospin-Symmetrie. Die n-p-Massendifferenz (VIII,94) führt dazu, daß in Abb. VIII,4 von links beginnend das jeweils rechts benachbarte Termschema um 1,3 MeV abgesenkt wird, während die die Massendifferenz übersteigende Coulombenergie von links nach rechts zunimmt und die Spektren nach oben verschiebt. Aus diesem Grund liegen die Zustände eines Isospinmultipletts nicht auf der gleichen Höhe.

Mit Hilfe des Projektionsoperators von Gl. (VIII,97) läßt sich die Coulombwechselwirkung zwischen den Protonen wie folgt schreiben:

$$\hat{V}_C = K_e \sum_{i>j} \frac{e^2}{r_{ij}} \hat{P}_+^i \hat{P}_+^j = \frac{1}{4} K_e \sum_{i>j} \frac{e^2}{r_{ij}} (1 + \hat{\tau}_3^{(i)})(1 + \hat{\tau}_3^{(j)}) \qquad \text{(VIII,112)}$$

Wenn wir uns an das über Tensoroperatoren gesagte erinnern (Gl. (VIII,68)), können wir $\hat{V}_C$ vorteilhafter darstellen:

$$(1 + \hat{\tau}_3^{(i)})(1 + \hat{\tau}_3^{(j)}) = (1 + \hat{\tau}_3^{(i)} + \hat{\tau}_3^{(j)} + \hat{\tau}_3^{(i)} \cdot \hat{\tau}_3^{(j)})$$

Wegen

$$\hat{T}_{20}(\vec{\tau}^{(i)}, \vec{\tau}^{(j)}) = \frac{1}{\sqrt{6}} (3\, \hat{\tau}_3^{(i)} \hat{\tau}_3^{(j)} - \vec{\tau}^{(i)} \cdot \vec{\tau}^{(j)})$$

$$(1 + \hat{\tau}_3^{(i)})(1 + \hat{\tau}_3^{(j)}) = (1 + \frac{1}{3} (\vec{\tau}^{(i)} \cdot \vec{\tau}^{(j)}) + (\hat{\tau}_3^{(i)} + \hat{\tau}_3^{(j)}) + \sqrt{\frac{2}{3}}\, \hat{T}_{20})$$

Die Coulombwechselwirkung zerfällt daher in Tersoroperatoren vom Rang 0 (Isoskalar), Rang 1 (Isovektor) und Rang 2 (Tensor 2. Stufe im Isospinraum):

$$\hat{V}_C = \hat{V}_{00} + \hat{V}_{10} + \hat{V}_{20}$$

$$\hat{V}_{00} = \sum_{i>j} K_e \frac{e^2}{4 r_{ij}} \left(1 + \frac{1}{3} (\vec{\tau}^{(i)} \cdot \vec{\tau}^{(j)})\right)$$

$$\hat{V}_{10} = \sum_{i>j} K_e \frac{e^2}{4 r_{ij}} (\hat{\tau}_3^{(i)} + \hat{\tau}_3^{(j)}) \qquad \text{(VIII,113)}$$

$$\hat{V}_{20} = \sum_{i>j} K_e \frac{e^2}{4 r_{ij}} \sqrt{\frac{2}{3}}\, \hat{T}_{20} (\hat{\tau}^{(i)}, \hat{\tau}^{(j)})$$

Wegen der geringen Kopplungskonstanten der Elektromagnetischen Wechselwirkung kann $\hat{V}_C$ als kleine Störung angesehen werden. Doch scheint dies zunächst nur für leichte Kerne gerechtfertigt zu sein, da die Coulombenergie eines Kerns mit Z^2 anwächst.

$\hat{V}_C$ hat die Wirkung, daß die $(2T + 1)$-fache Energieentartung der Isospinmultipletts in Abb. VIII,4 aufgehoben wird und T keine exakte Quantenzahl mehr ist, d. h. dem betrachteten Zustand Zustände mit anderem T beigemischt werden. In erster Näherung der Störungstheorie ergibt sich durch Anwendung des Wigner–Eckardt-Theorems (VIII,70) auf (VIII,113) eine dreiparametrige Formel (VIII,114) für die Aufspaltung eines Isospinmultipletts, die durch experimentelle Daten über Bindungsenergien glänzend bestätigt wurde.

$$E_C(\alpha, \pi, I, T, T_3) = \langle \Psi | \hat{V}_C | \Psi \rangle =$$

$$= E_C^{(0)}(A, T) + E_C^{(1)}(A, T)\, T_3 + E_C^{(2)}(A, T) \left[T_3^2 - \frac{1}{3} T(T + 1)\right] \qquad \text{(VIII,114)}$$

Modellrechnungen ergaben für die Zumischungskoeffizienten $\alpha_T^2(T')$ nach Gl. (VIII,115) für leichte Kerne mit $A \leqslant 40$ Werte im Prozentbereich.

$$\Psi'(\alpha, \pi, I, T_3) = \Psi(\alpha, \pi, I, T, T_3) + \sum_{T'} \frac{\langle \Psi | \hat{V}_C | \Psi \rangle}{E_T - E_{T'}} \Psi(T') \qquad \text{(VIII,115)}$$

Zusammenfassend kann man über leichte Kerne sagen, daß die Coulombwechselwirkung zwar zu beträchtlichen Energieverschiebungen führt, T aber noch eine gute Quantenzahl bleibt. Ein illustratives Beispiel bieten die in Abb. VIII,5 dargestellten Energiespektren der isobaren Kerne ${}^{10}_{4}Be_6$, ${}^{10}_{5}B_5$ und ${}^{10}_{6}C_4$. Als Energienullpunkt wurde der Grundzustand von ${}^{10}_{5}B_5$ gewählt. Die Spektren von Be und C sind dann entsprechend ihrer Massendifferenz zu B eingetragen. Grundzustand und erster angeregter Zustand von ${}^{10}B$ sind Isospinsinguletts. Die drei zu einem Isospintriplett gehörenden Terme: Grundzustand von ${}^{10}C$, 2. angeregter Zustand von ${}^{10}B$ und Grundzustand von ${}^{10}Be$ sind durch gestrichelte Linien miteinander verbunden, ebenso ein weiter oben liegendes

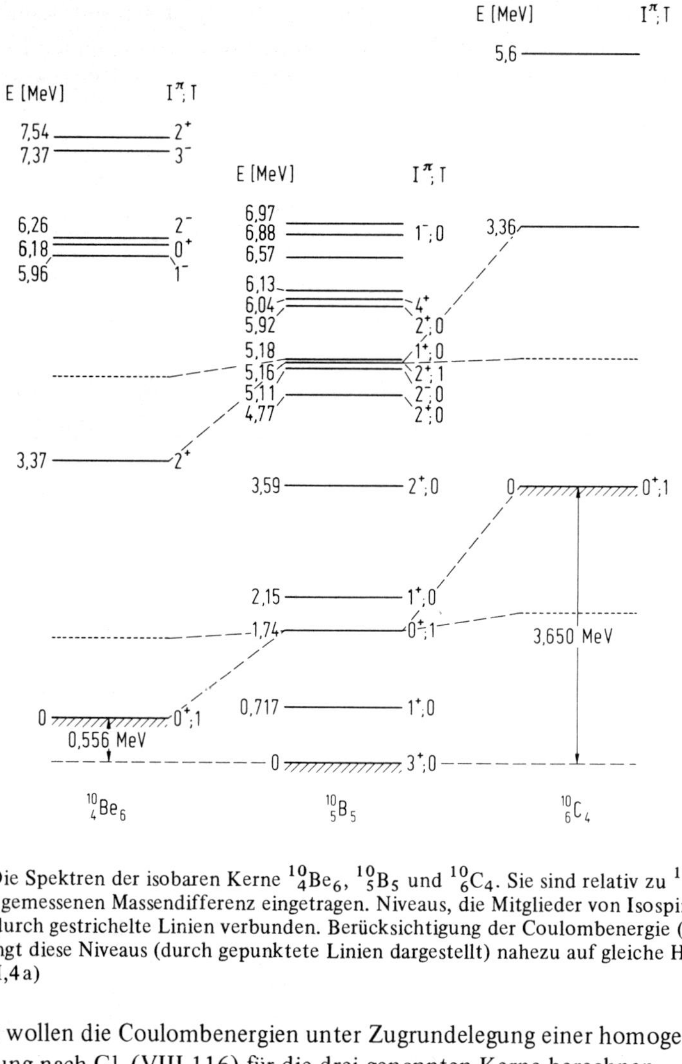

Abb. VIII,5. Die Spektren der isobaren Kerne ${}^{10}_{4}Be_6$, ${}^{10}_{5}B_5$ und ${}^{10}_{6}C_4$. Sie sind relativ zu ${}^{10}_{5}B$ entsprechend der gemessenen Massendifferenz eingetragen. Niveaus, die Mitglieder von Isospintripletts sind, wurden durch gestrichelte Linien verbunden. Berücksichtigung der Coulombenergie (relativ zu ${}^{10}_{5}Be_5$) bringt diese Niveaus (durch gepunktete Linien dargestellt) nahezu auf gleiche Höhe (vgl. Abb. VIII,4 a)

Triplett. Wir wollen die Coulombenergien unter Zugrundelegung einer homogenen Ladungsverteilung nach Gl. (VIII,116) für die drei genannten Kerne berechnen.

$$E_C = \frac{3}{5} K_e \frac{Z(Z-1)\,e^2}{R} = 1{,}44 \cdot \frac{3}{5}\,\text{MeV} \cdot \text{F}\,\frac{Z(Z-1)}{R} \qquad \text{(VIII,116)}$$

Als Kernradius wird $R = r_0 A^{\frac{1}{3}}$ eingesetzt mit $r_0 = 1{,}37$ F aus Elektronenstreuexperimenten an leichten Kernen. Wir erhalten $E_C(\text{Be}) = 3{,}5$, $E_C(\text{B}) = 5{,}8$ und $E_C(\text{C}) = 8{,}7$. Berücksichtigen wir noch die n-p-Massendifferenz von 1,3 MeV, dann haben wir relativ zu Bor die Zustände von Beryllium um 1,0 MeV anzuheben und die von Kohlenstoff um 1,6 MeV abzusenken. In der Tat liegen danach die Zustände der beiden Isospintripletts, in Abb. VIII,5 durch gepunktete Linien dargestellt, nahezu auf gleicher Höhe. Ein weiteres Beispiel sei durch den Vergleich der Spektren von Spiegelkernen 1. Ordnung gegeben. Da solche Kerne sich in der Anzahl der n-n- und p-p-Paare unterscheiden, nicht aber in der der n-p-Paare, geben Spiegelkerne nur Aufschluß über die Ladungssymmetrie der NN-Wechselwirkungen. Abb. VIII,6 zeigt die Energiespektren von ^{11}B und ^{11}C. Coulombkorrektur und n-p-Massendifferenz sind dadurch berücksichtigt, daß

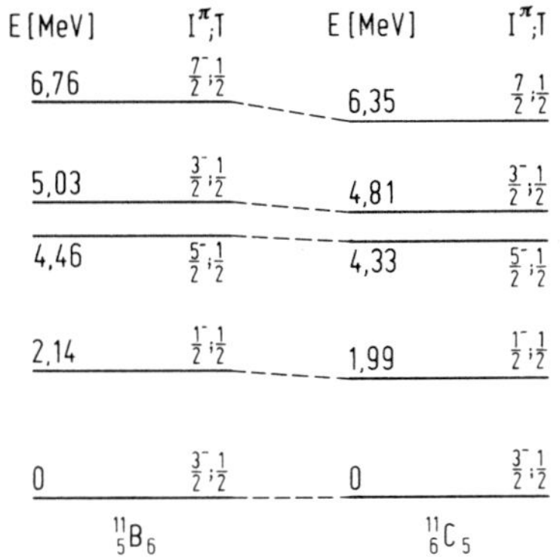

Abb. VIII,6. Die Spektren der isobaren Kerne $^{11}_{5}B_6$ und $^{11}_{6}C_5$. Die Grundzustände sind auf gleicher Höhe eingetragen, was dem Abzug der Coulombenergiedifferenz entspricht. Die Spektren sind nahezu identisch und bilden eine Folge von Isospindubletts (vgl. Abb. VIII,4 b).

die Grundzustände, die wie die angeregten Zustände Isospindubletts darstellen, auf gleiche Höhe gerückt wurden. Die Massendifferenz beträgt in Wirklichkeit 1,983 MeV. Tatsächlich sind die Spektren nahezu identisch. Aus den Bindungsenergien von Spiegelkernen lassen sich nach (VIII,116) elektromagnetische Kernradien ableiten. Für die Beschreibung mittelschwerer bis schwerster Kerne schien der Isospin lange Zeit ungeeignet zu sein. Man hatte sich so sehr an diesen Gedanken gewöhnt, daß die Überraschung um so größer war, als Anderson und Wong 1961 [13] erstmalig Analogzustände bei schweren Kernen in (p, n)-Kernreaktionen entdeckten. Erreicht nämlich die Energie der einfallenden Protonen die Coulombenergiedifferenz, so findet bei der (p, n)-Reaktion ein Ladungsaustausch statt, durch den der Endkern in dem zum Targetkern analogen Zustand zurückbleibt. Aus der Schärfe der Resonanzen mußte man schließen, daß der Isospin auch bei schweren Kernen näherungsweise eine gute Quantenzahl bleibt. Lane und Soper [14] konnten 1962 die Isospinreinheit der Grundzustände schwerer Kerne deuten. Der Neutronenüberschuß bestimmt den Isospin zu $T_0 = |T_3| = |\frac{1}{2}(Z - N)|$. Man kann ihn sich entstanden denken aus einem „Kernrumpf" von Z Protonen und Z Neutronen, die zum resultierenden Isospin $T = 0$ koppeln, während der Neutronenüberschuß zu einem reinen Isospin T_0 führt. Jedem der Z Protonen kann man formal ein Neutron mit gleichem Raum-Spin-Zustand zuordnen, so daß die Z Neutron-Proton-Paare im tiefsten Energiezustand jeweils zu $T = 0$ koppeln sollten. Mit einer gewissen Wahrscheinlichkeit kann jedoch ein n-p-Paar auch zu $T = 1$ koppeln, wenn die Raum-Spin-Funktionen für das betreffende n-p-Paar auf Grund des Einflusses der Coulombwechselwirkung im Kern etwas voneinander abweichen. Für ^{208}Pb kann die Wahrscheinlichkeit, daß irgendeines der 82 p-n-Paare zu $T = 1$ koppelt zu 38% abgeschätzt werden. Koppelt man nun die Isospinverunreinigung $T = 1$ an den Isospin T_0 der Überschuß-Neutronen, dann erhält man nach (VIII,117) mit dem sehr großen Koeffizienten $\frac{2\,T_0}{2\,T_0 + 1}$ wieder den Isospin T_0 und mit dem minimalen Koeffizienten $\frac{1}{2\,T_0 + 1}$ eine Verunreinigung durch den Isospin $T' = T_0 + 1$:

$$\varphi_{1,0} \cdot \psi_{n\,T_0,-T_0} = \langle 1\; T_0\; 0 - T_0 | T_0, -T_0 \rangle\, \psi_{T_0,-T_0} + \langle 1\; T_0\; 0 - T_0 | T_0 + 1, -T_0 \rangle\, \psi_{T_0+1,-T_0}$$

$$= \sqrt{\frac{T_0}{T_0 + 1}}\, \psi_{T_0,-T_0} + \frac{1}{\sqrt{T_0 + 1}}\, \psi_{T_0+1,-T_0} \qquad \text{(VIII,117)}$$

Die tatsächliche Isospinbeimischung beträgt daher für ^{208}Pb nur $\frac{38\%}{T_0 + 1} < 1\%$. Man kann sagen, daß der Neutronenüberschuß der stabilen Kerne, der selbst eine Folge der Coulombwechselwirkung ist, durch seinen reinen Isospin T_0 die Verunreinigung durch den „Rumpf" derart verdünnt, daß der Isospin auch bei schweren Kernen im Grundzustand eine gute Quantenzahl ist. Die Coulombwechselwirkung macht also auf anderem Wege wieder gut, was sie vordergründig zerstört.

Der Isospin hat nicht nur eine Bedeutung für die Klassifizierung von Energieniveaus, sondern auch durch das Bestehen von Auswahlregeln bei Zerfällen und Kernreaktionen.

3. Grundeigenschaften der Atomkerne

Als Grundeigenschaften von Atomkernen sollen in diesem Abschnitt abgesehen von der Gesamtladung, die mit Hilfe des Moseleyschen Gesetzes bestimmt werden kann, meßbare den Kern als Ganzes charakterisierende stationäre Größen angesehen werden. Dazu gehören hauptsächlich die Kernmasse, die Dichteverteilung von Protonen und Neutronen bzw. das Kernpotential, der daraus abgeleitete Kernradius bzw. Potentialradius, das mit dem Kerndrehimpuls verbundene magnetische Dipolmoment und höhere elektromagnetische Momente.

Bei der Beschreibung der elektromagnetischen Eigenschaften von Kernen kommt man in der Regel mit dem magnetischen Dipolmoment μ und dem elektrischen Quadrupolmoment Q aus, doch sind in einigen Fällen bereits magnetische Oktupolmomente Ω (2^3 = 8-Polmomente) gefunden worden. Durch die in den vergangenen Jahren stark verbesserte Meßtechnik eröffnet sich die Möglichkeit, auch el. Sedecimpolmomente Π(2^4 = 16-Pol-Moment) nachzuweisen.

Beim Vergleich verschiedener Isotope können sowohl Änderungen des Kernradius als auch Änderungen in der Verteilung des Magnetismus über das Kernvolumen (Isotopieverschiebung, Hyperfeinstrukturanomalie) beobachtet werden. Ferner ist die Änderung, die der Kernradius erfährt, wenn der Kern aus einem angeregten Energieniveau in seinen Grundzustand übergeht, in Mößbauer-Experimenten nachweisbar (Isomerieverschiebung).

Die experimentellen Methoden zur Bestimmung von Grundeigenschaften der Kerne lassen sich gliedern in solche, die auf der Elektromagnetischen Wechselwirkung beruhen und andere (etwa die Streuung von Protonen, α-Teilchen, Neutronen oder π-Mesonen), bei denen die Starke Wechselwirkung eingeht oder zumindest beteiligt ist.
In Abb. VIII,7 sind diejenigen Effekte und Prozesse, die zur Bestimmung des Kernradius bzw. der Kernradiusänderung am stärksten beigetragen haben, aufgeführt.
Zahlreich sind auch die experimentellen Methoden zur Bestimmung von Drehimpulsen und Multipolmomenten; sie verbinden die Kernphysik mit der Wellenoptik, der Hochfrequenztechnik, der Atom- und Molekülphysik, der Festkörperphysik sowie der Laseranwendung.

Im folgenden kann nur auf einige viel verwendete Methoden eingegangen werden.

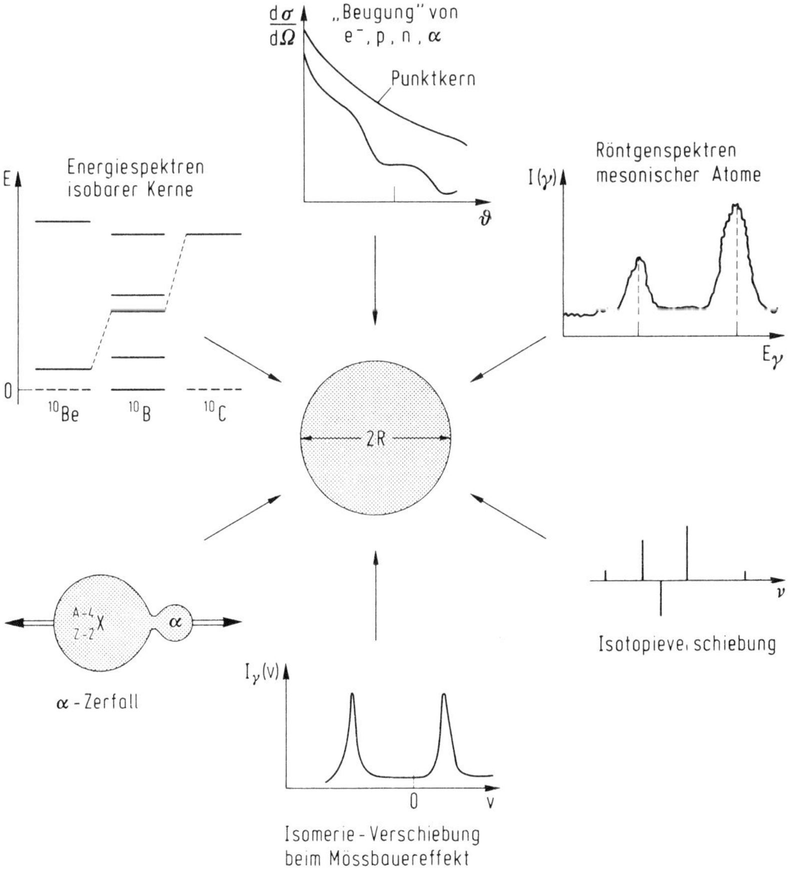

Abb. VIII,7. Die wichtigsten Effekte bzw. experimentellen Verfahren, die Aufschluß über die äußere Gestalt der Atomkerne geben.

Kernmassen und Bindungsenergien

Neben dem Zahlentripel (Z, A, N) ist die Kernmasse $m(Z, A)$ die einfachste Bestimmungsgröße für einen Kern. Die Kernmassen werden mit Hilfe von Massenspektrographen mit hoher Genauigkeit bestimmt. Weitere Daten über Kernmassen lassen sich aus Energiebestimmungen bei Zerfällen oder Kernreaktionen gewinnen, so daß auch die Massen kurzlebiger Kerne an die bekannten Massen stabiler Kerne angeschlossen werden können. Die heute verwendeten Massenspektrographen gehen auf die Arbeiten von J. J. Thomson (1913) und F. W. Aston (1919) zurück. In diesen Geräten wird die Ablenkung von Ionenstrahlen in elektrischen und magnetischen Feldern zur Bestimmung der Masse bzw. der Massendifferenz ausgenutzt. (Man unterscheidet zwischen Massenspektrographen und Massenspektrometern.) Die Instrumente der Massenspektroskopie bestehen aus einer Hochvakuumapparatur mit Ionenquelle, Beschleunigungsstrecke, ablenkenden und fokussierenden elektrischen und magnetischen Feldern sowie Blendensystemen. Wird das entstehende Massenspektrum auf einer Photoplatte registriert, so spricht man von einem Massenspektrographen, treffen die Ionen durch einen Schlitz auf einen Sekundärelektronenvervielfacher, der mit einem Picoamperemeter verbunden ist, so heißt das Gerät Massenspektrometer. Durch Veränderung der Feldstärke kann mit einem Schreiber das Massenspektrum aufgenommen werden. Die bekanntesten Instrumente sind das Massenspektrometer nach O. Nier [15] und der Massenspektrograph nach J. Mattauch [16], von dem die Abb. 613 in Bd. II den prinzipiellen Aufbau zeigt. Die Ionen verlassen die Ionenquelle eines Massenanalysators unter einem geringen, aber endlichen Öffnungswinkel bei einer kontinuierlichen Verteilung der Geschwindigkeiten v und diskreten Werten von $\frac{\mathrm{n}\,e}{m}$. Es bereitet keine Schwierigkeit, die Ionisationsstufe, in der Regel n = 1 oder n = 2, auszuwählen, so daß die Parameter v und m übrig bleiben, aus denen Impuls $m\,\mathrm{v}$ und Energie $\frac{1}{2} m\,\mathrm{v}^2$ gebildet werden. Um m zu bestimmen, werden in Massenanalysatoren zur Festlegung von Energie und Impuls hintereinander geschaltete Energie- und Impulsfilter verwendet. Als Energiefilter wirkt ein Zylinderkondensator, bestehend aus zwei einander gegenüberstehenden gebogenen Platten. Die Ionen bewegen sich ohne Energieänderung auf einer Kreisbahn durch den Kondensator, wenn die Kraft auf die Ionen durch das elektrische Feld E von der Zentrifugalkraft kompensiert wird:

$$\frac{m\,\mathrm{v}^2}{\rho} = \mathrm{n}\,e\,E \qquad \text{bzw.} \qquad \frac{1}{2} m\,\mathrm{v}^2 = \frac{1}{2}\mathrm{n}\,e\,E\,\rho\,.$$

ρ ist der Krümmungsradius der Bahn. Sehr günstig wirkt sich im Hinblick auf eine Vergrößerung der Transmission die Richtungsfokussierungseigenschaft des Zylinderkondensators aus. Ionenoptische Berechnungen zeigen, daß bei einem Sektorwinkel des Kondensators von $\frac{\pi}{\sqrt{2}}$ bzw. 127 ° auch solche Ionen bei gleicher Energie noch auf den Austrittsschlitz fokussiert werden, die am Eintrittsschlitz bis zu 1° von der Richtung der Tangente für die zentrale Bahn abweichen.

Als Impulsfilter kann ein magnetisches Sektorfeld eingesetzt werden, wobei sich die Ionen senkrecht zum Magnetfeld B auf einem Kreisbogen bewegen, dessen Krümmungsradius ρ durch die Ballance zwischen Lorentzkraft und Zentrifugalkraft bestimmt wird:

$$\frac{m\,\mathrm{v}^2}{\rho} = \mathrm{n}\,e\,\mathrm{v}\,B \qquad \text{bzw.} \qquad m\,\mathrm{v} = \mathrm{n}\,e\,B\,\rho$$

Magnetische Sektorfelder haben ebenfalls die Eigenschaft der Richtungsfokussierung. Die ionenoptischen Bedingungen können überdies in Massenanalysatoren so gewählt werden, daß auch Geschwindigkeitsfokussierung eintritt. Moderne Massenanalysatoren haben sowohl Richtungsfokussierung als auch Geschwindigkeitsfokussierung und werden daher doppelfokussierend genannt. Beide oben genannten Instrumente sind von diesem Typ. Ihre Meßgenauigkeit ist außerordentlich hoch. Die größte Genauigkeit wird durch Verwendung der Dublett-Methode erzielt. Werden in einem Massenanalysator zwei Ionensorten mit nahezu gleichen Massen untersucht, dann entsteht auf der Photoplatte ein Liniendublett. Aus dem Abstand der Linien läßt sich die Massendifferenz der beiden Ionen sehr genau bestimmen. Da es so eingerichtet wird, daß eine der beteiligten Massen sehr genau bekannt ist, läßt sich auch die zweite Masse angeben.

Als Beispiel sei das folgende Massendublett aufgeführt

$$^{12}\mathrm{C}^1\mathrm{H}_4 - {}^{16}\mathrm{O} = 36381{,}5 \pm 0{,}9\ \mu\mathrm{u}$$

Relative Atommassen können heute zum Teil mit einer Genauigkeit von $1:10^8$! angegeben werden.

Entsprechend der Natur der Meßmethode werden mit Massenanalysatoren die Massen $M(Z,A)$ der neutralen unangeregten Atome und nicht die der Atomkerne $m(Z,A)$ gewonnen. Die Kernmasse, für die man sich bei bestimmten Prozessen in der Kernphysik interessiert, ergibt sich dann nach Gl. (VIII,118) aus der Atommasse durch Abzug der Elektronenmassen $Z\,m_\mathrm{e}$ und Addition der gesamten Bindungsenergie $B_\mathrm{e}(Z)$ der Elektronen:

$$m(Z,A) = M(Z,A) - (Z\,m_\mathrm{e} - B_\mathrm{e}(Z)) \qquad \text{(VIII,118)}$$

Mit Hilfe des Thomas-Fermi-Modells läßt sich eine Abschätzung der Elektronenbindungsenergie angeben:

$$B_\mathrm{e}(Z) = 15{,}73 \cdot Z^{\frac{7}{3}}\ \mathrm{eV}$$

Sie kann in der Regel vernachlässigt werden. Den massenspektroskopischen Daten kann man entnehmen, daß die Kernmassen stets geringfügig kleiner ausfallen als der Summe der Massen von Z Protonen und N Neutronen entspricht. Die durch (VIII,119) definierte Differenz Δm wird als Massendefekt bezeichnet.

$$\Delta m = Z\,m_\mathrm{p} + N\,m_\mathrm{n} - m(Z,A) \qquad \text{(VIII,119)}$$

Durch Atommassen ausgedrückt ergibt sich wegen (VIII,118):

$$\Delta m = Z M_H + N m_n - M(Z, A)$$

Δm ist nach (VIII,120) äquivalent der Bindungsenergie $B(Z, N)$, die aufgebracht werden muß, um einen Kern in freie Protonen und Neutronen zu zerlegen.

$$B(Z, N) = \Delta m \cdot c^2 \qquad \text{(VIII,120)}$$

In Tabellen wird häufig der Massenexzess angegeben. Er ist nach Gl. (VIII,121) als Differenz von Atommasse und $A\, m_u$ definiert.

$$\Delta = M(Z, A)\ (\text{in u}) - A\, m_u \qquad \text{(VIII,121)}$$

Die Abb. VIII,8 zeigt ein maßstabsgetreues Modell* der gemessenen Kernbindungsenergien, das mit 1 MeV = 1 mm ca. 190 cm hoch ist.

Der im Vordergrund sichtbare Teil des Modells ist am oberen rechten Ende angesetzt zu denken. Beginnend mit Wasserstoff ^{1}H als Bindungsenergienullpunkt auf der rechten Seite des Modells wird die Bindungsenergie relativ zu ^{1}H nach unten abgetragen. Sie nimmt also nach links zu und erreicht beispielsweise bei $^{235}_{92}$U den Wert 1783,926 MeV. Man erkennt, daß bei leichten Kernen erhebliche Schwankungen in der Bindungsenergie auftreten, während ab ca. $A > 30$ ein glatter Verlauf zu beobachten ist. Offensichtlich ist B ungefähr proportional zu A, der Anzahl der Nukleonen. Dieses Verhalten erlaubt, einen Rückschluß auf die Natur der NN-Wechselwirkung zu ziehen. Wenn jedes der A Nukleonen mit jedem der übrigen $A - 1$ Nukleonen in Wechselwirkung treten würde, sollte sich B nach den Regeln der Kombinatorik wie $A(A - 1)$, d. h. proportional zu A^2 verhalten. Da dies nicht der Fall ist, kann man vermuten, daß ein herausgegriffenes Nukleon nur mit seinen unmittelbaren Nachbarn in Wechselwirkung tritt. Dies sind Verhältnisse, wie man sie beispielsweise auch bei Molekülen in einem Flüssigkeitstropfen antrifft. Die Annahme von Zweikörperkräften findet hierdurch eine gewisse Unterstützung. Man spricht in diesem Zusammenhang auch von der Sättigungseigenschaft der Kräfte. Die durch das Modell in Abb. VIII,8 entstehende Oberfläche wird Energietal genannt. Die Tiefe dieses Tals ist im Vergleich zur Gesamtbindungsenergie so gering, daß es auch in einer Ausschnittsvergrößerung für die Umgebung des Kerns $^{208}_{82}$Pb nur andeutungsweise zu erkennen ist. Die stabilen Kerne befinden sich mit wenigen Ausnahmen auf der Talsohle, während die instabilen Kerne in den Hängen des Tals liegen. Abb. VIII,9 läßt in einem Schnitt durch das Tal für $A = 199$ seine parabelförmige Gestalt hervortreten. Von großer Bedeutung für die Kernphysik ist die mittlere Bindungsenergie pro Nukleon $\frac{B}{A}$. Sie ist in Abb. VIII,10 für stabile Kerne als Funktion von A aufgetragen. Nach größeren Fluktuationen bei leichten Kernen nimmt $\frac{B}{A}$ für $A > 30$ einen glatten Verlauf zwischen 8,5 und 7,5 MeV/Nukleon mit Maximum bei $A \approx 60$.

* Der Autor dankt Herrn Prof. Dr. H. Bucka für die Überlassung des Modells zum Zweck der photographischen Aufnahme.

Abb. VIII,8. Modell für Kernbindungsenergien. Der im Vordergrund sichtbare Teil des Modells, der rechts mit ${}^{1}_{1}H_{0}$ beginnt, ist am oberen rechten Ende angesetzt zu denken. Die Bindungsenergie wurde von ${}^{1}_{1}H_{0}$ als Bindungsenergienullpunkt nach unten mit dem Maßstab 1 mm = 1 MeV abgetragen. Sie nimmt also von rechts nach links zu. Der Ausschnitt links oben zeigt die Umgebung von ${}^{208}_{82}Pb$.

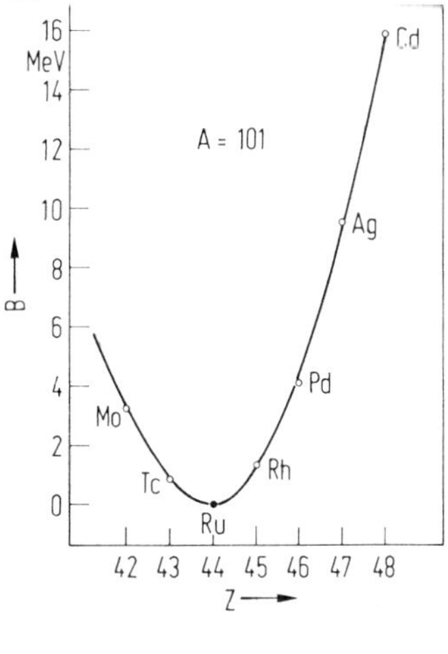

Abb. VIII,9. Schnitt durch das Energietal bei A = 101. Es ergibt sich ein parabelförmiges Profil. Unter den eingetragenen Kernen ist nur ${}^{101}_{44}Ru_{57}$ stabil.

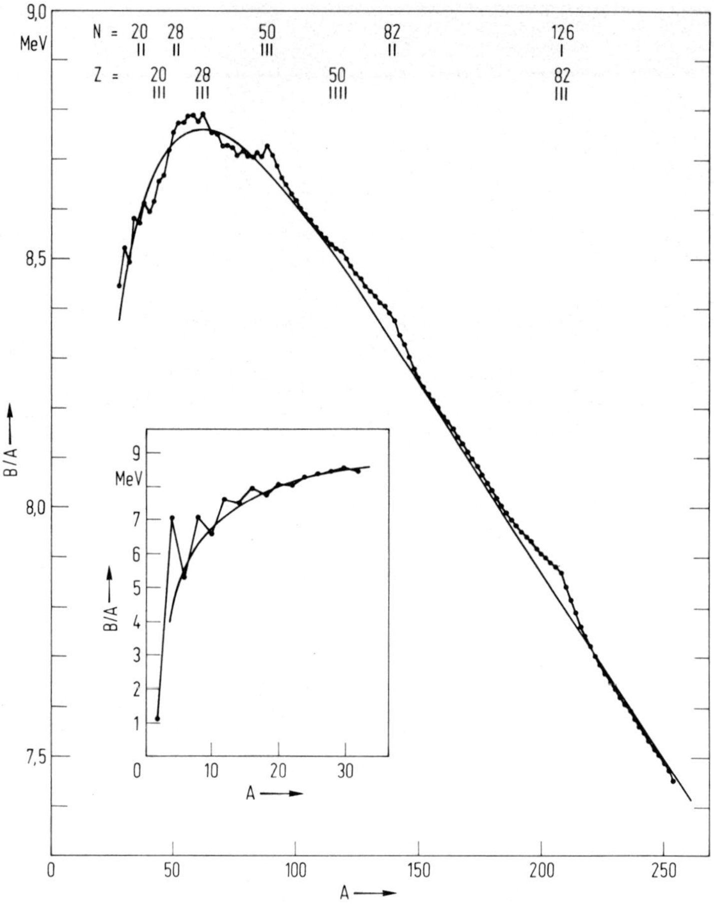

Abb. VIII,10. Die Bindungsenergie pro Nukleon B/A als Funktion der Massenzahl A für gg-Kerne. Die durchgezogene Kurve ergibt sich aus der Weizsäcker-Formel (VIII,323). Man erkennt, daß – abgesehen vom globalen Trend – in der Umgebung bestimmter Nukleonenzahlen (Z bzw. N) besonders stabile Kerne auftreten (übernommen von A. Bohr und B. R. Mottelson [97]).

Bei den leichten Kernen weisen ${}^4_2He_2$, ${}^8_4Be_4$, ${}^{12}_6C_6$, ${}^{16}_8O_8$ und ${}^{20}_{10}Ne_{10}$ besonders hohe Bindungsenergien pro Nukleon auf. Dies wird verständlich, wenn wir uns diese Kerne aus α-Teilchen zusammengesetzt denken (α-Cluster-Modell).

Der Abfall bei schweren Kernen kann durch den Einfluß der Coulombabstoßung der Protonen erklärt werden. Die Coulombenergie ist wegen der langen Reichweite proportional zu $Z(Z-1)$.

Die Kurve zeigt deutlich, daß durch Spaltung schwerer Kerne bzw. Fusion leichtester Kerne Energie freigesetzt werden kann. Für $A = 240$ beträgt $\frac{B}{A} \approx 7{,}5$ MeV/Nukleon, für $A = 120$ $\frac{B}{A} \approx 8{,}4$ MeV/Nukleon. Die bei der Spaltung von Uran freiwerdende

Energie beträgt daher ungefähr $E = (8{,}4 - 7{,}5) \cdot 240 \approx 215$ MeV. Einen weiteren Einblick in die Struktur der Kerne gewinnt man durch Untersuchung der Separationsenergien für Nukleonen. Die Separationsenergie ist definiert als diejenige Energie, die erforderlich ist, ein Neutron, Proton oder α-Teilchen vom Kern abzulösen. Sie entspricht daher der Ionisationsenergie bei Atomen. Für ein Neutron wird sie in (VIII,122) durch die Bindungsenergie ausgedrückt.

$$S_n = [m(Z, N - 1) + m_n - m(Z, N)]\, c^2 \qquad \text{(VIII,122)}$$

$$S_n = B(Z, N) - B(Z, N - 1)$$

${}^{9}_{4}Be_5$ hat den niedrigsten bekannten Wert für die Neutronenseparationsenergie von $S_n = 1{,}67$ MeV. Es findet daher als Neutronenquelle Verwendung. Für ${}^{4}_{2}He_2$ ist $S_n = 20{,}58$ MeV. Ein Vergleich der Neutronenseparationsenergien S_n für Kerne mit gerader Neutronenzahl mit der Separationsenergie für benachbarte Kerne mit ungerader Neutronenzahl zeigt, daß die Ablöseenergie bei geradem N systematisch höher ist als bei ungeradem N. Man trägt diesem Paarungseffekt durch Einführung einer Paarungsenergie δ_n Rechnung, die als lokaler Mittelwert durch (VIII,123) definiert wird:

$$\delta_n = \frac{1}{4}\,[B(Z, N - 2) - 3\,B(Z, N - 1) + 3\,B(Z, N) - B(Z, N + 1)] \qquad \text{(VIII,123)}$$

Die empirischen Untersuchungen ergeben, daß die Paarungsenergie im Mittel sowohl für Protonen als auch für Neutronen durch die einfache Relation (VIII,124) beschrieben werden kann.

$$\delta_n = \frac{12}{\sqrt{A}}\ \text{MeV} \qquad \text{(VIII,124)}$$

Für $A = 100$ beträgt δ danach ungefähr 1,2 MeV.

Eine Untersuchung der Bindungsenergiesystematik, unbeeinflußt von der Paarungsenergie, kann durch Auftragen der Ablöseenergie für das letztgebundene Neutronen- bzw. Protonenpaar über Z und N durchgeführt werden. Abb. VIII,11 gibt eine Darstellung von S_{2n} über Z und $N - Z$ für schwere Kerne. Die Energiefläche $S_{2n}(Z, N - Z)$ zeigt bei sonst glattem Verlauf krasse Diskontinuitäten bei $N = 82$ und $N = 126$. Weitere in diesem Sinn ausgezeichnete Nukleonenzahlen sind 2, 8, 20, 28, 50. Man nennt sie magische Zahlen. Atomkerne, bei denen Z und/oder N eine magische Zahl ist, erweisen sich im Vergleich zu den Nachbarkernen als fester gebunden. Die Energiesystematik der Kerne zeigt damit Erscheinungen, die große Ähnlichkeit mit den Schalenabschlüssen in der Atomhülle bei den die Edelgase charakterisierenden Zahlen $Z = 2, 10, 18, 36, 54$ und 86 haben. Auch bei Atomkernen eine Schalenstruktur anzunehmen, findet dadurch eine große Stütze.

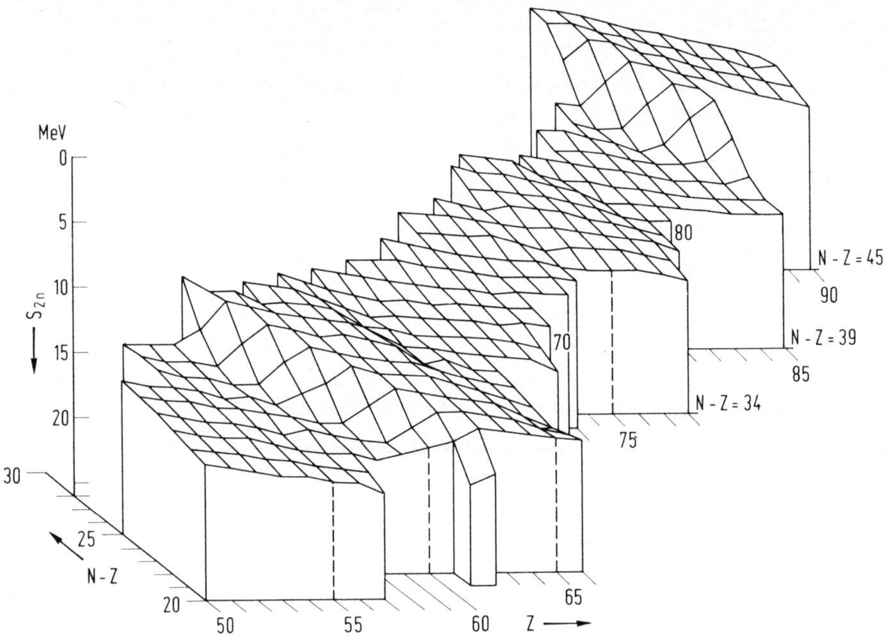

Abb. VIII,11. Die Separationsenergie S_{2n} für zwei Neutronen als Funktion von Z und N–Z. Es zeichnen sich auf der Energiefläche deutlich zwei Schwellen bei den Nukleonenzahlen N = 82,126 sowie Z = 82 ab [98].

Die Dichteverteilung von Protonen und Neutronen im Kern – Der Kernradius

Als Geiger im Jahre 1909 entdeckte, daß energiereiche α-Teilchen bei der Streuung an einer sehr dünnen Goldfolie zu einem geringen Prozentsatz um mehr als 90° abgelenkt wurden, bedeutete dies nicht nur die Geburt eines neuen Atommodells, sondern auch den Beginn der Erforschung des Atomkerns. Aus der beobachteten Rückwärtsstreuung folgerte Rutherford in seiner 1911 erschienenen Arbeit [17], daß das Atom ein nahezu punktförmiges Kraftzentrum haben müsse, im Gegensatz zum Thomson'schen Modell, das zu jener Zeit diskutiert wurde und bei dem eine gleichmäßige Verteilung der Ladung über das Atomvolumen angenommen wurde. Rutherford wies auch auf die Bedeutung von Streuexperimenten für die weitere Erforschung des Atoms und damit des Atomkerns hin.

Wie wir sehen werden, sind als „Sonden" zum „Abtasten" der Kerngestalt nicht nur α-Teilchen geeignet, sondern vorzüglich auch energiereiche Elektronen, Protonen und Neutronen. Die elastische Streuung punktförmiger Teilchen mit Ladung $Z_1 e$ an einem punktförmigen Streuzentrum mit der Ladung $Z_2\,e$ wird durch die Rutherford'sche Streuformel angegeben:

$$\frac{d\,\sigma}{d\,\Omega} = K_e \left(\frac{Z_1 Z_2 e^2}{4E}\right)^2 \frac{1}{\sin^4\left(\frac{\vartheta}{2}\right)} \qquad \text{(VIII,125)}$$

ϑ: Streuwinkel im Schwerpunktsystem
E: Gesamtenergie

Merkmale dieser Streuung sind:

Der differentielle Streuquerschnitt nimmt als Funktion der Einfallsenergie E mit $\frac{1}{E^2}$ ab, bei vorgegebener Energie sind auf Grund des Faktors $\sin^{-4}\left(\frac{\vartheta}{2}\right)$ kleine Streuwinkel stark bevorzugt (Vorwärtsstreuung).

Um gleichartige Ladungen wie in dem Experiment von Geiger einander sehr nahe zu bringen, müssen erhebliche Energien aufgewendet werden. Sie lassen sich aus dem Coulombgesetz errechnen, dessen Gültigkeit auch über nukleare Distanzen gesichert ist:

$$V(r) = K_e \frac{Z_1 \cdot Z_2 e^2}{r} = 1{,}44\ \text{MeV} \cdot \text{F} \frac{Z_1 \cdot Z_2}{r} \qquad \text{(VIII,126)}$$

Für ein α-Teilchen ($Z_1 = 2$) und einen Bleikern ($Z_2 = 82$) in einer Entfernung von 15 F gilt: $V = 15{,}8$ MeV. Man spricht daher davon, daß die Atomkerne von einem „Coulombwall" umgeben sind, der um so höher ist, je größer die Ordnungszahl Z_2 des Targetkerns* und Ladung Z_1 des Projektils sind. Dieser Umstand macht den Bau wirkungsvoller Teilchenbeschleuniger erforderlich. In Abb. VIII,12 ist der Coulomb-

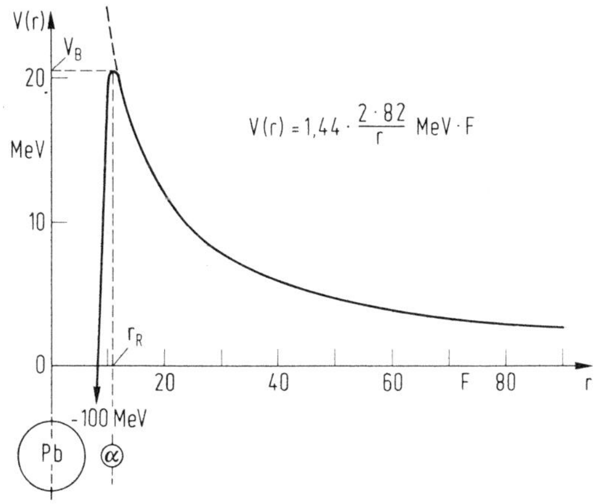

Abb. VIII,12. Coulombwall für α-Teilchen, die auf einen Bleikern geschossen werden. Bleikern und α-Teilchen sind maßstabsgerecht im Abstand des Rutherfordradius r_R voneinander entfernt eingetragen.

* target (engl.) = Zielscheibe

wall dargestellt, der bei der α-Streuung an Bleikernen wirksam ist. Wenn α-Teilchen z. B. in einem Tandem-Van de Graaff-Beschleuniger eine so hohe kinetische Energie gewonnen haben, daß sie den Kernrand erreichen können, gelangen sie in den Bereich der Starken Wechselwirkung und es setzen Kernreaktionen ein. Die Winkelverteilung der gestreuten α-Teilchen wird dann erhebliche Abweichungen von der Rutherford-Formel zeigen.

In Abb. VIII,13 ist das Resultat eines neueren α-Streuexperiments an den Bleikernen ^{204}Pb und ^{208}Pb dargestellt. Es wurde das Verhältnis von beobachteter Rückwärtsstreuung ($\vartheta = 165°$) zu berechneter Rutherford-Streuung als Funktion der α-Energie aufgetragen. Ab ca. 20 MeV setzt ein scharfer Abfall ein, der anzeigt, daß die Kern-

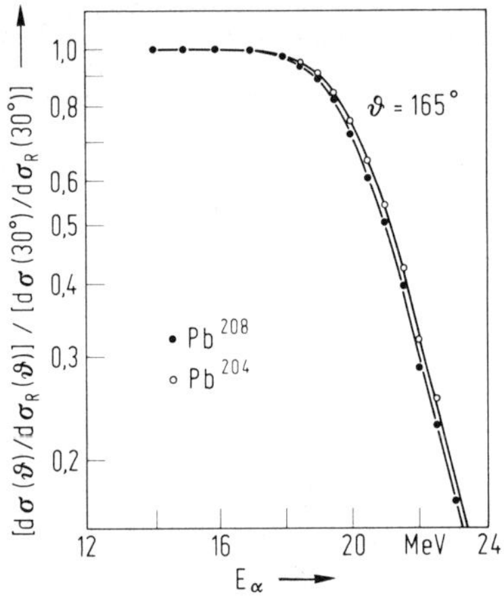

Abb. VIII,13. Energieabhängigkeit in der elastischen Rückwärts-Streuung ($\vartheta = 165°$) von α-Teilchen an Kernen der Bleiisotope ^{204}Pb und ^{208}Pb im Verhältnis zur berechneten Rutherfordstreuung. Der Abfall in der Kurve oberhalb von 18 MeV zeigt das Einsetzen von Kernreaktionen an. Wegen des unterschiedlichen Verlaufs für ^{204}Pb und ^{208}Pb können den beiden Isotopen um 6% voneinander abweichende Rutherfordradien zugeordnet werden (nach G. Goldring und Mitarbeitern [98]).

kräfte wirksam geworden sind und weniger Teilchen zurückkommen als nach der Rutherford-Formel zu erwarten wäre. Die durch die Meßpunkte gelegten Kurven entstammen einer Anpassung mit Hilfe des sogenannten Optischen Modells. Die α-Teilchen tasten bei diesen Experimenten den Coulombwall gleichsam ab, und es ist möglich, sehr genaue Werte für den Gipfel V_B des Walls und den zugeordneten Radius r_R abzuleiten, der als Rutherford-Radius bezeichnet wird. Für die beiden Bleiisotope ergibt sich aus den Experimenten:

$$^{204}\text{Pb}: V_B = 20{,}54 \text{ MeV} \qquad ^{208}\text{Pb}: V_B = 20{,}42 \text{ MeV}$$

$$r_R = 10{,}88 \text{ F} \qquad r_R = 10{,}94 \text{ F}$$

Auf Grund ihrer Definition sind die Rutherford-Radien stets etwas größer als die Summe der elektromagnetischen Kernradien von Blei- und Heliumkern. In Abb. VIII,12 wird dies verdeutlicht. Die oben angegebenen Rutherford-Radien bestätigen, daß sich die Ladungsverteilungen in den Bleiisotopen näherungsweise nach einem $A^{\frac{1}{3}}$ Gesetz verändern:

$$R = r_0 A^{\frac{1}{3}}, \qquad \frac{\Delta R}{R} \approx \frac{1}{3} \frac{\Delta A}{A} \qquad \text{(VIII,127)}$$

Einer Massenänderung von 1,95%, was nach (VIII,127) einer Radiusänderung von 0,65% entsprechen sollte, steht eine beobachtete Radiusänderung von 0,55% gegenüber.

Genaue Kenntnisse über die Ladungsverteilung in Atomkernen verdanken wir der Messung von differentiellen Streuquerschnitten bei der elastischen Streuung hochenergetischer Elektronen an Atomkernen, einer Methode mit rein Elektromagnetischer Wechselwirkung. Um Einzelheiten der Kerngestalt aus einer Streuverteilung ableiten zu können, muß die de Broglie-Wellenlänge des gestreuten Teilchens klein gegen die Kernausdehnung sein. Elektronen mit einer Energie $E > 200$ MeV, die mit Hilfe von Lineärbeschleunigern gewonnen werden können, erfüllen diese Forderung.

Aus der Gl. (VIII,1) folgt mit $E = 200$ MeV, $\beta = 0{,}999997$, d. h. die Elektronen haben bei dieser Energie praktisch Lichtgeschwindigkeit und es gilt in guter Näherung $E = p\,c$. Damit ergibt sich für die reduzierte de Broglie-Wellenlänge

$$\lambda\!\!\!^{-} = \frac{\hbar}{p} = \frac{\hbar c}{E} = 197{,}3 \text{ MeV} \cdot \text{F} \frac{1}{E}, \qquad \text{also} \qquad \lambda\!\!\!^{-} \approx 1 \text{ F}$$

Ähnlich wie bei der Streuung von Licht an Objekten, deren geometrische Ausdehnung vergleichbar mit der Lichtwellenlänge ist, treten auch bei der elastischen Streuung hochenergetischer Elektronen (Materiewellen) an Atomkernen charakteristische Beugungsmaxima und Beugungsminima in der Winkelverteilung, d. h. „Beugungsringe" um die Einschußrichtung auf (siehe Abb. VIII,14). Allerdings kann totale Auslöschung bei be-

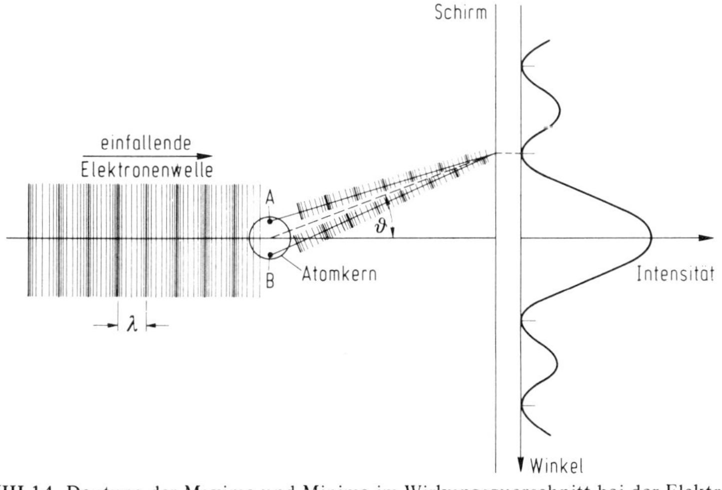

Abb. VIII,14. Deutung der Maxima und Minima im Wirkungsquerschnitt bei der Elektronenstreuung als Beugung von Elektronenwellen am Kern.

stimmten Winkeln nicht erwartet werden, da im Kern keine räumlich periodische Verteilung scharf begrenzter Objekte vorliegt. Elektronenstreuexperimente wurden vor allem von der Arbeitsgruppe um R. Hofstadter [18] an der Stanford Universität (USA) an vielen stabilen Isotopen durchgeführt. Die Abb. VIII,15 zeigt neuere experimentelle Resultate [19] für das Bleiisotop ^{208}Pb bei zwei Elektronenenergien, die sich um den Faktor 2 unterscheiden. Die Beugungsmaxima und Minima zeichnen sich deutlich ab, während der differentielle Streuquerschnitt mit steigendem Streuwinkel um viele Zehnerpotenzen abnimmt.

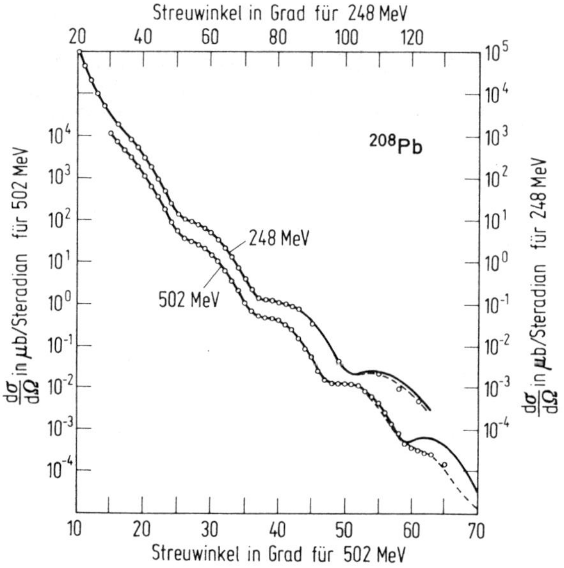

Abb. VIII,15. Differentielle Wirkungsquerschnitte für die elastische Streuung von Elektronen an $^{208}_{82}$Pb-Atomkernen als Funktion des Streuwinkels bei Elektronenenergien, die sich um den Faktor 2 unterscheiden. Entsprechend der Deutung der Elektronenstreuung als Beugung, treten bei der doppelten Energie die Maxima und Minima bei halbem Winkel auf.

Zur Auswertung der Experimente muß an Stelle von Gl. (VIII,125) eine neue Streuformel abgeleitet werden, die den Einfluß der Kernladungsverteilung berücksichtigt. Nach der zeitabhängigen Störungsrechnung 1. Ordnung der Quantenmechanik ist die Wahrscheinlichkeit für einen Übergang des Elektrons aus einem Anfangszustand ψ_a mit Energie E_a und Impuls $\boldsymbol{p}_a$ in einen Endzustand ψ_e mit Energie E_e und Impuls $\boldsymbol{p}_e$ in das Raumwinkelelement d Ω unter dem Einfluß einer Störung, die durch den Operator $\hat{H}'$ repräsentiert wird, gegeben durch:

$$w_{a\to e}\, d\,\Omega = \frac{2\pi}{\hbar}\, |\langle\psi_e|\hat{H}'|\psi_a\rangle|^2\, \rho(E)\, d\,\Omega \qquad \text{(VIII,128)}$$

Hamiltonoperator: $\hat{H} = \hat{H}_0 + \hat{H}'$

$\hat{H}_0$ ist der Operator für freie Elektronen und ungestörte Kerne. Als Eigenzustände von $\hat{H}_0$ werden (an Stelle der eigentlich zu verwendenden Wellenpakete) näherungsweise ebene Wellen für die Elektronen benutzt, die üblicherweise über einem großen Kubus mit der Seitenlänge L normiert sind. L wird eingeführt, um eine unendliche Zustandsdichte zu umgehen, jedoch fällt L im Verlauf der Rechnung heraus, so daß sich der Grenzübergang $L \to \infty$ erübrigt.

$$\varphi_a = L^{-\frac{3}{2}} \exp\left[\frac{i}{\hbar}(\boldsymbol{p}_a \cdot \boldsymbol{r})\right]$$

Die Wellenfunktion für den Anfangszustand ist dann gegeben durch das Produkt aus φ_a und der orthonormierten Wellenfunktion für den Kerngrundzustand Ψ_a. Entsprechendes gilt für den Endzustand ψ_e:

$$\psi_a = L^{-\frac{3}{2}} \exp\left[\frac{i}{\hbar}(\boldsymbol{p}_a \cdot \boldsymbol{r})\right] \Psi_a(1, \ldots, A) \qquad \text{(VIII,129)}$$

$$\psi_e = L^{-\frac{3}{2}} \exp\left[\frac{i}{\hbar}(\boldsymbol{p}_e \cdot \boldsymbol{r})\right] \Psi_e(1, \ldots, A)$$

Die Verwendung von ebenen Wellen in Verbindung mit Gl. (VIII,128) wird 1. Born'sche Näherung genannt und beschränkt das Resultat durch die Bedingung $\frac{Z e^2}{\hbar c} \approx \frac{Z}{137} \ll 1$ auf leichte Kerne. Der Störoperator ist durch die Coulombenergie zwischen den einfallenden Elektronen und den Protonen im Kern gegeben zu:

$$\hat{H}' = K_e e^2 \sum_{k=1}^{Z} \frac{1}{|\boldsymbol{r} - \boldsymbol{R}_k|} \exp\left(-\frac{|\boldsymbol{r} - \boldsymbol{R}_k|}{a}\right)$$

$\boldsymbol{R}_k$: Ortsvektor des k-ten Protons

Die Exponentialfunktion beschreibt pauschal die Abschirmung des Kernpotentials durch die Elektronenhülle und stellt die Konvergenz der auftretenden Integrale sicher ($a \gg$ Kernradius und daher ohne weitere Bedeutung). In Gl. (VIII,128) ist $\rho(E) = \frac{dn}{dE}$ ein statistischer Faktor, der die Zahl der Zustände dn im Energieintervall dE mit einer Energie E des Systems aus Kern und Elektron (!) zwischen E und $E + dE$ bei Streuung mit dem Winkel ϑ in das Raumwinkelelement d Ω angibt. Unter Berücksichtigung des Rückstoßes für den Targetkern ergibt sich folgende Energie und Impulsbilanz bei der elastischen Elektronenstreuung:

Wegen $E_a \geq 200$ MeV und $m_e c^2 = 0{,}511$ MeV, $m_e \approx 0$.

Daher $p_a = \frac{E_a}{c}$, $\quad p_e = \frac{E_e}{c}$.

Energiebilanz vor und nach der Streuung:

$$E = E_a + M c^2 = E_e + W, \quad W = \sqrt{c^2 P^2 + M^2 c^4} \tag{VIII,130}$$

M: Kernmasse

Impulsbilanz:

$$\boldsymbol{P} = \boldsymbol{p}_a - \boldsymbol{p}_e \quad \text{also} \quad c^2 P^2 = E_a^2 + E_e^2 - 2 E_e E_a \cos \vartheta \tag{VIII,131}$$

Kombination beider Gleichungen liefert mit $1 - \cos \vartheta = 2 \sin^2 \frac{\vartheta}{2}$ für die Energie der gestreuten Elektronen

$$E_e = \frac{E_a}{1 + \frac{2 E_a}{M c^2} \sin^2 \frac{\vartheta}{2}} \tag{VIII,132}$$

Für elastische Streuung von 200 MeV Elektronen an ruhenden Protonen unter 60° ergibt sich für die kinetische Energie der Rückstoßprotonen ΔE = 19,2 MeV, die gestreuten Elektronen haben dementsprechend nur noch 180,2 MeV. Die Kinematik des Streuprozesses wird durch die Abb. VIII,16 dargestellt.

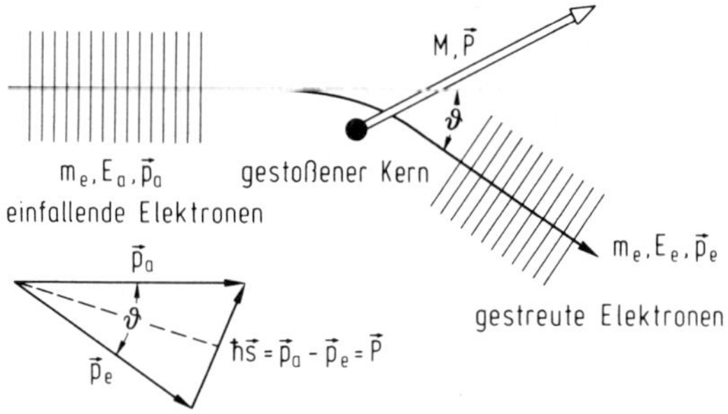

Abb. VIII,16. Kinematik bei der elastischen Streuung hochenergetischer Elektronen an Atomkernen.

Entsprechend der Quantisierungsvorschrift für das Phasenraumintegral

$$\int_{-\frac{L}{2}}^{+\frac{L}{2}} dx \int_{-\frac{L}{2}}^{+\frac{L}{2}} dy \int_{-\frac{L}{2}}^{+\frac{L}{2}} dz \int_0^{p_e} p^2 \, dp \, d\Omega = n(p_e) h^3 \, d\Omega$$

steht dem freien gestreuten Elektron in dem Normierungsvolumen L^3 nur eine begrenzte Zahl von Zuständen mit Impulsbetrag zwischen p_e und $p_e + d p_e$ in das Raumwinkelelement $d\Omega$ zur Verfügung:

$$n(p_e) \, d\Omega = \frac{p_e^3 L^3}{3 h^3} \, d\Omega \rightarrow \rho(E_e) = \frac{dn}{dE_e} = \frac{p_e^2 L^3}{c h^3}$$

Der Zusammenhang mit dem $\rho(E)$ in Gl. (VIII,128) ist wegen $\frac{\mathrm{d}n}{\mathrm{d}E} = \frac{\mathrm{d}n}{\mathrm{d}E_\mathrm{e}} \cdot \frac{\mathrm{d}E_\mathrm{e}}{\mathrm{d}E}$ gegeben durch $\rho(E)\,\mathrm{d}E = \rho(E_\mathrm{e})\,\mathrm{d}E_\mathrm{e}^*$, so daß gilt:

$$\rho(E) = \frac{p_\mathrm{e}^2 L^3}{c\,h^3}\,\frac{\mathrm{d}E_\mathrm{e}}{\mathrm{d}E}$$

Aus Gl. (VIII,130) und Gl. (VIII,131) gewinnt man $\frac{\mathrm{d}E_\mathrm{e}}{\mathrm{d}E} = \frac{W}{E - E_\mathrm{a}\cos\vartheta}$ und die Elimination von $\cos\vartheta$ mit Gl. (VIII,132) führt schließlich auf

$$\frac{\mathrm{d}E_\mathrm{e}}{\mathrm{d}E} = \left(\frac{p_\mathrm{e}}{p_\mathrm{a}}\right) \cdot \frac{W}{M c^2}$$

Insbesondere erkennt man für schwerere Kerne aus der Schreibweise

$$\frac{W}{M c^2} = 1 + \frac{2\left(\frac{E_\mathrm{a}}{M c^2}\right)^2 \sin^2\frac{\vartheta}{2}}{1 + 2\left(\frac{E_\mathrm{a}}{M c^2}\right)\sin^2\frac{\vartheta}{2}}$$

daß $\frac{W}{M c^2} \approx 1$ eine gute Näherung darstellt. Der statistische Faktor $\rho(E)$ ist daher gegeben durch

$$\rho(E) = \frac{p_\mathrm{e}^2 L^3}{c\,h^3}\,\frac{1}{1 + 2\,\frac{E_\mathrm{a}}{M c^2}\,\sin^2\frac{\vartheta}{2}} \tag{VIII,133}$$

Im Wechselwirkungsintegral von Gl. (VIII,128) betrachten wir zunächst die Elektronenkoordinaten $\boldsymbol{r}$:

$$\langle\psi_\mathrm{e}|\hat{H}'|\psi_\mathrm{a}\rangle =$$
$$= K_\mathrm{e}\,\frac{e^2}{L^3} \int\!\!\int \Psi_\mathrm{e}^* \exp\left[-\frac{\mathrm{i}}{\hbar}(\boldsymbol{p}_\mathrm{e}\cdot\boldsymbol{r})\right] \sum_{\mathrm{k}=1}^{Z} \frac{\exp\left(-\frac{|\boldsymbol{r}-\boldsymbol{R}_\mathrm{k}|}{a}\right)}{|\boldsymbol{r}-\boldsymbol{R}_\mathrm{k}|}\,\Psi_\mathrm{a} \exp\left[\frac{\mathrm{i}}{\hbar}(\boldsymbol{p}_\mathrm{a}\cdot\boldsymbol{r})\right] \cdot$$
$$\cdot\,\mathrm{d}\tau_\mathrm{e}\,\mathrm{d}\tau_\mathrm{N}$$

Durch Einführung von Kugelkoordinaten mit z-Achse in Richtung von $\boldsymbol{s} = \frac{1}{\hbar}(\boldsymbol{p}_\mathrm{a} - \boldsymbol{p}_\mathrm{e})$ ergibt sich mit $\boldsymbol{r} = \boldsymbol{R}_\mathrm{k} + \boldsymbol{r}'$: $\boldsymbol{s}\cdot\boldsymbol{r} = s\,r'\cos\vartheta + (\boldsymbol{s}\cdot\boldsymbol{R}_\mathrm{k})$ und $\mathrm{d}\tau_\mathrm{e} = r'^2 \sin\vartheta\,\mathrm{d}\vartheta\,\mathrm{d}\varphi\,\mathrm{d}r'$.

$$\langle\psi_\mathrm{e}|\hat{H}'|\psi_\mathrm{a}\rangle = K_\mathrm{e}\,\frac{e^2}{L^3}\sum_{\mathrm{k}=1}^{Z}\int \Psi_\mathrm{e}^*\,\mathcal{T}(\boldsymbol{R}_\mathrm{k})\,\Psi_\mathrm{a}\,\mathrm{d}\tau_\mathrm{N} \tag{VIII,134}$$

* Dies ist eine Bestimmungsgleichung für $\rho(E)$. $\mathrm{d}E_\mathrm{e}$ ist wegen des Rückstoßes von $\mathrm{d}E$ verschieden.

Jeder Summand enthält ein Fourierintegral der Form:

$$\mathcal{F}(\boldsymbol{R}_\mathrm{k}) = \exp\,[\mathrm{i}(\boldsymbol{s}\cdot\boldsymbol{R}_\mathrm{k})] \int\!\!\int \frac{1}{r'} \exp\left(-\frac{r'}{a}\right) \exp\,(\mathrm{i}\, s\, r' \cos\vartheta)\, r'^2\, \mathrm{d}(\cos\vartheta)\cdot \mathrm{d}\varphi\, \mathrm{d}r'$$

$$= \exp\,[\mathrm{i}(\boldsymbol{s}\cdot\boldsymbol{R}_\mathrm{k})] \frac{4\pi}{s^2+\frac{1}{a^2}} \xrightarrow[\frac{1}{a^2}\ll s^2]{} \frac{4\pi}{s^2} \exp\,[\mathrm{i}(\boldsymbol{s}\cdot\boldsymbol{R}_\mathrm{k})]$$

In Gl. (VIII,134) wird folgende Abkürzung für die Fourierintegrale über die Protonenkoordinaten gewählt:

$$F(s) = \frac{1}{Z} \sum_{\mathrm{k}=1}^{Z} \int \Psi_\mathrm{e}^* \exp\,[\mathrm{i}(\boldsymbol{s}\cdot\boldsymbol{R}_\mathrm{k})]\, \Psi_\mathrm{a}\, \mathrm{d}\tau_\mathrm{N} \qquad \text{(VIII,135)}$$

Gemäß der Definition für den differentiellen Wirkungsquerschnitt nach Gl. (VIII,5) gilt

$$\frac{\mathrm{d}\sigma}{\mathrm{d}\Omega} = \frac{w}{j} \quad \text{mit} \quad j = \rho\cdot \mathrm{v}$$

w: Übergangswahrscheinlichkeit nach Gl. (VIII,128)
j: Einfallender Elektronenstrom
ρ: Elektronendichte
v: Elektronengeschwindigkeit

Da die Elektronen praktisch Lichtgeschwindigkeit haben und sich nach Definition ein Elektron im Volumen L^3 befindet, ist $\frac{\mathrm{d}\sigma}{\mathrm{d}\Omega} = \frac{1}{c} w L^3$.

Berücksichtigt man noch, daß aus Abb. VIII,16 $s = \frac{2}{\hbar}\sqrt{\boldsymbol{p}_\mathrm{a}\cdot\boldsymbol{p}_\mathrm{e}}\, \sin\frac{\vartheta}{2}$ abgelesen werden kann, so hat der gesuchte Wirkungsquerschnitt folgende Form:

$$\frac{\mathrm{d}\sigma}{\mathrm{d}\Omega} = \underbrace{\underbrace{\left(K_\mathrm{e}\frac{Z e^2}{2 p_\mathrm{a} c}\right)^2 \frac{1}{\sin^4\frac{\vartheta}{2}}}_{\text{Rutherford-Streuung}} \underbrace{\frac{1}{1+\frac{2p_\mathrm{a}}{Mc}\sin^2\frac{\vartheta}{2}}}_{\text{Rückstoß}} \underbrace{\cos^2\frac{\vartheta}{2}}_{\text{Spin}}}_{\text{Mott'sche Streuformel}} \underbrace{|F|^2}_{\text{Kern}}$$

Gegenüber dem Rechnungsgang ist in die Formel ein Faktor $\cos^2\frac{\vartheta}{2}$ eingefügt worden, der entsteht, wenn die Dirac'sche Theorie des Elektrons verwendet wird. Unpolarisierter einlaufender Elektronenstrahl und unpolarisierte Beobachtung vorausgesetzt, wird dabei über die einlaufenden Spinstellungen gemittelt und über die Spinendzustände summiert.

Wesentlich ist für uns der Faktor $|F|^2$, der den Einfluß der endlichen Kerngröße auf die Mott-Streuung beschreibt. $|F|^2$ gibt direkt das Verhältnis von experimentell bestimmter Streuverteilung zu derjenigen für Punktladungen an:

$$\frac{\left(\frac{d\sigma}{d\Omega}\right)_{\text{beob.}}}{\left(\frac{d\sigma}{d\Omega}\right)_{\text{punktf.}}} = |F|^2$$

$F(s)$ wird als Kernformfaktor bezeichnet. Wir wollen das Integral in Gl. (VIII,135) unter vereinfachenden Annahmen weiter auswerten. Dort ist ein Erwartungswert für eine Summe von Einteilchenoperatoren $\exp[i(\boldsymbol{s} \cdot \boldsymbol{R}_k)]$ mit antisymmetrisierten Kernwellenfunktionen entsprechend Gl. (VIII,80) zu bestimmen. Bei der elastischen Elektronenstreuung bleibt der Kern im Grundzustand zurück, so daß $\Psi_e = \Psi_a$ zu setzen ist. Da der Operator nur die Protonenkoordinaten enthält, kann über die Neutronenkoordinaten sofort integriert werden:

$$F(s) = \frac{1}{Z} \langle \Phi_p | \sum_{k=1}^{Z} \exp[i(\boldsymbol{s} \cdot \boldsymbol{R}_k)] | \Phi_p \rangle$$

Durch Anwendung des Satzes (VIII,82) bezüglich des Rechnens mit Determinantenwellenfunktionen ergibt sich $F(s)$ als Summe aus Matrixelementen mit den Ein-Proton-Wellenfunktionen ψ_{q_k}:

$$F(s) = \frac{1}{Z} \sum_{k=1}^{Z} \langle \psi_{q_k} | \exp[i(\boldsymbol{s} \cdot \boldsymbol{R}_k)] | \psi_{q_k} \rangle \qquad \text{(VIII,137)}$$

Nehmen wir nun noch an, daß die Ein-Proton-Wellenfunktionen die gleiche Ortsabhängigkeit besitzen, dann sind die Matrixelemente der Summe in (VIII,137) alle identisch:

$$F(s) = \frac{1}{Z} \int Z \psi^* \psi \exp[i(\boldsymbol{s} \cdot \boldsymbol{R}')] \, d\tau_N \qquad \text{(VIII,138)}$$

$Z \psi^* \psi$ läßt sich in (VIII,138) als die Protonendichteverteilung $\rho_p(R)$ auffassen. Dann ist $F(s)$ die Fouriertransformierte der auf Z normierten Protonendichteverteilung im Kern.

$$F(s) = \frac{1}{Z} \int \rho_p(\boldsymbol{R}') \exp[i(\boldsymbol{s} \cdot \boldsymbol{R}')] \, d\tau_N, \qquad \int \rho_p(\boldsymbol{R}') \, d\tau_N = Z \qquad \text{(VIII,138a)}$$

Wird ρ_p kugelsymmetrisch angenommen, so vereinfacht sich $F(s)$ weiter:

$$F(s) = \frac{1}{Z} \frac{4\pi}{s} \int_0^\infty R' \rho_p(R') \sin(sR') \, dR'$$

Bei vielen Experimenten ist $s R' \ll 1$, so daß $\sin(s R')$ in eine Potenzreihe entwickelt werden kann:

$$\sin(s R') = s R' - \frac{1}{6}(s R')^3 + - \dots$$

$$F = \frac{1}{Z}\int \rho_p \, 4\pi R'^2 \, dR' - \frac{1}{6} s^2 \frac{1}{Z}\int \rho_p R'^2 \, 4\pi R'^2 \, dR' + - \dots \qquad \text{(VIII,138b)}$$

$$F^2 = 1 - \frac{1}{3} s^2 \langle R^2 \rangle + - \dots, \quad \langle R^2 \rangle = \frac{1}{Z}\int \rho_p(R') R'^2 \, d\tau_N$$

Bei geringen Impulsübertragungen kann demnach lediglich der mittlere quadratische Radius der Ladungsverteilung gewonnen werden. Der Kernradius R kann dann als Wurzel aus dem mittleren quadratischen Radius (root mean square radius: rms-Radius) definiert werden:

$$R = \sqrt{\langle r^2 \rangle} \qquad \text{(VIII,139)}$$

Es ist üblich, neben Gl. (VIII,139) den Äquivalentradius R_{eq} zu benutzen. Er ist entsprechend (VIII,140) definiert als Radius einer homogen geladenen Kugel mit demselben mittleren quadratischen Radius.

$$\langle r^2 \rangle = 4\pi \frac{1}{Z}\int_0^{R_{eq}} \frac{3Z}{4\pi R_{eq}^3} r^4 \, dr = \frac{3}{5} R_{eq}^2, \quad R_{eq} = \sqrt{\frac{5}{3}} \sqrt{\langle r^2 \rangle} \qquad \text{(VIII,140)}$$

Aus Gl. (VIII,138a) geht hervor, daß $\rho_p(r)$ nicht exakt aus den Streudaten bestimmt werden kann, da dies Experimente mit Impulsübertragungen von 0 bis ∞ erfordern würde, was aber experimentell nicht zu realisieren ist. Stattdessen geht man von einer Vielzahl von Modellverteilungen aus und paßt die Modellparameter an die beobachteten Streudaten an.

Das einfachste Modell ist, sich den Atomkern als homogen geladene Kugel mit scharfem Rand vorzustellen. Dann gilt für den Formfaktor:

$$\left.\begin{array}{ll} \rho = \dfrac{3Z}{4\pi R'^3} & R' \leqslant R \\ \rho = 0 & R' > R \end{array}\right\} \quad F(s) = \frac{3}{(s R^3)} (\sin(s R) - s R \cos(s R))$$

In diesem Fall müßten entsprechend den Lösungen der transzendenten Gleichung $s_i R = \operatorname{tg}(s_i R)$ Nullstellen in der Streuverteilung erwartet werden. Wie die experimentellen Beispiele in Abb. VIII,15 zeigen, werden keine Nullstellen beobachtet; man muß daher geeignetere Modelle entwickeln.

Zwei Modelle haben sich als besonders geeignet erwiesen:

a Die Schalenmodellverteilung: $\rho(r) = \rho_0 (1 + \alpha \frac{r^2}{a_0^2}) \exp(-\frac{r^2}{a_0^2})$. Sie wird für leichte Kerne verwendet und hat nur einen Parameter a_0, während α durch $\alpha = \frac{Z-2}{3}$ von Z abhängt.

b Die Fermimodellverteilung:

$$\rho(r) = \frac{\rho_0}{\exp\left(\frac{r-c}{z}\right) + 1} \qquad \text{(VIII,140a)}$$

Sie ist geeignet für mittelschwere bis schwerste Kerne und hat zwei Parameter c und z (siehe Abb. VIII,17). c bedeutet denjenigen Abstand vom Ladungsschwerpunkt, bei dem die Ladungsdichte auf die Hälfte abgefallen ist, während z die Randzone der Ladungsverteilung charakterisiert und mit der Randverschmierung t im Zusammenhang $t = 2\,z \ln 9$ steht. Die Abb. VIII,18 zeigt Verteilungen der Kernladungsdichte als Funktion des Radius, wie sie sich aus den Elektronenstreuexperimenten von Hofstadter und Mitarbeitern ergeben haben. Zunächst kann man feststellen, daß sich das Proton als elementarer Baustein der Kerne nicht als punktförmiges Teilchen erweist, sondern einen rms-Ladungsradius von 0,8 F besitzt. Es hat die höchste zentrale Ladungsdichte aller Kerne. Seine Ladungsverteilung läßt sich durch eine Exponentialfunktion

$$\rho = \rho_0 \exp\left(-\frac{r}{a}\right), \qquad \langle r^2 \rangle = a\sqrt{12}$$

beschreiben. Auch eine Gaußsche Verteilung, die dann einen etwas geringeren rms-Radius besitzt, kann verwendet werden.

Für das Neutron verschwindet zwar der rms-Wert der Ladungsverteilung, was jedoch so zu verstehen ist, daß am äußeren Rand des Neutrons eine positive Ladungsdichte besteht, während die Ladungsdichte weiter innen negativ ist. Für die magnetischen rms-Radien ergeben sich für p und n nahezu gleiche Werte von 0,8 F, so daß man Proton und Neutron als fast gleich große Gebilde ansehen kann, deren innere Struktur bei der elastischen Elektronenstreuung im Dunkeln bleibt.

Zur Beschreibung der Ladungsverteilung des α-Teilchens wird die Gaußsche Verteilung

$$\rho_\alpha = \rho_0 \exp\left(-\frac{r^2}{a_0^2}\right)$$

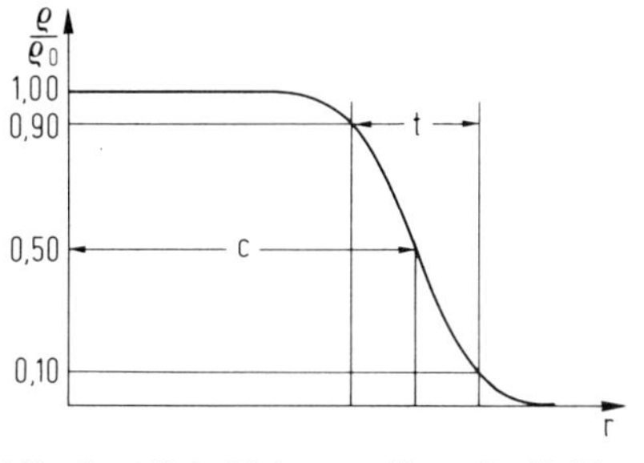

Abb. VIII,17. Fermimodell für die radiale Dichteverteilung der Nukleonen in einem sphärischen Kern. c ist der Abstand vom Ort halber Dichte zum Kernschwerpunkt, t die Dicke der Oberfläche (90%–10% Abstand).

herangezogen. Der rms-Radius ergibt sich für das α-Teilchen zu 1,61 F. Im Bereich von $4 < A < 20$ hat sich die bereits erwähnte Schalenmodell-Verteilung bewährt. Für die Kerne ^{12}C und ^{18}O ergibt sich beispielsweise nach Abb. VIII,18 als beste Anpassung an die Meßdaten ein Absinken der Ladungsdichte im Zentrum. Dieser Bereich der Ladungsverteilung ist jedoch mit der größten Unsicherheit behaftet.

Kerne mit $A \geqslant 20$ werden in der Regel mit Hilfe der Fermi-Verteilung in Abb. VIII,17 analysiert. Dabei zeigt sich, wie auch Abb. VIII,18 erkennen läßt, daß die zentrale Dichte und die Breite t der Randzone bei steigendem A nahezu konstant bleiben. Kerne vergrößern daher ihr Volumen in dem Maße wie die Zahl der Nukleonen zunimmt. Dieses Verhalten liefert die Rechtfertigung für folgende viel verwendete Formel:

$$\frac{4\pi}{3} R_{eq}^3 \sim A \quad \text{d. h.} \quad R_{eq} = r_0 A^{\frac{1}{3}} \quad \text{bzw.} \quad c = c_0 A^{\frac{1}{3}} \qquad \text{(VIII,141)}$$

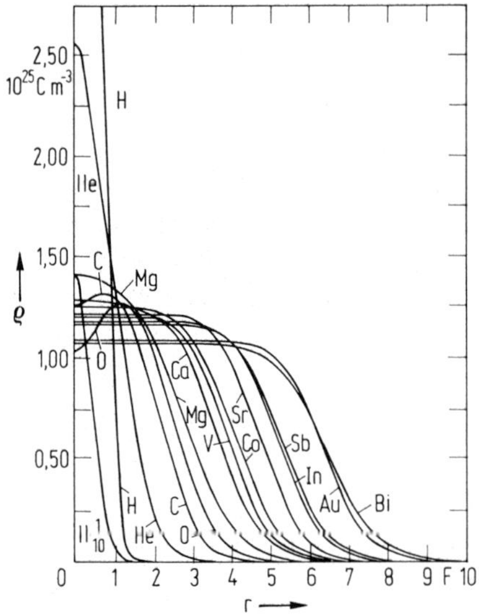

Abb. VIII,18. Ladungsverteilungen in zahlreichen Kernen, gewonnen mit Hilfe der elastischen Elektronenstreuung (nach R. Hofstadter [18]). Es zeigt sich beim Übergang zu schweren Kernen eine Abnahme der zentralen Ladungsdichte.

Eine detaillierte Analyse der Kernradien, auf die im Zusammenhang mit Exotischen Atomen eingegangen wird, zeigt:

r_0 vermindert sich bei konstanter Randzone t = 2,49 F

$$\begin{array}{llll} \text{von} & 1{,}33\ \text{F} & \text{bei} & A \approx 20 \\ \text{auf} & 1{,}18\ \text{F} & \text{bei} & A \approx 200 \end{array} \qquad \text{(VIII,142)}$$

Auf Grund der Ladungsunabhängigkeit der Kernkräfte ist es eine brauchbare Näherung, für Protonen und Neutronen identische Dichteverteilungen anzunehmen. Der Radius der Protonendichteverteilung kann daher auch als Radius der Nukleonendichteverteilung angesehen werden. Die Nukleonendichteverteilung kann durch die elastische Streuung energiereicher Neutronen an Kernen unter Verwendung des optischen Modells (siehe Abschnitt VIII,7) untersucht werden. Als Beispiel sei das Resultat von Streuexperimenten mit 14,5 MeV Neutronen an Blei angegeben. Es liefert den Wert $r_0 = 1{,}25$ F, der mit $r_0 = 1{,}22$ F aus der Elektronenstreuung an Blei zu vergleichen ist. Dies weist darauf hin, daß beim Bleiatomkern die Neutronendichteverteilung einen geringfügig größeren Radius aufweist als die Protonendichteverteilung. Als Folge davon kommt es wegen des steilen Randabfalls der Verteilungen zu einer gegenüber der Protonendichte erheblich höheren Neutronendichte in der Randzone. In diesem Sinn kann man davon sprechen, daß der Bleiatomkern von einer dünnen Neutronenhülle umgeben ist. Bei anderen vornehmlich schweren Atomkernen werden ähnliche Verhältnisse herrschen.

Abb. VIII,19 zeigt schematisch die experimentelle Anordnung bei der elastischen Elektronenstreuung. Hinter einem Kollimator im Linearbeschleuniger werden die hochenergetischen Elektronen durch einen ersten Magneten entsprechend ihrem Impuls in ein divergierendes Strahlenbündel abgelenkt. In einiger Entfernung von diesem Magneten folgt ein weiterer Schlitz, der die Energieunschärfe auf eine Größenordnung von 1% festlegt. Ein zweiter Magnet lenkt den Elektronenstrahl, der sich durch hochevakuierte Rohre bewegt, in die ursprüngliche Richtung zurück und refokussiert ihn auf das Target. Diese zweite Ablenkung sorgt dafür, daß die am Schlitz entstehende Bremsstrahlung nicht in den Experimentierraum gelangt. Der Elektronenstrahl enthielt ca. $3 \cdot 10^9$ Elektronen pro Puls (Pulsdauer $\approx 0{,}5\ \mu$s) bei 60 Pulsen pro Sekunde, was einem mittleren Elektronenstrom von 20 nA entspricht. Das Target besteht aus einer dünnen

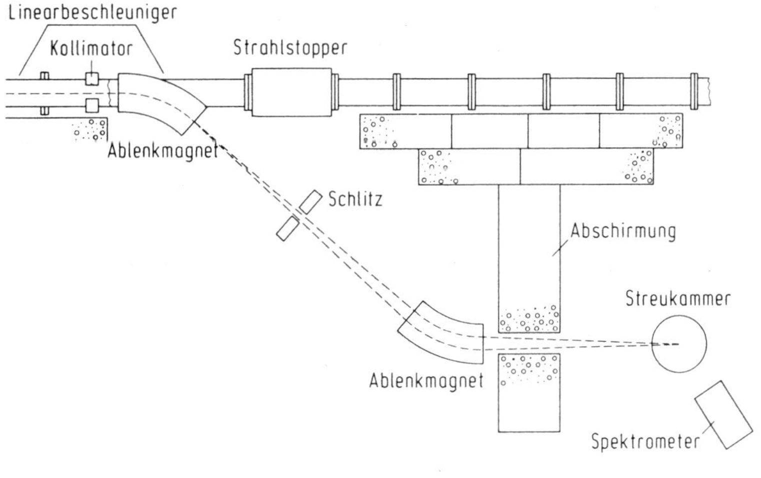

Abb. VIII,19. Experimentelle Anordnung, wie sie bei der Elektronenstreuung verwendet wurde. (nach Hofstadter und Mitarb. [18])

Folie des zu untersuchenden Elements und befindet sich im Zentrum einer Hochvakuumstreukammer. Die gestreuten Elektronen verlassen durch dünne Aluminiumfenster die Streukammer und treten über einen Luftspalt von einigen Zentimetern in das Spektrometer ein, welches um das Zentrum der Streukammer geschwenkt werden kann. Zur Analyse von Elektronenenergien bis zu 550 MeV erreicht das doppeltfokussierende 180°-Magnetspektrometer ein Gewicht von ca. 30 t bei einem Durchmesser für die zentrale Bahn von 0,9 m. Das Spektrometer wird über den Strom auf den elastischen Peak in der Energieverteilung der Elektronen eingestellt. Zum Nachweis der gestreuten Elektronen wurde ein Čerenkov-Detektor aus Plexiglas gekoppelt an einen Photomultiplier verwendet.

Die Isotopieverschiebung von Spektrallinien

Schon in den Anfängen der optischen Atomspektroskopie war beobachtet worden, daß die Spektrallinien verschiedener Isotope eines Elements nicht exakt zusammenfallen. Die Gründe hierfür sind:

1) Der Kernmitbewegungseffekt. Kern und Elektronenhülle bewegen sich um den gemeinsamen Schwerpunkt, der wegen der endlichen Kernmasse nicht mit dem Kernschwerpunkt zusammenfällt. Im Schwerpunktsystem des Atoms ist die Summe der beteiligten Impulse von Kern $\boldsymbol{p}_K$ und Elektronenhülle $\sum_i \boldsymbol{p}_i$ Null:

$$\boldsymbol{p}_K + \sum_{i=1}^{Z} \boldsymbol{p}_i = 0 \qquad \text{(VIII,143)}$$

Der Operator für die gesamte kinetische Energie $\hat{T}$ läßt sich mit (VIII,143) wie folgt schreiben:

$$\hat{T} = \frac{\hat{\boldsymbol{p}}_K^2}{2m_A} + \frac{1}{2m_e}\sum_{i=1}^{Z} \hat{\boldsymbol{p}}_i^2 = \frac{1}{2m_A}\left(\sum_{i=1}^{Z} \hat{\boldsymbol{p}}_i\right)^2 + \frac{1}{2m_e}\left(\sum_{i=1}^{Z} \hat{\boldsymbol{p}}_i^2\right) \qquad \text{(VIII,144)}$$

Der Beitrag der Kernmitbewegung lautet ausgeschrieben:

$$\frac{1}{2m_A}\left(\sum_{i=1}^{Z} \hat{\boldsymbol{p}}_i\right)^2 = \frac{1}{2m_A}\sum_{i=1}^{Z} \hat{\boldsymbol{p}}_i^2 + \frac{1}{m_A}\sum_{i>j}^{Z} (\hat{\boldsymbol{p}}_i \cdot \hat{\boldsymbol{p}}_j)$$

so daß in den Operator für die kinetische Energie die reduzierte Elektronenmasse eingeht:

$$\hat{T} = \frac{1}{2\bar{m}_e}\left(\sum_{i=1}^{Z} \hat{\boldsymbol{p}}_i^2\right) + \frac{1}{m_A}\sum_{i>j} (\hat{\boldsymbol{p}}_i \cdot \hat{\boldsymbol{p}}_j) \qquad \text{(VIII,145)}$$

$$\bar{m}_e = \frac{m_e m_A}{m_e + m_A}$$

In Einelektronen-Atomen fällt der zweite Term in Gl. (VIII,145) weg und es ist in den entsprechenden Gleichungen lediglich die Elektronenmasse m_e durch die reduzierte

Masse $\overline{m}_e$ zu ersetzen. Die damit verbundene Energieverschiebung gegenüber dem unendlich schwer angenommenen Kern wird als „normaler Masseneffekt" bezeichnet. Am Beispiel des Isotopenpaares ${}^1_1H$, ${}^2_1H$ kann Richtung und Größenordnung dieses Effekts aus der nichtrelativistischen Gleichung für die Wasserstoffeigenzustände abgelesen werden.

$$\Delta E = E_n^\infty m_e \left(\frac{1}{m_A} - \frac{1}{m_{A'}}\right) \qquad m_{A'} > m_A \tag{VIII,146}$$

Die Termenergie ist danach für das schwerere Isotop etwas weniger in Richtung auf die Seriengrenze verschoben als für das leichtere. Der Frequenzabstand für einen Übergang mit Frequenz ν beträgt für zwei Isotope mit dem Massen m_A und $m_{A'}$

$$\Delta \nu \approx m_e \frac{m_{A'} - m_A}{m_{A'}\, m_A} \nu \tag{VIII,147}$$

Der Unterschied von H_β- und D_β-Linie ergibt sich aus (VIII,147) zu $\Delta \tilde{\nu} = \frac{\Delta \nu}{c} = 5{,}6\ \mathrm{cm}^{-1}$. Dieser Effekt klingt mit steigender Massenzahl wie $\frac{1}{m^2}$ ab und ist für $A > 100$ bedeutungslos.

Für Atome mit zwei und mehr Elektronen kommt durch den Operator in Gl. (VIII,145):

$$\frac{1}{m_A} \sum_{i>j}^{Z} (\hat{p}_i \cdot \hat{p}_j)$$

der sogenannte spezielle Masseneffekt hinzu, der von der jeweils vorliegenden Korrelation der Elektronen abhängt und schwierig zu berechnen ist. In den später diskutierten Myonischen Spektren tritt er praktisch nicht auf.

2) Bei schweren Kernen kommt ein dem Normalen Masseneffekt entgegengesetzt gerichteter Isotopieverschiebungseffekt hinzu, den Pauli und Peierls [20] 1931 als Kernvolumeneffekt deuten konnten. Unter Berücksichtigung endlicher Kernladungsverteilungen hat das elektrische Potential isotoper Kerne im Kerninnern einen unterschiedlichen Verlauf, da das Coulombpotential auf Grund verschiedener Kernradien in unterschiedlichen Abständen vom Kernzentrum an das elektrostatische Kernpotential anschließt. Die Abb. VIII,20 verdeutlicht die für die Isotopieverschiebung schwerer Kerne verantwortliche Potentialänderung $\delta(\Delta V)$ im Kern. Sie läßt weiterhin erkennen, daß s-Elektronen und in geringerem Umfang auch $p_{1/2}$-Elektronen der Atomhülle, die in den Kern eindringen, für verschiedene Isotope eines Elements unterschiedlich stark gebunden werden und zwar für das leichtere Isotop (tieferes Potential!) stärker als für das schwerere. Die in den Atomspektren beobachteten Isotopieverschiebungen sind daher ein empfindliches Maß für die Änderung der Kernladungsverteilung beim Einbau von Neutronen.

Die Energieänderung ΔE auf Grund der endlichen Kernladungsverteilung gegenüber dem punktförmigen Kern läßt sich in erster störungstheoretischer Näherung wie folgt berechnen:

$$\Delta E = \int \Delta V \rho_e(r)\, d\tau \tag{VIII,148}$$

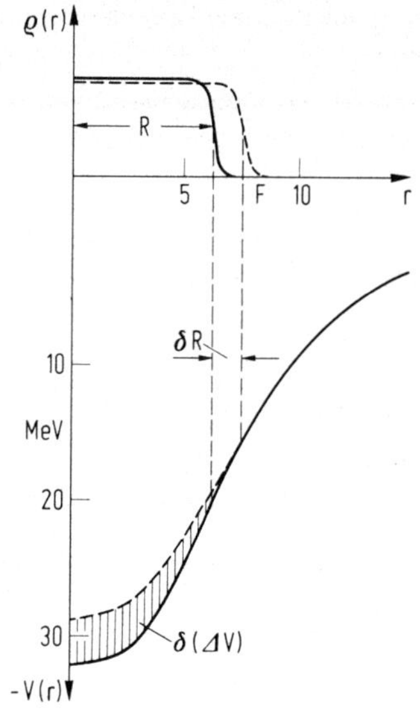

Abb. VIII,20. Ladungsverteilungen und Potentialverläufe für zwei schwere isotope Kerne zur Darstellung des Potentialunterschieds $\delta(\Delta V)$, der zur Isotopieverschiebung in den Spektrallinien der entsprechenden Atome führt.

$\Delta V = V(r) - K_e \frac{Z \cdot e}{r}$ ist die Differenz zwischen wahrem elektrostatischem Potential $V(r)$ und dem Potential einer Punktladung $Z \cdot e$ (siehe Abb. VIII,20). Die Ladungsdichte $\rho_e(r)$ der s-Elektronen kann über das Kernvolumen als konstant angesehen und durch ihren Wert für $r = 0$ ersetzt werden: $\rho_e(0) = -e|\psi_s(0)|^2$. Gl. (VIII,148) geht danach über in:

$$\Delta E = -e|\psi_s(0)|^2 \int \left(V(r) - K_e \frac{Ze}{r}\right) d\tau \qquad \text{(VIII,149)}$$

Mit Hilfe des Green'schen Integralsatzes in Gl. (VIII,150) läßt sich (VIII,149) umformen, wenn für $U_1 = \Delta V$ und für $U_2 = r^2$ eingesetzt wird:

$$\int_V (U_1 \nabla^2 U_2 - U_2 \nabla^2 U_1)\, d\tau = \int_\Sigma [U_1(\nabla U_2) - U_2(\nabla U_1)]\, d\boldsymbol{O} \qquad \text{(VIII,150)}$$

Σ ist eine Oberfläche, die das Volumen V einschließt. V ist ein Volumen, welches den Kern enthält; man läßt schließlich V und Σ gegen ∞ gehen:

$$\int (6\,\Delta V - r^2 \nabla^2(\Delta V))\, d\tau$$

$$= 4\pi r^2 [2r(\Delta V) - r^2 \frac{\partial}{\partial r}(\Delta V)]|_{\Sigma\to\infty} = 0\,, \qquad \text{(VIII,151)}$$

da ΔV an der Kernoberfläche sehr schnell gegen Null geht (siehe Abb. VIII,20). Aus (VIII,151) folgt daher:

$$\int \Delta V \,\mathrm{d}\tau = \frac{1}{6} \int r^2 \,\nabla^2(\Delta V)\,\mathrm{d}\tau \tag{VIII,152}$$

Nun ist auf Grund der Poisson-Gleichung $\nabla^2 V = -4\pi K_e\, e\, \rho_p(r)$, wobei $\rho_p(r)$ die hier zunächst sphärisch angenommene auf Z normierte Dichteverteilung der Ladung ist und $\nabla^2 (\frac{1}{r}) = -4\pi\,\delta(\boldsymbol{r})$. Da die Delta-Funktion $\delta(\boldsymbol{r})$ mit r^2 multipliziert Null ergibt, folgt aus (VIII,152) für (VIII,149):

$$\Delta E = \frac{2\pi}{3} e^2 K_e |\psi_s(0)|^2 \int r^2 \rho_p(r)\,\mathrm{d}\tau \tag{VIII,153}$$

Das Integral in der obenstehenden Gleichung (VIII,153) läßt sich entsprechend (VIII,138b) durch den rms-Radius ausdrücken:

$$\langle r^2\rangle = \frac{\int r^2 \rho_p\,\mathrm{d}\tau}{\int \rho_p\,\mathrm{d}\tau}, \qquad \int \rho_p\,\mathrm{d}\tau = Z$$

$$\Delta E = \frac{2\pi}{3} Z e^2 K_e |\psi_s(0)|^2 \langle r^2\rangle \tag{VIII,154}$$

Die Isotopieverschiebung ist die Differenz der Werte von Gl. (VIII,154) für zwei Isotope:

$$\delta(\Delta E) = \frac{2\pi}{3} Z e^2 K_e |\psi_s(0)|^2\, \delta(\langle r^2\rangle) \tag{VIII,155}$$

Sie läßt demnach lediglich eine Aussage über die Änderung des mittleren quadratischen Ladungsradius zu. Betrachten wir den Kern als homogen geladene Kugel vom Radius R, dann gilt für $\langle r^2\rangle$ nach (VIII,140):

$$\langle r^2\rangle = \frac{3}{5} R^2 \tag{VIII,156}$$

Für die Fermi-Verteilung lautet die der Gleichung (VIII,156) entsprechende Relation:

$$\langle r^2\rangle_{\text{Fermi}} = \frac{3}{5} c^2 \,\frac{Z}{1 + (\frac{\pi t}{4c \ln 3})^2}\,\left[1 + \frac{10}{3}\left(\frac{\pi t}{4c\ln 3}\right)^2\right] \tag{VIII,157}$$

Unter der Annahme einer Veränderung von R entsprechend Gl. (VIII,141):

$$R = r_0 A^{1/3}, \quad r_0 = 1{,}2\ \mathrm{F}$$

ergibt sich die als Standardabweichung $\delta\langle r^2\rangle_{\text{Std}}$ definierte Größe zu

$$\delta\langle r^2\rangle_{\text{Std}} \equiv \frac{2}{3}\cdot\frac{\delta A}{A}\langle r^2\rangle \tag{VIII,158}$$

Es ist üblich, die gemessenen Veränderungen des mittleren quadratischen Kernradius in Einheiten von $\delta\langle r^2\rangle_{Std}$ anzugeben.

Bei Verwendung der relativistischen Ladungsdichte eines s-Elektrons in der unmittelbaren Umgebung des Kerns nach der Dirac-Gleichung ergibt sich an Stelle von Gl. (VIII,155), wobei anstatt der Standardabweichung die Änderung des Äquivalentradius δR_{eq} entsprechend Gl. (VIII,140) verwendet wurde:

$$\delta(\Delta E) = K_e\left(\frac{\pi a_0^3}{Z}\right)|\psi_s(0)|^2 \frac{12 R_\infty(\rho+1)}{(2\rho+1)(2\rho+3)\Gamma^2(2\rho+1)} \cdot \qquad \text{(VIII,159)}$$

$$\cdot\left(\frac{2 Z R_{eq}}{a_0}\right)^{2\rho} \frac{\delta R_{eq}}{R_{eq}} \qquad \rho = \sqrt{1-\alpha^2 Z^2}$$

a_0: Bohr'scher Radius — R_∞: Rydbergkonstante
α: Feinstrukturkonstante — Γ: Gamma-Funktion

Es sei darauf hingewiesen, daß auch $p_{1/2}$-Elektronen durch eine gegenüber den s-Elektronen um den Faktor $\alpha^2 Z^2$ verschiedene Ladungsdichte am Kernort zur Isotopieverschiebung beitragen können.

Resultate, die mit Hilfe der optischen Spektroskopie erzielt wurden, sind in Abb. VIII,21 für gg-Kerne mit $A > 40$ eingetragen.

Es zeigt sich, daß die Isotopieverschiebungen in der Regel kleiner sind als nach der $A^{1/3}$ Gesetzmäßigkeit der Kernradien zu erwarten wäre; $\delta\langle r^2\rangle$ liegt vielmehr in der Nähe einer halben Standardabweichung. Offenbar vergrößern Kerne ihren Radius beim Hinzufügen von Neutronen weniger stark als beim Einbau von Neutronen und Protonen zu gleichen Teilen. Darin kommt eine gewisse Kompressibilität der Kernmaterie zum Ausdruck. Im Bereich der Seltenen Erden mit Maximum bei $N = 90$ werden extreme Verschiebungen beobachtet, die nicht etwa besonders große Kerne anzeigen, sondern, wie Brix und Kopfermann [22] zeigen konnten, auf Abweichungen der Ladungsverteilungen von der Kugelsymmetrie zurückzuführen sind. Diese Abweichungen werden in erster Linie durch das Quadrupolmoment beschrieben. Man kann den Einfluß des Quadrupolmoments auf die Isotopieverschiebungen leicht verständlich machen. Die in Abb. VIII,21 aufgeführten Resultate beziehen sich auf gg-Kerne, die den Kerndrehimpuls $I = 0$ besitzen. Dadurch haben die Kerne keine Möglichkeit, eine feste Orientierung relativ zum Gesamtdrehimpuls der Atomhülle einzunehmen. Die Elektronen „sehen" daher eine über alle Raumrichtungen gemittelte Ladungsverteilung, deren Radius erheblich größer werden kann, als der einer Kugel vom gleichen Volumen wie der deformierte Kern.

Wie im Zusammenhang mit dem Quadrupolmoment näher ausgeführt wird, läßt sich die Oberfläche eines deformierten Kerns bezogen auf seine Symmetrieachse durch eine Entwicklung nach Kugelfunktionen in Gl. (VIII,160) beschreiben.

$$R = R_0\left(1 - \frac{\beta^2}{4\pi} + \beta\, Y_{2,0}(\vartheta)\right) \qquad \text{(VIII,160)}$$

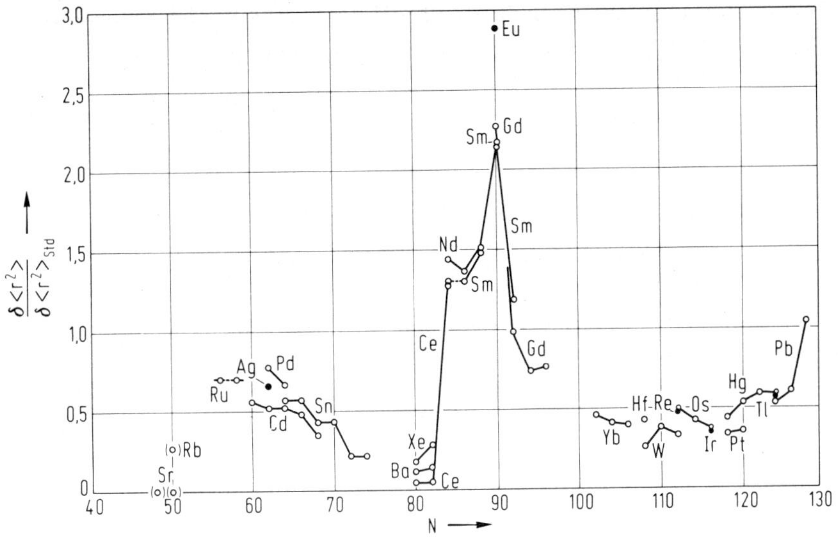

Abb. VIII,21. Verhältnis der experimentell bestimmten Isotopieverschiebung zur Standard-Verschiebung, die unter der Annahme eines homogen geladenen sphärischen Kerns mit $r_0 = 1{,}2$ F berechnet wird (nach Brix, P. und H. Kopfermann [99]). Die Werte sind als Funktion der Neutronenzahl N und bei dem Isotop mit dem höheren N eingetragen. Vollkreise bedeuten ungerades Z.

β ist der Deformationsparameter. Für den mittleren quadratischen Radius ergibt sich dann:

$$\langle r^2 \rangle_{\mathrm{def}} = \frac{\int_0^R \rho_p\, r^4\, \mathrm{d}r\, \mathrm{d}\Omega}{\int_0^R \rho_p\, r^2\, \mathrm{d}r\, \mathrm{d}\Omega} = \left(1 + \frac{5}{4\pi}\beta^2\right)\langle r^2 \rangle_0 \qquad \text{(VIII,161)}$$

Gl. (VIII,161) stellt mit Hilfe des Modells (VIII,160) über den Deformationsparameter β eine Beziehung zwischen dem mittleren quadratischen Radius eines deformierten Kerns $\langle r^2 \rangle_{\mathrm{def}}$ und dem mittleren quadratischen Radius eines sphärischen Kerns $\langle r^2 \rangle_0$ her, welcher das gleiche Volumen wie der deformierte Kern hat. Aus Gl. (VIII,155) und Gl. (VIII,161) folgt unmittelbar für die Isotopieverschiebung zwischen deformierten Kernen:

$$\delta(\Delta E) = \frac{2\pi}{3} Z e^2 K_e |\psi_s(0)|^2 \left\{\delta\langle r^2 \rangle_0 + \frac{5}{4\pi}\langle r^2 \rangle_0\, \delta(\beta^2)\right\} \qquad \text{(VIII,162)}$$

Der Beitrag der Deformation ergibt sich z. B. für die Isotopieverschiebung zwischen $^{150}_{62}\mathrm{Sm}_{88}$ und $^{152}_{62}\mathrm{Sm}_{90}$ aus den beobachteten Quadrupolmomenten zu $\delta\langle r^2 \rangle_{\mathrm{def}} = 2{,}8\,\delta\langle r^2 \rangle_{\mathrm{Std}}$.

Ein Resultat, welches nicht aus der Abb. VIII,21 hervorgeht, ist, daß Kerne mit ungeradzahligem A kleiner sind als im Mittel die benachbarten gg-Kerne, d. h. die Größe g nach Gl. (VIII,163)

$$g = \frac{\langle r^2 \rangle_{A+1} - \langle r^2 \rangle_A}{\frac{1}{2} (\langle r^2 \rangle_{A+2} - \langle r^2 \rangle_A)}$$

kleiner als 1 ist und sogar negative Werte für g beobachtet worden sind.

Dieses sogenannte odd-even-staggering kann auf der Grundlage des Paarungs- und Quadrupol-Modells gedeutet werden.

Abb. VIII,22 zeigt die schematische Darstellung einer experimentellen Anordnung, wie sie häufig bei Untersuchungen von Isotopieverschiebungen in I- und II-Spektren von Atomen verwendet wird. Als Lichtquelle dient eine von Schüler entwickelte, durch flüssige Luft gekühlte Hohlkathoden-Gasentladung mit He, Ne, A oder Kr als Füllgas. Die Anode befindet sich nur wenige Millimeter gegenüber der Bohrung in der Kathode, wodurch die positive Säule der Entladung fast vollständig unterdrückt und eine intensive Anregung im Kathodenhohlraum erzielt wird. Die zu untersuchende Substanz befindet sich entweder auf dem Boden der Hohlkathode oder ist auf die Wand der Bohrung aufgebracht. Von dort werden die Atome durch Ionenzerstäubung freigesetzt. Das Profil der emittierten Linien wird bei dieser Konstruktion haupt-

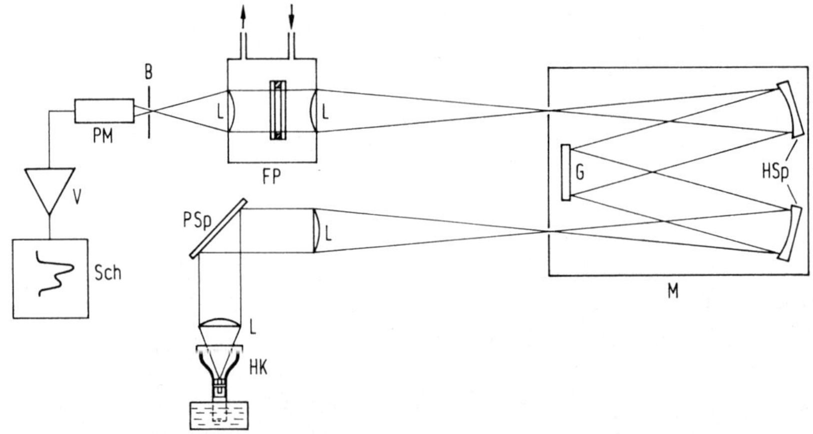

Abb. VIII,22. Prinzipielle experimentelle Anordnung bei der optischen Spektroskopie an Atomen bestehend aus Hohlkathodenlichtquelle HK, Gittermonochromator M zur Vorzerlegung, Fabry-Perot-Interferometer FP und Detektorsystem. L: Linse, PSp: Planspiegel, G: Gitter, HSp: Hohlspiegel, B: Lochblende, PM: Photomultiplier, V: Verstärker, Sch: Schreiber.

sächlich durch den Dopplereffekt bestimmt. Die resultierende Intensitätsverteilung $I(\nu)$ und Halbwertsbreite $\delta \nu_D$ wird durch (VIII,164) angegeben.

$$I(\nu) = I_0 \exp[-\frac{(\nu - \nu_0)^2}{\kappa^2}], \quad \kappa = \frac{v \nu_0}{c} \qquad \text{(VIII,164)}$$

$$\delta \nu_D = 2 \kappa \sqrt{\ln 2} = D \nu_0 \sqrt{\frac{T}{M}}, \quad D = 7{,}16 \cdot 10^{-7} \frac{1}{\sqrt{\text{Grad}}}$$

In (VIII,164) ist ν_0 die Mittenfrequenz, v die wahrscheinlichste Geschwindigkeit der leuchtenden Atome, T die Temperatur in Grad Kelvin und M das Atom- bzw. Molekulargewicht. Um die Verbreiterung möglichst gering zu halten, wird bei einem Gasdruck von ca. 1 Torr und einer Entladungsstromstärke von der Größenordnung 10 mA gearbeitet. Nach spektraler Vorzerlegung in einem Gittermonochromator wird das Licht einem Fabry–Perot-Interferometer zugeführt und anschließend das Zentrum des Ringsystems auf eine Lochblende abgebildet, hinter der sich zur Registrierung der Intensitätsänderung ein Photomultiplier befindet. Durch Variation des Luftdrucks, der über die Brechzahl mit einer Änderung des optischen Plattenabstands verbunden ist, läßt sich die Interferenzstruktur abfahren. Es ist dabei zu beachten, daß die Bandbreite der Vorzerlegung kleiner als der Arbeitsbereich (Dispersionsgebiet) des FP-Interferometers $\Delta\lambda = \frac{\lambda^2}{2nd}$ (d: Plattenabstand, n: Brechzahl) gewählt wird. Die Eigenschaften des Fabry–Perot-Interferometers werden in Bd. III (Optik) näher beschrieben.

Die Wellenzahl $\tilde{\nu}$ ist eine in der optischen Spektroskopie häufig benutzte Größe, die sich üblicherweise auf das Vakuum bezieht und in Einheiten von cm^{-1} angegeben wird. Es wird

$1\ cm^{-1}$ mit 1 Kayser (K)

und $10^{-3}\ cm^{-1}$ mit 1 Millikayser (mK) bezeichnet.

Da Wellenlängen in der Regel für Luft unter Normalbedingungen gelten, wenn λ in Angström ($1\ \text{Å} = 10^{-8}$ cm) angegeben wird, ist:

$$\tilde{\nu} = \frac{10^8}{n\lambda}, \qquad \nu = c\,\tilde{\nu} \tag{VIII,165}$$

(n: Brechzahl trockener Luft bei 18 °C und 760 mm Hg.)

Durch Multiplikation mit der Lichtgeschwindigkeit c ergibt sich aus $\tilde{\nu}$ unmittelbar die Frequenz. Kleine Differenzen von Wellenzahlen lassen sich zu den Wellenlängendifferenzen in Beziehung setzen:

$$\delta\tilde{\nu} = -\frac{10^8}{n\lambda^2}\,\delta\lambda \quad \text{und} \quad \frac{\delta\tilde{\nu}}{\tilde{\nu}} = -\frac{\delta\lambda}{\lambda}$$

In diesem Zusammenhang sind auch die folgenden Umrechnungsrelationen wichtig:

$$1\ \text{eV} \mathrel{\hat{=}} 8066\ cm^{-1} \qquad \text{sowie} \qquad 1\ cm^{-1} = 30\ \text{GHz}$$
$$1\ \text{eV} \mathrel{\hat{=}} 12400\ \text{Å}$$

Für die Pb I-Linie $\lambda = 4058$ Å ergeben sich beispielsweise Dopplerverbreiterungen nach Gl. (VIII,164) bei 400 °K und bei der Temperatur der flüssigen Luft (80 °K) zu $\delta\tilde{\nu} \approx 0{,}025\ cm^{-1}$ und $\delta\tilde{\nu} \approx 0{,}011\ cm^{-1}$. Handelsübliche FP-Interferometer erreichen eine Bandbreite (Bandbreite = Halbwertsbreite der Transmissionskurve) von $\delta\nu < 50$ MHz. Dies ist erheblich weniger als die eben genannten Dopplerverbreiterungen. Bei optischen Bestimmungen der Isotopieverschiebung werden Standard-Fehler in der Größenordnung von 0,2 mK erreicht.

Durch die stürmische Entwicklung auf dem Gebiet abstimmbarer Farbstofflaser haben sich neue Möglichkeiten für die optische Spektroskopie ergeben. H. Walther [23] hat kürzlich ein Experiment beschrieben, dessen Aufbau in Abb. VIII,23 skizziert ist und bei dem beispielsweise die Bestimmung der Isotopieverschiebung auf die Messung einer Frequenz reduziert wird. Dabei ließe sich im Prinzip eine Genauigkeit erreichen, die nur durch die natürliche Strahlungsbreite begrenzt ist. Das Licht zweier schmalbandiger ($\delta \nu$ = einige MHz) abstimmbarer Farbstofflaser, die von einem Argon-Ionen-Laser gepumpt werden, trifft auf zwei gut kollimierte Atomstrahlen, die verschiedene Isotope enthalten mögen. Das gestreute Licht wird von Photomultipliern registriert und dazu benutzt, die Farbstofflaser über eine Rückkopplungsschaltung auf das Maximum der jeweiligen Atom-Absorptionslinie zu fixieren. Die Frequenzen der beiden Laserstrahlen werden schließlich in einer Photodiode gemischt. Aus der Bestimmung der Schwebungsfrequenz mit Hilfe eines Spektrum-Analysators folgt direkt die Isotopieverschiebung.

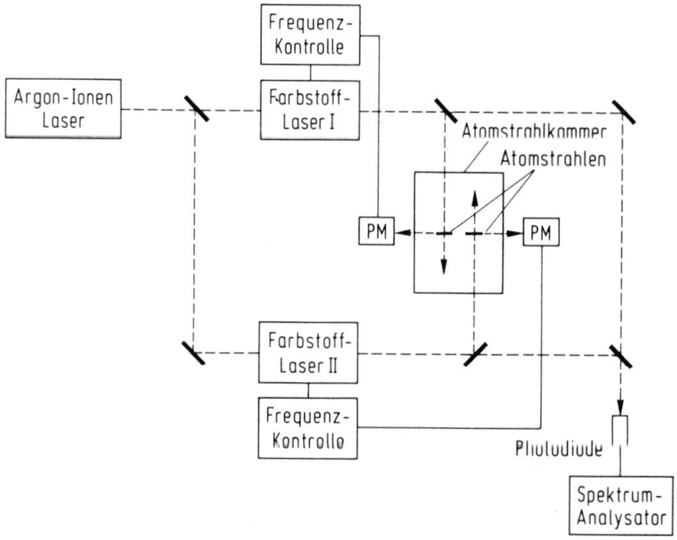

Abb. VIII,23. Schematische Darstellung eines Verfahrens zur Bestimmung der Isotopieverschiebung mit Hilfe zweier schmalbandiger abstimmbarer Farbstofflaser (nach H. Walther [23]) durch Messung der Schwebungsfrequenz.

Neuere Experimente zur Isotopieverschiebung haben erstaunliche Resultate gebracht. So ist es E. W. Otten und Mitarbeitern [24] in den vergangenen Jahren gelungen, die Isotopieverschiebungen kurzlebiger Quecksilberisotope von ^{181}Hg bis ^{205}Hg in der Linie λ = 2537 Å ($^3P_1$ - $^1S_0$) zu bestimmen, so daß der Gang der Isotopieverschiebung über 20 Isotope verfolgt werden kann. Von den genannten Isotopen hat ^{181}Hg die kürzeste Halbwertszeit von nur 3,6 s. Es stehen um so weniger Kerne zur Untersuchung zur Verfügung, je kürzer die Lebensdauer ist. Dieser Umstand erfordert Experimente, die on-line mit der Isotopenproduktion verlaufen und die Entwicklung einer empfindlicheren Nachweismethode als sie die optische Spektroskopie darstellt, bei der mindestens 10^{10} Atome cm^{-3} vorhanden sein müssen. Besonders günstige Bedingungen hat in dieser Hinsicht die ISOLDE-Anlage (isotope separator on line) im CERN. Zur Produktion der Hg-Isotope wird ein Target aus geschmolzenem Blei mit ca 10^{11} Protonen $\cdot s^{-1}$ aus dem 600 MeV Synchrozyklotron beschossen. Die produzierte neutronenarmen Hg-Isotope dampfen aus dem Blei heraus und gelangen in die Ionenquelle des ISOLDE-Massenseparators. Vom Ausgang des Massenseparators wird nur das gerade zur Untersuchung ausgewählte Isotop mit einer Metallfolie in den Experimentierraum gebracht. Als Meßmethode dient optisches Pumpen mit einer nur das Isotop ^{204}Hg enthaltenden Spektrallampe und zum Nachweis die β- bzw. γ-Strahlung der Kerne. Die Resultate der Messungen sind als Funktion der Neutronen- bzw. Massenzahl in Abb. VIII,24 eingetragen. Während die Isotopieverschiebung der Isotope von ^{205}Hg bis ^{187}Hg den nach Gl. (VIII,158) zu erwartenden Verlauf $\sim \delta N$ nimmt, liegt

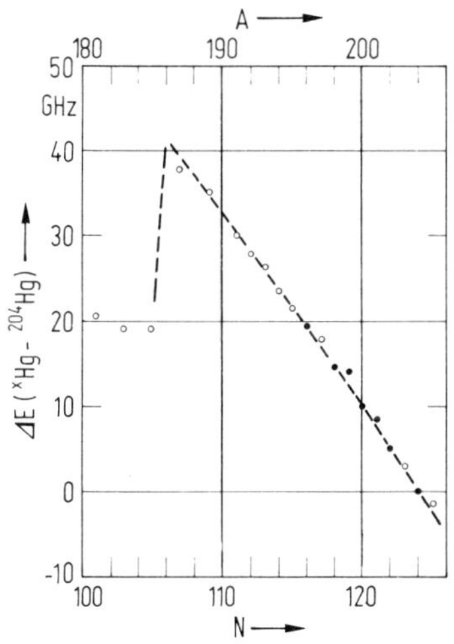

Abb. VIII,24. Isotopieverschiebungen für Hg-Isotope in der Resonanzlinie λ = 2537 Å ($^3P_1$ - $^1S_0$) bezogen auf das Isotop ^{204}Hg als Funktion der Massenzahl A bzw. der Neutronenzahl N. Unerwartete krasse Diskontinuität für die neutronenarmen Kerne ^{185}Hg, ^{183}Hg und ^{181}Hg.

beim Übergang von ^{187}Hg nach ^{185}Hg eine krasse Diskontinuität vor. Die Isotope ^{181}Hg bis ^{185}Hg haben einen mittleren quadratischen Ladungsradius, der dem des Isotops ^{196}Hg entspricht, welches um mehr als 10 Neutronen reicher ist. Diese dramatische Änderung von $\langle r^2 \rangle$ kann man nur als einen kollektiven Effekt (Phasenübergang) in der Kernmaterie deuten. Eine andere Möglichkeit, diesen Sprung in der Isotopieverschiebung zu erklären, besteht darin, das sogenannte „Bubble Modell" heranzuziehen. Danach wird vorgeschlagen, ein Kernmodell in die Betrachtungen mit einzubeziehen, bei dem die Kerne in der Mitte ein Loch haben (Blasenkerne). Ein Verhältnis 5:1 von Außenradius zu Innenradius würde den beobachteten Sprung erklären können.

Als wahrscheinlichste Deutung wird jedoch ein plötzliches Einsetzen hoher Deformationen vermutet, in diesem Fall ein Phasenübergang von kleiner negativer zu großer positiver Deformation. Die Kerne von ^{187}Hg bis ^{205}Hg sind als nahezu sphärisch anzusehen. Nach Gl. (VIII,162) müßte zur Deutung des Sprungs $|\beta|$ die Größenordnung von 0,3 haben. Eine endgültige Antwort wird erst nach Vorliegen weiterer experimenteller Resultate erwartet. Bezüglich detaillierterer Darstellungen zur Isotopieverschiebung sei auf den zusammenfassenden Artikel von D. N. Stacey [25] und auf das Buch von H. Kopfermann [26] verwiesen. Neuere Resultate für $\delta \langle r^2 \rangle$ abgeleitet aus optischen Isotopieverschiebungen wurden von K. Heilig und A. Steudel in den „Atomic Data and Nuclear Data Tables" (1974) publiziert.

Exotische Atome

Es gibt außer dem Elektron eine ganze Reihe von negativ geladenen Elementarteilchen, die beim Abstoppen in Materie von Atomen eingefangen werden können und sogenannte Exotische Atome bilden. Die Eigenschaften der Teilchen, die Elektronen in der Atomhülle ersetzen können, werden in Tab. VIII,7 angegeben. Es handelt sich bei der Untersuchung Exotischer Atome um ein aktuelles Forschungsgebiet, das eine Verbindung von der Hochenergiephysik zur Niederenergiekernphysik und zur Physik der Atomhülle herstellt, die für alle Seiten sehr fruchtbar ist. Es hat sich gezeigt, daß einerseits aus den Gammaspektren Myonischer Atome die genauesten Kernradien gewonnen werden können und daß andererseits die Eigenschaften der eingebauten Elementarteilchen bestimmt werden können. So ist es beispielsweise kürzlich gelungen, das magnetische Moment des Antiprotons $\bar{p}$- durch eine Beobachtung der Aufspaltung von Gammaspektren aus Pb- und U-Antiproton-Atomen zu bestimmen. Es wird vorgeschlagen, auch das Ω^--Teilchen, von dem bisher nur ca. 30 Exemplare beobachtet wurden, in die Atomhülle einzubauen, da es als einziges Teilchen wegen seines Spins 3/2 eine beobachtbare Abweichung von der Kugelsymmetrie in seiner Eigenladungsverteilung haben sollte.

Tab. VIII,7. Elementarteilchen in Exotischen Atomen

Teilchen	Masse (In Einheiten der Elektronenmasse)	Spin	Magnetisches Moment (Einheit μ_B)	Mittlere Lebensdauer [s]
μ^-	$m_\mu = 206{,}768$	$\frac{1}{2}$	$\frac{m_e}{m_\mu}$	$2{,}2 \cdot 10^{-6}$
π^-	$m_\pi = 273{,}1$	0	0	$2{,}6 \cdot 10^{-8}$
K^-	$m_K = 966{,}1$	0	0	$1{,}2 \cdot 10^{-8}$
$\bar{p}^-$	$M_{\bar{p}} = 1836{,}1$	$\frac{1}{2}$	$2{,}78 \frac{m_e}{M_{\bar{p}}}$	–
Σ^-	$M_{\Sigma^-} = 2348{,}1$	$\frac{1}{2}$	$2{,}5 \frac{m_e}{M_\Sigma}$	$1{,}6 \cdot 10^{-10}$
Ω^-	$M_{\Omega^-} = 3272{,}8$	$\frac{3}{2}$		$1{,}3 \cdot 10^{-10}$

Betrachten wir detaillierter Myonische Atome.

Beim Beschuß eines Berylliumtargets mit hochenergetischen Protonen von einigen hundert MeV aus einem Synchrozyklotron entstehen nach dem Prozeß

$$p + Be \rightarrow n + Be + \pi^+ + \pi^+ + \pi^-$$

π^--Mesonen. Der π^--Strahl reichert sich auf dem Weg zum Absorber gemäß dem Zerfall

$$\pi^- \rightarrow \mu^- + \bar{\nu}_\mu$$

zu ca 10% mit μ^--Mesonen an. Für eine π^--Energie von 100 MeV haben die μ-Mesonen 116 MeV. Durch einen Ablenkmagneten lassen sich die μ^--Mesonen vom π-Mesonenstrahl trennen. Anschließend treffen die μ^--Mesonen auf einen Absorber, der die zu untersuchenden Atomkerne enthält. Sie werden darin vollständig abgebremst und schließlich in die Atomhülle eingefangen.

Der Abbremsprozeß, der hauptsächlich auf Energieverlust durch Ionisation beruht, wurde von Fermi und Teller [27] theoretisch untersucht. Er kann in fünf Abschnitte aufgeteilt werden.

Zunächst möge sich die μ^--Energie aus der Größenordnung von 100 MeV auf 2 keV verringern, so daß die Geschwindigkeit des Myons stets größer als die des Atomvalenzelektrons ist. Der Energieverlust ist in diesem Bereich durch die Bethe–Bloch-Formel in (VIII,166) gegeben.

$$-\frac{\mathrm{d}E}{\mathrm{d}t} = K_e^2 \frac{4\pi e^4 \, n \, Z}{m_e \, v} \ln \frac{2 m_e v^2}{I} \qquad \text{(VIII,166)}$$

Darin bedeuten E und v Energie und Geschwindigkeit des Mesons, n die Dichte der Atome und I deren Ionisationspotential. Für den angegebenen Energiebereich benötigen die Myonen in kondensierter Materie nach Fermi und Teller 10^{-9} bis 10^{-10} s. In Metallen bewegen sich die Myonen unterhalb von 2 keV in einem entarteten Elektronengas mit einer Geschwindigkeit v, die klein gegen die Maximalgeschwindigkeit v_0 der Elektronen ist. In diesem Fall gilt für den Energieverlust pro Zeiteinheit die Gl. (VIII,167):

$$-\frac{\mathrm{d}E}{\mathrm{d}t} = \left(\frac{4 E^{\mu}_{\mathrm{Kin}}}{3\pi t_0}\right) \ln \left(\frac{137 \, v_0}{c}\right), \qquad v \ll v_0 \qquad \text{(VIII,167)}$$

$$E^{\mu}_{\mathrm{Kin.}} = \frac{1}{2} m_\mu v^2 , \qquad t_0 = K_e^{-2} \frac{m_\mu \hbar^3}{m_e^2 e^4} = 4{,}84 \cdot 10^{-15}\ \mathrm{s}$$

Während der Energieverlust in (VIII,166) proportional zu v^{-1} ist, hängt er in (VIII,167) von v^2 ab. Von 2 keV ausgehend haben die Myonen in einigen 10^{-13} s ihre gesamte kinetische Energie verloren. Sie werden (als dritter Abschnitt) von den Atomen in hochangeregte Zustände der Atomhülle eingefangen, und es entstehen so Myonische Atome, die durch das Symbol ${}_\mu A$ gekennzeichnet seien. Das Myon ist für uns von nun an ein Testteilchen in definierten Quantenzuständen. Wir haben es dabei wie beim

Wasserstoffatom mit einem Zweikörperproblem zu tun, denn die Atomelektronen beeinflussen das μ^- in den entscheidenden Zuständen nicht, vor allem wird das Pauliprinzip nicht wirksam. In schwereren Myonischen Atomen geht das μ^- aus dem hohen Anregungszustand $_\mu A^*$ überwiegend durch strahlungslose Übergänge unter Emission von Hüllenelektronen (interner Auger-Effekt) in niedrigere Quantenzustände über, wobei Zustände mit maximalem Drehimpuls ($l = n - 1$) auf Grund ihres größeren statistischen Gewichts bevorzugt werden. Für niedrige Hauptquantenzahlen, beispielsweise für $Z = 20$ ab $n \leqslant 5$, treten die Auger-Prozesse zurück und es dominieren elektromagnetische Dipolübergänge. Sie unterstützen den Trend zu hohen Bahndrehimpulsen, d. h. „kreisförmigen Bahnen". Die meisten passieren daher den 3d- und 2p-Zustand, ehe sie den 1s-Grundzustand erreichen. Diese Vorgänge, die wir als vierten Abschnitt im Leben des μ^- zusammenfassen können, nehmen wiederum nur einige 10^{-13} s in Anspruch. Alle bisher aufgeführten Zeitabschnitte sind sehr kurz im Vergleich zur natürlichen Lebensdauer des μ^- von $2{,}2 \cdot 10^{-6}$ s. Im fünften und letzten Abschnitt beendet das μ^- seine Existenz im 1s-Zustand des myonischen Atoms entweder durch natürlichen Zerfall entsprechend (VIII,168) oder durch Kerneinfang über einen Prozeß der schwachen Wechselwirkung nach (VIII,169):

$$\mu^- \rightarrow e^- + \nu_\mu + \bar{\nu}_e \tag{VIII,168}$$

$$\mu^- + p \rightarrow n + \nu_\mu \tag{VIII,169}$$

Der Einfang des μ^- durch den Kern wird möglich, da die 1s-Wellenfunktion einen erheblichen Überlapp mit dem Nukleonenbereich hat, das μ^- sich also einen bestimmten Bruchteil seiner Zeit im Kern aufhält. Die Gesamtzerfallswahrscheinlichkeit ist gleich der Summe der Einzelzerfallswahrscheinlichkeiten Γ_0 und Γ_c für natürlichen Zerfall bzw. Einfang: $\Gamma = \Gamma_0 + \Gamma_c$. Während $\Gamma_0 = 4{,}55 \cdot 10^{+5}\ \mathrm{s}^{-1}$ beträgt, hängt Γ_c von Z ab und läßt sich durch $\Gamma_c = 2{,}5 \cdot 10^6 \left(\frac{Z}{82}\right) \mathrm{s}^{-1}$ abschätzen. Für $Z \approx 15$ sind Γ_c und Γ_0 ungefähr gleich groß.

Unter den stark wechselwirkenden Teilchen erreichen die K^--Mesonen den 1s-Zustand erst gar nicht. Sie werden bereits aus höheren Quantenzuständen vom Kern eingefangen, da dort die Übergangswahrscheinlichkeit für Einfang Γ_c in die Größenordnung der Übergangswahrscheinlichkeit für Strahlungsübergänge von $\Gamma_s \approx 10^{14}\ \mathrm{s}^{-1}$ kommt. Als günstig erweist sich in diesem Zusammenhang der Trend zu maximalem l in der Kaskade der Auger- und Dipolstrahlungsprozesse, da die Wellenfunktion auf Grund der Zentrifugalbarriere vom Kern weggedrängt wird. Sie verhält sich für kleine Abstände wie r^l, d. h. die Aufenthaltswahrscheinlichkeit eines Teilchens in der Kugelschale mit dem Radius r und $r + \mathrm{d}r$ ist proportional zu $r^{2l+2}\,\mathrm{d}r$. Dies bedeutet eine starke Bevorzugung der Kernoberfläche. Die K^--Mesonen werden daher praktisch nur von der Kernoberfläche absorbiert. Da sie in unterschiedlicher Weise mit Protonen und Neutronen reagieren, ergibt sich prinzipiell die Möglichkeit, die Verteilung der Nukleonen im Kernrand zu untersuchen. Einige Experimente zeigen, wie bereits früher diskutiert, daß Neutronen im Kernrand stärker vertreten sind als dem Verhältnis $\frac{N}{Z}$ entspricht.

Die Aussagen über Kerneigenschaften werden in der Regel durch eine Analyse der γ-Spektren Myonischer Atome gewonnen. Einen ersten Eindruck von den Verhältnissen im Myonenatom gewinnt man durch die Bohr'schen Gleichungen für die Energien E_n, die „Bahnradien" r_n und die klassische Geschwindigkeit in der Bahn v_n, indem an Stelle der reduzierten Elektronenmasse die reduzierte Myonenmasse $\overline{m}_\mu$ eingesetzt wird:

$$E_n = -\overline{m}_\mu c^2 \frac{(\alpha Z)^2}{2n^2}$$

$$r_n = \frac{\hbar^2}{\overline{m}_\mu e^2} \frac{n^2}{Z} \qquad \overline{m}_\mu = \frac{m_\mu}{1 + \frac{m_\mu}{m_A}} \tag{VIII,170}$$

$$v_n = \alpha c \frac{Z}{n}$$

Die Gl. (VIII,170) zeigen uns, daß das μ^- im Vergleich zu einem Elektron im gleichen Quantenzustand einen um das Massenverhältnis, also um den Faktor 207 kleineren Bahnradius hat und die Energie E_n um den Faktor 207 größer ist, während v_n unverändert gilt. Es ist leicht abzuschätzen, daß für $Z > 45$ die $\mu^-(1s)$-Bahn innerhalb des Kerns verläuft:

$$r_0 A^{\frac{1}{3}} > \frac{1}{207} \frac{1}{Z} \cdot 0{,}529 \cdot 10^{-10}\ \text{m}, \qquad r_0 = 1{,}2\ \text{F}$$

$$Z A^{\frac{1}{3}} > 200, \qquad A \approx 2Z \rightarrow Z > 45$$

Quantenmechanische Rechnungen zeigen für myonisches Blei im 1s-Grundzustand, daß die Wahrscheinlichkeit das μ^- im Kern anzutreffen näherungsweise $\frac{1}{2}$ ist. Der Einfluß der Kernladungsverteilung auf die Lage der Energieniveaus ist daher sehr groß. Das μ^- „sieht" in der Zeit, in der es sich innerhalb des Kerns bewegt, eine geringere Ladung als wenn es sich außerhalb des Kerns aufhält. Dies führt zu einer Verminderung der Bindungsenergie bzw. zu einer Anhebung insbesondere der 1s-Energieniveaus gegenüber dem punktförmig angenommenen Kern. Eine störungstheoretische Behandlung wie bei der zuvor diskutierten Isotopieverschiebung in Atomen ist nur für die leichtesten Kerne gerechtfertigt und ergibt für s-Zustände:

$$\frac{\delta E}{E_s} = \frac{4}{5} \frac{1}{n^3} \left(\frac{ZR}{a_\mu}\right) \qquad \begin{array}{l} E_s\text{: Bindungsenergie f. d. 1 s-Zustand} \\ a_\mu\text{: Mesonischer Bohr-Radius} \end{array}$$

Genauere Resultate werden durch Lösung der Dirac-Gleichung erzielt. Da das System, wie Gl. (VIII,170) lehrt, nicht extrem relativistisch ist, reicht die zweikomponentige Darstellung aus, die mit dem Ansatz $\Psi = \begin{pmatrix} r^{-1} & F(r) & Y_{ljm} \\ (i\,r)^{-1} & G(r) & Y_{ljm} \end{pmatrix}$ in folgendes System von

Differentialgleichungen für die Radialfunktionen $F(r)$ und $G(r)$ übergeht:

$$\frac{\mathrm{d}\,F(r)}{\mathrm{d}\,r} = \frac{k}{r} F(r) - \frac{1}{\hbar c} [W - V(r) - \overline{m}_\mu c^2]\, G(r)$$

$$\frac{\mathrm{d}\,G(r)}{\mathrm{d}\,r} = \frac{1}{\hbar c} [W - V(r) + \overline{m}_\mu c^2]\, F(r) - \frac{k}{r} G(r) \qquad \text{(VIII,171)}$$

$$k = \begin{cases} l & : j = l - \frac{1}{2} \\ -l - 1 & : j = l + \frac{1}{2} \end{cases}$$

$\overline{W} = \overline{m}_\mu c^2 + E_0$: totale Energie

Das in (VIII,171) einzusetzende Potential ergibt sich entsprechend dem jeweiligen Modell für die Ladungsverteilung aus der Poisson'schen Gleichung zu:

$$V(r) = -K_\mathrm{e}\, 4\pi e^2 \left\{ \frac{1}{r} \int_0^r \rho(r')\, r'^2\, \mathrm{d}r' + \int_r^\infty \rho(r')\, r'\, \mathrm{d}r' \right\} \qquad \text{(VIII,172)}$$

Häufig wird für $\rho(\vec{r})$ die in (VIII,140a) angegebene zweiparametrige Fermi-Verteilung verwendet. Die Gln. (VIII,171) können dann in Abhängigkeit von den Parametern c und t mit einer Rechenmaschine gelöst werden.

Tab. VIII,8. Berechnete Energien myonischer Zustände und Übergänge in MeV nach [28]

Z	Punktförmiger Kern			homogen gel. Kern		
	$E(1\,s)$	$2\,p_{3/2} - 1\,s_{1/2}$	$2\,p_{1/2} - 1\,s_{1/2}$	$E(1\,s)$	$2\,p_{3/2} - 1\,s_{1/2}$	$2\,p_{1/2} - 1\,s_{1/2}$
22	1,392	1,046	1,043	1,282	0,935	0,933
29	2,430	1,828	1,821	2,120	1,52	1,51
51	7,707	5,833	5,763	5,22	3,41	3,37
82	21,33	16,41	15,86	10,11	5,48	5,30

Um einen Eindruck vom Einfluß der endlichen Kerngröße zu geben, sei auf Tab. VIII,8 verwiesen. Sie zeigt für einige Kernladungszahlen die berechneten Energien myonischer Zustände und Übergänge sowohl für punktförmige Kerne als auch für homogen geladene Kerne. Während für Titan der Einfluß des endlichen Kernradius auf die 1s-Bindungsenergie – 10% ausmacht, wird die Bindungsenergie eines 1s-Myons in Blei um ca. 11 MeV vermindert. Wegen dieses großen Effektes hat ein neueres Experiment an ^{208}Pb mit dem Resultat $R = \sqrt{\langle r^2 \rangle} = (5{,}4978 \pm 0{,}003)$ F eine zehnmal größere Genauigkeit als die beste Elektronenstreumessung. Solange durch das Experiment nur ein Meßwert, d. h. die Energie des $2\,p_{1/2} - 1\,s_{1/2}$ oder des $2\,p_{3/2} - 1\,s_{1/2}$ Übergangs bestimmt wird, kann auch die Ladungsverteilung nur durch einen Parameter charakterisiert werden. Es ist in diesem Falle üblich neben $\langle r^2 \rangle^{1/2}$ den Äquivalent-Radius R_{eq} zu benutzen.

Bei Verwendung der Fermi-Verteilung werden in der Regel je einer der 2 p – 1 s und 3 d – 2 p Übergänge gemessen, um die beiden Parameter c und t zu bestimmen. Die Energien der 3 d- 2p-Übergänge sind jedoch erheblich geringer als die der 2 p- 1 s-Übergänge, so daß unterhalb $_{50}$Sn wegen der großen Fehler bisher keine c, t-Bestimmungen durchgeführt wurden.

Die hohe Genauigkeit der Kernradiusbestimmung aus myonischen Spektren wurde erst durch den Einsatz von Lithium gedrifteten Germanium-Halbleiterdetektoren (Ge-Li) ermöglicht, die γ-Linien mit einer Halbwertsbreite von ca. 15 keV im Energiebereich von einigen MeV liefern. Zuvor wurden NaJ-Szintilatorkristalle benutzt, die im günstigsten Falle ca. 100 keV Linienbreite im gleichen Energiebereich erbrachten. Abb. VIII,25 zeigt die von Acker und Mitarbeitern [29] benutzte experimentelle Anordnung zur Untersuchung der myonischen γ-Spektren. Die Myonen im μ^--Strahl werden zuerst in einem Aluminium-Block verlangsamt ehe sie im Target zur Ruhe kommen. Ein Tantal-Block von 2 bis 4 mm Dicke verhindert, daß μ^- mit größerer Reichweite den Ge-Li Detektor überlasten, der sich in einer evakuierten Zelle befindet und auf der Temperatur von flüssigem N_2 gehalten wird. Ein gestopptes μ^- wird von den

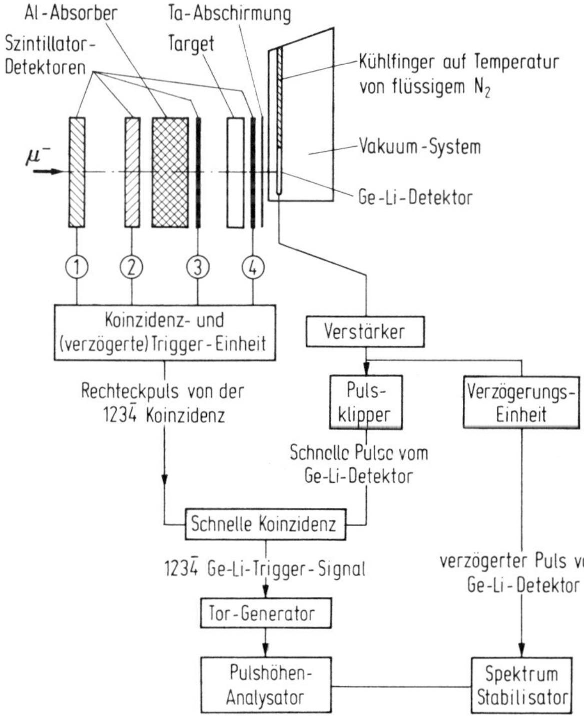

Abb. VIII,25. Experimentelle Anordnung und elektronische Signalverarbeitung bei der Untersuchung myonischer γ-Spektren unter Verwendung eines Germanium-Lithium (Ge-Li)-Detektors (nach Acker und Mitarb. [29])

Szintilatoren 1 bis 4 als 1 2 3 $\bar{4}$ Koinzidenz registriert. (Der Querstrich bedeutet Antikoinzidenz) Wenn ein Impuls aus dem Ge-Li-Detektor in Koinzidenz mit dem von der 1 2 3 $\bar{4}$-Koinzidenz und Trigger-Stufe abgegebenem Rechteckpuls ist, wird er zur Speicherung im Vielkanalanalysator angenommen. Ein vom Ge-Li-Detektor abgezweigter Impuls wird zum Vergleich mit einem Kalibriersignal auf einen Spektrum-Stabilisator gegeben, um Drifterscheinungen in der Elektronik weitgehend auszuschalten. Abb. VIII,26 zeigt die Lyman-Serie von myonischem Titan.

Abb. VIII,26 zeigt die Lyman-Serie von myonischem Titan.

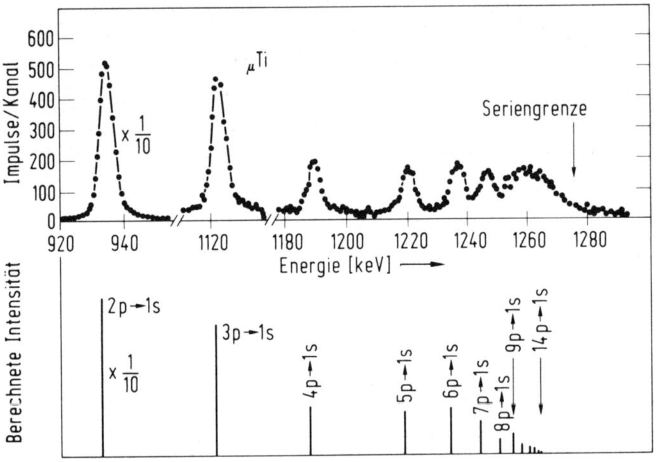

Abb. VIII,26. Lyman-Serie von myonischem Titan.

In Tab. VIII,9 sind einige experimentelle Resultate für $\langle r^2 \rangle^{1/2}$ von myonischen Atomen und aus der Elektronenstreuung zusammengestellt. Wir erkennen, daß die aus myonischen Spektren gewonnenen Daten mit den Resultaten der Elektronenstreuung konsistent sind. Für einige mittelschwere bis schwere Kerne werden in Tab. VIII,10 die Resultate für c und t aufgeführt.

L. R. B. Elton [32] hat die experimentellen Resultate aus der Elektronenstreuung für Kerne mit $A > 16$ unter folgenden drei Annahmen in Formeln gefaßt:

1. Die Protonen- und Neutronen-Dichteverteilungen sind für jeden Kern identisch und lassen sich durch die Fermi-Verteilung beschreiben.
2. Die zentrale Nukleonendichte ist konstant und hat den Wert $\rho = 0{,}168\ (\frac{Z}{A})\ \mathrm{F}^{-3}$
3. Die Randzone t hat für alle betrachteten Kerne den Wert $t = 2{,}49$ F.

Als Funktion von A ergeben sich folgende gegenüber (VIII,141) verbesserte Relationen:

$$c = (1{,}123\,A^{\frac{1}{3}} - 0{,}941\,A^{-\frac{1}{3}})\ \mathrm{F} \tag{VIII,173}$$

$$R_{\mathrm{eq}} = (1{,}123\,A^{\frac{1}{3}} + 2{,}352\,A^{-\frac{1}{3}} - 2{,}070\,A^{-1})\ \mathrm{F} \tag{VIII,174}$$

Tab. VIII,9. $\langle r^2 \rangle^{1/2}$ aus den γ-Spektren myonischer Atome und der Elektronenstreuung in F

$^{A}_{Z}X$	Myonische Atome	Elektronen-Streuung
$^{1}_{1}H$		0,77 ± 0,10
$^{4}_{2}He$	3,1 ± 4,7	1,61
$^{6}_{3}Li$	3,1 ± 3,9	2,1
$^{7}_{3}Li$	2,6 ± 0,9	
$_{4}Be$	2,76 ± 0,68	2,46 ± 0,09
$^{10}_{5}B$	2,44 ± 1,27	2,45 ± 0,12
$^{11}_{5}B$	2,26 ± 1,69	2,42 ± 0,12
$^{12}_{6}C$	2,40 ± 0,56	2,42 ± 0,04
$^{14}_{7}N$	2,67 ± 0,26	2,45 ± 0,05
$^{16}_{8}O$	2,61 ± 0,14	2,65 ± 0,04
$^{19}_{9}F$	2,85 ± 0,09	
$^{23}_{11}Na$	2,94 ± 0,06	
$_{12}Mg$	3,02 ± 0,04	2,97 ± 0,09
$_{13}Al$	3,025 ± 0,023	2,98 ± 0,04
$_{14}Si$	3,086 ± 0,018	3,04 ± 0,09
$_{15}P$	3,188 ± 0,018	3,08
$_{16}S$	3,244 ± 0,018	3,18 ± 0,09
$_{17}Cl$	3,335 ± 0,018	3,12
$_{22}Ti$	3,599 ± 0,009	3,564 ± 0,040
$^{56}_{26}Fe$	3,73	3,85
$_{28}Ni$	3,83	3,80
$^{115}_{49}In$	4,50	4,49
$_{50}Sn$	4,62	4,62

Tab. VIII,10. Werte von c, t und $\langle r^2 \rangle^{1/2}$ für Elemente zwischen Au und Bi nach H. L. Acker [30]

X	Myonische Atome			e⁻-Streuung		
	c	t	$\langle r^2 \rangle^{1/2}$	c	t	$\langle r^2 \rangle^{1/2}$
$_{79}Au$	6,71 ± 0,01	1,80	5,415 ± 0,007	6,38 ± 0,06	2,35 ± 0,12	
$_{80}Hg$	6,46 ± 0,02	2,68	5,490 ± 0,014			
$^{206}_{82}Pb$	6,639 ± 0,010	2,27 ± 0,03	5,4894 ± 0,0015			
$^{208}_{82}Pb$	6,64 ± 0,02	2,32 ± 0,04	5,503 ± 0,002	6,66 ± 0,09	2,21 ± 0,17	5,48 ± 0,07
$^{209}_{83}Bi$	6,63 ± 0,03	2,40 ± 0,08	5,513 ± 0,007	6,74 ± 0,08	2,00 ± 0,16	5,49 ± 0,06

Die myonischen Daten stehen in Übereinstimmung mit der Annahme konstanter zentraler Nukleonendichte und konstanter Randzone t, jedoch sind die numerischen Werte etwas geringer als die aus der Elektronenstreuung:

$$\rho = 0{,}159\ \mathrm{F}^{-3} \qquad t = 2{,}21\ \mathrm{F}$$

Die Abb. VIII,27 bietet eine Zusammenfassung myonischer Daten für zentrale Nukleonendichte, den Radiusparameter und den Deformationsparameter.

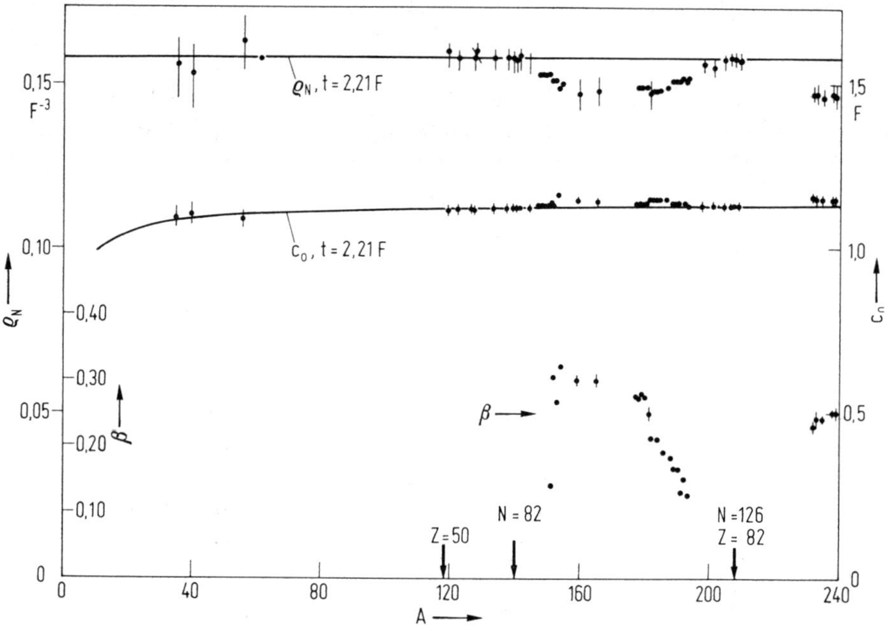

Abb. VIII,27. Experimentelle Resultate für die zentrale Nukleonendichte ρ_0, den Radiusparameter c_0 ($c = c_0\, A^{1/3}$) und den Deformationsparameter durch Auswertung myonischer Spektren mit Hilfe der Fermiverteilung in Gl. (VIII,140a) bzw. Gl. (VIII,175) unter der Annahme einer konstanten Randzone $t = 2{,}21$ F (nach de Witt u. Mitarbeitern [100])

Bei Elektronenstreuexperimenten wird über alle Einstellungen des Quadrupolmoments gemittelt, was zur Folge hat, daß bei stark deformierten Kernen die Beugungsstruktur verschmiert wird. Solche Probleme entstehen bei der Untersuchung Myonischer Atome nicht, im Gegenteil, man kann bei schweren Kernen zwischen verschiedenen Modellen der Ladungsverteilung unterscheiden und Aussagen darüber machen, ob ein Kern gleichmäßig deformiert ist oder ob er einen sphärischen core enthält und nur die Oberfläche deformiert ist. Bei den Untersuchungen zeigte sich, daß eine homogene ellipsoide Ladungsverteilung als Modell für stark deformierte Kerne nicht ausreicht. Statt dessen wird die auf deformierte Kerne verallgemeinerte Fermi-Verteilung in Gl. (VIII,175) verwendet:

$$\rho(r) = \rho_0 \left\{1 + \exp[4 \ln 3\, \frac{r(1 - \beta\, Y_{2,0}(\vartheta)) - c}{t}]\right\}^{-1} \qquad \text{(VIII,175)}$$

Durch Anpassung an das beobachtete γ-Spektrum wird neben den Parametern c und t auch die Deformation β gemessen.

Die Auswertung myonischer Spektren liefert auch im Hinblick auf Isotopieverschiebungen und Kernmomente wertvolle Resultate. Bezüglich weiterer Einzelheiten sei auf die Artikel von E. H. S. Burhop [34], C. S. Wu [35] und auf das Buch von N. Y. Kim [36] verwiesen. Zur Zeit in CERN geplante Experimente stehen in Zusammenhang mit der Existenz „Neutraler Ströme" in der schwachen Wechselwirkung, die durch Neutrinoexperimente gesichert erscheint.

Kerndrehimpulse und Kernmomente

Kerndrehimpulse und magnetische Kerndipolmomente beruhen auf der „Bahnbewegung" und den Spins der Nukleonen, wie bereits in Zusammenhang mit Gl. (VIII,6) erwähnt wurde. Die Gültigkeit von Vorstellungen über den Aufbau der Kerne kann sehr empfindlich daran gemessen werden, wie gut es gelingt, den Gesamtdrehimpuls I und das magnetische Dipolmoment aus dem Zusammenwirken einzelner Nukleonen abzuleiten. Die experimentellen Resultate zeigen, daß gg-Kerne im Grundzustand stets den Drehimpuls $I = 0$ besitzen. Eingedenk der eingangs empirisch eingeführten Paarungsenergie zwischen Protonen einerseits und Neutronen andererseits kann man schließen, daß Neutronen- und Protonenpaare ihre Drehimpulse gegenseitig absättigen. ug- und gu-Kerne zeigen in ihren Grundzuständen halbzahlige Drehimpulse mit maximalem Wert von $I = \frac{9}{2}$ bei stabilen Kernen. Es liegt nahe, zu vermuten, daß Drehimpuls und Dipolmoment sowie eventuell weitere Kerneigenschaften im wesentlichen durch das letzte ungepaarte Nukleon bestimmt werden. Wir werden dies im folgenden mit Hilfe des Vektormodells prüfen. Die wenigen stabilen uu-Kerne weisen in ihren Grundzuständen ganzzahlige von Null verschiedene Drehimpulse auf; ${}^{176}_{71}Lu$ hat mit $I^\pi = 7^-$ den höchsten. Bei diesen Kernen kann man eine Kopplung der beiden ungepaarten Nukleonen vermuten. Ausgehend von Gl. (VIII,6) ist der Beitrag der „Bahnbewegung" eines Protons zum magnetischen Dipolmoment durch Gl. (VIII,176) gegeben.

$$\vec{\mu}_l = \frac{\mu_N}{\hbar} l \,, \qquad \mu_N = \frac{e\hbar}{2\,m_p} \tag{VIII,176}$$

Das Verhältnis von magnetischem Moment (in Einheiten von μ_N) zum Drehimpuls wird gyromagnetischer Faktor, kurz g-Faktor genannt.

$$\vec{\mu}_l = g_l \frac{\mu_N}{\hbar} l \tag{VIII,177}$$

Analog zum Elektronen-g_s-Faktor können durch (VIII,178) auch g_s-Faktoren für Proton und Neutron aus den in Tab. VIII,2 aufgeführten Dipolmomenten abgeleitet werden.

$$\vec{\mu}_s = g_s \frac{\mu_N}{\hbar} s \tag{VIII,178}$$

Für Proton und Neutron ergeben sich dann die in Tab. VIII,11 zusammengestellten Werte, zum Vergleich sind auch die des Elektrons bezogen auf μ_B aufgeführt.

Tab. VIII,11.

Teilchen	Ladung q	g_l	g_s
Elektron	$-e$	-1	$-2{,}0023$
Proton	$+e$	$+1$	$5{,}5855$
Neutron	0	0	$-3{,}8263$

In einem Vektormodell der klassischen Physik ergibt sich in Abb. VIII,28 der Gesamtdrehimpuls als Vektoraddition von $\boldsymbol{s}$ und $\boldsymbol{l}$ zu $\boldsymbol{j}$ und das Gesamtmoment $\vec{\mu}$ aus der Vektoraddition von $\vec{\mu}_s$ und $\vec{\mu}_l$:

$$\boldsymbol{j} = \boldsymbol{s} + \boldsymbol{l}\,, \qquad \vec{\mu} = \frac{\mu_N}{\hbar}\,(g_s\,\boldsymbol{s} + g_l\,\boldsymbol{l})$$

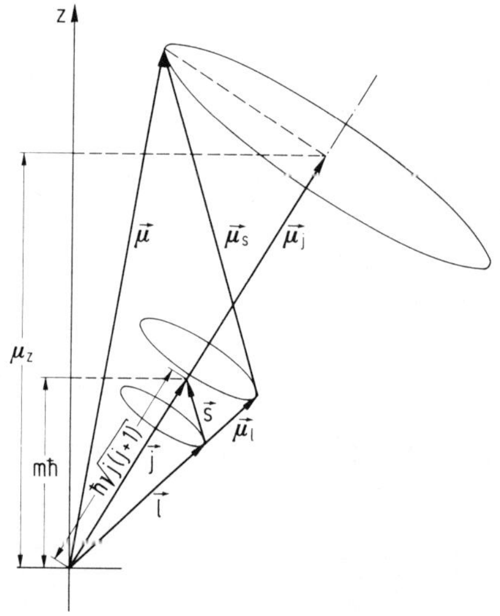

Abb. VIII,28. Vektormodell der klassischen Physik für die Drehimpulse $\boldsymbol{s}, \boldsymbol{l}, \boldsymbol{j}$ und die mit ihnen verknüpften magnetischen Momente.

Aus dem Umstand, daß g_s von g_l nach Tab. VIII,11 verschieden ist, folgt, daß $\vec{\mu}$ weder parallel noch antiparallel zur Richtung von $\boldsymbol{j}$ ist. Gemeinsam mit $\boldsymbol{s}$ und $\boldsymbol{l}$ präzedieren die magnetischen Momente $\vec{\mu}_s$, $\vec{\mu}_l$ und $\vec{\mu}$ um $\boldsymbol{j}$. Gilt für $\boldsymbol{j}$ ein Erhaltungssatz, dann stellt es einen raumfesten Vektor dar. In diesem Fall ist nur die Komponente $\vec{\mu}_j$ von $\vec{\mu}$ in Richtung von $\boldsymbol{j}$ erhalten, die Komponenten von $\vec{\mu}$ senkrecht zu $\boldsymbol{j}$ verschwinden im zeitlichen Mittel. Nach dem Vektormodell ergibt sich für die Projektion von $\vec{\mu}$ auf $\boldsymbol{j}$ Gl. (VIII,179):

$$\vec{\mu}_j = \frac{\mu_N}{\hbar}\left[(g_s\,\boldsymbol{s} + g_l\,\boldsymbol{l}) \cdot \frac{\boldsymbol{j}}{j}\right]\frac{\boldsymbol{j}}{j} \tag{VIII,179}$$

Gl. (VIII,179) legt nahe, einen Nukleonen-g-Faktor einzuführen:

$$\vec{\mu}_j = g_j \frac{\mu_N}{\hbar} j \quad \text{bzw.} \quad g_j = \frac{1}{j^2} (g_s\, s + g_l\, l) \cdot j \qquad \text{(VIII,180)}$$

Wegen $(s \cdot j) = \frac{1}{2} (j^2 + s^2 - l^2)$ und $(l \cdot j) = \frac{1}{2} (j^2 + l^2 - s^2)$ ergibt sich als klassischer Ausdruck für g_j:

$$g_j = \frac{1}{2j^2} [g_s(j^2 + s^2 - l^2) + g_l(j^2 + l^2 - s^2)] \qquad \text{(VIII,181)}$$

Gl. (VIII,181) beschreibt den Grenzfall sehr hoher Drehimpulse. Für kleine Drehimpulse ergibt sich quantenmechanisch in (VIII,182):

$$g_j = \frac{1}{2j(j+1)} \{g_s [j(j+1) + s(s+1) - l(l+1)] + g_l [j(j+1) + l(l+1) - s(s+1)]\}, \qquad \text{(VIII,182)}$$

indem in (VIII,181) die Quadrate der Vektoren durch die Erwartungswerte von Operatoren $\langle \hat{l}^2 \rangle = \hbar^2\, l(l+1)$, $\langle \hat{s}^2 \rangle = \hbar^2\, s(s+1)$, $\langle \hat{j}^2 \rangle = \hbar^2\, j(j+1)$ ersetzt werden. Da magnetische Momente durch Wechselwirkung mit äußeren Magnetfeldern gemessen werden, wird nur die Komponente von $\vec{\mu}_j$ in Richtung des Feldes direkt beobachtet. Üblicherweise legt man die z-Richtung des auszuwählenden Koordinatensystems in die Feldrichtung. Der Drehimpuls j in (VIII,180) hat bezüglich der z-Achse die $(2j + 1)$-Komponenten $m\hbar = -\hbar j, -\hbar(j-1), \ldots \hbar(j-1), j\hbar$.

Als Resultat von Messungen wird die größte Komponente von $\vec{\mu}_j$, also diejenige mit $m = j$ angegeben:

$$\mu = g_j\, \mu_N\, j \qquad \text{(VIII,183)}$$

Gehen wir von der Annahme aus, daß der Kerndrehimpuls I und das magnetische Moment von ug- bzw. gu-Kernen durch ein ungepaartes Nukleon mit Bahndrehimpulsquantenzahl l und Spinquantenzahl $s = \frac{1}{2}$ hervorgerufen werden, dann ergeben sich aus (VIII,183) und (VIII,182) recht einfache Ausdrücke für μ, wobei wir zwischen den beiden Einstellungen $I \mathrel{\hat{=}} l \pm \frac{1}{2}$ des Spins relativ zum Bahndrehimpuls zu unterscheiden haben:

$$\mu = \begin{cases} \mu_N \left[g_l\left(I - \frac{1}{2}\right) + \frac{1}{2} g_s\right], & \text{für} \quad I = l + \frac{1}{2} \\[2ex] \mu_N \left[g_l\left(I + \frac{3}{2}\right) - \frac{1}{2} g_s\right] \frac{I}{I+1}, & \text{für} \quad I = l - \frac{1}{2} \end{cases} \qquad \text{(VIII,184)}$$

Durch Einsetzen der g-Faktoren aus Tab. VIII,11 gelangt man zu den sogenannten Schmidt-Werten:

$$\text{ug-Kerne: } \mu = \begin{cases} \mu_N (I + 2{,}29)\,, & \text{für } I = 2 + \frac{1}{2} \\[2ex] \mu_N \left(1 - \dfrac{2{,}29}{I+1}\right) I, & \text{für } I = l - \frac{1}{2} \end{cases}$$

(VIII,185)

$$\text{gu-Kerne: } \mu = \begin{cases} -\,1{,}91\,\mu_N, & \text{für } I = l + \frac{1}{2} \\[2ex] \dfrac{1{,}91}{I+1}\, I\, \mu_N, & \text{für } I = l - \frac{1}{2} \end{cases}$$

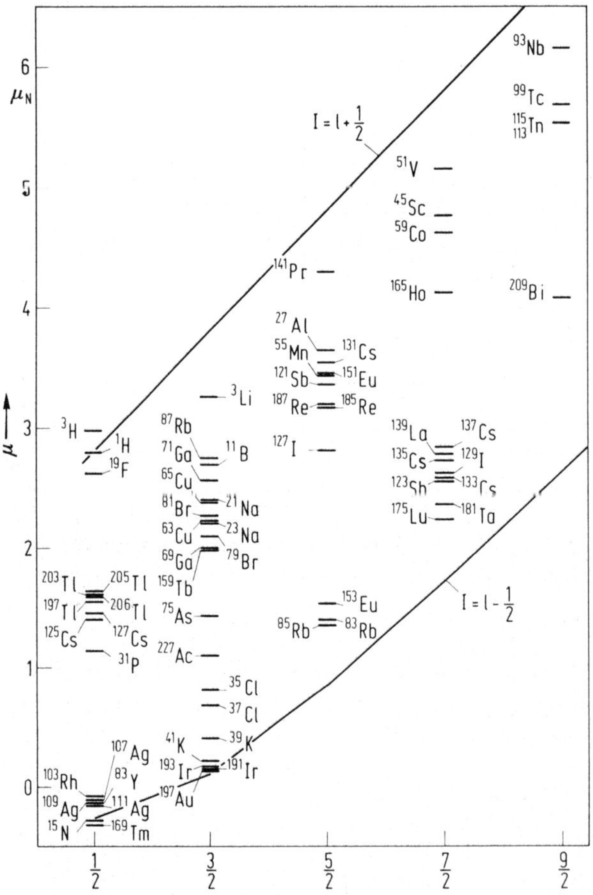

Abb. VIII,29. Schmidt-Linien und experimentelle Werte für die magnetischen Momente von ug-Kernen im Grundzustand, geordnet nach Kerndrehimpulsen.

Werden in einem Diagramm die Momente nach (VIII,185) als Funktion des Drehimpulses aufgetragen, dann ergeben sich in beiden Fällen zwei Linien, die Schmidt-Linien. Nach der hier entwickelten Vorstellung müßten die beobachteten magnetischen Momente auf diesen Linien liegen. Abb. VIII,29 und Abb. VIII,30 zeigen,

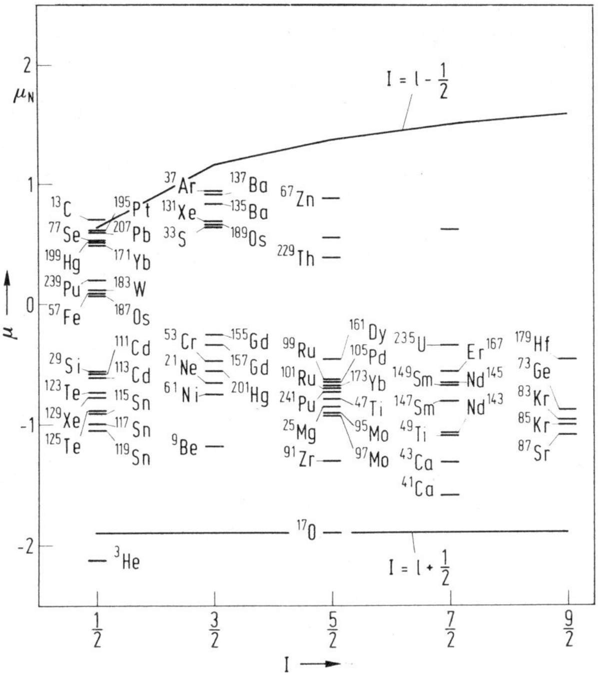

Abb. VIII,30. Schmidt-Linien und experimentelle Werte für die magnetischen Momente von gu-Kernen im Grundzustand, geordnet nach Kerndrehimpulsen.

daß dies nicht der Fall ist, wohl aber liegen die Meßwerte fast stets zwischen den Schmidt-Linien. Das zugrunde liegende Einteilchen-Bild ist offensichtlich zu grob, um die Verhältnisse beim ug- bzw. gu-Kern korrekt zu beschreiben. Ein gewisser Wahrheitsgehalt scheint jedoch zu bestehen, zumal die Momente einiger Kerne, die ein Nukleon mehr oder weniger besitzen als einer magischen Zahl entspricht, den Schmidtwerten besonders nahe kommen. Dazu gehören z. B. $^{3}_{2}$He, $^{3}_{1}$H, $^{15}_{7}$N, $^{17}_{8}$O, $^{39}_{19}$K, $^{207}_{82}$Pb. Wie in Abschnitt VIII,1 ausgeführt, kann das NN-Wechselwirkungspotential nichtzentrale Anteile enthalten, die dazu führen, daß der Bahndrehimpuls keine gute Quantenzahl ist. Die Wellenfunktion eines ungepaarten Nukleons wird daher Beimischungen von anderen „Bahnen" enthalten, was sich u. a. im magnetischen Moment äußern wird. Wir werden dies konkret am Beispiel des Deuterons diskutieren. Außerdem kann man ähnlich wie in der Atomhülle spinabhängige Polarisationseffekte erwarten.

Dem klassischen Vektormodell entspricht in der Quantenmechanik das Projektionstheorem (siehe M. E. Rose [6], S. 94) Es sagt in Gl. (VIII,186) aus, daß für irgendeinen mit dem System verbundenen Vektoroperator $\hat{V}$ nur die Komponente parallel zu $\hat{j}$ in den Erwartungswert eingeht.

$$\langle j\, m | \hat{V} | j\, m\rangle = \langle j\, m | \hat{j} \, | j\, m\rangle \frac{\langle j\, m | \hat{V} \cdot \hat{j} | j\, m\rangle}{\langle j\, m | \hat{j}^2 | j\, m\rangle} \qquad \text{(VIII,186)}$$

Mit $\hat{V} \rightarrow \vec{\hat{\mu}}$ und $m = j$ ergibt sich:

$$\mu = \langle j\, j | \hat{\mu}_z | j\, j\rangle = \frac{1}{(j+1)\hbar} \langle j\, j | \vec{\hat{\mu}} \cdot \hat{j} \, | j\, j\rangle, \quad \vec{\hat{\mu}} = \frac{\mu_N}{\hbar} (g_s\, \hat{s} + g_l\, \hat{l}) \qquad \text{(VIII,187)}$$

Die korrekten Operatoren für das magnetische Moment lauten daher:

$$\hat{\mu} = \hat{\mu}_z = \frac{\mu_N}{\hbar} [g_s\, \hat{s}_z + g_l\, \hat{l}_z] \quad \text{oder} \quad \hat{\mu} = \frac{(\vec{\hat{\mu}} \cdot \hat{j})}{(j+1)\hbar} \qquad \text{(VIII,188)}$$

Die explizite Berechnung der Erwartungswerte entweder unter Verwendung von $\psi_{n\frac{1}{2}ljm}$ aus Gl. (VIII,65) oder der Operator-Identitäten

$$(\hat{j} \cdot \hat{l}) = \frac{1}{2} (\hat{j}^2 + \hat{l}^2 - \hat{s}^2) \quad \text{und} \quad (\hat{j} \cdot \hat{s}) = \frac{1}{2} (\hat{j}^2 + \hat{s}^2 - \hat{l}^2)$$

liefert das bereits bekannte Resultat in (VIII,182) für g_j. Der Kerndrehimpuls wurde bislang mit j bezeichnet, da die Absicht vorlag, ihn mit dem Drehimpuls eines ungepaarten Nukleons zu identifizieren. Wie im Zusammenhang mit der Diskussion von Kernmodellen näher ausgeführt wird, trifft dies insbesondere weit entfernt von magischen Zahlen häufig nicht zu. Wir bezeichnen den Kerndrehimpuls daher, sofern nicht das Einteilchen-Modell benutzt wird, mit I.

Wie die Experimente zeigen, werden die magnetischen Eigenschaften der Kerne durch das Dipolmoment nicht vollständig beschrieben. Bei einer umfassenden Behandlung der elektromagnetischen Kerneigenschaften geht man von der Ladungsverteilung $\rho(\boldsymbol{r})$, der Stromdichte $\boldsymbol{j}(\boldsymbol{r})$ und der Magnetisierung $\boldsymbol{M}(\boldsymbol{r})$ ($\vec{\mu} = \int \boldsymbol{M}\, \mathrm{d}\tau$) aus. Wir untersuchen zunächst das von der *Kernladungsverteilung* am Ort $\boldsymbol{r}$ im Raum erzeugte Potential:

$$U(\boldsymbol{r}) = \mathrm{e}\, K_e \int \frac{\rho(\boldsymbol{r}')}{|\boldsymbol{r} - \boldsymbol{r}'|}\, \mathrm{d}\tau \qquad \text{(VIII,189)}$$

Der Integrand läßt sich mit dem Resultat in Gl. (VIII,190) in eine Taylorreihe entwickeln.

$$|\boldsymbol{r} - \boldsymbol{r}'| = \sqrt{r^2 + r'^2 - 2\, r\, r' \cos\Theta}$$

$$\frac{1}{|\boldsymbol{r} - \boldsymbol{r}'|} = \begin{cases} \displaystyle\sum_{k=0}^{\infty} \frac{r'^k}{r^{k+1}} P_k(\cos\Theta) & r' < r \\ \\ \displaystyle\sum_{k=0}^{\infty} \frac{r^k}{r'^{k+1}} P_k(\cos\Theta) & r' > r \end{cases} \qquad \text{(VIII,190)}$$

Da in der Regel nur das Potential an einem Ort außerhalb des Kerns bei Wechselwirkungen eingeht, kann man sich auf den Fall $r' < r$ beschränken. Θ ist in (VIII,190) der Winkel zwischen den beiden Vektoren $\boldsymbol{r}$ und $\boldsymbol{r}'$. Er kann durch die Polar- und Azimutwinkel ϑ, ϑ' bzw. φ, φ' ausgedrückt werden. Mit Hilfe des Additionstheorems für Kugelfunktionen nach Gl. (VIII,41) erhalten wir eine Multipolentwicklung des elektrischen Kernpotentials:

$$U(r) = e\,K_e \sum_{k=0}^{\infty} \sum_{q=-k}^{+k} \sqrt{\frac{\pi}{2k+1}}\, \frac{1}{r^{k+1}}\, Y^*_{k,q}(\vartheta, \varphi)\, Q^k_q \qquad \text{(VIII,191)}$$

In Gl. (VIII,191) wird Q^k_q als elektrisches Multipolmoment bezeichnet.

$$Q^k_q = \sqrt{\frac{16\pi}{2k+1}} \int d\tau'\, r'^k\, \rho(r')\, Y_{k,q}(\vartheta', \varphi') \qquad \text{(VIII,192)}$$

Gl. (VIII,192) läßt sich dadurch in die Quantenmechanik übertragen, daß $\rho(\boldsymbol{r})$ durch $\Phi^*_p\, \Phi_p$ ersetzt wird. Φ_p ist die antisymmetrisierte Gesamtwellenfunktion für die Protonen im Kern entsprechend Gl. (VIII,80).

$$Q^k_q = \langle \Phi_p | \sum_{i=1}^{Z} \sqrt{\frac{16\pi}{2k+1}}\, r_i^k\, Y_{k,q}(\vartheta_i, \varphi_i) | \Phi_p \rangle \qquad \text{(VIII,193)}$$

Der den elektrischen Multipolmomenten des Kerns zugeordnete Operator, ein irreduzibler Tensoroperator, lautet daher:

$$\hat{Q}^k_q = \sqrt{\frac{16\pi}{2k+1}} \sum_{i=1}^{Z} r_i^k\, Y_{k,q}(\vartheta_i, \varphi_i)\,, \qquad q = -k, \ldots, +k \qquad \text{(VIII,194)}$$

Eine entsprechende Multipolentwicklung kann auch für das vom Kern erzeugte magnetische Vektorpotential $\boldsymbol{A}(\boldsymbol{r})$ durchgeführt werden. Da $\boldsymbol{A}(\boldsymbol{r})$ ein Vektorfeld ist, geht man von einer Entwicklung* nach Vektorkugelfunktionen $\hat{\boldsymbol{L}}\, Y_{k,q} = \sqrt{l(l+1)}\, \boldsymbol{Y}_{llm}$ mit gewissen Entwicklungskoeffizienten $h_{k,q}(r)$ aus, die sich durch Lösung der Potentialgleichung (VIII,196) bestimmen lassen.

$$\boldsymbol{A}(\boldsymbol{r}) = \sum_{k,q} (\hat{\boldsymbol{L}}\, C^k_q)\, h_{k,q}(r)\,, \quad C^k_q = \sqrt{\frac{4\pi}{2k+1}}\, Y_{k,q}(\vartheta, \varphi) \qquad \text{(VIII,195)}$$

$$\hat{\boldsymbol{L}} = -\,i\, \boldsymbol{r} \times \nabla$$

$$\nabla^2 \boldsymbol{A}(\boldsymbol{r}) = -\,\mu_0\, \boldsymbol{j}(\boldsymbol{r})\,, \quad \mu_0 = 1{,}2566 \cdot 10^{-6}\, \frac{\mathrm{Vs}}{\mathrm{Am}}\,, \quad \boldsymbol{j} = \boldsymbol{j}_k + \boldsymbol{j}_s$$

Die Stromdichte $\boldsymbol{j}$ im Kern besteht aus zwei Teilen: der Konvektionsstromdichte aus der Bahnbewegung der Protonen

$$\boldsymbol{j}_k = \frac{e}{2m_p}\, \frac{\hbar}{i} \sum_{i=1}^{A} (\Psi^*\, g_l^{(i)}\, \nabla_i\, \Psi - \Psi\, g_l^{(i)}\, \nabla_i\, \Psi^*) \qquad \text{(VIII,197)}$$

und der Spin-Stromdichte der Nukleonen:

$$j_s = \mathrm{rot}\, M_s$$

$$M_s = \Psi^* \sum_{i=1}^{A} \frac{\mu_N}{\hbar} \left\{ \frac{1+\hat{\tau}_3^{(i)}}{2} g_p + \frac{1-\hat{\tau}_3^{(i)}}{2} g_n \right\} \hat{s}_i \Psi \tag{VIII,198}$$

C. Schwartz [36] erhält in seiner Arbeit über die Theorie der Hyperfeinstruktur folgendes Resultat, wobei die endliche Größe des Kerns nicht berücksichtigt wird:

$$A(r) = -\frac{\mu_0}{4\pi} \sum_k \sum_{q=-k}^{k} (-1)^q \frac{i}{k} r^{-k-1} (\hat{L}\, C_q^k) M_{-q}^k \tag{VIII,199}$$

$$M_q^k = \frac{\mu_N}{\hbar} \int \Psi^* (\nabla r^k C_q^k) \left\{ \sum_{i=1}^{A} [g_l^{(i)} \frac{2}{k+1} \hat{l}_i + (\frac{1+\hat{\tau}_3^{(i)}}{2} g_p + \frac{1-\hat{\tau}_3^{(i)}}{2} g_n) \hat{s}_i] \right\} \Psi \, d\tau \tag{VIII,200}$$

Die in Gl. (VIII,200) notierten Tensoroperatoren sind die Operatoren für die magnetischen Multipolmomente. Man kann zeigen, daß der Operator M_q^k für $k = 1$ und $q = 0$ mit dem Operator für das magnetische Dipolmoment in Gl. (VIII,188) übereinstimmt. Während die elektrischen Multipoloperatoren nach (VIII,194) und (VIII,78) dieselbe Parität wie die Kugelfunktionen haben, nämlich $(-1)^k$, besitzen die magnetischen Momente die Parität $(-1)^{k+1}$.

Da die Parität der Kernwellenfunktionen in hohem Maße eine gute Quantenzahl ist, fordert die Auswahlregel in (VIII,75), daß alle elektrischen Momente von ungerader Ordnung k und alle magnetischen Momente von gerader Ordnung identisch verschwinden:

$$\begin{aligned} Q_q^k &= 0 \qquad k = 1, 3, 5, \ldots \\ M_q^k &= 0 \qquad k = 0, 2, 4, \ldots \end{aligned} \tag{VIII,201}$$

Dies bedeutet, daß Kerne u. a. kein permanentes elektrisches Dipolmoment besitzen können. Q_0^0 stellt bis auf eine Konstante die Gesamtladung dar. Bei Q_q^2 handelt es sich um das elektrische Quadrupolmoment, dem im Zusammenhang mit der Deformation der Kerne eine große Bedeutung zukommt. Es hat den Anschein, daß auch ein Sedecimpolmoment Q_q^4 bereits nachgewiesen werden konnte. Von den magnetischen Momenten haben wir das Dipolmoment bereits diskutiert. In einigen Fällen konnten magnetische Oktupolmomente – $\Omega = \langle M^3 \rangle$ beobachtet werden. An den Indiumisotopen $^{113}_{49}\mathrm{In}$ und $^{115}_{49}\mathrm{In}$ wurden die bisher größten Werte mit $\Omega \approx 0{,}56\, \mu_N \cdot \mathrm{b}$ gemessen.

$$\Omega \sim \int d\tau (5 \cos^3 \vartheta - 3 \cos \vartheta)\, \mathrm{div}\, M$$

Die Anwendung des Wigner–Eckart-Theorems in (VIII,70) auf die Auswertung von Erwartungswerten für die Multipoloperatoren im Zustand $|I\, m_I = I\rangle$ zeigt:

$$\langle I\, I|\hat{Q}_0^k|I\, I\rangle = \begin{pmatrix} I & k & I \\ -I & 0 & I \end{pmatrix} \langle I\|\hat{Q}^k\|I\rangle \qquad \text{(VIII,202)}$$

$$\langle I\, I|\hat{M}_0^k|I\, I\rangle = \begin{pmatrix} I & k & I \\ -I & 0 & I \end{pmatrix} \langle I\|\hat{M}^k\|I\rangle$$

Die Erwartungswerte in (VIII,202) sind nur dann von 0 verschieden, wenn die Dreiecksbedingung $|I - I| = 0 \leqslant k \leqslant I + I = 2\,I$ erfüllt wird, d. h.

$$\left.\begin{matrix} Q_q^k \\ \\ M_q^k \end{matrix}\right\} \neq 0, \text{ falls } q = 0 \text{ und } 0 \leqslant k \leqslant 2\,I$$

Zur Messung eines Quadrupolmoments muß also der Kernspin $I \geqslant 1$ sein. Quadrupolmomente werden in vielen Fällen unter Ausnutzung der Wechselwirkung des elektrischen Feldes der Elektronenhülle mit dem Kern bestimmt. Diese elektrische Wechselwirkung ist ein Teil der elektromagnetischen Wechselwirkung zwischen Atomkern und der jeweiligen Elektronenhülle, sie wird als Hyperfeinwechselwirkung bezeichnet und äußert sich in der Hyperfeinstruktur (Hfs) von Spektrallinien in Atomen und Molekülen. Als Ergebnis von Hfs-Untersuchungen gibt man für das Quadrupolmoment eines Kerns diejenige Zahl an, die dem Erwartungswert des Operators $\hat{Q}_0^2$ im Kernzustand $|I, m_I = I\rangle$ entspricht:

$$Q = \langle I, m_I = I|\sum_{k=1}^{A}\left(\frac{1 + \hat{\tau}_3^{(k)}}{2}\right)\sqrt{\frac{16\,\pi}{5}}\, r_k^2\, Y_{2,0}(\vartheta_k, \varphi_k)|I, m_I = I\rangle \qquad \text{(VIII,203)}$$

In (VIII,203) ist $\frac{1}{2}(1 + \hat{\tau}_3)$ der Isospinprojektionsoperator nach Gl. (VIII,97), der aus der Gesamtnukleonenwellenfunktion die Protonenzustände herausprojeziert. Als Quantisierungsachse dient hier die z-Achse eines laborfesten Koordinatensystems. Q wird dann in (VIII,203) als spektroskopisches Quadrupolmoment bezeichnet. Der der Gl. (VIII,203) in der klassischen Physik entsprechende Ausdruck wurde bereits in Gl. (VIII,9) angegeben. Entsprechend (VIII,202) verschwindet das spektroskopische Quadrupolmoment, wenn $I = 0$ oder $I = \frac{1}{2}$ ist. Dies bedeutet aber nicht, daß ein Kern dann kugelsymmetrisch ist. Wie u. a. die zuvor geschilderten Untersuchungen der Isotopieverschiebungen zeigen, erweisen sich auch gg-Kerne, die stets den Kerndrehimpuls $I = 0$ haben, insbesondere im Bereich der seltenen Erden als stark deformiert, sie besitzen ein inneres Quadrupolmoment Q_0. Auf solche Kerne wird im Rahmen des kollektiven Modells näher eingegangen. Für die weiteren Betrachtungen sei vorausgesetzt, daß die deformierten Kerne axialsymmetrisch bezüglich einer Achse sind, die als z'-Achse eines mit dem Kern verbundenen (körperfesten) Koordinatensystems gelten kann. Der Ursprung des Koordinatensystems soll mit dem Kernschwerpunkt zusammenfallen. Ferner sei Spiegelsymmetrie an der $x'\,y'$-Ebene angenommen. Deformierte

Kerne mit diesen Eigenschaften sind als quantenmechanische symmetrische Kreisel zu behandeln. Die Wellenfunktion eines symmetrischen Kreisels ist durch die in Gl. (VIII,48) definierte D-Funktion gegeben. Die Gesamtwellenfunktion kann dann in der adiabatischen Näherung (d. h. bei vollständiger Entkopplung der inneren Bewegung der Nukleonen von der Kreiselbewegung des Kerns) als Produktwellenfunktion aus D-Funktion und innerer Wellenfunktion χ_K in Gl. (VIII,204) dargestellt werden.

$$\Psi_{IMK} = \sqrt{\frac{2I+1}{8\pi^2}}\, D^I_{M,K}(\alpha, \beta, \gamma)\, \chi_K \qquad \text{(VIII,204)}$$

Abb. VIII,31 soll helfen, den Zusammenhang zwischen spektroskopischem und innerem Quadrupolmoment herzustellen. Dort ist ein deformierter Kern eingezeichnet, des-

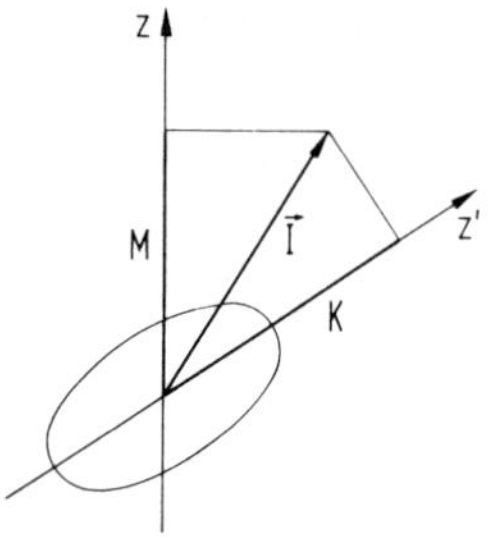

Abb. VIII,31. Die Komponenten M und K des Kerndrehimpulses I für einen deformierten Kern bezüglich einer laborfesten Richtung bzw. bezüglich der Kernsymmetrieachse.

sen Orientierung relativ zum laborfesten Koordinatensystem durch die D-Funktion beschrieben wird und dessen Gesamtdrehimpuls I die Komponente M bezüglich der z-Achse besitzt, während die Komponente von I bezüglich der z'-Achse K ist. Entsprechend dem Transformationsgesetz für Tensoroperatoren unter endlichen Drehungen in Gl. (VIII,66) wird der Zusammenhang zwischen dem Quadrupoloperator im laborfesten Koordinatensystem und dem Operator im körperfesten Koordinatensystem ebenfalls durch die D-Funktion beschrieben:

$$\hat{Q}^2_0 = \sum_\nu \mathrm{D}^2_{0,\nu}\, \hat{Q}'^2_\nu \qquad \text{(VIII,205)}$$

Für das Quadrupolmoment ergibt sich daher mit (VIII,204) und (VIII,205) im Zustand mit den Quantenzahlen I, M und K:

$$Q_{IMK} = \sum_\nu \left(\frac{2I+1}{8\pi^2}\right) \langle D^I_{M,K} | D^2_{0,\nu} | D^I_{M,K}\rangle \langle \chi_K | \hat{Q}'^2_\nu | \chi_K\rangle \qquad \text{(VIII,206)}$$

$$\langle D^2_{0,\nu}\rangle = \langle 2\, I\, 0\, M | I\, M\rangle \langle 2\, I\, 0\, K | I\, K\rangle\, \delta_{\nu,0}$$

$$Q_{IMK} = \langle 2\, I\, 0\, M | I\, M\rangle \langle 2\, I\, 0\, K | I\, K\rangle \langle Q'^2_0\rangle_K \qquad \text{(VIII,207)}$$

Für $M = I$ ergibt sich der gesuchte Zusammenhang des spektroskopischen Quadrupolmoments mit dem inneren Quadrupolmoment, wenn die Clebsch–Gordan-Koeffizienten durch geschlossene Ausdrücke ersetzt werden:

$$Q_{\mathrm{IIK}} = \frac{3\,K^2 - I(I+1)}{(I+1)(2I+3)} \langle \hat{Q}'^{2}_{0} \rangle_{\mathrm{K}} \qquad \text{(VIII,208)}$$

Im Grundzustand eines Kerns gilt fast immer $K = I$. Das spektroskopische Quadrupolmoment ist daher mit dem inneren Quadrupolmoment des Kerns im Grundzustand Q_0 durch folgende Beziehung verknüpft:

$$Q_{\mathrm{I}} = \frac{I(2I-1)}{(I+1)(2I+3)} Q_0 \qquad \text{(VIII,209)}$$

Für $I = 0$ und $I = \frac{1}{2}$ verschwindet das spektroskopische Quadrupolmoment auch wenn Q_0 von 0 verschieden ist, da alle Einstellungen des inneren Quadrupolmoments im Bezug auf das laborfeste Koordinatensystem gleich wahrscheinlich sind und daher die beobachtete Verteilung kugelsymmetrisch wird.

Für die Gestalt deformierter Kerne gibt es keine einheitliche Beschreibung. Verlangt man, daß Kerne nur ein Quadrupolmoment und keine höheren elektrischen Momente besitzen sollen, dann ist der folgende Ansatz für die Ladungsverteilung bezüglich des körperfesten Koordinatensystems zu wählen:

$$\rho(r, \vartheta) = \rho_0(r) + \rho_2\, \mathrm{Y}_{2,0}(\vartheta)$$

In vielen Anwendungen ist es jedoch gerechtfertigt, von einer Ladungsverteilung mit konstanter Dichte auszugehen. Dann existiert kein einfacher analytischer Ausdruck für die Kernoberfläche, der nur ein Quadrupolmoment, aber keine höheren elektrischen Momente besitzt.

Unter der Voraussetzung einer Ladungsverteilung von konstanter Dichte kann man entweder von einem homogen geladenen Rotationsellipsoid ausgehen oder eine Entwicklung der Kernoberfläche nach Kugelfunktionen in Gl. (VIII,210) ansetzen, die sich auf Deformationen vom Quadrupoltyp ($\lambda = 2$) beschränkt, jedoch auch höhere Multipolmomente besitzt (Quadrupoloid).

$$R = R_0 \left(1 + \alpha_{0,0}\, \mathrm{Y}_{0,0} + \sum_{\lambda=1}^{2} \sum_{\nu=-\lambda}^{+\lambda} \alpha_{\lambda,\nu}\, \mathrm{Y}_{\lambda,\nu}\right) \qquad \text{(VIII,210)}$$

Durch Gl. (VIII,10) wurde bereits ein Deformationsparameter $\delta = \frac{\Delta R}{\bar{R}}$ für das Rotationsellipsoid definiert. Danach entspricht, wie in Abb. VIII,32 dargestellt, $\delta > 0$ einem zigarrenförmigen Kern mit positivem Q und $\delta < 0$ einem diskusförmigen Kern mit negativem Q. Häufig wird vom Quadrupoloid ausgegangen. Die Koeffizienten $\alpha_{\lambda,\nu}$, die die Deformation beschreiben, sind in Gl. (VIII,210) so zu bestimmen, daß R_0 der Radius eines kugelförmigen Kerns ist, der das gleiche Volumen wie der deformierte

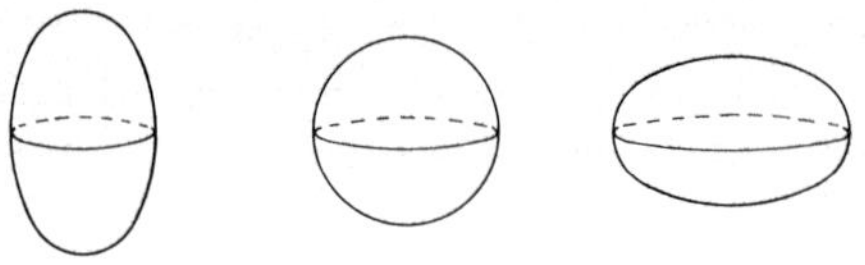

Abb. VIII,32. Zum Vorzeichen von Quadrupolmomenten.

Kern besitzt (Erhaltung des Volumens). Da Dipol-Deformationen hier ausgeschlossen werden sollen – sie spielen eine Rolle bei elektrischen Dipolübergängen – gilt $\alpha_{1,\nu} = 0$. Die oben vorausgesetzte Symmetrieebene führt auf $\alpha_{2,1} = \alpha_{2,-1} = 0$. Wegen der bestehenden Symmetrieachse muß $\alpha_{2,2} = \alpha_{2,-2} = 0$ gelten. Für das Quadrupoloid mit Rotations- und Reflexionssymmetrie entsteht die Entwicklung:

$$R = R_0(1 + \alpha_{0,0}\, Y_{0,0} + \beta\, Y_{2,0}) \,, \tag{VIII,211}$$

wodurch β als neuer Deformationsparameter eingeführt wird. Die Forderung nach der Erhaltung des Volumens unter der Deformation legt durch Gl. (VIII,212) den Koeffizienten $\alpha_{0,0}$ fest (einschließlich Glieder von der Ordnung 2 in β):

$$\frac{4\pi}{3} R_0^3 = \int_0^R \mathrm{d}\tau = \int_0^R \int_\Omega r^2 \,\mathrm{d}r \,\mathrm{d}\Omega \tag{VIII,212}$$

$$R = R_0\left(1 - \frac{1}{4\pi}\beta^2 + \beta\, Y_{2,0}\right) \tag{VIII,213}$$

Das für einen durch Gl. (VIII,213) beschriebenen deformierten Kern resultierende Quadrupolmoment ergibt sich als Funktion des Deformationsparameters β zu:

$$Q_0 = \sqrt{\frac{16\pi}{5}} \int_0^R \int_\Omega \frac{3Z}{4\pi R_0^3} r^4\, Y_{2,0} \,\mathrm{d}r\,\mathrm{d}\Omega$$

$$Q_0 = \frac{3}{\sqrt{5\pi}} Z R_0^2 \beta\left(1 + \frac{2}{7}\sqrt{\frac{5}{\pi}}\beta\right) \text{ bzw. numerisch} \tag{VIII,214}$$

$$Q_0 = 0{,}757\, Z R_0^2 \beta(1 + 0{,}360\,\beta)$$

Ein Vergleich mit Gl. (VIII,10) zeigt, daß β und δ nahezu identisch sind: $\beta = 1{,}06\,\delta$.

Zur Berechnung von β aus Q_0 nach Gl. (VIII,214) ist für R_0 der Äquivalentradius $R_q = 1{,}2\, A^{\frac{1}{3}}$ einzusetzen oder R_0 durch die Beziehung $R_0 = \sqrt{\frac{5}{3}} \sqrt{\langle r^2 \rangle}$ zu bestimmen, wenn $\langle r^2 \rangle$ aus Experimenten bekannt ist. Die Zusammenhänge zwischen den zahlreichen in der Literatur anzutreffenden Deformationsparametern werden in der Arbeit von K. E. C. Löbner, M. Vetter und V. Hönig [37] dargestellt. Dort findet sich auch eine umfangreiche Sammlung von Werten für Quadrupolmomente und Deformationsparameter der Atomkerne im Bereich der Seltenen Erden.

Im folgenden soll analog zur vorangegangenen Diskussion der magnetischen Dipolmomente geprüft werden, inwieweit das extreme Einteilchen-Modell die beobachteten Quadrupolmomente beschreibt. Das Quadrupolmoment, welches ein einzelnes Proton mit Wellenfunktion nach Gl. (VIII,64) hervorruft, ergibt sich nach kurzer Rechnung zu:

$$Q_j = -\left(\frac{2j-1}{2j+2}\right) \int R^*_{nl}(r)\, r^2\, R_{nl}(r)\, \mathrm{d}\, r \qquad \text{(VIII,215)}$$

Q_j wird als Einteilchenquadrupolmoment bezeichnet. Es ist stets negativ und im wesentlichen durch den mittleren quadratischen Radius der Nukleonenbahn gegeben. Wir betrachten ein Beispiel, für das Gl. (VIII,215) am ehesten zutreffen sollte und zwar den Kern $^{65}_{29}Cu_{36}$. Er enthält ein Proton mehr als einer magischen Zahl entspricht. Während die Neutronen paarweise ihre Drehimpulse absättigen, kann der Kerndrehimpuls von $I = \frac{3}{2}$ dem ungepaarten Proton zugeschrieben werden, also $I = j = \frac{3}{2}$. Setzt man für das Integral in (VIII,215) näherungsweise den mittleren quadratischen Radius des Kupferkerns von $\langle r^2 \rangle \approx 15$ F^2 ein, so ergibt sich:

$$Q(^{65}_{29}Cu_{36}) = -0{,}08 \text{ b},$$

ein Wert, der in der Größenordnung des beobachteten Quadrupolmoments von $-0{,}185$ b liegt. In Abb. VIII,33 sind an Stelle der beobachteten Quadrupolmomente die Parameter β nach Gl. (VIII,214), die ein Maß für die Deformation darstellen, als Funktion der Anzahl der ungeraden Nukleonen aufgetragen. Zum Hervorheben des Trends der Deformation bzw. der Quadrupolmomente wurden die eingetragenen Punkte durch eine Kurve verbunden. Für Kerne, die mit dem Rotationsmodell beschrieben werden, ist zur Berechnung von β das innere Quadrupolmoment verwendet worden. Aus Abb. VIII,33 läßt sich folgendes Verhalten der Quadrupolmomente ablesen:

1. Als Funktion der Nukleonenzahl zeigen die Quadrupolmomente ein zwischen positiven und negativen Werten oszillierendes Verhalten.
2. Das Vorzeichen der Quadrupolmomente ist überwiegend positiv.
3. Bei den magischen Zahlen 8, 16, 28, 50, 82 und 126 findet stets von positiven Werten ausgehend ein Nulldurchgang des Quadrupolmoments statt. Dies liefert einen weiteren wertvollen Hinweis auf die Schalenstruktur der Kerne.
4. Doppelt magische Kerne sind kugelsymmetrisch, während Kerne, bei denen die Protonen- oder Neutronenanzahl magisch ist, nur geringe Abweichungen von der Kugelsymmetrie aufweisen.
5. In den Bereichen der Nukleonenzahlen $19 \leqslant A \leqslant 28$ um den Kern $^{23}_{11}Na_{12}$, $150 \leqslant A \leqslant 190$ bei den seltenen Erden und für $A \geqslant 222$ werden stark deformierte Kerne beobachtet, deren Quadrupolmomente bis zu 40 mal größer sind, als nach

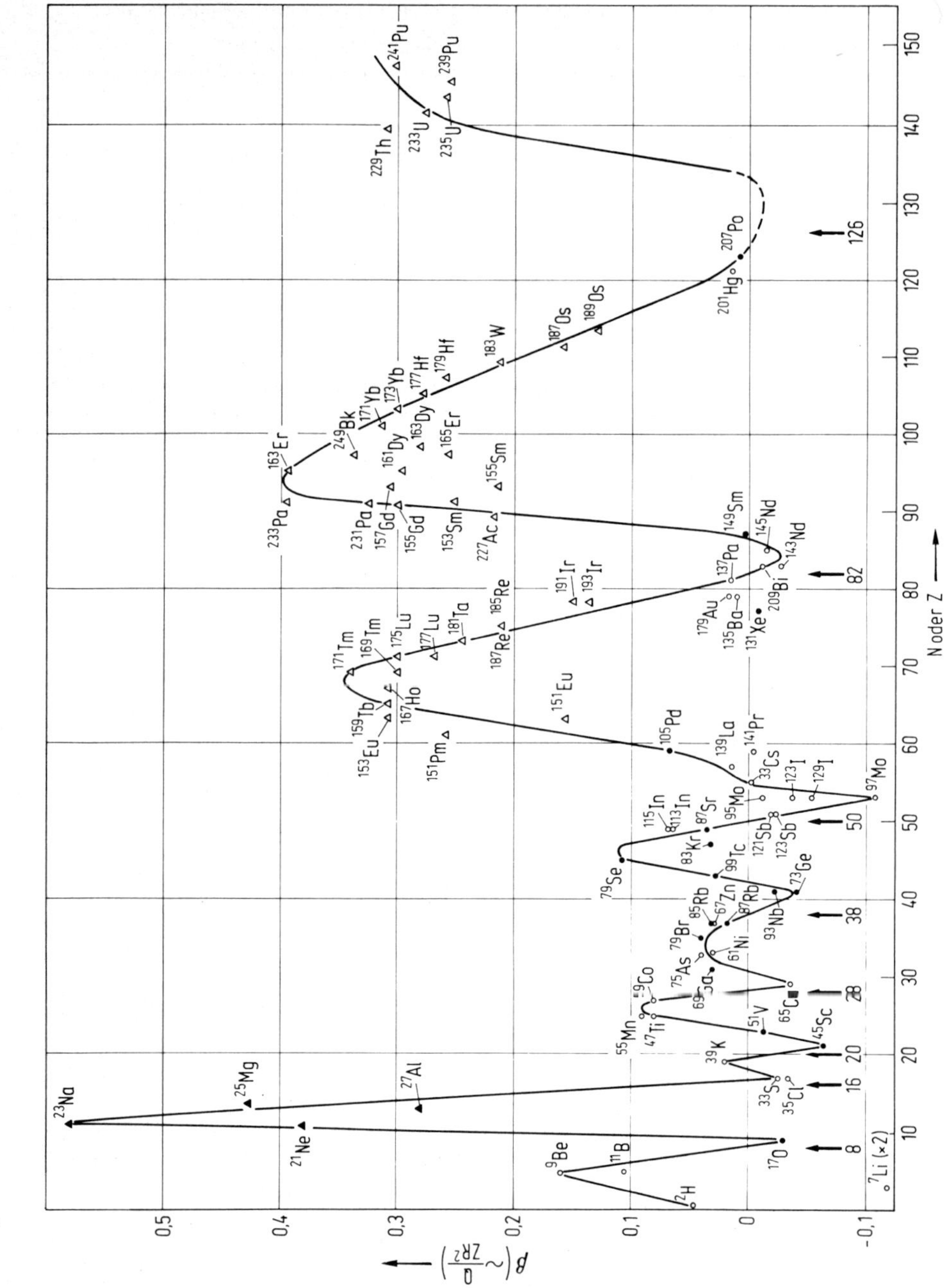

Abb. VIII,33. Der Deformationsparameter β als Maß für die Abweichung von der Kugelgestalt bei Kernen mit ungeradzahligem A. β wurde teilweise aus den experimentell bestimmten Quadrupolmomenten, die in den Nuclear Data Tables zusammengefaßt sind, berechnet und über der jeweils ungeradzahligen Nukleonenzahl (Z oder N) aufgetragen. ○: β berechnet aus den spektroskopischen Q-Werten unter Verwendung gemessener Äquivalentradien, ●: wie zuvor nur mit $R_{eq} = r_0 A^{1/3}$, ▲: berechnet aus dem inneren Quadrupolmoment Q_0, △: aus den Röntgenspektren myonischer Atome nach de Witt und Mitarb. [100]. Die durchgezogene Kurve folgt dem systematischen Gang der Deformation.

dem extremen Einteilchen-Modell zu erwarten ist. Dieses Modell ist auch wegen des Vorzeichens offenbar nur knapp oberhalb einer magischen Zahl anwendbar. Die großen Quadrupolmomente können nur durch das Zusammenwirken vieler Nukleonen erklärt werden (kollektives Verhalten).

Viele Methoden zur Bestimmung von Kernmomenten beruhen auf der Untersuchung von Hyperfeinstrukturaufspaltungen der Energieniveaus von Atomen und Molekülen in unterschiedlicher Umgebung (frei, in Lösung, im Festkörper). Wir wollen uns im folgenden auf die Diskussion der Hfs-Wechselwirkung in freien Atomen beschränken. Analog zur Multipolentwicklung des vom Kern verursachten elektromagnetischen Feldes kann eine Multipolentwicklung des von der Elektronenhülle erzeugten elektromagnetischen Feldes durchgeführt werden. Daraus resultieren Operatoren, die das Magnetfeld, den elektrischen Feldgradienten usw. beschreiben. Der der Hyperfeinwechselwirkung zugeordnete Operator ist dann entsprechend Gl. (VIII,69) eine Summe über skalare Produkte von Tensoroperatoren für Hülle und Kern bis zur maximal heute benötigten Multipolordnung von $k = 4$. Da, wie sich zeigen wird, die Wechselwirkungsenergie der Hfs sehr klein im Vergleich zum Abstand des Atomenergieniveaus ist, stellt die Hyperfeinwechselwirkung nur eine sehr kleine Störung für die Atomzustände dar. Es ist aus diesem Grunde schon eine sehr gute Näherung, die Hyperfeinwechselwirkungsenergie mit Hilfe der Störungstheorie 1. Ordnung zu behandeln. Die Hyperfeinwechselwirkungsenergie in 1. störungstheoretischer Näherung ist danach durch Erwartungswerte des Operators

$$\hat{W} = \sum_{k=1} (\hat{T}^{k}_{(e)} \circ \hat{T}^{k}_{(N)}) \tag{VIII,216}$$

mit den Wellenfunktionen in nullter Näherung gegeben. Diese Wellenfunktion resultiert aus der Kopplung von Kerndrehimpuls I und Hüllendrehimpuls J zum Hyperfeinstrukturgesamtdrehimpuls F entsprechend der in Gl. (VIII,217) dargestellten Drehimpulskopplung:

$$\psi^{0}_{IJ\,F\,m_F} = \sum_{m_J=-J}^{+J} \langle I\,J\,m_F - m_J\,m_J | F\,m_F \rangle\, \varphi_{J,m_J}\, \Psi_{I,m_F-m_J} \tag{VIII,217}$$

φ_{J,m_J}: Wellenfunktion für einen Feinstrukturzustand der Atomhülle
Ψ_{I,m_I}: Kernwellenfunktion

Die Hyperfeinstrukturzusatzenergie ist dann nach Gl. (VIII,218) zu berechnen:

$$W_F = \langle \psi^{0}_{IJ\,F\,m_F} | \hat{W} | \psi^{0}_{IJ\,F\,m_F} \rangle \tag{VIII,218}$$

Hier sei auf eine genaue Darstellung der Rechnungen verzichtet und auf den grundlegenden Artikel von C. Schwartz [36] verwiesen. Es zeigt sich, daß die magnetische Dipol- und die elektrische Quadrupol-Wechselwirkung mit Hilfe der Drehimpulsoperatoren $\hat{I}$ und $\hat{J}$ durch die folgenden Drehinvarianten, effektiven Operatoren beschrieben werden können.

$$\hat{W} = A(\hat{I}\cdot\hat{J}) + \frac{B}{2I(2I-1)(2J-1)J}\cdot \tag{VIII,219}$$

$$\cdot\ \{3(\hat{I}\cdot\hat{J})^2 + \frac{3}{2}(\hat{I}\cdot\hat{J}) - \hat{I}^2\hat{J}^2\}$$

A: Kopplungskonstante der magnetischen Dipolwechselwirkung
B: Kopplungskonstante der elektrischen Quadrupolwechselwirkung

Unter Ausnutzung der Operatoridentität $(\hat{I}\cdot\hat{J}) = \frac{1}{2}(\hat{F}^2 - \hat{I}^2 - \hat{J}^2)$ ergeben sich mit der Wellenfunktion nach Gl. (VIII,217) die folgenden Energiewerte

$$W_{\mathrm{F}} = \frac{A}{2}C + B\,\frac{\{\frac{3}{2}C(C+1) - 2I(I+1)J(J+1)\}}{2I(2I-1)\,2J(2J-1)}, \tag{VIII,220}$$

$$C = F(F+1) - J(J+1) - I(I+1),$$

die der Energie des Feinstruktur-Terms W_{J} hinzuzufügen sind. Während der A-Faktor im wesentlichen durch das Produkt von magnetischem Kerndipolmoment und Magnetfeld der Elektronen am Kernort gegeben ist, wird der B-Faktor durch das Produkt aus Quadrupolmoment und elektrischem Feldgradienten bestimmt:

$$A = \frac{1}{IJ}\,\mu_{\mathrm{I}}\,\langle B(0)\rangle_{\mathrm{J},\,m_{\mathrm{J}}=\mathrm{J}} \tag{VIII,221}$$

$$B = e\,Q\,\langle V_{zz}(0)\rangle_{\mathrm{J},\,m_{\mathrm{J}}=\mathrm{J}}$$

Die Bestimmung von Kernmomenten aus Hfs-Wechselwirkungkonstanten erfordert daher eine zuverlässige Bestimmung der Größen $\langle H(0)\rangle$ und $\langle V_{zz}(0)\rangle$, was ein Problem der Physik der Atomhülle ist. Hier sei zunächst auf die bei Atomen in der Regel dominierende magnetische Dipolwechselwirkung eingegangen. Im nichtrelativistischen Grenzfall der Dirac-Theorie ist der Hamilton-Operator für ein Atomelektron bei Anwesenheit eines magnetischen Vektorpotentials $\boldsymbol{A}$ und eines skalaren elektrischen Potentials U gegeben durch (siehe für das Folgende A. Messiah [7] S. 935):

$$\hat{W} = \frac{1}{2m_{\mathrm{e}}}(\hat{\boldsymbol{p}} - e\hat{\boldsymbol{A}})^2 - \frac{e}{2m_{\mathrm{e}}}(\vec{\sigma}\cdot\hat{\boldsymbol{B}}) + e\,\hat{U}(\boldsymbol{r}) \tag{VIII,222}$$

Für $\hat{\boldsymbol{A}}$ ist das Vektorpotential nach Gl. (VIII,199) zu verwenden, während $\hat{\boldsymbol{B}}$ aus

$$\hat{\boldsymbol{B}} = \mathrm{rot}\,\hat{\boldsymbol{A}}$$

gewonnen wird. Für magnetische Dipolwechselwirkung geht $\hat{\boldsymbol{A}}$ mit $k = 1$ über in das Vektorpotential eines magnetischen Dipols am Koordinatenursprung, wie auch korrespondenzmäßig erwartet werden muß:

$$\hat{\boldsymbol{A}} = \frac{\mu_0}{4\pi}\,\frac{\vec{\mu}_{\mathrm{I}}\times\boldsymbol{r}}{r^3} \tag{VIII,223}$$

Die Existenz von $\hat{A}$ führt zu folgenden Anteilen in der magnetischen Wechselwirkung, wenn die Vertauschbarkeit von $\hat{\boldsymbol{p}}$ mit $\hat{A}$ ausgenutzt wird und Terme mit $\hat{A}^2$ in (VIII,222) vernachlässigt werden:

Wechselwirkung zwischen „Bahn" des Elektrons und Spin des Kerns

$$\hat{W}_{\mathrm{Il}} = -\frac{e}{m_e}\hat{A}\cdot\hat{\boldsymbol{p}} = -\mu_0\frac{e}{4\pi m_e}(\vec{\hat{\mu}}_{\mathrm{I}}\cdot\hat{\boldsymbol{l}}), \qquad \hat{\boldsymbol{l}} = \boldsymbol{r}\times\hat{\boldsymbol{p}} \tag{VIII,224}$$

Wechselwirkung zwischen Spin des Elektrons und Kernspin

$$\hat{W}_{\mathrm{Is}} = -\vec{\hat{\mu}}_e(\nabla\times\hat{A}) \tag{VIII,225}$$

Der Hamilton-Operator $\hat{W}_{\mathrm{Is}}$ zerfällt wegen $\hat{A} = \frac{\mu_0}{4\pi}\,\mathrm{rot}\,(\frac{\vec{\hat{\mu}}_{\mathrm{I}}}{r})$ wiederum in zwei Teile:

$$\hat{W}_{\mathrm{Is}} = -\vec{\hat{\mu}}_e\frac{\mu_0}{4\pi}[\nabla\times(\nabla\times\frac{\vec{\hat{\mu}}_{\mathrm{I}}}{r})] = \tag{VIII,226}$$

$$= \frac{\mu_0}{4\pi}\left\{(\vec{\hat{\mu}}_e\cdot\vec{\hat{\mu}}_{\mathrm{I}})\,\Delta(\frac{1}{r}) - [(\vec{\hat{\mu}}_e\cdot\nabla)(\vec{\hat{\mu}}_{\mathrm{I}}\cdot\nabla)](\frac{1}{r})\right\}$$

was in folgende Form gebracht wird:

$$W_{\mathrm{Is}} = \frac{\mu_0}{4\pi}\left\{\frac{2}{3}(\vec{\hat{\mu}}_e\cdot\vec{\hat{\mu}}_{\mathrm{I}})\,\Delta(\frac{1}{r}) - [(\vec{\hat{\mu}}_e\cdot\nabla)(\vec{\hat{\mu}}_{\mathrm{I}}\cdot\nabla)\right. \tag{VIII,227}$$

$$\left. - \frac{1}{3}(\vec{\hat{\mu}}_e\cdot\vec{\hat{\mu}}_{\mathrm{I}})\,\Delta]\,(\frac{1}{r})\right\}$$

Für $r \neq 0$ liefert wegen $\Delta(\frac{1}{r}) = -4\pi\,\delta(\boldsymbol{r})$ der erste Anteil keinen Beitrag, während sich für den zweiten Anteil durch Ausdifferenzieren

$$-\frac{\mu_0}{4\pi}\left\{\frac{3(\vec{\hat{\mu}}_{\mathrm{I}}\cdot\boldsymbol{r})(\vec{\hat{\mu}}_e\cdot\boldsymbol{r}) - (\vec{\hat{\mu}}_{\mathrm{I}}\cdot\vec{\hat{\mu}}_e)\,r^2}{r^5}\right\}$$

ergibt, was in der klassischen Elektrodynamik die Wechselwirkung zweier Punktdipole darstellt. Für $r \to 0$ kann man zeigen, daß nur der erste Term in (VIII,227) einen Beitrag liefert und der zweite verschwindet. Der Operator für die Wechselwirkung zwischen den Spins von Kern und Elektron lautet schließlich:

$$\hat{W}_{\mathrm{Is}} = +\frac{2}{3}\mu_0(\vec{\hat{\mu}}_{\mathrm{I}}\cdot\vec{\hat{\mu}}_e)\,\delta(\boldsymbol{r}) - \frac{\mu_0}{4\pi r^3}\left\{3(\vec{\hat{\mu}}_{\mathrm{I}}\cdot\frac{\boldsymbol{r}}{r})(\vec{\hat{\mu}}_e\cdot\frac{\boldsymbol{r}}{r}) - (\vec{\hat{\mu}}_{\mathrm{I}}\cdot\vec{\hat{\mu}}_e)\right\}$$

mit $\vec{\hat{\mu}}_{\mathrm{I}} = \frac{1}{\hbar}g'_{\mathrm{I}}\,\mu_{\mathrm{B}}\,\hat{\boldsymbol{I}}$ und $\vec{\hat{\mu}}_e = \frac{1}{\hbar}g_s\,\mu_{\mathrm{B}}\,\hat{s}$ (VIII,228)

$$\hat{W}_{\mathrm{Is}} = \underbrace{\frac{4}{3}\frac{\mu_0}{\hbar^2}\mu_{\mathrm{B}}^2\,g'_{\mathrm{I}}(\hat{\boldsymbol{I}}\cdot\hat{s})}_{\text{Spin-Spin-Kontaktww.}} - \underbrace{\frac{\mu_0}{2\pi}\frac{\mu_{\mathrm{B}}^2 g'_{\mathrm{I}}}{\hbar^2 r^3}\left\{3(\hat{\boldsymbol{I}}\cdot\frac{\boldsymbol{r}}{r})(\hat{s}\cdot\frac{\boldsymbol{r}}{r}) - (\hat{\boldsymbol{I}}\cdot\hat{s})\right\}}_{\text{Tensorwechselwirkung vom Rang 2}}$$

Für s-Elektronen ($l = 0$) ist nur der Kontaktterm im Operator $\hat{W}_{\mathrm{Is}}$ wirksam, und man erhält für den Energieerwartungswert mit der Eigenfunktion (VIII,217) unmittelbar:

$$W_{\mathrm{Is}} = \frac{2}{3}\mu_0\,\mu_{\mathrm{B}}^2\,g_{\mathrm{I}}'\,\psi_{\mathrm{n,s}}^2(0)\,\{F(F+1) - I(I+1) - s(s+1)\} \qquad \text{(VIII,229)}$$

wobei $\psi_{\mathrm{n,s}}(0)$ die Schrödinger-Wellenfunktion eines s-Elektrons am Kernort ist. Die Gesamtaufspaltung für einen $^2\mathrm{S}_{1/2}$-Zustand in einem Einelektronenatom führt mit Gl. (VIII,229) und Gl. (VIII,220) auf

$$W_{\mathrm{Is}} = \frac{1}{2}(2I+1)A_{\mathrm{s}}$$

$$A_{\mathrm{s}} = \frac{4}{3}\mu_0\,\mu_{\mathrm{B}}^2\,g_{\mathrm{I}}'\,\psi_{\mathrm{n,s}}^2(0)$$

wobei $\psi_{\mathrm{n,s}}^2(0)$ aus

$$\psi_{\mathrm{n,s}}^2(0) = \frac{Z^3}{\pi\,a_0^3\,n^3}$$

ermittelt werden kann. Für Elektronen mit $l > 0$ und Gesamtdrehimpuls J tragen die Operatoren $\hat{W}_{\mathrm{Il}}$ und der Tensoroperator aus $\hat{W}_{\mathrm{Is}}$ zur Wechselwirkung bei. Man erhält nach längerer Rechnung:

$$W_{\mathrm{IJ}} = \frac{\mu_0}{4\pi}\,\mu_{\mathrm{B}}^2\,g_{\mathrm{I}}'\,\langle\frac{1}{r^3}\rangle\,\frac{l(l+1)}{J(J+1)}\,\{F(F+1) - I(I+1) - J(J+1)\} \qquad \text{(VIII,230)}$$

Für den Erwartungswert von $\langle\frac{1}{r^3}\rangle$ ergibt sich in der Atomphysik unter der Verwendung von Wasserstoffeigenfunktionen:

$$\langle\frac{1}{r^3}\rangle = \frac{Z^3}{a_0^3\,n^3\,(l+\frac{1}{2})\,l(l+1)}$$

Bei Mehrelektronenatomen kommt es zu einer Abschirmung der Kernladung durch die Elektronenhülle und es tragen in der Regel mehrere Elektronen außerhalb abgeschlossener Schalen mit unterschiedlichen Einelektronen-A-Faktoren zum Gesamt-A-Faktor der Hyperfeinstruktur bei. Um einen Eindruck von der Größe der Hfs-Wechselwirkung in freien Atomen zu geben, sind in Tab. VIII,12 die Hfs-Aufspaltungen in den Grundzuständen von Wasserstoff und für die Alkaliatome aufgeführt.

Die Wechselwirkung mit magnetischen Feldern führt durch die Zeeman-Aufspaltung zur Aufhebung der $(2F+1)$-fachen Entartung der Hfs-Niveaus. Ist das äußere Magnetfeld so schwach, daß die Kopplung zwischen I und J bestehen bleibt, dann präzediert F um die Magnetfeldrichtung. Für die Zusatzenergie des effektiven magnetischen Moments μ_{F} im Magnetfeld B gilt folgende klassische Gleichung:

$$W_{\mathrm{m}} = -(\vec{\mu}_{\mathrm{F}} \cdot B) = -(\mu_{\mathrm{F}})_z\,B$$

Tab. VIII,12. Hfs-Aufspaltung in $^2S_{1/2}$-Grundzuständen

Atom	$\Delta\nu$ [MHz]	I	μ_I [μ_N]
^1_1H	1420,405	1/2	2,7928
^6_3Li	228,208	1	0,8220
^7_3Li	803,51	3/2	3,2564
$^{23}_{11}Na$	1771,61	3/2	2,2176
$^{39}_{19}K$	461,72	3/2	0,3914
$^{41}_{19}K$	254,02	3/2	0,2148
$^{85}_{37}Rb$	3035,7	5/2	1,3527
$^{87}_{37}Rb$	6834,1	3/2	2,7506
$^{133}_{55}Cs$	9192,63	7/2	2,5790

worin $\vec{\mu}_F$ sich aus dem magnetischen Moment $\vec{\mu}_J$ der Elektronenhülle und dem magnetischen Moment $\vec{\mu}_I$ des Kerns zusammensetzt:

$$\vec{\mu}_F = -\frac{1}{\hbar}\left\{(\mu_B\, g_J\, \boldsymbol{J} - g_I'\, \mu_B\, \boldsymbol{I})\cdot\frac{\boldsymbol{F}}{F}\right\}\cdot\frac{\boldsymbol{F}}{F} = -g_F\,\frac{\mu_B}{\hbar}\,\boldsymbol{F}$$

Wir sind dabei der in Abb. VIII,34 angegebenen Vorzeichenkonvention in der Definition der g-Faktoren gefolgt. Durch Ansetzen eines zur Abb. VIII,28 analogen Vektormodells erhält man für g_F den quantenmechanischen Ausdruck (siehe Gl. (VIII,182)):

$$g_F = \frac{1}{2\,F(F+1)}\,\{g_J\,[F(F+1) + J(J+1) - I(I+1)]$$

$$- g_I'[F(F+1) + I(I+1) - J(J+1)]\}$$

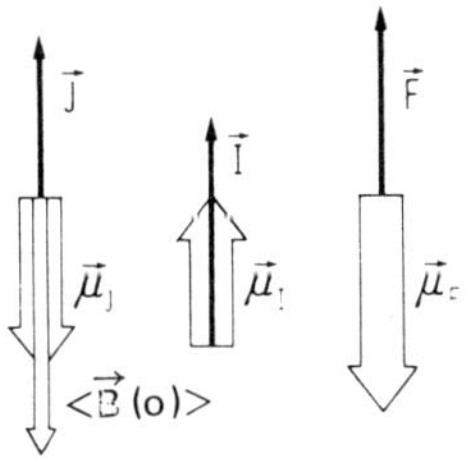

Abb. VIII,34. Vorzeichenkonvention bei der Definition von g-Faktoren für die Atomhülle (g_J), den Kern (g_I) und die Hyperfeinstruktur (g_F). Man erreicht dadurch, daß die experimentell bestimmten g-Faktoren in der Regel positive Zahlen sind.

Der effektive Operator für die Wechselwirkung des Atoms mit dem schwachen Magnetfeld (linearer Zeeman-Effekt der Hfs) lautet dann:

$$\hat{W}_m = g_F\,\frac{\mu_B}{\hbar}\,\hat{F}_z\,B$$

Die Energien der Zustände des schwachen Feldes $|F, m_F\rangle$ nach Gl. (VIII,217) betragen:

$$W_{m_F} = \langle F, m_F | \hat{W}_m | F, m_F \rangle = g_F\, \mu_B\, m_F\, B$$

In Abb. VIII,35 ist die Hyperfeinstruktur eines Zustands mit $J = \frac{1}{2}$ ohne und mit schwachem äußeren Magnetfeld dargestellt. Für den Fall, daß B_z nicht mehr der Ungleichung (VIII,231) genügt, werden $\boldsymbol{I}$ und $\boldsymbol{J}$ entkoppelt; $\boldsymbol{F}$ ist dann keine Erhaltungsgröße mehr.

$$\mu_B\, B \ll \mu_I \langle B(0) \rangle \rightarrow B \ll 10^{-3} \langle B(0) \rangle \qquad \text{(VIII,231)}$$

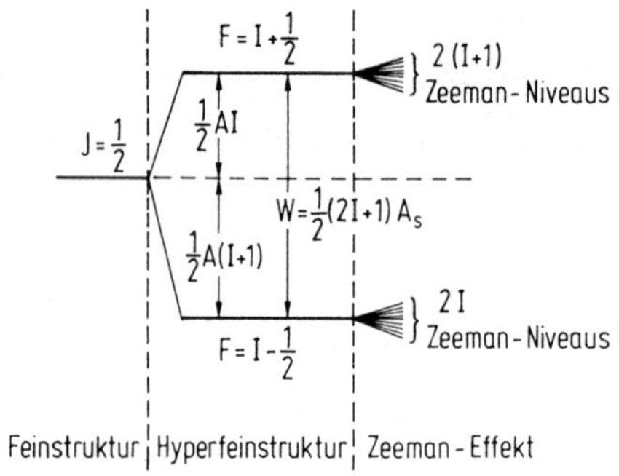

Abb. VIII,35. Hyperfeinstrukturaufspaltung und linearer Zeeman-Effekt eines Feinstrukturterms der Atomhülle mit $J = \frac{1}{2}$.

Für das Cs-Atom im Grundzustand mit $\langle B(0) \rangle \approx 100 \frac{\mathrm{Vs}}{\mathrm{m}^2}$ ($\hat{=}\ 10^6$ Gauß) folgt, daß das äußere Feld $10^{-3} \frac{\mathrm{Vs}}{\mathrm{m}^2}$ ($\hat{=}$ 10 Gauß) nicht erheblich überschreiten darf.

Für den Fall sehr starker Magnetfelder, die jedoch S und L der Elektronenhülle nicht entkoppeln sollen, liegt der Paschen–Back-Effekt der Hfs vor. Wie im Vektormodell nach Abb. VIII,36 angedeutet, präzedieren jetzt J und I unabhängig voneinander um

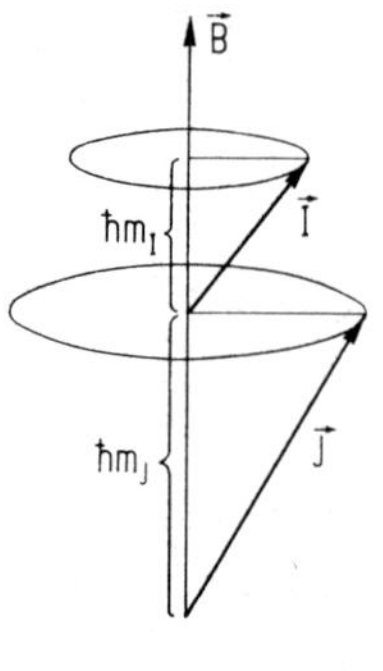

Abb. VIII,36. Vektormodell für den Paschen-Back-Effekt der Hyperfeinstruktur. Die quantenmechanischen Zustände lassen sich durch die Quantenzahlen m_I und m_J kennzeichnen.

die Magnetfeldrichtung. Die Energieniveaus werden durch die Quantenzahlen m_I und m_J beschrieben. Die Aufspaltung ergibt sich aus den Energieerwartungswerten des vollständigen Hfs-Hamilton-Operators in Gl. (VIII,232) mit den Eigenfunktionen des starken Feldes $|m_I\, m_J\rangle$ nach Gl. (VIII,233) zu:

$$\hat{W} = A(\hat{I} \cdot \hat{J}) + g_J \frac{\mu_B}{\hbar} \hat{J}_z - g_I' \frac{\mu_B}{\hbar} \hat{I}_z \tag{VIII,232}$$

$$|m_I\, m_J\rangle = \sum_{m_F = m_I + m_J} \langle I\, J\, F\, m_F | I\, m_I\, J\, m_J\rangle\, |F, m_F\rangle \tag{VIII,233}$$

$$W_m = m_J\, g_J\, \mu_B\, B - m_I\, g_I'\, \mu_B\, B + A\, m_I\, m_J \tag{VIII,234}$$

Für Atomzustände mit $J = \frac{1}{2}$ lassen sich die Energieeigenwerte im Magnetfeld in geschlossener Form angeben, da die Säkulardeterminante nur auf quadratische Gleichungen führt. Man erhält in diesem Fall die Breit–Rabi-Formel nach Gl. (VIII,235):

$$W_m = -\frac{A}{4} - g_I'\, m\, \mu_B\, B \pm \frac{A}{4}(2I+1)\sqrt{1 + \frac{4\, m\, x}{2I+1} + x^2} \tag{VIII,235}$$

$$x = \frac{(g_J + g_I')\, \mu_B\, B}{\frac{A}{2}(2I+1)}, \qquad +\!: F = I + \frac{1}{2}, \qquad -\!: F = I - \frac{1}{2}$$

Für den Grundzustand des Cäsiumatoms entsteht aus (VIII,235) die in Abb. VIII,37 dargestellte Aufspaltung.

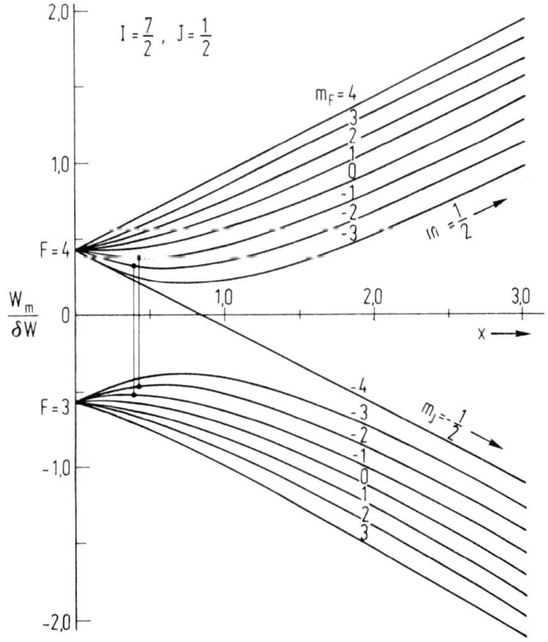

Abb. VIII,37. Zeeman-Aufspaltungsbild für den Grundzustand des Caesium-Atoms entsprechend der Breit-Rabi-Formel.

Als Beispiel einer Hfs-Untersuchung betrachten wir die Hyperfeinstrukturaufspaltung in der Natrium-D_2-Resonanzlinie. Es handelt sich um den Übergang vom ersten angeregten 3 p $^2P_{3/2}$-Zustand zum 3 s $^2S_{1/2}$-Grundzustand im Natriumatom bei der Wellenlänge $\lambda = 5890$ Å. Der Natriumatomkern $^{23}_{11}Na_{12}$ besitzt den Kerndrehimpuls $I = \frac{3}{2}$, ein magnetisches Moment von $\mu = 2{,}2175\ \mu_N$ und ein Quadrupolmoment von $Q = +\,0{,}14$ b. In Abb. VIII,38 ist die Hyperfeinstrukturaufspaltung von angeregtem

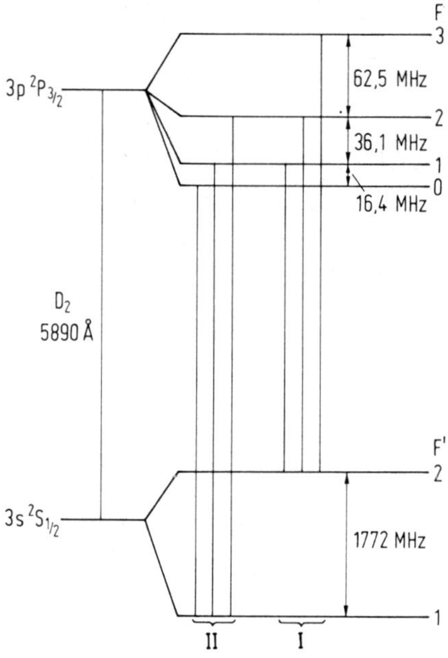

Abb. VIII,38. Hyperfeinstruktur der Natrium-D_2-Linie.

Zustand und Grundzustand eingetragen. Dabei zeigt sich, daß die Gesamtaufspaltung im angeregten Zustand um eine Größenordnung geringer ausfällt als im Grundzustand. Ferner sind die mit den Auswahlregeln $\Delta F = 0, \pm 1$ für elektrische Dipolstrahlung verträglichen Übergänge eingezeichnet. Danach besteht die Natrium-D_2-Linie aus zwei Gruppen von je drei eng benachbarten Hfs-Linien. Die Fortschritte bei der Entwicklung schmalbandiger, durchstimmbarer Farbstofflaser haben es ermöglicht, die D_2-Hfs-Linien durch Resonanzstreuung von Laserlicht an einem scharf kollimierten (1:400) Natrium-Atomstrahl zu beobachten. Die experimentellen Resultate eines solchen von W. Lange und Mitarbeitern [38] durchgeführten Experiments sind in Abb. VIII,39 wiedergegeben. Die Laserbandbreite von 7 MHz und die Dopplerverbreiterung bezüglich der Einstrahlungsrichtung von 5 MHz waren geringer als die natürliche Strahlungsbreite des Übergangs von 10 MHz. Die beiden Liniengruppen sind wegen ihres großen Frequenzabstands getrennt analysiert worden. Eine der präzisesten Methoden zur Bestimmung von Kernmomenten bzw. Hyperfeinstrukturaufspaltungen ist die von Rabi und Mitarbeitern [39] entwickelte Atomstrahlresonanz-

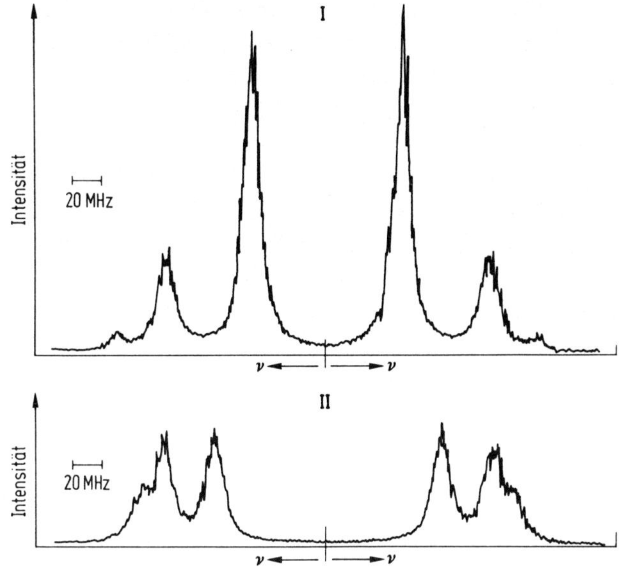

Abb. VIII,39. Die Intensität der Resonanzstrahlung für die beiden Liniengruppen in der Hyperfeinstruktur der Na-D_2-Linie als Funktion der Laserfrequenz ν.

methode. Sie beruht auf der Ablenkung von neutralen Atomen, die sich in einem schmalen Atomstrahl befinden, durch zwei hintereinandergeschaltete Stern–Gerlach-Felder. Abb. VIII,40 zeigt den prinzipiellen Aufbau einer solchen Hochvakuum-

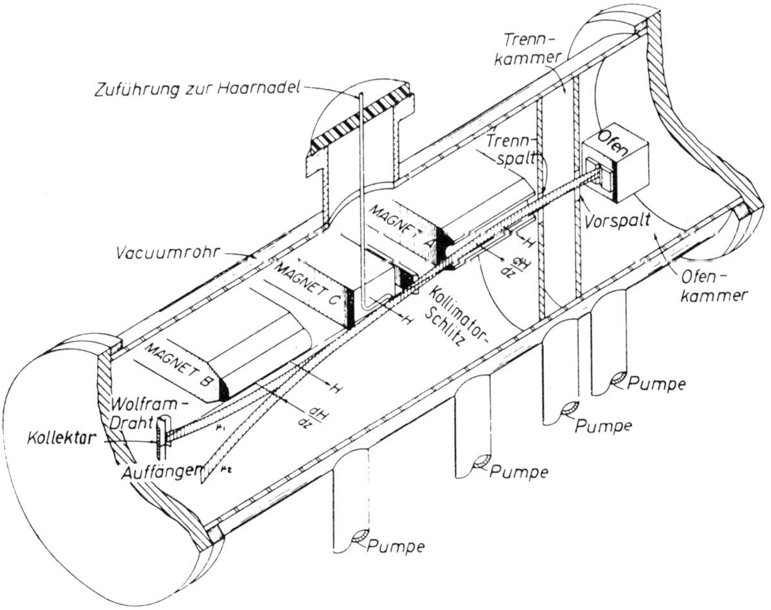

Abb. VIII,40. Atomstrahlresonanzapparatur (nach P. Kusch [101])

Apparatur. Die zu untersuchenden Atome werden in einem Ofen verdampft und passieren ein System von schlitzförmigen Blenden. A- und B-Feld sind inhomogene Stern–Gerlach-Felder, während das C-Feld ein homogenes Magnetfeld ist, welches von einem Hochfrequenzfeld überlagert wird. Die Richtung des Hochfrequenzmagnetfeldes, das häufig durch eine haarnadelförmiger Leiterschleife erzeugt wird, steht dabei senkrecht zur Richtung des C-Magnetfeldes und zur Richtung des Atomstrahls.

Atome, die den Ofen unter einem Winkel gegen die Achse der Apparatur verlassen, werden durch den A-Magneten zur Achse zurückgelenkt und können bei bestimmtem Wert des effektiven magnetischen Moments den Kollimatorschlitz vor dem C-Feld passieren. Bei geeignet gewählter Frequenz werden im C-Feld magnetische Dipolübergänge zwischen den Energieniveaus des Atoms induziert, die mit einer Änderung des Zustands und damit des effektiven magnetischen Moments im B-Feld verbunden sind. Das B-Feld wird dann so eingestellt, daß Atome, die an bestimmten Übergängen beteiligt waren, auf den Detektor fokussiert werden. Bei festgehaltenem Wert des C-Feldes zeigt die Zahl der am Detektor auftretenden Atome ein resonanzartiges Verhalten als Funktion der Frequenz ω mit maximaler Atomzahl, wenn $h\,\omega$ gerade dem Energieabstand der Niveaus entspricht. Es handelt sich bei dem eben beschriebenem Fall um die „flop-in“-Methode. In einer weiteren Null-Moment „flop out“-Methode werden die A- und B-Felder so gewählt, daß ein Atom in einem vorgegebenen Zustand $\mu_{\text{eff}} = 0$ hat und die Felder unabgelenkt passiert. Bei Resonanz mit der Hochfrequenz im C-Feld gehen die Atome in Zustände mit $\mu_{\text{eff}} \neq 0$ im B-Feld über, so daß sie defokussiert werden und den Detektor nicht mehr erreichen. Die Resonanz wird hier als Intensitätsabnahme am Detektor registriert. Zum Nachweis der Atome wird in der Regel der Langmuir–Taylor-Detektor eingesetzt. Er besteht aus einem sehr dünnen auf 1200° bis 1500° K aufgeheizten Wolfram- oder Platin-Draht und nutzt die Erscheinung der Oberflächenionisation aus. Die von der Oberfläche abdampfenden Ionen können mit einer elektrostatischen Linse auf die erste Dynode eines Cu-Be-Sekundärelektronenvervielfachers abgebildet werden, der mit einem Picoamperemeter verbunden ist. Die Kraft, die auf ein in x-Richtung mit der Geschwindigkeit v (siehe Abb. VIII,40) einlaufendes Teilchen ausgeübt wird, ist:

$$K_z = \mu_z \frac{\partial B}{\partial z} \qquad \mu_z = -\frac{\partial W_m}{\partial B} \tag{VIII,235a}$$

Ist l die Länge des Stern-Gerlach-Feldes, dann beträgt die Ablenkung über diese Strecke:

$$z = \frac{\mu_z}{2M\,\mathrm{v}^2} \frac{\partial B}{\partial z} l^2 \tag{VIII,236}$$

Um einen Eindruck von den Größenordnungen zu geben, seien in Gl. (VIII,236) folgende Werte eingesetzt:

$\mu_z = \mu_B = 9{,}3 \cdot 10^{-24}$ J m^2 Wb^{-1}, thermische Energie von Atomen bei 400 °K:

$\frac{M}{2} \mathrm{v}^2 = \frac{3}{2} k\,T = \frac{3}{2}\, 1{,}38 \cdot 10^{-23}$ J °K^{-1} 400 °K $= 8{,}3 \cdot 10^{-21}$ J,

$\frac{\partial B}{\partial z} = 100 \text{ Wb m}^{-3}$ (= 10 000 Gauß cm^{-1}), $l = 0{,}1$ m:

$$z = \frac{9{,}3 \cdot 10^{-24} \text{ J m}^2 \text{ Wb}^{-1} \cdot 100 \text{ Wbm}^{-3} \cdot 10^{-2} \text{ m}^2}{8{,}3 \cdot 4 \cdot 10^{-21} \text{ J}} = 0{,}28 \text{ mm}$$

Der Atomstrahl selbst muß daher bei diesem Beispiel in z-Richtung eine Dicke haben, die erheblich kleiner als der berechnete Wert ist, etwa 0,1 mm.

Der Verlauf von μ_z ist in Abb. VIII,41 als Funktion von x ($x \sim B$) für einen Atomzustand mit $J = \frac{1}{2}$ und Kerndrehimpuls $I = \frac{7}{2}$ (etwa Caesiumgrundzustand) aufgetragen, wie er sich aus (VIII,235a) mit Hilfe der Breit–Rabi-Formel in Gl. (VIII,235) be-

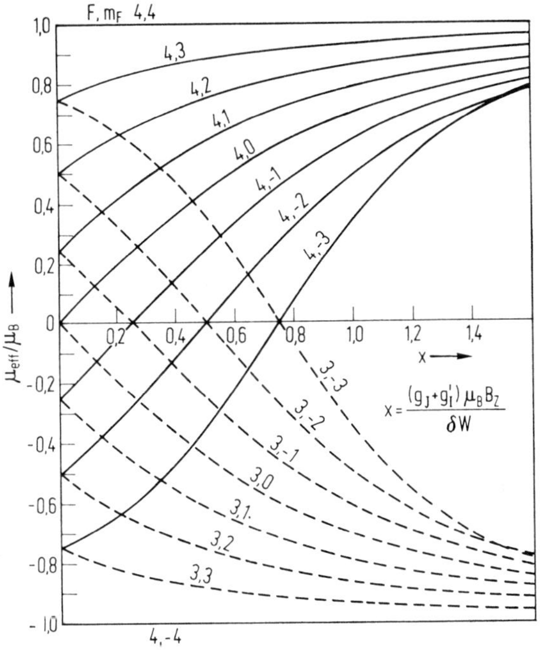

Abb. VIII,41. Verlauf des effektiven magnetischen Moments für die durch die Quantenzahlen des schwachen Feldes F und m_F gekennzeichneten Zustände in Abhängigkeit von der magnetischen Induktion. Man beachte, daß für μ_{eff} in der Regel Nulldurchgänge auftreten.

rechnen läßt. Zur direkten Bestimmung des Kernmoments aus der Zeeman-Aufspaltung der Hfs von $^2S_{1/2}$-Zuständen können u. a. solche Hochfrequenzübergänge im C-Feld ausgewählt werden, die weitgehend magnetfeldunabhängig sind. Dies sind $\Delta F = 1, |\Delta m| = 1$ Übergänge zwischen Zeeman-Niveaus im mittleren Feld, wo die Zeeman-Energien (vgl. Abb. VIII,37) ein Maximum bzw. Minimum durchlaufen. Für Übergänge

$$E_1 = h\nu_1 : \Delta F = 1, \quad \Delta m = 1 \quad (m_2 \to m_1)$$
$$E_2 = h\nu_2 : \Delta F = 1, \quad \Delta m = -1 \quad (m_1 \to m_2)$$

folgt aus der Breit–Rabi-Formel, daß die Energiedifferenz exakt nur vom Kern $-g_I'$-Faktor und vom äußeren Magnetfeld bestimmt wird:

$$\Delta E = h(\nu_1 - \nu_2) = -2 g_I' \mu_B B$$

Auf diese Weise ist in vielen Fällen eine direkte Bestimmung des magnetischen Dipolmoments gelungen. Da bei solchen Experimenten jeweils zwei eng benachbarte Hochfrequenzresonanzen auszumessen sind, spricht man von der Dublett-Methode. Als Beispiel werden in Abb. VIII,42 die beobachteten feldunabhängigen Hochfrequenz-Du-

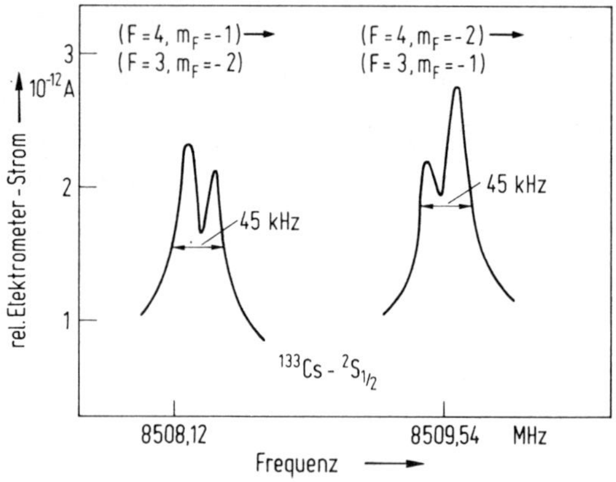

Abb. VIII,42. Beobachtete feldunabhängige Hochfrequenzdubletts für den ^{133}Cs-Grundzustand, wie sie in Abb. VIII,37 eingetragen wurden. Die Einsattelung bei beiden Signalen ist apparativ bedingt.

bletts aus einer Arbeit von R. D. Worley und Mitarbeitern [40] am ^{133}Cs angegeben. Die zugehörigen Übergänge sind im Zeeman-Aufspaltungsbild von Abb. VIII,37 eingetragen. Die Linienbreite $\Delta\nu$ der Hochfrequenzübergänge wird entsprechend der Heisenberg-Unschärferelation durch die Zeit bestimmt, die die Atome dem Hochfrequenzfeld ausgesetzt sind:

$$\Delta E \cdot \Delta T = \hbar \rightarrow \Delta \nu = \frac{1}{2\pi \Delta T}$$

Bei dem oben genannten Experiment am ^{133}Cs betrug $\Delta\nu \approx 20$ kHz. Bei der Untersuchung der Hyperfeinstruktur des $4f^{11}\,6s^2\ ^4I_{15/2}$-Grundzustands im ^{165}Ho-Atom (Kernspin $I = 7/2$) mit Hilfe der Atomstrahlresonanzmethode haben S. Penselin und Mitarbeiter [41] neben der magnetischen Oktupolwechselwirkung möglicherweise erstmals eine elektrische Sedecimpol-Wechselwirkung (k = 4) beobachtet. Sie konnten die sieben gemessenen Hfs-Abstände erst durch Einführung eines D-Faktors neben A-, B- und C-Faktor beschreiben. Nach Berücksichtigung von Korrekturen aus der 2. Ordnung der Störungsrechnung erhielten sie:

A =	800,583169	(36) MHz	magnetische	Dipolwechselwirkung
B =	- 1668,07892	(330) MHz	elektrische	Quadrupolwechselwirkung
C =	- 0,217	(140) kHz	magnetische	Oktupolwechselwirkung
D =	- 0,151	(16) kHz	elektrische	Sedecimpolwechselwirkung

Diese Messungen illustrieren, welch hohe Genauigkeit bei der Atomstrahlresonanz-Methode erzielt werden kann. In diesem Fall ist die Oktupolwechselwirkung um den Faktor $4 \cdot 10^6$ kleiner als die magnetische Dipolwechselwirkung und 16-Pol-Wechselwirkung um den Faktor 10^7 geringer als die elektrische Quadrupolwechselwirkung.

Die Atomstrahlresonanz-Methode wird auch zur Messung von Kernmomenten instabiler Kerne häufig eingesetzt. In einer Reihe von Fällen insbesondere bei den Alkaliatomen, die $^2S_{1/2}$-Grundzustände besitzen, muß das Quadrupolmoment aus elektronisch hoch angeregten Atomzuständen bestimmt werden. Auch hier können modifizierte Atomstrahlresonanz-Methoden eingesetzt werden. Atome in hoch angeregten elektronischen Zuständen kann man entweder durch Elektronenstoßanregung oder durch Beleuchtung des Atomstrahls mit Atomresonanzlinien erhalten.

Weitere Methoden zur Bestimmung der Hyperfeinstruktur in angeregten Atomzuständen, die sich großer Beliebtheit erfreuen, sind u. a. die bereits erwähnte Optische Interferenzspektroskopie, die von A. Kastler [42] entwickelte Optische Doppelresonanz-Methode und die Levelcrossing-Technik [43].

Bei der Optischen Doppelresonanz-Methode wird durch Resonanzstreuung von polarisiertem oder unpolarisiertem Licht an freien Atomen eine ungleiche Besetzung in den Unterniveaus angeregter Atomzustände herbeigeführt. Die Resonanz eines gleichzeitig mit der Lichtanregung wirksamen Hochfrequenzfeldes mit dem Frequenzabstand von Unterniveaus kann nahezu Gleichbesetzung erzwingen und äußert sich als Intensitätsänderung im resonant gestreuten Licht. In Abb. VIII,43 sind der schematische Aufbau eines Doppelresonanzexperiments im homogenen stationären Magnetfeld an einem Lanthan-Atomstrahl und die Resonanzkurve für Hochfrequenz-Übergänge zwischen den Hfs-Zeeman-Niveaus im angeregten 5d 6s 6p z $^2F_{7/2}$-Zustand des ^{139}La-Atoms (Kernspin $I = 7/2$) zur Bestimmung des Atom-g_J-Faktors angegeben.

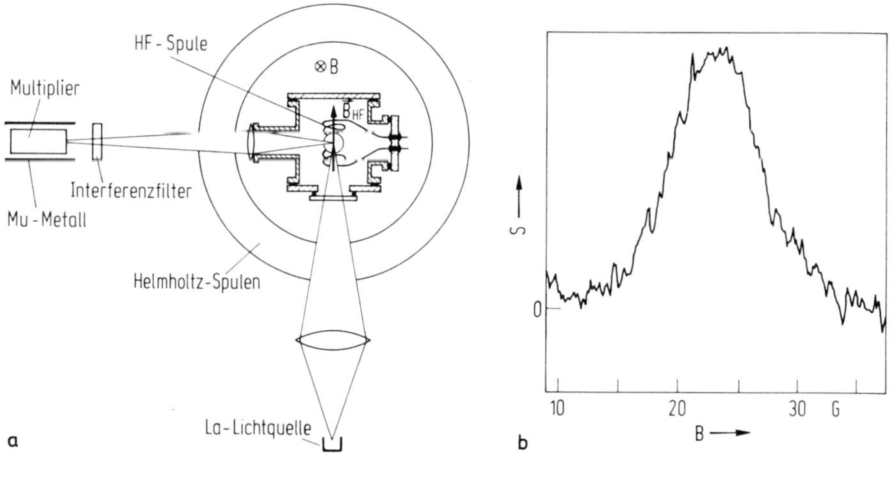

Abb. VIII,43. a Experimentelle Anordnung und b Resonanzkurve bei einem optischen Doppelresonanzexperiment an einem Lanthanatomstrahl.

Bei Levelcrossing-Experimenten ist kein Hochfrequenz-Feld erforderlich, vielmehr wird Licht, das durch seinen Polarisationsvektor $\boldsymbol{e}_1$ und seine spektrale Intensitätsverteilung gekennzeichnet ist, resonant an freien Atomen, die sich in einem Atomstrahl oder in einer Streuzelle befinden, gestreut. Die in feste Richtung unter einem kleinen Raumwinkel $\Delta\,\Omega$ beobachtete Resonanzstrahlung bestimmter Polarisation $\boldsymbol{e}_2$ wird in Abhängigkeit von einem äußeren Magnetfeld mit einem Photomultiplier registriert. Wenn der Abstand zweier kohärent (d. h. mit fester relativer Phase) angeregter Zeeman-Niveaus μ und μ' im Verlauf der Magnetfeldaufspaltung in die Größenordnung der Strahlungsbreite Γ des angeregten Zustands kommt, tritt eine Interferenz der Streuamplituden des Lichts ein. Die dadurch bedingte Änderung der Winkelverteilung der Resonanzstrahlung äußert sich in einer Intensitätsänderung des auf den Detektor fallenden Lichts. Man spricht von Levelcrossing-Signalen. Auf Grund der Auswahlregeln können für elektrische Dipolstrahlung nur Zeeman-Kreuzungspunkte mit $|\Delta\,\mu| = 1$ oder $|\Delta\,\mu| = 2$ beobachtet werden. Aus der Lage der Levelcrossing-Signale im Magnetfeld kann man die Aufspaltung ohne Magnetfeld berechnen.

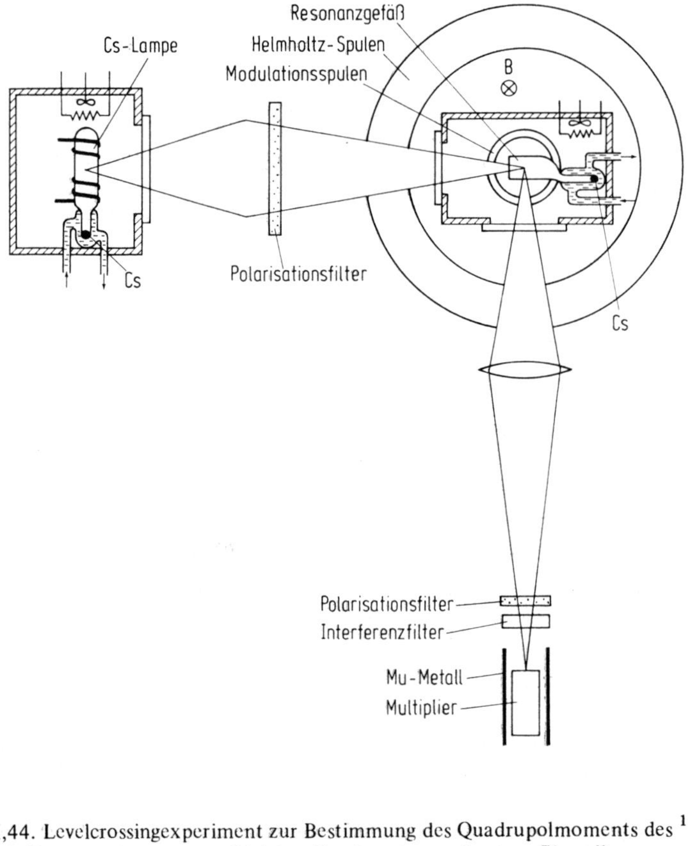

Abb. VIII,44. Levelcrossingexperiment zur Bestimmung des Quadrupolmoments des ^{133}Cs-Atomkerns durch Resonanzstreuung von Licht an Caesiumatomen in einer Glaszelle.

Die Resonanzstreuintensität R wird durch eine unter gewissen einschränkenden Annahmen erstmals von G. Breit [45] abgeleitete Formel in Gl. (VIII,237) beschrieben:

$$R \sim \sum_{\substack{m,m' \\ \mu,\mu'}} \frac{f_{\mu m}\, f_{m\mu'}\, g_{\mu' m'}\, g_{m'\mu}}{\Gamma + 2\pi i \hbar(\nu_\mu - \nu_{\mu'})}$$

Darin sind $f_{\mu m} = \langle\mu|e_1 \cdot r|m\rangle$ und $g_{\mu m} = \langle\mu|e_2 \cdot r|m\rangle$ die die Absorption und Emission beschreibenden Matrixelemente. $(\nu_\mu - \nu_{\mu'})$ ist der Frequenzabstand der Zeeman-Unterniveaus μ und μ' des angeregten Zustands. Für die Strahlungsbreite Γ gilt $\Gamma = \frac{\hbar}{\tau}$. Man erkennt, daß die Breite der Signale und damit die Meßgenauigkeit nicht durch apparative Gegebenheiten, wie in der Regel bei der optischen Interferenzspektroskopie, sondern nur durch die natürliche Strahlungsbreite begrenzt wird. Zur Bestimmung des Quadrupolmoments für den ^{133}Cs-Atomkern wurde das in Abb. VIII,44 skizzierte Levelcrossing-Experiment durchgeführt. Abb. VIII,45 zeigt die mit einer Rechenma-

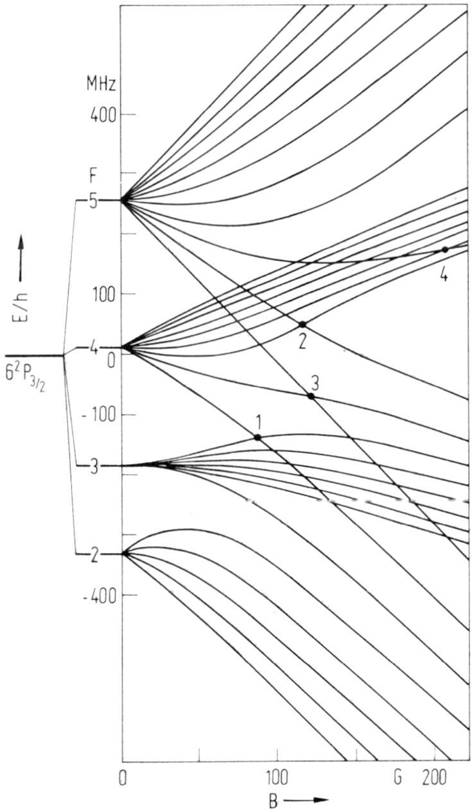

Abb. VIII,45. Zeeman-Aufspaltung der Hyperfeinstrukturniveaus des angeregten 6 p $^2P_{3/2}$-Zustands im ^{133}Cs-Atom. Markiert sind Kreuzungspunkte mit $|\Delta\mu| = 2$.

schine bestimmte Zeeman-Aufspaltung in der Hyperfeinstruktur im 6p $^2P_{3/2}$-Zustand des Cs-Atoms. Dieser Zustand ist durch die Resonanzlinie λ = 8523,4 Å mit dem 6s $^2S_{1/2}$-Grundzustand verbunden. Es können die mit 1 bis 4 durchnumerierten Zeeman-Kreuzungspunkte in der Resonanzstreuung beobachtet werden. Das Signal für den Kreuzungspunkt 4 ist allerdings sehr schwach. Eine Registrierkurve mit den Signalen von den Kreuzungspunkten 1 bis 3 wird in Abb. VIII,46 wiedergegeben. Aus der

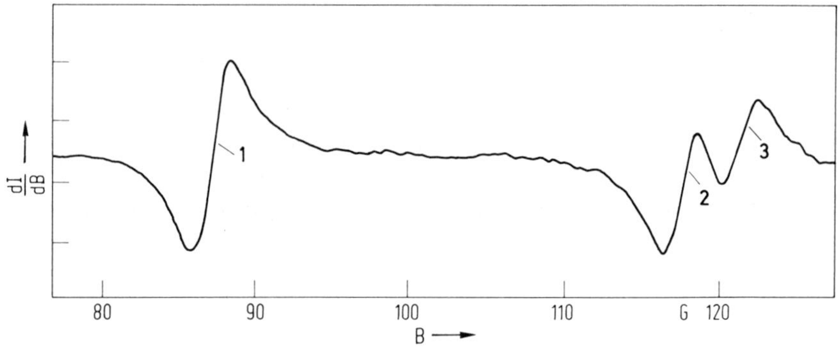

Abb. VIII,46. Für den 6 p$^2P_{3/2}$-Zustand registrierte Levelcrossingsignale. Auf Grund der verwendeten Lock-in-Nachweistechnik (phasenempfindliche Gleichrichtung des durch Magnetfeldmodulation am Photomultiplierausgang entstehenden Signals) wird der Differenzenquotient $\frac{dI}{dB}$ beobachtet.

für die Kreuzungspunkte experimentell bestimmten Feldstärke konnte unter Berücksichtigung von Polarisationseffekten (magnetisch: Core-Polarisation, elektrisch: Sternheimer-Effekt) das spektroskopische Quadrupolmoment des ^{133}Cs-Atomkerns zu

$$Q_I = (-2{,}5 \pm 1{,}3)\ \text{mb}$$

bestimmt werden. Nach dem Schalenmodell werden für den Grundzustand des ^{133}Cs-Atomkerns folgende Besetzungen von Einteilchen-Zuständen angenommen:

Neutronen: $(1h_{11/2})^{12}(2\,d_{5/2})^6$

Protonen: Mischung aus $(1\,g_{7/2})\,(2\,d_{5/2})^4$ und $(1\,g_{7/2})^3\,(2\,d_{5/2})^2$

Der oben genannte Wert für Q_I ist noch ca. 20mal kleiner als nach dem Schalenmodell (siehe Gl. (VIII,)) für 3 $g_{7/2}$-Protonen zu erwarten wäre.

Bei den bisherigen Darstellungen zur magnetischen Hyperfeinstruktur-Wechselwirkung war über den Einfluß der endlichen Größe des Atomkerns keine Aussage gemacht worden. Nach Gl. (VIII,221) sollte man erwarten, daß das Verhältnis der magnetischen Dipol-Wechselwirkungskonstanten für zwei Isotope A_1/A_2 gleich dem Verhältnis der Kern-g_I-Faktoren g_1/g_2 sein sollte. Experimente vor allem mit der Atomstrahlresonanz-Methode zeigen, daß beide Verhältnisse bei den meisten Isotopenpaaren verschieden voneinander sind. Um diesen Unterschied zu erfassen, wird die

Größe ${}_1\Delta_2'$ durch Gl. (VIII,238) definiert und als Hyperfeinstrukturanomalie bezeichnet.

$$ {}_1\Delta_2' = \frac{A_1}{A_2} \frac{g_2}{g_1} - 1 \qquad \text{(VIII,238)} $$

Für den häufig vorliegenden Fall eines Atomhüllendrehimpulses $J = \frac{1}{2}$ läßt sich die Anomalie durch die direkt meßbaren Größen μ_I, I und $\Delta\nu$ (Frequenzabstand der Hfs-Niveaus $F = I + \frac{1}{2}$ und $F = I - \frac{1}{2}$) ausdrücken:

$$ {}_1\Delta_2' = \frac{\Delta\nu_1}{\Delta\nu_2} \left(\frac{I_1}{2I_1 + 1}\right) \left(\frac{2I_2 + 1}{I_2}\right) \frac{\mu_2}{\mu_1} - 1 \qquad \text{(VIII,239)} $$

Bereits die unterschiedliche reduzierte Kernmasse für zwei Isotope führt bei Einelektronenatomen in S-Zuständen zu folgendem theoretischen Ausdruck für das Frequenzverhältnis:

$$ \left(\frac{\Delta\nu_1}{\Delta\nu_2}\right)_{\text{theor.}} = \frac{\mu^2}{\mu_1} \left(\frac{I_1}{2I_1 + 1}\right) \left(\frac{2I_2 + 1}{I_2}\right) \left(\frac{\overline{m}_2}{\overline{m}_1}\right)^3 $$

Die vom Einfluß der reduzierten Masse befreite Anomalie ist dann durch Gl. (VIII,240) definiert

$$ {}_1\Delta_2 = \left(\frac{\Delta\nu_1}{\Delta\nu_2}\right)_{\text{beob.}} \left(\frac{\Delta\nu_2}{\Delta\nu_1}\right)_{\text{theor.}} - 1 \qquad \text{(VIII,240)} $$

wobei durch Konvention unter dem Index 1 das schwerere Isotop verstanden wird. Die Massenabhängigkeit hat nur eine Bedeutung für die leichtesten Kerne, ist also meist $\Delta = \Delta'$. Um den Einfluß der endlichen Größe des Kerns zu bestimmen, sei die Elektronendichte in der Umgebung des Koordinatenursprungs betrachtet. Die Wellenfunktion für ein s-Elektron im Coulomb-Feld eines punktförmigen Kerns lautet:

$$ \psi_s = \frac{2}{\sqrt{4\pi}} \left(\frac{Z}{a_0}\right)^{\frac{3}{2}} \exp\left(-\frac{Zr}{a_0}\right) \qquad \text{(VIII,241)} $$

Durch Reihenentwicklung erhalten wir aus (VIII,241) für die Elektronendichte in Kernnähe:

$$ \rho_e = e\,\psi^*\,\psi \sim \left(1 - 2\frac{Zr}{a_0}\right) $$

Innerhalb einer homogen angenommenen Kernladungsverteilung geht das Coulombpotential in ein Parabelpotential (siehe Abb. VIII,20) über. Für die Wellenfunktion bzw. die Elektronendichte gilt daher jetzt:

$$ r < R \begin{cases} \psi_s \sim \exp\left(-\dfrac{Zr^2}{2a_0 R}\right) \\ \rho_e \sim \left(1 - \dfrac{Zr^2}{a_0 R}\right) \end{cases} \qquad R\text{: Kernradius} $$

Entsprechend der Ableitung für den A-Faktor eines s-Elektrons und unter der Annahme einer homogenen magnetischen Dipolverteilung sollte sich die magnetische Dipolwechselwirkung um den Faktor $(1 - \epsilon)$ mit

$$\epsilon \approx \left(\frac{Z R}{a_0}\right) \left\langle \frac{r^2}{R^2} \right\rangle \tag{VIII,242}$$

vermindern, wenn ϵ wie folgt definiert wird:

$$\psi_s^2(0)(1 - \epsilon) \sim \psi_s^2(0) \int \left(1 - \frac{Z}{a_0} \frac{r^2}{R}\right) r^2 \, \mathrm{d} r$$

Für eine homogene Verteilung des magnetischen Moments über das Kernvolumen ist $\left\langle \frac{r^2}{R^2} \right\rangle = \frac{3}{5}$ und man erhält z. B. für Rb mit $R = 1{,}2\, A^{\frac{1}{3}}$, $\epsilon \approx 0{,}4\%$. Die Anomalie kann durch die Werte von ϵ für zwei Isotope ausgedrückt werden:

$$\frac{A_1}{A_2} = \frac{\mu_1 I_2 (1 - \epsilon_1)}{I_1 \mu_2 (1 - \epsilon_2)} = \frac{g_1}{g_2} \frac{(1 - \epsilon_1)}{(1 - \epsilon_2)}$$

$${}_1\Delta_2 = \frac{A_1}{A_2} \frac{g_2}{g_1} - 1 \approx \epsilon_2 - \epsilon_1$$

Bei homogener Dipoldichte würde der Volumeneffekt bei schweren Kernen zu einer Anomalie in der Größenordnung von $\Delta \approx 10^{-4}$ führen. Tatsächlich werden jedoch zum Teil erheblich größere Anomalien beobachtet, was dadurch gedeutet werden kann, daß die Verteilung der Magnetisierung über das Kernvolumen von Isotop zu Isotop auf Grund unterschiedlicher Nukleonenkonfigurationen und Nukleonenkopplungen starken Veränderungen unterliegt. Die erste theoretische Interpretation der Anomalie wurde von A. Bohr und V. F. Weisskopf [48] gegeben. Im Rahmen der Entwicklung des Schalenmodells ist die Theorie durch eine Arbeit von H. H. Stroke und R. J. Blin–Stoyle [49] unter Einbeziehung der Mischung von Nukleonenkonfigurationen sehr verbessert worden. Die Tab. VIII,13 gibt eine Gegenüberstellung von einigen gemessenen und nach der eben zitierten Arbeit berechneten Hfs-Anomalien.

Tab. VIII,13. Hyperfeinstrukturanomalien aus Experiment und Theorie für $^2S_{1/2}$-Grundzustände

Isotopenpaar	Experiment ${}_1\Delta_2$ in %	Theorie ${}_1\Delta_2$ in %
$^{1,2}H$	- 0,01718 (1)	
$^{6,7}Li$	+ 0,0108 (2)	
$^{39,41}K$	- 0,234 (30)	- 0,25 (3)
$^{63,65}Cu$	+ 0,0152 (18)	0,00 (2)
$^{85,87}Rb$	+ 0,35137 (7)	+ 0,332 (16)
$^{133,135}Cs$	+ 0,037 (9)	+ 0,068 (25)
$^{135,137}Cs$	- 0,020 (9)	- 0,026 (25)

4. Die Kernkräfte

Die einfachsten Objekte, an denen man in der Kernphysik die Natur der Kernkräfte erforschen kann, sind die drei möglichen Zwei-Nukleonen Systeme Diproton, Deuteron und Dineutron. Von diesen hat nur das Deuteron einen gebundenen Zustand, Diproton und Dineutron müssen als Streuzustände realisiert werden. Die für die Zwei-Nukleonen-Systeme beobachtbaren Größen sind im wesentlichen die Grundeigenschaften des Deuterons sowie die differentiellen Streuquerschnitte und Polarisationsgrade als Funktion des Streuwinkels und der Energie. Die genauesten Daten stammen aus pp- und np-Streuexperimenten, wogegen die sehr wichtigen pn- und nn-Experimente schwerer zu analysieren sind, da es keine reinen Neutronentargets gibt und der Einfluß der stets vorhandenen Protonen abgezogen werden muß. Oberhalb von 300 MeV werden die NN-Streuprozesse durch das Einsetzen von π Mesonen-Produktion inelastisch. Wir wenden uns zunächst dem Deuteron zu.

Das Deuteron

Über seine Grundeigenschaften sind die folgenden experimentellen Resultate bekannt. Die Masse des Deuterons von m_d = 2,0135 u wurde massenspektroskopisch bestimmt.

Der Kerndrehimpuls beträgt $I = 1$. Er läßt sich aus der Struktur des Spektrums von Übergängen, die bei der Anwendung von interferenzoptischen, Hochfrequenz- oder Mikrowellenmethoden erhalten werden, ableiten.

Der sehr genaue Wert von μ_d = 0,857393 für das magnetische Moment des Deuterons entstammt Kernresonanzuntersuchungen und ist mit den Momenten freier Nukleonen nach Tab. VIII,2 zu vergleichen.

Das von Kellog und Mitarbeitern [50] in den Jahren 1939/40 am D_2-Molekül mit einer Molekülstrahlresonanzapparatur beobachtete Spektrum konnte dadurch erklärt werden, daß dem Deuteron neben dem magnetischen Moment ein kleines elektrisches Quadrupolmoment von Q_d = 0,00282b zugeschrieben wird.

Über die Größe des Deuterons haben die von Hofstadter und Mitarbeitern in Abschnitt VIII,3 beschriebenen Elektronenstreuexperimente Aufschluß gegeben. Die Wurzel aus dem mittleren quadratischen elektromagnetischen Radius (rms) beträgt 2,1 F. Der rms-Radius für das Proton ist dagegen nur 0,8 F. Die Bindungsenergie ist direkten Messungen zugänglich. Sie kann entweder durch die Bestimmung der zur Photospaltung des Deuterons ($d + \gamma \rightarrow n + p$) erforderlichen γ-Energie oder aus der Messung der Wellenlänge von γ-Strahlung, die beim Einfang von Neutronen durch Protonen entsteht, gewonnen werden. Ein Experiment vom zweiten Typ wurde von Kazi, Rasmussen und Mark [51] am 1 MW Forschungsreaktor des Massachusetts Institute of Technologie durchgeführt. Die Abb. VIII,47 zeigt den prinzipiellen Aufbau dieses Experiments. Einfluß thermalisierter Neutronen ($E < 1$ eV) mit $2{,}5 \cdot 10^{12}$ n $\cdot$ cm^{-2} s^{-1} durchsetzt einen Polyäthylen-Block als protonenhaltiges Target. Die beim Neutronen-Einfang emittierten γ-Quanten verlassen durch einen Bleikollimator den Reaktor und werden in einem Quarzspektrographen vom Cauchois-Typ analysiert. Wesentlicher Bestandteil dieses

Spektrographen, der auch bei der Untersuchung von Röntgenstrahlen vielfach eingesetzt wird, ist ein gebogener Quarzkristall mit 6 m Krümmungsradius, an dessen (310)-Ebenen die γ-Strahlung nach dem Bragg'schen Gesetz reflektiert und auf photographische Schichten fokussiert wird, die auf einem Kreis von R = 3 m Radius befestigt sind. Der direkte γ-Strahl wird, wie in Abb. VIII,47 angedeutet, abgeblendet. Der Spektrograph

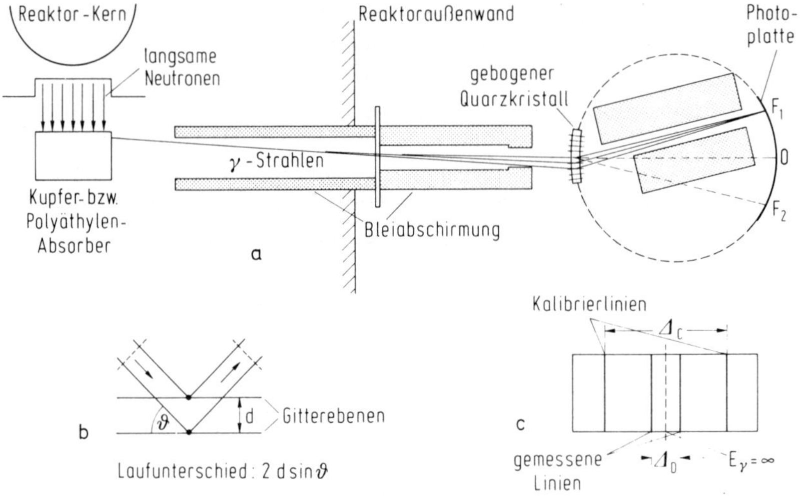

Abb. VIII,47. Schematische Darstellung des Neutroneneinfangexperiments (a) zur Bestimmung der Bindungsenergie des Deuterons. Die resultierende γ-Strahlung wird in einem Quarzspektrographen unter Ausnutzung der Bragg'schen Reflexion (b) analysiert. Die Photoplatte (c) zeigt wegen der vorgenommenen Drehung des Spektrographen je zwei Linien für die p(n, γ) d-Strahlung und die Vernichtungsstrahlung zur Kalibrierung.

kann um die Achse durch das Zentrum des Kristalls und durch 0 um 180° gedreht werden. Dadurch werden die Gitterebenen auf der anderen Seite von der γ-Strahlung beleuchtet und es entsteht ein Bild bei F'. Nach dem Bragg'schen Gesetz gilt (siehe Abb. VIII,47)

$$2\,d \sin \vartheta = n\,\lambda\,,$$

wobei d der sehr genau bekannte Abstand der (310)-Ebenen in Quarz ist. Im Experiment wurden nur Reflexionen in 1. Ordnung (n = 1) beobachtet. Nach Abb. VIII,47 gilt für den Winkel ϑ:

$$\vartheta = \frac{\mathrm{F\,F'}}{4R}$$

Die zu bestimmende γ-Energie (in eV) läßt sich durch die Spektrographenkonstanten d und R sowie durch die Meßgröße F F' ausdrücken:

$$E_\gamma = \frac{h\,c}{e\,\lambda} = \frac{h\,c}{2\,e\,d \sin \vartheta} \approx \frac{2\,R\,h\,c}{\widehat{\mathrm{F\,F'}}\,e\,d}\,, \qquad E_\gamma \text{ in eV}$$

In dem Experiment der oben genannten Autoren wurde jedoch die sehr genau bekannte Energie der Positron-Elektron-Vernichtungsstrahlung von E_c = (0,510976 ± 0,000007) MeV benutzt, um das Spektrometer zu eichen. Zu diesem Zweck wurde an Stelle des Polyäthylen-Körpers ein gleich großer Kupferblock dem Neutronenfluß ausgesetzt. Durch Neutroneneinfang bildet sich aus dem mit 69,09% in natürlichem Kupfer vertretenen Cu^{63} der Positronenstrahler Cu^{64}, der eine Halbwertszeit von 12,8 h besitzt. Die Positronen zerstrahlen mit den reichlich vorhandenen Elektronen und ergeben eine starke γ-Aktivität von in diesem Fall ca. 30 Curie. Diese hohe Aktivität ist erforderlich, da das Spektrometer eine sehr geringe Transmission hat. Auf der Photoemulsion entsteht durch das Auswechseln der Targets neben der zu untersuchenden Linie eine Linie bei größeren Winkeln für die Kalibrierstrahlung. Durch Drehen des Spektrographen ergibt sich die in Abb. VIII,47 dargestellte Linienverteilung, aus der sich die Bindungsenergie des Deuterons durch die einfache Relation (VIII,243) berechnen läßt:

$$B_d = E_c \frac{\Delta_c}{\Delta_d} \tag{VIII,243}$$

Das Resultat ist zunächst: B_d = (2224,2 ± 1,5) keV. Es muß noch bezüglich des Rückstoßes, den der Deuteriumkern erhält, korrigiert werden:

$$B_d = E_\gamma + E_{\text{Rückstoß}}$$

Wegen $p_\gamma = \frac{h\nu}{c} = \frac{E_\gamma}{c}$ gilt für die Rückstoßenergie:

$$E_{\text{Rückstoß}} = \frac{p^2}{2\,m_d} = \frac{E_\gamma}{2\,m_d\,c^2} = \frac{2{,}225^2}{2 \cdot 1875} = 1{,}3 \cdot 10^{-3}\ \text{MeV}$$

Das Endresultat für die Bindungsenergie des Deuterons ist daher:

$$B_d = (2225{,}5 \pm 1{,}5)\ \text{keV}$$

Wir wollen darangehen, einige Aussagen über die Form der Nukleon-Nukleon-Wechselwirkung aus den experimentell bestimmten Grundeigenschaften des Deuterons zu gewinnen. Der Einfachheit halber sei zunächst angenommen, daß das Wechselwirkungspotential zwischen Proton und Neutron auf der Verbindungslinie zwischen beiden Teilchen wirkt und nur vom relativen Abstand abhängt, d. h. ein Zentralpotential ist. Für das Deuteron hat die stationäre Schrödingergleichung die Form:

$$\left[-\frac{\hbar^2}{2\,m_p}\,\Delta^{(p)} - \frac{\hbar^2}{2\,m_n}\,\Delta^{(n)} + V(|r_p - r_n|)\right]\Psi = E\,\Psi \tag{VIII,244}$$

Der Spin der Nukleonen wird später berücksichtigt. Da nur die Relativbewegung interessiert, ist es zweckmäßig, durch Transformation auf Schwerpunkts- und Relativkoordinaten

$$R_S = \frac{1}{m_n + m_p} (m_p r_p + m_n r_n), \quad r = r_p - r_n$$

die Schwerpunktsbewegung abzutrennen.

Man kann zeigen, daß zur Trennung der Variablen ein Produktansatz für die Gesamtwellenfunktion gerechtfertigt ist.

$$\Psi(r_p, r_n) = \varphi(R_S) \cdot \psi(r)$$

$\varphi(R_S)$ beschreibt die freie Bewegung des Deuteronen-Schwerpunkts und $\psi(r)$ die Relativbewegung von Proton und Neutron als Bewegung eines Teilchens mit der reduzierten Masse m_{red} im Zentralpotential:

$$-\frac{\hbar^2}{2\,m_{red}} \Delta_{Rel}\,\psi + V(r)\,\psi = E_{Rel}\,\psi \qquad \text{(VIII,245)}$$

Die Lösungen ψ von (VIII,245) sind für ein Zentralpotential simultane Eigenfunktionen zu $\hat{H}$ sowie $\hat{l}^2$ und $\hat{l}_z$ (siehe Abschnitt VIII,2):

$$\psi = R_{nl}(r)\, Y_{l,m}(\vartheta, \varphi) \qquad \text{(VIII,246)}$$

Durch den Ansatz (VIII,246) wird die Schrödingergleichung (VIII,245) auf eine Differentialgleichung für den Radialteil reduziert, die durch die Substitution $R_{nl}(r) = \frac{1}{r}\, u_{nl}(r)$ auf eine eindimensionale Schrödingergleichung mit einem Zentralpotential $V'(r)$ führt, das nur durch die Summe aus Wechselwirkungspotential und Zentrifugalpotential gebildet wird:

$$V'(r) = V(r) + \frac{\hbar^2\, l(l+1)}{2\,m_{red}\, r^2} \qquad \text{(VIII,247)}$$

$$-\frac{\hbar^2}{2\,m_{red}} \frac{d^2 u_{nl}}{d r^2} + [V(r) + \frac{\hbar^2\, l(l+1)}{2\,m_{red}\, r^2}]\, u_{nl} = E\, u_{nl}$$

Für $l \geqslant 1$ wirkt das Zentrifugalpotential abstoßend, d. h., es drängt die Wellenfunktion vom Ursprung $r = 0$ weg. Zustände mit $l > 0$ sind schwächer gebunden als solche mit $l = 0$, für die das Zentrifugalpotential wegfällt. Aus diesem Grund ist für ein beliebiges Zwei-Teilchen-System mit anziehendem Zentralpotential der tiefste Energiezustand (Grundzustand) stets ein S-Zustand. So beträgt z. B. das Zentrifugalpotential $V_{ZP}(r)$ für $l = 1$, $2\,m_{red} \approx 940\,\frac{\text{MeV}}{c^2}$ und $r = 2$ F ($\hbar c = 197{,}5$ MeV · F) $V_{ZP} = 21{,}3$ MeV!

Um einen Eindruck von der Tiefe des Potentials $V(r)$ bei einer realistischen Annahme über die Reichweite der Kernkräfte zu gewinnen, setzen wir für $V(r)$ ein Kastenpotential an: (Abb. VIII,48)

$$V(r) = \begin{cases} -V_0 & r \leqslant R \\ 0 & r > R \end{cases}$$

Aus (VIII,247) ergeben sich hiermit zwei einfache Differentialgleichungen für den Fall $l = 0$:

$$\frac{d^2 u_1}{d r^2} + \kappa^2 u_1 = 0, \qquad r \leqslant R, \qquad \kappa = \sqrt{\frac{2 m_{\text{red}}}{\hbar^2} (V_0 - |E|)}$$

$$\frac{d^2 u_2}{d r^2} + \gamma^2 u_2 = 0, \qquad r > R, \qquad \gamma = \sqrt{\frac{2 m_{\text{red}}}{\hbar^2} |E|} \tag{VIII,248}$$

Die Randbedingung, die $u_1(r)$ bei $r = 0$ erfüllen muß, ergibt sich aus der Forderung, daß ψ für $r \to 0$ endlich bleiben soll, dies verlangt wegen $R(r) = \frac{1}{r} u_1(r)$ $u_1 \to 0$ für $r \to 0$.

Die allgemeine Lösung im Gebiet $r \leqslant R$ ist:

$$u_1(r) = \alpha \exp(i \kappa r) + \beta \exp(-i \kappa r)$$

Wegen $u_1 \to 0$ für $r \to 0$ muß $\alpha = -\beta$ sein:

$$u_1(r) = A \sin \kappa r \tag{VIII,249}$$

Die allgemeine Lösung für $r > R$ lautet:

$$u_2(r) = Be^{\gamma r} + Ce^{-\gamma r}$$

Da ψ für $r \to \infty$ beschränkt bleiben soll, muß $B = 0$ gelten.

$$u_2(r) = C e^{-\gamma r} \tag{VIII,250}$$

Von der Lösung ψ und ihrer Ableitung muß man außerdem verlangen, daß sie überall im Raum, also auch an der Stelle eines Potentialsprungs wie bei $r = R$ stetig sind. Dies stellt sicher, daß die Aufenthaltswahrscheinlichkeitsdichte $\psi \psi^*$ und die Stromdichte $j = \frac{i\hbar}{2m} (\psi \; \nabla\psi^* - \psi^* \; \nabla\psi)$ überall stetig sind. Es ergeben sich danach folgende Anschlußbedingungen an der Stelle $r = R$:

$$u_1(r) = u_2(r)|_{r=R}, \qquad \frac{d u_1(r)}{d r} = \frac{d u_2(r)}{d r}\bigg|_{r=R}$$

$$A \sin \kappa R = C \exp(-\gamma R), \qquad A \kappa \cos \kappa R = -C \gamma \exp(-\gamma R)$$

Die Zusammenfassung beider Gleichungen ist eine Bestimmungsgleichung für die möglichen Energieniveaus mit $l = 0$ im Potentialtopf, die sich beispielsweise graphisch lösen läßt:

$$\kappa \operatorname{cotg} \kappa R = -\gamma \quad \text{oder} \quad \sin \kappa R = \pm \sqrt{\frac{\hbar^2}{2\, m_{red}\, R^2\, V_0}}\, \kappa R \quad . \qquad \text{(VIII,251)}$$

Setzen wir für E die Bindungsenergie des Deuterons im Grundzustand ein: $E_d = -2{,}225$ MeV, so erhalten wir aus (VIII,251) folgende Beziehung zwischen Tiefe und Radius des Potentialtopfs:

$$\operatorname{cotg} \sqrt{\frac{2\, m_{red}\, (V_0 - |E_d|)\, R^2}{\hbar^2}} = -\sqrt{\frac{|E_d|}{V_0 - |E_d|}} \qquad \text{(VIII,252)}$$

Mit der Comptonwellenlänge $\lambda_\pi = \frac{\hbar}{m_\pi c} = 1{,}4$ F des π-Mesons als Reichweite ergibt sich für die Tiefe des Potentials $V_0 \approx 60$ MeV. Da offensichtlich $|E_d| \ll V_0$ gilt, liegt in Gleichung (VIII,252) das Argument des cotg nache bei $\frac{\pi}{2}$, so daß $V_0 = (\frac{\pi}{2})^2 \frac{h^2}{2\, m_{red}\, R^2}$ gilt. Eine Untersuchung von (VIII,252) mit $V_0 = 60$ MeV und $R = 1{,}4$ F zeigt, daß ein weiterer gebundener Zustand nicht existiert.

Abb. VIII,48 zeigt den Potentialverlauf für das behandelte Deuteronenmodell und darüber den Verlauf der Radialwellenfunktion $u(r)$. Es ist üblich, als Deuteronenradius

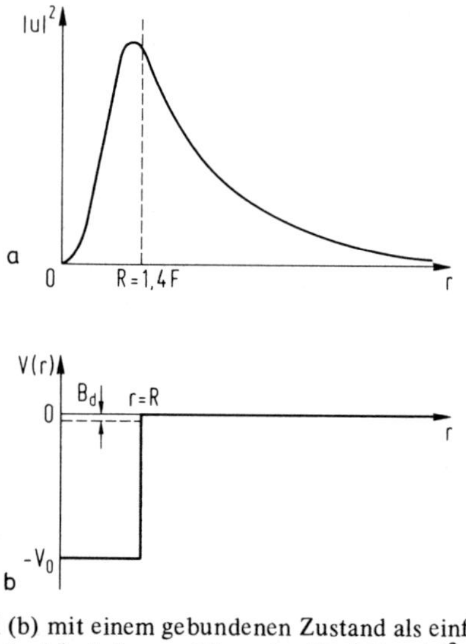

Abb. VIII,48. Kastenpotential (b) mit einem gebundenen Zustand als einfachsten Ansatz für das Deuteron. Darüber (a) Ortsabhängigkeit der resultierenden Funktion $|u|^2$. $|u|^2$ dr ist die Wahrscheinlichkeit dafür, das Neutron in der Entfernung r vom Proton zwischen r und r + dr anzutreffen.

denjenigen Abstand zu definieren, bei dem die Wellenfunktion $u(r)$ auf ein e-tel abgefallen ist, also nach (VIII,248) und (VIII,250) $R_d = \frac{1}{\gamma} = 4{,}3$ F. Dies ist ein im Vergleich zur Reichweite von 1,4 F großer Wert. Man kann errechnen, daß sich Proton und Neutron den größeren Teil der Zeit außerhalb der Reichweite der Kernkräfte aufhalten! Das Deuteron ist daher als ein sehr lose gebundenes Gebilde anzusehen, wie schon in der geringen Bindungsenergie zum Ausdruck gekommen war. Auch bei Verwendung eines realistischeren Potentials, etwa des Yukawapotentials $V(r) = -V_0 \frac{1}{\mu r} \exp(-\mu r)$, ergibt sich nichts prinzipiell Neues. Für $R = 1{,}4$ F ist hier $V_0 \approx 50$ MeV, und die Wellenfunktion hat eine ähnliche Form wie beim Kastenpotential.

Im folgenden sollen der Nukleonenspin und Isospin Berücksichtigung finden. Da die Nukleonen im Relativsystem des Deuterons einen S-Zustand bilden, kann der beobachtete Drehimpuls $I = 1$ nur durch Kopplung der beiden Nukleonenspins $s = \frac{1}{2}$ zum Gesamtdrehimpuls $I = S = 1$ gedeutet werden. Nach der Bezeichnungsweise in der Atom- und Kernspektroskopie befindet sich das Deuteron in einem $^3S_1$-Zustand. Die Gesamtwellenfunktion kann wegen $l = 0$ als Produkt aus Orts- und Spin-Anteil dargestellt werden:

$$\psi = \frac{1}{r} u(r)\, Y_{0,0}\, \chi_{1,m_s}(s_n, s_p) \qquad \text{(VIII,253)}$$

Zum resultierenden Spin $S = 1$ gibt es entsprechend den drei möglichen Einstellungen zu einer ausgezeichneten Richtung im Raum drei Spineigenfunktionen:

$$\chi_{1,1} = \chi_{\frac{1}{2},\frac{1}{2}}(\mathrm{n})\, \chi_{\frac{1}{2},\frac{1}{2}}(\mathrm{p})$$

$$\chi_{1,0} = \frac{1}{\sqrt{2}} \left(\chi_{\frac{1}{2},\frac{1}{2}}(\mathrm{n})\, \chi_{\frac{1}{2},-\frac{1}{2}}(\mathrm{p}) + \chi_{\frac{1}{2},\frac{1}{2}}(\mathrm{p})\, \chi_{\frac{1}{2},-\frac{1}{2}}(\mathrm{n})\right)$$

$$\chi_{1,-1} = \chi_{\frac{1}{2},-\frac{1}{2}}(\mathrm{n})\, \chi_{\frac{1}{2},-\frac{1}{2}}(\mathrm{p})$$

Wir können jetzt die Frage beantworten, welcher der in Tab. VIII,5 aufgeführten Isospinzustände in der Natur realisiert ist.

Das verallgemeinerte Pauliprinzip verlangt eine gegenüber der Vertauschung aller Teilchenkoordinaten antisymmetrische Wellenfunktion. Da Orts- und Spin-Funktion symmetrisch sind, muß die Isospinfunktion antisymmetrisch sein, d. h. ein Ladungssingulett-Zustand vorliegen:

$$\eta_{0,0} = \frac{1}{\sqrt{2}} \left(\eta_{\frac{1}{2},\frac{1}{2}}(1)\, \eta_{\frac{1}{2},-\frac{1}{2}}(2) - \eta_{\frac{1}{2},-\frac{1}{2}}(1)\, \eta_{\frac{1}{2},\frac{1}{2}}(2)\right)$$

Die vollständige Deuteronengesamtwellenfunktion im Potentialtopfmodell lautet daher:

$$\psi = \begin{cases} \mathrm{A}\, \dfrac{\sin \kappa r}{r}\, \mathrm{Y}_{0,0}\, \chi_{1,m_s}\, \eta_{0,0}, & m_s = 0, \pm 1,\ r \leqslant R \\[2ex] \mathrm{C}\, \dfrac{1}{r} \exp(-\gamma r)\, \mathrm{Y}_{0,0}\, \chi_{1,m_s}\, \eta_{0,0}, & m_s = 0, \pm 1,\ r > R \end{cases}$$

Wenn die Kernkräfte von der relativen Stellung der Nukleonenspins unabhängig wären, sollte man beim Deuteron auch einen $^1S_0$-Zustand mit derselben Energie wie sie der $^3S_1$-Zustand hat erwarten können. Da ein solcher Zustand nicht gefunden wurde, bedeutet dies, daß die Kernkräfte spinabhängig sind. Die Singulett-Wechselwirkung ist, wenn überhaupt bindend, auf jeden Fall um so viel schwächer als die Triplettwechselwirkung, daß ein gebundener $^1S_0$-Zustand nicht auftritt. Der einfachste Ansatz für eine spinabhängige Wechselwirkung hat, wie in Gl. (VIII,71) angegeben, bei Erhaltung der Austauschsymmetrie die Form (VIII,256), so daß wir es insgesamt

$$V_S(r) \cdot (\hat{s}_1 \cdot \hat{s}_2) \tag{VIII,256}$$

immer noch mit einem Zentralpotential

$$V(\vec{r}) = V_0(r) + V_S(r)\,(\hat{s}_1 \cdot \hat{s}_2) \tag{VIII,257}$$

zu tun haben. Wegen $\hat{s} = \hat{s}_1 + \hat{s}_2$ gilt $\hat{s}^2 = \hat{s}_1^2 + 2(\hat{s}_1 \cdot \hat{s}_2) + \hat{s}_2^2$ also $(\hat{s}_1 \cdot \hat{s}_2) = $
$= \frac{1}{2}(s^2 - s_1^2 - s_2^2)$.

Für die Spinerwartungswerte ergibt sich:

$$\langle {}^3S_1 | (\hat{s}_1 \cdot \hat{s}_2) | {}^3S_1 \rangle = \frac{1}{4}\hbar^2 \tag{VIII,258}$$

$$\langle {}^1S_0 | (\hat{s}_1 \cdot \hat{s}_2) | {}^1S_0 \rangle = -\frac{3}{4}\hbar^2$$

Das Wechselwirkungspotential im Spin-Triplett- bzw. Spin-Singulett-Zustand kann mit (VIII,258) und (VIII,257) daher folgendermaßen geschrieben werden:

$$V_{\text{Singl.}} = V_0(r) - \frac{3}{4}\hbar^2\, V_S$$

$$V_{\text{Tripl.}} = V_0(r) + \frac{\hbar^2}{4}\, V_S$$

Das Potentialtopfmodell muß entsprechend modifiziert werden:

$$V_{\text{Tripl.}} = V_0(r) + \frac{\hbar^2}{4} V_S(r) = \begin{cases} -V_0, & r \leqslant R \\ 0, & r > R \end{cases}$$

$$V_{\text{Singl.}} = V_0(r) - \frac{3}{4}\hbar^2 V_S(r) = \begin{cases} -V_0 - \hbar^2 V_S(r), & r \leqslant R \\ 0 & r > R \end{cases}$$

Aus den Eigenschaften des Deuterons läßt sich keine Aussage über die Tiefe des Singulett-Potentials gewinnen. Auskünfte können darüber erst Streuexperimente liefern.

Zur Überprüfung der über das Deuteron gewonnenen Vorstellungen kann der Radius der Ladungsverteilung $\sqrt{\langle r_d^2 \rangle}$ herangezogen werden. Dazu ist der Erwartungswert für das Abstandsquadrat zum d-Schwerpunkt mit den Lösungen nach Gleichung (VIII,255) zu ermitteln. Da r den Abstand von Proton und Neutron bezeichnet, muß der Erwartungswert für $(\frac{r}{2})^2$ gebildet werden:

$$\langle r_d^2 \rangle = \frac{A^2}{4} \int_0^R r^2 \sin^2 \kappa r \, d r + \frac{C^2}{4} \int_R^\infty r^2 e^{-2\gamma r} \, d r \qquad \text{(VIII,256)}$$

Die Integrale in (VIII,256) lassen sich leicht berechnen, und das Resultat ist unter Verwendung von (VIII,248) sowie unter Berücksichtigung der endlichen Ausdehnung des Protons:

$$\langle r_d^2 \rangle = \frac{1}{8\gamma^2} - \frac{1}{8\kappa^2} + \frac{R(1+\gamma R)}{8\gamma} - \frac{\gamma R^3}{24(1+\gamma R)} + \langle r_p^2 \rangle, \quad \sqrt{\langle r_d^2 \rangle} = 2{,}2 \text{ F} \qquad \text{(VIII,257)}$$

in guter Übereinstimmung mit dem experimentell durch Elektronenstreuung bestimmten Wert von $\sqrt{\langle r_d^2 \rangle} = 2{,}18$ F. Man muß jedoch beachten, daß $\sqrt{\langle r_d^2 \rangle}$ nur wenig empfindlich gegenüber der Reichweite R ist, da der Hauptbeitrag in (VIII,257) von $\frac{1}{8\gamma^2}$ geliefert wird, der nur von der Bindungsenergie abhängt.

Weitreichendere Schlüsse lassen sich bei der Deutung der beobachteten Multipolmomente μ_d und Q_d gewinnen. Wäre der Grundzustand des Deuterons, wie bisher angenommen, ein reiner $^3S_1$-Zustand, dann dürfte kein Quadrupolmoment auftreten, da der Erwartungswert für den Quadrupoloperator $\hat{Q}_q^2$ verschwindet:

$$Q_d = \langle ^3S_1 | \hat{Q}_0^2 | ^3S_1 \rangle \equiv 0$$

Die Ladungsverteilung in einem $^3S_1$-Zustand ist kugelsymmetrisch. Tatsächlich wird aber ein Quadrupolmoment beobachtet, daß wegen $\frac{Q_d}{e R^2} \approx 0{,}02$ eine geringe Abweichung der Deuteronenladungsverteilung von der Kugelsymmetrie anzeigt. Offenbar muß es nichtzentrale Anteile in der NN-Wechselwirkung geben, die dem $^3S_1$-Grundzustand einen anderen Zustand mit nichtsphärischer Ladungsverteilung zumischen. Dabei muß es sich um einen Zustand mit gleicher Parität und gleichem Gesamtdrehimpuls handeln, wenn wir Paritätserhaltung und Rotationsinvarianz für die starke Wechselwirkung zugrunde legen. Der energetisch günstigste Zustand, der dieser Forderungen genügt, ist ein $^3D_1$-Zustand. Die d-Wellenfunktion kann als Linearkombination (VIII,258) aus $^3S_1$- und $^3D_1$-Zustand dargestellt werden.

$$\psi_d = \alpha_S \, \psi(^3S_1) + \alpha_D \, \psi(^3D_1) \qquad \text{(VIII,258)}$$

$$\alpha_S^2 + \alpha_D^2 = 1, \qquad \left|\frac{\alpha_S}{\alpha_D}\right| \gg 1$$

Danach hält sich das Deuteron $100\,\alpha_D^2$ % seiner Zeit in einem $^3D_1$-Zustand auf. Wir wollen die Mischungsamplituden aus dem beobachteten magnetischen Moment abschätzen, denn für einen reinen $^3S_1$-Zustand sollte das magnetische Moment gleich der Summe aus Proton- und Neutron-Moment sein:

magnetisches Moment des Protons:	2,79275
magnetisches Moment des Neutrons:	- 1,91350
Summe:	0,87925
magnetisches Moment des Deuterons:	0,85735
Differenz:	0,0219

Bei dieser Bilanz der magnetischen Momente müßte man z. B. unter anderem berücksichtigen, daß sich die „Mesonenwolken" von Neutron und Proton gegenseitig beeinflussen und schon aus diesem Grunde eine Diskrepanz zu erwarten wäre.

Der Operator für das magnetische Moment des Deuterons ist:

$$\hat{\mu}_d = \mu_N \frac{1}{\hbar} \left(\frac{1}{2} \hat{l}_z(p) + g_s(p)\, \hat{s}_z(p) + g_s(n)\, \hat{s}_z(n)\right) \tag{VIII,259}$$

Der Faktor $\frac{1}{2}$ vor $\hat{l}_z(p)$ tritt auf, da der Radiusvektor des Protons bezüglich des Schwerpunkts, worauf wir den Drehimpuls beziehen wollen, $\frac{r}{2}$ ist. μ_d ist dann durch den Erwartungswert im Zustand $m = I$ nach Gl. (VIII,260) gegeben:

$$\mu_d = \langle \psi_d(m = I) | \hat{\mu}_d | \psi_d(m = I) \rangle = \tag{VIII,260}$$

$$= \mu_N \left[\frac{1}{2} (g_s(p) + g_s(n))\, \alpha_S^2 + \frac{1}{4} (3 - (g_s(p) + g_s(n))\, \alpha_D^2\right]$$

Mit $g_s(p) = 5{,}59$ und $g_s(n) = -3{,}83$ wird $\mu_d = \mu_N(0{,}8797\, \alpha_S^2 + 0{,}3101\, \alpha_D^2)$ und aus (VIII,260) wird schließlich unter Verwendung von $\alpha_S^2 + \alpha_D^2 = 1$, $\alpha_D^2 = 0{,}039$. Man kann also das beobachtete magnetische Moment durch eine D-Zumischung von 3,9% auf Grund eines nichtzentralen Anteils in der NN-Wechselwirkung erklären.

Das Quadrupolmoment sollte eine Bestimmung der D-Zumischung unbeeinträchtigt von Korrekturen ermöglichen, jedoch gehen in diesem Falle die Radialwellenfunktionen explizit in die Rechnungen ein, da der Quadrupoloperator von r^2 abhängt.

$$\hat{Q}_0^2(d) = 4\sqrt{\frac{\pi}{5}} \left(\frac{r}{2}\right)^2 Y_{2,0}(\vartheta, \varphi) \tag{VIII,261}$$

$$Q_d = \langle \alpha_S\, \psi(^3S_1) + \alpha_D\, \psi(^3D_1) | \hat{Q}_0^2(d) | \alpha_S\, \psi(^3S_1) + \alpha_D\, \psi(^3D_1) \rangle_{m=I}$$

$$\psi(^3D_1, m = I) = \frac{1}{r} u_D(r) \left[\sqrt{\frac{3}{5}}\, Y_{2,2}\, \chi_{1,-1} - \sqrt{\frac{3}{10}}\, Y_{2,1}\, \chi_{1,0} + \sqrt{\frac{1}{10}}\, Y_{2,0}\, \chi_{1,1}\right]$$

Unter Ausnutzung von (VIII,262) ergibt sich

$$\int\int Y^*_{l_1,m_1} Y_{l_2,m_2} Y_{l_3,m_3} \sin\vartheta \, d\vartheta \, d\varphi = \tag{VIII,262}$$

$$= (-1)^{m_1} \sqrt{\frac{(2l_1+1)(2l_2+1)(2l_3+1)}{4\pi}} \begin{pmatrix} l_1 & l_2 & l_3 \\ 0 & 0 & 0 \end{pmatrix} \begin{pmatrix} l_1 & l_2 & l_3 \\ -m_1 & m_2 & m_3 \end{pmatrix}$$

folgender Ausdruck für Q_d:

$$Q_d = \frac{\sqrt{2}}{10} \alpha_S \alpha_D \int_0^\infty u_S(r) u_D(r) r^2 \, dr - \frac{1}{20} \alpha_D^2 \int_0^\infty u_D^2(r) r^2 \, dr \tag{VIII,263}$$

Das Vorzeichen von Q_d wird nach Gl. (VIII,263) offensichtlich durch die Interferenz zwischen $^3S_1$- und $^3D_1$-Zustand bestimmt. Eine genaue Berechnung von Q_d ist erst bei Kenntnis der Radialwellenfunktion $u_D(r)$ möglich.

Vor die Frage gestellt, wie die für das Deuteronenquadrupolmoment verantwortliche Wechselwirkung wohl aussehen möge, sei auf die in Abschnitt VIII,2 durchgeführten Symmetriebetrachtungen hingewiesen. Als nichtzentrale Wechselwirkung bietet sich dort die aus den Operatoren $\hat{r}$, $\hat{s}_1$ und $\hat{s}_2$ aufgebaute Tensorwechselwirkung V_T vom Rang 2 an:

$$\hat{V}_{NZ} = -V_T(r)\,\hat{S}_{12} = -V_T(r)\left[3\frac{(\hat{s}_1\cdot\hat{r})(\hat{s}_2\cdot\hat{r})}{r^2} - (\hat{s}_1\cdot\hat{s}_2)\right] \tag{VIII,264}$$

Wir wollen versuchen, das Zustandekommen eines Quadrupolmoments durch Hinzufügen einer Tensorwechselwirkung an einem Deuteronenmodell der klassischen Physik zu erklären. Die Spinvektoren von p und n stehen im Triplett-Zustand parallel zueinander und mögen, wie in Abb. VIII,49 dargestellt, einen Winkel ϑ mit der Nukleonenverbindungslinie bilden. Das Tensorpotential (VIII,264) wird dann zu einem klassischen Potential der Form:

$$V = -V_T(r)\,(3\cos^2\vartheta - 1) \tag{VIII,265}$$

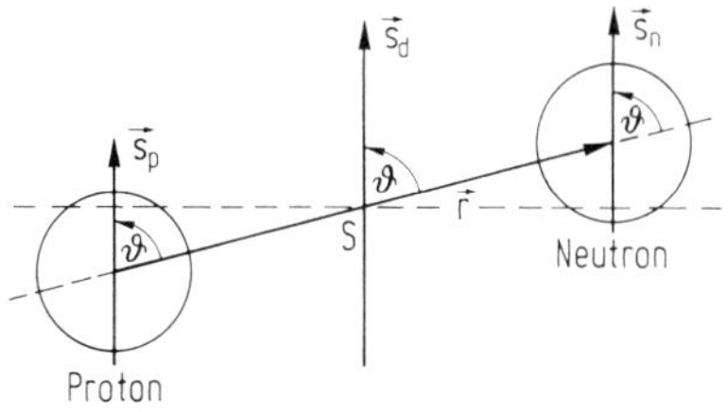

Abb. VIII,49. Spingeometrie in einem Deuteronmodell der klassischen Physik zur Deutung des Quadrupolmoments.

Es nimmt sein Minimum von $-2\,V_T$ für $\vartheta = 0$ und sein Maximum von $+V_T$ für $\vartheta = \frac{\pi}{2}$ an, wenn $V_T(r)$ eine positive Funktion ist. Die dem Potential entsprechende Kraft versucht, die Kernverbindungslinie parallel zum resultierenden Spin zu drehen. Sie führt damit zu einer Erhöhung der Teilchendichte bei $\vartheta = 0$ und π und einer entsprechenden Abnahme bei $\vartheta = \frac{\pi}{2}$. Aus einer isotropen Teilchendichte mit $Q = 0$ für das Zentralpotential entsteht durch Addition eines Potentials, das eine Kopplung der Nukleonenspins an die Nukleonenverbindungslinie bedeutet, eine anisotrope Teilchendichte mit $Q \neq 0$. Da die Richtung des Deuteronenspins diejenige ausgezeichnete Richtung im Raum ist, auf die das Quadrupolmoment bezogen wird ($m_I = I$), ist in Übereinstimmung mit dem Experiment in unserem Modell $Q > 0$.

Eine detaillierte Behandlung des Deuterons wurde von Glendenning und Kramer [52] durchgeführt. Sie erhalten für ein mesonentheoretisches Potential von der Form wie in Gl. (VIII,71) die Werte

$$Q_d = 2{,}818 \text{ mb und } \alpha_D^2 = 0{,}057\ ,$$

die in guter Übereinstimmung mit dem Experiment stehen.

Die Nukleon-Nukleon-Streuung

Die NN-Wechselwirkung erweist sich als so kompliziert, daß erst die Fülle der experimentellen Resultate aus NN-Streuexperimenten zu einer zuverlässigen Festlegung des Potentials führt. Bei diesen Experimenten werden als Funktion der Energie der einfallenden Teilchen der differentielle Streuquerschnitt $\frac{d\sigma}{d\Omega}$, der totale Streuquerschnitt σ und die Polarisation P bestimmt. $\frac{d\sigma}{d\Omega}$ ergibt sich aus der Winkelverteilung der gestreuten Teilchen, während P aus der Verteilung der Spinorientierung im gestreuten Strahl resultiert. Da Messungen im Labor-System vorgenommen werden, Rechnungen sich aber einfacher im Schwerpunkt-System durchführen lassen, soll der Zusammenhang zwischen beiden Systemen aufgezeigt werden. Wird der Massenunterschied von Proton und Neutron vernachlässigt, dann ist die Kinematik bei der elastischen np- bzw. pp-Streuung im Labor- bzw. im Schwerpunktsystem (Center of Mass-System: CM-System) einfach zu übersehen. Die Abb. VIII,50 veranschaulicht an Hand eines Vektormodells den Zusammenhang von Streuwinkeln und Geschwindigkeiten zwischen beiden Systemen. Hat sich das Proton vor der Streuung in Ruhe befunden, dann besitzen vor und nach der Streuung beide Teilchen im CM-System die Geschwindigkeit $\frac{v}{2}$. Aus der Vektoraddition in Abb. VIII,50 ergibt sich für die Streuwinkel (nichtrelativistisch)

$$\vartheta_{Lab} = \frac{1}{2}\,\vartheta_{CM}$$

Da ein Teil der im Labor-System aufgewandten Energie in die Schwerpunktsbewegung eingeht, ist die kinetische Energie im CM-System stets kleiner als die im Labor-System. In dem speziellen Beispiel der pp- bzw. np-Streuung gilt nach Abb. VIII,50:

$$E_{CM} = \frac{1}{2} E_{Lab}$$

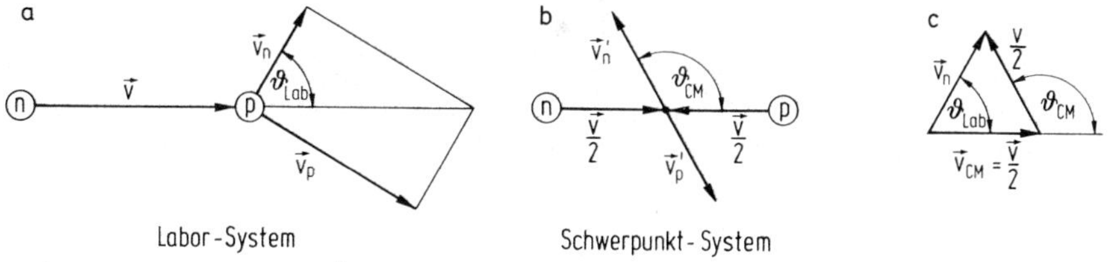

Abb. VIII,50. Vektordiagramm der Geschwindigkeiten für die elastische Streuung eines Neutrons an einem ruhenden Proton.

Bei Nukleon-Nukleon-Stößen werden π-Mesonen erzeugt, wenn die Energie im CM-System die Ruhe-Energie des π-Mesons von $m_\pi c^2 = 135$ MeV, bzw. von 270 MeV im Labor-System überschreitet.

Oberhalb der Schwelle setzt sich der totale Wirkungsquerschnitt aus einem elastischen und einem inelastischen Anteil zusammen, und es wird angezweifelt, ob es überhaupt sinnvoll ist, in diesem Bereich den Potentialbegriff zu verwenden. Im folgenden werden nach einer Einführung in die Grundlagen der quantenmechanischen Streutheorie die experimentellen Resultate der np- und pp-Streuung für $E_{Lab} \lesssim 300$ MeV diskutiert.

Stoßprozesse sind auf Grund der endlichen Größe der Stoßpartner zeitlich begrenzt. Bei einer quantenmechanischen Behandlung der Streuung sollte man daher mit Wellenpaketen rechnen und voraussetzen, daß die Unschärfe des Impulses klein gegen den Impulsbetrag ist. Nach Einlaufen in das Potential wird ein bestimmter Teil des Wellenpakets herausgestreut. Dieser Teil bewegt sich als kugelschalenförmiges Paket vom Streuzentrum weg. Da der rechnerische Umgang mit Wellenpaketen sehr schwierig ist, geht man zum Grenzwert scharfer Energie über und arbeitet mit ebenen Wellen. Die experimentellen Bedingungen lassen sich so einrichten, daß der Ansatz einer einlaufenden ebenen Welle

$$\Psi_{Ein} = A \exp[i(\frac{1}{\hbar} \boldsymbol{p} \cdot \boldsymbol{r} - \omega t)], \qquad \boldsymbol{p} = \hbar \boldsymbol{k}$$

gerechtfertigt ist. Zu diesem Zweck muß der den Beschleuniger verlassende Teilchenstrahl eine hohe Energieschärfe besitzen und es dürfen nur solche Teilchen zum Experiment zugelassen werden, die sich möglichst parallel zu der vorgegebenen Richtung ausbreiten. Auf diese Weise kann die Ausdehnung des Wellenpakets in z-Richtung entsprechend der Unschärferelation sehr groß im Vergleich zum Durchmesser des Streuzentrums gemacht werden, und es bildet sich während des Durchlaufens des

Pakets für eine bestimmte Zeit eine stationäre Stromverteilung aus. Für große Entfernungen vom Streuzentrum kann die Situation durch eine Wellenfunktion in (VIII,266) als Überlagerung aus stationärer einlaufender ebener Welle und stationär auslaufender Kugelwelle dargestellt werden.

$$\Psi = \Psi_{\mathrm{Ein}} + \Psi_{\mathrm{Aus}} = A \left\{ \exp(\mathrm{i}\, k\, z) + f(\vartheta)\, \frac{\exp(\mathrm{i}\, k\, r)}{r} \right\} \tag{VIII,266}$$

In Gl. (VIII,266) wird ein Zentralpotential vorausgesetzt. Die Streuung ist rotationssymmetrisch um die Strahlrichtung, d. h. unabhängig vom Azimut φ. Wir gehen, wie in Abb. VIII,51 skizziert, davon aus, daß es abgesehen von $\vartheta = 0$ zu keiner Interferenz

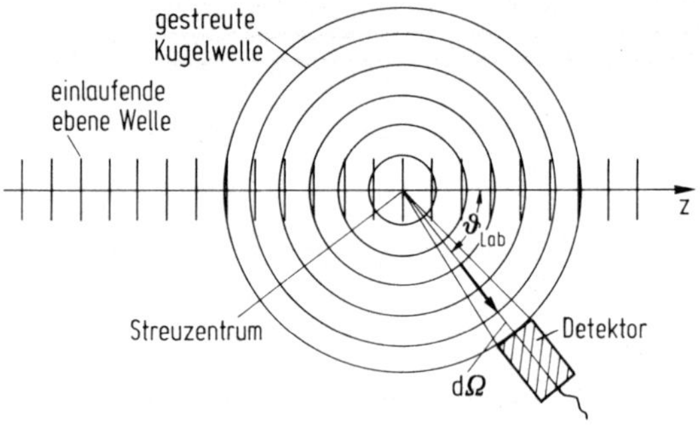

Abb. VIII,51. Modell zur quantenmechanischen Beschreibung von Streuvorgängen.

von einlaufender ebener Welle und auslaufender Kugelwelle kommt. Zwischen der Streuamplitude $f(\vartheta)$ und dem differentiellen Wirkungsquerschnitt besteht ein einfacher Zusammenhang. Der einlaufende Teilchenstrom wird durch

$$j = \rho\, \mathrm{v} = |\Psi_{\mathrm{Ein}}|^2\, \mathrm{v} = A^2\, \mathrm{v}$$

beschrieben, wenn v die nichtrelativistische Einfallsgeschwindigkeit im Relativsystem darstellt. Der vom Detektor erfaßte auslaufende Teilchenstrom ist:

$$|\Psi_{\mathrm{Aus}}|^2\, \mathrm{v}\, r^2\, \mathrm{d}\,\Omega = A^2\, f^2(\vartheta)\, \mathrm{v}\, \mathrm{d}\,\Omega$$

mit Gl. (VIII,5) ergibt sich daraus für den differentiellen Wirkungsquerschnitt:

$$\frac{\mathrm{d}\,\sigma}{\mathrm{d}\,\Omega} = |f(\vartheta)|^2 \tag{VIII,267}$$

Der Zusammenhang von $f(\vartheta)$ mit dem Potential wird durch die zeitunabhängige Schrödingergleichung hergestellt. Im Falle eines Zentralpotentials führt der Ansatz $r\,\Psi = u(r)\, Y_{\mathrm{l,m}}(\vartheta, \varphi)$ (abgesehen vom Spin) auf die bereits aus Gl. (VIII,247) bekannte eindimensionale Schrödingergleichung für die Radialfunktion $u(r)$ der Relativbewegung:

$$\frac{d^2 u}{d r^2} + [k^2 - V(r) \frac{2 m_{red}}{\hbar^2} - \frac{l(l+1)}{r^2}] u = 0 , \qquad \text{(VIII,268)}$$

$$E = \frac{p^2}{2 m_{red}} = \frac{\hbar^2 k^2}{2 m_{red}}$$

Da Ψ nicht von φ abhängt, wird $m = 0$ gesetzt und es gilt (siehe Gl. (VIII,40)):

$$Y_{l,0}(\vartheta) = \sqrt{\frac{2l+1}{4\pi}} P_l(\cos\vartheta)$$

Die Lösungen von (VIII,268) für freie Teilchen werden durch die sphärischen Bessel-Funktionen $j_l(k r)$ gegeben, die in einfacher Relation zu den gewöhnlichen Bessel-Funktionen mit halbzahligem Index stehen:

$$u_l(k r) = r\, j_l(k r) = r \sqrt{\frac{\pi}{2 k r}}\, J_{l+\frac{1}{2}}(k r) \qquad \text{(VIII,268a)}$$

Die in Abb. VIII,52 dargestellten Funktionen $j_l(k r)$ bilden ein vollständiges System linear unabhängiger Lösungen, und es ist daher möglich, die einfallende ebene Welle nach $j_l(k r)\, P_l(\cos\vartheta)$ zu entwickeln. Das Resultat sei hier ohne Beweis angegeben:

$$\exp(i k z) = \exp(i k r \cos\vartheta) = \sum_{l=0}^{\infty} (2l+1)\, i^l\, j_l(k r)\, P_l(\cos\vartheta) \qquad \text{(VIII,269)}$$

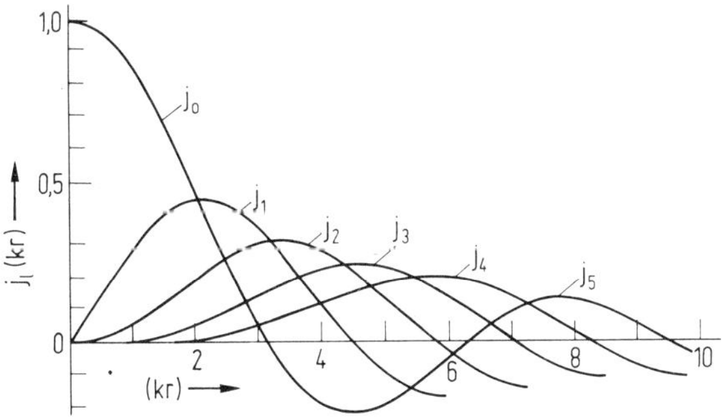

Abb. VIII,52. Sphärische Besselfunktionen.

Gl. (VIII,269) bedeutet eine Zerlegung der ebenen Welle nach Partialwellen mit definiertem Bahndrehimpuls l. Diese Darstellung ist sehr zweckmäßig, da die Streuung über definierte Drehimpulszustände führt. Vereinfacht ausgedrückt bedeutet dies, daß zu einem Streuvorgang mit Bahndrehimpuls l nur der in einem bestimmten Kreisring um die z-Achse liegende Teil des einlaufenden Strahls zur Streuung beiträgt. Uns interessiert jedoch nur das Verhalten der Lösung (VIII,268a) für große Entfernung vom Streuzentrum, d. h. für den Grenzfall $r \to \infty$:

$$j_l(kr) \xrightarrow[r\to\infty]{} \frac{1}{kr} \sin\left(kr - \frac{\pi l}{2}\right) = \frac{1}{2ikr}\left\{\exp\left(ikr - \frac{i\pi l}{2}\right) - \exp\left(-ikr + \frac{i\pi l}{2}\right)\right\} \qquad \text{(VIII,270)}$$

Einsetzen von (VIII,270) in Gl. (VIII,269) ergibt unter Verwendung von $i^l = \exp\left(\frac{i\pi l}{2}\right)$:

$$\exp(ikz) \xrightarrow[r\to\infty]{} \sum_{l=0}^{\infty} (2l+1) \frac{1}{2ikr} [\exp(ikr) - (-1)^l \exp(-ikr)] P_l. \qquad \text{(VIII,271)}$$

Die einfallende ebene Welle kann somit als Überlagerung von auslaufenden und einlaufenden Kugelwellen aufgefaßt werden. Auch die Gesamtwellenfunktion läßt sich in dieser Weise nach Kugelwellen entwickeln. Der Unterschied wird durch Einfluß des Potentials im Vergleich zu (VIII,271) darin liegen, daß die auslaufende Kugelwelle in Amplitude und Phase verändert wird:

$$\Psi \xrightarrow[r\to\infty]{} \frac{A}{2ikr} \sum_{l=0}^{\infty} \alpha_l (2l+1) [\exp(i(kr + \delta_l)] - (-1)^l \exp[-i(kr + \delta_l)]] P_l \qquad \text{(VIII,272)}$$

Dies wird durch die Größen α_l und δ_l berücksichtigt. Ein Vergleich mit (VIII,266) erlaubt die Bestimmung von $f(\vartheta)$ mit dem Resultat:

$$\alpha_l = e^{i\delta_l}$$

$$f(\vartheta) = \frac{1}{2ik} \sum_{l=0}^{\infty} (2l+1) [\exp(2i\delta_l) - 1] P_l(\cos\vartheta) =$$

$$P_l = \frac{1}{k} \sum_{l=0}^{\infty} (2l+1) \exp(i\delta_l) \sin\delta_l P_l(\cos\vartheta)$$

Für den differentiellen Streuquerschnitt erhalten wir dann nach (VIII,267):

$$\frac{d\sigma}{d\Omega} = \frac{1}{k^2} \left| \sum_{l=0}^{\infty} (2l+1) \sin\delta_l P_l(\cos\vartheta) \right|^2 \qquad \text{(VIII,273)}$$

Im differentiellen Streuquerschnitt kommt es offensichtlich zu Interferenzen zwischen verschiedenen Bahndrehimpulsen, was die Auswertung von Experimenten erschwert. Im totalen Wirkungsquerschnitt treten die Interferenzen nicht auf.

$$\sigma = \int\int \frac{d\sigma}{d\Omega} d(\cos\vartheta)\, d\varphi = \int f(\vartheta) f^*(\vartheta)\, d(\cos\vartheta)\, d\varphi$$

Mit $\int_{-1}^{+1} P_l P_{l'} \, d(\cos\vartheta) = \frac{2}{2l+1} \delta_{l,l'}$ erhalten wir das einfache Resultat:

$$\sigma = 4\pi \lambda\!\!\!^{-2} \sum_{l=0}^{\infty} (2l+1) \sin^2 \delta_l \qquad \text{(VIII,274)}$$

Die Wirkungsquerschnitte werden durch einen Satz von Größen δ_l, die Streuphasen heißen, vollständig beschrieben. Unter Verwendung dieser Streuphasen werden Theorie und Experiment miteinander verglichen. Es ist bei der Behandlung der Energieabhängigkeit der np- bzw. pp-Streuung zweckmäßig, in einen Energiebereich $E_{Lab} \lesssim 10$ MeV und einen Energiebereich 10 MeV $\lesssim E_{Lab} \lesssim 300$ MeV aufzuteilen. Die Wellenzahl $k = \frac{1}{\lambda\!\!\!^-}$ beträgt nach (VIII,4) bei E_{CM} = 5 MeV unter Berücksichtigung der reduzierten Masse (Faktor $\frac{1}{\sqrt{2}}$) k = 0,35 F^{-1}. Legt man wie beim Deuteron eine Reichweite der Kernkräfte von ca. 1,4 F zugrunde, dann gilt $k \cdot r \approx 0{,}5$. Die Darstellung der Bessel-Funktion in Abb. VIII,52 sagt dann aus, daß für $E_{CM} \lesssim$ 5 MeV aus der ebenen Welle nur Partialwellen mit $l = 0$ zur Streuung beitragen (S-Wellenstreuung). Entsprechend Gl. (VIII,273) hängt der differentielle Streuquerschnitt in diesem Fall nicht vom Streuwinkel ϑ ab, die Streuung verläuft im Schwerpunktsystem isotrop, was durch np-Streuexperimente bestätigt wird. Der differentielle und totale Wirkungsquerschnitt der np-Streuung wird nur durch die Streuphase δ_0 beschrieben:

$$\left(\frac{d\sigma}{d\Omega}\right)_{CM} = \lambda\!\!\!^{-2} \sin^2 \delta_0 \,, \qquad \sigma = 4\pi \lambda\!\!\!^{-2} \sin^2 \delta_0 \qquad \text{(VIII,275)}$$

In Abb. VIII,53 ist der Verlauf von σ für die np-Streuung über viele Größenordnungen der Neutronenenergie eingetragen, wie er sich aus einer großen Anzahl von sehr

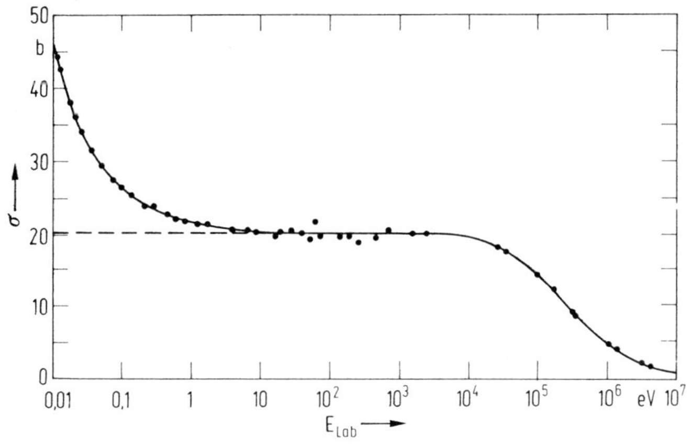

Abb. VIII,53. Zusammenfassung experimenteller Resultate für den totalen Wirkungsquerschnitt der np-Streuung als Funktion der Energie (nach H. Enge [102])

sorgfältig durchgeführten Experimenten ergeben hat. Der Anstieg des Wirkungsquerschnitts für $E < 1$ eV hängt damit zusammen, daß die Protonen im Target nicht mehr als freie ruhende Teilchen angesehen werden können. Bei Verwendung eines Targets aus H_2-Gas findet eine Wechselwirkung mit dem gesamten H_2-Molekül statt. Ein aktueller auf $E = 0$ extrapolierter Wert des totalen np-Streuquerschnitts beträgt:

$$\sigma_{np} = (20{,}442 \pm 0{,}023)\ \mathrm{b} \qquad (E = 0) \tag{VIII,276}$$

Eine Interpretation dieses Werts kann mit Hilfe des schon bei der Diskussion der Deuteroneigenschaften verwendeten Kastenpotentials versucht werden. Gesucht wird der Zusammenhang von δ_0 mit der Tiefe V_0 des Kastenpotentials. Die Lösung der Schrödinger-Gleichung lautet für die Radialfunktion $u = r\,\Psi$ nach (VIII,249) und (VIII,250):

Im Bereich des Potentials $r \leqslant R$:

$$u_1 = \mathrm{A} \sin \kappa r \qquad \kappa = \sqrt{\frac{2\, m_{\mathrm{red}}}{\hbar^2}(E + V_0)} \tag{VIII,277}$$

Außerhalb des Potentials $r > R$:

$$u_2 = \frac{1}{k} \exp(\mathrm{i}\,\delta_0) \sin(k\, r + \delta_0) \qquad k = \frac{1}{\hbar}\sqrt{2\, m_{\mathrm{red}}\, E} \tag{VIII,278}$$

Da es sich um Streuung handelt, ist E positiv.

Die Anschlußbedingungen an der Stelle $r = R$ führt auf folgende Gleichung für die Streuphase δ_0:

$$\delta_0 = -\,k\, R + \mathrm{arctg}\,(\frac{k}{\kappa}\ \mathrm{tg}\,(\kappa\, R)) \tag{VIII,279}$$

Für den Grenzfall verschwindender Neutronenenergie ergibt sich durch Reihenentwicklung von (VIII,279) und Einsetzen in (VIII,275)

$$\sigma(E_{\mathrm{n}} = 0) = 4\,\pi\, R^2\,(1 - \frac{\mathrm{tg}\,\kappa\, R}{\kappa\, R}) \tag{VIII,280}$$

Mit den Zahlenwerten $R = 1{,}4$ F und $V_0 = 60$ MeV ist $\sigma \approx 3{,}3$ b. Der gravierende Unterschied zum beobachteten Wert kann der Spinabhängigkeit der Kernkräfte entsprechend Gl. (VIII,256) zugeschrieben werden. Das Neutron-Proton-System wird sich sowohl in einem ${}^1S_0$- als auch in einem ${}^3S_1$-Streuzustand befinden. Entsprechend den statistischen Gewichten setzt sich dann der Wirkungsquerschnitt folgendermaßen aus Triplett- und Singulett-Streuquerschnitt zusammen:

$$\sigma = \frac{3}{4}\,\sigma_{\mathrm{t}} + \frac{1}{4}\,\sigma_{\mathrm{s}} \tag{VIII,281}$$

Es wird demnach aus den Niederenergie-np-Streuexperimenten das gewichtete Mittel aus σ_{t} und σ_{s} bestimmt. Während einige Informationen über die Triplett-Wechselwirkung aus den Eigenschaften des Deuterons vorliegen, ist über die Singulett-Wechselwirkung zunächst nur soviel bekannt, daß sie einen gebundenen $^1S_0$-Zustand beim Deuteron nicht zuläßt. Mit dem oben abgeschätzten Wert von 3,3 b, der der Triplett-Wechselwirkung zuzuschreiben ist, kann σ_s mit Gl. (VIII,281) berechnet werden:

$$20{,}4\,\text{b} = \frac{3}{4} \cdot 3{,}3\,\text{b} + \frac{1}{4}\,\sigma_s \rightarrow \sigma_s \approx 72\,\text{b}$$

Aus dem Resultat muß man schließen, daß die Niederenergie-np-Streuung hauptsächlich über den $^1S_0$-Zustand abläuft. Bevor die Behandlung der Streuphase fortgesetzt wird, seien zwei Bemerkungen eingefügt:

1. Es kann gezeigt werden, daß die im Zusammenhang mit dem Quadrupolmoment des Deuterons eingeführte Tensorwechselwirkung bei der Niederenergiestreuung vernachlässigt werden kann.
2. Aus dem $^1S_0$-Kontinuumszustand des np-Systems erfolgen unter Emission von magnetischer Dipolstrahlung Übergänge in den $^3S_1$-Grundzustand des Deuterons. Der Wirkungsquerschnitt für Neutroneneinfang beträgt für thermische Neutronen ($E_n = 0{,}025$ eV, $v_n = 2200$ m s^{-1}) $\sigma_c = 0{,}33$ mb. Er ist damit im Vergleich zum elastischen Streuquerschnitt vernachlässigbar klein.

Das Verhalten der Streuphase δ_0 ist in Abb. VIII,54 für Kastenpotentiale dargestellt. Es wird deutlich, daß bei anziehendem Potential für $E > 0$ die Streuphase positiv ist.

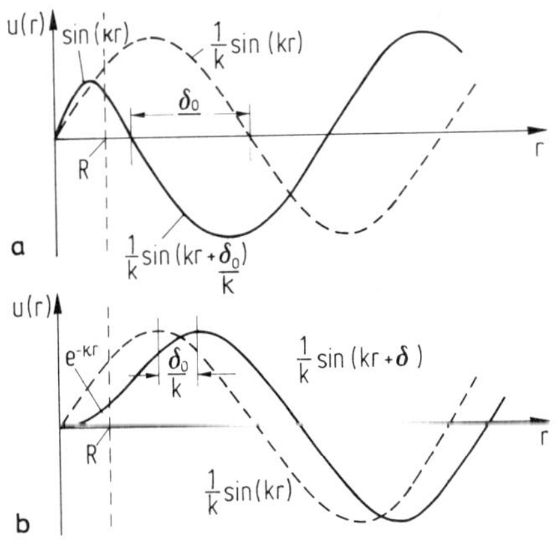

Abb. VIII,54. Verhalten der Streuphase $\frac{\delta_0}{k}$ für ein anziehendes Kastenpotential (a) und für ein abstoßendes Kastenpotential (b)

Die Welle wird in das Potential hineingezogen, und es resultiert eine Phasenverschiebung gegenüber der freien Welle von $\frac{\delta_0}{k}$ bei großen Entfernungen zum Streuzentrum. Für ein abstoßendes Potential in Abb. VIII,54 wird die Streuwelle aus dem Potentialbereich hinausgedrängt, was einer negativen Streuphase entspricht. Da in σ nur $|\delta_0|$

eingeht, ist es wichtig, modifizierte Streuexperimente durchzuführen, um auch das Vorzeichen von δ_0 bestimmen zu können.

Es erhebt sich die Frage, welche Informationen über das Potential aus der Niederenergie-np-Streuung gewonnen werden können. Man kann von verschiedenen Potentialmodellen ausgehend versuchen, den beobachteten Gang der Streuphase mit der Energie zu verstehen. Dies ist mit hohem numerischen Aufwand bei der Behandlung der Schrödinger-Gleichung verbunden. Es zeigt sich dabei, daß die Streuung von der speziellen Form der angesetzten Potentiale unabhängig ist; man spricht von dem formunabhängigen Bereich der Streuung.

Anstelle der Streuphase werden in einer anderen Beschreibung die Streulänge und die effektive Reichweite verwendet. Im folgenden soll der Zusammenhang zwischen beiden Beschreibungsformen dargestellt werden.

Der Kotangens der Streuphase kann in eine Potenzreihe nach k entwickelt werden. In dieser Entwicklung treten nur zwei Parameter, die Streulänge und die effektive Reichweite auf, durch die der Wirkungsquerschnitt im betrachteten Energiebereich vollständig beschrieben wird. Ausgangspunkt der folgenden Betrachtung ist die Schrödinger-Gleichung (VIII,247) mit Zentralpotential und $l = 0$ für die Radialfunktion $u(r)$.

$$u''(r) + \frac{2\,m_{\text{red}}}{\hbar^2}\,[E - V(r)]\,u = 0 \tag{VIII,282}$$

Ist $E = 0$, so wird die zugeordnete Radialfunktion als Lösung von (VIII,282) mit $u_0(r)$ bezeichnet.

$$u_0''(r) - \frac{2\,m_{\text{red}}}{\hbar^2}\,V(r)\,u_0(r) = 0 \tag{VIII,283}$$

Aus der Multiplikation von Gl. (VIII,282) mit $u_0(r)$ und von Gl. (VIII,283) mit $u(r)$ folgt nach anschließender Subtraktion:

$$\begin{aligned} u(r)\,u_0''(r) - u_0(r)\,u''(r) &= \frac{\mathrm{d}}{\mathrm{d}r}\,[u(r)\,u_0'(r) - u_0(r)\,u'(r)] \\ &= \frac{2\,m_{\text{red}}\,E}{\hbar^2}\,u(r)\,u_0(r) \end{aligned} \tag{VIII,284}$$

Es wird eine neue Funktion $\mathrm{v}(r)$ derart eingeführt, daß sie außerhalb des Potentials mit $u(r)$ übereinstimmt und für $r \leqslant R$ den Verlauf von $u(r)$ unbeeinflußt vom Potential bis zum Ursprung extrapoliert. $\mathrm{v}(r)$ geht in $\mathrm{v}_0(r)$ für $E \to 0$ über. Analog zu Gl. (VIII,284) gilt für v und v_0 die Gl. (VIII,285).

$$\frac{\mathrm{d}}{\mathrm{d}r}\,[\mathrm{v}(r)\,\mathrm{v}_0'(r) - \mathrm{v}_0(r)\,\mathrm{v}'(r)] = k^2\,\mathrm{v}(r)\,\mathrm{v}_0(r) \tag{VIII,285}$$

$$\begin{aligned} &\left.\begin{aligned} \mathrm{v}(r) &= u(r) \\ \mathrm{v}_0(r) &= u_0(r) \end{aligned}\right\} \quad r > R \\ &u(0) = u_0(0) = 0 \end{aligned} \tag{VIII,286}$$

Da $u(r)$ im Außenraum proportional zu $\sin(k\,r + \delta_0)$ ist (siehe Gl. (VIII,278)), führt die Normierung $v(0) = 1$ auf:

$$v(r) = \frac{\sin(k\,r + \delta_0)}{\sin\delta_0} = \sin(k\,r)\,\mathrm{cotg}\,\delta_0 + \cos(k\,r) \qquad \text{(VIII,287)}$$

Durch Subtraktion der Gl. (VIII,285) von Gl. (VIII,284) sowie anschließende Integration von 0 bis ∞ erhält man:

$$[u(r)\,u_0'(r) - u_0(r)\,u'(r) - v(r)\,v_0'(r) + v_0(r)\,v'(r)]|_0^\infty \qquad \text{(VIII,288)}$$

$$= k^2 \int_0^\infty [u(r)\,u_0(r) - v(r)\,v_0(r)]\,\mathrm{d}\,r$$

Die Verwendung der Bedingung (VIII,286) führt schließlich auf:

$$-(v_0' - v')|_{r=0} = k^2 \int_0^\infty (v\,v_0 - u\,u_0)\,\mathrm{d}\,r \qquad \text{(VIII,289)}$$

für $k \to 0$ folgt aus (VIII,287) bei endlichem r:

$$v(r) \to k\,r\,\mathrm{cotg}\,\delta_0 + 1$$

Definiert man durch den Grenzübergang $\lim\limits_{k\to 0} k\,\mathrm{cotg}\,\delta_0 = -\frac{1}{a}$ die Streulänge a, dann gilt:

$$v_0(r) = 1 - \frac{r}{a} \qquad \text{(VIII,290)}$$

Gl. (VIII,289) geht dann über in:

$$k\,\mathrm{cotg}\,\delta_0 + \frac{1}{a} = \frac{1}{2}\,r_0\,k^2\,, \qquad r_0 = 2\int_0^\infty (v_0^2 - u_0^2)\,\mathrm{d}\,r \qquad \text{(VIII,291)}$$

Es ist in (VIII,291) davon Gebrauch gemacht worden, daß für nicht zu hohe Energien ohne merklichen Fehler v durch v_0 und u durch u_0 ersetzt werden können. Neben der Streulänge a tritt in Gl. (VIII,291) die Größe r_0 auf, die als effektive Reichweite des Potentials bezeichnet wird. In Abb. VIII,55 wird gezeigt, daß die Streulänge eine einfache physikalische Bedeutung besitzt. Sie ergibt sich als Schnittpunkt der Geraden $v_0(r)$ mit der Abzisse. Je nachdem, ob die Steigung $u_0'(r)$ an der Stelle $r = R$ positiv oder negativ ist, wird die Streulänge negativ bzw. positiv. Für den in Abb. VIII,55a dargestellten Fall, daß im Potential ein gebundener Zustand existiert, ist $a > 0$. Bei $a < 0$ in Abb. VIII,55b besitzt das Potential offensichtlich keinen gebundenen Zustand. Die effektive Reichweite ist durch den Faktor $\frac{1}{2}$ in (VIII,291) so definiert, daß r_0

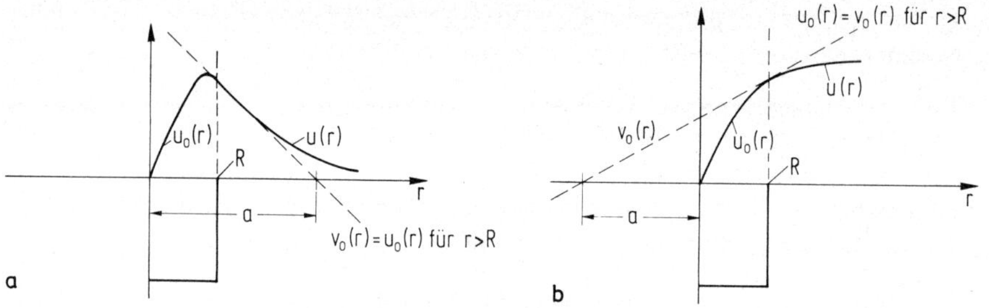

Abb. VIII,55. Die Bedeutung der Streulänge a für den Fall, daß in einem anziehenden Kastenpotential ein gebundener Zustand vorliegt a bzw. kein gebundener Zustand existiert b.

näherungsweise gleich R wird. Gl. (VIII,291) ergibt zusammen mit (VIII,275) den Wirkungsquerschnitt als Funktion von Streulänge und effektiver Reichweite:

$$\sigma = \frac{4\pi a^2}{[1 - \frac{1}{2} a r_0 k^2]^2 + a^2 k^2} \qquad \text{(VIII,292)}$$

Dieser Ausdruck beschreibt den Gang der experimentell bestimmten Wirkungsquerschnitte außerordentlich gut. Der Wirkungsquerschnitt ist in der Tat unabhängig von der speziellen Potentialform. Im Grenzfall verschwindender Neutronenenergie ($k \to 0$) folgt aus (VIII,292):

$$\sigma = 4\pi a^2 \qquad \text{(VIII,293)}$$

Der Gesamtwirkungsquerschnitt wird entsprechend Gl. (VIII,292) durch die vier Parameter a_t, a_s, $r_{0,t}$ und $r_{0,s}$ beschrieben. Allerdings läßt sich aus den Wirkungsquerschnitten nur der Betrag der Streulänge entnehmen. Durch kohärente Streuung von Neutronen, deren de Broglie-Wellenlänge groß gegen den Abstand der Protonen im H_2-Molekül ist, lassen sich a_t und a_s bestimmen. Man nutzt dabei aus, daß der Wirkungsquerschnitt davon abhängt, ob die Streuung an Ortho-Wasserstoff (Protonenspins parallel) oder Para-Wasserstoff (Protonenspins antiparallel) stattfindet. Da sich das Deuteron in einem Triplett-Zustand befindet, muß $a_t > 0$ gelten. Das Fehlen eines $^1S_0$-Zustands beim Deuteron kann auf $a_s < 0$ zurückgeführt werden. Sind a_s und a_t aus der kohärenten Streuung kalter Neutronen bekannt, so ergeben sich aus der Energieabhängigkeit der np-Streuung nach Gl. (VIII,292) die Parameter $r_{0,s}$ und $r_{0,t}$. Eine Analyse der experimentellen Daten durch Noyes [54] ergab folgende Werte:

$$\text{Singulett (S = 0, T = 1)} \begin{cases} a_s(\text{np}) = (-23{,}7146 \pm 0{,}0127)\ \text{F} \\ r_{0,s}(\text{np}) = (2{,}76 \pm 0{,}07)\ \text{F} \end{cases}$$

$$\text{Triplett (S = 1, T = 0)} \begin{cases} a_t(\text{np}) = 5{,}4255\ \text{F} \\ r_{0,t}(\text{np}) = 1{,}703\ \text{F} \end{cases} \qquad \text{(VIII,294)}$$

In den Streulängen kommt zum Ausdruck, daß die np-Wechselwirkung sehr davon abhängt, ob die Spins von Proton und Neutron parallel oder antiparallel stehen. Die effektiven Reichweiten sind von der gleichen Größenordnung. Gehen wir auf das eingangs für das Deuteron eingeführte Kastenpotential-Modell zurück, dann lassen sich die Parameter V_0 und R für Tiefe und Reichweite so bestimmen, daß Streulänge und effektive Reichweite in (VIII,294) reproduziert werden. Die Abb. VIII,56 zeigt das Resultat solcher Berechnungen. Tiefe und Breite des Triplett-Potentials betragen $V_0 = 36$ MeV,

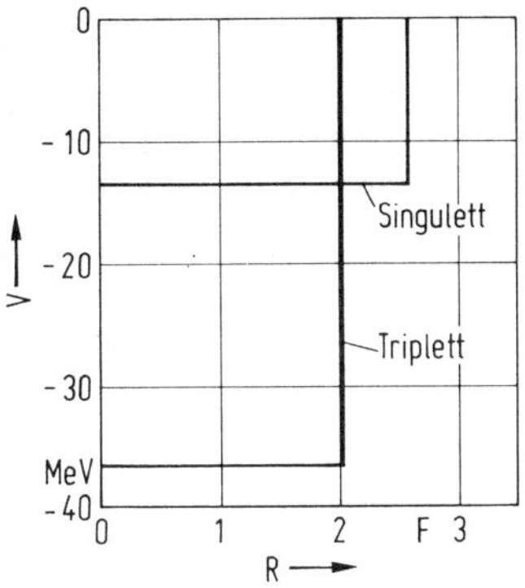

Abb. VIII,56. Triplett- und Singulett-Modellpotential für das np-System. Sie reproduzieren die aus den Streuexperimenten ermittelten Werte für Streulänge und effektive Reichweite.

$R = 2$ F während sich für das Singulett-Potential nur $V_0 = 14$ MeV und $R = 2{,}6$ F ergeben. Dies rückt auch die für das Deuteron angenommenen Verhältnisse zurecht, denn dort war wegen des Ansatzes $R = 1{,}4$ F, $V_0 = 60$ MeV für das Triplett-Potential gefunden worden. Das Singulett-Potential ist einfach zu flach, um einen gebundenen Zustand zu besitzen.

Die pp-Streuung ist in mehrfacher Hinsicht von der np-Streuung verschieden:

1. Während bei der np-Streuung die Streuphase allein durch die Kernkräfte bestimmt wird, ist in ihr bei der pp-Streuung auch eine Phasenverschiebung durch das Coulomb-Potential enthalten. Es findet Interferenz zwischen Coulomb- und Nukleon-Potentialstreuung statt.
2. Es werden nicht unterscheidbare Teilchen aneinander gestreut. Nach Tab. VIII,6 kann für $l = 0$ nur der $^1S_0$-Zustand zur Streuung beitragen. Die Coulombstreuung verläuft jedoch wegen der unendlichen Reichweite auch über höhere l-Werte.

Die Tatsache, daß die Teilchen in der pp-Streuung ununterscheidbar sind, hat zur Folge, daß zwischen den beiden in Abb. VIII,57 dargestellten Streuereignissen experimentell nicht unterschieden werden kann. Der differentielle Wirkungsquerschnitt ist daher im CM-System symmetrisch um $\vartheta = 90°$. Dies folgt in der Theorie daraus, daß die Streuamplitude $f_{\text{singl.}}(\vartheta)$ bei der pp-Streuung der Winkelanteil einer Wellenfunktion mit positiver Parität sein muß (d. h. symmetrische Ortsfunktion nach Tab. VIII,6):

$$f_{\text{Singl}}(\vartheta) = f_{\text{Singl}}(\vartheta - \pi)$$

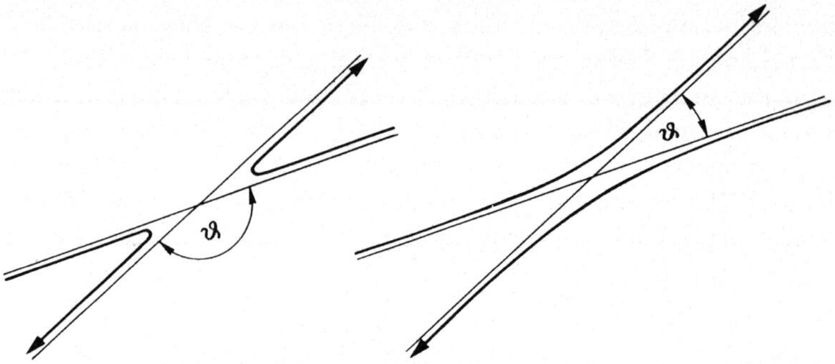

Abb. VIII,57. Ununterscheidbare Streuvorgänge bei der pp-Streuung.

Entsprechend muß die Mott-Streuformel in (VIII,136) modifiziert werden. Die Streuung zeigt neben der bereits bekannten Bevorzugung der Vorwärtsrichtung (siehe Elektronenstreuung) eine zusätzliche ebenso große Bevorzugung der Rückwärtsstreuung.

In Abb. VIII,58 läßt sich der Einfluß der Kernpotentialstreuung auf die Mott-Streuung bei nicht unterscheidbaren Teilchen studieren. Es entstehen bei $\vartheta_{CM} = 45°$ und

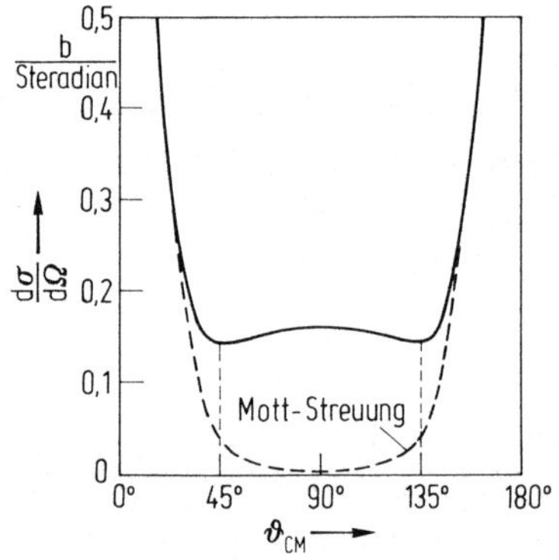

Abb. VIII,58. Einfluß der Starken Wechselwirkung auf die Mott-Streuung.

135° auf Grund der Interferenz charakteristische Minima, deren Tiefe empfindlich von der Energie abhängt. Im Hinblick auf die Klärung der Frage, ob die NN-Wechselwirkung ladungsunabhängig ist, wurden auch zur Bestimmung des differentiellen Wirkungsquerschnitts für die pp-Streuung sehr genaue Messungen u. a. von Knecht und Mitarbeitern [55] sowie von Wothington und Mitarbeitern [56] mit Hilfe eines Van de Graaff-Beschleunigers durchgeführt. Abb. VIII,59 zeigt einen Schnitt durch die mit Wasserstoffgas (Druck ≈ 8 Torr) gefüllte Streukammer. Mit einem sich im Innern der Streukammer befindenden drehbar angeordneten Proportionalzählrohr werden die in einem wohldefinierten Volumen aus dem Zentrum der Streukammer herausgestreuten Protonen nachgewiesen. Die aus den Experimenten gewonnenen Resultate sind in Abb. VIII,60 zusammengefaßt. Die Meßpunkte lassen sich sehr gut

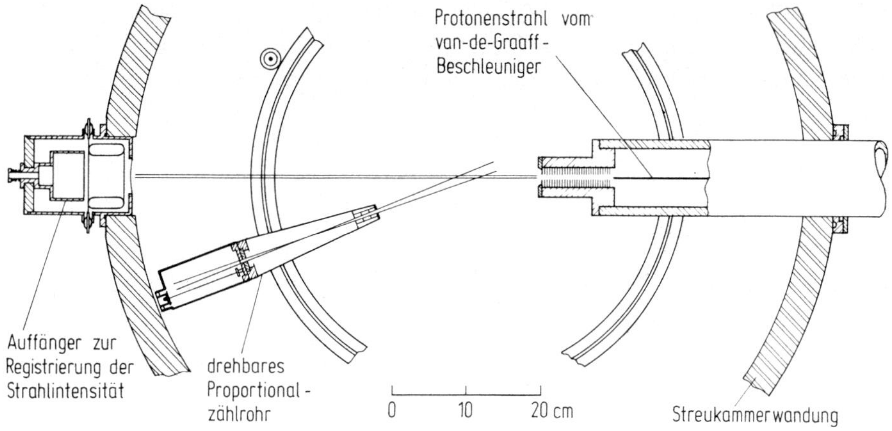

Abb. VIII,59. Horizontaler Schnitt (Ebene der Streuung) durch die Streukammer bei pp-Streuexperimenten (nach Worthington u. Mitarb. [56])

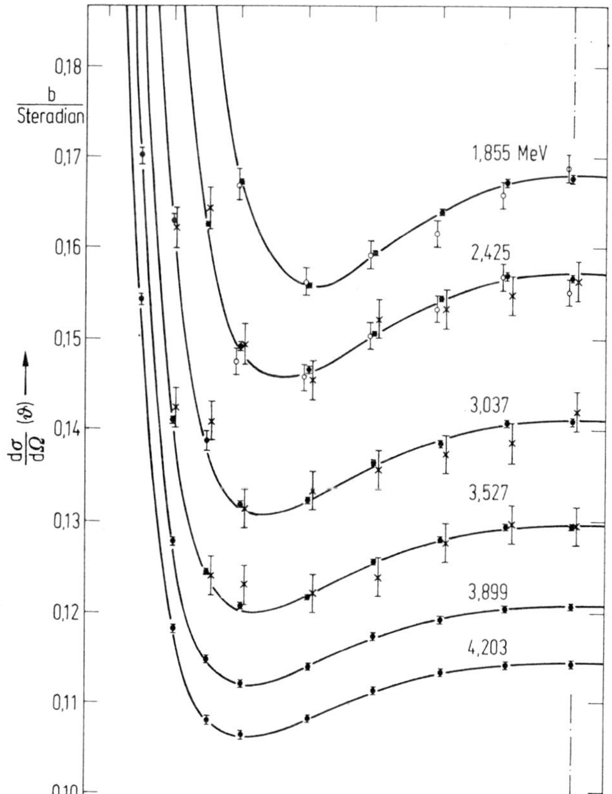

Abb. VIII,60. Differentieller Wirkungsquerschnitt für die pp-Streuung bei niedrigen Energien als Funktion des Winkels bezogen auf das Schwerpunktsystem. Die durchgezogenen Kurven stellen eine theoretische Anpassung an die experimentellen Werte dar.

durch die Theorie reproduzieren. Man erhält aus der Anpassung die Streuphase δ_0 als Funktion der Energie. Der Begriff der effektiven Reichweite läßt sich auch auf die pp-Streuung anwenden, wobei folgende experimentellen Resultate erzielt wurden:

$$\text{Singulett } (S = 0, T = 1) \begin{cases} a_s(\text{pp}) = (-\,7{,}817 \pm 0{,}007)\ \text{F} \\ r_{0,s}(\text{pp}) = (2{,}81 \pm 0{,}02)\ \text{F} \end{cases} \qquad \text{(VIII,295)}$$

Das Minuszeichen bei a_s zeigt wiederum, daß der ${}^1S_0$-Zustand nicht gebunden ist. Die effektive Reichweite stimmt innerhalb der Fehlergrenzen mit der des np-Systems überein. Allerdings kann man die in (VIII,295) angegebene Streulänge nicht unmittelbar mit dem np-Resultat vergleichen, sondern man hat zunächst auf diejenige Streulänge zurückzurechnen, die sich ergeben würde, wenn man die Coulombwechselwirkung abschalten könnte. Die Rechnung ergiebt:

$$\text{Coulombkorrigierte pp-Daten} \begin{cases} a_s(\text{pp}) = (-\,17{,}0 \pm 0{,}2)\ \text{F} \\ r_{0,s}(\text{pp}) = (2{,}83 \pm 0{,}03)\ \text{F} \end{cases}$$

Man könnte, einmal abgesehen von der Übereinstimmung in den effektiven Reichweiten für np- und pp-System angesichts des Unterschieds für a_s meinen, daß eine Ladungsunabhängigkeit der Kernkräfte nicht besteht. Eine Untersuchung, inwieweit etwa vorhandene die Ladungsunabhängigkeit verletzende Effekte sich auf die Streulänge auswirken, fördert zu Tage, daß die Streulänge sehr empfindlich auf ladungsabhängige Effekte reagiert. Für ein Yukawa-Potential ergibt sich beispielsweise eine vierzehnfache Verstärkung:

$$\frac{\Delta a}{a} \approx 14\,\frac{\Delta V_0}{V_0}$$

ΔV_0 ist der die Ladungsunabhängigkeit verletzende Potentialanteil.

Umgekehrt bedeutet der Unterschied in den a_s-Streulängen nur eine 2%-Verletzung der Ladungsunabhängigkeit, wie im Zusammenhang mit dem Isospin bereits erwähnt wurde.

Bei mittleren und höheren Energien wird der Bereich der formunabhängigen Streuung verlassen und es nehmen Partialwellen mit $l > 0$ an der Streuung teil. Die Tensorwechselwirkung S_{12} mischt dabei Partialwellen mit Bahndrehimpulsen $l = j - 1$ und $l = j + 1$, wenn j der Gesamtdrehimpuls der in Frage stehenden Welle ist. Bei der Behandlung der Streuung treten zusätzlich zur Streuphase Mischungsparameter α_j auf. Eine Analyse der Streudaten wird in diesem Bereich mit phänomenologischen oder mesonentheoretischen Potentialen durchgeführt. Das Verhalten der differentiellen Streuquerschnitte bzw. der Streuphasen gibt bereits deutliche Hinweise auf die Eigenschaften der Potentiale.

In Abb. VIII,61 sind Meßergebnisse für den differentiellen Streuquerschnitt bei der np-Streuung wiedergegeben. Auffallend ist, daß eine erhebliche Rückwärtsstreuung,

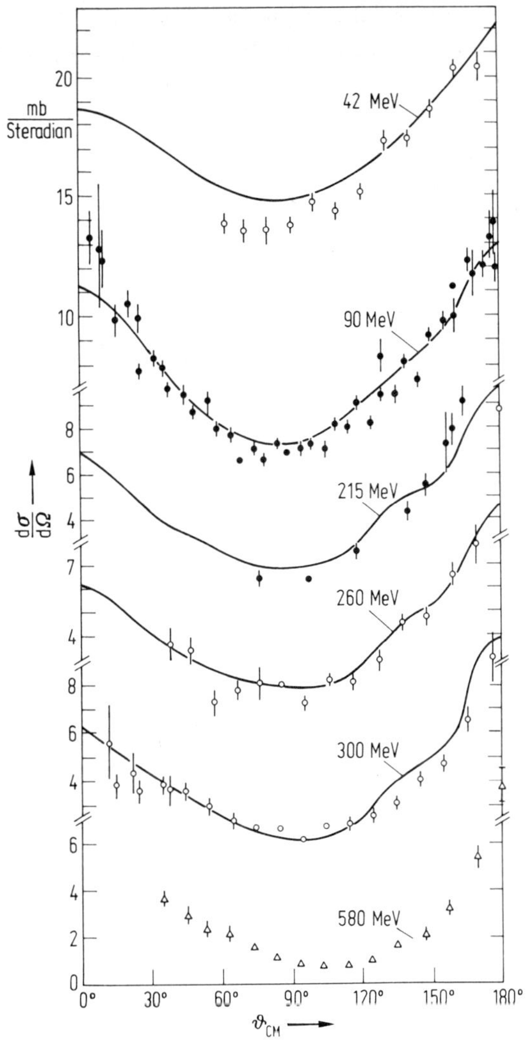

Abb. VIII,61. Differentielle Streuquerschnitte der np-Streuung bezogen auf das Schwerpunktsystem als Funktion des Streuwinkels. Bemerkenswert ist etwa bei 90 MeV die Symmetrie zu $\vartheta = 90°$.

ja sogar eine näherungsweise Symmetrie zu $\vartheta_{CM} = 90°$ beobachtet wird, während man eher eine Bevorzugung der Vorwärtsstreuung hätte erwarten dürfen. Nach der Mesonentheorie der Kernkräfte kann man dieses Verhalten aber so deuten, daß beim Stoßprozeß durch Austausch eines geladenen π-Mesons ein Neutron in ein Proton und umgekehrt umgewandelt wird. Der Austauschcharakter der Kernkräfte tritt an diesem Beispiel besonders deutlich hervor.

Der Verlauf der experimentellen Streuphase im $^1S_0$-Zustand als Funktion der Energie in Abb. VIII,62 gestattet es, eine Aussage über die prinzipielle Form des Potentials

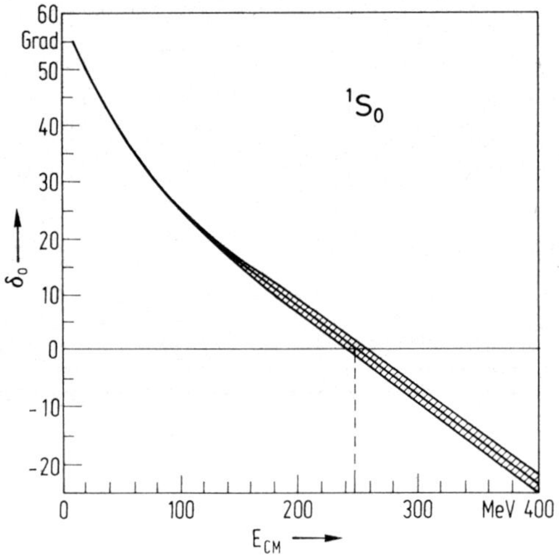

Abb. VIII,62. Verhalten der Streuphase δ_0 im $^1S_0$-Streuzustand .

zu machen. Die Streuphase δ_0 wechselt bei 250 MeV ausgehend von positiven Werten ihr Vorzeichen. Dies bedeutet nach dem oben dargestellten, daß das Potential im $^1S_0$-Zustand zunächst anziehend ist und ab $\frac{1}{k} = r \leqslant 0{,}6$ F abstoßend wird. Das Potential sollte daher den in Abb. VIII,63 schematisiert dargestellten Verlauf haben.

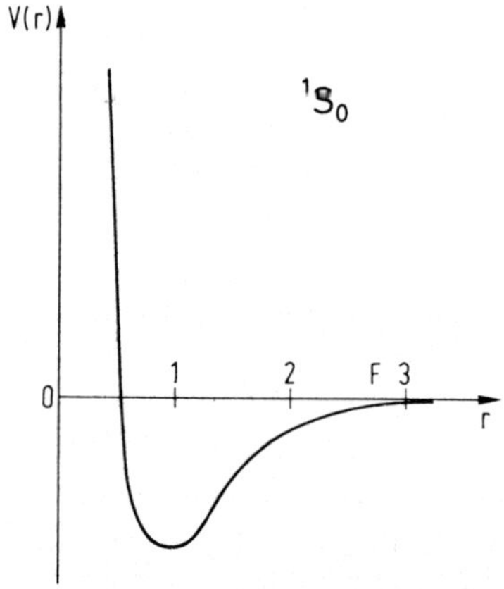

Abb. VIII,63. Prinzipieller Verlauf des NN-Wechselwirkungspotentials.

Mesonentheorie der Kernkräfte

In der vorangegangenen Diskussion der Grundeigenschaften des Deuterons hat sich gezeigt, daß bei der NN-Wechselwirkung außer einem reinen Zentralpotential ein spinabhängiges Zentralpotential und ein nichtzentrales Tensorpotential wirksam sind. An Hand feldtheoretischer Betrachtungen soll ein qualitatives Bild zur Vielfalt der Wechselwirkungspotentiale entwickelt werden. Den Ausgangspunkt für die Aufstellung von Theorien zur starken und insbesondere zur schwachen Wechselwirkung bildete die Quantenelektrodynamik. Wechselwirkungsprozesse sind häufig mit der Entstehung und Vernichtung von Teilchen verbunden. Als Beispiele seien für die Elektromagnetische Wechselwirkung die Paarvernichtung ($e^+ + e^- \rightarrow 2\,\gamma$), die Bremsstrahlung und die Paarerzeugung genannt. Um diese und andere Prozesse zu beschreiben, faßt man die beobachteten Photonen als Quanten von Feldern auf. Im Fall des Elektromagnetischen Feldes müssen zu diesem Zweck die aus den Maxwell'schen Gleichungen resultierenden Wellengleichungen (VIII,296) für die Potentiale A und ϕ quantisiert werden. Eine Emission oder Absorption von Photonen, den Quanten des Elektromagnetischen Feldes, entspricht dann einer Änderung im Zustand dieses quantisierten Feldes.

$$\Delta A - \frac{1}{c^2}\frac{\partial^2 A}{\partial t^2} = -\mu_0 j \qquad \text{(VIII,296)}$$

$$\Delta \phi - \frac{1}{c^2}\frac{\partial^2 \phi}{\partial t^2} = -\frac{1}{\epsilon_0}\rho$$

Als Quellen für Elektromagnetische Felder treten alle mit Ladung behafteten Teilchen auf. Werden beispielsweise Elektronen an Protonen gestreut, so kann der Prozeß durch den Austausch eines oder mehrerer virtueller Photonen interpretiert werden. Die Bezeichnung „virtuell" soll andeuten, daß die ausgetauschten Teilchen nicht direkt beobachtet werden können. Zur Beschreibung von Wechselwirkungsprozessen hat es sich als sehr vorteilhaft erwiesen, eine von Feynman [59] eingeführte Graphendarstellung zu verwenden, deren Elementen ein-ein-deutig mathematische Ausdrücke zugeordnet sind. Die Graphen repräsentieren die verschiedenen Beiträge aus der Störungsrechnung für den betrachteten Prozeß. Linien mit Pfeilen entsprechen Fermiteilchen, geschlängelte oder gestrichelte Linien Boseteilchen. Die Wechselwirkung wird durch „Ecken" (Vertices) im Graphen dargestellt.

In Abb. VIII,64 ist als Beispiel der Feynman-Graph für die Elektron-Proton-Wechselwirkung eingetragen. Durch Emission eines virtuellen Photons erfährt das Elektron einen Rückstoß, der seinen Impuls um $\hbar\,\boldsymbol{k}$ von $\boldsymbol{P}_1$ nach $\boldsymbol{P}_1'$ verändert. Das mit dem Impuls $\boldsymbol{P}_2$ einlaufende Proton absorbiert das virtuelle Photon und läuft mit dem Impuls $\boldsymbol{P}_2'$ aus. Jeder der beiden Vertices in Abb. VIII,64 trägt mit der Feinstrukturkonstanten $\alpha = \frac{e^2}{\hbar c}$ als Faktor zur Wechselwirkung bei, so daß der Graph den in der Ordnung von α niedrigsten Beitrag (proportional zu α^2) liefert. Für den Grenzfall sehr geringer kinetischer Energien führt der Graph auf das Coulombpotential.

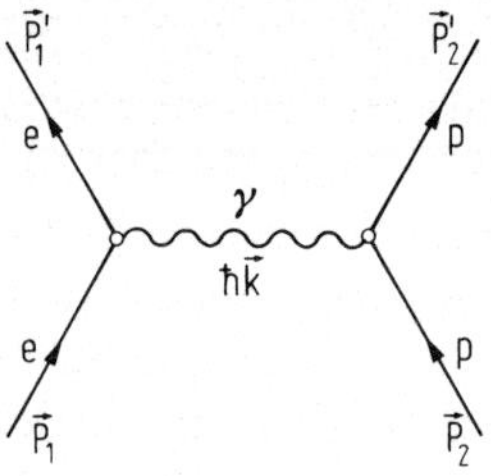

Abb. VIII,64. Feynmangraph für den Hauptbeitrag aus der Störungsrechnung bei der Elektron-Proton-Streuung: Austausch eines virtuellen Photons.

Überträgt man die bei der Elektromagnetischen Wechselwirkung gewonnenen Vorstellungen auf die Starke Wechselwirkung zwischen den Nukleonen, dann sollte es in formaler Analogie Teilchen geben, die die Quanten des Feldes der Starken Wechselwirkung sind. Yukawa [60] hat diese Teilchen, die wir heute als Mesonen bezeichnen, 1935 vorhergesagt, lange bevor sie entdeckt wurden. Die Situation ist jedoch bei der Starken Wechselwirkung in mehrfacher Hinsicht komplizierter als bei der Elektromagnetischen Wechselwirkung. Es tritt beispielsweise nicht ein einzelnes Teilchen als Quant des Starken Feldes auf, sondern es gibt eine ganze Reihe von Mesonen und Mesonenresonanzen, die sich in der Masse, Ladung, Kopplungskonstanten, Drehimpuls und innerer Parität voneinander unterscheiden. In Tab. VIII,14 sind diejenigen Mesonen und Mesonenresonanzen aufgeführt, die zur Ableitung von NN-Wechselwirkungspotentialen verwendet wurden. Wir wollen uns im folgenden zunächst den π-Mesonen zuwenden, durch deren virtuellen Austausch wesentliche Eigenschaften der NN-Wechselwirkung erklärt werden können. In Abb. VIII,65 sind einige Feynman-Graphen aufgezeichnet, die die Hauptbeiträge liefern. Danach wird die pp- bzw. nn-Wechselwirkung durch den Austausch von virtuellen ungeladenen π^0-Mesonen hervorgerufen. Wegen der Nichtunterscheidbarkeit zweier Protonen oder Neutronen treten zusätzlich

Tab. VIII,14. Mesonen und Mesonenresonanzen

Teilchen	Feldtyp	J^π	Isospin	Masse $[\frac{\text{MeV}}{c^2}]$	Masse für das Potential	g^2	$\frac{\hbar}{mc}$ [F]
$\pi^\pm$ π^0	PS	0^-	1	139,58 134,97	140	13,0	1,41
η	PS	0^-	0	548,8	548	6,0	0,36
$\rho^\pm$ ρ^0	V	1^-	1	765	780	3,07	0,25
ω	V	1^-	0	782,8	780	15,33	0,25
σ_0	S	0^+	0	?	500	4,7	0,39
σ_1	S	0^+	1	962	700	4,8	0,28

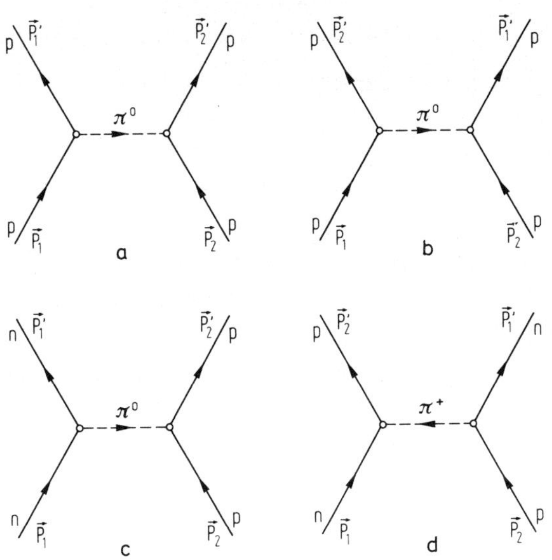

Abb. VIII,65. Feynmangraphen für den Austausch ungeladener und geladener virtueller π-Mesonen, die wesentliche Beiträge zum längerreichweitigen Teil der Nukleon-Nukleon-Wechselwirkung liefern.

sogenannte Pauli-Austauschgraphen auf. Bei pn-Systemen ist die Kopplung der Nukleonen an die geladenen π^+- und π^--Mesonen zu berücksichtigen, wodurch Ladungsaustauschprozesse beschrieben werden können. (Abb. VIII,65) Den π-Mesonen als spinlosen Teilchen sollte sich ein skalares Feld φ zuordnen lassen. Zur Ableitung einer Wellengleichung für φ betrachten wir die Wellengleichung für ein freies Strahlungsfeld:

$$\frac{1}{c^2}\frac{\partial^2}{\partial t^2}A(r,t) - \Delta A(r,t) = 0$$

Wir können sie als quantenmechanische Wellengleichung für das Photonenfeld auffassen. Nach dem Korrespondenzprinzip entsteht sie aus dem relativistischen Energiesatz für masselose Teilchen in seiner quadratischen Form, indem die Observablen durch die ihnen zugeordneten Operatoren ersetzt werden:

$$p^2 c^2 = E^2 , \quad \hat{p} = \frac{\hbar}{i}\nabla , \quad \hat{E} = -\frac{\hbar}{i}\frac{\partial}{\partial t}$$

$$p^2 c^2 A = E^2 A \to \left(-\nabla^2 + \frac{1}{c^2}\frac{\partial^2}{\partial t^2}\right) A = 0$$

Bei der Ableitung der Wellengleichung für das skalare Mesonenfeld gehen wir entsprechend vom relativistischen Energiesatz für Teilchen mit endlicher Ruhemasse aus:

$$p^2 c^2 + m_\pi^2 c^4 = E^2$$

$$(p^2 c^2 + m_\pi^2 c^4)\,\varphi = E^2 \varphi \to \left(-\nabla^2 + \frac{1}{c^2}\frac{\partial^2}{\partial t^2} + \left(\frac{m_\pi c}{\hbar}\right)^2\right)\varphi = 0 \qquad \text{(VIII,297)}$$

und erhalten die sogenannte Klein–Gordon-Gleichung.

$\frac{1}{\mu} = \frac{\hbar}{m_\pi c}$ ist darin die Comptonwellenlänge des Pions. Bei Anwesenheit von Nukleonen, den Quellen des π^0-Mesonenfeldes lautet diese Gleichung:

$$(\nabla^2 - \mu^2 - \frac{1}{c^2}\frac{\partial^2}{\partial t^2})\,\varphi = -\rho \qquad \text{(VIII,298)}$$

Eine physikalisch sinnvolle, d. h. im Unendlichen verschwindende Lösung der inhomogenen Wellengleichung (VIII,298) kann mit Hilfe der Green'schen Funktion $G(\boldsymbol{r})$ gewonnen werden, die eine Lösung von Gl. (VIII,299) für eine punktförmige Quelle im Koordinatenursprung ist.

$$\rho = \delta(\boldsymbol{r}) \qquad (\nabla^2 - \mu^2)\,\varphi = -\delta(\boldsymbol{r}) \qquad \text{(VIII,299)}$$

$$\varphi(\boldsymbol{r}) = \int d^3 r'\, G(\boldsymbol{r} - \boldsymbol{r}')\,\rho(\boldsymbol{r}') \qquad \text{(VIII,300)}$$

Werden $G(\boldsymbol{r})$ und $\delta(\boldsymbol{r})$ durch ihre Fouriertransformierten (Übergang zum Impulsraum) dargestellt, so ergibt sich:

$$G(\boldsymbol{r}) = \frac{1}{(2\pi)^3}\int F(\boldsymbol{k})\exp(\mathrm{i}(\boldsymbol{k}\cdot\boldsymbol{r}))\,d^3 k,$$

$$\delta(\boldsymbol{r}) = \frac{1}{(2\pi)^3}\int \exp(\mathrm{i}(\boldsymbol{k}\cdot\boldsymbol{r}))\,d^3 k$$

$$\int F(\boldsymbol{k})(k^2 + \mu^2)\exp(\mathrm{i}(\boldsymbol{k}\cdot\boldsymbol{r}))\,d^3 k = \int \exp(\mathrm{i}(\boldsymbol{k}\cdot\boldsymbol{r}))\,d^3 k$$

$$\int \exp(\mathrm{i}(\boldsymbol{k}\cdot\boldsymbol{r}))\,[1 - F(\boldsymbol{k})(k^2 + \mu^2)]\,d^3 k = 0$$

$$F(\boldsymbol{k}) = \frac{1}{k^2 + \mu^2} \rightarrow G(\boldsymbol{r}) = \frac{1}{(2\pi)^3}\int \frac{\exp(\mathrm{i}(\boldsymbol{k}\cdot\boldsymbol{r}))}{\vec{k}^2 + \mu^2}\,d^3 k$$

Das Fourierintegral für $G(\boldsymbol{r})$ läßt sich mit dem Residuensatz bestimmen:

$$\int d^3 k \frac{\exp(\mathrm{i}(\boldsymbol{k}\cdot\boldsymbol{r}))}{k^2 + \mu^2} = 2\pi\int_0^\infty dk \int_{-1}^{+1} d(\cos\vartheta)\frac{k^2\exp(\mathrm{i}\,k\,r\cos\vartheta)}{k^2 + \mu^2} =$$

$$= 4\pi\int_0^\infty d^3 k\,\frac{k\sin k r}{r[k^2 + \mu^2]} = \frac{2\pi}{\mathrm{i}}\int_{-\infty}^{+\infty} dk\,\frac{k\exp(\mathrm{i}k r)}{r[k^2 + \mu^2]}$$

$$\int_{-\infty}^{+\infty} dk\,\frac{k\exp(\mathrm{i}(\boldsymbol{k}\cdot\boldsymbol{r}))}{r[k^2 + \mu^2]} = \oint \frac{z\exp(\mathrm{i}z)}{z^2 + \mu^2 r^2}\,dz = 2\pi_{\mathrm{i}}\,\mathrm{Res} f(z)|_{z_0 = \mathrm{i}\mu r} = \frac{1}{2r}e^{-\mu r}$$

$$G(\boldsymbol{r}) = \frac{1}{4\pi}\frac{1}{r}\exp(-\mu r) \qquad \text{(VIII,301)}$$

und daher für ein vorgegebenes ρ:

$$\varphi(r) = \frac{1}{4\pi} \int \mathrm{d}r' \, \rho(r') \frac{\exp(-\mu|r - r'|)}{|r - r'|} \tag{VIII,301a}$$

Die potentielle Energie zwischen zwei nukleonischen Punktladungen wird durch die Gl. (VIII,302) bestimmt.

$$V = -\frac{1}{2} \int \mathrm{d}^3 r \, \rho(r) \, \varphi(r) \tag{VIII,302}$$

Die eine befinde sich bei $r = 0$, die andere bei $r = R$. Mit (VIII,301a) für φ und $\rho = \frac{f}{\mu} \delta(r - R)$ ergibt sich aus (VIII,302) für das gesuchte und nach Yukawa benannte Wechselwirkungspotential:

$$V(R) = -\frac{f^2}{4\pi\mu^2} \frac{1}{R} \exp(-\mu R), \tag{VIII,303}$$

f: Kopplungskonstante der starken Wechselwirkung

Ein solches durch Ein-Pionen-Austausch entstehendes Potential wird durch die Abkürzung OPEP (vom Englischen: **O**ne-**P**ion-**E**xchange-**P**otential) bezeichnet.

Der Austausch skalarer Mesonen beschreibt zwei wesentliche Eigenschaften der NN-Wechselwirkung. Es wirkt wegen des Minus-Zeichens in (VIII,303) ein anziehendes Potential. Für gleiche elektrische Ladungen entsteht dagegen bei der elektromagnetischen Wechselwirkung ein abstoßendes Potential.

Die NN-Wechselwirkung ist ferner durch eine endliche Reichweite ausgezeichnet, die durch die Comptonwellenlänge $\frac{1}{\mu} = \frac{\hbar}{m_\pi c}$ des virtuell ausgetauschten Teilchens bestimmt wird. Je kleiner die Masse des ausgetauschten Teilchens ist, um so größer wird die Reichweite des zugehörigen Potentials. Für $m = 0$ nimmt das Yukawa-Potential die Form des Coulombpotentials an.

Als Konsequenz der obenstehenden Ausführungen sollten die Gravitonen als Quanten des Gravitationsfeldes wegen dessen unendlicher Reichweite die Ruhemasse 0 haben. Die Reichweite des durch die π^0-Mesonen hervorgerufenen Potentials ergibt sich mit $m_{\pi^0} = 135 \, \frac{\mathrm{MeV}}{c^2}$ zu

$$\frac{1}{\mu} = \lambda_{\pi^0} = \frac{\hbar}{m_{\pi^0} c} = 1{,}462 \text{ F} \tag{VIII,304}$$

Wir können uns daher die Nukleonen von einer Wolke virtueller π-Mesonen umgeben denken, deren mittlerer Radius λ_π ist. Eine Wechselwirkung zwischen Nukleonen setzt erst ein, wenn sich ihre Mesonenwolken merklich überlappen. Der Radius entspricht gerade dem durch die Unschärferelation zugelassenen Wert, denn es muß bei der π^0-

Erzeugung die Ruhemasse $E = m_\pi c^2$ aufgebracht werden, was wegen $\Delta t \cdot \Delta E \approx \hbar$ auf:

$$\Delta r = \Delta t \cdot c \approx \frac{\hbar}{m_\pi c} \tag{VIII,305}$$

führt. Statt der Kopplungskonstanten f wird im Yukawa-Potential (VIII,303) häufig das mesonentheoretische Analogon zur Feinstrukturkonstanten $\frac{f^2}{\hbar c}$ benutzt. Aus der Pion-Nukleonstreuung ergab sich dafür der auch in Tab. VIII,1 aufgeführte dimensionslose Wert von

$$\frac{f^2}{4\pi\hbar c} = 0{,}088 \pm 0{,}001\,, \qquad \frac{f^2}{\hbar c} \approx 1$$

Häufig wird an Stelle von f die relativistische Kopplungskonstante g benutzt:

$$g = \frac{4\, m_{\text{red}}}{m_\pi} f\,, \qquad \frac{g^2}{4\pi\hbar c} = 15{,}9\,, \qquad m_{\text{red}} = \frac{m_{\text{n}}\, m_{\text{p}}}{m_{\text{n}} + m_{\text{p}}}$$

Das bisher entworfene Bild von der NN-Wechselwirkung muß noch erheblich erweitert werden, um die experimentellen Resultate auch qualitativ beschreiben zu können. Schon die eingangs eingeführte Annahme, daß die π^0-Mesonen durch ein skalares Feld beschrieben werden können, war nicht korrekt. Wie die Ergebnisse der Elementarteilchenphysik zeigen, haben die π-Mesonen eine negative innere Parität und müssen dementsprechend durch ein pseudoskalares Feld beschrieben werden. Pseudoskalar heißt, daß sich das Feld unter gewöhnlicher Drehung wie ein Skalar verhält, jedoch bei Inversion am Koordinatenursprung (Paritätsoperation) sein Vorzeichen ändert. Das π-Mesonen-Feld wird unter diesen Umständen bei Berücksichtigung des Isospins durch die Gl. (VIII,306) beschrieben.

$$\varphi(r) = \frac{1}{4\pi} f \hat{\vec{\tau}} (\hat{\vec{\sigma}} \cdot \nabla) \frac{1}{\mu r} \exp(-\mu r) \tag{VIII,306}$$

In (VIII,306) ist $(\hat{\vec{\sigma}} \cdot \nabla)$ der einzige Pseudoskalar, der aus den Nukleonenvariablen gebildet werden kann. Das nach Gl. (VIII,302) aus (VIII,306) resultierende Potential für punktförmige Quellen lautet in Erweiterung von (VIII,303)

$$\hat{V}_{\text{PS}}(R) = \frac{-1}{4\pi} \frac{f^2}{\mu^2} (\vec{\tau}_1 \cdot \vec{\tau}_2)(\hat{\vec{\sigma}}_1 \cdot \nabla_1)(\hat{\vec{\sigma}}_2 \cdot \nabla_2) \frac{1}{R} \exp(-\mu R) \tag{VIII,307}$$

und ergibt nach Ausführung der Differentiationen:

$$\hat{V}_{\text{PS}}(R) = \left(\frac{f^2}{4\pi\hbar c}\right) m_\pi c^2 (\hat{\vec{\tau}}_1 \cdot \hat{\vec{\tau}}_2) \Big[\tfrac{1}{3} (\hat{\vec{\sigma}}_1 \cdot \hat{\vec{\sigma}}_2)(1 - 4\pi\,\delta(R)) + \tag{VIII,308}$$

$$+ \left(\frac{1}{3} + \frac{1}{\mu R} + \frac{1}{(\mu R)^2}\right) \hat{S}_{12}\Big] \frac{1}{\mu R} \exp(-\mu R)$$

Wir erkennen, daß neben dem Spin-Spin-Wechselwirkungsoperator $(\hat{\vec{\sigma}}_1 \cdot \hat{\vec{\sigma}}_2)$ auch der Tensoroperator $\hat{S}_{12}$ auftritt, der zur Erklärung des Deuteronenquadrupolmoments erforderlich ist. Wie die Tab. VIII,14 lehrt, beschreibt der Austausch von π-Mesonen lediglich den langreichweitigen Teil der NN-Wechselwirkung, während der Austausch von η-, ρ-, ω- und σ-Mesonen, die vom pseudoskalaren, vektoriellen und skalaren Typ sind, den kurzreichweitigen Teil des NN-Potentials bestimmt. Das unter Einschluß aller in Tab. VIII,14 aufgeführten Mesonen abgeleitete Potential in (VIII,309).

$$\hat{V}_{\mathrm{NN}} = \sum_{\nu} \hat{V}_{\nu} \quad (\nu = \pi, \eta, \rho, \omega, \sigma_0, \sigma_1) \tag{VIII,309}$$

wird als Ein-Boson-Austauschpotential bezeichnet und mit OBEP (von **O**ne-**B**oson-**E**xchange-**P**otential) abgekürzt. Dieses Potential ist außerordentlich kompliziert. Eine übersichtliche Darstellung läßt sich durch Gl. (VIII,310) gewinnen,

$$\hat{V}_{\mathrm{NN}} = \sum_{\alpha} [V_{\alpha}^{(0)} + (\vec{\tau}_1 \cdot \vec{\tau}_2)\, V_{\alpha}^{(1)}]\, \hat{\Omega}_{\alpha} \tag{VIII,310}$$

wobei $\hat{\Omega}_{\alpha}$ die mit dem Transformationsverhalten der Mesonenfelder und vernünftigen Invarianzforderungen verträglichen Operatoren beschreibt. Zwei der unter (VIII,311) aufgeführten Operatoren $\hat{\Omega}_{\sigma}$ und $\hat{\Omega}_{\mathrm{T}}$ sind uns bereits aus der Behandlung des Deuterons bekannt. Von den neu hinzukommenden Operatoren $\hat{\Omega}_{\mathrm{LS}}$ und $\hat{\Omega}_{\sigma\mathrm{L}}$ beschreibt $\hat{\Omega}_{\mathrm{LS}}$ die Spin-Bahn-Wechselwirkung; beide sind impulsabhängig.

$$\hat{\Omega}_{\mathrm{c}} = \hat{1} \qquad \text{Skalare Wechselwirkung}$$

$$\hat{\Omega}_{\sigma} = (\vec{\sigma}_1 \cdot \vec{\sigma}_2) \qquad \text{Spin-Spin-Wechselwirkung}$$

$$\hat{\Omega}_{\mathrm{T}} = 3\,\frac{(\hat{\vec{\sigma}}_1 \cdot r)(\hat{\vec{\sigma}}_2 \cdot r)}{r^2} - (\hat{\vec{\sigma}}_1 \cdot \hat{\vec{\sigma}}_2) \qquad \text{Tensor-Wechselwirkung}$$

$$\hat{\Omega}_{\mathrm{LS}} = \hat{\boldsymbol{L}} \cdot \hat{\boldsymbol{S}} \qquad \text{Spin-Bahn-Wechselwirkung}$$

$$\hat{\Omega}_{\sigma\mathrm{L}} = \frac{1}{2}(\hat{\vec{\sigma}}_1 \cdot \boldsymbol{L}\, \hat{\vec{\sigma}}_2 \cdot \hat{\boldsymbol{L}} + \hat{\vec{\sigma}}_2 \cdot \hat{\boldsymbol{L}}\, \hat{\vec{\sigma}}_1 \cdot \hat{\boldsymbol{L}})$$

$$\hat{\boldsymbol{L}} = \hat{\boldsymbol{R}} \times \hat{\boldsymbol{p}}\,, \qquad \hat{\boldsymbol{p}} = -\mathrm{i}\nabla\,, \qquad \hat{\boldsymbol{S}} = \frac{1}{2}(\hat{\vec{\sigma}}_1 + \hat{\vec{\sigma}}_2) \tag{VIII,311}$$

Das OBEP enthält nach (VIII,310) 10 linear unabhängige Koeffizienten $V_{\alpha}^{(0)}$ bzw. $V_{\alpha}^{(1)}$. Sie sind Funktionen von R und p und enthalten die zahlreichen Mesonenkopplungskonstanten. $V_{\alpha}^{(0)}$ bezieht sich auf die Mesonen π, η und σ_0 mit Isospin T = 0 und $V_{\alpha}^{(1)}$ auf die Mesonen ρ, ω, σ_1 mit Isospin T = 1. Feinere Details möge der Leser den Arbeiten von S. Okubo und R. Marshak [9], R. Bryan und B. L. Scott [62], sowie von K. Erkelenz, K. Holinde und K. Bleuler [63] entnehmen. Mit dem Potential (VIII,310) wird in den beiden letztgenannten Arbeiten die Schrödingergleichung für das NN-Streuproblem gelöst. Dann werden die Kopplungskonstanten und Massen der wenig untersuchten σ_0- und σ_1-Mesonen so lange variiert, bis die theoretisch berechneten NN-Streuphasen mit den experimentell bestimmten am besten übereinstimmen.

Tatsächlich kann eine befriedigende Anpassung für E < 330 MeV erreicht werden. Bemerkenswert ist die Impulsabhängigkeit des NN-Potentials. Sie bedeutet, daß das Potential „nichtlokal“ ist. Bei nichtlokalen Potentialen hängt die Energie außer von r auch von der Umgebung von r ab.

Neben dem zuvor beschriebenen mesonentheoretischen OBEP werden häufig eine Anzahl phänomenologischer Potentiale benutzt. Erwähnt seien hier lediglich das Hamada–Johnston-Potential [64] und das Potential von Reid [65]. Das Hamada–Johnston-Potential ist ein sogen. „hard core“-Potential. Für $r \leqslant 0{,}49$ F wird $V = \infty$ gesetzt. Damit wird dem Umstand Rechnung getragen, daß die $^1S_0$-NN-Streuphase bei $E \approx 250$ MeV ins Negative geht und anzeigt, daß das Potential abstoßend wird. Das Hamada–Johnston-Potential enthält zwar auch die Operatoren und teilweise die Radialfunktionen des OBEP, besitzt aber 29 freie Parameter, die durch Anpassung an die experimentellen Faktoren bestimmt werden müssen. Es ist daher vom physikalischen Standpunkt weniger befriedigend. Abb. VIII,66 zeigt den prinzipiellen Verlauf des Hamada–Johnston- und des Reid-soft-core-Potentials für den $^1S_0$-Zustand. Das mesonentheoretische OBEP wird sicher weiter verbessert werden, doch kann man schon jetzt davon ausgehen, daß es zur Beschreibung der wesentlichen Eigenschaften der Kernmaterie ausreicht.

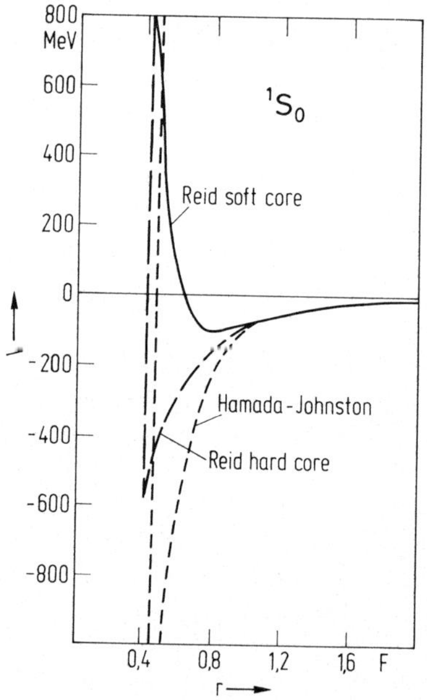

Abb. VIII,66. Phänomenologische Potentiale für die NN-Wechselwirkung im $^1S_0$-Zustand.

5. Kernmodelle

Wie bereits eingangs erwähnt, ist eine Lösung des Vielkörperproblems wegen der komplizierten Struktur der NN-Potentiale schwer zu erreichen. Es bietet sich als Ausweg an, zu prüfen, inwieweit Teilaspekte von Eigenschaften der Kernmaterie unter Zugrundelegung einfacher Annahmen (Kernmodelle) erklärt werden können. Die Beobachtung von Schaleneffekten in den Kerneigenschaften hat nahegelegt, anzunehmen, daß sich die Nukleonen relativ unabhängig voneinander in einem Zentralpotential bewegen, d. h., daß ein herausgegriffenes Nukleon ein von den übrigen $A - 1$ Nukleonen erzeugtes mittleres Potential, das vom Kernschwerpunkt ausgeht, erlebt. Für die Atomhülle war ein solches Zentralfeld durch das Coulombfeld des Atomkerns von vornherein gegeben, während sich die Nukleonen durch ihre überwiegend zweiseitige Wechselwirkung ein effektives Potential selbst erzeugen. Ein solches Modell unabhängiger Teilchenbewegung in einem Zentralpotential für Atomkerne muß zunächst überraschen, denn die Nukleonen sollten wegen der hohen Dichte und der hohen Geschwindigkeit häufig Stöße mit Energie- und Impulsänderung erleiden, so daß es nicht möglich sein sollte, ihren Bahnen definierte Quantenzahlen zuzuschreiben. Nun müssen wir jedoch berücksichtigen, daß Proton und Neutron wegen des Spin $\frac{1}{2}$ der Fermi–Dirac-Statistik unterliegen. Nehmen wir an, daß sich die Nukleonen wie eine Mischung zweier entarteter Fermi-Gase verhalten, dann schränkt das Pauli-Prinzip die Zahl der möglichen Stöße um so mehr ein, je höher die Entartung ist. Bei vollständiger Entartung sind alle Einteilchenniveaus bis zur Fermienergie (Fermikante) $E_F(\mathrm{p})$ für Protonen bzw. $E_F(\mathrm{n})$ für Neutronen besetzt. Streuung aus von Nukleonen eingenommenen Zuständen ist nicht möglich, da alle benachbarten als Streuungsendzustände in Frage kommenden Niveaus bereits vollständig besetzt sind. Lediglich an der Fermi-Kante besteht die Möglichkeit, daß ein Nukleon durch Stoß in ein unbesetztes Niveau gelangt, wobei die Wahrscheinlichkeit für einen solchen Prozeß vom Niveauabstand und von der Stärke des Potentials abhängt.

Das Fermi-Gas-Modell

Es zeigt sich somit, daß bei Annahme starker Entartung der Kern als ein System nahezu unabhängiger Teilchen angesehen werden kann. Der hohe Entartungsgrad kann aus den bekannten Eigenschaften der NN-Potentiale begründet werden und zwar muß man verlangen, daß die NN-Potentiale nur in einem kleinen Energiebereich ΔE in der Nähe der Fermikante die Besetzungszahl von 1 für $E < E_F$ und 0 für $E > E_F$ zu verändern vermögen, also $\Delta E \ll E_F$ gelten muß.

Die Wahrscheinlichkeit für einen Streuprozeß zweier Nukleonen an der Fermikante mit Impulsen $\boldsymbol{p}_1 = \hbar \boldsymbol{k}_1$ und $\boldsymbol{p}_2 = \hbar \boldsymbol{k}_2$ in Zustände mit Impulsen $\boldsymbol{p}_1'$ und $\boldsymbol{p}_2'$ kann durch folgendes Matrixelement beschrieben werden:

$$\langle \boldsymbol{p}_1 \boldsymbol{p}_2 | V_{12} | \boldsymbol{p}_1' \boldsymbol{p}_2' \rangle \sim \int \exp[-\mathrm{i}(\boldsymbol{k}_1 \boldsymbol{r}_1 + \boldsymbol{k}_2 \boldsymbol{r}_2)]\, V_{12}(\boldsymbol{r}_1 - \boldsymbol{r}_2)$$
$$\exp[\mathrm{i}(\boldsymbol{k}_1' \boldsymbol{r}_1' + \boldsymbol{k}_2' \boldsymbol{r}_2)]\, \mathrm{d}\tau_1\, \mathrm{d}\tau_2$$

Wird für V_{12} eine Fourier-Reihe angesetzt, so folgt:

$$V_{12} = \sum_k a_k \exp[\mathrm{i}\, k(r_1 - r_2)]$$

$$\langle p_1\, p_2 | V_{12} | p_1'\, p_2' \rangle \sim \sum_k a_k\, \delta(k_1' - k_1 - k)\, \delta(k_2' - k_2 + k)$$

Die Impulsänderung ist für beide Teilchen $\hbar\, k$. Man kann zeigen, daß die Koeffizienten für die realistischen NN-Potentiale ($l = 0$) im Bereich von $k = 0{,}5 \ldots 0{,}7\ \mathrm{F}^{-1}$ maximal werden. Dies bedeutet, daß überwiegend Streuprozesse mit $\Delta E = \frac{\hbar^2 k^2}{2 m_N} \approx 7{,}5$ MeV stattfinden. Man hat zu prüfen, ob $\Delta E \ll E_F$ gilt. Wir untersuchen daher im folgenden die Eigenschaften eines Gemisches zweier vollständig entarteter Fermigase, wobei sich die Nukleonen in einem konstanten Zentralpotential $-V_0$ bewegen sollen. Ein ähnliches Modell begegnet einem auch bei der Behandlung von Elektronen, die sich im Leitungsband von Metallen befinden. Wir wollen es als Fermi-Gas-Modell bezeichnen.

Da jedes Nukleon im Phasenraum, der sich als Produkt aus Orts- und Impulsraum ergibt, eine Zelle von der Größe h^3 einnimmt, folgt aus dem quantisierten Phasenraumintegral (VIII,312)

$$2 \int_0^{p_F} \mathrm{d}^3 p \int_0^R \mathrm{d}\tau = \begin{Bmatrix} Z \\ N \end{Bmatrix} h^3 \qquad \text{(VIII,312)}$$

unter Berücksichtigung des Spins (Faktor 2) für das von Neutronen bzw. Protonen besetzte Phasenvolumen:

$$Z h^3 = 2 \frac{4\pi}{3} r_0^3 A \frac{4\pi}{3} p_F^3(\mathrm{p})$$

$$N h^3 = 2 \frac{4\pi}{3} r_0^3 A \frac{4\pi}{3} p_F^3(\mathrm{n})$$

Darin ist p_F der zur maximalen kinetischen Energie gehörende Impuls. Für die Fermiimpulse ergibt sich daher:

$$p_F(\mathrm{p}) = \frac{\hbar}{r_0} \sqrt[3]{\frac{9\pi}{4} \frac{Z}{A}}\,, \qquad p_F(\mathrm{n}) = \frac{\hbar}{r_0} \sqrt[3]{\frac{9\pi}{4} \frac{N}{A}}$$

Mit Hilfe der nichtrelativistischen Beziehung zwischen Energie und Impuls $E_F = \frac{p_F^2}{2 m_N}$ bei Vernachlässigung der n-p-Massendifferenz gewinnt man für die Fermi-Energien:

$$E_F(\mathrm{p}) = \left(\frac{9\pi}{4}\right)^{\frac{2}{3}} \left(\frac{Z}{A}\right)^{\frac{2}{3}} \frac{(\hbar c)^2}{2 r_0^2 m_N c^2}$$

$$E_F(\mathrm{n}) = \left(\frac{9\pi}{4}\right)^{\frac{2}{3}} \left(\frac{N}{A}\right)^{\frac{2}{3}} \frac{(\hbar c)^2}{2 r_0^2 m_N c^2} \qquad \text{(VIII,313)}$$

Mit $\hbar c = 197$ MeV · F und $m_N c^2 = 938$ MeV sowie $r_0 = 1{,}25$ F folgt:

$$E_F(n) = 46{,}1 \left(\frac{N}{A}\right)^{\frac{2}{3}} \text{MeV}$$

$$E_F(p) = 46{,}1 \left(\frac{Z}{A}\right)^{\frac{2}{3}} \text{MeV}$$

bzw. für $N \approx \frac{A}{2}$, $Z \approx \frac{A}{2}$ wird

$$E_F(n) \approx E_F(p) \approx 29{,}0 \text{ MeV}$$

Angesichts dieser Resultate können wir folgende Feststellungen treffen:

1. Es ist gerechtfertigt, Kerne nichtrelativistisch zu behandeln, da die maximale kinetische Energie von Protonen bzw. Neutronen im Kern klein gegen die Nukleonruheenergie ist.
2. Die bei Stößen von Nukleonen im Kern an der Fermikante zu erwartende Energieänderung ΔE ist in der Tat klein (aber nicht sehr klein) gegen die Fermi-Energie:

$$\frac{\Delta E}{E_F} \approx 0{,}25$$

Das Fermi-Gas-Modell sollte eine brauchbare Näherung darstellen.

Für die folgenden Betrachtungen ist es von Nutzen, die gesamte kinetische Energie von Protonen und Neutronen zu berechnen. Die dabei erforderlichen Summationen werden näherungsweise durch Integrationen ersetzt:

$$\sum^{Z} E_{\text{kin}}(p) \approx \int_0^Z \frac{p^2}{2\, m_N} \, d\, n \qquad \text{(VIII,314)}$$

In (VIII,314) ist $d\,n$ die Zahl der Zustände im Energieintervall E und $E + d\,E$, wie sie sich aus Gl. (VIII,312) zu

$$d\,n = \frac{4}{3\,\pi} \left(\frac{r_0}{\hbar}\right)^3 A\, p^2\, d\,p = \frac{4}{3\,\pi} \left(\frac{r_0}{\hbar}\right)^3 A \sqrt{\frac{2}{m_N}} \sqrt{E}\, d\,E$$

ergibt.

$$\sum^{Z} E_{\text{kin}}(p) = \int_0^{p_F} \frac{p^2}{2\, m_N} \left(\frac{4}{3\,\pi}\right) \left(\frac{r_0}{\hbar}\right)^3 A\, p^2\, d\,p = \frac{3}{10} \left(\frac{9\,\pi}{4}\right)^{\frac{2}{3}} \frac{\hbar^2}{m_N\, r_0^2}\, Z \left(\frac{Z}{A}\right)^{\frac{2}{3}}$$

Die gesamte kinetische Energie von Protonen bzw. Neutronen kann daher folgendermaßen dargestellt werden:

$$\sum^{Z} E_{\text{kin}}(\text{p}) = \text{C}\, Z \left(\frac{Z}{A}\right)^{\frac{2}{3}} \qquad \text{C} = \frac{3}{10}\left(\frac{9\pi}{4}\right)^{\frac{2}{3}} \frac{\hbar^2}{m_\text{N}\, r_0^2} = 27{,}7\ \text{MeV} \qquad \sum^{N} E_{\text{kin}}(\text{n}) = \text{C}\, N \left(\frac{N}{A}\right)^{\frac{2}{3}} \tag{VIII,315}$$

Die mittlere kinetische Energie $\bar{E}_{\text{kin}} = \frac{1}{n} \sum\limits_{n} E_{\text{kin}}$ ist dann:

$$\bar{E}_{\text{kin}}(\text{p}) = \text{C}\left(\frac{Z}{A}\right)^{\frac{2}{3}} \qquad \bar{E}_{\text{kin}}(\text{n}) = \text{C}\left(\frac{N}{A}\right)^{\frac{2}{3}} \tag{VIII,316}$$

Man erkennt nach Vergleich von (VIII,313) mit (VIII,316), daß die mittlere kinetische Energie der Protonen bzw. Neutronen 60% der Fermi-Energie ausmacht:

$$\bar{E}_{\text{kin}} = \frac{3}{5} E_\text{F}$$

In dem Spezialfall $N = Z$ (also $N = \frac{A}{2}$ und $Z = \frac{A}{2}$) wird die mittlere kinetische Energie unabhängig von A. Für den Fall $N \neq Z$ kann aus Gl. (VIII,315) durch Reihenentwicklung nach dem Neutronenüberschuß eine Korrektur abgeleitet werden. Nach Einführung der Isospinquantenzahl $T_3 = \frac{Z - N}{2}$ folgt für die gesamte kinetische Energie:

$$\sum^{Z,N} E_{\text{kin}} = A\, \text{C} \left(\frac{1}{2}\right)^{\frac{5}{3}} \left[\left(1 + \frac{2\,T_3}{A}\right)^{\frac{5}{3}} + \left(1 - \frac{2\,T_3}{A}\right)^{\frac{5}{3}}\right]$$

Eine Entwicklung unter Einschluß von Gliedern mit T_3^2 ergibt:

$$E_{\text{kin}} = \text{C}\left(\frac{1}{2}\right)^{\frac{2}{3}} \left[A + \frac{20}{9}\frac{T_3^2}{A}\right] \tag{VIII,317}$$

Die Behandlung der Kerne als Fermi-Gase führt also in Gl. (VIII,317) darauf, daß die Gesamtenergie aus zwei Beiträgen besteht. Ein Beitrag ist proportional zu A, der zweite proportional zu $\frac{(N - Z)^2}{A}$. Für eine Reihe isobarer Kerne erreicht die Gesamtenergie für $N = Z$ ein Minimum. Nach dem hier diskutierten Modell sollten Kerne mit $N = Z$ am stabilsten sein. Man nennt den in T_3 quadratischen Term die Symmetrieenergie. Wir werden auf diese im Zusammenhang mit der Weizsäcker-Formel zurückkommen.

Aus der Bindungsenergie pro Nukleon, die gemäß Abb. VIII,10 für $A \approx 100$ bei 8,5 MeV liegt, läßt sich mit Hilfe der oben durchgeführten Berechnungen eine Aussage über die Tiefe des Potentials V_0 machen. Für die mittlere potentielle Energie $\bar{U}$ gilt bei Annahme von Zwei-Körper-Kräften:

$$\bar{U} = \frac{1}{A}\frac{1}{2}\sum_{i=1}^{A}\sum_{i \neq j}\langle \hat{V}_{ij}\rangle = -\frac{1}{2}V_0$$

Es gilt:

$$\frac{B}{A} = -(\bar{U} + \bar{E}_{\text{kin}}) \rightarrow \bar{U} \approx -30\ \text{MeV} \tag{VIII,318}$$

$$V_0 \approx 60\ \text{MeV}$$

Dies ist ein realistischer Wert für die Tiefe des effektiven Zentralpotentials.

Die eben getroffene Feststellung, daß Kerne mit $N = Z$ am stabilsten sein sollten, widerspricht der Erfahrung, denn für die schwersten stabilen Kerne gilt $N \approx 1{,}4\ Z$. Wie wir gleich sehen werden, ist dies auf die bisher vernachlässigte Coulomb-Wechselwirkung zwischen den Protonen im Kern zurückzuführen. Bei der Kondensierung von Nukleon zu Kernmaterie haben die anziehend wirkenden Kernkräfte Arbeit gegen die langreichweitige Abstoßung der Protonen untereinander zu verrichten. Dies muß in der Bindungsenergie als Funktion von Z seinen Niederschlag finden. Bei den folgenden Rechnungen nach der klassischen Elektrostatik gehen wir von der Vorstellung eines homogen geladenen Kerns mit scharfem Rand aus:

$$\rho = \begin{cases} \dfrac{3Ze}{4\pi R^3} & r \leqslant R \\ 0 & r > R \end{cases}$$

Die relevanten Grundgleichungen für die elektrische Feldstärke E und die potentielle Energie U lauten:

$$\epsilon_0 \operatorname{div} E = \rho\ , \qquad U = \frac{1}{2}\int V\rho\,\mathrm{d}\tau \tag{VIII,319}$$

Nach Anwendung des Gaußschen Satzes folgt mit (VIII,319) für E, welches wegen der vorausgesetzten Kugelsymmetrie nur eine Radialkomponente hat:

$$\frac{1}{\epsilon_0}\int \rho\,\mathrm{d}\tau = \int E_r\,\mathrm{d}f$$

$$\frac{1}{\epsilon_0} Z e \frac{r^3}{R^3} = 4\pi r^2 E_r\ , \qquad E_r = K_e \frac{Ze}{R^3} r \quad \text{für} \quad r \leqslant R$$

Wegen $\boldsymbol{E} = -\operatorname{grad} V(r)$ ist $E_r = -\frac{\mathrm{d}}{\mathrm{d}r} V(r)$, also

$$V(R) - V(r) = \int_R^r K_e \frac{Z e}{R^3} r \, \mathrm{d} r = K_e \frac{Z e}{2 R^3} (r^2 - R^2)$$

Für Aufpunkte des Feldes außerhalb der Ladungsverteilung kann man sich die gesamte Ladung $Z e$ am Koordinatenursprung vereinigt denken, so daß

$$\text{für} \quad r \geqslant R \quad V(r) = K_e \frac{Z e}{r} \quad \text{gilt.}$$

Damit folgt insgesamt für das elektrostatische Potential eines kugelförmigen homogen geladenen Kerns als Funktion des Abstands vom Kernmittelpunkt:

$$V(r) = K_e Z e \begin{cases} \frac{1}{2R}\left(3 - \frac{r^2}{R^2}\right) & r \leqslant R \\ \frac{1}{r} & r \geqslant R \end{cases} \tag{VIII,320}$$

Die potentielle Energie $- e V(r)$, die ein Atomelektron in dem Potential (VIII,320) besitzt, ist im Zusammenhang mit der Isotopieverschiebung in Abb. VIII,20 für zwei verschiedene Isotope dargestellt.

Die elektrostatische Energie des Kerns beträgt:

$$U = \frac{1}{2} \int V(r) \rho \, \mathrm{d} \tau = \frac{1}{2} \int_0^\infty 4 \pi r^2 \, V(r) \rho \, \mathrm{d} r = \frac{3}{5} K_e \frac{(Z e)^2}{R} \tag{VIII,321}$$

$$\text{mit} \quad R = r_0 A^{\frac{1}{3}} \quad \text{wird} \quad U = a_C Z^2 A^{-\frac{1}{3}}, \quad a_C = \frac{3}{5} K_e \frac{e^2}{r_0}.$$

Für $r_0 = 1{,}25$ F beträgt $a_C = 0{,}72$ MeV. Von Gl. (VIII,321) haben wir bereits in (VIII,116) in Verbindung mit dem Isospin Gebrauch gemacht, wobei allerdings Z^2 durch $Z(Z-1)$ ersetzt wurde, da jedes Proton mit jedem anderen wechselwirkt und die Wechselwirkung mit sich selbst (Selbstenergie) nicht in unsere Energiebilanz eingeht, sondern im experimentellen Wert für die Ruhemasse erscheint. Während U für leichte Kerne nur einen geringen Bruchteil der Gesamtbindungsenergie ausmacht, erreicht die Coulombenergie wegen der Abhängigkeit von Z^2 für schwere Kerne beachtliche Werte. Beispielsweise beträgt die Bindungsenergie des Kerns $^{235}_{92}U$ 1783, 26 MeV und die Coulombenergie nach (VIII,321) 985 MeV, d. h. um den letztgenannten Betrag wäre die Bindungsenergie von $^{235}_{92}U$ höher, wenn man die Coulombwechselwirkung abschalten könnte. Wie in Abb. VIII,67 dargestellt, haben wegen der Coulombwechselwirkung die Protonen ein Potential geringerer Tiefe als die Neutronen. Die Fermienergien müssen jedoch bei stabilen Kernen, um den energetisch günstigsten Zustand zu realisieren, annähernd gleich hoch liegen. Andernfalls würden auf Grund der

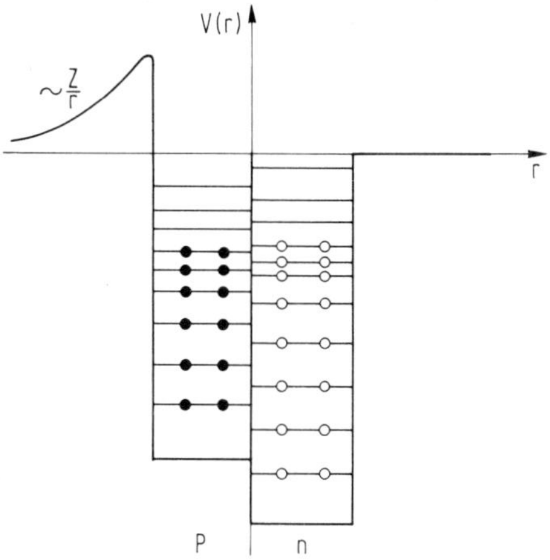

Abb. VIII,67. Schematisierte Potentiale für Protonen und Neutronen.

schwachen Wechselwirkung Umwandlungen von Protonen in Neutronen oder umgekehrt stattfinden. Daher können für stabile Kerne im Potentialtopf der Neutronen mehr Teilchen untergebracht werden als im angehobenen Potentialtopf der Protonen. Die Coulombwechselwirkung ist also die Ursache für den Neutronenüberschuß schwerer stabiler Kerne. Andererseits hat, wie in Abschnitt VIII,2 dargelegt, der Neutronenüberschuß zur Folge, daß der Isospin auch bei schweren Kernen eine brauchbare Quantenzahl darstellt.

Das Auffinden isobarer Analogzustände ist bei schweren Kernen wegen der großen Energieabstände der Zustände eines Isospin-Multipletts schwierig. Die entsprechende Formel konnte bereits in Gl. (VIII,114) gewonnen werden. Das oben dargestellte Modell eines homogen geladenen Kerns kann benutzt werden, um die noch unbekannten Koeffizienten der Formel zu bestimmen. Die Resultate sind:

$$E_C^{(0)}(A, T) = \frac{3}{20} K_e \frac{e^2}{r_0} A^{\frac{5}{3}} + \frac{1}{5} K_e \frac{e^2}{r_0} \frac{T(T+1)}{A^{\frac{1}{3}}}$$

$$E_C^{(1)}(A, T) = \frac{3}{5} K_e \frac{e^2}{r_0} A^{\frac{2}{3}}$$

$$E_C^{(2)}(A, T) = \frac{1}{5} K_e \frac{e^2}{r_0} A^{-\frac{1}{3}}$$

Es zeigt sich, daß die Aufspaltung im wesentlichen durch den Isovektoranteil beschrieben wird. Es mag überraschen, daß die Coulombenergie von Kernen bereits durch ein so einfaches klassisches Modell relativ gut beschrieben wird. Der Grund ist in der langen Reichweite der Coulombwechselwirkung zu sehen, wodurch feinere Details der Nukleonenwellenfunktionen nicht zum Tragen kommen.

Bei leichten Kernen ist ein anders gearteter Weg zur Bestimmung der Coulombenergien einzuschlagen, der hier nicht näher dargestellt wird.

Zur quantenmechanischen Berechnung der Coulombenergie unter Verwendung des Fermigasmodells hat man unter Einschluß des Isospins von einer total antisymmetrischen Wellenfunktion auszugehen. Diese wird durch eine Slaterdeterminante dargestellt, die aus Wellenfunktionen für ebene Wellen, die freie Bewegung von Nukleonen in einem Gebiet konstanten Potentials beschreibend, aufgebaut wird. Wegen der Antisymmetrie, die eine Folge des verallgemeinerten Pauli-Prinzips ist, entsteht für Nukleonen mit gleichen Spin- und Isospin-Quantenzahlen, also z. B. für

$$\text{Nukleon i: } m_s(\mathrm{i}) = +\frac{1}{2}, \quad t_3(\mathrm{i}) = +\frac{1}{2}$$

$$\text{und Nukleon j: } m_s(\mathrm{j}) = +\frac{1}{2}, \quad t_3(\mathrm{j}) = +\frac{1}{2}$$

eine räumliche Korrelation. Sie ergibt sich als Erwartungswert des Operators

$$\hat{\rho}(\boldsymbol{r}, \boldsymbol{r}') = \sum_{\mathrm{i}<\mathrm{j}} \{\delta(\boldsymbol{r} - \boldsymbol{r}_\mathrm{i})\,\delta(\boldsymbol{r}' - \boldsymbol{r}_\mathrm{j}) + \delta(\boldsymbol{r} - \boldsymbol{r}_\mathrm{j})\,\delta(\boldsymbol{r}' - \boldsymbol{r}_\mathrm{i})\}$$

zu

$$\langle\hat{\rho}(\boldsymbol{r}, \boldsymbol{r}')\rangle = \rho_0^2 \left[1 - \frac{1}{4} C^2\left(\frac{p_\mathrm{F}}{\hbar}(|\boldsymbol{r} - \boldsymbol{r}'|)\right)\right] \tag{VIII,322}$$

$$C(x) = \frac{3}{x^2}\left(\frac{\sin x}{x} - \cos x\right), \qquad x = \frac{p_\mathrm{F}}{\hbar}(|\boldsymbol{r} - \boldsymbol{r}'|)$$

Ihre Wirkung kann dahingehend gedeutet werden, daß sich in der Umgebung eines herausgegriffenen Nukleons ein Nukleon weniger befindet als nach dem klassischen Modell zu erwarten wäre. Man spricht bezüglich der Korrelation in (VIII,322) von einem durch Austausch entstandenen Loch (exchange hole), da die Matrixelemente einen Austausch von Quantenzahlen der Teilchen enthalten. Den Einfluß der Korrelation der Protonen auf die Coulombenergie kann man mit Hilfe der Korrelationsfunktion abschätzen und kommt für schwere Kerne zu folgendem Resultat:

$$U = \frac{3}{5} K_\mathrm{e} \frac{e^2}{r_0} \left[1 - 5\left(\frac{3}{16\pi Z}\right)^{\frac{2}{3}}\right]$$

Danach ist der Einfluß der Korrelation, d. h. die Abweichung vom klassischen Modell, mit ca 6% für $Z = 50$ anzusetzen.

Die Weizsäcker-Formel

Ausgehend von einem Flüssigkeitströpfchenmodell für den Kern stellte v. Weizsäcker [66] bereits 1935 eine halbempirische Formel für die Kernbindungsenergien auf. Dabei wurden die folgenden beiden physikalischen Gesetzmäßigkeiten realer Flüssigkeitströpfchen erfolgreich auf Kerne übertragen:

1. Bei Kondensation von Molekülen wird Energie frei. Die Kondensationswärme pro Molekül ist dabei für nicht allzu kleine Tröpfchen unabhängig vom Volumen. Wegen der kurzen Reichweite der van-der-Waalschen Kräfte tritt jedes Molekül nur mit seinen unmittelbaren Nachbarn in Wechselwirkung. Dies kann man auf Grund der Natur der Kernkräfte auch über Nukleonen im Kern sagen. In einer Formel für die Bindungsenergien der Kerne sollte daher ein Term proportional zum Kernvolumen auftreten:

$$B_{\text{Kond}} \sim V_{\text{Kern}} \sim A\,, \quad B_{\text{Kond}} = \text{a}_1\, A$$

Der Gang der experimentellen Bindungsenergien entsprechend dem in Abb. VIII,8 wiedergegebenen Modell unterstützt einen solchen Ansatz. Auch das zuvor diskutierte Fermigasmodell hat in Gl. (VIII,317) zu einem Term in der Gesamtenergie geführt, der proportional zu A ist. a_1 ist eine empirische Konstante, die durch die Stärke der Kernkräfte bestimmt ist. Sie wird wie auch alle weiteren Konstanten durch optimale Anpassung an die experimentellen Daten festgelegt. Über ihre Größenordnung kann man bereits auf Grund von Gl. (VIII,317) eine Aussage machen:

$$\text{a}_1 \approx \left(\frac{1}{2}\right)^{\frac{2}{3}} \text{C} = 17{,}5\ \text{MeV}$$

2. Bei realen Flüssigkeitströpfchen liefert die Oberflächenenergie eine Korrektur zur Kondensationswärme. Moleküle, die sich an der Oberfläche befinden, werden von weniger Nachbarn angezogen als Moleküle, die sich im Innern des Tröpfchens befinden. Dies führt zur Oberflächenspannung, gegen die zur Herstellung der Gleichgewichtsgestalt Arbeit zu verrichten ist. Überträgt man diese Vorstellung auf Atomkerne, dann ist in einer Formel für die Bindungsenergie ein Oberflächenterm einzuführen, der proportional zur Oberfläche F ist und von der Kondensationswärme abzuziehen ist:

$$B_{\text{Oberfl.}} = -\,\epsilon F$$

Darin ist ϵ als spezifische Oberflächenenergie des Kerns anzusehen. Mit $F = 4\,\pi R^2$ und $R = r_0\, A^{\frac{1}{3}}$ wird:

$$B_{\text{Oberfl.}} = -\,\text{a}_2\, A^{\frac{2}{3}}\,, \qquad \text{a}_2 = 4\,\pi\, r_0^2\, \epsilon$$

Im Rahmen des Tröpfchenmodells läßt sich auch die in Gl. (VIII,321) angegebene elektrostatische Energie des Kerns unterbringen. Die Bindungsenergieformel muß daher um den folgenden Term B_{C} erweitert werden:

$$B_{\text{C}} = -\,\text{a}_3\, Z^2\, A^{-\frac{1}{3}}\,, \qquad \text{a}_3 = 0{,}72\ \text{MeV}\,,$$

der die Gesamtbindungsenergie besonders für hohes Z erheblich beeinflußt.

Die Grenzen des Tröpfchenmodells werden sichtbar, wenn man nach Korrelationen zwischen den Nukleonen im Kern fragt. In realen Flüssigkeitströpfchen herrscht eine starke räumliche Korrelation zwischen den Molekülen. Für die Nukleonen im Kern gilt dies nicht, wie bereits im Zusammenhang mit dem Fermigasmodell erwähnt wurde. Aus dem Fermigasmodell ist weiterhin noch der Symmetrieterm zu berücksichtigen:

$$B_{\mathrm{Sym}} = - \mathrm{a}_4 \frac{(Z-N)^2}{A}$$

Er sorgt bei Abwesenheit der Coulombwechselwirkung dafür, daß Kerne mit $N = Z$ am stabilsten sind. Die Massen isobarer Kerne liegen wegen B_{Sym}, wie in Abb. VIII,9 für $A = 101$ dargestellt, auf Parabeln, deren Öffnung mit wachsendem A immer größer wird.

Um den experimentell gefundenen Bindungsenergieunterschieden gerecht zu werden, wurde in Abschnitt VIII,3 eine Paarungsenergie eingeführt. Offenbar erreichen Protonen bzw. Neutronen dann einen energetisch günstigen Zustand, wenn sie ihre Drehimpulse paarweise zum Drehimpuls Null koppeln können. Im Rahmen des Schalenmodells werden diesem Effekt Paarungskräfte zugeordnet. Um auszudrücken, daß gg-Kerne relativ am stärksten und uu-Kerne relativ am schwächsten gebunden sind, wird abschließend folgender Paarungsenergieterm in die Bindungsenergieformel aufgenommen:

$$B_{\mathrm{Paar}} = + \mathrm{a}_5 \, \lambda \, A^{-\frac{1}{2}}, \qquad \mathrm{a}_5 = 12 \text{ MeV}$$

$$\lambda = \begin{cases} +1 & \text{für gg-Kerne} \\ 0 & \text{für ug- bzw. gu-Kerne} \\ -1 & \text{für uu-Kerne} \end{cases}$$

Dieser Term führt dazu, daß die Bindungsenergiewerte isobarer Kerne mit geradzahligem A wegen $\lambda = \pm 1$ auf zwei Parabeln verteilt sind, wobei die Parabel für gg-Kerne die tiefere ist. Die Zusammenfassung aller fünf Terme ergibt die folgende nach v. Weizsäcker benannte halbempirische Formel der Kernbindungsenergien:

$$B = \mathrm{a}_1 A - \mathrm{a}_2 A^{\frac{2}{3}} - \mathrm{a}_3 Z^2 A^{-\frac{1}{3}} - \mathrm{a}_4 \frac{(Z-N)^2}{A} + \mathrm{a}_5 \, \lambda \, A^{-\frac{1}{2}} \qquad \text{(VIII,323)}$$

Während in dieser Formel die Abhängigkeit von A, Z und N aus Kernmodellen (hier Tröpfchenmodell und Fermigasmodell) erschlossen wurde, gewinnt man die Werte für die fünf Konstanten durch bestmögliche Anpassung an die experimentellen Daten. Die Anpassung gelingt überraschend gut, was einen Hinweis auf die Gültigkeit der zu Grunde liegenden Annahmen gibt. Mit den Konstanten

$\mathrm{a}_1 = 15{,}56$ MeV, $\mathrm{a}_2 = 17{,}23$ MeV, $\mathrm{a}_3 = 0{,}72$ MeV, $\mathrm{a}_4 = 23{,}29$ MeV, $\mathrm{a}_5 = 12$ MeV

gelang die in Abb. VIII,10 wiedergegebene Anpassung für Kerne mit geradzahligem A. Wie nicht anders zu erwarten, kann die Weizsäcker-Formel Diskontinuitäten, wie sie bei magischen Nukleonenzahlen beobachtet werden, nicht beschreiben. Die Formel wird für Abschätzungen der Energiebilanz bei Zerfällen und Kernreaktionen häufig eingesetzt.

Das Schalenmodell

Starke Evidenzen für die Schalenstruktur der Atomkerne – z. B. die geschilderten Diskontinuitäten in den Bindungsenergien und die Nulldurchgänge der Quadrupolmomente bei den magischen Zahlen sowie die Überlegungen zum Fermigasmodell – haben nahegelegt anzunehmen, daß sich die Nukleonen nahezu unabhängig voneinander in einem effektiven Potential bewegen, welches die mittlere Wechselwirkung eines der A Nukleonen mit den restlichen $A - 1$ Nukleonen darstellt. Man kann davon ausgehen, daß ein realistisches Einteilchenpotential etwa dem Verlauf der Nukleonendichte proportional ist. Bei leichten Kernen ist die Randzone in ihrer Dicke vergleichbar mit dem Kernradius. Ein mathematisch leicht zu behandelndes Potential, das diesem Verlauf der Dichte in etwa entspricht, ist das Oszillatorpotential:

$$V(r) = - V_0 + \frac{1}{2} m_r \, \omega^2 \, r^2 \qquad 0 \leqslant r < \infty \qquad \text{(VIII,324)}$$

reduzierte Nukleonenmasse:

$$m_r = (m_A - m_N) \left(\frac{m_N}{m_A}\right)$$

Eigentlich müßte das Potential für $V > 0$, d. h. $r > \sqrt{\dfrac{2 V_0}{m_r \, \omega^2}}$ gleich Null gesetzt werden. Da jedoch V_0 einen sehr großen Wert hat, kann man zeigen, daß der Einfluß der Vereinfachung im Potential (VIII,324) auf die niedrig liegenden Energieniveaus gering ist. ω ist so zu bestimmen, daß mit Hilfe der Lösung der Schrödingergleichung (VIII,325) die Dichteverteilung der Nukleonen möglichst gut wiedergegeben wird.

$$\mathrm{i}\hbar \frac{\partial}{\partial t} \Psi(r, t) = \left\{- \frac{\hbar^2}{2 m_r} \Delta + V(r)\right\} \Psi(r, t) \qquad \text{(VIII,325)}$$

Da das Potential kugelsymmetrisch ist und vom Spin nicht abhängt, sind die Energieeigenfunktionen zugleich Eigenfunktionen zum Bahndrehimpuls l, Spin s und Gesamtdrehimpuls j (siehe Gl. (VIII,64) und Gl. (VIII,65)). Die Eigenwerte können daher durch folgende Sätze von Einteilchenquantenzahlen charakterisiert werden:

$$(n_i \, l_i \, s_i \, m_{l_i} \, m_{s_i}) \quad \text{oder} \quad (n_i \, s_i \, l_i \, j_i \, m_{j_i})$$

Die normierten Oszillatoreigenfunktionen lauten:

$$\Psi_{n\,l_j\,m_j\,t_3}(r,t) = A_{nl}\,\rho^l \exp\left(-\frac{1}{2}\rho^2 - \frac{i}{\hbar}E_{n_l}\,t\right) L_{n-1}^{l+\frac{1}{2}}(\rho^2)\, v_{ljm}\, \eta_{\frac{1}{2},\,t_3}$$

$$A_{nl} = \sqrt{\frac{2^{n+l+1}\,(n-1)!}{(2n+2l-1)!!\,\sqrt{\pi}\,a^3}}, \qquad \rho = \frac{r}{a}, \qquad a = \sqrt{\frac{\hbar}{m_r\,\omega}}$$

Die Quantenzahl n charakterisiert die Radialwellenfunktion, v_{jlm_j} sind die Drehimpulseigenfunktionen, die den eckigen Klammern in Gl. (VIII,65) entsprechen. $L_k^m(x)$ bezeichnet das Funktionensystem der verallgemeinerten L a g u e r r e s c h e n Polynome. Die zugehörigen Energieeigenwerte betragen:

$$E_{nl} = -V_0 + \left(2n + l - \frac{1}{2}\right)\hbar\,\omega \qquad l = 0, 1, 2, \ldots; \qquad n = 1, 2, 3, \ldots$$

Der quantenmechanische harmonische Oszillator zeichnet sich durch äquidistante Energieniveaus aus. Der tiefste Zustand ist durch den Eigenwert $E_{10} = -V_0 + \frac{3}{2}\hbar$ gegeben. Wir wählen ihn als Energienullpunkt:

$$E_{nl} - E_{10} = N\hbar\,\omega\,, \qquad N = 2(n-1) + l = 0, 1, 2, \ldots \tag{VIII,326}$$

N charakterisiert die Energieschalen im Oszillatormodell, die jeweils um einen Energiebetrag $\hbar\,\omega$ voneinander entfernt sind. Jeder Eigenwert besitzt einen bestimmten Entartungsgrad, d. h., es existiert zu ihm eine bestimmte Anzahl linear unabhängiger Eigenfunktionen. Bei geradem N kann l alle geraden Zahlen von 0 bis N durchlaufen, bei ungeradem N alle ungeraden Zahlen von 1 bis N. Für jedes l entsteht unter Berücksichtigung des Nukleonenspins eine weitere $2(2\,l+1)$-fache Entartung bezüglich der magnetischen Quantenzahlen m_l und m_s bzw. m_j. Jede Schale kann so viel Nukleonen einer Sorte aufnehmen wie der Entartungsgrad angibt. Entsprechend einer Konvention der Atomspektroskopie werden auch in der Kernphysik Einteilchenzustände mit $l = 0, 1, 2, 3, 4, \ldots$ durch die Buchstaben s, p, d, f, g, ... gekennzeichnet. Zusammen mit den Quantenzahlen n und j wird für Einteilchenzustände das Symbol $n(l)_j$ verwendet. Im Oszillatormodell ergibt sich den vorangegangenen Ausführungen gemäß das in Tab. VIII,15 dargestellte Schema für Zustände und Besetzungszahlen. Die Parität der Zustände ist durch $(-1)^l$ gegeben. Wegen (VIII,326) haben jedoch, wie in Tab. VIII,15 angegeben, alle Zustände einer Oszillatorschale die gleiche Parität.

Nach dem Schalenmodell mit Oszillatorpotential befinden sich die Nukleonen in energetisch äquidistanten Schalen. Es werden nur die magischen Zahlen 2,8 und 20 erklärt, die den Kernen ${}^4_2He_2$, ${}^{16}_8O_8$ und ${}^{40}_{20}Ca_{20}$ entsprechen. Der Grundzustand des He-Kerns ist demnach durch folgende Protonen- bzw. Neutronenkonfiguration gekennzeichnet:

$${}^4_2He_2: (\pi\ 1\ s_{1/2})^2\ (\nu\ 1\ s_{1/2})^2, \quad J^\pi = 0^+$$

Tab. VIII,15

N	$E_{nl} - E_{10}$	Einteilchenzustände	Parität	Schalenbesetzungszahl	Kumulat. Besetzungszahl
0	0	$1\,s_{1/2}$	+	2	2
1	$\hbar\omega$	$1\,p_{1/2}, 1\,p_{3/2}$	-	6	8
2	$2\hbar\omega$	$2\,s_{1/2}, 1\,d_{3/2}, 1\,d_{5/2}$	+	12	20
3	$3\hbar\omega$	$2\,p_{1/2}, 2\,p_{3/2}, 1\,f_{5/2}, 1\,f_{7/2}$	-	20	40
4	$4\hbar\omega$	$3\,s_{1/2}, 2\,d_{3/2}, 2\,d_{5/2}, 1\,g_{7/2}, 1\,g_{9/2}$	+	30	70
5	$5\hbar\omega$	$3\,p_{1/2}, 3\,p_{3/2}, 2\,f_{5/2}, 2\,f_{7/2}, 1\,h_{9/2}, 1\,h_{11/2}$	-	42	112

Die hochgestellten Ziffern geben die sich in den Zuständen befindende Nukleonenzahl an. Die Symbole π und ν bezeichnen Protonenkonfigurationen bzw. Neutronenkonfigurationen. Für den $1\,s_{1/2}$-Zustand sind die Oszillatoreigenfunktionen besonders einfach:

$$\Psi(1\,s_{1/2}) = \left(\frac{1}{\pi a^2}\right)^{\frac{3}{4}} \exp\left(-\frac{r^2}{2a^2}\right) \chi_\pm\, Y_{0,0}$$

und es folgt für die Nukleonendichte, da Ψ für alle vier Nukleonen gleich ist,:

$$\rho(^4\mathrm{He}) = 4\,|\Psi|^2 = 4\left(\frac{1}{\pi a^2}\right)^{\frac{3}{2}} \exp\left(-\frac{r^2}{a^2}\right)$$

Dies ist eine Gaußsche Verteilung wie sie auch zur Auswertung der Elektronenstreudaten verwendet wurde. Mit dem Wert von a = 1,3 F aus der Elektronenstreuung gewinnt man $\hbar\omega \approx 25$ MeV bei ^{4}He. Bei leichten Kernen gilt näherungsweise die Beziehung

$$\hbar\omega \approx 41\,A^{-1/3}\ \mathrm{MeV}$$

Für mittelschwere und schwerste Kerne sollte ein Kastenpotential (VIII,327) mit unendlich hohen Wänden eine brauchbare Näherung

$$V(r) = \begin{cases} -V_0 & r \leqslant R \\ \infty & r > R \end{cases} \qquad \text{(VIII,327)}$$

darstellen, wenn man sich an der Verteilung der Ladung bei diesen Kernen orientiert. Es tritt in diesem Falle keine Entartung der Niveaus bezüglich der Quantenzahl l auf, doch bleibt die Entartung zwischen $j = l + \frac{1}{2}$ und $j = l - \frac{1}{2}$ bestehen. Die Energieeigenwerte lauten für das Potential (VIII,327):

$$E_{Nl} = -V_0 + \frac{\hbar^2}{2\,m_r R^2}\,X_{Nl}^2$$

X_{Nl}: N-te Nullstelle der Besselfunktion $J_{l+1/2}$.

Die teilweise Aufhebung der Entartung der Oszillatorniveaus beim Übergang zum Kastenpotential geht so vor sich, daß stets der größere Bahndrehimpuls tiefer liegt. In Abb. VIII,68 sind sowohl die Schalen des harmonischen Oszillators als auch die des Kastenpotentials einschließlich der Besetzungszahlen dargestellt. Offensichtlich lassen

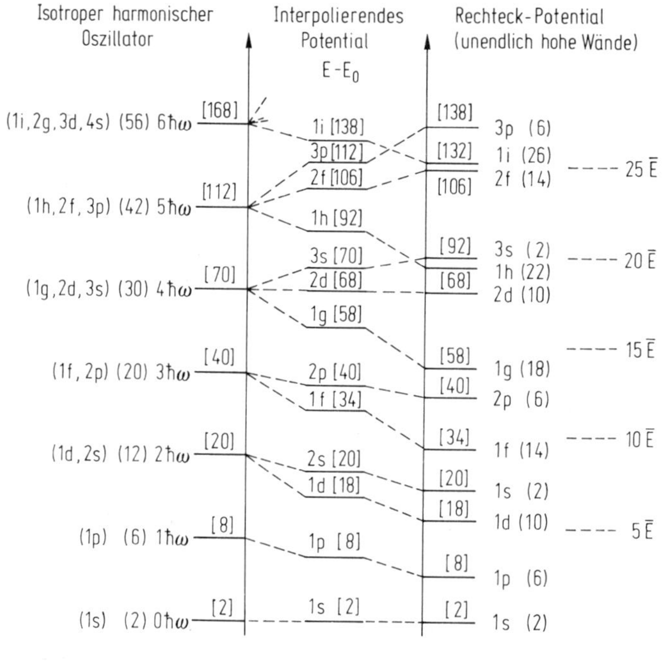

Abb. VIII,68. Energieniveaufolgen nach dem Schalenmodell der Atomkerne für ein isotropes Oszillatorpotential (links), ein Rechteckpotential mit unendlich hohen Wänden (rechts) und für ein zwischen beiden interpolierendes Potential (in der Mitte). (nach M. G. Mayer und J. H. D. Jensen [103]).

sich auch beim Kastenpotential die magischen Zahlen zunächst nur bis einschließlich 20 reproduzieren. Man kann vermuten, daß ein zwischen den beiden untersuchten Potentialen interpolierendes Potential, wie es in Abb. VIII,69 skizziert ist, mehr Erfolg hat. Ein solches Potential wurde von Saxon und Woods [67] unter der Bezeichnung „Optisches Potential" eingeführt und hat mathematisch die folgende Form:

$$V(r) = \frac{-V_0}{1 + \exp(r - R)/a} \qquad \text{(VIII,328)}$$

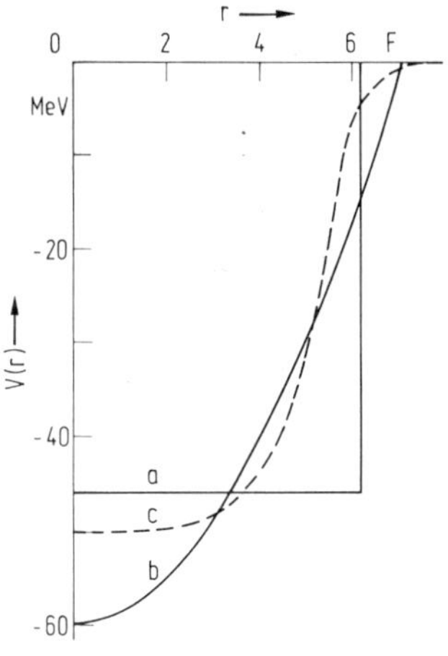

Abb. VIII,69. Schalenmodellpotentiale: a Kastenpotential, b isotropes Oszillatorpotential, c ein zwischen beiden interpolierendes Potential.

Beim Saxon–Woods-Potential lassen sich allerdings weder die Energieeigenwerte noch die Eigenfunktionen in analytischer Form angeben. Bei den in der Mitte der Abb. VIII,68 dargestellten Resultaten wurden numerische Lösungsverfahren verwendet. Es zeigt sich, daß mit allen drei Potentialen die höheren magischen Zahlen nicht erklärt werden können.

Der große Durchbruch zum Erfolg kam für das Schalenmodell erst, als unabhängig voneinander M. Goeppert–Mayer [68] und O. Haxel, J. H. D. Jensen und H. E. Suess [69] vorschlugen, eine starke Kopplung zwischen Spin- und Bahndrehimpuls eines Nukleons anzunehmen. Diese Hypothese konnte durch Streuexperimente an Kernen bestätigt werden. Die Systeme (α + n): ^{5}He und (α + p): ^{5}Li sind für diesen Zweck besonders geeignet, da ^{4}He ein doppelt magischer Kern ist und sich das fünfte Nukleon sehr schwach gebunden in einem 1 p-Einteilchenzustand befinden wird, der durch das vom α-Teilchen erzeugte kugelsymmetrische Potential bestimmt ist. In der Tat erweisen sich sowohl ^{5}He als auch ^{5}Li als teilcheninstabil; sie machen sich als Resonanzen in Streuexperimenten von p oder n an ^{4}He bemerkbar. Im System ^{5}He wurden eine ausgeprägte Resonanz bei 0,9 MeV und eine zweite breitere Resonanz 4,6 MeV darüber gefunden. Ähnliche Verhältnisse ergaben sich, wie in Abb. VIII,70 dargestellt, für ^{5}Li. Mit Hilfe der Streuphasenanalyse konnte die erste Resonanz einem $p_{3/2}$- und die weitere Resonanz einem $p_{1/2}$-Zustand zugeschrieben werden. Der Nachweis von p-Zuständen mit einer Dublett-Aufspaltung von 4,6 bis 7 MeV weist auf eine starke Spin-Bahn-Wechselwirkung hin. Ein direkterer Nachweis der Spin-Bahn-Wechselwirkung gelang Helsinkfeld und Freier [70] durch ein Doppelstreuexperiment mit unpolarisierten Protonen von 1,8 MeV an ^{4}He. Wie in Abb. VIII,71 skizziert, traten die Protonen in eine zweiteilige mit Heliumgas unter Atmosphärendruck gefüllte Streukammer ein. Beim Streuvorgang a weist der Bahndrehimpuls $\boldsymbol{l} = \boldsymbol{r} \times \boldsymbol{p}$ senkrecht aus der Zeichenebene nach oben, während er für den Fall b senkrecht nach unten zeigt. Entsprechend

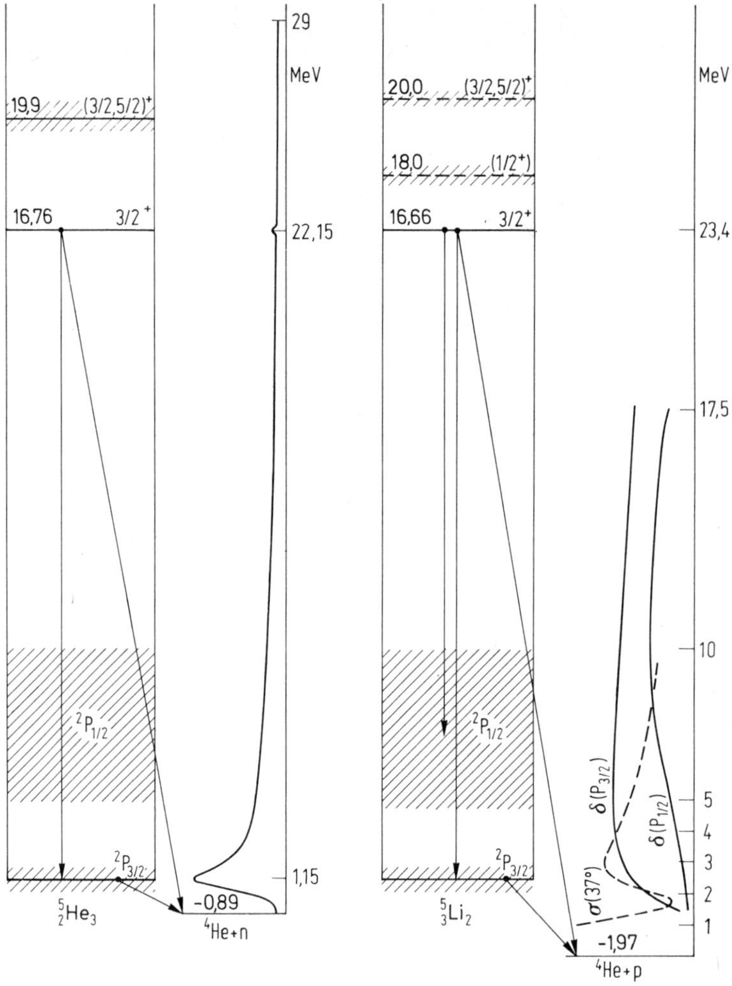

Abb. VIII,70. Termschema der Systeme $^5_2He_3$ und $^5_3Li_2$ (nach F. Ajzenberg und Selove [104]).

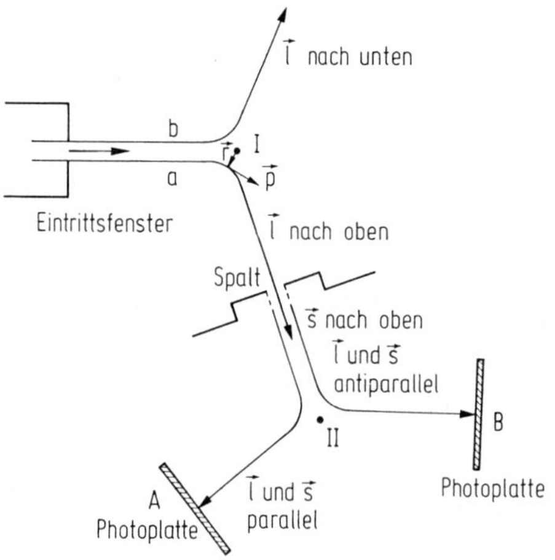

Abb. VIII,71. Doppelstreuexperiment von Protonen an $^4_2He_2$ zum direkten Nachweis der starken Spin-Bahn-Wechselwirkung in Kernen (nach M. D. Mayer und J. D. H. Jensen [103])

den zuvor diskutierten Verhältnissen im System ^5Li werden die Protonen bei einer Energie von 1,8 MeV überwiegend im $p_{3/2}$-Zustand gestreut. Wegen $j = l + \frac{1}{2}$ sollte der Protonenspin parallel zum Bahndrehimpuls sein, d. h. im Fall a ebenfalls aus der Zeichenebene senkrecht nach oben weisen. Nach dem ersten Streuvorgang sind die durch den Schlitz 2 tretenden Protonen teilweise polarisiert. In der Streukammer II treten weitere Streuprozesse bei der Energie von 1,8 MeV auf, da es sich um elastische Streuung handelt und es stellt sich die Frage, welcher der beiden Detektoren A und B mehr Teilchen registriert. Nun finden auch die Streuprozesse in Kammer II im $p_{3/2}$-Zustand, d. h. überwiegend mit $\boldsymbol{s}$ parallel zu $\boldsymbol{l}$ statt. Wenn man unterstellt, daß während des Streuprozesses keine Spinumklappprozesse stattfinden, sollte Detektor A mehr Protonen registrieren als Detektor B, da für letzteren $\boldsymbol{l}$ antiparallel zu $\boldsymbol{s}$ ist. Als Detektoren dienten Photoplatten, auf denen die Spuren der Protonen mit einem Mikroskop ausgezählt wurden. Tatsächlich konnten auf Platte A etwa zwei Mal so viel Spuren gezählt werden wie auf Platte B. Der Ursprung der starken Spin-Bahn-Kopplung in Atomkernen ist nicht vollständig geklärt. Es seien dazu folgende Anmerkungen gemacht:

1. Bei der relativistischen Behandlung der Bewegung eines Nukleons im mittleren Kern-Zentralpotential unter Berücksichtigung der elektromagnetischen Wechselwirkung treten automatisch zwei Spin-Bahn-Wechselwirkungsterme auf, von denen der Anteil durch die Starke Wechselwirkung die Form

   $$V_{sl} = \frac{d\,V(r)}{d\,r} \frac{(\hat{s} \cdot \hat{l})}{2\,m_N^2\,c^2\,r}$$

   hat. Eine Abschätzung zeigt, daß der obenstehende Term um eine Größenordnung zu klein ausfällt, was erst recht für den elektromagnetischen Beitrag gilt.

2. Die Untersuchung der NN-Wechselwirkung hat – wie bereits in Gl. (VIII,311) angegeben – auf einen Spin-Bahn-Term geführt. Er kann als möglicher Ursprung der Spin-Bahn-Wechselwirkung im Kern angesehen werden. Etwas allgemeiner formuliert: Die Spin-Bahn-Wechselwirkung mag Ausdruck der erheblichen Nichtlokalität der NN-Wechselwirkung sein.

Wir wollen den Einfluß der Spin-Bahn-Wechselwirkung auf die Niveaus im Schalenmodell untersuchen. Dem Oszillator- bzw. Kastenpotential wird ein Spin-Bahn-Term der Form

$$-\frac{2\alpha}{\hbar^2}(\hat{s} \cdot \hat{l}), \qquad \alpha > 0$$

hinzugefügt. Für das Oszillatorpotential ist α eine Konstante, während α für das Kastenpotential von n und l abhängt. Da die Operatoren $\hat{l}^2$, $\hat{s}^2$, $\hat{j}^2$ und $\hat{j}_z$ mit

$$(\hat{s} \cdot \hat{l}) = \frac{1}{2}(\hat{j}^2 - \hat{l}^2 - \hat{s}^2)$$

kommutieren, ist der Spin-Bahn-Operator in der Darstellung $|n\,l\,j\,m_j\rangle$ diagonal, und es ist möglich, die Wellenfunktionen im Schalenmodell nach den genannten Quantenzahlen zu klassifizieren. Wegen

$$(\hat{s}\cdot\hat{l})|n\,l\,j\,m_j\rangle = \frac{1}{2}\hbar^2\,\{j(j+1)-l(l+1)-s(s+1)\}\;|n\,l\,j\,m_j\rangle$$

ergibt sich in den beiden Fällen $j = l \pm \frac{1}{2}$ für die Energieeigenwerte:

$$\widetilde{E}_{\mathrm{nlj}} = E_{\mathrm{nl}} + \alpha \begin{Bmatrix} -l \\ \\ l+1 \end{Bmatrix} \quad \text{für} \quad j = \begin{cases} l+\frac{1}{2} \\ \\ l-\frac{1}{2} \end{cases}$$

Die Entartung der Oszillatorzustände bezüglich l und j wird aufgehoben, wobei entgegen der Verhaltensweise der Spin-Bahn-Wechselwirkung in der Atomhülle Zustände mit $j = l - \frac{1}{2}$ zu höheren Energien und Zustände mit $j = l + \frac{1}{2}$ zu niedrigeren Energien verschoben werden. Es bleibt sowohl für das Oszillatorpotential als auch für das Kastenpotential lediglich die $(2j+1)$-fache Entartung bezüglich der magnetischen Quantenzahl m_j bestehen.

Eine Erklärung auch für die höheren magischen Zahlen ergibt sich, wenn die Spin-Bahn-Kopplungskonstante so groß gewählt wird, daß in einer oberen Schale das Niveau mit dem höchsten Drehimpuls $j = l + \frac{1}{2}$ so weit nach unten gedrückt wird, bis es in die Nähe oder zwischen die Niveaus der nächst tieferen Oszillatorschale gelangt. Die auf diese Weise entstehende Folge von Einteilchenniveaus ist in Abb. VIII,72 wiedergegeben. Man erkennt, daß beispielsweise die magische Zahl 28 durch Absenken des 1 $f_{7/2}$-Niveaus aus der $N = 3$ Oszillatorschale entsteht. Das abgesenkte 1 $g_{9/2}$-Niveau bildet gemeinsam mit den 2 $p_{1/2}$-, 1 $f_{5/2}$- und 2 $p_{3/2}$-Niveaus eine weitere Schale, die zur magischen Zahl 50 führt. Innerhalb einer Schale kommen jetzt Zustände mit verschiedener Parität vor. Die Parität von Kernzuständen ergibt sich als Produkt der Paritäten für die von Nukleonen besetzten Einteilchenniveaus.

Das hier dargestellte Schalenmodell bildet die Grundlage für unser Verständnis des Kernaufbaus. Es erklärt die bei den magischen Zahlen beobachteten Diskontinuitäten in den Bindungsenergien. In abgeschlossenen Schalen sind in den jeweiligen j-Unterschalen alle m_j-Zustände mit Nukleonen besetzt, so daß der resultierenden Drehimpuls in abgeschlossenen Neutronen- und Protonenschalen verschwinden und die Ladungsverteilung kugelsymmetrisch sein sollte. Dies steht in Übereinstimmung mit der Beobachtung, daß das Quadrupolmoment bei magischen Nukleonenzahlen Nulldurchgänge hat. Eine Aussage über Drehimpulse und Paritäten der Kerngrundzustände ist nur für den Fall des extremen Einteilchenmodells möglich, d. h. für Kerne, die ein Nukleon außerhalb abgeschlossener Schalen besitzen oder denen ein Nukleon an einer abgeschlossenen Schale fehlt. Das extreme Einteilchenmodell hatten wir bereits mit

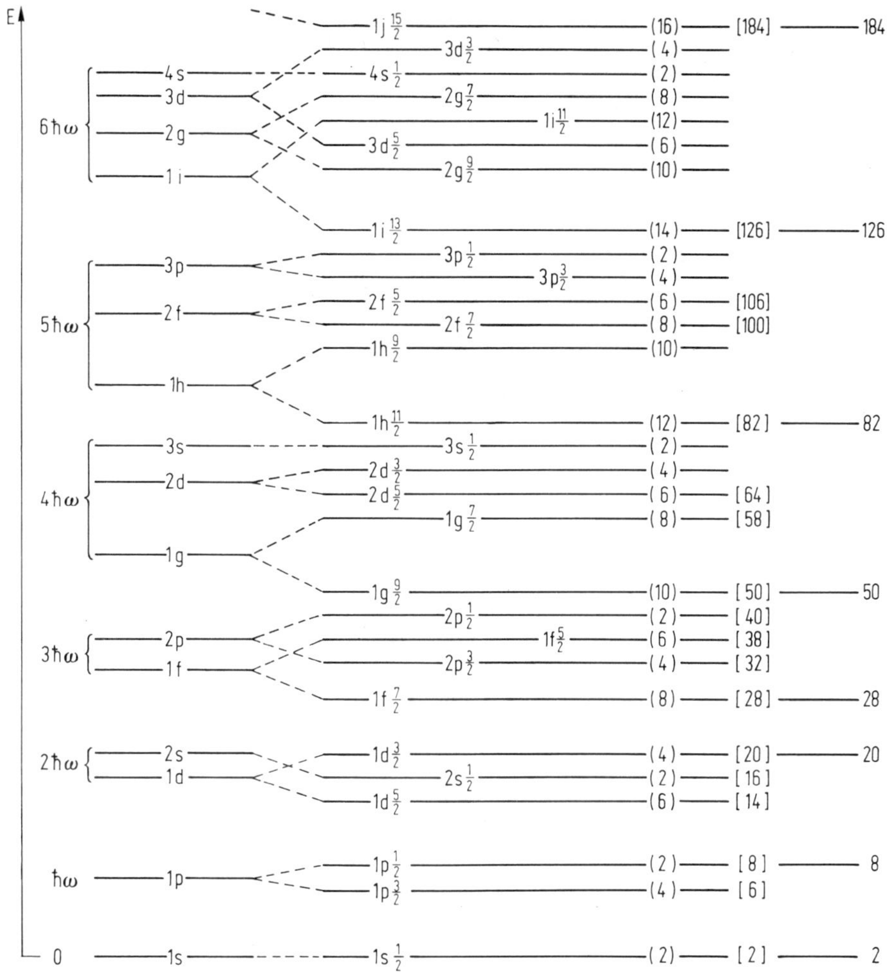

Abb. VIII,72. Einteilchenzustände im Schalenmodell für ein zwischen Oszillator und Kastenpotential interpolierendes Zentralpotential mit Spin-Bahn-Wechselwirkung. Am rechten Rand ist die Besetzungszahl pro Niveau und die kumulative Besetzungszahl angegeben. (nach M. G.-Mayer und J. D. H. Jensen [103]).

unterschiedlichem Erfolg zur Berechnung von magnetischen Dipol- und elektrischen Quadrupolmomenten in Abschnitt VIII,3 herangezogen. Als Beispiele betrachten wir in Abb. VIII,73 die Energiespektren von Kernen, die ein Proton bzw. ein Neutron mehr oder weniger als die doppelt magischen Kerne ${}^{16}_{8}O_8$ und ${}^{208}_{82}Pb_{126}$ haben. Ein Vergleich mit dem Termschema des Schalenmodells zeigt, daß z. B. beim ${}^{17}O$ Grundzustand und erster angeregter Zustand als Einteilchenzustände identifiziert werden können. Dies gelingt jedoch nicht bei allen beobachteten Niveaus. Das $d_{5/2}$-Neutron im ${}^{17}O$-Grundzustand kann bei Energiezufuhr in den nach dem Schalenmodell dar-

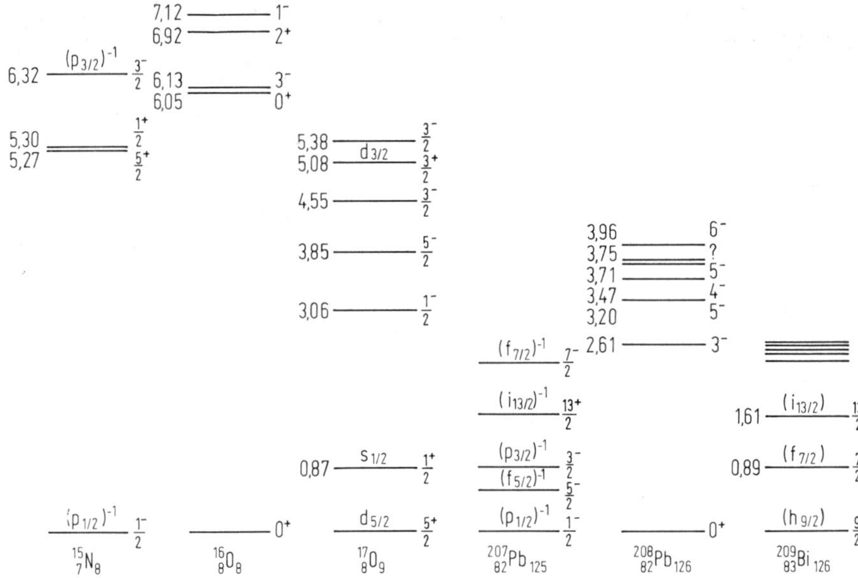

Abb. VIII,73. Energiespektren von Kernen, die ein Nukleon mehr oder weniger haben als einer magischen Zahl entspricht im Vergleich zu den Spektren doppelt magischer Kerne.

überliegenden unbesetzten 2 $s_{1/2}$-Zustand übergehen. Ein weiteres Einteilchenniveau in ^{17}O mit $3/2^+$ bei 5,08 MeV konnte durch die Kernreaktion $^{16}O(d, p)\,^{17}O$ (Stripping) als Einteilchenniveau klassifiziert werden. Für die ^{208}Pb benachbarten Terme lassen sich eine Vielzahl von niedrig liegenden Energieniveaus als Einteilchenzustände erklären. Auch im Schalenmodell muß berücksichtigt werden, daß Protonen und Neutronen – wie bereits in Abb. VIII,67 skizziert – verschieden tiefe Potentiale besitzen. Dies führt – wie in Abb. VIII,74 dargestellt – zu leicht unterschiedlichen und gegeneinander verschobenen Niveaufolgen. Sind die j-Unterschalen nur teilweise mit Neutronen und/oder Protonen besetzt, dann ist eine Vorhersage des Drehimpulses und der Parität für Grundzustand und angeregte Zustände nicht möglich, da die Nukleonendrehimpulse zu Zuständen mit unterschiedlichen Gesamtdrehimpulsen koppeln können, welche die gleiche Energie besitzen, also entartet sind.

Das Schalenmodell ist offensichtlich noch ergänzungsbedürftig. Es kann jedoch das Auftreten von Inseln langlebiger Isomere bei bestimmten Nukleonenzahlen erklären. Dabei handelt es sich, wie in Abschnitt VIII,6 näher ausgeführt wird, um angeregte Kerne, die wegen eines hohen Drehimpulsunterschieds (ΔI = 3 oder 4) zwischen erstem angeregten Zustand und Grundzustand bei geringer Energiedifferenz den Grundzustand nur durch Emission von elektromagnetischer Strahlung hoher Multipolordnung (E3, M4) erreichen können, was zu besonders langen Halbwertszeiten führt. Nach dem Schalenmodell können solche Verhältnisse dann eintreten, wenn einer Unterschale niedrigen Drehimpulses eine Unterschale sehr hohen Drehimpulses energetisch eng benachbart ist. Dies tritt nach Abb. VIII,74 erstmals bei Auffüllen

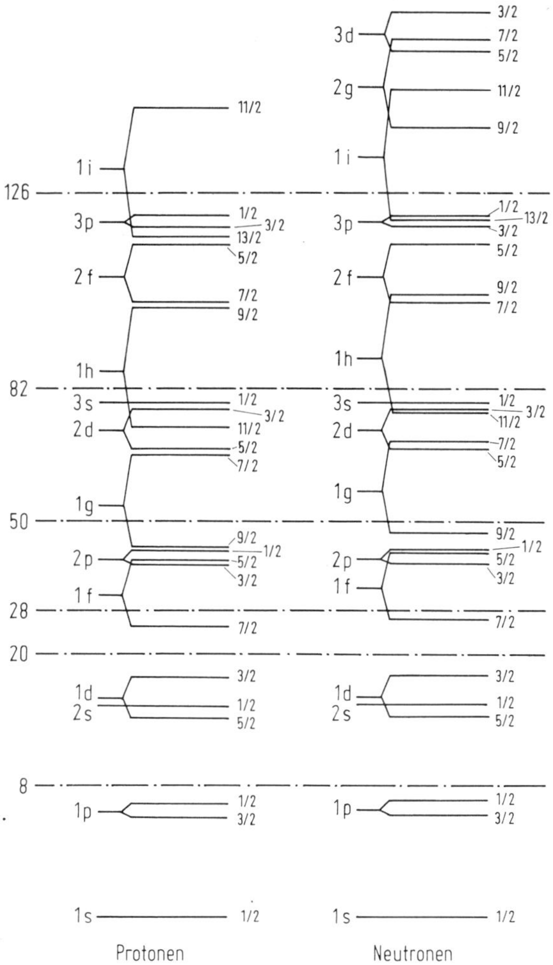

Abb. VIII,74. Einteilchenzustände für Protonen und Neutronen im Schalenmodell mit Spin-Bahn-Kopplung angepaßt an experimentelle Befunde (nach P. Klingenberg [105]).

der 2 $p_{1/2}$- und der 1 $g_{9/2}$-Unterschalen, also für Nukleonenzahlen zwischen $39 < N$, $Z < 49$ ein. In diesem Bereich konnten 15 gu- und 29 ug-Isomere nachgewiesen werden. Weitere Isomeren-Inseln ergeben sich in Übereinstimmung mit der Beobachtung aus der Nachbarschaft von 3 $s_{1/2}$-, 2 $d_{3/2}$- und $h_{11/2}$-Niveaus zwischen den Nukleonenzahlen $65 < Z, N < 81$ sowie aus der Nachbarschaft von 3 $p_{1/2}$-, 3 $p_{3/2}$- und 1 $i_{13/2}$-Niveaus im Bereich der Neutronenzahlen $101 < N < 125$.

Wird das Schalenmodell durch die folgenden drei Kopplungsregeln ergänzt, dann lassen sich nahezu alle beobachteten Drehimpulse und Paritäten von Kerngrundzuständen reproduzieren:

1. Für gg-Kerne:
   Bei einer geraden Anzahl von Nukleonen in einer j-Unterschale koppeln die Dreh-

impulse im Grundzustand zum resultierenden Drehimpuls $I = 0$. Der Grundzustand von gg-Kernen ist damit stets ein 0^+-Zustand.

2. Für gu- bzw. ug-Kerne:
   Bei einer ungeraden Zahl von Nukleonen in einer j-Unterschale koppeln die Drehimpulse im Grundzustand zum resultierenden Drehimpuls $I = j$. Der Drehimpuls von ungerade-A-Kernen ist daher im Grundzustand zusammen mit Regel 1 durch den Drehimpuls des letzten ungepaarten Nukleons gegeben. Ausnahmen bilden z. B. die leichten Kerne ${}^{21}_{10}Ne_{11}$ und ${}^{23}_{11}Na_{12}$ mit der Neutronen- bzw. Protonenkonfiguration $(1\,d_{5/2})^3_{I=3/2}$. Hier findet Kopplung zu $I = j - 1$ statt, doch ist entsprechend Abb. VIII,33 zu beachten, daß diese und weitere leichte Kerne offensichtlich stark deformiert sind. Das hier dargestellte Schalenmodell gilt jedoch zunächst nur für sphärische Kerne (kugelsymmetrisches Potential).
3. Für uu-Kerne (Nordheim-Regeln):
   Betragen die Drehimpulse der ungepaarten Nukleonen j_p und j_n, dann hängt der resultierende Drehimpuls davon ab, ob für eines der beiden Nukleonen $\boldsymbol{l} \uparrow\uparrow \boldsymbol{s}$ und für das andere $\boldsymbol{l} \downarrow\uparrow \boldsymbol{s}$ gilt oder für beide Nukleonen $\boldsymbol{l} \uparrow\uparrow \boldsymbol{s}$ bzw. $\boldsymbol{l} \uparrow\downarrow \boldsymbol{s}$ ist:

$$I = |j_p - j_n| \quad \text{für} \quad j_p = l_p \pm \frac{1}{2}, j_n = l_n \mp \frac{1}{2} \quad \text{(starke Regel)}$$

$$I = j_p + j_n \quad \text{oder} \quad |j_p - j_n| \quad \text{für} \quad j_p = l_p \pm \frac{1}{2}, \; j_n = l_n \pm \frac{1}{2} \quad \text{(schwache Regel)}$$

Diese empirischen Regeln machen deutlich, daß der bisher verwendete Schalenmodelloperator in Gl. (VIII,329) noch erweitert werden muß.

$$\hat{H} = -\sum_{i=1}^{A} \frac{h^2}{2 m_r} \nabla_i^2 + V(r_i) - \frac{2\alpha}{\hbar^2} (\hat{s}_i \cdot \hat{l}_i) \qquad \text{(VIII,329)}$$

Der Erfolg des Schalenmodells legt aber nahe, eine Entwicklung des Vielteilchenpotentials in (VIII,330) nach Einteilchen-, Zweiteilchen- und Mehrteilchenwechselwirkungen anzusetzen:

$$V(1, 2, \ldots, i, \ldots, j, \ldots, A) = \sum_{i=1}^{A} V(r_i) + \sum_{i<j}^{A} V'(i, j) + \ldots \qquad \text{(VIII,330)}$$

Bricht man diese Entwicklung nach dem zweiten Glied ab, dann sollte eine Verbesserung des Schalenmodells durch Einführung eines mittleren Zweiteilchenpotentials gelingen. Dieses zunächst noch unbekannte Potential wird Restwechselwirkung genannt und sollte eine kleine Störung zum Zentralpotential darstellen. Das Auftreten einer solchen Wechselwirkung wird auch aus der folgenden Überlegung plausibel. Für die letztgebundenen Nukleonen an der Fermikante, d. h. für Nukleonen in einer unabgeschlossenen j-Unterschale, schränkt das Pauli-Prinzip die Bewegung der Nukleonen wenig ein, sie können durch Zwei-Körper-Wechselwirkung entsprechend den NN-Potentialen im vorangegangenen Abschnitt in unbesetzte Niveaus gelangen. Allerdings unterscheidet sich das anzusetzende mittlere Zweiteilchenpotential von der NN-Wechselwirkung freier Nukleonen, da Anteile dieser Wechselwirkung bereits im mittleren Schalenmodellpotential eingegangen sind. Die Eigenschaften der Restwechselwirkung müssen vielmehr aus den angesammelten experimentellen Fakten erschlossen oder aus einer mikroskopischen Theorie der Kerne abgeleitet werden. Zwei-Teilchen-Potentiale können folgendermaßen klassifiziert werden, wobei wir an die in Abschnitt VIII,2 gemachten Ausführungen anschließen. Potentiale, die keinen Austauschcharakter besitzen, führen zu sogenannten Wigner-Kräften:

$$V_W = W(r_1 - r_2) \qquad \text{Wigner-WW}$$

Da auch Austausch-Kräfte eine große Rolle spielen, die auf die inneren Freiheitsgrade wie Spin und Isospin einwirken, ergeben sich weitere WW-Typen. Wechselwirkungen, die nur einen Spin-Austausch enthalten, geben Anlaß zu sogenannten Bartlett-Kräften. Das entsprechende Potential lautet:

$$V_B = \frac{1}{2} B(r_1 - r_2) [1 + \hat{\vec{\sigma}}_1 \cdot \hat{\vec{\sigma}}_2] \qquad \text{Bartlett-WW}$$

Wechselwirkungen, die nur einen Ladungsaustausch enthalten, tragen den Namen Heisenberg-Kräfte:

$$V_H = \frac{1}{2} H(r_1 - r_2) [1 + \hat{\vec{\tau}}_1 \cdot \hat{\vec{\tau}}_2] \qquad \text{Heisenberg-WW}$$

Schließlich werden Wechselwirkungen, die sowohl Spin- als auch Ladungsaustausch enthalten, Majorana-Kräfte genannt:

$$V_M = \frac{1}{4} M(r_1 - r_2) [1 + \hat{\vec{\sigma}}_1 \cdot \hat{\vec{\sigma}}_2] [1 + \hat{\vec{\tau}}_1 \cdot \hat{\vec{\tau}}_2] \qquad \text{Majorana-WW}$$

Es sei hier daran erinnert, daß die Majorana-WW wegen Gl. (VIII,107) einer Ortsaustauschkraft (Serber-Kraft) äquivalent ist, deren Existenz durch die Resultate der n-p-Streuung gesichert scheint. Es handelt sich in allen vier Fällen um skalare Wechselwirkungen. Als allgemeiner Ansatz für die Restwechselwirkung käme eine Linearkombination der angegebenen vier Wechselwirkungstypen in Betracht:

$$V(1, 2) = - U_0[W(r_{12}) + B(r_{12}) \hat{P}^\sigma + M(r_{12}) \hat{P}^r + H(r_{12}) \hat{P}^\tau]$$

Wie wir aus der Diskussion der Eigenschaften des Deuterons wissen, können auch Tensorkräfte entsprechend (VIII,264) eine Rolle spielen.

Unter Verwendung des eben dargestellten soll im folgenden etwas ausführlicher auf die Form der Restwechselwirkung eingegangen werden.

Die Restwechselwirkung muß vor allem die beobachtete Tendenz der Nukleonen zur paarweisen Absättigung ihrer Drehimpulse zum Drehimpuls 0 und die damit in Verbindung stehende empirisch eingeführte Paarungsenergie erklären können. Die in der Restwechselwirkung enthaltene Paarungskraft muß auch für die vor allem in den Spektren von gg-Kernen zu beobachtende Energielücke verantwortlich gemacht werden. Man findet bis zur Anregungsenergien von mehreren MeV sehr selten Niveaus, die auf Einteilchenanregung zurückzuführen sind. Die Energielücke ist so zu erklären, daß erst die Kopplung zwischen dem letztgebundenen Nukleonenpaar aufgebrochen werden muß, ehe es zu Einteilchenzuständen kommt. Oberhalb der Energielücke wird in der Regel eine hohe Niveaudichte angetroffen (siehe auch Abb. VIII,73). Man kann vermuten, daß für die Paarkorrelation der kurzreichweitige Anteil (d. h. Reichweite sehr klein gegen den Kernradius) der Restwechselwirkung verantwortlich ist, da er nur jeweils zwei Nukleonen erfaßt. Der denkbar einfachste Ansatz ist für diesen Fall eine Wigner-Wechselwirkung mit δ-Funktion:

$$V(1,2) = -U_0\,\delta(r_1 - r_2), \quad U_0 > 0 \tag{VIII,331}$$

bzw. in sphärischen Polarkoordinaten:

$$V(1,2) = -U_0 \frac{1}{r_1^2}\,\delta(r_1 - r_2) \sum_\nu \frac{2\nu+1}{4\pi} P_\nu(\cos\vartheta)$$

Diese Wechselwirkung führt über die Bildung von zum Drehimpuls 0 gekoppelten Nukleonenpaaren zu einer Bevorzugung sphärischer Ladungsverteilung. Es ist ferner plausibel, die in bestimmten Bereichen von Nukleonenzahlen entsprechend Abb. VIII,33 beobachteten großen Deformationen der Wirkung eines langreichweitigen Anteils in der Restwechselwirkung zuzuschreiben. Zur Erzeugung einer erheblichen Deformation müssen viele Nukleonen und zwar vorzugsweise aus unabgeschlossenen Schalen hohen Drehimpulses ihre Dichteverteilung aneinander ausrichten. Es ist in diesem Fall angebracht, die Multipolentwicklung eines skalaren Feldes anzusetzen:

$$V(1,2) = \sum_\nu F_\nu(r_1, r_2)\, P_\nu(\cos\vartheta_{12}) \tag{VIII,332}$$

Der Entwicklungskoeffizient mit $\nu = 0$ entspricht wegen $P_0 = 1$ einem Zentralpotential, welches schon im mittleren Schalenmodellpotential absorbiert zu denken ist. Für $\nu = 1$ würde sich eine Verschiebung des Schwerpunkts ergeben, die hier nicht interessiert. Der wichtigste Beitrag zur langreichweitigen Restwechselwirkung kommt daher von einem Quadrupolterm. Da das Legendre-Polynom k-ter Ordnung nur im Bereich zwischen $0 < \vartheta_{12} < \frac{1}{k}$ wesentlich von Null verschieden ist, führen die höheren Entwicklungsglieder zu kurzreichweitigeren Kräften, die bereits durch die δ-Funktionswechselwirkung berücksichtigt wurden. Der durch Gl. (VIII,333) beschriebene Ansatz für die Restwechselwirkung wird Paarungs- und Quadrupolmodell genannt. Wegen

$$V(1,2) = -U_0\,\delta(r_1 - r_2) + F_2(r_1, r_2)\, P_2(\cos\vartheta_{12}) \tag{VIII,333}$$

der Verwendung der δ-Funktion ergeben nur solche Wechselwirkungen einen Beitrag, die in den Ortskoordinaten der beiden Teilchen symmetrisch sind. Da sich wegen

(VIII,334) die Majorana-Wechselwirkung auf die Wigner-Wechselwirkung und die Bartlett-Wechselwirkung auf die Heisenberg-Wechselwirkung reduziert,

$$\hat{P}^{\sigma}\,\delta(\boldsymbol{r}_1 - \boldsymbol{r}_2) = -\hat{P}^{\tau}\,\hat{P}^{\mathrm{r}}\,\delta(\boldsymbol{r}_1 - \boldsymbol{r}_2) = -\hat{P}^{\tau}\,\delta(\boldsymbol{r}_1 - \boldsymbol{r}_2) \tag{VIII,334}$$

$$\hat{P}^{\mathrm{r}}\,\delta(\boldsymbol{r}_1 - \boldsymbol{r}_2) = \delta(\boldsymbol{r}_2 - \boldsymbol{r}_1) = \delta(\boldsymbol{r}_1 - \boldsymbol{r}_2)$$

ergibt sich nach einer Darstellung bei M. A. Preston [71] folgender allgemeiner Ansatz für den kurzreichweitigen Teil der Restwechselwirkung:

$$V(1,2) = -U_0(1 - \alpha + \alpha\,\hat{\vec{\sigma}}_1 \cdot \hat{\vec{\sigma}}_2)\,\frac{1}{2}\,(1 + \hat{P}^{\mathrm{r}})\,\delta(\boldsymbol{r}_1 - \boldsymbol{r}_2) \tag{VIII,335}$$

$$\alpha = \frac{1}{2}(\mathrm{H} + \mathrm{B}) = \frac{1}{2}(1 - \mathrm{W} - \mathrm{M})$$

Durch die Spinabhängigkeit in dem oben genannten Potential wird es möglich, die Nordheim-Regeln zu verstehen.

Die Restwechselwirkung wird als kleine Störung zum Schalenmodell-Hamilton-Operator aufgefaßt. In erster störungstheoretischer Näherung sind die entstehenden Energieverschiebungen durch die Diagonalmatrixelemente von $V(1, 2)$ mit den zum resultierenden Drehimpuls gekoppelten Einteilchenwellenfunktionen des Schalenmodells gegeben.

Bevor wir auf die Störungsenergie näher eingehen, ist eine Diskussion über die Kopplung von Nukleonendrehimpulsen erforderlich. Unter der Nukleonenkonfiguration eines Kerns versteht man die Angabe der von Protonen und Neutronen im Kernmodell eingenommenen Quantenzustände, was durch das Symbol

$$\{(\nu\, n\, l\, j)^{k_1}_{j_1}\,(\pi\, n'\, l'\, j')^{k_2}_{j_2}\}_{\mathrm{I}}$$

zum Ausdruck gebracht wird. k_1 gibt die Anzahl der sich in der j-Unterschale befindlichen Neutronen an, die zum resultierenden Drehimpuls j_1 koppeln. Eine entsprechende Bezeichnungsweise gilt für die Protonen, die die durch die Quantenzahlen $n'\, l'\, j'$ gekennzeichnete j'-Unterschale besetzen und zum Drehimpuls j_2 koppeln. Die Drehimpulse beider Nukleonengruppen mögen dann einen Gesamtdrehimpuls I ergeben. Auf die Angabe der sich in abgeschlossenen Schalen (Kernrumpf) befindenen Nukleonen wird in der Regel verzichtet. Für den stabilen Kern $^{65}_{29}\mathrm{Cu}_{36}$ beispielsweise wird im Grundzustand die Konfiguration $\{(\nu\; 1\; \mathrm{f}_{5/2})^4\,(\pi\; 2\; \mathrm{p}_{3/2})^1\}_{\mathrm{I}=3/2}$ angegeben. Im folgenden wollen wir uns auf Drehimpulskopplung für eine Sorte von Nukleonen beschränken, was dem Fall entspricht, daß sich die andere Sorte in abgeschlossenen Schalen befindet. Ferner gehen wir zunächst davon aus, daß s und l eines Nukleons fest zu j gekoppelt sind, was zum jj-Kopplungsschema führt. Für die Kopplung zweier Nukleonen 1 und 2 in Zuständen mit Drehimpulsen j^{a} und j^{b} gilt nach Gl. (VIII,62):

$$\Psi[j^{\mathrm{a}}_1\, j^{\mathrm{b}}_2, I\,M] = \sum_{m^{\mathrm{a}}_1}^{j^{\mathrm{a}}_1}\,\sum_{m^{\mathrm{b}}_2}^{j^{\mathrm{b}}_2}\,\langle j^{\mathrm{a}}_1\, j^{\mathrm{b}}_2\, m^{\mathrm{a}}_1\, m^{\mathrm{b}}_2 | I\,M\rangle\,\psi_{\mathrm{j^a\,m^a}}(1)\,\psi_{\mathrm{j^b\,m^b}}(2) \tag{VIII,336}$$

Stammen die beiden Nukleonen aus zwei verschiedenen Unterschalen, dann kann der resultierenden Drehimpuls I alle Werte zwischen $|j^a - j^b|$ und $j^a + j^b$ annehmen. Für zwei $d_{5/2}$-Neutronen aus verschiedenen Schalen führt dies auf die Drehimpulse $I = 0, 1, 2, 3, 4$ und 5. Stammen die beiden Neutronen aus derselben Schale, liegt also z. B. die Neutronenkonfiguration $(\nu\ 1\ d_{5/2})^2$ vor, dann fallen die ungeradzahligen Drehimpulse $I = 1,3$ und 5 aus, da nur für geradzahlige Werte von I in (VIII,336) eine bezüglich der Teilchenvertauschung antisymmetrische Wellenfunktion konstruiert werden kann. Im Schalenmodell ohne Restwechselwirkung sind die verbleibenden Zustände mit $I = 0^+, 2^+$ und 4^+ entartet. Durch das „Einschalten" der Restwechselwirkung entsteht für jeden Zustand eine Zusatzenergie, die die Entartung aufhebt und die energetische Reihenfolge der drei Niveaus festlegt. Natürlich erwartet man, da es sich in unserem Beispiel um den gg-Kern $^{18}_{8}O_{10}$ handelt, dessen Termschema Abb. VIII,75 wiedergibt, ein 0^+-Niveau für den Grundzustand.

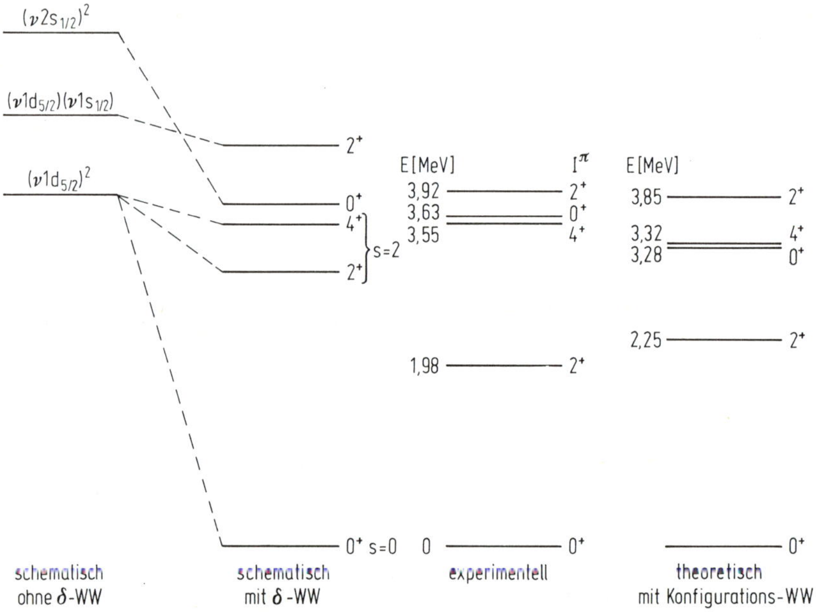

Abb. VIII,75. Energieniveaus des $^{18}_{8}O_{10}$-Kerns (von links nach rechts): nach dem einfachen Schalenmodell mit Spin-Bahn-Kopplung, mit zusätzlicher δ-funktionsförmiger Restwechselwirkung und Senioritäts-Klassifizierung, experimentell, sowie theoretisch.

Der Fall, daß sich drei Nukleonen der gleichen Sorte mit Drehimpulsen j_1^a, j_2^b und j_3^c außerhalb abgeschlossener Schalen befinden, ist schon erheblich komplizierter und führt uns im Zusammenhang mit der Paarungskraft auf eine neue Quantenzahl s, die Seniorität. Je zwei der drei Nukleonen können zu einem Zwischendrehimpuls koppeln, dessen Angabe hinfort zur Kennzeichnung der Gesamtwellenfunktion erforderlich ist. Wir kommen so zu drei Basiszuständen

$$\Psi[j_1^a\, j_2^b(J_1)\, j_3^c\; JM],\ \ \Psi[j_1^a\, j_3^c(J_2)\, j_2^b\; JM],\ \ \Psi(j_2^b\, j_3^c(J_3)\, j_1^a\; JM] \qquad \text{(VIII,337)}$$

die sich sukzessiv mit Hilfe der Clebsch–Gordan-Koeffizienten konstruieren lassen. Wegen der Vollständigkeit der drei Funktionensysteme sind sie durch unitäre Transformationen miteinander verknüpft. Eine von diesen ist in Gl. (VIII,338) angegeben:

$$\Psi[j_1\, j_2(J_1)\, j_3\, JM] = \sum_{J_3} \langle j_1, (j_2\, j_3)\, J_3\, J | (j_1\, j_2)\, J_1\, j_3\, J\rangle \cdot \Psi[j_1, (j_2\, j_3)\, J_3\, JM] \qquad \text{(VIII,338)}$$

Die oben auftretenden von M unabhängigen Transformationskoeffizienten lassen sich durch Racah'sche W-Koeffizienten oder durch Wignersche 6 j-Symbole ausdrücken, die von Rotenberg und Mitarbeitern [72] tabelliert wurden:

$$\langle j_1\, j_3(J_2)\, j_2 J | j_1\, j_2(J_1)\, j_3\, J\rangle = (-1)^{j_2+j_3+J_1+J_2} \sqrt{(2J_1+1)(2J_2+1)} \begin{Bmatrix} j_1 & j_2 & J_1 \\ J & j_3 & J_2 \end{Bmatrix}$$

Die in (VIII,337) genannten Basiszustände sind nicht antisymmetrisch bezüglich der Vertauschung irgend zweier Nukleonen. Antisymmetrie kann durch Anwendung des Operators $\hat{A} = \sum_P (-1)^P \hat{P}$ auf die Wellenfunktion $\Psi[j_1^a\, j_2^b(J_1)\, j_3^c\, JM]$ mit dem Resultat

$$\Psi_A = \frac{1}{\sqrt{6}} \hat{A}\, \Psi = \frac{1}{\sqrt{6}} \{\Psi[j_1^a\, j_2^b(J_1)\, j_3^c\, JM] - \Psi[j_2^a\, j_1^b(J_1)\, j_3^c\, JM] - \qquad \text{(VIII,339)}$$

$$- \Psi[j_1^a\, j_3^b(J_1)\, j_2^c\, JM] - \Psi[j_3^a\, j_2^b(J_1)\, j_1^c\, JM] +$$

$$+ \Psi[j_2^a\, j_3^b(J_1)\, j_1^c\, JM] + \Psi[j_3^a\, j_1^b(J_1)\, j_2^c\, JM]\}$$

erzielt werden. Realistischer für Kerne sind Fälle, bei denen sich zwei oder gar alle drei Nukleonen in derselben Schale befinden, also die Konfigurationen $(n\, l\, j_1)^2$ $(n\, l\, j_1)^2\, (n'\, l'\, j_2)$ bzw. $(n\, l\, j_1)^3$ vorliegen. Bei $j^a = j^b = j$ verschwindet die Wellenfunktion (VIII,339) für ungerade Zwischendrehimpulse J_1 und man erhält für die geraden Werte folgende antisymmetrisierte Wellenfunktionen:

$$\Psi_A = \frac{1}{\sqrt{3}} \hat{A}\, \Psi[j_1\, j_2(J_1)\, j_3^c\, JM] = \frac{1}{\sqrt{3}} \{\Psi[j_1\, j_2(J_1)\, j_3^c\, JM] - \qquad \text{(VIII,340)}$$

$$- \Psi[j_1\, j_3(J_1)\, j_2^c\, JM] + \Psi[j_2\, j_3(J_1)\, j_1^c\, JM]\}$$

als Linearkombinationen zueinander orthogonaler Basisfunktionen. Im Hinblick auf die Paarungskraft erwarten wir, daß (VIII,340) die niedrigste Energie dann liefert, also den Grundzustand des Kerns beschreibt, wenn das Paar äquivalenter Nukleonen zum resultierenden Zwischendrehimpuls $J_1 = 0$ koppelt. Für den Drehimpuls des Kerns gilt dann $I = j^c$. Im Fall $j^a = j^b = j^c = j$ hat die Wellenfunktion (VIII,340) die Form:

$$\Psi_A \sim \Psi[j_1\, j_2(J_1)\, j_3\, JM] - \Psi[j_1\, j_3(J_1)\, j_2\, JM] + \Psi[j_2\, j_3(J_1)\, j_1\, JM]$$

Diese Basisfunktionen sind im Gegensatz zu oben nicht orthogonal. Um zu einer Entwicklung nach orthogonalen Basiszuständen zu gelangen, entwickelt man mit

Hilfe der oben genannten unitären Umkopplungstransformation $\Psi[j_1\, j_3(J_1)\, j_2\, J\, M]$ und $\Psi[j_2\, j_3(J_1)\, j_1\, J\, M]$ nach $\Psi[j_1\, j_2(J_2)\, j_3\, J\, M]$. Auf diese Weise erhält man folgende normierte Wellenfunktion:

$$\Psi[j^3\, J\, M] = \frac{1}{\sqrt{3 + 6(2J+1)\begin{Bmatrix} j & j & J_1 \\ J & j & J_1 \end{Bmatrix}}} \sum_{J_2,\,\text{gerade}} \Bigg\{\delta_{J_1, J_2} + 2\sqrt{(2J_1+1)(2J_2+1)}\begin{Bmatrix} j & j & J_2 \\ J & j & J_1 \end{Bmatrix}\Bigg\}\, \Psi[j_1\, j_2(J_2)\, j_3\, J\, M] \qquad \text{(VIII,341)}$$

Die hier auftretenden Koeffizienten sind Elemente einer Transformation, was wir durch folgende Schreibweise zum Ausdruck bringen wollen:

$$\Psi[j^3\, \alpha\, J\, M] = \sum_{J_2,\,\text{gerade}} [j^2(J_1)_j\, J | \} j^3\, \alpha\,]]\, \Psi[j_1\, j_2(J_2)\, j_3\, J\, M] \qquad \text{(VIII,342)}$$

Durch das spezielle Zeichen $|\}$ wird hervorgehoben, daß die Transformation als Teil einer unitären Transformation im allgemeinen nicht umkehrbar ist. Die Koeffizienten tragen den Namen „coefficients of fractional parentage" (Abk.: c. f. p.). Damit ist gemeint, daß jeder Zustand $\Psi[j_1\, j_2(J_2)\, j_3\, J\, M]$ ein Elternteil des antisymmetrischen drei-Nukleonenzustands ist. Da verschiedene antisymmetrische Zustände von j^3 zum gleichen Drehimpuls führen können, ist zur Unterscheidung eine weitere hier noch nicht näher spezifizierte Quantenzahl α in (VIII,342) eingeführt worden. Der praktische Nutzen der für die Konfiguration j^3 dargestellten Entwicklung mit Hilfe der c. f. p. liegt darin, die Matrixelemente von Zuständen (VIII,342) mit Einteilchenoperatoren auf Matrixelemente zwischen Einteilchenzuständen zurückführen zu können. Dies ist z. B. bei Berechnung des Quadrupolmoments, dessen Operator vom Einteilchentyp (VIII,81) ist, nötig.

Der allgemeine Fall ist der, daß sich n Nukleonen in einer j-Schale befinden. Unter Einschluß des Isospins sei die total antisymmetrische Wellenfunktion mit $\Psi[j^n\, \alpha\, J\, M\, T\, T_3]$ bezeichnet. Zur Berechnung des Quadrupolmoments nach

$$\langle \Psi[j^n\, \alpha J\, M\, T\, T_3]|\sum_{i=1}^{Z} \hat{Q}_i |\Psi[j^n\, \alpha\, J\, M\, T\, T_3]\rangle$$

ist dann eine Entwicklung der Form (VIII,343) anzusetzen.

$$\Psi[j^n\, \alpha J\, M\, T\, T_3] = \sum_{J'} [j^{n-1}(\alpha'\, J'\, T')_j |\} j^n\, \alpha\, J\, T]\, \Psi[j^{n-1}(\alpha'\, J'\, T')_j\, J\, M\, T\, T_3] \qquad \text{(VIII,343)}$$

Um den Einfluß der Restwechselwirkung auf die Schalenmodellzustände studieren zu können, hat man Matrixelemente der Gestalt

$$\langle \Psi[j^n\, \alpha J\, M\, T\, T_3]|\sum_{i<j}^{n} V(\mathrm{i}, \mathrm{j})|\Psi[j^n\, \alpha J\, M\, T\, T_3]\rangle$$

zu berechnen. Da es sich bei der Restwechselwirkung um einen Zweiteilchenoperator handelt, ist das obenstehende Matrixelement auf Zweiteilchenmatrixelemente zurückzuführen. Dies gelingt wiederum mit Hilfe der c. f. p. unter Abkopplung von antisymmetrischen Zweiteilchenzuständen:

$$\Psi[j^n \, \alpha J M T T_3] =$$
$$\Sigma\, [j^{n-2}(\alpha' J' T')\, j^2(J'' T'')| \} \, j^n(\alpha J T)]\; \Psi[j^{n-2}(\alpha' J' T')\, j^2(J'' T'')\, J M T T_3]$$

Die Erfahrung hat gezeigt, daß eine paarweise Kopplung der Nukleonendrehimpulse zum Drehimpuls Null energetisch bevorzugt ist, was dem Einfluß einer kurzreichweitigen Paarungskraft zugeschrieben wird. Dies wird an Hand von Abb. VIII,76 verständlich, da die zu den Einteilchenzuständen $\Psi[j, m]$ und $\Psi[j, -m]$ gehörenden Dichtever-

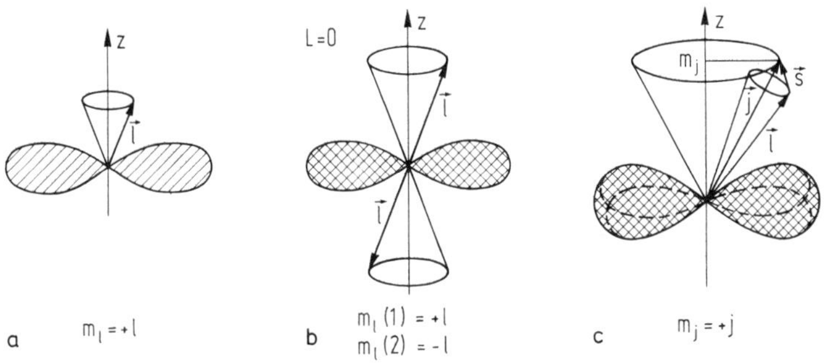

Abb. VIII,76. a Dichteverteilung für Nukleonen im Unterniveau $m_l = +l$, b optimaler Überlapp entsteht, wenn im zum Gesamtdrehimpuls L = 0 gekoppelten Zustand $|m_l|$ für beide Nukleonen gleich ist, c durch den Einfluß des Nukleonspins wird die Dichteverteilung stärker ausgeschmiert und der optimale Überlapp der Unterniveaus mit gleichem $|m_j|$ etwas reduziert.

teilungen nahezu identisch sind, also höchste Überlappung entsteht und damit verbunden durch paarweise Kopplung zum Drehimpuls Null die größte Energieabsenkung erzielt wird. Die Zweiteilchenwellenfunktion für den energetisch tiefsten Zustand lautet dementsprechend:

$$\Psi[j^2, J=0] = \sum_m \langle j\, m\, j\, -m | 0\, 0\rangle\, \Psi[j_1, m]\, \Psi[j_2, -m]$$
$$= \frac{1}{\sqrt{2j+1}} \sum_m (-1)^{j-m}\, \Psi[j_1, m]\, \Psi[j_2, -m]$$

Für die δ-Kraft nach Gl. (VIII,331) ergibt sich mit der oben aufgeführten Wellenfunktion für die Konfiguration j^2 bereits die charakteristische Energielücke im Spektrum,

d. h. die besondere Bevorzugung von zu $I = 0$ gekoppelten Nukleonenpaaren:

$$V(1, 2) = -U_0\, \delta(r_1 - r_2), \qquad U_0 > 0$$

$$\Delta E = \langle \Psi[j^2, J] | -U_0\, \delta(r_1 - r_2) | \Psi[j^2 J] \rangle$$

$$= -\frac{1}{4\pi} U_0 F_0 (j + \tfrac{1}{2}) \ \langle J\, 0\, j\, \tfrac{1}{2} | j\, \tfrac{1}{2} \rangle^2$$

$$\Delta E(J) = \Delta E(J = 0) \cdot \begin{cases} 1 & J = 0 \\ \frac{1}{4} & J = 2 \\ \frac{9}{64} & J = 4 \\ \frac{25}{256} & J = 6 \end{cases} \qquad j \gg 1$$

F_0 ist ein von J unabhängiges Radialintegral. Die für die Konfiguration j^2 unter dem Einfluß der δ-Kraft entstehende prinzipielle Struktur des Energiespektrums ist in Abb. VIII,75 gezeichnet worden. Schaut man sich die Spektren von Kernen mit einer j^2-Konfiguration an, wie z. B. ${}^{18}_{8}O_{10}$, ${}^{50}_{22}Ti_{28}$, ${}^{210}_{82}Pb_{128}$ und ${}^{210}_{84}Po_{126}$, dann findet man in der Tat die beschriebene Termstruktur. Da die Orts-Spin-Funktion des zu Null gekoppelten Nukleonenpaares antisymmetrisch ist, muß der Isospin des Nukleonenpaares $T = 1$ betragen. Für die Wellenfunktion einer Konfiguration j^n kommt es daher darauf an zu prüfen, wie viele Teilchenpaare mit Drehimpuls 0 und Isospin 1 mit Hilfe der c. f. p. abgekoppelt werden können. Der erste Schritt lautet:

$$\Psi[j^n\, \alpha J M T T_3] = \sum_{T'} [j^{n-2} J T' j^2\ 0\, 1 | \} j^n J T]\ \Psi[j^{n-2} J T' j^2\ 0\, 1\, J M T T_3]$$

Wenn die c. f. p. Null werden, d. h., wenn das Pauli-Prinzip nicht mehr erfüllbar ist oder wenn die übrig bleibenden Nukleonen nicht mehr zum Gesamtdrehimpuls J koppeln können, bricht der Abkopplungsprozeß ab. Die Zahl s der beim Abkopplungsprozeß zurückbleibenden ungepaarten Nukleonen wird als Seniorität s der Konfiguration j^n bezeichnet. Es handelt sich bei s um eine von G. Racah [73] erstmalig eingeführte Quantenzahl, mit der die in einer j^n-Konfiguration auftretenden Zustände mit bestimmtem Gesamtdrehimpuls J unterschieden werden können. Bei geradzahligem A können Zustände mit $s = 0, 2, 4, \ldots$, bei ungeradzahligem A Zustände mit $s = 1, 3, 5, \ldots$ auftreten. Zustände mit $s = 0$ haben im Senioritätskopplungsschema stets $I = 0$, während bei $I \neq 0$ $s \neq 0$ gelten muß. Für das Beispiel einer j^2-Konfiguration hat s – wie in Abb. VIII,75 eingetragen – die Werte 0 und 2. Die Kerngrundzustände zeichnen sich durch die niedrigst mögliche Seniorität aus.

Die Berechnung von Quadrupolmomenten im extremen Einteilchen-Modell nach Gl. (VIII,215) hat zu sehr unbefriedigenden Resultaten geführt. Das Senioritäts-Kopplungsschema bringt auch hier eine Verbesserung mit sich. Für Kerngrundzustände mit einer ungeraden Anzahl ν von Protonen in einer j-Schale (also $s = 1$) ergibt sich für das Quadrupolmoment:

$$Q = -\frac{2j-1}{2(j+1)}\left(1 - \frac{2\nu-2}{2j-1}\right) e \langle r^2 \rangle_{\mathrm{nlj}} = \left(1 - \frac{2\nu-2}{2j-1}\right) Q_{\mathrm{j}}$$

Daraus folgt:

$Q < 0$, für $\nu < \frac{1}{2}(2j+1)$ weniger als halbgefüllte Schale

$Q = 0$, für $\nu = \frac{1}{2}(2j+1)$ halbgefüllte Schale

$Q > 0$, für $\nu > \frac{1}{2}(2j+1)$ mehr als halbgefüllte Schale

Ein Vergleich mit den in Abb. VIII,33 über Deformationen zusammengestellten experimentellen Daten zeigt, daß das oszillierende Verhalten des Quadrupolmoments überwiegend richtig wiedergegeben wird. Allerdings liegen die im Bereich der Nukleonenzahlen $A \approx 25$, $150 < A < 190$ und $A > 222$ beobachteten Quadrupolmomente teilweise noch um eine Größenordnung höher als das Senioritätsschema angibt. Man kann zeigen, daß die langreichweitige Komponente der Restwechselwirkung für das Entstehen einer Vorzugsrichtung im Kern verantwortlich ist.

Die Ausführungen dieses Abschnitts bedürfen noch einer Ergänzung im Hinblick auf sehr leichte Kerne. Bei diesen findet das bisher stets benutzte jj-Kopplungsschema keine Anwendung, da – wie man dem Schalenmodelltermschema entnehmen kann – für die leichtesten Kerne im Bereich der 1 p-Schale die Spin-Bahn-Wechselwirkung nicht dominiert. Vielmehr findet hier die aus der Atomspektroskopie bekannte LS-Kopplung Anwendung, bei der die Bahndrehimpulse l_1 und l_2 zweier Nukleonen sowie deren Spins s_1 und s_2 zum resultierenden Bahndrehimpuls L bzw. Spin S koppeln. Der Gesamtdrehimpuls entsteht dann aus der Drehimpulsaddition von L und S. Einer Konvention der Spektroskopie folgend werden die Zustände in LS-Kopplung folgendermaßen bezeichnet: ${}^{(2T+1)(2S+1)}L_{\mathrm{I}}$. Für ein Zwei-Nukleonensystem in der 1 p-Schale sind die Werte $T = 0, 1$, $L = 0, 1$ und 2 sowie $S = 0, 1$ möglich, was bei Bildung antisymmetrischer Wellenfunktionen den Zuständen

${}^{13}\mathrm{S}_1$, ${}^{13}\mathrm{D}_{1,2,3}$, ${}^{31}\mathrm{S}_0$, ${}^{31}\mathrm{D}_2$, ${}^{33}\mathrm{P}_{0,1,2}$ und ${}^{11}\mathrm{P}_1$

entspricht.

D. Kurath [74] hat untersucht, welche energetische Lage sich für die genannten Zustände unter dem Einfluß von Restwechselwirkung und Spin-Bahn-Wechselwirkung ergibt. Abb. VIII,77 zeigt das Energietermschema für zwei identische Nukleonen in der 1p-Schale als Funktion der Stärke der Spin-Bahn-Wechselwirkung. Ganz links ist dort der Fall verschwindender Spin-Bahn-Kopplung eingetragen. Falls weder das jj-Schema noch das LS-Schema einigermaßen realisiert sind, spricht man von intermediärer Kopplung.

Bis zu dieser Stelle sind im Schalenmodell nur kugelsymmetrische Potentiale verwendet worden. Zur Beschreibung der permanent deformierten Kerne hat man entspre-

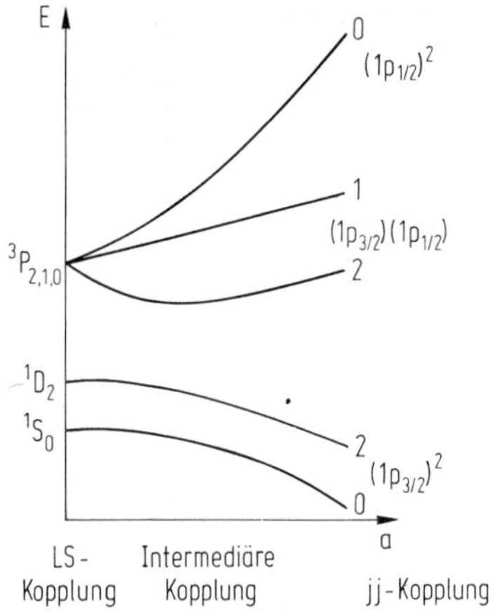

Abb. VIII,77. Termlage für das Zwei-Nukleonen-System in der 1 p-Schale in Abhängigkeit von der Stärke der Spin-Bahn-Wechselwirkung (nach D. Kurath [74])

chend von einem deformierten Potentialtopf auszugehen. Eine mathematisch besonders übersichtliche Lösung dieses Problems gelingt mit Hilfe eines von S. G. Nilsson [75] eingeführten und zunächst noch kugelsymmetrisch notierten Potentials:

$$V(r) = \frac{1}{2} m_r \, \omega^2 r^2 + C \, \hat{l} \cdot \hat{s} + D \, \hat{l}^2 \qquad C, D < 0$$

Dieses Potential enthält über die bisher diskutierten Potentiale hinaus einen Term D $\hat{l}^2$, der in der Lage ist, für eine Interpolation zwischen Oszillator- und Kastenpotential zu sorgen, jedoch keine unmittelbare physikalische Bedeutung hat. Das Nilsson-Modell ist daher eher geeignet, die Energieniveaufolge richtig wiederzugeben als akkurate Radialwellenfunktionen für Nukleonen zu liefern. Bisher waren die Äquipotentialflächen im Kern Kugelflächen. Für ellipsoidisch deformierte Kerne wird die einfachste Folgerung die sein, daß auch die Äquipotentialflächen Ellipsoidflächen sind. Im Nilsson-Potential kann dies durch unterschiedliche Oszillatorfrequenzen in der (x', y')-Symmetrieebene bzw. in Richtung der Symmetrieachse z' zum Ausdruck gebracht werden (die gestrichenen Koordinaten beziehen sich auf das kernfeste Achsensystem):

$$V(r) = \frac{1}{2} m_r [\omega_{x'}^2 (x'^2 + y'^2) + \omega_z^2 z'^2] + C \, \hat{l} \cdot \hat{s} + D \, \hat{l}^2$$

Wegen der hohen Inkompressibilität der Kernmaterie und um im Grenzfall verschwindender Deformation den Vergleich mit einem kugelförmigen Kern vornehmen zu können, denken wir uns jede Ellipsoid-Äquipotentialfläche aus einer kugelförmigen Äquipotentialfläche gleichen Volumens und gleichen Potentialwerts entstanden. Dies führt auf die Bedingung:

$$\omega_x^2 \, \omega_z = \mathring{\omega}_0^3 \qquad \text{(VIII,344)}$$

Zweckmäßigerweise wird der Deformationsparameter δ durch die Relationen

$$\omega_x^2 = \omega_0^2(\delta)\,(1 + \tfrac{2}{3}\,\delta) \quad \text{und} \quad \omega_z^2 = \omega_0^2(\delta)\,(1 - \tfrac{4}{3}\,\delta)$$

eingeführt. Dann folgt aus (VIII,344) nur eine schwache Abhängigkeit für $\omega_0(\delta)$ von der Deformation:

$$\omega_0(\delta) = \mathring{\omega}_0(1 - \tfrac{4}{3}\,\delta^2 - \tfrac{16}{27}\,\delta^3)^{-\frac{1}{6}}$$

$\mathring{\omega}_0$ ist die für verschwindende Deformation zu erwartende Oszillatorfrequenz. δ ist mit dem bei der Behandlung des Quadrupolmoments auftretenden Parameter identisch. Für nicht zu große Deformationen ($\delta \lesssim 0{,}1$) ist es zweckmäßig, das Nilsson-Potential auf Kugelkoordinaten zu transformieren, wobei durch

$$x' = \sqrt{\frac{m_r\,\omega_0}{\hbar}}\,x\ , \quad y' = \sqrt{\frac{m_r\,\omega_0}{\hbar}}\,y\ , \quad z' = \sqrt{\frac{m_r\,\omega_0}{\hbar}}\,z$$

dimensionslose Ortskoordinaten eingeführt wurden:

$$V(r) = \mathring{V}_0(r) + V_\delta + C\,\hat{l}\cdot\hat{s} + D\,\hat{l}^2$$

$$\mathring{V}_0(r) = \frac{1}{2}\,\hbar\,\omega_0(\delta)\,r^2\ , \qquad V_\delta = -\hbar\,\omega_0(\delta)\,\delta\,\frac{4}{3}\sqrt{\frac{\pi}{5}}\,r^2\,Y_{2,0}(\vartheta)$$

Der vollständige Einteilchen Hamilton-Operator im Nilsson-Modell lautet daher:

$$\hat{H} = \mathring{\hat{H}}_0 + \hat{H}_\delta + C\,\hat{l}\cdot\hat{s} + D\,\hat{l}^2 \qquad \text{(VIII,345)}$$

$$\mathring{\hat{H}}_0 = \frac{1}{2}\,\hbar\,\omega_0(\delta)\,r^2$$

$$\hat{H}_\delta = -\delta\,\hbar\,\omega_0(\delta)\,\frac{4}{3}\sqrt{\frac{\pi}{5}}\,r^2\,Y_{2,0}(\vartheta)$$

Die Konstanten C und D werden für jede Oszillatorschale so gewählt, daß sich für verschwindende Deformation ($\delta \to 0$) die Niveaus des sphärischen Schalenmodells in Abb. VIII,74 ergeben. Es werden folgende Abkürzungen verwendet:

Oszillator-Quanten-Energie:	$\hbar\,\omega_0(\delta) \approx 41 \cdot A^{-\frac{1}{3}}$ MeV
Spin-Bahnkopplung:	$\kappa = -\frac{1}{2}\,\frac{C}{\hbar\,\mathring{\omega}_0}$
Bahndrehimpulskorrektur:	$\mu = \frac{2\,D}{C}$

Analog zum sphärischen Schalenmodell unterscheiden sich auch beim Nilsson-Modell Protonen- und Neutronen-Niveaufolgen voneinander und zwar insbesondere bei höher liegenden Oszillatorschalen. Man erhält folgende Konstanten:

	n (κ = 0,05)	p (κ = 0,08)
$N = 0, 1, 2$	$\mu = 0$	$\mu = 0$
$N = 3$	$\mu = 0{,}30$	$\mu = 0{,}50$
$N = 4$	$\mu = 0{,}45$	$\mu = 0{,}55$
$N = 5, 6$	$\mu = 0{,}45$	$\mu = 0{,}50$
$N = 7$	$\mu = 0{,}40$	

Der Hamiltonoperator (VIII,345) gestattet es, die Lage von Einteilchenniveaus in deformierten Kernen als Funktion des Deformationsparameters zu untersuchen. j ist nun keine gute Quantenzahl mehr, nur die Komponente Ω von j in Richtung der Symmetrieachse bleibt erhalten. Es seien die beiden Grenzfälle schwacher und starker Deformation betrachtet.

1. Für den Fall geringer Deformation, d. h. $\delta \lesssim 0{,}1$ kann $\hat{H}_\delta$ als kleine Störung am sphärischen Hamiltonoperator $\hat{H}_s = \mathring{H}_0 + C\,\hat{l} \cdot \hat{s} + D\,\hat{l}^2$ aufgefaßt werden. In erster störungstheoretischer Näherung ergibt sich die Energieverschiebung zu:

$$\Delta E_{\mathrm{nlj}\Omega} = -\delta\,\hbar\,\omega_0(\delta)\,\frac{4}{3}\sqrt{\frac{\pi}{5}}\,\langle r^2\rangle_{\mathrm{nl}}\,\langle j\,\Omega|\,Y_{2,0}\,|j\,\Omega\rangle =$$

$$= \delta\,\hbar\,\omega_0(\delta)\,\frac{4}{3}\sqrt{\frac{\pi}{5}}\,\langle r^2\rangle_{\mathrm{nl}}\,\frac{3\,\Omega^2 - j(j+1)}{4j(j+1)}$$

   Dieses Resultat gibt bereits zwei wesentliche Eigenschaften des Nilsson Termschemas wieder:

   Die $(2j+1)$-fache Entartung der Schalenmodellzustände wird aufgehoben und es bleibt eine zweifache Entartung bezüglich Ω bestehen $(\Omega, -\Omega)$, da ΔE von Ω^2 abhängt.

   Für $\delta > 0$ (Zigarrenform) liegen kleine Ω-Werte am tiefsten, große Ω-Werte am höchsten, für $\delta < 0$ (Diskus) ist es umgekehrt.

2. Im Grenzfall hoher Deformation ($\delta \gtrsim 0{,}3$) können die Terme $C\,\hat{s} \cdot \hat{l}$ und $D\,l^2$ als Störung für $\mathring{H}_0 + H_\delta$ angesehen werden. Hier kennzeichnet man die Niveaus durch die Quantenzahlen des anisotropen Oszillators $[N, n_z, l_z]$. N bedeutet die Zahl der Oszillatorquanten, n_z die Zahl der Knotenebenen senkrecht zur Symmetrieebene und l_z die Bahndrehimpulskomponente in Richtung der Symmetrieachse.

Durch Diagonalisierung des Operators (VIII,345) bei Beschränkung auf jeweils eine Oszillatorschale erhielt Nilsson Eigenwerte und Eigenfunktionen für das deformierte Potential. Die Energieniveaus sind in Abb. VIII,78 wiedergegeben. Zur Charakterisierung sind am rechten Rand sowohl Ω als auch die oben genannten Oszillatorquantenzahlen angegeben. Jedes Niveau kann durch zwei Nukleonen jeder Sorte besetzt werden; das letzte ungepaarte Nukleon sollte den Drehimpuls des Kerns bestimmen. Un-

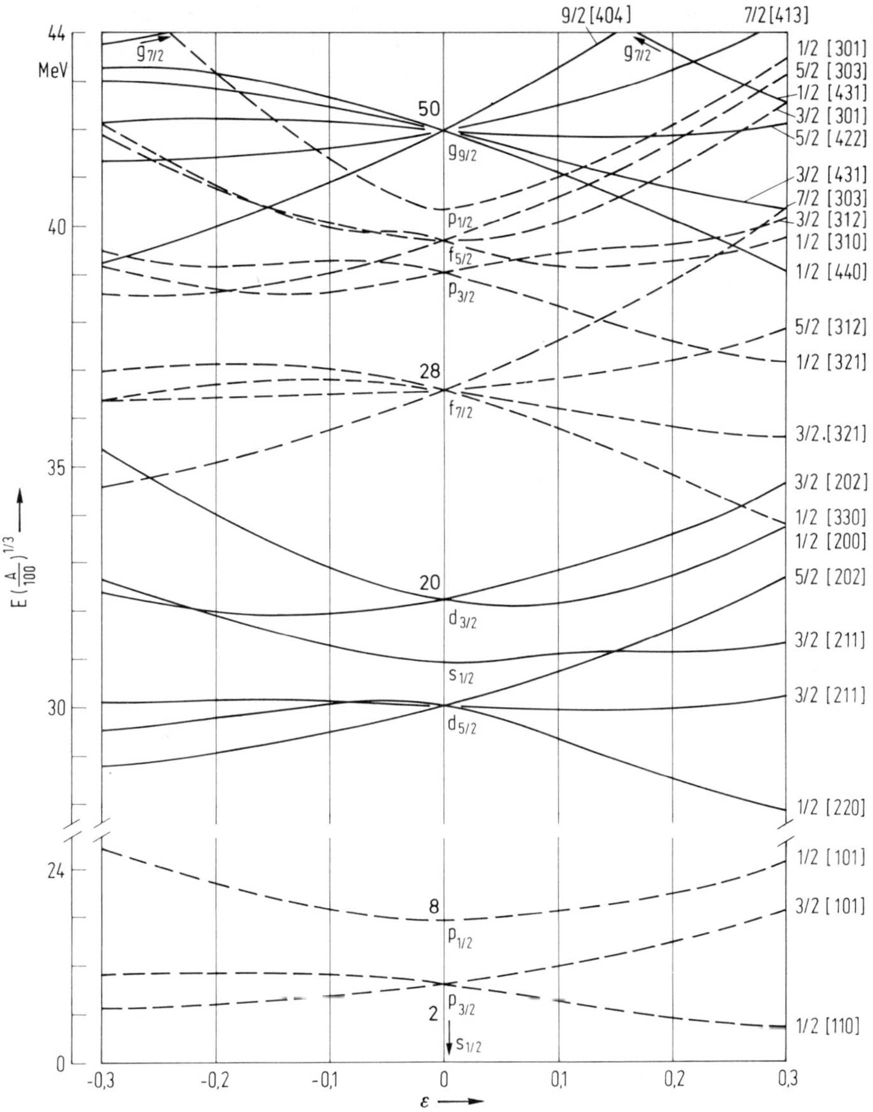

Abb. VIII,78. Einteilchen-Energieniveaus im deformierten Potential als Funktion des Deformationsparameters (aus Nuclear Spectroscopy Tables [106])

ter Verwendung von Gl. (VIII,214) kann man aus gemessenen Quadrupolmomenten Deformationsparameter δ berechnen. Das Nilsson-Modell gibt dann Auskunft, welcher Drehimpuls und welche Parität für den Grundzustand erwartet werden müssen. Dabei hat sich das Modell sehr gut bewährt. Als Beispiel betrachten wir den Kern $^{23}_{11}Na_{12}$, der im Zusammenhang mit den Kopplungsregeln bereits erwähnt wurde. Mit einem Deformationsparameter von $\delta \approx 0{,}4$ befindet sich entsprechend Abb. VIII,78 ein ungepaartes Proton im $3/2^+[211]$-Niveau. In Übereinstimmung mit dem Experiment hat der Grundzustand von ^{23}Na in der Tat den Drehimpuls 3/2 und nicht 5/2, wie man nach dem sphärischen Modell erwarten sollte.

Kollektive Modelle

Zwischen magischen Zahlen, d. h. bei Massenzahlen $A \approx 25$ und $150 < A < 190$ bzw. $A > 222$ werden nicht nur erhebliche Deformationen, sondern auch Niveaufolgen in den Kernspektren beobachtet, die sich durch gewisse Regelmäßigkeiten auszeichnen, jedoch eine Zuordnung zu Einteilchen-Zuständen nicht erlauben. Die Analogie zu Anregungsspektren in Molekülen hat nahegelegt, kollektive Rotationen und Vibrationen in der Kernmaterie anzunehmen. Das einfachste Modell, das man bezüglich kollektiver Rotationen ansetzen kann, geht davon aus, stabil deformierte Kerne als quantenmechanische Kreisel aufzufassen. Ein solches Modell basiert auf Arbeiten von A. Bohr [76] und B. R. Mottelson [77]. Neben der Rotation kann es auch zu Oberflächenschwingungen kommen, die sich in Vibrationsspektren der Kerne widerspiegeln. Als einfachstes Modell kann man sich in diesem Fall die Kernmaterie als Flüssigkeitströpfchen vorstellen, dessen Oberfläche durch Energiezufuhr in Schwingungen um die Gleichgewichtsgestalt gerät, wobei in der Regel Volumenkonstanz vorausgesetzt werden kann.

Wir betrachten zunächst Rotationen bei deformierten gg-Kernen. In Anlehnung an die Hamilton-Funktion für die Rotationsbewegung eines starren axialsymmetrischen Körpers lautet der Hamiltonoperator für den entsprechenden quantenmechanischen Kreisel:

$$\hat{H}_{\text{rot}} = \frac{1}{2\,\Theta}(\hat{I}^2 - \hat{I}_3^2)\,, \qquad \Theta_{x'} = \Theta_{y'} = \Theta$$

Darin ist Θ das Trägheitsmoment bezüglich der körperfesten x'- bzw. y'-Achse. Die Energieeigenwerte betragen:

$$E_{\text{rot}} = \frac{\hbar^2}{2\,\Theta}\,[I(I+1) - K^2]$$

Nun können Rotationen um die Symmetrieachse nicht auftreten, da die Wellenfunktion des Systems dabei in sich selbst übergeht. Somit steht I senkrecht zur Symmetrieachse, und die Projektionsquantenzahl K ist gleich Null. Wie bereits in Gl. (VIII,204) angegeben, treten als Eigenfunktionen zum quantenmechanischen Kreisel die D-Funktionen auf. Bei $K = 0$ gilt:

$$\Psi_{\text{rot}} = \sqrt{\frac{2I+1}{8\pi^2}}\,D^{I}_{M,0}$$

Wegen der stets vorausgesetzten Symmetrieebene sind ungerade Rotationsdrehimpulse ausgeschlossen. Das bedeutet:

$$E_{\text{rot}} = \frac{\hbar^2}{2\,\Theta}\,I(I+1)\,, \qquad I = 0, 2, 4, \ldots \tag{VIII,346}$$

Abb. VIII,79 gibt Beispiele dafür, daß die beobachteten Rotationsspektren der Formel (VIII,346) näherungsweise folgen. Die Rotationsbewegung führt danach zu sehr tief-

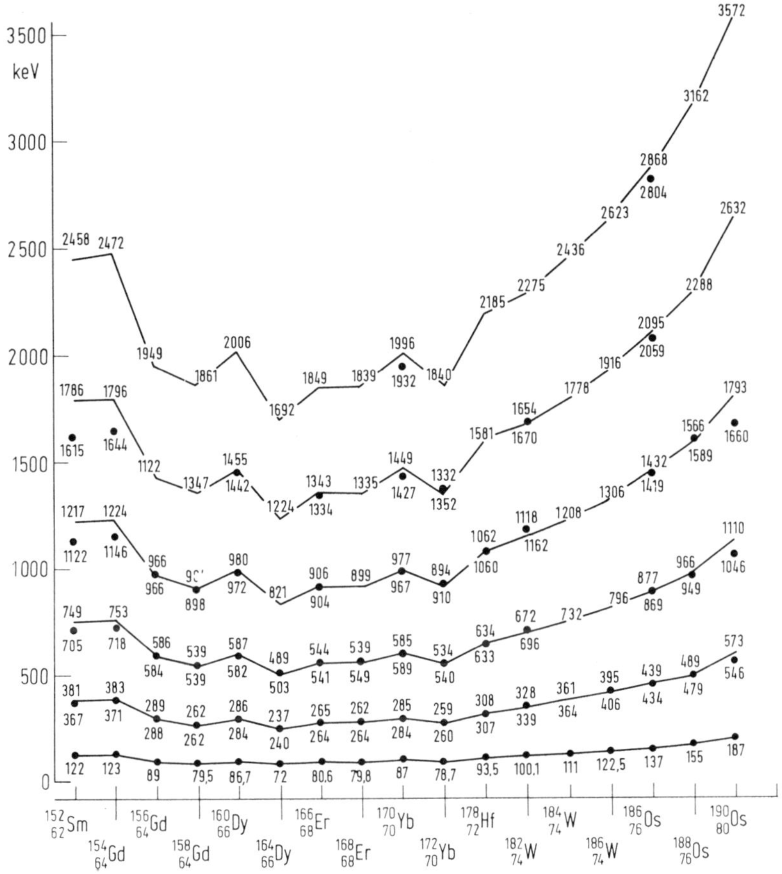

Abb. VIII,79. Rotationsniveaus stark deformierter gg-Kerne und Vergleich (ausgezogene Linien) mit Werten aus dem Rotations-Vibrationsmodell (nach Greiner, Fässler und Skeline [107]).

liegenden Energieniveaus im Bereich von 100 keV. Aus den beobachteten Rotationsspektren lassen sich die Trägheitsmomente bestimmen. Ist das Quadrupolmoment bekannt (etwa aus Mößbauer-Experimenten), dann läßt sich das Trägheitsmoment des starren Kerns berechnen. Der Vergleich zeigt, daß die beobachteten Trägheitsmomente systematisch um den Faktor 2 bis 3 kleiner ausfallen, als nach dem Modell des starren Kreisels zu erwarten wäre. Offensichtlich ist das verwendete Modell noch zu einfach; es nimmt nur ein Bruchteil der Nukleonen an der kollektiven Bewegung teil. Nilsson und Prior [78] konnten mit Hilfe der Paarungskraft eine Erklärung dafür geben: In der aufgeweichten Fermikante gelingt es einigen Nukleonen, sich auf Grund der Paarkorrelation der kollektiven Bewegung zu entziehen.

Das Rotationsmodell kann auf ug- bzw. gu-Kerne, d. h. auf den Fall, daß der Kern einen inneren Drehimpuls j besitzt, erweitert werden. Wir stellen uns dazu vor, daß den zuvor betrachteten gg-Kernen ein Nukleon mit Drehimpuls j eingebaut wird.

Die Abb. VIII,80 macht die entstehende Drehimpulskopplung klar. Der innere Drehimpuls j addiert sich vektoriell mit dem senkrecht auf der Symmetrieachse stehenden

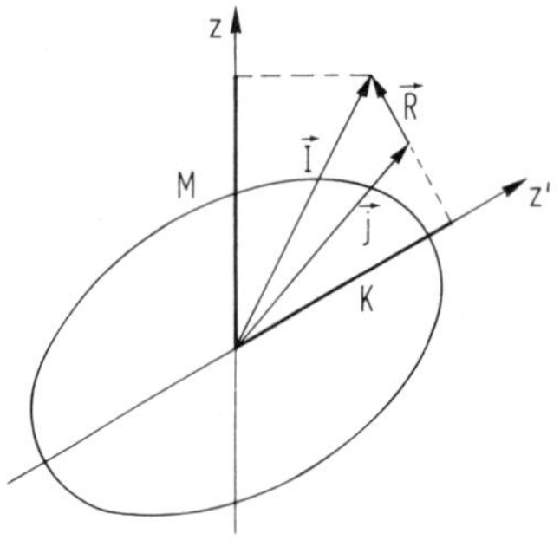

Abb. VIII,80. Vektormodell für die Kopplung des inneren Drehimpulses j eines deformierten Kerns an den Rotationsdrehimpulsen R zum Gesamtdrehimpuls I.

Rotationsdrehimpuls R zum Kerndrehimpuls I. Der Hamiltonoperator besteht jetzt aus zwei Teilen, einem Term für die innere Struktur $\hat{H}_i$ und einem Term für die Rotation:

$$\hat{H} = \hat{H}_i + \frac{1}{2\Theta}\hat{R}^2$$

Wird $\hat{R}$ durch $\hat{I} - \hat{j}$ ersetzt, so erhalten wir:

$$\hat{H} = \hat{H}_i + \frac{1}{2\Theta}\left\{\hat{I}^2 - 2\hat{j}_3^2\right\} - \frac{1}{2\Theta}\left\{\hat{I}_+\hat{j}_- + \hat{I}_-\hat{j}_+\right\} \quad \text{(VIII,347)}$$

$$\hat{I}_\pm = \hat{I}_x \pm i\hat{I}_y, \qquad \hat{j}_\pm = \hat{j}_x \pm i\hat{j}_y$$

wobei ein Term $\frac{1}{2\Theta}\hat{j}^2$ in $\hat{H}_i$ absorbiert wurde. Dem dritten Beitrag in (VIII,347) entspricht in der klassischen Physik die Coriolis-Wechselwirkung, er koppelt die innere Bewegung an die Rotation. Wir werden für die weitere Betrachtung von der Annahme ausgehen, daß die innere Bewegung durch die Rotation nur geringfügig gestört wird (adiabatische Näherung). Für die Gesamtwellenfunktion ist daher ein Produktansatz in Gl. (VIII,348) gerechtfertigt. Da wir stets Rotations- und Spiegelsymmetrie vorausgesetzt haben, ist folgende Linearkombination zu verwenden:

$$\Psi^I_{MK} = \sqrt{\frac{2I+1}{8\pi^2}}\,\frac{1}{\sqrt{2}}\left(\chi_K D^I_{M,K} + (-1)^{I-K}\chi_{-K} D^I_{M,-K}\right) \quad \text{(VIII,348)}$$

χ_K bedeutet hier die innere Wellenfunktion des Kerns, etwa nach dem Nilsson-Modell. In der Darstellung (VIII,348) ergibt sich zunächst unter Vernachlässigung des Coriolis-Terms für die Rotationsniveaus:

$$E_{rot} = \frac{\hbar^2}{2\Theta}\left[I(I+1) - 2K^2\right]$$

Es kommt demnach zu einer Anzahl von Rotationsbanden, die auf verschiedenen Werten von K aufbauen.

Für den in Abb. VIII,80 dargestellten Kopplungsfall, der nicht immer realisiert ist, wird die Komponente von I in Richtung der z'-Achse $\hbar\,\Omega$ identisch mit der Komponente von j in Richtung der z'-Achse $\hbar\,K$, wobei I die Werte $K, K+1, K+2, \ldots$ durchläuft. Außer für $K = \frac{1}{2}$ hat der Coriolis-Term keine diagonalen Matrixelemente. Er stellt in niedrigster Ordnung der Störungsrechnung eine Kopplung zwischen verschiedenen Rotationsbanden her, die sich in K um $\pm\,1$ unterscheiden. Im Sonderfall $K = \frac{1}{2}$ kommt es zu einer Dublettstruktur in der Rotationsbande. Abb. VIII,81 zeigt als Beispiel Rotationsbanden in ^{239}Pu, die auch den Fall $K = \frac{1}{2}$ einschließen.

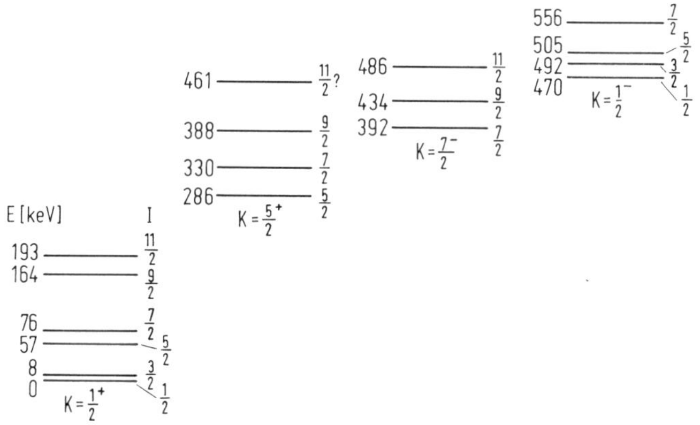

Abb. VIII,81. Rotationsbanden von $^{239}_{93}\mathrm{Pu}_{146}$

Wir wenden uns jetzt den Vibrationen bei sphärischen Kernen zu und bemühen ein weiteres Mal das Tröpfchenmodell. Die Vibrationen können als Wechselspiel zwischen kinetischer Energie der Deformation und der potentiellen Energie seitens der Oberflächenspannung sowie der Coulombwechselwirkung aufgefaßt werden. Analog zur Behandlung der Quadrupolmomente für den statischen Fall gehen wir bei der Untersuchung der Vibrationen von einer Multipolentwicklung der Flächen konstanter Dichte mit zeitabhängigen Koeffizienten $\alpha_{\lambda,\mu}(t)$ aus:

$$R(\vartheta, \varphi, t) = R_0(1 + \sum_{\lambda,\mu} \alpha_{\lambda,\mu}(t)\, Y_{\lambda,\mu}(\vartheta)), \quad \alpha^*_{\lambda,\mu} = (-1)^\mu\, \alpha_{\lambda,-\mu}$$

Für hinreichend kleine Deformationsparameter $\alpha_{\lambda,\mu}$ kann man alle Terme von höherer als zweiter Ordnung vernachlässigen. Außerdem sollen die Koeffizienten den Normalschwingungen des Kerns entsprechen. Dann läßt sich folgende Hamilton-Funktion angeben:

$$H_{\mathrm{Vib}} = \frac{1}{2} \sum_{\lambda,\mu} \{B_\lambda |\dot{\alpha}_{\lambda,\mu}|^2 + C_\lambda |\alpha_{\lambda,\mu}|^2\}$$

Die Bedeutung der Konstanten B_λ und C_λ ist:

Massenparameter: $B_\lambda = \frac{3}{4\pi\lambda} A M R_0^2$

Potentialparameter: $C_\lambda = (\lambda - 1)(\lambda + 2) R_0^2 \epsilon - \frac{\lambda - 1}{2\lambda + 1} \left(\frac{3}{2\pi}\right) \frac{Z^2 e^2}{R_0} K_e$

ϵ ist die aus der Weizsäckerformel bekannte spezifische Oberflächenspannung. Das zu den Vibrationen gehörende Energiespektrum ist durch

$$E_{N\lambda} = \hbar \sqrt{\frac{C_\lambda}{B_\lambda}} \left(N + \frac{2\lambda + 1}{2}\right)$$

gegeben. Die Quanten der Vibrationen werden Phononen genannt, sie haben eine Energie von $\hbar\,\omega_\lambda = \hbar\sqrt{\frac{C_\lambda}{B_\lambda}}$. Die niedrigste interessierende Ordnung in der Multipolentwicklung ist $\lambda = 2$, was Quadrupolphononen entspricht. Diese tragen einen Drehimpuls von $2\,\hbar$. Da die Oszillatorquanten Bosonen sind, werden nur symmetrische Wellenfunktionen zugelassen. Im ersten angeregten Vibrationszustand mit $I^\pi = 2^+$ eines sphärischen gg-Kerns tritt ein Oszillatorquant $\hbar\,\omega_\lambda$ in einer der fünf Koordinatenrichtungen des $(2\lambda + 1)$-dimensionalen Raums auf. Der zweite angeregte Zustand entsteht aus der Kopplung zweier Phononen und führt zu einem Triplett aus den Zuständen 0^+, 2^+ und 4^+. Durch Anharmonizitäten wird die Entartung dieser Niveaus – wie in Abb. VIII,82 skizziert – stets aufgehoben. Die Vibrationszustände zeichnen sich durch äquidistante Energieniveaus aus und heben sich damit gut vom $I(I + 1)$-Gesetz der Rotationsniveaus ab. Der Kern $^{106}_{46}Pd_{60}$ zeigt in Abb. VIII,82 ein typisches Vibrationsspektrum.

Will man die Betrachtungen von Vibrationen auf deformierte Kerne ausdehnen, dann ist es zweckmäßig, neue Deformationsparameter $a_{2,\mu}$ einzuführen, die in Bezug auf das körperfeste Koordinatensystem definiert sind. Verzicht auf die Symmetrieachse, aber Beibehaltung einer Symmetrieebene führt auf folgende Entwicklung:

$$R(\vartheta, \varphi, t) = R_0(1 + a_{2,0}(t)\, Y_{2,0} + a_{2,2}(t)\, [Y_{2,2} + Y_{2,-2}])$$

Man definiert über die Relationen

$$a_{2,0} = \beta \cos\gamma \quad \text{und} \quad a_{2,2} = a_{2,-2} = \frac{1}{\sqrt{2}} \beta \sin\gamma$$

weitere Deformationsparameter β und γ. Während β ein Maß für die gesamte Deformation darstellt (aber nicht mit dem in Gl. (VIII,211) definierten Parameter übereinstimmt), beschreibt γ die Abweichung von der Axialsymmetrie. Man erkennt, daß für $\gamma = \frac{1}{3} n \pi$ $(n = 0, \pm 1, \pm 2, \ldots)$ Rotationsellipsoide vorliegen. Abb. VIII,83 zeigt, wie ausgehend von einer stabilen Quadrupoldeformation zwei Schwingungstypen unterschieden werden können. Bei β-Schwingungen bleibt die z'-Achse stets Symmetrieachse und β

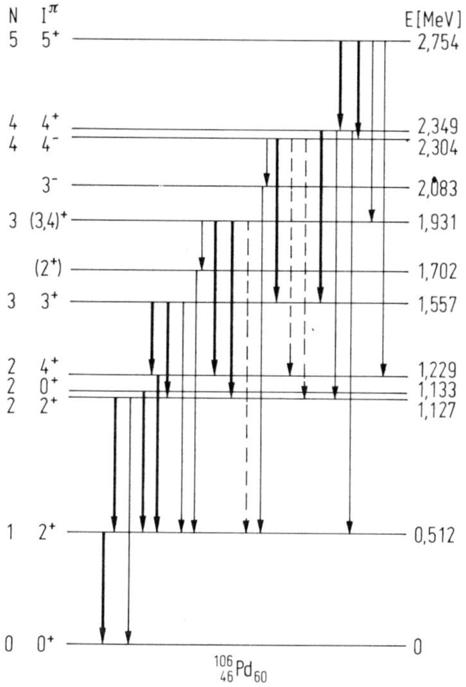

Abb. VIII,82. Energiespektren des Kerns $^{106}_{46}Pd_{60}$. N bedeutet die Schwingungszahl.

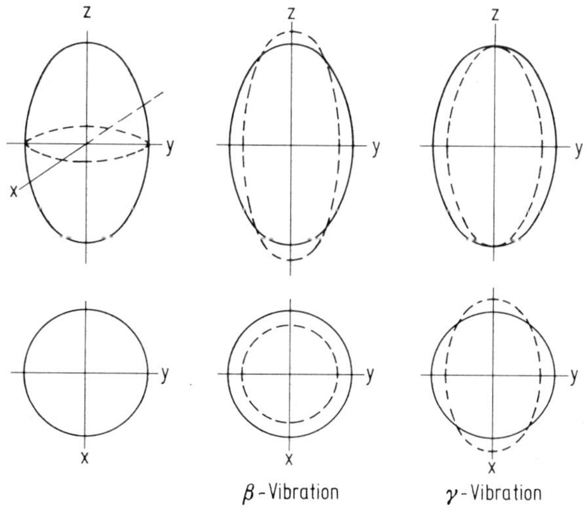

Abb. VIII,83. Schwingungstypen deformierter Kerne

oszilliert um einen Gleichgewichtswert. γ-Schwingungen zeichnen sich dadurch aus, daß der Kern seine Axialsymmetrie einbüßt.

6. Der Zerfall instabiler Kerne

Zerfallsgesetze und Einheiten

Die natürliche Radioaktivität wurde im Jahre 1896 von Henri Becquerel entdeckt, als er beobachtete, daß Proben des Minerals Pechblende in der Lage waren, verpackte unbelichtete Photoplatten zu schwärzen. Wenig später (1898) konnte Madame Curie das bis zu diesem Zeitpunkt nicht bekannte Element Radium aus der Pechblende isolieren, das sich durch eine hohe Strahlungsaktivität auszeichnet. Bald stand fest (1903), daß es sich bei der durchdringenden Strahlung um energiereiche Heliumatome (α-Teilchen) handeln mußte.

Es sind uns heute vier verschiedene Zerfallsprozesse bekannt, die bereits in Tab. VIII,3 aufgeführt sind: α-Zerfall, β-Zerfall, elektromagnetische Zerfallsprozesse und die spontane Spaltung. Wir verstehen im folgenden unter instabilen Kernen auch solche Kerne, die sich in angeregten Zuständen befinden und über elektromagnetische Strahlungsprozesse den Grundzustand erreichen. Allen Prozessen ist gemeinsam, daß sie statistischen Gesetzmäßigkeiten unterliegen. Der Zerfall der Kerne erfolgt spontan, d. h. weitgehend unbeeinflußt von äußeren Gegebenheiten wie Druck, Temperatur usw.. Ein geringer Einfluß der chemischen Bindung ist bei der Inneren Konversion (IC) und beim Elektroneneinfang (e^-) nachgewiesen worden. Dies ist verständlich, da in beiden Fällen die Elektronenhülle am Zustandekommen der Zerfallsprozesse mitwirkt.

Betrachten wir eine Probe, die instabile Kerne enthält, so beträgt die Wahrscheinlichkeit dafür, daß ein Kern in der Zeit zwischen t und $t + \mathrm{d}\,t$ zerfällt, im statistischen Mittel $\lambda\,\mathrm{d}\,t$ unabhängig von t. λ wird Zerfallskonstante genannt und hat die Dimension s^{-1}. Die Zahl der Zerfälle beträgt im statistischen Mittel entsprechend $N\,\lambda\,\mathrm{d}\,t$, wenn N gleich der Anzahl der zur Zeit t in der Probe vorhandenen instabilen Kerne ist. $-N\,\lambda\,\mathrm{d}\,t$ ist zugleich auch die Abnahme $\mathrm{d}\,N$ in der Anzahl der instabilen Kerne der Probe:

$$\mathrm{d}\,N = -N\,\lambda\,\mathrm{d}\,t \qquad \text{(VIII,349)}$$

$$\frac{\mathrm{d}\,N}{\mathrm{d}\,t} = A(t) = -\lambda\,N(t)$$

Die Größe $A(t)$ in Gl. (VIII,349) wird Aktivität der Quelle genannt. Sie gibt die Zahl der Zerfälle an, die im statistischen Mittel pro Zeiteinheit erfolgen. Als Einheit für A ist das Curie im Gebrauch:

$$1 \text{ Curie} = 1 \text{ Ci} = 3{,}7 \cdot 10^{10} \text{ Zerfälle } s^{-1}$$

1 Curie entspricht bis auf ein Prozent der Aktivität von 1 g Radium im Gleichgewicht mit seinen Tochtersubstanzen.

Durch Integration von Gl. (VIII,349), $\frac{dN}{N} = -\lambda\, d\,t$, $\ln N = -\lambda\, t + c$, folgt unmittelbar das universelle Gesetz des radioaktiven Zerfalls:

$$N = N_0\, e^{-\lambda \cdot t} \tag{VIII,350}$$

wobei die Integrationskonstante C durch die Anfangsbedingung festgelegt wird, daß zur Zeit $t = 0$ N_0 radioaktive Kerne in der Probe enthalten waren.

Der Zeitraum, nach dem die Zahl der instabilen Kerne in einer Probe im Mittel auf die Hälfte abgesunken ist, heißt Halbwertszeit $T_{\frac{1}{2}}$. Der Zusammenhang von $T_{\frac{1}{2}}$ mit λ ergibt sich aus (VIII,350), wenn dort $N = \frac{N_0}{2}$ und $t = T_{\frac{1}{2}}$ gesetzt wird zu:

$$T_{\frac{1}{2}} = \frac{\ln 2}{\lambda} = \frac{1}{\lambda} \cdot 0{,}6931472 \,.$$

In der Praxis wird an Stelle von $T_{\frac{1}{2}}$ häufig die mittlere Lebensdauer τ eines instabilen Kerns verwendet. Sie wird durch Gl. (VIII,351) definiert:

$$\tau = \frac{1}{N_0} \int_0^\infty t\, N(t)\, \lambda\, d\,t = \frac{1}{\lambda} = 1{,}443\, T_{\frac{1}{2}} \tag{VIII,351}$$

Die mittlere Lebensdauer τ ist danach jene Zeitspanne, nach der die Aktivität auf $\frac{1}{e} = 0{,}36788$ abgesunken ist. Die graphische Darstellung des Zerfallsgesetzes in Abb. VIII,84 zeigt, daß die Tangente der Kurve im Punkt $t = 0$ die Zeitachse gerade bei $t = \tau = \frac{1}{\lambda}$ schneidet. Die Zerfallskonstante λ ist eine für den instabilen Kern charakteristische Konstante. Ihre Bestimmung in einem Zählexperiment kann daher zur Iden-

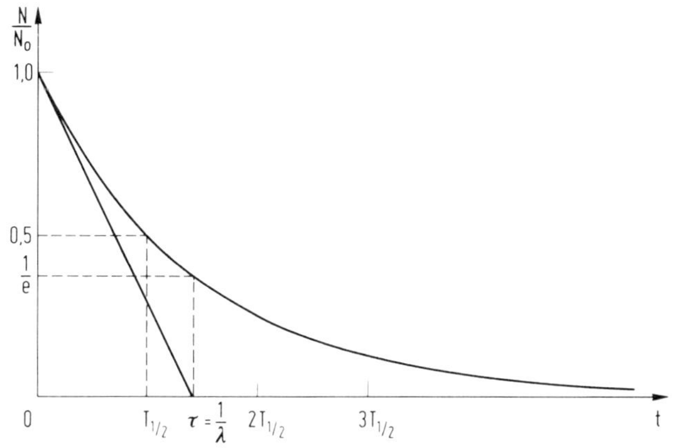

Abb. VIII,84. Universelles Gesetz des radioaktiven Zerfalls

tifizierung eines radioaktiven Kerns benutzt werden. In quantenmechanischer Ausdrucksweise ist λ proportional zum Quadrat des Matrixelements des Wechselwirkungsoperators $\hat{H}'$ zwischen Endzustand ψ_e und Anfangszustand ψ_a:

$$\lambda \sim |\langle\psi_e|\hat{H}'|\psi_a\rangle|^2$$

In manchen Fällen bestehen für einen Kern zwei Zerfallsmöglichkeiten, beispielsweise α- und β-Zerfall, mit den zugehörigen Zerfallskonstanten λ_1 und λ_2. Man spricht von dualem Zerfall oder „branching". Die Gesamtzerfallsrate wird hier durch die Summe $\lambda = \lambda_1 + \lambda_2$ aus den Partial-Zerfallskonstanten bestimmt

$$N = N_0\, e^{-(\lambda_1 + \lambda_2)t} \tag{VIII,352}$$

$$dN_1 = N\lambda_1\, dt\,, \quad dN_2 = N\lambda_2\, dt$$

Für den Anstieg von Tochterkernen $N_1(t)$ und $N_2(t)$ aus einer Probe, die zur Zeit $t = 0\, N_0$ Mutterkerne und keine Tochterkerne enthielt, ergeben sich die Beziehungen (VIII,353) aus (VIII,352)

$$N_1(t) = \frac{\lambda_1}{\lambda_1 + \lambda_2} N_0 \left(1 - e^{-(\lambda_1 + \lambda_2)t}\right) \tag{VIII,353}$$

$$N_2(t) = \frac{\lambda_2}{\lambda_1 + \lambda_2} N_0 \left(1 - e^{-(\lambda_1 + \lambda_2)t}\right)$$

Man erkennt, daß zu jedem Zeitpunkt $t > 0$ das Verhältnis der Anzahl der Tochterkerne proportional zum Verhältnis der Zerfallskonstanten und umgekehrt proportional zum Verhältnis der Halbwertszeiten ist:

$$\frac{N_1(t)}{N_2(t)} = \frac{\lambda_1}{\lambda_2} = \frac{T^{(2)}_{\frac{1}{2}}}{T^{(1)}_{\frac{1}{2}}}$$

Viele in der Natur auftretende radioaktive Kerne sind Mitglieder einer Zerfallskette. Es erhebt sich in diesem Zusammenhang die Frage nach der Anzahl der zu einer Zeit t vorhandenen Folgeprodukte. An einer Zerfallsreihe mögen n Kerne beteiligt sein:

$$N_1(\lambda_1), N_2(\lambda_2), \ldots, N_{n-1}(\lambda_{n-1}), N_n(\lambda_n)\,.$$

Die Bilanz für Zuwachs und Zerfall für das i-te Mitglied der Reihe lautet:

$$\frac{dN_i}{dt} = \lambda_{i-1} N_{i-1} - \lambda_i N_i \tag{VIII,354}$$

Das System von Differentialgleichungen (VIII,354) läßt sich unter der Bedingung, daß alle Zerfallskonstanten λ_i voneinander verschieden sind, durch den folgenden Ansatz lösen:

$$N_1 = c_{11}\, e^{-\lambda_1 t} \tag{VIII,355}$$

$$N_2 = c_{21}\, e^{-\lambda_1 t} + c_{22}\, e^{-\lambda_2 t}$$

$$\vdots \qquad \vdots$$

$$N_n = c_{n1}\, e^{-\lambda_1 t} + \ldots c_{nn}\, e^{-\lambda_n t}$$

Einsetzen von (VIII,355) in (VIII,354) liefert eine Rekursionsformel für die Koeffizienten c_{ij} mit $i \neq j$:

$$c_{ij} = c_{i-1,j} \frac{\lambda_{i-1}}{\lambda_i - \lambda_j} \tag{VIII,356}$$

während die Koeffizienten mit gleichem Index durch die Anfangsbedingungen festgelegt sind:

$$N_n(0) = c_{n1} + c_{n2} + \ldots + c_{nn}$$

Als Beispiele für Zerfallsreihen sind in Abb. VIII,85/86 die radioaktiven Familien von ^{238}U und ^{232}Th dargestellt. Beide Reihen enden nach α- und β-Zerfällen in stabilen

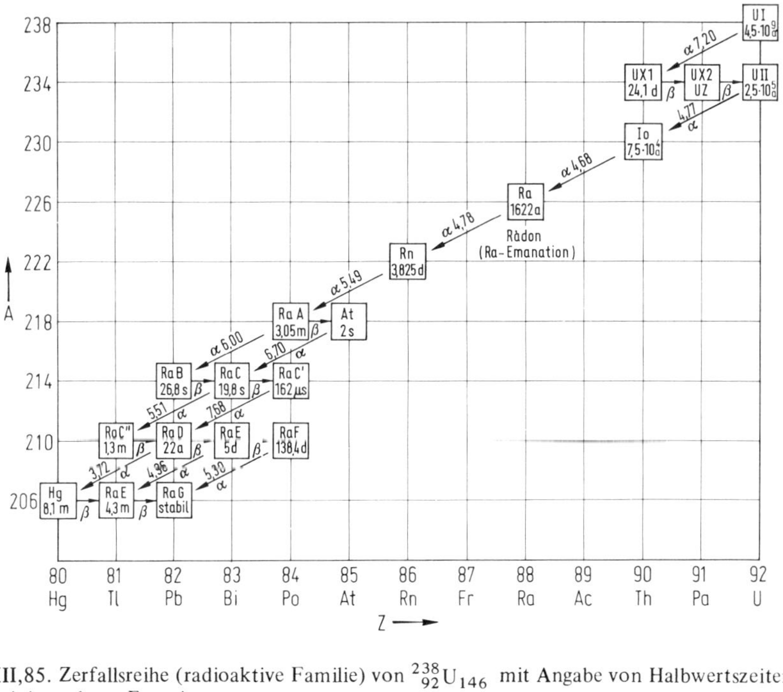

Abb. VIII,85. Zerfallsreihe (radioaktive Familie) von $^{238}_{92}U_{146}$ mit Angabe von Halbwertszeiten und dominierenden α-Energien.

Bleiisotopen. Während sich die Massenzahl A beim β-Zerfall nicht ändert, vermindert sie sich beim α-Zerfall um 4. Aus diesem Grund muß sich die Massenzahl aller Mitglieder einer Zerfallsreihe durch $A = 4\,n + m$ darstellen lassen, wobei n ganzzahlig ist und m = 0, 1, 2, 3 die einzelnen Zerfallsreihen charakterisiert. m = 4 liefert eine mit

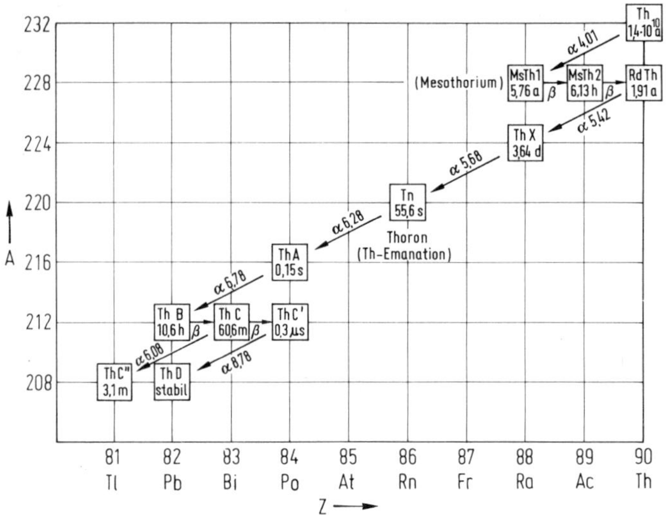

Abb. VIII,86. Zerfallsreihe (radioaktive Familie) von $^{232}_{90}Th_{142}$ mit Angabe von Halbwertszeiten und dominierenden α-Energien

m = 0 identische Reihe, so daß insgesamt nur vier verschiedene Reihen auftreten können. Die Thoriumreihe (A = 4 n) und die Uranreihe (A = 4 n + 2) zeigt Abb. VIII,85 bzw. Abb. VIII,86, die beiden übrigen Reihen sind die Aktiniumreihe (A = 4 n + 3, Ausgangskern:

$^{235}_{92}U$, $T_{\frac{1}{2}} = 7{,}1 \cdot 10^8$ a) und die Neptuniumreihe (A = 4 n + 1, Ausgangskern $^{237}_{93}Np$, $T_{\frac{1}{2}} = 2{,}14 \cdot 10^6$ a). Letztere tritt wegen der im Vergleich zum Erdalter von ca. $4{,}6 \cdot 10^9$ a geringen Halbwertszeit in der Natur nicht auf. Betrachten wir als Beispiel nur die ersten beiden Glieder einer Zerfallsreihe, so berechnet sich nach (VIII,355) und (VIII,356) die Zahl der Tochterkerne, wenn zur Zeit $t = 0$ nur $N_1(0)$ Mutterkerne vorhanden waren, zu:

$$N_2(t) = N_1(0) \frac{\lambda_1}{\lambda_2 - \lambda_1} \left(e^{-\lambda_1 t} - e^{-\lambda_2 t}\right)$$

Von einigen Minerallagerstätten mit Gehalt an Uran oder Thorium auf der Erde kann man annehmen, daß sie für sehr lange Zeiträume ungestört geblieben sind. In diesem Fall sollte sich ein radioaktives Gleichgewicht von Uran bzw. Thorium mit den entsprechenden Tochterkernen gebildet haben. Da die Zerfallskonstanten der Ausgangskerne sehr klein im Vergleich zu denjenigen aller Folgekerne sind, gilt mit ausreichender Genauigkeit für einen Beobachtungszeitraum von einigen tausend Jahren:

$$N_1(t) \cong N_1(0)$$

$$\Delta N_1 = \Delta N_2 = \Delta N_3 = \ldots \text{ d. h.}$$

$$\lambda_1 N_1 \Delta t = \lambda_2 N_2 \Delta t = \lambda_3 N_3 \Delta t = \ldots$$

$$\text{also } \lambda_1 N_1 = \lambda_2 N_2 = \lambda_3 N_3 = \ldots$$

Man spricht hier von einem säkularen radioaktiven Gleichgewicht. Die Atomanzahlen jedes Tochterkerns verhalten sich wie deren Halbwertszeiten. Den Zeitraum von der Entstehung der Elemente vor ca. $6 \cdot 10^9$ Jahren bis heute haben neben ^{232}Th, ^{235}U und ^{238}U nur wenige radioaktive Elemente überlebt. Es sind dies unter anderen: ^{40}K($1{,}27 \cdot 10^9$ a), ^{87}Rb($4{,}7 \cdot 10^{10}$ a), ^{115}In($6 \cdot 10^{14}$ a), ^{138}La($1{,}1 \cdot 10^{11}$ a), ^{144}Nd($2{,}1 \cdot 10^{15}$ a), ^{174}Hf($2 \cdot 10^{15}$ a).

Heute sind uns größenordnungsmäßig 1000 radioaktive Kerne bekannt, die mit Hilfe von Teilchenbeschleunigern durch Kernreaktionen oder durch Neutroneneinfang in Kernreaktoren erzeugt werden konnten. Abb. VIII,87a zeigt ein speziell für die Isotopenproduktion entwickeltes Kompaktzyklotron mit hoher Teilchenstromstärke. Die interne Strahlstromstärke kann für 22 MeV Protonen maximal 1 mA erreichen, während ein typischer Wert für den extrahierten Strahl 50 μA ist. Auf der rechten Seite des Bildes erkennt man die elektropneumatisch gesteuerte mechanische Vorrichtung zur Beförderung des Innentargets. Eine Targetbahn, die im Fundament untergebracht ist, besorgt den vollautomatischen Transport der bestrahlten Probe in ein benachbartes Isotopenlabor. Auf der linken Seite befindet sich die Austrittsöffnung des extrahierten Teilchenstrahls. Quadrupolmagnete wie der unmittelbar vor dem Zyklotron abgebildete führen den Strahl durch ein evakuiertes Aluminiumrohr bis zur Experimentieranordnung in einem benachbarten Labor. Sie wirken dabei auf den Teilchenstrahl wie Glaslinsen auf Lichtstrahlen. In Abb. VIII,87b läßt sich ein Teil des Strahlführungssystems überblicken. Im Zentrum des Bildes befindet sich der Schaltmagnet, der es ermöglicht, den Strahl in drei „Strahlbeine" zu lenken, die unterschiedlichen Experimenten in getrennten Labors zugeordnet sind.

Wir wollen den Anstieg der Aktivität in einer bestrahlten Probe berechnen. Werden radioaktive Kerne mit der Zerfallskonstanten λ in einer Probe mit konstanter Rate P erzeugt, dann gilt für die Teilchenbilanz:

$$\mathrm{d}N = -\lambda N \,\mathrm{d}t + P \,\mathrm{d}t$$

$$\text{also} \quad A(t) = \lambda N(t) = P(1 - \mathrm{e}^{-\lambda t})$$

Der zeitliche Verlauf von $A(t)$ zeigt, daß es nicht zweckmäßig ist, länger zu aktivieren als es dem Zeitraum von 2–3 Halbwertszeiten des erzeugten Nuklids entspricht.

Einige künstlich erzeugte radioaktive Isotope haben große Bedeutung erlangt. Es sei hier nur auf die medizinische Anwendung der Isotope ^{125}J(60 d) bzw. ^{131}J(8,05 d) bei Schilddrüsenerkrankungen und ^{60}Co(5,26 a) als intensive Strahlungsquelle hingewiesen.

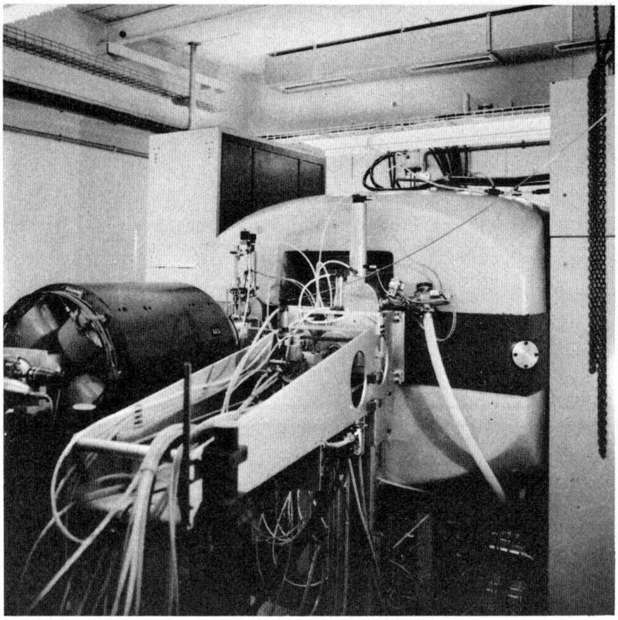

a)

b)

Abb. VIII,87. a Kompaktzyklotron, b Teil des Strahlführungssystems (Institut f. Strahlungs- und Kernphysik d. TU-Berlin)

Beim Umgang mit radioaktiven Substanzen sind Kenntnisse in der Dosimetrie, die die Wirkungen der Strahlungen erfaßt, unbedingt erforderlich. Einige Einheiten aus der Dosimetrie seien im folgenden aufgeführt. Die Wirkung von γ-Strahlung kann durch die Anzahl der erzeugten Ionen pro Volumen oder Masseneinheit erfaßt werden. Man definiert als Dosiseinheit das Röntgen. 1 R ist diejenige Strahlungsmenge an γ-Strahlung, die in 1 cm^3 Luft bei 0 °C und 760 Torr eine elektrostatische Ladungseinheit (1 esu) beiderlei Vorzeichens erzeugt, was 2, 0 . . . 10^9 Ionenpaaren entspricht. Bei einer mittleren Ionisationsenergie von 33,7 eV/Ionenpaar entspricht 1 R = 2,58 · 10^{-4} C/kg.

Da sich das Röntgen auf Luft bezieht, ist es bei den biologischen Problemen etwa bei der Beurteilung der vom menschlichen Körper aufgenommenen Strahlendosis weniger geeignet. Als weitere Einheit für die Dosis bei ionisierender Strahlung wurde daher das rad (**r**öntgen **a**bsorbed **d**ose) eingeführt:

$$1 \text{ rd} = 10^{-2} \text{ J/kg}$$

Um die unterschiedliche biologische Wirksamkeit verschiedener ionisierender Strahlungsarten berücksichtigen zu können, wurde die Dosiseinheit rem (**r**öntgen **e**quivalent **m**en) gebildet. Sie entsteht aus der Einheit rad durch Multiplikation mit einem Faktor, der die relative biologische Wirksamkeit (RBW) der jeweils vorliegenden Strahlungsart gegenüber γ-Strahlung beschreibt.

$$1 \text{ rem} = 1 \text{ rad} \cdot \text{RBW}$$

Der RBW-Faktor variiert zwischen 0,5 und 20; für γ-Strahlung ist definitionsgemäß RBW = 1, für schnelle Neutronen 10, für langsame Neutronen 1. Es ist wichtig, sich zu merken, daß die Toleranzdosis pro Arbeitswoche bei 0,3 rem liegt, während die natürliche Strahlungsbelastung des Menschen ca. 120 mrem pro Jahr beträgt.

Der α-Zerfall

Beim α-Zerfall liegt eine Situation vor, bei der ein Ensemble von Nukleonen in zwei sehr verschieden große Teile, nämlich in einen Helium-Kern und einen Restkern, zerfällt. Es zeigte sich, daß viele schwere Kerne in ihrem Grundzustand instabil gegenüber dem α-Zerfall sind:

$${}^{A}_{Z}X_{N} \rightarrow {}^{A-4}_{Z-2}X'_{N-2} + \alpha$$

Man kann sich fragen, warum es nicht eher zu einer Emission von Protonen oder Neutronen kommt. Eine Untersuchung der Bindungsenergien von Neutronen bzw. Protonen zeigt, daß diese sich stets in gebundenen Zuständen befinden. Lediglich bei sehr neutronenreichen bzw. sehr protonenreichen Kernen weitab vom Bereich der β-Stabilität im (N, Z)-Diagramm wird Nukleonenemission beobachtet, welche mit sehr kurzen Lebensdauern verbunden ist. Die sehr hohe Bindungsenergie von 28,295 MeV des α-Teilchens erlaubt folgende Deutung des α-Zerfalls. Finden sich am Kernrand vier Nukleonen zu einem α-Teilchen zusammen, so wird die obengenannte Bindungsenergie frei. Ist in diesem Fall die Summe der Ablösearbeiten vom Ausgangskern für die zuletztgebundenen beiden Protonen und Neutronen kleiner als 28,3 MeV, so ist α-Zerfall energetisch möglich. Nun liegt bei schweren Kernen mit $A > 170$ die Bindungsenergie des „letzten" Nukleons im Mittel bei 7 MeV, was für vier Nukleonen mit 28 MeV die Bindungsenergie des α-Teilchens unterschreitet. Die beim α-Zerfall freiwerdende Energie E tritt als kinetische Energie von Restkern und α-Teilchen in Erscheinung. Sie kann einer Energiebilanz nach Gl. (VIII,357) entnommen werden.

$$E = [m(Z, A) - m(Z - 2, A - 4) - m_\alpha]\, c^2 \qquad \text{(VIII,357)}$$

Die Anwendung von Impuls- und Energiesatz ergibt den Zusammenhang zwischen Gesamtenergie und kinetischer Energie der beobachteten α-Teilchen:

$$P_R + P_\alpha = 0, \quad \frac{P_R^2}{2\,m_A} + \frac{P_\alpha^2}{2\,m_\alpha} = E, \quad E_\alpha \approx E\left(\frac{A}{A+4}\right)$$

E_α kann mit Hilfe magnetischer Spektrometer sehr genau gemessen werden. Auf den Photoplatten, die zur Registrierung der Strahlung Verwendung finden, werden Halbwertsbreiten der α-Linien von 2,5 keV beobachtet. Wegen der in vielen Fällen eintretenden Verzweigung im α-Zerfall gibt das α-Spektrum genaue Informationen über das Termschema im Folge-Kern.

Gl. (VIII,357) läßt sich in Bindungsenergien B formulieren und mit Hilfe der halbempirischen Massenformel auswerten. (siehe Gl. VIII,323))

$$E = B(Z - 2, A - 4) + B_\alpha - B(Z, A)$$

Es wird

$$B(Z - 2, A - 4) - B(Z, A) = \frac{\partial B}{\partial Z}\,\Delta Z + \frac{\partial B}{\partial A}\,\Delta A$$

mit $\Delta Z = -2$ und $\Delta A = -4$ verwendet, also

$$E = 28{,}295 - 2\,\frac{\partial B}{\partial Z} - 4\,\frac{\partial B}{\partial A}$$

$$E = 28{,}295 - 4\,a_1 + \frac{8}{3}\,a_2\,A^{-\frac{1}{3}} + 4\,a_3\,Z\,A^{-\frac{1}{3}}\left(1 - \frac{Z}{3A}\right) - 4\,a_4\left(1 - \frac{2Z}{A}\right)^2$$

Einsetzen der numerischen Werte für die Koeffizienten a ergibt, daß Kerne mit $A > 150$ α-instabil sein sollten. Dies steht in guter Übereinstimmung mit der Beobachtung, daß der leichteste α-Strahler ^{144}Nd ist. Erst später wird verständlich, warum keineswegs alle Kerne mit $A > 150$ α-instabil sind. Die Auswahlregeln nehmen beim α-Zerfall für Spin und Parität eine einfache Form an, da das α-Teilchen keine angeregten Zustände besitzt, den Drehimpuls Null und positive Parität hat. Der vom α-Teilchen mitgenommene Drehimpuls ist daher reiner Bahndrehimpuls mit dem Wertebereich:

$$|I_a - I_e| \leqslant l \leqslant I_a + I_e$$

wobei I_a der Drehimpuls im Ausgangskernzustand und I_e der Drehimpuls im Endkernzustand ist. Die Parität vom Ausgangszustand π_a und vom Endzustand π_e grenzen die für l zugelassenen Werte weiter ein:

$$\pi_a \pi_e = -1 \qquad l \text{ ungerade}$$

$$\pi_a \pi_e = +1 \qquad l \text{ gerade}$$

Finden sich zwei Protonen und zwei Neutronen aus gebundenen Zuständen im Kerninnern zu einem α-Teilchen zusammen, so kann sich das α in einem quasistationären Bindungszustand mit positiver Energie befinden, wie es in der Abb. VIII,88 angedeutet wird. Der Coulombwall verhindert, daß das α den Kern unmittelbar nach seiner

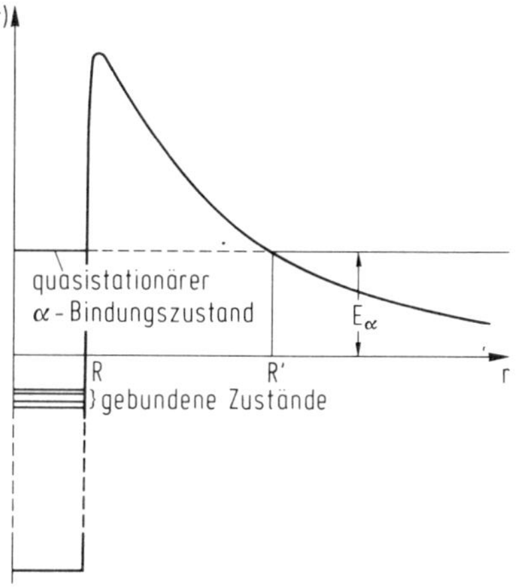

Abb. VIII,88. Gebundene Einteilchenzustände und quasistationärer α-Bindungszustand in einem realistischen Potential für den α-Zerfall.

Formierung verläßt. Quasistationär nennen wir den Bindungszustand deshalb, weil eine geringe Wahrscheinlichkeit dafür besteht, daß das α den Potentialwall durchdringt. Diese als Tunneleffekt bezeichnete Erscheinung wurde von Gamow [ ], Gurney und Condon [79] 1928/29 erstmals zur Interpretation des α-Zerfalls herangezogen; sie hat kein klassisches Analogon. Zur Behandlung des α-Zerfalls sei von einer rechteckigen Potentialbarriere ausgegangen und der Transmissionskoeffizient T für mit der Energie $E < V_0$ auftreffende Teilchen berechnet (siehe Abb. VIII,89). Es genügt, sich auf den eindimensionalen Fall zu beschränken, die Schrödingergleichung in den Bereichen ① bis ③ von Abb. VIII,89a zu lösen und die Lösungen $u(x)$ an den Sprungstellen des Potentials mit stetiger logarithmischer Ableitung aneinander anzuschließen. In Abb. VIII,89b ist der resultierende Verlauf des Realteils von $u(x)$ skizziert worden.

$$\frac{d^2 u}{d x^2} + \frac{2m}{\hbar^2}[E - V(x)]\, u = 0$$

$$\frac{d^2 u}{d x^2} + k^2 u = 0, \quad k = \frac{1}{\hbar}\sqrt{2m(E - V(x))}$$

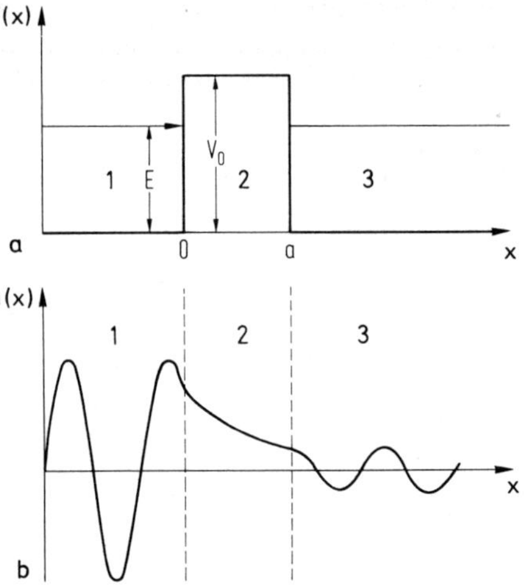

Abb. VIII,89. a) Rechteckige Potentialbarriere mit einem einfallenden Teilchen der kinetischen Energie $E < V_0$ zur Ableitung des Tunneleffekts beim α-Zerfall. b) Prinzipielles Verhalten des rellen Teils der resultierenden Wellenfunktion.

$$① : \quad u_1 = a_1\, e^{ik_1 x} + b_1\, e^{-ik_1 x}, \quad k_1 = \frac{1}{\hbar}\sqrt{2\,m\,E} = \frac{p}{\hbar} = \frac{1}{\lambda\!\!\!^{-}}$$

$$② : \quad u_2 = a_2\, e^{k_2 x} + b_2\, e^{-k_2 x}, \quad k_2 = \frac{1}{\hbar}\sqrt{2\,m(|E - V_0|)}$$

$$③ : \quad u_3 = a_3\, e^{ik_3 x} + b_3\, e^{-ik_3 x}, \quad k_3 = k_1$$

Im Bereich ① bildet sich im stationären Fall eine Überlagerung aus einfallender und reflektierter ebener Welle. Da k wegen $E < V_0$ imaginär ist, liegt im Gebiet ② eine Exponentialfunktion vor, die abklingend sein muß, da im Bereich ③ eine auslaufende Welle, also $b_3 \equiv 0$ mit geringerer Amplitude als in ① vorliegen wird. Die Anschlußbedingungen an den Stellen $x = 0$ und $x = d$ führen auf folgende Bestimmungsgleichungen für die Koeffizienten a_i und b_i:

$$x = 0: \quad u_1(0) = u_2(0), \quad u_1'(0) = u_2'(0)$$

$$a_1 + b_1 = a_2 + b_2, \quad i\,k_1(a_1 - b_1) = k_2(a_2 - b_2)$$

$$x = d: \quad u_2(d) = u_3(d), \quad u_2'(d) = u_3'(d) \qquad \text{(VIII,358)}$$

$$a_3 \exp(i\,k_1\,d) = a_2 \exp(k_2\,d) + b_2 \exp(-k_2\,d)$$

$$i\,k_1\,a_3 \exp(i\,k_1\,d) = k_2(a_2 \exp(k_2\,d) - b_2 \exp(-k_2\,d))$$

Die gesuchte Transmission der Potentialbarriere wird definiert als das Verhältnis von auslaufender zu einlaufender Stromdichte, d. h.

$$T = \frac{|j_{aus}|}{|j_{ein}|} = \frac{|u_{aus}|^2 \, v_a}{|u_{ein}|^2 \, v_e} \qquad \text{(VIII,359)}$$

In unserem Fall ist $v_a = v_e$, $u_{aus} = a_3 \, e^{ik_1 \cdot x}$, $u_{ein} = a_1 \, e^{ik_1 \cdot x}$ also:

$$T = \frac{|a_3|^2}{|a_1|^2}$$

Zur Bestimmung von T müssen daher in den Gleichungssystemen nach (VIII,358) a_2 und b_2 eliminiert werden. Man erhält zunächst:

$$a_2 = \frac{1}{2} a_3 (1 + i \frac{k_1}{k_2}) \, e^{(ik_1 - k_2)d}$$

$$b_2 = \frac{1}{2} a_3 (1 - i \frac{k_1}{k_2}) \, e^{(ik_1 + k_2)d}$$

sowie

$$2 \, a_1 = a_2 (1 + \frac{k_2}{i k_1}) + b_2 (1 - \frac{k_2}{i k_1})$$

also

$$\frac{a_1}{a_3} = \frac{1}{4} (1 + i \frac{k_1}{k_2})(1 + \frac{k_2}{i k_1}) \, e^{(ik_1 - k_2)d} + \frac{1}{4} (1 - \frac{k_2}{i k_1})(1 - \frac{i k_1}{k_2}) \, e^{(ik_1 + k_2)d}$$

Nach Bildung des konjugiert Komplexen findet man:

$$T^{-1} = (\frac{a_1}{a_3})^* (\frac{a_1}{a_3}) = |\frac{a_1}{a_3}|^2 = [1 + \frac{V_0^2}{V_0^2 - (2E - V_0)^2} \sinh^2 k_2 \, d]$$

Im Hinblick auf den α-Zerfall ist häufig $k_2 \, d \gg 1$ gegeben, was bedeutet, daß die de Broglie-Wellenlänge $\lambda\!\!\!^{-}_2$ eines α mit kinetischer Energie im Potential sehr klein gegen die zu durchtunnelnde Strecke ist. Unter Vernachlässigung einer Konstanten von der Größenordnung 1 erhält T dann die bekannte Form:

$$T \approx e^{-\frac{2}{\hbar} \sqrt{2 m (V_0 - E)}} \qquad \text{(VIII,360)}$$

Für den realistischen Fall, daß das Potential nicht konstant ist, läßt sich Gl. (VIII,360) durch eine einfache Überlegung verallgemeinern. Man beschreibt das stetig sich verändernde Potential zunächst durch eine Treppenfunktion und erhält die Gesamttransmission als Produkt der Einzeltransmissionen für Intervalle konstanten Potentials, wobei im Exponenten eine Summe auftritt, die im Grenzfall verschwindender Intervallbreite in ein Integral übergeht:

$$T \approx e^{-G}, \quad G = \frac{2}{\hbar} \int \sqrt{2\,m(V(r) - E)}\, d\,r \qquad \text{(VIII,361)}$$

Um nun den konkreten Fall eines α im Kern zu behandeln, ist die dreidimensionale Schrödingergleichung mit dem Ansatz

$$\psi = R(r)\, Y_{l,m}(\vartheta, \varphi)\,, \qquad u_l(r) = r\,R(r)$$

zu lösen. Wie in der Abhandlung über das Deuteron dargestellt, ist $u(r)$ die Lösung einer eindimensionalen Schrödingergleichung in (VIII,362) mit zusätzlich auftretendem Zentrifugalpotential,

$$\frac{d^2\,u}{d\,r^2} + k^2\,u(r) = 0 \qquad \text{(VIII,362)}$$

$$k^2(r) = \frac{2\,m}{\hbar^2}\,[E - V(r) - \frac{l(l+1)\,\hbar^2}{2\,m\,r^2}]$$

trifugalpotential, worin m jetzt die reduzierte Masse $m = \dfrac{m_\alpha\, m_A}{m_\alpha + m_A}$ von α-Teilchen und Tochterkern ist.

Für α-Emission mit $l \neq 0$ kommt zur Coulombbarriere eine Zentrifugalbarriere hinzu, die allerdings erst bei höheren Drehimpulsen den Transmissionskoeffizienten um eine Größenordnung verringert. Im Falle eines kugelsymmetrisch angenommenen Kerns ist der Transmissionskoeffizient gegeben durch das Verhältnis der über den ganzen Raumwinkel integrierten auslaufenden Stromdichte (auslaufende Kugelwelle) zur integrierten Stromdichte, die vom Inneren des Kerns gegen die Barriere gerichtet ist:

$$T = \frac{k_a \int |\psi_{aus}|^2\, r^2\, d\,\Omega}{k_e \int |\psi_{ein}|^2\, r^2\, d\,\Omega} = \frac{k_a |u_{aus}|^2 \int |Y_{l,m}|^2\, d\,\Omega}{k_e |u_{ein}|^2 \int |Y_{l,m}|^2\, d\,\Omega} = \frac{k_a |u_{aus}|^2}{k_e |u_{ein}|^2} \qquad \text{(VIII,363)}$$

Es zeigt sich an Gl. (VIII,363) im Vergleich zu (VIII,359), daß das dreidimensionale Problem auf den zuvor behandelten eindimensionalen Fall zurückgeführt werden kann, wenn zum Coulombpotential zwischen α und Restkern das Zentrifugalpotential hinzugefügt wird. Für den Transmissionskoeffizienten gilt daher:

$$T = \exp\,(-\,2 \int_R^{R'} k\, d\,r) \qquad \text{(VIII,364)}$$

$$k = \frac{1}{\hbar}\sqrt{2\,m\,[V(r) + \frac{l(l+1)\,\hbar^2}{2\,m\,r} - E]}$$

R und R' sind entsprechend Abb. VIII,88 diejenigen Orte, an denen die horizontale Gerade für die Energie E die Potentialkurve schneidet; dort ist jeweils $k = 0$. Von G. Igo [80] ist mit Gl. (VIII,365) eine Potentialform angegeben worden, die den für den α-Zerfall maßgebenden Teil des Coulombwalls gut beschreibt. (r in Fermi und $V(r)$ in MeV)

$$V(r) = 2{,}88 \cdot \frac{Z}{r} - 1100 \cdot \exp\left[-\frac{r - 1{,}17\, A^{\frac{1}{3}}}{0{,}574}\right] \qquad \text{(VIII,365)}$$

Für einen großen Bereich von Z-Werten und α-Energien hat J. O. Rasmussen [81] unter Benutzung von (VIII,364) und (VIII,365) Durchdringungsfaktoren mit Hilfe numerischer Integration berechnet. Einige Resultate sind in Tab. VIII,16 u. a. zusammen mit Halbwertszeiten und α-Energien aufgeführt. Ein Vergleich von Halbwertszeiten und Durchdringungsfaktoren aus Tab. VIII,16 zeigt, daß es bis auf eine Größenordnung der Tunneleffekt ist, der die Halbwertszeiten der aufgeführten (g, g)-Kerne zwischen $3{,}07 \cdot 10^{-7}$ s und $1{,}58 \cdot 10^{23}$ s variieren läßt. Die Durchdringungsfaktoren hängen stark von Z und E, aber nur wenig von A ab. Ein ausreichend präziser Eindruck von der Energieabhängigkeit der Halbwertszeit läßt sich gewinnen, wenn an Stelle des Potentials nach Gl. (VIII,365) im Durchdringungsfaktor ein bei R abgeschnittenes Coulombpotential verwendet wird. Definieren wir $V_C = K_e \frac{2 Z e^2}{R}$ als Spitze des Coulombwalls und die α-Energie durch $E = K_e \frac{2 Z e^2}{R'}$, dann kann eine geschlossene Darstellung für das Integral in (VIII,364) angegeben werden:

$$G = \frac{2}{\hbar}\sqrt{2m}\int_R^{R'} \sqrt{K_e \frac{2 Z e^2}{r} - E}\, \mathrm{d}r = 8 K_e \frac{Z e^2}{\hbar \mathrm{v}}\, \gamma(x)$$

$$\mathrm{v} = \sqrt{\frac{2E}{m}}, \quad \gamma(x) = \arccos(\sqrt{x}) - \sqrt{x(1-x)}, \quad x = \frac{R}{R'} = \frac{E}{V_C}$$

Für $x = \frac{E}{V_C} \ll 1$* ergibt sich die Näherung:

$$\gamma(x) \approx \frac{\pi}{2} - 2\sqrt{x}$$

$$G \approx K_e \frac{8 Z e^2}{\mathrm{v}\hbar}\left[\frac{\pi}{2}\;\; 2\sqrt{\frac{E}{V_C}}\right] = + \frac{1}{\hbar} R \sqrt{2 m V_C}\left[\pi\sqrt{\frac{V_C}{E}} - 4\right] \qquad \text{(VIII,366)}$$

$$\log T_{\frac{1}{2}} \sim \frac{1}{\hbar} R \sqrt{2 m V_C}\left[\pi\sqrt{\frac{V_C}{E}} - 4\right]$$

Der Logarithmus der Halbwertszeit sollte sich nach Gl. (VIII,366) im Rahmen der genannten Näherungen als Funktion der Energie wie $\frac{1}{\sqrt{E}}$ verhalten. Wie das Diagramm in Abb. VIII,90 zeigt, wird die $E^{-\frac{1}{2}}$-Gesetzmäßigkeit für die Übergänge aus dem Grundzustand von (g, g)-Kernen überraschend gut erfüllt. Aufgetragen ist der Logarithmus

* Bei schweren Kernen ist bezüglich des α-Teilchens $V_C \approx 25$ MeV, während in der überwiegenden Zahl der Fälle $E < 7$ MeV gilt.

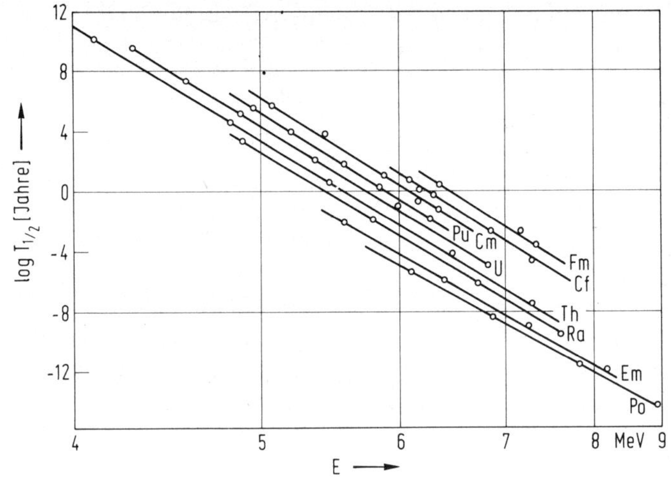

Abb. VIII,90. Diagramm für den Logarithmus der α-Halbwertszeiten bei Übergängen aus dem Grundzustand

der Halbwertszeiten (in Jahren) als Funktion des Reziproken der Wurzel aus der α-Gesamtenergie für die Isotope verschiedener Elemente. Eine ähnliche Gesetzmäßigkeit ist schon seit 1911 als Geiger–Nuttall'sche Regel bekannt. Dabei wurde im Unterschied zur vorherigen Betrachtung der Logarithmus der Halbwertszeit als Funktion der Reichweite der α-Teilchen in Luft für die Mitglieder bestimmter Zerfallsreihen aufgetragen. Auch hier liegen die experimentellen Werte bemerkenswert gut auf Geraden.

Da die α-Reichweiten in Luft durch die Geiger'sche Reichweitenformel $R = c\,E^{\frac{3}{2}}$ beschrieben werden können, handelt es sich bei der Geiger–Nuttalschen Regel um eine $E^{\frac{3}{2}}$-Gesetzmäßigkeit.

Die Gesamtzerfallswahrscheinlichkeit im α-Zerfall hängt jedoch auch davon ab, mit welcher Wahrscheinlichkeit ein α im Kern gebildet wird und wieviel Versuche es pro Sekunde unternimmt, den Kern zu verlassen. Für die zuletzt genannte Einflußgröße läßt sich eine größenordnungsmäßige Angabe durch das Verhältnis von Nukleonengeschwindigkeit v im Kern zu Kerndurchmesser $2R$ gewinnen. Für $R = 7$ F und $E_{\text{kin}} =$ 30 MeV resultiert:

$$\frac{v}{2R} \approx 5 \cdot 10^{21}\ s^{-1} \qquad \text{(VIII,367)}$$

Es ist üblich, entsprechend Gl. (VIII,368) eine reduzierte Zerfallskonstante λ_0 einzuführen,

$$\lambda = \lambda_0\, T \qquad \text{(VIII,368)}$$

wobei die Struktur der Kerne in λ_0 eingeht. Wir können λ_0 faktorisieren durch $\lambda_0 = \frac{v}{2R} \cdot P$, worin P die Wahrscheinlichkeit für die Formierung eines α ist. Da T wie zuvor geschildert zuverlässig berechnet werden kann und λ gemessen wird, läßt sich λ_0 bestimmen. Tab. VIII,16 gibt einige Werte für λ_0 an. Durch Vergleich mit (VIII,368) zeigt sich, daß offensichtlich $P \ll 1$ sein muß. H. J. Mang [82] hat in detaillierten Berechnungen geprüft, inwieweit das Schalenmodell das beobachtete starke Absinken der reduzierten Breiten bei und unterhalb der magischen Neutronenzahl $N = 126$ erklären kann. Man vergleiche dazu die reduzierten Breiten von $^{212}_{84}Po_{128}$ und $^{218}_{86}Rn_{132}$ ($N > 126$) mit denjenigen von $^{208}_{84}Po_{124}$ und $^{208}_{86}Rn_{122}$ ($N < 126$) in Tab. VIII,16. Die Rechnungen mit Schalenmodellwellenfunktionen zeigten eine befriedigende Übereinstimmung mit dem beobachteten Gang der reduzierten Breiten. Der wesentliche Gedanke bei der Theorie von Mang besteht darin, die Formierungswahrscheinlichkeit P für ein α im Kern durch das Überlappintegral zwischen Anfangs- und Endzustand im α-Zerfall auszudrücken. Die Wellenfunktion für den Anfangszustand sei abgesehen von zeitabhängigen Koeffizienten durch $\psi_a^{J,M}(1, \ldots, A)$ gegeben. Vier von den A Nukleonen (wir nehmen hier der Einfachheit halber an, es seien Nukleonen 1 bis 4) mögen ein α-Teilchen mit relativem Bahndrehimpuls l bilden, das dann emittiert wird. Die Wellenfunktion für den Endzustand $\psi_e^{J,M}$ wird dargestellt durch das Produkt aus Wellenfunktion für den Restkern und auslaufender Kugelwelle für das α:

α-Wellenfunktion: $\psi_\alpha^{l,m} = \frac{1}{R} u_l(R)\, Y_{l,m}\left(\frac{R}{R}\right) \varphi_\alpha(\vec{\xi})$

$\varphi_\alpha(\vec{\xi})$: Wellenfunktion für die innere Struktur des α

α-Schwerpunkt: $R = \frac{1}{4}(r_1 + r_2 + r_3 + r_4)$

Wellenfunktion für den Restkern:

$$\psi^{J',M'}(5, \ldots, A)$$

Wellenfunktion für den Endzustand:

$$\psi_e^{J,M} = \frac{1}{R} u_l(R) \sum_m \begin{pmatrix} l & J' & J \\ m & M-m & M \end{pmatrix} Y_{l,m} \cdot \psi^{J',M-m}(5, \ldots, A)\, \varphi_\alpha(\vec{\xi})$$

Die gesuchte Formierungswahrscheinlichkeit P ist dann für den hier erheblich vereinfacht dargestellten Fall gegeben durch das folgende Überlappintegral:

$$P \sim \int \psi_a^* \psi_e \, d\tau$$

Abb. VIII,91 zeigt als Beispiel den Vergleich von gemessenen und berechneten reduzierten Zerfallskonstanten λ_0 für (g, g)-Isotope des Polonium, wobei λ_0 in keV aufgetragen ist. Zur Umrechnung auf s^{-1} ist durch h zu teilen. Das Verhalten von λ_0 in der Nähe der magischen Neutronenzahl $N = 126$ wird qualitativ richtig wiedergegeben. Es kann folgendermaßen plausibel gemacht werden. Vor Erreichen der magi-

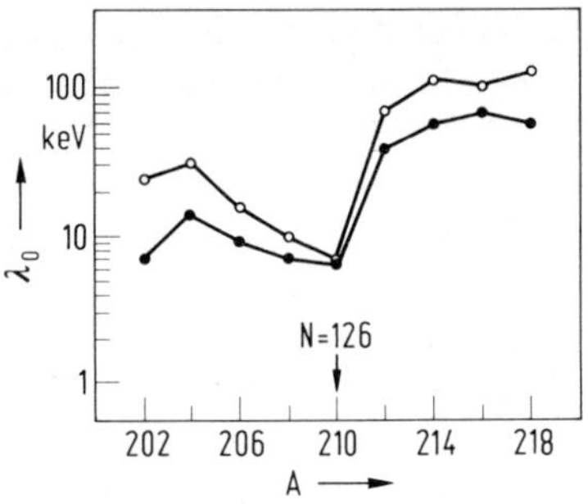

Abb. VIII,91. Reduzierte α-Zerfallsbreite für gg-Isotope von Po. Die offenen Kreise bedeuten experimentelle Werte, die geschlossenen Kreise theoretische an $^{210}_{84}$Po angeschlossene Werte nach Mang.

schen Zahl $N = 126$ füllen die Neutronen $f_{5/2}$- und $p_{1/2}$-Zustände auf, nach $N = 126$ $g_{9/2}$- und $j_{15/2}$-Zustände, wie ein Blick auf Abb. VIII,74 lehrt. Nun halten sich $g_{9/2}$- und $j_{15/2}$-Neutronen wegen ihres hohen Drehimpulses praktisch nur am Kernrand auf, was für $f_{5/2}$- und insbesondere für $p_{1/2}$ Neutronen nicht in dem Maße der Fall ist. Dementsprechend ist auch die Wahrscheinlichkeit, daß ein α am Kernrand erscheint bei Anwesenheit von $g_{9/2}$-Neutronen höher als bei Anwesenheit von $p_{1/2}$- oder $f_{5/2}$-Neutronen. Besonders evident wird der Einfluß der Schalenstruktur der Kerne auf den α-Zerfall bei den Kernen $^{212}_{84}Po_{128}$ und $^{209}_{83}Bi_{126}$. $^{212}_{84}Po_{128}$ hat gerade zwei Protonen und zwei Neutronen (also ein potentielles α) außerhalb abgeschlossener Schalen. Diese vier Nukleonen sind daher (ähnlich wie die Leuchtelektronen bei Alkaliatomen) relativ schwach gebunden. Dies führt nach Bildung eines α im Kern zu einer hohen Energie von $E = 8{,}954$ MeV im quasistationären Zustand und dementsprechend zu einem außerordentlich hohen Durchdringungsfaktor von $T = 1{,}32 \cdot 10^{-13}$. Wegen

Tab. VIII,16. Grundzustands-α-Übergänge mit $l = 0$ für (g, g)-Kerne

instabiler Kern $^A_Z X_N$	Energie E[MeV]	Halbwertszeit $T_{\frac{1}{2}}$ [s]	Anfang des „Tunnels“ R[F]	Durchdringungs-faktor T	Reduzierte Zerfalls-konstante λ_0 [s^{-1}]
$^{144}_{60}Nd_{84}$	1,90	$1{,}58 \cdot 10^{23}$	8,44	$2{,}18 \cdot 10^{-42}$	$2{,}02 \cdot 10^{18}$
$^{174}_{72}Hf_{102}$	2,50	$9{,}5 \cdot 10^{22}$	8,77	$5{,}44 \cdot 10^{-43}$	$1{,}34 \cdot 10^{19}$
$^{208}_{84}Po_{124}$	5,108	$9{,}24 \cdot 10^{7}$	9,17	$2{,}96 \cdot 10^{-27}$	$2{,}54 \cdot 10^{18}$
$^{212}_{84}Po_{128}$	8,780	$3{,}04 \cdot 10^{-7}$	9,35	$1{,}32 \cdot 10^{-13}$	$1{,}73 \cdot 10^{19}$
$^{208}_{86}Rn_{122}$	6,141	$6{,}90 \cdot 10^{3}$	9,19	$4{,}35 \cdot 10^{-23}$	$2{,}31 \cdot 10^{18}$
$^{218}_{86}Rn_{132}$	7,13	$1{,}90 \cdot 10^{-2}$	9,34	$4{,}67 \cdot 10^{-19}$	$7{,}82 \cdot 10^{19}$
$^{224}_{88}Ra_{136}$	5,68	$3{,}15 \cdot 10^{5}$	9,34	$5{,}91 \cdot 10^{-26}$	$3{,}52 \cdot 10^{19}$
$^{230}_{90}Th_{140}$	4,682	$2{,}528 \cdot 10^{12}$	9,37	$6{,}61 \cdot 10^{-33}$	$3{,}07 \cdot 10^{19}$
$^{234}_{92}U_{142}$	4,768	$7{,}83 \cdot 10^{12}$	9,40	$2{,}34 \cdot 10^{-33}$	$2{,}73 \cdot 10^{19}$
$^{238}_{94}Pu_{144}$	5,493	$2{,}822 \cdot 10^{9}$	9,44	$9{,}30 \cdot 10^{-30}$	$1{,}90 \cdot 10^{19}$

der zuvor geschilderten Verhältnisse bei $N > 126$ ist auch die reduzierte Zerfallskonstante groß. Insgesamt resultiert eine für α-Strahler sehr kurze Halbwertszeit von $T_{1/2} = 3{,}04 \cdot 10^{-7}$ s.

Da der α-Zerfall beim $^{212}_{84}Po_{128}$ auch aus angeregten Zuständen stattfindet, liegt hier ein hübsches Beispiel für Konkurrenz zwischen Teilchen- und γ-Emission vor. Aus diesem Grund sei das Termschema in Abb. VIII,92 angegeben. Der Kern $^{209}_{83}Bi_{126}$ bildet den zu $^{212}_{84}Po_{128}$ entgegengesetzten Fall. Da sich die Neutronen in abgeschlossenen Schalen befinden, ist die Ablösearbeit für zwei Neutronen relativ hoch und

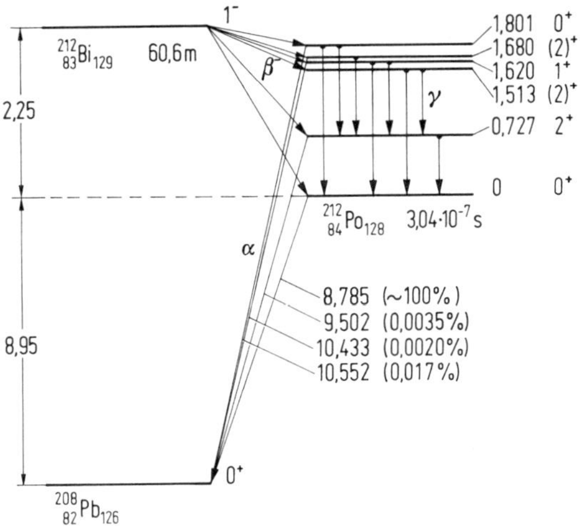

Abb. VIII,92. Zerfallsschema für $^{212}_{84}Po_{128}$.

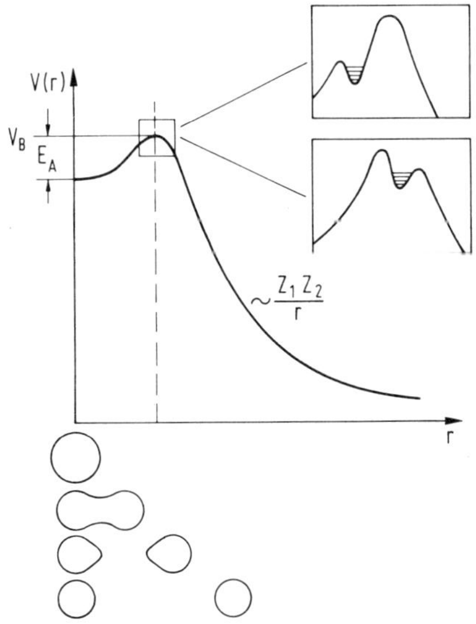

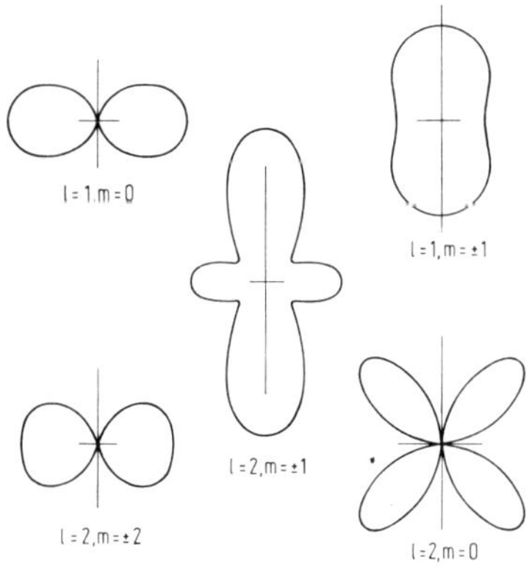

Abb. VIII,92a. Potentialbarriere bei der Kernspaltung.

Abb. VIII,92b. Winkelverteilung der Strahlungsintensität für Dipol- und Quadrupolstrahlung.

die Energie des quasistationären Zustands gering, sie wird hier zu 3,12 MeV berechnet. Der Durchdringungsfaktor wird sehr klein: $T \approx 10^{-42}$! Da spielt es schon keine große Rolle mehr, daß auch λ_0 im Vergleich zu $^{212}_{84}Po_{128}$ um eine Größenordnung geringer ausfallen dürfte, also $\lambda_0 \approx 10^{18}\ s^{-1}$. Der Kern scheint in diesem Fall stabil zu sein, seine Halbwertszeit ergibt sich mit den genannten Zahlen zu ca. 10^{18} Jahren. (Man vergleiche: das Erdalter beträgt ca. $4{,}6 \cdot 10^9$ Jahre).

Kernspaltung

Die Kernspaltung, bei der schwere Atomkerne spontan oder induziert in annähernd gleich große Teile zerfallen, hat Ähnlichkeit mit dem α-Zerfall. Offenbar entsteht im Vorstadium der Spaltung ein stark deformierter Kern mit Nukleonenkonfigurationen, die dem Nilsson-Modell zu entnehmen sind. Da die Deformation mit einer Vergrößerung der Kernoberfläche einhergeht, ist Arbeit gegen die Oberflächenspannung des Kerns zu verrichten. Dies führt zu einer Potentialbarriere, die wie beim α-Zerfall durchtunnelt werden muß oder durch Energiezufuhr von außen (Wechselwirkung mit γ-Quanten: Photospaltung, Neutroneninduzierte Spaltung) überwunden werden kann.
Abb. VIII,92a gibt den bei der Spaltung wirksamen Potentialverlauf wieder. Die Höhe der Potentialbarriere, die auch als Aktivierungsenergie E_A bezeichnet wird, erweist sich im Gegensatz zum α-Zerfall als sehr klein im Vergleich zur Höhe des Coulombwalls, ein Umstand, der für kurze Halbwertszeiten spricht. Wenn wir die Transurane außer Betracht lassen, sind die Zerfallswahrscheinlichkeiten für spontane Spaltung dennoch sehr klein, da der Transmissionskoeffizient in Gl. (VIII,361) mit steigender Masse sehr stark abnimmt. Die Massen der Spaltprodukte sind ca. 25mal größer als die Masse des α-Teilchens. Beispielsweise beträgt die Halbwertszeit für spontane Spaltung bei $^{238}_{92}U$ ca. 10^{16} Jahre. Sie spielt gegenüber dem α-Zerfall von $^{238}_{92}U$, der zu einer Halbwertszeit von $4{,}51 \cdot 10^9$ Jahren führt, keine Rolle.

Mit Hilfe der Weizsäcker-Formel in Gl. (VIII,323) läßt sich abschätzen, für welche Werte von Z und A die Spaltung mit Energiegewinn verbunden ist:

$$Q = B(Z,A) - 2B(Z/2, A/2)$$

$$= A^{\frac{2}{3}}\ a_2(1 - \sqrt[3]{2}) + a_3\left(1 - \frac{1}{\sqrt[3]{4}}\right)\frac{Z^2}{A}$$

Die Paarungsenergieunterschiede werden in dieser Betrachtung vernachlässigt. Mit den früher aufgeführten Werten für a_2 und a_3 ergibt sich ein positives Q unter der Bedingung

$$\frac{Z^2}{A} \geqslant 16$$

d. h., bei Kernen mit $Z > 38$ und $A > 85$ ist Spaltung mit Energiegewinn verknüpft.
Ob die Spaltung auch zu beobachtbaren Halbwertszeiten führt, ist eine sehr viel schwerer zu beantwortende Frage. Untersucht man die Veränderung der Oberflächenenergie

ΔE_2 und der Coulombenergie ΔE_3 eines kugelförmigen Kerns bei Einschalten einer Deformation ϵ (ϵ: Exzentrizität des entstehenden Rotationsellipsoids) bei konstantem Volumen, so läßt sich folgende Formel für die Energieänderung angeben:

$$\Delta Q = \Delta E_1 + \Delta E_2 = A^{\frac{2}{3}} \epsilon^2 \left\{ \frac{2}{5} a_2 - \frac{1}{5} a_3 \frac{Z^2}{A} \right\}$$

Ist $Q > 0$, dann ist der Kern gegenüber kleinen Deformationen stabil und es herrschen die in Abb. VIII,92a skizzierten Verhältnisse, d. h., der Kern befindet sich in einem quasistationären Zustand. Kerne, für die $Q < 0$ gilt, spalten prompt. Die Grenze der Instabilität ist durch

$$\frac{Z^2}{A} \geqslant 50$$

gegeben. Während für ${}^{238}_{92}U$ $\frac{Z^2}{A} = 35$ beträgt, kann man für $\frac{Z^2}{A} = 41$ Halbwertszeiten gegenüber spontaner Spaltung im Bereich von Sekunden erwarten. Offensichtlich ist $\frac{Z^2}{A}$ eine für die Spaltung entscheidende Größe; sie wird als Spaltungsparameter bezeichnet. Zu wesentlich weiter reichenden Aussagen ist das hier verwendete Tröpfchenmodell nicht fähig. Es kann z. B. die in der Massenverteilung der Spaltprodukte beobachtete Asymmetrie nicht erklären. Die Untersuchung von induzierter Spaltung bei Kernreaktionen hat wertvolle Resultate zum Verständnis des Spaltungsablaufs erbracht. So hat sich ergeben, daß die Potentialbarriere, wie in Abb. VIII,92a skizziert, eine Doppelhöcker-Form aufweisen kann. Im zweiten Potentialminimum existieren Energieniveaus, die zu relativ langlebigen isomeren Zuständen (Spaltisomeren) führen.

Der zur Spaltung inverse Vorgang ist die Streuung mittelschwerer Kerne aneinander. Im elastischen Wirkungsquerschnitt bzw. in den Anregungsfunktionen wurden bei solchen Streuexperimenten überraschend ausgeprägte Strukturen gefunden, die auf kurzlebige quasimolekulare Bindungszustände von Kernen zurückgeführt werden konnten. Die Kernmoleküle leben immerhin so lange, daß sich eine Elektronenhülle um sie aufbauen kann, die durch ein Z bestimmt wird, welches sich als Summe der Kernladungszahlen der beiden Streupartner ergibt. Auf diese Weise ist es möglich, Atomhüllen von Elementen aufzubauen und zu untersuchen, die in der Natur nicht auftreten.

Im Zusammenhang mit den eben geschilderten Resultaten der Schwerionenphysik wird zur Deutung der noch nicht in allen Einzelheiten aufgeklärten Spaltungsmechanismen unter anderem vorgeschlagen, die Spaltisomere als kernmolekulare Strukturen aufzufassen. Die 1939 von O. Hahn und F. Straßmann entdeckte Kernspaltung hat weitreichende technische Anwendung gefunden. Dies liegt daran, daß bei der Spaltung neben einem erheblichen Energiebetrag eine Anzahl von Neutronen freigesetzt werden, die unter bestimmten Bedingungen eine Kettenreaktion im spaltbaren Material in Gang setzen können. Während für ${}^{235}_{92}U$ bereits die beim Einfang thermischer Neutronen freiwerdende Separationsenergie die Aktivierungsenergie von 6,4 MeV übersteigt, setzt die Spaltung von ${}^{238}_{92}U$ erst bei $E_n = 1,4$ MeV ein.

Elektromagnetische Übergänge

Wie bei der Behandlung der Kernmodelle in Abschnitt VIII,5 dargelegt wurde, sind Kerne zu einer Vielzahl von angeregten Zuständen fähig. Dabei kann es sich beispielsweise um Zustände mit Einteilchencharakter nach dem Schalenmodell oder um Zustände handeln, die durch kollektives Verhalten vieler Nukleonen (Rotation, Vibration) entstehen. Kerne können in diese Zustände durch Energiezufuhr von außen (Streuvorgänge) oder durch radioaktiven Zerfall gelangen. Der letztgenannte Fall tritt ein, da Nukleonenemission bzw. β-Zerfall infolge vielfacher Verzweigung auch hochangeregte Kernniveaus besetzt. Befindet sich ein Kern in einem hochangeregten Zustand und ist weitere Teilchenemission aus energetischen Gründen nicht möglich bzw. wird sie durch eine Potentialbarriere zu stark behindert, kommt es durch Kopplung der Nukleonenstromdichte $\boldsymbol{j}(\boldsymbol{r})$ mit dem Strahlungsfeld $\boldsymbol{A}(\boldsymbol{r})$ zur Emission von γ-Quanten oder zur direkten Übertragung von Kernenergie auf Hüllenelektronen, ein Vorgang, der Innere Konversion genannt wird. Durch die Analyse der elektromagnetischen Übergänge bei Kernen konnten einerseits viele Eigenschaften angeregter Kernzustände wie etwa Energie, Drehimpuls und Parität bestimmt werden und andererseits aus den beobachteten Übergangswahrscheinlichkeiten Aussagen über die Nukleonenstruktur gewonnen werden. Hierbei wirkt sich günstig aus, daß die Theorie der elektromagnetischen Vorgänge weit entwickelt und experimentell gut überprüft ist. Energie- und Impulssatz nehmen bei γ-Emission bzw. Interner Konversion folgende einfache Form an:

$$\left.\begin{aligned} &E_a - E_e = E' = E_R + E_\gamma, \qquad \boldsymbol{p}_R + \boldsymbol{p}_\gamma = 0 \\ &2 m_A E_R = \left(\frac{E_\gamma}{c}\right)^2, \qquad E_\gamma = m_A c^2 \left(\sqrt{1 + \frac{2E'}{m_A c^2}} - 1\right) \end{aligned}\right\} \quad \gamma\text{-Emission}$$

$$\left.\begin{aligned} &E_a - E_e = E' = E_R + E_k + b_e, \qquad \boldsymbol{p}_R + \boldsymbol{p}_e = 0 \\ &E' = E_e \left(1 + \frac{m_e}{m_A}\right) + b_e, \qquad E_e = \frac{m_A}{m_A + m_e} (E' - b_e) \end{aligned}\right\} \quad \text{Innere Konversion}$$

Darin bedeuten E_a: Energie im Anfangszustand, E_e: Energie im Endzustand des Kerns, E_R: Rückstoßenergie, E_γ: Energie des γ-Quants E_k: Kinetische Energie des Konversionselektrons, b_e: Bindungsenergie des Elektrons. b_e kann verschiedene Werte annehmen, je nach dem, ob das emittierte Elektron aus der K-, L- oder M-Schale stammt; dementsprechend besteht das Energiespektrum der Konversionselektronen aus einzelnen Linien. Wie in der Elektronenhülle der Atome finden elektromagnetische Übergänge in Kernen zwischen Zuständen mit definiertem Drehimpuls und definierter Parität statt. Das Strahlungsfeld muß daher einen bestimmten Drehimpuls und eine bestimmte Parität mit sich führen. Während wir bei Untersuchungen der Atomhülle überwiegend elektrische Dipolstrahlung und elektrische Quadrupolstrahlung antreffen, tritt bei Kernen die elektrische Dipolstrahlung zugunsten von magnetischer Dipolstrahlung und Multipolstrahlung höherer Ordnung in den Hintergrund. Dies hängt – wie wir noch genauer sehen werden – u. a. mit den unterschiedlichen Energien und geometrischen Dimensionen in beiden Systemen zusammen. Bei der Behandlung von γ-Übergängen ist es im Gegensatz zur Optik, wo häufig mit ebenen elektromagnetischen Wellen gerechnet wird, erforderlich, eine Multipolentwicklung des Strahlungsfeldes durchzuführen. Im folgenden werden wir uns darauf beschränken, lediglich Ansätze zu den mathematisch recht komplizierten Rechnungen anzugeben und die Ergebnisse zu diskutieren.

Ausführliche Darstellungen zu diesem Thema findet der Leser bei J. M. Blatt und V. F. Weisskopf [83], S. A. Moszkowski [84], J. D. Jackson [85] und W. Heitler [86]. Bei einer Behandlung mit Hilfe der klassischen Elektrodynamik bilden die Maxwell'schen Gleichungen im quellenfreien Fall für das Vakuum in (VIII,369) den Ausgangspunkt.

$$\epsilon_0 \frac{\partial \boldsymbol{E}}{\partial t} = \operatorname{rot} \boldsymbol{H} \qquad \operatorname{div} \boldsymbol{H} = 0 \qquad \frac{1}{\mu_0 \epsilon_0} = c^2 \qquad \text{(VIII,369)}$$
$$-\mu_0 \frac{\partial \boldsymbol{H}}{\partial t} = \operatorname{rot} \boldsymbol{E} \qquad \operatorname{div} \boldsymbol{E} = 0$$

Für ein mit fester Frequenz ω harmonisch zeitlich veränderliches Feld gilt:

$$\boldsymbol{E}(\boldsymbol{r}, t) = \boldsymbol{E}(\boldsymbol{r})\, e^{-i\omega t} + \boldsymbol{E}^*(\boldsymbol{r})\, e^{+i\omega t}$$
$$\boldsymbol{H}(\boldsymbol{r}, t) = \boldsymbol{H}(\boldsymbol{r})\, e^{-i\omega t} + \boldsymbol{H}^*(\boldsymbol{r})\, e^{+i\omega t}$$

Dieser Ansatz führt auf die folgenden zeitunabhängigen Differentialgleichungen für $\boldsymbol{E}$ und $\boldsymbol{H}$:

$$(\operatorname{rot}\operatorname{rot} - \kappa^2)\, \boldsymbol{H} = 0 \qquad \kappa = \frac{\omega}{c} \qquad \text{(VIII,370)}$$
$$(\operatorname{rot}\operatorname{rot} - \kappa^2)\, \boldsymbol{E} = 0$$

Die Aufgabe besteht nun darin, solche Lösungen von Gl. (VIII,370) zu finden, die Eigenfunktionen zum Drehimpuls sind und bestimmte Randbedingungen erfüllen.

Zu diesem Zweck sei das Verhalten eines Vektorfeldes $\boldsymbol{A}(\boldsymbol{r})$ mit den kartesischen Komponenten $A_x(\boldsymbol{r})$, $A_y(\boldsymbol{r})$ und $A_z(\boldsymbol{r})$ unter den in Abschnitt VIII,2 näher ausgeführten aktiven Drehungen untersucht.

Die Komponenten $A_i(\boldsymbol{r})$ ($i = x, y, z$) des gedrehten Vektors für den Ort $\boldsymbol{r}$ bestimmen sich aus denen des ursprünglichen Vektors am Ort $\boldsymbol{r}' = R^{-1}[\boldsymbol{r}]$ vermittels der bekannten Drehmatrix $D_{ij}(\alpha, \beta, \gamma)$:

$$A'_i(\boldsymbol{r}) = \sum_j D_{ij}\, A_j(R^{-1}[\boldsymbol{r}]), \qquad \hat{R} A_j(\boldsymbol{r}) = A_j(R^{-1}[\boldsymbol{r}]) \qquad \text{(VIII,371)}$$

Für eine Drehung mit dem Winkel α um die z-Achse lautet die Drehmatrix:

$$D_{ij}(\alpha, \beta, \gamma) = \begin{pmatrix} \cos\alpha & -\sin\alpha & 0 \\ \sin\alpha & \cos\alpha & 0 \\ 0 & 0 & 1 \end{pmatrix}$$

also

$$A'_x(r) = A_x(r') \cos\alpha - A_y(r') \sin\alpha$$
$$A'_y(r) = A_x(r') \sin\alpha + A_y(r') \cos\alpha$$
$$A'_z(r) = A_z(r')$$

Es reicht aus, eine infenitesimale Drehung $\delta\alpha$ um die z-Achse zu betrachten (vgl. Gl. Gl. (VIII,33 + 34)):

$$A_i(r') = \hat{R}_z A_i(r) = A_i(R^{-1}[r]), \qquad \hat{R}_z(\delta\alpha) = 1 - \frac{i}{h}\delta\alpha\,\hat{l}_z$$

$$A'_x(r) = A_x(r) - \frac{i}{h}\delta\alpha\,\hat{l}_z A_x(r) + A_y(r)$$

$$A'_y(r) = A_y(r) + \frac{i}{h}\delta\alpha\,\hat{l}_z A_y(r) + A_x(r)$$

$$A'_z(r) = A_z(r) - \frac{i}{h}\delta\alpha\,\hat{l}_z A_z(r)$$

In Matrizenschreibweise lassen sich die drei obenstehenden Gleichungen zu einer zusammenfassen:

$$\begin{pmatrix} A'_x \\ A'_y \\ A'_z \end{pmatrix} = 1 - \frac{i}{h}\delta\alpha\,\hat{l}_z - \delta\alpha \begin{pmatrix} 0 & 1 & 0 \\ -1 & 0 & 0 \\ 0 & 0 & 0 \end{pmatrix} \begin{pmatrix} A_x \\ A_y \\ A_z \end{pmatrix} \qquad \text{(VIII,372)}$$

Der Ausdruck in der geschweiften Klammer von Gl. (VIII,372) kann als Drehoperator für Vektorfelder aufgefaßt werden:

$$\hat{O}(R_z) = 1 - \frac{i}{h}\delta\alpha(\hat{l}_z + \hat{s}_z), \qquad \hat{J}_z = \hat{l}_z + \hat{s}_z \qquad \hat{s}_z = h \begin{pmatrix} 0 & -i & 0 \\ i & 0 & 0 \\ 0 & 0 & 0 \end{pmatrix}$$

Während $\hat{l}_z$ die z-Komponente des Bahndrehimpulsoperators darstellt, kann $\hat{s}_z$ als dritte Komponente des Operators für den inneren Drehimpuls (Spin) des Vektorfeldes angesehen werden. Eine Betrachtung von Drehungen um die x- und um die y-Achse ergibt, daß die beiden anderen kartesischen Komponenten in Matrixdarstellung folgendermaßen lauten:

$$\hat{s}_x = h \begin{pmatrix} 0 & 0 & 0 \\ 0 & 0 & -i \\ 0 & i & 0 \end{pmatrix}, \qquad \hat{s}_y = h \begin{pmatrix} 0 & 0 & i \\ 0 & 0 & 0 \\ i & 0 & 0 \end{pmatrix}$$

Für eine infinitesimale Drehung $\delta\varphi$ um eine beliebige Achse mit Richtung $\boldsymbol{e}$ gilt demnach:

$$\hat{O}_R = 1 - i\,\delta\alpha\,\hat{J}\cdot\boldsymbol{e}, \qquad \hat{J} = \hat{l} + \hat{s}$$

Es ist einfach nachzuprüfen, daß die $\hat{s}_i$ die für Drehimpulsoperatoren gültigen Vertauschungsrelationen (VIII,36) erfüllen. Die Berechnung des Erwartungswertes von $\hat{s}^2$

hat das Resultat $\hbar^2 s(s+1) = 2\hbar^2$. Vektrofelder haben demnach den inneren Drehimpuls $s = 1$ und können Teilchen mit Spin 1 (Bosonen) beschreiben. Verstehen wir jetzt unter dem betrachteten Vektorfeld $\boldsymbol{A}(\boldsymbol{r})$ das Vektorpotential der Elektromagnetischen Wechselwirkung, so handelt es sich bei den zugeordneten Teilchen mit Spin 1 um die γ-Quanten. Da die Gleichungen für das Elektromagnetische Feld invariant unter Drehungen sind, ist die Observable, die der Operator $\hat{\boldsymbol{J}} = \hat{\boldsymbol{l}} + \hat{\boldsymbol{s}}$ beschreibt, eine Erhaltungsgröße, $\boldsymbol{l}$ und $\boldsymbol{s}$ für sich bleiben nicht erhalten. Der Operator $\hat{\boldsymbol{J}}$ vertauscht daher mit dem Operator rot. Da auch $\hat{\boldsymbol{l}}$ mit $\hat{s}$ vertauscht, ($\hat{\boldsymbol{l}}$ und $\hat{s}$ wirken auf verschiedene Variable des Feldes) ist es mit Hilfe der Vektorkopplung möglich, Eigenfunktionen zu $\hat{J}^2$ und $\hat{J}_3$ aus den bekannten Eigenfunktionen zu $\hat{\boldsymbol{l}}^2$ und $\hat{l}_z$ (Kugelfunktion Y_{l,m_l}) sowie zu $\hat{\boldsymbol{s}}^2$ und $\hat{s}_z$ zu konstruieren. Die Eigenfunktionen ξ_q von $\hat{s}^2$ und $\hat{s}_z$ können als geeignet gewählte Linearkombinationen der Einheitsvektoren $\boldsymbol{e}_x$, $\boldsymbol{e}_y$ und $\boldsymbol{e}_z$ parallel zu den Koordinatenachsen dargestellt werden:

$$\vec{\xi}_1 = -\frac{1}{\sqrt{2}}(\boldsymbol{e}_x + i\,\boldsymbol{e}_y), \quad \vec{\xi}_0 = \boldsymbol{e}_z, \quad \vec{\xi}_{-1} = \frac{1}{\sqrt{2}}(\boldsymbol{e}_x - i\,\boldsymbol{e}_y)$$

Als Resultat der Vektorkopplung nach (VIII,62) entsteht in Gl. (VIII,373) ein vollständiges System orthogonaler Funktionen, die den Namen Vektor-Kugelfunktionen tragen.

$$\boldsymbol{Y}_{JlM}(\vartheta, \varphi) = \sum_{mq} \langle l\,1\,m\,q\,|J\,M\rangle\, Y_{l,m}\,\vec{\xi}_q \qquad \text{(VIII,373)}$$

Die $\boldsymbol{Y}_{JlM}$ sind das zur Beschreibung der Multipolstrahlungsfelder gesuchte Funktionensystem im Hinblick auf die Lösungen des Gleichungssystems (VIII,370). Wir notieren in (VIII,374) die Eigenschaften der $\boldsymbol{Y}_{JlM}$, wie sie sich nach (VIII,373) ergeben.

$$\hat{J}^2\,\boldsymbol{Y}_{JlM} = \hbar^2 J(J+1)\,\boldsymbol{Y}_{JlM}, \quad \hat{J}_z\,\boldsymbol{Y}_{JlM} = \hbar M\,\boldsymbol{Y}_{JlM} \qquad \text{(VIII,374)}$$

$$\hat{l}^2\,\boldsymbol{Y}_{JlM} = \hbar^2 l(l+1)\,\boldsymbol{Y}_{JlM}, \quad \hat{s}^2\,\boldsymbol{Y}_{JlM} = 2\hbar^2\,\boldsymbol{Y}_{JlM}$$

Allerdings haben wir unter den $\boldsymbol{Y}_{JlM}$ solche auszuwählen, die ein transversales Feld darstellen. Ohne Beweis sei mitgeteilt, daß diese speziellen Vektorkugelfunktionen bei $J = l$ vorliegen und sie sich durch den Operator $\hat{\boldsymbol{l}}$ aus den gewöhnlichen Kugelfunktionen erzeugen lassen:

$$\boldsymbol{Y}_{llm} = \frac{\hat{\boldsymbol{l}}\,Y_{l,m}}{\sqrt{l(l+1)}}, \qquad \hat{\boldsymbol{l}} = -i\,\boldsymbol{r} \times \nabla \qquad \text{(VIII,375)}$$

Daß das Feld $\boldsymbol{Y}_{llm}$ transversal ist, folgt unmittelbar aus der Darstellung (VIII,375) auf Grund der Eigenschaften von $\hat{\boldsymbol{l}}$:

$$\boldsymbol{r} \cdot \boldsymbol{Y}_{llm} = 0$$

Für das Magnetfeld elektrischer Multipolstrahlung kann nach der oben durchgeführten Diskussion die Form in Gl. (VIII,376) gewählt werden:

$$\boldsymbol{H}_E(l, m) = c_E\, f_l(r)\, \hat{\boldsymbol{l}}\, Y_{l,m_l} \qquad \text{(VIII,376)}$$

Durch Einsetzen von (VIII,376) in (VIII,370) ergibt sich die Differentialgleichung (VIII,377) für $f_l(r)$, wobei für die Untersuchung von Emissionsprozessen solche Lösungen auszuwählen sind, die auslaufende Wellen beschreiben.

$$\left[\frac{d^2}{d r^2} - \frac{l(l+1)}{r^2} + \kappa^2\right] (r f_l(r)) = 0 \qquad \text{(VIII,377)}$$

Bei diesen Lösungen handelt es sich um die sphärischen Besselfunktionen $f_l(r) = j_l(\kappa r)$. Bis auf die Konstanten c_E und c_M, die durch Rand- bzw. Nebenbedingungen festzulegen sind, ergeben sich die in (VIII,378) aufgeführten Multipolfelder für die beiden Strahlungstypen (E: elektrisch, M: magnetisch)

$$\boldsymbol{H}_E(l,m) = c_E\, j_l(\kappa r)\, \hat{\boldsymbol{l}}\, Y_{l,m_l}(\vartheta, \varphi) \qquad \text{(VIII, 378a)}$$

$$\boldsymbol{E}_E(l,m) = \frac{i}{\omega\, \epsilon_0}\, c_E \operatorname{rot} [j_l(\kappa r)\, \hat{\boldsymbol{l}}\, Y_{l,m}(\vartheta, \varphi)] \qquad \text{(VIII,378b)}$$

$$\boldsymbol{E}_M(l,m) = c_M\, j_l(\kappa r)\, \hat{\boldsymbol{l}}\, Y_{l,m_l}(\vartheta, \varphi) \qquad \text{(VIII,378c)}$$

$$\boldsymbol{H}_M(l,m) = -\frac{i}{\omega\, \mu_0}\, c_M \operatorname{rot} [j_l(\kappa r)\, \hat{\boldsymbol{l}}\, Y_{l,m}] \qquad \text{(VIII,378d)}$$

Die elektrische Multipolstrahlung wird im wesentlichen durch die Ladungen hervorgerufen, während die magnetische Multipolstrahlung im wesentlichen von den Strömen erzeugt wird.

Jedes den zeitunabhängigen Maxwell'schen Gleichungen (VIII,370) genügende Feld kann als Entwicklung nach Multipolfeldern in der folgenden Weise dargestellt werden:

$$\boldsymbol{E} = \sum_{l=1}^{\infty} \sum_{m=-l}^{+l} [a_E(l,m)\, \boldsymbol{E}_E(l,m) + a_M(l,m)\, \boldsymbol{E}_M(l,m)] \qquad \text{(VIII,379)}$$

$$\boldsymbol{H} = \sum_{l=1}^{\infty} \sum_{m=-l}^{+l} [b_E(l,m)\, \boldsymbol{H}_E(l,m) + b_M(l,m)\, \boldsymbol{H}_M(l,m)]$$

Bei der Formulierung der Wechselwirkung wird das durch $\boldsymbol{H} = \operatorname{rot} \boldsymbol{A}$ definierte Vektorpotential $\boldsymbol{A}$ benötigt, das bei Verwendung der Coulombeichung $\operatorname{div} \boldsymbol{A} = 0$ dem elektrischen Feld proportional ist:

$$\boldsymbol{A} = \frac{1}{i\,\omega\, \mu_0}\, \boldsymbol{E} \qquad \text{(VIII,380)}$$

Das Wirkungsquantum $\hbar$ tritt in diese klassischen Rechnungen durch die Forderung ein, daß die Feldenergie des Strahlungsfeldes nach der Emission $\hbar\,\omega$ beträgt. Man kann zeigen, daß ein zur Multipolstrahlung l gehörendes γ-Quant den Drehimpuls l mit z-Komponente m fortträgt. Das γ-Quant verhält sich also wie ein Teilchen im Quantenzustand (l, m). l wird als Multipolordnung der Strahlung bezeichnet. Da $\hat{\boldsymbol{l}}\, Y_{0,0} = 0$ ist, gibt es als Konsequenz der transversalen Natur des Feldes keine Multipolstrahlung der Ordnung $l = 0$. Das Strahlungsfeld zur Multipolordnung l entspricht dem eines oszillierenden klassischen 2^l Pols, d. h. für $l = 1$ dem eines Dipols, für $l = 2$ dem eines Quadrupols, für $l = 3$ dem eines Oktupols usw. Man hat jedoch noch zwischen elektrischer und magnetischer Multipolstrahlung zu unterscheiden. Wegen der Gültigkeit der Operatorrelation $\hat{r} \cdot \hat{l} = 0$ lehren die Gln. (VIII,378), daß bei elektrischer Multipolstrahlung keine Radialkomponente des Magnetfeldes und bei magnetischer Multipolstrahlung keine Radialkomponente des elektrischen Feldes existiert. Zur Abkürzung werden die Bezeichnungen E1: elektrische Dipolstrahlung, M2: magnetische Quadrupolstrahlung, E3: elektrische Oktupolstrahlung, usw. benutzt. Die Auswahlregel bezüglich des Drehimpulses für einen γ-Übergang mit Multipolordnung l zwischen einem Anfangszustand mit Drehimpuls I_a und einem Endzustand mit Drehimpuls I_e lauten:

$$|I_a - I_e| \leqslant l \leqslant I_a + I_e, \qquad m = m_a - m_e \qquad \text{(VIII,381)}$$

Ein Übergang von $I_a = 0$ nach $I_e = 0$ ist absolut verboten, er kann nur strahlungslos etwa durch innere Konversion vonstatten gehen. Nur für den Fall, daß einer der beiden Drehimpulse I_a oder I_e gleich Null ist, ist die Multipolordnung auf einen Wert von l festgelegt, anderenfalls können verschiedene Multipolordnungen nebeneinander auftreten. Abb. VIII,92b zeigt die Winkelverteilungen für Dipol- und Quadrupolstrahlung. Sie sind durch das Absolutquadrat der entsprechenden Vektorkugelfunktionen gegeben. Für $l = 1$, $m = 0$ entspricht die Winkelverteilung derjenigen des Hertzschen Dipols.

Eine wichtige Rolle spielt außer der Erhaltung des Drehimpulses die Erhaltung der Parität.

Wir gehen davon aus, daß die Wahrscheinlichkeit für γ-Übergänge zwischen einem angeregten Kernzustand Ψ_a und einem Zustand niedriger Energie Ψ_e durch das Integral in Gl. (VIII,382) beschrieben werden kann.

$$\lambda \sim \int \Psi_a^* (\hat{j} \cdot \hat{A})\, \Psi_e \, d\tau \qquad \text{(VIII,382)}$$

Darin ist $\hat{j}$ der Operator der Stromdichte für das emittierende Nukleonensystem und $\hat{A}$ das elektromagnetische Vektorpotential. Es ändert sich der Wert des Integrals nicht, wenn wir den Einsoperator in der Form $\hat{P}\hat{P}^{-1} = 1$ mehrfach einfügen (siehe (VIII,72)):

$$\int \Psi_a^* (\hat{j} \cdot \hat{A})\, \Psi_e \, d\tau = \int \Psi_a^* \, \hat{P}^{-1} (\hat{P} \hat{j} \hat{P}^{-1}) (\hat{P} \hat{A} \hat{P}^{-1}) \hat{P} \Psi_e \, d\tau$$

Wir erhalten unter der Voraussetzung, daß die Kernzustände definierte Parität π_a bzw. π_e haben:

$$\pi_a \, \pi_e \, \pi_j \, \pi_A = 1$$

Als polarer Vektor hat $\hat{j}$ die Parität $\pi_j = (-1)$. Ein Übergang kann nur dann stattfinden, wenn die Parität des Vektorpotentials die Relation

$$\pi_a \, \pi_e = (-1)^{P+1}, \quad \text{mit} \quad \pi_A = (-1)^P \qquad \text{(VIII,383)}$$

erfüllt. Es ist eine Konvention, die dem bequemeren Umgang mit der Parität dient, die Parität des elektromagnetischen Feldes durch $\pi_{EMF} = (-1)\, \pi_A = (-1)^{P+1}$, d. h. entgegengesetzt zu der von $\boldsymbol{A}$ zu definieren. Damit ist die Parität des elektromagnetischen Feldes wegen (VIII,380) auch entgegengesetzt zu der von $\boldsymbol{E}$ und wegen des Operators rot, der die Parität ändert, gleich der von $\boldsymbol{H}$.

Bleibt also nur noch zu untersuchen, welche Parität $\boldsymbol{H}$ bei einem elektrischen bzw. magnetischen Multipolfeld der Ordnung l hat. Dies möge für Dipolstrahlung an Hand der Abb. VIII,93 geklärt werden. Sie zeigt schematisiert eine Momentaufnahme der Feld-

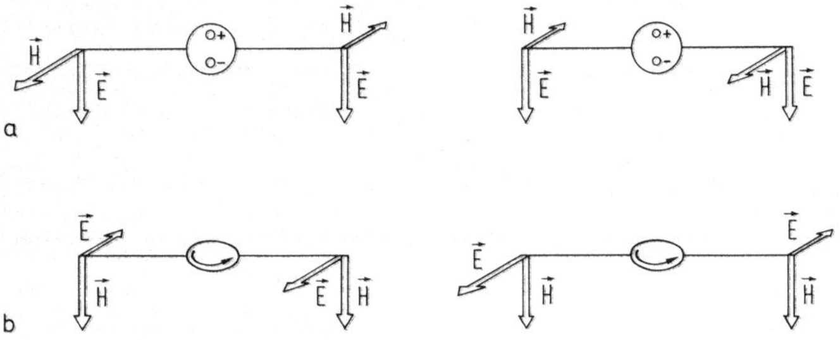

Abb. VIII,93. Das Verhalten der Feldvektoren eines strahlenden elektrischen Dipols a bzw. eines strahlenden magnetischen Dipols b gegenüber der Paritätsoperation (nach E. Segré [87]).

vektoren für einen schwingenden elektrischen Dipol a und einen magnetischen Dipol b sowie die Wirkung der Paritätsoperation $\boldsymbol{r} \rightarrow (-\boldsymbol{r})$ auf die Feldvektoren. Offensichtlich hat $\boldsymbol{H}$ bei elektrischer Dipolstrahlung positive Parität, $\boldsymbol{E}$ negative Parität, bei magnetischer Dipolstrahlung ist es umgekehrt. Diese Paritätsbetrachtungen sind eine späte Rechtfertigung des Ansatzes $\boldsymbol{H}_E(l, m) \sim \vec{l}\, Y_{l,m}$, denn man hätte in Hinblick auf die Gl. (VIII,370) diesen Ansatz auch für $\boldsymbol{E}_E$ notieren können. Doch da die speziellen Vektorkugelfunktionen $\hat{l} \cdot Y_{l,m}$ dieselbe Parität $(-1)^l$ wie die gewöhnlichen Kugelfunktionen $Y_{l,m}$ haben, hat nur $H_E \sim \hat{l} \cdot Y_{l,m}$ die mit den Dipolbetrachtungen in Einklang stehende Parität, d. h. beispielsweise die Parität (-1) für elektrische Dipolstrahlung. Nach der oben vorgestellten Konvention, daß die Parität elektromagnetischer Strahlung gleich derjenigen des zugehörigen Magnetfeldes sei, ergeben sich aus (VIII,383) die in (VIII,384) aufgeführten Paritäten der Multipolfelder.

$$\text{Parität eines elektrischen Multipolfeldes mit Ordnung } l\text{: } (-1)^l \qquad \text{(VIII,384)}$$
$$\text{Parität eines magnetischen Multipolfeldes mit Ordnung } l\text{: } (-1)^{l+1}$$

Die Paritätsauswahlregeln lassen sich jetzt in der einfachen Form (VIII,385) zusammenfassen:

$$\pi_a = (-1)^l\, \pi_e \quad \text{bei } El\text{-Strahlung} \qquad \text{(VIII,385)}$$
$$\pi_a = (-1)^{l+1}\, \pi_e \quad \text{bei } Ml\text{-Strahlung}$$

Sie haben zur Folge, daß, solange die beteiligten Kernzustände Eigenzustände zur Parität sind, E- und M-Strahlung gleicher Multipolordnung niemals gemischt auftreten können. Wohl aber wird häufig beobachtet, daß E2 gemeinsam mit M1-Strahlung emittiert wird, was im Einklang mit (VIII,385) steht.

Die Berechnung von Übergangswahrscheinlichkeiten kann mit Hilfe der 2. Goldenen Regel der Quantenmechanik durchgeführt werden.

$$\lambda = \frac{2\pi}{\hbar} | \int \Psi_e^* \hat{H}' \Psi_a \, d\tau |^2 \rho(E_e)$$

Der totale nichtrelativistische Hamiltonoperator für ein Proton im elektromagnetischen Feld ist in (VIII,386) detailliert angegeben.

$$\hat{H} = \frac{1}{2m_p} (\hat{\boldsymbol{p}} - e\mu_0 \hat{A})^2 + V + \frac{\mu_0 e}{2m_p} g_s(p) (\hat{s}_p \cdot \hat{\boldsymbol{H}}) \qquad \text{(VIII,386)}$$

mit $\hat{H} = \hat{H}_0 + \hat{H}'$

$$\hat{H}_0 = -\frac{\hat{p}^2}{2m_p} + V\text{: Proton im Kernpotential}$$

$$\hat{H}' = \underbrace{-\frac{e\mu_0}{2m_p} (\hat{\boldsymbol{p}} \cdot \hat{A} + \hat{A} \cdot \hat{\boldsymbol{p}})}_{\text{Stromwechselwirkung*}} + \underbrace{\frac{\mu_0 e}{2m_p} g_s(p) (\hat{s}_p \cdot \hat{\boldsymbol{H}})}_{\text{Spin-Wechselwirkung}}$$

Das Resultat für die Übergangswahrscheinlichkeit läßt sich in der Näherung, daß die Wellenlänge der Strahlung groß gegen den Kerndurchmesser ist, mit dem oben aufgeführten Störoperator in folgende Form bringen:

$$\lambda_\sigma(l,m) = \frac{8\pi(l+1)}{\hbar\, l[(2l+1)!!]^2} \left(\frac{\omega}{c}\right)^{2l+1} |M_\sigma(l,m)|^2 \qquad \text{(VIII,387)}$$

M_σ bezeichnet die Übergangsmatrixelemente von Multipoloperatoren $\hat{M}$, die den Quellen der Multipolstrahlung zugeordnet werden können (σ steht für E bzw. M). Diese in Gl. (VIII,388) angegebenen Multipoloperatoren entsprechen denjenigen, die in Abschnitt VIII,3 bereits für die statischen elektromagnetischen Momente angegeben wurden,

$$\hat{M}_E(l,m) = e\, r^l\, Y_{l,m}^* - \frac{i\,\mu_K\, \hbar\,\omega}{2m_p c^2 (l+1)} \{\hat{s}_p \times \boldsymbol{r} \cdot [\text{grad}\, r^l\, Y_{l,m}]^*\} \qquad \text{(VIII,388)}$$

$$\hat{M}_M(l,m) = \frac{e\hbar}{2m_p c} \{\frac{2}{l+1} \hat{l} \cdot [\text{grad}\, r^l\, Y_{l,m}]^* + \mu_K\, \hat{s}_p \cdot [\text{grad}\, r^l\, Y_{l,m}]^*$$

nur werden hier die Matrixelemente zwischen verschiedenen Nukleonenkonfigurationen benötigt, während dort Anfangs- und Endzustand identisch sind (Diagonalelemente). Da wir von einer unpolarisierten Strahlungs-Quelle ausgehen wollen und uns der Polarisationsgrad der Strahlung nicht interessiert, ist in (VIII,387) über die Anfangszu-

* Terme mit $\hat{A}^2$ werden vernachlässigt, da sie die weniger wahrscheinlichen Zwei-Quanten-Prozesse beschreiben.

stände m_e zu summieren. Das Resultat ist in (VIII,389) die mittlere Übergangswahrscheinlichkeit $\lambda_\sigma(l)$.

$$\lambda_\sigma(l) = \frac{1}{2I_i+1} \sum_{m_a, m_e} \lambda_\sigma(l, m), \quad m = m_a - m_e \tag{VIII,389}$$

$$\lambda_\sigma(l) = \frac{1}{\hbar} \frac{8\pi\, l(l+1)}{l[(2l+1)!!]^2} \left(\frac{\omega}{c}\right)^{2l+1} B(l, I_a \to I_e) \tag{VIII,390}$$

B in (VIII,390) wird reduzierte Übergangswahrscheinlichkeit genannt. Unter den im folgenden aufgeführten stark vereinfachenden Annahmen, kann die Übergangswahrscheinlichkeit, wenn nur ein Proton beteiligt ist, berechnet werden. Vom Proton wird angenommen, daß es sich in einem Zentralpotential bewegt und die Wellenfunktion für Anfangs- und Endzustand in der Form (VIII,391) dargestellt werden kann.

$$\psi = \frac{1}{r} u_{nl}(r)\, \phi_{jlm} \tag{VIII,391}$$

$$\phi_{jlm} = \sum_{m_s} Y_{l,m_l}(\vartheta, \varphi)\, \chi_{s,m_s} \langle \tfrac{1}{2}\, s\, l\, m_l | j\, m \rangle$$

Ein solcher Ansatz ist am ehesten dann gerechtfertigt, wenn sich im Kern ein Proton außerhalb abgeschlossener Nukleonenschalen bewegt. (einfaches Schalenmodell).

Der Spin-Anteil des Multipoloperators ist für El-Strahlung vernachlässigbar klein und wird daher nicht berücksichtigt. Bei den Ml-Übergängen spielt er jedoch eine bedeutende Rolle. Das Integral über die Winkelfunktionen und die Summationen über die magnetischen Quantenzahlen werden in einem statistischen Faktor $S(I_a, l, I_e)$ zusammengefaßt, speziell ist $S(l + \frac{1}{2}, l, \frac{1}{2}) = 1$. Als Zwischenresultat ergibt sich für die Ein-Proton-Übergangswahrscheinlichkeiten in (VIII,392):

$$\lambda_E(l) = \frac{2(l+1)}{l[(2l+1)!!]^2}\, \omega\, \alpha \left(\frac{\omega R}{c}\right)^{2l} \left[\int_0^\infty u_l\, u_{l'} \left(\frac{r}{R}\right)^l \mathrm{d}r\right]^2 S(I_a, l, I_e) \tag{VIII,392}$$

$$\lambda_M(l) = \frac{2(l+1)}{l[(2l+1)!!]^2}\, \omega\, \alpha \left(\frac{\omega R}{c}\right)^{2l} \left(\frac{\hbar^2}{2 m_p c R}\right)^2 \left(\mu_P\, l - \frac{l}{l+1}\right) \cdot \tag{VIII,393}$$

$$\cdot \left[\int_0^\infty u_l\, u_{l'} \left(\frac{r}{R}\right)^{l-1} \mathrm{d}r\right]^2 S(I_a, l, I_e)$$

R: Kernradius, α: Feinstrukturkonstante

Die einfachste Annahme, die man zur Auswertung der noch anstehenden Radialintegrale machen kann, ist, daß die Radialfunktion $\frac{1}{r} u_{l'}$ bzw. $\frac{1}{r} u_l$, für Angangs- und Endzustand konstant über das Kernvolumen sind und außerhalb des Kerns verschwinden. Konstante Dichte der Kernmaterie vorausgesetzt, ergibt sich für die Radialintegrale:

$$\int_0^\infty u_l u_{l'} \left(\frac{r}{R}\right)^l \mathrm{d}r = \frac{3}{3+l}$$

Schließlich nehmen die Übergangswahrscheinlichkeiten die von V. W. Weißkopf [87] angegebene gebräuchliche Form (VIII,394) an:

$$\lambda_E(l) = \frac{4,4(l+1)}{l[(2l+1)!!]^2} \left(\frac{3}{3+l}\right)^2 \left(\frac{E_\gamma}{197\ \text{MeV}}\right)^{2l+1} R^{2l-2}\, S \cdot 10^{21}\ \text{s}^{-1} \quad \text{(VIII,394)}$$

$$\lambda_M(l) = \frac{0,19\,(l+1)}{l[(2l+1)!!]^2} \left(\frac{3}{2+l}\right)^2 \left(\mu_p\, l - \frac{l}{l+1}\right)^2 \left(\frac{E_\gamma}{197\ \text{MeV}}\right)^{2l+1} R^{2l-2}\, S \cdot 10^{21}\ \text{s}^{-1}$$

In Abb. VIII,94 sind diese Übergangswahrscheinlichkeiten für alle praktisch interessierenden Multipolordnungen mit $A = 100$ und $S = 1$ graphisch dargestellt. Man erkennt,

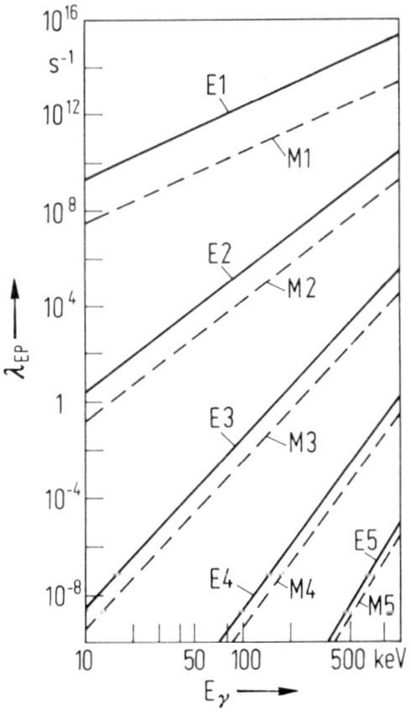

Abb. VIII,93. Ein-Protonen-Gammaübergangswahrscheinlichkeiten λ_{EP} als Funktion der Gammaenergie E_γ für Multipolstrahlungen beiden Typs bis zur Ordnung $l = 5$. Dem Diagramm nach S. A. Moszkowski [84] liegen die Werte $r_0 = 1{,}2$ F, $A = 100$, $S = 1$ und $\mu_p = 2{,}79$ zugrunde.

daß sich beispielsweise bei $E_\gamma = 0{,}5$ MeV die mittleren Lebensdauern $\tau = \frac{1}{\lambda_{EP}}$ über den gewaltigen Bereich von 10^{-15} s bei E1 bis zu 10^8 s bei E5 bzw. M5 erstrecken. Wenn es sich auch um grobe Näherungen handelt, die eher zu einer oberen Grenze für λ führen, so beschreiben die Resultate doch die wesentlichen Eigenschaften von Einteilchen-Übergängen. Sowohl bei Berechnungen für Übergänge zwischen komplizierten Nukleonenkonfigurationen als auch bei Experimenten ist es üblich, die Resultate in Einheiten der Einteilchen-Übergangswahrscheinlichkeiten anzugeben. Ein Vergleich experimenteller Werte mit den Einteilchen-Übergangswahrscheinlichkeiten elektrischer Multipolstrahlung zeigt folgendes:

El Übergangswahrscheinlichkeiten streuen über den Bereich von $10^{-3}\ \lambda_{EP}$ bis $10^{-7}\ \lambda_{EP}$, E2-Übergangswahrscheinlichkeiten sind in der Regel um den Faktor 100 größer als λ_{EP}, nähern sich jedoch bei $N = 126$ den λ_{EP}-Werten, die übrigen Multipolübergangswahrscheinlichkeiten liegen im Bereich von $10^{-3}\ \lambda_{EP}$ bis $10\ \lambda_{EP}$ und zwar um so besser bei λ_{EP}, je höher die Multipolordnung ist.

Es ist eine Folge des Faktors $(\frac{\omega R}{c})^{2l} = (\frac{R}{\lambda\!\!\!^{-}})^{2l}$ in (VIII,393), daß in den meisten Fällen die niedrigste mit den Drehimpulsauswahlregeln (VIII,381) verträgliche Multipolordnung $l = |I_a - I_e|$ überwiegt. Zur nächst höheren Multipolordnung $l + 1$ ändert sich danach die Übergangswahrscheinlichkeit mit $(\frac{R}{\lambda\!\!\!^{-}})^2$. Beträgt beispielsweise für einen Kern mit $A = 100$ die Energie der γ-Strahlung $E_\gamma = 0{,}5$ MeV, so ist mit $R = 1{,}2\, A^{\frac{1}{3}} \approx 5{,}5$ F und $\lambda\!\!\!^{-} \approx 400$ F, $(\frac{R}{\lambda\!\!\!^{-}})^2 \approx 2 \cdot 10^{-4}$, d. h. in diesem Fall nimmt die Übergangswahrscheinlichkeit für die nächst höhere Multipolordnung um den Faktor $2 \cdot 10^{-4}$ ab. Eine solche Betrachtung kann auch für die Atomhülle durchgeführt werden. Dort ist $R \approx 1$ Å und es sei $\lambda\!\!\!^{-} \approx 900$ Å angenommen, also $(\frac{R}{\lambda\!\!\!^{-}})^2 \approx 10^{-6}$. In Übereinstimmung mit der Erfahrung ist in der Atomhülle der Unterschied zwischen aufeinanderfolgenden Multipolordnungen noch um Zehnerpotenzen größer als im Kern.

Es sei noch auf eine wichtige Korrektur an den Ein-Proton-Übergangswahrscheinlichkeiten in (VIII,394) hingewiesen, die mit der Verletzung der Translationsinvarianz beim Schalenmodell zusammenhängt. Wegen der Erhaltung der Lage des Schwerpunkts ist ein Protonen-Übergang mit einer Änderung der Ortskoordinaten der übrigen Nukleonen verbunden. Dies führt auf eine von e verschiedene effektive Ladung $e_{\mathrm{eff}}(l)$, die eine Funktion der Multipolordnung ist. Danach können auch Neutronen-Übergänge zu Multipolstrahlung führen, denn der Übergang eines Neutrons ist wegen der Erhaltung der Lage des Kernschwerpunkts mit einer Änderung der Ladungsverteilung verbunden, so daß den Neutronen eine nicht verschwindende effektive Ladung zugeordnet werden kann. Für Dipolstrahlung erhalten die effektiven Ladungen von Proton und Neutron die in Gl. (VIII,395) angegebenen Werte:

$$\left.\begin{aligned} e_{\mathrm{eff}}(\mathrm{p}) &\approx e\left(l - \frac{Z}{A}\right) \\ e_{\mathrm{eff}}(\mathrm{n}) &\approx -e\,\frac{Z}{A} \end{aligned}\right\} l = 1 \qquad \text{(VIII,395)}$$

Die Gl. (VIII,395) sind daher mit einem Korrekturfaktor $(\frac{e_{\mathrm{eff}}}{e})^2$ für n- bzw. p-Übergang zu multiplizieren. Da die effektive Ladung für Neutronen bei schweren Kernen mit $l > 1$ sehr klein wird, spielen bei Neutronen nur Dipolübergange eine Rolle.

Die Eigenschaften der Multipolstrahlung können in Verbindung mit dem Schalenmodell das Auftreten von „Inseln" Isomerer Kerne im (N, Z)-Diagramm erklären. Die Isomerie wurde 1921 von Hahn entdeckt. Er beobachtete, daß die mit UZ bezeichneten radioaktiven Kerne zwar dieselbe Ladung und Masse besitzen wie die Kerne von $U\,X_2$, aber unterschiedliche radioaktive Eigenschaften haben. C. F. von Weizsäcker gab die Erklärung, daß es sich bei den Isomeren um Kerne in langlebigen angeregten Zuständen handelt, die wegen eines hohen Drehimpulsunterschieds bei geringer Energiedifferenz zwischen angeregtem Zustand und Grundzustand nur durch Übergänge mit hoher Multipolordnung $(l \geqslant 3)$ zerfallen können. Die Abb. VIII,94 zeigt, daß in solchen Fällen Halbwertszeiten erwartet werden können, die Stunden oder Tage betragen. Die Niveaufolge im Schalenmodell (Abb. VIII,74) gibt uns Auskunft darüber, in welchem Bereich von Nukleonenzahlen hohe Drehimpulsunterschiede bei aufeinanderfolgenden Zuständen auftreten. Es sind dies beispielsweise die in (VIII,396) angegebenen Wertebereiche für Z und N mit den dazugehörigen Schalenmodellzuständen und Multipolstrahlungen.

$$\begin{array}{l}
39 < (Z,N) < 49:\ 1\,g_{\frac{9}{2}} - \left\{ \begin{array}{l} \mathrm{E3} - 2\,p_{\frac{1}{2}} \\ \mathrm{M4} - 1\,f_{\frac{5}{2}} \end{array} \right. \\[2ex]
65 < (Z,N) < 81:\ 1\,h_{\frac{11}{2}} - \left\{ \begin{array}{l} \mathrm{E5} - 3\,s_{\frac{1}{2}} \\ \mathrm{M4} - 2\,d_{\frac{3}{2}} \\ \mathrm{E3} - 2\,d_{\frac{5}{2}} \end{array} \right. \\[2ex]
101 < N < 125:\ 1\,i_{\frac{13}{2}} - \left\{ \begin{array}{l} \mathrm{M6} - 3\,p_{\frac{1}{2}} \\ \mathrm{E5} - 3\,p_{\frac{3}{2}} \\ \mathrm{M4} - 2\,f_{\frac{5}{2}} \\ \mathrm{E3} - 2\,f_{\frac{7}{2}} \end{array} \right.
\end{array} \qquad \text{(VIII,396)}$$

Dies steht in guter Übereinstimmung mit den experimentellen Resultaten. Insbesondere zeigt sich eine Häufung isomerer Kerne vor abgeschlossenen Schalen.

Bei elektromagnetischen Zerfällen konkurriert in der Regel γ-Quanten-Emission mit Innerer Konversion. Die Gesamtübergangswahrscheinlichkeit λ ist daher gleich der

Summe aus der Übergangswahrscheinlichkeit für γ-Emission λ_γ und der Übergangswahrscheinlichkeit für Emission von Konversionselektronen λ_{I_c}:

$$\lambda = \lambda_\gamma + \lambda_{I_c}$$

Eine Ausnahme bildet der elektromagnetische Zerfall von $I_a = 0$ nach $I_b = 0$, für den γ-Quanten-Emission verboten, jedoch Innere Konversion weiterhin erlaubt ist. Als Konversionskoeffizient ist das Verhältnis der beiden obengenannten Zerfallskonstanten definiert:

$$\alpha = \frac{\lambda_{I_c}}{\lambda_\gamma}, \quad \lambda = \lambda_\gamma(1 + \alpha)$$

Neben Elektronen aus der K-Schale werden, wenn auch mit viel geringerer Wahrscheinlichkeit, Elektronen aus der L- und M-Schale der Elektronenhülle emittiert. Es ist daher zweckmäßig, für den Konversionskoeffizienten folgende Reihe anzusetzen:

$$\alpha = \alpha_K + \alpha_L + \alpha_M + \ldots$$

λ_{I_c} und damit α wird von der Wahrscheinlichkeit abhängen, mit der sich Hüllenelektronen im Kernvolumen aufhalten. Diese Wahrscheinlichkeit ist nur für s-Elektronen von Null verschieden und hängt, wie Gl. (VIII,241) lehrt, im wesentlichen von Z^3 ab. Man kann daher erwarten, daß auch α proportional zu Z^3 ist. Blatt und Weißkopf [83] haben für α_K bei elektrischen Übergängen unter den Voraussetzungen $\frac{Z e^2}{\hbar c} \ll 1$ und $E_\gamma \gg B_e$ folgende Formel angegeben:

$$\alpha_K \approx Z^3 \, [K_e \frac{e^2}{\hbar c}]^4 (\frac{l}{l+1}) \, [\frac{2 m_e c^2}{E_\gamma}]^{1+5/2}$$

α_K hängt in der Tat von Z^3 ab. Für niederenergetische Übergänge in schweren Kernen wird der Konversionskoeffizient groß, doch wird dann der Gültigkeitsbereich der Formel verlassen und es sind aufwendigere Rechnungen anzustellen. Als Beispiel für einen konvertierten Übergang sei die viel verwendete 14,4 keV Mößbauer-Linie von ^{57}Fe erwähnt. Es handelt sich dabei um einen $3/2^- \to 1/2^-$ M1-Übergang mit $\alpha = 9$. Von 10 Zerfällen finden im statistischen Mittel 9 durch Innere Konversion und nur einer durch γ-Quantenemission statt.

Bezüglich des Mößbauereffekts sei auf Bd. III, Abschnitt VII,7 hingewiesen.

Ein wichtiges Hilfsmittel der Kernspektroskopie zur Bestimmung von Spinfolgen, Multipolordnungen und stationären Kernmomenten stellt die $\gamma\gamma$-Winkelkorrelationsmethode dar. Sie wird im folgenden eingehend beschrieben. Angeregte Kernzustände, die Gegenstand dieses Verfahrens sind, werden entweder durch den Zerfall instabiler Kerne oder durch Kernreaktionen bevölkert. Da die Termstruktur angeregter Atomkerne in der Regel sehr kompliziert ist, ergeben sich eine Fülle von miteinander konkurrierender γ-Übergänge (Kaskaden) in den Grundzustand des Tochterkerns. Ähnlich wie bei der Atomhülle bildet auch beim Kern erst die Untersuchung angeregter Zustände und der Übergänge zwischen ihnen die Grundlage zur Prüfung bestimmter Modellvorstellungen. Neben der Anregungsenergie sind wichtige Eigenschaften angeregter Kernzustände der Drehimpuls I, die Parität π, das magnetische Moment μ, das Quadrupolmoment Q und der Kernradius R. In die zuvor behandelten Übergangswahrscheinlichkeiten gehen sowohl die Eigenschaften des Anfangs – als auch des Endzustands ein. Zunächst einige historische Bemerkungen:

Im frühen Stadium der Kernspektroskopie wurden zunächst die Energien der von instabilen Kernen ausgesandten Teilchen und Quanten bestimmt. Durch Koinzidenzmessungen konnte geklärt werden, in welcher Weise die einzelnen Zerfallsprozesse z. B. α–γ, β–γ und γ–γ aufeinander folgen. 1947 gelang es Brady und Deutsch [88] am MIT unter Verwendung von Geiger–Müller-Zählrohren zum ersten Mal zwischen zwei aufeinander folgend emittierten γ-Quanten einer Kaskade im ^{60}Ni-Spektrum eine Winkelkorrelation zu beobachten. Sie verifizierten damit einen Effekt, den Dunworth im Jahre 1940 voraussagte. Danach sollten zwei Detektoren, die gegeneinander beweglich auf einem Teilkreis montiert sind, in dessen Zentrum sich eine radioaktive Quelle befindet, in der Regel eine winkelabhängige Koinzidenzzählrate für die γ-Kaskade liefern, während die Einzelzählrate für jeden Detektor konstant ist. In der Folgezeit wurden eine Vielzahl von γ-Kaskaden untersucht. 1969 gelang Popp, Schäfer und Bodenstedt [89] erstmalig auch die Messung der Winkelkorrelation einer Photonenkaskade in der Quecksilberatomhülle.

Die Entstehung einer Winkelkorrelation soll an dem folgenden einfachen Beispiel dargestellt werden. Wir betrachten in Abb. VIII,95 eine hypothetische γ-Kaskade zwischen drei Niveaus mit der Spin-Folge 0^+ (El) 1^-(El) 0^+. Gemäß der zuvor darge-

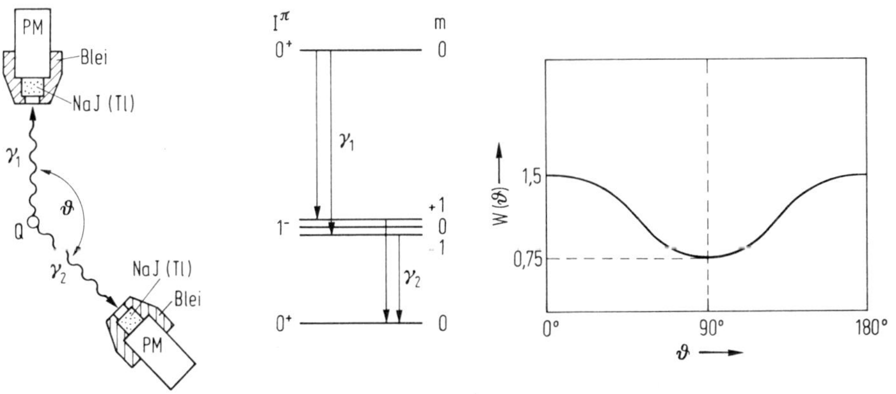

Abb. VIII,95. Die $\gamma\gamma$-Winkelkorrelation an einer $0^+(E1)1^-(E1)0^+$-Kaskade

stellten Drehimpuls- und Paritätsauswahlregeln können zwei aufeinander folgende elektrische Dipolübergänge stattfinden. Der Übersichtlichkeit halber sind die drei magnetischen Unterniveaus des Zwischenzustands getrennt gezeichnet, obwohl sie bei Abwesenheit von inneren und äußeren Feldern entartet sind. Ohne Einschränkung der Allgemeinheit wählen wir als Quantisierungsachse (z-Achse unseres Koordinatensystems) die Richtung von der Quelle Q zum Detektor für das erste γ-Quant. Entsprechend den in Abb. VIII,92b dargestellten Strahlungscharakteristika können nur Zerfälle mit $\Delta m = \pm 1$ zum ersten γ-Zerfall beitragen, da bei Übergängen mit $\Delta m = 0$ keine Quanten in z-Richtung emittiert werden. Es scheint in diesem Experiment so, als würden nur die Unterniveaus $m = \pm 1$ des Zwischenzustands besetzt, während das Unterniveau $m = 0$ unbesetzt bleibt. Die Emission des zweiten γ-Quants muß wiederum zu $\Delta m = \mp 1$ Übergängen führen. Die Koinzidenzzählrate, aufgetragen über dem Winkel zwischen den Detektoren entspricht daher der Strahlungscharakteristik des zweiten γ-Quants. Für die Korrelationsfunktion gilt also – wie in Abb. VIII,95 eingetragen – $W(\vartheta) \sim 1 + \cos^2 \vartheta$. Das Verfahren führt dazu, daß die beobachteten Koinzidenzen von Kernen mit bestimmter Orientierung stammen. Bei einer quantenmechanischen Behandlung des Problems, wie sie beispielsweise in einem Artikel von Frauenfelder und Steffens [90] gegeben wird, resultiert für $W(\vartheta)$ im Fall beliebiger Spins der Kernniveaus eine endliche Reihe aus Legendre Polynomen:

$$W(\vartheta) = \sum_{\text{k,gerade}} A_k P_k(\cos\vartheta) = A_0 + A_2 P_2(\cos\vartheta) + A_4 P_4(\cos\vartheta) + \ldots \quad \text{(VIII,397)}$$

Da die Parität hier als gute Quantenzahl angesehen werden kann, folgt, daß der Summationsindex in (VIII,397) nur über gerade Werte von k läuft, was stets zu Winkelverteilungen führt, die symmetrisch zu $\vartheta = 90^\circ$ sind. Aus Dreiecksungleichungen für die in der Rechnung auftretenden Drehimpulskopplungskoeffizienten folgt für k:

$$0 \leqslant k \leqslant \text{Minimum von } (2I_2, 2L_1, 2L_2)$$

Liegt eine Mischung von Multipolstrahlungen vor, so sind die für k zugelassenen Werte durch

$$0 \leqslant k \leqslant \text{Minimum von } (2I_2, L_1 + L_1', L_2 + L_2')$$

$$L_1, L_2: \text{Ordnung der Multipolstrahlungen}$$

festgelegt. Die Korrelationskoeffizienten A_k sind für die wesentlichen Spinfolgen und Multipolaritäten tabelliert, so daß man sich die theoretischen Korrelationsfunktionen leicht verschaffen kann. Für unser hypothetisches Beispiel einer $0^+(E1)\ 1^-(E1)\ 0^+$-Kaskade lautet die Korrelationsfunktion:

$$W(\vartheta) = 1 + 0{,}50\, P_2(\cos\vartheta)$$

Die Anisotropie einer Winkelkorrelation wird allgemein durch

$$A = \frac{W(180^\circ) - W(90^\circ)}{W(90^\circ)}$$

definiert. Für den hier behandelten Fall ist $A = 1{,}0$. Als experimentelles Beispiel sei der Zerfall des ^{60}Co erläutert, der zu einer Kaskade reiner Multipolstrahlungen im ^{60}Ni-Spektrum führt. In Abb. VIII,96 ist sowohl das Zerfallsschema als auch das mit Natriumjodid-Scintillatoren beobachtete γ-Spektrum angegeben. Es enthält im wesentlichen zwei in Kaskade emittierte γ-Quanten von 1,173 MeV und 1,332 MeV. Diese Kaskade wird häufig zum Test einer Apparatur benutzt. Man kann als sie die Standard-Kaskade für $\gamma\gamma$-Korrelationsexperimente bezeichnen. Abb. VIII,97 zeigt

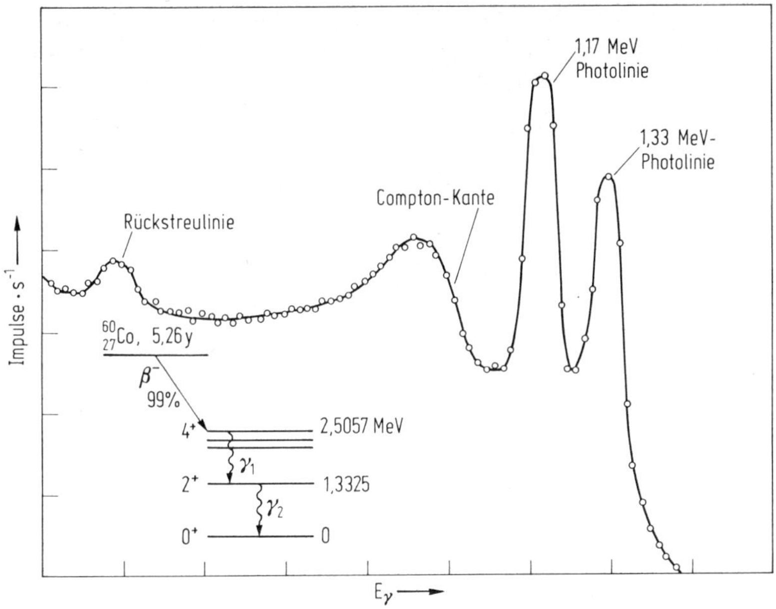

Abb. VIII,96. Zerfallsschema von $^{60}_{27}$Co und die Pulshöhen-Verteilung für die beim Zerfall emittierten γ-Quanten bei Beobachtung mit einem NaJ(Tl)-Szintillationskristall.

Abb. VIII,97. Versuchsaufbau zum Nachweis einer $\gamma\gamma$-Winkelkorrelation.

die Aufnahme einer Versuchsanordnung. Die Quelle befindet sich im Zentrum der drehbar angeordneten Szintillationsdetektoren. Sie besteht aus einem Plexiglasbehälter, der Cobaltchlorid mit einer Aktivität von $A \approx 100\,\mu C$ enthält. Durch Drehen eines Detektors werden Winkel zwischen 90° und 180° eingestellt. Typische Meßresultate sind in Abb. VIII,98 wiedergegeben. Die Auswertung wird durch den Umstand erleichtert, daß ^{60}Ni als gg-Kern im Grundzustand den Drehimpuls Null hat. Das bedeu-

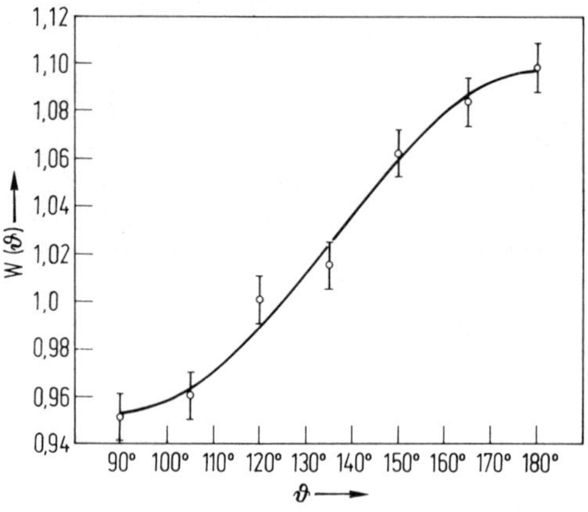

Abb. VIII,98. Beobachtete Winkelkorrelationsfunktion der $4^+(E2)2^+(E2)0^+$ Kaskade im ^{60}Ni-Spektrum.

tet, daß zumindest die Strahlung γ_2 reine Multipolstrahlung sein muß. Es ist in der Regel nicht möglich, aus der Korrelationsfunktion eindeutig auf Spinfolge und Multipolordnung zu schließen. Die in unserem Beispiel gefundenen Korrelationskoeffizienten

$$A_2 = 0{,}1055 \pm 0{,}0087$$

$$A_4 = 0{,}0012 \pm 0{,}014$$

sind mit theoretischen Koeffizienten für andere mögliche Spinfolgen in Tab. VIII,17 zu vergleichen.

Tab. VIII,17

Spinfolge	A_2	A_4
4 (E2) 2 (E2) 0	0,1020	0,0091
2 (E2) 2 (E2) 0	0,2500	0
2 (E4) 2 (E2) 0	- 0,0766	0,3264
4 (E4) 2 (E2) 0	- 0,2678	0,0317

Wie auch die in Abb. VIII,98 eingetragene theoretische Kurve zeigt, läßt sich die Winkelkorrelation für ^{60}Ni sehr gut durch eine Spinfolge $4^+(E2)\ 2^+(E2)\ 0^+$ erklären.

In Abb. VIII,99 ist das Blockschaltbild der Nachweiselektronik eingetragen. Es handelt sich um eine konventionelle Langsam-schnell-Koinzidenzschaltung. Die γ-Strah-

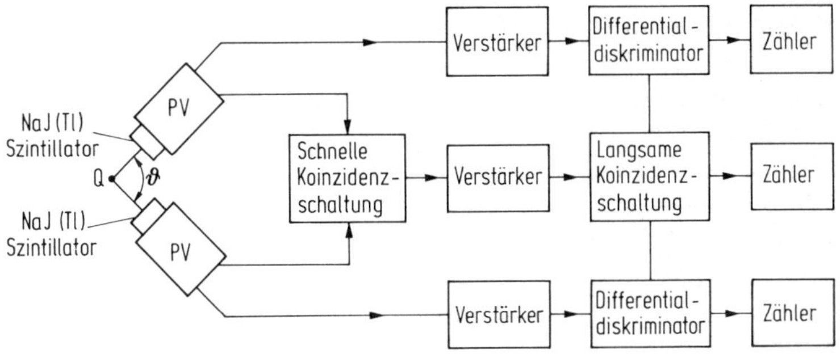

Abb. VIII,99. Blockschaltbild für die Elektronik bei einem Winkelkorrelationsexperiment.

lung wird durch Thalium dotierte Natriumjodidkristalle nachgewiesen, die optisch an Photovervielfacher gekoppelt sind. Die Anodenimpulse werden zunächst einer schnellen Koinzidenzstufe zugeführt, die nur dann ein Ausgangssignal abgibt, wenn innerhalb der Auflösungszeit von wenigen 10^{-9} Sekunden zwei Impulse an den Eingängen eintreffen. Wegen der sehr kurzen Lebensdauer im Zwischenzustand von 0,7 ps treffen Impulse, die zur Kaskade gehören, bis auf Laufzeiteffekte gleichzeitig ein. Die beiden anderen Zweige in der Elektronik dienen der Energieselektion, d. h., es werden z. B. für den oberen Zweig nur Impulse, die zum Übergang γ_1 gehören und für den unteren Zweig nur Impulse, die zum Übergang γ_2 gehören, durchgelassen. Die Impulse aus der schnellen Koinzidenz und den beiden Energiezweigen werden an eine Dreifachkoinzidenzstufe gegeben, die nur dann anspricht, wenn an allen drei Eingängen innerhalb der Auflösungszeit Signale anliegen. Die Zählrate der Dreifachkoinzidenz ergibt die γ-Korrelation. Zwecks Kontrolle und Korrektur werden auch die Einzelzählraten jedes Detektors registriert.

Angeregte Atomkerne können im allgemeinen nicht als isoliert angesehen werden, vielmehr wird die chemische und physikalische Beschaffenheit der Quelle über Mechanismen der Spinkopplung derart auf den Zwischenzustand einer Kaskade einwirken, daß die gemessene γ-Korrelation abgeschwächt oder im Extremfall völlig isotrop wird. Die Wechselwirkung mit inneren oder äußeren Magnetfeldern kann zur Bestimmung des magnetischen Moments im Zwischenzustand einer Kaskade benutzt werden.

Der β-Zerfall – die Form des erlaubten Spektrums

Die beim β-Zerfall von Atomkernen auftretenden elementaren Prozesse sind:

$$n \rightarrow p + e^- + \bar{\nu} \quad : \quad \beta^-\text{-Übergang}$$

$$p \rightarrow n + e^+ + \nu \quad : \quad \beta^+\text{-Übergang}$$

$$e^- + p \rightarrow n + \nu \quad : \quad \text{Elektronen-Einfang}$$

Hierfür wird eine weitere Grundwechselwirkung in der Natur, die sogenannte Schwache Wechselwirkung verantwortlich gemacht. Sie bewirkt eine Kopplung der Nukleonen an das Leptonenfeld. Der Name dieser Wechselwirkung resultiert aus dem Umstand, daß die Übergangswahrscheinlichkeiten bei β-Zerfällen in der Regel um viele Größenordnungen geringer ausfallen als bei der elektromagnetischen Wechselwirkung. Die beim β-Zerfall simultan mit den Elektronen bzw. Positronen emittierten Antineutrinos bzw. Neutrinos wurden 1930 von W. Pauli vorhergesagt, um die Sätze von der Erhaltung der Energie und des Drehimpulses zu retten. Das Energiespektrum der beim β-Zerfall emittierten Elektronen zeigt nämlich eine kontinuierliche Verteilung mit Abbruch bei einer Maximalenergie E_0. Da die Übergänge zwischen Nukleonenkonfigurationen mit relativ scharf definierter Energie stattfinden, hatte man in β-Energiespektren einzelne scharfe Linien erwartet. Der unter Einbeziehung der Neutrinos vorliegende Drei-Körper-Zustand erlaubt eine kontinuierliche Aufteilung der Energie zwischen Elektron und Neutrino. Der experimentelle Nachweis der Neutrinos gelang erst im Jahre 1953 durch Reines und Cowan [92]. Sie benutzten unter Verwendung von Antineutrinos aus einem Reaktor die Reaktion

$$\bar{\nu} + \mathrm{p} \rightarrow \mathrm{n} + \mathrm{e}^+ \quad \text{(endotherm)}$$

Die Schwierigkeit solcher Experimente liegt darin begründet, daß Neutrinos als masselose Teilchen mit Ladung Null und Spin $\frac{1}{2}$ eine außerordentlich geringe Wechselwirkung mit Materie haben. So beträgt z. B. der Wirkungsquerschnitt für die oben genannte Reaktion bei einer Energie von 1,5 MeV $\sigma_{\bar{\nu}} \approx 0{,}4 \cdot 10^{-44}\ \mathrm{cm}^2$. Für die mittlere freie Weglänge von Antineutrinos in Wasser ergibt sich damit aus

$$L_\nu\, \sigma_\nu\, N = 1 \quad \text{ein Wert von} \quad L_\nu = \frac{18}{2\, \sigma_\nu\, N_\mathrm{A}} \approx 3600 \text{ Lichtjahre}$$

Die Rückstoßenergie beim β-Zerfall für den Tochterkern liegt im eV-Bereich und wird daher im folgenden vernachlässigt. Beim Elektron-Einfang wird vorzugsweise ein Elektron aus der K-Schale der Atomhülle vom Kern eingefangen und mit der Umwandlung eines Protons in ein Neutron ein Neutrino emittiert. Die Neutrinos haben in diesem Fall eine scharfe Energie, so daß auch der Endkern eine scharfe Rückstoßenergie erhält. Dieser Rückstoß ist über eine Laufzeitmessung der Endkerne erfolgreich zum indirekten Nachweis der Neutrinos verwendet worden. Ein zum Verständnis des β-Zerfalls wesentlicher Prozeß ist der Zerfall freier Neutronen, der an Neutronenstrahlen direkt beobachtbar ist. Ein neuerer Wert für die mittlere Lebensdauer des Neutrons ist $\tau = 15{,}6 \pm 0{,}23$ min, was wegen $\tau = 1{,}443\ T_{1/2}$ einer Halbwertszeit von 10,8 min entspricht. An diesem Beispiel läßt sich die Energiebilanz sehr leicht übersehen. Der Massenunterschied von Proton und Neutron entspricht einer Energie von

$$\Delta E = (m_\mathrm{n} - m_\mathrm{p})\, c^2 = 1{,}293 \text{ MeV}$$

Aus diesem Betrag muß zunächst die Ruheenergie des Elektrons von $m_\mathrm{e}\, c^2 = 511$ keV aufgebracht werden, so daß als maximale kinetische Energie $E_0 = 1293 - 511 =$ 782 keV übrigbleibt. Dies steht in Übereinstimmung mit dem experimentell bestimmten Energiespektrum beim β-Zerfall des Neutrons in Abb. VIII,100. Daß Neutronen, die in Kernen gebunden sind, sich bei stabilen Kernen offensichtlich nicht umwandeln,

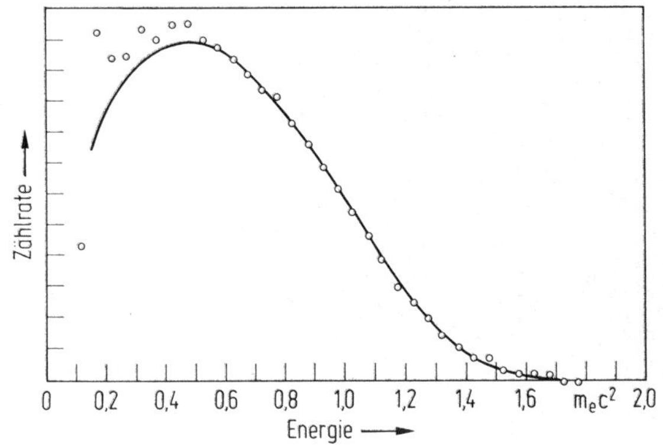

Abb. VIII,100. Energie-Spektrum der beim β-Zerfall freier Neutronen emittierten Elektronen (nach C. J. Christensen u. Mitarb. [109]).

ist eine Folge der Kernkräfte und zugleich ein Hinweis darauf, daß sich Nukleonen im Kern auch in anderer Hinsicht von freien Nukleonen unterscheiden können. Bei der β-Spektroskopie werden häufig auch Gruppen von Elektronen mit scharfer Energie beobachtet. Hier handelt es sich entweder um Auger- oder Konversionselektronen. Beim K-Einfang oder bei Innerer Konversion entsteht in der K-Schale der Atomhülle ein Loch. Durch kaskadenartige Übergänge wird dieses Loch in der Atomhülle nach außen wandern. Dabei können an Stelle der Emission von Röntgenquanten auch Hüllenelektronen freigesetzt werden. Man nennt diesen Prozeß Auger-Effekt. Wie in Zusammenhang mit dem γ-Zerfall bereits erwähnt wurde, kann der Atomkern seine Anregungsenergie auch direkt auf Hüllenelektronen übertragen, die eine nicht verschwindende Aufenthaltswahrscheinlichkeit am Kernort haben. Diese werden dann mit definierter Energie emittiert.

Die β-Spektroskopie wird mit Hilfe hochauflösender magnetischer Spektrometer betrieben, wobei man, wie bei Massenspektrometern, die Bewegungsgleichungen für geladene Teilchen in Magnetfeldern ausnutzt. Ein neuartiges β-Spektrometer mit hoher Transmission (20%) und gutem Auflösungsvermögen wird von Abb. VIII,101 im Schnitt und in der Seitenansicht gezeigt. Man bezeichnet es als (eisenfreies) Orangenspektrometer. Wir wenden uns der Energiebilanz beim β-Zerfall zu.

β^--Zerfall:

Die Kernladungszahl erhöht sich um eine Einheit und die entsprechende Energiebilanz lautet in Kernmassen:

$$Q_{\beta^-} = (m_N(Z, A) - m_N(Z+1, A) - m_e)\, c^2$$

bzw. in Atommassen:

$$Q_{\beta^-} = (m_a(Z, A) - m_a(Z+1, A))\, c^2 \;.$$

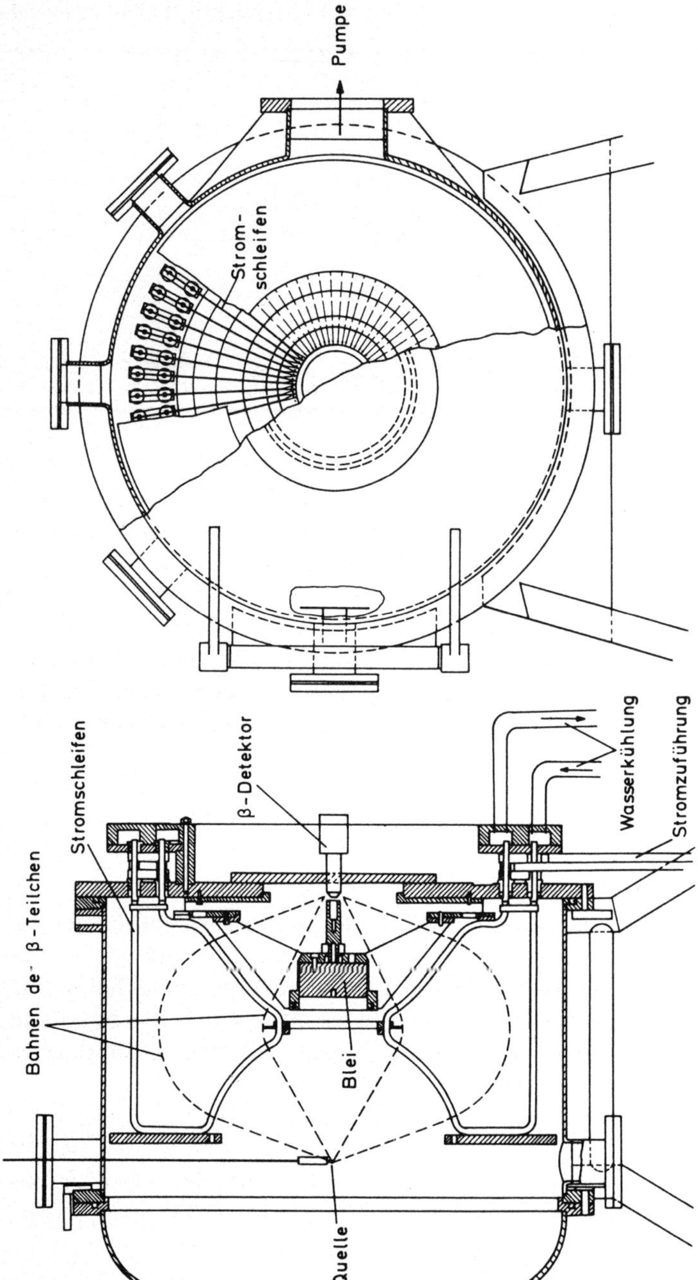

Abb. VIII,101. Eisenfreies Spektrometer mit hoher Transmission (Orangenspektrometer) (nach E. Bodenstedt [110]).

Wir werden sowohl die Rückstoßenergie des Tochterkerns als auch Unterschiede in den Bindungsenergien der Hüllenelektronen vernachlässigen, müssen aber berücksichtigen, daß der β-Zerfall meist nicht in den Grundzustand des Tochterkerns, sondern in dessen hoch angeregte Zustände führt. Die vorhandene Energie Q_β erscheint als Summe von kinetischer Energie, von Elektron und Neutrino plus Anregungsenergie des Tochterkerns E_B^*:

$$Q_{\beta^-} = E_{e^-} + E_{\bar{\nu}} + E_B^*$$

β^+-Zerfall und K-Einfang:

Die Kernladungszahl vermindert sich um eine Einheit, und die Energiebilanz lautet:

$$Q_{\beta^+} = (m_N(Z,A) - m_N(Z-1,A) - m_e)\,c^2$$

bzw. in Atommassen

$$Q_{\beta^+} = (m_a(Z,A) - m_a(Z-1,A) - 2\,m_e)\,c^2$$

Wie die letzte Gleichung zeigt, kann β^+-Zerfall nur dann stattfinden, wenn die Differenz der Atommassen größer als 2 Elektronenruhemassen ist, was einer Energiedifferenz von 1,022 MeV entspricht. Die Energie Q_{β^+} verteilt sich auf die kinetische Energie des Positrons, des Neutrinos und die Anregungsenergie des Tochterkerns:

$$Q_{\beta^+} = E_{e^+} + E_\nu + E_B^*$$

Der Elektron-Einfang (electron capture, EC) konkurriert mit dem β^+-Zerfall, er kann nur indirekt durch die charakteristische Röntgenstrahlung aus der Atomhülle nachgewiesen werden.

$$Q_{EC} = (m_N(Z,A) + m_e - m_N(Z-1,A))\,c^2$$

bzw. in Atommassen

$$Q_{EC} = (m_a(Z,N) - m_a(Z-1,A))\,c^2$$

Q_{EC} verteilt sich auf die scharfe Energie des Neutrinos, die Bindungsenergie des Elektrons ϵ_e und die Anregungsenergie des Tochterkerns:

$$Q_{EC} = E_\nu + \epsilon_e + E_B^*$$

Zur Diskussion der Übergangswahrscheinlichkeit im β-Zerfall wird wie beim γ-Zerfall der aus der zeitabhängigen Störungsrechnung resultierende Ausdruck herangezogen. Die Wahrscheinlichkeit dafür, daß ein Elektron im Impulsintervall p und $p + \mathrm{d}p$ emittiert wird, ist danach gegeben zu:

$$w(p)\,\mathrm{d}p = \frac{2\pi}{\hbar}\,|\langle\Psi_e|\hat{H}_\beta|\Psi_a\rangle|^2\,\rho(E)\,\mathrm{d}p \qquad \text{(VIII,398)}$$

Darin ist $\hat{H}_\beta$ der für die Kopplung zwischen Nukleonen und Leptonen verantwortliche Hamiltonoperator. Ψ_a bzw. Ψ_e sind die Gesamtwellenfunktionen für den Anfangsbzw. den Endzustand. Es war E. Fermi's erfolgreiche Idee, eine Lösung mit dem denkbar einfachsten Ansatz für den Wechselwirkungsoperator, nämlich $\hat{H}_\beta = G =$ Konstante zu versuchen. Das Matrixelement in (VIII,398) reduziert sich dann auf ein Überlappintegral für die Leptonen und Kernwellenfunktionen Ψ_β, Ψ_ν und Ψ_A, Ψ_B:

$$H_{a,e} = \langle \hat{H}_\beta \rangle = G \int \Psi_B^* \, \Psi_\beta^* \, \Psi_\nu^* \, \Psi_A \, d\tau_N \, d\tau_{\beta,\nu}$$

Da die de-Broglie-Wellenlänge der Leptonen sehr groß im Vergleich zum Kerndurchmesser ist, können die durch ebene Wellen zu beschreibenden Leptonenwellenfunktionen nach $k \cdot r$ entwickelt werden.

$$\exp(i\,k \cdot r) = 1 + i\,k\,r + \ldots \approx 1$$

In der einfachsten Näherung werden danach die Leptonenwellenfunktionen durch ihre Werte am Kernort $\Psi_\beta(0)$ und $\Psi_\nu(0)$ ersetzt. Dies bedeutet, daß nur Zerfälle beschrieben werden, bei denen Leptonen mit Bahndrehimpuls $l = 0$ emittiert werden. Es resultiert unter diesen Umständen für die Matrixelemente:

$$|\Psi_\beta(0)|^2 = |\Psi_\nu(0)|^2 = \frac{1}{L^3}\,, \qquad L^3\text{: Normierungsvolumen}$$

$$|H_{a,e}|^2 = \frac{G^2}{L^3}\,|M_{a,e}|^2\,F(Z,E_0), \qquad M_{a,e} = \int \Psi_B^* \, \Psi_A \, d\tau_N$$

$$F(Z,E_0) = \frac{2\pi\eta}{1 - \exp(-2\pi\eta)}, \qquad \eta = \pm \frac{Z e^2}{4\pi\epsilon_0 \hbar v} : \begin{cases} \beta^- \\ \beta^+ \end{cases}, \quad \text{v: Geschwindigkeit d. } \beta\text{-Teilchens}$$

$F(Z,E_e)$ heißt Fermi-Funktion, sie berücksichtigt die Verzerrung von Elektronen- bzw. Positronenwellenfunktionen durch das Coulombfeld. Da in dieser Näherung das Matrixelement $H_{a,e}$ impulsunabhängig ist, wird das Energiespektrum beim β-Zerfall mit $l = 0$ allein durch die Zustandsdichte bestimmt. Eine Untersuchung des Phasenraumvolumens führt schließlich auf folgende Verteilung:

$$w(p)\,d p = \frac{G^2}{2\pi^3 \hbar^7 c^3}\,|M_{a,e}|^2\,p^2 (E - E_0)^2\,F(Z,E)\,d p \qquad \text{(VIII,399)}$$

Darin ist E_0 die Maximalenergie des Elektrons und G die Kopplungskonstante.
Abb. VIII,102 zeigt die aus (VIII,399) resultierende prinzipielle Form des β-Spektrums und den Einfluß des Coulomb-Feldes. Ohne Coulombkorrektur sollte $w(p)\,d p$ parabolisches Verhalten bei $E = 0$ und $E \approx E_0$ zeigen. Nach (VIII,399) müßte sich aus den experimentellen Daten von β-Zerfällen gerade Linien ergeben, wenn die Größe $\sqrt{\dfrac{w(p)}{F(Z,E)\,p^2}}$ als Funktion von E aufgetragen wird. Man nennt dies die Curie-Darstellung des β-Spektrums. Abb. VIII,103 gibt als illustratives Beispiel die Curie-Darstellung des $^3H(\beta^-)^3$ He-Spektrums wieder. Es ergibt sich mit hoher Genauigkeit eine Gerade. In der Tat beobachtet man bei vielen β-Spektren Geraden in der Curie-Darstellung, was die Gültigkeit des Wechselwirkungs-Ansatzes zeigt. Man spricht hier von

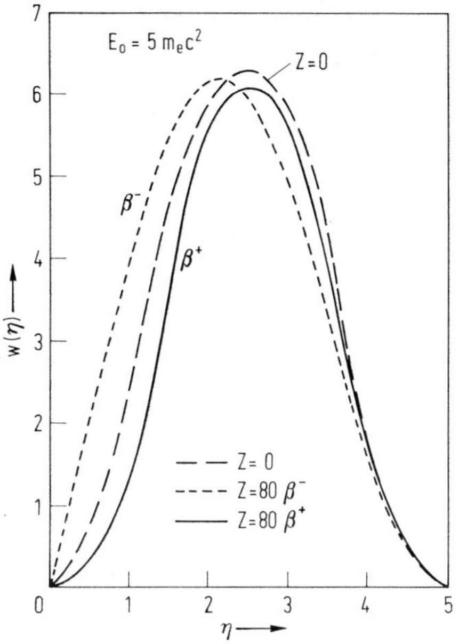

Abb. VIII,102. Einfluß des Coulombfeldes auf die Form des β-Spektrums: Elektronen werden im Coulombfeld verzögert, Positronen werden beschleunigt (nach C. S. Wu [93]).

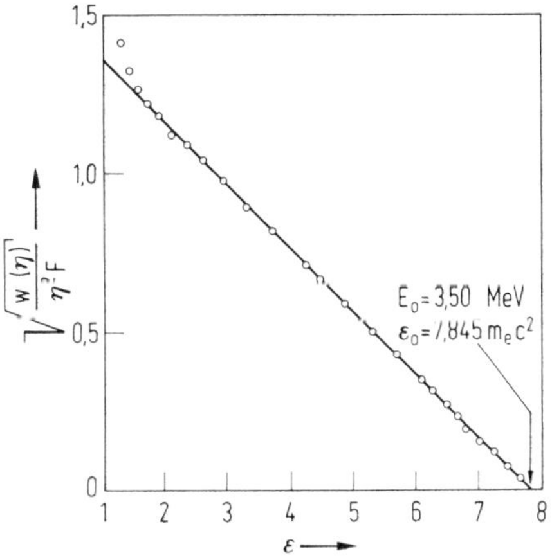

Abb. VIII,103. Kurie-Darstellung des β-Spektrums aus dem super-erlaubten ^6_2He-Zerfall (nach C. S. Wu [93]).

erlaubten Spektren. Der Vorteil dieser Darstellung liegt unter anderem darin, daß E_0 sehr genau aus dem Schnittpunkt der Geraden mit der Abszisse gewonnen werden kann.

Die Gesamtübergangswahrscheinlichkeit im β-Zerfall folgt aus (VIII,399) durch Integration über alle Impulse von 0 bis p_0:

$$\lambda = \frac{\ln 2}{T_{1/2}} = \int_0^{p_0} w(p)\,\mathrm{d}p = \frac{m_e^5 c^4}{2\pi^3 \hbar^7} G^2 |M_{a,e}|^2 f(Z, E_0)\,\mathrm{d}p \qquad \text{(VIII,400)}$$

$$f(Z, E_0) = \int_0^{p_0} \frac{p^2}{m_e^2 c^2} \frac{(E_0 - E)^2}{m_e^2 c^4} \frac{\mathrm{d}p}{m_e c}$$

Die Korrekturfunktion $f(Z, E_0)$ liegt für die relevanten Bereiche von Z und E_0 tabelliert vor. Gl. (VIII,400) kann in folgende Form gebracht werden:

$$f(Z, E_0)\, T_{1/2} = f\,T = \frac{\mathrm{B}}{|M_{a,e}|^2}, \qquad \mathrm{B} = \frac{2\pi^3 \hbar^7}{m_e^5 c^4 G^2} \ln 2$$

Dies erweist sich als sehr zweckmäßig, da die linke Seite nur meßbare bzw. berechenbare Größen enthält, während die rechte Seite vom Kernmatrixelement und der Kopplungskonstanten G abhängt. In günstigen Fällen läßt sich das Kernmatrixelement berechnen, so daß aus der Halbwertszeit die Kopplungskonstante G bestimmt werden kann. Man fand für G:

$$G = 1{,}4 \cdot 10^{-62}\ \mathrm{J \cdot m^3} = 0{,}9 \cdot 10^{-4}\ \mathrm{MeV \cdot F^3}$$

Die β-Übergänge lassen sich mit Hilfe ihrer $f\,T$-Werte klassifizieren. Da sich die experimentellen $f\,T$-Werte über 20 Zehnerpotenzen erstrecken, gibt man üblicherweise den dekadischen Logarithmus des $f\,T$-Werts an. Man beobachtete Halbwertszeiten von 0,8 s ($\log f\,T = 2{,}77$) bei ^{6}He bis zu $6 \cdot 10^{14}$ Jahren bei ^{115}In ($\log f\,T = 23{,}0$). β-Zerfälle werden folgendermaßen nach $\log f\,T$-Werten klassifiziert:

	$\log f\,T$		
super erlaubt:	2,8	.....	4
erlaubt (nicht l-verboten, $\Delta l = 0$):	4	.....	6
erlaubt (l-verboten, $\Delta l = 2$):	6	.....	8
einfach verboten (non unique):	6	.....	9
einfach verboten (unique):	8	.....	10
zweifach verboten:	10	.....	13
dreifach verboten:	15	.....	18

Supererlaubte Übergänge treten nur bei leichten Kernen auf, bei ihnen ist das Kernmatrixelement maximal, da sich beim Übergang ein Neutron in ein Proton mit identischer Wellenfunktion umwandelt. Für weitere Einzelheiten sei auf die Monographie von C. S. Wu und S. A. Moszkowski [93] hingewiesen.

Kernreaktionen

Die Durchführung von Kernreaktionen stellt in der Gegenwart eine der wichtigsten Methoden zur Untersuchung der Struktur der Atomkerne dar. Es können dadurch in der Natur nicht vorkommende zum Teil sehr kurzlebige Kerne erzeugt und auf ihre Eigenschaften hin untersucht werden. Ferner ist es möglich, mit Kernreaktionen sehr hoch angeregte Kernniveaus zu bevölkern. Zum Verständnis der Reaktionsmechanismen ist man ebenso wie bei der Deutung der stationären Kerneigenschaften auf Modelle angewiesen.

Werden Teilchen der Sorte a, wobei es sich um γ-Quanten, Elementarteilchen oder zusammengesetzte Teilchen handeln kann, auf ein Target mit Kernen der Sorte A geschossen, dann werden die dabei auftretenden Prozesse durch das Symbol A(a, b) B charakterisiert, d. h. es wird angegeben, welcher Kern B bei der Reaktion entsteht, wenn als einer von mehreren Möglichkeiten Teilchen der Sorte b mit geeigneten Detektoren nachgewiesen werden. Die Reaktion $^{89}\mathrm{Y} + \mathrm{d} \rightarrow {}^{90}\mathrm{Y} + \mathrm{p}$ hat daher die Abkürzung $^{89}\mathrm{Y}(\mathrm{d, p})\,{}^{90}\mathrm{Y}$.

Mit der Zielreichtung, überschwere Elemente weit oberhalb der Transurane durch Kernreaktionen herzustellen, hat die Entwicklung von Schwerionenbeschleunigern einen großen Aufschwung genommen. Dabei werden Kernreaktionen untersucht, bei denen Projektil- und Target-Kerne unter Umständen eine vergleichbare Anzahl von Nukleonen enthalten. Als Beispiele seien die Reaktionen

$$^{12}_{6}\mathrm{C} + {}^{12}_{6}\mathrm{C} \rightarrow {}^{23}_{11}\mathrm{Na} + \mathrm{p}\,, \qquad {}^{12}\mathrm{C}({}^{12}\mathrm{C}, \mathrm{p})\,{}^{23}\mathrm{Na}$$

$$^{238}_{92}\mathrm{U} + {}^{22}_{10}\mathrm{Ne} \rightarrow {}^{255}_{102}\mathrm{No} + 5\,{}^{1}_{0}\mathrm{n}, \qquad {}^{238}\mathrm{U}({}^{22}\mathrm{Ne}, 5\,{}^{1}\mathrm{n})\,{}^{255}\mathrm{No}$$

genannt. Durch das Schema in Abb. VIII,104 kann ein grober Überblick über die verschiedenen Reaktionstypen gewonnen werden.

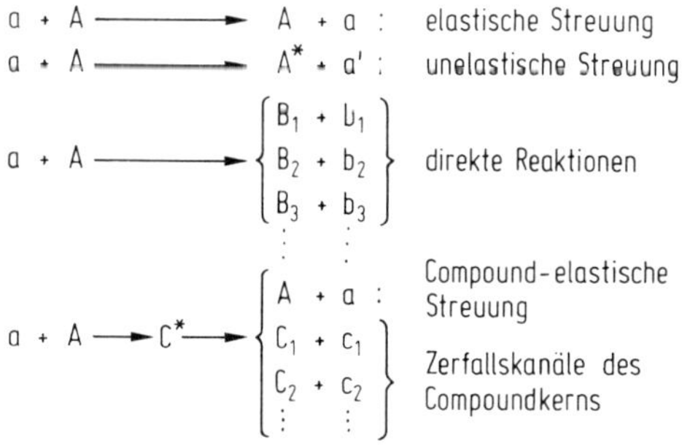

Abb. VIII,104. Zerfallskanäle.

Direkte Reaktionen lassen sich dadurch kennzeichnen, daß sie ein Zeitintervall beanspruchen, daß etwa der Durchflugszeit des Projektils durch den Target-Kern von ca 10^{-22} entspricht. Es können dabei im wesentlichen folgende Prozesse unterschieden werden:

1. Das Projektil kann einen Teil seiner Energie auf ein einzelnes Nukleon im Target-Kern übertragen und mit verminderter Energie weiterfliegen, wobei letzteres seinen Quantenzustand ändert und der Kern dadurch in einem angeregten Zustand zurückbleibt.

2. Insbesondere bei Verwendung geladener Projektile mit einer Energie, die unterhalb der Coulomb-Barriere liegt, können kollektive Bewegungen der Nukleonen im Target-Kern, d. h. Rotations- bzw. Vibrationszustände angeregt werden. Solche Prozesse werden als Coulombanregung bezeichnet.

3. Schließlich kann das Projektil vom Target-Kern absorbiert und ein anderes Nukleon emittiert werden. Einen wichtigen Spezialfall direkter Reaktionen bilden die Analogresonanzen z. B. in (p, n)-Reaktionen. Das Energiespektrum der beobachteten Neutronen enthält über einem kontinuierlichen Untergrund bei bestimmter Protonenenergie eine scharfe Linie. Sie wird dadurch erklärt, daß der (p, n)-Wirkungsquerschnitt besonders groß wird, wenn das einlaufende Proton in die Bahn des emittierten Neutrons springt.

Tritt der Fall ein, daß sich die Energie des einfallenden Projektils auf mehrere Nukleonen im Kern verteilt, dann wird in der Regel kein Nukleon mehr eine ausreichende Energie besitzen, um den Kern zu verlassen. Erst nach einer Periode der Umorientierung wird auf ein Nukleon wieder genügend Energie entfallen und zu Emission Anlaß geben. Man spricht von Compound-Kern-Bildung. Experimentelle Evidenzen hierfür entstammen unter anderem (n, γ)-Prozessen. Da für das Neutron keine Coulombbarriere existiert, können bereits sehr niederenergetische Neutronen von Kernen absorbiert werden. Dadurch entstehen im Bereich großer Zustandsdichte hoch angeregte Zustände knapp oberhalb der Separationsenergie $S_n \approx 8$ MeV. Als Funktion der Neutronenenergie werden z. B. bei ^{238}U als Funktion der Neutronenenergie eine Vielzahl von Resonanzen im (n, γ)-Wirkungsquerschnitt mit Breiten im Bereich 0,03 bis 2 eV gefunden. Da Lebensdauer und Energieunschärfe durch $\tau = \frac{\hbar}{\Gamma}$ miteinander verknüpft sind, entsprechen die genannten Breiten Lebensdauern von $3 \cdot 10^{-14}$ s bis 10^{-16} s für den Compound-Kern. Verglichen mit der Durchflugszeit eines Nukleons durch den Kern lebt der Compound-Zustand mindestens um den Faktor 10^6 länger. Es besteht jedoch auch die Möglichkeit, daß der Compound-Kern wieder in die ursprünglichen Teilchen mit den Eingangsparametern zerfällt. Hier spricht man von compound-elastischer Streuung. Es ist also zu beachten, daß Kernreaktionen bei gleichen Teilchen im Endzustand über sehr verschiedene Mechanismen ablaufen können. Da an dem Compound-Zustand eine hohe Zahl von Nukleonen beteiligt ist, liegt es nahe, statistische Methoden zu seiner Beschreibung anzuwenden. Bei großer kinetischer Energie des Projektils, d. h. wenn die de-Brogli-Wellenlänge klein gegen den Kerndurchmesser wird, werden direkte Reaktionen in den Vordergrund treten. Sie werden dies, wie im Beispiel der Analogresonanz, auch bei niedrigeren Energien tun, vorausgesetzt, es besteht ein guter Überlapp zwischen der Wellenfunktion von Target und Restkern. Die

Beschreibung von Kernreaktionen enthält eine Vielzahl von Parametern und Quantenzahlen. Dies sind z. B. Energie und Energieschärfe bzw. Impuls und Impulsschärfe des einlaufenden Teilchenstrahls, Drehimpulse und Paritäten von einlaufenden und auslaufenden Teilchen sowie von Target- und Endkern. Die Parameter und Quantenzahlen für den Anfangszustand definieren den sogenannten Eingangskanal für die Reaktion. Wie im oben angegebenen Schema gibt es in der Regel mehrere Ausgangskanäle. Im Ausgangskanal interessiert man sich zunächst für das Energiespektrum und die Winkelverteilung, die Aufschluß über die Niveaufolge und die zugehörigen Quantenzahlen des Restkerns geben. Wie bei allen Vorgängen in der Natur wird auch der Ablauf von Kernreaktionen durch Erhaltungssätze geregelt.

Erhaltungssätze bei Kernreaktionen

Die Gesamtzahl der Nukleonen ändert sich bei Kernreaktionen nicht. Wegen der Erhaltung der Ladung folgt, daß sowohl die Anzahl der Protonen als auch die Anzahl der Neutronen konstant bleibt. Energie- und Impulssatz werden bei der Umrechnung vom Laborsystem auf das Schwerpunktsystem verwendet.

$$E_A + E_a = E_B + E_b$$

$$\boldsymbol{p}_A + \boldsymbol{p}_a = \boldsymbol{p}_B + \boldsymbol{p}_b$$

In Abb. VIII,105 ist die Kinematik für Kernreaktionen mit zwei Reaktionspartnern im Labor- und im Schwerpunktsystem unter der häufig zutreffenden Annahme darge-

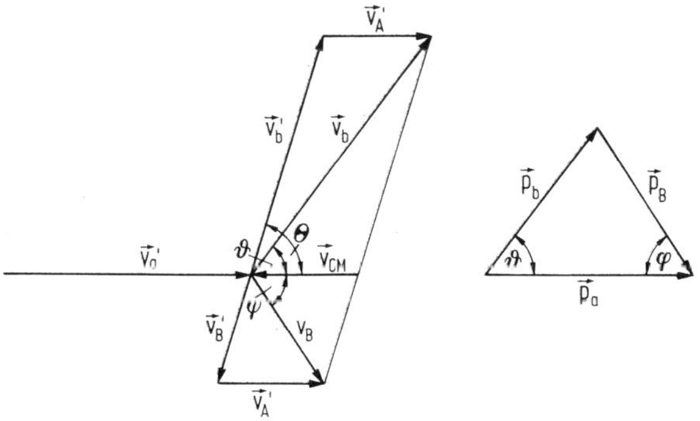

Abb. VIII,106. Vektordiagramm für Geschwindigkeiten und Impulse. Teilchen A ruht vor dem Stoß.

stellt, daß sich der Targetkern vor dem Stoß in Ruhe befand. (Die Brownsche Bewegung kann mit Ausnahme von Experimenten mit niederenergetischen Neutronen vernachlässigt werden.) Aus den Vektordiagrammen für die Geschwindigkeiten v_b, v_S und v'_b gewinnt man folgende Beziehung zwischen Streuwinkel ϑ im Laborsystem und Streuwinkel Θ im Schwerpunktsystem:

$$\operatorname{tg} \vartheta = \frac{v'_b \sin \Theta}{v'_b \cos \Theta + v_S}$$

Im Fall der elastischen Streuung $v_a = v'_b$ reduziert sich diese Beziehung auf:

$$\operatorname{tg} \vartheta = \frac{\sin \Theta}{\cos \Theta + (\frac{m_a}{m_A})}$$

Da der differentielle Wirkungsquerschnitt die wesentlichste Meßgröße bei Kernreaktionen darstellt, wird zum Vergleich des Experiments mit der Theorie die Umrechnung vom Laborsystem auf das Schwerpunktsystem häufig gebraucht.

$$(\frac{d\sigma}{d\Omega})_S = (\frac{d\sigma}{d\Omega})_{Lab} \cdot \frac{d\Omega_{Lab}}{d\Omega_S} \tag{VIII,401}$$

$$\frac{d\Omega_S}{d\Omega_{Lab}} = \frac{2\pi \sin\Theta \, d\Theta}{2\pi \sin\vartheta \, d\vartheta} = 2\frac{v_S}{v'_b}\cos\vartheta + \frac{1 + (\frac{v_S}{v'_b})^2 \cos 2\vartheta}{\sqrt{1 - (\frac{v_S}{v'_b})^2 \sin^2\vartheta}}$$

Da ein Teil der kinetischen Energie der einfallenden Teilchen in die Schwerpunktbewegung eingeht, also für die Reaktion verloren geht, hat man nach Gl. (VIII,401) zumeist eine Bevorzugung der Vorwärtsrichtung in der Streuung.

Zwar bleibt bei Kernreaktionen die Gesamtenergie erhalten, doch gilt dies bei Auftreten einer Energietönung, die aus dem Unterschied der Bindungsenergien gespeist wird, nicht für die kinetischen Energien. Als Q-Wert einer Kernreaktion wird unter Berücksichtigung, daß der Endkern im angeregten Zustand mit $E = E^*_B$ über dem Grundzustand zurückbleibt, die Differenz der kinetischen Energien vor und nach der Streuung eingeführt:

$$Q = E_b - E_a + E_B + E_A = (m_a + m_A - m_b - m_B)\, c^2 \tag{VIII,402}$$

In dieser Gleichung beziehen sich die kinetischen Energien auf das Laborsystem, doch ist Q unabhängig vom gewählten System. Die kinetische Energie des Restkern E_B kann aus Gl. (VIII,402) unter Verwendung des Impulsdreiecks in Abb. VIII,105 eliminiert werden

$$2\, m_B E_B = 2\, m_b E_b + 2\, m_a E_a - 2\sqrt{2\, m_a E_a} - \frac{2\sqrt{m_a m_b E_a E_b}}{m_b} \cos\vartheta$$

und liefert die sogenannte Q-Gleichung:

$$Q - E^*_B = E_b (1 + \frac{m_b}{m_B}) - E_a (1 - \frac{m_a}{m_B}) - \frac{2\sqrt{m_a m_b E_a E_b}}{m_b} \cos\vartheta \tag{VIII,403}$$

Es ist durch Messung von E_a und E_b bei der Streuung unter dem Winkel ϑ im Laborsystem möglich, Q und die Anregungsenergien des Restkerns zu bestimmen. Als Beispiel sei hier und im folgenden die Kernreaktion $^{10}B(\alpha, p)\, ^{13}C$ betrachtet. Das Energiespektrum der Protonen bei $\vartheta = 90°$ ist in Abb. VIII,106 für eine α-Energie von $E_\alpha = 4{,}77$ MeV wiedergegeben. Es wurden vier Gruppen von Protonen mit Energien von 6,84, 3,98, 3,43 und 3,23 MeV (gemessen im Laborsystem) gefunden,

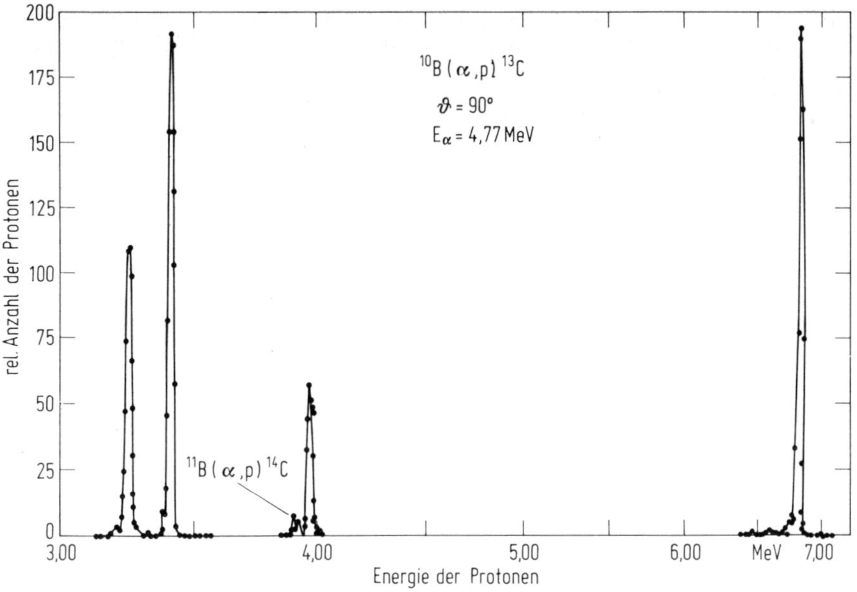

Abb. VIII,106. Protonengruppen aus der Reaktion $^{10}B(\alpha, p)\ ^{13}C$ (nach R. D. Evans [111]).

wobei die Protonengruppe mit der höchsten Energie den Übergang des Compound-Kerns $(^{14}N)^*$ in den ^{13}C-Grundzustand zuzuordnen ist. Daraus ergibt sich als Q-Wert der Reaktion nach Gl. (VIII,403) $Q = 4{,}07$ MeV. Das der Kernreaktion zuzuordnende Energieschema ist in Abb. VIII,107 angegeben. Die Energieabstände der Protonen-

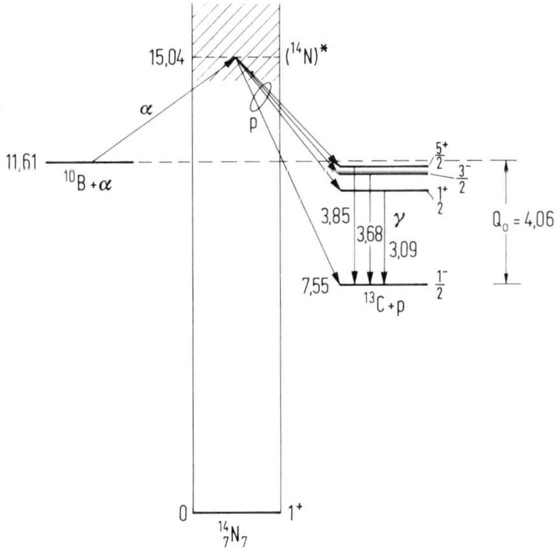

Abb. VIII,107. Zerfallsschema des Compoundkerns $(^{14}N)^*$ bei der Reaktion $^{10}B(\alpha, p)\ ^{13}C$.

gruppen spiegeln demnach direkt das Termschema von ^{13}C wieder. Die Kernreaktion hat Emission von γ-Quanten mit den Energien 3,09, 3,68 und 3,85 MeV zur Folge.

Man bezeichnet eine Reaktion wie die oben beschriebene mit $Q > 0$ als exotherm und eine Reaktion mit $Q < 0$ als endotherm. Im Fall $Q < 0$ gibt es für jeden Winkel eine Schwellenenergie, unterhalb derer keine Reaktion möglich ist. Am niedrigsten ist diese Schwelle bei $\vartheta = 0°$:

$$E_a(\text{Schwelle}) = -Q \frac{m_b + m_a}{m_B + m_b - m_a}$$

Es seien nun die aus Drehimpuls- und Paritätserhaltung resultierenden Auswahlregeln für Kernreaktionen diskutiert. Im Eingangskanal lassen sich (bezogen auf das Schwerpunktsystem) die Drehimpulse von Projektile $\boldsymbol{I}_a$ und Targetkern $\boldsymbol{I}_A$ zusammen mit ihrem relativem Bahndrehimpuls $\boldsymbol{L}_{aA}$ zum Drehimpuls $\boldsymbol{I}_{Ein}$ koppeln:

$$(\boldsymbol{I}_a + \boldsymbol{I}_A) + \boldsymbol{L}_{aA} = \boldsymbol{I}_{Ein}$$

Entsprechendes gilt für den Ausgangskanal:

$$(\boldsymbol{I}_b + \boldsymbol{I}_B) + \boldsymbol{L}_{bB} = \boldsymbol{I}_{Aus}$$

Die Drehimpulserhaltung fordert nun, daß der Drehimpuls im Eingangskanal gleich dem Drehimpuls des Compoundkerns $\boldsymbol{I}_C$ ist und daß dieser wiederum gleich dem Drehimpuls im Ausgangskanal ist:

$$\boldsymbol{I}_{Ein} = \boldsymbol{I}_C = \boldsymbol{I}_{Aus}$$

Für die oben behandelte Kernreaktion zum Grundzustand von ^{13}C bedeutet dies konkret:

$$I_a = 0, \quad I_A = 3, \quad I_b = \frac{1}{2}, \quad I_B = \frac{1}{2}$$

Der relative Bahndrehimpuls im Eingangskanal ist bei der verwendeten Energie, wie man leicht abschätzen kann $L_{aA} = 0$, so daß der Spin des ^{14}N-Compoundkerns $I_C = 3$ beträgt. Da $I_{bB} = 0, 1$ ist, stehen für L_{bB} zunächst die Werte 2, 3 und 4 zur Auswahl.

Die Paritätsauswahlregel läßt sich unmittelbar angeben:

$$\pi_a \, \pi_A (-1)^{L_{aA}} = \pi_b \, \pi_B (-1)^{L_{bB}} \qquad \text{(VIII,404)}$$

Sie schränkt die Zahl der oben noch zugelassenen Werte für den Bahndrehimpuls erheblich ein. Aus $\pi_a = +1$, $\pi_A = +1$, $L_{aA} = 0$, $\pi_b = +1$, $\pi_B = -1$ folgt mit (VIII,404) $(-1)^{L_{bB}} = -1$, d. h. L_{bB} muß eine ungerade Zahl sein, sodaß nur $L_{bB} = 3$ zugelassen ist. Tritt im Ausgangskanal der erste angeregte Zustand von ^{13}C mit $I^\pi = \frac{1}{2}^+$ auf, muß L_{bB} eine gerade Zahl sein, d. h. es sind die Werte $L_{bB} = 2$ und 4 zugelassen.

Wir gehen nun daran, einige allgemeine Aussagen über das Verhalten von Wirkungsquerschnitten bei Kernreaktionen zu machen. Da die Wechselwirkung des Projektils mit den Targetkernen als kleine Störung aufgefaßt werden kann, läßt sich wie bei der Elektronenstreuung die Übergangswahrscheinlichkeit nach der Gl. (VIII,128) für die zeitabhängige Störungsrechnung bestimmen:

$$w_{a\to e} = \frac{2\pi}{\hbar} |H_{a,e}|^2 \rho(E), \qquad H_{a,e} = \frac{1}{L^3} \int \psi_a^* \hat{H}' \psi_e \, d\tau = \frac{1}{L^3} \mathcal{H}_{a,e} \qquad \text{(VIII,405)}$$

Während der Mechanismus der Kernreaktionen im Matrixelement $H_{a,e}$ enthalten ist, lassen sich aus der Dichte der erreichbaren Endzustände $\rho(E) = \frac{dn}{dE}$ bereits Informationen über die Energieabhängigkeit gewinnen. Analog zur Behandlung der elastischen Elektronenstreuung ergibt sich für die Dichte:

$$\frac{dn}{dE} = \frac{4\pi L^3 p_b^2}{(2\pi\hbar)^3} \frac{dp_b}{dE}$$

Aus Energie- und Impulssatz im Schwerpunktsystem erhält man $\frac{dE}{dp_b} = v_b + v_B = v_{bB}$, wobei v_{bB} gleich dem Betrag der Relativgeschwindigkeit im Ausgangskanal ist. Die Berücksichtigung der Spinstellungen des beobachteten Teilchens b und des Restkerns vergrößert die Zustandsdichte um den statistischen Faktor $(2I_b + 1)(2I_B + 1)$, Entsprechend seiner Definition in Gl. (VIII,5) folgt aus (VIII,405) für den differentiellen Wirkungsquerschnitt:

$$\frac{d\sigma}{d\Omega}(\Theta) = \frac{w_{a\to e}}{v_{aA}/L^3} \qquad \text{(VIII,406)}$$

$$\frac{d\sigma}{d\Omega}(\Theta) = \frac{1}{\pi\hbar^4} |\mathcal{H}_{a,e}|^2 (2I_b + 1)(2I_B + 1) \frac{p_b^2}{v_{aA} v_{bB}}$$

Das Normierungsvolumen L^3 hebt sich heraus, wenn die Gesamtwellenfunktionen über diesem zu eins normiert waren. Von Gl. (VIII,406) ausgehend betrachten wir die zu A(a, b) B inverse Reaktion B(b, a) A. Durch Vertauschung der Indices in (VIII,406) ergibt sich unter der Voraussetzung

$$|\mathcal{H}_{a,e}|^2 = |\mathcal{H}_{e,a}|^2 \qquad \text{(VIII,407)}$$

Für das Verhältnis der differentiellen Wirkungsquerschnitte

$$\frac{\frac{d\sigma}{d\Omega}(\Theta)_{a\to e}}{\frac{d\sigma}{d\Omega}(\Theta)_{e\to a}} = \frac{p_b^2(2I_b + 1)(2I_B + 1)}{p_a^2(2I_a + 1)(2I_A + 1)} \qquad \text{(VIII,408)}$$

Gl. (VIII,408) wird als Reziprozitätstheorem für Kernreaktionen bezeichnet und kann auch allgemeiner ohne Beanspruchung der Störungstheorie hergeleitet werden. Die wesentliche Voraussetzung (VIII,407) ist erfüllt, wenn $\mathcal{H}_{a,e}$ invariant unter der Zeitumkehrtransformation $\mathcal{T}\,(t \to -t)$ ist.

Die Gl. (VIII,408) bietet daher eine Möglichkeit, die Gültigkeit der Zeitumkehrinvarianz für die Starke Wechselwirkung zu prüfen. Experimente mit diesem Ziel sind beispielsweise mit Hilfe der Kernreaktionen $\alpha + {}^{12}C \rightleftharpoons d + {}^{14}N$ und $d + {}^{24}Mg \rightleftharpoons {}^{25}Mg + p$ von Bodanski und Mitarbeitern [95], [96] durchgeführt worden. Bei der Reaktion ${}^{12}C(\alpha, d)\,{}^{14}N$ ($Q = -\,13{,}574$ MeV) wurden Teilchen mit einer Energie von $E_\alpha = 41{,}7$ MeV verwendet. Damit die Umkehrreaktion über dasselbe Compoundkernniveau von $({}^{16}O)^*$ verläuft, kann man ausrechnen, daß die Deuteronen mit einer Energie von 20,0 MeV eingeschossen werden müssen. Die Experimente ergaben, daß etwaige die Zeitumkehr verletzende Effekte geringer als 0,3% sein müssen.

Gl. (VIII,406) gestattet es, pauschale Aussagen über die Energieabhängigkeit von Kernreaktionen zu machen, wenn $|\mathcal{H}_{a,e}|^2$ als schwach energieabhängig vorausgesetzt wird. Damit wird zunächst auf eine Beschreibung von Resonanzen verzichtet:

$$\sigma = \text{Konst.}\ \frac{p_b^2}{v_a\, v_b}$$

1. Elastische Neutronenstreuung (n, n): Wegen $v_a = v_b$ ist $\sigma \approx$ konstant ((Abb. VIII,108a).

2. Neutroneninduzierte exotherme Reaktionen wie z. B. (n, γ), (n, α), (n, p): Diese Reaktionen werden bereits bei im Vergleich zur Bindungsenergie sehr niedrigen Neutronenenergien im eV-Bereich ausgelöst. Daher ist v_b ungefähr konstant, also $\sigma \sim \frac{1}{v_a}$. Das emittierte geladene Teilchen muß den Coulombwall durchdringen. $|\mathcal{H}_{a,e}|^2$ enthält daher für ein geladenes auslaufendes Teilchen den Durchdringungsfaktor $\exp(-\,2\,G_b)$, der uns vom α-Zerfall her bekannt ist. Da $v_b \approx$ konstant ist, bleibt es beim bekannten $\frac{1}{v}$-Gesetz (Abb. VIII,108b)

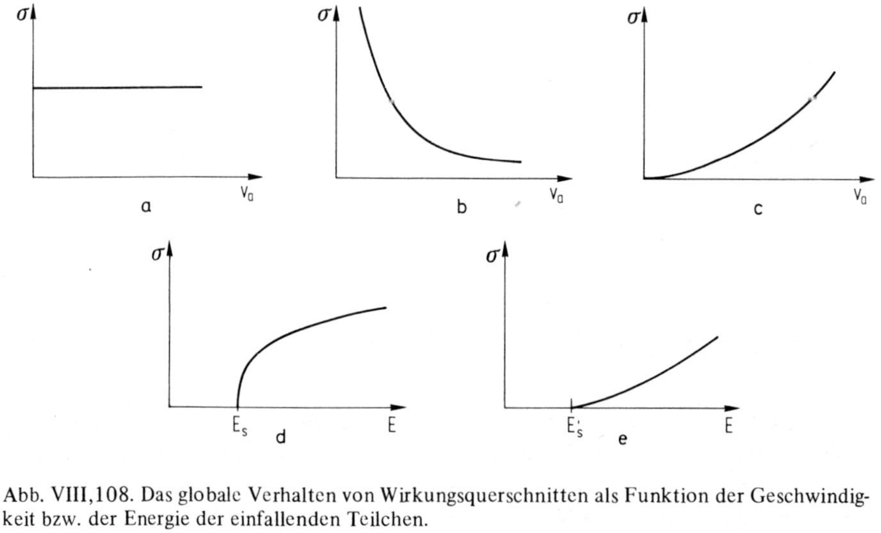

Abb. VIII,108. Das globale Verhalten von Wirkungsquerschnitten als Funktion der Geschwindigkeit bzw. der Energie der einfallenden Teilchen.

3. Von geladenen Teilchen hervorgerufene exotherme Reaktionen wie (p, n), (p, α), (α, n): Mit $v_b \approx$ konstant wird $\sigma \sim \frac{1}{v_a} \exp(-2\,G_a)$. Da der Gamowfaktor überwiegt, ergibt sich für ein prinzipieller Verlauf entsprechend Abb. VIII,108c.
4. Unelastische (n, n')-Reaktionen ($Q < 0$): Oberhalb der Schwelle kann $v_a \approx$ konstant gesetzt werden, während v_b gemäß dem Energieüberschuß über die Schwellenenergie $E_a - E_S$ variiert. Daher wird $\sigma \sim \sqrt{E_a - E_S}$ (Abb. VIII,108d).
5. Neutroneninduzierte endotherme Reaktionen mit geladenen Teilchen im Ausgangskanal wie (n, p), (n, α): Es tritt zum vorangegangenen Fall der stark überwiegende Gamow-Faktor $\exp(-2\,G_b)$ hinzu und ergibt $\sigma \sim \sqrt{E_a - E_S}\,\exp(-2\,G_b)$ (Abb. VIII,108e).

Resonanzen

Es erweist sich im Zusammenhang mit Resonanzen als vorteilhaft, an die Behandlung der Nukleon-Nukleon-Streuung in Abschnitt VIII,4 anzuknüpfen. Dort handelte es sich um elastische Streuung, d. h., die auslaufenden Kugelwellen werden gegenüber den einlaufenden Kugelwellen in (VIII,272) nicht in ihrer Amplitude, sondern in ihrer Phase verändert. Die nun zugelassene Absorption kann durch eine komplexe Amplitude $\eta_l = |\eta_l| \exp(2\,i\,\delta_l)$ in der Partialwellenentwicklung der Streuamplitude berücksichtigt werden:

$$f(\vartheta) = \sum_{l=0}^{\infty} \frac{2\,l+1}{2\,i\,k} (\eta_l - 1)\, P_l(\cos\vartheta)$$

Der Gesamtwirkungsquerschnitt kann in eine Summe aus dem Wirkungsquerschnitt für elastische Streuung σ_{Streu} und dem Wirkungsquerschnitt σ_{Reak} für Kernreaktionen aufgeteilt werden:

$$\sigma_{tot} = \sigma_{Streu} + \sigma_{Reak}$$

Eine zu (VIII,273) analoge Rechnung ergibt:

$$\sigma_{Streu} = \frac{\pi}{k^2} \sum_{l=0}^{\infty} (2\,l+1)\,|1 - \eta_l|^2 \qquad \text{(VIII,409)}$$

$$\sigma_{Reak} = \frac{\pi}{k^2} \sum_{l=0}^{\infty} (2\,l+1)\,(1 - |\eta_l|^2)$$

so daß

$$\sigma_{tot} = \frac{2\,\pi}{k^2} \sum_{l=0}^{\infty} (2\,l+1)\,(1 - \mathrm{Re}\,\eta_l)$$

wird. σ_{Reak} beschreibt die aus dem elastischen Kanal absorbierten Teilchen, die mit dem Kern reagiert haben, wobei die inelastische Streuung eingeschlossen ist. Es wird jedoch nichts darüber ausgesagt, was mit den absorbierten Teilchen geschieht. Die durch (VIII,409) beschriebenen Verhältnisse lassen sich für eine herausgegriffene Partialwelle l sehr gut an Hand von Abb. VIII,109 übersehen.

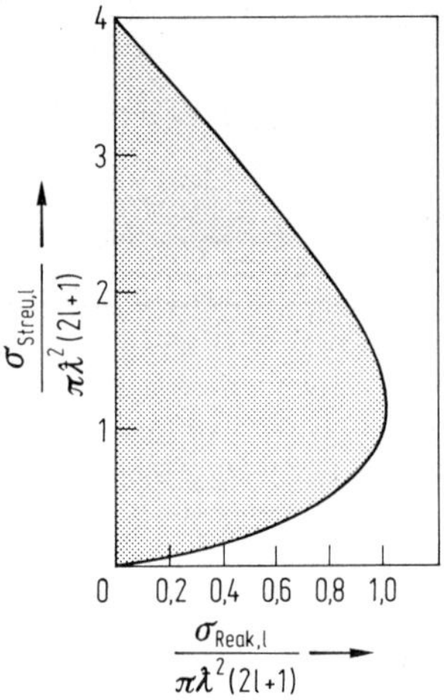

Abb. VIII,109. Grenzen für den Streuquerschnitt $\sigma_{Streu,l}$ bei vorgegebenem Reaktionsquerschnitt $\sigma_{Reak,l}$. Nur der gepunktete Wertebereich ist zugelassen.

1. Da σ_{Reak} nicht negativ werden kann, muß $|\eta_l|^2 \leqslant 1$ gelten. Die erlaubten Werte für $\sigma_{Streu,l}$ und $\sigma_{Reak,l}$ müssen in dem schraffierten Gebiet liegen.
2. Der Streuquerschnitt nimmt seinen maximalen Wert von $\sigma = 4\,\pi\,\lambda\!\!\!^{-2}\,(2\,l + 1)$ bei $\eta_l = -1$ an, dann verschwindet allerdings der Reaktionsquerschnitt. Für $\eta_l = 0$ erreicht der Reaktionsquerschnitt sein Maximum, ohne daß der Streuquerschnitt verschwindet. Der Kern wirkt als schwarze Scheibe.
3. Der Streuquerschnitt verschwindet nur für $\eta_l = 1$. In diesem Fall gibt es dann auch keine Reaktion.

Der hier skizzierte Formalismus ermöglicht die Beschreibung isolierter Resonanzen im Compoundkern. Wir beschränken uns im folgenden auf Neutronen in s-Zuständen ($l = 0$) und vernachlässigen den Spin. Die Wellenfunktion der Relativbewegung lautet außerhalb des Kerns:

$$\Psi_0 = \frac{1}{r}\,u_0(r)\,Y_{0,0} \qquad \text{(VIII,410)}$$

$$u_0(r) = \left(\frac{\sqrt{\pi}}{k}\right) i\,[\exp(-i\,k\,r) - \eta_0\,\exp(i\,k\,r)]$$

Sie ist am Kernrand bei $r = R$ an die Wellenfunktion innerhalb des Kerns mit stetiger logarithmischer Ableitung f_0 anzuschließen.

$$f_0 = R\left(\frac{\mathrm{d}\ln u_0(r)}{\mathrm{d}r}\right)_{r=R} = R\left(\frac{1}{u_0}\frac{\mathrm{d}u_0}{\mathrm{d}r}\right)_{r=R} \tag{VIII,411}$$

f_0 wird durch die nicht näher spezifizierten Eigenschaften der Wellenfunktion im Kern festgelegt. Durch Einsetzen von (VIII,410) in (VIII,411) läßt sich ein Zusammenhang zwischen f_0 und η_0 gewinnen:

$$\eta_0 = \frac{f_0 + \mathrm{i}kR}{f_0 - \mathrm{i}kR}\exp(-2\,\mathrm{i}kR) \tag{VIII,412}$$

f_0 wird in der Regel eine komplexe Zahl sein. Reelles f_0 bedeutet nach (VIII,412) $|\eta_0|^2 = 1$, was ein Verschwinden des Reaktionsquerschnitts bedeutet. Wird die Energie der einfallenden Neutronen variiert, dann mag es einen Wert $E = E_R$ geben, bei dem $f_0 = 0$ ist. Die Wellenfunktion im Außenraum schließt dann am Kernrand mit waagerechter Tangente an die Wellenfunktion im Kerninnern an, d. h., sie kann mit unverminderter Amplitude in den Kern eindringen. Es liegt nahe und findet seine Rechtfertigung, einen solchen Fall als Compoundresonanz zu bezeichnen. Mit (VIII,412) läßt sich der Streuquerschnitt als Funktion von f_0 darstellen.

$$\sigma_{\mathrm{Streu},\,l=0} = \frac{\pi^2}{k^2}\,|\,\mathrm{A}_{\mathrm{Res}} + \mathrm{A}_{\mathrm{Pot}}\,|^2 \tag{VIII,413}$$

$\mathrm{A}_{\mathrm{Res}}$ und $\mathrm{A}_{\mathrm{Pot}}$ bedeuten darin die Amplituden für Resonanz- bzw. Potentialstreuung:

$$\mathrm{A}_{\mathrm{Res}} = \frac{-2\,\mathrm{i}kR}{f_0 - \mathrm{i}kR}, \quad \mathrm{A}_{\mathrm{Pot}} = \exp(2\,\mathrm{i}kR) - 1$$

Die Potentialstreuung hängt nicht von f_0 ab, sie beschreibt lediglich die Streuung der einfallenden Welle am Potentialsprung. Eine Taylorentwicklung von f_0 in der Nähe der Resonanz führt auf die Darstellung

$$f_0 = -(E - E_R)\,\mathrm{a} \quad \mathrm{i}\,\mathrm{b}$$

wobei a und b in der Umgebung der Resonanz als Konstanten behandelt werden können. Mit den Abkürzungen

$\Gamma_s = \frac{2kR}{\mathrm{a}}$: Breite der Resonanz

$\Gamma_R = \frac{2\,\mathrm{b}}{\mathrm{a}}$: Breite der Reaktion

$\Gamma = \Gamma_s + \Gamma_R$: Gesamtbreite

ergibt sich für den Resonanzwirkungsquerschnitt

$$\sigma_{\mathrm{Res},\,l=0} = \frac{\pi}{k^2}\,\frac{\Gamma_s^2}{(E - E_R) + \frac{1}{4}\Gamma^2} \tag{VIII,414}$$

Als Funktion der Energie hat dieser Wirkungsquerschnitt die Form einer Lorentzkurve. Für den Reaktionsquerschnitt gilt entsprechend:

Man bezeichnet die Gleichungen für die Wirkungsquerschnitte auch als Breit–Wigner-Formeln für isolierte Resonanzen. In der Nähe der Resonanz kann es wegen (VIII,413) zu destruktiver ($E < E_R$) und konstruktiver Interferenz ($E > E_R$) zwischen Potential- und Resonanzstreuung kommen, so daß der Wirkungsquerschnitt den in Abb. VIII,110 skizzierten Verlauf annimmt. Im Maximum der Resonanz ergibt sich $\sigma = 4\,\pi\,ƛ^2$.

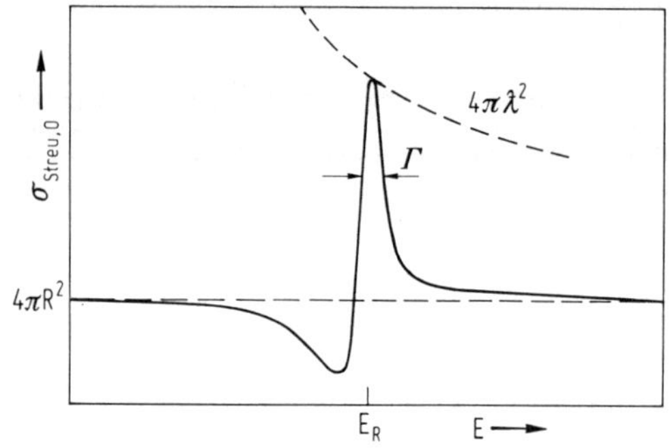

Abb. VIII,110. Isolierte Resonanz im Wirkungsquerschnitt für elastische Streuung bei $l = 0$.

Weit außerhalb der Resonanz nähert sich der Wirkungsquerschnitt demjenigen für Potentialstreuung.

Von großer praktischer Bedeutung sind Neutroneneinfangresonanzen. ^{113}Cd hat beispielsweise eine Resonanz bei 0,17 eV, also etwas oberhalb der Energie thermischer Neutronen. Dieses Isotop findet daher als Neutronenabsorber Verwendung.

Wenn sich bei höherer Neutronenenergie die Resonanzen im Compoundkern überlappen, ist es angebracht, gemittelte Wirkungsquerschnitte zu betrachten. Dabei hat das optische Potential gute Erfolge erzielt. Da Reaktionen einer Absorption von Nukleonen im Kern entsprechen, enthält das optische Potential einen Realteil und einen Imaginärteil:

$$V(r) = U(r) + \mathrm{i}\,W(r)$$

Diesem Modell entspricht in der Optik die Streuung von Licht an einer trüben Glaskugel. Da die Nukleonenabsorption in wesentlichen auf den Bereich der Kernoberfläche begrenzt sein wird, ist $W(r)$ nur am Kernrand von Null verschieden. Für $V(r)$ wird häufig das bereits erwähnte Saxon–Woods-Potential zuzüglich Spin-Bahn-Kopplungsterm benutzt:

$$U(r) = -\frac{V_0}{1 + \exp\left[(r - R)/a\right]} - \frac{1}{\hbar^2}\,V_{sl}\,\mathrm{f}(r)\,\hat{s}\cdot\hat{l}$$

während für $W(r)$ der Ansatz

$$W(r) = -W_0 \exp\left(-\frac{(r-R)^2}{b^2}\right)$$

verwendet wird. Das optische Modell hat besonders bei der Berechnung von Neutronenwirkungsquerschnitten im MeV-Bereich zu guten Resultaten geführt.

Literaturverzeichnis zum VIII. Kapitel

Zum weiteren Studium seien folgende Bücher genannt:

Baumgärtner, G. und P. Schuck: Kernmodelle, BI – Hochschultaschenbuch 203, Mannheim 1968

Blatt, J. M. und V. F. Weisskopf: Theoretical Nuclear Physics, John Wiley & Sons, Inc. New York 1952

Bodenstedt, E.: Experimente der Kernphysik und ihre Deutung, BI – Wissenschaftsverlag, Mannheim 1972

Bohr, A. und B. R. Mottelson: Nuclear Structure, Vol. I, W. A. Benjamin Inc. New York 1969

Bucka, H.: Atomkerne und Elementarteilchen, Walter de Gruyter, Berlin 1973

von Buttlar, H.: Einführung in die Grundlagen der Kernphysik, Akademische Verlagsgesellschaft, Frankfurt a. Main 1964

Eisenberg, J. M. und W. Greiner: Nuclear Theory, North – Holland Publishing Company, Amsterdam 1972

Enge, H.: Introduction to Nuclear Physics, Addison – Wesley Publishing Company, Reading (Mass.) 1966

Mayer-Kuckuk, T.: Physik der Atomkerne, B. G. Teubner, Stuttgart 1970

Preston, M.W.: Physics of the Nucleus, Addison – Wesley Publishing Comp. Reading (Mass.) 1972

Segre, E.: Nuclei and Particles, W. A. Benjamin, Inc. New York 1965

Siegbahn, K.: Alpha-, Beta- and Gamma-Ray Spectroscopy, North – Holland Publishing Company, Amsterdam 1965

[1] Heisenberg, W.: Z. Phys. 77,1 (1932)

[2] Lee, T. D. und C. N. Yang: Phys. Rev. 104, 254 (1956), Phys. Rev. 105,1671 (1957)

[3] Dirac, P. A. M.: The Principles of Quantum Mechanics, Oxford 1947

[4] Edmonds, A.R.: Drehimpulse in der Quantenmechanik, BI – Hochschultaschenbuch 53/53a, Mannheim 1964

[5] Condon, E. U. und G. H. Shortley: The Theory of Atomic Spectra, Cambridge University Press 1964

[6] Rose, M. E.: Elementary Theory of Angular Momentum, J. Wiley & Sons 1957

[7] Messiah, A.: Quantum Mechanics, North – Holland Publishing Company, Amsterdam 1965

[8] Källen, G.: Elementarteilchenphysik, BI – Hochschultaschenbuch 100/100a/100b, Mannheim 1965

[9] Henley, E. M.: Charge Independence and Charge Symmetry of Nuclear Forces – Isospin in Nuclear Physics edited by D. H. Wilkinson, North – Holland Publishing Company, Amsterdam 1969

[10] Mc Voy, K. W.: Rev. of Mod. Phys. 37,84 (1963)

[11] Wigner, E. P.: Phys. Rev. 51,106 (1937)

[12] Selzer, G.I.: Der Isospin von Atomkernen, Akademie-Verlag, Berlin 1960

[13] Anderson, J. D. und Wong, C.: Phys. Rev. Letters 7,250 (1961)
[14] Lane, A. M. und J. M. Soper: Nucl. Phys. 37,506 und 663 (1962)
[15] Nier, O. A. und T. R. Roberts: Phys. Rev. 81, 507 (1951)
[16] Mattauch, J.: Phys. Rev. 50,617 (1936)
[17] Rutherford, E.: Phil. Mag. 21,669 (1911)
[18] Hofstadter, R.: Nuclear and Nucleon Structure, W. A. Benjamin Inc. 1963
[19] Heisenberg, J., R. Hofstadter, J. S. Mc Carthy, I. Sick, B. C. Clark, R. Herman and D. G. Ravenhall: Phys. Rev. Letters 23,1402 (1969)
[20] Pauli, W. und R. Peierls: Z. Phys. 32,670 (1931)
[21] Brix, P. und H. Kopfermann: Rev. of Mod. Phys. 30,517 (1958)
[22] Brix, P. und H. Kopfermann: Z. Phys. 126,344 (1949)
[23] Walter, H.: Physica Scripta 9,297 (1974)
[24] Bonn, I., G. Huber, H.-J. Kluge, U. Höpf, L. Kugler, E. W. Otten und I. Rodriguez: Physik 73, Plenarvorträge, Hg. Dt. Phys. Gesellschaft
[25] Stacey, D. N.: Rep. on Progress in Physics, Vol. XXIX (1966), Part I,171
[26] Kopfermann, H.: Kernmomente, Akademische Verlagsgesellschaft, Frankfurt a. Main 1956
[27] Fermi, E. and E. Teller: Phys. Rev. 72,399 (1947)
[28] Fitch, V.L., and J. Rainwater: Phys. Rev. 92,789 (1953)
[29] Acker, H. L., G. B. Backenstoss, C. Damm, J. C. Sens and S. A. de Wit: Nucl. Phys. 87,1 (1966)
[30] Backenstoss, G. B., S. Charalambus, H. Daniel, H. Koch, G. Poelz, H. Schmitt und L. Tauscher: Phys. Letters 25B,547 (1967)
[31] Kessler, D., H. L. Anderson, M. S. Dixit, H. J. Evans, R. J. Mc Kee, C. K. Hargrove, R. D. Barton, E. P. Hincks, J. D. Mc Andrew: Phys. Rev. Letters 18,1179 (1967)
[32] Elton, L. R. B.: Nuclear Sizes, Oxford University Press, London 1961
[33] de Wit, S.A., G. Backenstoss, C. Daum, J. C. Sens und H. L. Acker: Nucl. Phys. 87,657 (1966)
[34] Burhop, E. H. S.: High Energy Physics Vol. III, Academic Press, New York 1969
[35] Wu, C. S. and L. Wilets: Ann. Rev. of Nucl. Sci. Vol. 19,527 (1969)
[36] Schwartz, C.: Phys. Rev. 97,380 (1955)
[37] Löbner, K.E.G., M. Vetter und V. Hönig: Nuclear Data Tables A7 495 (1970
[38] Lange, W., J. Luther und B. Nottbeck: 5th Conference of the European Group for Atomic Spectroscopy 1973
[39] Rabi, I., S. Millman, P. Kusch und J. Zacharias: Phys.Rev. 55, 526 (1939)
[40] Worley, R. D., V. J. Ehlers, W. A. Nierenberg and H. A. Shugart: Phys. Rev. 140, B1483 (1965)
[41] Dankwort, W. und S. Penselin: 5th Conference of the European Group for Atomic Spectroscopy (1973)
[42] Brossel, I. und A. Kastler: Acad. Sci. Paris, 229,1213 (1949)
[43] Colegrove, F. D., P. A. Franken, R. R. Lewis and P. H. Sands: Phys. Rev. Letters 3,420 (1959)
[44] Hese, A. und H.-P. Weise: Studienarbeit, Inst. f. Strahlungs- und Kernphysik, TU – Berlin
[45] Breit, G.: Rev. of Mod. Phys. 5,91 (1933)
[46] Kusch, P.: Physica 17,339 (1951)
[47] Hese, A. und H.-P. Weise: Z. f. angew. Phys. 30. Band, 170 (1970)
[48] Bohr, A. und V. F. Weißkopf: Phys. Rev. 77,94 (1950)
[49] Stroke, H. H., R. J. Blin-Stoyle and V. Jaccarino: Phys. Rev. 123,1326 (1961)
[50] Kellogg, J., I. Rabi, N. Ramsey and J. Zacharias: Phys. Rev. 57,677 (1940)
[51] Kazi, A. H., N. C. Rasmussen and H. Mark: Phys. Rev. 123,1310 (1961)

[52] Glenndenning, N. K. and G. Kramer: Phys. Rev. 126,2159 (1961)

[53] Enge, H.: Introduction to Nuclear Physics, Addison – Wesley Publishing Company 1966

[54] Noyes, H.P. and H. Fiedeldey: Conference on Three – Particel Scattering in Quantum Mechanics, W. A. Benjamin Inc., New York 1968

[55] Knecht, D. J., S. Messelt, E. D. Berners and L. C. Northcliffe: Phys. Rev. 114,550 (1959)

[56] Worthington, H. R., J. N. McGruer and D. E. Findley: Phys. Rev. 90,899 (1953)

[57] Wilson: The Nucleon – Nucleon – Interaction, Interscience Publ. Wiley & Sons, 1963

[58] Mc Gregor, M. H. et al.: Phys. Rev. 169,1128 (1968)

[59] Feynman, R.P. : Phys. Rev. 76,749 (1949)

[60] Yukawa, H.: Proc. Phys. Math. Soc. Japan 17,48 (1935)

[61] Okubo, S. and R. Marshak: Ann. Phys. 4,166 (1950)

[62] Bryan, R. and B. L. Scott: Phys. Rev. 177,1435 (1969)

[63] Erkelenz, K., K. Holinde und K. Bleuler: Nucl. Phys. A139,308 (1969)

[64] Hamada, T. and J. D. Johnston: Nucl. Phys. 34,382 (1962)

[65] Reid, R.: Ann. Phys. 50,411 (1968)

[66] v. Weizsäcker, C. F.: Z. Phys. 96,431 (1935)

[67] Woods, R. D. and D. S. Saxon: Phys. Rev. 95,577 (1954)

[68] Haxel, O., J. H. D. Jensen und H. E. Süess: Z. Phys. 128,295 (1950)

[69] Goeppert-Mayer, M.: Phys. Rev. 75, 1969 (1949); 78,16 und 22 (1950); 79,1012 (1950)

[70] Heusinkveld, M. und H. Freier: Phys. Rev. 85,80 (1952)

[71] Preston, M.A.: Physics of the Nucleus, Addison – Wesley Publishing Company 1962

[72] Rotenberg, M., R. Bivins, N. Metropolis and J. K. Wooton jr.: The 3j- and 6j-Symbols, Cambridge (Mass.) 1959

[73] Racah, G.: Phys. Rev. 63,367 (1943)

[74] Kurath, D.: Nuclear Coupling Schemes in Nuclear Spectroscopy Part B, Edited by F. Ajzenberg – Selove Academic Press, New York 1960

[75] Nilsson, S. G.: Dan Mat. Fys. Medd. 29 (1955) No 16

[76] Bohr, A.: Kgl. Danske Videnskab. Selskab Mat. Fys. Medd. 26 (1952) No 14

[77] Bohr, A. und B. Mottelson: Kgl. Danske Videnskab Selskab Mat. Fys. Medd. 27 (1953) No 16

[78] Nilsson, S. G. und O. Prior: Kgl. Danske Videnskab Selskab Mat. Fys. Medd. 29 (1955) No 16

[79] Condon, E. U. und R. W. Gurney: Nature 122,439 (1928)

[80] Igo, G.: Phys. Rev. 115,1665 (1959)

[81] Rasmussen, J. O.: Phys. Rev. 113,1593 (1959)

[82] Mang, H. J.: Phys. Rev. 119,1069 (1960)

[83] Blatt, J. M. and V. F. Weisskopf: Theoretical Nuclear Physics, J. Wiley & Sons, New York 1952

[84] Moszkowski, S.A.: Theory of Multipole Radiation – Alpha-, Beta-, Gamma-Ray Spectroscopy Vol. 2, K. Siegbahn (Editor) 1965

[85] Jackson, J. D.: Classical Electrodynamics,

[86] Heitler, W.: The Quantum Theory of Radiation, Oxford University Press, London 1954

[87] Segre, E.: Nuclei and Particles, W. A. Benjamin Inc. New York 1965

[88] Brady, E. L. and M. Deutsch: Phys. Rev. 72,870 (1947), Phys. Rev. 74,541 (1948), Phys. Rev. 78,558 (1950)

[89] Doktorarbeit am Institut für Kernphysik der Universität Bonn

[90] Frauenfelder, H. and R. M. Steffen: Angular Distribution of Nuclear Radiation – Alpha-, Beta-, Gamma-Ray Spectroscopy Vol. 2, K. Siegbahn (Editor) 1965

[91] Christensen, C. J., A. Nielson, A. Bahnsen, W. K. Brown and B. M. Rustad: Phys. Letters 26B,11 (1967)

[92] Reines, F. and C. L. Cowan: Phys. Rev. 92,830 (1953)

[93] Wu, C. S. and S. A. Moszkowski: Beta Decay, Interscience Publishers 1966

[94] Evans, R. D.: The Atomic Nucleus, McGraw – Hill Book Company New York 1955

[95] Bodansky, D., S. F. Eccles, G. W. Farwell, M. E. Rickey and P. C. Robinson: Phys. Rev. Letters 2,101 (1959)

[96] Bodansky, D., W. J. Braithwaite, D. C. Shreve, D. W. Storm and W. G. Weitkamp: Phys. Rev. Letters 17,589 (1966)

[97] Bohr, A. and B. R. Mottelson: Nuclear Structure Vol. I, W. A. Benjamin 1969

[98] Van Lieshout, R.: Proceedings of the International School of Physics „Enrico Fermi" Course 40, Academic Press, New York 1969

[99] Goldring, G., M. Samuel, B. A. Watson, M. C. Bertin and S. L. Tabor: Phys. Rev. Letters 32 B,465 (1970)

[100] Kim, N. Y.: Mesic Atoms and Nuclear Structure, North – Holland Publishing Company, Amsterdam 1971

[101] Schmidt, Th.: Z. Phys. 106,358 (1937)

[102] Goeppert-Mayer, M. and J. H. D. Jensen: Elementary Theory of Nuclear Shell Structure, J. Wiley & Sons, New York 1955

[103] Ajzenberg-Selove, F.: Nucl. Phys. A227 (1974)

[104] Klingenberg, P.: Rev. Mod. Phys. 24,63 (1952)

[105] de-Shalit, A. and I. Talmi: Nuclear Shell Theory, Academic Press New York 1963

[106] Wapstra, A. H., G. J. Nijgh and R. van Lieshout: Nuclear Spectroscopy Tables, North – Holland Publ. Comp. Amsterdam 1959

[107] Faessler, A., W. Greiner und R. K. Sheline: Nucl. Phys. 70,33 (1965)

[108] Gamow, G.: Z. Phys. 51,204 (1928)

[109] Gallagher, C. J. and J. O. Rasmusen: J. Inorg. Nucl. Chem. 3,333 (1957)

[110] Bodenstedt, E.: Experimente der Kernphysik und ihre Deutung, BI – Wissenschaftsverlag, Mannheim 1972

IX. KAPITEL

Reaktorphysik

(H. Küsters, Karlsruhe)

1. Aufgabenstellung der Reaktorphysik

Die Entdeckung der Kernspaltung durch Hahn und Straßmann Ende 1938 löste eine einzigartige, rasch fortschreitende technologische Entwicklung aus. Bereits etwa vier Jahre später konnte Fermi in Chicago ein System in Betrieb setzen, in welchem fortgesetzte, sich selbst erhaltende und kontrollierbare Kernspaltungen erzeugt wurden: den ersten Reaktor „Chigaco Pile 1". Die Nutzung der Kernenergie für friedliche Zwecke brachte 1964 den ersten weitgreifenden Erfolg: In Oyster Creek in den USA wurde ein Reaktor zu freien marktwirtschaftlichen Bedingungen angeboten. Damit setzte die kommerzielle Phase der Reaktorentwicklung ein, und heute können Kernkraftwerke zu einem vergleichbaren Preis Elektrizität anbieten wie konventionelle Öl- und Kohlekraftwerke.

Der Betrieb eines Reaktors erscheint auf Grund der Tatsache, daß bei der Spaltung eines schweren Atomkerns sowohl Energie wie Neutronen erzeugt werden, unter folgenden zwei Gesichtspunkten attraktiv:

1. Bei der Spaltung eines schweren Atomkerns wird eine Energie von etwa 200 MeV frei; sie ist rund eine Million mal größer als die bei einer chemischen Umwandlung erzeugte Energie von ungefähr 1 eV (z. B. ergibt die Verbrennung von C zu CO_2 bei 25 °C eine Energie von 4,1 eV). Der Reaktor bietet sich also als eine interessante **Energiequelle** an. $3{,}1 \cdot 10^{10}$ Spaltungen sind notwendig, um 1 Wattsekunde zu erzeugen. Die Spaltung aller $2{,}6 \cdot 10^{21}$ Kerne eines Gramms ^{235}U ergibt folglich $8{,}3 \cdot 10^{10}$ Ws = $2{,}3 \cdot 10^4$ KWh = 0,95 MWd (Megawatt-Tag) $\approx$ 1 MWd.
2. Das Auftreten von Neutronen bei der Spaltung bietet die Möglichkeit, den Reaktor als **Neutronenquelle** bei der Durchführung von Experimenten zu benutzen.

Diese zwei grundsätzlichen Möglichkeiten des Betriebs eines Reaktors als Energielieferant **(Leistungsreaktor)** und Neutronenquelle **(Forschungsreaktor)** sind **physikalisch** völlig gleichwertig, da beide Aspekte gleichzeitig bei einem Spaltprozeß auftreten.

Natürlich sind Ausführungen beider Typen unterschiedlich, da man in einem Falle **nur** an der **Energie**, im anderen Falle **nur** an den **Neutronen** interessiert ist.

Die Fragen der Physik, die bei der Untersuchung der Eigenschaften und bei der Auslegung eines Reaktorsystems beantwortet werden müssen, sind sehr vielschichtig. Sie reichen von der Kernphysik mit ihrer quantenhaften Struktur über die klassische Theorie der elastischen Bremsung bis hin zu Problemen der Festkörperphysik. Daneben treten Aspekte der Thermo- und Hydrodynamik bei der Auslegung eines Reaktors stark in den Vordergrund. Diese Eigenart, daß viele unterschiedliche physikalische Aspekte bei der Auslegung eines Reaktors zu berücksichtigen sind, erklärt den zunächst befremdlichen Terminus „Reaktorphysik", durch den die Physik sozusagen einer Maschine zugeordnet wird.

Die Aufgaben, die von der Reaktorphysik behandelt werden, seien im folgenden für das Beispiel eines Leistungsreaktors in ihren wesentlichen Zügen umrissen. Zunächst mache man sich klar, daß ein Kernkraftwerk sich von einem konventionellen Kohle- oder Ölkraftwerk hauptsächlich nur in der Art der Erzeugung der Wärmeenergie unterscheidet, nämlich durch die Spaltung schwerer Atomkerne mit Neutronen anstatt durch chemische Verbrennung. In beiden Fällen wird die erzeugte Wärme an ein Kühlmittel übertragen und schließlich z. B. über das Arbeitsmedium „Dampf" in elektrische Energie umgewandelt. Dies ist in einer vereinfachenden graphischen Gegenüberstellung der Abb. IX,1 gezeigt [1].

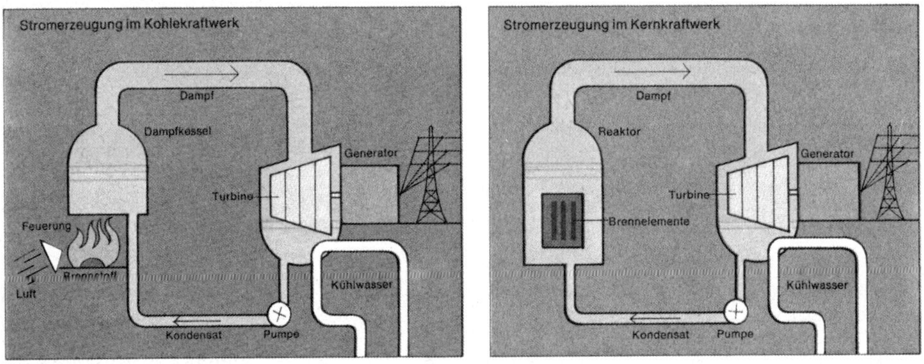

Abb. IX,1. Prinzipielle Wirkungsweise von konventionellen Kraftwerken und Kernkraftwerken

Nun sollen die Fragen, die von der Reaktorphysik bei der Auslegung eines Kernkraftwerkes beantwortet werden müssen, formuliert werden:

1. Wieviel Brennstoff in Form schwerer Atomkerne ist notwendig, um über längere Zeit eine gewünschte elektrische Leistung zu erzeugen, z. B. 1000 MWe? Hierzu ermittelt man die optimale Auswahl und Verteilung der im Reaktor notwendigen Materialien wie Brennstoff, Kühlmittel und andere Werkstoffe, z. B. Brennstabhüllen und Halterungen der Brennelemente im Reaktorkern. Man bestimmt ferner den optimalen Kühlmitteldurchsatz und die zugehörige Temperaturverteilung im

Reaktor; diese thermohydraulische Aufgabe kann nur in enger Wechselwirkung mit der neutronenphysikalischen Untersuchung erfolgen.

2. Wie läßt sich eine langfristig weitgehend konstante Leistungserzeugung erreichen? Diese Frage betrifft also das Regelungsprinzip von Reaktoren, das Beladungsschema und die Standzeit der Brennelemente im Reaktor sowie mögliche Umsetzungsstrategien. Hierbei ergibt sich eine notwendige Wechselwirkung mit Untersuchungen zum Verhalten von Materialien im Neutronenfeld. Ähnlich wie bei der Kohleverbrennung nimmt durch die Kernspaltung der Spaltstoff ab (Abbrand); gleichzeitig nimmt die Zahl der Spaltbruchstücke und deren Folgeprodukte zu und es ist deren Einfluß auf die Zeitstandsfestigkeit (Materialphysik) und auf die Leistungserzeugung (Neutronenphysik) zu untersuchen.
3. Wie verhält sich der Reaktor gegenüber Störungen, z. B. dem Verlust des Kühlmittels infolge Bruch einer kühlmittelführenden Leitung? Hierbei ist besonders festzustellen, ob Folgeerscheinungen mit einer kurzzeitigen und damit schwer kontrollierbaren Leistungserhöhung verbunden sind. Besonders diese Untersuchungen erfordern eine starke Wechselwirkung zwischen neutronenphysikalischen, thermo-fluid-dynamischen Aspekten und dem Materialverhalten.
4. Welche Vorkehrungen sind zu treffen, damit die im Reaktor entstehende radioaktive Strahlung wirksam abgeschirmt wird? Hinzu kommt die Feststellung, wie groß die durch die Strahlung verursachte Wärmebelastung z. B. des Reaktortanks ist, um Versagen durch zu starke Materialbeanspruchungen zu vermeiden.

Man erkennt, daß die Beantwortung obiger Fragestellungen das Zusammenwirken vieler physikalischer Disziplinen erfordert. In diesem Beitrag können wir nur eine kurze zusammenfassende Darstellung geben, z. B. werden Abschirmungsfragen (Punkt 4) gar nicht angesprochen. Das Hauptgewicht wird auf die Darstellung des „klassischen“ Bereichs der Reaktorphysik liegen, der die räumliche, energetische und zeitliche Verteilung der Neutronen (Neutronik) im Reaktor beschreibt. Wärmetechnische Eigenschaften und maschinenbauliche Einzelheiten werden nur soweit angegeben, wie sie zum Verständnis der physikalischen Vorgänge notwendig sind.

Die Reaktorphysik stellt sich heute bis auf einige Ausnahmen vornehmlich als eine rechentechnische Aufgabe für Physiker und Ingenieure dar. Deshalb wird in diesem Beitrag besonderer Wert sowohl auf die Darstellung der physikalischen Zusammenhänge in einem Reaktor wie auf deren mathematische Formulierung gelegt.

2. Neutronenphysikalische Grundlagen

In diesem Abschnitt werden die für die Reaktorphysik wesentlichen Aspekte der Kernspaltung und der Neutronenreaktionsprozesse beschrieben.

2.1 Die Spaltneutronen

Bei der Spaltung eines schweren Atomkerns werden von den dabei entstehenden **Bruchstücken** zwei bis drei Neutronen freigesetzt. Die Anzahl dieser Spaltneutronen wächst mit zunehmender Energie des die Spaltung auslösenden Neutrons. Dies ist einfach zu erklären durch die Tatsache, daß bei der Anlagerung dieses Neutrons sowohl die freiwerdende Bindungsenergie (das ist die Energie, die man aufbringen muß, um das angelagerte Neutron wieder aus dem Kernverband herauszulösen) **und** die kinetische Energie den Zielkern energetisch hoch anregt; ein Teil dieser Energie wird zur Spaltung verbraucht, der Rest verbleibt als Anregungsenergie in den Bruchstücken. Je höher aber die Anregungsenergie ist, um so mehr Neutronen können emittiert werden. Bezeichnet man mit $\overline{\nu}(E)$ die mittlere Anzahl der pro Spaltung erzeugten Spaltneutronen, so ist (die Neutronenenergie E wird in MeV eingesetzt) [2]:

$$\overline{\nu}(E) \approx 2{,}430 + 0{,}106 \cdot E \text{ für } U^{235}$$

$$\overline{\nu}(E) \approx 2{,}358 + 0{,}156 \cdot E \text{ für } U^{238}$$

$$\overline{\nu}(E) \approx 2{,}892 + 0{,}128 \cdot E \text{ für } Pu^{239}$$

Die Energie der erzeugten prompten Spaltneutronen ist wegen der vielen Möglichkeiten für das Auftreten unterschiedlicher Spaltprodukte nicht diskret, sondern ist entsprechend einer Häufigkeitskurve, die man Spaltspektrum nennt, verteilt.

Betrachtet man die Neutronenmission von den Bruchstücken als eine Art Verdampfungsprozeß, so sollte die Energieverteilung der Spaltneutronen einer Maxwell'schen Verteilung ähnlich sein. Gewöhnlich wird das Spaltspektrum $\chi(E)$ jedoch mit Hilfe der Watt-Formel dargestellt, welche etwas besser die Experimente wiedergibt (E in MeV):

$$\chi(E) = \mathrm{a}\, \mathrm{e}^{-\mathrm{b}E} \sin\mathrm{h} \sqrt{\mathrm{c} \cdot E} \qquad \text{(IX,1)}$$

Die Anpassung dieser Funktion an Messungen des Spaltspektrums mit langsamen Neutronen an U^{235} und Pu^{239} ergibt [2] bei gleichzeitiger Normierung von $\chi(E)$ auf 1 ($\int_0^\infty \chi(E)\, \mathrm{d}E = 1$):

a = 0,453	a = 0,484
b = 1,035 [1/Mev] für U^{235}	b = 1,0 [1/Mev] für Pu^{239}
c = 2,29 [1/MeV]	c = 2,0 [1/MeV]

Das Spaltspektrum ist eine unsymmetrische Funktion der Energie der Spaltneutronen; die meisten Neutronen werden mit etwa 0,7 MeV frei, die **mittlere** Energie der Spaltneutronen **liegt nahe 2 MeV**. Abb. IX,2 zeigt das Spaltspektrum für die Spaltung von U^{235} durch langsame Neutronen gemäß (IX,1). Die entsprechende Verteilungsfunktion für Spaltung von Pu^{239} durch langsame Neutronen ist geringfügig zu höheren Energien hin verschoben. Die Abhängigkeit des Spaltspektrums von der Energie des die Spaltung auslösenden Neutrons ist klein und wird in den meisten Anwendungen in der Reaktorphysik vernachlässigt.

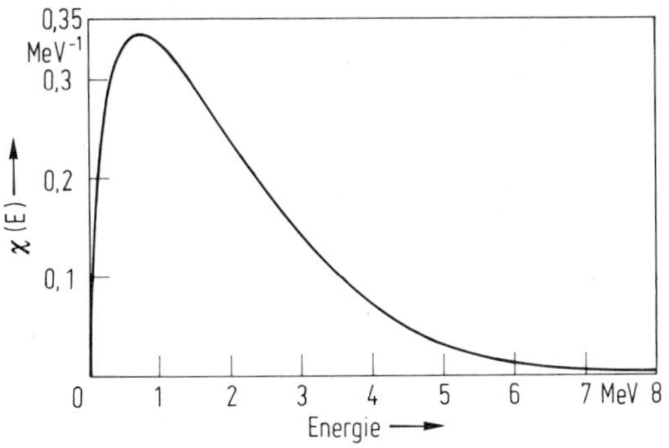

Abb. IX,2. Das Spaltspektrum bei Spaltung von U^{235} durch thermische Neutronen

Über 99% der Spaltneutronen werden **prompt** von den hochangeregten Spaltprodukten abgedampft. Durch Verringerung ihres Neutronenüberschusses gelangen die Bruchstücke in den Bereich der für die Stabilität eines Atomkerns notwendigen Protonen- und Neutronenanzahlen. Falls die im Spaltbruchstück nach der Emission eines Neutrons verbleibende Anregungsenergie nicht mehr ausreicht, ein weiteres Neutron zu emittieren, wird die etwa noch fehlende Stabilität des Bruchstücks über einen oder mehrere β-Zerfälle erreicht. Als Beispiel sei folgender Spaltprozeß angeführt:

$$n + {}^{143}_{92}U^{235} \rightarrow {}^{90}_{57}La^{147} + {}^{52}_{35}Br^{87} + 2\,n\,(\text{prompt}) \qquad (IX,2)$$

$$Br^{87} \xrightarrow[56\,s]{\beta^-} Kr^{87} \begin{cases} \rightarrow Kr\,86 + n\,(\text{verzögert}) \\ \xrightarrow{78\,m} Rb^{87} \xrightarrow[5 \cdot 10^{10}\,a]{\beta^-} Sr^{87} \end{cases} \qquad (IX,3)$$

Die Reaktionsgleichung (IX,3) stellt in ihrer Verzweigung einen für die Reaktorphysik ganz wesentlichen Prozeß dar: Ist die β-Energie von Br^{87} kleiner als 2,6 MeV, so entsteht ein hochangeregter Kern Kr^{87}, dessen Anregungsenergie größer ist als die Bindungsenergie des letzten unpaarigen Neutrons. Es wird ähnlich wie ein Leuchtelektron der Elektronenhülle abgedampft und es entsteht der stabile Kern Kr^{86}. Das Auftreten des emittierten Neutrons ist entsprechend der β-Halbwertszeit des Br^{87} also um 56 s nach dem Spaltprozeß **verzögert**. Weiterhin ist sofort einsehbar, daß wegen der vielen Energiezustände, die von Br^{87} aus beim angeregten Kern Kr^{87} erreicht werden können, die emittierten verzögerten Neutronen, die Kr^{86} im Grundzustand zurücklassen, eine Energieverteilung aufzeigen müssen, die verschieden ist vom Spaltspektrum der prompten Neutronen. Die in (IX,3) angegebene Reaktionskette ist nur eine von insgesamt bis jetzt bekannten 37, die von verschiedenen Spaltprodukten als Vorläufer zur Emission verzögerter Neutronen mit unterschiedlichen Verzögerungszeiten führen. **Die größte auftretende Verzögerung liegt bei 1 Minute**. Man faßt diese Neutronen in Gruppen zusammen, die jeweils durch effektive Halbwertszeiten der Vorläufer charakterisiert sind. Meist rechnet man in der Reaktorphysik mit 6 Gruppen verzögerter Neutronen. Für die Spaltung von U^{235}, Pu^{239} durch langsame (thermische) und die Spaltung von U^{238} durch schnelle Neutronen sind in der Tab. IX,1 die gebräuchlichsten Werte angegeben [3]:

die Halbwertszeit $\tau_{1/2}$, die der β-Halbwertszeit des Vorläufers entspricht, die mittlere Zerfallskonstante $\lambda = \ln 2/\tau_{1/2}$ und den Bruchteil β_i der Spaltneutronen, der in der Gruppe i verzögert auftritt. Mit $\beta = \underset{i}{S}\, \beta_i$ ist also $\beta \cdot \overline{\nu}$ die totale Anzahl der bei einer Spaltung verzögert auftretenden Neutronen*.

Tab. IX,1. Daten verzögerter Neutronen

Gruppe i	Halbwertszeit $\tau_{1/2}$ [sec]			Zerfallskonstante λ_i [1/sec]			Bruchteil $\beta_i \cdot 10^3$		
	U^{235}	U^{238}	Pu^{239}	U^{235}	U^{238}	Pu^{239}	U^{235}	U^{238}	Pu^{239}
1	55.72	52.38	54.28	0.0124	0.0132	0.0128	0.215	0.192	0.073
2	22.72	21.58	23.04	0.0305	0.0321	0.0301	1.424	2.028	0.626
3	6.22	5.00	5.60	0.111	0.139	0.124	1.274	2.398	0.443
4	2.30	1.93	2.13	0.301	0.325	0.325	2.568	5.742	0.685
5	0.610	0.49	0.618	1.14	1.41	1.12	0.748	3.33	0.181
6	0.230	0.172	0.257	3.01	4.02	2.69	0.273	1.11	0.092

In Tab. IX,2 sind die totalen Bruchteile β der verzögerten Neutronen für Spaltungen durch thermische und schnelle Neutronen (Neutronen mit Energien aus dem Spalt-

Tab. IX,2. Bruchteil β der bei einer Spaltung verzögert auftretenden Neutronen: $\beta = \overset{6}{\underset{i=1}{S}}\, \beta i$

Isotop	U^{235}	U^{238}	Pu^{239}
Spaltung mit langsamen Neutronen ($E < 1$ eV)	0.0065	–	0.0020
Spaltung mit Neutronen aus dem Spaltspektrum	0.0064	0.0148	0.0021

spektrum) verglichen [3]. Als Beispiel für die **Energieverteilung** verzögerter Neutronen sind die Neutronenspektren für die ersten vier Gruppen in Abb. IX,3 dargestellt [4]. Die Spaltung wurde durch thermische Neutronen in U^{235} ausgelöst. Wichtig ist, daß die mittlere Energie $\overline{E}_v$ der verzögerten Neutronen deutlich kleiner ist als die mittlere Energie der prompten Spaltneutronen ($\overline{E}_v \approx 400-500$ keV).

Der Spaltprozeß und auch der Zerfall der Spaltprodukte ist wie die meisten anderen Neutronenreaktionen auch mit dem Auftreten von **γ-Strahlung** verbunden. Darauf sei in diesem Beitrag jedoch nicht eingegangen.

* In dieser Darstellung wird die Summation stets durch das Symbol S ausgedrückt, damit eine Verwechslung mit dem makroskopischen Wirkungsquerschnitt Σ vermieden wird.

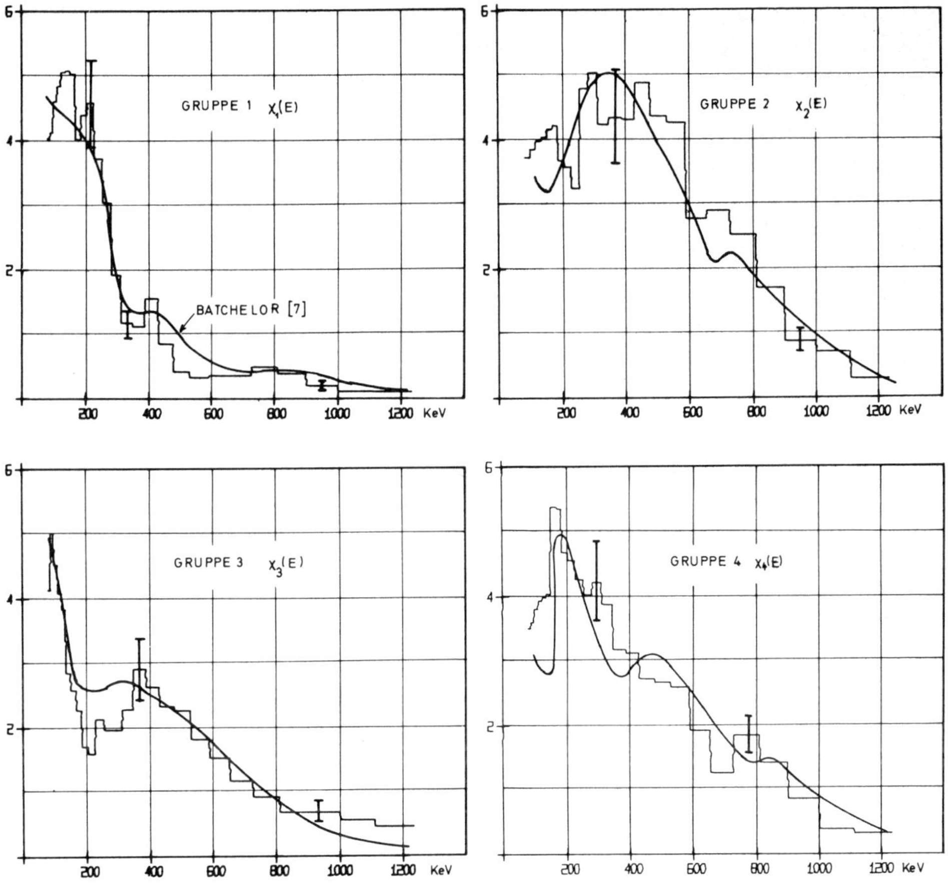

Abb. IX,3. Die Energieverteilung verzögerter Neutronen bei thermischer Spaltung von U^{235}

2.2 Wechselwirkung von Neutronen mit Materie

In diesem Abschnitt sollen die wesentlichen Aussagen über Kernreaktionen mit Neutronen unterhalb 10 MeV zusammengestellt werden, sofern sie für das Verständnis der reaktorphysikalischen Vorgänge von Bedeutung sind.

2.2.1 Wirkungsquerschnitte, mittlere freie Weglänge

Der in der Reaktorphysik interessierende Energiebereich der Neutronen ist nach oben begrenzt durch die größten Energien der bei der Kernspaltung erzeugten Neutronen. Nach Abb. IX,2 ist 10 MeV eine sinnvolle obere Grenze. Für die Wechselwirkung der Neutronen mit Atomkernen eines Reaktorsystems sind dann folgende Prozesse wesentlich: inelastische Streuung und (n, 2 n) Prozesse für Neutronenenergien $E \gtrsim 50$ keV, elastische Streuung, Spaltung und Neutroneneinfang. Als Maß der Wechselwirkung eines Neutrons mit einem Atomkern wird der **mikroskopische Wirkungsquerschnitt** eingeführt. Er ergibt sich aus folgender einfachen Betrachtung:

Es wird angenommen, daß I Neutronen gleicher Geschwindigkeit pro cm^2 und sec senkrecht auf eine Querschnittsfläche F eines Materials der Dicke d treffen. Dieses Material enthalte N Atomkerne pro cm^3. Dann sind die pro Zeiteinheit in diesem Material stattfindenden Wechselwirkungsprozesse R gegeben durch $R = \sigma \cdot I \cdot N \cdot F \cdot d$. Der Proportionalitätsfaktor σ gibt dann also die Wechselwirkungsrate pro Atomkern und einem in der Zeiteinheit auftreffenden Neutron an. Er wird mikroskopischer Wirkungsquerschnitt genannt. Speziell ist σ_f der Wirkungsquerschnitt für Spaltung (f steht für fission). Der totale Wirkungsquerschnitt σ_t gibt die Summe aller möglichen Wechselwirkungsprozesse an: $\sigma_t = \sigma_f + \sigma_c + \sigma_e + \sigma_{in} + \ldots$, wobei die einzelnen Wirkungsquerschnitte den verschiedenen Wechselwirkungsarten entsprechen, nämlich dem radioaktiven Einfang (capture σ_c), der elastischen (σ_e) und inelastischen (σ_{in}) Streuung. Die Maßeinheit von σ ist cm^2. 10^{-24} cm^2 werden durch „barn" abgekürzt.

Für die Abhängigkeit der Wirkungsquerschnitte von der Energie läßt sich zunächst folgendes sagen: Mit immer größer werdender Neutronengeschwindigkeit wird die Aufenthaltsdauer eines Neutrons in der Nähe eines Kerns schließlich immer kleiner, die Wahrscheinlichkeit für eine Reaktion mit dem Kern wird i. a. geringer. Daraus folgt, daß mit zunehmender Energie die Wirkungsquerschnitte im Mittel abnehmen. Hiervon gibt es zwei Ausnahmen: die Schwellenreaktionen und Resonanzreaktionen.

Bei den Schwellenreaktionen ist eine Mindestenergie des Neutrons notwendig, um die Reaktion auslösen zu können. Wichtige Beispiele sind die Reaktionsschwellen für die inelastische Streuung (siehe Abschnitt 2.2.2) und die Spaltung von Kernen mit gerader Neutronen- und gerader Protonenzahl (gg-Kerne). Die letztgenannte Eigenschaft ist auf den quantenmechanischen Effekt der energetisch günstigeren Kopplung der Nukleonen zu Paaren (Paarungsenergie) zurückzuführen. Wird an einen gg-Kern ein weiteres Neutron angelagert (z. B. U^{238} + n), so entsteht ein ug-Kern, die freiwerdende Anlagerungsenergie ist kleiner als im Falle der Bindung des Neutrons in einen ug-Kern, welche zu einem gg-Kern führt (z. B. U^{235} + n). Im letzteren Fall reicht die auf den Verbundkern übertragene Energie aus, um zu einer Spaltung des ug-Kerns auch durch thermische Neutronen ($E < 1$ eV) zu führen (U^{233}, U^{235}, Pu^{239}). Im Vergleich dazu muß z. B. die kinetische Energie des Neutrons mindestens 1 MeV betragen, um den gg-Kern U^{238} spalten zu können.

Der globalen Abnahme der Wirkungsquerschnitte zu höheren Neutronenenergien hin ist bei schweren Kernen für $E \lesssim 5$ keV eine Feinstruktur überlagert mit deutlich getrennten Maxima, die den entsprechenden Energieniveaus der Atomkerne zuzuordnen sind. Der Wirkungsquerschnittsverlauf hat also **Resonanzcharakter**, der mit höher werdender Neutronenenergie infolge der dichter liegenden Kernniveaus wieder verschwindet, da die Überlappung der Resonanzen dann so groß wird, daß sie nicht mehr unterschieden werden können.

In **Abb. IX,4** und **Abb. IX,5** sind beispielhaft die Energieabhängigkeit des Spaltwirkungsquerschnitts $\sigma_f(E)$ von U^{235} und des Einfangwirkungsquerschnitts $\sigma_c(E)$ von U^{238} gezeigt.

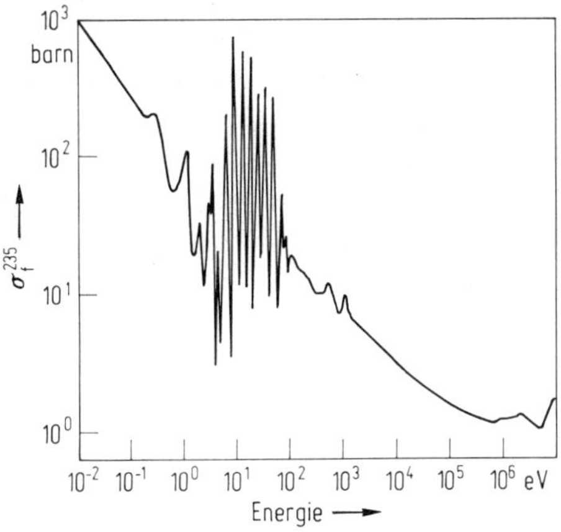

Abb. IX,4. Spaltwirkungsquerschnitt σ_f^{235} für U^{235}

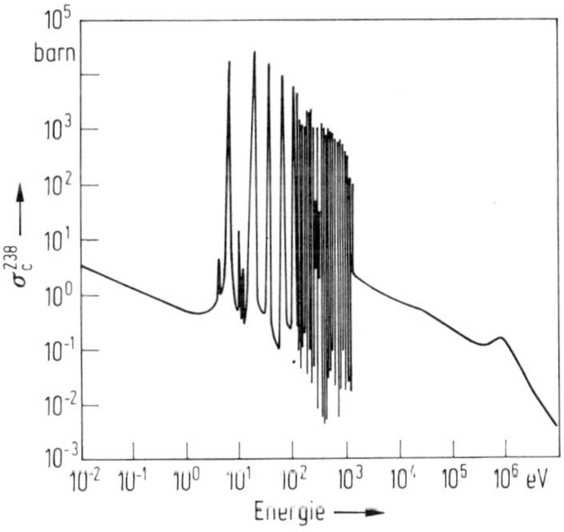

Abb. IX,5. Einfangwirkungsquerschnitt σ_c^{238} für U^{238}

Der mikroskopische Wirkungsquerschnitt ist auf die Reaktion eines Neutrons mit einem Kern bezogen; in einem Reaktor reagiert jedoch ein Neutron mit Atomkernen verschiedener Materialien. Deshalb führt man in der Reaktorphysik den Begriff des **makroskopischen Wirkungsquerschnitts** ein, meist bezeichnet mit Σ, der sich durch Multiplikation des mikroskopischen Wirkungsquerschnitts mit der Teilchenzahlendichte N $[\frac{1}{cm^3}]$ der reagierenden Kerne ergibt: Für eine Reaktion r eines Neutrons mit N_i Kernen eines Isotops i ist also

$$\Sigma_{r,i}(E) = N_i \cdot \sigma_{r,i}(E).$$

Entsprechend ist

$$\Sigma_r(E) = \underset{i}{S} N_i \, \sigma_{r,i}(E) \, [\tfrac{1}{cm}] \qquad \text{(IX,4)}$$

der makroskopische Wirkungsquerschnitt für die Reaktion r eines Neutrons in einem Medium, das eine Anzahl verschiedener Isotope i enthält. Die Maßeinheit ist: 1/cm.

Der makroskopische Wirkungsquerschnitt läßt sich in eine einfache Beziehung zu einer anschaulichen reaktorphysikalischen Größe setzen, der **mittleren freien Weglänge**, $\overline{\lambda}$, eines Neutrons in einem Medium. Jeder Wechselwirkungsprozeß von Neutronen vorgegebener Energie und Richtung in einem Medium ist verbunden mit einer Abnahme der Neutronenintensität in der betrachteten Richtung, siehe Abb. IX,6.

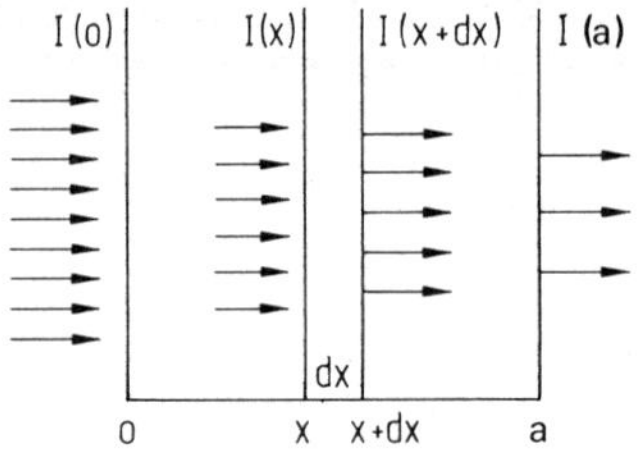

Abb. IX,6. Zur Definition der mittleren freien Weglänge

Ist $I(x)$ die Anzahl der bei x in der Zeiteinheit senkrecht auf 1 cm^2 auftreffenden Neutronen, so werden während der folgenden (infinitesimal kleinen) Strecke dx nun $\Sigma_t \cdot I(x) \cdot dx$ Wechselwirkungen pro Flächeneinheit und pro Zeiteinheit stattfinden (Σ_t ist der makroskopische totale Wirkungsquerschnitt des betrachteten Mediums), die entsprechend viele Neutronen aus den Einfallstrahl entfernen. An der Stelle x + d x ist dann die reduzierte Intensität gegeben durch

$$I(x + dx) = I(x) - \Sigma_t I(x) \, dx$$

$$-\frac{I(x) - I(x + dx)}{dx} \to -\frac{d\,I(x)}{dx} = \Sigma_t I(x)$$

oder

$$\frac{d\,I(x)}{I(x)} = -\Sigma_t \, dx$$

Nach Durchlaufen der Strecke a gilt demnach:

$$I(a) = I(0) \, e^{-\Sigma_t \cdot a} \qquad \text{(IX,5)}$$

$I(a)/I(0)$ kann also als der Bruchteil der Neutronen aufgefaßt werden, der nach Durchlaufen der Strecke a noch keine Wechselwirkung mit dem Medium gehabt hat, anders ausgedrückt: $e^{-\Sigma_t \cdot a}$ ist gleich der Wahrscheinlichkeit, daß ein Neutron die Strecke a ohne Wechselwirkung durchfliegt (für $a \to \infty$ ist diese Wahrscheinlichkeit selbstverständlich Null). Die Strecke, die ein Neutron auf seinen Weg durch ein Medium **im Mittel** ohne Wechselwirkung zurücklegt, ist nach der üblichen Mittelwertsbildung mit $e^{-\Sigma_t x}$ als Wahrscheinlichkeitsverteilung:

$$\bar{\lambda} = \frac{\int_0^\infty x \cdot e^{-\Sigma_t x}\, dx}{\int_0^\infty e^{-\Sigma_t x}\, dx},$$

$$\bar{\lambda} = \frac{1}{\Sigma_t}. \tag{IX,6}$$

Die mittlere freie Weglänge $\bar{\lambda}$ ist demnach gleich dem reziproken totalen makroskopischen Wirkungsquerschnitts des Mediums.

2.2.2 Die Inelastische Streuung

Wenn ein Neutron mit einem Kern der Massenzahl A reagiert, so ist das Verhältnis $\sigma_{in}(E)/\sigma_t(E)$ ein Maß für die Häufigkeit des Auftretens einer inelastischen Streuung. Bei diesem Prozeß wird das Neutron unter Freisetzung der Bindungsenergie E_B an den Kern A angelagert und bildet den Zwischenkern A + 1. Von diesem Zwischenkern wird ein Neutron mit einer geringeren Energie als das auftreffende wieder emittiert, der Restkern ist identisch mit dem Ausgangskern. Nicht jede beliebige Neutronenenergie wird vom Kern akzeptiert, sondern nur diejenige, die der Differenz zweier Energieniveaus (Energiezustände) des Kerns entspricht. Für höhere Energien wird der Niveauabstand immer kleiner, so daß man schließlich nicht mehr von Einzelniveaus reden kann. Dann wird auch die Energie praktisch nicht mehr selektiv aufgenommen.

Die Emission des Neutrons vom hochangeregten Zwischenkern A + 1 erfolgt zu den Energieniveaus des Ausgangskerns, siehe Abb. IX,7. Befand sich dieser im Grundzustand, so ist ein Übergang von A + 1 zu diesem Grundzustand ein elastischer Stoß-

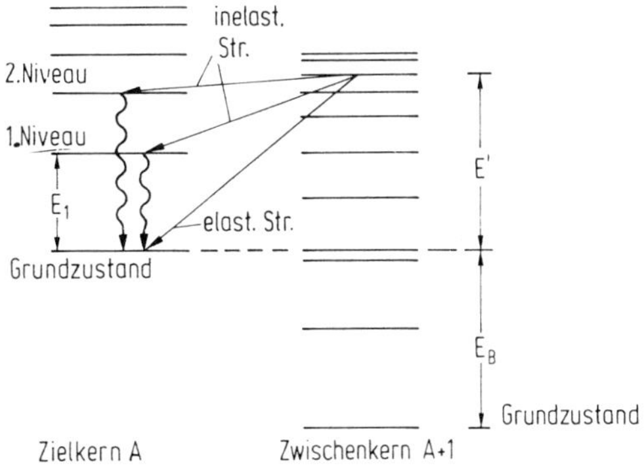

Abb. IX,7. Der Prozeß der inelastischen Streuung

prozeß (die Bindungsenergie E_B wird bei der Emission wieder verbraucht). Inelastische Streuung tritt erst dann auf, wenn der Übergang mindestens auf dem ersten angeregten Niveau von A endet, wobei die Restenergie durch γ-Strahlung abgegeben wird. Das emittierte Neutron besitzt dann eine Energie, die im Vergleich zur Energie des stoßenden Neutrons um den Betrag E_1, der Anregungsenergie des ersten Niveaus von A, kleiner ist. Die inelastische Streuung besitzt also eine **Schwelle**, und zwar muß die kinetische Energie des Neutrons vor dem Stoß mindestens gleich der Anregungsenergie des ersten Niveaus sein. Die Schwellenenergien sind unterschiedlich, sie betragen für leichte Kerne einige MeV, für mittelschwere und schwere Kerne liegen sie im keV Gebiet, siehe Tab. IX,3, [5]. Endet der Übergang von A + 1 auf dem 2. angeregten Niveau von A, so ist die Energie E des emittierten Neutrons um E_2 kleiner als die Energie E' des einfallenden Neutrons. Allgemein gilt für das Niveau k (siehe Abb. IX,7)

$$E = E' - E_k.$$

Tab. IX,3. Schwellenenergien für die inelastische Streuung [MeV]

Isotop

O^{16}	Na^{23}	Fe^{56}	U^{238}	Pu^{239}
6.06	0.45	0.84	0.045	0.008

Wenn E' nur hinreichend groß ist, können die Übergänge demnach auf vielen Niveaus k enden. Der Wirkungsquerschnitt $\sigma^k(E')$ zählt alle inelastischen Prozesse, bei denen ein Neutron der Anfangsenergie E' bei der Emission von (A + 1) zu dem angeregten Niveau k des Zielkerns A führt (**Partialquerschnitt**).

Da $\sigma_{in}(E')$ den totalen Wirkungsquerschnitt für inelastische Streuung darstellt, also alle möglichen inelastischen Prozesse zählt, folgt für die Wahrscheinlichkeit, daß bei einer inelastischen Streuung an einem „diskreten" Niveau k ein Neutron von der Anfangsenergie E' zur Endenergie E „abgebremst" wird

$$W_{in}^k(E' \to E) = \frac{\sigma^k(E')}{\sigma_{in}(E')} \cdot \delta(E' - E_k - E),$$

wobei $\delta(x)$ die Dirac'sche Deltafunktion ist, die nur für $x = 0$, also $E = E' - E_k$, von Null verschieden ist ($\int \delta(x)\,dx = 1$), [6].

Die gesamte Übergangswahrscheinlichkeit für den Transfer $E' \to E$ durch Anregung aller erlaubten Niveaus des Zielkerns A ist dann gleich der Summe über diese Niveaus:

$$W_{in}(E' \to E) = \mathop{\mathrm{S}}_{k} \frac{\sigma^k(E')}{\sigma_{in}(E')} \cdot \delta(E' - E_k - E) \qquad \text{(IX,7)}$$

Der Ausdruck

$$\sigma_{in}(E' \to E) = \sigma_{in}(E') \cdot W_{in}(E' \to E) \qquad \text{(IX,8)}$$

ist demnach der **Transferwirkungsquerschnitt** für das Auftreten einer inelastischen Streuung bei der Neutronenenergie E', die zur Endenergie E nach dem Prozeß führt.

In Abb. IX,8 ist die Energieabhängigkeit von $\sigma^k(E')$ für das erste Niveau $E_1 = 0{,}045$ MeV bei U^{238} aufgetragen.

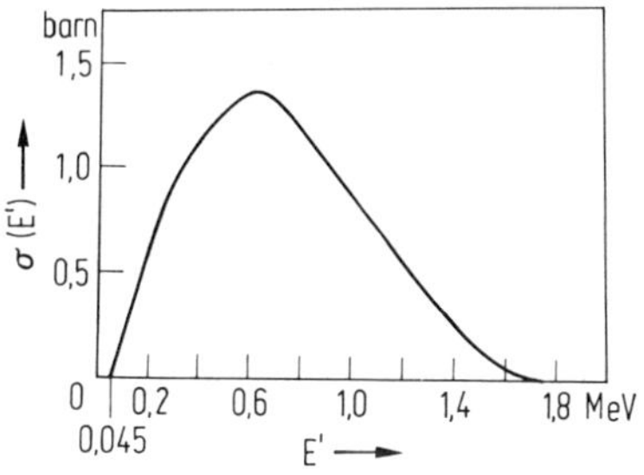

Abb. IX,8. Verlauf des Partialwirkungsquerschnittes für inelastische Streuung am ersten angeregten Niveau von U^{238}

Der Verlauf dieses Partialquerschnittes ist typisch für alle $\sigma^k(E')$. Nach der Schwelle steigt er an und fällt zu höheren Energien deswegen wieder ab, weil dann Übergänge zu den nächst höheren Niveaus bevorzugt werden (bei U^{238} enden für $E' > 1{,}5$ MeV praktisch keine Übergänge mehr auf dem ersten Niveau).

Ist die Neutronenenergie E' sehr hoch, so kommt man in den Bereich sehr dicht liegender Niveaus, die experimentell nicht mehr aufgelöst sind (bei U^{238} oberhalb 2 MeV). Das bisher verwendete Modell diskreter Zustände wird dann bedeutungslos. Man nimmt daher an, daß Einzelniveaus in diesem Energiebereich statistisch verteilt sind. Der Zwischenkern wird wie ein Flüssigkeitstropfen einer bestimmten Temperatur (**Kerntemperatur**) beschrieben: hohe Anregungszustände entsprechen hohen Kerntemperaturen. Es liegt dann nahe, die Emission eines Neutrons vom Zwischenkern als eine Art Verdampfung anzusehen.

In diesem sogenannten **Verdampfungsmodell** ist die Wahrscheinlichkeit, daß die Energie E des emittierten Neutrons in einem Einheitsintervall bei E liegt, gegeben durch

$$W_{in}(E' \to E) = \frac{E}{\Theta^2(E')} e^{-E/\Theta(E')} \tag{IX,9}$$

Hierbei ist $\Theta(E')$ gleich der in Einheiten der Boltzmann'schen Konstanten gemessenen Kerntemperatur, die sich aus der Niveaudichte bestimmen läßt, meist aber an Experimenten angepaßt wird. Die Form

$$\Theta(E') = \sqrt{E'/\gamma \cdot A} \tag{IX,10}$$

beschreibt die nicht sehr genauen Experimente relativ gut, wenn man $\gamma = 0{,}16$ [1/MeV] und E' in MeV einsetzt. Die Formel (IX,10) ist nicht anwendbar für magische Kerne.

Die Abhängigkeit der Übergangswahrscheinlichkeit von γ ist allerdings merklich: abnehmendes γ bedeutet größere Kerntemperatur und damit sind die emittierten Neutronen energiereicher. Die mittlere Energie E nach einer inelastischen Streuung ergibt sich aus (IX,9) zu

$$\overline{E} = \int E \cdot W_{in}(E' \rightarrow E)\, d\,E = 2\,\Theta(E').$$

Ein Neutron von 2 MeV verliert also durch inelastische Streuung an U^{238} wegen $\overline{E} \approx 0{,}5$ MeV im Mittel also 1,5 MeV.

Damit ist die inelastische Streuung insgesamt bedeutsam für die Bremsung von Neutronen oberhalb 50 keV, führt jedoch nicht zu Neutronenenergien unterhalb etwa 1 keV herunter.

Die einfache quasi-Maxwell'sche Form für die Energieverteilung der emittierten Neutronen unterschätzt gewöhnlich den hochenergetischen Beitrag etwas; dies ist jedoch für Reaktorberechnungen wegen der geringen Neutronenintensität in diesem Bereich von nicht sehr großer Bedeutung.

Der totale inelastische Streuquerschnitt nimmt für Neutronenenergien $E' > 6$ MeV wieder ab, da dann genügend Energie zur Verfügung steht, ein weiteres Neutron abzudampfen; die **(n, 2 n)Reaktion** kommt als Konkurrenzreaktion zur inelastischen Streuung ins Spiel. Für die im Reaktor interessierenden Energien bis 10 MeV berücksichtigt man meist den (n, 2 n) Prozeß geeignet in den inelastischen Transferquerschnitten.

2.2.3 Die elastische Streuung

Die elastische Streuung ist eine der einfachsten Kernreaktionen. Von hohen Neutronenenergien bis herunter zu etwa 1 eV können die Stöße zwischen Neutron und den Kernen einer Reaktormischung mit den Gesetzen der klassischen Mechanik behandelt werden, zusätzlich noch mit der Vereinfachung, daß für diesen Energiebereich die Stoßpartner des Neutrons als ruhend angenommen werden können. Die Beziehung, die im Laborsystem die Endenergie E mit der Anfangsenergie E' des Neutrons bei einem elastischen Stoß verknüpft, folgt aus einer Betrachtung der Energie- und Impulsbeziehungen und ist gegeben durch [7]

$$E = E' \cdot \frac{A^2 + 1 + 2\,A \cos\Theta}{(A + 1)^2} \qquad \text{(IX,11)}$$

A ist die Massenzahl des Kerns, Θ ist der Streuwinkel im Schwerpunktsystem. Mit

$$\alpha = \left(\frac{A - 1}{A + 1}\right)^2 \qquad \text{(IX,12)}$$

folgt

$$E = \frac{E'}{2}\,\{(1 + \alpha) + (1 - \alpha)\cos\Theta\} \qquad \text{(IX,13)}$$

Weiterhin kann der Streuwinkel im Laborsystem dargestellt werden durch

$$\left.\begin{aligned} \cos\delta \equiv \mu_L &= \frac{1}{2}\left\{(A+1\sqrt{\frac{E}{E'}} - (A-1)\sqrt{\frac{E'}{E}}\right\} \text{ und} \\ \mu_L &= \frac{A}{A+1}\sqrt{\frac{E'}{E}}\left(\frac{1}{A}+\cos\Theta\right) \end{aligned}\right\} \qquad \text{(IX,14)}$$

Den maximalen Energieverlust erhält man im Schwerpunktsystem für $\Theta = \pi$ (zentraler Stoß). Aus (IX,13) folgt dann

$$E_{\min} = \alpha \cdot E' \qquad \text{(IX,15)}$$

Für $A > 1$ kann also das gestreute Neutron das endliche Energieintervall $\Delta = E'(1-\alpha)$ erreichen.

Für eine Reaktorberechnung wichtig ist die Angabe, mit welcher Wahrscheinlichkeit die Endenergie E in dem zur Verfügung stehenden Intervall angenommen wird. Für den Fall der **isotropen elastischen Streuung im Schwerpunktsystem** ist evident, daß alle Streuwinkel beim Stoß gleichwahrscheinlich sind, also ist

$$W_e(E', \Theta)\, d\,\Theta = \frac{d\,\Omega}{4\pi} = \frac{2\pi \sin\Theta\, d\,\Theta}{4\pi} = \frac{1}{2}\sin\Theta\, d\,\Theta \qquad \text{(IX,16)}$$

die Wahrscheinlichkeit, daß das Neutron in das Winkelelement $d\,\Omega$ im Schwerpunktsystem gestreut wird. Dann wird aber die Wahrscheinlichkeit für die Streuung von E' nach E gegeben durch

$$W_e(E' \to E)\, d\,E = W(\Theta)\, d\,\Theta = W(\Theta)\frac{d\,\Theta}{d\,E}\cdot d\,E,$$

da der Streuung um einen Winkel Θ eindeutig der Übergang von E' nach E zugeordnet ist ($\Theta = 0$ heißt: reine Vorwärts-„Streuung", $E = E'$; $\Theta = \pi$ bedeutet maximaler Energieverlust für das Neutron, $E = \alpha E'$). Aus Gl. (IX,13) folgt $d\,\Theta/d\,E$ und es ergibt sich

$$W_e(E' \to E) = \begin{cases} \dfrac{1}{(1-\alpha)E'} & \text{für } \alpha E' < E < E' \\ 0 & \text{sonst} \end{cases} \qquad \text{(IX,17)}$$

Es ergibt sich das wichtige Ergebnis, daß bei isotroper Streuung im Schwerpunktsystem die Übergangswahrscheinlichkeit unabhängig von der Endenergie ist; jede Energie im Intervall $[\alpha E', E']$ wird mit gleicher Wahrscheinlichkeit angenommen.

Es ist natürlich die Wahrscheinlichkeit, daß irgendeine Energie im Intervall $[\alpha E', E']$ angenommen wird, gleich Eins.

Im **Mittel** verliert ein Neutron bei einem elastischen Stoß die Energie

$$\overline{\Delta E} = \int_{\alpha E'}^{E'} (E' - E)\, W_e(E' \to E)\, d\,E = \frac{1-\alpha}{2}\cdot E'.$$

Der mittlere **relative Energieverlust pro Stoß ist also konstant:**

$$\frac{\overline{\Delta E}}{E'} = \frac{1-\alpha}{2}. \qquad \text{(IX,18)}$$

Er beträgt 50% für A = 1, etwa 1% für A = 200.

Die Tatsache, daß der mittlere relative Energieverlust konstant ist, führt zur Einführung einer bei der Neutronenbremsung häufig benutzten neuen Variablen anstelle der Energie, nämlich der Neutronen-**Lethargie**. Sie ist definiert als

$$u = \ln \frac{E_0}{E}$$

wobei E_0 meist mit der oberen Grenze des für Reaktoren interessierenden Energiebereichs, nämlich 10 MeV, gleichgesetzt wird. Mit abnehmender Energie nimmt also die Lethargie zu, die Neutronen werden langsamer bei jedem Bremsprozeß. Der mittlere Lethargiegewinn pro Stoß ist gegeben durch

$$\overline{\Delta u} = \int_{\alpha E'}^{E'} \ln \frac{E'}{E} \cdot W_e(E' \to E)\, dE$$

und ergibt:

$$\overline{\Delta u} = 1 + \frac{\alpha}{1-\alpha} \ln \alpha \equiv \xi \qquad \text{(IX,19)}$$

Für A $\gtrsim$ 10 gilt in befriedigender Näherung

$$\xi = \frac{2}{A + 2/3}$$

In der neuen Variablen nimmt bei jedem Stoß die Lethargie der Neutronen im Mittel also stets um den konstanten Wert ξ zu. In der Energieskala verliert pro Stoß das Neutron bei hoher Energie vergleichsweise sehr viel mehr Energie als bei kleinen Energien.

Aus dieser Überlegung heraus läßt sich leicht die mittlere Anzahl der Stöße angeben, die ein Neutron braucht, um durch elastische Streuung z. B. von 2 MeV auf 1/40 eV abgebremst zu werden. Da pro Stoß im Mittel der gleiche Lethargiegewinn ξ erzielt wird, ist die mittlere Anzahl der Stöße $\frac{\Delta u}{\xi}$. Es ergibt sich für die Bremsung an Wasserstoff 19, an Deuteronen 26, an Graphit 114 Stöße [8].

Ist die **Streuung** im Schwerpunktsystem **anisotrop**, und dies ist mit Ausnahme von Wasserstoff bei hohen Neutronenenergien ($\gtrsim$ 50 keV) stets der Fall, so ist natürlich $W_e(E' \to E)$ keine Konstante mehr. Vielmehr wird bei diesen Energien die Vorwärtsstreuung bevorzugt (der Kern wird gegenüber derart schnellen Neutronen transparenter), so daß $W_e(E' \to E)$ für $E \approx E'$ größer wird als für E nahe $\alpha E'$, da bei Vorwärtsstreuung die Neutronen vergleichsweise wenig Energie verlieren. Es sollte hier ausdrücklich darauf hingewiesen werden, daß die Reaktoranalysis stets im Laborsystem durchgeführt wird und daß dann natürlich in diesem System die Streuung auch dann anisotrop ist, wenn im Schwerpunktsystem Isotropie vorherrscht. Die Streuung an Wasserstoff ist z. B. im Laborsystem stark anisotrop, denn wegen der (nahezu) gleichen Masse des Neutrons und Protons findet keine Rückwärtsstreuung der Neutronen statt. Die Winkelverteilung der gestreuten Neutronen im Laborsystem ist in diesem Falle

$$W^{H}(\vartheta) \sim \cos\vartheta \text{ für } 0 \leqslant \vartheta = < \frac{\pi}{2} \text{ und Null sonst.}$$

Für mittlere und schwere Kerne ist der Unterschied zwischen Laborsystem und Schwerpunktsystem praktisch vernachlässigbar, wie man aus (IX,14) direkt ableiten kann. Die Berücksichtigung der anisotropen Streuung im Schwerpunktsystem geschieht im allgemeinen in der Weise, daß man auf die im Schwerpunktsystem experimentell bestimmten Winkelverteilung der Neutronen mit der Anfangsenergie E' zurückgeht, welche dargestellt wird durch den differentiellen Streuquerschnitt $\sigma_e(E', \Theta)$. Diese Streuverteilung transformiert man in das Laborsystem. Abb. IX,9 gibt eine derartige Winkelverteilung $\sigma(E', \mu_L)$ für die Streuung von 5 MeV Neutronen an Eisen wieder, wobei als Variable nicht der Streuwinkel, sondern μ_L, der Cosinus des Streuwinkels im Laborsystem, gewählt wurde.

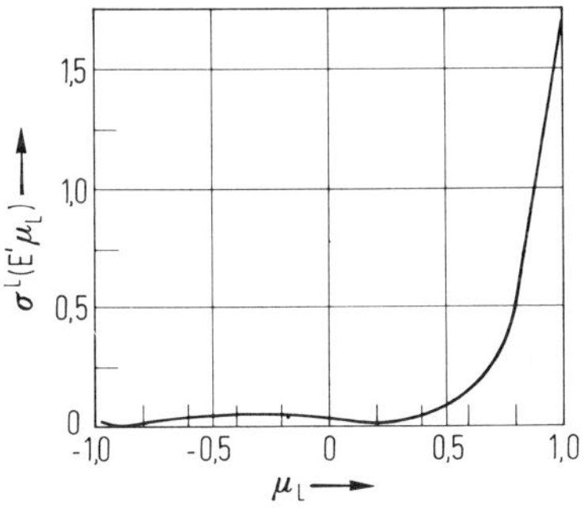

Abb. IX,9. Winkelverteilung elastisch gestreuter Neutronen von 5 MeV an Eisen

Aus der Winkelverteilung ergibt sich der totale Streuwirkungsquerschnitt durch Integration über μ_L:

$$\sigma_e(E') = \int_{-1}^{+1} \sigma(E', \mu_L)\, d\mu_L .$$

Weiterhin definiert man den **mittleren Wert des Cosinus des Streuwinkels**

$$\overline{\mu_L}(E') = \frac{1}{\sigma_e(E')} \int_{-1}^{+1} \mu_L \cdot \sigma(E', \mu_L)\, d\mu_L \qquad \text{(IX,21)}$$

als ein praktisches Maß für die Anisotropie der Streuung im Laborsystem: $\overline{\mu_L} = 1$ bedeutet reine Vorwärtsstreuung im Laborsystem, $\overline{\mu_L} = 0$ gilt bei isotroper Streuung.

$\sigma_e(E') \cdot (1 - \overline{\mu_L}(E'))$ läßt sich bei vorhandener Anisotropie im Laborsystem als der im Hinblick auf die Bremsung **wirksame** elastische Streuwirkungsquerschnitt auffassen, da z. B. für $\overline{\mu_L} = 1$ keinerlei Bremsung des Neutrons resultiert. Man bezeichnet den reduzierten Querschnitt oft auch als **transport-elastischen Wirkungsquerschnitt** (siehe auch Abschnitt 5.1), [9]:

$$\sigma_{tr,e}(E') = \sigma_e(E')\,(1 - \overline{\mu_L}(E')). \tag{IX,22}$$

Für den mittleren Cosinus des Streuwinkels gibt es dann eine einfache Darstellung, wenn die Streuung im Schwerpunktsystem isotrop ist. Aus (IX,21) folgt mit der stets geltenden Beziehung

$$\sigma(E', \mu_L)\, d\,\mu_L = \sigma(E', \cos\Theta)\, d\cos\Theta$$

(der Prozeß der Streuung muß unabhängig vom jeweiligen Koordinatensystem sein):

$$\overline{\mu_L}(E') = \frac{1}{\sigma_e(E')} \int_{-1}^{+1} \mu_L(\cos\Theta) \cdot \sigma(E', \cos\Theta) \cdot d\cos\Theta$$

Bei Isotropie im Schwerpunktsystem gilt:

$$\sigma(E', \cos\Theta) = \frac{1}{2}\,\sigma_e(E'),$$

also wird

$$\overline{\mu_L}(E') = \frac{1}{2} \int_{-1}^{+1} \mu_L(\cos\Theta)\, d\cos\Theta.$$

$\mu_L(\cos\Theta)$ ist durch die zweite Beziehung in (IX,14) gegeben, das Verhältnis E'/E läßt sich durch (IX,13) angeben. Integration liefert:

$$\overline{\mu_L} = \frac{2}{3\,A} \tag{IX,23}$$

2.2.4 Streuprozesse von Neutronen unterhalb 1 eV, Thermalisierung

Wenn Neutronen in einem Streumedium, z. B. Wasser oder Graphit, unter 1 eV heruntergebremst worden sind, wird die Neutronenenergie vergleichbar mit der Energie der thermischen Bewegung der Stoßpartner. Es sind nun gegenüber der bisherigen Beschreibung von Neutronenstreuprozessen zwei wesentlich neue Aspekte aufzunehmen:

1. Die Berücksichtigung der Temperatur des Streumediums, da die Stoßpartner des Neutrons nicht mehr wie im Abbremsbereich als ruhend angenommen werden dürfen.

2. Die Berücksichtigung der **chemischen Bindung** der bremsenden Kerne in den Molekülen. Bei einem Stoß kann das Neutron einen Schwingungszustand des Moleküls anregen. Das Neutron verliert dabei also den entsprechenden Betrag an Energie.

Die Verteilung der Energie von Atomen in einem Medium der Temperatur T ist nach Maxwell gegeben durch ($M(E)\,dE$ gibt die Anzahl von Atomen pro cm^3 zwischen E und $E + dE$ an):

$$M(E)\,dE \sim \sqrt{E}\,e^{-E/kT}\,dE,$$

wobei k die Boltzmannkonstante ist. Obwohl die meisten Atomkerne eine Energie um $E = 0{,}025$ eV haben, wird ein Teil Energien um 1 eV besitzen. Ein Neutron, das durch einen vorangegangenen Stoß auf eine Energie von z. B. 0,1 eV abgebremst wurde, wird dann bei einem Stoß mit einem schnelleren Kern Energie aufnehmen („Aufwärtsstreuung“); der nächste Stoß kann wieder eine Bremsung des Neutrons bewirken usw. Es kommt also zu einem **Ausgleichsvorgang**.

Wenn es keine Absorptions- oder Ausflußverluste der Neutronen gibt, dann werden schließlich die Neutronen im thermischen Gleichgewicht mit den Moderatorkernen sein und somit wird sich ebenfalls eine Maxwell'sche Verteilung der Neutronen-Energie ausbilden. Diese Verteilung wird (bei den gemachten Voraussetzungen) unabhängig von der Art des Moderators angenommen. Die stets vorhandenen Absorptionsprozesse verschieben das Maxwellspektrum zu etwas höheren Energien, und zwar infolge der zu niedrigen Energien ansteigenden Absorptionsquerschnitte (meist $1/\sqrt{E}$-Verlauf), wodurch die niederenergetische Flanke der Maxwellverteilung stärker betroffen ist.

Man faßt die Prozesse der Neutronen in Streusubstanzen für Energien unterhalb 1 eV generell unter dem Begriff **Neutronenthermalisierung** zusammen.

In diesem Beitrag werden nicht die verschiedenen mathematischen Darstellungen der Streumodelle wiedergegeben, die in die Streuwahrscheinlichkeit $W_{th}(E' \to E)$ mit $E' > E$ (Bremsung) oder $E' < E$ (Aufwärtsstreuung) eingehen, sondern es sollen vielmehr nur die physikalischen Aspekte der verschiedenen Prozesse erläutert werden.

Das einfachste Modell, das zur Beschreibung der Thermalisierung der Neutronen aufgestellt werden kann, beruht auf der Annahme, daß die Streupartner der Neutronen ein **ideales Gas** der Masse A bilden. Die chemische Bindung wird so berücksichtigt, daß man eine effektive Masse $A_{eff} > A$ einführt (bei der Streuung an D in D_2O ist die effektive Masse 3,6 statt 2) [10].

Um die chemische Bindung genauer berücksichtigen zu können, müssen die möglichen Translations-, Schwingungs- und Rotationszustände der Moleküle beschrieben werden, welche durch einen Stoß mit einem Neutron angeregt werden können. Hier seien nur kurz die wesentlichsten Ergebnisse zusammengefaßt für verschiedene Medien; für eine ausführlichere Darstellung sei verwiesen auf [11].

a) Leichtes Wasser

Die Streuung von Neutronen an einem einzigen freien Wassermolekül mit dessen je drei Freiheitsgraden für die Translation, Schwingung und Rotation kann ohne Schwierigkeiten beschrieben werden. Für ein H_2O-Molekül in flüssigem Wasser ist jedoch die Translation verändert und die Rotation ist stark behindert. Im Modell von **Nelkin** [12] wird die behinderte Rotation wie eine Torsionsschwingung behandelt, die Frequenzverteilung der Schwingungszustände wird durch einen Satz von Oszillatoren mit **diskreten Frequenzen** angenähert. Die Translation des H_2O-Moleküls im Wasser wird als Bewegung eines ungebundenen Atoms der Masse A = 18 behandelt, die behinderte Rotation als Oszillatorschwingung mit $E = \hbar\omega = 0{,}06$ eV ($\hbar = \frac{h}{2\pi}$, wobei $\hbar$ das Plank'-sche Wirkungsquantum ist; ω ist die Frequenz des Oszillators). Von den Schwingungszuständen bei 0,2 eV, sowie bei 0,474 und 0,488 werden im Modell von Nelkin die beiden letzteren durch einen einzigen Oszillator mit doppeltem Gewicht dargestellt. Heute wird meist das von Haywood [13] entwickelte Modell mit einer **kontinuierlichen** Frequenzverteilung im Bereich der behinderten Rotation und Translation benutzt. Obwohl das Nelkin-Modell eine ziemlich drastische Näherung zu sein scheint, werden die hiermit bestimmten Winkelverteilungen der Streuung von Neutronen und auch die integrale Energie-Verteilung der Neutronen im thermischen Bereich recht gut wiedergegeben.

b) Schweres Wasser

Die Behandlung der Streuung an schwerem Wasser wurde von Honeck [14] nach dem Vorbild des Nelkinmodells vorgenommen. Eine Verbesserung durch Berücksichtigung der Interferenzeffekte zwischen der Streuung an D und O wurde von Butler angegeben.

c) Zirkonhydrid

Im Kristallgitter von ZrH_x ist jedes Wasserstoffatom von 4 Zirkonatomen umgeben. Wegen des großen Massenunterschiedes zwischen Zirkon und H kann man die Protonen als unabhängig schwingende harmonische Oszillatoren annehmen mit der Grundschwingung $\hbar\omega = 0{,}14$ eV (Einstein-Modell). Slaggie [15] bestimmte die Frequenzverteilung aus der direkten Behandlung der Gitterdynamik.

d) Graphit

Die Kohlenstoffatome sind im Graphitgitter in gegeneinander versetzten Ebenen angeordnet. Innerhalb einer Ebene ist die Bindung zwischen benachbarten Atomen sehr stark und es wird angenommen, daß die Schwingungen der C-Atome in der Ebene gekoppelt sind (Yuong, Koppel und Parks [16]). Die Genauigkeit dieses Modells für Reaktorberechnungen ist ausreichend.

2.2.5 Einfangresonanzen

Es wurde bereits in Abschnitt 2.2.1 darauf hingewiesen, daß entsprechend der quantenhaften Struktur der Energieniveaus von Atomkernen die Wirkungsquerschnitte Resonanzscharakter aufweisen. Für eines der wesentlichsten Isotope der Reaktorphysik, U^{238}, sind die Resonanzen experimentell aufgelöst bis etwa 5 keV (siehe auch Abb. IX,5). Unterhalb dieser Energie sind sie meist auch so gut voneinander getrennt, daß man die Gesamtheit der Resonanzen in guter Näherung als eine Folge von Einzelresonanzen darstellen kann. Jede Einzelresonanz ist dann durch die s. g. Breit-Wigner Formel darstellbar. Es ist natürlich zu beachten, daß die Resonanzform von der Temperatur der z. B. untersuchten U^{238}-Probe abhängt: je niedriger die Temperatur, um so schärfer wird die Resonanzlinie. Speziell gilt für den Resonanzwirkungsquerschnitt des Neutroneneinfangs [17]:

$$\sigma_c(E, T) = \frac{\sigma_r \cdot \Gamma_c}{\Gamma} \sqrt{\frac{E_r}{E}} \cdot \psi(E, t) \qquad \text{(IX,24)}$$

wobei σ_r der Spitzenwert des totalen Wirkungsquerschnitts der Resonanz bei der Resonanzenergie $E = E_r$ ist; Γ_c ist die Halbwertsbreite der Resonanz für Einfang und Γ die totale Halbwertsbreite. Die **ψ-Funktion** beschreibt die temperaturabhängige Resonanzform und hat für $T = 0$ die Form

$$\psi(E, T = 0) = \frac{1}{1 + \left(\frac{E - E_r}{\Gamma/2}\right)^2} = \frac{1}{1 + x^2} \text{ mit } x = \frac{2}{\Gamma}(E - E_r), \qquad \text{(IX,25)}$$

die sogenannte **natürliche Linienform**.

Für hohe Temperaturen ist ψ darstellbar durch eine Gaußfunktion, so daß sich für den Wirkungsquerschnittsverlauf ergibt:

$$\sigma_c(E, r) \approx \frac{\sigma_r \cdot \Gamma_c}{\Gamma_D(T)} \sqrt{\frac{E_r}{E}} \sqrt{\frac{\pi}{2}}\, e^{-\left(\frac{E - E_r}{\Gamma_D}\right)^2} \qquad \text{(IX,26)}$$

Γ_D heißt die **Dopplerbreite** der Resonanz und ist gegeben durch (k = Boltzmannkonstante, A = Massenzahl):

$$\Gamma_D = \sqrt{\frac{4 E_r k T}{A}} \qquad \text{(IX,27)}$$

Man kann zeigen, daß exakt gilt [17]:

$$\int_{-\infty}^{+\infty} \psi(x, T)\, d x = \pi, \text{ mit x aus (IX,25)} \qquad \text{(IX,28)}$$

für alle T, d. h. die Fläche unter der Resonanzkurve bleibt bei einer Temperaturerhöhung gleich. Dies ist unmittelbar einleuchtend, da eine Temperaturänderung lediglich eine Änderung der Relativgeschwindigkeit Neutron-Kern bewirkt, nicht aber die Kerneigenschaften. Daraus folgt, daß der über alle Neutronenenergien integrierte Wirkungsquerschnitt praktisch konstant bleiben muß. (In der Resonanz kann der energieabhängige Term $\sqrt{E_r/E}$ in (IX,24) gleich Eins gesetzt werden, da aus Bereichen $E \neq E_r$ nur vernachlässigbare Beiträge zum Integral kommen.) Damit erhält man

$$\int \sigma_c(E, T)\, d E \approx \frac{1}{2} \pi \sigma_r \Gamma_c.$$

Um einen Eindruck von der Stärke der Temperaturverbreitung der Resonanzen zu bekommen, sei beispielhaft die Absenkung des Resonanzmaximums der 6,67 eV Resonanz von U^{238} angegeben: Von $T = 0$ °K auf $T = 300$ °K sinkt der Spitzenwert von 20 000 barn um einen Faktor 3,5 ab!

Man bezeichnet die Verbreiterung der Resonanzform aufgrund der Temperaturerhöhung der untersuchten Probe und damit der Veränderung der Relativgeschwindigkeit zwischen Neutron und Kern in Anlehnung an ähnliche Phänomene in der Akustik und Optik als **nuklearen Doppler Effekt**. Wir werden auf die fundamentale Bedeutung dieses Effektes in der Reaktorphysik in Abschnitt 10 besonders zu sprechen kommen.

Eine wichtige Beziehung sei noch angegeben: Für $E \ll E_r$ folgt aus (IX,24), daß $\sigma_c(E) \sim 1/\sqrt{E} \sim 1/v$, wenn v die Geschwindigkeit des Neutrons ist. Diese Aussage ist allgemeiner: Auch nach (IX,26) ergibt sich für $E \ll E_r$ eine 1/v-Abhängigkeit für den Einfangwirkungsquerschnitt, und es läßt sich zeigen [18], daß für jede Temperatur der Absorptionswirkungsquerschnitt weit unterhalb der Resonanzenergie sich wie 1/v verhält:

$$\sigma_c(E, t) \sim 1/v.$$

3. Allgemeine physikalische Eigenschaften von Reaktoren

Die Kenntnis der neutronenphysikalischen Grundlagen erlaubt uns, die ersten wesentlichen Aussagen über die physikalischen Zusammenhänge in Reaktoren zu treffen.

3.1 Die Kettenreaktion

Die Tatsache, daß bei einem Spaltprozeß mehr als zwei Neutronen freigesetzt werden, kann natürlich dahingehend ausgenutzt werden, in einem Medium, welches Spaltstoff (z. B. U^{235}) enthält, mindestens eines dieser Spaltneutronen eine weitere Spaltung auslösen zu lassen. Dabei werden dann wiederum mehr als zwei Neutronen erzeugt, die ihrerseits wieder einen Spaltprozeß verursachen und so fort. Eine derart sich fortsetzende Spaltungsfolge nennt man eine **Kettenreaktion**. Ob nun eine Kettenreaktion zustande kommt, hängt außer vom Vorhandensein spaltbaren Materials davon ab, welches Schicksal die entstehenden Spaltneutronen im System erfahren. Wenn die Reaktion nicht abbrechen soll, muß mindestens ein Neutron aus jeder Spaltung wieder für eine neue Spaltung zur Verfügung stehen. Dies ist trotz $\overline{\nu}(E) > 2$ nicht selbstverständlich, da bei der Absorption eines Neutrons im Spaltstoff-Isotop der radioaktive Einfang eine zur Spaltung konkurrierende Reaktion darstellt und außerdem weitere Verluste durch Absorption der Neutronen in anderen Stoffen des Systems sowie durch Ausfluß der Neutronen aus dem System heraus auftreten. Eine notwendige Voraussetzung für das Auftreten einer Kettenreaktion ist demnach, daß die **Absorption** eines

Neutrons in einem spaltbaren **Kern** mehr als ein Spaltneutron erzeugt. Diese Bedingung läßt sich ausdrücken durch

$$\eta(E) \equiv \overline{\nu}(E) \cdot \frac{\sigma_f(E)}{\sigma_a(E)} > 1 \qquad \text{mit} \quad \sigma_a = \sigma_f + \sigma_c) \tag{IX,30}$$

wobei $\sigma_f(E)$ und $\sigma_a(E)$ die mikroskopischen Spalt- bzw. Absorptionswirkungsquerschnitte darstellen. Der Neutronenüberschuß $\eta - 1$ wird zur Deckung der bereits erwähnten Neutronenverluste gebraucht. Ein System, in dem die Kettenreaktion kontrollierbar, d. h. von außen steuerbar, abläuft, heißt **Reaktor**. Eine notwendige Bedingung hierfür ist, daß die Zeitkonstante, mit der die Neutronenketten sich vermehren, in der Größenordnung mechanisch bewegbarer Kontrolleinrichtungen liegt (siehe Abschnitt 8).

3.2 Die Energieabhängigkeit der Neutronenausbeute $\eta(E)$ und wesentliche Folgerungen

Aus der Energieabhängigkeit des η-Wertes ergeben sich eine Reihe sehr wesentlicher Konsequenzen. Diese Energieabhängigkeit ist für die im ganzen interessierenden Bereiche der Neutronenenergien spaltbaren ug-Kerne U^{233}, U^{235} und Pu^{239} in **Abb. IX,10** aufgetragen. Bei der Art der Auftragung ist bewußt auf die infolge der Resonanzstruktur auftretende starke Fluktuation der Kurven zwischen 1 eV und 1000 eV verzichtet worden, um den generellen Trend der Energieabhängigkeit zwischen 0 und 10 MeV nicht zu verwischen.

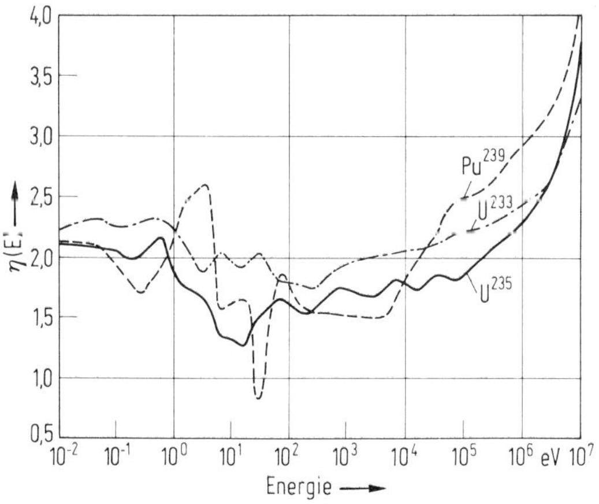

Abb. IX,10. Die Energieabhängigkeit der Neutronenausbeute η(E) für verschiedene Spaltstoffe

Für U^{235} und Pu^{239} sinken von Null bis etwa 100 eV die η-Werte ab, abgesehen von Schwankungen. Sie nehmen dann mit unterschiedlicher Steigung bis 10 MeV wieder zu.

Die η-Werte für U^{233} sind bis etwa 20 keV größer als die entsprechenden Daten für Pu^{239} und außerdem nur schwach energieabhängig.

Für einen Reaktor, in dem der Hauptspaltstoff aus einem dieser drei Kerne besteht, lassen sich aus **Abb. IX,10** bereits an dieser Stelle folgende allgemeine Aussagen machen:

1. Bei Reaktoren mit U^{235} und Pu^{239} sind solche Systeme neutronenökonomisch am günstigsten, bei denen die meisten Spaltprozesse entweder durch langsame oder durch schnelle Neutronen ($\gtrsim$ 50 keV) ausgelöst werden. Im intermediären Bereich ist die Neutronenausbeute pro im Spaltstoff absorbiertem Neutron stets geringer, die Frage der Deckung der im Reaktor in anderen Materialien auftretenden unvermeidlichen Neutronenverluste wird demnach problematischer. Hieraus lassen sich zwei neutronenökonomisch attraktive Reaktorkonzepte herleiten: den sogenannten **Thermischen Reaktor**, in dem die Spaltungen überwiegend durch langsame (thermische) Neutronen ausgelöst werden, und den **Schnellen Reaktor**, bei dem der größte Teil der Spaltungen durch schnelle Neutronen induziert wird, deren mittlere Energie etwa 200 keV beträgt.

2. Für schnelle Neutronen ist bei Pu^{239} als Spaltstoff η deutlich größer als zwei. Falls der Neutronenexzeß $\eta - 2$ zur Deckung der Verluste ausreicht, steht demnach ein weiteres Neutron zur Verfügung, eine „nutzbringende" Reaktion im System auszuführen. Dies geschieht dann, wenn ein schnelles System mit einem Brennstoff aus Pu^{239} und U^{238} beschickt wird. Einfang des Neutrons in U^{238} führt dann über β-Zerfall zum Spaltstoff Pu^{239} gemäß der Reaktionsgleichung:

$$n + U^{238} \xrightarrow{(n,\gamma)} U^{239} \xrightarrow[23{,}5\ m]{\beta^-} Np^{239} \xrightarrow[2{,}35\ d]{\beta^-} Pu^{239} \qquad \text{(IX,31)}$$

Diese Reaktion findet in jedem Reaktor statt, der U^{238} enthält. Und zwar bereits dann, wenn η deutlich größer als Eins ist, was ja nach Abb. IX,9 praktisch überall der Fall ist. Es findet demnach eine **Konversion** des unterhalb von 1 MeV nicht spaltbaren U^{238} in das im ganzen Energiebereich spaltbare Pu^{239} statt. Falls $\eta - 2$ die Neutronenverluste gerade abdeckt, wird praktisch jeder verbrauchte Kern des Spaltstoffs über den Neutroneneinfang in U^{238} durch einen Plutoniumkern ersetzt. Bei Schnellen Reaktoren kann die Konversion des U^{238} in Pu^{239} so groß sein, daß mehr Plutonium erzeugt als verbraucht wird: Man spricht dann von einem Schnellen **Brutreaktor**, wobei

$$BG = \eta - 2\text{-Verluste} \qquad \text{(IX,32)}$$

der Anteil der Neutronen ist, der beim Einfang in U^{238} zu erbrütetem Spaltstoff führt, demnach als grobes Maß für den **Brutgewinn** dienen kann. In Abb. IX,11 ist schematisch der Spaltungs- und Konversionsvorgang dargestellt.

3. Ein Schneller Reaktor mit U^{235} benötigt mehr Spaltstoffinventar als ein Reaktor mit Pu^{239}, denn die Neutronenausbeute bei 100 keV ist bei Pu^{239} um etwa den Faktor 1,4 größer.

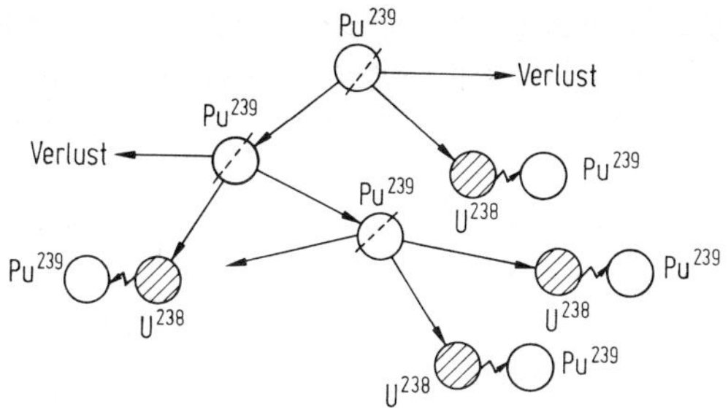

Abb. IX,11. Zum Konversions- und Brutprozeß in Pu^{239}/U^{238} Brennstoff

4. Aus dem gleichen Grunde ist bei einem mit U^{235} beschickten Schnellen Reaktor der Brutgewinn geringer als bei einem Plutoniumsystem, denn die η-Kurve für U^{235} liegt im hohen Energiebereich stets unter der entsprechenden Kurve für Pu^{239} und damit liefert Gl. (IX,32) bei allen hohen Neutronenenergien kleinere Werte für den Brutgewinn.
5. Wenn aus irgend einem Grunde der Schwerpunkt der Energieverteilung der Neutronen in Schnellen Systemen sich zu höheren Energien hin verschiebt, z. B. von 200 keV zu 300 keV, so ist das mit einer größeren Neutronenausbeute η verbunden.
6. Bei den Spaltstoffen U^{233} und U^{235} besteht aufgrund des η-Verlaufes mit der Neutronenenergie keine deutliche Präferenz, diese in einem Schnellen Reaktor einzusetzen.

In der Abb. IX,10 ist der $\eta(E)$-Verlauf für U^{238} nicht aufgeführt. Für eine Neutronenenergie von 2 MeV ergibt sich ein Wert von

$$\eta^{238}(2\ \text{MeV}) \approx 2{,}4.$$

Demnach ist auch für U^{238} bei 2 MeV die notwendige Bedingung für eine Kettenreaktion erfüllt. Dies erscheint um so wesentlicher, als die Spaltneutronen eine mittlere Energie von etwa 2 MeV besitzen und damit eine sich selbst erhaltende Kettenreaktion in U^{238} möglich erscheint. Da weiterhin U^{238} zu 99,3% im Natur-Uran Erz enthalten ist (0,7% besteht aus U^{235}), soll diesem Problem direkt nachgegangen werden, woraus sich weitere wesentliche physikalische Eigenschaften vor allem der Schnellen Reaktorsysteme ableiten lassen.

3.3 Neutronenmultiplikation in U^{238} oder Natur-Uran

Zur Beantwortung der Frage, ob in einem Medium, bestehend allein aus U^{238} oder Natur-Uran, eine Kettenreaktion aufrecht erhalten werden kann, sind die möglichen Reaktionen der Neutronen mit dem Medium, welches vereinfacht als **unendlich ausgedehnt** betrachtet werden soll, zu verfolgen. Für 2 MeV sind die Wirkungsquerschnitte des U^{238} für elastische (σ_e), inelastische (σ_{in}), radioaktiven Einfang (σ_c), Spaltung (σ_f)

und den totalen Wirkungsquerschnitt (σ_t) in **Tab. IX,4** zusammengestellt. Da die elastische Streuung des Neutrons an den schweren Kernen mit einem Energieverlust

Tab. IX,4. Wirkungsquerschnitte [barn] für U^{238} bei 2 MeV

σ_e	σ_{in}	σ_c	σ_f	σ_{tot}	$\bar{\nu}$
4	2,7	0.06	0.6	7.36	2.6

von etwa 1% verbunden ist (siehe Abschnitt 2.2.3), erfolgt also dabei im wesentlichen nur eine Richtungsänderung des Neutrons. Im Vergleich dazu bewirkt die Häufigkeit des Auftretens der inelastischen Streuung mit etwa 37% ($\equiv \sigma_{in}/\sigma_t$), daß die Neutronen durch den großen Energieverlust von etwa 1,5 MeV bei einer inelastischen Streuung unter die Spaltschwelle des U^{238} herunter gestreut werden, siehe Abschnitt 2.2.2. Die weiter erfolgende elastische Bremsung wäre bei Natur-Uran im Prinzip in der Lage, die schnellen Neutronen in den Bereich der hohen thermischen η-Werte von U^{235} zu bremsen. Bei diesem stets mit nur geringem Energieverlust verbundenen Bremsprozesses passieren die Neutronen jedoch den Resonanzbereich des U^{238} für radioaktiven Einfang (σ_c), der von etwa 50 keV bis 6 eV reicht, siehe Abb. IX,5.

Die „**Resonanzabsorption**" der Neutronen in U^{238} entzieht die Neutronen praktisch vollständig dem System, so daß eine Kettenreaktion nicht möglich ist. Hieraus ist evident, daß ein Schneller Natur-Uran Reaktor nicht betrieben werden kann.

Aus diesen Bemerkungen geht hervor, daß die Neutronenbremsung in Reaktoren eine ganz wesentliche Rolle spielt. Bei Schnellen Systemen bestimmt sie durch inelastische Streuung den Anteil der Neutronen, der unter die Spaltschwelle von U^{238} in das Resonanzgebiet der schweren Kerne gelangt, bei Thermischen Reaktoren muß die Neutronenbremsung in dem Bereich, in dem die Spaltneutronen freigesetzt werden (**Reaktorkern**), so effektiv sein, daß die Spaltneutronen mit einer mittleren Energie von 2 MeV zu Energien kleiner als 1 eV (thermischer Bereich) gelangen. Letzteres kann nur dadurch ermöglicht werden, daß man dem Reaktorkern eine Bremssubstanz, den **Moderator**, zufügt. Die Bremsung der Neutronen erfolgt dann im wesentlichen durch elastische Stöße mit den Moderatorkernen.

3.4 Physikalische Anforderungen an einen Neutronen-Moderator

Drei Bedingungen sind bei der Auswahl des Moderators zu erfüllen:

1. Er muß eine möglichst geringe Massenzahl aufweisen, da entsprechend den Gesetzen der klassischen Mechanik ein elastischer Stoß einer bewegten Masse m (Neutron) mit einer ruhenden Masse M dann den größten Energieverlust ergibt, wenn M = m ist (zentraler Billard-Stoß). Für Neutronenenergien $E \gg 1$ eV können die Moderatorkerne als ruhend angenommen werden, da entsprechend der Moderatortemperatur die kinetischen Energien der Moderatoratome oder -moleküle kleiner als 1 eV sind.

2. Der Moderator muß ein möglichst schwacher Absorber sein.
3. Die Streuwahrscheinlichkeit für Neutronen mit dem Moderator muß groß sein.

Diese Bedingungen sind nahezu selbstverständlich, denn sie besagen im wesentlichen nur, daß der Moderator die Neutronen möglichst ohne Verluste abbremsen soll; denn eine schlechte Abbremsung erhöht z. B. stets die Wahrscheinlichkeit der Absorption der Neutronen in den Resonanzen des im Reaktor vorhandenen U^{238} zwischen 6 eV und 50 keV. Die zweite Bedingung betrifft hauptsächlich das Absorptionsvermögen im thermischen Bereich, da bei den zur Diskussion stehenden leichten Moderatorkernen die Absorption mit wachsender Neutronenenergie abnimmt und im Bereich oberhalb 1 eV **(epithermisches Gebiet)** klein ist verglichen mit dem Absorptionsvermögen schwerer Kerne. Die dritte Bedingung sagt aus, daß Dichte und Streuquerschnitt des Moderators nicht klein sein dürfen (wie z. B. bei He, welches die ersten beiden Bedingungen gut erfüllt), damit Neutronen überhaupt effektiv abgebremst werden können. In **Tab. IX,5** sind die wesentlichen Wirkungsquerschnitte für die Absorption von Neutronen in verschiedenen leichten Kernen und Molekülen sowie der mittlere

Tab. IX,5. Wirkungsquerschnitte verschiedener Moderatoren

	Thermische Werte (E = 0,025 eV)		σ_a [barn] 0.625 eV - $5.5 \cdot 10^3$ eV	σ_a [barn] $5.5 \cdot 10^3$ eV - $8.2 \cdot 10^5$ eV	σ_a [barn] $8.2 \cdot 10^5$ eV - 10^7 eV	$\xi \cdot \Sigma_e$ [cm^{-1}]	ξ
	σ_a [barn]	Σ_a [cm^{-1}]					
H			$1.42 \cdot 10^{-2}$	$2 \cdot 10^{-4}$	0		
H_2O	0.66	0.022				3.28	1
D			0	0	0		
D_2O	0.001	$3.3 \cdot 10^{-5}$				0.256	0.57
He	0.007	$2 \cdot 10^{-4}$	0	0	0	$9 \cdot 10^{-6}$	0.425
C	0.004	$3.2 \cdot 10^{-4}$	0	0	0	0.06	0.16

Lethargiegewinn pro Stoß, ξ, zusammengestellt. $\xi \cdot \Sigma_e$ gibt die Effektivität der Neutronenbremsung an, sollte für Thermische Reaktoren also möglichst groß sein. Man erkennt, daß D_2O und C die geforderten Eigenschaften gut erfüllen, H_2O besitzt eine relativ große Absorptionseigenschaft für Neutronen und kann daher nur dann als Moderator verwendet werden, wenn durch diese Absorption nicht zu viele Neutronen aus dem Kettenreaktionsprozeß entfernt werden.

3.5 Kühlmittel und Strukturmaterial

Wenn in einem Thermischen Reaktor ein flüssiger Moderator (z. B. D_2O) vorhanden ist, so stellen sich unmittelbar zwei Fragen: Wird man den Moderator auch als Kühlmittel benutzen und wird man bei Verwendung von festem Brennstoff (z. B. Uranmetall oder Uranoxid) eine Hülle für den Brennstoff brauchen?

Zunächst sei festgestellt, daß die in einem Spaltprozeß entstehende **Wärmeenergie** aus dem Reaktorkern herausgebracht werden muß, auch dann, wenn man sie nicht unbedingt in elektrische Energie umwandeln will. Denn es muß vermieden werden, daß durch Temperaturerhöhungen der Reaktorkern beschädigt wird. Die beste Möglichkeit des Wärmeabzugs aus einem Reaktor bildet ein durch den Reaktorkern **strömendes Kühlmittel**. Die Wärmeenergie wird außerhalb des Reaktors vom Kühlmittel entweder direkt an eine Turbine abgegeben (**Direktkreislauf** bei gas- oder dampfförmiger Kühlung) oder über einen Wärmetauscher an einen Sekundärwärmeträger (meist Wasser) abgegeben. Das Kühlmittel wird nach Wärmeabgabe wieder in den Reaktor zurückgeleitet. Es ist am bequemsten, einen flüssigen Moderator auch als Kühlmittel zu verwenden. Bei graphitmoderierten Reaktoren ist das Kühlmittel ein Gas (He oder CO_2).

Bei Schnellen Reaktoren ist der Reaktorkern aufgrund des fehlenden Moderators sehr kompakt. Das Kühlmittel muß wegen der damit vorhandenen großen Leistungsdichten gute Wärmetransporteigenschaften besitzen. Untersucht wird weltweit die **Na-Kühlung**, auch **He-Kühlung** mit einem Druck von ungefähr 100 atü ist möglich. Neutronenphysikalisch besitzt das Kühlmittel in Schnellen Reaktoren eine wesentlich größere Bedeutung als in Thermischen Systemen. Denn neben dem Sauerstoff von Oxidbrennstoffen bildet das Kühlmittel das einzige leichte Material, so daß zusätzlich zur inelastischen Streuung von schweren Kernen die elastische Bremsung durch das Kühlmittel die Neutronen in Bereiche ungünstiger Neutronenökonomie (kleinere η-Werte, siehe Abb. IX,10) gelangen. Und zwar ist dies bei Na-Kühlung ausgeprägter als bei He-Kühlung, da Neutronen mit He kaum reagieren. Verlust des Kühlmittels wird entsprechend Abb. IX,10 also zu einer größeren Neutronenmultiplikation führen, wenn der Schwerpunkt des Neutronenspektrums oberhalb des η-Minimums für Pu^{239} liegt, was bei ökonomisch sinnvollen Schnellen Reaktoren immer gegeben ist.

Die zweite Frage läßt sich ebenso leicht beantworten. Zunächst ist einleuchtend, daß eine chemische Reaktion Brennstoff-Kühlmittel vermieden werden muß. Schon aus diesem Grunde ist es zweckmäßig, festen Brennstoff (z. B. in Form von Stäben oder Platten) mit einer Hülle aus korrosionsbeständigem Material zu umgeben. Weiterhin dürfen die Brennstoffstäbe durch die gelegentlich starken Temperaturwechselbeanspruchungen die geometrische Form nicht wesentlich verändern, da sonst z. B. Kühlmittelverdrängung in einigen Bereichen auftreten kann, wodurch die Wärmeabfuhr lokal evtl. nicht mehr gewährleistet ist. Lange Neutronenbestrahlung und Temperatureinflüsse verändern die Struktur des Brennstoffs, die Abgabe der im Brennstoff entstehenden radioaktiven Spaltbruchstücke in die Kühlreisläufe sollte möglichst vermieden werden. All diese Argumente sprechen für die Umhüllung des Brennstoffs. Ferner muß bei Brennstabgittern dafür gesorgt werden, daß durch das strömende Kühlmittel keine stärkere Schwingungen der Stäbe auftreten. Dies wird vermieden durch die Einführung von Abstandshaltern. Faßt man wie beim Schnellen Reaktor etwa 170 Brennstoffstäbchen mit einem Durchmesser von etwa 6 mm zu einem Brennelement zusammen, so wird ein Brennelementkasten diese Anordnung umschließen. Hüllmaterial, Kühlmittelführungsrohre, Abstandshalter und Brennelementkästen faßt man meist mit dem Begriff **Strukturmaterial** zusammen. Man sieht, daß neben der an diese Materialien zu stellenden physikalischen Forderung nach geringer Absorptionseigenschaft für Neutronen die Belastbarkeit der Werkstoffe im Neutronenfeld ganz wesentlich wird. Wir können darauf hier nicht näher eingehen und verweisen auf die einschlägige Literatur [19]. Als Hüllmaterialien haben sich bewährt Aluminium, Zirkaloy für Thermische Reaktoren, Edelstahl für Schnelle Reaktoren. Edelstahl scheidet als Hüllmaterial für Thermische Reaktoren mit geringem U^{235} Gehalt aus, da der Absorptionswirkungsquerschnitt von Eisen bei thermischen Neutronenenergien etwa 10 mal größer ist als z. B. der von Aluminium von etwa 0,2 barn, so daß ein großer Prozentsatz von Neutronen im Strukturmaterial absorbiert wird (sg. Fremdabsorption).

3.6 Der kritische Zustand eines Reaktors

Die Aufgabe der Reaktorphysik besteht zuerst darin, bei den verschiedenartigen Systemen die Auswahl der Materialien und deren Anteile im Reaktor wie die Wahl der geometrischen Verhältnisse so vorzunehmen, daß der Reaktor **stationär** betrieben werden kann. Diese Stationarität ist offensichtlich nur dann möglich, wenn die Kettenreaktion im System so verläuft, daß im Mittel von einem Spaltprozeß bis zum nächsten jeweils ein Neutron zur Verfügung steht. Denn eine größere Anzahl von Neutronen bewirkt über den Mechanismus der Kettenreaktion ein rasches Aufbauen der Neutronenbevölkerung. Verbunden mit einer Zunahme der Spaltprozesse ist stets ein Zunehmen der Wärmeenergie, so daß mit einer Zerstörung des Reaktorkerns infolge Sieden des Kühlmittels und evtl. Schmelzen des Brennstoffs zu rechnen ist.

Sind weniger als ein Neutron von Spaltprozeß zu Spaltprozeß vorhanden, so wird die Kettenreaktion abbrechen. Der Zustand des Reaktors, in dem die Stationarität gewährleistet ist, heißt beim Fehlen einer zusätzlichen äußeren Neutronenquelle **Kritischer Zustand**. Er ist nach dem oben gesagten ein äußerst empfindlicher („kritischer") Zustand, da er durch Veränderungen während des Betriebs offenbar leicht gestört werden kann. Es ist evident, daß der kritische Zustand nur dann beibehalten werden kann, wenn stets die **pro Zeiteinheit im System produzierten Neutronen** R_P **gleich der Anzahl der pro Zeiteinheit durch Absorption** R_A **oder Ausfluß (= Leckage)** R_L **verloren gehenden Neutronen ist** (Stationarität).

Also gilt für den **Kritischen Zustand**

$$\left.\begin{aligned} R_P &= R_A + R_L \quad \text{bzw.} \\ k_{eff} &= \frac{R_P}{R_A + R_L} = 1 \end{aligned}\right\} \qquad \text{(IX,33)}$$

k_{eff} (oder auch einfach k) bezeichnet man als **Neutronenmultiplikationsfaktor**, der im kritischen Zustand gerade Eins ist. Gehen pro Zeiteinheit mehr Neutronen durch Absorption und Leckage verloren als durch den Spaltprozeß nachgeliefert werden, so ist das System **unterkritisch**, $k_{eff} < 1$; die Kettenreaktion bricht ab. Für $k_{eff} > 1$ bezeichnet man das System als **überkritisch**, die Neutronenbevölkerung nimmt zu. Es ist zu beachten, daß der Zustand der Kritikalität sowohl von den prompten **und** den verzögerten Neutronen (siehe Abschnitt 2.1) gebildet wird; ohne die verzögerten Neutronen ist der Reaktor unterkritisch. Da die Zeitkonstante der verzögerten Neutronen bis zu 1 Minute beträgt, läßt sich ein Abweichen des Reaktors vom kritischen Zustand z. B. durch Bewegen mechanischer Teile im System korrigieren; die **Kettenreaktion ist somit kontrolliert**, der Reaktor von außen steuerbar. Da weder am Brennstoff (Neutronen-Produktion) noch an der Geometrie (Neutronen-Ausfluß) zu jedem beliebigen Zeitpunkt Veränderungen vorgenommen werden können, bleibt als Möglichkeit der Kontrolle die Veränderung der Absorptionseigenschaften des Systems. Dies läßt sich immer durch Einbringen sogenannter „**Steuerstäbe**" in den Reaktor erreichen. Sie bestehen aus Neutronenabsorbern (meist Borkarbid) und ihre Eintauchtiefe im Reaktor kann von außen so geregelt werden, daß eine Abweichung vom kritischen Zustand wieder rückgängig gemacht werden kann (Reaktorregelung).

Das Erreichen des Kritischen Zustands des Reaktors ist nach (IX,33) auf folgende Weise möglich: Ist für ein System zunächst $k_{eff} < 1$, so kann man entweder R_P vergrößern oder R_A bzw. R_L verkleinern. R_P vergrößern heißt: man erhöhe die Anzahl der produzierten Spaltneutronen, also die Anzahl der Spaltprozesse. Dies ist möglich durch **Erhöhung der Spaltstoffkonzentration (Anreicherung)**. Verkleinern von R_A heißt z. B.: Man verwende Strukturmaterialien mit geringerer Neutronenabsorption. Der Neutronenausfluß R_L ist im wesentlichen durch die Größe des Systems bestimmt, eine Verkleinerung von R_L bedeutet demnach eine Vergrößerung des Reaktors, z. B. durch das an den zuletzt beladenen Brennstoffring anschließende Zuladen weiterer Brennelemente. Entsprechende Argumente gelten, wenn ursprünglich $k_{eff} > 1$ ist: Verringerung der Spaltstoffkonzentration, eine nicht volle Beladung (kleinerer Reaktor) oder volle Beladung und stärkeres Einfahren von Steuerstäben führen zum kritischen Zustand.

3.7 Neutronenzyklus in Thermischen und Schnellen Reaktoren

Verfolgt man das **Schicksal der Spaltneutronen** in einem System aus Brennstoff und Moderator, so spielt die inelastische Streuung neben der elastischen Bremsung eine untergeordnete Rolle. Besonders wesentlich ist die Vermeidung zu großer Absorptionsanteile im Resonanzbereich des U^{238}. In einer **homogenen Mischung** von Moderator und Brennstoff trifft ein Neutron, das seinen letzten Stoß mit einem Moderatorkern gemacht hat, mit einer durch das Mischungsverhältnis gegebenen Wahrscheinlichkeit auf einen Resonanzkern und wird dann in den Resonanzen absorbiert. Eine **Verringerung der Resonanzabsorption** kann man jedoch sehr leicht dadurch bewirken, daß man Brennstoff und Moderator **heterogen** anordnet, also z. B. den Brennstoff in Form von Stäben oder Platten in den Moderator einbringt. Wegen der Größe der Absorptionsresonanzen dringen Neutronen praktisch nicht in den Stab ein, Absorption findet im wesentlichen an der Oberfläche der Stäbe statt. Dadurch, daß die Resonanzkerne im Stabinnern fast keine Neutronen absorbieren können (sie sind abgeschirmt), erhöht sich gegenüber dem homogenen System der Anteil der Neutronen, der dem Resonanzbereich entkommt, drastisch. Dieser Effekt der **Heterogenität** wird in Thermischen Reaktoren dazu benutzt, die Neutronenverluste zu verringern.

Die in den **thermischen Bereich** gelangenden Neutronen sollen natürlich vorzugsweise wieder im Brennstoff absorbiert werden, denn nur solche Neutronen sind wieder in der Lage, eine Spaltung und damit weitere Spaltneutronen zu erzeugen. Damit ist selbstverständlich, daß alle in einem Thermischen Reaktor verwendeten Materialien mit Ausnahme des Spaltstoffs einen niedrigen Absorptionswirkungsquerschnitt besitzen sollten, die bereits erwähnte „**Fremdabsorption**" muß also klein sein. Würde U^{238} auch im thermischen Bereich stark absorbieren, so wäre dieses Material nicht in größeren Mengen in einen Reaktor einsetzbar.

Die Absorption im Spaltstoffisotop setzt über die Spaltung η schnelle Neutronen wieder frei, welche die gerade beschriebenen Schicksale bis zur erneuten Absorption im Brennstoff erfahren. Dies ist vereinfacht der Zyklus von Neutronen in Thermischen Reaktoren.

Die Tatsache, daß in **Schnellen Reaktoren** die Mehrzahl der Spaltungen von schnellen Neutronen ausgelöst werden, hat eine wichtige Konsequenz. Diese schnellen Neutronen legen wegen der zu hohen Energien global abnehmenden Wirkungsquerschnitte einige Zentimeter Laufweg zurück, ehe sie mit den Reaktormaterialien reagieren. Diese Weglängen sind größer als die geometrischen Abmessungen der wegen optimaler Wärmeabfuhr klein gewählten Brennstabdurchmesser von etwa 0,6 bis 0,8 cm und der zentralen Abstände zwischen den Brennstoffstäben von 1 bis 1,5 cm. Daher ist ein Schneller Reaktor trotz des heterogenen Aufbaus für die Behandlung der Neutronenphysik als **homogen** anzusehen. Daraus und aus der Tatsache, daß die Moderation der Neutronen vergleichsweise gering ist, folgt direkt ein relativ großer Anteil von Neutronen, der im Bereich unterhalb 1 MeV, besonders im Resonanzbereich von U^{238}, absorbiert wird. Hieraus wiederum ergibt sich sofort, daß man in Schnellen Systemen einen **größeren Spaltstoffeinsatz** benötigt als in Thermischen Reaktoren, denn nur bei Zunahme der Neutronenausbeute durch Spaltstoffzusatz kann die größere Fremdabsorption kompensiert werden.

Der **Neutronenzyklus** in **Schnellen Reaktoren** ist demnach so aufgebaut, daß ein Teil der Spaltneutronen im wesentlichen durch inelastische und zusätzlich durch elastische Streuung unter die Spaltschwelle von U^{238} gebremst wird. Absorptions- wie Spaltprozesse finden im Bereich oberhalb etwa 0,5 keV statt. Der Resonanzbereich nimmt also in der Behandlung Schneller Reaktoren einen zentralen Raum ein. Der Anteil der Spaltungen im MeV-Bereich ist natürlich wesentlich größer als in thermischen Systemen.

Die Zyklen in Thermischen und Schnellen Reaktoren sind schematisch in der Abb. IX,12 und Abb. IX,13 dargestellt.

Damit sind einige wesentliche physikalische Eigenschaften von Reaktoren qualitativ erläutert. In den nachfolgenden Kapiteln werden weitere Einzelphänomene und deren Zusammenwirken im Reaktor näher behandelt; zeitliche Veränderungen im Reaktorsystem werden in den Abschnitten 8 bis 10 diskutiert.

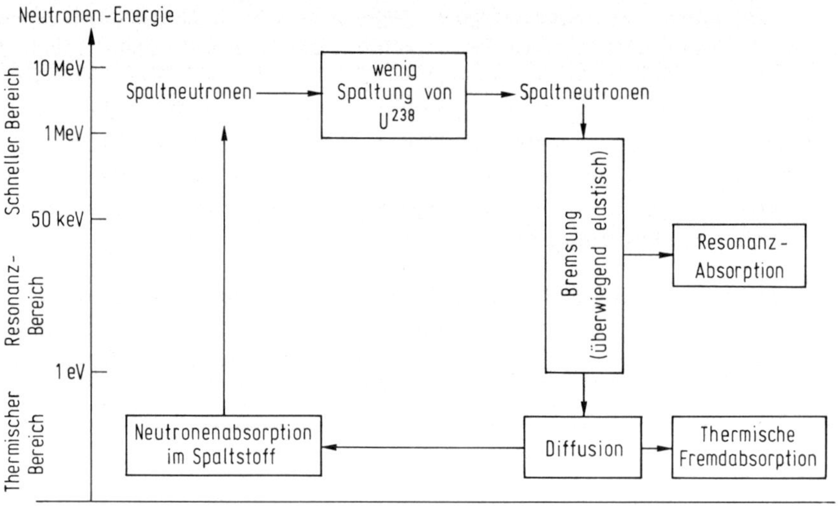

Abb. IX,12. Neutronenzyklus in einem Thermischen Reaktor ohne Ausfluß

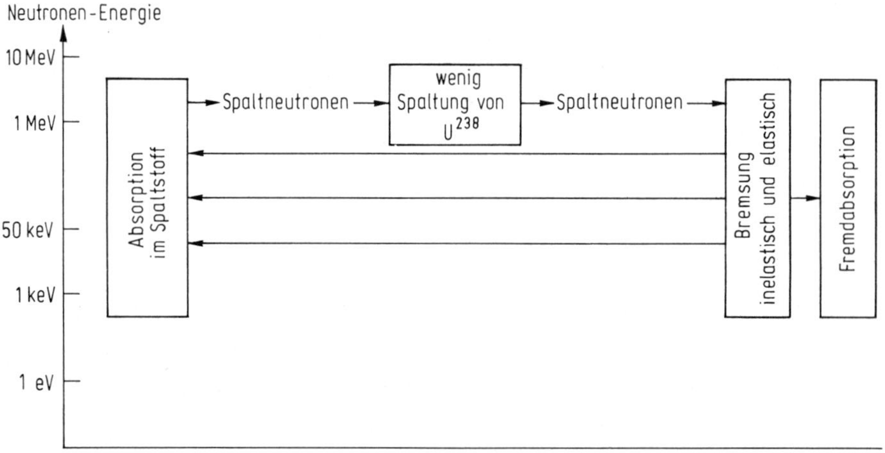

Abb. IX,13. Neutronenzyklus in einem Schnellen Reaktor ohne Ausfluß

4. Neutronenbremsung in unendlich ausgedehnten Medien: Energieverteilung der Neutronen

In diesem Abschnitt soll die Energieverteilung der Neutronen in Thermischen und Schnellen Reaktorsystemen ermittelt werden. Um den fundamentalen Prozeß besser studieren zu können, sei das Reaktormedium unendlich ausgedehnt, so daß kein Neutron das System verlassen kann. Eine Quelle sei homogen im Medium verteilt. Die physikalischen Eigenschaften vieler realer Systeme sind zu einem großen Teil bereits durch die Eigenschaften des entsprechenden unendlichen Systems bestimmt, da die Reaktordimensionen relativ groß sind.

4.1 Neutronenflußdichte und Reaktionsrate

Es sei nun $n(E)\,dE$ die **Anzahl** der Neutronen eines Einheitswürfels [cm^3] in einem Energieintervall dE um E. $n(E)$ ist die Neutronendichte bei der Energie E. Es ist nun üblich, statt $n(E)$ die Neutronenflußdichte zu benutzen:

$$\varphi(E)\,dE = v \cdot n(E)\,dE \; \left[\frac{1}{cm^2 \cdot s}\right] \qquad \text{(IX,34)}$$

wobei v der Betrag der Geschwindigkeit des Neutrons der Masse m ist: $v = \sqrt{2E/m}$.

Der Grund für die Einführung von $\varphi(E)$ liegt darin, daß die eigentlich interessierende Größe die **pro Zeiteinheit stattfindende Neutronenreaktion** ist. Ist N_i die Anzahl der Kerne eines Isotops i im betrachteten Medium, so sind mit dem mikroskopischen Wirkungsquerschnitt der Reaktion x, σ_x^i, die pro Zeiteinheit in dE stattfindenden Reaktionen R_x^i in dem Einheitswürfel gegeben durch:

$$R_x^i(E)\,dE = v \cdot n(E) \cdot N_i\,\sigma_x^i\,dE = \varphi(E) \cdot \Sigma_x^i\,dE \; \left[\frac{1}{cm^3 \cdot s}\right] \qquad \text{(IX,35)}$$

Hierbei ist $\Sigma_x^i = N_i\,\sigma_x^i \; [\frac{1}{cm}]$ der **makroskopische** Wirkungsquerschnitt des Isotops.

Die in dE befindlichen Neutronen $n(E)\,dE$ legen nämlich pro Sekunde den Weg vom Betrage v zurück und reagieren auf diesem Weg pro Zentimeter im Mittel Σ_x^i mal mit den Kernen N_i des Mediums ($1/\Sigma_x^i$ bezeichnet nach (IX,6) den mittleren freien Weg des Neutrons bezüglich einer Reaktion x mit dem Isotop i). $R_x^i(E)\,dE$ ist also eine **Reaktionsrate**. Sie enthält stets das Produkt aus Geschwindigkeit **und** Neutronendichte, und es liegt also nahe, dafür den neuen Ausdruck $\varphi(E)$ einzuführen.

$\varphi(E)$ ist nicht nur als bequeme „Hilfsgröße" zu verstehen, vielmehr ist folgende physikalische Erklärung möglich: Wenn ein gerichteter Strahl monoenergetischer Neutronen der Dichte $n_1(E)$ pro cm^3 senkrecht auf eine Einheitsfläche am Ort Z trifft, so werden pro Sekunde $v \cdot n_1(E, Z)\,dE \equiv \varphi_1(E, Z)\,dE$ Neutronen diese Einheitsfläche passieren. Ebenso können monoenergetische Neutronen aus einer anderen Richtung wiederum senkrecht auf eine Einheitsfläche am Ort Z treffen, wobei $v \cdot n_2(E, Z)\,dE \equiv \varphi_2(E, Z)\,dE$ Neutronen pro Sekunde diese Fläche durchsetzen. Läßt man alle Raumrichtungen zu, so gibt die Summation (Integration) der Beiträge am Ort Z aus **allen** Richtungen die Gesamtzahl der Neutronen an, die pro Sekunde und Flächeneinheit den Ort Z passieren:

$$\varphi(E, Z)\,dE = v \cdot n(E, Z)\,dE = (\varphi_1(E, Z) + \varphi_2(E, Z) + \ldots)\,dE$$

4.2 Bilanzgleichung für die Neutronen-Reaktionsraten

Um die energetische Verteilung der Neutronen, das **Neutronenspektrum**, zu bestimmen, stellen wir im Energieintervall d E eine Bilanzgleichung für Neutronen-Gewinne und -Verluste pro Zeiteinheit auf. Es sei hier vermerkt, daß die Bilanzierung ganz grundsätzlich das Verfahren darstellt, **Reaktionsgleichungen** zu gewinnen. Wir hatten zur Erklärung der Neutronenmultiplikation k_{eff} ebenfalls die Reaktionsraten bilanziert, dort jedoch für den gesamten Reaktor. Hier wird die Bilanz für jedes d E erstellt.

Die **Verluste** der Neutronen in d E geschehen durch: elastische und inelastische Herausstreuung (Σ_e, Σ_{in}), Absorption (Σ_a).

Gewinne in d E entstehen durch Einstreuung nach d E und durch Beiträge der Quelle.

Damit sind die Reaktionsprozesse pro Zeiteinheit (Raten) wie folgt zu bilanzieren:

$$\{\Sigma_e(E) + \Sigma_{in}(E) + \Sigma_a(E)\} \cdot \varphi(E)\,\mathrm{d}E =$$
$$= \mathrm{d}E \cdot \int \{\Sigma_e(E' \to E) + \Sigma_{in}(E' \to E)\}\,\varphi(E')\,\mathrm{d}E' + S(E)\,\mathrm{d}E$$

Die linke Seite stellt die totale Stoßrate $\Sigma_t(E) \cdot \varphi(E)\,\mathrm{d}E$ dar, die rechte Seite summiert alle Streubeiträge von Energien E' auf, die von d E' nach d E führen. Faßt man den elastischen mit dem inelastischen Transferquerschnitt zusammen zu

$$\Sigma(E' \to E) = \Sigma_e(E' \to E) + \Sigma_{in}(E' \to E), \tag{IX,36}$$

so ergibt sich:

$$\Sigma_t(E)\,\varphi(E) = \int \Sigma(E' \to E)\,\varphi(E')\,\mathrm{d}E' + S(E). \tag{IX,37}$$

Die Quelle kann der Neutronenproduktionsterm infolge Spaltung sein, also die Summe aller Spaltungen pro cm^3 und Sekunde bei E', multipliziert mit der Anzahl der pro Spaltung freiwerdenden Neutronen, $\bar{\nu}(E')$, die eine Energie bei E besitzen ($\chi(E)$):

$$S(E) = S_f(E) = \chi(E) \int_0^\infty \nu(E')\,\varphi(E')\,\mathrm{d}E', \tag{IX,38}$$

wobei $\chi(E)$ das Spaltspektrum der Neutronen ist.

$S(E)$ kann auch eine Fremdquelle (Nicht-Spaltquelle) bedeuten. Die Gl. (IX,37) ist die gesuchte Bilanzgleichung, aus der die Neutronenflußdichte $\varphi(E)$ zu ermitteln ist.

4.3 Abbremsung in Moderatorbereichen, 1/E-Spektrum

Die relativ einfache Gl. (IX,37) kann in ihrer allgemeinen Form nicht analytisch gelöst werden. Nur für den Fall der elastischen Moderation an Wasserstoff ohne Absorption läßt sich die Lösung direkt angeben.

Mit $\Sigma_{in} = 0$, $S(E) = S \cdot \delta(E - E_0)$ (monoenergetische Quelle bei $E = E_0$), $\Sigma_a = 0$, Σ_e = constant ergibt sich

$$\Sigma_e \cdot \varphi(E) = \int_E^{E_0} \frac{\Sigma_e \varphi(E')}{E'} \, d E' + S \cdot \delta(E - E_0)$$

Die Lösung ist

$$\Sigma_e \varphi(E) = \frac{S}{E} + S \cdot \delta(E - E_0),$$

wie man direkt durch Einsetzen bestätigen kann. Für $E < E_0$ ist demnach die Neutronenflußdichte gegeben durch

$$\varphi(E) = \frac{S}{\Sigma_e \cdot E} \tag{IX,39}$$

Die elastische Bremsung an einem Moderator mit $A > 1$ liefert bei Abwesenheit von Absorption wiederum eine $1/E$-Spektrum für die Stoßrate und für die Neutronenflußdichte unterhalb der Energien E_0 der Quellneutronen. Die Bilanzgleichung lautet jetzt:

$$\Sigma_e \varphi(E) = \int_E^{E/\alpha} \frac{\Sigma_e \varphi(E')}{(1 - \alpha)E'} \, d E' + S \cdot \delta(E - E_0)$$

(die Endenergie E kann höchstens von der Energie $E' = E/\alpha$ erreicht werden). Die Lösung ist für $E < E_0$

$$\varphi(E) = \frac{S}{\xi \Sigma_e} \cdot \frac{1}{E} \text{ für } E < E_0. \tag{IX,40}$$

Hierbei ist ξ das bereits in Gl. (IX,19) definierte **mittlere logarithmische Energiedekrement.**

Für das Spektrum der Neutronen infolge Bremsung an mehr als einem Isotop i (z. B. H_2O) ergibt sich bei Abwesenheit von Absorption identisch dieselbe Gl. (IX,40), nur ist jetzt ξ ersetzt durch den Mittelwert [20]

$$\bar{\xi} = \frac{\sum_i \Sigma_e^i \xi_i}{\Sigma_e} \tag{IX,41}$$

Die generelle Aussage, daß sich in einem Moderator ein **$1/E$-Spektrum** dann einstellt, wenn Absorption nicht oder allenfalls sehr schwach vorhanden ist, bleibt erhalten, wenn man von der monoenergetischen Quelle bei E_0 abgeht und stattdessen das Spaltspektrum berücksichtigt. Natürlich liegt wie im obigen Fall der Energiebereich, in dem sich ein $1/E$-Spektrum einstellt, unterhalb des Spaltspektrumsgebietes. Die Größe der Absorption oberhalb thermischer Energien ist für die interessierenden Moderatorkerne in der Tat sehr klein, wie aus Tab. IX,5 hervorgeht.

4.4 Abbremsung im Resonanzbereich der schweren Kerne, Resonanzfeinstruktur der Energieverteilung

Aus der vorangehenden Diskussion folgt, daß das Neutronenspektrum auch im Resonanzbereich nicht analytisch angegeben werden kann. Um den grundsätzlichen physikalischen Prozeß besser studieren zu können, betrachten wir der Einfachheit halber nur eine Einzelresonanz im experimentell aufgelösten Resonanzbereich. Diese Vereinfachung ist dann erlaubt, wenn die Resonanzbreite Γ klein ist gegen den Abstand zur nächsten Resonanz, was für U^{238} gut erfüllt ist. Weiter sei angenommen, daß das betrachtete Medium nur aus zwei Isotopen besteht: dem Moderator (M) und dem Resonanzabsorber (A), die **homogen** vermischt sind.

Dann lautet die Bilanzgleichung für Energien unterhalb der Quellenergien:

$$\Sigma_t(E)\,\varphi(E) = \int_E^{E/\alpha_M} \frac{\Sigma_e^M}{(1-\alpha_M)\,E'}\,\varphi(E')\,\mathrm{d}E' + \int_E^{E/\alpha_A} \frac{\Sigma_e^A(E')}{(1-\alpha_A)\,E'}\,\varphi(E')\,\mathrm{d}E' \qquad \text{(IX,42)}$$

Die Grenzen der Integration sind evident, da die Bremsung eines Neutrons der Energie E' nur aus dem Intervall $[E, E/\alpha]$ kommen kann, wenn die Endenergie E sein soll. $\Sigma_t(E)$ ist der totale makroskopische Wirkungsquerschnitt der Mischung, also

$$\Sigma_t(E) = \Sigma_t^M + \Sigma_t^A(E).$$

Für das **Neutronenspektrum im Bereich der Resonanz** erwarten wir natürlich ein **starkes Absinken** in der Resonanzspitze. Es läßt sich in der Umgebung einer Resonanz leicht angeben, wenn die **Resonanz eng** ist im Vergleich zum mittleren Energieverlust bei einem Streuprozeß. Ist Γ die Resonanzbreite, so sollte Γ kleiner sein als der maximale Energieverlust, den Neutronen in der Resonanz erfahren:

$$\Gamma \ll (1-\alpha_A)\cdot E' \qquad \text{(IX,43)}$$

Ist diese Bedingung erfüllt, so werden praktisch alle Neutronen, die im Bereich der Resonanz reagieren, ihren letzten Stoß außerhalb der Resonanz gemacht haben. Für Energien oberhalb der Resonanzenergien ist aber die Neutronenflußdichte gleich der asymptotischen Verteilung, da die Absorption des schweren Kerns außerhalb der Resonanz vernachlässigbar klein ist. Es ist zu beachten, daß die Resonanzbreite temperaturabhängig ist und die Abschätzung (IX,43) für die geltende Temperatur zu bilden ist.

Normieren wir dieses asymptotische Spektrum auf 1 Quellneutron pro cm^3 und pro Sekunde, so folgt aus (IX,40) mit (IX,41):

$$\varphi_{as}(E) = \frac{1}{\xi\cdot\Sigma_e\cdot E}$$

(Häufig wird die Normierung so vorgenommen, daß $\varphi_{as}(E) = 1/E$ gesetzt werden kann.)

Bei engen Resonanzen kann man in den Integralen $\varphi(E')$ durch $\varphi_{as}(E')$ ersetzen und man erhält ($\Sigma_e^A(E)$ ist außerhalb der Resonanz energieunabhängig und gleich dem Potentialstreuwirkungsquerschnitt, also $\Sigma_e = \Sigma_e^M + \Sigma_e^{A,pot}$) aus (IX,42):

$$\Sigma_t(E)\,\varphi(E) = \frac{1}{\xi\,\Sigma_e}\cdot\left(\frac{\Sigma_e^M}{E}+\frac{\Sigma_e^A}{E}\right) = \frac{1}{\xi\,E} \equiv \Sigma_e\,\varphi_{as}.$$

(Unter den gegebenen Voraussetzungen muß natürlich die asymptotische Streurate gleich der totalen Stoßrate in der Resonanz sein; aus dieser auch direkt zu fordernden Gleichheit läßt sich unmittelbar das Spektrum angeben.)

Also wird das Neutronenspektrum im Bereich schmaler Resonanzen dargestellt durch

$$\varphi_{NR}(E) = \frac{1}{\xi\,\Sigma_t(E)}\cdot\frac{1}{E} \qquad \text{(IX,44)}$$

Der Suffix NR steht für den in der englischen Literatur für diese Näherung gebräuchlichen Terminus „**Narrow Resonance**" **Approximation**. Im Rahmen dieser Näherung besitzt also die **Neutronenflußdichte in der Resonanz** ein starkes Minimum mit einem Verlauf **proportional zu** $\mathbf{1/\Sigma_t(E)}$, siehe Abb. IX,14.

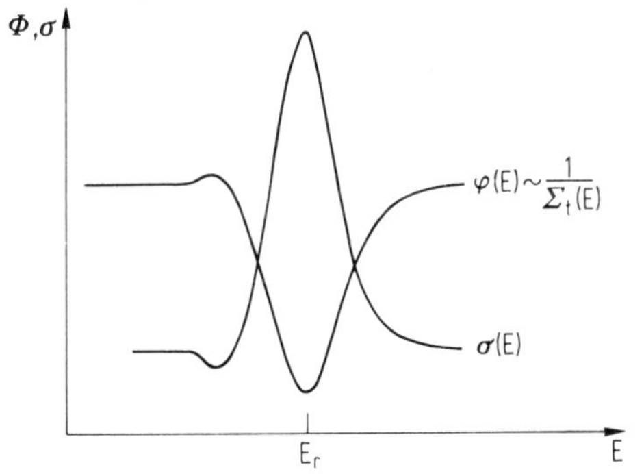

Abb. IX,14. Neutronenflußdichte in der Umgebung einer Resonanz (qualitativ)

Nun ist die NR-Näherung stets gut für die Neutronen, die ihren letzten Stoß im Moderator gemacht haben. Trifft ein Neutron nach einem Stoß an U^{238} erneut auf einen U^{238} Kern, so wird für eine Reihe von breiteren U^{238} Resonanzen wegen des geringen Energieverlustes pro Stoß, das Neutron die Resonanz noch nicht verlassen haben; (IX,43) ist nicht erfüllt. Man kann nun eine ebenso einfache Näherung für das Neutronenspektrum finden, indem man für diese Fälle annimmt, daß am schweren Absorber das Neutron bei einem elastischen Stoß keine Energie verliert, den Kern also hinsichtlich der Streuung als unendlich schwer betrachtet („**Narrow Resonance Infinite Mass**", NRIM-Approximation). Der Transferwirkungsquerschnitt $\Sigma_e^A(E' \to E)$ ist also als δ-Funktion zu verwenden:

$$\Sigma_e^A(E' \to E) = \Sigma_e^A(E')\cdot\delta(E' - E)$$

Damit ergibt sich für den zweiten Term der rechten Seite von (IX,42): $\Sigma_e(E') \cdot \varphi(E')$. Also folgt für das Spektrum ($\xi_A = 0$, $\Sigma_a^A(E)$ ist der Absorptionsquerschnitt des schweren Kerns):

$$\varphi_{NRIM}(E) = \frac{\Sigma_e^M}{\xi_M \cdot \Sigma_e} \cdot \frac{1}{\Sigma_t^M + \Sigma_a^A(E)} \cdot \frac{1}{E} \qquad \text{(IX,45)}$$

4.5 Abbremsung im Bereich breiter Streuresonanzen, numerische Spektrumsbestimmung

Beide in 4.4 angegebenen Näherungen versagen bei der Behandlung der breiten **Streuresonanzen** mittelschwerer Kerne (z. B. Sauerstoff, Na (Kühlmittel in Schnellen Reaktoren), Strukturmaterialien (Werkstoffe wie Al, Fe, Ni zur Brennstabumhüllung).
In diesen Fällen zeigt die Stoßrate $\Sigma_t(E)\,\varphi(E)$ noch eine merkliche Energieabhängigkeit in der Resonanz, wobei allerdings der generelle Verlauf des Spektrums (Absinken) in der Resonanz nicht verändert wird. Will man diese Streuresonanzen genauer berücksichtigen, so muß man die Neutronen-Bilanzgleichung auf einer elektronischen Rechenanlage numerisch lösen. Wenn man zur Behandlung der Streuresonanzen einen Computer einsetzen muß, so tut man dies zweckmäßig dann für den gesamten Energiebereich und für **alle** in einem Reaktor vorkommenden Materialien und Neutronenreaktionen. Darauf sei nun kurz eingegangen.

4.6 Das Multigruppenverfahren, effektive Wirkungsquerschnitte

Die numerische Behandlung des gesamten Abbremsbereiches erfordert wegen der Vielzahl der sehr engen Resonanzen der schweren Materialien eine sehr große Anzahl von Energiestützpunkten zur Integration, nämlich mehr als 10^5. Dies führt allerdings zu relativ großen Rechenzeiten. Daher geht man meist dazu über, die Neutronenbilanzgleichung nicht für jedes infinitesimal kleine Energiedifferential dE aufzustellen, sondern für endlich breite Energieintervalle oder **Energiegruppen**.

Um die Gesamtbilanz nicht zu verletzen, integriert man Gl. (IX,37) über ein solches Energieintervall ΔE_g und erhält (die Integrale gehen in Summen über):

$$\Sigma_t^g \varphi^g = \mathop{\mathrm{S}}_{g'=1}^{g} \Sigma^{g' \to g} \varphi^{g'} + S^g; \quad g = 1, 2, \ldots, G \qquad \text{(IX,46)}$$

Hierbei sind die **Gruppenkonstanten** wie folgt definiert:

$$\Sigma_t^g = \frac{\int_{(\Delta E g)} \Sigma_t(E)\,\varphi(E)\,\mathrm{d}E}{\int_{(\Delta E g)} \varphi(E)\,\mathrm{d}E}; \quad \Sigma^{g' \to g} = \frac{\int_{(\Delta E g)} \mathrm{d}E \int_{(\Delta E g')} \Sigma(E' \to E)\,\varphi(E')\,\mathrm{d}E'}{\int_{(\Delta E g')} \varphi(E')\,\mathrm{d}E'} \qquad \text{(IX,47)}$$

$$\varphi^g = \int_{(\Delta E g)} \varphi(E)\,\mathrm{d}E; \quad S^g = \int_{(\Delta E g)} S(E)\,\mathrm{d}E$$

G ist die Anzahl der Energiegruppen, die man üblicherweise so numeriert, daß die Gruppe mit den höchsten berücksichtigten Neutronenenergien die Gruppennummer 1 erhält, die Gruppe G ist also dann die Gruppe mit den kleinsten Neutronenenergien.

Nehmen wir an, daß innerhalb einer Gruppe die NR Näherung angewendet werden kann, so ersetzt man zweckmäßig bei der Bestimmung der Gruppenkonstanten die stark fluktuierende Neutronenflußdichte $\varphi(E)$ durch die schwach veränderliche totale Stoßrate, $F(E) = \Sigma_t(E)\,\varphi(E)$, also z. B. für die mikroskopische Gruppenkonstante der Absorption eines Isotops

$$\sigma_a^g = \frac{\int_{\Delta E g} F(E) \cdot \frac{\sigma_a(E)}{\Sigma_t(E)}\, dE}{\int_{\Delta E g} \frac{F(E)}{\Sigma_t(E)}\, dE} \approx \frac{\int_{\Delta E g} \frac{\sigma_a(E)}{\Sigma_t(E)}\, dE}{\int_{\Delta E g} \frac{dE}{\Sigma_t(E)}} \qquad \text{(IX,48)}$$

Diese Gruppenkonstanten hängen über Σ_t von der Mischung selbst ab und natürlich wegen der temperaturabhängigen Resonanzform auch von der Temperatur; sie heißen **effektive Gruppenkonstanten**. Vielfach nähert man den makroskopischen totalen Querschnitt (N_i ist die Teilchenzahldichte des Isotops i)

$$\Sigma_t(E) = N_i({}^i\sigma_t(E) + \frac{1}{N_i} \cdot \underset{j \neq i}{S}\, N_j \cdot {}^j\sigma_t(E)) \equiv N_i \cdot ({}^i\sigma_t(E) + {}^i\sigma_0(E))$$

noch derart, daß man den energieabhängigen Untergrundquerschnitt ${}^i\sigma_0(E)$ durch einen geeigneten Mittelwert ersetzt, den wir hier mit ${}^i\sigma_0$ bezeichnen wollen. Dann wird (der Isotopenindex i wird der Übersicht halber weggelassen):

$$\sigma_a^g = \frac{\int_{(\Delta E g)} \frac{\sigma_a(E)}{\sigma_t(E) + \sigma_0}\, dE}{\int_{(\Delta E g)} \frac{dE}{\sigma_t(E) + \sigma_0}} \qquad \text{(IX,49)}$$

Für sehr große Werte von σ_0, d. h. für sehr kleine Konzentrationen des betrachteten Resonanzabsorbers kann man $\sigma_t(E)$ gegen σ_0 vernachlässigen. Der Grenzfall $\sigma_0 = \infty$ führt dann auf den einfachen energetisch gemittelten Wirkungsquerschnitt, den wir als die Gruppenkonstante bei **unendlicher Verdünnung** bezeichnen (σ_∞) und der weder mischungs- noch temperaturabhängig ist. Es erweist sich als zweckmäßig, den Ausdruck für die effektive Gruppenkonstante in folgender Weise aufzuspalten:

$$\sigma_a^g = \sigma_{a,\infty}^g \cdot f_a^g(\sigma_0, T), \qquad \text{(IX,50)}$$

wobei:

$$f_a^g(\sigma_0, T) = \frac{\int_{\Delta E g} \frac{\sigma_a(E)}{\sigma_t(E) + \sigma_0}\, dE}{\int_{\Delta E g} \frac{dE}{\sigma_t + \sigma_0}} \cdot \frac{1}{\frac{1}{\Delta E g} \int_{\Delta E g} \sigma_a(E)\, dE} \qquad \text{(IX,51)}$$

Die Zweckmäßigkeit der Aufspaltung liegt darin, daß f von Unsicherheiten in den Resonanzparametern im allgemeinen weniger stark betroffen ist, da diese im Zähler **und** Nenner auftreten. Für $\sigma_{a,\infty}$ kann man die besten experimentell verfügbaren Querschnittswerte (Energiepunkt für Energiepunkt) benutzen. Dieses Vorgehen erweist sich daher als besonders vorteilhaft im Bereich experimentell nicht aufgelöster Resonanzen. Für unendliche Verdünnung und für Wirkungsquerschnitte ohne Resonanzcharakter wird f gleich Eins, sonst kleiner Eins. Man nennt f den **Resonanzselbstabschirmungs-Faktor**, der für verschiedene Werte von σ_0 und der Temperatur tabelliert werden kann. Zwischenwerte von f lassen sich leicht interpolieren.

Der Name rührt von der Flußabsenkung in der Resonanz her, welche bewirkt, daß die Absorptionsrate in dieser Resonanz kleiner ist als bei einer durch diese Resonanz nicht beeinflußten Verteilung bei unendlicher Verdünnung des Resonanzmaterials in der betrachteten Mischung: Die Resonanz schirmt sich quasi selbst ab.

Bisher wurde vorausgesetzt, daß die Gruppen so schmal sind, daß F(E) sich innerhalb der Gruppe praktisch nicht verändert. Geht man zu breiteren Gruppen über, so muß man das Spektrum in der Gruppe vor allem bei der Berechnung der Transferquerschnitte als Wichtungsfunktion mit berücksichtigen. Dies geschieht meist so, daß man mit einer Schätzung von F(E) beginnt und mit den daraus ermittelten Gruppenkonstanten die Lösung der Bilanzgleichung ermittelt. Dieses Spektrum verwendet man zur Neu-Bestimmung der Gruppenkonstanten und wiederholt die Rechnung (Iteration). Für Auslegungsrechnungen von Reaktoren genügen meist Gruppenzahlen unter 30, eine genaue Berücksichtigung der Streuresonanzen allerdings mehrere 100. Als Ergebnis einer derartigen Vielgruppenrechnung ist in Abb. IX,15 für ein schnelles Reaktor-

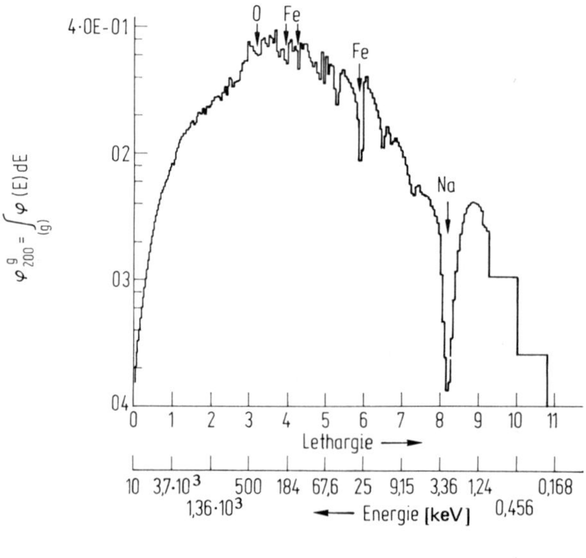

Abb. IX,15. Verteilung der Multigruppenflußdichte φ^g in einer 200-Gruppeneinteilung für Schnelle Reaktoren system die Verteilung der „Gruppenflüsse" $\varphi^g = \int_{(g)} \varphi(E)\, dE$ aufgezeichnet, wobei die Energieskala von 10^{-3} bis 10 MeV in etwa 200 Gruppen aufgeteilt wurde.

Die großen Streuresonanzen sind deutlich erkennbar. Das Maximum des Neutronenspektrums in der Multigruppen-Darstellung liegt zwischen etwa 200 und 400 keV.

4.7 Energieverteilung thermischer Neutronen

Es wurde bereits in 2.2.4 erwähnt, daß das Spektrum thermischer Neutronen praktisch durch eine Maxwellverteilung beschrieben werden kann. In Abb. IX,16 ist die Energieverteilung von Neutronen in Graphit wiedergegeben [21]. Man erkennt, daß die

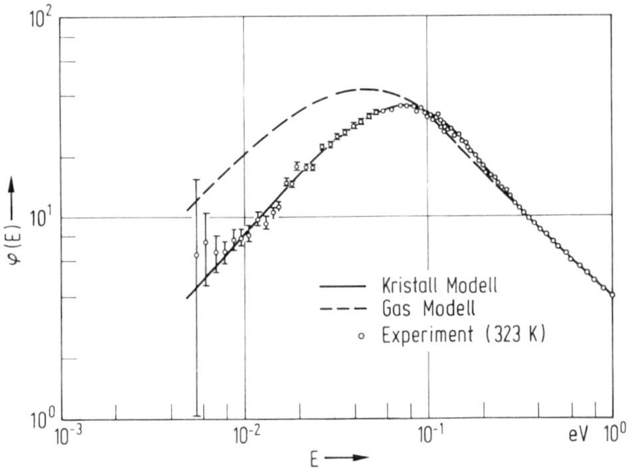

Abb. IX,16. Thermisches Neutronenspektrum in Graphit

Verwendung eines realistischen Modells für die Streuung am Kristall eine ausgezeichnete Übereinstimmung mit dem Experiment ergibt, während die Verwendung des freien Gas-Modells zu viele Neutronen mit kleinen Energien ergibt (zu weiches Spektrum). In Thermischen Reaktoren mit H_2O als Moderator und heterogener Anordnung der Brennstoffstäbe stellt sich nun infolge der Neutronenabsorption in H_2O und im Brennstoff keine Maxwell-Verteilung mehr ein. Vielmehr ist pauschal wegen der zu kleineren Neutronenenergien hin zunehmenden Absorptionswirkungsquerschnitte das Maximum des Spektrums zu etwas höheren Energien hin verschoben **(Spektrumshärtung)**.

Wenn in einem homogenen unendlich ausgedehnten Medium die Absorption der Neutronen immer stärker wird, so kann sich der in Abschnitt 2.2.4 geschilderte Ausgleichsvorgang der Neutronenthermalisierung nicht ausbilden. Das typische Maxwell-Maximum verschwindet und es stellt sich eine zu niedrigen Energien monoton abfallende Energieverteilung der Neutronen ein. Dies ist in Abb. IX,17 gezeigt [22].

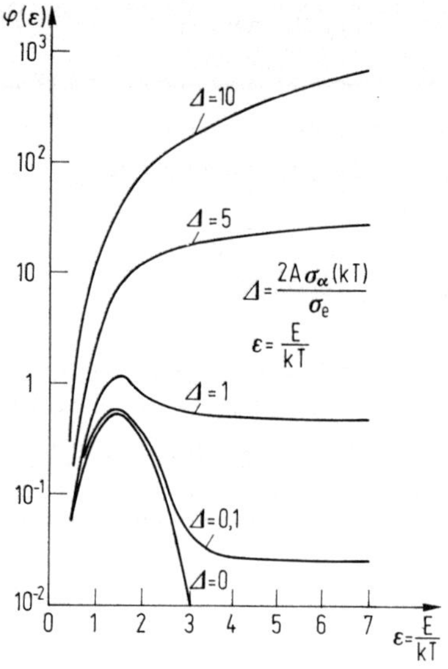

Abb. IX,17. Thermische Neutronenspektren in Abhängigkeit von der Absorptionsstärke $\Delta = \frac{2\,A\,\sigma_a(k\,T)}{\sigma_e}$

Hierbei ist Δ ein Maß für die Absorptionsstärke des Moderators. $\Delta = 0$ bedeutet verschwindende Absorption, so daß sich für diesen Fall ein Maxwell-Spektrum einstellt (die Kurven sind **nicht** auf gleiche Quellstärke normiert).

Die gleiche Situation der Spektrumshärtung liegt vor beim Übergang von der Moderatormitte zum Brennstoffstab. Für einen D_2O-Reaktor mit metallischem Natururan als Brennstoff ist die Spektrumshärtung im Brennstab aus Abb. IX,18 deutlich zu erkennen. ϵ ist die Energievariable in Einheiten von $k\,T$ (T = Moderatortemperatur), $\varphi_u(\rho, \epsilon)$ gibt die Neutronenflußdichte am Brennstabrand an, $\overline{\varphi}_u(\epsilon)$ ist das über den Brennstab gemittelte Neutronenspektrum, $\varphi_u(0, \epsilon)$ das Spektrum im Stabzentrum und $\varphi_M(R, \epsilon)$ ist das Neutronenspektrum im Moderator auf der halben Distanz zwischen zwei benachbarten Brennstäben. Die Rechnungen wurden für das Modell eines freien Gases für die Moderator-Atome durchgeführt [23]. Der Übergang zum $1/E$-Spektrum beginnt etwa bei $\epsilon = 10$, d. h. für $E \sim 0{,}25$ eV. Das Maximum des Spektrums sinkt mit zunehmender Absorption, die Flanke des Spektrums für $\epsilon < 1$ fällt mit progressiver Absorption immer steiler ab. Diese Diskussion ist ein Vorgriff auf die Behandlung heterogener Systeme in 5.4.

Die Rechnungen zur Ermittlung von Neutronenspektren in Reaktoren werden heutzutage praktisch alle auf großen Computern durchgeführt mit vielen Gruppen im thermischen Bereich. Bei oft zu wiederholenden Rechnungen wie bei vergleichenden Reaktorauslegungsuntersuchungen faßt man häufig den thermischen Bereich zu **einer** Gruppe zusammen, wobei man die entsprechende Gruppenkonstante entweder mit einem Maxwell-Spektrum oder besser mit einem einmalig bestimmten Vielgruppen Spektrum wichtet. Die Gruppengrenze legt man zweckmäßig bei etwa 1 eV.

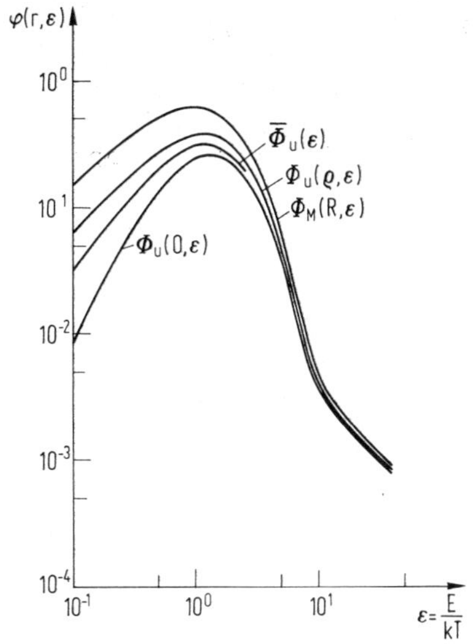

Abb. IX,18. Thermische Neutronenspektren in einem heterogenen D_2O Reaktor

4.8 Resonanzeinfang im unendlich ausgedehnten Medium

Mit der in den vorangegangenen Abschnitten ermittelten Energieverteilung der Neutronen lassen sich nun leicht die Reaktionsraten bestimmen. Wir wollen uns hier auf die Neutroneneinfangraten beschränken. Für eine **Einzelresonanz** ist diese gegeben durch

$$R_A = \int_{Res} \Sigma_a(E)\,\varphi(E)\,dE \qquad \text{(IX,52)}$$

Im Multigruppenbild wird die Integration durch eine Summation über die Energiegruppen ersetzt, welche die Resonanz überdecken (dies kann auch 1 Gruppe sein):

$$R_A = \underset{g}{\mathrm{S}}\, \Sigma_a^g\, \varphi^g$$

Σ_a^g wird aus den effektiven Gruppenkonstanten $\sigma_a^g(\sigma_0, T)$ nach (IX,48) bis (IX,51) gebildet. Die Abhängigkeit der Resonanzabsorption vom Untergrund σ_0 und von der Temperatur sei nun kurz diskutiert; beide Abhängigkeiten sind im Resonanzselbstabschirmungs-Faktor f enthalten. Ein wesentlicher Teil der Diskussion wurde bereits in Abschnitt 4.6 bei der Einführung der effektiven Gruppenkonstanten geführt.

Wenn der Untergrundwirkungsquerschnitt σ_0 sehr groß ist, so bedeutet dies, daß wegen der sehr geringen Konzentration des Resonanzabsorbers die Rückwirkung der Resonanz auf die Neutronenflußdichte wegen zu geringer Stoßwahrscheinlichkeit vernachlässigbar wird: $\varphi(E)$ wird dann praktisch nur durch die Reaktionen der Neutronen mit den anderen Materialien bestimmt. Bei steigender Konzentration des

Resonanzabsorbers werden Neutronen durch den Resonanzabsorber eingefangen, $\varphi(E)$ nimmt in der Resonanz ab, das Integral (IX,52) wird kleiner als im Grenzfall für unendliche Verdünnung; $\sigma_0 = 0$ gibt den Grenzfall eines reinen „Resonanzmediums" an, bei dem die Resonanzabschirmung am stärksten wird. In den starken Resonanzen des U^{238} geht für $\sigma_0 = 0$ die Neutronenflußdichte in der Umgebung der Resonanzspitze praktisch auf Null zurück.

Es ist üblich, die Neutronenabsorption im Resonanzbereich als die auf den Resonanzkern bezogene Absorptionsrate zu definieren. Das **effektive Resonanzintegral** I_{eff} ist so definiert, daß durch Multiplikation mit der Teilchenzahldichte N_R des Resonanzabsorbers und der Neutronenflußdichte $\hat{\varphi}(E_r)$, die sich ohne Anwesenheit der Resonanzenergie E_r einstellt, die Absorptionsrate bestimmt ist:

$$R_A = N_R \cdot I_{\text{eff}} \cdot \hat{\varphi}(E_r) \cdot E_r \tag{IX,53}$$

Die zusätzliche Multiplikation mit E_r rührt von der in Thermischen Reaktoren oft verwendeten Lethargievariablen u her (siehe 2.2.3) mit der Beziehung $\varphi(u) = E \cdot \varphi(E)$.

Aus dieser Definition folgt:

$$I_{\text{eff}}^{\text{Res}} = \int_{\text{Res}} \sigma_a(E) \cdot \frac{\varphi(E)}{\hat{\varphi}(E_r)} \frac{dE}{E_r} \quad [\text{barn}] \tag{IX,54}$$

Für sehr starke Verdünnung des Resonanzabsorbers wird $\varphi(E) \approx \hat{\varphi}(E_r)$, so daß gilt:

$$I_{\infty}^{\text{Res}} = \int_{\text{Res}} \sigma_a(E) \frac{dE}{E} \tag{IX,55}$$

In der NR-Näherung wird aus (IX,54) unter Verwendung von (IX,44)

$$I_{\text{eff}}^{\text{NR}} = \frac{1}{\xi \cdot \hat{\varphi}(E_r)} \cdot \frac{1}{N_R} \cdot \int_{\text{Res}} \frac{\sigma_a(E)}{\sigma_t(E) + \sigma_0} \cdot \frac{dE}{E \cdot E_r} \tag{IX,56}$$

Meist setzt man

$$\hat{\varphi}(E_r) = \frac{1}{\xi \cdot E_r} \cdot \frac{1}{\Sigma_e^R + N_R \cdot \sigma_0} \equiv \frac{1}{\xi \cdot E_r} \cdot \frac{1}{\Sigma_P}$$

da nach Abzug der Resonanz nur die s. g. elastische Potential-Streuung $\Sigma_e^R \equiv \Sigma_P$ der Neutronen am Resonanzabsorber übrigbleibt und natürlich der Untergrund σ_0. Aus (IX,56) wird dann ($\sigma_P = 10{,}7$ barn für U^{238}):

$$I_{\text{eff}}^{\text{NR}} = \sigma_P \cdot \int_{\text{Res}} \frac{\sigma_a(E)}{\sigma_t(E) + \sigma_0} \cdot \frac{dE}{E} \tag{IX,57}$$

Die gesamte im Resonanzbereich erfolgte Neutronenabsorption ist entsprechend (IX,52) bis (IX,57) definiert: Die Integration ist dann über den gesamten Resonanzbereich zu führen; im Multigruppenbild sind ebenso die Beiträge aus allen Energiegruppen des Resonanzbereichs zusammenzufassen. Zum Unterschied zur oben definierten Größe wollen wir dieses gesamte Resonanzintegral mit R I bezeichnen:

$$\mathrm{R}\,I = \underset{\text{alle Res}}{\mathrm{S}}\; I_{\text{eff}}^{\text{Res}}(E_{\mathrm{r}}). \qquad \text{(IX,58)}$$

Das unendlich verdünnte Resonanzintegral R I_∞ wird auch experimentell bestimmt, z. B. durch Messung der Aktivierung einer U^{238} Folie in einem $1/E$-Neutronenfeld. Die Angabe des Resonanzintegrals gibt einmal die Stärke der Resonanzabsorption an, zum anderen ist R I_∞ auch geeignet, die Qualität von Resonanzparametern durch Vergleich der rechnerischen Bestimmung von RI_∞ mit dem Experiment zu prüfen. Die erzielten Ergebnisse sind heute noch nicht ganz zufriedenstellend. In Tab. IX,6 sind einige Werte zusammengestellt, von denen besonders die für Strukturmaterialien relativ unsicher sind [24].

Tab. IX,6. Resonanzintegrale RI_∞ für unendliche Verdünnung des Resonanzabsorbers

Element	RI_∞ |barn|
U^{238}	278
U^{235}	173
Na	0,32
Fe	1,46
Cr	1,52
Ni	2,6

Wie stark die Resonanzselbstabschirmung ist, wollen wir an zwei Beispielen untersuchen. Im Energieintervall zwischen 4,65 und 10 eV liegt die starke 6,67 eV Resonanz von U^{238}. Der Gruppenwirkungsquerschnitt für unendliche Verdünnung beträgt etwa 170 barn, der Abschirmfaktor für $\sigma_0 = 0$ (reines U^{238}) hat bei 300 °K den Wert 0,034. Für $\sigma_0 = 100$ ist $f(\sigma_0 = 100) = 0{,}084$. Zwischen 1 keV und 2,15 keV ist ebenfalls für 300 °K $f(\sigma_0 = 0) = 0{,}29$ und $f(\sigma_0 = 100) = 0{,}63$. Die Änderung der Absorptionsrate durch die Resonanzselbstabschirmung wirkt sich bei den gegebenen Fällen in Faktoren und **nicht** in kleineren prozentualen Modifikationen aus!

Die Änderungen der Resonanzabsorption durch Temperaturveränderung (**Dopplereffekt**, siehe Abschnitt 2.2.5) ist besonders wesentlich bei der Behandlung von Sicherheitsfragen (Abschnitt 8 und 10). Zunächst ist einleuchtend, daß bei Anwesenheit anderer Materialien neben dem Resonanzabsorber die Änderung des Neutronenflusses in der Resonanz ($\sim 1/\Sigma_t(E)$) durch Dopplerverbreitung der Resonanzform stets schwächer ist als die Änderung der Resonanzlinie selbst, siehe auch Abb. IX,19. Bei unendlicher Verdünnung des Resonanzabsorbers wird $\varphi(E)$ bei Temperaturänderung nicht beeinflußt, und wegen (IX,28) bleibt die Absorptionsrate konstant. **Die Änderung der Absorptionsrate bei Dopplerverbreiterung geschieht demnach allein durch die dadurch verursachte Veränderung von $\varphi(E)$.**

In den beiden oben genannten Energieintervallen bewirkt eine Erhöhung der Temperatur von 300 °K auf 2100 °K für U^{238} mit einem Untergrund $\sigma_0 = 100$ barn keine

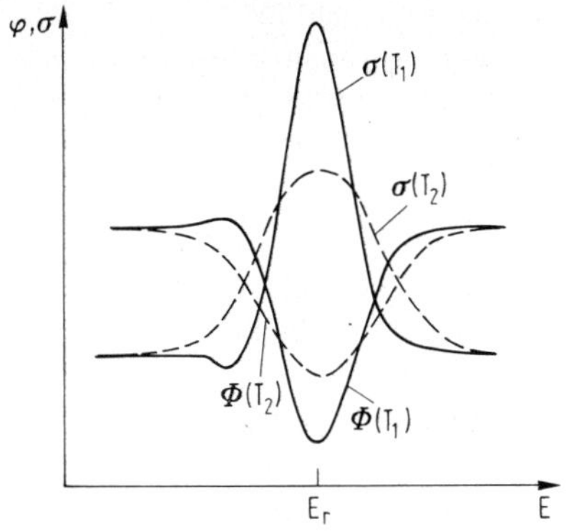

Abb. IX,19. Resonanzverbreiterung und Änderung der Neutronenflußdichte bei Temperaturerhöhung von T_1 auf T_2 (qualitativ)

Änderung des Resonanzselbstabschirmungs-Faktors zwischen E = 4,65 eV bis 10 eV; die 6,67 eV Resonanz hat eine so geringe Dopplerbreite, daß eine Temperaturänderung von 300 °K auf 2100 °K einen vernachlässigbaren Einfluß auf die Resonanzabschirmung besitzt. Zwischen 1 keV und 2,15 keV steigt f(T = 300) = 0,63 auf f(T = 2100) = 0,82, die Resonanzabschirmung sinkt also um etwa 25%.

Zusammenfassung

Zusammenfassend läßt sich sagen, daß sich in einem **Thermischen Reaktor** im Bereich von 0 bis etwa 1 eV praktisch ein leicht modifiziertes Maxwellspektrum einstellt, welches in ein $1/E$-Spektrum übergeht. Dieses besitzt im Resonanzbereich eine Feinstruktur entsprechend $1/\Sigma_t(E)$. Im schnellen Energiebereich oberhalb 1 MeV ist die Form des Spektrums durch das Spaltspektrum bestimmt. In **Schnellen Reaktoren** liegt das Maximum der Energieverteilung im Gruppenbild um 200 keV und hat beträchtliche Neutronenanteile im Resonanzbereich der schweren Kerne unterhalb 50 keV. Die Abhängigkeit der Resonanzabsorptionsrate von der Konzentration des Resonanzabsorbers und von der Temperatur kann infolge der Resonanzselbstabschirmung sehr ausgeprägt sein.

5. Neutronen-Diffusion: Die Ortsverteilung der Neutronen in Reaktoren

In den bisher behandelten unendlich ausgedehnten homogenen Systemen mit homogen verteilter Quelle ist die Neutronenflußdichte örtlich natürlich konstant. Erst der

Übergang zu endlichen Systemen mit der Möglichkeit des Neutronenausflusses gibt eine von Ort zu Ort sich ändernde Neutronenverteilung. In diesem Kapitel soll diese Ortsverteilung bestimmt werden, und zwar soll dies geschehen für die Neutronen irgendeiner der G Energiegruppen, zunächst in einem endlichen homogenen System mit bekannt angenommener Quelle. Der Einfachheit halber wählen wir eindimensionale Geometrie, d. h. eine Reaktor-„Platte" endlicher Dicke, die in den zwei übrigen kartesischen Koordinatenrichtungen unendlich ausgedehnt ist. Eine Ortsabhängigkeit der Neutronendichte ist dann nur in der zur Platte senkrechten Richtung vorhanden.

5.1 Die Diffusionsgleichung

Das Prinzip zur Gewinnung einer Gleichung, die die Ortsverteilung der Neutronen einer Energiegruppe bestimmen läßt, ist wie im vorigen Abschnitt 4 die **Bilanzierung** von Gewinnen und Verlusten, hier allerdings in einem Ortselement d x.

Die Gewinne an Neutronen pro Zeiteinheit in der Energiegruppe g in d x sind gegeben durch:

a) die Quelle $S^g(x)$ d x (z. B. Spaltquelle oder/und äußere Quelle),

b) die Einstreuung von Neutronen anderer Energiegruppen in die Gruppe g (Streuquelle):

$$\underset{g' \neq g}{S} \Sigma^{g' \to g} \varphi^{g'}(x)\, d\, x \equiv S_s^g(x)\, d\, x$$

Die Summe der Streuquelle und der äußeren Quelle fassen wir zusammen zu:

$$Q^g(x)\, d\, x = (S_s^g(x) + S^g(x))\, d\, x.$$

Die Neutronenverluste in d x pro Zeiteinheit setzen sich zusammen aus

a) den Absorptionsprozessen und Streuprozessen in d x, die Neutronen aus der Gruppe g entfernen:

$$(\Sigma_a^g + \underset{g' \neq g}{S} \Sigma^{g \to g'})\, \varphi^g(x)\, d\, x = \Sigma_{rem}^g \cdot \varphi^g(x)\, d\, x$$

Σ_{rem}^g heißt der makroskopische „**Removal-Querschnitt**" der Gruppe g. Ein wichtiger Spezialfall ist der, daß man nur mit einer einzigen thermischen Gruppe rechnet, z. B. von 0 bis 1 eV. Dann findet aus dieser Gruppe **keine Ausstreuung** statt und es ist $\Sigma_{rem} \equiv \Sigma_a$.

b) Aufgrund des Wanderungsprozesses der Neutronen im Medium wird sich die Neutronenflußdichte entlang d x ändern. Da Neutronen das System verlassen können, ist die auf ein Flächeneinheitselement senkrecht zu d x von links und rechts fallende Anzahl von Neutronen örtlich verschieden; z. B. fallen an der Begrenzung der Platte keine Neutronen von außen auf das System ein, wenn man außerhalb Luft oder Vakuum annimmt (für Neutronenreaktionen ist Luft immer durch

Vakuum ersetzbar). Es bildet sich demnach ein Nettoneutronenstrom aus. Für den einfachen Fall, daß Neutronen nur senkrecht zur eindimensionalen Platte strömen können, ist die **Nettoneutronenstromdichte** definiert durch $\vec{J}(x) = \vec{J}^+(x) - \vec{J}^-(x)$, also gleich der Differenz der nach rechts und links am Orte x gerichteten Ströme. Die Neutronenflußdichte ist in diesem Falle $\varphi(x) = \vec{J}^+(x) + \vec{J}^-(x)$. Allgemein ist der Neutronenstrom definiert als die Zahl der eine Einheitsfläche, deren Normale vorgegeben ist, pro Sekunde passierenden Neutronen. Der Strom ist eine gerichtete Größe; wir werden hier in dem gewählten eindimensionalen Fall immer nur mit der x-Komponente zu tun haben und lassen daher die Vektorpfeile weg.

Die örtliche Änderung von $J^g(x)$ entlang d x ist gegeben durch:

$$L^g(x) = \frac{J^g(x + d\,x) - J^g(x)}{d\,x} \to \frac{d\,J^g(x)}{d\,x}$$

für infinitesimal kleine d x.

Einen Zusammenhang zwischen Stromdichte und Flußdichte gewinnt man dadurch, daß man ähnlich wie bei der Behandlung des Wärmeleitungsproblems die Neutronenstromdichte proportional zum Gradienten der Neutronenflußdichte ansetzt:

$$J^g(x) = -D^g \cdot \frac{d\,\varphi^g(x)}{d\,x} \qquad \text{(IX,59)}$$

D^g ist die sogenannte **Diffusionskonstante**, die noch anzugeben ist. Das negative Vorzeichen in (IX,59) entspricht der Tatsache, daß der Strom stets von größeren zu kleineren Flußwerten gerichtet ist. Gl. (IX,59) heißt **Fick'sches Gesetz**, welches in der Reaktorphysik eine fundamentale Rolle spielt.

Damit erhalten wir für den Verlustterm infolge Neutronenwanderung den sogenannten **Leckage- oder Ausflußterm** (D^g ist in einem homogenen Medium bezüglich x konstant):

$$L^g(x) = -D^g \frac{d^2\,\varphi^g(x)}{d\,x^2}. \qquad \text{(IX,60)}$$

Bilanzieren ergibt die **Neutronendiffusionsgleichung** für Neutronen einer Gruppe g in ebener Geometrie:

$$-D^g \frac{d^2\,\varphi^g(x)}{d\,x^2} + \Sigma^g_{rem}\,\varphi^g(x) = Q^g(x) \qquad \text{(IX,61)}$$

Den Gruppenindex werden wir im folgenden weglassen.

Die Verallgemeinerung auf mehrdimensionale Systeme ist einfach; sie betrifft hauptsächlich den Leckageterm. Für kartesische Koordinaten ergibt sich mit der Einführung des **Laplace-Operators** Δ:

$$\Delta \varphi = \frac{\partial^2 \varphi}{\partial x^2} + \frac{\partial^2 \varphi}{\partial y^2} + \frac{\partial^2 \varphi}{\partial z^2}$$

$$-D \, \Delta \varphi(x, y, z) + \Sigma_{rem} \, \varphi(x, y, z) = Q(x, y, z) \qquad \text{(IX,62)}$$

Aus dieser Gleichung läßt sich unmittelbar folgende Aussage für $-D \, \Delta \varphi$ machen: Überwiegt der Beitrag der Quelle um x den der Absorption und Ausstreuung (Σ_{rem}), so ist $\Delta \varphi < 0$, d. h.: **konvexe Flußkrümmung**, Absinken von $\varphi(x)$ zu den Rändern. Ist die Absorption stärker als der Quellbeitrag, so ist $\Delta \varphi > 0$, d. h. **konkave Flußkrümmung**.

5.2 Randbedingungen und Gültigkeitsgrenzen der Diffusionstheorie

Die Diffusionsgleichung hat als Differentialgleichung zweiter Ordnung stets zwei freie Integrationskonstanten, die durch die physikalischen **Randbedingungen** des Systems zu bestimmen sind.

Diese sind:

a) Die Lösung $\varphi(x)$ muß als physikalische Größe überall im System **nicht negativ** und **endlich** sein.

b) An einem äußeren Rand des Systems fallen keine Neutronen von außen ein.

c) Bei mehrschichtigen Problemen mit homogenen Zonen unterschiedlicher Materialeigenschaften sind in der Grenzfläche die Neutronenstromdichte und -flußdichte aus physikalischen Gründen stetig. Die Gl. (IX,61) wird in jedem Medium gelöst und die Lösungen also z. B. in den Medien M1 und M2 an der Grenzfläche $x = x_0$ verknüpft entsprechend

$$\begin{aligned} \varphi_{M1}(x_0) &= \varphi_{M2}(x_0) \\ J_{M1}(x_0) &= J_{M2}(x_0) \end{aligned} \qquad \text{(IX,63)}$$

Die Randbedingung b) bewirkt, daß in einem von äußeren Quellen freien System die Neutronenflußdichte nach außen hin abfällt. Extrapoliert man am realen Rand $x = a$ die Tangente an $\varphi(x)$ bis zum Schnittpunkt mit der x-Achse, so ist der Bedingung b) folgende mathematische Bedingung äquivalent (siehe Abb. IX,20):

b′) Verschwinden der Neutronenflußdichte am extrapolierten Rand: $\varphi(a + d) = 0$.
Die Größe d heißt **lineare Extrapolationslänge**.

Die reale Flußdichte verschwindet natürlich wegen des von Null verschiedenen auslaufenden Neutronenstroms an der Stelle $a + d$ nicht. Von Interesse ist oft die Stromdichte am äußeren Rand. Einen mittleren Wert findet man leicht für isotrope Verteilung auslaufender Neutronen: $\bar{J}(a) = \overline{n \cdot v_\perp} = n \cdot v \cdot \overline{\cos \alpha} = \frac{1}{2} \varphi(a)$. (n ist die Neutronendichte bei a, $v_\perp$ die senkrechte Komponente der Geschwindigkeit, α der Winkel zur Flächennormalen). Im Rahmen der Diffusionstheorie bestimmt sich der Wert der Extrapola-

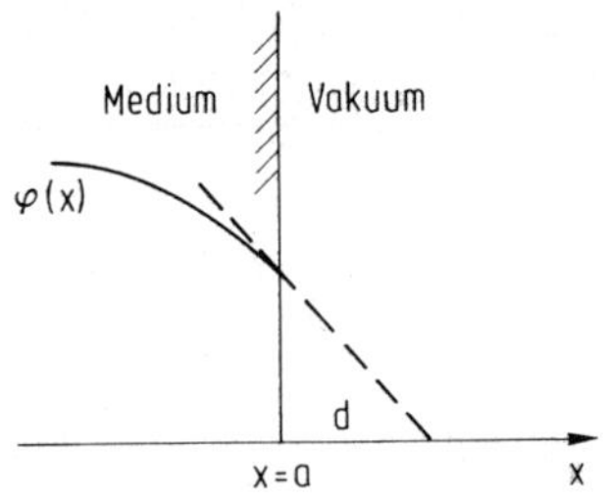

Abb. IX,20. Zur Definition der Extrapolationslänge

tionslänge d zu d = 2 D. Nun ist die Diffusionstheorie nicht gut geeignet, die Flußverläufe in der Nähe von **Quellen**, **Rändern** oder Grenzen zwischen stark unterschiedlichen Absorptionsgebieten zu beschreiben. Das Fick'sche Gesetz verliert dort seine Gültigkeit. Vielmehr muß wegen der in der Umgebung dieser Randbereiche ausgeprägten Abhängigkeit der Neutronendichte von der Flugrichtung der Neutronen (**Winkelabhängigkeit**) eine Bilanzgleichung der Neutronen für ein Energie-, Raum- und Winkelelement des Phasenraums aufgestellt werden, deren Lösung also auch die Winkelabhängigkeit der Neutronen voll enthält. Hier soll auf diese sogenannte **Boltzmann'sche Neutronentransportgleichung** nicht näher eingegangen werden [25]. Aus dieser Gleichung läßt sich ein Wert für die Extrapolationslänge derart ableiten, daß die Neutronenflußdichte im **Innern** des Mediums, die man mit Hilfe der Diffusionstheorie bestimmt, gut mit der Lösung der genaueren Transportgleichung übereinstimmt. Für ebene Geometrie und verschwindende Absorption im Medium ergibt sich der Wert

$$d = 2{,}13\ D. \tag{IX,64}$$

(Bei gekrümmten Rändern und Anwesenheit von Absorption wird die Bestimmung von d sehr kompliziert.) Überall dort, wo die geometrischen Dimensionen des Systems so groß sind, daß die Neutronen in dem betrachteten Bereich viele Stöße machen können, reicht die Diffusionsgleichung meist aus. Den Wert der **Diffusionskonstanten D** bestimmt man ebenfalls aus genaueren transporttheoretischen Überlegungen: Ist die elastische Streuung anisotrop im Laborsystem, so hatten wir für den wirksamen elastischen Wirkungsquerschnitt zur Neutronenbremsung an einem Kern $\sigma_e(1 - \bar{\mu}_L)$ gefunden; die freie Streuweglänge des Neutrons ist dann nach (IX,6) gegeben durch $1/(\Sigma_e - \bar{\mu}_L\, \Sigma_e)$, also größer als im isotropen Fall. Bei Anwesenheit von Absorption wird die für die Diffusion wesentliche Weglänge durch den reziproken Wert von $\Sigma_{tr} = (\Sigma_a + \Sigma_e(1 - \bar{\mu}_L)) \equiv (\Sigma_t - \bar{\mu}_L\, \Sigma_e)$ bestimmt. Σ_{tr} heißt **Transportwirkungsquerschnitt**. Für die Diffusionskonstante ergibt sich:

$$D = \frac{1}{3(\Sigma_t - \bar{\mu}_L\, \Sigma_e)} \equiv \frac{1}{3\, \Sigma_{tr}} \tag{IX,65}$$

Es sei noch darauf hingewiesen, daß natürlich alle Größen energieabhängig sind und damit von Energiegruppe zu Energiegruppe variieren können.

5.3 Einfache Lösungsformen der Diffusionsgleichung

Die Lösung der Diffusionsgleichung ist natürlich von der Form der Quelle Q(x, y, z) wesentlich bestimmt. Am einfachsten ist der Fall zu behandeln, bei dem keine Neutronen in der betrachteten Energiegruppe produziert werden (Q = 0), vielmehr die Neutronen aus einem Nachbarbereich mit Neutronenproduktion in das betrachtete Gebiet hinein diffundieren. In erster Näherung ist ein solches Modell für die thermische Gruppe eines Brennstoff-Moderatorbereichs gegeben, wobei in der Brennstoffzone direkt keine thermischen Neutronen erzeugt werden, wohl aber in der Moderatorzone. Ein weiterer Fall wäre das Eindringen thermischer Neutronen in einen Steuerstab. In Abb. IX,21 wird angenommen, daß an der Grenzfläche zum quellfreien Raum hin die Neutronenflußdichte φ_0 ist, und vereinfachend der quellfreie Raum einseitig unendlich ausgedehnt ist. Dieses Modell ist dem Σ-Pile Experiment ähnlich, das zur Bestimmung der neutronen-physikalischen Eigenschaften des „Nichtquellbereiches" dient.

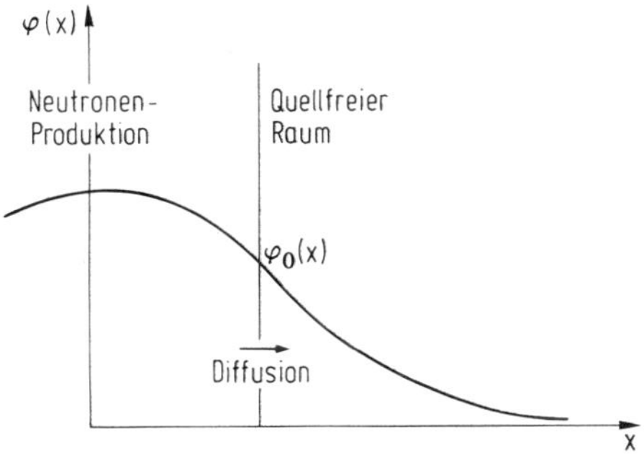

Abb. IX,21. Örtlicher Verlauf der Neutronenflußdichte (qualitativ)

Die Lösung der Diffusionsgleichung im quellfreien Bereich

$$\frac{d^2\,\varphi(x)}{d\,x^2} - \frac{1}{L^2}\,\varphi(x) = 0$$

ist dann gegeben durch:

$$\varphi(x) = \varphi_0\; e^{-\frac{x}{L}}. \tag{IX,66}$$

Die Größe

$$L = \sqrt{\frac{D}{\Sigma_{rem}}} = \frac{1}{\sqrt{3\,\Sigma_{rem}\,\Sigma_{tr}}} \tag{IX,67}$$

nennt man **Diffusionslänge** und sie bestimmt die Stärke der Flußabsenkung: im Abstand x = L von der „Quellfläche" sinkt $\varphi(x)$ um den Faktor e.

Z. B. ergibt sich für die über ein thermisches Neutronenspektrum **gemittelte** Diffusionslänge $\overline{L}_{th}$ in H_2O von 20 °C etwa 2,9 cm, in D_2O von 20 °C ist $\overline{L}_{th}$ wegen der sehr viel geringeren Absorption wesentlich größer, nämlich 170 cm; Graphit liefert $\overline{L}_{th}$ = 59 cm [26].

Ein weiterer einfacher Fall ist der, daß in einem **endlich-homogenen Medium** in der betrachteten Energiegruppe die Ortsverteilung der Quelle proportional zu $\varphi(x)$ ist. Dies entspricht dem Fall einer homogenen Spaltquellenverteilung; und zwar sollen bei jedem Reaktionsprozeß der Neutronen mit dem Medium, bei dem Neutronen aus der betrachteten Gruppe entfernt werden, κ Neutronen pro Zeiteinheit in dieser Gruppe nachgeliefert werden. κ berücksichtigt demnach z. B. Absorptions-, Spalt- und Leckage-Prozesse der Neutronen anderer Energien. Die Quelle ist dann gegeben durch:

$$Q(x) = \kappa \cdot \Sigma_{rem}\, \varphi(x) \tag{IX,68}$$

Die Diffusionsgleichung wird dann:

$$D \frac{d^2 \varphi(x)}{d x^2} + \Sigma_{rem} (\kappa - 1)\, \varphi(x) = 0$$

oder

$$\frac{d^2 \varphi(x)}{d x^2} + B^2\, \varphi(x) = 0 \tag{IX,69}$$

mit

$$B^2 = \frac{\Sigma_{rem}(\kappa - 1)}{D} \equiv B_m^2 \tag{IX,70}$$

Die Lösung der Gl. (IX,69), die im System überall positiv sein muß, ist:

$$\varphi(x) = A \cdot \cos B x \tag{IX,71}$$

Das Verschwinden von $\varphi(x)$ am extrapolierten Rand $x_d = a + d$ und $- x_d = - (a + d)$ (die Platte hat die Dicke 2 a) liefert:

$$B\, x_d = \frac{\pi}{2}$$

oder

$$B^2 = \left(\frac{\pi}{2\, x_d}\right)^2 \equiv B_g^2 \tag{IX,72}$$

Unter den gemachten Voraussetzungen ist also die Ortsverteilung der Neutronen durch eine Cosinusform beschreibbar (im zylindersymmetrischen Fall ergeben sich Besselfunktionen). Die Größe B_g^2 heißt auch **geometrische Flußwölbung** oder **Buckling**; sie ist wegen

$$B^2 = - \frac{d^2 \varphi}{d x} / \varphi(x)$$

ein Maß für den Neutronenausfluß und ist nur über die Extrapolationslänge d von der Energie abhängig. Die Größe B_m^2 in (IX,70) heißt **materielle Flußwölbung**. Bei einem stationären System ohne Fremdquellen bestimmt der Wert von B_m^2 auch den Wert von κ.

Ein Vergleich von (IX,70) mit (IX,72) ergibt zunächst ein erstaunliches Bild: Die rechte Seite von (IX,70) ist bestimmt durch Materialgrößen, die von (IX,72) dagegen durch die Geometrie. Wenn die Bilanzgleichung (IX,69) erfüllt sein soll, muß offenbar gelten:

$$B_m^2 = B_g^2. \tag{IX,73}$$

Für ein von Fremdquellen freies System kann (IX,73) nur für den **Kritischen Zustand** gelten, da hierfür die Bilanz (IX,69) genau realisiert ist. Ist anfänglich für ein untersuchtes System $B_m^2 < B_g^2$, so ist zwar bei vorgegebener geometrischer Dimension (hier x_a) B_g^2 gegeben und dafür (IX,69) erfüllt, jedoch würde dann ein Einsetzen von (IX,70) in (IX,69) wegen $B_m^2 < B_g^2$ zur Folge haben, daß für die im System befindlichen Materialien die Neutronenverluste größer sind als die Neutronengewinne.

Der Bilanzausgleich läßt sich auf zwei Wegen erreichen:

1. Man vergrößere die Dimensionen des Systems (also hier die Plattendicke) bei vorgegebenen Materialdichten: B_g^2 nimmt ab, der Neutronenausfluß nimmt ab.
2. Man halte die Dimensionen konstant und erhöhe z. B. die Anzahl der Spaltneutronen durch eine größere Konzentration des Spaltstoffes im System (**Anreicherung**): B_m^2 nimmt zu, folglich ergibt sich eine Vergrößerung der Neutronenmultiplikation.

Diese beiden Möglichkeiten waren uns bereits in Abschnitt 3.6 begegnet.

Bei vorgegebenen Materialdichten ist also z. B. die Plattendicke und damit B_g^2 zu ermitteln, die zum kritischen Zustand gehört.

Als ein einfaches Beispiel wählen wir eine Uran-Metallkugel, die zu 93,9% mit U^{235} angereichert ist [27]. Der kritische Radius ergibt sich zu R = 8,7 cm entsprechend einer kritischen Masse von 5,2 kg. Die nackte Urankugel erhielt den Namen GODIVA.

5.4 Heterogene Systeme, die Einheits-Zelle

In Abschnitt 4.8 wurde bereits erläutert, daß in einer homogenen Mischung aus Moderator und Brennstoff die **Resonanzabsorption** zu starken Neutronenverlusten führt. Der Ausweg liegt darin, den Brennstoff in Form von Brennstoffstäben oder Platten heterogen in den Moderator einzusetzen: Es entsteht dann ein **Reaktorgitter**. Damit wird natürlich die Beschreibung eines solchen Reaktors komplizierter, die Ortsverteilung erhält eine Feinstruktur. In einem großen Reaktor können wir annehmen, daß das Gitter in eine große Zahl gleicher Zellen aufgeteilt werden kann, so daß die Neutronenverteilung in einer solchen Einheitszelle charakteristisch ist für die Feinstruktur im Reaktor. Dieses Verfahren ist äquivalent demjenigen von E. Wigner und F. Seitz bei der theoretischen Behandlung von Kristallgittern, weshalb die Einheitszelle auch den Namen **Wigner-Seitz-Zelle** trägt.

In Abb. IX,22 ist eine quadratische Gitteranordnung aus Brennstäben im Moderator dargestellt. Die Gitterabstände sind charakteristisch für den jeweiligen Moderator. Die aus den Stäben austretenden schnellen Neutronen werden praktisch nur im Moderatorbereich der Zelle abgebremst. Je mehr Stöße notwendig sind, um in den thermischen Bereich zu gelangen, um so größer muß der Gitterabstand werden. Also liefert H_2O als Moderator den kleinsten Gitterabstand, Graphit den größten. Bei großer Einheitszelle läßt sich ohne Einbuße an Genauigkeit die quadratische Form durch eine kreiszylindrische ersetzen, welche mathematisch leichter beschreibbar ist.

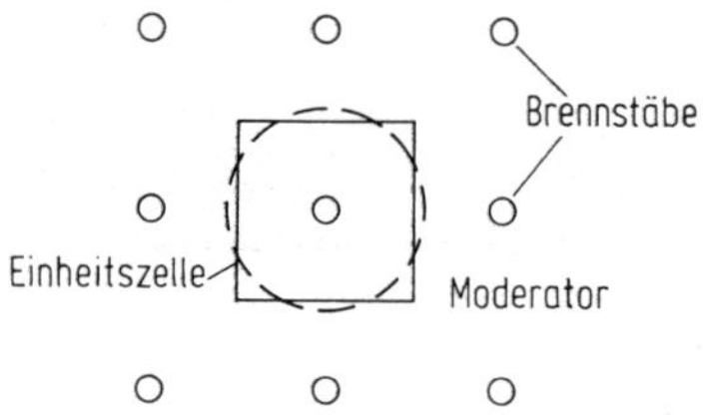

Abb. IX,22. Die Einheitszelle eines Reaktorgitters

Die Beschreibung der Ortsverteilung der Neutronen in einer solchen Zelle ist also ein Mehrschichtproblem, das im vereinfachten Fall nur aus zwei Medien besteht. Hierfür ist die Boltzmann'sche Transportgleichung oder als Näherung die Diffusionsgleichung in jedem Medium zu lösen und die einzelnen Lösungen über die Randbedingungen miteinander zu verknüpfen. Am Zellrand fließen aus Periodizitätsgründen gleich viel Neutronen in beiden Richtungen über den Rand, d. h. daß die Nettoneutronenstromdichte am Zellrand verschwinden muß (**Zellrand-Bedingung**). Die Ortsverteilung der Neutronen im thermischen- und Resonanzbereich ist qualitativ in den Abb. IX,23 verglichen. Ferner sei an Abb. IX,18 erinnert, in der quantitativ die ortsabhängigen Neutronenspektren in einer D_2O Einheitszelle aufgetragen sind.

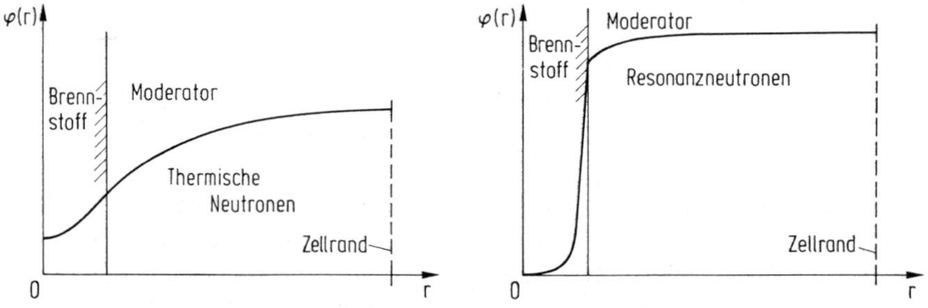

Abb. IX,23. Örtlicher Verlauf der Neutronenflußdichte für thermische Neutronen und Resonanzneutronen in einer Einheitszelle (qualitativ)

Im Bereich der sehr hohen Resonanzen werden die Neutronen, die den Brennstab treffen, praktisch in der Oberfläche absorbiert, die Neutronenflußdichte sinkt im Innern sehr stark ab, die freie Weglänge der Neutronen im Resonanzbereich ist sehr klein.

Diesem Sachverhalt kann man in thermischen Reaktoren dadurch Rechnung tragen, daß man die Resonanzabsorption in einen (kleinen) Volumenterm und einen größeren Oberflächenterm darstellt. Dies ergibt für das Resonanzintegral:

$$\mathrm{R}\,I = I_\mathrm{v} + I_\mathrm{s}\sqrt{\frac{\mathrm{S}}{\mathrm{M}}} \tag{IX,74}$$

wobei S die Oberfläche und M die Masse des Brennstoffes pro cm Länge eines Brennstabes sind. Es ergibt sich z. B. für Uran-238-Dioxid $I_\mathrm{v} = 4{,}45$ und $I_\mathrm{s} = 26{,}6$, basierend auf Experimenten von E. Hellstrand [28].

Im thermischen Bereich ist die **Flußdepression** in den Stäben wegen der vergleichsweise kleineren Wirkungsquerschnitte nicht so stark, wie auch aus Abb. IX,23 hervorgeht.

Zusammenfassung

Die wesentlichen Schlüsse aus diesem Abschnitt über die Ortsverteilung der Neutronen in Reaktoren sind folgende:

a) Die Neutronenflußdichte fällt zum äußeren Rand des Reaktors und zu den im Vergleich zur Umgebung stärkeren Absorptionsbereichen hin ab.

b) Bei heterogenen Anordnungen ist der größte Teil des Brennstoffs nicht von „Resonanzneutronen“ beaufschlagt, da Einfänge praktisch nur in einer dünnen Oberflächenschicht auftreten: Das Innere des Stabes ist vor den Resonanzneutronen abgeschirmt (**Örtliche Resonanzabschirmung**). Im homogenen Medium ist dieser Effekt nicht vorhanden, alle Absorberkerne nehmen an der Reaktion teil.

c) Im thermischen Bereich bewirkt die Flußdepression im Brennstoff ebenfalls eine geringere Absorptionsrate als im homogenen Fall. Hier ist der Heterogenitäts-Effekt im Gegensatz zu der örtlichen Resonanzabschirmung für die Neutronenökonomie eines thermischen Reaktors ungünstig, da die Mehrzahl der Spaltungen im thermischen Bereich geschehen und diese somit reduziert werden. Die Verkleinerung der Resonanzabsorption überwiegt letztgenannten Effekt jedoch beträchtlich.

d) Für Neutronenenergien oberhalb des Resonanzgebietes sind die Wirkungsquerschnitte bereits so klein geworden, daß die freie Weglänge größer ist als die Abmessungen der Brennstoffstäbe.

Es sollte nochmals vermerkt werden, daß zur Berechnung der Feinstruktur in thermischen Reaktoren wegen der starken Unterschiede der Absorptionseigenschaften von Brennstoff und Moderator die **Diffusionstheorie nicht ausreicht**, man muß genauere

Verfahren (Boltzmann'sche Transportgleichung) verwenden, auf die hier nicht eingegangen werden kann.

6. Die stationäre Multigruppen-Diffusionsgleichung; Kritikalität und Neutronenmultiplikationskonstante als Eigenwert

6.1 Die Multigruppenform der Diffusionsgleichung

Der stationäre Betrieb (siehe Abschnitt 3.6) eines Reaktors hat ohne Fremdquelle zu erfolgen. In der Diffusionsgleichung, die die volle Orts- und Energieabhängigkeit beschreiben soll, tritt also im Quellterm lediglich die Streu- und Spaltquelle auf. Wir wollen die Darstellung der Energie im Multigruppenbild wählen. Das Verfahren zur Erstellung der entsprechenden Gleichung ist wiederum die Bilanzierung. Bei der Ableitung der Bilanzgleichung zur Bestimmung der Energieverteilung in unendlich ausgedehnten Systemen wie der Ortsverteilung in endlichen Systemen sind bereits alle relevanten Größen definiert und erläutert worden (vgl. besonders Abschnitt 5.1).
Die Bilanzgleichung, **Multigruppendiffusionsgleichung** genannt, lautet für eine homogene Zone:

$$- D^g \, \Delta \, \varphi^g(x) + \Sigma^g_{rem} \, \varphi^g(x) = \underset{g' \neq g}{S} \, \Sigma^{g' \to g} \, \varphi^{g'} + \frac{\chi^g}{k_{eff}} \cdot \overset{G}{\underset{g' \neq g}{S}} \, (\nu \, \Sigma_f)^{g'} \, \varphi^{g'}(x) \qquad (IX,75)$$

$g = 1, 2, \ldots, G$

Die Spaltquelle enthält neben der totalen Neutronenproduktionsrate in χ^g den Bruchteil, der in der Gruppe g erzeugt wird. Die Randbedingungen zur Lösung von (IX,75) sind die gleichen wie in Abschnitt 5.2.

6.2 Kritikalität

Setzen wir für einen Augenblick die Größe $k_{eff} = 1$, so kann diese Gleichung bei vorgegebener Reaktorgröße nur für eine bestimmte Materialzusammensetzung (Σ), bzw. bei gegebener Mischung von Isotopen nur für eine bestimmte Größe des Reaktors erfüllt sein. Bei gegebener Zusammensetzung und Größe des Reaktors heißt der Reaktor

unterkritisch kritisch überkritisch	je nachdem, ob eine	Abnahme Beibehaltung Zunahme

der Neutronenbevölkerung im System im Laufe der Zeit erfolgt.

Wir hatten diese Begriffe bereits in Abschnitt 3.6 kennengelernt. Um einen stationären Betrieb in einem Reaktor gewährleisten zu können, muß also z. B. bei vorgegebener Größe die Zusammensetzung so variiert werden, daß der Reaktor kritisch wird.

Nun kann man die Multigruppendiffusionsgleichung stets zu einer Gleichung für ein pseudokritisches System machen. Denn es ist immer möglich, durch eine „künstliche" Veränderung der Anzahl ν^g der pro Spaltung in der Gruppe g freiwerdenden Spaltneutronen Kritikalität zu erreichen. Setzt man

$$\hat{\nu}^g = \frac{1}{k_{eff}} \cdot \nu^g,$$

so muß bei einem real unterkritischen System ν^g heraufgesetzt werden, um Kritikalität zu erreichen, also $k_{eff} < 1$. Bei einem überkritischen Reaktor ist $k_{eff} > 1$, die Neutronenausbeute pro Spaltung wird künstlich vermindert und damit auch die Kritikalität. Für einen kritischen Reaktor ist $k_{eff} = 1$. k_{eff} ist der **effektive Neutronenmultiplikationsfaktor** und ist identisch mit der in (IX,33) definierten Größe (siehe auch IX,76).

6.3 Eigenwert der Diffusionsgleichung und Neutronenmultiplikation

Mathematisch gesehen besteht die Multigruppendiffusionsgleichung aus einem System gekoppelter homogener Differentialgleichungen. Ein solches homogenes System (IX,75) besitzt unter Beachtung der Randbedingungen 5.2 nur für ganz bestimmte Werte von $\lambda = 1/k_{eff}$ Lösungen $\varphi^g(x)$. Diese Werte heißen **Eigenwerte** des Systems, die zugeordneten Lösungen **Eigenlösungen**. Es läßt sich zeigen, daß es **nur** zum größten Wert von $1/\lambda$ eine Eigenlösung gibt, die überall im Reaktor **nicht negativ** ist. Nur diese Eigenlösung kann die physikalische Größe „Neutronenflußdichte" darstellen. Damit ist der größte Wert von $1/\lambda$ gleichzusetzen der oben auf andere Weise eingeführten Multiplikationskonstante:

Die Neutronenmultiplikationskonstante k_{eff} ergibt sich als der größte Eigenwert der Multigruppendiffusionsgleichung. Die zugehörige Eigenlösung ist die gesuchte orts- und energieabhängige Neutronenflußdichte. Ist das Ergebnis der Rechnung ein $k_{eff} \neq 1$, so hat man die Zusammensetzung oder die Größe des Reaktors so lange zu verändern, bis $k_{eff} = 1$ resultiert.

Eine physikalische anschauliche Interpretation von k_{eff} ergibt sich, wenn man die Multigruppengleichung (IX,75) über alle Energiegruppen g aufsummiert und über das Reaktorvolumen integriert. Dabei heben sich die Streuglieder aus der Gleichung heraus wegen

$$\mathop{\mathrm{S}}_{g=1}^{G} \mathop{\mathrm{S}}_{g'=1}^{G} \Sigma^{g' \to g} \varphi^{g'} = \mathop{\mathrm{S}}_{g=1}^{G} \mathop{\mathrm{S}}_{g'=1}^{G} \Sigma^{g \to g'} \varphi^{g}$$

und es ergibt sich:

$$R_L + R_A = \frac{1}{k_{eff}} \cdot R_P.$$

Hierbei sind die einzelnen Reaktionsraten definiert als

$$R_L = - \mathop{S}_{g=1}^{G} \int D^g \, \Delta \, \varphi^g(x) \, d\,x \qquad \text{Leckrate,}$$

$$R_A = \mathop{S}_{g=1}^{G} \int \Sigma_a^g \, \varphi^g(x) \, dx \qquad \text{Absorptionsrate,}$$

$$R_P = \mathop{S}_{g=1}^{G} \int (\nu \, \Sigma_f)^g \, \varphi^g(x) \, d\,x \qquad \text{Produktionsrate.}$$

Also wird:

$$k_{eff} = \frac{R_P}{R_A + R_L} \tag{IX,76}$$

(IX,76) ist, wie es sein muß, identisch mit (IX,33).

Bei Anwendung des Verfahrens auf Zellprobleme ist die Leckage aus der Zelle Null, also $R_L = 0$. Dann entspricht $k_{eff} = k_\infty = R_P/R_A$ der Multiplikationskonstanten eines aus diesen Zellen aufgebauten unendlich ausgedehnten Mediums, und k_∞ heißt entsprechend **Medienmultiplikationskonstante**.

6.4 Die Vierfaktorenformel

In **Thermischen Reaktoren** läßt sich wegen der starken Dominanz der Neutronenflußdichte im thermischen Bereich im Vergleich zur Flußdichte bei höheren Energien der Ausdruck für k_∞ näherungsweise in vier Faktoren aufspalten. Zur Anschauung sollte man sich Abb. IX,12, den Neutronenzyklus für Thermische Reaktoren, vergegenwärtigen: Die Erzeugung schneller Neutronen pro Absorption thermischer Neutronen im Brennstoff (η), zusätzliche Freisetzung von Spaltneutronen durch „schnelle Spaltung", vornehmlich also an U^{238} (Schnellspaltfaktor ϵ), den Anteil der Neutronen, der im epithermischen Bereich der Absorption, besonders also den Resonanzeinfängen entkommt (Resonanzentkommwahrscheinlichkeit p) und schließlich den Anteil der Neutronen, der im gesamten thermischen Bereich vom Brennstoff absorbiert wird (thermische Nutzung f). $k_\infty = \eta \, \epsilon \cdot p \, f$ ist dann die sogenannte **Vierfaktorformel**. Ein Vorteil dieser Aufspaltung liegt darin, daß die als Eigenwert eines Multigruppenverfahrens gewonnene Multiplikationskonstante als eine einzige integrale Größe durch die aus den verschiedenen Teilenergiebereichen stammenden „Anteile" eine größere physikalische Durchsichtigkeit erhält entsprechend der im thermischen, epithermischen und schnellen Gebiet maßgeblichen Prozesse. In der Einheitszelle des heterogenen Reaktors sind die einzelnen Größen wie folgt definiert (im Unterschied zu Abschnitt 3.1 bezieht sich die hier definierte Größe η nicht auf ein Isotop, sondern auf die Neutronenausbeute pro Absorption im Brennstoff):

$$\eta = \frac{\int\limits_{(B)} dV \int\limits_{(T)} \nu\, \Sigma_f(E)\, \varphi(r, E)\, dE}{\int\limits_{(B)} dV \int\limits_{(T)} \Sigma_a^B(E)\, \varphi(r, E)\, dE} \tag{IX,76a}$$

$$\epsilon = \frac{\int\limits_{(B)} dV \int\limits_0^\infty \nu\, \Sigma_f(E)\, \varphi(r, E)\, dE}{\int\limits_{(B)} dV \int\limits_{(T)} \nu\, \Sigma_f(E)\, \varphi(r, E)\, dE} \tag{IX,76b}$$

$$p = 1 - \frac{\int\limits_{(Z)} dV \int\limits_{(Res)} \Sigma_a(E)\, \varphi(r, E)\, dE}{\int\limits_{(Z)} dV \int\limits_0^\infty \Sigma_a(E)\, \varphi(r, E)\, dE} = \frac{\int\limits_{(Z)} dV \int\limits_{(T)} \Sigma_a(E)\, \varphi(r, E)\, dE}{\int\limits_{(Z)} dV \int\limits_0^\infty \Sigma_a(E)\, \varphi(r, E)\, dE} \tag{IX,76c}$$

$$f = \frac{\int\limits_{(B)} dV \int\limits_{(T)} \Sigma_a^B(E)\, \varphi(r, E)\, dE}{\int\limits_{(Z)} dV \int\limits_{(T)} \Sigma_a(E)\, \varphi(r, E)\, dE} \tag{IX,76d}$$

Hierbei bedeuten: (B) = Brennstoffbereich, (Z) = Zellbereich, (T) = thermischer Bereich, (Res) = Resonanzbereich, so daß wieder

$$k_\infty = \frac{\int\limits_{(B)} dV \int\limits_0^\infty \nu\, \Sigma_f(E)\, \varphi(r, E)\, dE}{\int\limits_{(Z)} dV \int\limits_0^\infty \Sigma_a(E)\, \varphi(r, E)\, dE} = \frac{R_P}{R_A}. \tag{IX,77}$$

Legt man die Grenze des thermischen Bereiches dorthin, wo die Flußdichte in einen $1/E'$-Verlauf einmündet, so kann man die orts- und energieabhängige Flußverteilung im thermischen Bereich mit der Randbedingung $\varphi(r, E') \to 1/E'$ getrennt ausrechnen; ähnliches gilt für die anderen Faktoren.

Bei einem modernen Leichtwasserreaktor (Siedewasser-Reaktor) ergeben sich für den kalten frischen Reaktor folgende Werte [29]: $\eta = 1{,}62$, $\epsilon = 1{,}03$, $f = 0{,}88$, $p = 0{,}87$. In Worten: Ein im Brennstoff absorbiertes Neutron erzeugt 1,6 schnelle Neutronen, die sich um 3% durch Spaltung von U^{238} vermehren. 13% der Neutronen werden während der Abbremsung in den Resonanzen von U^{238} eingefangen und weitere 12% werden im thermischen Bereich durch parasitäre Absorption dem Zyklus entzogen. Die übrigen 88% thermischer Neutronen werden im Brennstoff absorbiert, womit der Zyklus geschlossen ist.

In **Schnellen Reaktoren** ist eine derartige einfache Aufspaltung in vier Faktoren nicht möglich, was man auch aus Abb. IX,12 entnehmen könnte.

7. Physikalische Auslegungsdaten eines frischen Reaktors

Es ist das übergeordnete Prinzip der Auslegung eines Reaktors, das gewünschte technische Ziel (z. B. Leistungsreaktor von 1000 MWe oder ein spezieller Forschungsreaktor) mit einem möglichst geringen Kostenaufwand zu erreichen und zu betreiben. Wir wollen in diesem Beitrag die ökonomischen Aspekte nicht aufgreifen, sondern nur einige wesentliche physikalische Reaktorparameter (oft auch „nukleare Kenngrößen" genannt) diskutieren, die den Reaktorkern betreffen.

Bei der Reaktorauslegung stehen die neutronenphysikalischen und thermohydraulischen Fragen in einer steten Wechselwirkung. Die Probleme der optimalen Wärmeübertragung auf das Kühlmittel und des optimalen Wärmetransports aus dem Reaktorkern heraus bestimmen entscheidend den Kühlmitteldurchsatz, die Reaktorkernhöhe, den Brennstabdurchmesser und den Brennstab-Abstand.

Die radialen Dimensionen sind bei großen Leistungsreaktoren oft begrenzt durch die Baubarkeit großer Stahltanks oder Spannbetonbehälter, die den Reaktorkern und u. U. weitere Bauteile (z. B. Wärmetauscher) einschließen. Ist auf diese Weise die Geometrie des Reaktorkerns weitgehend festgelegt, so hat eine anschließende neutronenphysikalische Rechnung zu zeigen, ob das System kritisch zu machen ist und ob es über längere Zeiträume sicher betrieben werden kann. Dies läuft hauptsächlich auf eine Bestimmung des notwendigen Spaltstoffinventars, der Leistungsverteilung, der Änderung der Materialzusammensetzung mit Regelungsvorkehrungen während der Betriebszeit und bei eventuellen Störungen hinaus.

Zeigt die neutronenphysikalische Rechnung mit den thermohydraulischen und ökonomischen Gesichtspunkten keine zufriedenstellenden Ergebnisse, so wird eine Änderung an den Auslegungsgrößen vorgenommen: der nächste Rechenlauf kann erfolgen. In diesem Abschnitt 7 widmen wir uns einigen Aspekten der Auslegung eines frischen Reaktorkerns; die zeitlichen Änderungen des Systems werden später behandelt.

7.1 Das Spaltstoffinventar und andere Auslegungsdaten für die wichtigsten Vertreter heutiger Leistungsreaktor-Baulinien

Als erstes fragen wir nach der Masse des spaltbaren Materials, welches einen Thermischen oder Schnellen Reaktor vorgegebener Leistung kritisch macht. Dabei ist die Art des Spaltstoffs im Prinzip auch frei wählbar, die Auswahl erfolgt nach folgenden Gesichtspunkten:

– welche Vorräte an Spaltstoff gibt es in der Natur
– sind die Kosten zur Erstellung größerer als natürlich gegebener Spaltstoffkonzentrationen vertretbar
– soll Spaltstoff im Reaktor gebrütet werden.

Die beiden ersten Aspekte beziehen sich also auf die Verwendung von **Natur-Uran** (0,7% U^{235}) oder auf **an U^{235} höher angereicherten Brennstoff**, der dritte Punkt auf den Spaltstoff in Brutreaktoren.

Es ist evident, daß man zunächst versuchen wird, das **Natur-Uran als Brennstoff** im Reaktor zu verwenden. Es wurde schon gezeigt (Abschnitt 3.3), daß Schnelle Reaktoren nicht mit Natur-Uran betrieben werden können. Damit haben wir als erstes die Möglichkeit eines kritischen Systems bei Verwendung der Moderatoren H_2O, D_2O und Graphit zu untersuchen. Da der Spaltstoffanteil im Brennstoff festliegt, kann dabei natürlich die Reaktorgröße nicht vorgegeben werden.

Die Bestimmung der kritischen Masse eines heterogenen Thermischen Reaktors geschieht auf folgende Weise: Zunächst untersucht man die Abhängigkeit der Medienmultiplikation k_∞ von den geometrischen Daten der Gitterzelle, d. h. vom Zellradius und vom Stabradius, oder vom Volumenverhältnis des Moderators zum Brennstoff: V_M/V_B.

Ist bei vorgegebenem Brennstabradius dieses Verhältnis klein (enges Gitter), so ist die Moderation nicht effektiv, viele Neutronen werden in den Resonanzen von U^{238} eingefangen, die Resonanzentkommwahrscheinlichkeit p wird also klein. Bei großem V_M/V_B, also weiten Gittern, ist die Resonanzentkommwahrscheinlichkeit größer, dafür können aber die Neutronen auch mit größerer Wahrscheinlichkeit bei der Diffusion im Moderator absorbiert werden; dies bewirkt eine schlechtere thermische Nutzung f. Damit ergibt sich für k_∞ (die Faktoren ϵ, η hängen, solange das System überhaupt thermisch ist, schwächer von dem Verhältnis V_M/V_B ab) eine Kurve mit einem Maximum. Dies ist qualitativ in Abb. IX,24 gezeigt. Die dort angegebenen Abhängigkeiten sind für alle heterogenen Thermischen Reaktoren ähnlich, sie stimmen qualitativ auch für den homogenen Thermischen Reaktor.

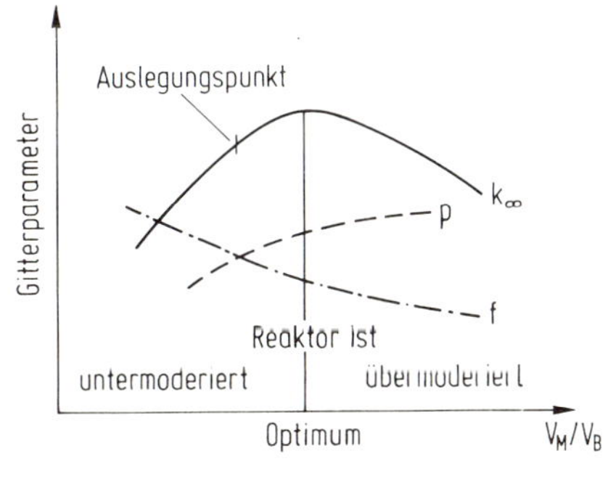

Abb. IX,24. Die Abhängigkeit der Gitterparameter vom Volumenverhältnis des Moderators zum Brennstoff

Liegt die Zelle fest, so ist die Größe des Reaktors zu bestimmen, die ein $k_{eff} = 1$ erlaubt. Dazu mittelt man meist alle Wirkungsquerschnitte über die Neutronenflußverteilung der Zelle und geht mit diesen mittleren Wirkungsquerschnitten in die homogene Transport- oder Diffusionsgleichung ein, bei der der Reaktorkern-Radius so lange variiert wird, bis daß sich die Kritikalität des Systems einstellt. Damit hat man aber auch den benötigten Spaltstoff- oder Brennstoffeinsatz des Reaktors. Es ist anzumerken, daß wegen der während des Betriebs auftretenden zusätzlichen Neutronenverluste ein höherer Spaltstoffeinsatz benötigt wird, der durch Steuerstäbe aus Borkarbid weggefangen wird. Auf diesen Spaltstoffüberschuß kommen wir in Abschnitt 9.6 zurück.

Läßt sich nun jeder Moderator bei einem **Brennstoff aus Natur-Uran** verwenden? Dies sei nachfolgend beantwortet.

a) H_2O-Moderator

Eine Kombination des leicht verfügbaren Wassers mit **Natur-Uran** wäre sicherlich eine ökonomisch optimale Lösung für einen Thermischen Reaktor. Es stellt sich jedoch heraus, daß es **keine** heterogene Anordnung von Natur-Uran in einem Leichtwasser-Moderator gibt, für die $k_\infty > 1$ wäre. **Ein Leichtwasser-Reaktor wird demnach mit Natur-Uran als Brennstoff nicht kritisch.**

Der Grund liegt darin, daß leichtes Wasser im thermischen Energiebereich zu stark Neutronen absorbiert (vgl. Tab. IX,5); in der Vierfaktorformel ist der Wert der thermischen Nutzung zu klein.

b) D_2O und Graphit als Moderator

Durch die heterogene Anordnung ist es möglich, die Medienmultiplikation für beide Systeme größer als Eins zu machen (bei Graphit ist im homogenen System optimal erreichbar $k_\infty \approx 0{,}85$).

Maximalwerte für heterogene Anordnungen liegen bei $k_\infty(D_2O) \approx 1{,}26$ und $k_\infty(C) \approx 1{,}10$. Dies ist lediglich darauf zurückzuführen, daß die Absorption thermischer Neutronen in diesen Moderatoren im Vergleich zu H_2O sehr viel kleiner ist. Es wird deutlich, daß ein Reaktor mit Graphitmoderator nur einen kleinen Ausfluß an Neutronen haben darf, damit k_{eff} noch größer als Eins bleibt.

Und dies ist nur möglich dadurch, daß man diese Reaktoren sehr groß macht. Zusätzlich ist der Reaktorkern noch von einem **Reflektor** umgeben, der praktisch meist gleich dem Moderatormaterial ist. Hierdurch wird eine weitere Reduktion des Neutronenausflusses bewirkt.

Will man **H_2O als Moderator** in einem Reaktor verwenden, so muß man den **Spaltstoff** über die natürliche Konzentration hinaus **im Brennstoff anreichern**. Dies erfordert den Bau von Isotopen-Trennanlagen, die erstmals während des zweiten Weltkrieges im Rahmen des Manhatten-Projektes in den USA errichtet wurden. Es ist daher sofort verständlich, daß der Siegeszug von Leichtwasser-Reaktoren in den USA seinen Anfang nahm. Bei diesen Anlagen mit **angereichertem Uran** kann man also die von der Wärmetechnik her noch erlaubte kompakteste Anlage bauen, da man durch Variation der Anreicherung den Reaktor immer kritisch machen kann. Das physikalische Problem besteht bei einer vorgegebenen Reaktorgröße dann darin, die kritische Anreicherung zu bestimmen, wodurch wiederum der Spaltstoffeinsatz gegeben ist.

Die heutigen Leichtwasser-Leistungs-Reaktoren besitzen eine kritische Anreicherung von 2 bis 3% an U^{235} im Brennstoff. Benutzt man angereichertes Uran auch in graphitmoderierten Reaktoren, so lassen sich auch diese natürlich wesentlich kompakter bauen.

Tab. IX,7. Wichtige Daten Thermischer und Schneller Leistungsreaktoren

Typ	Kernkraftwerk Würgassen bei Beverungen (Weser) Siedewasser Typ	Kernkraftwerk Stade bei Hamburg Druckwasser Typ	Thorium Hochtemperatur Reaktor THTR bei Schmehausen (Westf.)	Schneller Natriumgekühlter Reaktor SNR-300 bei Kalkar (Ndrrh.)
Leistung	1912 MWth – 640 MWe	1900 MWth – 630 MWe	750 MWth – 307 MWe	730 MWth – 300 MWe
Brennstoffgewicht im Kern	86,6 t (UO_2)	56,2 t (UO_2)	0,748 t U^{235} 6,944 t TH 675000 Kugeln mit 6 cm Durchm.	0,840 t (U + Pu) O_2
Moderator/ Brennstoff Volumenverhältnis	2,38	2,09	8000	–
Kerndurchmesser	3,63 m	3,05 m	5,6 m	1,53 m
Aktive Kernhöhe	3,66 m	2,99 m	5,15 m	0,95 m
Anreicherung	2,6% (Folgekern)	3% (Folgekern)	93% (Erstkern)	ca. 27% (Erstkern)
Konversions- oder Brutrate	0,60	0,58	0,53	ca. 1,10 (Folgekern)
Mittlerer Entlade-Abbrand	27500 MWd/t	31500 MWd/t	120000 MWd/t	71000 MWd/t
Dopplerkoeffizient	$-2{,}1 \cdot 10^{-5}\ \Delta k/{}^oC$	$-1{,}6 \cdot 10^{-5}\ \Delta k/{}^oC$	$-1{,}94 \cdot 10^{-5}\ \Delta k/{}^oC$	$-4{,}8 \cdot 10^{-6}\ \Delta k/{}^oC$
Moderatortemperaturkoeffizient	$-2{,}8 \cdot 10^{-4}\ \Delta k/{}^oC$	$-5 \cdot 10^{-5}\ \Delta k/{}^oC$	$-2 \cdot 10^{-6}\ \Delta k/{}^oC$	–
Dampfblasenkoeffizient	$-1{,}6 \cdot 10^{-3}\ \Delta k/\Delta\alpha$	$-0{,}2 \cdot 10^{-3}\ \Delta k/\Delta\alpha$	–	–
	α = Dampfblasengehalt			
Kühlmitteldurchsatz	26500 t/h (H_2O)	44000 t/h (H_2O)	1064 t/h (He)	12270 t/h (Na)
Betriebsdruck	71 ata	158 ata	40 ata	5 ata (Kerneintritt)

Um einen Eindruck von der Größe der physikalischen Parameter bei einem Leichtwasser-Reaktor zu bekommen, sind in Tab. IX,7 einige wichtige Daten für die zwei Haupttypen der Leichtwasser-Reaktor Baulinie zusammengestellt. Für physikalische Fragestellungen sind beide Typen nur in wenigen Punkten unterschiedlich zu betrachten:

Im **Siedewasser-Reaktor** wird in größeren Bereichen Sieden des Kühlmittels zugelassen, während beim **Druckwasser-Reaktor** Sieden praktisch unterdrückt ist. Der wesentlichste Unterschied liegt in der Art der Wärmeabfuhr aus dem Reaktorkern: Beim Druckwassertyp wird die im Kühlwasser gespeicherte Wärme in Wärmetauschern an einen Sekundärkreis mit Wasserdampf übertragen, während bei einem Siedewassertyp das Kühlwasser bereits im Reaktorkern verdampft und direkt der Turbine zugeführt wird.

In Abb. IX,25 ist ein Querschnitt durch den **Siedewasser-Reaktor Würgassen** an der Weser dargestellt [30]. Er zeigt in eindrucksvoller Weise den Gesamtkomplex der Reaktoranlage innerhalb des Sicherheitsbehälters (als Druckschale im Bild bezeichnet). In Abb. IX,26 ist im Vergleich dazu der Querschnitt eines modernen **Druckwasser-Reaktors** gezeigt, der mit einer Leistung von 1300 MWe (die Wärmeleistung beträgt 2752 MW) in **Esenshamm** an der Unterweser ersstellt wird [31]. Der in den Abbildungen erkennbare Unterschied ist das in Würgassen vorhandene Druckabbausystem. Dieses dient dazu, den bei einem Unfall ausströmenden Wasserdampf in der Kondensationskammer zu kondensieren, so daß der Sicherheitsbehälter mit einem geringeren Druck beaufschlagt wird. Hat man ein solches System nicht, so muß das Volumen des Sicherheitsbehälters so groß sein, daß der bei einem Unfall entstehende Druck die Dichtheit des Behälters nicht verletzt. Das ist nur dann wirtschaftlich, wenn der Raum durch großbauende Anlagen wie das Absetzbecken für bestrahlte Brennelemente und Dampferzeuger genutzt werden kann. Für weitere Einzelheiten sei auf die Literatur hingewiesen.

Als avantgardistischen Vertreter Thermischer Reaktoren sei der **Thorium-Hochtemperatur-Reaktor (THTR)** erwähnt, der als Prototyp mit einer elektrischen Leistung von 300 MWe bei Uentrop in Westfalen erstellt wird [32]. Die Brennelemente sind im Gegensatz zu den in anderen Leistungsreaktoren verwendeten Stäben beim THTR **kugelförmig** mit einem Außendurchmesser von 6 cm. Bei diesen Elementen wird eine 5 mm dicke Graphitschicht um den in einer Graphitmatrix eingebetteten hochangereicherten Brennstoff gepreßt. Der Brennstoff wird in Form von pyrolytisch beschichteten Teilchen, den sg. „coated particles“, eingebracht. Die Spaltgase werden in diesen Elementen zurückgehalten. Die Brennelemente werden durch eine Beschickungsanlage unterhalb des Spannbetonbehälters pneumatisch aufwärts gefördert und von oben dem Reaktorkern zugeführt. Es entsteht eine Kugelschüttung, weshalb man diesen Reaktortyp auch **Kugelhaufenreaktor** nennt. Abgebrannte Kugeln werden unterhalb des Reaktorkerns wieder abgezogen. Gekühlt wird der Reaktor mit Helium, welches Temperaturen über 700 °C annehmen kann. Ein Teil der Kugeln enthält ein Gemisch von U^{235} und Th^{232}. Beim Betrieb der Anlage wird dann durch Konversion aus Th^{232} der in Thermischen Reaktoren eine günstige Neutronenausbeute besitzende Spaltstoff

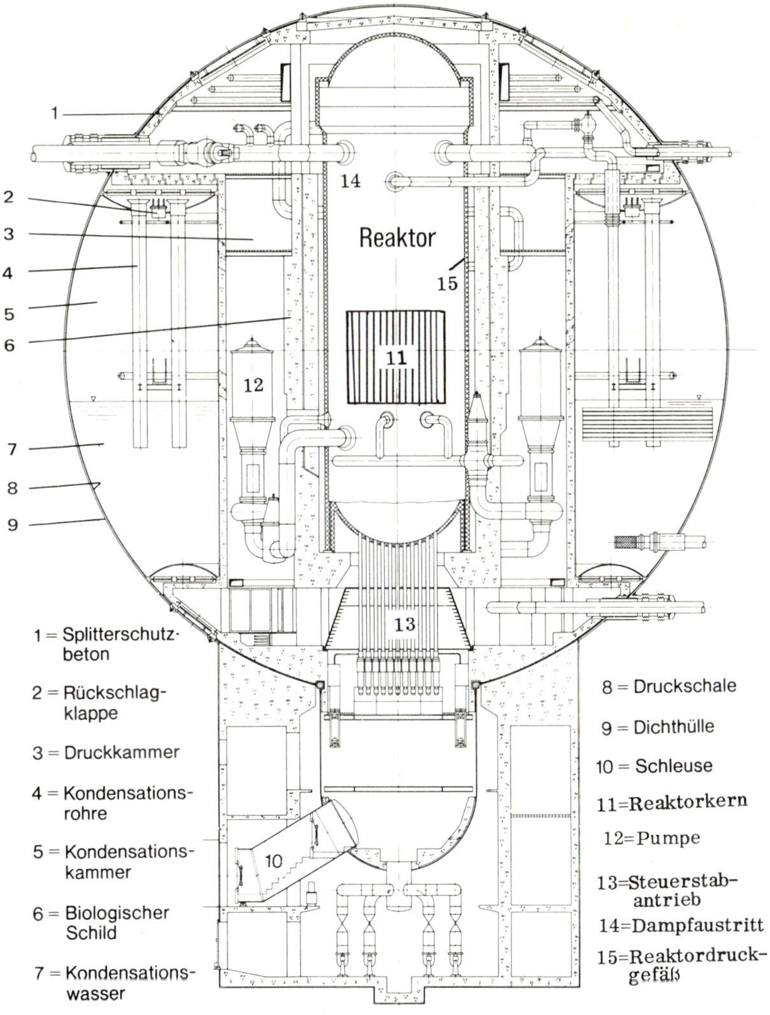

Abb. IX,25. Schnitt durch den Siedewasser-Reaktor Würgassen

U^{233} erzeugt, siehe Abb. IX,10. Die Bestimmung der kritischen Masse eines Kugelhaufen-Reaktors ist durch zwei Besonderheiten ausgezeichnet:

1. Der oberhalb der Kugelschüttung sich ausbildende Hohlraum und die neuartigen Heterogenitätsprobleme erfordern eine sorgfältige theoretische Behandlung, für die die Diffusionstheorie nicht ausreicht.

2. Das kontinuierliche Fließen der Brennelemente in vertikaler Richtung ergibt axial unterschiedlich lang bestrahlte Brennelemente. Es ist die höchste Neutronenflußdichte in der Nähe des oberen Randes der Kugelschüttung wegen der dort vorhan-

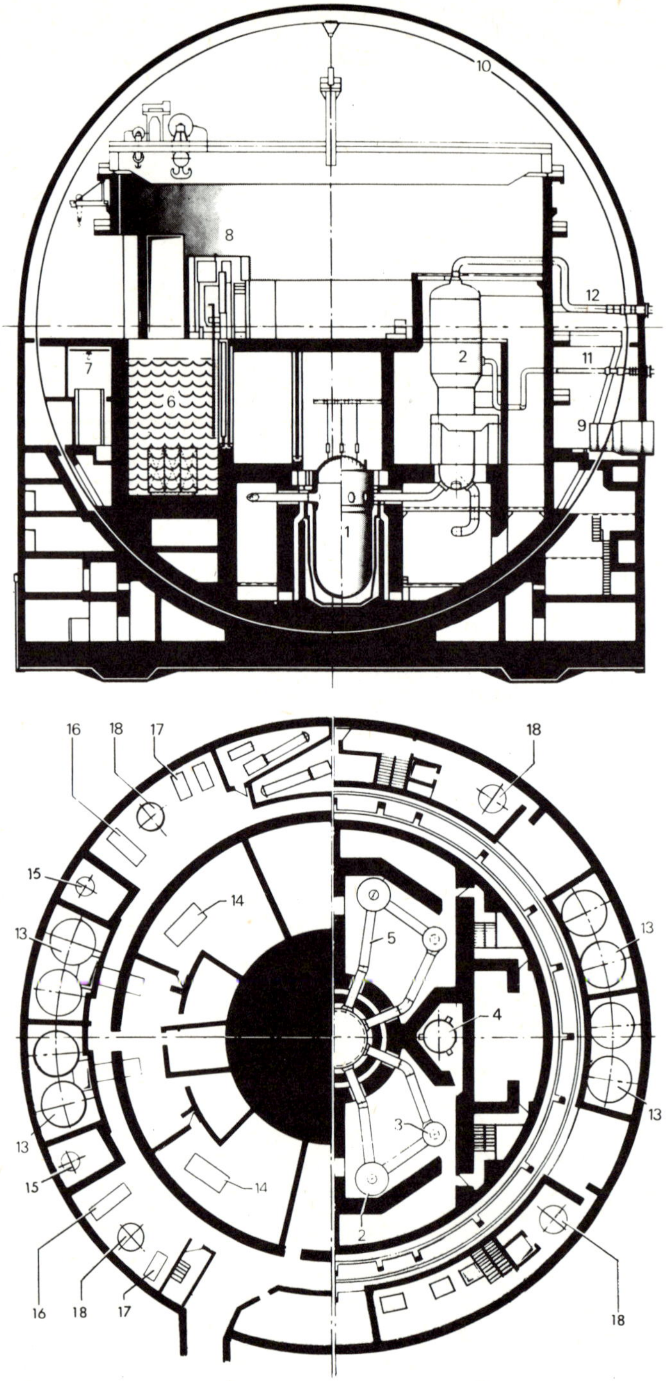

1 Reaktordruckbehälter
2 Dampferzeuger
3 Hauptkühlmittelpumpe
4 Druckhalter
5 Hauptkühlmittelleitung
6 Brennelementbecken
7 Lager für neue Brennelemente
8 BE-Lademaschine
9 Personalschleuse
10 Sicherheitshülle und Sekundärabschirmung
11 Speisewasserleitung
12 Frischdampfleitung
13 Borwasserflutbehälter
14 Nachkühlpumpe
15 Nachwärmekühler
16 Sicherheitseinspeisepumpe
17 Zwischenkühlpumpe
18 Zwischenkühler

Abb. IX,26. Schnitt durch Reaktorgebäude und Ringraum des Druckwasser-Reaktors Unterweser denen frischen Brennelemente; damit wird auch die theoretische Behandlung der Steuerstäbe in der Nähe des Hohlraums ein besonders wesentliches und schwieriges Problem. Einige Auslegungsgrößen sind in Tab. IX,7 zusammengestellt. Einen Querschnitt durch die Kraftwerksanlage zeigt Abb. IX,27.

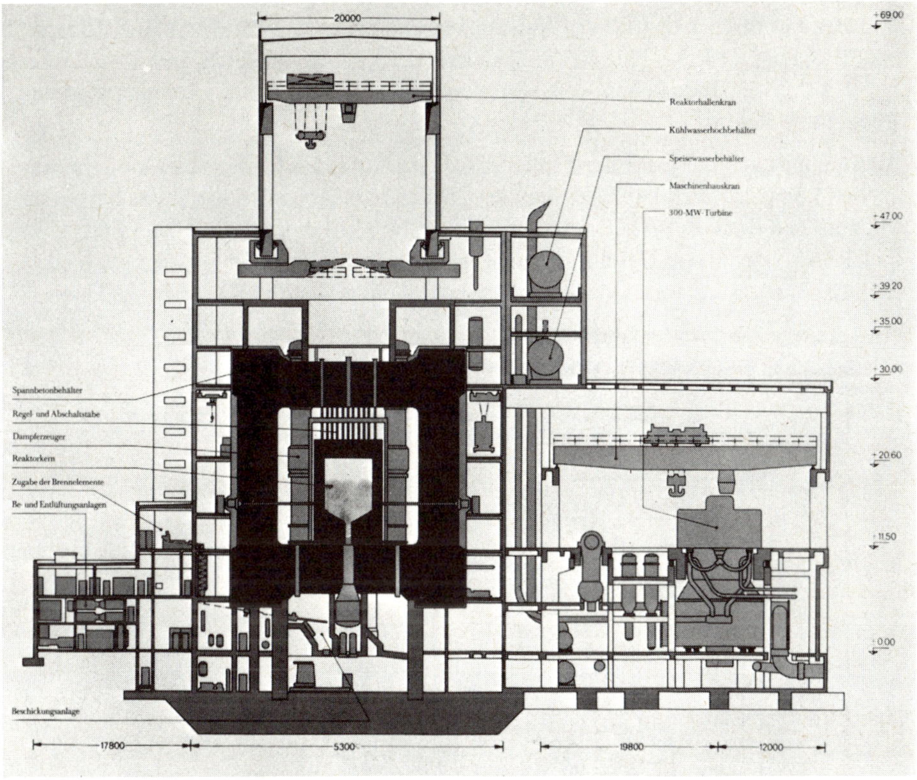

Abb. IX,27. Schnitt durch den Kugelhaufenreaktor THTR

Bei **Schnellen Reaktoren** besteht der eigentliche Anreiz natürlich in der Möglichkeit des Brutprozesses, und dementsprechend sollte der Spaltstoff aus einer **Mischung von (U-Pu)** bestehen, da in einer solchen Mischung das spaltbare Plutonium über den Neutronen-Einfang in U^{238} nachgeliefert wird. Da Plutonium nicht in der Natur vorkommt, muß es zunächst aus Thermischen Reaktoren entnommen werden. Denn der Prozeß der Konversion von U^{238} in Pu^{239} findet natürlich auch in Thermischen Reaktoren statt, nur mit geringerer Ausbeute. Das Brüten findet bei Schnellen Reaktoren im **Brutmantel** um den Reaktorkern statt. Dieser hat praktisch nur U^{238} als schweres Material. Im Bereich der Spaltstoffzonen ist die Konversionsrate deutlich kleiner als Eins. Die Bestimmung der kritischen Masse eines Schnellen Systems ist relativ einfach, da eine vernachlässigbare Feinstruktur der Neutronenflußdichte in den einzelnen Zellen vorliegt. Veränderung der Anreicherung bei vorgegebener Geometrie des Systems liefert mit Hilfe der Multigruppendiffusionstheorie schließlich $k_{eff} = 1$ und damit den notwendigen Einsatz an Plutonium. Spaltstoffreserven müssen zur Kompensation der bei Betrieb sich einstellenden Neutronenverluste bereitgestellt werden, siehe Abschnitt 8.2. Die Plutonium-Anreicherung liegt bei einem Reaktor von 300 MW elektrischer Energie mit Natriumkühlung bei etwa 27%, die Spaltstoffmasse ist $\approx$ 800 kg $Pu^{239} + Pu^{241}$, bei einem System von 1000 MWe bei etwa 14% ($\approx$ 2 Tonnen $Pu^{239} + Pu^{241}$). Diese hohen Werte für die Anreicherung sind eine Folge der starken Resonanzabsorption.

Allgemein ist zu sagen, daß der Schnelle Reaktor durch das Fehlen eines Moderators äußerst kompakt baut. Die Leistungsdichten sind etwa doppelt so groß wie bei einem Thermischen Reaktor und erfordern eine intensive Kühlung, die mit einem Flüssigmetall (Na) oder einem Gas unter Druck (He bei etwa 100 ata) vorgenommen wird. Tab. IX,7 gibt einige wesentliche Auslegungsgrößen an. In Abb. IX,28 ist ein Quer-

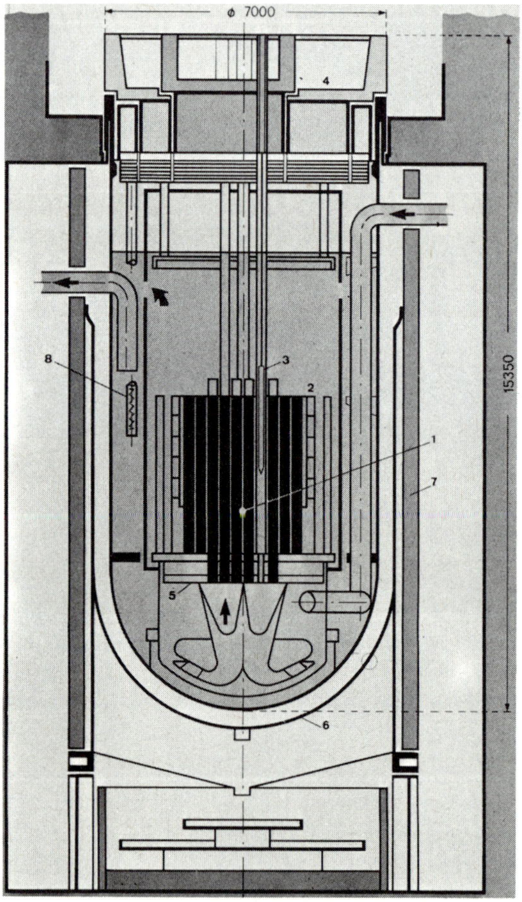

1 Reaktorkern
2 Reaktortank
3 Abschaltstab
4 Drehdeckel
5 Kerntragplatte
6 Doppeltank
7 Abschirmung
8 Tauchkühler des Notkühlsystems

Abb. IX,28. Schnitt durch den Reaktorbehälter des Schnellen Reaktors SNR-300 schnitt durch den Reaktor SNR 300 gezeigt, der in der Nähe von Kalkar am Niederrhein gebaut wird [33]. Die Hauptproblematik dieses Reaktortyps ist verbunden mit der schon mehrfach erwähnten Zunahme der Neutronenmultiplikation bei Kühlmittelverlust (siehe auch Abschnitt 8.5).*

7.2 Leistungsverteilung

Eines der Ziele der Reaktorauslegung ist eine möglichst über dem Reaktorkern flach verlaufende Leistungsverteilung, um alle Bereiche des Kerns möglichst gleichmäßig zu belasten und auszunutzen. Dies geschieht z. B. dadurch, daß in Thermischen Reaktoren durch einen **Reflektor** die Neutronenintensität in den Randbereichen angehoben wird. Bei Schnellen Reaktoren übernimmt diese Funktion der **Brutmantel**. Weiterhin bewirkt eine zum Reaktorrand hin ansteigende Anreicherung ebenfalls eine flachere Leistungsverteilung. Bei Schnellen Reaktoren wählt man zweckmäßig zwei volumengleiche Kernzonen verschiedener Anreicherung, die äußere mit der größeren Anreicherung. Bei Thermischen Reaktoren sind die Verhältnisse ähnlich. Darüber hinaus erzielt man eine örtlich variable Anreicherung im Laufe des Betriebs durch entsprechende Umladungen und Neubeschickungen von Brennstoffelementen, worauf später eingegangen wird (Abschnitt 8.3).

Die Bestimmung der Leistungsverteilung ist sehr einfach. Da pro Spaltprozeß eine Energie von $c = 3{,}1 \cdot 10^{-11}$ WS freigesetzt wird, ist also bei vorgegebener Leistung des Reaktors die Leistungsverteilung gegeben durch

$$L(x) = c \cdot \int_0^\infty \Sigma_f(E, x)\, \varphi(E, x)\, dE$$

Die aus dem Reaktor abzuführende Wärmeenergie pro Zeiteinheit ist gegeben durch ($\bar{L}$ = mittlere Leistung, V_R = Reaktorvolumen)

$$\int_{(R)} L(x)\, dV \equiv \bar{L} \cdot V_R .$$

Das Verhältnis

$$F = \frac{L_{max}}{\bar{L}} \qquad \text{(IX,78)}$$

wird als **Leistungsformfaktor** bezeichnet. Wenn F sehr weit von Eins entfernt ist, wird der Reaktor schlecht genutzt. Bei der Auslegung muß vor allem darauf geachtet werden, daß lokale Leistungsspitzen nicht auftreten; denn diese bestimmen die wärmetechnische Auslegung in dem Sinne, daß die dort entstehenden Temperaturen nicht zur Zerstörung der Brennelemente führen dürfen. Besonders wesentlich ist die Kenntnis des **axialen** Formfaktors, denn der Durchsatz des Kühlmittels durch den Reaktor kann radial durch verschiedene Drosseleinstellung der radialen Leistungsverteilung angepaßt werden, axial wird der Durchsatz durch die heißeste Stelle eines Reaktorkühlkanals

* Die Abbildungen (IX,25) bis (IX,28) wurden dankenswerterweise von der Redaktion der Atomwirtschaft atw zur Verfügung gestellt.

bestimmt, d. h. bei großem axialen Formfaktor muß der Kühlmittelstrom für große Bereiche überdimensioniert werden, um die Wärmeerzeugung im axialen Leistungsmaximum abführen zu können.

Auf weitere physikalische Kenngrößen wie Dopplerkoeffizient, Kühlmittelverlustkoeffizient, Dampfblasenkoeffizient und Langzeitbedingte Abnahmen der Neutronenmultiplikation gehen wir in den nachfolgenden Abschnitten ein. Ein Teil der Ergebnisse ist bereits in Tab. IX,7 aufgenommen.

8. Veränderungen der Neutronenmultiplikation während des Reaktorbetriebs; Grundsätzliche Bemerkungen

In diesem Kapitel soll das Verhalten eines Reaktors während des Betriebes oder bei Änderung des Betriebszustandes im Grundsätzlichen diskutiert werden, eine detailiertere Darstellung folgt in den Kapiteln 9 und 10.

In den Auswirkungen und damit auch bezüglich eventuell notwendiger Gegenmaßnahmen sind zwei unterschiedliche **Änderungen der Neutronenmultiplikation** zu betrachten:

1. Änderungen, die als direkte Folge eines stationären Reaktorbetriebs durch Abbau des Spaltstoffs und Aufbau von Neutronenabsorbern sowie bei Veränderung des Betriebszustandes über eine entsprechend veränderte Betriebstemperatur **zeitlich langsam** verlaufen.
2. Änderungen, die aufgrund von unerwünschten Störfällen des Reaktorsystems sich **zeitlich rasch** ausbilden.

Dabei sollen nur diejenigen Veränderungen des Reaktorsystems besprochen werden, die auch eine Änderung der Neutronenmultiplikation bewirken, z. B. also nicht die Frage der Festigkeit der Materialien unter Neutronenbestrahlung.

8.1 Änderung der Isotopenzusammensetzung

Eine fortgesetzte Kettenreaktion in einem Reaktor bewirkt primär durch die Spaltung schwerer Atomkerne eine Abnahme der Konzentration des ursprünglich eingesetzten Spaltstoffs: Man spricht von **Abbrand** des Spaltstoffs. Ein Neutron wird also im Verlaufe des Reaktorbetriebs auf immer weniger Spaltstoffkerne treffen, womit die pro Zeiteinheit im Reaktor produzierten Spaltneutronen abnehmen: **k_{eff} nimmt ab.** Eine Verstärkung dieser zeitlichen Abnahme der Neutronenmultiplikation ergibt sich daraus, daß die bei der Spaltung entstehenden Bruchstücke oder deren Folgeprodukte i. a. Neutronenabsorber sind, so daß also die Absorptionsrate im System zeitlich zunimmt: Man spricht von **Vergiftung des Reaktors** durch die Spaltprodukte. Bei Thermischen Reaktoren ist vor allem das direkt bei der Spaltung und als Folgeprodukt aus Te^{135} und Jod^{135} entstehende **Xe^{135}** mit dem sehr hohen thermischen Wirkungsquerschnitt von etwa $3 \cdot 10^6$ barn wesentlich, daneben **Samarium**^{149}, das durch β-Zerfall aus Neodym und Promethium mit einem thermischen Wirkungsquerschnitt von etwa $5 \cdot 10^4$ barn hervorgeht. Wegen der hohen Wirkungsquerschnitte kann man erwarten, daß vor allem Xenon auch rasch wieder abbrennt, so daß sich ein **Gleichgewichtszustand** infolge Nachlieferung und Abbrand einstellen wird. Es gilt dann herauszufinden, wie groß die Änderung der Neutronenmultiplikation zwischen Anfangs- und Gleichgewichtszustand ist. In Schnellen Systemen spielen Xe und Samarium keine herausragende Rolle.

Ein Effekt, der eine **Zunahme** der Neutronenmultiplikation bewirkt, ist die in jedem Reaktor mit U^{238} erfolgende **Konversion** zu Pu^{239}. Dieser Prozeß ist natürlich in schnellen Systemen viel effektiver als in Thermischen Reaktoren, und daher wird die bessere Konversion die Abbrandeffekte auch sehr viel besser kompensieren.

8.2 Spaltstoffüberschuß, Reaktorregelung

Aus dem oben Gesagten folgt unmittelbar, daß bei der Auslegung eines frischen Reaktors die Neutronenmultiplikation **nicht** zu $k_{eff} = 1$ gemacht werden darf, da sie bei Betrieb des Reaktors unter Eins absinken wird. Vielmehr muß man einen gewissen **Spaltstoffüberschuß** in das System anfänglich hineinbringen, der dann natürlich ein $k_{eff} > 1$ bewirkt. In Abschnitt 3.3 wurde bereits erläutert, daß man diese Überkritikalität durch Einbringen von Neutronenabsorbern (**Steuerstäbe**) wieder wegfangen muß. Durch das Entstehen natürlicher Neutronenabsorber während des Reaktorbetriebs müssen die Steuerstäbe folglich immer mehr aus dem Spaltstoffbereich herausgezogen werden: Man spricht von **Reaktorregelung**. Eine optimale Auslegung des Reaktorsystems ist dann erfolgt, wenn beim Wechsel des Brennstoffs die Steuerstäbe praktisch ganz aus dem Reaktorkern herausgebracht sind.

8.3 Brennstoffmanagement

Das Auswechseln des Brennstoffs erfolgt nun im allgemeinen nicht für den ganzen Kern gleichzeitig. Dies wäre unökonomisch, da bei gleichmäßiger Beladung entsprechend der zum Reaktorrand hin abfallenden Leistungsverteilung der Abbrand des Brennstoffs in den zentralen Reaktorbereichen stets größer ist als am Rande. Deswegen setzt man vor allem in Thermischen Reaktoren die Brennelemente aus der Randzone auf zentralere Positionen um, nachdem man die dort stehenden Elemente mit dem höheren Abbrand entfernt hat. In die äußeren Bereiche des Reaktorkerns lädt man dann frischen Brennstoff zu: Man spricht von **Brennstoffmanagement**. Durch geschickte Umlade- und Neubesetzungsstrategien kann man eine weitgehend **optimale Nutzung des Brennstoffs** im Reaktor erreichen.

8.4 Temperaturänderungen

Eine Veränderung der Betriebstemperatur des Reaktors, z. B. bei Leistungserhöhung oder Abschalten des Reaktors (durch volles Einfahren aller Steuerstäbe) bewirkt Ausdehnungs- und evtl. Verbiegungseffekte der Reaktorstrukturen, Dichteänderungen des Kühlmittels und des Moderators sowie **ohne Zeitverzögerung** eine Änderung der Absorptionseigenschaften des Brennstoffs. Vor allem sind die assoziierten Änderungen der Neutronenmultiplikation wichtig in Verbindung mit einer Temperaturerhöhung als Folge eines Störfalls, wobei im Falle einer Vergrößerung der Neutronenmultiplikation bei primärer Temperaturerhöhung eine Verstärkung durch die Zunahme der Spaltungsenergie erfolgt mit daraus resultierender zusätzlicher Temperaturerhöhung, die bei Fehlen von Gegenmaßnahmen zum Sieden des Kühlmittels und zum Schmelzen des Brennstoffs führt. Auf die genannten Ausdehnungseffekte sei hier nicht näher eingegangen. Wesentlich in Thermischen und Schnellen Reaktoren ist die Veränderung der Absorptionseigenschaften des Brennstoffs bei Änderung der Betriebstemperatur, zusätzlich bei Thermischen Reaktoren die Verringerung der Moderatordichte infolge Temperaturerhöhung, besonders dann, wenn Sieden der Flüssigkeit zugelassen wird. Die Verringerung der Moderatordichte bewirkt eine schlechtere Bremsung der Neutronen und damit ergibt sich eine größere Wahrscheinlichkeit für deren Absorption in den Resonanzen des U^{238}. Diese beiden Effekte seien etwas näher erläutert.

Bei einer geringen Veränderung $d\,T_B$ der Brennstofftemperatur T_B heißt die entsprechende relative Änderung der Neutronenmultiplikation $k \equiv k_{eff}$

$$\alpha_D = \frac{1}{k}\,\frac{d\,k}{d\,T_B} \qquad \text{(IX,79)}$$

der **Dopplerkoeffizient** des Systems. Er beruht darauf, daß sich bei einer Temperaturerhöhung des Brennstoffs die Resonanzformen der Wirkungsquerschnitte verbreitern, wodurch auch eine Veränderung der Feinstruktur der Neutronenverteilung in den Resonanzen und damit der Resonanzabsorption bewirkt wird, siehe Abschnitt 4.8 und Abb. IX,19.

In Abschnitt 4.8 hatten wir gesehen, daß bei Anwesenheit anderer Materialien die Resonanzabsorption in U^{238} bei Temperaturerhöhung zunimmt. Der Brennstoff in Thermischen und auch in Schnellen Reaktoren besteht überwiegend aus U^{238}, spielt die Dopplerverbreiterung der Spaltresonanzen keine sehr wesentliche Rolle (im übrigen ist experimentell gezeigt, daß der Dopplerkoeffizient von Pu^{239} schwach positiv und praktisch vernachlässigbar ist [34]). Daher ist der **Dopplerkoeffizient heutiger Leistungsreaktoren negativ. Eine Temperaturerhöhung des Brennstoffs bewirkt demnach eine Verringerung der Neutronenmultiplikation.**

Die Bestimmung des Dopplerkoeffizienten kann auf verschiedene Weise erfolgen. Hier sei nur erwähnt, daß für endlich große Temperaturänderungen die entsprechende Kritikalitätsänderung direkt aus zwei Multigruppenrechnungen für die zwei Temperaturgrenzen entnommen werden kann (man erinnere sich daran, daß die effektiven Gruppenkonstanten die Temperaturabhängigkeit in den Resonanzselbstabschirmungsfaktoren enthalten).

Es ist unmittelbar klar, daß in Thermischen Reaktoren der **Hauptbeitrag zum Dopplereffekt** von den niederenergetischen Resonanzen im eV-Gebiet herrühren muß (man bedenke den Abfall des Neutronenspektrums im epithermischen Bereich mit $1/E$). Bei Schnellen Reaktoren kommt der Hauptbeitrag zum Dopplereffekt aus dem Gebiet um 1 keV, wie aus Abb. IX,29 hervorgeht. Hier werden durch den starken Abfall des Neutronenspektrums zu niedrigen Energien die aufgelösten Resonanzen stark unterdrückt, die sich überlappenden Resonanzen bei höheren Energien liefern ebenfalls keinen Beitrag. Die Größe des Dopplerkoeffizienten für die verschiedenen Reaktortypen ist in Tab. IX,7 eingetragen.

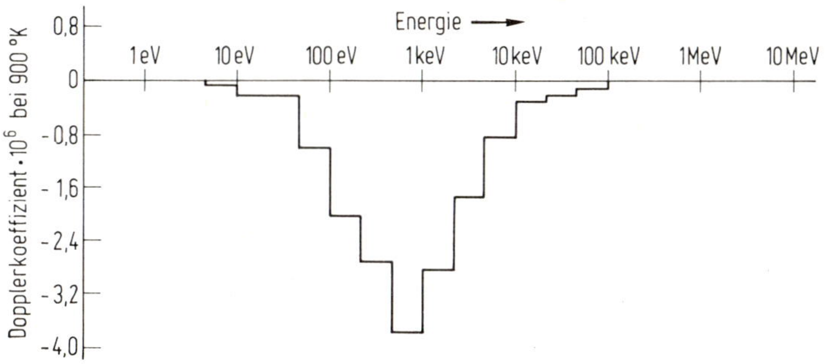

Abb. IX,29. Energieabhängigkeit des Dopplerkoeffizienten eines Schnellen Reaktors

Weiterhin ist einleuchtend, daß der Dopplerkoeffizient um so kleiner wird, je höher die Temperatur ist. Denn bei hohen Temperaturen überlappen sich die Resonanzen infolge der Verbreiterung immer mehr, die Feinstruktur der Neutronenflußdichte wird immer weniger ausgeprägt und damit auch die Änderung der Feinstruktur, die den Dopplereffekt bewirkt, vernachlässigbar.

Für Thermische Reaktoren ergibt eine genaue Analyse eine **Temperaturabhängigkeit** [35]:

$$\alpha_D(T) \sim \frac{1}{\sqrt{T}},$$

bei Schnellen Reaktoren ist

$$\alpha_D(T) \sim \frac{1}{T^x} \quad \text{mit} \quad x \gtrsim 1.$$

Die schwächere Abhängigkeit bei Thermischen Reaktoren läßt sich damit erklären, daß die wesentlich beitragenden niederenergetischen Resonanzen breit und sehr hoch über dem Untergrund σ_0 hinausragen, so daß praktisch nur die Feinstrukturänderung in den Resonanzflanken den Dopplerkoeffizienten bestimmen.

Der bei Thermischen Reaktoren zusätzlich wesentliche Anteil der **Änderung der Moderatordichte** ist besonders dann bedeutsam, wenn Sieden der Flüssigkeit zugelassen wird (Siedewasserreaktoren). Denn dann können zusätzlich entstehende **Dampfblasen** die Bremsung der Neutronen merklich verschlechtern. Die Wirkung auf die Kritikalität kann direkt aus Abb. IX,24 abgelesen werden:

Ist die Auslegung des Reaktors derart, daß das entsprechende Moderator- zu Brennstoff-Verhältnis größer ist als der zum Optimum der Neutronenmultiplikation gehörige Wert (**übermoderierter** Bereich), so wird eine Verringerung dieses Verhältnisses zu einer Zunahme der Neutronenmultiplikation führen. Deshalb legt man alle Leichtwasser-Reaktoren **untermoderiert** aus, eine Verringerung des wirksamen Moderatorvolumens bei V_M/V_B-Werten kleiner als dem der optimalen Neutronenmultiplikation entsprechenden, hat eine Abnahme der Kritikalität zur Folge.

8.5 Kühlmittelverlust

Aus der letztgenannten Tatsache folgt, daß **Kühlmittelverlust** (z. B. nach dem Bruch einer Rohrleitung) in Thermischen Reaktoren nicht zu einer Kritikalitätserhöhung führt. Anders ist die Situation bei **Schnellen Reaktoren**. Aus dem in Abb. IX,10 dargestellten Verlauf der η-Werte für Plutonium erkennt man, daß in einem Schnellen Reaktor mit Plutonium-Brennstoff bei einem Verlust des Kühlmittels infolge der dann fehlenden Neutronenbremsung der Schwerpunkt des Neutronenspektrums zu höheren Energien verschoben wird und damit zu einer **Vergrößerung der Neutronenmultiplikation** führt. Allerdings kommt dieser Effekt nur bei großen Systemen zum Tragen, denn parallel mit der **Spektrumserhärtung** erfolgt bei Verlust des Kühlmittels auch eine größere **Transparenz** des Systems für die Neutronen, so daß sie leichter den Reaktor verlassen können (**Leckagevergrößerung**). In den heute zur Diskussion stehenden Schnellen Leistungsreaktoren mit einer elektrischen Energie größer als 200 MWe überwiegt der für die Neutronenmultiplikation **positive Effekt** der Spektrumshärtung den negativen der Leckagevergrößerung. Es ist sofort einleuchtend, daß der Kühlmittelverlustkoeffizient bei He als Kühlmittel kleiner sein wird als bei Na, da ersteres nur einen geringen Einfluß auf die Neutronenreaktionen im System ausübt.

Die Größe des maximalen Kühlmittelverlustkoeffizienten, der also aus den zentraleren Kernbereichen stammt, beträgt für 1000 MWe bei Na-gekühlten Reaktoren mehrere Prozent in Δ k, bei He-gekühlten Reaktoren weniger als 1% in Δ k.

Unfallsituationen in schnellen Systemen, die mit einem Verlust des Kühlmittels verbunden sein können, erfordern also besondere Aufmerksamkeit und entsprechende Gegenmaßnahmen.

8.6 Zeitverhalten des Reaktors bei Störfällen

Bisher wurden Störfälle nur im Zusammenhang mit den zugehörigen Änderungen der Neutronenmultiplikation diskutiert. Es sei kurz auf den zeitlichen Ablauf eingegangen. Langsam verlaufende Veränderungen des Reaktorzustandes sind vom Gesichtspunkt der Sicherheit des Systems insofern unproblematisch, da sie durch Nachstellen der Steuerstäbe aufgefangen werden können, sofern die Änderung der Neutronenmultiplikation durch die vorhandenen Absorber abgedeckt werden kann. Natürlich muß bei dadurch auftretenden Schäden der Reaktor abgeschaltet und repariert werden, was unter Umständen zu merklichen Ausfallzeiten des Systems und damit zu empfindlichen finanziellen Verlusten führen kann. Sicherheitsmäßig sind diejenigen Störungen jedoch besonders zu untersuchen, die so rasch ablaufen, daß das Steuersystem nicht nachkommt. Dabei ist wesentlich, ob die Neutronenmultiplikation des Reaktors den schnellen Störungen ebenso schnell folgt oder gar eine Verstärkung des auslösenden Störfalls bewirkt mit einer möglichen Zerstörung des Systems. In diesem Abschnitt sollen die wesentlichsten Gesichtspunkte erarbeitet werden.

Es sei daran erinnert, daß bei der Bestimmung der Neutronenausbeute in Abschnitt 2 der Bruchteil β der insgesamt erzeugten Spaltneutronen verzögert auftritt. Dieser Anteil ist klein (0,65% bei U^{235}), so daß vermutet werden könnte, daß die verzögerten Neutronen in der Reaktoranalysis zu vernachlässigen sind. Bei der Behandlung zeitabhängiger Probleme ist jedoch genau das Gegenteil richtig: **ohne verzögerte Neutronen wäre ein Reaktorsystem praktisch nicht zu kontrollieren.**

Es sei ein System betrachtet, welches kritisch ist ($k_{eff} = 1$) und **keine** verzögerten Neutronen enthält. Zum Zeitpunkt t = 0 wird in das System eine Störung schlagartig eingebracht, die k_{eff} um den Betrag Δk erhöht: $k_{eff} = 1 + \Delta k$ für $t > 0$. Ist l_p die mittlere Zeit zwischen zwei aufeinanderfolgenden „Generationen" von Neutronen in der Kettenreaktion (**l_p heißt Generationsdauer**), also die Zeit, die vergeht von der Emission eines Spaltneutrons bis zu dessen erneuter Absorption im Spaltstoff mit der damit verbundenen Erzeugung einer neuen Neutronengeneration, so entstehen pro Generation k_{eff} neue Spaltneutronen. Damit ergibt sich folgende Verknüpfung zwischen der Neutronendichte $n(t + l_p)$ und der Dichte der vorherigen Generation $n(t)$:

$$n(t + l_p) = k_{eff} \cdot n(t)$$

Entwickelt man n in eine Taylor-Reihe, so ist

$$n(t + l_p) \approx n(t) + l_p \cdot \frac{d\,n(t)}{d\,t}$$

Dann ergibt sich

$$\frac{d\,n(t)}{d\,t} = \frac{\Delta k}{l_p} \cdot n(t)$$

und

$$n(t) = n(o)\, e^{\frac{\Delta k}{l_p} \cdot t} \tag{IX,80}$$

n(o) ist die Neutronendichte zur Zeit t = 0, $\Delta k \equiv k_{eff} - 1$.

Die Größe der prompten Generationsdauer ist sehr klein. Bei Thermischen Reaktoren enthält sie die Zeit des Bremsvorganges und die Zeit der thermischen Diffusion der

Neutronen und beträgt etwa $l_p \approx 10^{-4}$ sec bei Leichtwasserreaktoren mit angereichertem Brennstoff. Bei Schnellen Reaktoren fehlt die Diffusionszeit und daher ist die Generationsdauer wesentlich kürzer, nämlich etwa $l_p \approx 10^{-7}$ sec. Wählt man die Störung des Systems zu Δ k = 0,001, so ergibt sich für die **Zunahme** der **Neutronenbevölkerung** in **einer Sekunde**:

$$n_{th} = e^{10} \cdot n(o) \qquad \text{(thermisches System)}$$

$$n_s = e^{10000} \cdot n(o) \qquad \text{(schnelles System)}$$

Das bedeutet eine ebenso rasche Zunahme der Spaltraten im System und damit der Leistung, die also bei der **nur** um 0,1% erhöhten Kritikalität in thermischen Systemen **ohne verzögerte** Neutronen um etwa $2 \cdot 10^4$, in schnellen Systemen um etwa 10^{4346}(!) in einer Sekunde **explosionsartig anwächst**.

Ist das System **verzögert kritisch**, d. h. unter Berücksichtigung der verzögerten Neutronen, so wird der Bruchteil $(1 - \beta) \cdot n(t)$ als prompte Neutronen mit der Generationsdauer l_p frei, während die verzögerten Neutronen in jeder der sechs Gruppen mit der entsprechenden mittleren Lebensdauer der Vorläufer nach dem Spaltprozeß erscheinen. Man erinnere sich, daß diese Zeit bis zu einer Minute betragen kann (Tab. IX,1).

Ist l_i die mittlere Zeit eines verzögerten Neutrons der Gruppe i von seiner „Zeugung" im Spaltprozeß bis zu seiner Absorption im Brennstoff, die zu einer weiteren Spaltung führen kann, so läßt sich eine mittlere Generationszeit $\bar{l}$ für prompte **und** verzögerte Neutronen aus folgender Gleichung definieren:

$$\bar{l} \cdot n(t) = l_p \cdot n_p(t) + l_v \cdot n_v(t)$$

wobei n_p und n_v die prompten bzw. verzögerten Neutronen zählt. Nun ist:

$$l_v\, n_v(t) = \mathop{S}_{i} l_i\, n_{vi}(t) \equiv \mathop{S}_{i} l_i\, \beta_i\, n(t)$$

und

$$n_p(t) = (1 - \beta)\, n(t).$$

Damit ergibt sich

$$\bar{l} = (1 - \beta)\, l_p + \mathop{S}_{i=1}^{6} \beta_i\, l_i \approx l_p + \mathop{S}_{i=1}^{6} \beta_i\, l_i$$

Nun kann man die Bremszeit und die Diffusionszeit verzögerter Neutronen gegen die Halbwertszeit des Mutterkerns vernachlässigen, so daß in guter Näherung gilt:

$$\tau_i \approx l_i.$$

Damit wird:

$$\bar{l} \approx l_p + \mathop{S}_{i=1}^{6} \beta_i\, \tau_i \qquad \text{(IX,81)}$$

Mit Hilfe von Tab. IX,1 findet man, daß für U^{235} der zweite Term in (IX,81) 0,085 sec ≈ 0,1 sec beträgt. Dann wird auch **$\bar{l}$ ≈ 0,1 sec.**

Damit ist die mittlere Generationsdauer fast ausschließlich durch die **wenigen** verzögerten Neutronen bestimmt und sie ist bis auf den hier unwesentlichen Unterschied in den β_i bei Thermischen und Schnellen Reaktoren von gleicher Größenordnung. Benutzt man wiederum eine Kritikalitätsänderung von 0,1%, so wird die Leistung des Reaktors erst in etwa 100 sec um den Faktor 3 größer, so daß mechanische Regelvorrichtungen wirksam werden können; dies allein macht ein Reaktorsystem kontrollierbar.

Diese Untersuchungen sind hier ohne Berücksichtigung der Rückwirkungen, wie sie z. B. über die Temperaturerhöhung ins Spiel kommen, gemacht worden. Darauf wird im Abschnitt 10 eingegangen werden.

Die Wirkung der verzögerten Neutronen bei einer Störung ist natürlich nur so lange wesentlich, wie die Kettenreaktion nicht aufgrund der prompten Neutronen allein gewährleistet werden kann. Wenn n(t) sich in jeder Generation im System auf $k_{eff} \cdot n(t)$ vermehrt, so sind daran die prompten Neutronen mit dem Bruchteil $k_{eff}(1-\beta)$ beteiligt, die verzögerten Neutronen mit dem Bruchteil $k_{eff} \cdot \beta$. Wenn der Bruchteil $k_{eff}(1-\beta)$ in einem System noch kleiner als Eins ist, so wird eine Neutronenmultiplikation nur mit Hilfe der verzögerten Neutronen bewirkt und der Zeitablauf entspricht dem oben geschilderten. Ist jedoch

$$k_{eff}(1-\beta) \geqslant 1 \qquad \text{(IX,82)}$$

so kann sich die Kettenreaktion allein aufgrund der prompten Neutronen ausbilden, die verzögerten Neutronen spielen dann eine untergeordnete Rolle. Ist (IX,82) erfüllt, so ist der Reaktor **prompt überkritisch** und der Zeitablauf ist im wesentlichen durch die kurzen Generationsdauern der prompten Neutronen bestimmt. Dies ist demnach für den Reaktor eine äußerst gefährliche Situation.

In einem anfänglich verzögert kritischen Reaktor mit $k_{eff} = 1$ wird der prompt überkritische Zustand erreicht, wenn man $k_{eff} = 1$ um den Wert β erhöht; denn dann erreicht bereits der prompte Anteil allein die Kritikalitätsgrenze.

Der Wert β, der als Bruchteil der bei der Spaltung auftretenden verzögerten Neutronen eingeführt wurde, nimmt demnach eine zentrale Rolle in den Untersuchungen zum Zeitverhalten eines Reaktors ein: Bringt man eine Störung in ein kritisches System derart ein, daß die Neutronenmultiplikation von $k_{eff} = 1$ auf $k_{eff} > 1 + \beta$ erhöht wird, so wird das System nicht mehr kontrollierbar.

Es sei betont, daß bei der stets ebenfalls prompt wirksamen negativen Rückwirkung des Dopplerkoeffizienten nur in extrem unwahrscheinlichen Unfallsituationen (sogenannte **hypothetische Unfälle**) die Grenze der prompten Kritikalität überschritten wird und das auch nur dann, wenn die Unfallkette im Reaktor nicht bemerkt (Ausfall aller Warnsignale) oder aber zwar signalisiert wird, jedoch aus praktisch nicht vorstellbaren Gründen alle Sicherheitsvorkehrungen, die zum schnellen Abschalten des Systems führen, nicht funktionieren.

Nach diesen allgemeinen Gesichtspunkten des Betriebs- und Störverhaltens von Reaktoranlagen seien in den folgenden beiden Abschnitten die Langzeit- und Kurzzeiteffekte etwas detaillierter untersucht.

9. Behandlung des Langzeitverhaltens von Reaktoren

9.1 Die Abbrandgleichung

Die Zeitabhängigkeit der Isotopenkonzentration der schweren Kerne und des Spaltproduktaufbaus in einem Reaktor kann in einheitlicher Form durch eine Bilanzgleichung wiedergegeben werden. Die zeitliche Änderung der Konzentration $N_i(x, t)$ eines Isotops i muß nämlich gleich sein der Differenz aus der Erzeugungsrate und der Verlustrate dieses Isotops an jedem Ort x des Reaktors:

$$\frac{d\,N_i(x, t)}{d\,t} = R_P^i(x, t) - R_V^i(x, t) \qquad \text{(IX,83)}$$

Die **Produktionsrate** der Isotope setzt sich zusammen aus einem Anteil, der direkt das Isotop i als **Spaltprodukt** des Mutterkerns j mit der Wahrscheinlichkeit Y_{ji} entstehen läßt (j wäre also z. B. der Spaltstoffkern U^{235}, i z. B. Xe^{135}, das mit der Wahrscheinlichkeit $Y_{ji} = 3\%$ bei der thermischen Spaltung von U^{235} entsteht):

$$Y_{ji}\, \sigma_f^j\, N_j(x, t)\, \varphi(x, t) = \int_0^\infty Y_{ji}(E)\, \sigma_f^j(E)\, N_j(x, t)\, \varphi(x, E, t)\, d\,E$$

Sind mehrere Spaltkerne vorhanden, so sind alle Beiträge, die durch Direkterzeugung von den verschiedenen Spaltkernen j mit der Wahrscheinlichkeit Y_{ji} zum Isotop i führen, zu addieren:

$$R_P^{if}(x, t) = \underset{j}{S}\, Y_{ji}\, \sigma_f^j\, N_j(x, t)\, \varphi(x, t)$$

Weiterhin kann die Bildung des Isotopes i durch **radioaktiven Einfang** eines Neutrons im Kern der nächst niedrigeren Massenzahl, charakterisiert durch i – 1, geschehen (z. B. Aufbau von Pu^{240} aus Pu^{239} durch Neutroneneinfang):

$$R_P^{ic}(x, t) = \sigma_c^{i-1}\, N_{i-1}(x, t)\, \varphi(x, t) \equiv \int_0^\infty \sigma_c^{i-1}(E)\, N_{i-1}(x, t)\, \varphi(x, E, t)\, d\,E$$

Eine zusätzliche Möglichkeit der Entstehung ist gegeben durch **β-Zerfall** vom Kern mit der gleichen Massenzahl, jedoch der um Eins erniedrigten Kernladungszahl, symbolisiert durch i′ (z. B. Aufbau von Pu^{239} durch β-Zerfall von N_p^{239}):

$$R_P^{i\beta}(x, t) = \lambda_{i'} \cdot N_{i'}(x, t)$$

wobei $\lambda_{i'}$ die β-Zerfallskonstante ist.

Die auf der linken Seite obiger Gleichungen auftretenden Größen y_{ji} und σ_f^i sind über das gesamte Neutronenspektrum **gemittelt**, $\varphi(x, t)$ ist die über die Energie integrierte Neutronenflußdichte zur Zeit t.

Die **Verlustrate** des Isotops i entsteht durch **Neutronenabsorption** (Spaltung und Einfang, $\sigma_a = \sigma_f + \sigma_c$) und durch radioaktiven Zerfall mit der Zerfallskonstante λ_i. Dann läßt sich die sg. **Abbrandgleichung** als Bilanzgleichung wie folgt schreiben:

$$\begin{aligned} \frac{d\,N_i(x,t)}{d\,t} = \{ & \sum_j Y_{ji}\,\sigma_f^j\,N_j(x,t) + \sigma_c^{i-1}\,N_{i-1}(x,t) \\ & - \sigma_a^i\,N_i(x,t)\} \cdot \varphi(x,t) + \lambda_{i'}\,N_{i'}(x,t) \qquad \text{(IX,84)} \\ & - \lambda_i\,N_i(x,t) \end{aligned}$$

Zum Zeitpunkt t = 0 muß die Neutronenflußverteilung wie die Isotopenkonzentrationsverteilung bekannt sein. Bei einem anfänglich frischen Reaktor ist $N_i(x, o)$ gegeben, $\varphi(x, o)$ kann dann aus einer statischen Kritikalitätsrechnung ermittelt werden. Wegen des für den Reaktorbetrieb erforderlichen Spaltstoffüberschusses geht man entweder so vor, daß man auf einen bestimmten Wert $k_{eff} > 1$ hin die statische Rechnung fixiert und den Reaktor ohne Steuerstäbe so lange entsprechend (IX,84) verfolgt, bis für $k_{eff} = 1$ eine Um- oder Neubeladung vorzunehmen ist. Die Abweichung der Neutronenmultiplikation vor Eins ist im realen Fall dann durch das Fahren der Steuerstäbe zu kompensieren. Das kompliziertere theoretische, aber in der Praxis natürlich erfolgende Vorgehen ist, den Reaktor mit den eingefahrenen Steuerstäben stets kritisch zu halten.

Da die Veränderungen der Flußformen i. a. langsam mit der Zeit erfolgen, löst man die Gl. (IX,84) bei gegebenen Anfangsverteilungen so, daß **in geeignet gewählten Zeitintervallen $\varphi(x, t)$ als konstant** angenommen wird; dann ergibt die Bilanzgleichung für $N_i(x, t)$ im Intervall t bis t + Δ t ein gekoppeltes Differentialgleichungssystem, welches numerisch einfach zu bewältigen ist. Weiterhin beschränkt man sich meist auf einige wenige Reaktorzonen. Die erneute Bestimmung der Flußverteilung ist i. a. nur zu relativ wenigen Zeitpunkten vorzunehmen.

Bei der jeweiligen Neubestimmung der Flußverteilungen ist darauf zu achten, daß sich die Resonanzselbstabschirmung der Resonanzquerschnitte ebenfalls ändern kann. Im allgemeinen erfolgt die Bestimmung des Flußverlaufes im **Multigruppenbild**, und dies heißt, daß die Einfangrate gegeben ist durch die Summe aller Neutroneneinfänge des Isotops i - 1, wobei die in Abschnitt 4.6 definierten mischungsabhängigen effektiven Wirkungsquerschnitte zu verwenden sind:

$$R_P^{ic}(x,t) = \sum_{g=1}^{G} N_{i-1}(x,t) \cdot \sigma_{c,\,eff}^{g,\,i-1}\,\varphi^g(x,t)$$

Ändert sich die Konzentration des Kerns i - 1 über den betrachteten Abbrandzeitraum merklich, so ist der Gruppenquerschnitt $\sigma_{c,\,eff}^g$ wegen seiner Spektrums- und Mischungsabhängigkeit nicht konstant zu halten, sondern muß während des Abbrandes mitverändert werden. Besonders wichtig ist dies bei dem Aufbau von Plutonium in Thermischen Reaktoren und hier wiederum speziell **von Pu^{240}** mit der sehr hohen Einfangresonanz bei 1 eV. Mit zunehmender Erzeugung von Pu^{240} nimmt die Resonanzselbstabschirmung zu, so daß der effektive Einfangsquerschnitt abnimmt. Für Pu^{240} kann bei einer Bestrahlung bis $\overline{\varphi} \cdot t \approx 10^{21} (n/cm^2)$ der effektive Querschnitt bis zu einem **Faktor 2** kleiner werden als der Wert für unendliche Verdünnung.

9.2 Der Abbrand des Spaltstoffes

Nehmen wir der Übersicht halber an, daß nur ein Spaltstoffisotop im Reaktor vorhanden ist, nämlich U^{235}. Der Abbau von U^{235} erfolgt nach der einfachen Gleichung

$$\frac{d\,N_5}{d\,t} = -\,\sigma_a^5\,N_5 \cdot \varphi(t)$$

und ergibt den Zeitverlauf an jedem Ort x:

$$N_5(t) = N_5(o)\,e^{-\sigma_a^5 \cdot \int_0^t \varphi(t)\,d\,t} \equiv N(o)\,e^{-\sigma_a^5\,\overline{\varphi} \cdot t}$$

Das Produkt aus Zeit und dem Zeitmittelwert der Neutronenflußdichte $\overline{\varphi} \cdot t$, nennt man **Flußzeit** oder **Fluenz** mit der Maßeinheit (n/cm^2). Diese Größe stellt ein oftbenutztes Maß für die Bestrahlung eines Materials in einem Reaktor dar.

Wenn es sich um den Abbrand des Reaktorbrennstoffes selbst handelt und nicht um die Bestrahlung irgendwelcher Materialproben, ist es üblich, den Abbrand in der Einheit Megawatt-Tage pro Tonne Brennstoff, z. B. Uran, anzugeben. Wir wissen bereits aus Abschnitt 1, daß bei vollständiger Spaltung eines Gramms U^{235} durch thermische Neutronen eine Wärmeenergie von ca. 1 MWd erzeugt wird: Dies entspricht 10^6 MWd/t. Nun findet in U^{235} natürlich nicht nur Spaltung statt, sondern auch Neutroneneinfang: Es ist bei thermischen Neutronenenergien $\sigma_c/\sigma_f \approx 1/6$, d. h. daß nur etwa 84% U^{235} durch Spaltung vernichtet werden (wobei Energie erzeugt wird) und 16% durch Neutroneneinfang praktisch ohne Wärmeerzeugung verbraucht werden. Damit sind maximal aus einer Tonne U^{235} statt 10^6 MWd „nur“ 800 000 MWd Wärmeenergie erzeugbar. In Thermischen Leistungsreaktoren ist heutzutage der Brennstoff durchweg zu etwa 3% an U^{235} angereichertes UO_2 (eine Ausnahme sind die coated particles des THTR Reaktors (siehe Abschnitt 7.2 und Tab. IX,7), welche zu 93% angereichertes Uran enthalten). Damit wird der Abbrand also deutlich kleiner als die oben angegebenen Werte. Der in einem Reaktor **erreichbare Abbrand** hängt im wesentlichen vom Materialverhalten des Brennstoffs und der Hülle ab:

1. Die den Brennstoff umgebenden Hüllen müssen während des Betriebs den Druck der gasförmigen Spaltprodukte aushalten. Diese Hüllen werden im Neutronenfeld spröde und geben daher einem Innendruck im Laufe der Zeit leichter nach.
2. Durch die Strukturveränderung des Brennstoffs und der Hülle während der Neutronenbestrahlung kommt es zu Schwellvorgängen, was besonders bei Schnellen Reaktoren wesentlich wird.

Natürlich muß die durch den Abbrand verursachte Änderung der Neutronenmultiplikationseigenschaften des Brennstoffs immer die Kritikalität des Reaktors gewährleisten. Wird durch zu starke Fremdabsorption während des Abbrands der Reaktor unterkritisch, so muß ein Brennelement-Austausch bzw. eine teilweise Neubeladung mit frischen Brennelementen erfolgen (siehe auch Abschnitt 8.3), wobei meist zwei Umlade- bzw. Beladezeitpunkte einen Einjahresabstand haben.

Die Frage des erreichbaren Abbrandes ist also im wesentlichen durch das metallurgische Verhalten von Brennstoff und Brennstabhülle bestimmt. Für Leichtwasserreaktoren strebt man einen mittleren Abbrand von etwa 30 000 MWd/t an, für Schnelle Reaktoren etwa 70 000 MWd/t. Der Kugelhaufenreaktor soll 120 000 MWd/t Abbrand erreichen (siehe auch Tab. IX,7).

9.3 Plutoniumaufbau

Tritt in einer Isotopenkette β-Zerfall nicht auf oder ist dieser nur von untergeordneter Bedeutung für die Konzentrationsänderung, so wird sich entsprechend (IX,84) das **Konzentrationsgleichgewicht unabhängig vom jeweiligen Flußniveau einstellen.** Dies ist praktisch beim Plutoniumaufbau über Neutroneneinfang in U^{238} der Fall, da die zwischengeschalteten β-Zerfälle relativ kurze Halbwertszeiten besitzen und damit in der Isotopenkette übersprungen werden können. Falls man in erster Näherung die (geringe) Konzentrationsänderung von U^{238} vernachlässigt und außerdem die Wirkungsquerschnitte konstant hält, ergibt sich z. B. für die asymptotische Sättigung von Pu^{239} der Wert $N_\infty^{239} = (\sigma_c^{238}/\sigma_a^{239}) \cdot N^{238}$. Er beträgt in Leichtwasser-Reaktoren etwa 1% bezogen auf U^{238} und wird in ca. 1 Jahr erreicht. In Abb. IX,30 ist für einen Leichtwasser-Reaktor mit einer U^{235}-Anreicherung von 3,4% der Aufbau der Plutonium-Isotope dargestellt [36].

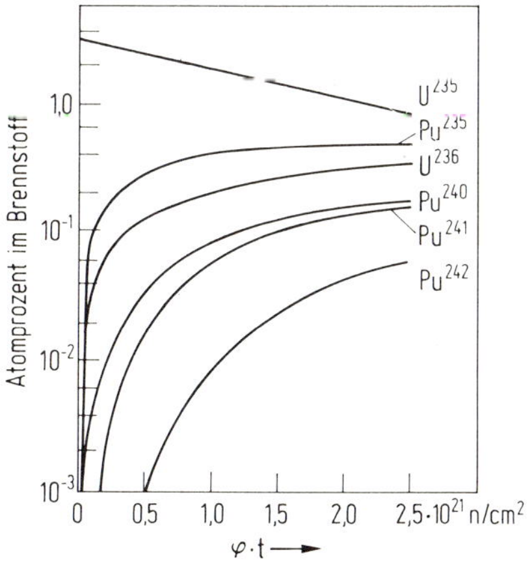

Abb. IX,30. Plutoniumaufbau in einem Thermischen Reaktor in Abhängigkeit von der Flußzeit

In Schnellen Reaktoren ist zunächst der Anreicherungsgrad des Brennstoffs höher. Die Veränderungen der effektiven Wirkungsquerschnitte im Verlauf des Abbrandes sind sehr unbedeutend.

9.4 Plutoniumrückführung

In Schnellen Reaktoren ist es selbstverständlich, das erzeugte Plutonium nach dem Aufarbeitungsprozeß wieder dem Reaktorkern zuzuführen, eventuell in der Anfangsphase noch gemischt mit Plutonium Thermischer Reaktoren. Jedoch ist auch die Plutoniumrückführung **(Recycling)** in Thermischen Reaktoren interessant und ist heute in intensiver Diskussion und Erprobung. Das neutronenphysikalische Problem, daß verschieden starke Spaltstoffe (U^{235} und Pu^{239}) und Neutronenabsorber zu starken örtlichen Neutronenflußschwankungen führen, versucht man durch verschiedene Anordnungsmöglichkeiten zu reduzieren. Eine Möglichkeit versucht dies durch verschieden starke Anreicherung einzelner Stäbe in einem Brennelement zu erreichen.

9.5 Spaltproduktaufbau

Bei dem **Aufbau der Spaltprodukte** spielen die β-Zerfallszeiten eine wesentliche Rolle und es wird die Sättigungskonzentration abhängig von der Neutronenflußdichte. Für Thermische Reaktoren sind die wichtigsten Spaltprodukte Xe^{135} und Sm^{149}, da sie im thermischen Bereich einen großen Absorptionsquerschnitt aufweisen:

$$\sigma_a^{Xe} \approx 3 \cdot 10^6 \text{ barn},$$

$$\sigma_a^{Sm} \approx 5 \cdot 10^4 \text{ barn}.$$

Der wesentliche Xenon-Vorläufer Jod wird als Spaltprodukt von U^{235} entsprechend der Gleichung

$$\frac{d\,N^J}{d\,t} = Y_{5J} \cdot \sigma_f^{235}\, N^{235}(t)\, \varphi(t) - \lambda_J\, N^J(t) \qquad \text{(IX,85)}$$

gebildet mit $Y_{5J} = 0{,}061$ und $\lambda_J = 2{,}9 \cdot 10^{-5}$ pro Sekunde entsprechend der β Halbwertszeit von 9,7 Stunden. Hieraus ergibt sich die Xe-Konzentration zu

$$\frac{d\,N^{Xe}}{d\,t} = Y_{5Xe} \cdot \sigma_f^{235}\, N^{235}(t)\, \varphi(t) + \lambda_J\, N^J(t) - (\lambda_{Xe} + \sigma_a^{Xe}\, \varphi(t))\, N^{Xe}(t) \qquad \text{(IX,86)}$$

mit $Y_{5Xe} = 0{,}003$ und $\lambda_{Xe} = 2{,}1 \cdot 10^{-5}\ s^{-1}$.

Auch wenn sich die U^{235} Konzentration nicht oder nur unwesentlich ändert, spielt noch die Zeitabhängigkeit des Neutronenflusses eine Rolle. Der Gleichgewichtszustand von Jod ist gegeben durch

$$N_{as}^J = \frac{Y_{5J}\, \Sigma_f^{235}}{\lambda_J} \cdot \varphi,$$

ändert sich also bei Änderung des Leistungszustandes des Systems. Die Gleichgewichtskonzentration des Xenon ergibt sich zu:

$$N_{as}^{Xe} = \frac{(Y_{5J} + Y_{5Xe})\, \Sigma_f^{235}\, \varphi}{\lambda_{Xe} + \sigma_a^{Xe}\, \varphi} \equiv \frac{(Y_{5J} + Y_{5Xe})\, \Sigma_f^{235}}{\sigma_a^{Xe}} \cdot \frac{\varphi}{\varphi + (\lambda/\sigma_a)^{Xe}}$$

Nun ist $(\lambda/\sigma_a)^{Xe} \approx 10^{13}\ \mathrm{cm^{-2}\ s^{-1}}$, so daß für Flußwerte, die größer sind, also $\varphi \gg 10^{13}$, der zweite Bruch gleich Eins gesetzt werden kann und die asymptotische Xenon-Konzentration nur durch σ_a^{Xe} bestimmt wird, unabhängig von φ. Für $\varphi \ll 10^{13}$ ist der Sättigungswert bestimmt durch φ **und** λ_{Xe}.

Der Sättigungswert von Xenon wird nach **einigen Tagen** Betriebszeit bereits erreicht.

Die Xenon-Vergiftung spielt eine wesentliche Rolle auch beim **Abschalten** und **Wiederanfahren** eines Thermischen Reaktors mit hohem Neutronenfluß. Wenn der Reaktor abgeschaltet wird, fällt plötzlich die Absorption von Neutronen in Xenon weg ($\varphi \approx 0$) und die Xenon-Konzentration steigt stark an, da weiterhin vom langsam zerfallenden Jod Xenon nachgeliefert wird. Will man den Reaktor nach kurzer Zeit wieder auf volle Leistung bringen, so ist in Reaktoren mit hohem Neutronenfluß die dann in Xe stattfindende starke Neutronenabsorption so groß, daß der kritische Zustand nicht erreicht werden kann. Erst nachdem die Nachlieferung von Xe über Jod nach über 20 Stunden merklich nachgelassen hat und auch die Xenon-Konzentration sich durch β-Zerfall verringert, ist ein erneutes Starten des Reaktors möglich. Das Maximum der Xe-Konzentration stellt sich etwa 10 Stunden nach Abschaltung des Reaktors ein und ist um so höher, je größer die Neutronenflußdichte im Reaktor vor der Abschaltung war. Für $\varphi \approx 10^{14}$ wird in einem Leichtwasserreaktor das Maximum der Xenon-Konzentration die Neutronenmultiplikationskonstante um etwa 20% verringern.

9.6 Reaktivitätseffekte

Bei der Auslegung des Reaktors müssen die Änderungen der Neutronenmultiplikationskonstanten, die sich während des Betriebs ergeben, natürlich berücksichtigt werden, um z. B. den notwendigen Spaltstoffüberschuß (siehe Abschnitt 8.2) angeben zu können. Als ein einfaches Maß für die Abweichung der Neutronenmultiplikation vom kritischen Wert $k_{eff} = 1$ führt man üblicherweise die **Reaktivität** ρ ein:

$$\rho = \frac{k_{eff} - 1}{k_{eff}}. \tag{IX,86}$$

Man verwendet diese Größe auch zur Bestimmung der Änderung der Neutronenmultiplikation infolge äußerer Eingriffe, z. B. beim Verfahren von Steuerstäben.

Es sei hier darauf hingewiesen, daß man mit einer zeitunabhängigen, statischen Multigruppenrechnung zwar die Abweichung vom kritischen Zustand feststellen kann, die zugehörige Form der Flußverteilung aber nicht mit derjenigen übereinzustimmen braucht, die man durch Veränderung der Materialzusammensetzung oder der Steuerstabstellungen zur Erreichung und Beibehaltung des kritischen Zustandes erhält. Oft sind solche Unterschiede belanglos und man kann die Größe der Reaktivität auch aus statischen Rechnungen bestimmen, wie z. B. diejenige, die durch den Dopplerkoeffizienten bei Temperaturänderung gebunden wird. Die Steuerstäbe eines Reaktors müssen nun so dimensioniert werden, daß sie die infolge Temperaturänderung beim Anfahren oder Abschalten wie durch Langzeiteffekte erforderliche Überschußreaktivität zu Beginn des Reaktorlebens stets wegkompensieren und den Reaktor von jedem Betriebszustand aus sicher abschalten können.

Der größte Reaktivitätsüberschuß liegt stets bei einem frischen Reaktor im kalten Zustand vor. Beim Anfahren auf Betriebstemperaturen gehen bei einem Leichtwasser-Leistungsreaktor mit ca. 3% Anreicherung etwa 1% des Reaktivitätsüberschusses durch die Wirkung des Dopplerkoeffizienten verloren, Ausdehnungseffekte verringern den Überschuß um weniger als 1%. Bei Siedewasserreaktoren bringt die Entstehung von Dampfblasen etwa weitere 2% Reaktivitätsverlust. Die Spaltprodukte (vor allem Xe und Sm) reduzieren den Überschuß um ca. 4%. Je nach erstrebtem Abbrand gehen bis zum Auswechseln der Ladung bis zu 20% verloren. Damit müssen knapp unter 30% Überschußreaktivität anfänglich in den Reaktorkern hineingebracht werden. Dies erfordert also eine große Anzahl von Steuerstäben. Meist regelt man diese Überschußreaktivität nicht allein mit den Steuerstäben weg, sondern man fügt entweder zusätzliche feste Absorber ein, die man nach einiger Zeit bei einer teilweisen Neubeschickung des Reaktors wieder entfernt (Absorberbleche) oder/und man vermischt den Brennstoff mit einem Neutronenabsorber, der durch Neutroneneinfang in einen schwachen Absorber umgewandelt wird. Wird Sieden im Reaktor unterdrückt (Druckwasser-Reaktoren), so steuert man einen großen Teil der Reaktivität durch manipulierbare Zugabe und Abnahme von Borsäure.

Es sei darauf hingewiesen, daß in den graphitmoderierten Thermischen Leistungsreaktoren mit Natur-Uran als Brennstoff die Überschußreaktivität nach dem Absinken infolge Xe- und Sm-Vergiftung wieder zunimmt, und zwar als Folge des Aufbaus von Pu^{239}. Diese Zunahme kann die für den Start vorgesehene Überschußreaktivität sogar überschreiten (um 2% bei den englischen Magnoxreaktoren).

In Schnellen Reaktoren muß etwa ein Reaktivitätsüberschuß von ca. 10% bis 15% eingebracht werden. Die Abbrandreaktivität (ohne Spaltproduktvergiftung) ist jedoch wesentlich kleiner als bei Thermischen Reaktoren, da die Konversion des U^{238} zu Plutonium im Reaktorkern den Spaltstoffverbrauch im Kern weitgehend kompensiert. Die Erzeugung von Plutonium in den Blankets hat auf die Reaktivität nur einen geringen Einfluß.*

* Bezieht man den Reaktivitätsbedarf jeweils auf den Abstand des überpromptkritischen Zustands vom kritischen Zustand, d. h. mißt man ihn in Einheiten von β mit der Maßzahl Dollar ($), (siehe Abschnitt 10.3) so entsprechen 30% Δ k im Thermischen Reaktor etwa 45 $. Im Schnellen Reaktor entsprechen wegen des geringeren Wertes von β 10% Δ k etwa 30 $.

9.7 Konversions- und Brutraten

Eine der wesentlichsten Ergebnisse von Langzeituntersuchungen ist die Angabe der pro Zeiteinheit erzeugten Spaltstoffkerne bezogen auf die pro Zeiteinheit verbrauchten Spaltstoffkerne. Es ist üblich, als Spaltstoff die Kerne zu bezeichnen, die im gesamten Energiebereich spaltbar sind. Dies ist vor allem für Schnelle Reaktoren eine etwas willkürliche Definition. Zwischen Konversions- und Brutrate wird meist nur insoweit unterschieden, wie sich ein Wert kleiner oder größer als Eins ergibt.

Für einen Reaktor mit U^{235} und Plutonium Brennstoff ergibt sich dann folgende Definition:

$$BR = \frac{\text{Produktionsrate von } Pu^{239} + Pu^{241}}{\text{Vernichtungsrate von } U^{235} + Pu^{239} + Pu^{241}} \tag{IX,87}$$

Hierbei sind im Prinzip auch Zerfälle mit zu berücksichtigen.

Die Konversionsrate bei thermischen Reaktoren ist deutlich kleiner als Eins. Sie beträgt z. B. bei einem Druckwasser-Reaktor von 600 MWe etwa 0,58.

Ein Schneller Reaktor mit Natriumkühlung und oxidischen Brennstoff hat bei 1000 MW elektrischer Leistung eine Brutrate von etwa 1,20, die Konversionsrate im Reaktorkern beträgt dabei etwa 0,80. Man erkennt, daß der Brutprozeß also wesentlich in dem Brutmantel um den Reaktorkern stattfindet.

10. Reaktordynamik

Nach den allgemeinen Vorbemerkungen in Abschnitt 8 seien hier einige wesentliche Gesichtspunkte näher untersucht. Es soll vorausgeschickt werden, daß die Reaktordynamik, die ganz allgemein das Verhalten des Reaktors bei Störfällen zu beschreiben hat, sehr von dem speziellen Reaktortyp und dessen technischen Einzelheiten abhängt. Es kann hier nicht die Aufgabe sein, im Einzelnen die verschiedenen Störfälle bei verschiedenen Reaktoren zu besprechen, vielmehr sollen die Aspekte, die physikalisch interessant sind, herausgegriffen werden.

10.1 Die kinetischen Gleichungen

Die Multigruppendiffusionsgleichung (IX,61) wurde als eine Bilanzgleichung zwischen Neutronengewinnen und -verlusten für den stationären Fall abgeleitet. Bei Veränderung der Reaktivität als Folge eines Störfalls wird sich die Neutronenverteilung zeitlich ändern, und zwar nach Maßgabe der sich ändernden Produktions- und Verlustraten R_P und R_V.

Ist in der Gruppe g die **Neutronendichte** definiert als

$$n^g(x, t) = \int_{(g)} n(E, x, t)\, dE,$$

so ist die zeitliche Änderung dieser Dichte gegeben durch

$$\frac{d\, n^g(x, t)}{d\, t} = R_P^g(x, t) - R_V^g(x, t) \qquad \text{(IX,88)}$$

Nun ist

$$n^g(x, t) = \int_{(g)} \frac{1}{v}\, \varphi(x, E, t)\, dE \equiv \frac{1}{v_g}\, \varphi^g(x, t) \qquad \text{(IX,89)}$$

v_g ist die mittlere Geschwindigkeit der Neutronen in Gruppe g.*

In Abschnitt 8.6 wurde deutlich gemacht, daß die verzögerten Neutronen bei der Behandlung von Kurzzeitproblemen nicht vernachlässigt werden dürfen.

Der Produktionsterm enthält also dann die Quelle der prompten und die Quelle der verzögerten Neutronen. Entstehen **insgesamt** $\nu^{g'}$ Neutronen bei der Spaltung durch Neutronen der Gruppe g', so ist der Anteil der prompten Neutronen $(1 - \beta^{g'}) \cdot \nu^{g'}$ mit der Energieverteilung χ_p. Damit wird die Quelle der prompten Neutronen

$$R_{P,p}^g(x, t) = \chi_p^g \sum_{g'=1}^{G} (1 - \beta^{g'})\, (\nu\, \Sigma_f)^{g'}\, \varphi^{g'}(x, t)$$

Die Quelle der verzögerten Neutronen bilden die Vorläufer $C_i(x, t)$ in der i-ten verzögerten Gruppe. $\lambda_i\, C_i$ gibt deren Zerfallsrate pro Zeiteinheit an und damit ist die Produktionsrate $R_{P,v}^g$ der verzögerten Neutronen mit dem Energiespektrum $\chi_{v,i}$ gegeben durch

$$R_{P,v}^g(x, t) = \sum_i \lambda_i\, C_i(x, t) \cdot \chi_{v,i}^g$$

Dabei bestimmt sich die Vorläuferkonzentration aus folgender Bilanzgleichung:

$$\frac{d\, C_i(x, t)}{d\, t} = \sum_{g=1}^{G} \{\beta_i^g \cdot (\nu\, \Sigma_f)^g\, \varphi^g(x, t)\} - \lambda_i\, C_i(x, t) \qquad \text{(IX,90)}$$

Ist im betrachteten Bereich keine externe Quelle vorhanden, ergibt sich unter Beachtung von (IX,62) für (IX,88):

$$\frac{1}{v_g}\, \frac{\partial\, \varphi^g(x, t)}{\partial\, t} = \nabla D^g\, \nabla\, \varphi^g(x, t) - \Sigma_{rem}^g\, \varphi^g(x, t) + \sum_{g'} \Sigma^{g' \to g}\, \varphi^{g'}(x, t) + \\ + \chi_p^g \sum_{g'=1}^{G} (1 - \beta^{g'}) \cdot (\nu\, \Sigma_f)^{g'} \cdot \varphi^{g'}(x, t) + \sum_{i=1}^{6} \lambda_i\, C_i(x, t)\, \chi_{v,i}^g \qquad \text{(IX,91)}$$

* Damit (IX,89) erfüllt ist, muß gelten: $\dfrac{1}{v_g} = \dfrac{\int \frac{1}{v}\, \varphi\, dE}{\int_{(g)} \varphi\, dE}$

Diese Gleichung zusammen mit (IX,90) heißen die **reaktorkinetischen Gleichungen** im Multigruppenbild der Diffusionsgleichung (das Symbol ∇ bezeichnet die Ortsableitung, in eindimensionaler Geometrie also $\nabla\ \varphi \equiv d\ \varphi/d\ x$; $\nabla^2\ \varphi \equiv \Delta\ \varphi = d^2\ \varphi/d\ x^2$). Zunächst seien einige Zusatzbemerkungen zu den kinetischen Gleichungen gemacht:

1. Obwohl nicht explizit aufgeführt, sind sämtliche Wirkungsquerschnitte und D sowohl orts- wie zeitabhängig anzusetzen. Denn auf diese Weise ergibt sich die Möglichkeit, Veränderungen der Konzentration und der Selbstabschirmung mit der Zeit zu berücksichtigen. Auch wenn man während des Betriebs noch mit Reaktorzonen nahezu gleichmäßiger Konzentration rechnen kann, so ist bei der Beschreibung lokaler Störungen die Ortsabhängigkeit in einer Zone explizit mitzunehmen. Für den stationären Fall war D ortsunabhängig angenommen worden; dafür ist $\nabla D\ \nabla\ \varphi = D\ \nabla^2\ \varphi = D\ \Delta\ \varphi$.

2. Die Bruchteile β_i der verzögerten Neutronen sind explizit energieabhängig angenommen, um der Tatsache Rechnung zu tragen, daß die Ausbeute an Spaltprodukten und deren Verteilung von der Neutronenenergie abhängt. In der Praxis arbeitet man meist mit energieunabhängigen β (z. B. abgeleitet aus Spaltungen in einem thermischen Neutronenfluß oder in einem Spaltspektrum), da bislang nicht genügend gesichertes experimentelles Material vorliegt.

3. In Gl. (IX,91) ist nicht explizit berücksichtigt, daß in Reaktoren mit schwerem Wasser als Moderator niederenergetische γ-Strahlung der Spaltprodukte weitere verzögerte Neutronen durch die (γ – n) Reaktion an D_2O erzeugen kann, denn die Schwellreaktion für diesen Photoneutronenprozeß liegt für D_2O bei 2,23 MeV. Da die Zerfallszeiten dieser **Photoneutronen** größer sind, als die der verzögerten Spaltneutronen, können sie das Zeitverhalten eines D_2O-System in der Nähe des kritischen Zustandes entscheidend bestimmen. Die Photoneutronen werden meist wie die verzögerten Neutronen in 6 Gruppen zusammengefaßt.

4. Die kinetischen Gleichungen beschreiben vollständig das Zeitverhalten der Neutronenbevölkerung in einem Reaktor. Dagegen ist nicht angegeben, nach welchen Gesetzen die Zeitveränderung der Wirkungsquerschnitte verläuft. Um diese Problematik deutlich zu machen, seien zwei Störfälle etwas näher behandelt: Den **Steuerstabaustrieb** und den **Ausfall der Kühlmittelpumpen**.

   Der erste Störfall könnte als Folge einer Fehlbedienung auftreten. Dabei wird also primär dem Reaktor eine Reaktivität (siehe (IX,86)) $\rho(t)$ zugeführt, da die Absorption im Regelstab ausfällt. Diese zusätzliche Reaktivität führt zu einer Erhöhung der Spaltraten und damit der Leistung des Systems, die von der auf den kritischen Zustand ausgelegten Kühlung nicht mehr voll abgeführt werden kann. Es resultiert eine Temperaturerhöhung des Brennstoffs und eine Aufheizung des Kühlmittels. Bei negativem Dopplerkoeffizient wird die ursprüngliche Störung reduziert, ebenso bei den verzögert wirkenden Kühlmitteldichteveränderungen in Thermischen Reaktoren, sowie durch Ausdehnungseffekte. In diesen **Rückwirkungen** liegt also eine entscheidende weitere Beeinflussung des Zeitverhaltens der Neutronenverteilung oder der Leistung. Eine genaue Erfassung der Rückwirkungen erfordert demnach stets die Berechnung der zu jedem Zeitpunkt vorliegenden

Temperaturverteilungen, also die Lösung der **instationären Wärmeleitungsvorgänge.** Ferner sind zur genauen Erfassung möglicher Veränderungen der Strömungsverhältnisse oft sehr aufwendige **hydro-** und **thermodynamische** Untersuchungen anzustellen, besonders dann, wenn das Kühlmittel zu sieden beginnt und eventuell aus dem System verdrängt wird. Schmilzt gar der Brennstoff, so kann der heiße Brennstoff mit dem vergleichsweise auf niedrigen Temperaturen befindlichen Kühlmittel zu einer thermischen Reaktion kommen, die zu raschem Verdampfen des Kühlmittels unter starker Druckentwicklung führen kann.

Schematisch ist der geschilderte Regelstabauswurf mit seinen eventuellen Konsequenzen in Abb. IX,31 dargestellt ohne Berücksichtigung von außen erfolgender Eingriffe.

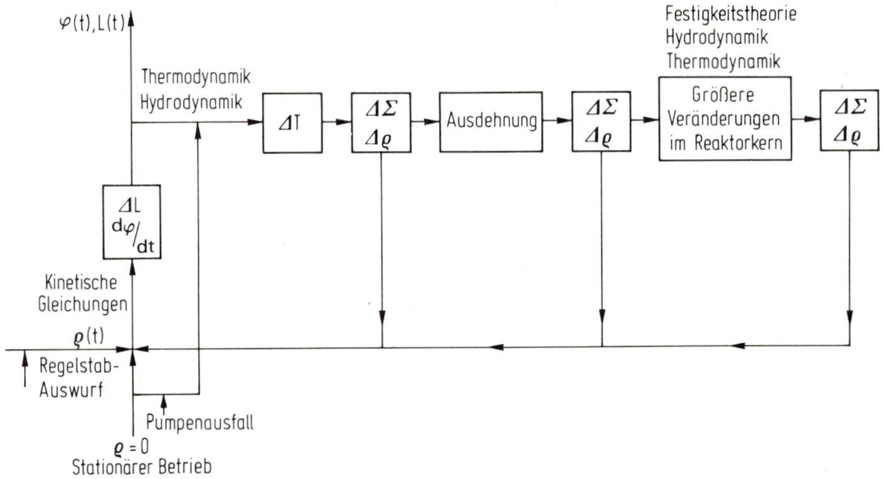

Abb. IX,31. Schematische Darstellung eines Störfalls mit verschiedenen Rückwirkungseffekten

Beim Pumpenausfall erfolgt primär eine Änderung des Kühlmitteldurchsatzes mit der Folge der Temperaturerhöhung, welche zum Aussieden des Kühlmittels führen kann. In Schnellen Reaktoren führt dies zum Schmelzen des Brennstoffs, wenn der Reaktor nicht frühzeitig abgeschaltet wird.

Man erkennt, daß zur Beschreibung der nicht neutronenphysikalischen sehr komplexen Vorgänge oft äußerst komplizierte Modelle zu entwickeln sind, die zu besprechen über den Rahmen dieses Beitrags weit hinausgehen würde.

Vielmehr sei noch auf einige oft gebrauchte wesentliche Vereinfachungen in der Behandlung reaktordynamischer Probleme eingegangen.

10.2 Das Modell des Punktreaktors

Die volle numerische Lösung der reaktorkinetischen Gl. (IX,90), (IX,91) wird heute bereits in drei Ortsdimensionen durchgeführt, ist aber verständlicherweise sehr aufwendig. Deshalb werden meist Näherungsverfahren benutzt. Wir wollen diese Verfahren [36] hier nicht weiter verfolgen, sondern uns einen unabhängigen Zugang zur wichtigsten Näherung verschaffen. Und zwar betrachten wir der Übersicht halber ein **unendlich ausgedehntes homogenes System** und beschränken uns auf eine Energiegruppe, d. h. wir benutzen als Wirkungsquerschnitte die über den gesamten Energiebereich gemittelten Größen:

$$\Sigma_a = \underset{g}{S}\, \Sigma_a^g\, \varphi^g / \underset{g}{S}\, \varphi^g$$

Die Produktion der prompten Neutronen ist dann einfach gegeben durch

$$R_{P,p} = (1 - \beta) \cdot \bar{\nu}\, \Sigma_f \cdot \varphi(t),$$

die der verzögerten Neutronen durch

$$R_{P,v} = \overset{6}{\underset{i=1}{S}}\, \lambda_i\, C_i(t).$$

Die Verlustrate ist in dem gewählten Falle

$$R_V = \Sigma_a\, \varphi(t).$$

Also ergeben sich die kinetischen Gleichungen zu:

$$\frac{1}{v}\frac{d\,\varphi(t)}{d\,t} = ((1 - \beta)\, \bar{\nu}\, \Sigma_f - \Sigma_a)\, \varphi(t) + \overset{6}{\underset{i=1}{S}}\, \lambda_i\, C_i(t)$$

$$\frac{d\, C_i(t)}{d\,t} = \beta_i\, \bar{\nu}\, \Sigma_f\, \varphi(t) - \lambda_i\, C_i(t) \qquad \text{(IX,92)}$$

Nach Division der ersten Gl. (IX,92) mit $\bar{\nu}\Sigma_f$ ergibt sich ($\dot{\varphi} \equiv d\,\varphi/d\,t$):

$$\frac{1}{v \cdot \bar{\nu}\, \Sigma_f}\, \dot{\varphi}(t) = \left(\frac{\bar{\nu}\, \Sigma_f/\Sigma_a - 1}{\bar{\nu}\, \Sigma_t/\Sigma_a} - \beta\right) \cdot \varphi(t) + \overset{6}{\underset{i=1}{S}}\, \lambda_i \cdot \frac{C_i(t)}{\bar{\nu}\, \Sigma_f}$$

Nun ist für das unendlich ausgedehnte System

$$\bar{\nu}\, \Sigma_f/\Sigma_a = k \equiv k_\infty$$

Wir definieren nun

$$\rho(t) = \frac{k(t) - 1}{k(t)} \qquad \text{(IX,93)}$$

in Übereinstimmung mit (IX,86). Speziell ist:

$$\rho(t) = \frac{\delta\, (\bar{\nu}\, \Sigma_f) - \delta\, \Sigma_a}{\bar{\nu}\, \Sigma_f}$$

Hierbei ist:

$$\delta\,\Sigma_a = \Sigma_a - \Sigma_a^0$$

$$\delta\,\bar{\nu}\,\Sigma_f = \bar{\nu}\,\Sigma_f - (\bar{\nu}\,\Sigma_f)^0,$$

wenn die Größen Σ_a^0 und $\bar{\nu}\,\Sigma_f^0$ die Werte für den kritischen Zustand darstellen, für den in diesem Beispiel $\bar{\nu}\,\Sigma_f^0 = \Sigma_a^0$ ist. Ferner:

$$H_i(t) = \frac{C_i(t)}{\bar{\nu}\,\Sigma_f} \cdot \frac{1}{l_p} \qquad \text{(IX,94)}$$

$$l_p = \frac{1}{v \cdot \bar{\nu}\,\Sigma_f} \equiv \frac{1}{k} \cdot \frac{1}{v\,\Sigma_a} \qquad \text{(IX,95)}$$

In der Beziehung (IX,95) ist $1/\Sigma_a$ der Weg, der im Mittel zwischen der „Geburt" eines Neutrons in der Spaltung bis zu seiner Absorption zurückgelegt wird (siehe z. B. (IX,6)), v gibt den zurückgelegten Weg pro Sekunde an. Damit ist $v \cdot \Sigma_a$ die mittlere Zahl der Absorptionen pro Zeiteinheit, der reziproke Wert $1/v\,\Sigma_a$ also die mittlere Zeit von der Geburt des Neutrons bis zu seiner Absorption, also die **Lebensdauer** des Neutrons. Die Größe l_p in (IX,95) heißt mittlere **Generationszeit** der Neutronen.
Für den unterkritischen Reaktor $k < 1$ ist die Generationszeit länger als die Lebensdauer, da im Mittel über mehrere Generationen ein Neutron weniger als einen Nachfolger besitzt, so daß die Neutronenbevölkerung ausstirbt.

Mit obigen Definitionen wird aus (IX,92):

$$\dot{\varphi}(t) = \frac{\rho(t) - \beta}{l_p}\,\varphi(t) + \sum_{i=1}^{6} \lambda_i\,H_i(t) \qquad \text{(IX,96)}$$

$$H_i(t) = \frac{\beta_i}{l_p}\,\varphi(t) - \lambda_i\,H_i(t) \qquad \text{(IX,97)}$$

Die Gl. (IX,96) und (IX,97) heißen die **punkt-kinetischen Gleichungen**. Wir erhalten identisch dasselbe Gleichungssystem, wenn zur Lösung von (IX,90) und (IX,91) eine Separation der Flußverteilung und der Vorläuferkonzentration in eine nur von der Zeit abhängige Amplitudenfunktion und eine Formfunktion vorgenommen wird:

$$\left.\begin{aligned} \varphi^g(x,t) &= \varphi(t) \cdot \varphi_0^g(x) \\ C_i(x,t) &= h_i(t) \cdot g(x) \end{aligned}\right\} \qquad \text{(IX,98)}$$

Der erste Separationsansatz besagt, daß bei einer Abweichung vom kritischen Zustand sich die Ortsverteilung in einer Gruppe g nicht ändert, so daß das Zeitverhalten allein durch die Amplitudenfunktion bestimmt ist. Diese Annahme ist sicherlich dann brauchbar, wenn die Abweichungen vom kritischen Zustand nicht zu groß sind, falls man $\varphi_0^g(x)$ aus einer Kritikalitätsrechnung des ungestörten Systems bestimmt. Die Größen ρ, l_p und $H_i(t)$ sind in der mathematischen Ableitung allgemeiner formuliert und gehen für den hier betrachteten Spezialfall natürlich in obige Gleichungen über. Die Tatsache, daß in der geschilderten Näherung ein Reaktor auf eine Störung zeitlich stets nur als „Ganzheit" reagiert und keine örtliche Differenzierung der Zeitabhängigkeit erlaubt wird, hat dieser Näherung die Bezeichnung „Punktreaktor-Modell" eingebracht.

10.3 Einfache Lösungen der Punktkinetischen Gleichungen ohne Rückwirkung

Um einen einfachen Überblick über das Lösungsverhalten der Amplitudenfunktion $\varphi(t)$ des Neutronenflusses zu erhalten, wollen wir zunächst prüfen, ob für ein System **ohne** verzögerte Neutronen die bereits bekannte Zeitabhängigkeit (IX,80) wieder resultiert.

Für $\beta \equiv 0$ und $C \equiv 0$ folgt

$$\dot{\varphi}(t) = \frac{\rho}{l_p}\,\varphi(t);\ \varphi(t) = \varphi(o)\,e^{\frac{\rho}{l_p}\cdot t} \quad \text{für } \rho = \text{const.},$$

also die erwartete exponentiell ansteigende Lösung für die Neutronenflußdichte. Als nächstes wollen wir einem kritischen System ($\rho = 0$) schlagartig bei $t = 0$ eine konstante Reaktivität ρ_0 zuführen **(Reaktivitätssprung)**; Rückwirkungen über die Temperaturveränderungen seien zunächst vernachlässigt, die verzögerten Neutronen seien berücksichtigt.

Nachdem das System auf eine konstante Störung mit einer exponentiell sich verändernden Flußdichte reagiert, macht man für $\varphi(t)$ und $H_i(t)$ folgende Ansätze:

$$\left.\begin{aligned} \varphi(t) &= a\,e^{wt} \\ H_i(t) &= b_i\,e^{wt} \end{aligned}\right\} \qquad \text{(IX,99)}$$

Man erhält durch Einsetzen in (IX,97) (der Index p bei l_p wird ab jetzt weggelassen):

$$b_i = \frac{\beta_i}{l}\cdot\frac{1}{w+\lambda_i}\cdot a.$$

Aus (IX,96) folgt dann nach einiger Rechnung

$$\rho = w\Big(1 + \sum_{i=1}^{6}\frac{\beta_i}{w+\lambda_i}\Big) \qquad \text{(IX,100)}$$

Bei 6 Gruppen verzögerter Neutronen ist (IX,100) eine Gleichung 7. Ordnung für w, besitzt also sieben diskrete Lösungen w_m. Die Neutronenflußdichte $\varphi(t)$ und die „reduzierte Vorläuferkonzentration" H_i stellen sich dann als **Überlagerung von 7 Exponentialfunktionen** dar. Wir diskutieren (IX,100) für verschiedene Werte von ρ.

Man beachte zunächst, daß für $w < 0$ die Gl. (IX,100) für $\rho(w)$ bei $w_i = -\lambda_i$ Polstellen besitzt, für die $\rho(w_i)$ unendlich wird. (Zur Übung fertige man sich eine Skizze an oder schaue in [9] nach.)

1. $\rho_o = 0$ ergibt die Lösung w = 0 (kritischer und zeitunabhängiger Fall).
2. $\rho_o < 0$ (negative Reaktivität, d. h. man bringt z. B. eine rein absorbierende Störung ein).

Es kann nur dann eine Lösung von (IX,100) geben, wenn auch $w < 0$ ist; es gibt also sieben diskrete **negative** Werte w_i.

3. $0 < \rho_o < \beta$, $\rho_o \gtrsim 0$.
   Es gibt **nur eine** positive Lösung w_o, die andern Lösungen w_m sind negativ. Nach einer gewissen Zeit sind die Beiträge zur Flußdichte mit $w_m < 0$ abgefallen und es bleibt asymptotisch der Beitrag mit dem positiven Wert w_o übrig:

$$\varphi_{as}^{(t)} \approx \varphi(o)\, e^{w_o t} \tag{IX,101}$$

Die Neutronenflußdichte nimmt also nach dem Abklingen der Transienten in der Zeit $T = 1/w_o$ um einen Faktor e zu. T nennt man die **asymptotische Reaktorperiode**. Für kleine positive Reaktivitätsänderungen $\rho_o \gtrsim 0$ ist zu erwarten, daß die zeitliche Änderung von $\varphi(t)$ relativ langsam vor sich gehen wird. Der transient abklingende Anteil wird von der verzögerten Neutronengruppe mit der größten Halbwertszeit (kleinstes λ_i) dominiert. Ist nun ferner $w_o \ll \lambda_1$, so klingt auch der Anteil dieser Neutronengruppe zu $\varphi(t)$ im Vergleich zum ansteigenden Beitrag rasch ab. In (IX,100) kann man dann w_o gegen alle λ_i vernachlässigen und man erhält:

$$w_o = \frac{\rho_o}{1 + \mathop{\mathrm{S}}_i \frac{\beta_i}{\lambda_i}}; \qquad T = \frac{1}{\rho_o}\left(1 + \mathop{\mathrm{S}}_i \frac{\beta_i}{\lambda_i}\right) \text{ für } w_o \ll \lambda_1. \tag{IX,102}$$

Die asymptotische Reaktorperiode wird also praktisch bestimmt durch die verzögerten Neutronen, da $l_p \equiv l \ll \mathop{\mathrm{S}}_i \beta_i/\lambda_i$. Diesen Sachverhalt hatten wir in Abschnitt 8.6 unabhängig bereits abgeleitet. Für $l_p = 10^{-4}$ sec, $\rho_o = 10^{-3}$, ergibt sich für ein System mit U^{235} als Spaltstoff: $T_u = 85$ sec, für Pu^{239} ist mit $l_p = 10^{-7}$ und $\rho_o = 10^{-3}$ $T_{Pu} = 33$ sec.

Wenn wir uns nicht allein für das asymptotische, durch die Reaktorperiode T bestimmte Anwachsen der Neutronenbevölkerung interessieren, sondern auch für das **Verhalten kurz nach der Zuführung der Reaktivität** ρ_o, so kann man annehmen, daß die Konzentration der Vorläufer sich dann praktisch noch nicht geändert hat. Aus (IX,97) wird:

$$\dot{H}_i = \frac{\beta_i}{l}\varphi(t) - \lambda_i H_i(t) \approx 0$$

$$\mathop{\mathrm{S}}_i \lambda_i H_i \approx \frac{\beta}{l}\varphi(o)$$

Dies ergibt für (IX,96):

$$\dot{\varphi}(t) - \frac{\rho_o - \beta}{l}\varphi(t) = \frac{\beta}{l}\varphi(o)$$

Die Lösung dieser inhomogenen Differentialgleichung findet man leicht zu

$$\varphi(t) = A\,e^{-\frac{\beta-\rho_o}{l}} + \frac{\beta}{\beta-\rho}\,\varphi(o) \to \frac{\beta}{\beta-\rho_o}\,\varphi(o)$$

Das rasche Abklingen des Exponentialterms für $\rho_o < \beta$ mit der sehr kleinen prompten Generationsdauer l führt dazu, daß der Neutronenfluß **unmittelbar** nach der Reaktivitätszuführung einen **steilen Anstieg** auf den Wert $\varphi = \beta\,\varphi(o)/(\beta - \rho)$ macht. Man bezeichnet dieses Verhalten als den **prompten Sprung**. Die Konzentrationsänderung der verzögerten Neutronen verlangsamt den weiteren Anstieg beträchtlich.

4. $\rho_o > \beta$: **prompt überkritischer Bereich**.

Wenn $\rho_o > \beta$, so wissen wir bereits aus der im Anschluß an (IX,80) geführten Diskussion, daß die Neutronenbevölkerung schließlich mit der **prompten Periode**
$T_P \approx \frac{1}{\rho_o} \cdot l_p \equiv \frac{l_p}{(k-1)/k}$ ansteigt.
Aus (IX,100) folgt für die Näherung

$$w > \lambda_i,$$

daß

$$w_o \approx \frac{\rho_o - \beta}{l_p};\quad T_P = \frac{l_p}{\rho_o - \beta}$$

Wir haben also noch eine gewisse Retardierung durch die verzögerten Neutronen; diese spielt jedoch eine immer geringere Rolle, je größer ρ_o ist.

Damit sind die in Abschnitt 8.6 gemachten Angaben etwas näher erläutert. Wegen der großen Bedeutung des Wertes $\rho_o = \beta$ als die reaktivitätsmäßige Grenze zwischen dem verzögert und prompt überkritischen Bereich mißt man häufig die Reaktivität in Einheiten von β. Der Reaktivitätswert, der dem Betrage nach gleich β ist, heißt **1 Dollar** (1 $), sein hundertster Teil **1 Cent**. Um eine Vorstellung hiervon zu bekommen, merke man sich, daß der Reaktivitätswert eines Brennelementes überschlägig etwa 1 bis 2 Dollar wert ist.

10.4 Reaktivitätsstörungen mit Temperaturrückwirkung

Es sei hier zunächst auf die prompte Rückwirkung, die durch die Temperaturerhöhung des Brennstoffs über den Dopplerkoeffizienten das Zeitverhalten beeinflußt, eingegangen. Es war der Dopplerkoeffizient definiert als (T = Brennstofftemperatur)

$$\alpha_D = \frac{1}{k}\frac{d\,k}{d\,T} \approx \frac{d\,k}{d\,T},$$

berechnet bei der Betriebstemperatur des Reaktors. α_D gibt die Änderung der Kritikalität pro Grad Temperaturänderung an und kann für kleine Abweichungen von der

Betriebstemperatur konstant angenommen werden. Wird aufgrund einer Reaktivitätsstörung $\rho_o(t)$ die Brennstofftemperatur um $\Delta T(t)$ erhöht, so ergibt sich eine durch den Dopplerkoeffizienten verursachte Reaktivitätsänderung um $\rho_D(t) = \alpha_D \cdot \Delta T(t)$.

Damit ist die gesamte Reaktivität gegeben durch

$$\rho(t) = \rho_o(t) + \rho_D(t). \qquad \text{(IX,103)}$$

Die zeitabhängige Temperaturerhöhung $\Delta T(t)$ hat man mit Hilfe der instationären Wärmeleitungsgleichungen zu bestimmen. Ist die zugeführte Reaktivität groß, so daß die Temperaturerhöhung rasch verläuft und die Wärmeabgabe durch Leitung und Konvektion keine Rolle spielt (adiabatische Aufheizung des Brennstoffs), so ist $\Delta T(t)$ direkt proportional zu der bis zum betrachteten Zeitpunkt t im Brennstoff erzeugten Spaltungsenergiedichte:

$$\Delta T(t) = \frac{\Delta Q(t)}{W} = \frac{1}{W} \int_0^t L(t')\, d t' \qquad \text{(IX,104)}$$

W ist die auf 1 cm^3 bezogene Wärmekapazität des Brennstoffs, gemessen in Wattsekunden pro Grad Kelvin und pro cm^3.

Die Reaktivitätszugabe $\rho_o(t)$ kann in allen praktischen Fällen nicht als eine Reaktivitätsstufe angenommen werden, da derart schnelle Änderungen nicht realisierbar sind. Vielmehr benutzt man meist die Darstellung einer linear mit der Zeit anwachsenden Störung, einer **Reaktivitätsrampe**: $\rho_o(t) = a \cdot t$; die Konstante a heißt **Rampensteilheit** und wird in Dollar/sec angegeben.

Damit hat man die Reaktivität dargestellt als $\rho(t) = a\, t + \alpha_D \cdot \Delta T(t)$.

Bei Berücksichtigung der verzögerten Neutronen sind die punktkinetischen Gleichungen mit Temperaturrückwirkung auch im einfachsten Falle der Reaktivitätsstufe mit adiabatischer Brennstoffaufheizung nicht mehr analytisch auflösbar, sie müssen auf einer elektronischen Rechenanlage gelöst werden.

Für eine Reaktivitätsstufe wollen wir noch eine interessante Näherung untersuchen. Führt die Störung in den prompt überkritischen Bereich (schwere **Reaktorexkursion**), so kann man dort den Einfluß der verzögerten Neutronen in erster Näherung vernachlässigen. Ist $\rho_{ex} = \rho_o - \beta$ der über ein Dollar hinausgehende Wert der **stufenförmig** zugeführten Störreaktivität, so hat man die einfache Gleichung bei adiabatischer Brennstoffaufheizung:

$$\dot{\varphi}(t) = \frac{\rho_{ex} - |\alpha_D| \cdot \Delta T(t)}{l}\, \varphi(t) \qquad \text{(IX,104)}$$

Die negative Dopplerrückwirkung reduziert die Reaktivitätsstufe und bei

$$\rho_{ex} = |\alpha_D| \cdot \Delta T(t_M)$$

verschwindet die prompt überkritische Reaktivität und wird für weitere Temperaturerhöhungen negativ, so daß der Neutronenfluß oder die Reaktorleistung $L(t) \sim \varphi(t)$

bei Gültigkeit von (IX,104) ein Maximum an der Stelle $t = t_M$ besitzen muß ($\dot{\varphi} = 0$). Die Temperaturerhöhung geht natürlich noch solange weiter, bis $\varphi(t)$ völlig abgesunken ist. Es ist bei fehlenden verzögerten Neutronen und konstanten Dopplerkoeffizienten nicht unplausibel, daß $\varphi(t)$ symmetrisch um das Maximum ist, so daß bis zum asymptotischen Fluß noch einmal die gleiche Temperaturüberhöhung resultiert wie bis zum Flußmaximum [37].

Bei vorgegebener, für die Sicherheit des Systems noch tragbaren Temperaturerhöhung ΔT_{krit}, läßt sich sodann die überpromptkritische Reaktivität ρ_{ex} ermitteln, die vom Dopplerkoeffizienten noch abgefangen werden kann:

$$(\rho_{ex})_{krit} = \frac{1}{2} |\alpha_D| \cdot \Delta T_{krit}$$

ΔT_{krit} bestimmt sich sinnvoller Weise aus dem Abstand der Betriebstemperatur von der Schmelztemperatur des Brennstoffs, da Brennstoffschmelzen verhindert werden muß. $(\rho_{ex})_{krit}$ ist um so kleiner, je geringer der negative Dopplereffekt ist. Für $\alpha_D = 0$ ist auch $(\rho_{ex})_{krit} = 0$, was selbstverständlich ist, denn bei fehlender Rückwirkung hat man die rasche zeitliche Entwicklung von Fluß und Leistung entsprechend der prompten Kinetik.

Wegen $W \cdot \Delta T = \Delta Q$ läßt sich auch die im prompt überkritischen Bereich entwickelte Energie direkt angeben. Sie beträgt

$$\frac{\Delta Q}{Q(o)} \approx \frac{2\,\rho_{ex}}{|\alpha_D|}$$

Sie ist um so kleiner, je größer der Dopplerkoeffizient ist.

Wird die Störreaktivität in Form einer **Rampe** zugeführt, so ist die Lösung der punktkinetischen Gl. (IX,104) in Abwesenheit verzögerter Neutronen und bei konstanten Dopplerkoeffizienten streng periodisch [37]. Ist die Rückwirkung über den Dopplerkoeffizienten noch klein, so steigt die Neutronenflußdichte und damit die Leistung entsprechend

$$\varphi(t) = \varphi(o)\, e^{\frac{a}{l} t^2}$$

an. Die charakteristische Zeitkonstante ist demnach $t \sim \sqrt{l/a}$. Die Reaktivität $\rho(t) = a\,t - |\alpha_D| \cdot \Delta T(t)$ wird erstmals Null bei $a\,t_M = |\alpha_D| \cdot \Delta T(t_M)$, also ist die entwickelte Temperatur (bzw. Energie)

$$\Delta T(t_M) \sim \frac{a \cdot t_M}{|\alpha_D|} \sim \frac{\sqrt{a \cdot l}}{|\alpha_D|}$$

Dies gilt zunächst nur für die erste Exkursionsspitze. Diese ist allerdings auch die bedeutenste in dem Sinne, daß bei Berücksichtigung der verzögerten Neutronen alle späteren Exkursionsspitzen stark bedämpft werden.

Kommt es bei einer Exkursion zum Brennstoffschmelzen und Sieden, so entsteht im Brennstoffdampf ein hoher Druck, der Materialverschiebungen im Reaktorkern erzwingen wird, und zwar von den Bereichen hoher Drücke, also von der zentralen Reaktorzone, zu den Außenbereichen kleinerer Drücke. Diese Materialverschiebung stellt selbst eine negative Rückwirkung bezüglich der Reaktivität dar und wird, allerdings unter Zerstörung des Systems, den Reaktor abschalten. In Abb. (IX,32) ist die Zeitabhängigkeit der verschiedenen Reaktivitätsanteile (Rampe, Dopplerrückwirkung, Expansionsrückwirkung) und die Gesamtreaktivität bei einem Reaktivitätsunfall eines Schnellen Reaktors aufgetragen.

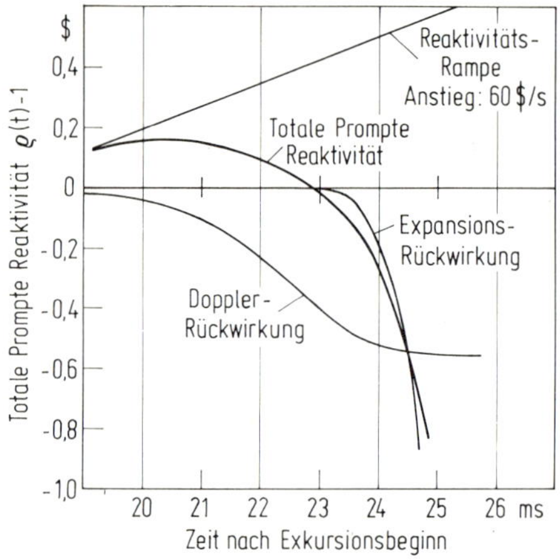

Abb. IX,32. Das zeitliche Verhalten der verschiedenen Reaktivitätsbeiträge bei einem schweren Unfall eines Schnellen Reaktors

Die äußere Störung ist durch eine 60 \$/s Rampe simuliert, z. B. hinsichtlich eines raschen Na-Auswurfs aus den zentralen Kernbereichen. In den ersten 20 ms der Exkursion wirkt im wesentlichen nur die aufgeprägte Störung, dann kommt infolge Temperaturerhöhung zunächst der negative Dopplerkoeffizient ins Spiel, der die äußere Störung abbaut. Die Temperaturabhängigkeit des Dopplerkoeffizienten wurde proportional zu $1/T$ angenommen. Die bis etwa 23 ms eingebrachte Energie reicht aus, um Brennstoff zu schmelzen und zu verdampfen. Der entstehende Druck verursacht eine Verschiebung der Reaktorkernmaterialien, die schließlich zur nuklearen Abschaltung des Systems führt, und zwar innerhalb von nur zwei Millisekunden! In Abb. IX,33 ist das Zeitverhalten der Neutronenflußdichte (~ Leistung) und der erzeugten spezifischen Wärmeenergie einer 60 \$/s Störung eines Schnellen Reaktors aufgetragen. Die Energieerzeugung geschieht fast nur in einer 4 ms währenden Zeit, in der Flußdichte und Leistung ihr Maximum einnehmen (schraffierter Bereich). Wir haben im vorliegenden Fall praktisch ein stufenförmiges Anwachsen der Energie. Die Leistung (oder φ) nimmt ab, wenn die Reaktivität unter die prompte Kritizität $\rho = 1$ \$ abgesunken ist aufgrund des Dopplereffektes, der in der Exkursionsanalysis demnach eine ganz wesentliche Rolle spielt.

Die Analyse derartiger Störfälle geht ursprünglich auf **Bethe** und **Tait** zurück. Diese Unfallsituationen sind, wie bereits früher erwähnt, extrem unwahrscheinlich. Man

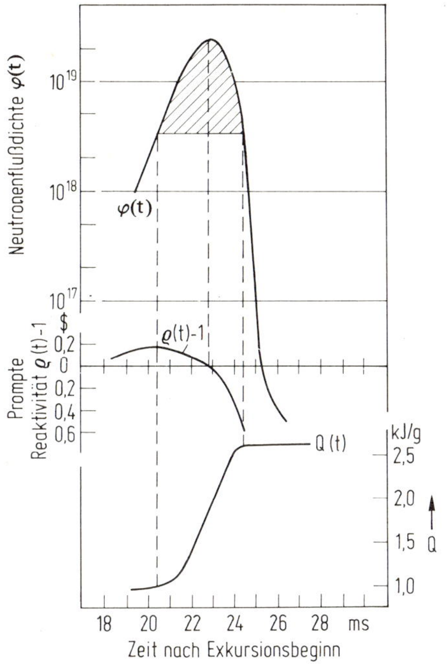

Abb. IX,33. Das zeitliche Verhalten der Neutronenflußdichte (Leistung) bei einem schweren Unfall

behandelt sie deswegen, um gewisse Vorstellungen über einen Katastrophenfall zu entwickeln und gegebenenfalls, mit einer gewissen Übervorsicht, noch stärkere Schutzeinrichtungen im Reaktor vorzusehen. Diese Untersuchungen werden vor allem bei Schnellen Reaktoren durchgeführt, da diese sich im Betriebszustand nicht in der kritischsten Konfiguration befinden (Kühlmittelverdrängung z. B. führt im Gegensatz zu den untermoderierten Thermischen Reaktoren zu einem positiven Reaktivitätseffekt). Will man evtl. bauliche Konsequenzen aus derartigen Untersuchungen ziehen, so müssen in jedem Fall die betrachteten Unfallketten mit großem Aufwand analysiert werden, was bei der Komplexität der Vorgänge äußerst schwierig und nur näherungsweise möglich ist.

Literatur

[1] Informationsbroschüre des Deutschen Atomforums: „Energie, von der man spricht", Bonn, 1974.

[2] J. J. Schmidt: Neutron Cross Sections for Fast Reactor Materials, KFK-Bericht 120, 1966; Kapitel VI.

[3] G. R. Keepin: Physics of Nuclear Kinetics, Addison-Wesley Publishing Co., 1965.

[4] G. J. Fieg: Jucl. Energy, 26, 1972.

[5] A. M. Weinberg and E. P. Wigner: The Physical Theory of Nuclear Chain Reactors, University of Chicago Press, 1959, Kapitel IV.

[6] E. Madelung: Die Mathematischen Hilfsmittel des Physikers, Springer Verlag, 6. Auflage 1957, Seite 18.

[7] A. M. Weinberg and E. P. Wigner: op. cit., Kapitel X.

[8] H. Küsters: Nukleonik 5, 1963.

[9] J. R. Lamarsh: Nuclear Reactor Theory, Addison-Wesley Publishing Co., 1966, Kapitel 2.9.

[10] K. H. Beckurts and K. Wirtz: Neutron Physics, Springer Verlag, 1964.

[11] P. A. Egelstaff, Ed.: Thermal Neutron Scattering, Academic Press, 1965.

[12] M. S. Nelkin: Phys. Rev. 119 (1960).

[13] B. C. Haywood and D. I. Page: IAEA-Symposium über Neutron Thermalization and Reactor Spectra, Ann Arbor, 1967.

[14] H. C. Honeck: Trans. Am. Nucl. Soc., 5, 1962.

[15] E. L. Slaggie: Bericht der General Atomic, GA-8132 (1967).

[16] J. A. Young and J. U. Koppel: J. Chem. Phys. 42, 1965.
D. E. Parks: GA-2125 (1961).

[17] L. Dresner: Resonance Absorption of Neutrons in Nuclear Reactors, Pergamon Press, 1961, Kapitel 3.

[18] J. R. Lamarsh: op. cit., Kapitel 2.13.

[19] E. F. Gebhardt, H. D. Thümmler und H. D. Seghezzi: Reaktorwerkstoffe, zweibändig, Teubner Verlag, 1969.

[20] J. H. Ferziger and P. F. Zweifel: The Theory of Neutron Slowing Down in Nuclear Reactors, Pergamon Press, 1966, Kapitel II.7.

[21] D. E. Parks et. al: Nucl. Sci. Eng. 13, 1962.

[22] Nach A. M. Weinberg and E. P. Wigner: op. cit., Seite 339.

[23] H. Küsters: Nukleonik 7, 1964.

[24] J. J. Schmidt: op. cit., Kapitel IV.

[25] G. I. Bell and S. Glasstone: Nuclear Reactor Theory, Van Nostrand Co., 1970, Kapitel 1.

[26] J. R. Lamarsh: op. cit., Kapitel 8.5.

[27] R. E. Peterson and G. A. Newby: Nucl. Sci. Eng. 1, 1956.

[28] E. Hellstrand and C. Lundgren: Nucl. Sci. Eng. 12, 1962.

[29] A. Sauer: Siedewasserreaktoren für Kernkraftwerke, AEG Telefunken Handbücher, Band 10, 1969, Tabelle 5/2.

[30] A. Sauer: op. crit., Kapitel 2.

[31] H. Emonts und E. Schomer: Das 1300 MW Kernkraftwerk Unterweser mit Siemens-Druckwasserreaktor, Atomwirtschaft 5, 1973.

[32] H. Harder, H. Oehme, J. Schöming und K. Thuruher: Das 300 MW-Thorium-Hochtemperaturkernkraftwerk (THTR), Atomwirtschaft 5, 1971.

[33] U. Däunert et. al.: SNR-300, Atomwirtschaft 7, 1972.

[34] C. E. Till: The Fast Neutron Doppler Effect, Proc. of New Developments in Reactor Physics and Shielding, CONF 720901, Vol. 2, 1972.

[35] G. I. Bell and S. Glasstone: op. cit., Kapitel 8.

[36] G. I. Bell and S. Glasstone: op. cit., Kapitel 10.

[37] H. Soodak: Reactor Handbook PART A, Vol. III, 1962.

X. KAPITEL

Das Plasma

(Burkhard Wende, Berlin)

1. Überblick und Abgrenzung

Wird ausreichend hohe Leistung einem Festkörper, einer Flüssigkeit oder einem Gas zugeführt, so werden Elektronen von Neutralatomen abgetrennt: die Materie wird ionisiert. In einem abgrenzbaren Volumenbereich sind dann Neutralatome, Ionen und freie Elektronen von bestimmter Anzahldichte (Anzahl der Teilchen in der Volumeneinheit) und von bestimmtem Energieinhalt enthalten. Es kann sich **Quasi-Neutralität** einstellen. Quasi-Neutralität liegt dann vor, wenn Raumladungen in dem ionisierten Bereich nicht auftreten. Ionisierte Materie im Zustand der Quasi-Neutralität heißt **Plasma**. Der überwiegende Teil der bekannten Materie (Sterne und interstellarer Raum) befindet sich im Plasmazustand. In der Festkörperphysik werden für bestimmte Fragestellungen die Leitungselektronen zusammen mit dem Ionengitter ebenfalls als Plasma betrachtet. Eigenschaften von Festkörperplasmen werden in diesem Kapitel jedoch nicht behandelt.

Abhängig vom Energieinhalt der Teilchen im Plasma sind von den Atomen ein oder mehrere Elektronen abgetrennt (einfache oder mehrfache Ionisation). Bei großem Energieinhalt besteht das Plasma aus Elektronen und „nackten" Atomkernen. Bei weiter gesteigertem Energieinhalt können die Atomkerne gesprengt werden, und das Plasma enthält zusätzlich Kernbausteine.

Um Materie zu ionisieren und in den Plasmazustand zu überführen, werden sehr unterschiedliche Methoden der Leistungszufuhr benutzt, z. B. Zufuhr der Leistung durch stationären oder kurzzeitigen Stromdurchgang durch Gase (ohmsche Aufheizung, Gasentladungen), Leistungszufuhr in der Form von Strahlungsleistung aus HF- oder Mikrowellensendern oder aus Lasern, Leistungszufuhr durch schnelle Kompression von Gasen in Stoßwellen und Leistungszufuhr aus chemischen Reaktionen (Flammen) und aus Kernreaktionen. Mit dem Ionisationsprozeß ist in vielen Fällen eine Aufheizung zu hohen Temperaturen verbunden. Die hohen Temperaturen dürfen jedoch nicht als typische Eigenschaft des Plasmas angesehen werden. Außerdem bedarf die Frage, ob für ein bestimmtes Plasma der Temperaturbegriff angewendet werden darf, immer einer umfangreichen Untersuchung.

Wegen der Existenz freier Ladungsträger und wegen ihres meist hohen Energieinhalts besitzen Plasmen Eigenschaften, die von den Eigenschaften der sonstigen Zustandsformen der Materie abweichen. Plasmen weisen ein besonderes Verhalten in elektrischen und magnetischen Feldern auf. Wegen ihrer dielektrischen und magnetischen Eigenschaften sind sie ein besonderes Medium für die Ausbreitung elektromagnetischer und magnetohydrodynamischer Wellen. Plasmen besitzen ihnen eigentümliche Transporteigenschaften (Wärmeleitung, Viskosität, Diffusion und elektrische Leitfähigkeit) und können Strahlung über das elektromagnetische Spektrum vom Hochfrequenz- bis zum Röntgenbereich emittieren. Das Verständnis der verschiedenartigen Plasmaeigenschaften erfordert daher die Zusammenfassung der Ergebnisse fast aller Sachgebiete der Physik: der Hydrodynamik, Elektrodynamik, Thermodynamik, Atomphysik, Kernphysik und der statistischen Mechanik.

Die Eigenschaften von Plasmen sind zunächst unter der Zielsetzung der Astrophysik, der Physik der hohen Atomsphäre und der Gasentladungsphysik untersucht worden. Seit ungefähr dem Jahre 1950 stieg das Interesse an der Plasmaphysik wegen des Zusammenhangs mit dem Problem der kontrollierten thermonuklearen Reaktionen. Zur Gewinnung von Energie aus der Fusion leichter Atomkerne ist ein Weg denkbar, der über die Erzeugung extrem heißer Plasmen (10^8 K) hoher Dichte (Anzahldichte der Teilchen 10^{22} m^{-3}) führt. Die Erzeugung von Laborplasmen dieser Eigenschaften mit ausreichend langer Lebensdauer ($\approx$ 10 ms) war in einer kurzen Arbeitsperiode nicht erfolgreich. Man hat daher begonnen, die Eigenschaften von Plasmen auf breiter Basis zu untersuchen.

Die meisten Plasmaeigenschaften hängen stark von den Anzahldichten der Teilchen (Elektronen, Ionen, Atomen) und – sofern die Temperatur definierbar ist – von der Temperatur ab. Viele experimentelle Bemühungen haben daher das Ziel, Anzahldichten und Temperaturen zu messen, um die Plasmaeigenschaften als Funktion dieser Plasmaparameter zu beschreiben oder um ein bestimmtes Plasma und den zur Erzeugung notwendigen Aufheizvorgang mit diesen Parametern zu charakterisieren. Die Methoden zur Messung der Plasmaparameter, z. B. Anzahldichte der Plasmateilchen, Temperatur, elektrische und magnetische Feldstärke, Druck und elektrische Stromdichte werden üblicherweise als Methoden der **Plasmadiagnostik** bezeichnet. Viele Laborplasmen, vorwiegend Hochenergieplasmen, sind nur kurzzeitig während der Dauer von Nano-, Mikro- oder Millisekunden existent. Während dieser Lebenszeit müssen die Plasmaparameter mit Kurzzeit-Diagnostikmethoden zeitaufgelöst gemessen werden.

Eine große Zahl der Plasmaeigenschaften und Plasmaparameter sind durch spektroskopische Untersuchungen der vom Plasma emittierten elektromagnetischen Strahlung, insbesondere der optischen Strahlung, bekannt (spektroskopische Plasmadiagnostik). Durch Messung der Strahlung wird oftmals die einzige zuverlässige Information über Plasmaeigenschaften erhalten, ohne das Plasma zu stören. Außerdem wird in vielen Fällen der Energietransport im Plasma neben Stoßprozessen durch die Strahlung bestimmt. Im Hochenergieplasma kann die Strahlung die entscheidende Ursache für die Energieverluste des Plasmas darstellen. Bei fast allen Plasmaexperimenten wird daher der vom Plasma emittierten Strahlung besondere Aufmerksamkeit gewidmet. Die optische Strahlung der Plasmen wird daher am Ende dieses Kapitels mit etwas stärkerem Gewicht behandelt, auch deshalb, weil die Eigenschaften der Strahlung für benachbarte Disziplinen von Bedeutung sind, z. B. für astrophysikalische Beobachtungen, spektroskopische und optische Messungen und für die Lichtquellenherstellung. Im übrigen werden wir uns bei der Darstellung auf eine kleine Auswahl von Plasmaeigenschaften beschränken müssen. Dabei ist es kaum zu umgehen, auf strenge Systematik zu verzichten, um auf knappem Raum das Ausgewählte verständlich darzustellen. Vorwiegend werden solche Plasmaeigenschaften betrachtet, die bei kleinen Translationsenergien der Teilchen von Bedeutung sind. Diese Eigenschaften sind meist aus der Untersuchung langzeitstationärer Plasmen bekannt, für die die mittlere Translationsenergie der Teilchen maximal von der Größe einiger eV ist, entsprechend einer Translationstemperatur von maximal einigen 10^4 K. Hochenergie- und Kurzzeitplasmen dagegen werden ausführlicher im Zusammenhang mit den Fusionsexperimenten betrachtet (XI. Kap.). Die Beschreibung der Eigenschaften von Sternplasmen ist im XII. Kapitel zu finden.

2. Plasmabegriff und Debye-Theorie

Ionisierte Materie ist im Plasmazustand, wenn Raumladungen in dem ionisierten Bereich nicht auftreten. Dazu muß bei einfacher Ionisation die Anzahl der Elektronen N_e in der Volumeneinheit an jedem Ort des Plasmas gleich der der Ionen N_i sein. N_e und N_i können Funktionen des Ortes sein. Bei mehrfacher Ionisation muß Gl. X,1 gelten (Quasi-Neutralitäts-Bedingung).

$$N_e = N_{i,1} + 2\,N_{i,2} + 3\,N_{i,3} + \ldots = \sum_Z Z\,N_{i,Z}; \quad Z = 1, 2, 3, \ldots \qquad (X,1)$$

Z ist die Ladungszahl der Ionen und Index zur Kennzeichnung der Ionenart (einfache Ionisation: Z = 1). Sind negativ geladene Ionen im Plasma vorhanden, so muß deren Ladung und Anzahldichte in der Quasineutralitäts-Bedingung zusätzlich aufgeschrieben werden. Dieser Fall ist für Z = - 1, - 2, . . . in Gl. X,1 enthalten.

Wir wollen nachweisen, daß die Begriffsbildung der Quasi-Neutralität vernünftig ist. Werden in einem größeren Volumenbereich des Plasmas die Elektronen gegenüber den Ionen durch zufällige Vorgänge verschoben – die Anzahldichte der Elektronen wäre dann ungleich der der Ionen – so existiert bereits bei kleiner Verschiebung der Elektronen gegen die Ionen ein großes elektrisches Feld. Die potentielle elektrische Energie der Teilchen würde somit beträchtlich größer werden als ihrer mittleren thermischen Translationsenergie $E = 3/2 \cdot k\,T$ entspricht. Dieser nicht verständliche Vorgang wird jedoch behindert, da das hervorgerufene elektrische Feld wegen der elektrischen Leitfähigkeit des Plasmas wieder zum Ausgleich der Anzahldichten der Ladungsträger führt.

Zur quantitativen Behandlung betrachten wir das Modell der Debye-Hückel-Theorie, das für die Beschreibung der Eigenschaften starker Elektrolyte entwickelt wurde. Im Vakuum ist das elektrische Potential in der Umgebung eines Elektrons oder Ions durch das Coulomb-Potential gegeben:

$$V^{\mathrm{Coul}}(r) = \frac{1}{4\pi\epsilon_0} \frac{e}{r} \tag{X,2}$$

Im Plasma treten Abweichungen von dieser Abstandsabhängigkeit auf. Wegen der wirksamen elektrischen Felder der Ladungsträger aufeinander umgeben sich die Elektronen mit Ionen und die Ionen mit Elektronen. Es stellt sich eine „statistisch schwankende Ordnung" ein, die grob vergleichbar der „eingefrorenen Ordnung" in einem Ionenkristall ist. Das hat zur Folge, daß in sehr kleinen Volumenbereichen des Plasmas Abweichungen von der Quasi-Neutralität festzustellen sind. In der nahen Umgebung eines Elektrons sammelt sich ein Überschuß positiver Ladung an, in der nahen Umgebung eines Ions ein Überschuß negativer Ladung. Infolge dieser Zuordnung wird das Coulomb-Feld in der Nachbarschaft eines Ladungsträgers „abgeschirmt". Das Potential in der Umgebung eines Elektrons oder Ions nimmt deshalb mit dem Abstand r im Plasma stärker ab als das Coulomb-Potential $V^{\mathrm{Coul}}(r)$ im Vakuum. Dieses unbekannte Potential im Plasma wollen wir als Debye-Potential $V^{\mathrm{D}}(r)$ bezeichnen und ermitteln.

Das Plasma sei einfach ionisiert und die räumlich und zeitlich gemittelte Anzahldichte der Ladungsträger sei $N = N_{\mathrm{e}} = N_{\mathrm{i}}$. Die radiale Verteilung der Anzahldichte der Elektronen und Ionen $N_{\mathrm{e}}(r)$ und $N_{\mathrm{i}}(r)$ in der Umgebung eines Ladungsträgers ist bei einer vorgegebenen Temperatur T durch die Boltzmann-Verteilung bestimmt (Elementarladung e, positiv; $eV^{\mathrm{D}}(r) \ll kT$).

$$N_{\mathrm{e}}(r) = N \exp \frac{eV^{\mathrm{D}}(r)}{kT} \approx N\left(1 + \frac{eV^{\mathrm{D}}(r)}{kT}\right)$$

$$N_{\mathrm{i}}(r) = N \exp \frac{-eV^{\mathrm{D}}(r)}{kT} \approx N\left(1 - \frac{eV^{\mathrm{D}}(r)}{kT}\right)$$

Es herrscht also eine radiale Verteilung der Raumladungsdichte $\rho(r)$

$$\rho(r) = (N_{\mathrm{i}} - N_{\mathrm{e}})\, e = -\frac{2Ne^2\, V^{\mathrm{D}}(r)}{kT} \tag{X,3}$$

Für eine vorgegebene Raumladungsverteilung läßt sich das Potential aus der Poisson-Gleichung ermitteln

$$\Delta V^{\mathrm{D}}(r) = -\frac{1}{\epsilon_0}\rho(r)$$

$$\frac{\mathrm{d}^2 V^{\mathrm{D}}(r)}{\mathrm{d}r^2} + \frac{2}{r}\frac{\mathrm{d}V^{\mathrm{D}}(r)}{\mathrm{d}r} = \frac{2Ne^2}{\epsilon_0 kT} V^{\mathrm{D}}(r)$$

Mit der Bedingung $V^{\mathrm{D}}(r) \rightarrow V^{\mathrm{Coul}}(r)$ für $r \rightarrow 0$ ist Lösung dieser Gleichung:

$$V^{\mathrm{D}}(r) = \frac{1}{4\pi\epsilon_0} \frac{e}{r} \exp(-\frac{r}{\rho_{\mathrm{D}}}) \tag{X,4}$$

wobei ρ_{D} die **Debye-Länge** für ein einfach ionisiertes Plasma ist.

$$\rho_{\mathrm{D}} = \sqrt{\frac{\epsilon_0 k}{e^2}} \sqrt{\frac{T}{2N}}$$

$$\sqrt{\frac{\epsilon_0 k}{e^2}} = 69 \text{ m}^{-1/2} \text{ K}^{-1/2} \tag{X,5}$$

Nach Gl. X,4 ist im Plasma der Abstandsabhängigkeit $1/r$ des Coulomb-Potentials eine exponentielle Abstandsabhängigkeit überlagert (Abb. X,1). Die spezielle Abstandsabhängigkeit wird durch die Debye-Länge festgelegt. Sie ist ein Maß dafür, wie wirksam das Coulomb-Potential „abgeschirmt" wird. Die Debye-Länge bestimmt somit die Reichweite der Coulomb-Kräfte im Plasma. Bei vielen theoretischen Fragestellungen der Plasmaphysik muß die Coulomb-Wechselwirkung der Ladungsträger untereinander untersucht werden. Es ist dann das nur auf kurzen Abständen wirksame Potential $V^{\mathrm{D}}(r)$ anzuwenden und nicht das über große Abstände wirksame Potential $V^{\mathrm{Coul}}(r)$. In den Ergebnissen der Wechselwirkungsbetrachtungen ist daher die Debye-Länge die bestimmende Größe.

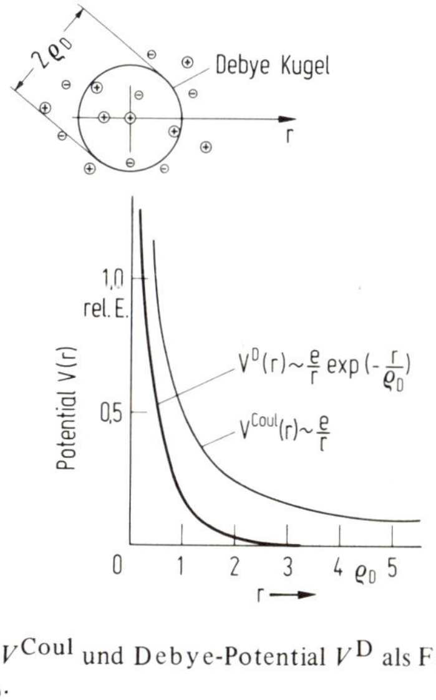

Abb. X,1. Coulomb-Potential V^{Coul} und Debye-Potential V^{D} als Funktion des Abstandes r gemessen in Debye-Längen ρ_{D}.

In der Debye-Theorie werden die abschirmenden Ladungen als kontinuierliche Ladungsverteilung angesetzt (vgl. Ansatz: Gl. X,3). Für die Gültigkeit der Debye-

Theorie ist deshalb vorauszusetzen, daß eine nicht zu geringe Zahl von Ladungsträgern N sich in der Debye-Kugel (Radius ρ_D) befindet. Es soll also gelten:

$$\frac{4\pi}{3}\rho_D^3 N \gg 1 \tag{X,6}$$

Wird der mittlere Abstand ρ_m der Ladungsträger durch die Bedingung definiert, daß sich in der Kugel mit dem Radius ρ_m im Mittel ein Teilchen aufhält:

$$\frac{4\pi}{3}\rho_m^3 N = 1, \tag{X,7}$$

so läßt sich Gl. X,6 auch schreiben als

$$\frac{\rho_m}{\rho_D} \ll 1 \tag{X,8}$$

Der mittlere Abstand der Ladungsträger soll also klein sein gegenüber der Debye-Länge. In Abb. X,2 ist ρ_D für zwei Temperaturen als Funktion der Anzahldichte aufgetragen und mit ρ_m verglichen. Danach ist für Plasmen sehr hoher Anzahldichte der Ladungsträger und niedriger Temperatur Gl. X,8 nur noch eingeschränkt gültig.

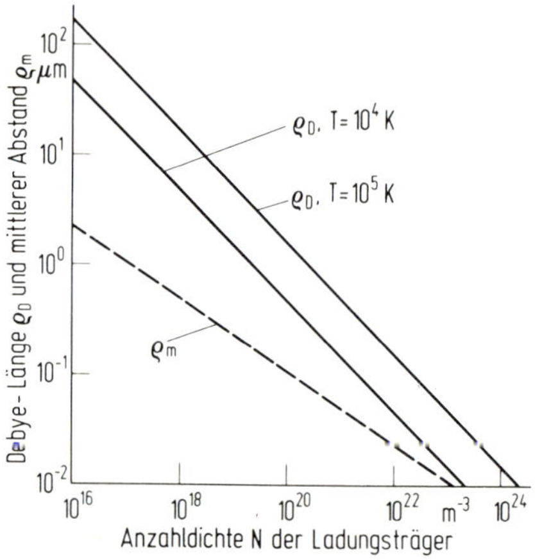

Abb. X,2. Debye-Länge ρ_D (für $T = 10^4$ K und 10^5 K) und mittlerer Abstand ρ_m der Ladungsträger als Funktion der Anzahldichte der Ladungsträger.

Wir wollen jetzt auf die anfangs gestellte Frage nach der Gültigkeit der Quasi-Neutralitäts-Bedingung zurückkommen. Aus den Betrachtungen zur Herleitung der Debye-Länge ist zu entnehmen, daß in Plasmabereichen von der geometrischen Ausdehnung der Debye-Länge Abweichungen von der Quasi-Neutralität auftreten. Wählt man dagegen einen Plasmabereich, dessen geometrische Ausdehnung sehr groß gegenüber ρ_D ist, so ist in diesem Bereich die Bedingung der Quasi-Neutralität in guter Näherung erfüllt. Andernfalls würde die potentielle elektrische Energie der Ladungsträger beträchtlich über der mittleren thermischen Translationsenergie liegen. Ein ionisiertes Gas soll daher dann als ein Plasma angesehen werden, wenn die Debye-Länge klein ist gegenüber anderen Längen von Bedeutung, wobei im Einzelfall zu untersuchen ist, welche anderen Längen für das betrachtete Problem bestimmend sind (z. B. Gefäßabmessungen oder die unterschiedlich großen mittleren freien Weglängen der verschiedenen Plasmapartikel).

An dieser Stelle sei bereits darauf hingewiesen, daß die Debye-Länge über die mittlere thermische Geschwindigkeit der Elektronen $\bar{v}_e$ in einfacher Weise mit der noch später zu behandelnden **Plasmafrequenz** ω_p zusammenhängt (Abschn. X,9). ω_p ist eine Eigenfrequenz des Plasmas, die von der Anzahldichte der Elektronen abhängt. Bei fester Elektronentemperatur T_e sind ρ_D und ω_p einander umgekehrt proportional.

$$\rho_D = \frac{\sqrt{\pi}}{4} \frac{\bar{v}_e}{\omega_p} \qquad \text{(X,9)}$$

$$\bar{v}_e = \sqrt{\frac{8\,k\,T_e}{\pi\, m_e}}$$

$$\omega_p = \sqrt{\frac{e^2}{\epsilon_0\, m_e} N_e}$$

3. Einige Elementarprozesse in Gasen und Plasmen. – Wechselwirkungen zwischen Atomen, Elektronen, Ionen und Photonen

3.1 Stoßquerschnitt, Stoßfrequenz, freie Weglänge

Nähern sich zwei oder mehr Teilchen einander auf ausreichend kleinem Abstand, so tritt eine Wechselwirkung auf, bei der Energie zwischen den Partnern übergehen kann. In Plasmen kommen viele verschiedenartige Wechselwirkungsprozesse (Stoßprozesse) zwischen Molekülen, Atomen, Elektronen, Ionen und Photonen vor. Die Stoßprozesse laufen zwischen gleichartigen oder verschiedenartigen Plasmateilchen ab. Es können elastische oder unelastische Stöße sein.

- Elastische Stöße sind solche, bei denen nur Translationsenergie ausgetauscht wird. Der „innere" Energiezustand der Stoßpartner ändert sich nicht. Bei Neutralatomen finden die elastischen Stöße überwiegend zwischen jeweils zwei Teilchen statt (Zweierstöße). Bei Stößen zwischen geladenen Teilchen tritt eine Besonderheit auf. Wegen der weitreichenden Coulomb-Felder können gleichzeitig viele Ladungsträger an einem „elastischen Stoßvorgang" beteiligt sein.
- Unelastische Stöße sind solche, bei denen das Atom angeregt oder ionisiert wird (Stoßanregung oder Stoßionisation). Es wird dabei Translationsenergie in Anregungs- oder Ionisationsenergie umgewandelt (s. Abb. X,15 und Abb. X,16).

Zu den unelastischen Stößen gehören auch die Stöße, bei denen die Umkehrprozesse zur Anregung und Ionisation ablaufen (superelastische Stöße und Dreierstoßkombinationen). Bei den superelastischen Stößen und Dreierstoßrekombinationen wird Anregungs- und Ionisationsenergie in Translationsenergie umgewandelt (s. Abb. X,15 und Abb. X,16).

Von der Vielzahl der möglichen Stoßprozesse haben wir nur die wichtigsten aufgezählt. Ebenfalls wollen wir an dieser Stelle auch nicht die Wechselwirkung zwischen Photonen und anderen Plasmateilchen, also die Emission und Absorption elektromagnetischer Strahlung im Plasma behandeln. Das geschieht später in Abschnitt X,11 über die optische Strahlung des Plasmas.

Will man makroskopische Plasmaeigenschaften verstehen, so muß man die Häufigkeit der aufgezählten Wechselwirkungsprozesse zwischen den im Plasma vorhandenen Teilchen untersuchen. Es sei zunächst daran erinnert, daß man in der kinetischen Gastheorie aus der Betrachtung der Stoßprozesse von ungeladenen Teilchen mit kleiner Translationsenergie ($k\,T$ von der Größenordnung 0,1 eV) das Verständnis für das makroskopische Verhalten von Gasen gewinnt. Man versteht auf diese Weise zum Beispiel die Zustandsgleichung der Gase, ihre Wärmeleitung, die Viskositäts- und Diffusionseigenschaften. Gegenüber einem Gas treten im Plasma zusätzlich geladene Teilchen auf. Zum Verständnis der typischen makroskopischen Eigenschaften von Plasmen wird man also – zusätzlich zu den Stoßprozessen zwischen Neutralatomen – diejenigen Wechselwirkungsprozesse untersuchen müssen, bei denen geladene Teilchen beteiligt sind. Außerdem ist gegenüber einem Gas zu berücksichtigen, daß die Stoßpartner im Plasma meist größere Translationsenergien besitzen ($k\,T \gtrapprox 1$ eV). Wir wollen daher im folgenden die Art und Häufigkeit der möglichen Stoßprozesse in einem Plasma näher diskutieren, dazu jedoch eine elementare Behandlung der Begriffe: mittlere **Stoßfrequenz** und mittlere **freie Weglänge** vorausschicken.

Wie häufig ein bestimmter Stoßvorgang im Plasma auftritt, bestimmt neben den Anzahldichten der Stoßpartner und ihrer Geschwindigkeit der Stoßquerschnitt q. Wir betrachten hier keine Abhängigkeit des Stoßquerschnitts von der Bewegungsrichtung der Stoßpartner zueinander. Mit q ist daher der totale Stoßquerschnitt integriert über den gesamten Raumwinkel gemeint. Mit einer einfachen Modellvorstellung, wie sie in der elementaren kinetischen Gastheorie benutzt wird, soll für ein bestimmtes Teilchen im Plasma die Zahl der Stöße während der Zeiteinheit, die mittlere Stoßfrequenz ν, ermittelt werden. In einem bestimmten Volumenbereich sei die Teilchenart A (Anzahldichte N_A) und die Teilchenart B (Anzahldichte N_B) vorhanden. A und B seien starre elastische Kugeln (Radius r_A und r_B). Ihre Relativgeschwindigkeit zueinander sei v_{AB}. A und B stoßen zusammen, wenn der Mittelpunktabstand der Kugeln $r_A + r_B$ ist. Die Kreisfläche

$$q_{AB} = (r_A + r_B)^2\,\pi$$

ist der Stoßquerschnitt für diesen Vorgang (Abb. X,3). Wir vereinfachen weiter durch folgende Überlegung. Alle Teilchen der Art B werden als ruhend und punktförmig angesehen, dagegen wird einem Teilchen A der Radius $r = r_A + r_B$ und die Geschwin-

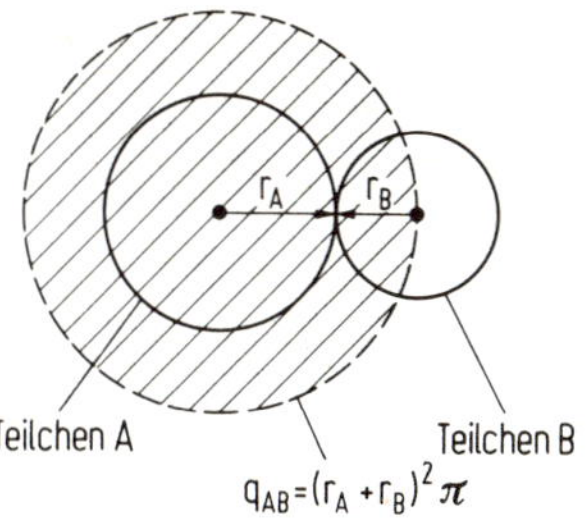

Abb. X,3. Zur Definition des Stoßquerschnittes starrer elastischer Kugeln.

digkeit v_{AB} zugeordnet. Dieses Teilchen A überstreicht in der Zeiteinheit einen Zylinder mit der Grundfläche q_{AB} und mit dem Volumen $q_{AB}\, v_{AB}$. In diesem Volumen sind $q_{AB}\, v_{AB}\, N_B$ Teilchen der Art B enthalten, mit denen es zusammenstößt. Damit hat man die Zahl der Stöße ν_A (mittlere Stoßfrequenz) ermittelt, die ein stoßendes Teilchen A in der Zeiteinheit mit den Teilchen der Art B (Anzahldichte N_B) erfährt:

$$\nu_A = q_{AB}\, v_{AB}\, N_B \tag{X,10}$$

Der Reziprokwert von ν_A ist gleich der mittleren Zeitdauer τ_A (Relaxationszeit) zwischen zwei aufeinanderfolgenden Stößen des stoßenden Teilchens A

$$\tau_A = \frac{1}{\nu_A} = \frac{1}{q_{AB}\, v_{AB}\, N_B}$$

Während der Zeit τ_A legt das Teilchen A eine freie Weglänge zurück. Die mittlere freie Weglänge λ_A (Relaxationslänge) ermitteln wir durch Multiplikation von τ_A mit v_{AB}

$$\lambda_A = v_{AB}\, \tau_A = \frac{v_{AB}}{q_{AB}\, v_{AB}\, N_B} \tag{X,11}$$

$$\lambda_A = \frac{1}{q_{AB}\, N_B}$$

Im Plasma kollidiert ein Teilchen A meist nicht nur mit einer Teilchenart B (Anzahldichte: N_B, Querschnitt: q_{AB}), sondern auch mit einer zweiten Teilchenart C (Anzahldichte: N_C, Querschnitt q_{AC}). Die Stoßfrequenz ν_A des Teilchens A ist dann:

$$\nu_A = q_{AB}\, v_{AB}\, N_B + q_{AC}\, v_{AC}\, N_C$$

In unserem einfachen Modell werden die Teilchenarten B und C als ruhend betrachtet. Daher ist $v_{AB} = v_{AC}$ und für die mittlere freie Weglänge gilt

$$\lambda_A = \frac{1}{q_{AB}\, N_B + q_{AC}\, N_C} \tag{X,12}$$

$q_{AB}\, N_B + q_{AC}\, N_C = Q$ ist der makroskopische Stoßquerschnitt bezogen auf die Volumeneinheit (SI-Einheit: m^{-1}).

Für reale Stoßvorgänge ist das Modell der starren elastischen Kugeln mit konstanten Stoßquerschnitten eine grobe Vereinfachung. Reale Stoßquerschnitte hängen von der Geschwindigkeit der Stoßpartner ab. Außerdem besitzen die stoßenden Teilchen im Plasma eine Verteilungsfunktion der Geschwindigkeit $f(v_{AB})$. Zur Bestimmung der mittleren Stoßfrequenz ν_A eines stoßenden Teilchens A muß daher der geschwindigkeitsabhängige Stoßquerschnitt mit der Geschwindigkeitsverteilung gemittelt werden und anstelle von Gl. X,10 folgt

$$\nu_A = N_B \int_{(v_{AB})} q_{AB}(v_{AB})\, f(v_{AB})\, v_{AB}\, d\, v_{AB}$$

$$\langle q_{AB}\, v_{AB}\rangle = \int_{(v_{AB})} q_{AB}(v_{AB})\, f(v_{AB})\, v_{AB}\, d\, v_{AB} \tag{X,13}$$

$$\nu_A = \frac{1}{\tau_A} = \langle q_{AB}\, v_{AB}\rangle N_B$$

$\langle q_{AB}\, v_{AB}\rangle$ wird häufig als Ratenkoeffizient bezeichnet. Mit τ_A legen wir die mittlere freie Weglänge wie in Gl. X,11 fest, benutzen jedoch die durch die Verteilungsfunktion $f(v_{AB})$ bestimmte mittlere Geschwindigkeit $\overline{v}_{AB} = \langle v_{AB}\rangle$

$$\langle v_{AB}\rangle = \int_{(v_{AB})} f(v_{AB})\, v_{AB}\, d\, v_{AB}$$

$$\lambda_A = \tau\langle v_{AB}\rangle = \frac{1}{\dfrac{\langle q_{AB}\, v_{AB}\rangle}{\langle v_{AB}\rangle} N_B}$$

Wird als „gemittelter Stoßquerschnitt" die Größe

$$\langle q_{AB}\rangle = \frac{\langle q_{AB}\, v_{AB}\rangle}{\langle v_{AB}\rangle} \tag{X,14}$$

eingeführt, so erhalten wir für die mittlere freie Weglänge ein mit Gl. X,11 formal übereinstimmendes Ergebnis

$$\lambda_A = \frac{1}{\langle q_{AB}\rangle N_B}$$

oder für den Fall, daß eine zusätzliche Teilchenart C vorhanden ist:

$$\lambda_A = \frac{1}{\langle q_{AB}\rangle N_B + \langle q_{AC}\rangle N_C} \tag{X,15}$$

In einem Gas oder Plasma können die stoßenden Teilchen als Sonderfall eine Maxwell-Geschwindigkeitsverteilung besitzen. Dann ist $f(v_{AB})$ eine Temperaturfunktion und die gemittelten Querschnitte sind temperaturabhängig: $\langle q_{AB}\rangle = f(T)$. Dieser interessante Sonderfall wird uns bei der Betrachtung der Transportphänomene im Plasma beschäftigen. Wir werden daher Gl. X,15 im Abschnitt X,8 zum Verständnis der elektrischen Leitfähigkeit und der Wärmeleitfähigkeit im Plasma benötigen.

Zur mittleren freien Weglänge sei abschließend folgender Hinweis gegeben. Der reziproke Wert der freien Weglänge $1/\lambda_A$ ist gleich der Zahl der Stöße, die ein Teilchen A auf einer Strecke von der Größe der Längeneinheit erfährt. Ist also beispielsweise λ_e die mittlere freie Weglänge von Elektronen gegenüber Ionisationsstößen von Atomen der Anzahldichte N_B (gemessen in m^{-3}) und ist q_e der zugehörige Ionisationsquerschnitt (gemessen in m^2), so werden auf der Strecke von 1 Meter $q_e N_B$ Ionen erzeugt.

Für spätere Betrachtungen wollen wir die Anzahl der Stöße in der Volumen- und Zeiteinheit (Stoßrate Z_{AB}) für Teilchen der Art A (Anzahldichte N_A) gegenüber Teilchen der Art B (Anzahldichte N_B) aufschreiben. Für ein Teilchen A ist nach Gl. X,13 die Stoßfrequenz ν_A. Bewegt sich nicht nur ein Teilchen der Art A, sondern bewegen sich N_A Teilchen (in der Volumeneinheit), so ist die Zahl der Stöße N_A-mal so groß und für die Stoßrate Z_{AB} gilt:

$$Z_{AB} = \langle q_{AB}\, v_{AB} \rangle N_A N_B \tag{X,16}$$

Stoßraten für ausgewählte Stoßvorgänge werden wir bei der Betrachtung der Energieaustauschprozesse im Plasma benötigen (Abschnitt X,5). Um beispielsweise den Ionisationszustand eines speziellen Plasmas zu ermitteln, ist das Gleichgewicht zwischen der Zahl der Ionisationsstöße und der Zahl der Rekombinationsstöße in der Zeit- und Volumeneinheit zu untersuchen.

Im folgenden soll jedoch zunächst die Größenordnung der Querschnitte für einige Stoßvorgänge diskutiert werden, die zum Verständnis von Plasmaeigenschaften Bedeutung haben. Zunächst behandeln wir elastische Stöße für folgende Stoßpartner: Neutralatom – Neutralatom, Ladungsträger – Neutralatom und Ladungsträger – Ladungsträger. Dann betrachten wir die unelastischen Stöße von Elektronen, Ionen und Atomen, die zur Anregung und Ionisation von Atomen führen.

Stoßquerschnitte werden oft in Einheiten des Querschnitts $a_0^2\,\pi$ angegeben, den ein Kreis mit dem Bohr-Radius a_0 hat.

$$a_0 = \frac{\epsilon_0\, h^2}{\pi\, m_e\, e^2} = 0{,}529 \cdot 10^{-10}\ \mathrm{m}$$

$$a_0^2\,\pi = 8{,}80 \cdot 10^{-21}\ \mathrm{m}^2$$

3.2 Elastische Stöße

Querschnitte für Stöße: Neutralatom – Neutralatom. Diese Querschnitte sind die in der kinetischen Gastheorie betrachteten gaskinetischen Stoßquerschnitte. In Tab. X,1 sind für einige Atome und Moleküle die Querschnitte $\langle q \rangle$ angegeben. $\langle q \rangle$ bedeutet hier nicht den Stoßquerschnitt für Stöße zwischen Partnern gleicher Art sondern den Querschnitt des „Einzel"-Teilchens. Die Querschnitte nehmen mit steigender Temperatur ab. Die hier angegebenen gelten für $T = 273$ K. Die gaskinetischen Querschnitte sind für die Betrachtung von Plasmaeigenschaften weniger bedeutungsvoll und hier vornehmlich

Tab. X,1. Gaskinetische Radien ⟨r⟩ und Querschnitte ⟨q⟩ von „Einzel"-Atomen bzw. „Einzel"-Molekülen für $T = 273$ K

Element	⟨r⟩ 10^{-10} m	$\langle q\rangle = \langle r\rangle^2 \pi$ 10^{-20} m²	⟨q⟩ in Einheiten $a_0^2 \pi$
H	1,26	4,99	5,67
He	1,09	3,73	4,24
Ne	1,30	5,31	6,03
Ar	1,83	10,5	12,0
Kr	2,09	13,7	15,6
Xe	2,46	19,0	21,6
Hg	2,64	21,9	24,9
H_2	1,37	5,90	6,70
O_2	1,81	10,3	11,7
N_2	1,88	11,1	12,6

zum Größenvergleich mit den folgenden Querschnitten aufgeführt. Stöße, bei denen Ladungsträger beteiligt sind, sind von größerem Interesse.

Querschnitte für Stöße: Ladungsträger – Neutralatome. Ramsauer Querschnitte. Hier wollen wir den wichtigen Sonderfall der Stöße zwischen Elektronen und Neutralatomen herausgreifen. Die Translationsenergie der stoßenden Elektronen soll klein sein, damit Anregungs- und Ionisationsstöße nicht auftreten. Besitzt das Neutralatom den gaskinetischen Radius r, das Elektron den Radius r_e, so sollte der Stoßquerschnitt für Elektron-Atom-Stöße q_{ea} (starre elastische Kugeln und $r_e \ll r$ vorausgesetzt) die Größe haben:

$$q_{ea} = r^2 \pi \tag{X,17}$$

Die Größe dieser erwarteten Querschnitte enthält Tab. X,1. Tatsächlich beobachtet man jedoch, daß die Querschnitte q_{ea} mit der Translationsenergie der Elektronen sich stark ändern (Abb. X,4). Für kleine Translationsenergien haben die Querschnitte bei etwa 1 eV ihren kleinsten Wert. Argon zum Beispiel hat im Minimum gegenüber den

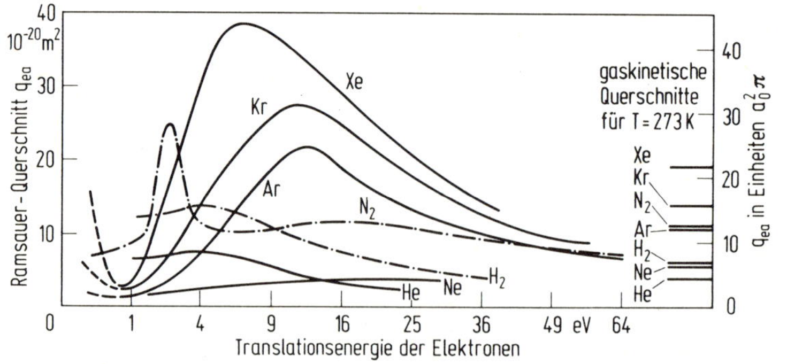

Abb. X,4. Stoßquerschnitt q_{ea} langsamer Elektronen gegenüber Atomen als Funktion der Translationsenergie der Elektronen (Ramsauer-Querschnitte).

gaskinetischen Querschnitten einen um den Faktor 40 kleineren Querschnitt. Für größere Translationsenergien von einigen eV sind die Querschnitte q_{ea} größer als die gaskinetischen Querschnitte. Sie liegen jedoch für sehr große Translationsenergien von einigen keV wieder beträchtlich darunter ($q_{ea} = 10^{-22}$ m^2 bis 10^{-20} m^2; das Atom ist dann durchlässig für Elektronen). Die charakteristische Abhängigkeit der Querschnitte langsamer Elektronen gegenüber Neutralatomen wird als Ramsauer Effekt bezeichnet, die Querschnitte als Ramsauer-Querschnitte.

In schwach ionisierten Plasmen, in denen die Anzahldichte der Neutralatome groß ist, sind Elektron-Atom-Stöße häufig. Unter dieser Bedingung sind daher bei Translationsenergien der Elektronen von einigen eV die Ramsauer-Querschnitte verantwortlich für die mittlere freie Weglänge der Elektronen im Plasma. Die Ramsauer-Querschnitte bestimmen dann beispielsweise die Driftgeschwindigkeit der Elektronen im elektrischen Feld und damit die elektrische Leitfähigkeit des Plasmas.

Querschnitte für Stöße: Ladungsträger – Ladungsträger. Ist das Plasma nahezu vollionisiert, so ist die Anzahldichte der Neutralatome klein gegenüber der der Ionen. Im Plasma sind dann Stöße zwischen Ladungsträgern untereinander vorherrschend. Wir wollen hierzu den elastischen Stoßquerschnitt zwischen Elektronen und Ionen betrachten. Bei Annäherung eines stoßenden Elektrons an ein Ion wirkt zwischen beiden Teilchen das Coulomb-Feld, und die Kraft auf die sich einander nähernden Stoßpartner ist proportional $1/r^2$ (r: Abstand der Stoßpartner). Die im Vergleich zu anderen Kraftgesetzen schwache Abnahme der Coulombkraft mit dem Abstand führt zu Komplikationen bei der Definition und Ermittlung eines Stoßquerschnittes für Stöße zwischen Ladungsträgern. Ist nämlich die Anzahldichte der Ladungsträger im Plasma ausreichend groß, so kann ein „stoßendes" Elektron fortwährend den Coulombkräften mehrerer benachbarter Ionen unterliegen. Gradlinige Bahnstücke zwischen zwei Stößen gibt es dann nicht. Das einfache Modell von Zweierstößen zwischen starren elastischen Kugeln ist daher hier falsch. Bei Atom-Atom-Stößen in einem Gas ist das Modell starrer Kugeln deshalb eine brauchbare Näherung, weil die wirkenden Kräfte mit dem Abstand sehr viel stärker abnehmen als die Coulombkräfte. Sind beispielsweise Van der Waalskräfte bei der Stoßwechselwirkung zwischen Neutralatomen wirksam, so ist die Abstandsabhängigkeit der Kraftwirkung zwischen den Stoßpartnern proportional $1/r^7$.

Zu einer näherungsweisen quantitativen Untersuchung der Vorgänge bei Stößen zwischen Ladungsträgern betrachten wir ein Elektronen-Parallelstrahlbündel, bei dem die einzelnen Elektronen mit unterschiedlichem Stoßparameter p auf ein ruhendes Ion treffen (Abb. X,5). Die Elektronen beschreiben Hyperbelbahnen. Passieren die Elektronen das Ion in kleinem Abstand (der Stoßparameter p ist dann klein), so erfahren sie große Ablenkungen aus ihrer ursprünglichen Richtung. Aber auch Elektronen mit sehr großem p erfahren wegen der schwachen Abnahme des Coulomb-Feldes eine, wenn auch kleine, Ablenkung. Die Berechnung eines Stoßquerschnittes nach dieser Vorstellung führt daher zu einem unendlich großen Wert. Einen sinnvollen, endlichen Stoßquerschnitt erhält man nur dann, wenn man endliche Werte des Stoßparameters p zuläßt. Als obere Grenze von p kann beispielsweise der mittlere Abstand der Ladungs-

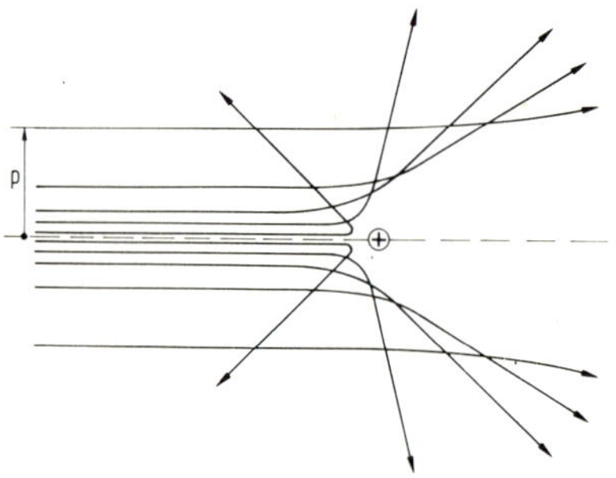

Abb. X,5. Zur Diskussion des Stoßquerschnitts q_{ei} von Elektron-Ionenstößen. Ein Elektronen-Parallelstrahlbündel trifft auf ein Ion (p: Stoßparameter).

träger oder die Debye-Länge gewählt werden. Beide Größen sind abhängig von der Anzahldichte der Ladungsträger. Daher müssen auch die so berechneten Querschnitte von der Anzahldichte der Ladungsträger abhängen. Abhängig von der Näherung erhält man etwas unterschiedliche Resultate für den Stoßquerschnitt q_{ei} für Stöße zwischen Elektronen und Ionen im Plasma. Wir geben hier ein Ergebnis nach Gvosdover[1] an (Gvosdover-Querschnitte), aus dem die prinzipielle Abhängigkeit der Querschnitte von der Temperatur und Anzahldichte der Ladungsträger zu erkennen ist ($N_e = N_i$).

$$\langle q_{ei} \rangle = \frac{e^4}{48\,\pi\,\epsilon_0^2}\,\frac{1}{(k\,T_e)^2}\,\ln\left[\frac{(6\,\pi\,\epsilon_0)^{3/2}}{e^3}\,\frac{(k\,T_e)^{3/2}}{N_e^{1/2}}\right]$$

$$\frac{e^4}{48\,\pi\,\epsilon_0^2} = 5{,}57 \cdot 10^{-56}\ (\mathrm{mWs})^2 \qquad (X,18)$$

$$\frac{(6\,\pi\,\epsilon_0)^{3/2}}{e^3} = 5{,}24 \cdot 10^{41}\ (\mathrm{mWs})^{-3/2}$$

$m_e\, v_e^2/2 = 3/2 \cdot k\,T_e$ ist die mittlere Translationsenergie der Elektronen und T_e die Elektronentemperatur im Plasma. Nach Gl. X,18 nehmen die Querschnitte mit der Elektronentemperatur ab, näherungsweise proportional zu $1/T_e^2$ (Abb. X,6). Demgemäß nimmt in einem vollionisierten Plasma, in dem Stoßwechselwirkung zwischen den Ladungsträgern vorherrscht, die mittlere Stoßfrequenz der Elektronen etwa proportional zu $1/T_e^2$ ab und die mittlere freie Weglänge proportional T_e^2 zu (konstante Anzahldichte der Elektronen und Ionen vorausgesetzt).

Wir haben bis jetzt nur die Querschnitte für Stöße zwischen Elektronen und Ionen behandelt, nicht die Querschnitte $\langle q_{ee} \rangle$ für Elektron-Elektron-Stöße. Wegen der größeren Relativgeschwindigkeit der Stoßpartner bei Elektron-Elektron-Stößen gegenüber Elektron-Ionen-Stößen (gleiche mittlere Translationsenergie für Elektronen und Ionen vorausgesetzt) sind die Richtungsänderungen der Bahnen durch das Coulomb-Feld

[1] Gvosdover, S. D.: Phys. Zs. Sovjet Un., **12**, 164 (1937); siehe auch Chapman, S. und Cowling, T. G.: The mathematical theory of non-uniform gases; Cambridge, University Press 1953; außerdem: Proc. Roy Soc. London, **183**, 453 (1945).

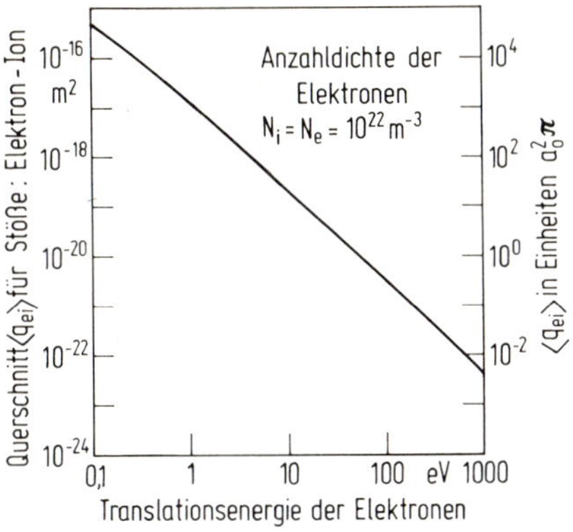

Abb. X,6. Stoßquerschnitt $\langle q_{ei} \rangle$ für Elektron-Ionen-Stöße als Funktion der mittleren Translationsenergie der Elektronen $m_e v_e^2/2 = 3/2 \cdot k\, T_e$ (T_e: Elektronentemperatur) nach Gl. X,18 (Gvosdover-Querschnitte).

(vgl. Abb. X,5) bei Elektron-Elektron-Stößen kleiner als bei Elektron-Ionen-Stößen. Die $\langle q_{ee} \rangle$ sind deshalb kleiner als die $\langle q_{ei} \rangle$. Sie sind jedoch von derselben Größenordnung. In grober Näherung gilt: $\langle q_{ee} \rangle \approx \langle q_{ei} \rangle$.

Wir wollen die Betrachtungen mit einem Zahlenbeispiel veranschaulichen. In stationären thermischen Bogenplasmen unter einem Druck $p = 10^5$ Pa ($\approx$ 1 atm) ist die mittlere Translationsenergie der Elektronen von der Größenordnung 1 eV ($T_e \approx 10^4$ K) und die Anzahldichte der Elektronen von der Größenordnung 10^{22} m^{-3}. Unter diesen Bedingungen sind die Querschnitte $\langle q_{ei} \rangle$ von der Größenordnung $10^3 \cdot a_0^2\, \pi \approx 10^{-17}$ m^2 (s. Abb. X,6). Sie sind damit um einen Faktor von der Größenordnung 100 größer als die gaskinetischen Querschnitte und um mehr als einen Faktor 100 als die Ramsauer-Querschnitte (s. Abb. X,4). Aus diesem Befund folgt für die elastischen Elektronenstöße eine hervorzuhebende Sonderstellung. Im Vergleich zu den Stoßraten von Neutralatomen untereinander führen die großen Querschnitte $\langle q_{ei} \rangle$ und $\langle q_{ee} \rangle$ zu sehr großen Stoßraten der Elektronen (Elektron-Elektron-Stöße und Elektron-Ionen-Stöße). Dazu tragen nicht nur die großen Querschnitte bei, sondern auch die großen Elektronengeschwindigkeiten. Bei gleichen mittleren Translationsenergien der Teilchen in einem thermischen Plasma ist die Elektronengeschwindigkeit im Verhältnis $\sqrt{M/m_e}$ größer als die Geschwindigkeit der schweren Teilchen (M: Masse des schweren Teilchens). Bezogen auf ein mittelschweres Atom (z. B. Argon, Atomgewicht 40) ist daher allein aufgrund der unterschiedlichen Geschwindigkeiten die Stoßrate der Elektronen etwa um den Faktor 300 größer als die Stoßrate der schweren Teilchen untereinander. Unter den oben gewählten Bogenplasmaparametern ($T_e \approx 10^4$ K; $N_e = 10^{22}$ m^{-3}) sind deshalb die Stoßraten der Elektronen untereinander gegenüber den Stoßraten von Atomen untereinander um den Faktor 10^4 bis 10^5 größer (etwa gleiche Anzahldichte der Atome und Elektronen im Plasma vorausgesetzt).

Die Diskussion der Ladungsträger-Ladungsträger-Wechselwirkung sei mit folgendem Hinweis abgeschlossen. Wir sahen, daß die $\langle q_{ei} \rangle$ der Gl. X,18 aus einer Näherung folgen, bei der die Coulomb-Wechselwirkung der Ladungsträger als Zweier-Stoß und nicht als Vielteilchen-Stoß behandelt wird. Wie wir ebenfalls feststellten, entspricht dieses Modell nicht der Wirklichkeit. Die Querschnitte $\langle q_{ei} \rangle$ der Gl. X,18 dürfen daher nicht kritiklos benutzt werden. Verwendet man allerdings die ermittelten Querschnitte, z. B. zur Bestimmung der elektrischen Leitfähigkeit im Plasma, so erhält man die richtige Größenordnung. Die Zweier-Stoß-Querschnitte sind daher für eine anschauliche Näherungsbetrachtung durchaus von Wert.

3.3 Unelastische Stöße

Anregung von Atomen durch Elektronenstöße. Stoßen Elektronen ausreichender Translationsenergie auf Atome, so können sie das Atom aus dem Grundzustand in einen höheren Energiezustand anregen. Die prinzipielle Abhängigkeit der Anregungsquerschnitte von der Translationsenergie der stoßenden Elektronen für optisch erlaubte Energieübergänge ist am Beispiel der Resonanz-Übergänge (Übergänge vom Grundzustand) des Wasserstoffs und Heliums dargestellt (Abb. X,7a u. X,8a). Die

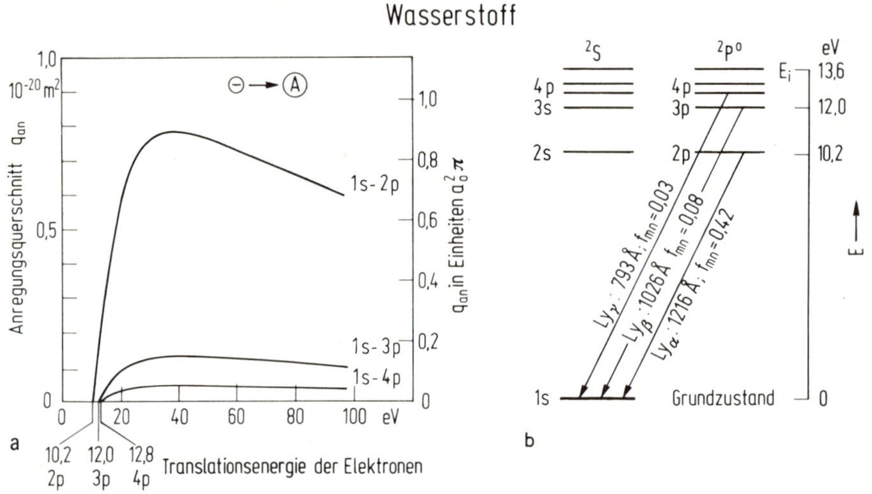

Abb. X,7. Nach Gl. X,19 berechnete Elektronenstoß-Anregungsquerschnitte q_{an} für optisch erlaubte Übergänge vom Grundzustand des Wasserstoffs (Ly_α, Ly_β und Ly_γ) als Funktion der Translationsenergie der Elektronen (a) und vereinfachtes Termschema des Wasserstoffs (b).

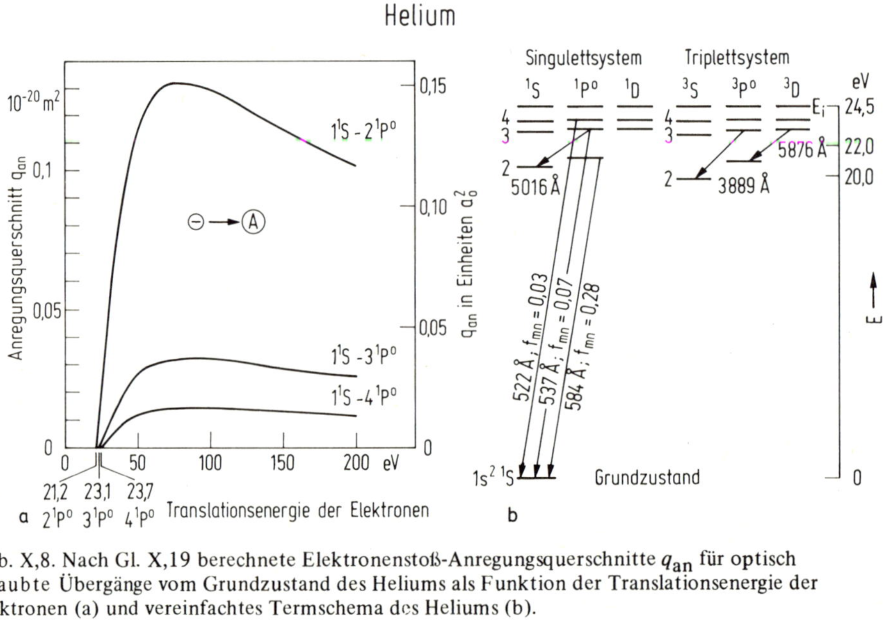

Abb. X,8. Nach Gl. X,19 berechnete Elektronenstoß-Anregungsquerschnitte q_{an} für optisch erlaubte Übergänge vom Grundzustand des Heliums als Funktion der Translationsenergie der Elektronen (a) und vereinfachtes Termschema des Heliums (b).

Anregungsquerschnitte steigen oberhalb einer Schwellenenergie an, durchlaufen ein Maximum und fallen für große Elektronenenergien wieder ab. In Abb. X,7b und X,8b sind die betrachteten Übergänge im Termschema des Wasserstoffs und Heliums eingetragen (Resonanzlinien für Wasserstoff: 1 s - np; für Helium $1^1S - n^1P^0$, n = Hauptquantenzahl). Mit wachsender Hauptquantenzahl nimmt die Intensität der Resonanzlinien ab; die Absorptions-Oszillatorenstärken f_{mn} werden kleiner[2]. Wie aus Abb. X,7a und X,8a und Tab. X,2 zu erkennen ist, nehmen in ähnlicher Weise die Anregungsquerschnitte mit zunehmender Hauptquantenzahl ab. Im Plasma sind daher die Anregungs-Stoßraten vom Grundzustand zu hochangeregten Termen klein gegenüber den Raten zu Termen, die dem Grundzustand unmittelbar folgen.

Tab. X,2. Absorptions-Oszillatorenstärken f_{mn} und nach Gl. X,19 berechneter Elektronenstoß-Anregungsquerschnitte q_{an}^{max} für optisch erlaubte Übergänge vom Grundzustand des Wasserstoffs und Heliums. Für den Grundzustand des Heliums sind außerdem nach [3] berechnete q_{an}^{max} für optisch verbotene Übergänge mit und ohne Multiplizitätsänderung angegeben. q_{an}^{max} sind die Werte im Maximum der Funktion $q_{an} = q_{an}(m_e v_e^2/2)$. λ ist die Wellenlänge des beobachteten Überganges, E_m die Energie des oberen Zustandes (Anregungsenergie, übereinstimmend mit ΔE in Gl. X,19).

Element		Übergang	E_m eV	λ Å	f_{mn}	q_{an}^{max} in Einheiten $a_0^2 \pi$
	erlaubte Übergänge					
H		1 s–2 p	10,2	1216	0,42	0,89
		1 s–3 p	12,1	1026	0,08	0,15
		1 s–4 p	12,8	793	0,03	0,053
He		$1\,^1S-2\,^1P^0$	21,2	584	0,28	0,15
		$1\,^1S-3\,^1P^0$	23,1	537	0,07	0,037
		$1\,^1S-4\,^1P^0$	23,7	522	0,03	0,017
	verbotene Übergänge					
He	ohne Multiplizitätsänderung	$1\,^1S-2\,^1S$	20,6	601	–	0,019
		$1\,^1S-3\,^1S$	22,9	541		0,006
		$1\,^1S-3\,^1D$	23,1	537	–	0,004
		$1\,^1S-4\,^1D$	23,7	522	–	0,002
	mit Multiplizitätsänderung (Interkombinations-Übergänge)	$1\,^1S-2\,^3S$	19,8	625	–	0,019
		$1\,^1S-2\,^3P^0$	21,0	591	–	0,013

Die Abhängigkeit des Anregungsquerschnitts eines Überganges der Energiedifferenz ΔE und der Absorptions-Oszillatorenstärke f_{mn} als Funktion der Translationsenergie

2 zur Definition von f_{mn} siehe Abschnitt X,11.3; Gl. X,138)

der stoßenden Elektronen $m_e\ v_e^2/2$ wird durch eine erweiterte Born-Bethe-Formel beschrieben (siehe [3]):

$$q_{an} = \frac{e^4}{16\,\pi\,\epsilon_0^2} f_{mn} \frac{1}{\frac{m_e}{2} v_e^2} \left(\frac{1}{\Delta E} - \frac{1}{\frac{m_e}{2} v_e^2}\right) \alpha \ln\left(1{,}25\,\beta \frac{\frac{m_e}{2} v_e^2}{\Delta E}\right) \qquad (X,19)$$

α und β sind von der Größenordnung 1 und für den betrachteten Übergang spezifische Zahlenwerte. Die Abhängigkeit der Anregungsquerschnitte von der Translationsenergie wird in Gl. X,19 nur schwach durch den Logarithmus-Term bestimmt verglichen mit dem voranstehenden Term. Deshalb gilt näherungsweise für die Abhängigkeit der Anregungsquerschnitte von der Translationsenergie die folgende Proportionalität, die in Abb. X,9 dargestellt ist.

$$q_{an} \sim \frac{1}{\frac{m_e}{2} v_e^2/\Delta E} \left(1 - \frac{1}{\frac{m_e}{2} v_e^2/\Delta E}\right) \qquad (X,20)$$

Man erkennt in Abb. X,9 den steilen Anstieg oberhalb der Schwellenenergie $\frac{m_e}{2} v_e^2/\Delta E = 1$, das Durchlaufen des Maximums für $\frac{m_e}{2} v_e^2/\Delta E = 2$ und den Abfall für große Translationsenergien der Elektronen.

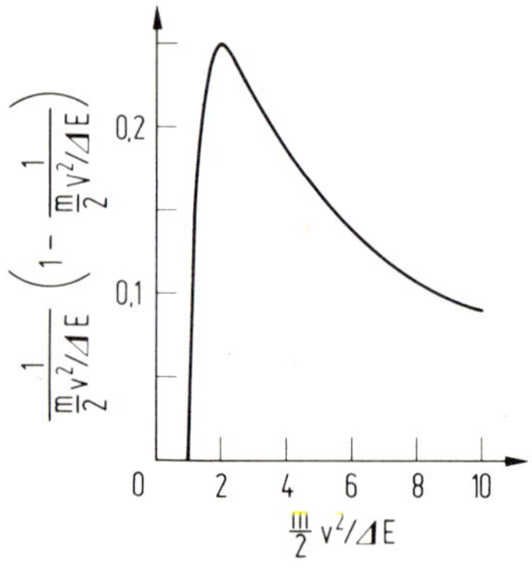

Abb. X,9. Näherungsweise Abhängigkeit des Anregungsquerschnitts (relativ) als Funktion $\frac{m_e}{2} v^2/\Delta E$ nach Gl. X,20 ($\frac{m_e}{2} v^2$: Translationsenergie der Elektronen; ΔE: Energiedifferenz des betrachteten Energieübergangs).

Wir haben bisher nur die Anregungsquerschnitte für optisch erlaubte Energieübergänge diskutiert. Die Anregungsquerschnitte optisch verbotener Übergänge sind gegenüber vergleichbaren erlaubten Übergängen wesentlich kleiner, wie aus den in Tab. X,2 aufgeführten Querschnitten für verbotene Übergänge des Heliums zu erkennen ist. Theoretisch müssen die verbotenen Übergänge ohne Multiplizitätsänderung (beim

[3] H. W. Drawin: Collision und Transport Cross-Sections, EUR-CEA-FC-383 (1967), S. 20; Association Euratom-C.E.A., Fontenay-aux-Roses (France)

Helium die Übergänge innerhalb des Singulett oder Triplettsystems) und die mit Multiplizitätsänderung (beim Helium die Interkombinationsübergänge zwischen dem Singulett und Triplettsystem) gesondert betrachtet werden.

Zur Verdeutlichung der Größenordnung der Anregungsquerschnitte vergleichen wir sie mit den Ramsauer-Querschnitten für elastische Stöße langsamer Elektronen (Abb. X,4). Die für Wasserstoff und Helium diskutierten Anregungsquerschnitte lassen erkennen, daß sie meist um mindestens den Faktor 100 kleiner sind als die Ramsauer-Querschnitte (die Anregungsquerschnitte der Resonanzübergänge des Wasserstoffs sind ungewöhnlich groß). Das bedeutet: Nur etwa jeder 100. Elektronenstoß führt zu einer Anregung.

Ionisation von Atomen durch Elektronen-, Ionen- und Atomstöße. Übersteigt die Translationsenergie der stoßenden Elektronen die Ionisationsenergie der Atome, so können Ionisationsprozesse auftreten. Der Ionisationsquerschnitt q_e einiger Atome und Moleküle als Funktion der Translationsenergie der Elektronen ist in Abb. X,10 aufgetragen. Die Querschnitte wachsen auch hier oberhalb einer Schwellenenergie an, durchlaufen ein Maximum und fallen zu großen Translationsenergien wieder ab. Für Translationsenergien der Elektronen von der Größenordnung einiger 10 eV führt auch hier meist nur jedes 100. Stoßereignis zu einer Ionisation.

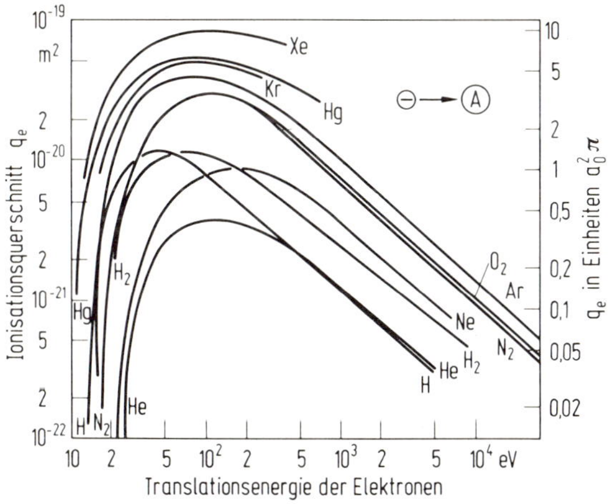

Abb. X,10. Ionisationsquerschnitt q_e einiger Atome und Moleküle für stoßende Elektronen als Funktion der Translationsenergie der Elektronen.

Im Gegensatz zu stoßenden Elektronen sind stoßende Atome und Ionen bei vergleichbarer Translationsenergie für die Ionisation sehr viel weniger wirksam. Die Größenordnung der Ionisationsquerschnitte q_i für stoßende Ionen ist in Abb. X,11 aufgetragen. Vergleicht man die Wirksamkeit der Elektronen- und Ionenstöße, so findet man, daß die Maxima der Querschnitte etwa bei derselben Geschwindigkeit der stoßenden Teilchen liegen. Die Maxima der Ionisatinsquerschnitte q_e liegen bei Translations-

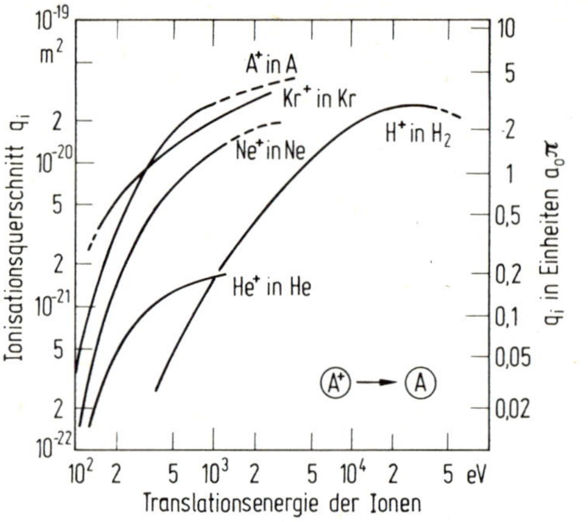

Abb. X,11. Ionisationsquerschnitt q_i einiger Atome für stoßende Ionen als Funktion der Translationsenergie der Ionen.

energien der Elektronen von etwa 100 eV. Die Masse eines Protons ist etwa 2000 mal größer als die eines Elektrons. Ein Proton sollte daher einen maximalen Ionisationsquerschnitt q_i erst für eine Translationsenergie von etwa 200 keV erzielen, ein α-Teilchen erst bei etwa 800 keV. Diese Aussage stimmt nur sehr angenähert mit Messungen überein. In stationären thermischen Gasentladungen beträgt maximal die mittlere Translationsenergie der Teilchen einige eV. Unter diesen Bedingungen sind daher für den Ionisationsprozeß die Elektronen und nicht die Ionen verantwortlich.

Aus den in Abb. X,12 angegebenen Ionisationsquerschnitten q_a für Atom-Atom-Stöße erkennt man, daß auch Atomstöße für die Ionisation wirksam werden können. Zur Ionisation im Plasma tragen Atomstöße bei, wenn bei hohen Translationsenergien der Teilchen noch ausreichend viele Neutralatome vorhanden sind.

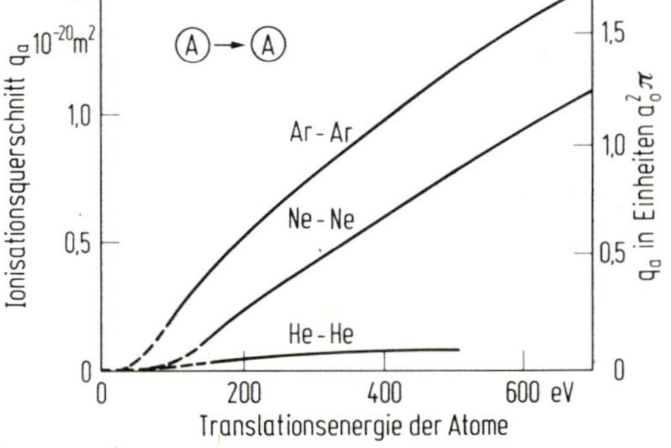

Abb. X,12. Ionisationsquerschnitt q_a einiger Atome für stoßende Atome als Funktion der Translationsenergie der Atome.

Beim Vergleich der Ionisationsraten von Elektronen und schweren Teilchen in einem thermischen Plasma muß zusammenfassend auch hier daran erinnert werden, daß die Stoßraten proportional der Geschwindigkeit der Stoßpartner sind. Insofern ist bei gleicher mittlerer Translationsenergie der Elektronen und der schweren Teilchen – selbst unter der Bedingung gleich großer Ionisationsquerschnitte – die durch die Elektronen hervorgerufene Ionisationsrate wegen der hohen Elektronengeschwindigkeiten sehr viel größer als die der schweren Teilchen (etwa gleich große Anzahldichten der Elektronen, Ionen und Atome vorausgesetzt).

4. Plasma im vollständigen thermodynamischen Gleichgewicht – Grundlegende Temperaturabhängigkeiten

Plasmaeigenschaften werden oft als Temperaturfunktionen dargestellt. Der Temperaturbegriff in der Plasmaphysik wird leicht mißverständlich benutzt und soll deshalb klargelegt werden. Dazu wollen wir zunächst die Eigenschaften eines vollständigen thermodynamischen Gleichgewichts betrachten.

Vollständiges thermodynamisches Gleichgewicht bildet sich aus, wenn sich für ein Medium ein abgeschlossenes System herstellen läßt. Ein abgeschlossenes System ist beispielsweise in einem Hohlraum mit isothermen Wänden verwirklicht. Es fließt dann keine Energie aus dem Innern des Hohlraums nach außen und keine Energie von außen nach innen. Im Innern des Hohlraums sollen jedoch intensive Energieaustauschprozesse durch Teilchenstöße und Strahlung stattfinden. Für ein Plasma ist unter diesen Bedingungen, wie für jedes andere Medium, die Temperatur eine Zustandsgröße und insbesondere ist der Gradient der Temperatur im Innern des Hohlraumes gleich Null. Zusammen mit anderen Zustandsgrößen (Druck, Konzentration verschiedener chemischer Elemente im Plasma) läßt sich der Zustand des Plasmas im vollständigen thermodynamischen Gleichgewicht beschreiben. Aus der Thermodynamik und der statistischen Mechanik sind für ein Plasma dann grundlegende Temperaturabhängigkeiten bekannt: für die Anzahldichten der Teilchen (Ionisationszustand), für den Energieinhalt und die Energieverteilung der Teilchen (Translations- und Anregungsenergie) und für die Energieverteilung der Strahlung. Diese Temperaturabhängigkeiten werden im folgenden diskutiert.

Saha-Gleichung. Bei fast allen Fragestellungen der Plasmaphysik ist die Kenntnis des Ionisationszustandes des Plasmas wichtig, d. h. die Temperatur- und Druckabhängigkeit der Anzahldichte der Elektronen N_e (T, p), der Ionen N_i (T, p) und der Atome N_a (T, p). Diese Anzahldichten sind durch ein Gleichungssystem gegeben, das die **Saha-Gleichung** (Gl. X,22), das **Dalton-Gesetz** (Gl. X,23) und die Bedingung für **Quasi-Neutralität** (Gl. X,24) enthält. Die Saha-Gleichung ist eine besondere Formulierung des aus der physikalischen Chemie bekannten Massenwirkungsgesetzes nach Guldberg und Waage. Das Massenwirkungsgesetz beschreibt das Reaktionsgleichgewicht zwischen den Reaktionspartnern einer chemischen Reaktion (Dissoziationsgleichgewicht), die Saha-Gleichung dagegen das Ionisationsgleichgewicht zwischen den Ionisationspartnern: Elektronen, Ionen und Atome. Zur Ermittlung der Anzahldichten N_e, N_i^+, N_a müssen für den Reaktionsablauf der thermischen Umwandlung von Neutralatomen A in einfach ionisierte Atome A^+ und Elektronen e:

$$A \rightleftharpoons A^+ + e$$

die folgenden Gleichungen angewendet werden:

die Saha-Gleichung[4]

$$\frac{N_e N_i^+}{N_a} = 2 \frac{Z_i(T)}{Z_a(T)} \frac{(2\pi m_e k)^{3/2}}{h^3} T^{3/2} \exp\left(-\frac{E_i - \Delta E_i}{kT}\right), \quad (X,22)$$

das Dalton-Gesetz

$$p = (N_a + N_i^+ + N_e)\, k\, T, \quad (X,23)$$

die Bedingung für Quasi-Neutralität

$$N_e = N_i^+, \quad (X,24)$$

die Gleichungen für die Zustandssummen des Atoms und Ions:

$$Z_a(T) = \sum_m g_m^a \exp\left(-\frac{E_m^a}{kT}\right)$$

$$Z_i(T) = \sum_m g_m^i \exp\left(-\frac{E_m^i}{kT}\right) \quad (X,25)$$

und es muß die Erniedrigung der Ionisationsenergie[4] berücksichtigt werden

$$\Delta E_i = \frac{1}{4\pi\epsilon_0} \frac{e^2}{\rho_D} \quad (X,26)$$

In Gl. X,22–26 bedeuten: m_e, k, h die bekannten Naturkonstanten, $Z_a(T)$, $Z_i(T)$ die Zustandssummen und E_m^a, E_m^i die Termenergien des Atoms und Ions, g_m^a, g_m^i die statistischen Gewichte der Atom- und Ionenterme. Für die meisten Energieterme sind die statistischen Gewichte durch die Zahl der möglichen Orientierungen des Gesamtdrehimpulses J gegeben, d. h. durch die Werte der magnetischen Quantenzahl M_J ($g_m = 2J_m + 1$). Zur Berechnung der Zustandssummen muß über die Termenergien gemäß Gl. X,25 summiert werden.

In Gl. X,22 ist E_i die Ionisationsenergie des Atoms. Die Ionisationsenergie ist üblicherweise definiert und tabelliert für ein ungestörtes Atom in feldfreien Vakuum. Im Plasma ist die so definierte Ionisationsenergie um ΔE_i durch die Wirkung der freien Ladungsträger herabgesetzt. Sie erzeugen am Ort des zu ionisierenden Atoms elektrische Mikrofelder. Die Arbeit zum Abtrennen des

4 Zur Herleitung der Saha-Gleichung und der Erniedrigung der Ionisationsenergie siehe: Griem, H. R.: Plasma Spectroscopy, S. 134 und S. 139, New York, San Francisco, Toronto, London, Mc Graw-Hill Book Company 1964

Elektrons vom Atom ist deshalb im Plasma kleiner als für ein ungestörtes Atom im feldfreien Raum. Die Erniedrigung der Ionisationsenergie läßt sich mit Hilfe der Debye-Hückel-Theorie für die Coulomb-Wechselwirkungen im Plasma abschätzen. Auf diese Weise findet man Gl. X,26 für die Erniedrigung der Ionisationsenergie als Funktion der Temperatur und der Anzahldichte der Ladungsträger. Der Wert $\Delta E_i = e^2/4\pi\epsilon_0\rho_D$ ist gleich der Coulomb-Wechselwirkungsenergie eines Elektrons und eines einfach geladenen positiven Ions, deren Abstand voneinander gleich der Debye-Länge ρ_D ist. In Laborplasmen beträgt selbst für sehr große Anzahldichten der Elektronen und für niedrige Temperaturen ΔE_i nur einige 0,1 eV. ΔE_i hat daher die Eigenschaft einer Korrektur der Ionisationsenergie ($\Delta E_i \approx 0{,}3$ eV für $T = 10^4$ K und $N_e = 10^{24}$ m^{-3}).

Die Verwendung des Dalton-Gesetzes als Zustandsgleichung zwischen Druck, Temperatur und Anzahldichte der Teilchen setzt für das Plasma das Verhalten eines idealen Gases voraus. Diese Voraussetzung ist meistens erfüllt, weil für hohe Temperaturen bei den üblicherweise für Laborplasmen benutzten Drucken die Dichte der Materie klein ist (vgl. Abb. X,30). Der Einfluß der Coulomb-Wechselwirkung der Ladungsträger untereinander auf die Zustandsgleichung ist gering. Aus Ergebnissen der Debye-Hückel-Theorie schätzt man ab, daß selbst bei hohen Anzahldichten der Elektronen und niedrigen Temperaturen die Druckkorrektur gegenüber dem Druck eines idealen Gases gering ist. Für $N_e = 10^{23}$ m^{-3} und $T = 10^4$ K beträgt die Druckkorrektur $\Delta p = 5 \cdot 10^2$ Pa ($\hat{=}$ 3,8 Torr). Die vorausgesetzte Anzahldichte der Elektronen läßt sich jedoch nur in Plasmen unter einem Druck $p \gtrapprox 10^5$ Pa erzeugen (vgl. Abb. X,14). Gegenüber diesem Druck ist die Druckkorrektur klein.

Die in Gl. X,22 aufgeschriebene Saha-Gleichung regelt das Ionisationsgleichgewicht zwischen Neutralatomen, einfach ionisierten Atomen und Elektronen. In gleicher Weise wird durch die Saha-Gleichung die Ionisation für höher ionisierte Atome beschrieben. Beispielsweise muß zur Berechnung des Gleichgewichts zwischen einfach und zweifach ionisierten Atomen ($A^+ \rightleftharpoons A^{++} + e$) in Gl. X,22 N_a durch N_i^+ ersetzt werden, N_i^+ durch die Anzahldichte der zweifach ionisierten Atome N_i^{++} und E_i durch die Ionisationsenergie des einfach ionisierten Atoms E_i^+. Die Anzahldichten der höher ionisierten Atome müssen im Dalton-Gesetz, in der Bedingung für Quasi-Neutralität und bei der Berechnung der Debye-Länge berücksichtigt werden.

Wir wollen jetzt den Inhalt des Gleichungssystems Gl. X,22–26 in einem Anzahldichte-Diagramm der Plasmateilchen veranschaulichen. Als Beispiel sind für ein Stickstoffplasma die mit Hilfe des Massenwirkungsgesetzes und der Saha-Gleichung berechneten Anzahldichten der Moleküle, Atome, Ionen und Elektronen in Abb. X,13 als Funktion der Temperatur bis $T = 50\,000$ K angegeben (Druck $p = 10^5$ Pa $\hat{=} \approx 1$ atm). Bei niedrigeren Temperaturen bis etwa 5000 K ist die Anzahldichte der N_2-Moleküle groß. Für $T > 5000$ K nimmt wegen der Dissoziation die Anzahldichte der N_2-Moleküle stark ab, und es wächst die Anzahldichte der Stickstoffatome N_a an. N_a durchläuft ein Maximum für die Temperatur $T \approx 8000$ K. Oberhalb von 10 000 K nimmt N_a stark ab, weil die Anzahldichte der einfach ionisierten Atome N_i^+ anwächst. Ähnliche Maxima wie N_a durchlaufen bei höheren Temperaturen N_i^+, N_i^{++} und N_i^{+++}. Für $T < 20\,000$ K ist $N_i^{++} \ll N_i^+$ und daher $N_e \approx N_i^+$. Bis zu etwa 20 000 K ist das Stickstoff-Plasma also als einfach ionisiert anzusehen. Die Anzahldichte der Elektronen erreicht zwischen 15 000 K und 20 000 K ein Maximum. Zu höheren Temperaturen fällt N_e schwach ab, weil die Dichte des Plasmas mit wachsender Temperatur abnimmt. Die Summe über alle Anzahldichten N_{total} nimmt selbstverständlich als Funktion der Temperatur ab, da wir das Plasma unter konstantem Druck betrachtet haben. $N_e = 10^{23}$ m^{-3} ist etwa die maximale Anzahldichte der Elektronen, die in einem Plasma unter Atmosphärendruck zu erreichen ist. Vollionisation ($N_e \gg N_a$) herrscht für $T > 25\,000$ K; dann ist $N_e > 100\,N_a$.

Das durch die Saha-Gleichung beschriebene Ionisationsgleichgewicht wird wesentlich durch die Größe der Ionisationsenergie bestimmt. Daher werden für Plasmen, die

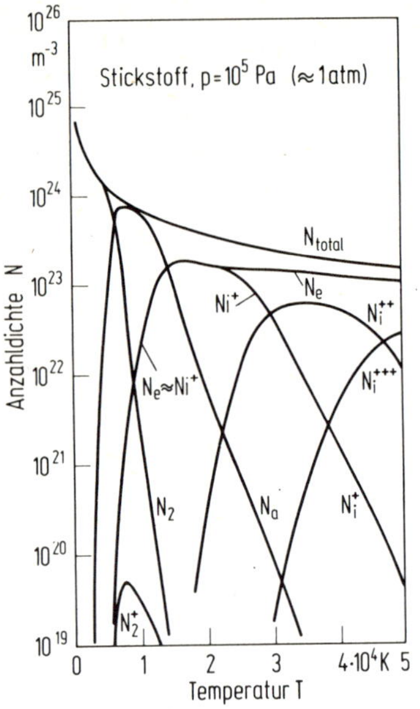

Abb. X,13. Temperaturabhängigkeit der Anzahldichten N eines Stickstoffplasmas.
Druck $p = 10^5$ Pa; N_2: Moleküle, N_a: Atome, N_e: Elektronen, N_i^+; N_i^{++}; N_i^{+++}: einfach, zweifach, dreifach ionisierte Atome; N_{total}: Summe über alle Anzahldichten.

chemische Elemente kleiner Ionisationsenergie enthalten (Metalle), bereits bei niedrigen Temperaturen hohe Anzahldichten der Elektronen erreicht. Für Elemente mit hoher Ionisationsenergie (Edelgase) kommen erst bei hohen Temperaturen etwa die gleichen Anzahldichten zustande. Als Beispiel sind für zwei Elemente mit stark unterschiedlichen Ionisationsenergien: Caesium (für $Cs \to C_s^+$: 3,89 eV; für $C_s^+ \to C_s^{++}$: 25,1 eV) und Helium (für $He \to He^+$: 24,58 eV; für $He^+ \to He^{++}$: 54,40 eV) die Anzahldichten der Elektronen in Abb. X,14 als Funktion der Temperatur für den Druck $p = 10^5$ Pa ($\hat{=} \approx 1$ atm) und für den Druck $p = 10^7$ Pa ($\hat{=} \approx 100$ atm) dargestellt. Das Maximum der Anzahldichte der Elektronen wird – abhängig vom Druck – für Caesium bereits für $T = 7000$ K bis 8000 K erreicht, für Helium dagegen erst für $T = 26\,000$ K bis 37 000 K. Wie aus Abb. X,14 zu ersehen ist, läßt sich im Temperaturbereich der Vollionisation die Anzahldichte der Elektronen durch Temperaturerhöhung nicht steigern, sondern nur durch Druckerhöhung. Zur Erzeugung von Plasmen hoher Anzahldichte der Elektronen sind daher nicht nur hohe Temperaturen, sondern auch hohe Plasmadrucke p notwendig. Im Temperaturgebiet des starken Anstiegs von N_e mit der Temperatur (schwach ionisiertes Plasma) wächst $N_e \sim \sqrt{p}$, im Temperaturbereich der Vollionisation $\sim p$ (konstante Temperatur vorausgesetzt).

Maxwell-Geschwindigkeitsverteilung. Sind die Anzahldichten der Plasmateilchen bekannt, so interessiert ihr Energieinhalt. Bei vollständigem thermodynamischen Gleichgewicht besitzen die gemäß der Saha-Gleichung vorliegenden Teilchenarten

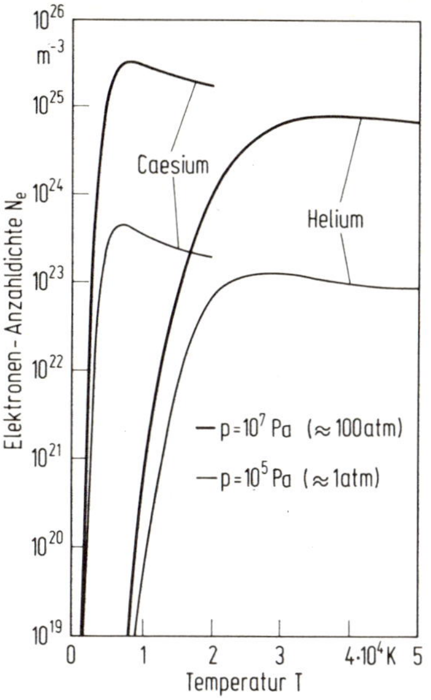

Abb. X,14. Temperaturabhängigkeit der Anzahldichte der Elektronen von Caesium- und Heliumplasmen. Druck $p = 10^5$ Pa und $p = 10^7$ Pa. Caesium und Helium besitzen stark unterschiedliche Ionisationsenergien: Caesium, $Cs \rightarrow Cs^+$: 3,89 eV, $Cs^+ \rightarrow Cs^{++}$: 25,1 eV; Helium, $He \rightarrow He^+$: 24,58 eV, $He^+ \rightarrow He^{++}$: 54,40 eV.

Translationsgeschwindigkeiten, die durch die Maxwell-Geschwindigkeitsverteilung bestimmt sind. Von der gesamten Anzahldichte N einer Teilchenart der Masse m befindet sich im Geschwindigkeitsintervall zwischen v und v + dv der Anteil d N:

$$\frac{\mathrm{d}N}{N} = f^{\mathrm{M}}(\mathrm{v}, T)\,\mathrm{d}\,\mathrm{v} \tag{X,27}$$

$$f^{\mathrm{M}}(\mathrm{v}, T) = 4\,\pi\left(\frac{m}{2\,\pi\,k\,T}\right)^{3/2} \mathrm{v}^2 \exp\left(-\frac{\frac{m}{2}\mathrm{v}^2}{k\,T}\right)$$

Insbesondere besitzen alle Teilchenarten die Maxwell-Verteilung derselben Temperatur T und ihre mittlere Translationsenergie beträgt:

$$\overline{E} = \frac{m}{2}\overline{\mathrm{v}^2} = \frac{3}{2}\,k\,T \tag{X,28}$$

An dieser Stelle sei angemerkt, daß Plasmatemperaturen oft durch das Produkt $k\,T$ in eV gekennzeichnet werden.

$$1\ \mathrm{eV} \mathrel{\hat{=}} 1{,}16 \cdot 10^4\ \mathrm{K} \tag{X,29}$$

Boltzmann-Verteilung. Neben der Translationsenergie besitzen die Atome und Ionen Anregungsenergien. In welchem Maße die Energieniveaus im Termschema der Atome und Ionen als Funktion der Temperatur besetzt sind, bestimmt die Boltzmann-Verteilung. Für eine bestimmte Teilchenart sei N die Anzahldichte. Für den Bruchteil der Teilchen (Anzahldichte N_m; Besetzungszahl), für den das Energieniveau E_m besetzt ist, gilt:

$$\frac{N_m}{N} = \frac{g_m}{Z} \exp\left(-\frac{E_m}{k\,T}\right) \qquad \text{(X,30)}$$

Z ist die Zustandssumme für das betrachtete Termsystem (Gl. X,25).

Hohlraumstrahlung. Neben der Betrachtung der Energieverteilung der Teilchen ist die Betrachtung der Energieverteilung der Strahlung wichtig. Für ein Plasma im vollständigen thermodynamischen Gleichgewicht ist die Strahlung im Innern des Plasma Hohlraumstrahlung und nur eine Funktion der Wellenlänge und Temperatur. Die Strahlung ist insbesondere unabhängig von individuellen Eigenschaften der Atome und Ionen, die im Plasma enthalten sind und weist keine charakteristische Kontinuums- und Spektrallinienemission auf. Die spektrale Hohlraumstrahldichte L_ν^H ist durch das Planck-Gesetz gegeben:

$$L_\nu^H(T) = \frac{2\,h}{c^2}\,\nu^3\left[\exp\left(\frac{h\,\nu}{k\,T}\right) - 1\right]^{-1} \qquad \text{(X,31)}$$

Die auf die Frequenz bezogene spektrale Strahldichte L_ν ist die Strahlungsleistung einer Fläche (Strahlrichtung parallel zur Flächennormale), bezogen auf Flächen-, Raumwinkel- und Frequenzeinheit (SI-Einheit: W m^{-2} s sr^{-1}). Die auf die Wellenlänge bezogene spektrale Strahldichte ist $L_\lambda = c/\lambda^2 \cdot L_\nu$ (SI-Einheit: W m^{-3} sr^{-1}). Als Strahlungsgröße wird außerdem die frequenzbezogene Energiedichte der Strahlung u_ν benutzt. u_ν ist die Strahlungsenergie, bezogen auf die Volumen- und Frequenzeinheit (SI-Einheit: W m^{-3} s^2). Es ist $u_\nu = 4\,\pi/c \cdot L_\nu$ (c: Lichtgeschwindigkeit, L_ν isotrop).

Für ein Plasma im **vollständigen thermodynamischen Gleichgewicht** der Temperatur T seien die wichtigen im voranstehenden Abschnitt diskutierten temperaturabhängigen Eigenschaften nochmals zusammengefaßt: Der Ionisationszustand ist durch die **Saha-Gleichung** der Temperatur T bestimmt, die Teilchenarten besitzen **Maxwell-Geschwindigkeitsverteilungen** derselben Temperatur, die Atom- und Ionenterme sind gemäß der **Boltzmann-Verteilung** derselben Temperatur besetzt, und die Strahlung ist durch das **Planck-Gesetz** derselben Temperatur gegeben. Umgekehrt darf man feststellen: Wenn für ein unbekanntes Plasma nachgewiesen wird, daß die genannten Temperaturabhängigkeiten gültig sind, so ist nachgewiesen, daß das Plasma sich im vollständigen thermodynamischen Gleichgewicht befindet.

5. Energieaustauschprozesse im Plasma und lokales thermodynamisches Gleichgewicht

Plasma im thermodynamischen Nicht-Gleichgewicht. Ein abgeschlossenes System und damit vollständiges thermodynamisches Gleichgewicht läßt sich bei Raumtemperatur gut approximieren. Für Laborplasmen hohen Energieinhalts ist die Bedingung des vollständigen thermodynamischen Gleichgewichtes praktisch nicht zu verwirklichen. Wegen des hohen Energieinhaltes im Plasmainnern existieren im allgemeinen infolge von Strahlung, Wärmeleitung, Diffusion und Konvektion starke Energieströmungen nach außen. Um einen stationären Plasmazustand zu erreichen, muß dieser Energieverlust durch einen Aufheizprozeß kompensiert werden. Durch die Energieverluste werden jedoch bestimmte Energiezustände bevorzugt entvölkert und durch den Aufheizprozeß bestimmte andere Energiezustände bevorzugt bevölkert. Eine thermodynamische Gleichgewichtsverteilung der Energie existiert daher im allgemeinen nicht. Vielmehr kann sich für jeden Energiefreiheitsgrad eine besondere Verteilungsfunktion einstellen, die vom Ort abhängt und die, falls das Plasma nicht stationär ist, außerdem eine Funktion der Zeit ist. Ein Plasma unter diesen Bedingungen befindet sich nicht im thermodynamischen Gleichgewicht. Es ist im allgemeinen nicht durch thermodynamische Zustandsgrößen zu beschreiben. Insbesondere ist die Temperatur nicht definiert.

Zur näheren Erläuterung wollen wir als Beispiel das Plasma einer **stationären Gasentladung** betrachten. Kennzeichen des stationären Zustands sind: Die Entladung besitzt eine bestimmte geometrische Form und die Plasmaeigenschaften sind zeitunabhängige Ortsfunktionen. Die Entladung verliert Energie durch Strahlung, Wärmeleitung, Diffusion und Konvektion. Dieser Energieverlust wird durch Stromdurchgang durch die Entladung (Ohmsche Aufheizung) kompensiert. Der Aufheizprozeß kommt auf folgende Weise zustande. Die Ladungsträger (Elektronen und Ionen) werden im elektrischen Feld der Entladung beschleunigt und nehmen Translationsenergie auf. Bewegen sich Ladungsträger im elektrischen Feld, so ist die in einem bestimmten Zeitintervall aufgenommene Energie $W \sim \text{v} \sim 1/\sqrt{m}$ (v: Geschwindigkeit der Ladungsträger, m: ihre Masse). Wegen der kleinen Elektronenmasse geht praktisch die gesamte der Entladung zugeführte elektrische Energie zunächst als Translationsenergie auf die Elektronen über, und zwar bevorzugt auf solche Elektronen, die bereits hohe Geschwindigkeiten besitzen. Atome und Ionen gewinnen aus dem elektrischen Feld keine Anregungsenergie und praktisch keine Translationsenergie. Es entsteht ein „heißes Elektronengas", das von einem „kalten Gas" aus Neutralatomen und Ionen umgeben ist. Dieses **thermodynamische Nicht-Gleichgewicht** besteht in Niederdruckentladungen (Druck $< 10^4$ Pa $\hat{=} \approx 75$ Torr), bei denen die Anzahldichte der Plasmateilchen klein ist und der Energieaustausch durch Strahlung und Stöße zwischen den energiereichen Elektronen und den schweren Teilchen selten ist.

Energieaustauschprozesse durch Stöße und Strahlung. Steht im Gegensatz zu dem oben Gesagten die Entladung unter hohem Druck (Hochdruckentladung, Bogenplasma; Druck $> 10^5$ Pa $\hat{=} \approx 1$ atm), so ist die Anzahldichte der Plasmateilchen groß, und die Stöße der Elektronen untereinander und die der Elektronen gegen die schweren Teilchen sind häufig. Es existiert daher ein starker Energieaustausch durch Stöße. Ebenfalls nimmt der Energieaustausch durch Strahlung zu. Unter diesen Bedingungen geht ein beträchtlicher Teil der hohen Translationsenergie der Elektronen auf die Energiezustände der schweren Teilchen über. Es kann sich näherungsweise ein ortsabhängiges thermodynamisches Gleichgewicht ausbilden, das üblicherweise als lokales thermodynamisches Gleichgewicht (LTG) bezeichnet wird. Diesem

Modell liegt folgende Vorstellung zugrunde. Es soll möglich sein, die Entladung in viele „kleine“ thermodynamische Systeme zu zerlegen. Jedes der Systeme sei in sich näherungsweise im Gleichgewicht. Wählt man also an einem bestimmten Ort in der Entladung ein „kleines“ Gleichgewichtssystem aus, so gehört zu diesem System eine bestimmte Temperatur T. Ein benachbartes „kleines“ System sei ebenfalls im Gleichgewicht, jedoch gehöre zu dem benachbarten System eine abweichende Temperatur $T + \Delta T$. Die Temperatur in der Entladung ist also eine Ortsfunktion und es existiert ein grad $T \neq 0$.

Zur Betrachtung des lokalen thermodynamischen Gleichgewichts im Plasma ist es notwendig, die Energieaustauschprozesse durch Teilchenstöße und Strahlung zu verstehen. Dazu müssen die in Gl. X,16 eingeführten Stoßraten Z_{AB} untersucht werden. (Anzahl der Stöße in der Volumen- und Zeiteinheit einer Teilchenart A gegen eine Teilchenart B.)

Bedingungen für die Existenz einer Elektronentemperatur. Wird Gl. X,16 auf die Stöße der Elektronen untereinander angewandt, so ist die Stoßrate

$$Z_{ee} = \frac{1}{2} \langle q_{ee} \, v_{ee} \rangle N_e^2$$

q_{ee} ist der durch die weitreichenden Coulomb-Felder bestimmte Querschnitt für Elektron-Elektron-Stöße, der in Abschnitt X,3.2 diskutiert wurde. Die Größenordnung dieser Querschnitte ist näherungsweise durch die Formel nach Gvosdover (Gl. X,18) gegeben. Die Gvosdover-Querschnitte sind groß gegenüber den Ramsauer-Querschnitten und gegenüber den gaskinetischen Querschnitten. In einer Gasentladung sind außerdem die Geschwindigkeiten der Elektronen groß gegenüber der der schweren Teilchen. Die Elektronen besitzen daher bereits bei kleinen Anzahldichten eine große Stoßrate untereinander, verglichen beispielsweise mit der Stoßrate für Stöße zwischen Elektronen und Neutralatomen. Außerdem übertragen Stoßpartner gleicher Masse beim elastischen Stoß einen großen Teil ihrer Translationsenergie. Beim zentralen Stoß überträgt ein stoßendes Elektron die gesamte Translationsenergie auf ein ruhendes Elektron. Wegen dieser Bedingungen existiert bereits für kleine Werte N_e ein starker Energieaustausch der Elektronen untereinander. Für die Translationsenergien der Elektronen stellt sich daher eine Gleichgewichtsverteilung ein, und die Elektronen besitzen eine Maxwell-Geschwindigkeitsverteilung der Elektronentemperatur T_e. Neuere Abschätzungen unter Berücksichtigung des Energieaustausches zwischen den Elektronen und den schweren Teilchen verlangen für die Existenz von T_e einen Ionisationsgrad – abhängig von den Atomarten im Plasma – von $\gtrapprox 0{,}1\%$ bis 1%. Diese Bedingung ist fast immer in Hochdruckentladungen erfüllt. Für die weiteren Betrachtungen wollen wir daher die Existenz einer Elektronentemperatur T_e voraussetzen.

Bedingungen für die Existenz eines durch die Elektronentemperatur thermodynamisch bestimmten Gleichgewichts des Anregungs- und Ionisationszustandes. Hat sich eine Elektronentemperatur eingestellt, so ist anschließend die Frage zu untersuchen, unter welchen Bedingungen der Energieaustausch zwischen Elektronen und schweren Teilchen ausreichend groß ist, damit ein durch die Elektronentemperatur thermodynamisch bestimmtes Gleichgewicht des Ionisations- und Anregungszustandes im Plasma existiert. In anderen Worten: Unter welchen Bedingungen läßt sich mit der Saha-Gleichung und der Boltzmann-Verteilung der tatsächliche Ionisations- und Anregungszustand berechnen, wenn in beide Gleichungen die Elektronentemperatur eingesetzt wird? Dazu sind die unelastischen Stöße der Elektronen gegen die schweren Teilchen zu betrachten: Anregungsstöße, Ionisationsstöße sowie ihre Umkehrprozesse.

Zum Verständnis der **Anregung** der Energieterme der Atome und Ionen im Plasma durch Stöße und Strahlung soll ein vereinfachtes Termschema eines Atoms A betrachtet werden (Abb. X,15), das nur aus dem Grundzustand ($E = E_1 = 0$, Besetzungszahl

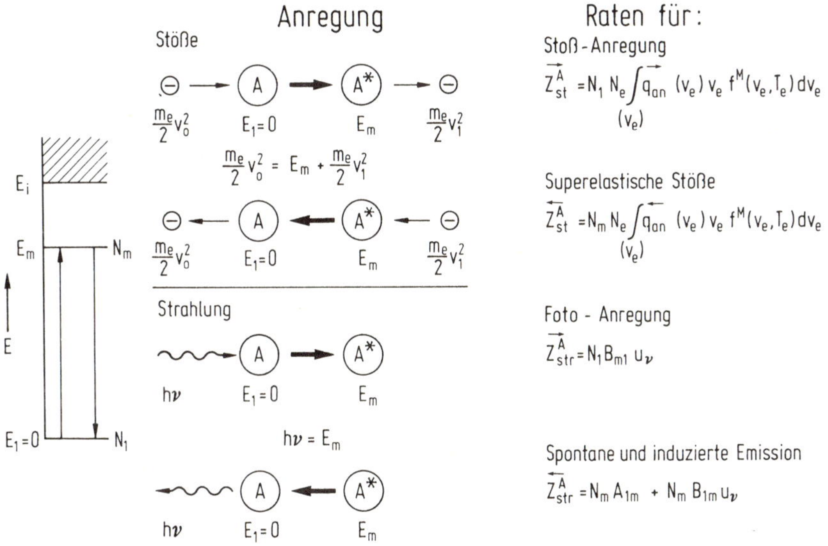

Abb. X,15. Vereinfachte Darstellung der Bevölkerung und Entvölkerung von Energietermen durch Elektronenstöße und Strahlung.

N_1), einem höheren Energieterm ($E = E_m$, Besetzungszahl N_m) und dem kontinuierlichen Energiebereich der freien Elektronen oberhalb der Ionisationsgrenze E_i besteht. Stößt ein energiereiches Elektron der Translationsenergie $m_e\, v_0^2/2$ auf A im Grundzustand, so entsteht ein angeregtes Atom A* im Energiezustand E_m und ein energiearmes Elektron der Energie $m_e\, v_1^2/2$. Außerdem läuft der Umkehrprozeß ab. Ein energiearmes Elektron stößt auf A* und übernimmt die Anregungsenergie E_m (**superelastischer Stoß**; Stoß 2. Art). Durch Stoßanregung und durch superelastische Stöße wird auf diese Weise zwischen Elektronen und schweren Teilchen die Anregungsenergie E_m ausgetauscht. In Abb. X,15 sind die Raten für die Stoßanregung $\overrightarrow{Z}_{st}^A$ und für die superelastischen Stöße $\overleftarrow{Z}_{st}^A$ aufgeschrieben. Es bedeuten: $f^M(v_e, T_e)$ Maxwell-Geschwindigkeits-Verteilung der Elektronen; $\overrightarrow{q}_{an}$ Querschnitt für die Stoßanregung und $\overleftarrow{q}_{an}$ Querschnitt für superelastische Stöße.

Neben den Stoßprozessen finden gleichzeitig durch Strahlungsprozesse Energieübergänge im Atom statt. Durch **Fotoanregung** (Strahlungs-Absorption) wird der Energieterm E_m bevölkert und durch **spontane** und **induzierte Emission** entvölkert. In Abb. X,15 sind die Raten für die Fotoanregung $\vec{Z}^A_{str}$ und für die spontane und induzierte Emission $\overleftarrow{Z}^A_{str}$ aufgeschrieben. Es bedeuten: u_ν Energiedichte der Strahlung im Plasma; A_{1m}, B_{1m}, B_{m1} Übergangswahrscheinlichkeiten für die spontane und induzierte Emission und für die Absorption. (Zu den Strahlungseigenschaften im Plasma siehe Abschnitt X,11.3.)

Ähnlich der Anregung erfolgt die **Ionisation** durch Stöße und Strahlung. Wir betrachten vereinfacht die Übergänge nur vom Grundzustand in den kontinuierlichen Energiebereich der freien Elektronen und die zugehörigen Umkehrprozesse (Abb. X,16). Stößt ein energiereiches Elektron auf A, so entstehen: ein Ion A^+ und zwei energiearme Elektronen (**Stoßionisation**). Im Umkehrprozeß rekombinieren zwei energiearme Elektronen mit A^+. Es entsteht A im Grundzustand und ein energiereiches Elektron (**Dreierstoßrekombination**). Bei der Stoßionisation und bei der Dreierstoßrekombination wird die Ionisationsenergie zwischen den Elektronen und den schweren Teilchen ausgetauscht. In Abb. X,16 sind die Raten für die Stoßionisation $\vec{Z}^i_{st}$ aufgeschrieben. Es bedeuten: $f^M(v_e, T_e)$ Maxwell-Geschwindigkeits-Verteilung der Elektronen; $\vec{q}_e$ Querschnitt für die Stoßionisation und $\overleftarrow{q}_e$ Querschnitt für die Dreierstoß-Rekombination.

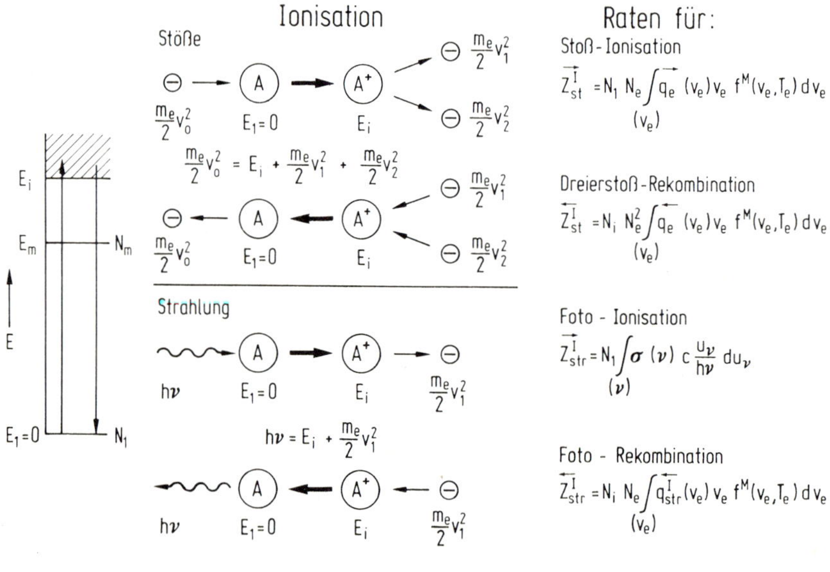

Abb. X,16. Vereinfachte Darstellung der Ionisation und Rekombination durch Elektronenstöße und Strahlung.

Neben der Ionisation durch Stöße entstehen durch **Foto-Ionisation** (Strahlungs-Absorption) Ionen und freie Elektronen. Im Umkehrprozeß rekombinieren Elektronen und Ionen unter Emission von Kontinuums-Strahlung (**Foto-Rekombination**, Rekombinations-Strahlung). In Abb. X,16 sind die Raten für die Foto-Ionisation $\overrightarrow{Z}^{\mathrm{I}}_{\mathrm{Str}}$ und für die Foto-Rekombination $\overleftarrow{Z}^{\mathrm{I}}_{\mathrm{Str}}$ aufgeschrieben. Es bedeuten: u_ν Energiedichte der Strahlung im Plasma; $\sigma(\nu)$ frequenzabhängiger Absorptionsquerschnitt für die Foto-Ionisation, $\overleftarrow{q}^{\mathrm{I}}_{\mathrm{str}}$ Stoßquerschnitt für die Foto-Rekombination (zu den Strahlungseigenschaften im Plasma siehe Abschnitt X,11.5).

Aus den in Abb. X,15,16 aufgeschriebenen Ausdrücken für die Energieaustauschraten ist zu entnehmen, daß die Raten abhängen: bei den Stößen von der Anzahldichte der Stoßpartner, den Besetzungszahlen der Energieterme, der Geschwindigkeitsverteilung der Elektronen und den geschwindigkeitsabhängigen Stoßquerschnitten für die verschiedenen Stoßprozesse; bei der Strahlung von der Energiedichte der Strahlung im Plasma, den Besetzungszahlen der Energieterme, den Übergangswahrscheinlichkeiten und den frequenzabhängigen Absorptionsquerschnitten. Soll die Besetzungszahl eines bestimmten Energieniveaus E_{m} für ein beliebiges Plasma aus den Raten bestimmt werden, so muß die Summe aller Raten ermittelt werden, die den Zustand bevölkern und die Summe aller Raten, die den Zustand entvölkern. Die Bilanz aller Raten ist gleich der zeitlichen Änderung $\frac{\mathrm{d}\,N_{\mathrm{m}}}{\mathrm{d}\,t}$ der Besetzungszahl N_{m} des betrachteten Niveaus E_{m}.

$$\frac{\mathrm{d}\,N_{\mathrm{m}}}{\mathrm{d}\,t} = \Sigma \text{ aller bevölkernden Raten} - \Sigma \text{ aller entvölkernden Raten} \qquad \text{(X,34)}$$

Für einen stationären und homogenen Zustand ist N_{m} konstant und $\frac{\mathrm{d}\,N_{\mathrm{m}}}{\mathrm{d}\,t} = 0$. Aus Ratengleichungen dieser Art für die einzelnen Energiezustände lassen sich die Besetzungszahlen als Funktion der Anzahldichte der Elektronen und der Elektronentemperatur für ein beliebiges Plasma berechnen. Wegen der Vielzahl der zu betrachtenden Terme ist es sehr aufwendig, solche Ratengleichungen zu lösen. Erschwerend kommt hinzu, daß die Stoßquerschnitte und die Übergangswahrscheinlichkeiten nicht vollständig bekannt sind. Trotzdem sind zur Zeit die Bemühungen groß, Ratengleichungen zu lösen. Näherungsergebnisse liegen bereits für einige Atomarten vor. In Abb. X,17 ist ein Ergebnis für ein Wasserstoff-Plasma dargestellt, das die Diskussion über das prinzipielle Verhalten bei der Besetzung von Energietermen im Plasma gestattet. Aufgetragen ist $N_1/\widetilde{N}_1$ als Funktion von N_{e}. Parameter ist die Elektronentemperatur $T_{\mathrm{e}} \cdot N_1$ ist die tatsächliche Besetzungszahl des Grundzustands des Wasserstoffatoms für ein gewähltes Wertepaar T_{e} und N_{e}. $\widetilde{N}_1$ ist die mit T_{e} aus der Boltzmann-Verteilung und Saha-Gleichung berechnete Besetzungszahl des Grundzustandes. $N_1/\widetilde{N}_1 = 1$ bedeutet also, daß der Grundzustand gemäß der Saha-Gleichung und der Boltzmann-Verteilung (bestimmt durch die vorgegebene Elektronentemperatur) besetzt ist; oder in anderen Worten: für den Grundzustand existiert ein thermodynamisch bestimmtes Anregungs- und Ionisationsgleichgewicht der Elektronentemperatur. Wenn für den Grundzustand Gleichgewicht besteht, so ist ebenfalls für die höher liegenden Terme ein solches Gleichgewicht gegeben (wegen der günstigeren Stoßraten der Elektronen für diese Terme verglichen mit dem Grundzustand). $N_1/\widetilde{N}_1 = 1$ bedeutet daher letztlich: Es existiert ein Gleichgewicht zwischen den Translationsenergien der Elektronen und dem Anregungs-

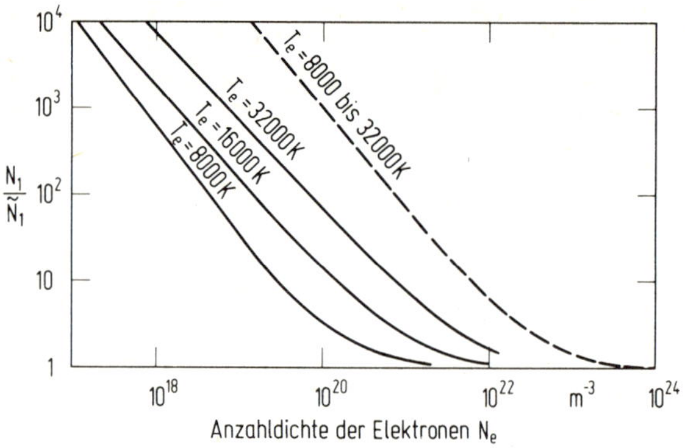

Abb. X,17. Besetzungszustand des Wasserstoff-Grundzustandes als Funktion der Anzahldichte der Elektronen N_e für verschiedene Elektronentemperaturen T_e im Wasserstoffplasma. N_1 ist die tatsächliche Besetzungszahl für ein gewähltes Wertepaar T_e und $N_e \cdot \tilde{N}_1$ ist die mit T_e aus der Boltzmann-Verteilung und Saha-Gleichung berechnete Besetzungszahl des Grundzustandes. (Nach: Bates, Kingston und McWhirter Proc. Roy. Soc. Ser. **A267**, 217 (1962), **A270**, 155 (1962), und J. Richter in „Plasmadiagnostics" edited by W. Lochte-Holtgreven, North-Holland Publishing Company, Amsterdam 1968).

und Ionisationszustand des Plasma. Wir betrachten in Abb. X,17 zunächst die gestrichelte Kurve, die für ein optisch dünnes Plasma der Temperaturen T_e = 8000 K bis 32 000 K gilt. In einem optisch dünnen Plasma[5] kommen keine nennenswerten Absorptionen vor, d. h. die Absorptionsprozesse der Strahlung werden in den Ratengleichungen nicht berücksichtigt. Für kleine Anzahldichten der Elektronen $N_e = 10^{20}$ m^{-3} ist der Grundzustand um 3 Zehnerpotenzen überbesetzt ($N_1/\tilde{N}_1 = 10^3$). Für diese Anzahldichten der Elektronen existiert also ein starkes Nichtgleichgewicht zwischen den Translationsenergien der Elektronen und dem Anregungs- und Ionisationszustand des Plasmas. Erst für $N_e = 10^{24}$ m^{-3} stellt sich ein thermodynamisch bestimmtes Anregungs- und Ionisationsgleichgewicht der Elektronentemperatur ein; dann ist $N_1/\tilde{N}_1 = 1$.

Bis jetzt wurde das Plasma als optisch dünn betrachtet. Tatsächlich ist die Strahlung der Laborplasmen in den Resonanzlinien häufig nicht optisch dünn. Die Resonanzlinien-Strahlung kann vielmehr in engen Spektralbereichen die Werte der Hohlraumstrahlung erreichen und kann deshalb erheblich zur Einstellung des Gleichgewichts beitragen. Berücksichtigt man die Resonanzlinien-Strahlung, so erhält man die ausgezogenen Kurven in Abb. X,17. Abhängig von der Elektronentemperatur wird dann das thermodynamisch bestimmte Ionisations- und Anregungsgleichgewicht der Elektronentemperatur bereits für $N_e = 10^{22}$ m^{-3} bis 10^{23} m^{-3} erreicht.

Es gibt mehrere, ungefähr übereinstimmende Abschätzungen für die Grenzanzahldichte der Elektronen, die überschritten werden muß, damit ein thermodynamisch bestimmtes Anregungs- und Ionisationsgleichgewicht der Elektronentemperatur existiert. Danach ist für optisch dünne Plasmen zu fordern:

$$N_e \geqslant 10^{18}\, T_e^{1/2}\, (E_m - E_n)^3 \quad (X,35)$$ [6]

[5] Zur genauen Definition des optisch dünnen Plasmas s. Abschn. X,11.2

[6] Zur Herleitung von Gl. X,35 siehe Wilson, R., J. Quant. Spectrosc. Radiat. Transfer **2**, 477 (1962) und Griem, H. R., Phys. Rev. **131**, 1170 (1963)

In Gl. X,35 sind einzusetzen: N_e in m^{-3}, T in K, $E_m - E_n$ in eV. $E_m - E_n$ ist die größte Energielücke im Termschema des betrachteten Atoms. Für $T_e = 10^4$ K und $E_m - E_n = 10$ eV folgt $N_e \geqslant 10^{23}$ m^{-3}. Das ist etwa die maximale Anzahldichte der Elektronen, die unter Atmosphärendruck im Temperaturbereich kurz vor der Vollionisation zu erreichen ist (vgl. Abb. X,13). Spezielle Laborplasmen gestatten es also, ein durch die Boltzmann-Verteilung und Saha-Gleichung bestimmtes Anregungs- und Ionisationsgleichgewicht der Elektronentemperatur einzustellen.

Der Abschätzung der Gl. X,35 für optisch dünne Plasmen liegt zugrunde, daß die Stoßraten die Strahlungsraten der spontanen Emission um den Faktor 10 übersteigen. Plasmen mit dieser Eigenschaft heißen **stoßbestimmte Plasmen**. Das hat folgende Ursache. In optisch dünnen Plasmen kommen Absorptionsprozesse in nennenswerter Zahl nicht vor. Die Raten der Foto-Anregung und der Foto-Ionisation tragen deshalb zur Bevölkerung eines bestimmten Energieterms nicht bei. Durch spontane Emission werden diese Terme jedoch entvölkert. Die Einstellung des Gleichgewichts muß aus diesem Grund durch die Stoßraten erzwungen werden, die daher die Strahlungsraten für die spontane Emission möglichst stark übertreffen müssen.

Bedingungen für die Gleichheit von Elektronen- und Gastemperatur. Wir haben solche Bedingungen für ein Plasma im nicht vollständigen thermodynamischen Gleichgewicht diskutiert, unter denen die Translationsenergie der Elektronen, der Ionisationszustand und die Anregungszustände der Atome und Ionen durch die Elektronentemperatur T_e zu beschreiben sind. Die Anregungs- und Ionisationstemperatur (T_A, T_I) ist dann gleich der Elektronentemperatur: $T_e = T_I = T_A$. Es muß jetzt betrachtet werden, wie sich der **Energieaustausch der Translationsenergien** zwischen den Elektronen und schweren Teilchen vollzieht. Hier wollen wir uns speziell wieder auf den Aufheizprozeß in einer Gasentladung beschränken. Andere Bedingungen liegen bei der Aufheizung mit Stoßwellen vor. Wir müssen dazu die elastischen Stöße zwischen Elektronen und schweren Teilchen betrachten. Der Energieaustausch bei diesen elastischen Stößen ist minimal. Im Mittel wird je Stoß nur der Bruchteil der Translationsenergie $2\,m_e/M$ (M: Masse des schweren Teilchens) übertragen. Für ein mittelschweres Element (z. B. Argon: Atomgewicht 40) werden daher für $T_e = 10^4$ K je Stoß nur $2 \cdot 10^{-5}$ eV ausgetauscht. Im Gegensatz dazu können bei den bereits betrachteten Anregungs- und Ionisationsstößen Energien der Größenordnung 10 eV übertragen werden, also um den Faktor 10^6 größere Energien. Anregungs- und Ionisationsstöße sowie ihre Umkehrprozesse sind daher für den Energieaustausch zwischen den Elektronen und schweren Teilchen entscheidend.

Sollen die Elektronen und schweren Teilchen annähernd dieselbe Geschwindigkeitsverteilung besitzen, d. h. soll die Elektronentemperatur T_e nur geringfügig über der Temperatur der schweren Teilchen liegen (Gastemperatur T_g), so dürfen die Elektronen aus dem Feld der Entladung ihre mittlere thermische Translationsenergie $3/2 \cdot k\,T_e$ zwischen zwei Stößen nur geringfügig steigern. Beträgt in der Entladung die elektrische Feldstärke E und die mittlere freie Weglänge der Elektronen λ_e, so muß daher gelten: $e\,E\,\lambda_e \ll 3/2 \cdot k\,T_e$. Eine Abschätzung[7] der Differenz zwischen Elektronen-

[7] Zur Herleitung siehe Finkelnburg, W. und H. Maecker: Elektrische Bögen und thermisches Plasma in Handbuch der Physik, Bd 22, S. 307, Berlin, Springer Verlag 1956

und Gastemperatur unter der Bedingung, daß die beschleunigten Elektronen Translationsenergie nur durch elastische Stöße mit schweren Teilchen verlieren, ergibt:

$$\frac{T_e - T_g}{T_e} = \frac{1}{4}\frac{M}{m_e}\left(\frac{eE\lambda_e}{3/2 \cdot kT_e}\right)^2 \tag{X,36}$$

M ist die Masse der schweren Teilchen. Die mittlere freie Weglänge der Elektronen λ_e ist aus Untersuchungen der elektrischen Leitfähigkeit von Plasmen bekannt (vgl. Abschnitt X,8; Gl. X,64). In Hochdruckentladungen kann T_e nach Gl. X,36 einige Prozent höher als T_g sein.

Lokales thermodynamisches Gleichgewicht (LTG). Aus der Betrachtung der Energieaustauschprozesse findet man zusammenfassend das wichtige Ergebnis: befindet sich ein Plasma nicht im vollständigen thermodynamischen Gleichgewicht, sind jedoch die Anzahldichten (insbesondere die der Elektronen) ausreichend groß, so können Elektronen und schwere Teilchen in guter Näherung eine Maxwell-Geschwindigkeitsverteilung ein- und derselben Temperatur besitzen, der Ionisationszustand wird durch die Saha-Gleichung und der Anregungszustand der Atome und Ionen durch die Boltzmann-Verteilung derselben Temperatur bestimmt. Sind für ein Plasma die genannten Eigenschaften erfüllt, so heißt der Zustand: Plasma im lokalen thermodynamischen Gleichgewicht (LTG). Im Sinne eines derartigen LTG-Plasmas wird in vielen Fällen der Temperaturbegriff in der Plasmaphysik benutzt und es werden Temperaturabhängigkeiten angegeben.

Die Temperatur und die temperaturabhängigen Eigenschaften von LTG-Plasmen sind meist sich stark ändernde Ortsfunktionen. In den Plasmen treten daher meist starke Gradienten der Temperatur und der Anzahldichten auf. Damit sich in einem kleinen Volumenelement des Plasmas eine ausreichend große Zahl Teilchen einheitlicher energetischer Eigenschaft befindet, dürfen für die Größe der Gradienten gewisse Werte nicht überschritten werden. Für die Anzahldichten der Teilchen und für die Temperatur an einem bestimmten Ort x im Plasma bedeutet das: längs einer mittleren freien Weglänge λ muß die Änderung der Anzahldichten und der Temperatur sehr klein sein gegenüber der am Ort x gegebenen Anzahldichten und gegenüber der gegebenen Temperatur. Es muß also gelten $\lambda\,|\mathrm{grad}\,N| \ll N$ und $\lambda\,|\mathrm{grad}\,T| \ll T$, wobei im Einzelfall genau untersucht werden muß, welche der unterschiedlich großen freien Weglängen der verschiedenen Plasmapartikel bestimmend für die genannten Bedingungen ist.

LTG-Plasmen liegen Gleichgewichtsvorgänge überwiegend durch Stöße und nicht durch Strahlung zugrunde. Die Temperaturstrahlung von LTG-Plasmen ist daher nicht die eines vollständigen thermodynamischen Gleichgewichtssystems. Die Strahlung ist nicht durch das Planck-Gesetz bestimmt, sondern ist eine Funktion der Temperatur, der atomaren Konstanten der Atome und Ionen und ihrer Anzahldichten. Für viele experimentelle Zwecke ist das wichtig, da die Temperaturstrahlung eines LTG-Plasmas gegenüber der Planck-Strahlung weit mehr Informationen über das Plasma und über die im Plasma enthaltenen Atome besitzt. Die Strahlungseigenschaften werden daher bei vielen Untersuchungen für Zwecke der Plasma-Diagnostik und für spektroskopische Messungen von Atomeigenschaften ausgenutzt.

Der LTG-Zustand ist in Experimenten ein häufig angestrebter Plasmazustand, tatsächlich jedoch ein Sonderfall. Für Plasmen, die sich weder im vollständigen thermodynamischen Gleichgewicht noch im LTG-Zustand befinden, werden vielfach ebenfalls Temperaturangaben gemacht. Es werden dann die unterschiedlichen Translationsenergien der Teilchen durch Elektronen-, Ionen- und Neutralteilchen-Translationstemperaturen T_e, T_i, T_a gekennzeichnet, sowie Ionisations- und Anregungstemperaturen T_I und T_A getrennt angegeben. T_I und T_A sind die formal aus der Saha-Gleichung oder Boltzmann-Verteilung berechneten Temperaturen, wenn der Ionisationszustand oder die Besetzungszahlen anderweitig bekannt sind. Für ein beliebiges Plasma können die aufgezählten Temperaturen extrem unterschiedlich groß sein:
$T_e \neq T_I \neq T_A \neq T_i \neq T_a$.

Werden bei den folgenden Betrachtungen keine einschränkenden Bemerkungen gemacht, so beziehen sich alle Temperaturangaben auf Plasmen im lokalen thermischen Gleichgewicht, d. h. es gilt: $T_e = T_I = T_A = T_i = T_a = T$ und grad $T \not\equiv 0$.

6. Erzeugung von Laborplasmen; Anwendungen

6.1 Laborplasmen

Vor der Betrachtung weiterer Plasmaeigenschaften wollen wir uns zunächst einigen experimentellen Methoden zuwenden. Zur Erzeugung von Plasmen muß der Materie Leistung zugeführt werden, und es muß das erzeugte Plasma in einem gewissen Volumenbereich durch kalte Wände oder magnetische Felder eingeschlossen werden. Zur Leistungszufuhr werden sehr unterschiedliche Methoden benutzt, z. B.: Zufuhr der Leistung durch stationären oder kurzzeitigen Stromdurchgang durch Gase (Gasentladung), Leistungszufuhr in Form von Strahlungsleistung aus HF- oder Mikrowellensender oder aus Lasern, Leistungszufuhr durch schnelle Kompression von Gasen in Stoßwellen und Leistungszufuhr aus chemischen Reaktionen (Flammen) oder aus Kernreaktionen.

Einen ungefähren Überblick über die Plasmaparameter N_e und T_e der bis jetzt erzeugten Laborplasmen soll Abb. X,18 vermitteln. Zum Vergleich sind die Plasmaparameter in der Erdionosphäre, im interstellaren Raum und in der Sonne angegeben. T_e variiert über 7 Zehnerpotenzen, N_e über 20 Zehnerpotenzen. Die zu N_e gehörige Plasmafrequenz ω_P und Linien konstanter Debye-Länge ρ_D sind eingetragen.

Wir beschränken uns im folgenden auf eine kurze Darstellung der Plasmaerzeugung in Gasentladungen und Stoßwellen und auf einige Hinweise zum Pinch-Effekt.

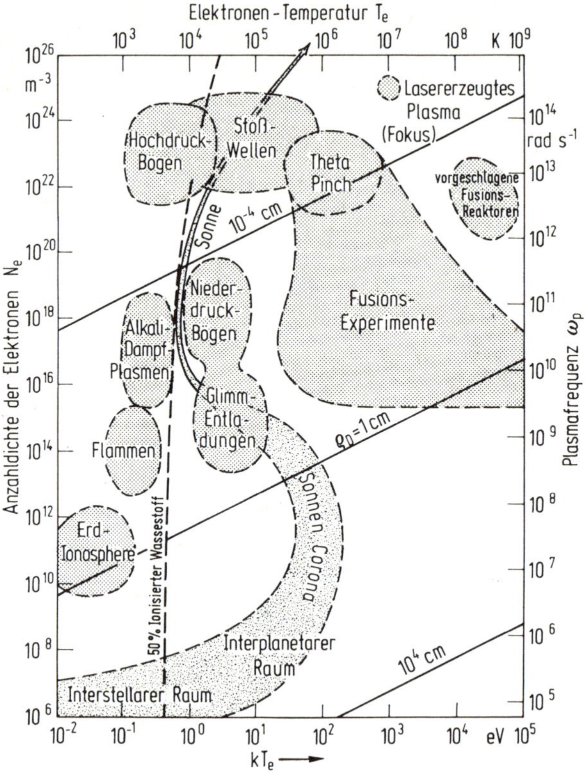

Abb. X,18. Ungefähre Abgrenzung der verschiedenen Bereiche von Elektronentemperatur T_e und Anzahldichte der Elektronen N_e für bis jetzt erzeugte Laborplasmen und für astrophysikalische Plasmen. Die Plasmafrequenz ω_p und Linien konstanter Debye-Länge ρ sind eingetragen (siehe auch W. B. Kunkel und M. N. Rosenbluth in „Plasmaphysics in Theory and Application", S. 8, edited by W. B. Kunkel, McGraw-Hill Book Company, New York, St. Louis, San Francisco, Toronto, London, Sydney 1966).

Stationäre Gasentladungen. In einer Gasentladung fließt über eine Gasstrecke (meist eingeschlossen in einem Gefäß) ein elektrischer Strom i (meist über Elektroden). In der Entladung herrscht eine bestimmte Feldstärke E. Die Entladungscharakteristik $E = f(i)$ ist eine besondere Eigenschaft der Entladung (Abb. X,19). Die Eigenschaften des Entladungsplasmas hängen stark von den Anzahldichten der Plasmateilchen in der Entladung ab bzw. vom Druck, unter dem die Entladung brennt. In Niederdruck-Entladungen (Druck $< 10^4$ Pa) existiert kein LTG, und es ist schwierig, die Plasmaeigenschaften als Funktion der Plasmaparameter theoretisch zu beschreiben. In Hochdruck-Entladungen (Druck $> 10^5$ Pa, Bogenplasma) kann jedoch LTG approximiert werden und viele Eigenschaften der Entladung können mit thermodynamischen Methoden und mit Methoden der statistischen Mechanik ermittelt werden.

Die genannten LTG-Plasmen können langzeitstationär unter sehr definierten Bedingungen im Experiment betrieben werden. Es sind meist wandstabilisierte Bögen, bei denen

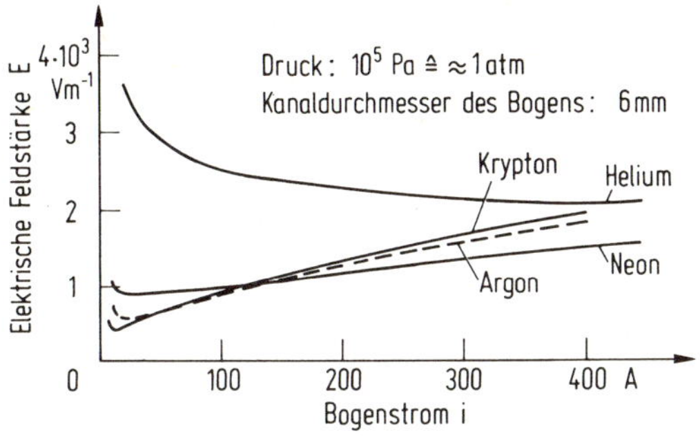

Abb. X,19. Entladungscharakteristiken $E = f(i)$ für Edelgase gemessen an wandstabilisierten Bogenplasmen nach Art der Abb. X,20. Druck: 10^5 Pa ≙ 1 atm, Kanaldurchmesser des Bogens 6 mm.

das Plasma durch kalte Wände in besonderen Plasmabrennern eingeschlossen wird (wandstabilisiertes **Bogenplasma**)*. Das Plasma bildet sich zylindersymmetrisch in einem Kanal in der Mitte des Brenners aus (Abb. X,20). In diesen Kanal wird das Gas eingeleitet, das aufgeheizt werden soll. Der Kanal wird von einer größeren Zahl dünner,

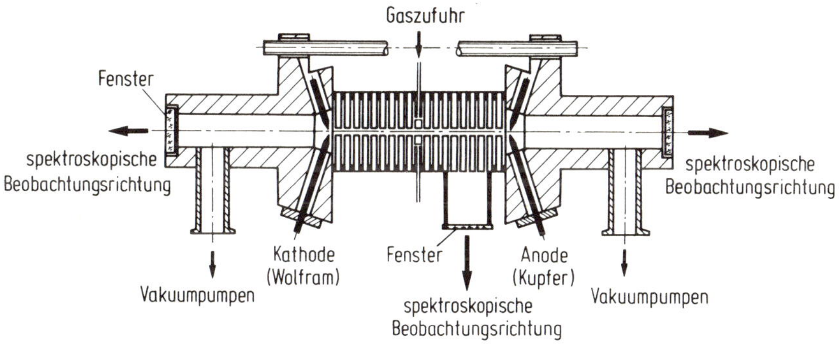

Abb. X,20. Brenner zur Erzeugung wandstabilisierter, langzeitstationärer Bogenplasmen.

wassergekühlter Scheibenbauteile aus Kupfer gebildet, die voneinander elektrisch isoliert sind. Bei weniger großem Leistungsumsatz werden auch wassergekühlte Quarzrohre benutzt. Der Bogenstrom (meist Gleichstrom) wird bei vielen Anordnungen über mehrere Elektroden zu- und abgeführt. In der Achse des Brennkanals lassen sich stationär maximale Temperaturen von einigen 10^4 K erreichen. Eingeschlossen wird das Plasma durch das erhitzte Kupfer der Temperatur von einigen 10^2 K. Daher existieren in radialer Richtung im Brennkanal starke Temperaturgradienten. Für die Messungen ist nur der von den Elektrodenzonen freie zylindersymmetrische Plasmabereich im Kanal interessant. Zur Plasmadiagnostik kann die Strahlung in Richtung der Kanalachse oder senkrecht dazu (radial) spektroskopisch gemessen werden. Bei der axialen Beobachtung ist es vorteilhaft, daß die Strahlung aus einer nahezu temperaturhomogenen Schicht emittiert wird. Bei der radialen Beobachtung tragen Schichten verschiedener Temperatur zur emittierten Strahlung bei; das erschwert die Auswertung. Zur Auf-

* Maecker, H.: Z. Naturforschung **11a**, 457 (1956)

nahme der Entladungscharakteristik (Abb. X,19) wird die Feldstärke im Plasma durch Messen der Potentialdifferenz zwischen den Kupferscheiben bestimmt.

Typische Daten beim Betrieb von wandstabilisierten Bogenplasmen sind: Kanaldurchmesser: $d = 0{,}2$ cm bis 1 cm, Stromdichte $j \approx 10^3$ A cm^{-2}, elektrische Feldstärke $E \approx 10$ V cm^{-1}, elektrischer Leistungsumsatz in der Volumeneinheit $P \approx 10$ kW cm^{-3}. Durch Verändern des Bogenstromes und des Druckes lassen sich Temperatur und Anzahldichte der Elektronen des Plasmas verändern. Werte in der Achse des Brennkanals sind: $T = 0{,}7 \cdot 10^4$ K bis $3 \cdot 10^4$ K; $N_e = 10^{21}$ m^{-3} bis 10^{24} m^{-3} (vgl. Abb. X,18).

Viele Eigenschaften von LTG-Plasmen sind als Funktion der Temperatur und Anzahldichten unter Anwendung von wandstabilisierten Bogenplasmen nach Art von Abb. X,20 gemessen worden.

Stoßwellen. LTG-Plasmen mit zum Teil den Bogenplasmen ähnlichen Plasmaparametern (vgl. Abb. X,18) lassen sich unter Kurzzeitbedingungen auch mit **mechanischen Stoßwellen** in Rohren erzeugen (Abb. X,21). Im Stoßwellenrohr (rechteck- oder kreisförmiger Querschnitt) wird ein Hochdruckteil (Druck $\approx 10^7$ Pa $\hat{=} \approx 100$ atm) mit einem leichten Gas gefüllt (Treibergas). Dieser Teil ist von einem Niederdruckbereich (Druck $\approx 10^3$ Pa $\hat{=} \approx 7{,}5$ Torr), der das Untersuchungsgas enthält, durch eine Membran getrennt. Wird die Membran zerstört, so breitet sich der Druckunterschied als Stoßwelle in den Niederdruckteil aus. (Stoßfrontgeschwindigkeiten $\approx 10^3$ ms^{-1}). Durch die Stoßwelle wird das Gas durch schnelle Kompression zum Plasma aufgeheizt.

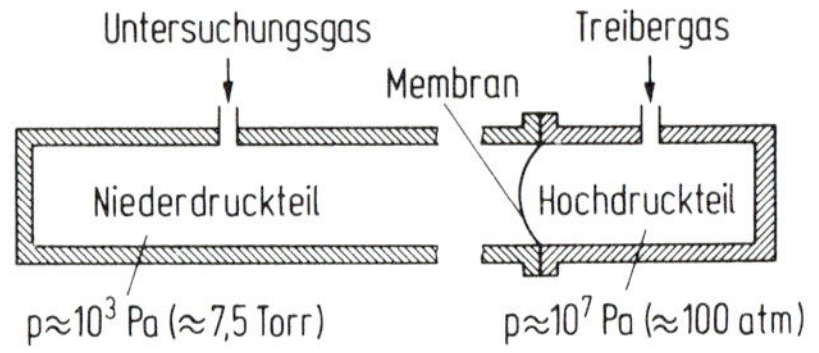

Abb. X,21. Stoßrohr zum Erzeugen von mechanischen Stoßwellen.

Stoßwellenaufheizung erreicht man auch in Rohren mit **elektromagnetischen Stoßwellen**. Dazu werden meist T-förmige Entladungsgefäße benutzt (T-Rohre, Abb. X,22). Zwischen Elektroden wird eine stromstarke Kurzzeitentladung bei Niederdruck

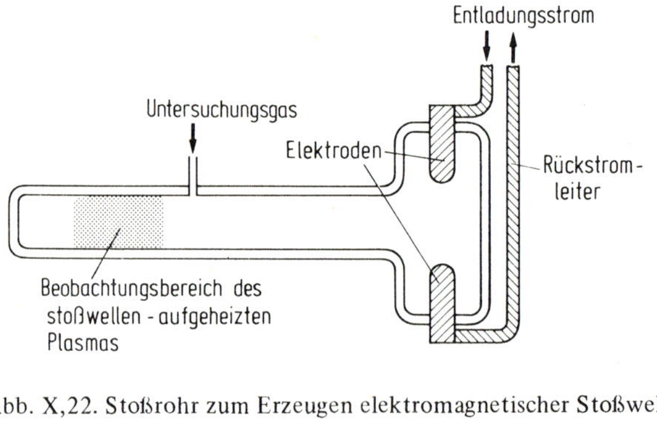

Abb. X,22. Stoßrohr zum Erzeugen elektromagnetischer Stoßwellen.

gezündet (Druck: 10 bis 10^3 Pa ≙ ≈ 0,075 bis 7,5 Torr; Entladungsströme bis zu einigen 100 kA für die Dauer einiger 0,1 μs). Die elektrische Leistung wird einer Kondensatorbatterie entnommen, die mit Funkenstrecken-Schaltern auf die Elektroden geschaltet wird. Die schnelle ohmsche Aufheizung in der Entladung verursacht eine plötzliche Erhöhung des Gasdruckes. Unter Mitwirkung der Magnetfelder des Entladungsstromes und des Rückstromleiters wird das Entladungsplasma beschleunigt, und es breitet sich eine Stoßwelle in den Seitenarm des T-Rohres aus. Stoßfrontgeschwindigkeiten in Deuteriumplasmen bis $3 \cdot 10^5$ ms^{-1} und Temperaturen bis 100 eV hinter der Stoßfront wurden beobachtet (vgl. Abb. X,18).

Pinch-Effekt. Hochenergieplasmen werden oft unter Ausnutzung des Pinch-Effektes in zeitlich schnell ansteigenden Magnetfeldern erzeugt und eingeschlossen. Der Pinch-Effekt erlaubt eine große Zahl verschiedener geometrischer Anordnungen. Wir betrachten hier nur den longitudenalen Pinch-Effekt (z-Pinch) und den azimutalen Pinch-Effekt (Θ-Pinch). „z" und „Θ" bezeichnen die elektrische Stromrichtung im Plasma. Zur Ausbildung des Pinch-Effektes sind hohe Ströme in den Entladungen oder in den Magnetfeldspulen notwendig. Daher sind nur Kurzzeitexperimente möglich. Die notwendige elektrische Leistung wird aus Kondensatorbatterien entnommen.

Beim „**z-Pinch**" entlädt man eine Kondensatorbatterie über zwei Elektroden in einem Entladungsgefäß. (Entladungsstrom: einige 100 kA, Entladungsspannung: einige kV). Die Stromdichte der Entladung j_z hat die z-Richtung und erzeugt ein azimutales Magnetfeld B_Θ (Abb. X,23 a). Bei dieser Geometrie wirken auf die Ladungsträger im Plasma Lorentz-Kräfte $f = j_z \times B_\Theta$ (f: Kraftdichte, die auf die Achse des Entladungsgefäßes gerichtet ist). Bei hohen Entladungsströmen sind die Lorentz-Kräfte (magnetischer Druck) ausreichend groß, um das Plasma von den Gefäßwänden zu lösen und in Richtung auf die Achse des Entladungsgefäßes zu kontrahieren und einzuschließen. Dieser Vorgang entspricht der bekannten Erscheinung, daß sich parallel angeordnete elektrische Leiter, die Strom in der gleichen Richtung führen, einander anziehen.

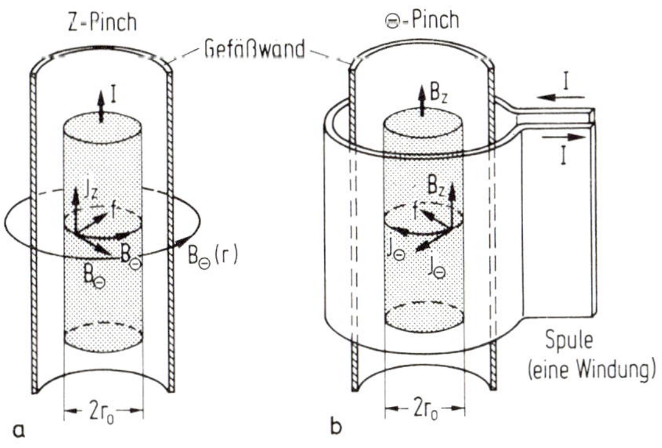

Abb. X,23 a, b. Geometrische Zuordnung von elektrischen Strömen und Magnetfeldern beim (a) z-Pinch und (b) θ-Pinch.

Mit einer sehr vereinfachten Betrachtung kann man sich eine Vorstellung über die notwendige Größe der Magnetfelder und Ströme machen, um ein Plasma bestimmter Temperatur und Anzahldichten magnetisch einzuschließen. Wir suchen die Größe des Entladungsstromes, dessen Magnetfeld ausreichend groß ist, um bei einem gegebenen Querschnitt der Entladung dem Teilchendruck des Plasmas das Gleichgewicht zu halten. Es soll die Zylindergeometrie der Abb. X,23 a gelten. Die Temperatur sei unabhängig vom Radius und konstant. I sei der Gesamtstrom der Entladung in z-Richtung und n die Anzahldichte der Plasmateilchen bezogen auf die Längeneinheit der Entladung (in z-Richtung). Gleichgewicht herrscht, wenn die so definierten Größen die Bennett-Gleichung erfüllen (Herleitung in Abschnitt X,9.2, Magnetohydrostatik)

$$I^2 = 2\,\frac{4\,\pi}{\mu_0}\,n\,k\,T \qquad \text{(Bennett-Gleichung)} \qquad (X,36)$$

$$\frac{4\,\pi}{\mu_0} = 10^7\ \mathrm{m\,H^{-1}}$$

Wir wollen I berechnen und die extremen Bedingungen eines Hochenergieplasmas zugrunde legen, wie sie beispielsweise für den Ablauf einer thermonuklearen Deuterium-Deuterium-Reaktion anzustreben wären. Es wäre anzusetzen

$$T = 10^9\ \mathrm{K}\ (k\,T \approx 100\ \mathrm{k\,eV} \mathrel{\hat=} 1{,}6 \times 10^{-14}\ \mathrm{Ws})$$

Der Radius der Entladung betrage:

$$r_0 = 0{,}15\ \mathrm{m}$$

Die über den Querschnitt der Entladung gemittelte Anzahldichte sei:

$$N_e = N_i = 10^{22}\ \mathrm{m^{-3}}$$

Es herrscht Vollionisation. Neutralteilchen sind nicht vorhanden. Somit ist:

$$n = 2\,\pi \int_0^{r_0} [N_e(r) + N_i(r)]\,\mathrm{d}\,r$$
$$= (N_e + N_i)\,r_0^2\,\pi = 1{,}4 \cdot 10^{21}\ \mathrm{m^{-1}}$$

Unter diesen Bedingungen folgt als Gleichgewicht-Stromstärke

$$I = 2{,}1 \cdot 10^7\ \mathrm{A}$$

Durch diese Stromstärke wird an der Plasmaoberfläche eine sehr große azimutale magnetische Induktion B_Θ hervorgerufen:

$$B_\Theta = \frac{\mu_0}{2\,\pi}\,\frac{I}{r_0} = 28{,}4\ \mathrm{Wb\,m^{-2}} \mathrel{\hat=} 284\ \mathrm{kG}$$

Die magnetische Induktion führt zu einem magnetischen Druck p_{magn} (siehe Abschnitt X,9.2, Magnetohydrostatik)

$$p_{\mathrm{magn}} = \frac{B_\Theta^2}{2\,\mu_0} = 3{,}2 \cdot 10^8\ \mathrm{Pa} \mathrel{\hat=} 3200\ \mathrm{atm}$$

Der magnetische Druck ist im Gleichgewicht mit dem Teilchendruck p des Plasmas

$$p = (N_e + N_i)\,k\,T = 3{,}2 \cdot 10^8\ \mathrm{Pa} \mathrel{\hat=} 3200\ \mathrm{atm}$$

Im Gegensatz zum z-Pinch entlädt man beim **Θ-Pinch** eine Kondensatorbatterie über eine Spule, im allgemeinen mit nur einer Windung. Es entsteht eine magnetische Induktion B_z in z-Richtung (Abb. X,23b). Durch den zeitlichen Anstieg von B_z wird in einem leitfähigen Plasma, dessen Leitfähigkeit vorher durch Vorionisation geschaffen wird, eine azimutale Stromdichte j_Θ induziert. j_Θ und B_z erzeugen Lorentz-Kräfte, die wie beim z-Pinch auf die Achse des Entladungsgefäßes hin gerichtet sind. In großen Anlagen werden für die magnetische Induktion Werte von 100 bis 200 kG erreicht, die in Mikrosekunden aufgebaut werden. Diese magnetische Induktion erzeugt wie beim z-Pinch einen hohen magnetischen Druck, der zu einer schnellen radialen Kompression des Plasmas führt. Die Kompression wirkt als Stoßwelle hoher Machzahl und heizt das Plasma auf (erreichte Plasmaparameter $N_e = N_i = 10^{21}$ m^{-3}, $T = 6 \cdot 10^7$ K, vgl. Abb. X,18).

Wegen auftretender Instabilitäten ist die Lebensdauer τ der betrachteten z- und Θ-Pinch-Plasmen nur kurz ($\tau \approx 10$ μs). Es werden deshalb viele andere geometrische Anordnungen (z. B. toroidale Geometrien) untersucht, um längere Einschlußzeiten zu erreichen. Das ist für die Entwicklung von Hochenergieplasmen notwendig, in denen thermonukleare Reaktionen ablaufen sollen. Dazu müssen nicht nur hohe Temperaturen, sondern auch große Werte des Produktes aus Anzahldichte N und Einschlußzeit τ erreicht werden. Folgende Plasmaparameter sind notwendig: für die Deuterium-Deuterium-Reaktion: $T \approx 10^9$ K, $N\tau \approx 10^{21}$ m^{-3} s, für die Deuterium-Tritium-Reaktion $T \approx 3 \cdot 10^8$ K, $N\tau \approx 5 \cdot 10^{19}$ m^{-3} s.

6.2 Anwendungen

Bei vielen technischen Anwendungen wird der Plasmazustand bereits seit längerer Zeit ausgenutzt, viele neuere Anwendungen sind noch im Entwicklungsstadium. Meist wird das Plasma als Energieumformer verwendet. Abb. X,24 soll das deutlich machen. Mit einer der in Abb. X,24 genannten Energieformen wird in einer geeigneten Maschine

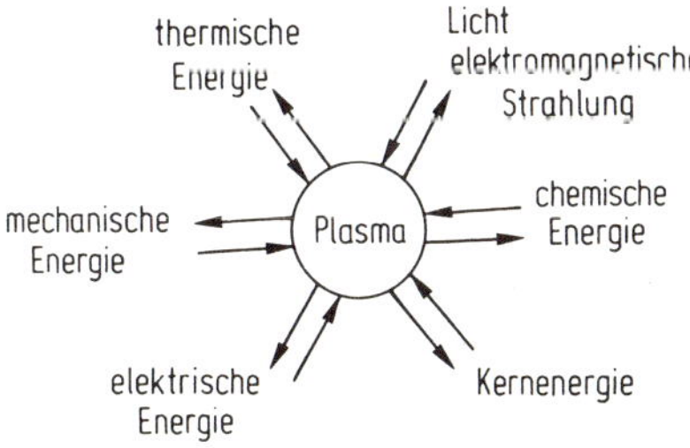

Abb. X,24. Das Plasma als ein Medium zur Energieumformung.

ein Plasma aufgeheizt (Pfeilrichtung von außen nach innen). Die Maschine ist dann so angelegt, daß das aufgeheizte Plasma eine erwünschte Energieform stark bevorzugt abgibt. (Pfeilrichtung von innen nach außen.) Wir hatten bereits festgestellt, daß Plasmen erzeugt werden können: durch stationären oder kurzzeitigen Stromdurchgang durch Gase (elektrische Energie), durch schnelle Kompression von Gasen in Stoßwellen (mechanische Energie), durch Strahlungszufuhr (Licht, elektromagnetische Strahlung) und durch den Ablauf chemischer Reaktionen in Flammen (chemische Energie). Umgekehrt lassen sich diese Energieformen auch geeigneten technischen Plasmen entnehmen. So gewinnt man in herkömmlichen Lichtbogen-Öfen und Schweißbögen oder im neueren Plasmajet thermische Energie. Verschiedenartige Plasmaquellen dienen der Lichterzeugung (Niederdruck- und Hochdrucklampen, Laser). In anderen Anordnungen erzeugt man mechanische Energie mit ionisierten Gasen, die in Plasmageneratoren auf Überschallströmungen beschleunigt werden. Außerdem werden bereits chemische Produkte unter Durchlaufen des Plasmazustandes hergestellt. Viel Hoffnung ist auf die Erzeugung elektrischer Energie im Zusammenhang mit Plasmen gesetzt worden. Zwei Beispiele wollen wir hierzu betrachten: die thermionische Diode und den MHD-Generator (magnetohydrodynamischer Generator).

Die thermionische Diode besteht aus zwei Elektroden, dem Emitter und dem Kollektor, die möglichst nahe zueinander angeordnet sind (Abb. X,25 a). Der Emitter wird aufgeheizt, so daß Elektronen austreten. Der Kollektor wird gekühlt, so daß Elektronen

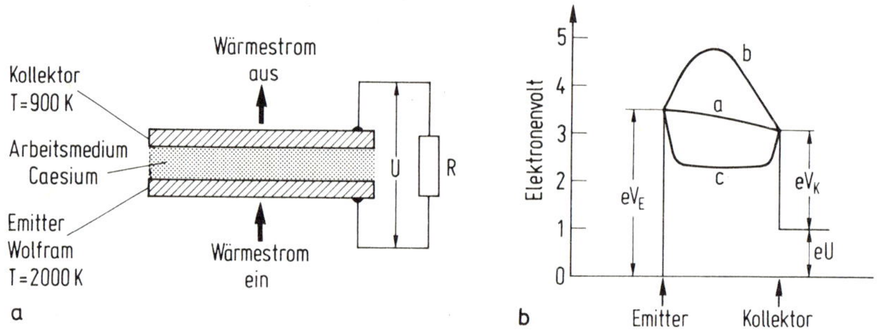

Abb. X,25. Thermionische Diode. (a) Prinzip, (b) Energiediagramm.

dort „kondensieren". Die Arbeitsweise der Diode läßt sich mit dem Energiediagramm der Abb. X,25 b verstehen. eV_E und eV_K sind die Austrittsarbeiten der Elektronen am Emitter und am Kollektor. U ist die Klemmenspannung der Diode. Beim Betrieb der Diode wird der Emitter aufgeheizt, bis Elektronen das Potential V_E überwinden. Sie wandern zum Kollektor und durchfallen das Potential V_K. Es verbleibt eine Potentialdifferenz U, um die Elektronen durch den äußeren Lastwiderstand R zu treiben (Abb. X,25 b). Befinden sich die Elektroden der Diode im Vakuum und werden nur kleine Ströme gezogen, so entsteht eine flache Potentialverteilung zwischen Emitter und Kollektor (Kurve (a) in Abb. X,25 b). Bei großen Stromdichten bilden sich Raumladungen aus. Es stellt sich der Potentialverlauf (b) mit einem Potentialberg ein, der den Stromtransport behindert. Den Raumladungseffekt kann man abschwächen, indem man die Elektroden der Diode soweit, wie es praktisch möglich ist, einander annähert. Um darüberhinaus die Raumladung der Elektronen möglichst vollständig zu kompensieren, werden im Raum zwischen Emitter und Kollektor positive Ionen erzeugt. Erreicht wird dadurch der Potentialverlauf (c). Zur Erzeugung der Ionen wird die

Diode mit leicht ionisierbarem Caesiumdampf (Druck: 10^2 Pa $\hat{=} \approx 1$ Torr) gefüllt. Die Caesiumatome werden durch Stöße mit der heißen Emitteroberfläche und durch Stöße mit schnellen Elektronen in der Gasstrecke ionisiert. Auf den Elektrodenoberflächen abgelagertes Caesium setzt außerdem vorteilhafterweise die Austrittsarbeit von Emitter und Kollektor herab. Man erreicht daher mit Wolfram-Emittern bei nur 2000 K Stromdichten von 10 A cm^{-2}. Mit thermionischen Dioden sollen Leistungsdichten von 30 W cm^{-2} bei einem Wirkungsgrad von 30% erzeugt worden sein.

Wir behandeln jetzt den **magnetohydrodynamischen Generator**. In einer Verbrennungskammer wird ein heißer, elektrisch leitender Gasstrom erzeugt, der aus einer Düse mit großer Geschwindigkeit $\boldsymbol{v}_g$ expandiert und in ein homogenes Magnetfeld der magnetischen Induktion $\boldsymbol{B}$ eintritt (Abb. X,26 a, b) $\boldsymbol{v}_g$ und $\boldsymbol{B}$ sind zueinander senkrecht gerichtet. Die Gastemperatur T_g soll ausreichend hoch sein, damit ein großer thermischer Ionisationsgrad besteht. Man erreicht einen großen Ionisationsgrad bei vergleichsweise niedrigen Temperaturen von 2000 K bis 3000 K, wenn chemische Elemente kleiner Ionisationsenergie (Alkalien) dem Gasstrom zugesetzt werden. Elektronen und Ionen fliegen mit $\boldsymbol{v}_g$ durch das quergerichtete Magnetfeld und erfahren die Lorentz-Kraft $\boldsymbol{F}$ vom gleichen Betrag aber entgegengesetzter Richtung

$$\boldsymbol{F} = e\,\boldsymbol{v} \times \boldsymbol{B} \tag{X,37}$$

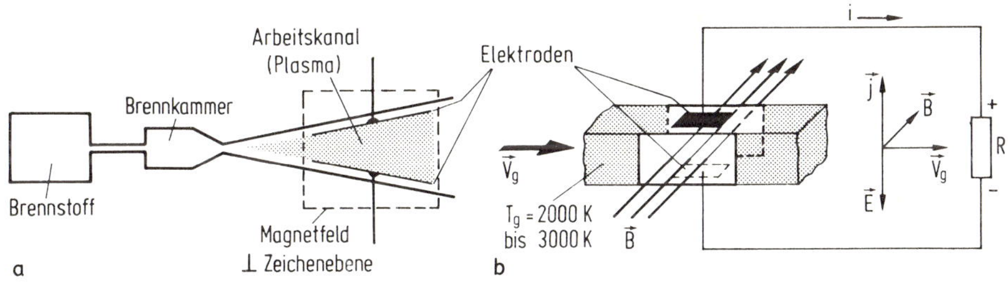

Abb. X,26. (a) Prinzip des MHD-Generators. (b) Zuordnung der mechanischen und elektromagnetischen Größen zueinander.

Dadurch werden die Elektronen und Ionen voneinander getrennt. Bei den in Abb. X,26 a, b gewählten Richtungen von $\boldsymbol{v}_g$ und $\boldsymbol{B}$ wandern die Ionen nach oben und die Elektronen nach unten. Wird daher der Gasstrom oben und unten durch Elektrodenplatten begrenzt, so läßt sich ein Strom abnehmen und über einen äußeren Lastwiderstand R führen. Durch die Ladungstrennung wird im Gasstrom eine elektrische Feldstärke $\boldsymbol{E}$ hervorgerufen. Die Feldstärke wächst, bis die elektrostatische Kraft e $\boldsymbol{E}$ dem Betrag nach gleich ist der Lorentzkraft $\boldsymbol{F}$

$$|e\,\boldsymbol{E}| = |e\,\boldsymbol{v}_g \times \boldsymbol{B}| \tag{X,38}$$

Unter Voraussetzung eines Elektrodenabstandes d schätzt man aus Gl. X,38 die Leerlaufspannung U_L des Generators ($R \to \infty$) ab.

$$E = \frac{U_L}{d} = v_g \cdot B \tag{X,39}$$

$$U_L = v_g \cdot B \cdot d$$

Bei Strombelastung sinkt die Leerlaufspannung wegen des Innenwiderstandes des Generators. Der Innenwiderstand ist durch den Widerstand der Gasstrecke zwischen den Elektroden gegeben. Sollen dem Generator große Ströme und große Leistungen entnommen werden, so muß die Leitfähigkeit σ des Plasmas groß sein. Dazu muß ein möglichst großer Ionisationsgrad des Plasmas vorliegen. Im Kurzschlußfall ($R = 0$) fließt ein Strom, dessen Dichte j den Wert hat:

$$j = \sigma v_g \times B \tag{X,40}$$

Ein Zahlenbeispiel soll die Größenordnungen verdeutlichen: Für $v_g = 1000\ \text{ms}^{-1}$, $B = 1\ \text{Wbm}^{-2} \triangleq 10\ \text{kG}$ und $d = 0{,}1$ m ist $E = v_g B = 1000\ \text{Vm}^{-1}$ und $U_L = 100$ V. Bei einer erreichbaren Leitfähigkeit im Plasma von $\sigma = 1\ \text{Sm}^{-1}$ beträgt die Kurzschlußstromdichte $1000\ \text{Am}^{-2}$.

Ein MHD-Generator hat dieselbe Grundkonzeption wie ein herkömmlicher Turbogenerator. In beiden Fällen wird ein elektrischer Leiter in einem Magnetfeld bewegt und eine elektrische Spannung wird induziert. Bei einem Turbogenerator wird über einem mehrstufigen Prozeß durch Verbrennen von fossilem Brennstoff oder aus Kernenergie unter Anwendung von gespanntem Wasserdampf mechanische Energie erzeugt. Sie wird ausgenutzt, um einen Festkörper hoher elektrischer Leitfähigkeit in einem Magnetfeld zu bewegen. Dieser Prozeß ist beim MHD-Generator abgekürzt, da das elektrisch leitfähige Verbrennungsgas als bewegter Leiter ausgenutzt wird.

Turbogenerator wie MHD-Generator unterliegen als kontinuierlich arbeitende Wärmekraftmaschinen den Untersuchungs-Ergebnissen beim Carnot-Prozeß, dessen Wirkungsgrad

$$\eta = \frac{T_1 - T_2}{T_1} \tag{X,41}$$

ist. T_1 ist die Temperatur, mit der die Wärmeenergie zur Verfügung steht, T_2 die Temperatur, auf die das Arbeitsmedium bei der Energieumwandlung abgekühlt wird. Die höchsten Temperaturen bei Dampfturbinen, die gegenwärtig technisch beherrscht werden, liegen unterhalb 1000 K. Ein MHD-Generator dagegen kann bei 2000 bis 3000 K arbeiten, so daß zumindest im Prinzip eine Steigerung des Wirkungsgrades erreicht werden könnte. Die technologischen Schwierigkeiten bei der Entwicklung von MHD-Generatoren sind beträchtlich und heute noch nicht gelöst.

Wird in einen MHD-Generator ein Strom eingespeist, so arbeitet die Maschine als Motor. MHD-Motoren werden benutzt, um heiße, elektrisch leitfähige Gase, die bereits hohe Geschwindigkeit haben, auf weiter gesteigerte Geschwindigkeiten zu beschleunigen.

7. Energieinhalt (Enthalpie und spezifische Wärmekapazität)

Die hier vielfach betrachteten langzeit-stationären Plasmen (Temperaturbereich $T \approx 10^4$ K) werden meist unter konstantem Druck betrieben. Zur Beschreibung des

Energieinhaltes dieser Plasmen sind daher die Enthalpie h (bezogen auf die Masseneinheit) und die spezifische Wärmekapazität unter konstantem Druck c_p (bezogen auf die Masseneinheit) die geeigneten Größen. Es ist:

$$h = u + p\,v \tag{X,42}$$

$$c_p = \left(\frac{\delta q}{\mathrm{d}T}\right)_p = \left(\frac{\partial h}{\partial T}\right)_p \tag{X,43}$$

u ist die innere Energie, q die zugeführte Wärmemenge, v das Volumen.

In einem Atomgas bei Raumtemperatur (ideales Gas, Atommasse: m_a) besitzen die Teilchen nur Translationsenergie, und es gilt

$$u = \frac{1}{m_a}\frac{3}{2}kT \tag{X,44}$$

$$h = \frac{1}{m_a}\frac{5}{2}kT \tag{X,45}$$

$$c_p = \frac{1}{m_a}\frac{5}{2}k \tag{X,46}$$

h und u wachsen proportional zur Temperatur, und c_p ist konstant. Wird dagegen ein Molekülgas betrachtet und die Temperatur stark gesteigert, so werden die Moleküle angeregt (Rotations-, Schwingungs- und Elektronen-Anregungsenergie) und schließlich dissoziiert. Bei weiterer Temperaturerhöhung werden die Dissoziationsbruchstücke (Atome) angeregt und ionisiert. Diese energetischen Prozesse tragen zur Enthalpie und spezifischen Wärmekapazität bei. Die Temperaturabhängigkeiten von h und c_p weichen deshalb im Plasma von denen heißer Gase ab.

Wir wollen im folgenden die **Berechnung der Enthalpie eines zweiatomigen Gases** behandeln. Nach dem Gleichverteilungssatz ist für ein starres zweiatomiges Molekül (Hantelmodell, keine Schwingungsfreiheitsgrade!) die Enthalpie nach Gl. X,47 gegeben:

$$h = \frac{(f+2)}{m_a}\frac{1}{2}kT \tag{X,47}$$

Die spezifische Wärmekapazität beträgt dann:

$$c_p = \frac{f+2}{m_a}\frac{1}{2}k \tag{X,48}$$

Für das Hantelmodell ist die Zahl der Freiheitsgrade $f = 5$. Für die Translation sind 3 Freiheitsgrade und für die Rotation 2 Freiheitsgrade zu berücksichtigen, so daß nach dem Gleichverteilungssatz h und c_p die Werte haben:

$$h = \frac{1}{m_a}\frac{7}{2}kT \qquad \text{(Hantelmodell)} \tag{X,49}$$

$$c_p = \frac{1}{m_a}\frac{7}{2}k$$

Im Plasma treten Moleküle, Atome, Ionen und Elektronen nebeneinander auf. Jede Teilchengruppe liefert einen Beitrag zur Enthalpie (Moleküle: h_M; Atome: h_a; Ionen: $h_i^+, h_i^{++}, h_i^{+++}, \ldots$; Elektronen: h_e, jeweils bezogen auf die Masseneinheit). Die Gesamt-Enthalpie folgt aus der Summe der Einzel-Enthalpien, die wir im folgenden aufschreiben.

Für **Moleküle** der Masse m_M ist:

$$h_M = \frac{1}{m_M} \left(\frac{5}{2} k\,T + k\,T^2 \frac{\partial}{\partial T} \ln Z_M\right). \tag{X,50}$$

In Gl. X,50 gibt der erste Term den Translationsanteil an, während der zweite Term mit der inneren Zustandssumme Z_M des Moleküls Rotations-, Schwingungs- und Elektronenanregung berücksichtigt. Z_M ist das Produkt der Zustandssummen der Rotations-, der Schwingungs- und der Elektronenanregung (Z_R, Z_s, Z_e):

$$Z_M = Z_R \cdot Z_s \cdot Z_e \tag{X.51}$$

Die Einzel-Zustandssummen werden aus den Termenenergien E_m und aus den statischen Gewichten g_m nach Gl. X,52 berechnet.

$$Z = \sum_m g_m \exp\left(-\frac{E_m}{k\,T}\right) \tag{X,52}$$

Für **Atome**, die durch Dissoziation eines zweiatomigen Moleküls entstanden sind, ist:

$$h_a = \frac{1}{m_a} \left(\frac{5}{2} k\,T + \frac{E_D}{2} + k\,T^2 \frac{\partial}{\partial T} \ln Z_a\right) \tag{X,53}$$

Zur Translationsenergie des Atoms wird die halbe Dissoziationsenergie E_D hinzugefügt, weil bei der Rekombination der Atome zu Molekülen die Dissoziationsenergie (je Atom $1/2\, E_D$) frei wird. Z_a ist die Zustandssumme des Atoms, die die Elektronenanregung im Atom berücksichtigt.

Werden die betrachteten Atome zusätzlich ionisiert, so ist für **einfach ionisierte Ionen** der Masse m_i^+:

$$h_i^+ = \frac{1}{m_i^+} \left(\frac{5}{2} k\,T + \frac{E_D}{2} + E_i^+ + k\,T^2 \frac{\partial}{\partial T} \ln Z_i^+\right) \tag{X,54}$$

Bei der Berechnung von h_i^+ wählten wir zweckmäßiger Weise eine Zählung, bei der dem entstandenen Ion die gesamte Ionisationsenergie E_i^+ zugeordnet wurde. Dann ist dem bei der Ionisation entstandenen Elektron jedoch nur der Translationsanteil zuzuordnen.

Für **Elektronen** ist daher:

$$h_e = \frac{1}{m_e} \frac{5}{2} k\,T \tag{X,55}$$

Für **zweifach ionisierte Ionen** ist:

$$h_i^{++} = \frac{1}{m_i^{++}} \left(\frac{5}{2} k T + \frac{E_D}{2} + E_i^+ + E_i^{++} + k T^2 \frac{\partial}{\partial T} \ln Z_i^{++}\right) \qquad \text{(X,56)}$$

Die Enthalpien mehrfach ionisierter Ionen h_i^{+++}, h_i^{++++}, . . . folgen entsprechend Gl. X,54 und Gl. X,56.

Zur Berechnung der Gesamt-Enthalpie müssen die Einzelanteile mit der jeweiligen Anzahldichte der Plasmateilchen: $N_M, N_a, N_e, N_i^+, N_i^{++}, N_i^{+++}, \ldots$ (berechnet mit der Saha-Gleichung) bewertet und aufsummiert werden.

$$h = \frac{1}{\rho} (N_M\, h_M\, m_M + N_a\, h_a\, m_a + N_e\, h_e\, m_e + N_i^+\, h_i^+\, m_i + N_i^{++}\, h_i^{++}\, m_i^{++} + \ldots) \qquad \text{(X,57)}$$

ρ ist die Massendichte des Plasmas:

$$\rho = N_M\, m_M + N_a\, m_a + N_e\, m_e + N_i^+\, m_i^+ + N_i^{++}\, m_i^{++} + \ldots \qquad \text{(X,58)}$$

Als Beispiel ist in Abb. X,27 die so berechnete Enthalpie eines N_2-Plasmas als Funktion der Temperatur dargestellt ($p = 10^5$ Pa und $p = 3 \cdot 10^6$ Pa). Zum besseren Verständnis der $h(T)$-Abhängigkeit des Plasmas ist außerdem die Enthalpie eines

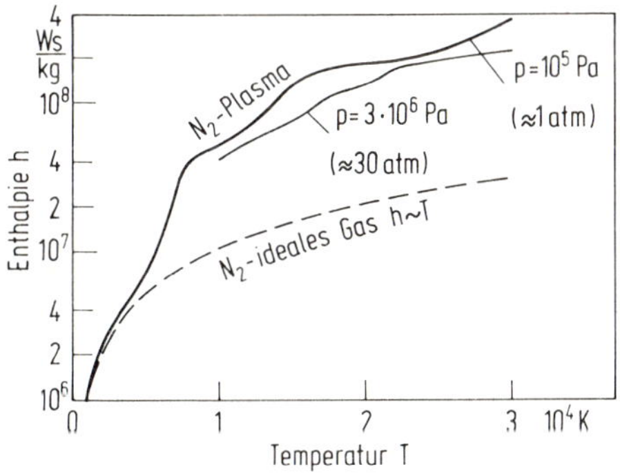

Abb. X,27. Temperaturabhängigkeit der Enthalpie h (bezogen auf die Masseneinheit) für ein N_2-Plasma und für N_2, betrachtet als ideales Gas.

idealen Gases aufgetragen (h proportional zu T) und mit „N_2-ideales Gas" bezeichnet worden. Letzteres soll darauf hinweisen, daß als Masse der Moleküle des idealen Gases die Masse des Stickstoffmoleküls benutzt wurde (Freiheitsgrade $f = 5$). Im Temperaturgebiet der Dissoziation und der ersten Ionisation nimmt $h(T)$ des Plasmas gegenüber $h(T)$ des idealen Gases stark zu. Bei 30 000 K ist die Enthalpie des Plasmas über 10 mal größer als die Enthalpie des idealen Gases. Die Unterschiede der Enthalpie bei verschiedenen Drucken ($p = 10^5$ Pa und $p = 3 \cdot 10^6$ Pa) des Plasmas sind gering. (Beim idealen Gas ist die Enthalpie selbstverständlich unabhängig vom Druck.)

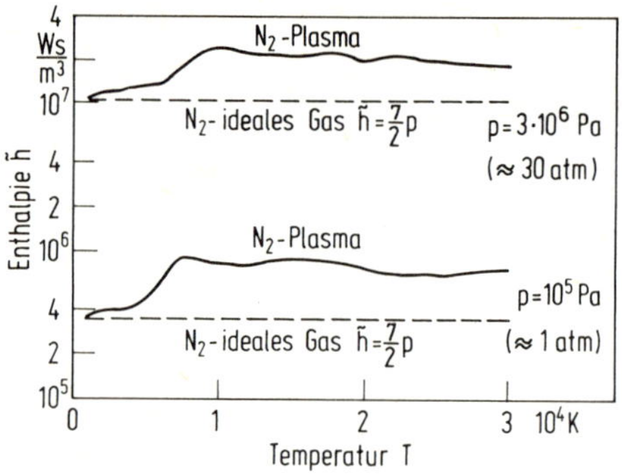

Abb. X,28. Temperaturabhängigkeit der Enthalpie $\tilde{h}$ (bezogen auf die Volumeneinheit) für ein N_2-Plasma und für N_2, betrachtet als ideales Gas (Freiheitsgrade $f = 5$).

Der Einfluß der Dissoziation und der Ionisation auf den Energieinhalt im Plasma ist deutlicher aus der spezifischen Wärmekapazität $c_p(T)$ zu ersehen, die nach Gl. X,43 aus $h(T)$ folgt. $c_p(T)$ besitzt ausgeprägte Maxima (Abb. X,29) und steigt zu hohen Werten an ($c_p \approx 3 \cdot 10^4$ Ws kg^{-1} K^{-1} für 30 000 K). Zur Demonstration der Größe der spezifischen Wärmekapazität ist in Abb. X,29 auf der rechten Ordinate $c_p \; / \; \frac{k}{2\, m_{N_2}}$ dargestellt.

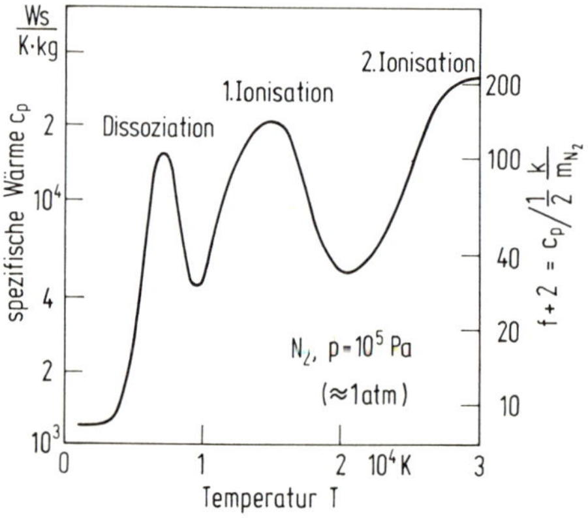

Abb. X,29. Temperaturabhängigkeit der spezifischen Wärmekapazität c_p für N_2. Auf der rechten Ordinate ist $c_p / \frac{k}{2\, m_{N_2}}$ angegeben. Die Zahlenwerte der rechten Ordinate sind daher als „Quasifreiheitsgrade + 2“ ($f + 2$) anzusehen. Zum Vergleich: Kupfer bei Raumtemperatur; $c_p = 3{,}8 \cdot 10^2$ Ws kg^{-1} K^{-1}.

Nach Gl. X,48 ist dieser Ausdruck gleich $f + 2$ und kann als Zahl von „Quasifreiheitsgraden + 2“ angesehen werden. Diese Zahl steigt für das Plasma für $T = 30\,000$ K bis auf 200 an. Für die Raumtemperatur ist der Wert gleich 7, wenn 5 Freiheitsgrade zugrunde gelegt werden. Diese Gegenüberstellung verdeutlicht die bemerkenswert große Zahl von „Quasifreiheitsgraden“ und damit die Größe der spezifischen Wärmekapazität des Plasmas. – Andererseits kann die große spezifische Wärmekapazität eine falsche Vorstellung über den tatsächlichen Energieinhalt im Plasma vermitteln. In Laborplasmen ist der Energieinhalt häufig klein, da die Materie meist „stark verdünnt" ist. Viele Laborplasmen werden unter Drucken der Größenordnung von nur 10^5 Pa ($\hat{=} \approx 1$ atm) betrieben. Mit steigender Temperatur nimmt bei konstantem Druck die Massendichte $\rho(T)$ des Plasmas stark ab. In Abb. X,30 ist die Dichte eines N_2-Plasmas aufgetragen und verglichen mit der Dichte eines idealen Gases, die proportional $1/T$ abnimmt. $\rho(T)$ des

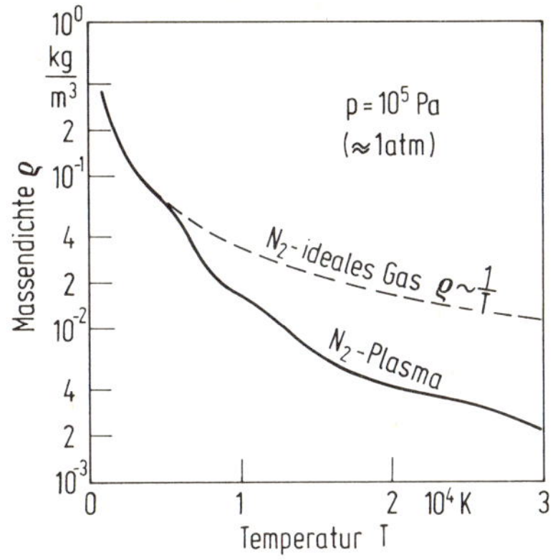

Abb. X,30. Temperaturabhängigkeit der Massendichte ρ für ein N_2-Plasma und für N_2, betrachtet als ideales Gas.

Plasmas nimmt mit der Temperatur merklich stärker ab als $\rho(T)$ eines idealen Gases. Es ist deshalb interessant, nicht wie bisher die Enthalpie h auf die Masseneinheit zu beziehen, sondern die Enthalpie $\tilde{h}$, bezogen auf die Volumeneinheit, zu ermitteln.

$$\tilde{h} = h\,\rho \qquad \text{(X,59)}$$

Die auf die Volumeneinheit bezogene Enthalpie $\tilde{h}$ des betrachteten N_2-Plasmas ist nur um den Faktor 2,5 größer als die eines idealen Gases (Abb. X,28).

Wir wollen die Diskussion des Energieinhaltes im Plasma mit zwei Zahlenbeispielen abschließen. Nach Abb. X,28 beträgt der Energieinhalt in einem cm^3 Plasmavolumen für $T = 10\,000$ K bis 30 000 K beim Druck $p = 10^5$ Pa ($\hat{=} \approx 1$ atm) nur ≈ 1 Ws. Der Energieinhalt eines Plasmas kann daher leicht überschätzt werden. Bemerkenswert ist jedoch die folgende Feststellung. Um den nur kleinen Energieinhalt von 1 Ws/cm^3 in einer langzeit-stationären wandstabilisierten Bogenentladung für T $\approx$ 20 000 K aufrechtzuerhalten, ist der große elektrische Leistungsumsatz von $\approx$ 10 kW/cm^3 notwendig (siehe Transportvorgänge, Abschnitt X,8.1). Aus diesen Zahlen gewinnt man einen Eindruck über die starken Energieverlustprozesse im Plasma.

Wir wollen das zweite Beispiel anschließen. Es soll in einem elektrischen Lichtbogen Stickstoff unter Atmosphärendruck bei Raumtemperatur mit einem Durchsatz von 1 Liter in der Sekunde (= 1,2 gs^{-1}) auf 20 000 K aufgeheizt werden. Nach Abb. X,27 beträgt die Enthalpie $h \approx 2 \cdot 10^8$ Ws kg^{-1} für $T = 20\,000$ K. Gegenüber diesem Wert ist die Enthalpie bei Raumtemperatur (von der Größenordnung 10^5 Ws kg^{-1}) vernachlässigbar. Für den Aufheizvorgang muß daher eine elektrische Leistung aus dem Lichtbogen von der Größenordnung 240 kW entnommen werden.

8. Transportvorgänge

Vorgänge, bei denen Materie, Energie, Ladung oder Impuls transportiert werden, heißen Transportphänomene. Die verschiedenartigen Transportvorgänge lassen sich einheitlich durch Transportgleichungen beschreiben (Gl. X,60). In den Transportgleichungen werden die individuellen Effekte beim Transport einer speziellen Größe durch charakteristische Koeffizienten erfaßt (Transport-Koeffizienten). Diese wiederum lassen sich auf atomare Querschnitte (Transport-Querschnitte) zurückführen. Im einfachsten Fall sind die Transport-Koeffizienten als Faktoren in den Transportgleichungen (Gl. X,60) definiert:

Transport von Materie	(Diffusion)	: $Q = -D \operatorname{grad} N$
Transport von Energie	(Wärmeleitfähigkeit)	: $\boldsymbol{q} = -\kappa \operatorname{grad} T$
Transport von Ladung	(elektrische Leitfähigkeit)	: $j = \sigma \boldsymbol{E}$
Transport von Impuls	(Viskosität)	: $p = -\eta \dfrac{\mathrm{d} v_z}{\mathrm{d} x}$

(X,60)

Es ist:

Q: Stromdichte der Teilchen;
D: Koeffizient der Diffusion;
N: Anzahldichte der Teilchen;

q: Wärmestromdichte;
κ: Koeffizient der Wärmeleitfähigkeit;
T: Temperatur;

j: elektrische Stromdichte;
σ: Koeffizient der elektrischen Leitfähigkeit;
E: elektrische Feldstärke;

p: Stromdichte der Impulse;
η: Koeffizient der Viskosität;
v_z: Geschwindigkeit

Zum Verständnis vieler Plasmaeigenschaften ist die Kenntnis der in Gl. X,60 definierten Transport-Koeffizienten für die Diffusion D, Wärmeleitfähigkeit κ, elektrische Leitfähigkeit σ und für die Viskosität η notwendig. Insbesondere ist ihre Abhängigkeit von der Temperatur und den Anzahldichten der Plasmateilchen interessant. Die Transport-Koeffizienten werden durch die Größe der mittleren freien Weglängen der verschiedenen Plasmateilchen bestimmt. Existiert im Plasma ein Magnetfeld, so werden die Bewegung der Ladungsträger durch das Magnetfeld beeinflußt (vgl. Abschnitt X,9), und die freie Weglänge hängt vom Magnetfeld ab. Die Transport-Koeffizienten sind dann auch eine Funktion des Magnetfeldes. Auch ohne Magnetfeld können die Transport-Koeffizienten im Plasma stark von den Koeffizienten in Gasen bei Raumtemperatur abweichen. Beispielsweise kann die Wärmeleitfähigkeit κ eines Gases im Temperaturbereich $T \approx 10^4$ K um den Faktor 100 größer sein als bei Raumtemperatur. Für Stickstoff ist

$\kappa = 0{,}026\ \mathrm{Wm^{-1}\ K^{-1}}$ für $T = 300$ K und $\kappa = 3\ \mathrm{Wm^{-1}\ K^{-1}}$ für $T = 15\,000$ K (Druck: 10^5 Pa).

Im folgenden wollen wir uns auf die Betrachtung der elektrischen Leitfähigkeit σ und der Wärmeleitfähigkeit κ solcher Plasmen beschränken, bei denen der Einfluß des Magnetfeldes ohne Bedeutung ist. Die Kenntnis dieser Größen ist wichtig für das Verständnis der Energiebilanz im Plasma, wenn das Plasma durch Stromdurchgang aufgeheizt wird und wenn die Energieverluste durch Wärmeleitung groß sind gegenüber anderen Verlustprozessen (Strahlung, Konvektion und Diffusion). Durch ohmsche Aufheizung wird dann in der Volumeneinheit die elektrische Leistung σE^2 umgesetzt und durch Wärmeleitung die Leistung (bezogen auf die Flächeneinheit) κ grad T abgeführt.

8.1 Elektrische Leitfähigkeit

Herrscht im Plasma die elektrische Feldstärke E, so entsteht längs der Feldlinien eine Driftbewegung der Elektronen und in entgegengesetzter Richtung eine Bewegung der Ionen. Die driftenden Elektronen (Driftgeschwindigkeit v_D) erzeugen nach Gl. X,61 eine Stromdichte j (Anzahldichte der Elektronen: N_e).

$$j = e\,N_e\,v_D \tag{X,61}$$

v_D ermitteln wir mit einem anschaulichen Modell, das gegenüber der Wirklichkeit stark vereinfacht ist. Ein bewegtes Elektron erfährt im elektrischen Feld E während der mittleren Zeitdauer τ_e zwischen zwei aufeinanderfolgenden Stößen die Beschleunigung $e\,E/m_e$ und gewinnt Translationsenergie. Bei jedem Stoß verliert es einen Teil dieser Energie. Bei unserer Betrachtung zählen wir als Stoß einen Vorgang, bei dem das Elektron nahezu vollständig die Geschwindigkeitskomponente in Richtung $\boldsymbol{E}$ verliert. Unter dieser Bedingung gewinnt es jeweils nach Ablauf der Zeit τ_e in Richtung $\boldsymbol{E}$ die Geschwindigkeitskomponente $e\,\boldsymbol{E}\,\tau_e/m_e$. Wir vermuten, daß das Elektron etwa mit dieser Geschwindigkeit längs des Feldes $\boldsymbol{E}$ driftet und setzen die ermittelte Geschwindigkeit als v_D an. Bis auf einen Faktor der Größenordnung 1 stimmt dieses Ergebnis mit sorgfältigeren Überlegungen überein.

$$v_D = \frac{e}{m_e}\,\tau_e\,E \tag{X,62}$$

Die Driftgeschwindigkeit wird oftmals durch die Beweglichkeit b_e charakterisiert.

$$v_D = b_e\,E$$

Wegen $\lambda_e = \bar{v}_e\,\tau_e$ (s. Gl. X,11) gilt:

$$b_e = \frac{e}{m_e}\,\tau_e = \frac{e}{m_e}\,\frac{\lambda_e}{\bar{v}_e} \tag{X,63}$$

$$\bar{v}_e = \sqrt{\frac{8\,k\,T}{\pi\,m_e}}$$

$\overline{v}_e$ ist die mittlere Geschwindigkeit von Elektronen der Maxwell-Geschwindigkeitsverteilung $f^M(v_e, T)$, λ_e ihre mittlere freie Weglänge.

Nach Gl. X,61 folgt nunmehr für die durch die driftenden Elektronen hervorgerufene Stromdichte j und für die elektrische Leitfähigkeit σ (SI-Einheit: Sm^{-1}):

$$j = e\,N_e\,b_e\,E = \sigma\,E$$

$$\sigma = e\,N_e\,b_e \tag{X,64}$$

$$\sigma = \frac{1}{2}\sqrt{\frac{\pi}{2}}\;\frac{e^2}{\sqrt{m_e\,k\,T}}\,N_e\,\lambda_e$$

Die elektrische Leitfähigkeit ist umgekehrt proportional zur Wurzel aus der Masse der Ladungsträger ($\sigma \sim 1/\sqrt{m_e}$). Für ein mittelschweres Element (Argon, relative Atommasse 40) beträgt daher der Anteil der Ionen am Stromtransport im Plasma weniger als 0,4% (vorausgesetzt: $\lambda_e = \lambda_i, N_e = N_i$). Wir dürfen uns deshalb bei der Betrachtung der Leitfähigkeit des Plasmas auf den durch die driftenden Elektronen hervorgerufenen Stromtransport beschränken.

Die freie Weglänge der Elektronen im Plasma ist bestimmt durch Stöße der Elektronen mit Atomen und Ionen und durch Elektron-Elektron-Stöße. Sind die „gemittelten Stoßquerschnitte": Elektron-Atom $\langle q_{ea}\rangle$, Elektron-Ion $\langle q_{ei}\rangle$ und Elektron-Elektron $\langle q_{ee}\rangle$, so ergibt sich λ_e aus den mit den Anzahldichten N_a, N_e, N_i bewerteten Stoßquerschnitten nach Gl. X,15 zu:

$$\lambda_e = \frac{1}{N_a\,\langle q_{ea}\rangle + N_i\,\langle q_{ei}\rangle + N_e\,\langle q_{ee}\rangle} \tag{X,65}$$

Mit $N_e = N_i$ (einfache Ionisation) folgt dann für σ die Abhängigkeit:

$$\sigma = \frac{1}{2}\sqrt{\frac{\pi}{2}}\;\frac{e^2}{\sqrt{m_e\,k\,T}}\;N_e\;\frac{1}{\langle q_{ea}\rangle N_a + (\langle q_{ei}\rangle + \langle q_{ee}\rangle)\,N_e} \tag{X,66}$$

Sind die Stoßquerschnitte bekannt und wird N_e und N_a als Funktion des Druckes und der Temperatur aus der Saha-Gleichung ermittelt (Gl. X,22 und Abb. X,13), so läßt sich die Leitfähigkeit als Funktion der Temperatur und des Druckes berechnen.

Für die Ermittlung der Werte $\langle q_{ea}\rangle$ werden die aus Stoßexperimenten langsamer Elektronen mit Atomen bekannten Ramsauer-Querschnitte verwendet (vgl. Abb. X,4). Die Ramsauer-Querschnitte sind im Bereich kleiner Translationsenergien der Elektronen (Größenordnung einige eV) stark von der Elektronenenergie abhängig. Zur Ermittlung der $\langle q_{ea}\rangle$ müssen daher die Ramsauer-Querschnitte mit der Maxwell-Geschwindigkeitsverteilung der Elektronen im Plasma nach Gl. X,14 bewertet werden. Die Stoßquerschnitte $\langle q_{ea}\rangle$ sind deshalb temperaturabhängig. – Die Querschnitte $\langle q_{ei}\rangle$ werden durch die Coulomb-Wechselwirkung der Elektronen und Ionen hervorgerufen. Näherungsweise können wir hier das einfache Modell von Zweier-Stößen zwischen den Ladungsträgern benutzen und die in Abschnitt X,3.2 diskutierten Gvosdover-Querschnitte (vgl. Gl. X,18 und Abb. X,6) verwenden. Sie hängen von der Temperatur und der Anzahldichte der Ladungsträger im Plasma ab. – Weiter verwenden wir, daß in grober Näherung $\langle q_{ee} \rangle$ gleich ist $\langle q_{ei} \rangle$ ($\langle q_{ee} \rangle \approx \langle q_{ei} \rangle$). – Damit ist die Aussage über die in Gl. X,66 eingehenden Querschnitte vollständig und somit die Abhängigkeit der elektrischen Leitfähigkeit des Plasmas von der Temperatur bestimmt. Für ein Beispiel (Stickstoff) ist die Größenordnung der verschiedenen, experimentell bestimmten, atomaren Transport-Querschnitte in Tab. X,3 aufgeschrieben, um den unterschiedlichen Einfluß der einzelnen Stoßprozesse auf die elektrische Leitfähigkeit zu veranschaulichen. Man liest ab, daß $\langle q_{ei} \rangle$ beträchtlich größer ist als $\langle q_{ea} \rangle$. Die elektrische Leitfähigkeit ist daher fast ausschließlich durch Elektron-Elektron-Stöße und Elektron-Ion-Stöße bestimmt, wenn in einem Plasma die Anzahldichten der Neutralatome von gleicher Größenordnung oder kleiner als die der Ladungsträger sind. Nur in einem sehr schwach ionisierten Plasma ($N_e \ll N_a$) sind die Elektron-Atom-Stöße für die Leitfähigkeit entscheidend.

Tab. X,3. Gemessene „gemittelte Stoßquerschnitte" (s. Gl. X,14) des Stickstoffs im Bereich $T \approx 10^4$ K

Stoßprozeß	Querschnitt m^2
Molekül-Molekül	$\langle q_{N_2N_2} \rangle \approx 8 \cdot 10^{-20}$
Atom-Atom	$\langle q_{NN} \rangle \approx 7 \cdot 10^{-20}$
Ion-Atom	$\langle q_{ia} \rangle \approx 10^{-18}$
Elektron-Atom	$\langle q_{ea} \rangle \approx 2 \cdot 10^{-19}$
Elektron-Ion	$\langle q_{ei} \rangle \approx 0{,}5 \cdot$ Gvosdover-Querschnitt (Gvosdover-Querschnitt = $1{,}3 \cdot 10^{17}$ m^2 für $k\,T = 1$ eV $\mathrel{\hat{=}} \approx 10^4$ K und $N_e = N_i = 10^{22}$ m^3)

Wir betrachten jetzt den Sonderfall des vollionisierten Plasmas. Die Anzahldichte der Elektronen und Ionen ist sehr groß gegenüber der der Neutralatome ($N_e \gg N_a$). Die Elektron-Atom-Stöße sind also ohne Einfluß auf die elektrische Leitfähigkeit. Unter dieser Bedingung ist näherungsweise nach Gl. X,66

$$\sigma \sim \frac{1}{T^{1/2} \langle q_{ei} \rangle} \quad \text{(vollionisiertes Plasma)} \qquad (X,67)$$

Wegen der Abnahme der Gvosdover-Querschnitte mit der Temperatur – $\langle q_{ei} \rangle$ ist etwa proportional $1/T^2$ (vgl. Gl. X,18 und Abb. X,6) – steigt die Leitfähigkeit des vollionisierten Plasmas mit der Temperatur an. Es sollte daher näherungsweise gelten:

$$\sigma \sim T^{3/2} \quad \text{(vollionisiertes Plasma)} \qquad (X,68)$$

Die elektrische Leitfähigkeit eines vollionisierten Plasmas ist allgemeiner mit Hilfe der Boltzmann-Stoßgleichung von Spitzer untersucht worden. Wird das Plasma als Lorentz-Gas behandelt (vollionisiertes Gas, in dem zwischen Elektronen keine Wechselwirkung besteht und in dem die Ionen ruhen), so ergibt sich Gl. X,69 für die Leitfähigkeit σ_L[8]

$$\sigma_L = \frac{64\sqrt{2\pi}\,\epsilon_0^2\,k^{3/2}}{e^2\sqrt{m_e}}\;\frac{T^{3/2}}{\ln\Lambda} \qquad \text{(X,69)}$$

$$\Lambda = \frac{12\,\pi\,(\epsilon_0\,k)^{3/2}}{e^3}\;\frac{T^{3/2}}{N_e^{1/2}}$$

$$\frac{64\sqrt{2\pi}\,\epsilon_0^2\,k^{3/2}}{e^2\sqrt{m_e}} = 2{,}63\cdot 10^{-2}\ \mathrm{AV^{-1}\,m^{-1}\,K^{-3/2}}$$

$$\frac{12\,\pi\,(\epsilon_0\,k)^{3/2}}{e^3} = 1{,}24\cdot 10^{7}\ \mathrm{m^{-3/2}\,K^{-3/2}}$$

σ_L ist näherungsweise proportional zu $T^{3/2}$. Das Ergebnis nach Spitzer bestätigt also die Näherungslösung nach Gl. X,68. Bei der Ermittlung von σ_L sind Elektron-Elektron-Stöße nicht betrachtet worden. Wird zusätzlich die Elektron-Elektron-Wechselwirkung berücksichtigt, so ist nach Spitzer:

$$\sigma_{Sp} = \gamma_E\,\sigma_L;\quad \gamma_E = 0{,}58 \quad \text{(für einfache Ionisation)} \qquad \text{(X,70)}$$

Bei Berücksichtigung von Elektron-Elektron-Wechselwirkung sinkt σ_L ungefähr auf den halben Wert. Dieses Ergebnis ist nach dem einfachen Modell von Zweierstößen anschaulich verständlich, wenn man davon ausgeht, daß die Querschnitte der Elektron-Ion-Stöße ungefähr gleich sind den Querschnitten von Elektron-Elektron-Stößen.

In Abb. X,31 sind an wandstabilisierten, langzeit-stationären Bogenplasmen gemessene Leitfähigkeiten für H_2 und N_2 dargestellt und mit Leitfähigkeiten σ_{Sp} nach Spitzer

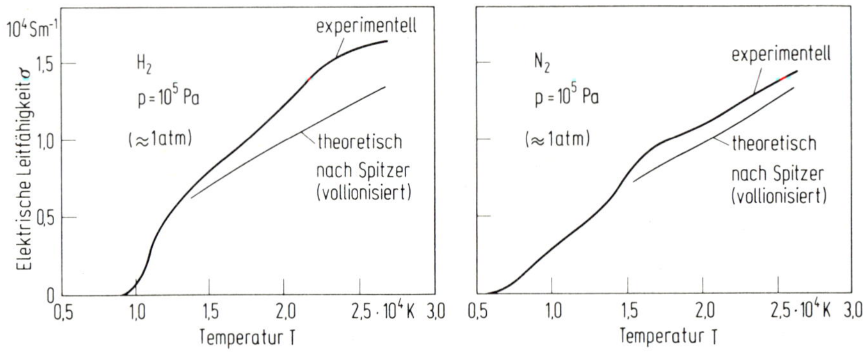

Abb. X,31. Gemessene und berechnete Temperaturabhängigkeit der elektrischen Leitfähigkeit für Wasserstoff und Stickstoff (Druck $p = 10^5$ Pa).

[8] Zur Herleitung des Ergebnisses siehe: Spitzer, L., Jr., Physics of Fully Ionized Gases, S. 136, New York, London, Interscience Publishers, Division of John Wiley and Sons 1962

verglichen. Für ausreichend hohe Temperaturen (hoher Ionisationsgrad) gibt σ_{Sp} die richtige Größenordnung der Leitfähigkeit an.

In diesem Zusammenhang sei auf folgende Zahlenwerte hingewiesen: Die Leitfähigkeit des Plasmas von $\sigma = 10^4$ Sm^{-1} für T = 20 000 K (Abb. X,31) führt bei einer Feldstärke von $E = 10^3$ V/m zur Stromdichte $j = \sigma E = 10^7$ A/m^2 und zu einem ohmschen Leistungsumsatz in der Volumeneinheit von $P = \sigma E^2 = 10^{10}$ W/m^3. Das sind übliche Bedingungen, unter denen langzeit-stationäre, wandstabilisierte Bogenplasmen (Durchmesser des Plasmakanals etwa 0,5 cm, vgl. Abb. X,20) betrieben werden.

Wir wollen abschließend die Größenordnung der elektrischen Leitfähigkeit im Plasma veranschaulichen und vergleichen dazu die Leitfähigkeit des Plasmas mit der von Festkörpern (Tab. X,4). Aus Abb. X,31 ist zu ersehen, daß die Leitfähigkeit des Wasserstoffs und Stickstoffs für T = 20 000 K ($N_e = 2 \cdot 10^{23}$ m^{-3}, $p = 10^5$ Pa) von der Größenordnung 10^4 Sm^{-1} ist. Das ist etwa die Leitfähigkeit des Germaniums ($\sigma = 3 \cdot 10^3$ Sm^{-1}) bei Raumtemperatur und 10^{23} Dotierungen im m^3. Die Leitfähigkeit des Kupfers bei Raumtemperatur ($\sigma_{Cu} = 6 \cdot 10^7$ Sm^{-1}) ist jedoch 3 bis 4 Zehnerpotenzen größer als die des Plasmas unter den genannten Bedingungen. Die Anzahldichte der Ladungsträger im Kupfer ($N_e = 8{,}5 \cdot 10^{28}$ m^{-3}) ist 5 bis 6 Zehnerpotenzen größer als die im Plasma.

Tab. X,4. Gegenüberstellung der elektrischen Leitfähigkeit in Festkörpern und Plasmen

		Temperatur K	Anzahldichte der Elektronen m^{-3}	Elektrische Leitfähigkeit S m^{-1}
Festkörper				
Halbleiter (Germanium)	nicht dotiert	Raumtemperatur T = 286 K	10^{28}	2
	mittlere Dotierung mit Sb: 10^{23} m^{-3}		10^{23}	$3 \cdot 10^3$
	hohe Dotierung mit Sb: 10^{25} m^{-3}		10^{25}	$4 \cdot 10^4$
Metall	Kupfer		$8{,}5 \cdot 10^{28}$	$6 \cdot 10^7$
Plasma				
stationäres Bogenplasma	Stickstoff (Druck 10^5 Pa)	$2 \cdot 10^4$	$2 \cdot 10^{23}$	10^4
Plasma unter Fusionsbedingungen	berechnet nach Gl. X,69 (Spitzer) kein Magnetfeld	10^9	10^{21}	$2 \cdot 10^{10}$

Unter Fusionsbedingungen ist die Leitfähigkeit des Plasmas sehr viel größer als die von stationären Bogenplasmen. Nach Gl. X,69 berechnet sich die Leitfähigkeit für die Plasmaparameter $T = 10^9$ K und $N_e = 10^{21}$ m^{-3} (Deuterium-Deuterium-Reaktion)

zu $\sigma_{Sp} = 2 \cdot 10^{10}$ Sm^{-1} (es ist kein Magnetfeld berücksichtigt!). Die so berechnete Leitfähigkeit ist also um mehr als den Faktor 100 größer als die des Kupfers.

8.2 Wärmeleitfähigkeit

Der Proportionalitätsfaktor zwischen Wärmestromdichte $\boldsymbol{q}$ (Leistung bezogen auf die Flächeneinheit) und dem Temperaturgradienten in einem Medium ist die Wärmeleitfähigkeit κ (Fourier-Gesetz).

$$\boldsymbol{q} = -\kappa \operatorname{grad} T \tag{X,71}$$

In einem Atomgas (Anzahldichte der Atome: N_a, mittlere thermische Geschwindigkeit: $\overline{v}_a$, mittlere freie Weglänge: λ_a, Atommasse: m_a) besitzen die Teilchen die mittlere Translationsenergie $\overline{E} = 3/2 \cdot k\,T$. Nach gaskinetischen Überlegungen findet man für die Wärmestromdichte Gl. X,72, wenn nur die Translationsenergie $\overline{E}$ transportiert wird.

$$\boldsymbol{q} = -\frac{N_a\,\overline{v}_a\,\lambda_a}{3} \operatorname{grad} \left(\frac{3}{2}\,k\,T\right) \tag{X,72}$$

Der Vergleich von Gl. X,71 und Gl. X,72 ergibt die Translations-Wärmeleitfähigkeit eines Atomgases κ^a_{tr} (SI-Einheit: $Wm^{-1}\,K^{-1}$).

$$\kappa^a_{tr} = \frac{1}{2}\,k\,\overline{v}_a\,\lambda_a\,N_a \sim \frac{T^{1/2}}{\langle q_{aa}\rangle} \tag{X,73}$$

$$\overline{v}_a = \sqrt{\frac{8\,k\,T}{\pi\,m_a}}$$

$$\lambda_a = \frac{1}{N_a\,\langle q_{aa}\rangle}$$

Die Wärmeleitfähigkeit des Atomgases läßt sich berechnen, wenn die Stoßquerschnitte $\langle q_{aa}\rangle$ der Atome untereinander (gaskinetische Stoßquerschnitte) bekannt sind. Nach Gl. X,73 ist κ^a_{tr} unabhängig von der Anzahldichte der Atome (sofern die Gefäßdimensionen groß gegen die mittlere freie Weglänge sind) und proportional zu $T^{1/2}$. Beide Feststellungen sind nur näherungsweise richtig. Für viele Gase beobachtet man ein Anwachsen der Wärmeleitfähigkeit mit einem Exponenten von T, der größer als 1/2 ist, weil die Querschnitte $\langle q_{aa}\rangle$ mit wachsender Temperatur abnehmen.

Sind im Plasma neben den Atomen in nennenswerter Menge Elektronen und Ionen vorhanden, so setzt sich die Translations-Wärmeleitfähigkeit des Plasmas aus der der Atome κ^a_{tr}, der der Ionen κ^i_{tr} und der der Elektronen κ^e_{tr} zusammen. Die einzelnen Anteile der Translations-Wärmeleitfähigkeiten κ^a_{tr}, κ^i_{tr}, κ^e_{tr} ergeben sich wie in Gl. X,73, jedoch müssen die Anzahldichten N_a, N_i, N_e der Plasmateilchen und ihre mittleren freien Weglängen λ_a, λ_i, λ_e berücksichtigt werden.

$$\kappa_{tr} = \kappa^a_{tr} + \kappa^i_{tr} + \kappa^e_{tr} \tag{X,74}$$

$$\kappa^a_{tr} = \frac{1}{2}\,k\,\overline{v}_a\,\lambda_a\,N_a \tag{X,75}$$

$$\kappa_{tr}^{i} = \frac{1}{2} k \, \overline{v}_i \lambda_i N_i \qquad (X,76)$$

$$\kappa_{tr}^{e} = \frac{1}{2} k \, \overline{v}_e \lambda_e N_e \qquad (X,77)$$

Zur Berechnung von λ_a, λ_i, λ_e müssen die bestimmenden Stoßquerschnitte bekannt sein. Die mittleren freien Weglängen ergeben sich wie in Gl. X,65, in der λ_e als Funktion der Querschnitte und der Anzahldichten dargestellt ist. Wegen der Abhängigkeit $\kappa_e^{tr} \sim \overline{v}_e \sim 1/\sqrt{m_e}$ können aufgrund ihrer kleinen Masse die Elektronen gegenüber den schweren Teilchen den entscheidenden Anteil zur Translations-Wärmeleitfähigkeit liefern.

Neben der Translationsenergie werden im Plasma andere Energieformen transportiert: von Molekülen Schwingungs- und Rotationsenergie; von Atomen und Ionen Dissoziations-, Ionisations- und Anregungsenergie. Dieser Energietransport ist auf folgende Weise zu verstehen. In Richtung des Temperaturgradienten existiert im Plasma ein Gradient der Anzahldichten der Teilchen. In Plasmabereichen hoher Temperatur ist der Ionisationsgrad und – sofern das Plasma aus einem Molekül aufgeheizt wurde – der Dissoziationsgrad groß. Die Dissoziationsbruchstücke (Atome) und die Elektronen und Ionen diffundieren daher aus Bereichen hoher Temperatur in Bereiche niedriger Temperatur. Dabei rekombinieren die Elektronen und Ionen zu Atomen und die Atome zu Molekülen, wodurch an die Umgebung Ionisations- und/oder Dissoziationsenergie (E_i, E_D) abgegeben wird. Dieser Energietransport muß bei der Berechnung der Wärmeleitfähigkeit berücksichtigt werden (Dissoziations-Wärmeleitfähigkeit κ_D, Ionisations-Wärmeleitfähigkeit κ_I). Für die Größe des beschriebenen Energietransports sind die Diffusionskoeffizienten bestimmend. Bei der Diffusion der Elektronen und Ionen ist zu beachten, daß trotz unterschiedlicher Diffusionskoeffizienten die Diffusionsgeschwindigkeiten der Elektronen und Ionen einander gleich sind. Die zunächst schneller diffundierenden Elektronen erzeugen schon bei kleiner Verschiebung gegen die Ionen ein elektrisches Feld, das die Elektronen bremst und die Ionen beschleunigt. Beide Teilchenarten diffundieren daher mit gleicher Geschwindigkeit in Bereiche kleiner Anzahldichten der Elektronen und Ionen (ambipolare Diffusion, Koeffizient der ambipolaren Diffusion: D_{am}). Für die Ionisations-Wärmeleitfähigkeit gilt[9]

$$\kappa_I = D_{am} \, E_i \, \frac{\mathrm{d} N_e}{\mathrm{d} T} \qquad (X,78)$$

Gemäß den vorstehenden Betrachtungen setzt sich die Wärmeleitfähigkeit des Plasmas aus den folgenden Anteilen zusammen

$$\kappa = \kappa_a^{tr} + \kappa_i^{tr} + \kappa_e^{tr} + \kappa_D + \kappa_I \qquad (X,79)$$

[9] siehe Maecker, H.: Der elektrische Lichtbogen, Ergebnisse der exakten Naturwissenschaften, Bd 25, S. 318, Berlin, Göttingen, Heidelberg, Springer Verlag 1951

Abhängig von der Temperatur haben die einzelnen Anteile der Leitfähigkeit einen unterschiedlich großen Einfluß auf die Gesamt-Wärmeleitfähigkeit. In Abb. X,32 sind in stationären Bogenplasmen gemessene Wärmeleitfähigkeiten (H_2, N_2) als Funktion

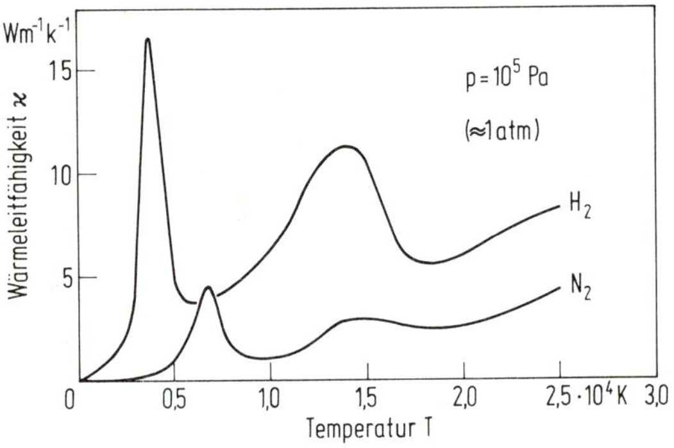

Abb. X,32. Gemessene Temperaturabhängigkeit der Wärmeleitfähigkeit für Wasserstoff und Stickstoff (Druck $p = 10^5$ Pa).

der Temperatur dargestellt. Beide $\kappa(T)$-Kurven haben einen prinzipiell ähnlichen Verlauf. Beim Wasserstoff besitzt $\kappa(T)$ bei 3700 K und 14 000 K jeweils ein Maximum und steigt ab 20 000 K weiter an. Das scharfe Maximum bei 3700 K entsteht durch den großen Beitrag der Dissoziationsenergie am Energietransport. Das folgende Minimum liegt in einem Temperaturbereich, in dem $\kappa(T)$ wesentlich durch die Translations-Wärmeleitfähigkeit der Atome bestimmt ist. In diesem Temperaturbereich ist der Dissoziationsgrad sehr hoch (es liegen praktisch keine Moleküle mehr vor), der Ionisationsgrad ist jedoch noch klein. Im anschließenden Temperaturbereich setzt sich $\kappa(T)$ aus der Translations-Wärmeleitfähigkeit der Atome, Ionen und Elektronen und aus der Ionisations-Wärmeleitfähigkeit zusammen. Die Ionisations-Wärmeleitfähigkeit übersteigt jedoch den Translationsanteil und ruft für $T \approx 14\,000$ K das zweite Maximum der $\kappa(T)$-Kurve hervor. Nach Durchlaufen eines Minimums steigt die Kurve ab 20 000 K weiter an. In diesem Temperaturbereich ist der Ionisationsgrad sehr hoch (es existieren praktisch keine Atome mehr), und man erhält die Wärmeleitfähigkeit des vollionisierten Plasmas, in dem die Translations-Wärmeleitfähigkeit der Elektronen die der Ionen weit übersteigt.

Beim Wasserstoff ist die gemessene Wärmeleitfähigkeit für $T = 10^4$ K von der Größenordnung $\kappa = 10 \text{ Wm}^{-1} \text{ K}^{-1}$ (Abb. X,32). In wandstabilisierten Bogenplasmen (vgl. Abb. X,20) haben die radialen Temperaturgradienten die Größenordnung $|\text{grad } T| = 10^5 \text{ K cm}^{-1}$. Wärmestromdichten der Größenordnung $q = 10 \text{ kW cm}^{-2}$ entstehen daher.

Neben den hier diskutierten Wärmeleitungsprozessen erhöhen im Plasma Strahlungstransportprozesse den Energietransport.

9. Plasma in elektrischen und magnetischen Feldern

Zum Verständnis der Eigenschaften von Plasmen in elektrischen und magnetischen Feldern können zwei Modellvorstellungen benutzt werden. Bei dem einen Modell werden die Bahnkurven eines geladenen Teilchens in elektrischen und magnetischen Feldern betrachtet. Das Verhalten des Plasmas wird aus der Gesamtheit aller Bahnkurven erhalten (**Teilchenmodell**). Dazu dürfen die Bahnen durch Stöße nur wenig gestört werden. Dieses Modell ist daher für kleine Anzahldichten die richtige Näherung. Für große Anzahldichten kann man dagegen das Plasma als eine elektrischleitende, kompressible Flüssigkeit ansehen. Die Wechselwirkung der Plasmateilchen wird dann durch makroskopische Größen beschrieben. In elektrisch-leitenden Flüssigkeiten, die sich in einem Magnetfeld bewegen, werden elektrische Ströme hervorgerufen, die ihrerseits das Magnetfeld modifizieren. Gleichzeitig entstehen Kräfte, die wiederum die Bewegung verändern. Diese Vorgänge werden beherrscht durch eine Zusammenfassung der Gesetze der Hydrodynamik und Elektrodynamik (**Magnetohydrodynamik, MHD**). Das MHD-Modell versagt, wenn die Dichten klein sind und die freien Weglängen vergleichbar den Gefäßdimensionen sind. Teilchen- und MHD-Modell ergänzen sich daher gegenseitig. Die Wechselwirkung von Plasmen und Magnetfeldern wird in der Plasmaphysik häufig mit der Zielsetzung untersucht, solche Magnetfeldanordnungen zu finden, die ein Plasma einschließen können.

9.1 Teilchenmodell

Die Bewegungsgleichung für Teilchen der Masse m, der Ladung e, der Geschwindigkeit $\boldsymbol{v}$ im elektrischen Feld $\boldsymbol{E}$ und im Feld der magnetischen Induktion $\boldsymbol{B}$ lautet:

$$m \frac{\mathrm{d}\boldsymbol{v}}{\mathrm{d}t} = e(\boldsymbol{E} + \boldsymbol{v} \times \boldsymbol{B}) + \boldsymbol{F} \quad \text{(X,80)}$$

$e\boldsymbol{E}$ ist die durch das elektrische Feld hervorgerufene Kraft, $e\,\boldsymbol{v} \times \boldsymbol{B}$ die Lorentz Kraft. In $\boldsymbol{F}$ sind alle übrigen Kräfte zusammengefaßt, die auf das Teilchen wirken. Von den Aussagen der Bewegungsgleichung diskutieren wir einige Sonderfälle.

Räumlich und zeitlich konstante Felder

a) **Gerade und parallele elektrische Feldlinien.** Ist $\boldsymbol{F} = 0$, $\boldsymbol{B} = 0$ und $\boldsymbol{E}$ = konstant, so führt das Teilchen eine gradlinig beschleunigte Bewegung aus.

$$\boldsymbol{v} = \frac{e}{m}\boldsymbol{E}\,t + \boldsymbol{v}_0 \quad \text{(X,81)}$$

b) **Gerade und parallele magnetische Feldlinien.** Ist $\boldsymbol{F} = 0$, $\boldsymbol{E} = 0$ und $\boldsymbol{B}$ = konstant, so beschleunigt die Lorentzkraft das Teilchen senkrecht zu $\boldsymbol{v}$ und $\boldsymbol{B}$. Zum Verständnis der Bewegung wird die Anfangsgeschwindigkeit des Teilchens in eine Komponente $v_{\perp}$ senkrecht zu $\boldsymbol{B}$ und eine Komponente $v_{\parallel}$ parallel zu $\boldsymbol{B}$ zerlegt. Wird zunächst $v_{\parallel} = 0$

vorausgesetzt, so bewegt sich das Teilchen auf einer Kreisbahn (Gyrationskreis) mit dem Radius r_g. Die Zentrifugalkraft: $\frac{m\,v_\perp^2}{r_g}$ ist gleich der Lorentzkraft: $e\,v_\perp\,B$.

$$r_g = \frac{m\,v_\perp}{e\,B} \tag{X,82}$$

Die Winkelgeschwindigkeit ω_g der Ladungsträger auf dem Gyrationskreis (Gyrationsfrequenz, Lamorfrequenz, Zyklotronfrequenz) ist unabhängig von der Geschwindigkeit und hängt für eine Ladungsträgerart nur von B ab.

$$\omega_g = \frac{v_\perp}{r_g} = \frac{e}{m} B \tag{X,83}$$

Für Elektronen ist $e/m_e = 1{,}76 \cdot 10^{11}$ As kg^{-1} (in Gl. X,83 ist dann B in Wbm^{-2} einzusetzen. 1 Wbm^{-2} $\hat{=}$ 10^4 G). Für Ionen ist gegenüber Elektronen der Gyrationsradius im Verhältnis der Massen m_i/m_e größer und die Gyrationsfrequenz im Verhältnis m_e/m_i kleiner.

Wird jetzt zusätzlich $v_{II} \neq 0$ angenommen, so bewegt sich das Teilchen auf einer Kreisbahn mit dem Radius r_g und führt gleichzeitig eine Translationsbewegung konstanter Geschwindigkeit v_{II} aus. Das Teilchen beschreibt eine Spiralbahn um die magnetischen Feldlinien und bewegt sich – abhängig vom Vorzeichen von v_{II} – in Richtung der Feldlinien oder entgegengesetzt dazu, unabhängig vom Ladungsvorzeichen. Elektronen und Ionen winden sich jedoch im entgegengesetzten Windungssinn um die Feldlinien (Abb. X,33 a).

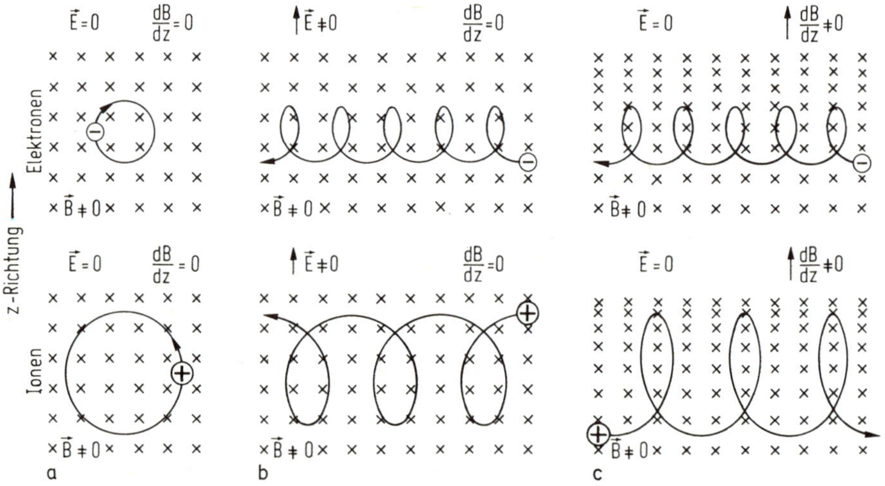

Abb. X,33. Gyrationsbahnen eines Elektrons und eines Ions im Feld der magnetischen Induktion $\boldsymbol{B}$, angedeutet durch Kreuze ($\boldsymbol{B}$ senkrecht zur Zeichenebene von Betrachter fortweisend).

(a) keine zusätzlichen Kräfte und Felder $\left(\frac{dB}{dz} = 0, E = 0\right)$.

(b) senkrecht zu $\boldsymbol{B}$ existiert ein elektrisches Feld $\boldsymbol{E}$

(c) senkrecht zu $\boldsymbol{B}$ existiert $\frac{dB}{dz} = 0$.

Diese einfache Vorstellung führt zu dem wichtigen Ergebnis: Befindet sich ein Plasma in einem homogenen Magnetfeld, so können die Ladungsträger nur Bewegungen längs der Feldlinien ausführen und in Richtung senkrecht zu den Feldlinien das Plasma nicht verlassen. Das gilt jedoch nur, wenn die Störungen der Bahnen durch Stöße vernachlässigbar sind.

Es soll jetzt der Gyrationsradius in einem Plasma der Temperatur T berechnet werden, das sich im Feld der magnetischen Induktion B befindet. Senkrecht zum Magnetfeld sei eine Maxwell-Geschwindigkeitsverteilung der Ladungsträger vorausgesetzt. Die mittlere thermische Translationsenergie senkrecht zum Magnetfeld ist dann $W_\perp = m\, v_\perp^2/2 = k\,T$ (zwei Freiheitsgrade) und für den Gyrationsradius gilt:

$$r_g = \frac{m\, v_\perp}{e\,B} \approx \frac{\sqrt{2\,m}}{e\,B}\sqrt{W_\perp} \qquad \text{(X,84)}$$

$$r_g \approx \frac{\sqrt{2\,m\,k}}{e}\sqrt{\frac{T}{B}}$$

c) **Driftgeschwindigkeiten (gekreuztes elektrisches und magnetisches Feld).** Bei der gleichzeitigen Existenz von Lorentzkräften und anderen Kräften (z. B. durch die Wirkung der elektrischen Feldstärke) können Driftgeschwindigkeiten entstehen. Es sei $\boldsymbol{B} \neq 0, \boldsymbol{F} \neq 0$. In $\boldsymbol{F}$ sei eine mögliche Kraft $e\,\boldsymbol{E}$ enthalten. Die Bewegungsgleichung heißt:

$$m\,\frac{d\boldsymbol{v}}{d\,t} = e\,\boldsymbol{v} \times \boldsymbol{B} + \boldsymbol{F} \qquad \text{(X,85)}$$

Die Aussage dieser Gleichung läßt sich verstehen, wenn ein neues Koordinationssystem eingeführt wird, das sich mit konstanter Driftgeschwindigkeit $\boldsymbol{v}_D$ gegenüber dem ursprünglichen System bewegt.

$$\boldsymbol{v} = \boldsymbol{v}' + \boldsymbol{v}_D \qquad \text{(X,86)}$$

$$\boldsymbol{v}_D = \frac{\boldsymbol{F} \times \boldsymbol{B}}{e\,B^2}$$

Die transformierte Gl. X,85 lautet:

$$m\,\frac{d\,\boldsymbol{v}'}{d\,t} = \frac{(\boldsymbol{F}\,\boldsymbol{B})\,\boldsymbol{B}}{B^2} + e\,\boldsymbol{v}' \times \boldsymbol{B} \qquad \text{(X,87)}$$

Diese Gleichung läßt sich folgendermaßen interpretieren: In einer Ebene senkrecht zu $\boldsymbol{B}$ ergibt sich die bereits diskutierte Gyrationsbewegung, hervorgerufen durch die Kraft $e\,\boldsymbol{v} \times \boldsymbol{B}$. Parallel zu $\boldsymbol{B}$ bildet sich eine beschleunigte Bewegung aus. Die Beschleunigung wird durch die zu $\boldsymbol{B}$ parallele Komponente von $\boldsymbol{F}$ hervorgerufen. Steht $\boldsymbol{F}$ auf $\boldsymbol{B}$ senkrecht – es ist dann $(\boldsymbol{F}\,\boldsymbol{B}) = 0$ –, so existiert im transformierten Koordinatensystem nur die Gyrationsbewegung. Dieser Bewegung überlagert ist die Driftgeschwindigkeit $\boldsymbol{v}_D$ senkrecht zu $\boldsymbol{B}$ und $\boldsymbol{F}$. Ist $\boldsymbol{F} = e\,\boldsymbol{E}$ und senkrecht zu $\boldsymbol{B}$ (gekreuztes elektrisches und magnetisches Feld), so ist die Driftgeschwindigkeit $\boldsymbol{v}_D$ senkrecht zu $\boldsymbol{E}$ und $\boldsymbol{B}$ gerichtet und hat den Betrag

$$v_D = \frac{E}{B} \quad \text{(Driftgeschwindigkeit im gekreuzten elektrischen und magnetischen Feld)} \qquad \text{(X,88)}$$

In Gl. X,88 ist die Elementarladung nicht mehr enthalten. Elektronen und Ionen driften daher in dieselbe Richtung (keine Ladungstrennung). Die Existenz der gefundenen Driftgeschwindigkeit läßt sich anschaulich gut verstehen. Wir betrachten Elektronen im gekreuzten elektrischen und magnetischen Feld. Die geometrische Orientierung ist in Abb. X,33b angegeben. Ist $\boldsymbol{E} = 0$, so führen die Elektronen ungestörte Gyrationsbewegungen aus (Abb. X,33a). Ist $\boldsymbol{E} \neq 0$, so werden bei Bewegung in Richtung des elektrischen Feldes die Elektronen verzögert. Der Krümmungsradius der Gyrationsbewegung nimmt ab. Laufen die Elektronen gegen die Feldrichtung, so werden sie beschleunigt. Der Krümmungsradius der Gyrationsbewegung nimmt zu. Es entsteht eine Zykloidenbewegung mit einer gerichteten Geschwindigkeitskomponente senkrecht zu $\boldsymbol{B}$ und $\boldsymbol{E}$, die gleich ist der in Gl. X,88 angegebenen Driftgeschwindigkeit. In gleicher Weise lassen sich die Vorgänge bei den Ionen diskutieren. Aus Abb. X,33b erkennt man, daß Elektronen und Ionen in die gleiche Richtung driften.

Räumlich und zeitlich veränderliche Felder

In räumlich und zeitlich veränderlichen Feldern ergeben sich komplizierte Bahnbewegungen. Die Betrachtungen vereinfachen sich durch die Feststellung – hier ohne Begründung angegeben[10] –, daß das magnetische Moment M der Kreisströme bei der Gyrationsbewegung eine Invariante der Bewegung ist. Das gilt jedoch nur, wenn die relative zeitliche Änderung der magnetischen Induktion sehr klein gegen die Gyrationsfrequenz ist ($\frac{\partial B}{\partial t}/B \ll \omega_g$) und wenn der relative Feldgradient sehr klein gegen den reziproken Gyrationsradius ist ($\frac{|\text{grad}\, B|}{B} \ll 1/r_g$).

Wir ermitteln zunächst die Abhängigkeit zwischen dem magnetischen Moment $\boldsymbol{M}$ und der Translationsenergie der Teilchen. Der Betrag des magnetischen Moments des Kreisstromes i bei der Gyrationsbewegung ist unter Benutzung von Gl. X,82 und X,83:

$$M = i\,A = \frac{1}{2}\, e\, \omega_g\, r_g^2 = \frac{\frac{m}{2}\, v_\perp^2}{B} = \frac{W_\perp}{B} \tag{X,89}$$

A ist die Fläche des Gyrationskreises und $W_\perp$ die Translationsenergie der Teilchen in der Ebene senkrecht zu $\boldsymbol{B}$. Die gesamte Translationsenergie W ist

$$W = W_\perp + W_{II} = \frac{m}{2}\, v_\perp^2 + \frac{m}{2}\, v_{II}^2 \tag{X,90}$$

Für **räumlich sich ändernde Magnetfelder** wollen wir drei unterschiedliche Fälle diskutieren, die tatsächlich jedoch überlagert auftreten.

a) Sind die Magnetfeldlinien gekrümmt, so bewegen sich die Ladungsträger auf Gyrationsschrauben längs der Feldlinien. Es entstehen Fliehkräfte $\boldsymbol{F}$, die in Anlehnung

[10] siehe beispielsweise Fünfer, E. und Lehner, G.: Plasmaphysik, Ergebnisse der exakten Naturwissenschaften, Bd. 34, S. 8, Berlin, Göttingen, Heidelberg, Springer Verlag 1962

an Gl. X,86 eine Driftbewegung $\boldsymbol{v}_D$ senkrecht zu $\boldsymbol{B}$ und $\boldsymbol{F}$ verursachen. Der Betrag dieser Driftgeschwindigkeit ist:

$$v_D = \frac{v_{II}^2}{R\,\omega_g} \tag{X,91}$$

R ist der Krümmungsradius der Magnetfeldlinien. Wegen Gl. X,83 driften Elektronen und Ionen in entgegengesetzte Richtung. Man beachte: Das Vorzeichen von e bestimmt in Gl. X,83 den Richtungssinn der Gyrationsbewegung. ω_g kann also als negative oder positive Größe betrachtet werden. In gleicher Weise nimmt dann v_D positive oder negative Werte an. Das kann zu einer Ladungstrennung und damit zum Aufbau elektrischer Felder führen, die so lange anwachsen, bis die Driftbewegung kompensiert wird.

b) Es soll ein Gradient $\frac{dB}{dz}$ der magnetischen Induktion senkrecht zur Feldrichtung existieren. Die Feldlinien seien gerade und parallel, ihre Dichte nehme senkrecht zur Feldrichtung ab. Es entsteht eine Driftgeschwindigkeit:

$$v_D = \frac{1}{2}\frac{v_\perp^2}{\omega_g}\frac{\frac{dB}{dz}}{B} \tag{X,92}$$

Wieder wegen Gl. X,83 driften Elektronen und Ionen in entgegengesetzte Richtung. In Abb. X,33c ist die Driftbewegung veranschaulicht. Im Bild finden die Teilchen oben eine größere magnetische Induktion vor als unten, weil $\frac{dB}{dz}$ nach oben weist. Der große Wert B verursacht einen kleinen Gyrationsradius, der kleine Wert B einen großen Radius. Die Ladungsträger bewegen sich daher auf einer Zykloiden mit einer gerichteten Geschwindigkeitskomponente v_D, gegeben durch Gl. X,92. Elektronen und Ionen driften in entgegengesetzte Richtung.

c) Es soll sich B in Richtung $\boldsymbol{B}$ ändern. Die Ladungsträger bewegen sich dann auf Gyrationsschrauben längs der Feldlinien, die sich bei zunehmender Feldstärke verengen und bei abnehmender Feldstärke aufweiten. Die Bewegung läßt sich mit Hilfe der Konstanten der Bewegung, dem magnetischen Moment und der Gesamtenergie W diskutieren (Abb. X,34).

$$M = \frac{W_\perp}{B} = \text{const.} \tag{X,93}$$

$$W = W_\perp + W_{II} = \text{const.}$$

Bewegt sich ein Teilchen vom Ort der magnetischen Induktion B_0 ($W_{\perp 0}$; W_{II0}) ausgehend in Richtung zunehmenden Feldes, so nimmt $W_\perp$ nach Gl. X,93 zu. W_{II} nimmt ab, die Bewegung in Feldrichtung wird abgebremst, und das Teilchen kann reflektiert werden (magnetischer Spiegel, Abb. X,34). Es hängt vom Verhältnis $W_{II0}/W_{\perp 0}$ ab, ob sich W_{II} bereits vor Erreichen des Feldmaximums B_{max} aufzehrt und das Teilchen reflektiert wird, oder ob das Teilchen durch den Spiegel nach außen gelangt. Alle Ladungsträger, die sich auf der Symmetrieachse befinden und eine Anfangsgeschwindigkeit in

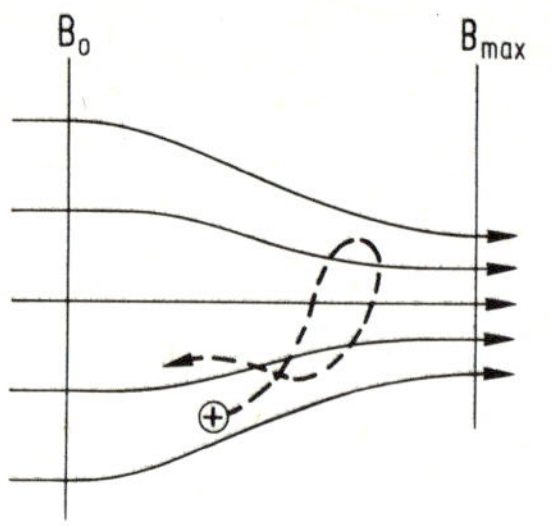

Abb. X,34. Ladungsträger im magnetischen Spiegel.

Richtung der Achse haben ($W_{\perp 0} = 0, M = 0$), durchlaufen den Spiegel. – Wird ein homogenes Feld nach beiden Seiten mit magnetischen Spiegeln abgeschlossen, so ist eine solche Magnetfeldanordnung als Plasmabehälter zu benutzen (magnetische Flasche, Spiegelmaschine). Prinzipiell läßt sich eine Spiegelmaschine mit 2 Magnetfeldspulen aufbauen, die gleichsinnig vom elektrischen Strom durchflossen werden (Abb. X,35). Viele andere Magnetfeldanordnungen für den Plasmaeinschluß werden angewendet und untersucht.

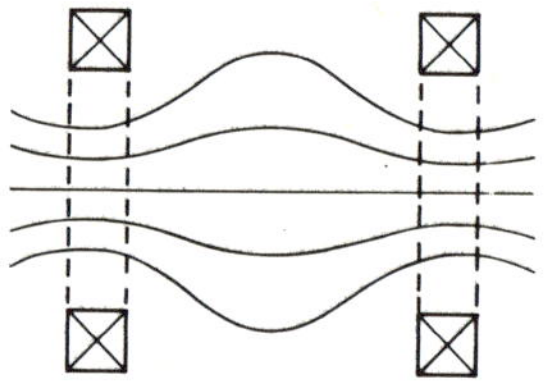

Abb. X,35. Prinzip: Spiegelmaschine (magnetische Flasche). Die beiden Magnetfeldspulen werden gleichsinnig vom elektrischen Strom durchflossen.

9.2 Magnetohydrodynamik und Magnetohydrostatik

Wir betrachten jetzt das MHD-Modell und stellen aus der Hydrodynamik und Elektrodynamik die notwendigen Gleichungen zusammen. Herrscht in einem Medium die Strömungsgeschwindigkeit $\boldsymbol{v}$, die Massendichte ρ, der Druck p, so gilt die Massen-Kontinuitätsgleichung und die Bewegungsgleichung der Hydrodynamik

$$\frac{\partial \rho}{\partial t} + \operatorname{div}(\rho \boldsymbol{v}) = 0$$

$$\rho \frac{\mathrm{d}\boldsymbol{v}}{\mathrm{d}t} = \boldsymbol{f} - \operatorname{grad} p .$$

$\boldsymbol{f}$ ist die Kraftdichte in der Flüssigkeit (Kraft bezogen auf die Volumeneinheit), die an einem Volumenelement angreift. Für unsere weiteren Betrachtungen wählen wir den einfachen Fall des vollionisierten Plasmas. Der Einfluß von Neutralatomen braucht dann nicht betrachtet zu werden. Es ist nur eine „Elektronenflüssigkeit" gemischt mit einer „Ionenflüssigkeit" vorhanden. Diese Mischung behandeln wir in einer Zweiflüssigkeitstheorie. Dazu wird die Bewegungsgleichung und die Massen-Kontinuitätsgleichung getrennt auf die Elektronenflüssigkeit und auf die Ionenflüssigkeit angewandt.

$$\rho_e \frac{d \boldsymbol{v}_e}{d t} = \boldsymbol{f}_e - \operatorname{grad} p_e; \quad \frac{\partial \rho_e}{\partial t} + \operatorname{div} (\rho_e \boldsymbol{v}_e) = 0 \tag{X,94}$$

$$\rho_i \frac{d \boldsymbol{v}_i}{d t} = \boldsymbol{f}_i - \operatorname{grad} p_i; \quad \frac{\partial \rho_i}{\partial t} + \operatorname{div} (\rho_i \boldsymbol{v}_i) = 0$$

Als wirksame Kräfte $\boldsymbol{f}_e$ und $\boldsymbol{f}_i$ setzen wir die elektromagnetischen Kräfte und Reibungskräfte $\boldsymbol{f}_{ie}$ zwischen der „Elektronenflüssigkeit" und der „Ionenflüssigkeit" an ($\boldsymbol{f}_{ei} = -\boldsymbol{f}_{ie}$).

$$\boldsymbol{f}_e = q_e (\boldsymbol{E} + \boldsymbol{v}_e \times \boldsymbol{B}) + \boldsymbol{f}_{ei}$$

$$\boldsymbol{f}_i = q_i (\boldsymbol{E} + \boldsymbol{v}_e \times \boldsymbol{B}) + \boldsymbol{f}_{ie}$$

q_e und q_i sind die elektrischen Ladungsdichten in jeder der beiden Flüssigkeiten. $\boldsymbol{f}_{ei}$ beziehungsweise $\boldsymbol{f}_{ie}$ beschreiben die dissipativen Erscheinungen bei der Bewegung der Elektronenflüssigkeit gegenüber der Ionenflüssigkeit. In anderen Worten: es sind die dissipativen Erscheinungen beim Durchgang des elektrischen Stromes im Plasma mit $\boldsymbol{f}_{ei}$ und $\boldsymbol{f}_{ie}$ zu beschreiben. Daher werden die Reibungsansätze bestimmt durch die Größe der elektrischen Leitfähigkeit des Plasmas.

Durch Addition der Bewegungsgleichungen (Gl. X,94) erhält man:

$$\frac{d(\rho_e \boldsymbol{v}_e + \rho_i \boldsymbol{v}_i)}{d t} = (q_e + q_i) \boldsymbol{E} + (q_e \boldsymbol{v}_e + q_i \boldsymbol{v}_i) \times \boldsymbol{B} - \operatorname{grad} (p_e + p_i)$$

Wir bezeichnen als Massendichte des Plasmas $\rho = \rho_e + \rho_i$, als Strömungsgeschwindigkeit $\boldsymbol{v} = \frac{1}{\rho} (\rho_e \boldsymbol{v}_e + \rho_i \boldsymbol{v}_i)$ und als Druck $p = p_e + p_i$. Wegen der Bedingung der Quasi-Neutralität ist $q_e + q_i = q = 0$. Ferner gilt für die elektrische Stromdichte:

$$\boldsymbol{j} = q_e \boldsymbol{v}_e + q_i \boldsymbol{v}_i,$$

so daß wir die folgende Bewegungsgleichung für das Plasma finden:

$$\rho \frac{d \boldsymbol{v}}{d t} = \boldsymbol{j} \times \boldsymbol{B} - \operatorname{grad} p, \text{ Bewegungs-Gleichung} \tag{X,95}$$

die zusammen mit der Massen-Kontinuitätsgleichung des Plasma gilt:

$$\frac{\partial \rho}{\partial t} + \operatorname{div} (\rho \boldsymbol{v}) = 0 \text{ Massen-Kontinuitäts-Gleichung} \tag{X,96}$$

Werden Ansätze über die Reibungsglieder $\boldsymbol{f}_{ei}$ beziehungsweise $\boldsymbol{f}_{ie}$ gemacht, so gewinnt man aus dem Gleichungspaar der Bewegungsgleichungen (Gl. X,94) eine zweite

Relation, die unter stark einschränkenden Voraussetzungen die einfache Form der Gl. X,97 hat und die hier ohne nähere Begründung[11] angegeben ist.

$$j = \sigma (E + v \times B) \quad \text{Ohmsches Gesetz} \qquad (X,97)$$

In dieser einfachen Form stellt Gl. X,97 das ohmsche Gesetz dar, das durch die „Hall-Feldstärke" $v \times B$ erweitert ist. Tatsächlich erhält man bei einer korrekten Betrachtung mehrere Terme, um die das ohmsche Gesetz erweitert wird.

Um die in Gl. X,95 eingehenden elektromagnetischen Größen miteinander zu verknüpfen, müssen die Maxwell-Gleichungen angewandt werden:

$$\operatorname{rot} E = -\frac{\partial B}{\partial t} \qquad \text{Maxwell-Gleichungen} \qquad (X,98)$$

$$\frac{1}{\mu_0} \operatorname{rot} B = j + \epsilon_0 \frac{\partial E}{\partial t}$$

$$\operatorname{div} E = \frac{q}{\epsilon_0} \approx 0$$

$$\operatorname{div} B = 0$$

In den Maxwell-Gleichungen wurde $\mu_r = 1$ und $\epsilon_r = 1$ gesetzt und verwendet: $D = \epsilon_0 E$ und $H = B/\mu_0$. Der Einfluß des Mediums auf die Felder wird daher nicht wie üblich durch die Dielektrizitätskonstante und die Permeabilität beschrieben, sondern durch j und q (durch Kreisströme und durch Ladungsverschiebungen). Bei magnetohydrodynamischen Betrachtungen wird in den Maxwell-Gleichungen der Verschiebungsstrom oft vernachlässigt ($\epsilon_0 \frac{\partial E}{\partial t} \ll j$, das elektrische Feld soll sich nur langsam ändern). Zur vollständigen Beschreibung des MHD-Modells sind thermodynamische Gleichungen notwendig. Für den Fall adiabatischer Prozesse gilt die adiabatische Relation zwischen Druck und Massendichte.

$$p = \text{const} \cdot \rho^{\gamma}; \quad \gamma = \frac{c_p}{c_v} \qquad (X,99)$$

c_p ist die spezifische Wärme bei konstantem Druck, c_v die bei konstantem Volumen.

Das aufgeschriebene Gleichungssystem ist geeignet, um in Sonderfällen Aussagen über das Verhalten von Plasmen in elektrischen und magnetischen Feldern zu machen.

Wir wollen die Gleichungen anwenden, um die Bedingungen festzustellen, unter denen ein Magnetfeld ein Plasma einschließen kann (**Magnetohydrostatik**). Gleichgewicht herrscht ($\rho \frac{d v}{d t} = 0$), wenn nach Gl. X,95 und X,98 gilt:

$$\operatorname{grad} p - j \times B = 0 \qquad (X,100)$$

$$j - \frac{1}{\mu_0} \operatorname{rot} B = 0 \qquad (X,101)$$

[11] zur Herleitung siehe: Fünfer, E. und G. Lehner: Plasmaphysik, Ergebnisse der exakten Naturwissenschaften, Bd 34, S. 21, Berlin, Göttingen, Heidelberg, Springer Verlag 1962

Zwei Sonderfälle lassen sich einfach diskutieren: Der magnetische Einschluß eines Plasmas durch ein homogenes Magnetfeld und der Einschluß eines Plasmas beim z-Pinch durch den Entladungsstrom (Bennett-Gleichung).

a) **Magnetischer Einschluß durch ein homogenes Magnetfeld**: Aus Gl. X,100 und X,101 folgt

$$\text{grad}\, p - \frac{1}{\mu_0}(\text{rot}\, \boldsymbol{B}) \times \boldsymbol{B} = 0 \quad \text{(X,102)}$$

Es ist:

$$(\text{rot}\, \boldsymbol{B}) \times \boldsymbol{B} = (\boldsymbol{B}\, \text{grad})\, \boldsymbol{B} - \text{grad}\, \frac{B^2}{2} \quad \text{(X,103)}$$

$(\boldsymbol{B}$ grad$)\, \boldsymbol{B}$ beschreibt die Änderung von $\boldsymbol{B}$, wenn man längs $\boldsymbol{B}$ fortschreitet. Für ein homogenes Magnetfeld (Feldlinien gerade und parallel) ist $(\boldsymbol{B}$ grad$)\, \boldsymbol{B} = 0$. Unter diesen Bedingungen folgt aus Gl. X,102

$$\text{grad}\left(p + \frac{B^2}{2\mu_0}\right) = 0$$

$$p + \frac{B^2}{2\mu_0} = \text{const.} \quad \text{(X,104)}$$

Wir wollen das Ergebnis nach Gl. X,104 diskutieren. Dazu ist in Abb. X,36 eine einfache Geometrie festgelegt. Für $x < x_0$ soll ein magnetfeldfreies Plasma ($B_1 = 0$) mit

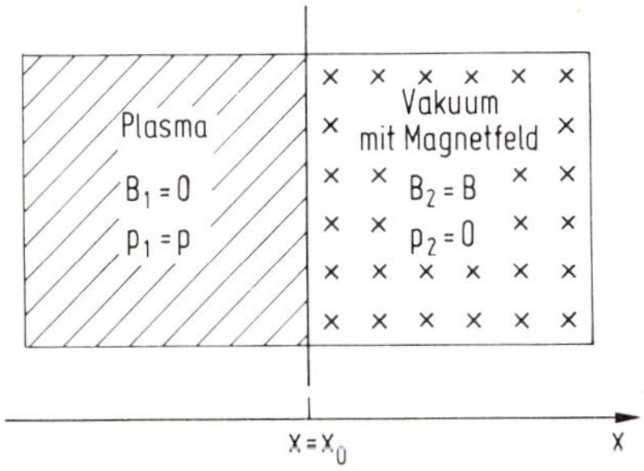

Abb. X,36. Zum magnetischen Druck. Für $x = x_0$ existiert eine Grenzfläche zwischen einem Plasma und einem homogenen Magnetfeld, angedeutet durch Kreuze. Die Feldlinien sind senkrecht zur Zeichenebene gerichtet, vom Betrachter fortweisend.

dem Teilchen-Druck $p = p_1$ existieren, für $x > x_0$ soll ein Magnetfeld im Vakuum herrschen ($B_2 = B, p_2 = 0$). Dann gilt nach Gl. X,104 für die zwei Bereiche:

$$p_1 + \frac{B_1}{2\mu_0} = p_2 + \frac{B_2^2}{2\mu_0}$$

Nach Einsetzen der oben definierten Größen erhält man:

$$p = \frac{B^2}{2\mu_0} \quad \text{(X,105)}$$

Für $x = x_0$ wirkt also das Magnetfeld auf das Plasma wie ein angrenzendes Medium, das auf das Plasma den Druck $B^2/2\,\mu_0$ ausübt. $B^2/2\,\mu_0$ wird daher als **magnetischer Druck** bezeichnet. Ist das Plasma nicht magnetfeldfrei, so muß für den Gleichgewichts-Zustand die Summe aus Teilchen-Druck und magnetischem Druck gleich sein dem magnetischen Druck außerhalb des Plasmas. Für den Gleichgewichts-Zustand eines Plasmas mit endlichem Teilchen-Druck muß das äußere Magnetfeld immer größer sein als das Magnetfeld im Innern. Ein durch ein Magnetfeld eingeschlossenes Plasma wirkt daher wie ein diamagnetisches Medium.

b) **Magnetischer Einschluß bei z-Pinch durch den Entladungsstrom** (Bennett-Gleichung). Es gilt die in Abb. X,37 festgelegte Zylindergeometrie mit folgenden radialen Abhängigkeiten: Druck $p(r) = [N_e(r) + N_i(r)]\,k\,T$, magnetische Induktion $B_\Theta(r)$, Stromdichte $j_z(r)$. Die Tempera-

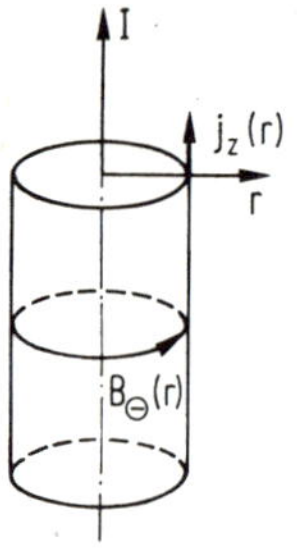

Abb. X,37. Geometrie beim z-Pinch. Zur Herleitung der Bennett-Gleichung.

tur im Plasma sei unabhängig von r und konstant. I sei der gesamte Entladungsstrom und n die gesamte Anzahldichte der Teilchen bezogen auf die Längeneinheit der Entladung.

$$I = 2\,\pi \int_0^\infty j_z(r)\,r\,\mathrm{d}r \tag{X,106}$$

$$n = 2\,\pi \int_0^\infty [N_e(r) + N_i(r)]\,r\,\mathrm{d}r = \frac{2\,\pi}{k\,T}\int_0^\infty p(r)\,\mathrm{d}r \rightarrow \frac{2\,\pi}{k\,T}\int_0^\infty \frac{r^2}{2}\left(\frac{\mathrm{d}p}{\mathrm{d}r}\right)\mathrm{d}r \tag{X,107}$$

Die letzte Beziehung gilt wegen Gl. X,108, wenn p genügend stark gegen Null geht für $r \rightarrow \infty$.

$$\int_0^\infty p(r)\,r\,\mathrm{d}r = \left[p\,\frac{r^2}{2}\right] - \int_0^\infty \frac{r^2}{2}\left(\frac{\mathrm{d}p}{\mathrm{d}r}\right)\mathrm{d}r \tag{X,108}$$

Aus der Gleichgewichtsbedingung (Gl. X,100, 101) folgt mit

$$|\mathrm{grad}\,p| = \frac{\mathrm{d}p}{\mathrm{d}r};\quad |\mathrm{rot}\,\boldsymbol{B}| = \frac{1}{r}\,\frac{\mathrm{d}(r\,B_\Theta)}{\mathrm{d}r};\quad \boldsymbol{j} \times \boldsymbol{B} = |-j_z\,B_\Theta|$$

$$\frac{\mathrm{d}p(r)}{\mathrm{d}r} + j_z(r)\,B_\Theta(r) = 0 \tag{X,109}$$

$$j_z(r) = \frac{1}{\mu_0}\cdot\frac{1}{r}\,\frac{\mathrm{d}(r\,B_\Theta)}{\mathrm{d}r} \tag{X,110}$$

Wird B_Θ eliminiert, so erhält man für $j_z(r)$:

$$\frac{\mathrm{d}p(r)}{\mathrm{d}r} + \mu_0\,\frac{j_z(r)}{r}\int_0^\infty j_z(r)\,r\,\mathrm{d}r = 0 \tag{X,111}$$

Mit Gl. X,107 folgt daraus:

$$n = \frac{2\pi}{kT} \cdot \frac{\mu_0}{2} \int_0^\infty j_z(r)\, r \, [\int_0^\infty j_z(r)\, r\, \mathrm{d}r]\, \mathrm{d}r \qquad \text{(X,112)}$$

$$n = \frac{2\pi}{kT} \frac{\mu_0}{4} [j_z(r)\, r\, \mathrm{d}r]^2$$

$$= \frac{2\pi}{kT} \frac{\mu_0}{4} \frac{I^2}{(2\pi)^2}$$

$$I^2 = 2\,(\frac{4\pi}{\mu_0})\, n\, k\, T \qquad \text{(X,113)}$$

Die Bennett-Gleichung (Gl. X,113) wurde bei den Betrachtungen der Plasmaerzeugung im Abschnitt X,6 angewandt und diskutiert.

Zum Abschluß der Betrachtungen über Plasmen in Magnetfeldern sollen Druck und Gyrationsradius von Hochenergieplasmen für Fusionsexperimente angegeben werden. Bei Fusionsexperimenten wird mit einschließenden Feldern der Größenordnung 10 Wb $m^{-2} \hat{=}$ 100 kG gearbeitet. Der magnetische Druck $B^2/2\,\mu_0$ (Gl. X,105) hat dann die Größe $8 \cdot 10^7$ Pa $\hat{=} \approx$ 800 atm. Unter diesen Bedingungen beträgt für ein Deuteriumplasma bei der angestrebten Fusionstemperatur von 10^9 K für die Deuterium-Reaktion der Gyrationsradius der Elektronen $r_e \approx$ 0,01 cm und der der Ionen $r_i \approx$ 0,6 cm (nach Gl. X,84).

10. Wellen im Plasma

Im Plasma kann sich eine Vielzahl verschiedenartiger Wellen ausbilden. Die Ursache hierfür sind die voneinander verschiedenen Eigenschaften des Elektronen- und Ionengases und das gleichzeitig mögliche Auftreten von mindestens vier beschleunigenden oder verzögernden Kräften auf die Ladungsträger: elektrische Kräfte, magnetische Kräfte (Lorentz-Kräfte), Druckgradient und Viskosität. Nach der Art der theoretischen Behandlung lassen sich elektromagnetische, elektrostatische und magnetohydrodynamische Wellen charakterisieren. Im Experiment treten die verschiedenartigen Wellentypen oft gemeinsam auf. Die Wellen im Plasma lassen sich mit den vollständigen MHD-Gleichungen verstehen. Wird aus den Maxwell-Gleichungen (Gl. X,98) die magnetische Induktion eliminiert, so erhält man für die elektrische Feldstärke:

$$\text{rot rot}\, \boldsymbol{E} = -\mu_0 \frac{\partial j}{\partial t} - \frac{1}{c^2} \frac{\partial^2 \boldsymbol{E}}{\partial t^2}$$

Es ist $c = 1/\sqrt{\epsilon_0\, \mu_0}$ die Lichtgeschwindigkeit im Vakuum. Wegen:

$$\text{rot rot}\, \boldsymbol{E} = \text{grad div}\, \boldsymbol{E} - \Delta \boldsymbol{E}$$

$$= \text{grad}\, \frac{q}{\epsilon_0} - \Delta \boldsymbol{E}$$

folgt die allgemeine Wellengleichung.

$$\Delta \boldsymbol{E} - \text{grad}\, \frac{q}{\epsilon_0} - \mu_0 \frac{\partial \boldsymbol{j}}{\partial t} - \frac{1}{c^2} \frac{\partial^2 \boldsymbol{E}}{\partial t^2} = 0 \qquad \text{(X,114)}$$

Für das Vakuum ($q = 0, j = 0$) ergibt sich daraus die einfache Form

$$\Delta \boldsymbol{E} - \frac{1}{c^2} \frac{\partial^2 \boldsymbol{E}}{\partial t^2} = 0$$

Elektromagnetische Wellen. Wir wollen den Inhalt von Gl. X,114 für den einfachen Fall ebener elektromagnetischer Wellen im Plasma diskutieren. Dazu müssen wir in Gl. X,114 Aussagen für $\mu_0 \frac{\partial \boldsymbol{j}}{\partial t}$ und grad $\frac{q}{\epsilon_0}$ finden. Wir vereinfachen: Es soll keine Wechselwirkung zwischen den Ladungsträgern herrschen (keine Dämpfung, elektrische Leitfähigkeit $\to \infty$), und es soll kein stationäres Magnetfeld im Plasma existieren. Nach Gl. X,80 lautet dann die Bewegungsgleichung der Elektronen und Ionen:

$$m_e \frac{d \boldsymbol{v}_e}{d t} = - e \boldsymbol{E}; \quad m_i \frac{d \boldsymbol{v}_i}{d t} = e \boldsymbol{E} \quad (e\text{: positiv})$$

Die elektrische Stromdichte ist:

$$\boldsymbol{j} = e(N_i \boldsymbol{v}_i - N_e \boldsymbol{v}_e) \qquad \text{(X,115)}$$

Für den hier betrachteten Fall ebener transversaler Wellen im Plasma ist $\boldsymbol{E}$ senkrecht zur Ausbreitungsrichtung orientiert. Die durch $\boldsymbol{E}$ hervorgerufenen Geschwindigkeiten $\boldsymbol{v}_e$ und $\boldsymbol{v}_i$ und somit die Stromdichte $\boldsymbol{j}$ sind daher nur ortsabhängig in Ausbreitungsrichtung der Wellen. $\boldsymbol{j}$, $\boldsymbol{v}_e$ und $\boldsymbol{v}_i$ besitzen keine Ortsabhängigkeit senkrecht zur Ausbreitungsrichtung. Es existieren senkrecht zur Ausbreitungsrichtung parallele Stromschichten örtlich konstanter Stromdichte. Wegen $\frac{d \boldsymbol{v}}{d t} = \frac{\partial \boldsymbol{v}}{\partial t} + (\boldsymbol{v}\ \text{grad})\, \boldsymbol{v}$ ist daher $\frac{d \boldsymbol{v}_e}{d t} = \frac{\partial \boldsymbol{v}_e}{\partial t}$ sowie $\frac{d \boldsymbol{v}_i}{d t} = \frac{\partial \boldsymbol{v}_i}{\partial t}$, und wir finden:

$$\frac{\partial \boldsymbol{j}}{\partial t} = e^2 \left(\frac{N_i}{m_i} + \frac{N_e}{m_e}\right) \boldsymbol{E} \qquad \text{(X,116)}$$

$$\frac{\partial \boldsymbol{j}}{\partial t} \approx \frac{e^2}{m_e} N_e \boldsymbol{E}$$

Die Näherung in der letzten Zeile ist gültig wegen der gegenüber der Elektronenmasse großen Ionenmassen. Die Näherung bedeutet, daß nur die Bewegung der Elektronen berücksichtigt wird, gegenüber der die Ionen als ruhend betrachtet werden.

Wir suchen jetzt eine Aussage über grad $\frac{q}{\epsilon_0}$ und verwenden dazu die Bedingung für die Ladungserhaltung: div $\boldsymbol{j} + \frac{\partial q}{\partial t} = 0$. Wegen der im voranstehenden Abschnitt diskutierten Ortsabhängigkeit von $\boldsymbol{j}$ ist div $\boldsymbol{j} = 0$ und daher $\frac{\partial q}{\partial t} = 0$. q ist also zeitlich konstant.

Die konstante Ladungsdichte q ist jedoch im Plasma bei Gültigkeit der Quasi-Neutralität gleich Null.

$$q = 0 \tag{X,117}$$

Werden die Feststellungen von Gl. X,116 und X,117 in Gl. X,114 benutzt, so erhalten wir die Wellengleichung in der Form:

$$\Delta \boldsymbol{E} - \frac{\omega_p^2}{c^2} \boldsymbol{E} - \frac{1}{c^2} \frac{\partial^2 \boldsymbol{E}}{\partial t^2} = 0$$

$$\omega_p = \sqrt{\frac{e^2}{\epsilon_0 m_e}} \sqrt{N_e} \tag{X,118}$$

$$\sqrt{\frac{e^2}{\epsilon_0 m_e}} = 56{,}4 \text{ m}^{3/2} \text{ s}^{-1}$$

ω_p heißt Plasmafrequenz (vgl. Abb. X,18).

Transversale ebene Wellen sind Lösungen von Gl. X,118. Breitet sich speziell E_y längs der x-Achse aus, so gilt:

$$\frac{\partial^2 E_y}{\partial x^2} - \frac{\omega_p^2}{c^2} E_y - \frac{1}{c^2} \frac{\partial^2 E_y}{\partial t^2} = 0 \tag{X,119}$$

Die ebene Welle

$$E_y = E_0 \exp [- i(k x - \omega t)] \tag{X,120}$$

ist Lösung von Gl. X,119 unter der Bedingung:

$$k^2 = \frac{1}{c^2} (\omega^2 - \omega_p^2) \tag{X,121}$$

$k = 2\pi/\lambda$ ist die Wellenzahl. Gl. X,121 gestattet die folgende Feststellung. Wird elektromagnetische Strahlung der Kreisfrequenz $\omega > \omega_p$ in das Plasma eingestrahlt, so ist k reell und die Welle breitet sich im Plasma aus. Ist dagegen $\omega < \omega_p$, so ist k rein imaginär, und die Amplitude der Welle im Plasma klingt exponential ab. Die Strahlung wird reflektiert. Die Variation von ω gestattet daher die Messung von ω_p. Wegen der Abhängigkeit der Plasmafrequenz von der Anzahldichte der Elektronen bietet sich daher die Möglichkeit der **Messung der Anzahldichte der Elektronen.**

Elektromagnetische Wellen breiten sich im Plasma aus, wenn für ihre Frequenz ν gilt:

$$\nu > \nu_p = \frac{\omega_p}{2\pi}; \quad \nu_p = 8{,}98 \sqrt{N_e} \quad (N_e \text{ in m}^{-3})$$

Nur Plasmen kleiner Elektronendichte lassen sich daher mit Mikrowellen durchstrahlen und untersuchen. Bereits für $N_e = 10^{20}$ m^{-3} beträgt $\nu_p = 90$ GHz (Vakuumwellenlänge $\lambda = 0{,}33$ cm).

Wir betrachten die Phasengeschwindigkeit V der Wellen.

$$V = \frac{\omega}{k} = \frac{c}{\sqrt{1 - (\frac{\omega_p}{\omega})^2}}$$

Die Brechzahl n eines Mediums bestimmt Gl. X,122

$$n = \frac{c}{V} \qquad \text{(X,122)}$$

Für die durch die freien Elektronen im Plasma hervorgerufene Brechzahl erhält man daher Gl. X,123.

$$n^2 = 1 - (\frac{\omega_p}{\omega})^2 \qquad \text{(X,123)}$$

Interferometrische Messungen (Abb. X,38) des durch die freien Elektronen hervorgerufenen Brechungsindex mit Mikrowellen oder Licht gestatten nach Gl. X,123 die Messung der Plasmafrequenz und damit die **Messung der Anzahldichte der Elektronen.**

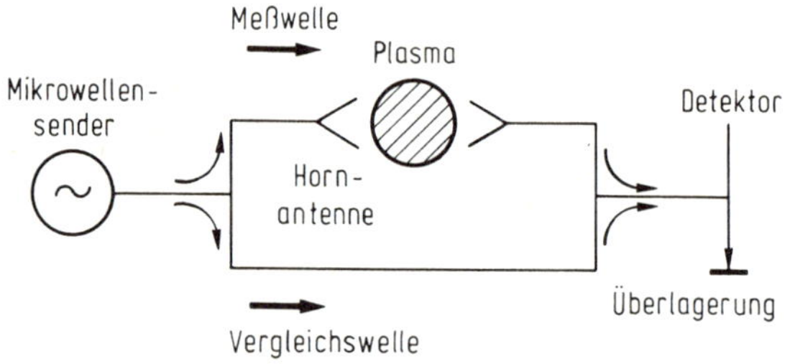

Abb. X,38. Interferometrische Messungen am Plasma mit Mikrowellen zur Messung der Phasenänderung beim Durchgang der Strahlung durch das Plasma. (Bestimmung der durch die freien Elektronen hervorgerufenen Brechzahl zur Messung der Anzahldichte der Elektronen.)

Bei den voranstehenden Betrachtungen waren magnetfeldfreie Plasmen vorausgesetzt worden, für die außerdem keine Wechselwirkung zwischen den Ladungsträgern bestand. Werden diese Voraussetzungen fallen gelassen, so verhält sich das Plasma wie ein anisotropes dielektrisches Medium. Seine Eigenschaften werden durch einen komplexen Dielektrizitätstensor beschrieben, aus dem Brechzahl und Absorptionskoeffizient folgen. Die Komponenten der Tensormatrix hängen ab von der Anzahldichte der Elektronen, dem Magnetfeld und der mittleren Stoßfrequenz der Elektronen. Während in magnetfeldfreien Plasmen ohne Wechselwirkung der Ladungsträger sich für die Wellenausbreitung die Plasmafrequenz als bestimmend erwies, sind jetzt zusätzlich die Gyrationsfrequenz und die Stoßfrequenz der Elektronen bestimmend.

Wir wollen einen einfachen Sonderfall für die **Ausbreitung elektromagnetischer Wellen im Plasma mit Magnetfeld** betrachten. Wird Materie in Richtung eines Magnetfeldes mit linear polarisierter elektromagnetischer Strahlung durchstrahlt, so wird die Polarisationsebene gedreht (Faraday-Effekt).

Zum Verständnis der Erscheinung wird die eingestrahlte linear polarisierte Welle in eine links und eine rechts zirkular polarisierte Welle zerlegt. Die Wellen besitzen im magnetisierten Medium ungleiche Phasengeschwindigkeiten. Nach Verlassen des magnetisierten Mediums überlagert man die zirkularen Wellen wieder zu einer linear polarisierten Welle, deren Polarisationsebene um den Winkel α gedreht ist. Ist die Stoßfrequenz der Elektronen und die Gyrationsfrequenz ω_g sehr klein gegen die Frequenz der eingestrahlten elektromagnetischen Strahlung ω (das ist für sichtbare Strahlung bei den üblichen Magnetfeldern in Laborplasmen erfüllt), so gilt für α:

$$\alpha = \frac{1}{2c} \frac{\omega_p^2 \omega_g}{\omega^2} l \tag{X,124}$$

$$\omega_p^2 = \frac{e^2}{\epsilon_0 m_e} N_e$$

$$\omega_g = \frac{e}{m} B$$

$$\alpha = \frac{e^3}{2 \epsilon_0 c m_e^2} \frac{N_e \cdot B \cdot l}{\omega}$$

In Gl. X,124 ist l die Länge des durchstrahlten magnetisierten Plasmas. Für die Strahlung eines Rubinlasers ($\lambda = 6943$ Å, $\omega = 2{,}7 \cdot 10^{15}$ s^{-1}) beträgt für die Plasmaparameter: $N_e = 10^{23}$ m^{-3}, $B = 5$ Wb m^{-2} ($\hat{=}$ 50 kG), $\omega_g = 9 \cdot 10^{11}$ s^{-1} und $l = 10$ cm der Drehwinkel $\alpha \approx 0{,}4°$. Messungen des Drehwinkels gestatten bei bekannter magnetischer Induktion **die Messung der Anzahldichte der Elektronen** im Plasma (Abb. X,39).

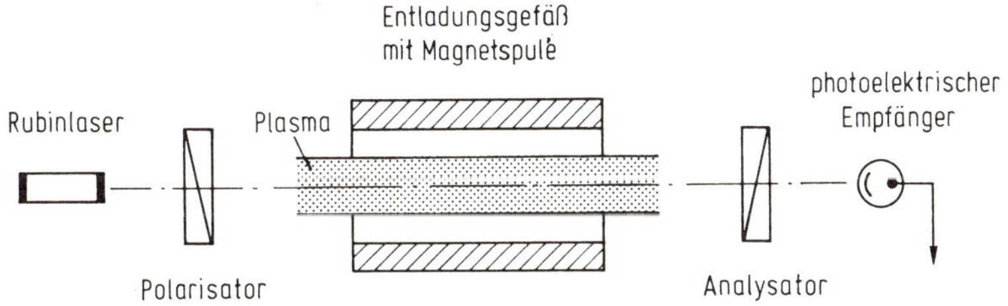

Abb. X,39. Zur Messung der Drehung der Polarisationsebene linear polarisierter elektromagnetischer Strahlung beim Durchstrahlen eines magnetisierten Plasmas.

11. Strahlung von Plasmen im optischen Bereich

Im Plasma wird **Linien-** und **Kontinuums-Strahlung** emittiert und absorbiert. Die Energieterme der emittierenden und absorbierenden Atome werden durch Wechselwirkung mit den umgebenden Plasmateilchen (Elektronen, Ionen, Atome) verbreitert. Es wird daher **Linienverbreiterung** der Emissions- und Absorptionslinien beobachtet. In Hochenergieplasmen sind mehrfach ionisierte Atome enthalten. Diese Ionen emittieren Linien im extremen Vakuum-UV- und Röntgenspektralgebiet. Außerdem läßt sich die Kontinuumsstrahlung eines Plasmas vom Röntgenspektralgebiet bis ins Mikrowellengebiet verfolgen. Einige der im folgenden behandelten Strahlungsprozesse, wie beispielsweise die Emission und Absorption von Spektrallinien, sind nicht typische Plasmaeigenschaften. Diese Eigenschaften können auch bei verschwindend kleinem Ionisationsgrad in heißen Gasen beobachtet werden. Die Strahlungsprozesse werden jedoch hier behandelt, weil sie zur Grundlage der **Plasmaspektroskopie** und der **spektroskopischen Plasmadiagnostik** gehören. Typische Plasmaphänomene im Zusammenhang mit elektromagnetischer Strahlung im Plasma sind im Gegensatz dazu die Stark-Effekt-Verbreiterung von Spektrallinien, die Emission und Absorption von Bremsstrahlung der freien Elektronen im Plasma sowie die im voranstehenden Abschnitt betrachtete Ausbreitung elektromagnetischer Wellen.

Für ein beliebiges Plasma sind die lokalen Strahlungseigenschaften an einem bestimmten Ort im Plasma abhängig von dem speziellen Ionisationszustand des Plasmas und dem Besetzungszustand der Atome und Ionen. Dieser Zustand folgt aus der Art und Intensität der Energieaustauschprozesse im Plasma und aus den die Terme bevölkernden und entvölkernden Raten (vgl. Abschnitt X,5). Die Strahlungseigenschaften lassen sich deshalb nicht allgemein angeben, sondern es können nur Vorstellungen für besondere Modellplasmen entwickelt werden. Für LTG-Plasmen (Plasmen im Zustand des lokalen thermodynamischen Gleichgewichts) sind die quantitativen Kenngrößen der Linien- und Kontinuumsstrahlung und der Linienverbreiterung Temperaturfunktionen. Dieser wichtige Sonderfall wird im folgenden vorwiegend behandelt.

11.1 Emission, Absorption, Kirchhoff-Satz

Die Strahlungsemission im Plasma beschreibt der frequenzabhängige, spektrale Emissionskoeffizient $\epsilon_\nu(\nu)$, die Strahlungsabsorption der frequenzabhängige Absorptionskoeffizient $\kappa(\nu)$[12]. ϵ_ν ist die lokal in einem Volumenelement des Plasmas **spontan** erzeugte, frequenzabhängige Strahlungsleistung bezogen auf die Einheit des Volumens, des Raumwinkels und der Frequenz (SI-Einheit für ϵ_ν: $\mathrm{Wm^{-3}\ s\ sr^{-1}}$)[13]. $\kappa(\nu)$ bestimmt die durch Absorption hervorgerufene Änderung $\mathrm{d}\,L_\nu$ der spektralen Strahldichte L_ν beim Durchstrahlen einer Plasmaschicht der Länge $\mathrm{d}\,x$ (SI-Einheit für $\kappa(\nu)$: $\mathrm{m^{-1}}$).

$$\mathrm{d}\,L_\nu = -\,\kappa(\nu)\,L_\nu\,\mathrm{d}\,x \qquad \text{(X,125)}$$

[12] Indizes ν oder λ werden im folgenden immer benutzt, wenn eine Differentiation nach ν oder λ ausgedrückt wird (z. B. ϵ_ν, L_ν). Es ist also $\epsilon = \int_{(\nu)} \epsilon_\nu(\nu)\,\mathrm{d}\,\nu$ (ϵ: Emissionskoeffizient, ϵ_ν: spektraler Emissionskoeffizient). Frequenzabhängigkeiten dagegen werden in der Form geschrieben: $\kappa(\nu)$.

[13] Für den wellenlängenbezogenen Emissionskoeffizienten gilt: $\epsilon_\lambda = c/\lambda^2 \cdot \epsilon_\nu$ (SI-Einheit für ϵ_λ: $\mathrm{W\,m^{-4}\ sr^{-1}}$).

Beim Einstrahlen aus dem gesamten Raumwinkel 4π mit der Strahldichte L_ν ist $4\pi\,\kappa(\nu)\,L_\nu$ die in der Volumeneinheit absorbierte Strahlungsleistung.

In LTG-Plasmen sind $\epsilon_\nu(\nu)$ und $\kappa(\nu)$ Funktionen der Temperatur und durch den Kirchhoff-Satz verknüpft.

$$\epsilon_\nu(\nu, T) = \kappa(\nu, T)\,[1 - \exp(-\frac{h\nu}{kT})]\,L_\nu^{\mathrm{H}}(\nu, T) \qquad (X,126)$$

$$\kappa'(\nu, T) = \kappa(\nu, T)\,[1 - \exp(-\frac{h\nu}{kT})]$$

$L_\nu^{\mathrm{H}}(\nu, T)$ ist die spektrale Strahldichte der Hohlraumstrahlung (s. Gl. X,31), $\kappa'(\nu, T)$ wird häufig als effektiver Absorptionskoeffizient bezeichnet. An dieser Stelle ist es wichtig, sich folgenden Zusammenhang zu verdeutlichen. Wird der Absorptionskoeffizient $\kappa(\nu)$ gemäß Gl. X,125 gemessen, so kann die Änderung der spektralen Strahldichte $\mathrm{d}\,L_\nu$ beim Durchstrahlen einer Plasmaschicht der Länge $\mathrm{d}\,x$ im allgemeinen nicht nur durch Absorption, sondern auch durch induzierte Emission hervorgerufen werden. Daher ist der nach Gl. X,125 gemessene Absorptionskoeffizient im allgemeinen kleiner als der Absorptionskoeffizient $\kappa(\nu)$, der sich aus der atomaren Eigenschaft (Absorptionsquerschnitt) errechnet. Es ist deshalb zweckmäßig, den nach Gl. X,125 gemessenen Absorptionskoeffizienten als effektiven Absorptionskoeffizienten $\kappa'(\nu)$ zu bezeichnen, der durch Gl. X,126 mit $\kappa(\nu)$ verknüpft ist.

Schließlich sei noch eine abschließende Bemerkung zum Kirchhoff-Satz gemacht, die das Voranstehende weiter verdeutlicht. Der üblicherweise bei der Herleitung des Kirchhoff-Satzes bei „niedrigen" Temperaturen nicht besonders diskutierte Klammerausdruck $[1 - \exp(-h\nu/kT)]$ berücksichtigt die induzierte Emission. In der durch den Kirchhoff-Satz ausgedrückten Strahlungsbilanz ist ϵ_ν der Anteil der spontanen Emission, $\kappa(\nu)\,L_\nu^{\mathrm{H}}$ der Anteil der Absorption und $-\kappa(\nu)\exp(-h\nu/kT)\,L_\nu^{\mathrm{H}}$ der Anteil der induzierten Emission, der wegen des negativen Vorzeichens die Absorption auf der rechten Seite der Gl. X,126 herabsetzt (siehe auch den folgenden Abschnitt 11.2). Ist $h\nu < kT$ oder $\lambda T > hc/k = 1{,}439 \cdot 10^{-2}$ m K, so geht die induzierte Emission stark in die Strahlungsbilanz ein. Für $T = 2{,}9 \cdot 10^4$ ist im sichtbaren Spektralgebiet ($\lambda = 500$ nm) $\lambda T = hc/k$, und die induzierte Emission beträgt $0{,}37\,\kappa(\nu)\,L_\nu^{\mathrm{H}}$. Unter diesen Bedingungen werden also 37% der Strahlungsemission des Plasmas durch induzierte Emission hervorgerufen.

11.2 Strahlung aus „großen" Plasmavolumen

Emissionskoeffizient und Absoprtionskoeffizient sind Ortsfunktionen im Plasmainnern. Beobachtet wird jedoch die Strahldichte an der Oberfläche des Plasmas. Für LTG-Plasmen läßt sich die Strahldichte von ausgedehnten Plasmen berechnen, wenn die lokalen Strahlungsgrößen als Funktion der Temperatur und als Funktion der Anzahldichten der Teilchen bekannt sind und wenn ebenfalls Temperatur und Anzahldichten als Funktion des Ortes im Plasma gegeben sind.

Es soll die in einer beliebigen Richtung x aus dem Plasma emittierte Strahlung betrachtet werden. Die Strahlung entsteht in einem Zylinder der Länge l (Abb. X,40). Die Zylinderendflächen am Ort $x = 0$ und $x = l$ sollen die Größe der Flächeneinheit

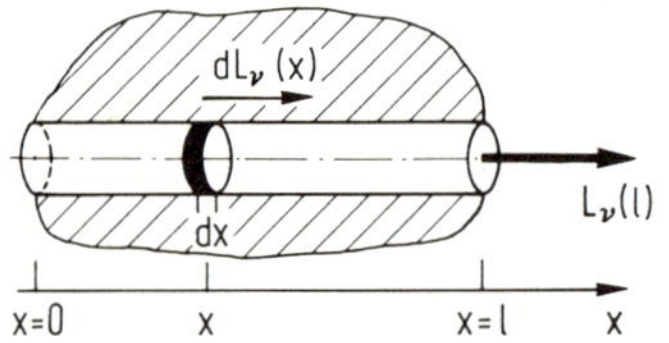

Abb. X,40. Zum Strahlungstransport.

haben. Gesucht ist die spektrale Strahldichte L_ν am Ort $x = l$. Diese Strahldichte entsteht durch Emissions- und Absorptionsprozesse auf dem Weg von $x = 0$ bis $x = l$. An einem beliebigen Ort x des Plasmazylinders ist die in der Volumeneinheit $F\,\mathrm{d}x$ (F: Einheit der Fläche) hervorgerufene Änderung $\mathrm{d}\,L_\nu(x)$ der spektralen Strahldichte $L_\nu(x)$ bestimmt durch folgende Beiträge

$\epsilon_\nu(x)\,\mathrm{d}x$ (spontane Emission)

$\kappa(\nu, x)\exp(-\frac{h\nu}{kT})\,L_\nu(x)\,\mathrm{d}x$ (induzierte Emission)

$-\kappa(\nu, x)\,L_\nu(x)\,\mathrm{d}x$ (Absorption)

Die Ausdrücke für die spontane Emission und für die Absorption folgen aus der Definition von ϵ_ν und $\kappa(\nu)$. Der Beitrag der induzierten Emission wurde ohne Herleitung aufgeschrieben. Wird die Bilanz gezogen, so erhält man für $\mathrm{d}\,L_\nu(x)$

$$\mathrm{d}\,L_\nu(x) = \epsilon_\nu(x)\,\mathrm{d}x + \kappa(\nu, x)\exp(-\frac{h\nu}{kT})\,L_\nu(x)\,\mathrm{d}x - \kappa(\nu, x)\,L_\nu(x)\,\mathrm{d}x \qquad \text{(X,127)}$$

Aus Gl. X,127 folgt mit Gl. X,126 die **Gleichung des Strahlungstransports**

$$\frac{\mathrm{d}\,L_\nu(x)}{\mathrm{d}x} = \epsilon_\nu(x) - \kappa'(\nu, x)\,L_\nu(x). \qquad \text{(X,128)}$$

Liegt der Sonderfall vor (oftmals im Experiment angestrebt), daß längs einer Richtung (hier als Richtung x bezeichnet) die Temperatur konstant ist, so sind ϵ_ν und $\kappa(\nu)$ unabhängig von x und Temperaturfunktionen. Nach Anwendung des Kirchhoff-Satzes und nach Integration der Gl. X,128 von $x = 0$ bis $x = l$ folgt

$$L_\nu(T) = \{1 - \exp[-\kappa'(\nu, T)\,l]\}L_\nu^{\mathrm{H}}(T). \qquad \text{(X,129)}$$

$\kappa' l$ heißt die optische Dicke des Plasmas[14]. Gl. X,129 enthält zwei interessante Sonderfälle.

a) Ist $\kappa' l \ll 1$, so heißt das Plasma optisch dünn, und aus Gl. X,129 folgt

$$L_\nu(T) = \kappa'(\nu, T)\, l\, L_\nu^{\mathrm{H}}(T).$$

Wegen des Kirchhoff-Satzes ist daher

$$L_\nu(T) = \epsilon_\nu(T)\, l \qquad \text{(X,130)}$$

In einem optisch dünnen Plasma ist die Strahldichte an der Plasmaoberfläche proportional zur Länge des Plasmas. Dieser Fall liegt vor, wenn das Plasma geometrisch wenig ausgedehnt ist und Spektralgebiete mit kleinem Absorptionskoeffizienten zur Beobachtung ausgewählt werden.

b) Ist $\kappa' l \gg 1$, so heißt das Plasma optisch dick, und aus Gl. X,129 folgt

$$L_\nu(T) \approx L_\nu^{\mathrm{H}}(T).$$

Unter dieser Bedingung emittiert das Plasma näherungsweise Hohlraumstrahlung der Plasmatemperatur. Plasma-Hohlraumstrahlung läßt sich an geometrisch ausgedehnten Plasmen in Spektralgebieten mit großem Absorptionskoeffizienten beobachten. Vorwiegend ist die letzte Bedingung für die Spektralgebiete der Resonanzlinien-Emission erfüllt.

11.3 Emission und Absorption von Spektrallinien

In LTG-Plasmen sind wegen der Gültigkeit des Kirchhoff-Satzes die verbreiterten Profile von Emissions- und Absorptionslinien einander gleich. Das normierte Linienprofil als Funktion der Frequenz wird im folgenden mit $S(\nu)$ bezeichnet ($\int\limits_{(\nu)} S(\nu)\, \mathrm{d}\nu = 1$). Für den Absorptionskoeffizienten $\kappa^{\mathrm{L}}(\nu)$ und den Emissionskoeffizienten $\epsilon_\nu^{\mathrm{L}}$ von Spektrallinien sind dann die Darstellungen möglich:

$$\kappa^{\mathrm{L}}(\nu) = \kappa_{\mathrm{mn}}\, S(\nu); \qquad \int\limits_{(\nu)} \kappa^{\mathrm{L}}(\nu)\, \mathrm{d}\nu = \kappa_{\mathrm{mn}} \qquad \text{(X,131)}$$

$$\epsilon_\nu^{\mathrm{L}} = \epsilon_{\mathrm{nm}}\, S(\nu); \qquad \int\limits_{(\nu)} \epsilon_\nu^{\mathrm{L}}\, \mathrm{d}\nu = \epsilon_{\mathrm{nm}} \qquad \text{(X,132)}$$

κ_{mn} (SI-Einheit: $\mathrm{m}^{-1}\ \mathrm{s}^{-1}$) und ϵ_{nm} (SI-Einheit: $\mathrm{Wm}^{-3}\ \mathrm{sr}^{-1}$) sind Eigenschaften des absorbierenden oder emittierenden Atoms und ihres Besetzungszustandes.

[14] Ist das Plasma nicht temperaturhomogen, so ist κ' eine Funktion von x und die optische Dicke ist $\int\limits_0^l \kappa'(x)\, \mathrm{d}x$.

Den **Linien-Absorptionskoeffizienten** $\kappa^L(\nu)$ findet man aus folgender Überlegung. Für ein Atom oder Ion sei E_m der obere Energieterm (Besetzungszahl N_m), E_n der untere Energieterm (Besetzungszahl N_n). Herrscht im Plasma die Energiedichte der Strahlung u_ν, so finden von $E_n \to E_m$ in der Zeit- und Volumeneinheit Z_{mn} Absorptionsübergänge statt (Abb. X,41).

$$Z_{mn} = B_{mn} N_n u_\nu \qquad \text{(X,133)}$$

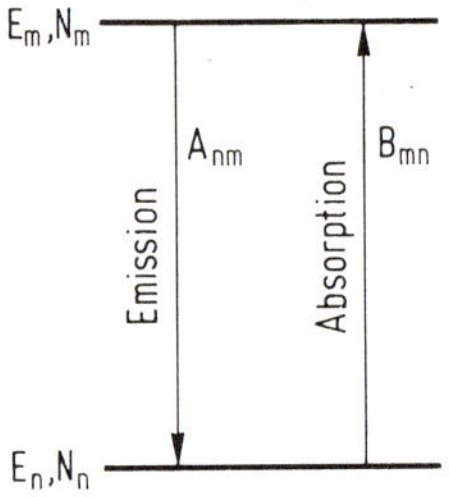

Abb. X,41. Zur Spektrallinien-Emission und Absorption.

B_{mn} ist die Übergangswahrscheinlichkeit der Absorption (Einstein-Koeffizient). Bei jedem Übergang wird die Energie $h\,\nu_{mn} = E_m - E_n$ umgesetzt, so daß die in der Volumeneinheit absorbierte Strahlungs-Leistung P_A gleich ist:

$$P_A = h\,\nu_{nm}\,B_{mn}\,N_n\,u_\nu$$

Die spektrale Energiedichte der Strahlung u_ν läßt sich durch die spektrale Strahldichte L_ν ausdrücken: $u_\nu = 4\,\pi/c \cdot L_\nu$, so daß wir auch schreiben können:

$$P_A = \frac{4\,\pi}{c}\,h\,\nu_{mn}\,B_{mn}\,N_n\,L_\nu$$

Nach der Definitionsgleichung des Absorptionskoeffizienten (Gl. X,125) ist die in der Volumeneinheit absorbierte Strahlungsleistung (integriert über das Linienprofil)

$$P_A = 4\,\pi\,\kappa_{mn}\,L_\nu,$$

so daß wir letztlich finden

$$\kappa_{mn} = \frac{h\,\nu_{mn}}{c}\,B_{mn}\,N_n$$

und für den frequenzabhängigen Linien-Adsorptionskoeffizienten $\kappa^L(\nu)$ angeben können.

$$\kappa^L(\nu) = \frac{h\,\nu_{mn}}{c}\,B_{mn}\,N_n\,S(\nu) \qquad \text{(X,134)}$$

Die Absorptions-Übergangswahrscheinlichkeit B_{mn} kann durch die Absorptions-Oszillatorenstärke f_{mn} ausgedrückt werden.

$$B_{mn} = \frac{e^2}{4\,\epsilon_0\, m_e\, h} \cdot \frac{1}{\nu_{mn}} f_{mn}$$

$$\frac{e^2}{4\,\epsilon_0\, m_e\, h} = 1{,}20 \cdot 10^{36}\ \mathrm{m\ s^{-1}\ kg^{-1}}$$

f_{mn} ist dimensionslos und hat für schwache Linien die Größenordnung 10^{-4}, für sehr starke Linien die Größenordnung 1. Mit f_{mn} hat $\kappa^{L}(\nu)$ die Form:

$$\kappa^{L}(\nu) = \frac{e^2}{4\,\epsilon_0\, m_e\, c} f_{mn}\, N_n\, S(\nu) \qquad \text{(X,135)}$$

Der Absorptionskoeffizient dividiert durch die Besetzungszahl des Absorptionsniveaus ist der Absorptionsquerschnitt $\sigma^{L}(\nu)$ (SI-Einheit: m^2) für Photonen der Energie $h\,\nu$.

$$\sigma^{L}(\nu) = \frac{h\,\nu_{mn}}{c}\, B_{mn}\, S(\nu) = \frac{e^2}{4\,\epsilon_0\, m_e\, c} f_{mn}\, S(\nu) \qquad \text{(X,136)}$$

Für den längs des Linienprofils über die Frequenz integrierten Absorptionskoeffizienten gilt:

$$\int_{(\nu)} \kappa^{L}(\nu)\, d\,\nu = \kappa_{mn} = \frac{h\,\nu_{mn}}{c}\, B_{mn} N_n = \frac{e^2}{4\,\epsilon_0\, m_e\, c} f_{mn}\, N_n \qquad \text{(X,137)}$$

Der **spontane Linien-Emissionskoeffizient** wird auf folgende Weise gewonnen. Die Zahl der spontanen Strahlungsübergänge $E_m \to E_n$ in der Volumen- und Zeiteinheit ist Z_{nm}

$$Z_{nm} = A_{nm}\, N_m$$

A_{nm} (SI-Einheit: s^{-1}) ist die Übergangswahrscheinlichkeit für spontane Emission (Einstein-Koeffizient). A_{nm} läßt sich ebenfalls wie B_{mn} durch f_{mn} darstellen.

$$A_{nm} = \frac{2\,\pi\, e^2}{\epsilon_0\, m_e\, c^3} \frac{g_n}{g_m} \nu_{mn}^2 f_{mn} \qquad \text{(X,138)}$$

$$\frac{2\,\pi\, e^2}{\epsilon_0\, m\, c^3} = 7{,}42 \cdot 10^{-22}\ s$$

Bei jedem Strahlungsübergang $E_m \to E_n$ wird die Energie $h\,\nu_{nm}$ umgesetzt, so daß sich für die auf die Volumen-, Raumwinkel- und Frequenzeinheit bezogene Strahlungsleistung ϵ_ν^{L} ergibt:

$$\epsilon_\nu^{L} = \frac{1}{4\,\pi} A_{nm}\, h\,\nu_{nm}\, N_m\, S(\nu) \qquad \text{(X,139)}$$

Für den längs des Linienprofils über die Frequenz integrierten Emissionskoeffizienten gilt:

$$\int_{(\nu)} \epsilon_\nu^{L}\, d\,\nu = \epsilon_{nm} = \frac{1}{4\,\pi} A_{nm}\, h\,\nu_{nm}\, N_m \qquad \text{(X,140)}$$

In die Absorptions- und Emissionskoeffizienten gehen die Besetzungszahlen der Energieterme ein. In LTG-Plasmen sind die Besetzungszahlen als Funktion der Temperatur durch die Boltzmann-Verteilung (Gl. X,30) gegeben. Daher lassen sich Absorptions- und Emissionskoeffizienten als Funktion der Temperatur berechnen. Für den Linien-Emissionskoeffizienten gilt:

$$\int_{(\nu)} \epsilon_\nu^{L} \, d\nu = \epsilon_{nm} = \frac{1}{4\pi} g_m A_{nm} h \nu_{nm} \frac{N(T)}{Z(T)} \exp\left(-\frac{E_m}{kT}\right) \qquad \text{(X,141)}$$

$N(T)$ ist die aus der Saha-Gleichung (Gl. X,22) als Funktion der Temperatur und des Druckes folgende Anzahldichte der emittierenden Teilchenart (Anzahldichte der

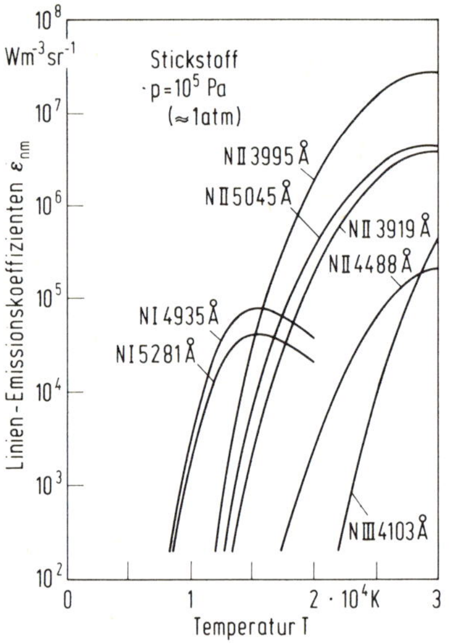

Abb. X,42. Temperaturabhängigkeit der Linienemissionskoeffizienten ϵ_{nm} einiger Stickstoff-Linien. NI: Linien der Neutralatome, NII, NIII: Linien der einfach und zweifach ionisierten Stickstoff-Ionen.

Tab. X,5. Anregungsenergien E_m, Übergangswahrscheinlichkeiten A_{nm} und Oszillatorenstärken f_{mn} der Stickstoff-Linien (NI, NII, NIII), deren Emissionskoeffizienten in Abb. X,42 dargestellt sind

		λ Å	Übergang	E_m eV	A_{nm} 10^8 s^{-1}	f_{mn}
Neutral-Atom	NI	4935	$3s\ ^2P_{3/2}-4p\ ^2S^0_{1/2}$	13,1	0,016	0,0029
	NI	5281	$2s\,2p^4\ ^4P_{5/2}-4p\ ^4P^0_{5/2}$	13,2	0,0028	0,0012
einfach ionisiert	NII	3919	$3p\ ^1P_1-3d\ ^1P^0_1$	23,5	1,0	0,23
	NII	3995	$3s\ ^1P^0_1-3p\ ^1D_2$	21,5	1,58	0,63
	NII	4488	$3p\ ^3D_2-3d\ ^3P^0_2$	23,4	0,0069	0,0021
	NII	5045	$3s\ ^3P_2-3p\ ^3S_1$	20,9	0,41	0,094
zweifach ionisiert	NIII	4103	$3s\ ^2P_{1/2}-3p\ ^2P^0_{1/2}$	30,4	0,97	0,24

Atome oder Ionen). Der Emissionskoeffizient einer Linie ist groß, wenn die Übergangswahrscheinlichkeit und die Anzahldichte der emittierenden Atome groß sind, die Anregungsenergie E_m jedoch klein ist. Für ein Stickstoffplasma, das bereits mehrfach als Beispiel betrachtet wurde, sind die Temperaturabhängigkeiten der Emissionskoeffizienten einiger Atom- und Ionenlinien dargestellt (Abb. X,42). Der Temperaturverlauf läßt sich verstehen, wenn man sich die Temperaturabhängigkeit der Anzahldichte der Teilchen (Abb. X,13) vergegenwärtigt. Im Temperaturgebiet von $T \approx 10\,000$ K steigen die Emissionskoeffizienten der Atomlinien (NI-Linien) an und durchlaufen Maxima. Oberhalb von $T = 15\,000$ K nehmen die Emissionskoeffizienten wieder ab, weil die Anzahldichte der Stickstoffatome abnimmt. In diesem Temperaturbereich wächst die Anzahldichte der einfach ionisierten Stickstoff-Ionen N_i^+ an. Daher steigen die Emissionskoeffizienten der Ionenlinien (NII-Linien) an und durchlaufen ebenfalls Maxima. Ähnliche Maxima entstehen für die höheren Ionisationsstufen. Die unterschiedlichen Größen der Emissionskoeffizienten (unterschiedlich große Maxima) der einzelnen Linien ergeben sich aus den unterschiedlichen E_m- und A_{nm}-Werten, die in Tab. X,5 für die betrachteten Linien dargestellt sind.

Bei der spektroskopischen Plasmadiagnostik wird die Temperaturabhängigkeit der Emissionskoeffizienten (Gl. X,141) vielfach zur **Messung der Temperatur** von LTG-Plasmen ausgenutzt. Dazu werden mit spektralen Strahldichtemessungen nach Art der Abb. X,43 die Emissionskoeffizienten bestimmt. Die Plasmaoberfläche wird auf den Eintrittsspalt eines Spektrometers abgebildet und am Austrittsspalt die Strahlung fotoelektrisch gemessen. Nach Drehen eines Planspiegels wird ein spektrales Strahldichte-Normal (z. B. eine Wolfram-Bandlampe) unter gleichem Raumwinkel und bei Durchstrahlen derselben optischen Elemente auf den Eintrittsspalt abgebildet. Aus dem Verhältnis der von beiden Strahlern erzeugten Fotoströme und der bekannten spektralen Strahldichte des Normals folgt die spektrale Strahldichte des Plasmas.

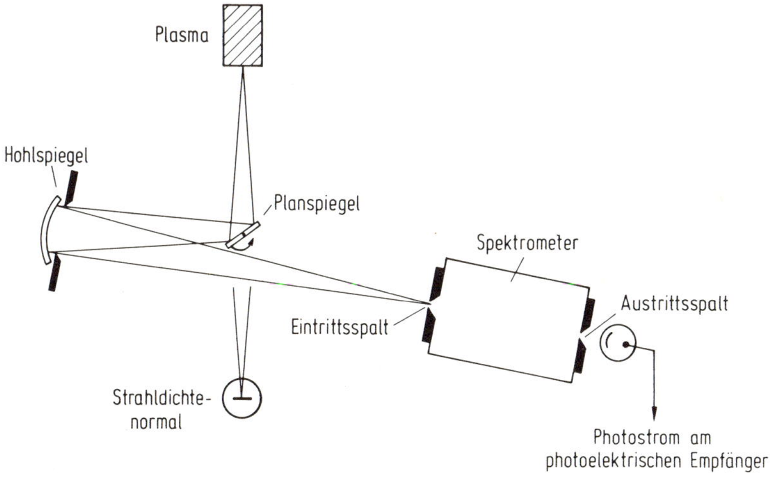

Abb. X,43. Zur Messung von Emissionskoeffizienten.

Mit Gl. X,129 oder Gl. X,130 gewinnt man aus der spektralen Strahldichte die Emissionskoeffizienten, wenn die Plasmastrahlung aus einer temperaturkonstanten Schicht emittiert wurde.

Zur Temperaturbestimmung aus den Emissionskoeffizienten müssen die Übergangswahrscheinlichkeiten der Übergänge bekannt sein. Für viele Elemente und Linien sind diese Daten bereits tabelliert[15]. Umgekehrt wurden in vielen Experimenten mit LTG-Plasmen, deren Temperatur anderweitig bestimmt wurde, nach Gl. X,141 Übergangswahrscheinlichkeiten (bez. Oszillatorenstärken) gemessen.

11.4 Verbreiterung von Spektrallinien

Die Breite der Energieterme der Atome und Ionen im Plasma und die Profile $S(\nu)$ der emittierten Spektrallinien werden durch mehrere verschiedene, oftmals gleichzeitig wirkende Prozesse hervorgerufen:

- durch Strahlungsdämpfung (natürliche Linienbreite)
- durch Doppler-Effekt
- durch Wechselwirkung (Resonanz-, Stark-Effekt- oder van-der-Waals-Wechselwirkung) des strahlenden Atoms mit umgebenden Störteilchen
- durch Absorption beim Transport der Strahlung im Plasmainnern und beim Übergang der Strahlung vom Plasma-Innern nach außen
- durch das Apparateprofil des zur Beobachtung eingesetzten Spektralgerätes.

Natürliche Linienbreite. Werden Spektrallinien von nahezu ruhenden Atomen aus einem Plasma emittiert, für das die Anzahldichten der Plasmateilchen sehr klein sind (Stöße sind dann sehr selten), so bestimmen nach dem Heisenberg-Unbestimmtheits-Prinzip nur die mittleren Lebensdauern τ der kombinierenden Terme die Energiebreite der Terme und damit das Linienprofil (natürliche Linienbreite). Das Linienprofil der emittierten Linien ist ein Dispersionsprofil[16] der Halbwertsbreite $\Delta\,\omega_H^N$ (Abb. X,44).

$$S(\omega) = \frac{1}{\pi}\,\frac{\frac{1}{2}\,\Delta\,\omega_H^N}{(\omega-\omega_0)^2+(\frac{1}{2}\,\Delta\,\omega_H^N)^2}\,; \qquad \Delta\,\omega_H^N = \frac{1}{\tau}\,^{17} \qquad \text{(X,142)}$$

ω_0 ist die Kreisfrequenz des Linienmaximums.

[15] W. L. Wiese, M. W. Smith, and B. M. Glennon: Atomic Transition Probabilities; (National Bureau of Standards, Washington, D. C., 1966), National Standard Reference Data Series – **4**, Vol. 1
W. L. Wiese, M. W. Smith, and B. M. Miles: Atomic Transition Probabilities (National Bureau of Standards, Washington, D. C., 1969), National Standard Reference Data Series – 22, Vol. 2

[16] Zur Herleitung siehe Traving, G.: Interpretation of Line Broadening and Line Shift, S. 68, Plasma Diagnostics (Herausgeber: W. Lochte-Holtgreven) Amsterdam, North Holland Publishing Company 1968

[17] Die Formulierung $\Delta\,\omega_H = 1/\tau$ in Gl. X,142 ist äquivalent mit $\Delta\,E_H\,\tau = \hbar$ ($\Delta\,E_H$: Energiebreite des Niveaus).

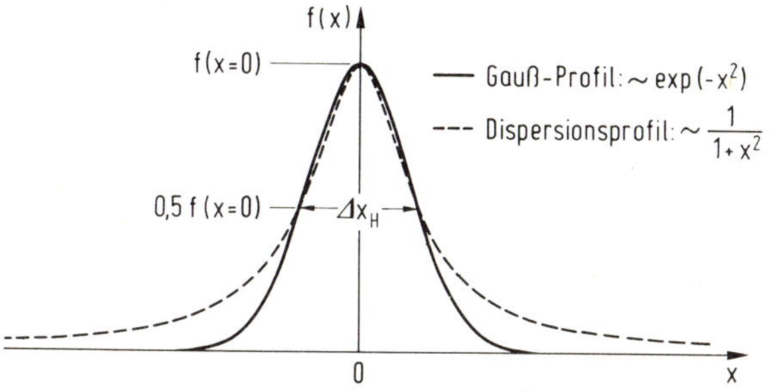

Abb. X,44. Gauß- und Dispersionsprofil, dargestellt als Funktionen $f(x)$ gleicher Halbwertsbreite Δx_H.

Zur Bestimmung der Lebensdauer τ eines bestimmten oberen Terms E_m ist die Änderung der Besetzungszahl durch alle erlaubten Strahlungsübergänge (spontane Emission, Absorption, induzierte Emission) vom Term E_m zu anderen Termen zu betrachten. Ist die spontane Emission vorherrschend, so gilt

$$\Delta \omega_H^N = \frac{1}{\tau} = \sum_n A_{nm} . \qquad \text{(X,143)}$$

Die Summe über die Übergangswahrscheinlichkeiten ist über alle Terme unterhalb E_m auszuführen, zu denen Übergänge erlaubt sind. – Trägt der untere Energieterm E_n einer Spektrallinie zur Verbreiterung bei, so liegen zwei Dispersionsprofile vor, die zu falten sind. Es entsteht ein Dispersionsprofil, dessen Halbwertsbreite gleich der Summe der Halbwertsbreiten der Einzelprofile ist. Die natürliche Linienbreite hat die Größenordnung $\Delta \lambda_N^N = \omega_0^2/2\pi c \cdot \Delta \omega_H^N \approx 10^{-4}$ Å. In Laborplasmen ist die natürliche Linienbreite klein gegenüber den durch andere Verbreiterungsprozesse erzeugten Halbwertsbreiten.

Dopplerverbreiterung. Die gerichtete Bewegung von strahlenden Atomen führt zu einer Wellenlängenverschiebung der emittierten Spektrallinie (Dopplerverschiebung). In einem LTG-Plasma rufen die statistisch möglichen Richtungen und Beträge der Geschwindigkeiten der Atome (Maxwell-Geschwindigkeits-Verteilung) eine Emission der Strahlungsleistung der Linien nach einem Gauß-Profil[18] (Abb. X,44) der Halbwertsbreite $\Delta \omega_H^D$ hervor.

$$S(\omega) = \frac{1}{\sqrt{\pi}\,\Delta \omega^D} \exp\left[-\left(\frac{\omega - \omega_0}{\Delta \omega^D}\right)^2\right] \qquad \text{(X,144)}$$

$$\Delta \omega^D = \sqrt{\frac{2kT}{Mc^2}}\,\omega_0$$

$$\Delta \omega_H^D = 2\sqrt{\ln 2}\;\Delta \omega^D$$

[18] Zur Herleitung siehe Traving, G.: Interpretation of Line Broadening and Line Shift, S. 72, Plasma Diagnostics (Herausgeber: W. Lochte-Holtgreven) Amsterdam, North Holland Publishing Company 1968

M ist die Masse des emittierenden Atoms. Für leichte Atome ist die Doppler-Halbwertsbreite groß. Aus Gl. X,144 folgt für $T = 10^4$ K im sichtbaren Spektralgebiet (Balmer Linie H_β des Wasserstoffs, $\lambda = 4861$ Å) $\Delta \lambda_H^D = \omega_0^2 / 2\pi c \cdot \Delta \omega_H^D = 0{,}35$ Å; für die schweren Elemente mit der relativen Atommasse > 1 nehmen die Halbwertsbreiten $\sim 1/\sqrt{M}$ ab (Abb. X,45). Ist die Dopplerverbreiterung groß gegenüber gleichzeitig wirkenden anderen Verbreiterungsprozessen, so folgt aus der Messung der Doppler-Halbwertsbreiten die **Translationstemperatur** der emittierenden Teilchen. Allerdings ist mit $T^{1/2}$ die Temperaturabhängigkeit der Doppler-Halbwertsbreite nur schwach.

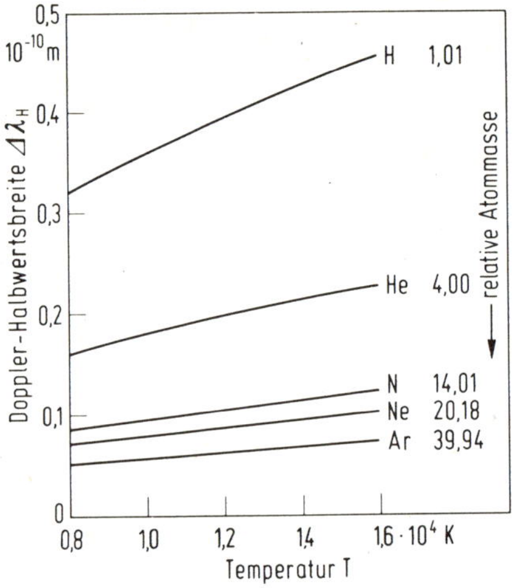

Abb. X,45. Doppler-Halbwertsbreite als Funktion der Temperatur für einige leichte und mittelschwere Elemente (Wellenlänge $\lambda = 5000$ Å).

Verbreiterung durch Wechselwirkung mit Störteilchen (Druckverbreiterung). Die Neutralteilchen, Elektronen und Ionen des Plasmas in der Umgebung von emittierenden Atomen verursachen Störungen des Emissionsvorganges. Diese Störungen rufen von den Partialdrucken der Störteilchen abhängige Druckverbreiterungen der Spektrallinien hervor (Resonanz-, Stark-Effekt- und van-der-Waals-Verbreiterung). Bei der Beschreibung des Störvorganges werden die Störteilchen meist als klassische Partikel betrachtet, die sich auf Bahnkurven (im einfachsten Fall gradlinig) mit der Geschwindigkeit v dem emittierenden Teilchen auf den Abstand ρ (Stoßparameter) nähern (Abb. X,46). Die Zeitdauer der Störung Δt ist dann von der Größenordnung:

$$\Delta t \approx \frac{\rho}{v} \qquad \text{(X,145)}$$

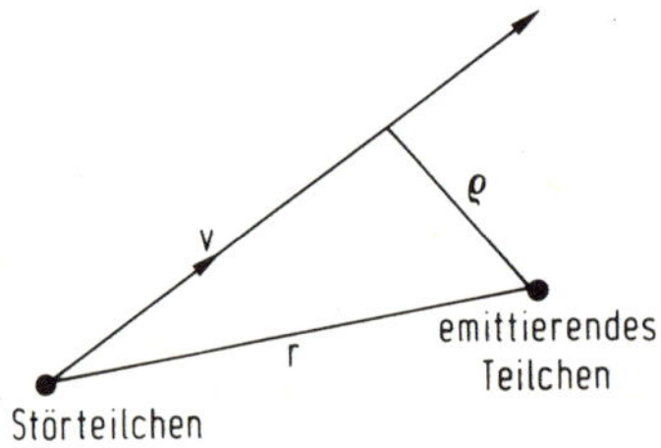

Abb. X,46. Zur Stoßtheorie.

Ist Δt kurz gegenüber der Zeitdauer zwischen zwei aufeinanderfolgenden Störungen (das gilt für schnelle Störteilchen: z. B. Elektronen), so lassen sich die Störungen als Stöße approximieren (**Stoßtheorie**). Ist Δt dagegen von der Größenordnung der Zeitdauer zwischen zwei aufeinanderfolgenden Störungen (das gilt für langsame Störteilchen: z. B. Ionen), so ist das emittierende Atom fortdauernd unter dem Einfluß einer Wechselwirkung zu betrachten. Näherungsweise kann dann von der Bewegung der Störteilchen ganz abgesehen werden (**quasi-statische Theorie**). Beide Auffassungen sind als die Grenzfälle einer allgemeinen Theorie der Druckverbreiterung anzusehen.

Mit der **Methode der Stoßtheorie** findet man mit folgendem einfachen Modell qualitativ richtige Ergebnisse. Das strahlende Atom wird als harmonischer Oszillator approximiert (Stoßdämpfungstheorie, zurückgehend auf H. A. Lorentz). Als Störung wird die von einem Störteilchen erzeugte Phasenänderung der Schwingung des Oszillators angesehen, wenn ein Störteilchen auf gradliniger Bahn den Oszillator mit dem Stoßparameter ρ passiert. Es entstehen voneinander unabhängige Schwingungszüge, deren mittlere Zeitdauer durch die Zahl der „Phasenstöße" in der Zeiteinheit gegeben ist. Die Fourier-Analyse der phasengestörten Schwingung des Oszillators liefert als Linienprofil ein Dispersionsprofil[19] der Halbwertsbreite $\Delta \omega_H$, bei dem das Linienmaximum gegenüber der ungestörten Linie (Kreisfrequenz ω_0) um $\Delta \omega_v$ verschoben ist.

$$S(\omega) = \frac{1}{\pi} \frac{\frac{1}{2} \Delta \omega_H}{(\omega - \omega_0 - \Delta \omega_v)^2 + (\frac{1}{2} \Delta \omega_H)^2} \qquad \text{(X,146)}$$

Zur Berechnung der Größe der Halbwertsbreite muß die Art der Wechselwirkung zwischen dem emittierenden Teilchen und dem Störteilchen untersucht werden, d. h. es muß die Frequenzänderung des beschriebenen Oszillators als Funktion des Abstandes r des Störteilchens vom Oszillator festgestellt werden. Im Plasma erzeugen die geladenen Störteilchen über das elektrische Feld die stärkste Wechselwirkung (**Stark-Effekt-Verbreiterung**). Auf diesen Fall wollen wir uns daher beschränken.

Bei Stark-Effekt-Untersuchungen in statischen elektrischen Feldern wird meist der quadratische Stark-Effekt beobachtet. Atome in einem Raum mit der elektrischen Feldstärke E emittieren dann Spektrallinien, die gegenüber der Emission aus feldfreiem Raum um $\Delta \omega$ verschoben sind:

$$\Delta \omega(E) = C^* E^2 \qquad \text{(X,147)}$$

C^* ist die Stark-Effekt-Konstante des quadratischen Stark-Effekts. Aus Gl. X,147 folgt die gesuchte Abstandsabhängigkeit der Wechselwirkung für den Fall des quadratischen Stark-Effekts. Ein störendes Elektron im Abstand r vom strahlenden Atom

[19] Traving, G.: Über die Theorie der Druckverbreiterung von Spektrallinien, S. 10, Karlsruhe, Verlag G. Braun 1960.
Lindholm, E.: Zur Theorie der Verbreiterung von Spektrallinien, Arkiv for Mathematik, Astronomie och Fysik, Bd 28 B, Nr. 3 (1941)

erzeugt am Ort des Atoms die Feldstärke $E = \frac{1}{4\pi\epsilon_0}\frac{e}{r^2}$ und verursacht daher eine Frequenzänderung $\Delta\,\omega(r)$ des oben beschriebenen Oszillators.

$$\Delta\,\omega(r) = \left(\frac{e}{4\pi\epsilon_0}\right)^2 C^* \frac{1}{r^4} = \frac{C_w}{r^4} \qquad \text{(X,148)}$$

Die Abstandsabhängigkeit der Wechselwirkung im Fall der Verbreiterung durch den quadratischen Stark-Effekt ist demnach $\sim r^{-4}$. C_w ist die zugehörige Wechselwirkungskonstante. Für die anderen Druckverbreiterungsprozesse ergeben sich ähnliche Potenzgesetze für die Abstandsabhängigkeiten der Wechselwirkung: Wechselwirkung durch linearen Stark-Effekt $\sim r^{-2}$; Resonanzwechselwirkung $\sim r^{-3}$; van-der-Waals-Wechselwirkung $\sim r^{-6}$.

Wird die Abstandsabhängigkeit der quadratischen Stark-Effekt-Wechselwirkung (Gl. X,148) in der Stoßdämpfungstheorie benutzt, so wird für die Linienverschiebung $\Delta\,\omega_v^{St}$ und für die Halbwertsbreite $\Delta\,\omega_H^{St}$ nach Lindholm[19] das folgende Ergebnis gefunden:

$$\Delta\,\omega_v^{St} = 9{,}85\; C_w^{2/3}\,\bar{v}^{1/3}\,N_e \qquad \text{(X,149)}$$

$$\Delta\,\omega_H^{St} = 11{,}37\; C_w^{2/3}\,\bar{v}^{1/3}\,N_e$$

$$\bar{v} = \sqrt{\frac{8}{\pi}\,k\,T\left(\frac{1}{m_e} + \frac{1}{M}\right)}$$

$\bar{v}$ ist die mittlere Relativgeschwindigkeit zwischen störenden Elektronen und den strahlenden schweren Teilchen (Masse: M). Gl. X,149 gibt die Verbreiterung durch störende Elektronen an. Die beobachtete Stark-Effekt-Halbwertsbreite wird dagegen durch störende Elektronen und störende Ionen hervorgerufen. Den überwiegenden Anteil zur Stark-Effekt-Halbwertsbreite ergeben jedoch die Elektronenstöße (Gl. X,149). Die gegenüber den Ionengeschwindigkeiten großen Elektronengeschwindigkeiten (in einem LTG-Plasma) führen zu großen Stoßraten und häufigen Störungen der Emission. Der Anteil der Störung durch Ionen ist geringer. Wegen der kleinen Ionengeschwindigkeiten wird oft die Störung der Ionen nach der quasistatischen Theorie behandelt. Das durch Ionen erzeugte Profil wird dann mit dem durch Elektronen erzeugten Profil gefaltet. Dadurch vergrößern sich die nach Gl. X,149 berechneten Elektronenstoß-Halbwertsbreiten um 10% bis 20%. – Das hier skizzierte einfache Modell der Stoßdämpfungstheorie ist vielfach durch quantenmechanische Betrachtungen der Stoßvorgänge verfeinert worden. Das prinzipielle Ergebnis nach Gl. X,149 bleibt bestehen. Die Halbwertsbreiten wachsen proportional zu N_e (oder nahezu proportional, siehe Abb. X,47) und sind nur eine schwache Funktion der Translationstemperatur der Störteilchen (nach der Stoßdämpfungstheorie $\sim T^{1/6}$, Gl. X,149).

Wir wollen die Betrachtungen mit Zahlenwerten veranschaulichen. Die Stark-Effekt-Halbwertsbreite beträgt für $N_e = 10^{23}\ \text{m}^{-3}$ etwa 10 Å, wenn der quadratische Stark-Effekt der Linien groß ist. Zeigt eine Linie beispielsweise eine Wellenlängenverschiebung von 1,3 Å im statischen elektrischen Feld von 100 kV/cm, so ist nach Gl. X,147 und X,148 $C_w = 2 \cdot 10^{-20}\ \text{m}^4\ \text{s}^{-1}$ und nach

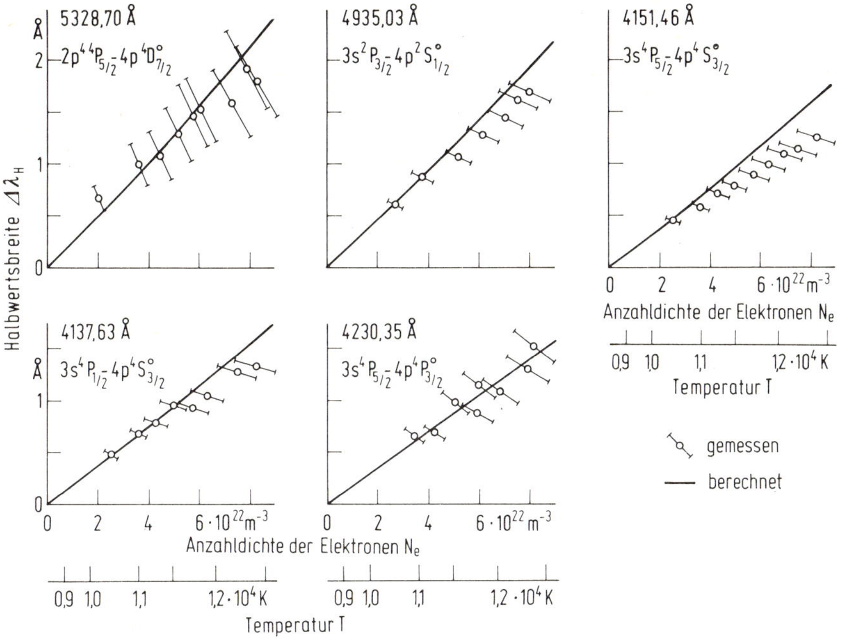

Abb. X,47. An wandstabilisierten Bogenplasmen gemessene und nach[20] berechnete Stark-Effekt-Halbwertsbreiten einiger Stickstoff-Atomlinien als Funktion der Temperatur und der Anzahldichte der Elektronen. Die Halbwertsbreite wächst nahezu proportional zur Anzahldichte der Elektronen (quadratischer Stark-Effekt).

Gl. X,149 ist $\Delta\lambda_H^{St} = 11$ Å ($\lambda = 5000$ Å, $N_e = 10^{23}$ m^{-3}, $T = 10^4$ K). Für das hier mehrfach betrachtete Stickstoffplasma sind als Beispiel an wandstabilisierten Bogenplasmen gemessene und nach[20] berechnete Stark-Effekt-Halbwertsbreiten einiger Atomlinien als Funktion von N_e und T aufgetragen (Abb. X,47). Für $N_e = 5\cdot10^{22}$ m^{-3} ($T \approx 10^4$ K) sind die Stark-Effekt-Halbwertsbreiten der untersuchten Linien von der Größenordnung 1 Å.

In der spektroskopischen Plasmadiagnostik wird die Stark-Effekt-Verbreiterung vielfach zur **Messung der Anzahldichte der Elektronen** im Plasma ausgenutzt. Für viele Linien sind daher die Verbreiterungsparameter bereits tabelliert[20]. Besonders bevorzugt für Diagnostikzwecke sind wegen ihrer großen Halbwertsbreiten die Balmer-Linien des Wasserstoffs. Die Sonderstellung des Wasserstoffs beruht auf der Entartung der Wasserstoffterme, wenn Wasserstoffatome sich im feldfreien Raum befinden (linearer Stark-Effekt). Die starke Verbreiterung der Balmer-Linien ist aus den für zwei Plasmaparameter registrierten Profilen der Balmer-Linie H_α zu erkennen (Abb. X,48). Die Balmer-Linie H_β zeigt darüber hinaus eine noch stärkere Verbreiterung. Für H_β ist $\Delta\lambda_H^{St} = 45$ Å ($N_e = 10^{23}$ m^{-3}, $T = 10^4$ K; Abhängigkeit der Halbwertsbreite von der Anzahldichte der Elektronen ungefähr $\sim N_e^{2/3}$).

[20] Griem, H. R.: Plasma spectroscopy, S. 454. New York: McGraw Hill Book Co. 1964

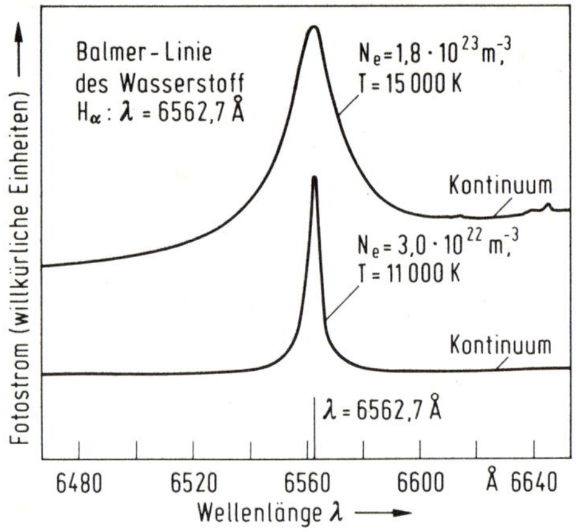

Abb. X,48. Für zwei Wertepaare N_e und T registrierte Profile der Balmer Linie H_α.

11.5 Emission und Absorption kontinuierlicher Strahlung

Im Plasma werden die thermisch bewegten Elektronen in den elektrischen Feldern der Ionen verzögert oder beschleunigt. Dabei wird kontinuierliche Bremsstrahlung emittiert oder absorbiert. Im Termschema (Abb. X,49) stellen sich diese Strahlungsprozesse als Übergänge der freien Elektronen im kontinuierlichen Energiebereich oberhalb der Ionisationsgrenze dar (oftmals als frei-frei-Übergänge bezeichnet). Außerdem rekombinieren die freien Elektronen mit den Ionen, und es wird kontinuierliche Rekombinationsstrahlung erzeugt. Wird die Strahlung absorbiert, so tritt Fotoionisation auf. Im Termschema (Abb. X,49) sind die Strahlungsrekombination und die Foto-

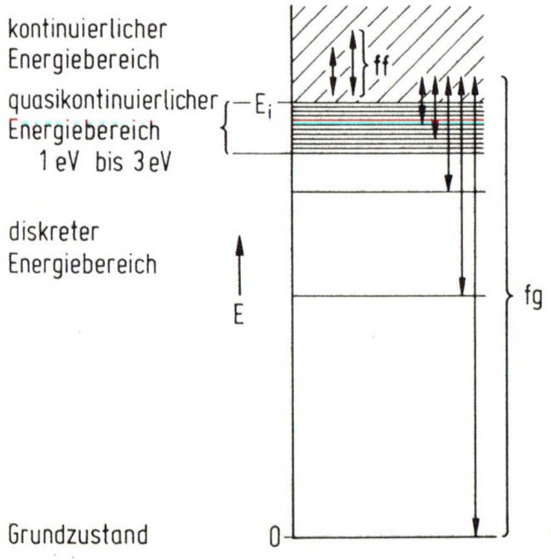

Abb. X,49. Vereinfachtes Termschema zur Darstellung von frei-frei Übergängen (ff-Übergänge; Bremsstrahlungs-Kontinuum) und frei-gebunden Übergängen (fg-Übergänge, Rekombinationsstrahlungs-Kontinua).

ionisation als Energieübergänge zwischen dem kontinuierlichen und diskreten Energiebereich dargestellt (oftmals als frei-gebundene Übergänge bezeichnet).

Der Emissionskoeffizient der Kontinuumsstrahlung des Plasmas ist gleich der Summe aus dem Emissionskoeffizienten der frei-frei-Übergänge ϵ_ν^{ff} und dem der frei-gebundenen Übergänge ϵ_ν^{fg}.

$$\epsilon_\nu = \epsilon_\nu^{ff} + \epsilon_\nu^{fg} \qquad \text{(X,150)}$$

In gleicher Weise ist der Absorptionskoeffizient $\kappa(\nu)$ des Kontinuums gleich der Summe aus dem Absorptionskoeffizienten für frei-frei Übergänge $\kappa^{ff}(\nu)$ und dem für frei-gebunden Übergänge $\kappa^{fg}(\nu)$.

$$\kappa(\nu) = \kappa^{ff}(\nu) + \kappa^{fg}(\nu) \qquad \text{(X,151)}$$

Im folgenden beschränken wir uns auf die Darstellung des Emissionskoeffizienten in LTG-Plasmen. Der Absorptionskoeffizient ergibt sich in diesem Fall aus dem Emissionskoeffizienten durch Anwendung des Kirchhoff-Satzes (Gl. X,126).

Bremsstrahlungs-Kontinuum. Mit Rechnungen über die Strahlungsabsorption von bewegten Elektronen im Coulomb-Feld wurde von Kramers[21] (1923) eine Formel für die Absorption von Röntgenstrahlen in Materie gefunden. Wird die Kramers-Formel auf die Bedingungen im Plasma angewandt und wird für die bewegten Elektronen eine Maxwell-Geschwindigkeitsverteilung vorausgesetzt, so findet man für den Emissionskoeffizienten der Bremsstrahlung ϵ_ν^{ff} das folgende Ergebnis[22].

$$\epsilon_\nu^{ff}\,(\text{Kramers}) = \frac{e^6}{6\,\pi\sqrt{3}\,\epsilon_0^3\,c^3\,\sqrt{k}\,(2\,\pi\,m_e)^{3/2}} Z^2\,\frac{N_e\,N_i}{\sqrt{T}}\,\exp\left(-\frac{h\,\nu}{k\,T}\right) \qquad \text{(X,152)}$$

$$\frac{e^6}{6\,\pi\sqrt{3}\,\epsilon_0^3\,c^3\,\sqrt{k}\,(2\,\pi\,m_e)^{3/2}} = 5{,}44\;10^{-52}\;\text{W}\,\text{m}^3\,\text{sr}^{-1}\,\text{K}^{-1/2}$$

Z ist die Ladungszahl des Ions, in dessen Feld sich die freien Elektronen bewegen (einfache Ionisation: $Z = 1$). Die Bremsstrahlungs-Erzeugung wächst proportional zur Anzahldichte N_e und N_i der am Strahlungsvorgang beteiligten Teilchen. Intensiv ist die Bremsstrahlung in Spektralgebieten, für die $h\,\nu < k\,T$ oder $\lambda\,T > h\,c/k = 1{,}439 \cdot 10^{-2}$ m K ist. Für Bogenplasmen ($T = 10^4$ K, $k\,T \approx 1$ eV) folgt daher intensive Bremsstrahlungs-Emission für $\lambda > 1{,}4\;\mu$m, also vom IR-Spektralgebiet zu größeren Wellenlängen hin; für Hochenergieplasmen ($T = 10^8$ K, $k\,T \approx 10^4$ eV) dagegen für $\lambda > 1{,}4$ Å, also vom Röntgen-Spektralgebiet hin zu größeren Wellenlängen.

In Hochenergieplasmen bestimmt – wenn mehrfach ionisierte Ionen schwerer Elemente vorliegen – die Größe Z^2 entscheidend die Größenordnung der Bremsstrahlung.

Die Kramers-Formel sieht keinen Einfluß individueller Eigenschaften des Ions vor, in dessen Feld die Bremsstrahlung entsteht. Abweichungen der Kramers-Formel von Messungen oder neueren quantenmechanischen Rechnungen werden zur Zeit vielfach

[21] Kramers, H. A.: Phil. Mag. **46**, 836 (1923)

[22] Maecker, H. und T. Peters: Z. Physik **139**, 448 (1954)

mit Funktionen $\xi^{ff}(\nu, T)$ (dimensionslos) beschrieben. $\xi^{ff}(\nu, T)$ ist schwach temperaturabhängig und von der Größenordnung 1.

$$\epsilon_\nu^{ff} = \xi^{ff}(\nu, T)\, \epsilon_\nu^{ff} \text{ (Kramers)} \tag{X,153}$$

In Gl. X,153 bedeutet ϵ_ν^{ff} den gegenüber der Kramers-Formel korrigierten Emissionskoeffizienten.

Rekombinationsstrahlungs-Kontinua. Bei frei-gebunden-Übergängen entstehen als Rekombinationsstrahlung Seriengrenz-Kontinua. Die langwellige Grenze jedes Seriengrenz-Kontinuums ist durch die Energiedifferenz E_i–E_n (E_i: Ionisationsenergie, E_n: Rekombinationsterm) bestimmt und hat den Wert $\lambda_n = (E_i - E_n)/h\,c$ (Abb. X,50). Zu kurzen Wellenlängen hin fällt die Intensität jedes Seriengrenz-Kontinuums stark ab.

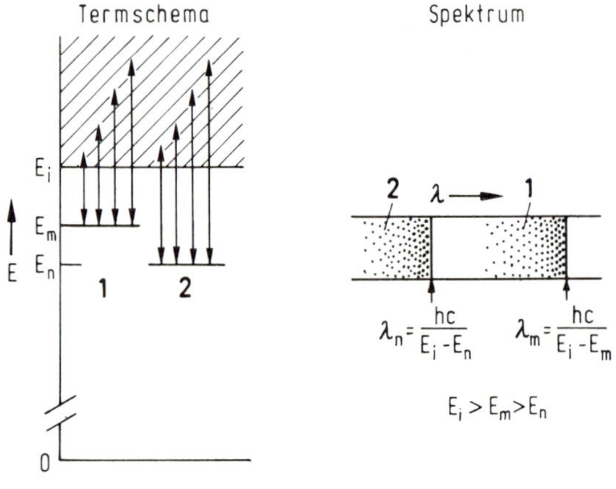

Abb. X,50. Seriengrenz-Kontinua vereinfacht im Termschema und Spektrum dargestellt.

In der Umgebung der Ionisationsgrenze liegen die Energieterme dicht benachbart. Daher überlagern sich unter diesen Bedingungen die Seriengrenz-Kontinua. Da im Plasma die Energieterme außerdem verbreitert sind, so befindet sich im Termschema unterhalb der Ionisationsgrenze ein „quasi-kontinuierlicher" Energiebereich, dessen Ausdehnung (ungefähr 1 eV bis 3 eV) von der Art des Termschemas des betrachteten Elementes abhängt (Abb. X,49). Übergänge vom kontinuierlichen Energiebereich in den „quasi-kontinuierlichen" Energiebereich können deshalb näherungsweise wie frei-frei Übergänge mit der Kramers-Formel ermittelt werden. Unter diesen Bedingungen erhält man für den Emissionskoeffizienten der Rekombinationsstrahlung ϵ_ν^{fg} das folgende Ergebnis[22], das sich nur in der Frequenzabhängigkeit von ϵ_ν^{ff} unterscheidet ($Z = 1$).

$$\epsilon_\nu^{fg} \text{ (Kramers)} = \frac{e^6}{6\,\pi\sqrt{3}\;\epsilon_0^3\, c^3 \sqrt{k}\,(2\,\pi\, m_e)^{3/2}} \frac{N_e N_i}{\sqrt{T}} \left[1 - \exp\left(\frac{h\,\nu}{k\,T}\right)\right] \tag{X,154}$$

Wie bei der Bremsstrahlung sind in Gl. X,154 keine individuellen Eigenschaften des Atoms berücksichtigt. Abweichungen von dieser Näherung werden auch hier mit Funktionen $\xi^{fg}(\nu, T)$ beschrieben.

$$\epsilon_\nu^{fg} = \xi^{fg}(\nu, T)\, \epsilon_\nu^{fg} \text{ (Kramers)} \qquad (X,155)$$

Die Temperaturabhängigkeit von $\xi^{fg}(\nu, T)$ ist schwach. In $\xi^{fg}(\nu, T)$ geht die Struktur des Termschemas des betrachteten Atoms und die Größe der Übergangswahrscheinlichkeiten für frei-gebunden Übergänge ein.

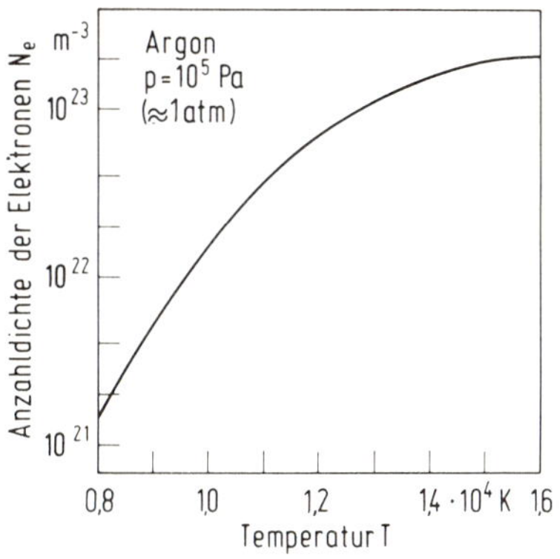

Abb. X,51. Temperaturabhängigkeit der Anzahldichte der Elektronen eines Argonplasmas im Temperaturbereich einfacher Ionisation ($N_e = N_i$) beim Druck $p = 10^5$ Pa ($\approx$ 1 atm).

Überlagerte Bremsstrahlungs- und Rekombinationsstrahlungs-Kontinua (Gesamt-Kontinuum). Das aus frei-frei und frei-gebunden Übergängen erzeugte Gesamt-Kontinuum ϵ_ν ergibt sich nach Gl. X,156 ($Z = 1$).

$$\epsilon_\nu \text{ (Kramers)} = \epsilon_\nu^{ff} + \epsilon_\nu^{fg} = \frac{e^2}{6\pi\sqrt{3}\,\epsilon_0^3\, c^3 \sqrt{k}(2\pi m_e)^{3/2}} \frac{N_e \cdot N_i}{\sqrt{T}} \qquad (X,156)$$

Wenn die Bedingungen für die Anwendung der Kramers-Formel erfüllt sind, so soll nach Gl. X,156 der Emissionskoeffizient des Gesamt-Kontinuums frequenzunabhängig sein (Abb. X,52). Der auf die Wellenlänge bezogene Emissionskoeffizient ist dann proportional zu λ^{-2} (Abb. X,53). Näherungsweise ist diese Feststellung experimentell im sichtbaren und IR-Spektralgebiet bestätigt, d. h. im Spektralgebiet $h\,\nu \lesssim 1$ eV bis 3 eV, für das frei-gebunden Übergänge vom kontinuierlichen Energiebereich in den „quasi-kontinuierlichen" Energiebereich unterhalb der Ionisationsgrenze übergehen (Abb. X,49). Im Spektralgebiet $h\,\nu > 3$ eV macht sich die Lage der isoliert liegenden Energieterme des jeweils betrachteten Atoms stärker bemerkbar. Die Hilfsbetrachtung mit einem „quasi-kontinuierlichen" Energiebereich ist dann nicht mehr erlaubt. Die Emissionskoeffizienten für die frei-gebunden Übergänge sind daher unter dieser Bedingung gegenüber der Kramers-Formel stärker frequenzabhängig. Das drückt sich auch

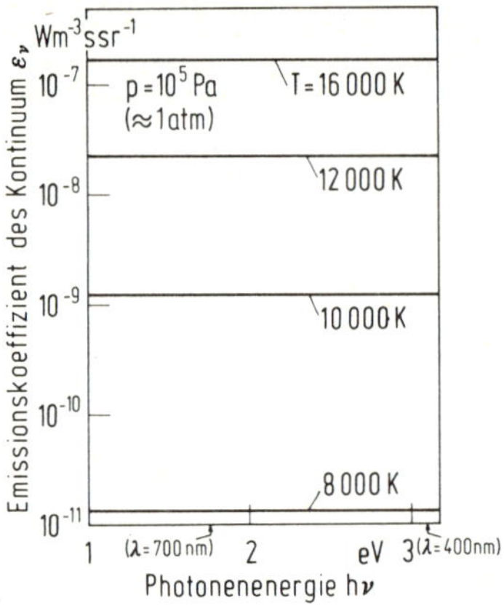

Abb. X,52

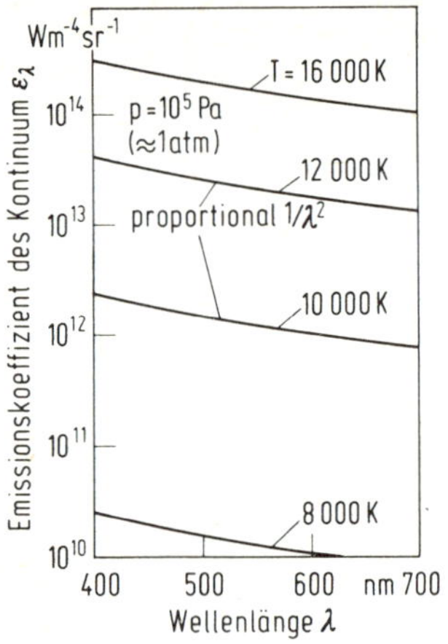

Abb. X,53

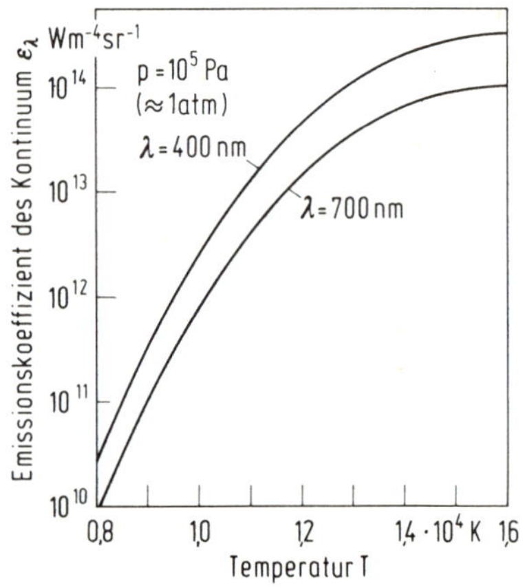

Abb. X,54

Abb. X,52. Nach der Kramers-Formel (Gl. X,156) berechneter Emissionskoeffizient des Gesamt-Kontinuums ϵ_ν (bezogen auf die Frequenz) als Funktion der Photonenenergie $h\,\nu$ (ϵ_ν ist frequenzunabhängig, T ist Parameter). Den Rechnungen liegt die Temperaturabhängigkeit der Anzahldichte der Elektronen im Argon-Plasma nach Abb. X,51 zugrunde.

Abb. X,53. Nach der Kramers-Formel (Gl. X,156) berechnete Wellenlängenabhängigkeit des Emissionskoeffizienten des Gesamt-Kontinuums ϵ_λ (bezogen auf die Wellenlänge) im sichtbaren Spektralgebiet für Temperaturen von 8000 K bis 16 000 K. ϵ_λ ändert sich proportional zu $1/\lambda^2$ (sonst wie Abb. X,52).

Abb. X,54. Nach der Kramers-Formel (Gl. X,156) berechnete Temperaturabhängigkeit des Emissionskoeffizienten des Gesamt-Kontinuums ϵ_λ (bezogen auf die Wellenlänge) für $\lambda = 400$ nm und 700 nm (sonst wie Abb. X,52).

in einer gegenüber der Kramers-Formel ausgeprägteren Frequenzabhängigkeit des Gesamt-Kontinuums aus. Die Abweichungen des Emissionskoeffizienten des Gesamt-Kontinuums von der Kramers-Formel werden wie bei den Brems- und Rekombinationsstrahlungs-Kontinua durch $\xi(\nu, T)$-Funktionen beschrieben, die für die verschiedenen Atomarten charakteristische Funktionen sind.

$$\epsilon_\nu = \xi(\nu, T)\, \epsilon_\nu \text{ (Kramers)} \qquad \text{(X,157)}$$

$$\epsilon_\nu = \frac{e^6}{6\pi\sqrt{3}\,\epsilon_0^3\, c^3 \sqrt{k}\, (2\pi m_e)^{3/2}} \xi(\nu, T) \frac{N_e \cdot N_i}{\sqrt{T}}$$

Für eine Berechnung der Größenordnung der Kontinuum-Emission ergibt die Kramers-Formel bereits allein – ohne genaue Kenntnis der $\xi(\nu, T)$-Funktionen – brauchbare Ergebnisse, weil $\xi(\nu, T)$ oft wenig von 1 verschieden ist. Für Argon im Temperaturbereich von $T = 10^4$ K wächst ξ von $\approx 0{,}5$ für $\lambda = 250$ nm auf $\xi \approx 2$ für $\lambda = 700$ nm. Wir verdeutlichen daher in Abb. X,52 bis X,54 die Größenordnung des Emissions koeffizienten des Gesamt-Kontinuums sowie seine Temperatur- und Wellenlängenabhängigkeit, indem wir die Kramers-Formel (Gl. X,156) auswerten. Zur Anwendung der Kramers-Formel muß die Temperaturabhängigkeit der Anzahldichte der Elektronen vorher mit Hilfe der Saha-Gleichung ermittelt werden. Für das Beispiel Argon (Druck $p = 10^5$ Pa $\hat{=} \approx 1$ atm) ist diese Abhängigkeit in Abb. X,51 angegeben ($N_e = N_i$, einfache Ionisation).

Beim Argon ist unter einem Druck von $p = 1$ atm die maximale Anzahldichte der Elektronen von $N_e \approx 2 \cdot 10^{23}$ m^{-3} etwa für 16 000 K erreicht (Abb. X,51). Für diese Plasmabedingungen beträgt nach der Kramers-Formel der Emissionskoeffizient $\epsilon_\nu \approx 10^{-7}$ W m^{-3} s sr^{-1} (Abb. X,52). Wird die Kontinuums-Strahlung aus einer optisch dünnen Plasmaschicht der Länge 0,1 m emittiert, so existiert an der Plasmaoberfläche eine spektrale Strahldichte $L_\nu = \epsilon_\nu \cdot l = 10^{-8}$ W m^{-2} s sr^{-1}. Das entspricht für $\lambda = 500$ nm einer auf die Wellenlänge bezogenen spektralen Strahldichte $L_\lambda = c/\lambda^2 \cdot L_\nu = 1{,}2 \cdot 10^{13}$ W m^{-3} sr^{-1}. Um diesen Zahlenwert zu verdeutlichen, ist in Tab. X,6 die spektrale Strahldichte L_λ (Kontinuum-Emission) von Bogenplasmen ($T = 10^4$ K, $N_e = 10^{23}$ m^{-3}) mit der aufgeheizter Festkörperoberflächen im UV und sichtbaren Spektralgebiet verglichen. Besonders im UV ist die spektrale Strahldichte des Plasmas beträchtlich größer als die aufgeheizter Festkörperoberflächen. Gegenüber Graphit der Temperatur $T \approx 4000$ K ist L_λ des Plasmas für $\lambda = 300$ nm etwa um den Faktor 10^2 größer, gegenüber Wolfram der Temperatur $T = 2000$ K sogar um mehr als einen Faktor 10^6 größer.

Im Temperaturbereich der einfachen Ionisation ($N_e = N_i$) sind die Emissionskoeffizienten des Kontinuums proportional zu N_e^2. Die starke Abhängigkeit der Emissionskoeffizienten von N_e wird häufig zur **Messung der Anzahldichte der Elektronen** im Plasma ausgenutzt. Dazu werden mit Messungen der spektralen Strahldichte des Plasmas die Emissionskoeffizienten des Kontinuums nach Art der Abb. X,43 bestimmt.

Die starke Abhängigkeit der Emissionskoeffizienten von der Anzahldichte der Elektronen hat außerdem Bedeutung für die Lichtquellenfertigung. Bei der Herstellung von

Tab. X,6. Spektrale Strahldichten L_λ von Bogenplasmen (Kontinuum-Emission) und aufgeheizter Festkörperoberflächen im UV (λ = 300 nm) und sichtbaren Spektralbereich (λ = 500 nm)

	L_λ, W m^{-3} sr^{-1}	
	λ = 300 nm	λ = 500 nm
Wolfram T = 2000 K	$8{,}9 \cdot 10^6$	$1{,}0 \cdot 10^9$
Graphit $T \approx 4000$ K	$1{,}6 \cdot 10^{11}$	$2{,}0 \cdot 10^{12}$
Bogenplasma (opt. dünn) $N_e = 10^{23}$ m^{-3} $T = 10^4$ K Plasmalänge = 0,1 m Emissionskoeffizient nach der Kramers-Formel	$1{,}8 \cdot 10^{13}$	$6{,}5 \cdot 10^{12}$

Gasentladungs-Lichtquellen mit Kontinuum-Emission für Sonderzwecke und auch für die Allgemeinbeleuchtung (z. B. Hg- und Xe-Hochdrucklampen) werden oft große Emissionskoeffizienten des Kontinuums angestrebt. Man versucht daher bei möglichst niedrigen Temperaturen möglichst hohe Anzahldichten der Elektronen in der Entladung zu erreichen. Das ist bei hohen Drucken und kleiner Ionisationsenergie der Füllgase (Metalldämpfe, schwere Edelgase) möglich (vgl. Abb. X,14).

Literatur

Allgemein

A. von Engel: Ionized Gases, Oxford, At the Clarendon Press 1965. Ionization in Gases by Electrons in Electric Fields, Handbuch der Physik (Herausgeber S. Flügge), Bd. XXI (Gasentladungen I), Springer Verlag, Berlin, Göttingen, Heidelberg 1956.

W. Finkelnburg und H. Maecker: Elektrische Bögen und thermisches Plasma in Handbuch der Physik, Bd. 22, Berlin, Springer Verlag 1956.

E. Fünfer und G. Lehner: Plasmaphysik, Ergebnisse der exakten Naturwissenschaften, Bd. 34, S. 1, Berlin, Göttingen, Heidelberg, Springer Verlag 1962.

S. Glasstone und R. H. Lovberg: Kontrollierte thermonukleare Reaktionen (Einführung in die theoretische und experimentelle Plasmaphysik), München, Verlag Karl Thiemig KG 1964.

G. Hertz und R. Rompe (Herausgeber): Einführung in die Plasmaphysik und ihre technischen Anwendungen, Berlin, Akademie-Verlag 1965.

W. B. Kunkel (Herausgeber): Plasma Physics in Theory and Application. New York, St. Louis, San Francisco, Toronto, London, Sydney, Mc Graw-Hill Book Company 1966.

H. Maecker: Der elektrische Lichtbogen in Ergebnisse der exakten Naturwissenschaften, Bd. 25, S. 293, Berlin, Göttingen, Heidelberg, Springer Verlag 1951.

W. Rieder: Plasma und Lichtbogen, Braunschweig, Friedr. Vieweg u. Sohn 1967.

R. Rompe und M. Steenbeck (Herausgeber): Ergebnisse der Plasmaphysik und Gaselektronik, Berlin, Akademie Verlag 1967.

P. Schulz: Elektronische Vorgänge in Gasen und Festkörpern, Karlsruhe, Verlag G. Braun 1968.

L. Spitzer jr.: Physics of Fully Ionized Gases, New York, London, Interscience Publishers, Division of John Wiley and Sons 1962.

M. Venugopalan (Herausgeber): Reactions under Plasma Conditions, New York, London, Sydney, Toronto, Wiley – Interscience 1971.

Zur Plasmadiagnostik und Strahlung

R. G. Breene: The Shift and Shape of Spectral Lines, Oxford, London, New York, Paris, Pergamon Press 1961.

E. U. Condon and G. H. Shortley: The Theory of Atomic Spektra, Cambridge, The University Press 1951.

W. Finkelnburg and Th. Peters: Kontinuierliche Spektren im Handbuch der Physik, Bd. 28, Berlin, Springer Verlag 1957.

H. R. Griem: Plasma Spectroscopy, New York, San Francisco, Toronto, London, Mc Graw-Hill Book Company 1964.

R. H. Huddlestone and S. L. Leonard (Herausgeber): Plasma Diagnostic Technique. New York, London, Academic Press 1965.

W. Lochte-Holtgreven (Herausgeber): Plasma Diagnostics, Amsterdam, North Holland Publishing Company 1968.

G. Traving: Über die Theorie der Druckverbreiterung von Spektrallinien, Karlsruhe, Verlag G. Braun 1960.

A. Unsöld: Physik der Sternatmosphären, Berlin, Springer Verlag 1955.

XI. KAPITEL

Fusionsexperimente

(G. Lehner, Stuttgart)

1. Kernphysikalische Grundlagen

Aus der Kernphysik wissen wir, daß die verschiedenen Atomkerne durch bestimmte Bindungsenergien gekennzeichnet sind. Ihre theoretische Berechnung stellt ein schwieriges und bis heute noch nicht ganz gelöstes Problem der Kernphysik dar. Die von Einstein gefundene allgemeine Beziehung zwischen Masse m und Energie E eröffnet einen eleganten Ausweg aus dieser Schwierigkeit. Mit der Lichtgeschwindigkeit c ist

$$E = mc^2 \; . \qquad \text{(XI,1)}$$

Besteht nun ein Kern der Massenzahl A aus Z Protonen und $A - Z$ Neutronen, so ist die gesamte Masse aller freien Teilchen, die den Kern aufbauen

$$m_{\mathrm{FT}} = Z\, m_{\mathrm{p}} + (A - Z)\, m_{\mathrm{n}}$$

wenn m_{p} die Masse des freien Protons, m_{n} die des freien Neutrons ist. Der aus diesen Teilchen aufgebaute Kern dagegen hat eine etwas kleinere Masse m_{K}. Die Differenz heißt Massendefekt.

$$\Delta m = m_{\mathrm{FT}} - m_{\mathrm{K}} = Z\, m_{\mathrm{p}} + (A - Z)\, m_{\mathrm{n}} - m_{\mathrm{K}} \qquad \text{(XI,2)}$$

Aus den Beziehungen (XI,1) und (XI,2) erhält man die gesuchte Bindungsenergie

$$U = (\Delta m) \cdot c^2 \qquad \text{(XI,3)}$$

Meist wird der auf ein Nukleon fallende Anteil f der Bindungsenergie angegeben:

$$f = \frac{U}{A} = \frac{(\Delta m) \cdot c^2}{A} \qquad \text{(XI,4)}$$

Er beträgt im Mittel etwa 8 MeV, hängt jedoch in ganz charakteristischer Weise von der Massenzahl A ab, wie uns Abb. XI,1 zeigt: f hat ein schwach ausgeprägtes Maximum etwa in der Gegend des Eisens, fällt dagegen sowohl zu größeren als auch zu kleineren Kernen hin ab. Das ist eine Tatsache von fundamentaler Bedeutung und eröffnet die prinzipielle Möglichkeit, Atomenergie auf zwei Arten zu gewinnen. Energie wird nämlich frei, wenn man entweder hinreichend schwere Kerne in leichtere zerlegt („Kernspaltung") oder wenn man hinreichend leichte Kerne zu schwereren zusammenfügt („Kernverschmelzung" = „Fusion"). Während sich das Problem der Kernspaltung (das in Kap. VIII und IX behandelt wird) in einem technisch fortgeschrittenen Stadium befindet, kann man das von dem Problem der Kernverschmelzung (das in dem gegenwärtigen Kapitel diskutiert werden soll) noch nicht in demselben Maße sagen. Die Gründe dafür werden wir in ganz typischen Schwierigkeiten kennenlernen, die sich der Realisierung eines Energie produzierenden Fusionsreaktors, wie er angestrebt wird, entgegenstellen. Es ist zur Zeit leider noch nicht klar, ob diese Schwierigkeiten in befriedigender Weise überwunden werden können. Die Anstrengungen, die zu ihrer Überwindung unternommen werden, sind jedoch erheblich. Es gibt nämlich eine ganze Reihe von Gründen, aus denen Fusionsreaktoren den Spaltungsreaktoren wohl vorzuziehen wären. Eine ausführliche Diskussion dieses ziemlich komplizierten Fragenbereiches würde hier zu weit führen. Wir wollen hier nur bemerken, daß sie mit der Sicherheit des Betriebes, mit dem Problem des radioaktiven Abfalls und seiner Beseitigung, mit der langfristigen Verfügbarkeit und den Kosten der benötigten Kernbrennstoffe etc. zusammenhängen.

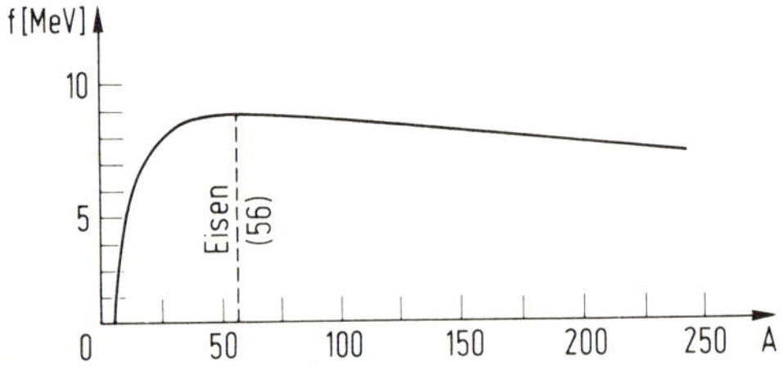

Abb. XI,1. Die Bindungsenergie verschiedener Kerne bezogen auf ein Nukleon ($f = \frac{U}{A}$) als Funktion der Massenzahl A

Die folgende Tabelle enthält einige Beispiele Energie liefernder Fusionsreaktionen. Aus Energie- und Impulssatz ergibt sich, daß die jeweils frei werdenden Reaktionsenergien auf die bei den Reaktionen entstehenden Teilchen im umgekehrten Verhältnis ihrer Massen verteilt werden.

Fusionsreaktionen

d	+ d	→	t	+	p	+	4,04 MeV
d	+ d	→	^{3}He	+	n	+	3,27 MeV
d	+ t	→	^{4}He	+	n	+	17,58 MeV
^{3}He	+ d	→	^{4}He	+	p	+	18,34 MeV

$$t + t \rightarrow {}^4He + 2\,n + 11{,}32\ MeV$$
$$t + {}^3He \rightarrow {}^4He + d + 14{,}31\ MeV$$
$$t + {}^3He \rightarrow {}^4He + p + n + 12{,}08\ MeV$$
$${}^6Li + d \rightarrow 2\,{}^4He + 22{,}4\ MeV$$
$${}^7Li + p \rightarrow 2\,{}^4He + 17{,}3\ MeV$$

Die für uns interessante Frage ist nun, unter welchen Bedingungen diese Reaktionen mit welcher Wahrscheinlichkeit ablaufen. Hier gibt es einen großen Unterschied zwischen Spaltungs- und Fusionsreaktionen. Spaltungen werden durch Neutronen ausgelöst, die sich den zu spaltenden Kernen unbehindert nähern können. Die in unserer Tabelle als Beispiele angegebenen Fusionsreaktionen dagegen sind Reaktionen zwischen geladenen Teilchen. Sie stoßen einander durch ihre gleichnamigen elektrischen Ladungen ab, wobei die abstoßenden Kräfte bei kleinem Abstand sehr groß werden. Die Teilchen sind also durch einen Wall elektrostatischen Potentials („Coulombwall") voneinander getrennt. Glücklicherweise müssen sie diesen Wall nicht übersteigen, um sich vereinigen zu können. Der „Tunneleffekt" der Quantenmechanik gestattet den Teilchen eine Vereinigung auch dann, wenn ihre Relativenergie nicht zum Übersteigen des Walls ausreicht. Die Wahrscheinlichkeit der Vereinigung nimmt dabei jedoch mit abnehmender Energie rasch ab. Dies findet seinen Ausdruck darin, daß die Wirkungsquerschnitte für Fusionsreaktionen bei kleiner Relativenergie der beteiligten Kerne recht klein und steile Funktionen der Relativenergie sind. Die Schwierigkeiten, die sich der Realisierung von Fusionsreaktoren entgegenstellen, haben ihre Ursache letzten Endes in diesem Verhalten. Noch am größten sind die Wirkungsquerschnitte für die d-t-Reaktion (d = Deuteron, t = Triton)

$$d + t \rightarrow {}^4He + n + 17{,}58\ MeV \qquad (XI,5)$$

und, wenn auch erst an zweiter Stelle und bereits um etwa zwei Größenordnungen kleiner, für die beiden etwa gleich wahrscheinlichen Zweige der d-d-Reaktion

$$d + d \rightarrow t + p + 4{,}04\ MeV \qquad (XI,6)$$

$$d + d \rightarrow {}^3He + n + 3{,}27\ MeV \qquad (XI,7)$$

Deuterium und Tritium sind deshalb die in Aussicht genommenen Kernbrennstoffe, deren Energie liefernde Verschmelzung in Fusionsreaktoren technisch nutzbar gemacht werden soll. Wir müssen uns also mit diesen zuletzt genannten Reaktionen (XI,5) bis (XI,7) genauer auseinandersetzen.

Die Wahrscheinlichkeit des Ablaufens einer Reaktion zwischen zwei Teilchen wird quantitativ durch den bereits erwähnten Wirkungsquerschnitt σ ausgedrückt. σ hat die Dimension einer Fläche und stellt gerade die Fläche dar, die die Teilchen einander im Hinblick auf die betrachtete Reaktion darbieten. Bewegen sich also Teilchen z.B. der Sorte 1 mit der Geschwindigkeit g relativ zu Teilchen der Sorte 2 (die räumlichen Teilchendichten seien n_1 und n_2), so ist die Reaktionsrate (d.i. die Zahl der Reaktionen pro Zeit- und Volumeneinheit)

$$R = n_1\, n_2\, g\, \sigma\,(g)\,. \qquad (XI,8)$$

Für die uns interessierenden Reaktionen sind die Wirkungsquerschnitte als Funktion der Relativenergie (bzw. der Relativgeschwindigkeit g) aus Messungen bekannt und in Abb. XI,2 wiedergegeben.

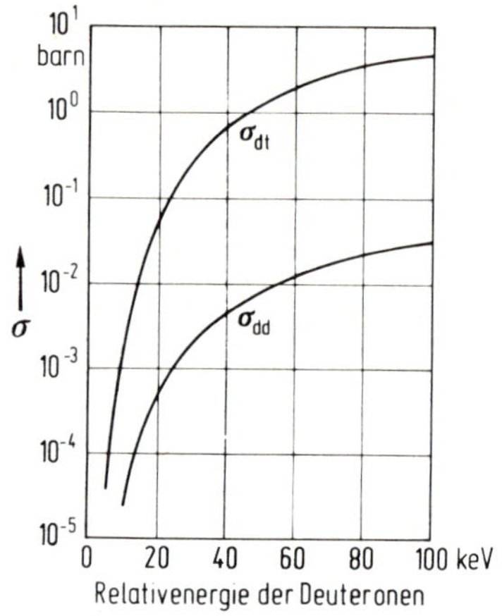

Abb. XI,2. Wirkungsquerschnitte für die d-t-Reaktion und die d-d-Reaktion (Summe für beide Zweige) in barn (1 barn = 10^{-28} m^2) als Funktion der Relativenergie der Deuteronen in keV

Man könnte sich zunächst vorstellen, daß man z.B. zwei Strahlen beschleunigter Deuteronen gegeneinander schießt (oder einen Strahl Deuteronen gegen einen Strahl Tritonen) um die bei der Wechselwirkung der Strahlen frei werdende Energie irgendwie auszunutzen. Leider zeigt sich, daß das kein gangbarer Weg ist, wofür die Kleinheit der Wirkungsquerschnitte verantwortlich ist. Nach unseren heutigen Kenntnissen ist es deshalb erforderlich, die Teilchen, die miteinander reagieren sollen, in einem gemeinsamen Volumen einzuschließen und dort längere Zeit festzuhalten. So können die Teilchen einander oft begegnen und trotz des kleinen Wirkungsquerschnittes miteinander reagieren. Dabei ist zu berücksichtigen, daß nicht alle Wechselwirkungen der Teilchen zu Fusionsreaktionen führen. Es gibt ganz verschiedene Arten von Stößen. Deuteriumgas z.B. besteht bei hinreichend kleiner Temperatur im wesentlichen aus Deuteriummolekülen (D_2). Erhöht man die Temperatur, so führen Stöße zwischen den Molekülen zu deren Dissoziation und es stellt sich ein von Druck und Temperatur abhängiges Gleichgewicht der Molekül- bzw. Atomkonzentrationen entsprechend dem Massenwirkungsgesetz ein. Bei noch höheren Temperaturen wird auch die Ionisation wichtig. Ionisierende Stöße zwischen den Atomen führen zu einem neuen Gleichgewicht, das auch durch das Massenwirkungsgesetz bestimmt wird. Seine Anwendung auf den Ionisationsprozeß führt – unter bestimmten Voraussetzungen – zur SAHA-Gleichung. Sie sagt uns, wie groß der Ionisierungsgrad als Funktion von Druck und Temperatur ist. Bei hinreichend hohen Temperaturen sind praktisch alle Teilchen ionisiert (für Wasserstoff bzw. Deuterium ist das bei etwa $2 \cdot 10^4$ K der Fall), d.h. es handelt sich dann um ein praktisch vollständig ionisiertes Plasma, das nur aus Ionen und Elektronen (im Falle des Deuteriums also aus Deuteronen und Elektronen) besteht. Dissoziierende und ionisierende Stöße spielen in einem solchen Plasma praktisch keine Rolle mehr. Die elektrostatische Wechselwirkung der geladenen Teilchen führt jedoch dazu, daß die Teilchen sich in elastischen Stößen gegenseitig ablenken und auch Energie untereinander austauschen („Coulombstöße"). Die Wahrscheinlichkeit dafür wird ebenfalls durch entsprechende Wirkungsquerschnitte beschrieben. Dabei stellt sich heraus, daß diese Wirkungsquerschnitte für Coulombstöße sehr viel größer sind, als die oben angegebenen für Fusionsstöße (jedenfalls in den uns interessierenden Energie- bzw. Temperaturbereichen). Anders ausgedrückt heißt das: **Coulombstöße sind viel häufiger als Fusionsstöße.**

Das Ergebnis der folgenden Diskussion vorwegnehmend können wir sagen, daß die für Fusionszwecke nötigen Temperaturen weit über den für vollständige Ionisation nötigen liegen. Wir haben es deshalb im folgenden stets mit voll ionisierten Plasmen zu tun, auf die wir die vorstehende Diskussion anwenden können. In einem solchen Plasma bewirken die Coulombstöße eine Thermalisierung. Dafür ist eine Relaxationszeit erforderlich, die einige Stoßzeiten beträgt. Wenn also das Plasma eine von der Maxwellschen abweichende Geschwindigkeitsverteilung seiner Teilchen haben sollte, so werden einige Stoßzeiten benötigt, um eine solche entstehen zu lassen. Setzen wir voraus, daß in der zur Verfügung stehenden Zeit Fusionsstöße eine merkliche Rolle spielen (existiert grob gesprochen das Plasma für eine Fusionsstoßzeit oder einen merklichen Bruchteil davon), so passieren während dieser Zeit sehr viele Coulombstöße und das Plasma wird demnach eine Maxwellsche Geschwindigkeitsverteilung annehmen. Wir können deshalb davon ausgehen, daß die eventuell verschiedenen Arten von Ionen unseres Plasmas Maxwellsche Geschwindigkeitsverteilungen haben:

$$f_j(\mathrm{v}_j) = \left(\frac{m_j}{2\pi k T}\right)^{3/2} \exp\left(-\frac{m_j \mathrm{v}_j^2}{2 k T}\right) \qquad \text{(XI,9)}$$

Dabei ist m_j die Ionenmasse und T ist die Temperatur des Plasmas. $j = 1, 2, \ldots$ bezeichnet der Reihe nach die Ionensorten (z.B. Deuteronen und Tritonen).

Wir wollen nun berechnen, wieviele Fusionsreaktionen in einem Plasma gegebener Temperatur T pro Volumen- und Zeiteinheit passieren. Da in diesem verschiedene Relativgeschwindigkeiten vorkommen, müssen wir zu diesem Zweck den Ausdruck für R entsprechend Gl. (XI,8) erst noch in geeigneter Weise mitteln. Wir betrachten dazu ein Plasma mit zwei Ionensorten (Deuteronen und Tritonen; im Falle der d-d-Reaktion können wir die beiden Sorten auch miteinander identifizieren), die wir durch Indizes 1 und 2 kennzeichnen. Dafür ist

$$\begin{aligned} R &= n_1 n_2 \int\int f_1(\mathbf{v}_1) \cdot f_2(\mathbf{v}_2)\, g\, \sigma(g)\, d\mathbf{v}_1\, d\mathbf{v}_2 \qquad \text{(XI,10)} \\ &= n_1 n_2 \langle g\, \sigma(g) \rangle \end{aligned}$$

g ist der Betrag der Relativgeschwindigkeit eines herausgegriffenen Paares von Teilchen mit den Geschwindigkeiten $\mathbf{v}_1$ und $\mathbf{v}_2$. Das Integral läßt sich umformen, wenn wir $\mathbf{v}_1$

und $\mathbf{v}_2$ durch die Relativgeschwindigkeit $\boldsymbol{g}$ und die Schwerpunktgeschwindigkeit $\boldsymbol{s}$ ersetzen.

$$\mathbf{v}_1 = \boldsymbol{s} + \frac{m_2}{m_1 + m_2}\, \boldsymbol{g}$$
$$\mathbf{v}_2 = \boldsymbol{s} - \frac{m_1}{m_1 + m_2}\, \boldsymbol{g} \qquad \text{(XI,11)}$$

Die Details der nun folgenden Umformung können wir dem Leser als Übungsaufgabe überlassen. Jedenfalls ergibt sich für Maxwellverteilungen nach Gleichung (XI,9) und nach Durchführung der Integration über die Schwerpunktsgeschwindigkeiten

$$R = n_1\, n_2 \left(\frac{\mu}{2\,\pi\, k\, T}\right)^{3/2} \int \exp\left(-\frac{\mu\, g^2}{2\, k\, T}\right) g\, \sigma(g)\, \mathrm{d}\,\boldsymbol{g} \qquad \text{(XI,12)}$$

μ ist die reduzierte Masse

$$\frac{1}{\mu} = \frac{1}{m_1} + \frac{1}{m_2} \qquad \text{(XI,13)}$$

Der Integrand in Gleichung (XI,12) hängt nur vom Betrag von $\boldsymbol{g}$ ab. Mit

$$\mathrm{d}\,\boldsymbol{g} = 4\,\pi\, g^2\, \mathrm{d}\, g$$

erhalten wir deshalb

$$\langle g\, \sigma(g)\rangle = 4\,\pi \left(\frac{\mu}{2\,\pi\, k\, T}\right)^{3/2} \int_0^\infty g^3 \exp\left(-\frac{\mu\, g^2}{2\, k\, T}\right) \sigma(g)\, \mathrm{d}\, g \qquad \text{(XI,14)}$$

Da $\sigma(g)$ bekannt ist, kann dieser Ausdruck wenn schon nicht analytisch so doch numerisch berechnet werden. Unter Verwendung der Wirkungsquerschnitte aus Abb. XI,2 ergeben sich damit die Mittelwerte $\langle g\sigma(g)\rangle$ wie sie in Abb. XI,3 als Funktion der Temperatur gezeigt sind. Wie in der Plasmaphysik üblich, sind die Temperaturen dabei in keV angegeben ($1\ \mathrm{keV} = 1{,}16 \cdot 10^7\ \mathrm{K}$). Die Größe $\langle g\sigma(g)\rangle$ hängt, anschaulich betrachtet, mit der mittleren Lebensdauer eines Teilchens τ (bzw. mit der Stoßfrequenz eines Teilchens $\nu = \frac{1}{\tau}$) zusammen:

$$\langle g\, \sigma(g)\rangle = \frac{1}{n\,\tau} = \frac{\nu}{n}$$

Zum Vergleich enthält Abb. XI,3 auch noch die durch die Dichte dividierte Stoßfrequenz für elastische Stöße der Deuteronen untereinander in einem Deuteriumplasma (Elektron-Ionen Stöße spielen nur eine untergeordnete Rolle für die Ionen). Die Stoßfrequenzen in einem Deuterium-Tritium-Plasma sind davon nur wenig verschieden. Wir

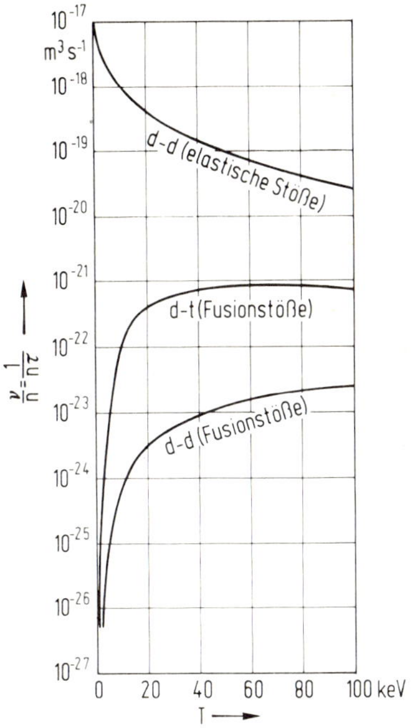

Abb. XI,3. Die Stoßfrequenz ν bezogen auf die Teilchendichte n für Fusionsstöße in Deuterium bzw. in einem Deuterium-Tritium-Gemisch mit einer Maxwellverteilung der Teilchen (Temperatur T in keV, 1 keV = 1,16 · 10^7 K) und zum Vergleich für elastische Stöße (Coulombstöße) in Deuterium (in einem Deuterium-Tritium-Gemisch unterscheidet sich die Stoßfrequenz davon nur um einen unerheblichen Faktor).

sehen – und illustrieren damit unsere frühere Behauptung – daß Fusionsstöße viel seltener als elastische Stöße (Coulombstöße) sind. So kommen z.B. bei $T = 10$ keV auf einen d-d-Fusionsstoß etwa 10^2 d-t-Fusionsstöße und 10^6 elastische Stöße.

In einem Deuterium-Tritiumgemisch ist die Reaktionsrate für die d-t-Reaktion (XI,5) also

$$R_{\mathrm{dt}} = n_{\mathrm{d}}\, n_{\mathrm{t}}\, \langle g\, \sigma\,(g)\rangle_{\mathrm{dt}} \qquad \text{(XI,15)}$$

In reinem Deuterium ist die gesamte Reaktionsrate für die beiden d-d-Reaktionen (XI,6) und (XI,7) zusammen

$$R_{\mathrm{dd}} = \frac{1}{2}\, n_{\mathrm{d}}^2\, \langle g\, \sigma\,(g)\rangle_{\mathrm{dd}} \qquad \text{(XI,16)}$$

Der Faktor $\frac{1}{2}$ ist notwendig, da sonst jede d-d-Reaktion doppelt gezählt würde. Damit lassen sich nun die Leistungsdichten in dem Plasma eines gedachten Fusionsreaktors berechnen:

$$P_{dt} = R_{dt}\, Q_{dt} \qquad (Q_{dt} = 17{,}38\ \text{MeV}) \tag{XI,17}$$

$$P_{dd} = R_{dd}\, Q_{dd} \qquad \left(Q_{dd} = \frac{4{,}04 + 3{,}27}{2}\ \text{MeV} = 3{,}66\ \text{MeV}\right) \tag{XI,18}$$

Für Q_{dd} haben wir dabei den Mittelwert der Reaktionsenergien beider Zweige der d-d-Reaktion genommen, da beide Zweige etwa gleich wahrscheinlich sind und der zugrundegelegte Wirkungsquerschnitt der Gesamtquerschnitt für beide Zweige war. Die bei den betrachteten Fusionsreaktionen erzeugten Teilchen sind teils Neutronen und teils geladene leichte Kerne. Es hängt von der technischen Ausführung des Reaktors ab, in welcher Weise die verschiedenen Teilchen bzw. deren kinetische Energie weiter verarbeitet wird. Das kann dazu führen, daß man für Q_{dt} bzw. Q_{dd} andere als die angegebenen Werte wählt. Das ändert jedoch die Sachlage nur unwesentlich und soll hier nicht im Detail erörtert werden.

Wenn wir uns Volumen, Teilchendichte und Temperatur des Plasmas in einem fiktiven Fusionsreaktor vorgeben, so können wir also jetzt dessen Leistungsdichte und Leistung berechnen. Insbesondere können wir auch die in ihm produzierte Energie mit den verschiedenen Energieverlusten vergleichen und so eine Energiebilanz erstellen, die Bedingungen dafür liefert, daß unser Reaktor einen Überschuß an nutzbarer Energie liefern kann. Wenn man in dieser Bilanz nur die Energieverluste berücksichtigt, die durch Bremsstrahlung entstehen (Die Stöße zwischen geladenen Teilchen, die wir oben diskutiert haben, sind nicht wirklich ganz elastisch. Bei näherem Hinsehen stellen wir fest, daß bei jedem Stoß der geladenen Teilchen wegen der damit verbundenen Beschleunigungen etwas Energie in Form elektromagnetischer „Bremsstrahlung" abgestrahlt wird.) und außerdem die thermische Energie in Rechnung stellt, die in dem heißen Plasma enthalten ist, so erhält man das sogenannte Lawson-Kriterium. Es besagt, daß eine positive Energiebilanz für einen Fusionsreaktor nur dann möglich ist, wenn die Temperatur T des Plasmas und das Produkt aus seiner Teilchendichte n und seiner Lebensdauer τ bestimmte minimale Werte nicht unterschreiten. Diese sind für einen

a) d-d-Reaktor

$$T_{dd} \approx 100\ \text{keV} \approx 10^9\ \text{K}$$
$$n_d\, \tau \approx 10^{21}\ \text{m}^{-3}\ \text{sec}$$

b) d-t-Reaktor $(n_d = n_t = n)$

$$T_{dt} \approx 30\ \text{keV} \approx 3 \cdot 10^8\ \text{K}$$
$$n\, \tau \approx 5 \cdot 10^{19}\ \text{m}^{-3}\ \text{sec}$$

Das Lawson-Kriterium zeigt uns, daß die Temperaturen sehr hoch sein müssen und das Deuterium- bzw. Deuterium-Tritium-Gas voll ionisiert sein wird, wie wir schon früher vorwegnehmend behauptet haben. Das Lawson-Kriterium stellt ganz extreme Anforderungen, die sicher nicht leicht zu erfüllen sind. Es ist auch keineswegs a priori klar, daß sie überhaupt erfüllbar sind. Hier ist hinzuzufügen, daß eine genauere Diskussion zu einer weiteren Verschärfung des Lawson-Kriteriums führt und daß es ferner nur notwendige, noch nicht jedoch hinreichende Bedingungen liefert. So sind z.B. die weiteren Strahlungsverluste, die beim Vorhandensein starker Magnetfelder im Plasma durch die Gyration der Teilchen um die Feldlinien bewirkt werden („Zyklotronstrahlung") noch gar nicht berücksichtigt, obwohl auch diese je nach den Umständen wichtig werden können.

In jedem Fall sieht man sich vor dem Problem, Plasmen mit den genannten Parametern zu realisieren. Selbstverständlich ist das nicht in Gefäßen aus materiellen Wänden möglich. Hier kommt uns jedoch die Tatsache zu Hilfe, daß wir es mit vollständig ionisierten Plasmen, d.h. mit lauter geladenen Teilchen zu tun haben. Magnetfelder üben Kräfte auf geladene Teilchen aus und man kann deshalb Plasmen in Gefäßen einschließen, die sozusagen aus Magnetfeld bestehen. Wie dies im Prinzip möglich ist und welche zum Teil noch nicht gelösten Schwierigkeiten dabei auftreten, wird in den folgenden Abschnitten zu diskutieren sein. Natürlich genügt es nicht, Plasmen einzuschließen. Die Plasmen müssen auch auf die erforderlichen und zunächst unvorstellbar hohen Temperaturen aufgeheizt werden, was an sich schon ein großes Problem darstellt.

Aus dem Lawson-Kriterium geht u.a. auch hervor, daß ein d-t-Reaktor noch eher realisierbar wäre als ein d-d-Reaktor. Man wird also zunächst einen d-t-Reaktor anstreben. Der Nachteil dabei ist, daß Tritium in der Natur praktisch nicht vorkommt und deshalb sehr teuer ist. Doch ist ein Ausweg aus dieser Situation denkbar. Die d-t-Reaktion (XI,5) setzt ein Neutron frei und dieses kann in einer Reaktion mit ^{6}Li zur Rückgewinnung des Tritons benutzt werden (man sagt, daß das Tritium durch „Brüten" wiedergewonnen wird):

$$^6\mathrm{Li} + \mathrm{n} \rightarrow \mathrm{t} + {}^4\mathrm{He} + 4{,}79\ \mathrm{MeV}$$

Jedoch ist auch ^{6}Li keineswegs billig. Es kommt im natürlichen Isotopengemisch nur zu 7,5 % vor. Man kann aber auch mit natürlichem Lithium auskommen, da auch ^{7}Li mit Neutronen reagiert:

$$^7\mathrm{Li} + \mathrm{n} \rightarrow \mathrm{t} + \mathrm{n} + {}^4\mathrm{He} - 2{,}47\ \mathrm{MeV}$$

Gegenüber der ^{6}Li-Reaktion hat die ^{7}Li-Reaktion den Vorteil, daß das Neutron ebenfalls wiedergewonnen wird; den Nachteil, daß sie endotherm ist. Wir wollen diese Probleme hier nicht verfolgen und uns mit der Feststellung begnügen, daß ein d-t-Reaktor ein Brutreaktor ist, der das zu verbrennende Tritium (von einer Anfangsfüllung abgesehen) selbst herstellen muß.

In den folgenden Abschnitten wollen wir uns auf die plasmaphysikalischen Grundfragen des Fusionsreaktors konzentrieren und die technischen Probleme, so interessant sie auch wären, nicht erörtern.

Bei den Wasserstoffbomben handelt es sich ebenfalls um Fusionsenergie, die jedoch explosiv und nicht auf eine in einem Reaktor praktisch nutzbare Weise frei wird. Wie wir heute wissen, bestreiten auch die Fixsterne während gewisser Stadien ihrer Entwicklung (unsere Sonne befindet sich in einem solchen Stadium) ihren Energiehaushalt mit Fusionsenergie. Die dafür verantwortlichen Fusionsreaktionen hängen vom Alter des Sternes ab und sind andere als die hier diskutierten.

2. Magnetohydrodynamik und Magnetohydrostatik

Wir haben gesehen, daß wir Plasmen mit Hilfe von Magnetfeldern einschließen müssen. Wir brauchen deshalb eine Beschreibung der Wechselwirkung zwischen Feldern und Plasmen. Diese kann in verschiedener Weise und mit verschiedenen Graden der Genauigkeit erfolgen. Eine etwas summarische, für viele Zwecke jedoch ausreichende Genauigkeit wird in der sogenannten Magnetohydrodynamik erreicht. Wie der Name andeuten soll, handelt es sich dabei um eine Kontinuumstheorie nach dem Vorbild der Hydrodynamik. Unter entsprechenden und denen der Hydrodynamik ähnlichen Voraussetzungen kann man ein Plasma wie eine kontinuierliche Flüssigkeit behandeln. Die Existenz geladener Teilchen in dieser Flüssigkeit macht jedoch die Hinzunahme der Wechselwirkung mit elektromagnetischen Feldern erforderlich. In diesem Sinne stellt die Magnetohydrodynamik eine Verallgemeinerung der Hydrodynamik dar.

In der Hydrodynamik beschreibt man die Wirkung von Kräften auf eine Flüssigkeit bzw. ein Gas im einfachsten Fall (d.h. für eine ,,ideale" Flüssigkeit ohne innere Reibung) durch die Eulersche Gleichung

$$\rho \frac{\mathrm{d}\,\mathbf{v}}{\mathrm{d}\,t} = -\operatorname{grad} p \tag{XI,19}$$

Die Dichte ρ, die Geschwindigkeit $\mathbf{v}$ und der Druck p sind dabei Funktionen des Ortes $\boldsymbol{x}$ und der Zeit t. Der Operator $\frac{\mathrm{d}}{\mathrm{d}t}$ stellt die ,,vollständige Zeitableitung" dar

$$\frac{\mathrm{d}\,\mathbf{v}}{\mathrm{d}\,t} = \frac{\partial\,\mathbf{v}}{\partial\,t} + (\mathbf{v}\operatorname{grad})\,\mathbf{v} \tag{XI,20}$$

Wir wollen nun ein Plasma betrachten, das aus Elektronen und Ionen bestehend im ganzen neutral ist, in dem also keine Raumladungen und keine elektrischen Felder auftreten. Befindet es sich in einem Magnetfeld $\boldsymbol{B}(\boldsymbol{x}, t)$, so wirkt auf jedes Teilchen die Lorentzkraft

$$\boldsymbol{K} = q\,\boldsymbol{u} \times \boldsymbol{B}$$

wo q die Ladung des betrachteten Teilchens, $\boldsymbol{u}$ seine Geschwindigkeit und $\boldsymbol{B}$ das Feld am Ort des Teilchens ist. Auf ein Volumenelement $\mathrm{d}V$ des Plasmas, in dem sich N Teilchen befinden, wirkt dann die Kraft

$$\mathrm{d}\boldsymbol{K} = \sum_{i=1}^{N} q_i \boldsymbol{u}_i \times \boldsymbol{B} \frac{\mathrm{d}V}{\mathrm{d}V} = \mathrm{d}V \frac{\sum_{i=1}^{N} q_i \boldsymbol{u}_i}{\mathrm{d}V} \times \boldsymbol{B}$$
$$= \mathrm{d}V \boldsymbol{j} \times \boldsymbol{B}$$

wenn wir mit $\boldsymbol{j}$ die Stromdichte im Plasma bezeichnen. Deshalb ist die vom Magnetfeld herrührende Kraftdichte

$$\frac{\mathrm{d}\boldsymbol{K}}{\mathrm{d}V} = \boldsymbol{j} \times \boldsymbol{B}$$

Diese ist in der Eulerschen Gleichung zusätzlich zu berücksichtigen, wenn man die Bewegung eines Plasmas in einem Magnetfeld beschreiben will:

$$\rho \frac{\mathrm{d}\mathbf{v}}{\mathrm{d}t} = -\operatorname{grad} p + \boldsymbol{j} \times \boldsymbol{B} \tag{XI,21}$$

Damit haben wir durch Summation aller auftretenden Lorentzkräfte die Bewegungsgleichung der Magnetohydrodynamik als Verallgemeinerung der Eulerschen Gleichung erhalten. Natürlich wird ein Plasma durch die Gl. (XI,21) allein keineswegs vollständig beschrieben, worauf wir hier jedoch nicht weiter eingehen wollen. Hier sei nur die Frage diskutiert, wie man Plasmen mit Magnetfeldern in „magnetohydrostatischen" Gleichgewichtskonfigurationen stationär einschließen kann. Dazu genügt uns die der Gl. (XI,21) entsprechende zeitunabhängige Gleichgewichtsbedingung

$$\operatorname{grad} p = \boldsymbol{j} \times \boldsymbol{B} \tag{XI,22}$$

Dabei kann man natürlich das Feld $\boldsymbol{B}(\boldsymbol{x}, t)$ und den Plasmastrom $\boldsymbol{j}(\boldsymbol{x}, t)$ nicht willkürlich und nicht unabhängig voneinander wählen. Vielmehr müssen die Maxwellschen Gleichungen erfüllt sein:

$$\operatorname{div} \boldsymbol{B} = 0 \tag{XI,23}$$

$$\operatorname{rot} \boldsymbol{B} = \mu_0 \boldsymbol{j} \tag{XI,24}$$

Diese drei Gl., (XI,22), (XI,23) und (XI,24), bestimmen alle denkbaren Gleichgewichtskonfigurationen, sie sind die Grundgleichungen der Magnetohydrostatik. Sie sind leider nicht linear und so kompliziert, daß es keineswegs möglich ist, alle ihre Lösungen anzugeben. Analytische Lösungen sind nur für einfache Fälle hoher Symmetrie bekannt. Sonst ist man auf numerische Methoden oder auf Näherungen angewiesen. Wir können $\boldsymbol{j}$ aus unseren Gleichungen eliminieren und Gl. (XI,22) in folgender Weise schreiben

$$\operatorname{grad} p = -\operatorname{grad} \frac{B^2}{2\mu_0} + \frac{1}{\mu_0} (\boldsymbol{B} \operatorname{grad}) \boldsymbol{B} \tag{XI,25}$$

bzw. auch in Komponentenschreibweise wie folgt:

$$\frac{\partial p}{\partial x_i} = \frac{1}{\mu_0} \sum_{k=1}^{3} \frac{\partial}{\partial x_k} (B_i B_k - \frac{1}{2} \delta_{ik} B^2) \qquad \text{(XI,26)}$$

Der Druckgradient ergibt sich demnach als Divergenz eines Tensors (es ist der magnetische Teil des Maxwellschen Spannungstensors), den man so interpretieren kann, daß das Magnetfeld auf das Plasma zweierlei Wirkungen ausübt:

a) einen isotropen Druck vom Betrag $B^2/2\mu_0$
(d.i. der sogenannte „magnetische Druck")

b) eine Spannung parallel zu den Kraftlinien, deren Betrag B^2/μ_0 ist.

Im Falle ungekrümmter magnetischer Kraftlinien spielt die Spannung keine Rolle, was sich im Verschwinden des zweiten Termes auf der rechten Seite von Gl. (XI,25) zeigt, die dann einfach

$$\text{grad}\,(p + \frac{B^2}{2\mu_0}) = 0 \qquad \text{(XI,27)}$$

lautet und so deutlich macht, daß zum Plasmadruck p der magnetische Druck $B^2/2\mu_0$ additiv hinzutritt. Sind die Kraftlinien geradlinig, so kann man die Wirkung des Magnetfeldes durch seinen magnetischen Druck also völlig beschreiben. Man kann sich das Magnetfeld in diesem speziellen Fall geradezu als ein Medium vorstellen, das einen Druck entsprechend seiner „Zustandsgleichung" ausübt:

$$p_{\text{magn}} = \frac{B^2}{2\mu_0} \qquad \text{(XI,28)}$$

Vor einer leichtfertigen Benutzung dieses Begriffes sei jedoch gewarnt. Für gekrümmte Felder tritt in der Gleichgewichtsbedingung ein zusätzlicher Term auf (eben der von der Spannung der Kraftlinien herrührende), der den Druckterm sogar kompensieren kann, nämlich im Falle der sogenannten „kraftfreien Felder", für die

$$\boldsymbol{j} \times \boldsymbol{B} = 0$$

ist. Trivialerweise ist das der Fall für alle Vakuumfelder ($\boldsymbol{j} = 0$). Diese Gleichung hat jedoch auch nicht-triviale Lösungen mit $\boldsymbol{j} \neq 0$. In beiden Fällen ist der Begriff eines $\boldsymbol{B}$ entsprechenden magnetischen Drucks natürlich unsinnig.

Man kann sich ein (bis auf die Forderung der Quellenfreiheit, $\text{div}\,\boldsymbol{B} = 0$) beliebiges ortsabhängiges Magnetfeld $\boldsymbol{B}(\boldsymbol{x}, t)$ vorgeben und die Frage aufwerfen, ob in diesem Feld ein magnetohydrostatisches Gleichgewicht möglich ist. Die Bedingung dafür ergibt sich aus Gl. (XI,25), deren Rotation wir bilden:

$$\begin{aligned} &\text{rot}\,[(\boldsymbol{B}\,\text{grad})\,\boldsymbol{B}] \\ &= \text{rot}\,[(\text{rot}\,\boldsymbol{B}) \times \boldsymbol{B}] = 0 \end{aligned} \qquad \text{(XI,29)}$$

Wenn ein vorgegebenes Magnetfeld diese Bedingung nicht erfüllt, kann ein Plasma in ihm kein Gleichgewicht finden. Das sei an einem Beispiel illustriert, das im folgenden von Bedeutung sein wird. Gegeben sei (in Zylinderkoordinaten r, φ, z) ein rotationssymmetrisches rein azimutales Magnetfeld $B\varphi(r, z)$. Dieses Feld ist quellenfrei und deshalb als Magnetfeld denkbar. Durch passende Ströme entsprechend Gl. (XI,24) kann es jedenfalls erzeugt werden. Setzen wir dieses in die Bedingung (XI,29) ein, so nimmt diese die Form

$$\frac{\partial B_\varphi (r, z)}{\partial z} = 0 \qquad \text{(XI,30)}$$

an. B_φ darf also nur von r abhängen. Ist B_φ auch eine Funktion von z, so ist kein Gleichgewicht möglich.

Nach diesem etwas theoretischen Abschnitt, der jedoch zum Verständnis des folgenden nötig ist, wollen wir uns nun dem Einschluß von Plasmen und den zu diesem Zwecke angestellten Experimenten zuwenden.

Dabei wollen wir uns auf Experimente beschränken, in denen versucht wird, Plasmen magnetisch einzuschließen. Es ist jedoch zu betonen, daß auch Experimente anderer Art gemacht werden, bei denen man auf einen magnetischen Einschluß verzichten kann. Überläßt man ein heißes und dichtes Plasma sich selbst, so dehnt es sich explosionsartig aus. Auch diese Ausdehnung erfordert jedoch wegen der Trägheit der Teilchen eine gewisse Zeit („Trägheitseinschluß"), die bei hinreichend großer Teilchendichte (Festkörperdichte und mehr) u.U. zur Erfüllung des Lawson-Kriteriums ausreichen kann. Das Problem besteht in diesem Fall darin, ein geeignetes, d.h. ein hinreichend heißes und hinreichend dichtes Plasma, innerhalb einer sehr kurzen Zeit herzustellen. Im Prinzip kann dies mit gepulsten Höchstleistungslasern geschehen, deren Strahlung man auf ein kleines Volumen des aufzuheizenden Materials fokussiert. Gerade in der letzten Zeit haben solche Versuche zunehmende Aufmerksamkeit gefunden. Es bleibt abzuwarten, welche Bedeutung sie erlangen werden.

3. Der Pinch-Effekt

Die einfachsten und in vielen Experimenten untersuchten magnetohydrostatischen Konfigurationen sind die „Pinch"-Gleichgewichte (von dem englischen Wort „to pinch" = zwicken, drücken, womit der Effekt des Magnetfeldes auf das Plasma gemeint ist). Im Prinzip handelt es sich dabei um eine unendlich lange, rotationssymmetrische Anordnung. Alle Größen sollen nur von r abhängen (d.h. die bei endlich langen Anordnungen auftretenden Endeffekte werden vernachlässigt). Das Magnetfeld kann dann wegen seiner Quellenfreiheit keine radiale Komponente haben, d.h. B hat die Form

$$B = (0, B_\varphi (r), B_z (r))$$

Die Gleichgewichtsbedingung (XI,25) lautet damit

$$\frac{\mathrm{d}}{\mathrm{d}r}\left(p + \frac{B_\varphi^2 + B_z^2}{2\mu_0}\right) = -\frac{B_\varphi^2}{\mu_0 r} \tag{XI,31}$$

Obwohl man auch Fälle untersucht, bei denen man azimutale (B_φ) und longitudinale (B_z) Felder einander überlagert, sind die Grenzfälle, bei denen man jeweils nur eine Komponente hat, besonders interessant. Im Falle rein azimutalen Feldes B_φ (longitudinaler Stromdichte j_z) spricht man vom **z-Pinch** und im anderen Falle rein longitudinalen Feldes B_z (azimutaler Stromdichte j_φ) spricht man vom **Θ-Pinch** (weil die azimutale Stromdichtekomponente oft mit j_Θ bezeichnet wird).

3.1 Der z-Pinch-Effekt

Das Schema eines z-Pinch-Experimentes ist in Abb. (XI,4) gezeigt. Die für die Zündung und Aufrechterhaltung der Entladung benötigte Energie ist ursprünglich in Kondensatorbatterien gespeichert. Durch plötzliches Schließen geeigneter Schalter (meistens werden

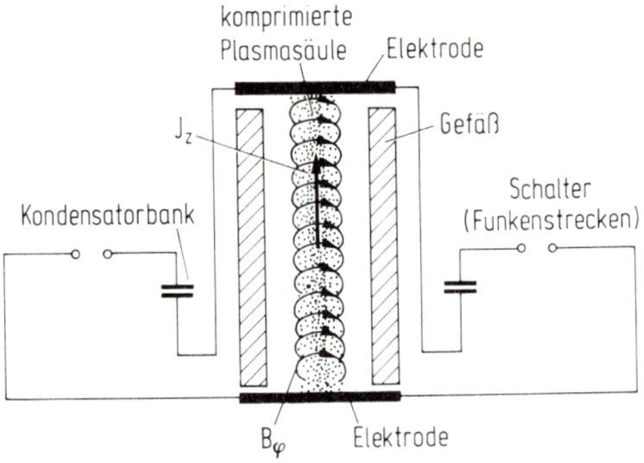

Abb. XI,4. Schema eines z-Pinch-Experimentes

dazu Funkenstrecken benutzt) wird eine stromstarke Entladung durch das mit Elektroden versehene und mit Gas gefüllte Entladungsgefäß eingeleitet. Dabei wird während der Anfangsphasen das zunächst nur schwach vorionisierte Gas weiter ionisiert und nach einer gewissen Zeit zu einem vollständig ionisierten Plasma. Der in ihm fließende Strom erzeugt ein azimutales Feld, dessen magnetischer Druck (wenn wir hier diesen Ausdruck benutzen, obwohl die Feldlinien gekrümmt sind) das Plasma in radialer Richtung auf die Mittelachse des Entladungsgefäßes zu komprimiert. So stellt sich ein Gleichgewicht ein, das sich aus Gl. (XI,31) mit $B_z = 0$ ergibt:

$$\frac{\mathrm{d}}{\mathrm{d}r}\left(p + \frac{B_\varphi^2}{2\mu_0}\right) = -\frac{B_\varphi^2}{\mu_0 r} \tag{XI,32}$$

Daraus läßt sich nach einigen Umformungen, auf die wir verzichten wollen, die sogenannte Bennett-Beziehung gewinnen:

$$J_z^2 = \frac{8\pi}{\mu_0} N k T \tag{XI,33}$$

J_z ist der gesamte Entladungsstrom, N ist die Teilchenzahl im Plasma pro Längeneinheit des Entladungsgefäßes („lineare Dichte") und T ist die Temperatur des Plasmas.

Praktisch geht man so vor, daß man den Entladungsstrom im Plasma sehr schnell ansteigen läßt. Voraussetzung dafür, daß dies möglich ist, ist eine Kondensatorbatterie mit hoher Ladespannung (U_0) und ein Entladungskreis mit kleiner Induktivität (L). Die Kleinheit der Induktivität wird durch Parallelschaltung vieler Teilkreise erreicht. Der Stromanstieg zu Beginn der Entladung ist ja

$$\left(\frac{\mathrm{d}J_z}{\mathrm{d}t}\right)_{t=0} = \frac{U_0}{L} \tag{XI,34}$$

So wird auch der magnetische Druck sehr rasch aufgebaut und das wiederum bewirkt eine sehr schnelle radiale Kompression des Plasmas, die die Form einer Stoßwelle hoher Machzahl annimmt. Diese heizt das Plasma u.U. auf sehr hohe Temperaturen auf. Typische Daten einer z-Pinch-Anordnung (und ähnlich auch für die Θ-Pinch-Anordnungen nächsten Abschnittes) wären etwa $U_0 \approx 40$ kV, $L \approx 10^{-7}$ H und deshalb $\left(\frac{\mathrm{d}J}{\mathrm{d}t}\right)_{t=0} \approx 4 \cdot 10^{11}$ Asec^{-1}. Bei einer Kapazität der Kondensatorbatterie von z.B. $C \approx 250\,\mu$F wäre damit die gespeicherte Energie $E = \frac{1}{2} C U_0^2 \approx 200$ kJ, die Schwingungsdauer der Entladung $\tau \approx 30\,\mu$sec und der maximale Strom $J_{max} = U_0 \sqrt{\frac{C}{L}} \approx 2$MA.

Man kann mit solchen Entladungen recht heiße Plasmen herstellen, deren Temperatur typischerweise im Bereich von einigen 10^6 K liegt. Wählt man Deuterium als Füllgas, so kann man auch die Emission von Neutronen beobachten, die von d-d-Reaktionen im Plasma herrühren. Diese Neutronen wurden in vielen Experimenten ausführlich untersucht. Leider hat man dabei feststellen müssen, daß sie mindestens teilweise nicht hohen Temperaturen des Plasmas zu verdanken sind, sondern auch Beschleunigungsprozessen, die im Gefolge von Instabilitäten des Plasmagleichgewichtes auftreten können. Wir werden dieses sehr wichtige Problem der Instabilitäten noch detaillierter diskutieren müssen. Hier sei nur erwähnt, daß Instabilitäten zur Induktion lokaler hoher elektrischer Felder führen können. In diesen beschleunigte Deuteronen können auf andere Deuteronen treffend Fusionsreaktionen auslösen und zur Neutronenemission beitragen.

Wegen dieser Instabilitäten, die das Plasmagleichgewicht in kurzer Zeit zerstören können, hat man den z-Pinch als Fusionsexperiment meistens wieder aufgegeben und man ist zu anderen mehr versprechenden Experimenten übergegangen. Wir haben ja an Hand des Lawson-Kriteriums gesehen, daß für Fusionsreaktoren eine hinreichend lange Lebensdauer des Plasmas nötig ist, die beim einfachen z-Pinch wegen seiner Instabilität nicht gegeben ist. Es handelt sich hier um ein relativ einfaches und noch anschauliches Beispiel für ein Problem, das sich wie ein roter Faden durch die ganze Fusionsplasmaphysik zieht und zu einem der Haupthindernisse auf dem mühsamen Weg zum Fusionsreaktor wurde.

Es ist grundsätzlich nie möglich, ein physikalisches System, z.B. also das z-Pinch-Gleichgewicht, so genau zu realisieren, wie man es theoretisch berechnen kann. Es wird immer gewisse größere oder kleinere Abweichungen geben. Die Frage ist, was solche Abweichungen für Folgen haben. Es gibt Fälle, bei denen gewisse zufällige Störungen die Tendenz haben, sich zurückzubilden. Systeme mit dieser Eigenschaft nennt man „stabil". Es gibt aber auch Fälle, bei denen Störungen eine Tendenz zum weiteren Anwachsen haben, bei denen sich Störungen, sind sie erst einmal vorhanden, also weiter aufschaukeln. Solche Systeme nennt man „instabil" (auch „labil"). Dazwischen gibt es den Grenzfall „indifferenten" (auch „marginalen") Verhaltens. Probleme dieser Art spielen in vielen Gebieten der Physik eine Rolle. In Teilchenbeschleunigern müssen gewisse Bedingungen erfüllt werden, damit die Teilchenbahnen stabil sind, d.h. damit die Teilchen sich von ihren „Sollbahnen" nicht weiter und weiter entfernen und dadurch verloren gehen. Strömungen von Flüssigkeiten können je nach den Umständen stabil („laminare" Strömung) oder auch instabil sein (was „Turbulenz" verursacht). Ein ganz besonders einfaches Beispiel stellt eine auf einer konkaven, bzw. ebenen bzw. konvexen Unterlage im Schwerefeld gehaltene Kugel dar (Abb. XI,5). Es leuchtet unmittelbar ein, daß der Fall a) ein stabiles, der Fall b) ein indifferentes und der Fall c) ein instabiles Gleichgewicht darstellt.

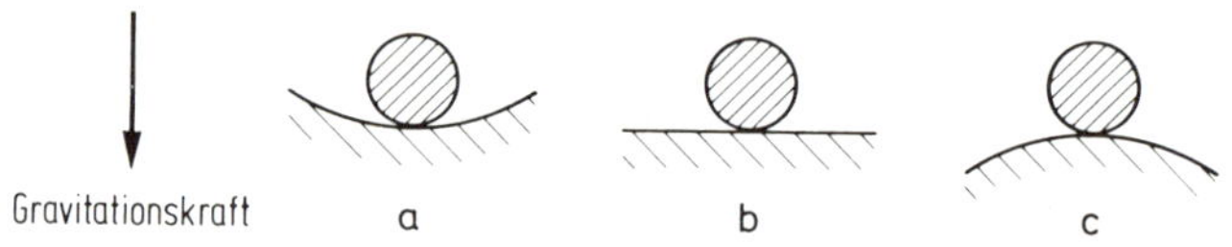

Abb. XI,5. Einfaches Beispiel für a) stabiles, b) indifferentes (marginales) und c) instabiles (labiles) Gleichgewicht

Will man eine magnetohydrostatische Gleichgewichtskonfiguration realisieren, so ist das also nur dann für längere Zeiten möglich, wenn sie gegen alle denkbaren Störungen stabil ist. Instabile Konfigurationen existieren nur für die Zeiten, die sie zum instabilen Zerfallen (d.h. zum Anwachsen der Störung) benötigen. Was nun den z-Pinch betrifft, so stellt er sich als instabil heraus und seine Lebensdauer ist, wie wir sehen werden, sehr klein. Zunächst wurde dies theoretisch von Kruskal und Schwarzschild erkannt, später auch experimentell bestätigt. Die theoretische Behandlung des Problems ist sehr kompliziert, insbesondere auch wegen der Nichtlinearität der Gleichungen. Die von der Nichtlinearität herrührenden Schwierigkeiten werden dadurch umgangen, daß man das Problem in einer linearen Näherung untersucht. Dazu geht man von einem Gleichgewichtszustand aus, an dem man als sehr klein angenommene Störungen anbringt. Bei der Berechnung des zeitlichen Verhaltens dieser Störungen kann man dann die noch kleineren nichtlinearen Terme (d.h. Terme zweiter oder noch höherer Ordnung) vernachlässigen („Linearisierung"). Übrig bleiben dann für die Störungen lineare Gleichungen, die man in der üblichen Weise durch Exponentialansätze lösen kann. Im Falle des z-Pinches kann man dann jede Störung aus Störungen der folgenden Form zusammensetzen:

$$\mathrm{f}(r, \varphi, z, t) = \mathrm{f}(r)\, \mathrm{e}^{\mathrm{i}(\mathrm{m}\varphi + \mathrm{kz} + \omega \mathrm{t})} \tag{XI,35}$$

Vom formalen Standpunkt aus läuft das auf eine Fourieranalyse der Störungen hinaus. m ist eine ganze Zahl und kennzeichnet die Anzahl der Wellen auf dem Umfang des zylindrischen Plasmas („azimutale Wellenzahl"). k ist die longitudinale Wellenzahl

$$k = \frac{2\pi}{\lambda} \tag{XI,36}$$

wo λ die Wellenlänge der Störung in z-Richtung ist. Mit dem Ansatz (XI,35) ergibt sich dann aus den linearisierten Gleichungen, die das Verhalten des Plasmas näherungsweise beschreiben (solange nämlich die Störungen wirklich hinreichend klein sind), ein Zusammenhang zwischen m, k und ω. Das ist die „Dispersionsbeziehung", die man sich nach ω aufgelöst vorstellen kann:

$$\omega = \omega(m, k) \tag{XI,37}$$

Sie sagt uns, ob eine gewisse Fourierkomponente (die oft auch als „Mode" bezeichnet wird und durch die beiden Zahlen m und k gekennzeichnet werden kann) stabil ist oder nicht. Es stellt sich heraus, daß ω entweder reell oder rein imaginär ist. Der Ansatz (XI,35) besagt nun, daß

a) ω reell ist für stabile Störungen und
b) ω rein imaginär ist für instabile Störungen.

Im instabilen Fall ist die Lebensdauer der Konfiguration

$$\tau \approx \frac{1}{|\omega|} \tag{XI,38}$$

Man findet, daß im ungünstigsten Fall der Größenordnung nach τ etwa durch die Zeit gegeben ist, die ein Ion mittlerer thermischer Geschwindigkeit v_{th} zum Durchlaufen des Plasmaradius r_p benötigt:

$$\tau \approx \frac{r_p}{v_{th}} \tag{XI,39}$$

Dieses Ergebnis ist verständlich. Es besagt einfach, daß im ungünstigsten Fall das Plasma sich aus einer instabilen Gleichgewichtskonfiguration mit thermischer Geschwindigkeit entfernt. Die theoretische Behandlung des z-Pinches zeigt, daß zwei Moden (nämlich $m = 0$ und $m = 1$) ganz besonders rasch anwachsen, d.h. besonders instabil sind. Dies kann man sich wie folgt anschaulich vorstellen.

Beginnen wir mit $m = 0$. Diese Störungen sind rotationssymmetrisch und das Plasma nimmt z.B. die in Abb. XI,6 gezeigte Form an. Zur Vereinfachung des Problems können wir annehmen, Plasma und Magnetfeld seien völlig voneinander getrennt. Das Plasma ist dann also feldfrei. Ein Strom fließt nur in seiner Oberfläche. In dieser nimmt der Druck des Plasmas sprunghaft auf Null ab. Außerhalb der Sprungfläche hat man ein Vakuumfeld. Ganz allgemein läßt sich aus Gl. (XI,25) ableiten, daß die Gleichgewichtsbedingung an Sprungflächen

$$p_1 + \frac{B_1^2}{2\mu_0} = p_2 + \frac{B_2^2}{2\mu_0} \tag{XI,40}$$

lautet, wenn der Index 1 Größen auf der einen, der Index 2 Größen auf der anderen Seite der Sprungfläche kennzeichnet. Mit anderen Worten: An Sprungflächen dürfen wir den Begriff des magnetischen Druckes benutzen, unabhängig davon, ob die Feldlinien dort gekrümmt sind oder nicht. Betrachten wir nun unseren mit $m = 0$ gestörten

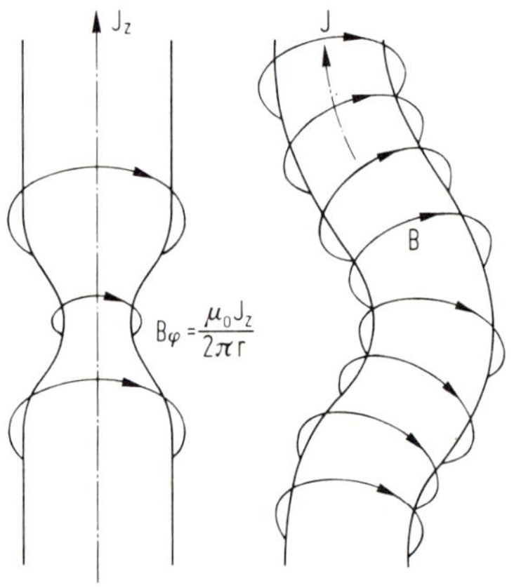

Abb. XI,6. $m = 0$-Instabilität eines z-Pinch-Gleichgewichtes
Abb. XI,7. $m = 1$-Instabilität eines z-Pinch-Gleichgewichtes

z-Pinch, der sich an einer Stelle zufällig etwas zusammengeschnürt hat. Da die ganze Plasmasäule von demselben Strom durchflossen ist, ist das Magnetfeld an der Oberfläche deren Radius umgekehrt proportional. An der Stelle der Einschnürung ist demnach das Magnetfeld größer als an der übrigen Plasmaoberfläche. Dasselbe gilt für den magnetischen Druck. So entsteht eine Druckdifferenz mit einem die Störung verstärkenden Vorzeichen. Das Anwachsen der Störung verstärkt wiederum die Druckdifferenz usw., d.h. die Konfiguration ist instabil und zerbricht.

Im Fall $m = 1$ nimmt das Plasma durch die Störung eine einem Korkenzieher ähnliche Form an. Eine durch Abbildung XI,7 erläuterte Betrachtung, die der für $m = 0$ analog ist, ergibt wiederum Instabilität.

Für ein Plasma, dessen Temperatur das Lawson-Kriterium des d-t-Reaktors erfüllt ($T \approx 30$ keV), ergibt sich eine thermische Geschwindigkeit von einigen 10^6 msec^{-1}. Entsprechend Gl. (XI,39) bedeutet das bei einem Plasmaradius von z.B. 1 m (das ist schon sehr viel) eine Lebensdauer von ca. 10^{-6} sec. Ist das einschließende Magnetfeld von der Größenordnung 10 Tesla (= 10^5 Gauß), so kann man damit bei 30 keV = $3 \cdot 10^8$ K Temperatur ein Plasma mit $n \approx 10^{22}$ m^{-3} zusammenhalten. Der Wert von $n\tau$ würde also in der Gegend von 10^{16} m^{-3} sec und damit um etwa vier Größenordnungen unter dem liegen, was nach Lawson für einen d-t-Reaktor erforderlich wäre.

Quantitativ ergibt sich, daß die $m = 0$-Instabilitäten des z-Pinches die größten Wachstumsraten $|\omega|$ haben. Bei der experimentellen Beobachtung eines z-Pinches sieht man deshalb $m = 0$-Instabilitäten, die exponentiell anwachsend weniger schnelle Instabilitäten überflügeln. Man kann sie jedoch relativ leicht beseitigen, wenn man dem Plasma ein longitudinales Magnetfeld B_z überlagert. Der den Plasmaquerschnitt durchsetzende magnetische Fluß ist nämlich für ein heißes und deshalb elektrisch sehr gut leitfähiges Plasma* praktisch konstant (er ist wirklich konstant im Falle unendlicher Leitfähigkeit):

$$r_p^2 B_z = \text{konstant} = r_{p0}^2 B_{z0} \qquad \text{(XI,41)}$$

Im Falle einer zufälligen Einschnürung nimmt das Magnetfeld dann stark zu:

$$B_z \sim \frac{1}{r_p^2} \qquad \text{(XI,42)}$$

Das führt zu einem Ansteigen des magnetischen Druckes im Plasma, das die Einschnürung bei hinreichender Feldstärke B_{z0} (d.i. die Feldstärke vor der Einschnürung) begrenzt und die $m = 0$-Instabilität so beseitigt. Die $m = 1$-Instabilitäten lassen sich dagegen nur schwer vermeiden. Die Überlagerung longitudinaler Felder beeinflußt sie viel weniger als die $m = 0$-Instabilitäten. Mit $m = 1$ (Abb. XI,7) ist ja keine das eingeschlossene Feld ändernde Querschnittsänderung verknüpft. Ein kleiner Einfluß ist vorhanden, da bei $m = 1$ die Plasmasäule zusammen mit den eingeschlossenen Feldlinien verlängert wird. Dem widersetzen sich die Feldlinien wegen ihrer Spannung in paralleler Richtung (sie wirken so ähnlich wie gespannte Saiten). Das verringert die Wachstumsrate etwas. Wie schon gesagt, lassen sich diese zunächst theoretischen Vorstellungen experimentell bestätigen. Dies demonstrieren die beiden Abb. XI,8 und XI,9. Sie stellen mit Hilfe der Kerrzellentechnik bzw. mit einer Framingkamera gewonnene Kurzzeitaufnahmen von z-Pinchen dar. Im einen Fall beobachtet man $m = 0$-Instabilitäten, da kein longitudinales Feld überlagert wurde. Im anderen Fall werden die $m = 0$-Störungen durch ein passendes Feld stabilisiert und man beobachtet deshalb die typische korkenzieherartige Form von $m = 1$-Instabilitäten.

Man kann weitere Maßnahmen auch gegen die $m = 1$-Instabilitäten ergreifen. Dabei handelt man sich jedoch andere Nachteile ein und man hat deshalb den z-Pinch als

---

* (nach der Spitzer'schen Formel ist die Leitfähigkeit eines voll ionisierten Plasmas $T^{3/2}$ proportional)

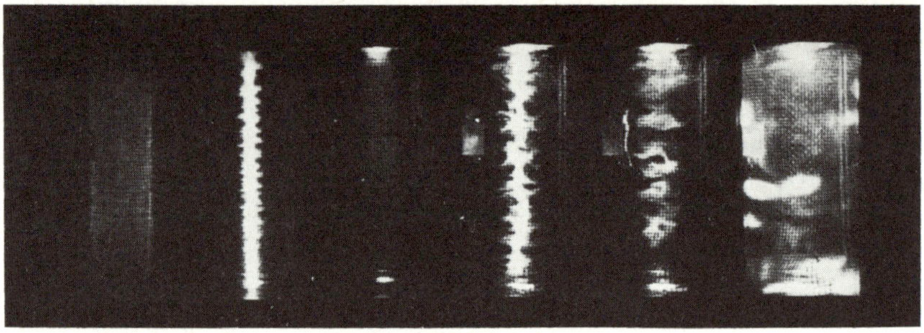

Abb. XI,8. Kerrzellenaufnahmen eines instabil zerfallenden ($m = 0$) z-Pinch-Plasmas ohne Überlagerung eines stabilisierenden longitudinalen Magnetfeldes ($B_Z = 0$)

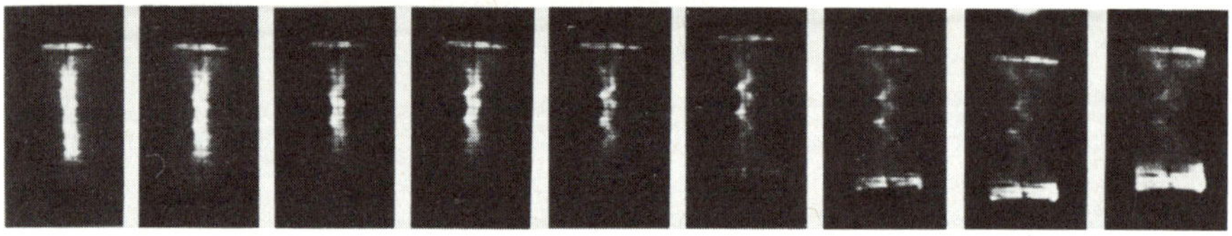

Abb. XI,9. Framing-Kamera-Aufnahmen eines instabil zerfallenden ($m = 1$) z-Pinch-Plasmas bei Überlagerung eines die $m = 0$-Instabilitäten stabilisierenden longitudinalen Magnetfeldes ($B_Z \neq 0$)

Fusionsexperiment mehr oder weniger aufgegeben. Dennoch konnte er in diesem Kapitel als ein sehr lehrreiches und noch relativ einfaches Beispiel und seiner historischen Bedeutung wegen nicht unerwähnt bleiben.

3.2 Der Θ-Pinch-Effekt

Der Θ-Pinch ist im Gegensatz zum z-Pinch ein sehr wichtiges Fusionsexperiment geworden. Er ist nämlich nicht instabil, allerdings auch nicht stabil, sondern gerade indifferent. Das Schema eines Θ-Pinch-Experimentes ist in Abb. XI,10 gezeigt. Eine (in manchen Fällen sehr große) Kondensatorbatterie wird über eine Spule entladen, die im allgemeinen nur aus einer einzigen Windung besteht. Dadurch wird im Plasma (das sich in

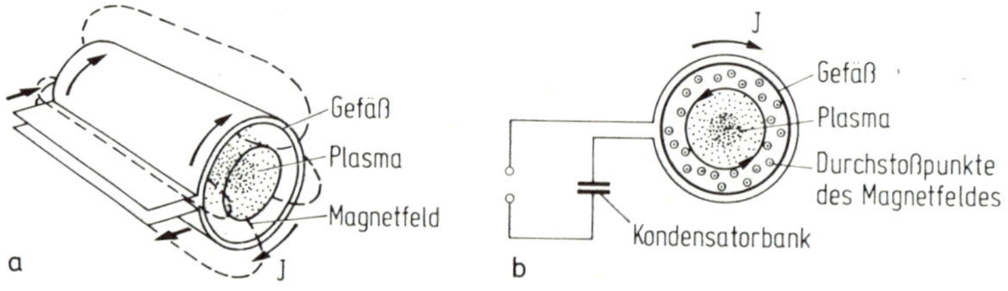

Abb. XI,10. Schema eines Θ-Pinch-Experimentes

einem Gefäß im Inneren der Spule befindet) ein Strom induziert, der das Eindringen des Magnetfeldes ins Plasma (mindestens teilweise) verhindert („diamagnetischer Strom"). Das Magnetfeld befindet sich also hauptsächlich zwischen dem Plasma und der Spule. Es bewirkt durch seinen Druck eine Kompression des Plasmas. Man kann die ganze Anordnung als einen 1:1-Transformator betrachten, dessen Sekundärwindung durch das Plasma repräsentiert wird. Wenn man von Endeffekten absieht, sind die Kraftlinien geradlinig. Mit $B_\varphi = 0$ ergibt sich aus Gl. (XI,31) durch Integration

$$p + \frac{B_z^2}{2\,\mu_0} = \text{konstant} \qquad \text{(XI,43)}$$

Vieles zum z-Pinch Gesagte (z.B. die dort angegebenen Daten) trifft in analoger Weise auch auf den Θ-Pinch zu, braucht hier also nicht wiederholt zu werden.

Mit Θ-Pinch-Anordnungen hat man sehr heiße Plasmen herstellen können. Eine Anlage dieser Art ist der große Θ-Pinch „ISAR I", siehe Abbildung XI,11, des MPI für Plasma-

Abb. XI,11. Der Θ-Pinch Isar I des Max-Planck-Institutes für Plasmaphysik (Garching)

physik in Garching. Damit wurden Plasmen mit Temperaturen bis $6 \cdot 10^7$ K bei Teilchendichte von einigen 10^{22} m^{-3} erzeugt. Man darf auch annehmen, daß mit entsprechend aufwendigen Apparaturen noch höhere Temperaturen und Teilchendichten erzielbar wären. Man geht diesen Weg, zunächst jedenfalls, jedoch nicht, da das vorher zu lösende Hauptproblem an einer anderen Stelle liegt. Das Plasma im Θ-Pinch wird in radialer Richtung komprimiert und zusammengehalten. Parallel zu den magnetischen Feldlinien jedoch kann sich das Plasma völlig unbehindert bewegen. Es geht deshalb an Spulenenden mit seiner thermischen Geschwindigkeit verloren, was seine Lebensdauer je nach Spulenlänge und Temperatur auf einige 10^{-6} bis 10^{-5} sec begrenzt. So ergeben sich $n\tau$-Werte von etwa 10^{17} m^{-3} sec, die natürlich viel zu klein sind.

Dennoch sind die Θ-Pinch-Experimente äußerst wertvoll. Sie erlauben es, Plasmen wie sie ähnlich in einem Reaktor vorhanden sein müssen, herzustellen und zu untersuchen. Man muß aber weitere Schritte unternehmen, um die Lebensdauer des Plasmas erheblich zu vergrößern.

Eine recht primitive Methode wäre es, den Θ-Pinch so lang zu machen, daß das Plasma hinreichend lange Zeiten benötigt, um an den Enden auszuströmen. Das würde Längen von einigen km erforderlich machen und wird aus naheliegenden Gründen nicht ernsthaft erwogen.

Es gibt zwei andere Methoden, die beide theoretisch und experimentell intensiv untersucht wurden und werden, mit deren Hilfe man hoffen kann, die Einschlußzeiten wesentlich zu vergrößern. Einerseits kann man versuchen, zu ringförmig sich schließenden, also endlosen („toroidalen“) Anordnungen überzugehen. Dieser Methode dürften die größten Chancen einzuräumen sein. Andererseits kann man versuchen, die offene Anordnung wie beim Θ-Pinch beizubehalten, die Enden jedoch sozusagen zu verstopfen, was mit Hilfe von „magnetischen Spiegeln“ mindestens teilweise und vielleicht in einem für Reaktoren ausreichendem Maße möglich ist. Beide Methoden sollen in den folgenden Abschnitten skizziert werden.

4. Toroidaler Plasmaeinschluß

Vom Θ-Pinch herkommend läge es nahe, zu einer toroidalen Konfiguration dadurch überzugehen, daß man diesen sozusagen zu einem Ring zusammenbiegt. Das wäre nicht schwierig und man kann auch nicht daran zweifeln, daß man in einem solchen ringförmigen Θ-Pinch Plasmen hoher Temperatur und Dichte wie im linearen Θ-Pinch auch herstellen könnte. Dennoch wäre ein solches Experiment sinnlos, da in dem so entstehenden Magnetfeld überhaupt kein Gleichgewicht möglich, das Plasma also sehr kurzlebig wäre. Dies sei mit Hilfe von Abb. XI,12 demonstriert. Der größeren Anschaulichkeit wegen stellen wir uns zunächst wieder ein Plasma vor, das von dem einschließenden (rein azimutalen) Magnetfeld B_φ in unserer rotationssymmetrischen Anordnung völlig getrennt ist. Ströme fließen nur in der Plasmaoberfläche und der Plasmadruck an deren Innenseite ist gleich dem magnetischen Druck an deren Außenseite. Gleichgewicht ist dann natürlich nur möglich, wenn der magnetische Druck bzw. das Magnetfeld selbst an der ganzen Oberfläche konstant ist. Das ist jedoch nicht der Fall. Das Magnetfeld fällt ja nach außen mit $1/r$ ab. Deshalb ist der magnetische Druck an der Plasmaseite, die der Torusachse zugewandt ist, größer als an der anderen, äußeren Seite. So entsteht ein

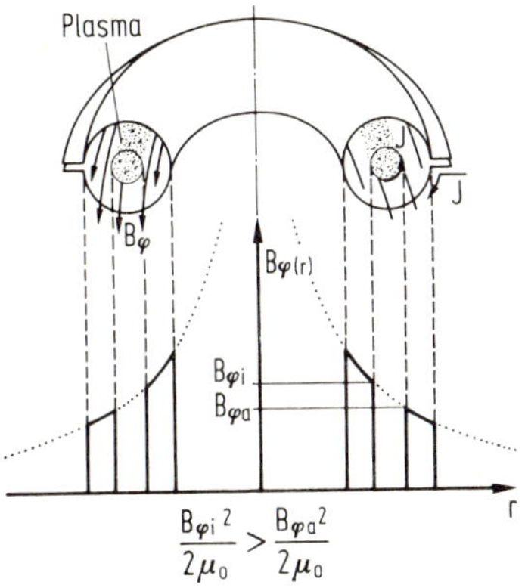

Abb. XI,12. Ein toroidaler Θ-Pinch bewirkt kein magnetohydrostatisches Gleichgewicht. Die resultierende Kraft schleudert das Plasma nach außen

Druckunterschied, der das Plasma nach außen schleudert (und das innerhalb sehr kurzer Zeit). Auch wenn wir im allgemeinen Fall nicht mehr mit dem magnetischen Druck argumentieren dürfen, gilt stets der Satz: **Es gibt keine rotationssymmetrischen und endlichen toroidalen Gleichgewichte mit rein azimutalen Magnetfeldern.** Das ist lediglich die in Worte gefaßte Aussage unserer Gl. (XI,30). Wir können, dieser Gleichung nach, mit einem rein azimutalen Magnetfeld nur auskommen, wenn dieses nicht von z abhängt. Das ist dann aber ein z-Pinch bzw. irgendeine Variante davon und erstreckt sich in z-Richtung ins Unendliche.

Toroidale Gleichgewichtskonfigurationen sind also etwas komplizierter als man im ersten Augenblick erwarten würde. Es gibt jedoch eine Reihe von Möglichkeiten, das Problem zu lösen. Man kann dabei die Rotationssymmetrie beibehalten, muß jedoch zusätzliche Maßnahmen ergreifen, die dann ein Gleichgewicht garantieren können. Daneben gibt es auch nicht mehr rotationssymmetrische Anordnungen, von denen die „Stellaratoren" besondere Beachtung gefunden haben.

4.1 Rotationssymmetrische toroidale Anordnungen

Zur Erzielung eines Gleichgewichtes in einer rotationssymmetrischen Anordnung muß man zu den azimutalen meridionale Magnetfeldkomponenten (d.s. Felder mit Komponenten in Ebenen durch die Rotationsachse) hinzunehmen. Man kann sie auf recht verschiedene Weise erzeugen, nämlich

a) durch Ströme, die teilweise im Plasma selbst fließen;

b) durch Ströme, die in zusätzlichen Leitern fließen, die im Inneren des Plasmas magnetisch zum Schweben gebracht werden („Levitation"), wie das beim „Levitron" und bei den „Multipolapparaturen" geschieht;

c) durch Ströme, die von hochenergetischen Teilchen (relativistischen Elektronen oder auch relativistischen Protonen) getragen werden, die im Magnetfeld kreisen und mit

Beschleunigern in dieses hineingeschossen werden, wie man dies beim sogenannten „Astron“ macht.

Wir wollen hier nur auf die unter a) genannte Möglichkeit eingehen. Die Möglichkeiten b) und c) haben wir nur der Vollständigkeit halber aufgeführt. Vom oben diskutierten toroidalen Θ-Pinch, Abb. XI,12, ausgehend, kann man aus diesem ein toroidales Gleichgewicht gewinnen, wenn man im Plasma einen azimutalen Strom fließen läßt und wenn man außerdem passende azimutale Ströme in äußeren Leitern erzeugt. Den azimutalen Strömen entsprechen meridionale Magnetfelder, die dem azimutalen Feld überlagert sind. Insgesamt ergeben sich Kraftlinien, die das Plasma schraubenförmig umlaufen. Ein Gleichgewicht kann man besonders einfach dadurch erzeugen, daß man das Plasma mit einer leitfähigen Metallschale umgibt (wir wollen sie aus Gründen der Einfachheit als unendlich leitfähig betrachten). Den azimutalen Plasmastrom erzeugt man durch einen Transformator, dessen zeitabhängiger magnetischer Fluß die Torusebene durchsetzt. Damit das azimutale Magnetfeld eindringen kann und damit der Plasmastrom nicht durch die Metallschale verhindert wird, muß diese sowohl azimutale wie auch meridionale Schlitze aufweisen. Die so entstehende Konfiguration ist in Abb. XI,13 schematisch

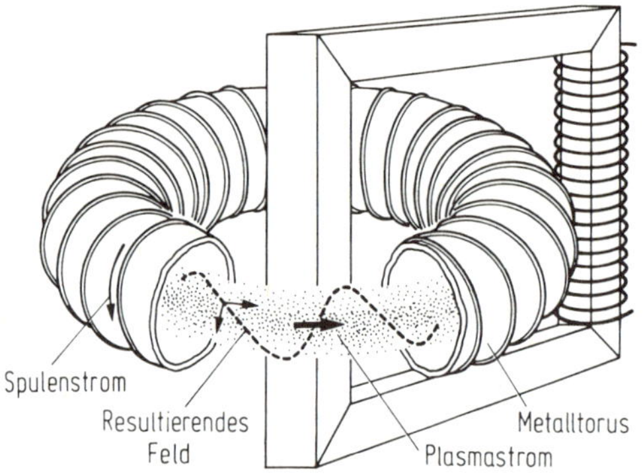

Abb. XI,13. Schema eines rotationssymmetrischen toroidalen Gleichgewichtes. Der Plasmastrom muß durch einen Transformator induziert werden. Der Metalltorus muß, was der Einfachheit wegen in der Zeichnung nicht gezeigt ist, azimutal und meridional geschlitzt sein, daß die beiden Magnetfeldkomponenten eindringen können

dargestellt. Wird nun der azimutale Strom im Plasma induziert, so können die zugehörigen meridionalen Felder nicht in die Metallschale eindringen. Sie werden durch Bildströme (Wirbelströme, Skineffekt) in der Schalenoberfläche abgeschirmt. Befindet sich die Plasmasäule anfangs in der Mitte des toroidalen Gefäßes, so ist sie dort, wie wir wissen, nicht im Gleichgewicht. Sie wird sich nach außen bewegen. Dabei jedoch ist der zwischen Plasma und Metallwand befindliche meridionale magnetische Fluß konstant, d.h. das meridionale Magnetfeld wird außen erhöht und innen erniedrigt, und zwar so lange, bis dadurch gerade Gleichgewicht bewirkt wird für eine entsprechend exzentrische Lage des Plasmaringes (Abb. XI,14).

Experimente dieser Art sind auf verschiedene Weise realisiert worden.

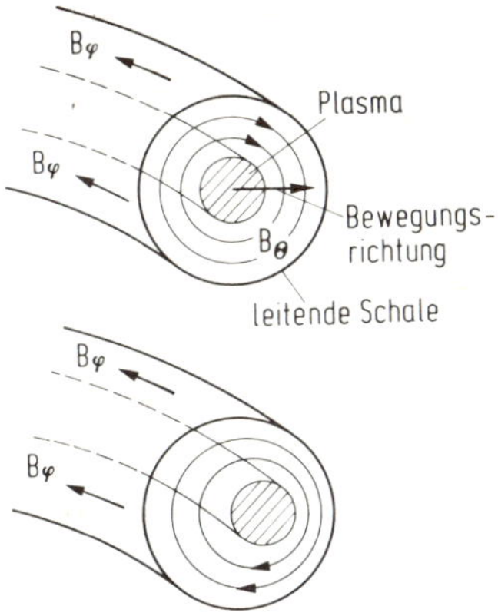

Abb. XI,14. Der Metalltorus bewirkt das Gleichgewicht durch Bildströme, die bei einer Bewegung des Plasmas induziert werden und den Fluß meridionalen Magnetfeldes $\boldsymbol{B}_\Theta$ konstant halten

Man kann wie bei den bisher beschriebenen Pinch-Experimenten die Ströme und damit auch die Felder sehr rasch anwachsen lassen. Man heizt dann wie dort das Plasma durch die schnelle mit Stoßwellen verknüpfte radiale Kompression des Plasmas. Das ist beim sogenannten „Screw-Pinch“ der Fall (englisch screw = Schraube, wegen der verschraubten Kraftlinien). Am MPI für Plasmaphysik wurden so Plasmen von etwa 1 keV $\approx 10^7$ K Temperatur und 10^{22} m^{-3} Teilchendichte hergestellt. Instabilitäten lassen dieses Plasma jedoch nur einige 10^{-6} sec lang leben. Es handelt sich hier ja um die Überlagerung von z- und Θ-Pinch in toroidaler Form. Es ist nach dem, was wir über den z-Pinch und seine Instabilitäten gesagt haben, nicht erstaunlich, wenn er auch in der vorliegenden Kombination eine Tendenz zur Instabilität hervorruft. Diese ist erwartungsgemäß umso stärker, je größer bei festgehaltenem azimutalen Magnetfeld das meridionale Magnetfeld (d.h. der azimutale Strom) ist. Wegen des azimutalen Magnetfeldes (es entspricht dem longitudinalen Feld, das zur Stabilisierung einem z-Pinch überlagert werden kann) treten nicht $m = 0$- sondern $m = 1$-Instabilitäten auf und zwar dann, wenn der azimutale Strom eine bestimmte Grenze überschreitet, die nach ihren Entdeckern als Kruskal-Shafranov-Grenze bezeichnet wird. Sie ist dann erreicht, wenn die schraubenförmigen Kraftlinien, die um das Plasma herumlaufen, sich gerade nach einem Umlauf um den Torus schließen, d.h. wenn näherungsweise (s. Abb. XI,15)

$$\frac{B_\varphi}{B_\Theta} = \frac{2\,\pi R}{2\,\pi r_\mathrm{p}}$$

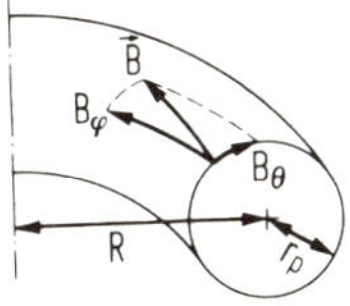

Abb. XI,15. Zur Berechnung der Kruskal-Shafranov-Grenze

Dabei ist

$$B_\Theta \approx \frac{\mu_0 J_{\varphi KS}}{2\pi r_p}$$

wo r_p der Plasmaradius ist und R der Torusradius. Deshalb ist der maximal zulässige Kruskal-Shafranov-Strom

$$J_{\varphi KS} = \frac{2\pi r_p^2}{\mu_0 R} B_\varphi \tag{XI,44}$$

Beim Screw-Pinch ist diese Grenze überschritten und er ist deshalb instabil ($m = 1$). Diese zunächst theoretische Vorhersage bestätigt sich im Experiment.

Wenn man auf die schnelle Kompression verzichtet (damit leider auch auf die damit verbundene Stoßwellenheizung), kann man diesen Nachteil vermeiden und mit den Strömen unter dem Wert $J_{\varphi KS}$ bleiben. Die Heizung des Plasmas wird dann (jedenfalls in den bisherigen Experimenten, für zukünftige Experimente werden andere Methoden in Aussicht genommen) durch die azimutalen Ströme über den Widerstand des Plasmas bewirkt („Ohm sche Heizung"). Wegen des mit zunehmender Temperatur abnehmenden Widerstandes ist dies gerade im Gebiet großer Temperaturen keine sehr effektive Methode und sie bringt deshalb keine so hohen Ionentemperaturen wie die Stoßwellenheizung. Auch die Teilchendichte bleibt geringer. Dafür erreicht man jedoch wesentlich höhere Einschlußzeiten, die nach den bisherigen Kenntnissen nicht durch Instabilitäten, sondern wohl durch Diffusionseffekte begrenzt sind. Diese Aussage darf jedoch noch nicht als ganz gesichert gelten.

Die „Ohmsche" Heizung ist natürlich um so effektiver, je größer der Plasmastrom ist. Nach Gl. (XI,44) muß dazu das azimutale Feld B_φ groß sein. Das ist einer der Gründe dafür, daß solche Experimente recht kostspielig werden. Sie wurden zunächst hauptsächlich in Rußland durchgeführt („Tokamak"). Als eine Art Vorläufer kann man das englische „ZETA"-Experiment betrachten, das jedoch wegen zu kleinen azimutalen Feldes instabil und nicht allzu erfolgreich war. In Rußland (Moskau) hat insbesondere das Tokamak T-3 sehr interessante Ergebnisse gebracht. Dabei handelte es sich um einen Torus mit einem großen Radius $R = 1$ m und mit einem kleinen Radius (Plasmaradius) $r_p = 0{,}2$ m beispielsweise. Der Plasmaradius wird durch eine an einer Stelle des Umfanges in den Torus eingebaute Blende („Limiter") definiert und kann mit dieser verändert werden. Es wurden azimutale Felder bis 37 kG = 3,7 Tesla und azimutale Ströme bis 180 kA angewandt. Die Parameter wurden jeweils so gewählt, daß die Kruskal-Shafranov-Grenze im Strom um einen Faktor 2 bis 3 und mehr unterschritten wurde. Die in diesem Experiment hergestellten Plasmen hatten Elektronentemperaturen bis etwas über 1 keV $\approx 10^7$ K, Ionentemperaturen bis etwa 0,4 keV $\approx 4 \cdot 10^6$ K. Die maximal erreichbaren Teilchendichten betragen etwa $6 \cdot 10^{19}$ m^{-3} und die Lebensdauer des Plasmas (Einschlußzeit) war etwa 10^{-2} sec.*

---

* Ähnliche Ergebnisse wurden mit Tokamak-artigen Experimenten auch an anderen Orten erzielt.

An dieser Stelle wollen wir die Daten der Plasmen, die mit Θ-Pinch, Screw-Pinch und Tokamak hergestellt werden konnten, in der folgenden Tabelle miteinander vergleichen.

	Θ-Pinch (linear)	Screw-Pinch (toroidal)	Tokamak (toroidal)
Ionentemperatur T_i (K)	$6 \cdot 10^7$	10^7	$4 \cdot 10^6$
Teilchendichte n (m^{-3})	einige 10^{22}	einige 10^{22}	$6 \cdot 10^{19}$
Lebensdauer τ (sec)	10^{-5}	einige 10^{-6}	einige 10^{-2}
$n\,\tau$ (m^{-3} sec)	einige 10^{17}	$10^{16} - 10^{17}$	einige 10^{17}
β	einige 10^{-1}	einige 10^{-1}	einige 10^{-3}

Die hier ebenfalls angegebene, bisher jedoch noch nicht benutzte Größe β ist ein dimensionsloses Maß für den Druck des Plasmas, bezogen nämlich auf den magnetischen Druck des zur Einschließung benutzten magnetischen Feldes:

$$\beta = \frac{p}{p_{magn}} = \frac{2\,\mu_0\,p}{B^2} \tag{XI,45}$$

Dieser Wert wird oft zur Klassifizierung von Fusionsexperimenten herangezogen. Ist β seinem maximal möglichen Wert 1 nahe, so spricht man von Hoch-β-Plasmen (z.B. Θ-Pinch, Screw-Pinch), im anderen Fall von Niedrig-β-Plasmen (z.B. Tokamak). So verschieden nun die Plasmen der Tabelle in ihren einzelnen Parametern sein mögen, so sind doch die Werte des Produktes $n\tau$ alle ähnlich groß und für einen Fusionsreaktor um mehrere Größenordnungen zu klein. Die Daten von Θ-Pinch und Screw-Pinch sind fast dieselben. In Bezug auf die Ionentemperaturen und die Teilchendichten liegt das an der beiden gemeinsamen Stoßwellenheizung. Man kann hier noch anfügen, daß im Gegensatz zum Tokamak die Elektronentemperaturen bei Θ-Pinch und Screw-Pinch weit unter den Ionentemperaturen liegen, was ebenfalls ein Charakteristikum der Stoßwellenheizung ist. Die kleinen Lebensdauern haben in beiden Fällen jedoch ganz verschiedene Ursachen: Endverluste beim Θ-Pinch, Instabilitäten beim Screw-Pinch ($m = 1$). Beim Tokamak hat man wesentlich kleinere Dichte, dafür wesentlich größere Lebensdauer. Diese wird, wie schon erwähnt, wahrscheinlich durch Diffusionseffekte begrenzt. Mit der Diffusion kommen wir zu einem der Hauptprobleme der Fusionsplasmaphysik. Wir haben ja gesehen, daß für einen Fusionsreaktor nach Lawson gewisse Lebensdauern des Plasmas nicht unterschritten werden dürfen. Die Lebensdauern von Plasmen werden nun durch die schon diskutierten Instabilitäten einerseits, durch Diffusionseffekte andererseits bedroht. Die Frage nach der Realisierbarkeit eines Fusionsreaktors hängt deshalb wesentlich davon ab, ob man diese beiden Probleme in befriedigender Weise lösen kann. Wir wollen deshalb den gegenwärtigen Abschnitt über toroidalen Einschluß mit einer Einschaltung über das Diffusionsproblem unterbrechen.

Einschaltung: Diffusion von Plasmen

An dieser Stelle ist das über Plasmagleichgewichte früher Gesagte zu ergänzen. Streng genommen existieren diese Gleichgewichte nur für ideale Plasmen, d.h. für Plasmen, deren Teilchen einander nicht stoßen, die deshalb auch keinen elektrischen Widerstand, keine Diffusion etc. zeigen. In Wirklichkeit gibt es natürlich Stöße in einem Plasma und als Folge davon hat das Plasma einen elektrischen Widerstand und es gibt auch eine Diffusion der Teilchen eines Plasmas quer zum einschließenden Magnetfeld. Deshalb ist die Einschlußzeit von Plasmen auch in stabilen Gleichgewichtskonfigurationen nur endlich groß und man wird sich fragen müssen, wie groß sie dann ist und ob sich daraus Konsequenzen für das Reaktorproblem ergeben. Die Beantwortung dieser Frage stellt sich als überraschend schwierig heraus und endgültige Klarheit ist noch nicht vorhanden.

Ein Plasma stellt zusammen mit seinem Magnetfeld, in das es eingebettet ist, ein anisotropes Medium dar. So ist insbesondere auch die Diffusion eines Plasmas anisotrop. Man muß zwischen der Diffusion in Magnetfeldrichtung und der senkrecht zum Feld unterscheiden, bzw. zwischen den entsprechenden Diffusionskoeffizienten $D_{\parallel}$ und $D_{\perp}$. Formal gesehen ist D eine tensorielle Größe.

Zunächst sind einige Worte zur Diffusion eines normalen isotropen Gases zu sagen. Wie man z.B. mit Hilfe eines „random walk“-Modells sehr anschaulich zeigen kann, hängt die Diffusionskonstante D mit der freien Weglänge λ der Teilchen im Gas und mit deren Stoßfrequenz ν wie folgt zusammen:

$$D = \frac{1}{3}\,\lambda^2\,\nu = \frac{v_{th}^2}{3\,\nu} \tag{XI,46}$$

da die thermische Geschwindigkeit

$$v_{th} = \lambda\,\nu \tag{XI,47}$$

ist. Bei vorgegebener thermischer Geschwindigkeit nimmt die Diffusion mit zunehmender Stoßfrequenz ab. Stöße behindern ja die Diffusion, da sie das diffundierende Teilchen immer wieder abbremsen.

In einem Plasma sind die Teilchen nicht so beweglich, wie in einem Gas. Es gibt dort eine sehr enge Kopplung zwischen dem Plasma und dem Magnetfeld. Stark vereinfacht können wir sagen, daß die Teilchen sich, solange sie nicht stoßen, nur parallel zum Magnetfeld frei bewegen können, senkrecht zum Feld jedoch nicht. Ein Teilchen bewegt sich, solange es keinen Stoß erleidet, auf einer schraubenförmigen Bahn immer um dieselbe magnetische Feldlinie. Projiziert man die Bahn in eine Ebene senkrecht zum Feld, so ergibt sich eine Kreisbahn, deren Radius r_g („Gyrationsradius“) mit der zum Feld senkrechten Komponente der Geschwindigkeit des Teilchens $v_{\perp}$ zusammenhängt:

$$r_g = \frac{m\,v_{\perp}}{e\,B} \tag{XI,48}$$

Diese Kreisbahn wird mit der Gyrationsfrequenz ω_g durchlaufen

$$\omega_g = \frac{e\,B}{m} \tag{XI,49}$$

Dabei ist e die Elementarladung und m die Masse des Teilchens. Nur bei einem Stoß kann das Teilchen senkrecht zum Feld versetzt werden, wobei diese Versetzung im Mittel einen Gyrationsradius r_g ausmacht. Die Diffusion senkrecht zum Feld kann genau wie die Diffusion eines normalen Gases im „random walk"-Modell diskutiert werden und man kann auch hier die Beziehung (XI,46) anwenden, wenn man nur λ durch r_g ersetzt, vorausgesetzt daß $r_g \ll \lambda$ ist. Ist nämlich umgekehrt $\lambda \ll r_g$, dann spielt das Magnetfeld praktisch keine Rolle und das Plasma diffundiert senkrecht und parallel zum Feld wie ein normales Gas in derselben Weise, d.h. isotrop nach Gl. (XI,46). Insgesamt ergibt sich so für ein Plasma im Magnetfeld

$$\left.\begin{aligned} D_{\|} &= \frac{v_{th}^2}{3\nu} \\ D_{\perp} &= \begin{cases} \dfrac{v_{th}^2}{3\nu} & \text{für } \lambda \ll r_g \\ \dfrac{1}{2}\langle r_g^2\rangle \nu = \dfrac{v_{th}^2\,\nu}{3\,\omega_g^2} & \text{für } r_g \ll \lambda \end{cases} \end{aligned}\right\} \qquad \text{(XI,50)}$$

da – im Mittel –

$$\langle r_g^2\rangle = \frac{m^2\,\langle v_\perp^2\rangle}{e^2\,B^2} = \frac{\langle v_\perp^2\rangle}{\omega_g^2} = \frac{2\,v_{th}^2}{3\,\omega_g^2}$$

Der Faktor $\frac{1}{3}$ in der Beziehung (XI,46) mußte dabei wegen der nur zwei Dimensionen, in denen sich die Gyrationsbewegung abspielt, durch $\frac{1}{2}$ ersetzt werden. Die Fallunterscheidung bei $D_\perp$ wird unnötig, wenn man $D_\perp$ wie folgt schreibt:

$$D_\perp = \frac{D_{\|}}{1 + \left(\frac{\omega_g}{\nu}\right)^2} = \frac{v_{th}^2}{3\,\nu\left(1 + \frac{\omega_g^2}{\nu^2}\right)} \qquad \text{(XI,51)}$$

Betrachten wir nun ein Plasma mit dem Radius r_p, so läßt sich dessen Lebensdauer, wie man mit der Diffusionsgleichung zeigen kann, größenordnungsmäßig grob abschätzen:

$$\tau \approx \frac{r_p^2}{D_\perp} \qquad \text{(XI,52)}$$

τ hängt also von der Ausdehnung des Plasmas und über $D_\perp$ von ν ab. Das Problem liegt nun darin, ν zu kennen. $D_\perp$ hängt nach (XI,51) keineswegs monoton von ν ab. Ist zunächst $\nu \ll \omega_g$ (d.h. $r_g \ll \lambda$), so nimmt $D_\perp$ mit zunehmendem ν zu, da die Diffusion quer zum Feld durch Stöße nicht etwa behindert, sondern geradezu erst hervorgerufen wird. Im anderen Fall $\nu \gg \omega_g$ (d.h. $\lambda \ll r_g$) nimmt $D_\perp$ mit weiter zunehmendem ν

wieder ab, da Stöße die Diffusion nun wie in einem normalen Gas behindern und das Magnetfeld keine Rolle mehr spielt (Gyrationsbahnen kommen gar nicht mehr zustande). Dazwischen gibt es ein Maximum, das (wie man durch Nullsetzen der Ableitung $dD_\perp/d\nu$ findet) bei $\nu = \omega_g$ liegt. Dieses Maximum ist

$$D_{\perp\,\max} = \frac{v_{th}^2}{6\,\omega_g} = \frac{k\,T}{2\,e\,B} \tag{XI,53}$$

Wir werden auf diesen Ausdruck noch zurückzukommen haben.

Die Frage ist nun, wie groß die Stoßfrequenz ν in einem Plasma tatsächlich ist. Hier beginnen die Schwierigkeiten, da man je nach den Annahmen in verschiedenen Theorien verschiedene Stoßfrequenzen erhält.

In der normalen Theorie ergibt sich die sogenannte „klassische Stoßfrequenz" und damit die „klassische Diffusion". Sie beruht auf der elektrostatischen Wechselwirkung (nur davon ist die Rede) unter der Voraussetzung, daß diese rein statistisch stattfindet. Ohne auf die Einzelheiten einzugehen, sei hier lediglich festgestellt, daß die klassische Stoßfrequenz ν_{klass} n proportional ist und mit zunehmender Temperatur entsprechend $T^{-3/2}$ abnimmt:

$$\nu_{\text{klass}} \sim n\,T^{-\frac{3}{2}}$$

In einem starken Magnetfeld ist dann

$$D_\perp = \frac{1}{2}\,\langle r_g^2\rangle\,\nu \sim \frac{T}{B^2}\,n\,T^{-\frac{3}{2}} \sim n\,T^{-\frac{1}{2}}\,B^{-2} \tag{XI,54}$$

Damit haben wir das typische Verhalten der „klassischen Diffusion". Sie nimmt mit zunehmender Temperatur etwas ($T^{-1/2}$) und mit zunehmendem Feld stark (B^{-2}) ab. Wir wollen ein Zahlenbeispiel geben. Für ein Wasserstoffplasma mit $T = 10^8$ K, $B = 10^4$ Gauss = 10 T, $n = 10^{21}$ m^{-3} wird $D_\perp \approx 10^{-4}$ m^2 sec^{-1}. Ein stabiles Plasma mit einem Radius von z.B. 1 m hat dann nach Gleichung (XI,52) eine Lebensdauer $\tau \approx 10^4$ sec und damit, für einen Reaktor bei weitem ausreichend, $n\tau \approx 10^{25}$ m^{-3} sec. **Wir finden also, daß die „klassische Diffusion" für einen Fusionsreaktor überhaupt keine Gefahr darstellt.**

Unglücklicherweise gibt es in einem Plasma jedoch nicht nur die beschriebenen klassischen Stöße. Ein Plasma besteht aus vielen geladenen Teilchen, die alle miteinander in elektrostatische Wechselwirkung treten. In einem normalen Gas haben Wechselwirkungen nur eine sehr kleine Reichweite, so daß immer nur zwei Teilchen gleichzeitig miteinander in Stößen reagieren. In einem Plasma ist unter geeigneten Voraussetzungen das Gegenteil der Fall. Die elektrostatischen Kräfte haben eine große Reichweite und es können viele Teilchen gleichzeitig untereinander stoßen. Für ein einzelnes Teilchen wäre die Reichweite sogar unendlich. In einem Plasma ist sie jedoch verringert. Ein Plasma bringt ja mit seinen sehr beweglichen geladenen Teilchen eine Tendenz zur gegenseitigen Abschirmung der Ladungen ins Spiel. Die Reichweite wird dadurch auf einen Wert reduziert, der von Debye und Hückel berechnet wurde und heute als Debye-Länge bezeichnet wird:

$$\lambda_D = \sqrt{\frac{\epsilon_0 \, k \, T}{n \, e^2}} \tag{XI,55}$$

Man kann dann sagen, daß alle Teilchen, die sich innerhalb einer Kugel mit dem Radius einer Debye-Länge befinden, gleichzeitig untereinander in Wechselwirkung befinden. Ihre Zahl ist also etwa

$$N = n \, \lambda_D^3 \tag{XI,56}$$

Sie kann, je nach den Plasmaparametern, größer oder kleiner als 1 sein. Ist sie kleiner als 1, dann treten keine besonderen neuen Effekte auf. Ist sie jedoch größer als 1 oder gar sehr groß im Vergleich zu 1, so führt die gleichzeitige Wechselwirkung vieler Teilchen u.U. zu neuartigen, in normalen Gasen unbekannten Effekten („kollektive", auch „kooperative" oder „anomale" Effekte). Plasmen mit $N \gg 1$ werden deshalb auch als **„kollektive Plasmen"** bezeichnet. Abb. XI,16 zeigt in einem log n-log T-Diagramm die

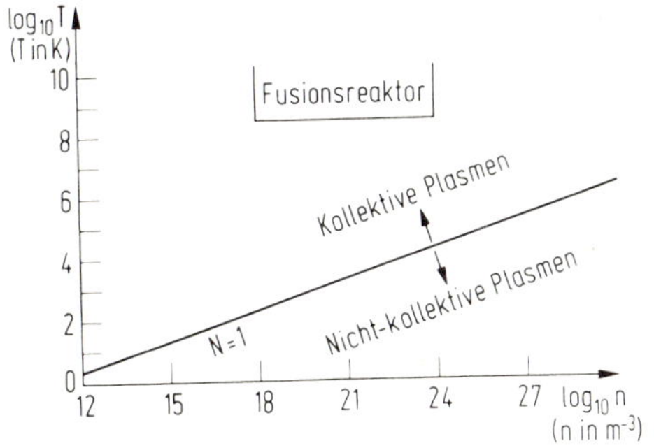

Abb. XI,16. Kollektive und nicht-kollektive Plasmen im n-T-Diagramm

Linie $N = 1$, die die Bereiche kollektiver und nichtkollektiver Plasmen voneinander trennt. Insbesondere fallen die für Fusionsreaktoren geeigneten Plasmen ins kollektive Gebiet und man muß deshalb mit der Möglichkeit kollektiver Effekte in ihnen rechnen. Diese können insbesondere auch zu einer Erhöhung der Stoßfrequenz über den klassischen Wert hinaus („anomale Stoßfrequenz") Anlaß geben und damit zu einer entsprechenden Erhöhung der verschiedenen Transportkoeffizienten, also des spezifischen Widerstandes (was eine „anomale" Ohmsche Heizung bewirkt), der Diffusion senkrecht zum Magnetfeld („anomale Diffusion") etc.

Ein sehr bekanntes Beispiel für das gemeinsame Wirken vieler Teilchen in einem Plasma stellen die „Plasmawellen" dar. Das sind longitudinale Raumladungswellen, die durch das Zusammenspiel von elektrostatischen Kräften und Trägheitskräften zustandekommen und mit einer typischen Frequenz ω_p („Plasmafrequenz“) ablaufen:

$$\omega_p = \sqrt{\frac{n e^2}{m_e \epsilon_0}} \tag{XI,57}$$

Sie spielen durch ihr Auftreten auch in Metallen in der Festkörperphysik ebenfalls eine große Rolle. Sie werden wesentlich durch die Elektronen und deren Trägheit bestimmt, weshalb in Gl. (XI,57) m_e auftritt. Der Unterschied, daß die Ionen im Plasma beweglich sind und im Metall nicht, ist wegen ihrer großen Trägheit im Vergleich zu der der Elektronen deshalb ohne Belang. Äußerst wichtig für uns ist nun die Tatsache, daß Plasmawellen in Plasmen unter geeigneten Umständen instabil anwachsen können („Mikroinstabilitäten“). Wir können dieses sehr interessante Problem hier nicht im einzelnen diskutieren, sondern nur auf die Folgen eines solchen Anwachsens eingehen. Wenn die Plasmawellen große Amplituden erreichen, so hat man im Plasma entsprechend große fluktuierende elektrische Felder. Sie üben Kräfte auf die geladenen Teilchen aus und bewirken so die erwähnte Erhöhung der Stoßfrequenz. Wie es in der Festkörperphysik üblich ist, kann man die Anregungszustände von Wellen durch Quasiteilchen beschreiben. Für die Plasmawellen sind das die „Plasmonen“. In diesem Sinne kann man ein vollständig ionisiertes Plasma als ein Dreikomponentenplasma bestehend aus Ionen, Elektronen und Plasmonen betrachten. Die zusätzliche Wechselwirkung mit den nun vorhandenen Plasmonen erhöht in diesem Bild die Stoßfrequenz der Elektronen bzw. Ionen. Solche Betrachtungen gestatten noch keine Vorhersage der Stoßfrequenz. Sie hängt von der Dichte der Plasmonen (d.h. von der Amplitude der fluktuierenden Felder) ab. Wir wissen jedoch, daß $D_\perp$ im schlimmsten Fall ($\nu = \omega_g$) den durch Gl. (XI,53) gegebenen Wert haben kann. Wir wollen die dem entsprechende Diffusion als Bohm-Diffusion bezeichnen. Bohm hatte nämlich bereits 1949, allerdings ohne Ableitung oder Begründung, eine Diffusionskonstante $D_\perp$ angegeben, die bis auf einen für uns unerheblichen Zahlenfaktor diesem Wert entsprach (meistens wird der von Bohm gegebene Wert $\frac{1}{16}\frac{kT}{eB}$ als Bohm-Diffusion bezeichnet). Die Bohm-Diffusion hat lange Zeit eine rätselhafte Rolle in der Plasmaphysik gespielt, da man damals von dem Zusammenhang mit kollektiven Effekten noch nichts gewußt hat. Unsere Diskussion läßt sich nun in der Aussage zusammenfassen, daß die „klassische“ Diffusion eine untere, die Bohm-Diffusion eine obere Grenze für die mögliche Diffusion eines Plasmas quer zu einem Magnetfeld darstellt:

$$D_{\perp\,\mathrm{klass}} \leqslant D_\perp \leqslant D_{\perp\,\mathrm{BOHM}} = \frac{k\,T}{2\,e\,B} \tag{XI,58}$$

Betrachten wir deshalb das im Anschluß an Gl. (XI,54) diskutierte Zahlenbeispiel auch für den Fall der Bohm-Diffusion, so wird $D_{\perp\,\mathrm{BOHM}} \approx 4 \cdot 10^2\ \mathrm{m^2\ sec^{-1}}$, $\tau \approx 2{,}5 \cdot 10^{-3}$ sec und $n\tau \approx 2{,}5 \cdot 10^{18}\ \mathrm{m^{-3}}$ sec viel zu klein für einen Reaktor.

Damit sehen wir ganz deutlich, warum die Frage der Diffusion zu einer Kernfrage wurde. Eine Zeit lang war die pessimistische Ansicht verbreitet, daß die Diffusion von Plasmen im Fusionsbereich ihrer oberen Grenze stets nahe sein müsse. Das ist jedoch nicht begründet und es gibt neben Experimenten, in denen man Bohm-Diffusion fand oder zu finden glaubte, auch solche, die diese Ansicht zu widerlegen scheinen. Dazu gehören insbesondere Θ-Pinche und Tokamaks, ferner auch manche Stellaratorexperimente, auf die wir noch eingehen müssen. Was z.B. die Messungen am Tokamak betrifft, so liegt die gefundene Einschlußzeit zwar um einen nicht unerheblichen Faktor über der Zeit, die im Falle von Bohm-Diffusion zu erwarten wäre, aber auch unter der klassisch zu erwartenden Zeit, d.h. also im Sinne unserer Ungleichung (XI,58) irgendwo dazwischen. Mit endgültigen Schlußfolgerungen muß man noch sehr vorsichtig sein und weitere, genauere Messungen, die allerdings sehr schwierig sind, abwarten.

Wir können diese Einschaltung zur Diffusion nicht ohne einige weitere Bemerkungen abschließen. Wir müssen insbesondere klarstellen, daß das Diffusionsproblem im Grunde noch viel komplizierter ist, als der bisherigen Darstellung zu entnehmen ist. Das was wir bisher als klassische Diffusion diskutiert haben, trifft genau genommen nur auf ebene Probleme zu. In toroidaler Geometrie ist die Diffusionskonstante $D_\perp$ mit verschiedenen Korrekturen zu versehen. Wir wollen uns hier auf eine kurze Erläuterung der sehr wichtig gewordenen Pfirsch-Schlüter-Diffusion beschränken. Dazu ist zunächst das früher über Plasmagleichgewichte Gesagte zu vertiefen. Multipliziert man Gl. (XI,22) skalar mit $\boldsymbol{B}$ bzw. $\boldsymbol{j}$, so ergibt sich

$$\boldsymbol{B} \cdot \operatorname{grad} p = 0 \qquad \text{(XI,59)}$$

$$\boldsymbol{j} \cdot \operatorname{grad} p = 0 \qquad \text{(XI,60)}$$

Daraus ergibt sich ein wichtiger Satz. **Magnetfelder und Stromdichten liegen in den Flächen konstanten Drucks.** In den oben diskutierten rotationssymmetrischen Torusgleichgewichten (Screw-Pinch oder Tokamak) sind diese Flächen konstanten Drucks selbst rotationssymmetrische toroidale Flächen. Folgen wir einer magnetischen Kraftlinie (oder einer Stromlinie), die auf einer dieser Flächen beginnt, so wird sie diese Fläche nie verlassen. Sie wird sich im allgemeinen aber auch nicht schließen. Der Leser sei hier vor dem oft erwähnten, dennoch falschen Satz gewarnt, quellenfreie Felder (z.B. Magnetfelder) müßten sich entweder schließen oder ins Unendliche laufen. Wir haben in unserem Torus ein leicht durchschaubares Gegenbeispiel. Man kann sich die toroidale Fläche p = konstant geradezu durch das auf ihr verlaufende Magnetfeld erzeugt vorstellen (falls sich die Kraftlinie nicht nach einer gewissen Anzahl von Umläufen schließt, was möglich, aber nicht notwendig ist). Man nennt diese Flächen deshalb auch „**magnetische Flächen**“. Das Verhalten einer Kraftlinie auf einer solchen magnetischen Fläche wird nun durch eine für toroidale Gleichgewichte grundlegende Größe, die „Rotationstransformation“ ι (oder $\bar{\iota}$, „jota quer“) gekennzeichnet. ι ist der Winkel, um den eine Kraftlinie nach einem Umlauf um den ganzen Torus wieder zu ihrer anfänglichen Meridianebene zurückkehrend entsprechend Abb. XI,17 versetzt ist. Die Kraftlinie durchstößt die Meridianebene im Punkt P_1 und nach einem Umlauf im Punkt P_2. Wenn das Plasma hinreichend schlank ist, kann man ι näherungsweise aus

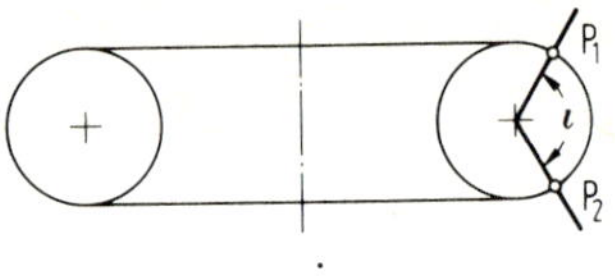

Abb. XI,17. Zur Definition der Rotationstransformation

dem azimutalen Feld B_φ und dem azimutalen Strom J_φ innerhalb der betrachteten magnetischen Fläche berechnen (die zylindrisch mit dem Radius r sei):

$$t = \frac{\iota}{2\pi} = \frac{R\,B_\Theta}{r\,B_\varphi} = \frac{\mu_0\,R\,J_\varphi}{2\,\pi\,r^2\,B_\varphi} \qquad \text{(XI,61)}$$

Damit läßt sich übrigens die früher, Gl. (XI,44), diskutierte Kruskal-Shafranov-Grenze so ausdrücken:

$$t < 1 \qquad \text{(XI,62)}$$

t, die durch die Zahl der Umdrehungen der Kraftlinie um die Plasmasäule herum ausgedrückte Rotationsformation, kann rational oder irrational sein. Ist t irrational, so schließen sich die Kraftlinien nicht und wir haben es mit einer magnetischen Fläche im obigen Sinne zu tun. Ist t rational (z.B. $t = q/p$), so schließen sich die Kraftlinien nach p Umläufen um den Torus und q Umläufen um die Plasmasäule (vorausgesetzt daß p und q die kleinsten ganzen Zahlen sind, mit denen man t darstellen kann).

Das Ergebnis von Pfirsch und Schlüter ist nun, daß die senkrechte Diffusionskonstante in einer toroidalen Anordnung wie z.B. dem noch zu diskutierenden Stellarator um einen von t abhängigen Faktor vergrößert ist:

$$D_{\perp\,\mathrm{PS}} = D_{\perp\,\mathrm{klass}}\,(1 + \frac{2}{t^2}) \qquad \text{(XI,63)}$$

Es ist zu betonen, daß es sich im Sinne unserer obigen Diskussion um einen von der Geometrie herrührenden Effekt klassischer Diffusion handelt und nicht etwa um eine mit kollektiven Effekten zusammenhängende Anomalie. Um dieses Resultat wenigstens qualitativ zu erläutern, kehren wir noch einmal zu unserer Abb. XI,12 zurück. Wir haben dort anschaulich erklärt, warum ein reiner Θ-Pinch kein toroidales Gleichgewicht liefert. Der Grund liegt darin, daß das Magnetfeld an der Innenseite größer als an der Außenseite des Plasmas ist. Wenn man von einer solchen Anordnung zu einem Gleichgewicht übergehen will, so kann man dazu etwa die Stromdichten innen kleiner, außen größer machen (es kommt ja auf $\boldsymbol{j} \times \boldsymbol{B}$ an). Das würde jedoch zur Ausbildung von elektrischen Raumladungen führen, da das so entstehende $\boldsymbol{j}$-Feld zunächst nicht quellenfrei wäre. Das muß durch zusätzliche sogenannte „Ausgleichsströme" parallel zu den magnetischen Feldlinien verhindert werden, was natürlich nur beim Vorhandensein von Rotationstransformation möglich ist (da sonst keine Kraftlinien von innen nach außen und umgekehrt führen). Die zusätzlichen Ausgleichsströme bewirken eine Erhöhung der Jouleschen Leistung und diese, wegen eines allgemeinen Zusammenhangs zwischen Diffusion und Dissipation, eine Erhöhung der Diffusion, nämlich um den Pfirsch-Schlüter-Faktor in Gl. (XI,63). Diese Ergebnisse können z.B. auf die Stellaratoren (nächster Abschnitt) angewandt werden, nicht jedoch auf Tokamaks (das induzierte azimutale elektrische Feld muß dort mitberücksichtigt werden), auch nicht auf M+S-Gleichgewichte (nächster Abschnitt), die mit anderen Methoden und ohne Rotationstransformation erzielt werden.

Damit beschließen wir diesen eingeschobenen Abschnitt über Diffusion und kehren zu unserer Diskussion des toroidalen Plasmaeinschlusses zurück, um diese mit den nicht rotationssymmetrischen Konfigurationen fortzusetzen.

4.2 Nicht rotationssymmetrische toroidale Anordnungen

Es gibt verschiedene Methoden toroidale Gleichgewichte unter Verzicht auf Rotationssymmetrie herzustellen. Eine im Prinzip einfache Methode führt zum **M+S-Torus** von Meyer und Schmidt. Hier werden die magnetischen Kraftlinien und das Plasmavolumen in azimutaler Richtung so gewellt, daß die Druckunterschiede (die den reinen Θ-Pinch-Torus zerstören) ausgeglichen werden. Das wird, grob gesagt, dadurch erreicht, daß man die Kraftlinien innen und außen gleich lang macht. Die so entstehende Konfiguration ist in Abb. XI,18 gezeigt. Sie hat geschlossene Kraftlinien ($\iota = 0$) und dadurch

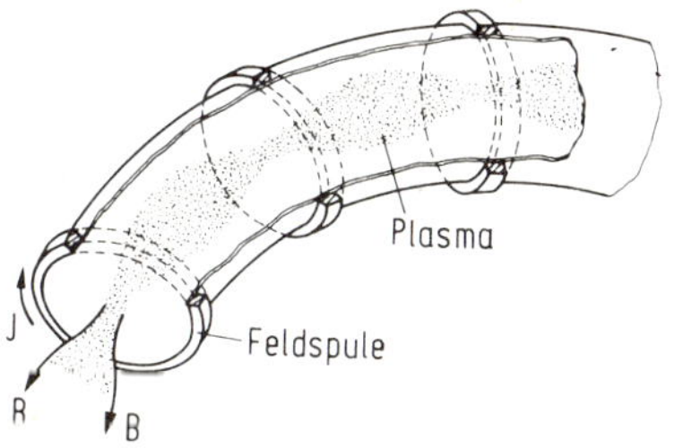

Abb. XI,18. Schema eines „M+S"-Torus

recht singuläre Eigenschaften. Es ist nicht klar, ob man mit ihrer Hilfe hoffen kann, heiße Fusionsplasmen in befriedigender Weise einzuschließen. Jedenfalls hat sie bisher kein so großes Interesse gefunden, wie die auf einem ganz anderen Prinzip beruhenden **Stellaratoren**. Bei diesen erzeugt man mit Hilfe geeigneter Spulen ein azimutales Magnetfeld wie beim Tokamak auch. Zusätzlich umgibt man den Torus jedoch mit schraubenförmig um ihn gelegten „helikalen" Windungen, die paarweise angeordnet sind und von Strömen in abwechselnder Richtung durchflossen sind. Die Zahl der Paare helikaler Windungen wird üblicherweise mit ℓ bezeichnet. Das Gleichgewicht wird durch die meridionalen Magnetfeldkomponenten der helikalen Ströme bewirkt und Plasmaströme wie im Tokamak oder Screw-Pinch sind deshalb nicht nötig. Die meridionalen Komponenten erzeugen auch eine Rotationstransformation ι, die nicht wie beim M+S-Torus verschwindet. Ein schematisches Beispiel ($\ell = 3$) eines Stellarators ist in Abb. XI,19 zu sehen.

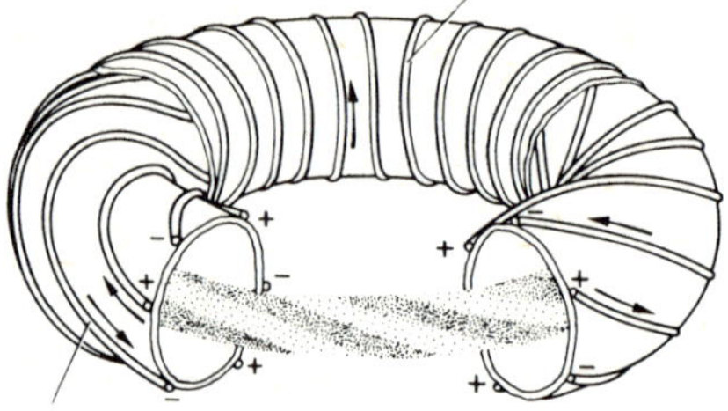

Abb. XI,19. Beispiel einer Stellaratoranordnung mit 3 Paaren helikaler Windungen ($\ell = 3$)

Stellaratoren wurden experimentell sehr intensiv untersucht, insbesondere im Hinblick auf die Diffusionsfrage, die ja, wie wir sahen, ganz entscheidend ist. Die Interpretation und Diskussion der Ergebnisse ist äußerst schwierig und noch nicht abgeschlossen. Es scheint jedoch keineswegs so zu sein, daß, wie zunächst manchmal behauptet wurde, stets Bohm-Diffusion auftreten muß.

Als sehr merkwürdig und interessant hat sich der Einfluß der Rotationstransformation auf die Plasmaverluste erwiesen, der bisher noch nicht wirklich verstanden werden konnte. Und zwar haben von Gierke und seine Mitarbeiter am „Wendelstein"-Stellarator (Abb. XI,20) gefunden, daß die Teilchendichte des Plasmas in einem Stellarator mit zunehmender Rotationstransformation im Mittel zunimmt, d.h. die Diffusionsverluste umgekehrt abnehmen. Das stimmt mindestens qualitativ mit der Pfirsch-Schlüter-Formel (XI,63) überein. Diesem Gang überlagern sich jedoch tiefe Einbrüche der Dichte, d.h. große Plasmaverluste, bei rationalen Werten von ι. Die Einbrüche sind um so tiefer, aus je kleineren ganzen Zahlen die Rotationstransformation besteht. Abb. XI,21 zeigt ein Beispiel für eine solche Messung.

Vergleicht man Tokamak und Stellarator im Hinblick auf die erreichbaren Plasmaparameter (Temperatur, Dichte, Einschlußzeit) so schneidet bei Temperatur und Dichte das Tokamak, bei der Einschlußzeit der Stellarator besser ab. Im ganzen wäre nach den bisherigen Ergebnissen dem Tokamak der Vorzug zu geben. Technisch gesehen wäre umgekehrt der Stellarator vorzuziehen. Es ist ein Nachteil der rotationssymmetrischen Anordnungen (Tokamak und Screw-Pinch), daß man zur Erzielung eines Gleichgewichtes den Plasmastrom braucht. Diesen muß man induzieren und das ist nur in gepulster Weise möglich. Ein Stellarator kann demgegenüber prinzipiell (d.h. soweit Stabilität und Diffusion das erlauben) stationär betrieben werden und könnte so Ausgangspunkt eines wirklich stationären Reaktors sein.

Abb. XI,20. Der „Wendelstein"-Stellarator des Max-Planck-Institutes für Plasmaphysik (Garching)

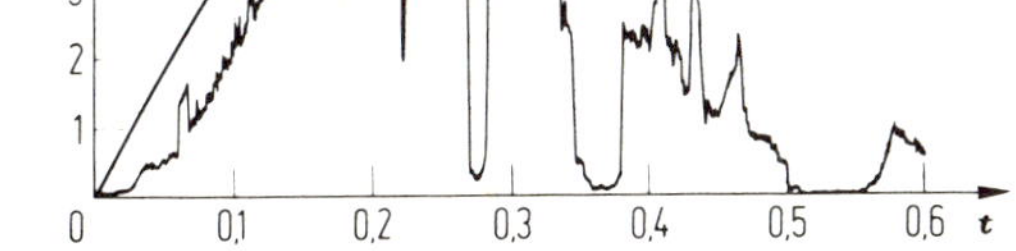

Abb. XI,21. Die Teilchendichte im Wendelstein-Stellarator als Funktion der Rotationstransformation des Magnetfeldes (ι)

5. Spiegelmaschinen

Spiegelmaschinen sind offene Anordnungen, die sich von einem Θ-Pinch im wesentlichen nur dadurch unterscheiden, daß man das Magnetfeld zu den Enden hin ansteigen läßt. Das bewirkt, wie wir noch diskutieren müssen, daß die auf die Enden zulaufenden Teilchen je nach den Umständen teilweise wieder ins Innere zurücklaufen. Man spricht deshalb von der „Reflexion" der Teilchen an einem „magnetischen Spiegel".

Bei der Bewegung eines geladenen Teilchens in einem Magnetfeld steht die vom Feld auf das Teilchen ausgeübte Lorentzkraft senkrecht auf seiner Geschwindigkeit. Das Feld ändert deshalb die kinetische Teilchenenergie nicht,

$$\frac{1}{2} m \mathrm{v}^2 = \text{konstant} \qquad \text{(XI,64)}$$

Wenn, wie in Abb. XI,22 das Magnetfeld z.B. nach rechts zunimmt, so hat die Lorentzkraft eine Komponente nach links, d.h. in Richtung abnehmenden Feldes. Die Frage ist,

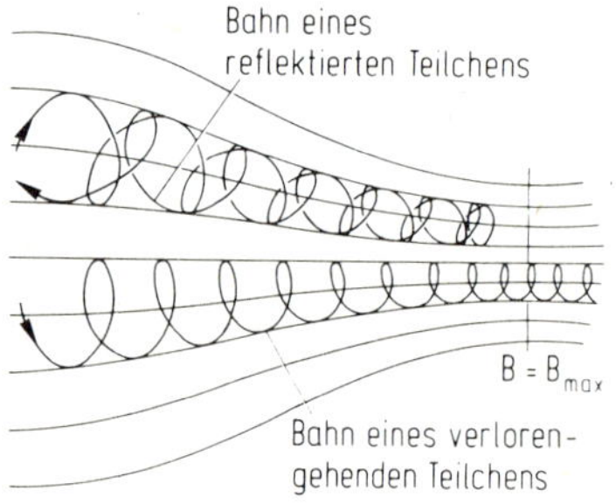

Abb. XI,22. Teilchenbahnen in einem magnetischen Spiegel (schematisch)

ob diese Kraftkomponente das Teilchen vor Erreichen des Feldmaximums reflektiert oder nicht. Im allgemeinen ist das ein numerisches Problem und eine umfassende einfache Antwort ist nicht möglich. Im sogenannten „adiabatischen" Fall jedoch kann man eine allgemeinere Aussage machen. **Wenn sich das Magnetfeld während einer Gyration des Teilchens relativ wenig ändert, dann ist das magnetische Moment des Teilchens in guter Näherung eine Konstante seiner Bewegung.** Das ist der Satz von der „adiabatischen Invarianz" des magnetischen Moments. Es ist wie üblich als Produkt aus Strom J und umfahrener Fläche F definiert:

$$\mu = J F = e \frac{\omega_g}{2\pi} r_g^2 \pi = \text{konstant} \qquad \text{(XI,65)}$$

r_g und ω_g sind bekannt (Gl. (XI,47) und (XI,48)) und damit wird

$$\mu = \frac{\frac{1}{2} m \mathrm{v}_\perp^2}{B} = \text{konstant} \qquad \text{(XI,66)}$$

Andererseits ist nach Gl. (XI,64)

$$v_\perp^2 + v_\parallel^2 = \text{konstant} \tag{XI,67}$$

Läuft also ein Teilchen in Richtung zunehmenden Feldes, so nimmt $v_\perp^2$ wie B zu und $v_\parallel^2$ deshalb ab. Wir untersuchen nun eine Spiegelmaschine, die entsprechend Abb. XI,23 aus zwei magnetischen Spiegeln besteht. Das minimale Feld in der Mitte wird mit B_0

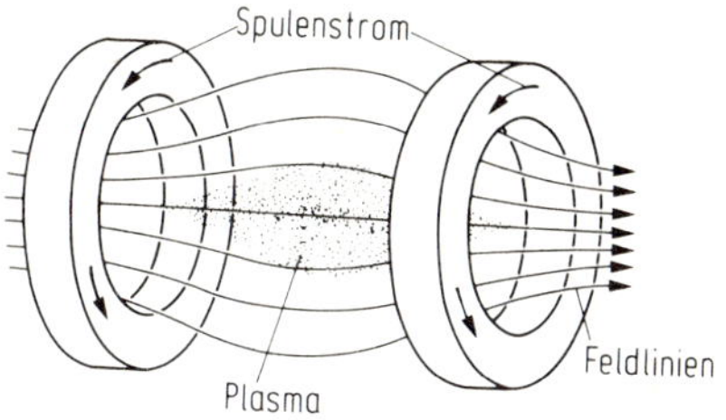

Abb. XI,23. Schema einer Spiegelmaschine

bezeichnet, die maximalen Felder in den beiden Spiegeln mit B_{max}. In der Mitte beim Feld B_0 laufe nun ein Teilchen unter einem Winkel $\alpha_0 = \operatorname{arctg} \frac{v_{\perp 0}}{v_{\parallel 0}}$ mit der Achse los. Es kann gerade bis zum Feld B_{max} vordringen, wenn das „Spiegelverhältnis" $S = \frac{B_{max}}{B_0}$ gegeben ist durch

$$S = \frac{B_{max}}{B_0} = \frac{v_{\perp max}^2}{v_{\perp 0}^2} = \frac{v_{\perp 0}^2 + v_{\parallel 0}^2}{v_{\perp 0}^2} = \frac{1}{\sin^2 \alpha_0} \tag{XI,68}$$

Daraus läßt sich ablesen, daß die Teilchen, deren Winkel $\alpha_0 = \arcsin \frac{1}{\sqrt{S}}$ ist, gerade noch reflektiert werden. Teilchen mit kleinerem Winkel α_0 gehen verloren, solche mit größerem Winkel α_0 werden bereits vor Erreichen des Feldmaximums reflektiert. Der Winkel $\arcsin \frac{1}{\sqrt{S}}$ definiert deshalb den „Verlustkegel", wie man den Bereich im Geschwindigkeitsraum der Teilchen nennt, aus dem diese verloren gehen. Die Teilchen außerhalb des Verlustkegels bleiben eingeschlossen. All das bezieht sich auf einzelne Teilchen, die sich ungestört, insbesondere ohne Stöße, bewegen.

Das Bild ändert sich recht wesentlich, wenn man nun Stöße in Betracht zieht. Stöße verändern die Bewegungsrichtung der Teilchen. Teilchen, die vor einem Stoß nicht im Verlustkegel waren, können durch ihn in den Verlustkegel geraten. Dazu wird etwa eine mittlere Stoßzeit nötig sein. Die Einschlußzeit in einer Spiegelmaschine ist also gerade von der Größenordnung der mittleren Stoßzeit. Im günstigsten Fall kann diese den „klassischen" Wert annehmen. Nun ist die klassische Stoßfrequenz ν für Ionen-Ionen-

Stöße (Ionen-Elektronen-Stöße spielen nur eine Nebenrolle) in einem Deuteriumplasma als Funktion der Temperatur (wir können sie etwa auch für ein Deuterium-Tritium-Plasma benutzen) in Abb. XI,3 gegeben. Man kann daraus entnehmen, daß $n\tau$-Werte wie sie für einen d-t-Reaktor nötig wären (etwa $5 \cdot 10^{19}$ m^{-3} sec) Temperaturen von mindestens 100 keV erforderlich machen. Spiegelmaschinen würden also im günstigsten Fall (d.h. wenn die Stöße „klassisch" sind) bereits Temperaturen benötigen, die höher als bei anderen Reaktoren wären. An sich kann ja ein Fusionsreaktor (d-t) mit 30 keV Temperatur auskommen. Es ist deshalb fraglich, ob man mit Spiegelmaschinen die für Reaktoren nötigen Bedingungen erreichen kann, zumal anomale Effekte das Problem u.U. weiter erschweren können. Andererseits sollte man jedoch nicht übersehen, daß mit Spiegelmaschinen schöne experimentelle Erfolge erzielt werden konnten. So hat man mit der Maschine 2X in Livermore (USA) Ionentemperaturen von etwa 6–8 keV bei Dichten von ca. $5 \cdot 10^{19}$ m^{-3} mit Einschlußzeiten von ca. 1 msec hergestellt.

6. Zusammenfassung

Der Überblick über die im Zusammenhang mit dem Fusionsreaktorproblem durchgeführten wichtigsten Experimente hat gezeigt, daß man endgültige Aussagen über die Zukunft noch nicht machen kann. Es gibt sehr viele noch offene Fragen, die teils physikalischer, teils technischer Natur sind. Wir haben uns auf die grundlegenden physikalischen Probleme konzentriert. Zwei davon sind von besonderer Bedeutung und ihre Lösung dürfte entscheidend sein. Es handelt sich um die makroskopischen Instabilitäten einerseits und die durch mikroskopische Instabilitäten unter Umständen anomal verstärkte Diffusion. Man muß diese Effekte noch besser verstehen und auch experimentell zu beherrschen lernen, da man sonst das für Reaktoren notwendige (noch nicht hinreichende) Lawson-Kriterium nicht erfüllen kann.

Literatur

Die Literatur zum gegenwärtigen Kapitel ist sehr umfangreich. Das folgende Verzeichnis bietet nur eine sehr kleine Auswahl. Zu den plasma-physikalischen Grundlagen seien folgende Werke genannt:

L. A. Arzimowitsch: „Elementare Plasmaphysik", Akademie Verlag, Berlin 1972

L. Spitzer, Jr.: „Physics of Fully Ionized Gases", 2nd ed., Interscience Publ., Inc., N. Y. 1962

G. Schmidt: „Physics of High Temperature Plasmas", Academic Press, Inc., N. Y. 1966

D. A. Frank–Kamenezki: „Vorlesungen über Plasmaphysik", VEB Deutscher Verlag der Wissenschaften, Berlin 1967

F. Cap: „Einführung in die Plasmaphysik", 3 Bände, Friedr. Vieweg u. Sohn GmbH, Braunschweig 1970

J. E. Drummond (Herausgeber): „Plasma Physics", McGraw Hill, N. Y. etc., 1961

W. B. Kunkel (Herausgeber): „Plasma Physics in Theory and Application", McGraw Hill, N. Y. etc., 1966

Spezieller, aber sehr interessant ist:

S. Chandrasekhar: „Hydrodynamic and Hydromagnetic Stability", At the Clarendon Press, Oxford 1961

Das Fusionsproblem wird, teilweise zusammen mit den Grundlagen, beispielsweise behandelt in:

L. A. Arzimowitsch: „Gesteuerte thermonukleare Reaktionen", Akademie-Verlag, Berlin 1965

S. Glasstone und R. H. Lovberg: „Kontrollierte thermonukleare Reaktionen", Verlag Karl Thiemig KG, München 1964

D. J. Rose and M. Clark, Jr.: „Plasmas and Controlled Fusion", MIT Press and J. Wiley, N. Y. London, 1961

A. S. Bishop: „project Sherwood", Addison-Wesley Publ. Comp., Inc., Reading, 1958

XII. KAPITEL

Aufbau der Sterne

(Kurt Hunger, Berlin)

1. Einleitung

1.1 Allgemeiner Überblick

Ein Stern wie unsere Sonne ist eine Kugel heißen Gases, die sich durch Eigengravitation zusammenhält. Wir können nicht in das Innere eines Sternes hineinsehen (sofern man von Neutrinostrahlung absieht), da die den Stern verlassende Strahlung aus einer nur dünnen Oberflächenschicht stammt. Diese Schicht – Sternatmosphäre genannt – ist nämlich bereits in einer Mächtigkeit von nur ca. 300 km für sichtbare Strahlung optisch dick (d.h. Strahlung aus Tiefen > 300 km wird absorbiert und erreicht die Oberfläche nicht), wohingegen der Sternradius (Beispiel Sonne) 700000 km beträgt. Wenn wir dennoch glauben, zuverlässige Aussagen über den inneren Aufbau wie die Verteilung von Temperatur, Druck und Dichte im Sterninnern machen zu können, so deshalb, weil die Physik der Materie bei hohen Temperaturen unvergleichlich übersichtlicher ist als bei niedrigen Temperaturen; man denke beispielsweise an Festkörper oder aber auch an den komplizierten Aufbau der Erde. Bei den in den Sternen herrschenden Temperaturen von Millionen Grad und mehr besteht die Materie im wesentlichen aus nackten Atomkernen und freien Elektronen, auf die wegen der enormen Zahl der Teilchen (10^{57} Teilchen in der Sonne) unbedenklich die einfachen Gesetze der Statistik und Thermodynamik angewendet werden können.

Die Sterne strahlen fortlaufend gewaltige Energiemengen ab. Diese Energien entstammen überwiegend der Kernfusion und zu einem geringeren Teil der Gravitationsenergie der Sterne. Die Vorgänge laufen deshalb weitgehend irreversibel ab. Dies bedeutet, daß sich die Sterne entwickeln. Man unterscheidet nach dem Modus der Energieumsetzung zwei Zeitskalen: die nukleare und die Gravitationszeitskala. Nach Ablauf dieser charakteristischen Zeiten ändert sich ein Stern in seinen Eigenschaften drastisch. Bei der Sonne liegt die nukleare Zeitskala in der Größenordnung einiger 10^9 Jahre, bei den heißen O-Sternen hingegen in der Größenordnung von 10^5 Jahren. Es gibt also junge und alte Sterne. Der O-Stern, den man heute beobachtet, kann nur innerhalb der letzten 10^5 Jahre entstanden sein. Vergleichsweise dazu ist das Alter des Universums mit etwa 10^{10} Jahren anzusetzen. Die Astronomen hegen deshalb keine Zweifel, daß fortlaufend Sterne durch Kondensation interstellarer Materie neu gebildet werden.

Ein junger, kontrahierender Stern „lebt" zunächst von seiner Gravitationsenergie. Nach Ablauf der „Gravitationszeit", die bei der Sonne in der Größenordnung von 10^7 Jahren liegt, erreichen die Temperaturen im Zentrum den kritischen Wert, bei dem die Kernreaktionen (Fusion von Wasserstoff zu Helium) zünden, die eine weitere Kontraktion verhindern. Der Stern befindet sich jetzt in einem fein einregulierten Gleichgewicht, bei dem die sekundlich an der Oberfläche emittierte Energie genau kompensiert ist durch die im Inneren erzeugte Energie. In dieser langlebigen Phase (Nuklearzeitskala) ist der Stern ein Hauptreihenstern. Die meisten Sterne sind Hauptreihensterne. Die weitere Entwicklung verläuft differenzierter und wesentlich rascher (etwa wieder mit der Gravitationszeitskala). Die Endphase der Sternentwicklung stellen die Weißen Zwerge, die Neutronensterne oder gar die Schwarzen Löcher dar.

Die oben geschilderten Entwicklungen verlaufen viel zu langsam, um am Einzelobjekt beobachtet werden zu können. Erst die Beobachtungen an einem größeren Ensemble von gleichartigen, gleichalten Sternen (Sternhaufen), die gewissermaßen in einer Momentphotographie die verschiedenen Phasen der Einzelsterne festhalten, lassen den Entwicklungsgang erkennen.

1.2 Historische Bemerkungen

Der Gegenstand (Sternaufbau und Entwicklung) ist noch nicht alt, ebensowenig wie die Astrophysik selbst. 1907 erschien von R. Emden das Buch „Gaskugeln", in dem versucht wird, den Aufbau der Sterne zu beschreiben, und zwar allein unter Voraussetzung und Kenntnis des hydrostatischen Gleichgewichts. 1905 formulierte K. Schwarzschild das für den Energietransport so wichtige Strahlungsgleichgewicht. Mit Kenntnis des Strahlungsgleichgewichts gelang es A. S. Eddington, die sogen. Masse-Leuchtkraft-Beziehung abzuleiten. 1926 erschien sein berühmtes Buch „Der Innere Aufbau der Sterne". Ein weiterer Meilenstein war die Theorie der Weißen Zwerge von R. H. Fowler und S. Chandrasekhar 1939 (in diesen Sternen ist wegen der extrem hohen Dichte die Materie entartet). Etwa zur selben Zeit zeigten H. Bethe und C. F. von Weizsäcker, daß die Sterne ihre Energie von der Fusion des Wasserstoffs zu Helium beziehen. Ohne die Einführung des Computers wäre die weitere Entwicklung nicht möglich gewesen. Hiermit gelang es jetzt, realistische Modelle sowie ganze Entwicklungssequenzen zu berechnen. Erste Zwischenbilanz findet sich in dem bekannten Buch von M. Schwarzschild „Structure and Evolution of the Stars" von 1958. Inzwischen liegt eine Vielzahl numerischer Entwicklungssequenzen vor, so daß der Entwicklungsweg eines Sternes fast lückenlos übersehen wird. (Weitere Literaturangaben finden sich am Ende des Kapitels.)

2. Beobachtungen

2.1 Integrale Zustandsgrößen

Beobachtet werden primär die sogenannten integralen Zustandsgrößen der Sterne wie die Masse M, der Radius R, die Leuchtkraft L, d.h. die über alle Wellenlängen integrierte Energie, die der Stern pro sek. abstrahlt, sowie die Effektivtemperatur T_{eff}. L und T_{eff} hängen miteinander zusammen; denn es gilt nach dem Stefan-Boltzmannschen Gesetz:

$$L = 4\,\pi R^2\ \sigma T_{eff}^4 \qquad \text{(XII,1)}$$

(Gleichung XII,1 definiert T_{eff}. T_{eff} ist etwa gleich der Oberflächentemperatur T_0; $\sigma = 5{,}67 \cdot 10^{-5}$ cgs-Einheiten). Es ist die Aufgabe der Theorie, Korrelationen zwischen diesen Zustandsgrößen zu finden wie z.B. L (T_{eff}) (Hertzsprung-Russell-Diagramm = H.-R.-D.) oder L (M) (Masse-Leuchtkraft-Beziehung), die man dann anhand der Beobachtungen nachkontrollieren kann.

Eine weitere interessante Möglichkeit des Vergleichs mit der Beobachtung bietet die (bislang allerdings noch nicht mit Sicherheit nachgewiesene) Neutrinostrahlung, da sie den Stern ungehindert verläßt und somit direkte Kunde von dem physikalischen Zustand des Sterninneren gibt. Ferner hängt die Pulsationsperiode eines radial pulsierenden Sternes wie z.B. eines Cepheiden-Variablen von der Dichte-Verteilung im Inneren ab. Die beobachteten Perioden lassen damit in gewissen Grenzen Schlüsse auf die Dichte-Verteilung zu. In ähnlicher Weise kann man Aussagen über den Dichteverlauf im Inneren aus der Rotation der Absidenlinie bei engen Doppelsternen erhalten. Die Absidenlinie markiert die Lage der großen Halbachse der Bahnellipse. Im Zweikörperproblem (zwei Massenpunkte) ist deren Lage invariant. Sind die Massen jedoch ausgedehnt, so rotiert aufgrund der gegenseitigen Verformung die Absidenlinie (Störungstheorie!) und zwar um so rascher, je ausgedehnter die Massen sind.

Alle obengenannten Größen wie z.B. die Lage eines Sternes im H.-R.-D. hängen schließlich von der chemischen Zusammensetzung des betreffenden Sternes ab. Die quantitative Analyse der Sternspektren liefert uns Aussagen darüber, genauer gesagt nur über die Zusammensetzung der Atmosphären, d.h. der äußersten Schichten. Ist für einen Stern jedoch die Lage im H.-R.-D. und darüberhinaus eine weitere Zustandsgröße wie Masse oder Radius bekannt, so kann man, unabhängig von der Spektralanalyse, durch Vergleich mit der Theorie in gewissen Grenzen seine chemische Zusammensetzung erschließen.

Im folgenden werden kurz die Meßmethoden skizziert und der (enorme) Bereich der vorkommenden integralen Zustandsgrößen demonstriert.

Die **Masse** M erhält man aus der Gravitationswirkung. Für die Sonne folgt die Masse aus der Bewegung der Erde um die Sonne (3. Keplersches Gesetz):

$$M_\odot = 2{,}0 \cdot 10^{33}\ \mathrm{g}$$

Eine direkte Bestimmung der Masse ist sonst nur bei Doppelsternen möglich. Das 3. Keplersche Gesetz in der Verallgemeinerung, die die Bewegung beider Massen um den Schwerpunkt berücksichtigt, lautet

$$M_1 + M_2 = a^3/U^2 ,$$

wenn die Massen in Einheiten von $M_\odot$, die große Halbachse a in Einheiten des Erdbahnradius (150 Millionen km) und die Periode U in Jahren ausgedrückt ist. Nur bei visuellen Doppelsternen kann man, soweit die Entfernung bekannt ist, a und damit die Massensumme bestimmen. Das Massenverhältnis ergibt sich aus der Bewegung der Massen M_1 und M_2 um den Schwerpunkt. Es gilt dann $M_1/M_2 = a_2/a_1$ mit $a_1 + a_2 = a$. Nur etwa ein Dutzend Systeme sind bisher zuverlässig bestimmt.

Ungleich größeres Material liegt bei den spektroskopischen Doppelsternen vor. Bei diesen sind die beiden Sterne im Teleskop nicht getrennt auflösbar. Im Spektrum aber erscheinen die Linien doppelt, mit einer periodischen Verschiebung und Überkreuzung der beiden Komponenten, die vom Dopplereffekt entsprechend der momentanen Bahngeschwindigkeitskomponente in Sehrichtung (Radialgeschwindigkeit) herrührt. Aus der Bahngeschwindigkeit und der Periode folgen die großen Halbachsen direkt in km (also unabhängig von der schwierigen Entfernungsbestimmung), jedoch noch mit einem Projektionsfaktor $\sin i$ behaftet, der die (i.a. unbekannte) Neigung der Bahn zur Sehrichtung erfaßt. In dem günstigsten Fall, daß der spektroskopische Doppelstern auch ein Bedeckungsveränderlicher ist, ist $i = 90°$ und $\sin i = 1$. Ferner dürfen die Paare nicht zu eng stehen, weil sie sich dann gegenseitig verformen und die Keplerschen Gesetze nicht mehr gelten. Insgesamt liegen weniger als 3 Dutzend gute Massenbestimmungen vor, und zwar überwiegend von Hauptreihensternen (siehe Abschnitt XII,6.2). Von den späteren Entwicklungsphasen, die so wichtig für die Theorie der Sternentwicklung sind, liegen kaum Daten vor.

Der Massenbereich erstreckt sich von 0,01 bis 60 $M_\odot$. Die untere Grenze ergibt sich als Auswahleffekt in dem Sinne, daß geringere Massen wegen ihrer geringen Leuchtkraft nicht direkt beobachtet werden können. Die obere Grenze ist durch die Stabilität des Sternes in der Entstehungsphase (Proto-Stern) gegeben.

Der **Radius** R ist direkt meßbar nur bei der Sonne:

$$R_\odot = 7{,}0 \cdot 10^{10} \text{ cm} ,$$

da Sterne wegen ihrer großen Entfernung nicht als Scheiben aufgelöst werden können. In einigen Fällen (je rund 10 Sterne) gelingt die Winkel-Auflösung mit einem Amplituden-Interferometer (Michelson) oder einem Intensitätsinterferometer (Korrelationsanalyse) und neuerdings auch mit Hilfe der sogen. Speckle-Interferometrie (durch Überlagerung zahlreicher Fourier-transformierter Einzelbilder des Sterns und nachfolgender Rücktransformation mittels Laser erhält man ein Bild des Sterns, in dem die Verschmierung der Details durch die Luftunruhe wieder rückgängig gemacht ist). Das dabei erreichte Winkelauflösungsvermögen liegt bei einigen 10^{-3} Bogensekunden.

Weitaus ergiebiger sind die Daten wiederum bei den Doppelsternen, und zwar bei den oben besprochenen Bedeckungsveränderlichen. Man leitet die Radien der beiden Komponenten aus der Lichtkurve während einer Bedeckung ab. Das Prinzip sei an Abbildung XII,1 erläutert. t_1 bis t_4 sind die Zeitpunkte der inneren und äußeren Kontakte, D und d die Durchmesser der beiden Komponenten, B die Bahnlänge und T die Umlaufszeit. Aus der Lichtkurve bestimmt man

$$\frac{t_4 - t_1}{T} = \frac{D + d}{B} \quad \text{und} \quad \frac{t_3 - t_2}{T} = \frac{D - d}{B} .$$

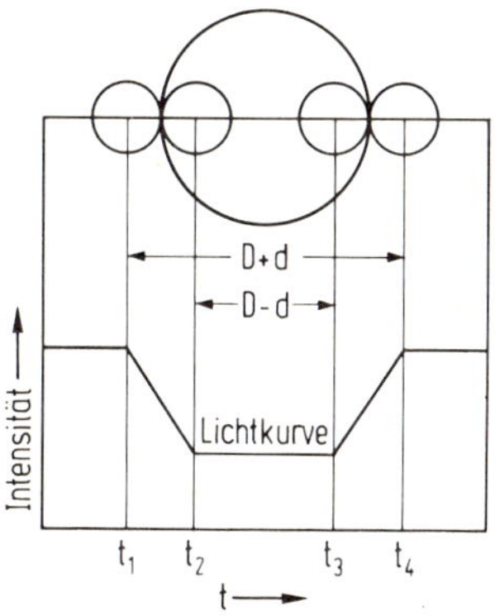

Abb. XII,1. Lichtkurve eines Bedeckungsveränderlichen während einer Bedeckung.

Aus diesen Bestimmungsgleichungen folgen durch Subtraktion bzw. Addition D/B und d/B. B kann aus der Bahngeschwindigkeit (Dopplereffekt!) in linearem Maß bestimmt werden und damit auch D und d. Diese (zuverlässige) Methode ist bisher auf rund 100 Sterne angewandt worden. Die Radien liegen zwischen etwa $1/100\,R_\odot$ (Weiße Zwerge) und $2000\,R_\odot$ (ein solcher Stern würde fast die Saturnbahn umfassen).

Die **Leuchtkraft** L, d.h. die vom Stern pro Sekunde abgestrahlte Energie ist die am schwierigsten zu bestimmende Zustandsgröße. Für die Sonne erhält man $L_\odot$ direkt aus der Energiemenge, die auf eine 1 cm^2 große Empfangsfläche auf der Erde pro Minute (Solarkonstante $S = 2$ cal/min cm^2) auftrifft:

$$L_\odot = 3{,}9 \cdot 10^{33} \text{ erg/sek} .$$

Beim Stern mißt man die scheinbare Helligkeit m, die erst auf die Leuchtkraft umgerechnet werden muß. m ist definiert durch

$$m = -\,2{,}5 \log S + const ,$$

wobei S wieder der beim Beobachter ankommende Strahlungsstrom ist. Da S quadratisch mit der Entfernung abnimmt, definiert man als absolute Helligkeit M (nicht mit der Masse M zu verwechseln) diejenige scheinbare Helligkeit, die ein Stern haben würde, wenn er in der Entfernung von 10 pc (1 pc = $3 \cdot 10^{18}$ cm) stünde. Aus M erhält man noch nicht direkt L, da der Strahlungsempfänger die Helligkeit i.a. nur in einem mehr oder weniger schmalen Spektralbereich registriert: im Visuellen beispielsweise von $\lambda = 5000$–6000 Å. Die Helligkeit M_{vis} bezieht sich nur auf diesen Bereich. Für L braucht man jedoch die über alle Wellenlängen integrierte Helligkeit M_{bol} (bolometrische Helligkeit). Durch Subtraktion der (stets positiven) bolometrischen Korrektion $B.C.$ von M_{vis} erhält man M_{bol}:

$$M_{bol} = M_{vis} - B.C.$$

und L schließlich aus

$$M_{bol} = -2{,}5 \log L + const\,.$$

Das Problem liegt in der Gewinnung von $B.C.$ Bei heißen Sternen liegt das Maximum der Strahlung in dem vom Erdboden aus wegen der atmosphärischen Extinktion nicht zugänglichen UV. Die $B.C.$ kann da nur unter Zuhilfenahme der Theorie der Sternatmosphären, die eine Extrapolation des Spektrums in das UV erlaubt, gewonnen werden. Je heißer der Stern ist, um so größer ist auch die $B.C.$ und um so weniger ist M_{bol} eine echte Beobachtungsgröße. Und nicht zu vergessen ist, daß die Entfernung des Sternes ebenfalls hinreichend bekannt sein muß.

Die beobachteten Leuchtkräfte überdecken einen weiten Bereich: $L/L_\odot = 10^{-3}$ (Weiße Zwerge) bis 10^5 (O-Sterne).

Die **Effektivtemperatur** T_{eff} ist eng korreliert mit den Oberflächentemperaturen, den Farben und dem Spektraltyp. Je heisser der Stern, desto blauer ist seine Farbe und desto früher sein Spektraltyp. Der Spektraltyp wird im wesentlichen definiert durch die charakteristischen Spektrallinien. So zeigen heiße Sterne vorwiegend Linien mehrfach ionisierter Atome, kühlere Sterne hingegen die neutraler Atome. Große Buchstaben (mit dezimaler Unterteilung) bezeichnen die Spektraltypen: O B A F G K M, wobei die Temperatur von O nach M monoton abnimmt.

Die Umwandlung von Farbe bzw. Spektraltyp in T_{eff} erfolgt ebenfalls unter Verwendung der Theorie der Sternatmosphären und ist daher nicht unproblematisch. T_{eff} überdeckt den Bereich von 2800° bis 40000 °K.

2.2 Zustandsdiagramme

Trägt man die Sterne in ein L, T_{eff}-Diagramm ein, dem **H.-R.-D. (Hertzsprung-Russell-Diagramm)** (Abbildung XII,2), so findet man, daß sie sich trotz des enormen Bereiches ihrer Zustandsgrößen keineswegs gleichmäßig über das ganze Diagramm verteilen, sondern bestimmte Kombinationen bevorzugen. Abbildung XII,2 ist das H.-R.-D. etwa der Sonnenumgebung. Die Mehrzahl der Sterne befindet sich auf der sogen. Haupt-

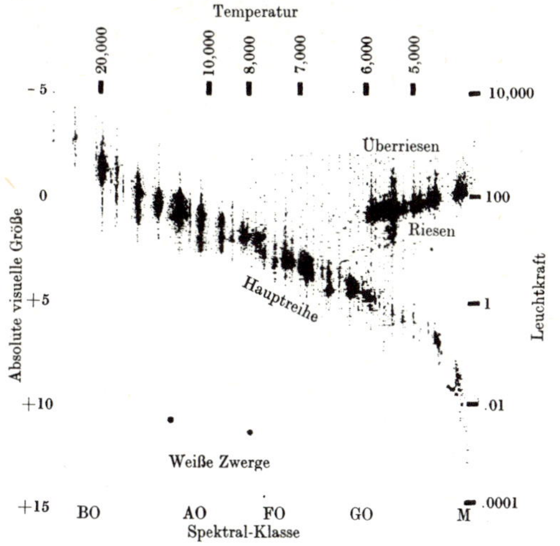

Abb. XII,2. Hertzsprung-Russell-Diagramm (H.-R.-D.). (aus O. Struve: Astronomie, S. 310, de Gruyter 1963)

reihe. Wie später gezeigt wird, ist dies eine Konsequenz der Gleichgewichtsbedingungen. sowie der Durchmischung der chemischen Elemente im Sterninneren. Das H.-R.-D. eines Kugelsternhaufens (10^5-10^7 Einzelsterne) sieht ganz anders aus (Abbildung XII,3). Die Unterschiede sind hauptsächlich altersbedingt.

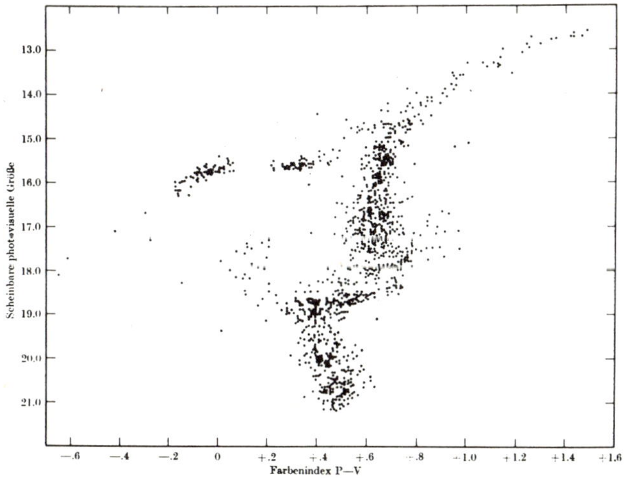

Abb. XII,3. H.-R.-D. bzw. Farben-Helligkeits-Diagramm des Kugelhaufens M 3. Die Ordinate entspricht *log L*, die Abszisse der Spektralklasse bzw. T_{eff} von Abbildung XII,2. (aus O. Struve: Astronomie, S. 333)

In unserer Milchstraße (Galaxis), einem flachen Spiralnebel ähnlich dem Andromeda-Nebel (Abbildung XII,4) mit ca. 10^{11} Einzelsternen, unterscheidet man nach

Abb. XII,4. Andromeda-Nebel. (aus O. Struve: Astronomie, S. 12)

großräumiger Verteilung, Alter und Zusammensetzung grob 3 Populationen (Abbildung XII,5): in den Spiralarmen die (extreme) Population I. Ihr gehören die jungen Sterne an (typisches Alter $5 \cdot 10^8$ a, a = Jahr). Dann die Scheibenpopulation, der die Sonne angehört und die eine Population mittleren Alters ($5 \cdot 10^9$ a) ist. Und außerhalb der Scheibe (also da, wo die Sterndichte um Größenordnungen geringer ist) die Halopopulation (= extreme Population II). Ihr gehören die ältesten Objekte (10^{10} a) an, u.a. die Kugelsternhaufen.

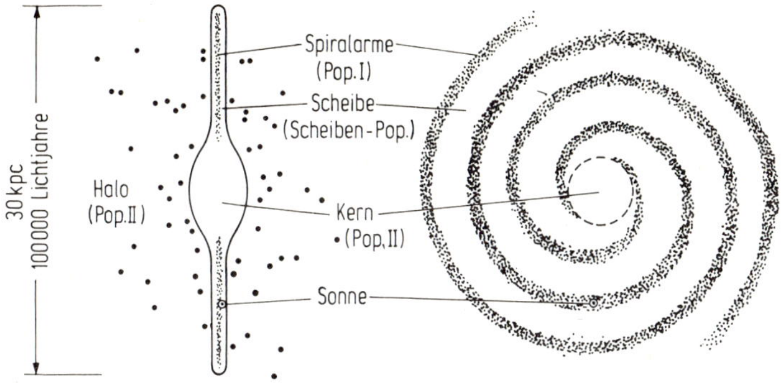

Abb. XII,5. Aufbau der Galaxis schematisch: links Ansicht von der Seite, rechts von oben. Die Punkte stellen Kugelhaufen dar. Die Sonne steht rund 10 kpc vom Zentrum der Milchstraße entfernt und etwa 15 pc nördlich der galaktischen Ebene.

Ein weiteres wichtiges Zustandsdiagramm ist die **Masse-Leuchtkraft-Beziehung** (Abbildung XII,6). Für Hauptreihensterne findet man auch hier wieder einen eindeutigen Zusammenhang, der von der Theorie erklärt werden muß.

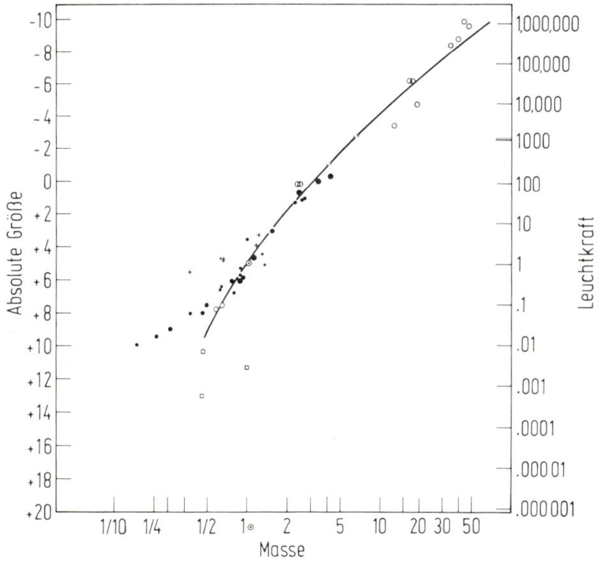

Abb. XII,6. Masse-Leuchtkraft-Beziehung: Theorie (Kurve) und Beobachtung. (aus O. Struve: Astronomie, S. 390 und Ergänzungen)

Zum Schluß sind in Tabelle XII,1 die Häufigkeiten der chemischen Elemente mitgeteilt. Diese sind gemittelt über die verschiedensten Objekte wie Erdrinde, Meteoriten, Sonnenatmosphäre und Sternatmosphären. Denn trotz aller Verschiedenartigkeit der Objekte sind die Unterschiede in den Häufigkeiten gering, sieht man von pathologischen Objekten wie Heliumsternen etc. ab. Die verschiedenen Populationen scheinen sich wesentlich nur im Gehalt an den Elementen, die schwerer als Helium sind (abgekürzt „Metalle" genannt), zu unterscheiden. Deren Massenbruchteil (Z) variiert von 0.04 (Pop. I) über 0.02 (Scheibenpopulation) bis 0.002 (extreme Pop. II).

Tabelle XII,1. Häufigkeiten der häufigsten chemischen Elemente (N = Teilchenzahl; Normierung $\log N_H = 12.0$)

Z	El	$\log N$
1	H	12.0
2	He	11.0
6	C	8.6
7	N	7.9
8	O	8.9
10	Ne	8.7
12	Mg	7.3
14	Si	7.5
26	Fe	7.6

3. Gleichgewichtsbedingungen

Die Mehrzahl der Sterne ist über große Zeiträume (10^9 a) stabil, wie sich aus geologischen Daten zum Beispiel für die Sonne ablesen läßt. Daraus folgt, daß das Sterninnere sich vollständig im Gleichgewicht befinden muß.

3.1 Hydrostatisches Gleichgewicht. Massenbilanz

Das hydrostatische Gleichgewicht verlangt, daß alle Kräfte, die auf ein herausgegriffenes Volumenelement einwirken, sich aufheben. Das Volumenelement befinde sich im Abstand r vom Mittelpunkt des Sternes (Abbildung XII,7) und soll die Grundfläche A

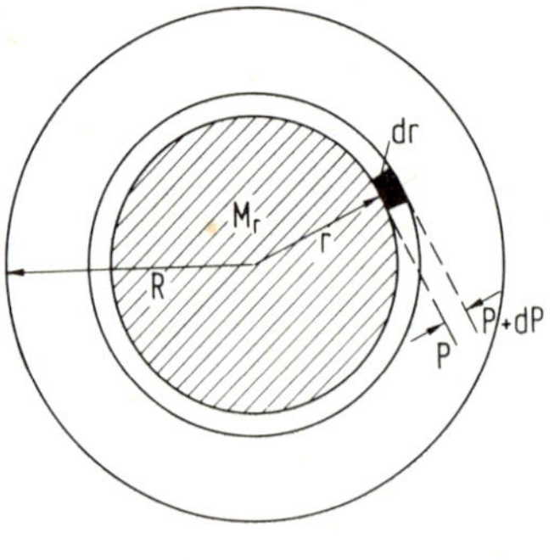

Abb. XII,7. Zum hydrostatischen Gleichgewicht.

und die Höhe dr haben. Sein Volumen ist damit $dr \cdot A$ und seine Masse $A\rho\, dr$ (ρ = Dichte). Die am Volumenelement angreifende Gravitationskraft ist nach der Potentialtheorie ausschließlich durch die Teilmasse M_r des Sternes gegeben, die sich innerhalb von r befindet. M_r ist dabei als Punktmasse bei $r = 0$ zu denken. Die Gravitationskraft ist also

$$-\frac{G M_r \rho\, d r}{r^2} \cdot A \ .$$

($G = 6{,}67 \cdot 10^{-8}$ cgs-Einheiten.) Der Druckgradient $\frac{dP}{dr}$ verhindert, daß der Stern kollabiert. Dazu die Bilanz der Druckkräfte: die horizontäl angreifenden Druckkräfte kompensieren sich; die Differenz der von oben und unten an die Fläche A angreifenden Druckkräfte ist $A \cdot (P(r + dr) - P(r)) = A \cdot \frac{dP}{dr}\, dr$. (Der Stern sei sphärisch symmetrisch. Die folgenden Größen hängen dann nur von r, nicht aber von den Winkeln ab.) Im Gleichgewicht gilt daher die hydrostatische Gleichung (nach Kürzung von A):

$$\frac{d P}{d r} = -\frac{G M_r}{r^2}\, \rho \ . \qquad \text{(XII,2)}$$

Die Teilmasse M_r ist laut Definition $M_r = \int_0^r 4\pi r^2 \rho\, dr$, woraus durch Differentiation die Massengleichung

$$\frac{d M_r}{d r} = 4\, \pi\, r^2\, \rho \qquad \text{(XII,3)}$$

folgt. Gleichungen XII,2 und XII,3 beschreiben i.a. noch nicht das Gleichgewicht, da sie 3 abhängige Variable (P, M_r und ρ) enthalten, es sei denn, es liegt für das Gas eine polytrope Zustandsgleichung von der Form $P = K\rho^{1+1/n}$ (n = const) vor.

Mit Gleichung XII,2 kann man schon in brauchbarer Näherung die Zustandsgrößen im Inneren der Sterne abschätzen. Dazu betrachtet man Gleichung XII,2 bei $r = 1/2\, R$ (R = Radius). Das eingeschlossene Teilvolumen beträgt 1/8 des Gesamtvolumens. Man macht die plausible Annahme, daß sich hierin wegen des Dichteanstiegs zum Zentrum bereits die halbe Gesamtmasse befinde: $M_r = \frac{1}{2} M$, und daß die Dichte ρ den mittleren Wert $\bar{\rho} = M/\frac{4\pi}{3} R^3$ angenommen habe. dP/dr ersetzt man durch $\Delta P/\Delta r$, mit $\Delta r = R$ (ganzer Radius!) und $\Delta P = P_c - P_0 \approx P_c$ (der Index c bezeichnet immer das Zentrum, der Index 0 den Rand), da der Druck am Außenrand zu vernachlässigen ist. Aus Gleichung XII,2 folgt damit $P_c \approx 2\bar{\rho}\, G \frac{M}{R}$. Für die Sonne ist $\bar{\rho} = 1.4$, $M = 2 \cdot 10^{33}$ und $R = 7 \cdot 10^{10}$ (alles in cgs-Einheiten) und damit $P_c = 6 \cdot 10^{15}$ dyn/cm^2 = $6 \cdot 10^9$ Atmosphären. Die Temperatur läßt sich aus der idealen Gasgleichung abschätzen: $P = \frac{\rho}{m} kT$. Bei $r = 1/2\, R$ ist wiederum $\rho \approx \bar{\rho}$. Für P setzt man genähert $P_c/2$. Somit ist $\overline{T} \approx \frac{P_c}{2} \frac{m}{k} \frac{1}{\overline{\rho}}$. Da die Sonne überwiegend aus ionisiertem Wasserstoff und freien Elektronen (etwa gleiche Anzahl) besteht, ist die mittlere Teilchenmasse $m = 0{,}8 \cdot 10^{-24}$; mit $k = 1{,}4 \cdot 10^{-16}$ ist damit $\overline{T} = 10^7$ °K.

Das hydrostatische Gleichgewicht muß strikt erfüllt sein, ansonsten wäre die linke Seite von Gleichung XII,2 um das Trägheitsglied $\rho \frac{d^2r}{dt^2}$ zu erweitern. Wird das Gleichgewicht gestört, so erfolgt innerhalb einer sehr kurzen Zeit eine Radiusänderung zur Wiederherstellung des Gleichgewichts. Diese Zeit τ_{FF} (freie Fallzeit) läßt sich aus der Bewegungsgleichung (Vernachlässigung des Druckgradienten) abschätzen:

$$\rho \frac{d^2 r}{d t^2} = -\frac{G M_r}{r^2} \rho$$

Hierfür setzt man angenähert

$$\frac{R}{\tau_{FF}^2} \approx G \frac{M}{R^2}$$

woraus

$$\tau_{FF} \approx \sqrt{\frac{R^3}{GM}} \approx \frac{1}{\sqrt{4 \overline{\rho} G}} \qquad \text{(XII,4)}$$

folgt. Für die Sonne ist $\tau_{FF} = 1{,}6 \cdot 10^3$ sek $\approx 1/2$ Stunde. Innerhalb dieser Zeit würde ein freifallender Körper etwa um die Strecke des Sonnenradius fallen. τ_{FF} ist etwa identisch mit der Pulsationsperiode (radiale Pulsation).

3.2 Energiegleichgewicht

Gleichung XII,2 und XII,3 beschreiben die Kräfte- und Massenbilanz. Eine weitere Bedingungsgleichung erhält man aus der Energiebilanz. Bevor diese aufgestellt wird, soll der Energievorrat der Sterne abgeschätzt werden. Energie liegt in drei Formen vor: thermische Energie E_T, Gravitationsenergie E_G und Kernenergie E_N. Der thermische Energieinhalt eines Sternes berechnet sich aus der thermischen Energie eines einatomigen, idealen Gases, die pro Teilchen $3/2\, kT$ und daher pro Gramm $3/2 \frac{k}{m} T$ ist. Damit ist

$$E_T = \int_0^R \left(\frac{3}{2} \frac{k}{m} T\right) \rho\, 4 \pi r^2\, d r = \frac{3}{2} \frac{k}{m} \overline{T} \int_0^R \rho\, 4 r^2\, d r = \frac{3}{2} \frac{k}{m} \overline{T} M .$$

Mit $\overline{T} = 10^7$ °K, $m = 0{,}8 \cdot 10^{-24}$ g (Wasserstoffionen + freie Elektronen) und $M = 2 \cdot 10^{33}$ g für die Sonne ergibt sich $E_T = 5 \cdot 10^{48}$ erg.

Die Gravitationsenergie E_G eines Sternes wäre unendlich groß, könnte der Stern auf den Radius Null schrumpfen. Es gibt jedoch einen kleinsten Radius, nämlich den

Schwarzschildschen Radius R_S, der für einen Stern mit Sonnenmasse 3 km beträgt. Solche Objekte, Schwarze Löcher genannt, werden als mögliche Endphase der Sternentwicklung in der Tat diskutiert (siehe Abschnitt XII,7.3). Bei der Mehrzahl der Sterne wird jedoch die Kontraktion durch das Einsetzen der Kernreaktionen aufgehalten, und der Sternradius R behält für die (lange) Dauer des Ablaufs der Kernreaktionen den konstanten Wert (z.B. $R_\odot$ = 700.000 km). Ferner kann die Entartung des Elektronengases einen Kollaps verhindern (siehe Abschnitt XII,7.1). Unter E_G soll hier die Energie verstanden sein, die bei der Kontraktion des Sterns auf seinen Radius R freigeworden ist. Die Energie, die frei wird, wenn 1 g Sternmaterie von $r \to \infty$ nach r gelangt, ist $\frac{GM_r}{r}$ und somit

$$-E_G = \int_0^R \left(\frac{GM_r}{r}\right) \rho \, 4\pi r^2 \, dr = G\left(\frac{\bar{M}_r}{\bar{r}}\right) \int_0^R \rho \, 4\pi r^2 \, dr = G\left(\frac{\bar{M}_r}{\bar{r}}\right) M .$$

Mit der Annahme (siehe Abschnitt XII,3.1) $\bar{r} = \frac{1}{2} R$ und $\bar{M}_r = \frac{1}{2} M$ erhält man

$$|E_G| \approx G M^2/R . \qquad \text{(XII,5)}$$

Für die Sonne ergibt dies $4 \cdot 10^{48}$ erg. E_T und E_G stimmen in der Größenordnung überein. Dies ist kein Zufall, sondern eine Konsequenz des hydrostatischen Gleichgewichts (Gleichung XII,2). Um dies zu zeigen, multipliziert man Gleichung XII,2 mit $4\pi r^3$ und integriert:

$$\int_0^R 4\pi r^3 \frac{dP}{dr} \, dr = - \int_0^R \rho \frac{GM_r}{r} \, 4\pi r^2 \, dr .$$

Die rechte Seite ist identisch mit E_G. Die linke Seite wird partiell integriert:

$$\int_0^R 4\pi r^3 \frac{dP}{dr} \, dr = 4\pi r^3 P \Big|_0^R - \int_0^R 3P \, 4\pi r^2 \, dr .$$

Das 1. Glied der rechten Seite verschwindet, da bei $r = R$ (Sternrand) $P = 0$ ist. Im 2. Glied setzt man den Druck des idealen Gases ein: $P = \frac{k}{m} \rho T$, womit die rechte Seite $-2E_T$ ergibt. Es gilt also im hydrostatischen Gleichgewicht

$$2E_T + E_G = 0 . \qquad \text{(XII,6)}$$

Dies ist der Virialsatz der statistischen Mechanik. Er gilt für abgeschlossene Systeme, die sich im Gleichgewicht befinden, also sowohl für Sternhaufen mit nur 100 Sternen als auch für das Sonnenplasma mit seinen 10^{57} Teilchen.

Der Virialsatz hat eine wichtige Konsequenz für die Sternentwicklung: Wenn ein Stern im Quasigleichgewicht kontrahiert, dann kann er nach Gleichung XII,6 nur die Hälfte der dabei freiwerdenden Gravitationsenergie E_G abstrahlen. Die andere Hälfte wird in die innere Energie E_T, d.h. in die kinetische Energie der thermischen Bewegung gepumpt. Seine Temperatur nimmt daher bei Kontraktion zu. (In genau der gleichen Weise gewinnt ein Erdsatellit an kinetischer Energie, wenn er durch Abbremsen auf eine erdnähere Bahn gelangt.)

Als Kontraktionszeit bezeichnet man nach Helmholtz und Kelvin, die als erste auf diese Energiequelle hingewiesen haben, die Zeit τ_G, innerhalb der E_G aufgebraucht ist:

$$\tau_G = \frac{E_G}{L} = \frac{G M^2}{R L} . \qquad \text{(XII,7)}$$

Für die Sonne ergibt dies $\tau_{G\odot} = \dfrac{4 \cdot 10^{48} \text{ erg}}{4 \cdot 10^{33} \text{ erg/sek}} = 10^{15}$ sek $\approx 10^7$ a . Gravitationsenergie bzw. innere Energie reicht also nicht aus, eine über 10^9 a konstante Leuchtkraft L aufrecht zu erhalten.

Die Sterne bestehen überwiegend aus Wasserstoff. Einen maximalen Umsatz von Materie in Strahlung erhält man bei der Fusion von Wasserstoff (über zahlreiche Zwischenstufen) zu Eisen, da bei Fe^{56} die mittlere Bindungsenergie pro Nukleon am größten ist. Der Massendefekt beträgt hier $\Delta M = 0.008\, M$. Dies ergibt für die Sonne einen maximal verfügbaren Kernenergievorrat

$$E_{N_\odot} = 0.008\, c^2 M \approx 10^{52} \text{ erg} .$$

Dieser Energievorrat ist um einen Faktor 10^4 größer als der der Inneren Energie, und daher ist die nukleare Zeitskala

$$\tau_N = \frac{E_N}{L} = 0.008\, c^2 \frac{M}{L} \qquad \text{(XII,8)}$$

ebenfalls 10^4 mal größer als τ_G. Für die Sonne ergibt sich $\tau_{N_\odot} \approx 10^{11}$ a. Hiervon können tatsächlich nur etwa 10 % realisiert werden, aber noch genug, um die lange Lebensdauer der Sonne zu erklären. Die Mehrzahl der Sterne lebt von der Kernenergie. In der Endphase der Sternentwicklung mag die Bilanz jedoch anders aussehen, wenn nämlich ein Stern mit der Masse der Sonne auf den Radius eines Neutronensternes ($R \approx 10$ km) bzw. Schwarzen Loches ($R \approx 3$ km) schrumpft und wegen $E_G \sim \frac{1}{R}$ (Gleichung XII,5) eine Gravitationsenergie von $10^{53} - 10^{54}$ erg freisetzt (siehe Abschnitt XII,7.3).

Die Kernenergieerzeugung wird in Abschnitt XII,4.3 besprochen. Die Energieerzeugung pro Gramm Sternmaterie und pro sek. sei mit ϵ bezeichnet. $\epsilon\,(\rho, T)$ hängt von den Zustandsgrößen sowie der chemischen Zusammensetzung ab. Im stationären Fall muß die in der Kugelschale $r \ldots r + dr$ erzeugte Energie als Strahlungsenergie dL_r

abgestrahlt werden, weil sich sonst die Kugelschale aufheizen würde, d. h. es ist $dL_r = \epsilon\rho 4r^2 dr$ bzw.

$$\frac{dL_r}{dr} = 4\pi r^2 \rho \epsilon . \qquad \text{(XII,9)}$$

Die Leuchtkraft des Sternes ist dann $L = \int_0^R dL_r$.

Gleichung XII,9 beschreibt das Energie-Gleichgewicht. Während das hydrostatische Gleichgewicht streng erfüllt sein muß, so gilt dies nicht für Gleichung XII,9. Würde nämlich die Kernenergieerzeugung gedrosselt ($\epsilon = 0$), so würde der Stern vermöge seiner inneren Energie mit unverminderter Leuchtkraft L weiterstrahlen. Erst nach Ablauf der Kontraktionszeit würde sich der Radius merklich ändern. Die thermische Energie wirkt also als Puffer.

Der Radius bleibt i.a. nur während der wasserstoffbrennenden Entwicklungsphase konstant. Vorher kontrahiert der Stern als Ganzes, hinterher im Kerngebiet, während gleichzeitig die Hülle expandiert etc. Solche Veränderungen verlaufen im Quasigleichgewicht, d.h. unter Einhaltung des hydrostatischen Gleichgewichts. Es muß ergänzend in der Energiebilanz berücksichtigt werden, daß durch Radiusänderung lokal Gravitationsenergie durch Kontraktion freigesetzt bzw. durch Expansion verbraucht werden kann. Nennt man diese Energie pro Gramm Materie und sek ϵ_G, so folgt aus dem 1. Hauptsatz der Thermodynamik

$$\epsilon_G = \frac{\partial U}{\partial t} + P\frac{\partial V}{\partial t} ,$$

wobei $U = \frac{3}{2}\frac{k}{m} T$ die innere Energie pro Gramm und $V = \frac{1}{\rho}$ das spezifische Volumen ist. Für ein ideales Gas ist $P = \frac{\rho}{m} kT$ und daher $U = \frac{3}{2}\frac{P}{\rho}$. Damit wird

$$\epsilon_G = \frac{3}{2}\frac{\partial}{\partial t}\left(\frac{P}{\rho}\right) - \frac{P}{\rho^2}\frac{\partial \rho}{\partial t}$$

oder nach kurzer Umrechnung

$$\epsilon_G = \frac{3}{2}\rho^{2/3}\frac{\partial}{\partial t}\left(\frac{P}{\rho^{5/3}}\right) . \qquad \text{(XII,10)}$$

Für die Abstrahlung steht nur die Differenz $\epsilon - \epsilon_G$ zur Verfügung, so daß statt Gleichung XII,9 die allgemeine Gleichung

$$\frac{dL_r}{dr} = 4\pi r^2 \rho \left[\epsilon - \frac{3}{2}\rho^{2/3}\frac{\partial}{\partial t}\left(\frac{P}{\rho^{5/3}}\right)\right] \qquad \text{(XI,11)}$$

lautet.

Die 3 Gleichungen XII,2, 3, 9 bzw. 11 enthalten durch die Hinzunahme von $\epsilon(\rho, T)$ 4 abhängige Variable. Sie allein bestimmen daher noch nicht das Gleichgewicht. Erst durch eine weitere Bedingung, nämlich bezüglich des Energietransportes, wird das Gleichgewicht bestimmt.

3.3 Energietransport

Die im Sterninneren (überwiegend nuklear) erzeugte Energie kann auf 3 Wegen nach außen transportiert werden: durch Wärmeleitung, Konvektion oder Strahlung. **Wärmeleitung** durch freie Elektronen hat im Sterninneren kaum Bedeutung, weil die freien Weglängen der Elektronen sehr klein sind, es sei denn die Materie ist entartet. Überdichte, entartete Konfigurationen ($\rho = 10^5 - 10^8$ g/cm^3) liegen bei den Weißen Zwergen vor und in den Kernen Roter Riesen (hierbei handelt es sich um bereits vorgebildete Weiße Zwerge). In ihnen ist die Wärmeleitung allerdings sehr effektiv. Da sie über keine Energiequellen mehr verfügen, ist der Temperaturgradient verschwindend, d.h. solche Objekte sind im Inneren praktisch isotherm.

Im allgemeinen überwiegt der Energietransport durch Strahlung. (Die freien Weglängen der Photonen sind um 3–4 Zehnerpotenzen größer als die der Elektronen.) Der Strahlungstransport ist um so größer, je größer der Temperaturgradient ist. Der Temperaturgradient seinerseits wird sich dabei um so größer einstellen, je opaker (undurchsichtiger) das Gas ist. Überschreitet der Gradient einen bestimmten Wert, so wird in dieser Schicht der Stern instabil, Materie beginnt zu strömen, und Energie wird zusätzlich durch strömende Materie (auf- und absteigende Gasballen) transportiert (Konvektion). Unter günstigen Umständen kann die gesamte Energie durch Konvektion nach außen transportiert werden.

Strahlungstransport. Die Theorie des Strahlungstransportes nimmt eine zentrale Stellung in der Theorie des Inneren Aufbaus ein. Sie bietet dem Anfänger bekanntlich sowohl hinsichtlich der mit dem Strahlungsfeld zusammenhängenden Definitionen als auch der Verkoppelung mit der Thermodynamik Schwierigkeiten.

Zunächst soll abgeschätzt werden, welcher Transport an Strahlungsenergie $L_r = \int_0^r 4\pi r^2 \rho\epsilon dr$ durch die Oberfläche der Teilkugel mit dem Radius r zu erwarten ist. Im Sinne einer Diffusionsnäherung sollte $L_r \sim 4\pi r^2 \frac{dT}{dr}$ sein, weil ohne einen Temperaturgradienten das Strahlungsfeld isotrop ist und daher kein Netto-Energiestrom resultiert. Je größer der Temperaturgradient ist, um so größer ist die Differenz der von innen und der von außen kommenden Strahlung. Wichtig ist jetzt, wie groß die freie Weglänge der in r ankommenden Photonen ist. Ist sie nämlich groß, so ist – bei gegebenem dT/dr – der Temperaturunterschied und damit der Nettostrom groß, und umgekehrt. L_r wird also auch proportional der freien Weglänge der Photonen sein. Diese Länge bestimmt sich aus dem Absorptionskoeffizienten κ des Gases (in den Einheiten cm^2/g), wie folgt: Ein Lichtstrahl mit der Intensität I wird auf dem Wege ds durch Absorption um $dI = -I\kappa\rho ds$ geschwächt. Ist $\kappa\rho$ unabhängig von s, so ergibt die Integration $I = I_0 e^{-\kappa\rho s}$, also eine exponentielle Abnahme mit s. Wenn die optische Dicke

$\kappa\rho s = 1$ erreicht, ist die ursprüngliche Intensität auf $1/e$ abgeklungen. Photonen fliegen also bis zum nächsten Absorptionsprozeß im Mittel etwa die Strecke $s = \frac{1}{\kappa\rho}$. Mit der freien Weglänge $1/\kappa\rho$ sollte der Energiestrom also $L_r \sim 4\pi r^2 \frac{dT}{\kappa\rho dr}$ sein. Der folgende Abschnitt dient dazu, den Proportionalitätsfaktor abzuleiten. Dies geschieht in einiger Ausführlichkeit, um die Physik der Strahlung zu verdeutlichen.

Das Strahlungsfeld wird durch die Intensität I beschrieben. I ist definiert als die Energie, die pro sek durch einen Einheitsquerschnitt in den Raumwinkel 1 strömt (Einheit: erg/cm^2 sek sterrad). Betrachtet werden soll jetzt die Energiebilanz eines Zylinders mit der Grundfläche A und der Höhe dl, der sich bei r befindet und dessen Achse den Winkel Θ gegen den Radius einnimmt (Abbildung XII,8). Am Boden strömt pro sek die Energie $I(r, \Theta)\, d\omega\, A$ an, oben tritt $I(r + dr, \Theta + d\Theta)\, d\omega\, A$ aus. Die Intensität vermindert sich um den auf dem Weg dl absorbierten Anteil $-\kappa\rho\, dl\, (I d\omega\, A)$ und vergrößert sich um den vom Zylinder emittierten Anteil. Die Reemission spielt in der Laboratoriumsphysik i.a. keine Rolle, da die Temperatur des durchstrahlten Mediums (beispielsweise Zimmertemperatur) meistens um eine Größenordnung niedriger ist als die Temperatur, die der Strahlung zuzuordnen ist (Lampentemperatur). Im Sterninnern sind aufgrund der Wechselwirkung zwischen Strahlung und Materie beide Temperaturen etwa gleich (s.u.). Sei j die pro Gramm und sek isotrop in den Raumwinkel 1 emittierte Energie, wofür zunächst formal der Ansatz

$$j(r) = \kappa\, S(r)$$

gemacht wird ($S(r)$ ist die Quellfunktion; die Begründung für diesen Ansatz wird im Anschluß an Gleichung XII,22 gegeben.), so wird der Anteil, der in die betrachtete Strahlrichtung $d\omega$ fällt, $j\rho \cdot \text{Volumen} \cdot d\omega = \kappa\rho S \cdot A\, dl \cdot d\omega$ sein. Für die Bilanz der Energien hat man also

$$I(r + dr, \Theta + d\Theta)\, d\omega A - I(r, \Theta)\, d\omega A = -I(r, \Theta)\, d\omega\, \kappa\rho\, dl \cdot A + \kappa\rho\, S\, dl\, d\omega\, A.$$

Das 1. Glied der linken Seite wird nach Taylor entwickelt, und die Gleichung durch $A\, d\omega$ dividiert:

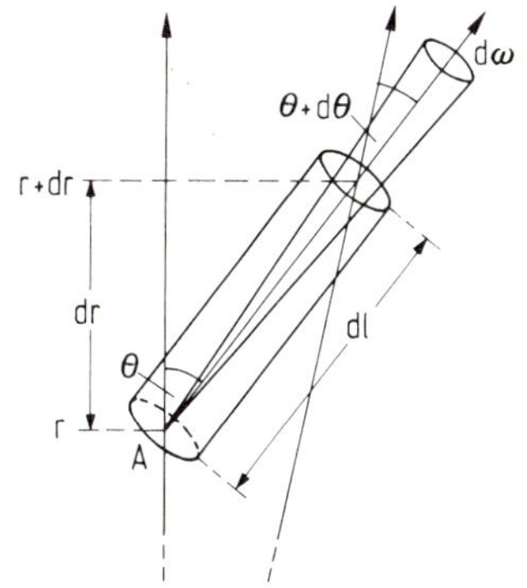

Abb. XII,8. Zum Strahlungsenergietransport.

$$\frac{\partial I}{\partial r} d r + \frac{\partial I}{\partial \Theta} d \Theta = - \kappa \rho I d l + \kappa \rho S d l .$$

Zwischen den Differentialen $d r$, $d \Theta$ und $d l$ bestehen folgende Beziehungen, die sich aus Abbildung 8 ablesen lassen: $d \Theta = - d l \sin \Theta / r$ (Θ nimmt mit l ab) und $d r = d l$ $d l \cos \Theta$. Einsetzen dieser Differentiale und Division durch $d l$ liefert die (stationäre) Transportgleichung:

$$\frac{\partial I}{\partial r} \cos \Theta - \frac{\partial I}{\partial \Theta} \frac{\sin \Theta}{r} = - \kappa \rho I + \kappa \rho S . \qquad \text{(XII,12)}$$

Es ist nicht notwendig, diese partielle Differentialgleichung direkt zu lösen, da nicht das Strahlungsfeld $I(r, \Theta)$ selbst, sondern der Energiestrom gesucht wird. Letzterer ist das 1. Moment von $I(r, \Theta)$. Die ersten 3 Momente des Strahlungsfeldes $\overline{I}_n (r) = \int_{4\pi} I(r, \Theta) \cos^n \Theta d\omega$ werden im folgenden benötigt. Deren physikalische Bedeutung soll erklärt werden:

$n = 0$ ergibt (bis auf den Faktor $1/c$) die Energiedichte. Durch die Fläche A strömt pro sek die Energie $A \cdot I d\omega$. Sie erfüllt in 1 sek den Zylinder mit der Höhe c und dem Volumen $c \cdot A$. Ist der Zylinder materiefrei, so strömen nach dieser Sekunde oben genau so viel Photonen heraus, wie unten einströmen. Der Energieinhalt ist $I d\omega A$, die Energiedichte also $\frac{I}{c} d\omega$. Die Integration über alle Raumwinkel ergibt die Energiedichte

$$u(r) = \frac{1}{c} \int_{4\pi} I(r, \Theta) \, d\omega . \qquad \text{(XII,13)}$$

$n = 1$ ergibt den Energiestrom durch eine Einheitsfläche senkrecht zum Radius. Für einen Strahl mit dem Winkel Θ gegen r (bzw. gegen die Flächennormale) erscheint die Fläche um $\cos \Theta$ verkürzt. Der zu dieser Strahlrichtung gehörende Energiestrom ist $I \cos \Theta d\omega$. Es muß über alle Richtungen, auswärts und einwärts, integriert werden, um den (Netto-) Strahlungsstrom zu erhalten:

$$H(r) = \int_{4\pi} I(r, \Theta) \cos \Theta \, d\omega . \qquad \text{(XII,14)}$$

$n = 2$ ergibt (bis auf 1 c) den Strahlungsdruck. Die die Bezugseinheitsfläche anströmende Energie $I \cos \Theta d\omega$ transportiert pro sek den Impuls $\frac{1}{c}(I \cos \Theta d \omega)$, dessen Normalkomponente den Strahlungsdruck P_r definiert

$$P_r(r) = \frac{1}{c} \int_{4\pi} I(r, \Theta) \cos^2 \Theta \, d\omega . \qquad \text{(XII,15)}$$

(Dieser Druck übt erst dann eine Kraft auf die Materie aus, wenn die Strahlung durch Absorption in ihr steckenbleibt. Dies geschieht jedoch spätestens nach einer freien Flugzeit der Photonen von ca. 10^{-10} sek. Die Reemission erfolgt i.a. isotrop und daher im Mittel ohne Rückstoß.)

Um Gleichungen für die Momente zu erhalten, wird die Transportgleichung XII,12 mit $\cos^n \Theta$ multipliziert und über $d\omega = 2\pi \sin \Theta \, d\Theta$ (im sphärischen Problem taucht der Azimutwinkel ϕ nicht auf) integriert, wobei zu beachten ist, daß κ und S unabhängig von Θ sind.

Es treten dabei folgende Integrale auf:

$$\int_{4\pi} \frac{\partial I}{\partial r} \cos \Theta \, d\omega = \frac{\partial}{\partial r} \int I \cos \Theta \, d\omega = \frac{dH}{dr} ;$$

$$\int_{4\pi} \frac{\partial I}{\partial \Theta} \sin \Theta \, d\omega = 2\pi \int_0^\pi \frac{\partial I}{\partial \Theta} \sin^2 \Theta \, d\Theta =$$

$$= 2\pi I \sin^2 \Theta \Big|_0^\pi - 2\pi \int_0^\pi I \, 2 \sin \Theta \cos \Theta \, d\Theta = 0 - 2 \int_{4\pi} I \cos \Theta \, d\omega = -2H(r) ;$$

$$\int_{4\pi} \frac{\partial I}{\partial r} \cos^2 \Theta \, d\omega = \frac{\partial}{\partial r} \int I \cos^2 \Theta \, d\omega = c \frac{dP_r}{dr} ;$$

$$\int_{4\pi} \frac{\partial I}{\partial \Theta} \sin \Theta \cos \Theta \, d\omega = 2\pi \int_0^\pi \frac{\partial I}{\partial \Theta} \sin^2 \Theta \cos \Theta \, d\Theta =$$

$$= 2\pi I \sin^2 \Theta \cos \Theta \Big|_0^\pi - 2\pi \int_0^\pi I \, (2 \sin \Theta \cos^2 \Theta - \sin^3 \Theta) \, d\Theta =$$

$$= 0 - 2 c P_r + 2\pi \int_0^\pi I \sin^3 \Theta \, d\Theta = -2 c P_r + 2\pi \int_0^\pi I \, (1 - \cos^2 \Theta) \sin \Theta \, d\Theta =$$

$$= -2 c P_r + c u - c P_r = -3 c P_r + c u .$$

Damit lautet das 0. bzw. 1. Moment (n = 0 bzw. n = 1) der Transportgleichung XII,12

$$\frac{dH}{dr} + \frac{2}{r} H = -c \kappa \rho u + 4\pi \kappa \rho S \qquad \text{(XII,16)}$$

$$\frac{dP_r}{dr} + \frac{1}{r} (3 P_r - u) = -\frac{\kappa \rho}{c} H . \qquad \text{(XII,17)}$$

Statt der partiellen Differentialgleichung (Gleichung XII,12) hat man jetzt 2 gewöhnliche Differentialgleichungen für allerdings 3 abhängige Größen $u(r)$, $H(r)$ und $P_r(r)$, so daß die Lösung noch unbestimmt ist. Die Bildung weiterer Momente der Transportgleichung liefert nur weitere Größen $\bar{I}_n(r)$, so daß die Lösung unbestimmt bleibt. Es muß daher nach einer zusätzlichen Verknüpfung der Momente von I gesucht werden. Diese ergibt sich daraus, daß das Strahlungsfeld fast isotrop ist. Entwickelt man nämlich $I(r, \Theta)$ nach $\cos \Theta$:

$$I = I_0 + I_1 \cos \Theta + I_2 \cos^2 \Theta + \ldots = \Sigma I_n \cos^n \Theta , \qquad \text{(XII,18)}$$

so kann man zeigen, daß die Entwicklungskoeffizienten I_n außerordentlich rasch mit wachsendem n abnehmen. Dazu geht man mit diesem Ansatz in die Transportgleichung XII,12 – da es sich nur um eine Abschätzung handelt, darf man das Glied $\frac{\partial}{\partial \Theta}$, das die Krümmung berücksichtigt, vernachlässigen – :

$$\frac{\partial}{\partial r} \Sigma I_n \cos^{n+1} \Theta + \kappa \rho \Sigma I_n \cos^n \Theta - \kappa \rho S = 0 .$$

Diese gewöhnliche Differentialgleichung für die I_n muß unabhängig von Θ gelten, d.h. die Faktoren von $\cos^n \Theta$ müssen für sich verschwinden:

$$\frac{d I_{n-1}}{d r} + \kappa \rho I_n = 0 , \qquad (n > 0) .$$

Zur Abschätzung setzt man $dI_{n-1} \approx \Delta I_{n-1} = I_{n-1}$ und $dr \approx \Delta R = R$ (analog zur Abschätzung des Druckes aus der hydrostatischen Gleichung):

$$\left| \frac{I_n}{I_{n-1}} \right| \approx \frac{1}{\kappa \rho R} ,$$

mit $\kappa\rho \approx 1$ (mittlerer Wert) und $R \approx 10^{11}$ (Sonne) ist $\frac{1}{\kappa\rho R} \approx 10^{-11}$. Die Entwicklung (Gleichung XII,18) konvergiert also außerordentlich rasch im Sterninneren. I_2 kann man vernachlässigen. Würde man darüberhinaus I_1 vernachlässigen, so wäre das Strahlungsfeld isotrop, und es würde kein Netto-Energiestrom abfließen können. Setzt man $I = I_0 + I_1 \cos \Theta$ in die drei Momente der Gleichungen XII,13–15 ein, so erhält man

$$u(r) = \frac{I_0}{c} \int_{4\pi} d\omega + \frac{I_1}{c} \int_{4\pi} \cos \Theta \, d\omega = \frac{4\pi}{c} I_0$$

$$H(r) = I_0 \int_{4\pi} \cos \Theta \, d\omega + I_1 \int_{4\pi} \cos^2 \Theta \, d\omega = \frac{4\pi}{3} I_1$$

$$P_r(r) = \frac{I_0}{c} \int_{4\pi} \cos^2 \Theta \, d\omega + \frac{I_1}{c} \int_{4\pi} \cos^3 \Theta \, d\omega = \frac{4\pi}{3c} I_0$$

Es ist nämlich:

$$\int_{4\pi} \cos \Theta \, d\omega = 2\pi \int_0^{\pi} \cos \Theta \sin \Theta \, d\Theta = \pi \sin^2 \Theta \Big|_0^{\pi} = 0, \quad \int_{4\pi} \cos^3 \Theta \, d\omega = 0 ,$$

$$\int_{4\pi} \cos^2 \Theta \, d\omega = 2\pi \int_0^{\pi} \cos^2 \Theta \sin \Theta \, d\Theta = \frac{2\pi}{3} \cos^3 \Theta \Big|_{\pi}^{0} = \frac{4\pi}{3} .$$

Hieraus liest man die gesuchte weitere Beziehung zwischen den Momenten ab:

$$P_r = \frac{1}{3} u . \qquad \text{(XII,19)}$$

Dies ist die bekannte Eddingtonsche Näherung. Sie gilt immer dann, wenn das Strahlungsfeld hinreichend isotrop ist. Im Sterninneren ist die Bedingung (s. o.) sehr gut erfüllt ($I_2/I_1 \sim 10^{-11}$!).

Mit Gleichung (XII,19) fällt das sphärische Glied aus Gleichung XII,17 heraus (d.h. in der Eddingtonschen Näherung wird der Strahlungstransport als ebenes Problem behandelt, wie bei den Sternatmosphären) und man erhält

$$\frac{1}{3} \frac{du}{dr} + \frac{\kappa \rho}{c} H = 0$$

und daraus den Energiestrom pro cm^2:

$$H = - \frac{c}{3 \kappa \rho} \frac{du}{dr} \qquad \text{(XII,20)}$$

Die Energiedichte u des Strahlungsfeldes muß noch bestimmt werden. Sie wird sich in sehr guter Näherung als die Energiedichte des Hohlraumfeldes (Planckschen Strahlung) ergeben. Dies soll im folgenden begründet werden. Setzt man die Beziehung (Definition von L_r, Gleichung XII,9) $L_r = 4\pi r^2 H$ in die Energiegleichung (XII,9) ein, so folgt: $\frac{dH}{dr} + 2\frac{H}{r} = \rho\epsilon$. Einsetzen in die linke Seite von Gleichung XII,16 ergibt $\rho\epsilon = 4\pi\kappa\rho S - c\kappa\rho u$, bzw. nach Division durch ρ:

$$4 \pi \kappa S - c \kappa u = \epsilon . \qquad \text{(XII,21)}$$

Dies ist die als Kontinuitätsgleichung in der Physik der Sternatmosphären bekannte Energiegleichung, und zwar in der Verallgemeinerung, daß Energiequellen ϵ vorhanden sind. Setzt man nämlich $cu = 4\pi J$ (J ist die mittlere Intensität: $J = \frac{1}{4\pi} \int_{4\pi} I d\omega$) und beachtet, daß alle Größen auf die Frequenzeinheit bezogen sind sowie von der Frequenz ν abhängen, über die zu integrieren ist, so hat man statt Gleichung XII,21

$$\int_{\nu=0}^{\infty} \kappa_\nu (S_\nu - J_\nu)\, d\nu = \frac{\epsilon}{4\pi} .$$

Aus der Kontinuitätsgleichung (XII,21) folgt $cu = 4\pi S - \epsilon/\kappa$. Es muß jetzt die Quellfunktion S, die bisher nur formal angegeben war, näher erläutert werden. Im thermodynamischen Gleichgewicht (z.B. Hohlraum mit T = const, Isotropie von I) ist nach dem Kirchhoffschen Satz das Verhältnis von Emission zu Absorption $\frac{j}{\kappa} = S = B(T)$, wobei $B(T) = \frac{ac}{4\pi} T^4$ die universelle Planck-Funktion ist ($\frac{ac}{4} = \sigma$).

Thermodynamisches Gleichgewicht (*TE*) ist eine starke Forderung, die in den Sternen nicht erfüllt ist, da T von innen nach außen abnimmt und aufgrund dieses Gradienten Energie abfließt. Jedoch ist der Temperaturunterschied über die Flugweite der Photonen ($\approx$ 1 cm im Sterninneren) so gering ($\Delta T \approx 10^{-4}$ °K), daß man lokal (d.h. in Bereichen von 1 cm) die Temperatur als konstant betrachten darf. Unter dieser Voraussetzung gelten alle bekannten Gesetze der Thermodynamik: Maxwellsche Geschwindigkeitsverteilung, Boltzmannsche Energieverteilung, Sahasche Ionisationsgleichung und insbesondere $S = B$, jedoch nicht $I = B$. (Mit $I = B$ würde die linke Seite der Transportgleichung XII,12 verschwinden, weil I dann isotrop ist.) Diese nächst dem TE schwächere Forderung wird als lokales thermodynamisches Gleichgewicht (LTE) bezeichnet. LTE ist eine gute Näherung, wenn immer der Energiestrom dividiert durch c klein gegenüber der Energiedichte ist. Dies trifft im ganzen Sterninneren zu, mit Ausnahme des äußeren Randes (Atmosphäre), wo der Energiestrom der Energiedichte vergleichbar wird. Im LTE hat man also

$$c\,u = a\,c\,T^4 - \epsilon/\kappa\ . \qquad \text{(XII,22)}$$

κacT^4 gibt an, wieviel Energie pro sek und cm^3 durch Absorption zunächst in den Termschemata der Ionen gespeichert und durch nachfolgende Reemission wieder in Form von Photonen freigesetzt wird. Dieser „thermisch" umgesetzte Anteil ist um viele Größenordnungen größer als die in Kernreaktionen erstmalig freigesetzte Energie ϵ (deren Anteil laut Gleichung XII,9 schließlich von der Oberfläche abgestrahlt wird). Im Sonneninneren ist nämlich $\epsilon \approx 10^2$ erg/g sek, $\kappa = 10^2$ cm^2/g, $T = 10^7$ °K und damit $\epsilon/\kappa acT^4 \approx 10^{-24}$. Die Energie der „thermischen" Photonen liegt in der Größenordnung 1 keV, die der in Kernreaktionen erzeugten γ-Quanten bei 1 MeV (also um 10^3 höher). Diese nicht-thermisch erzeugten Photonen sind äußerst rar: auf $10^{24} \cdot 10^3 = 10^{27}$ thermisch erzeugte Photonen kommt erst ein neu erzeugtes γ-Quant. (Die gleiche Überlegung gilt für die kinetische Energie der Partikel: die zwar hohe Energie gewisser Reaktionspartner fällt wegen der extremen Seltenheit der Reaktionen nicht ins Gewicht.) Dieses γ-Quant wird rasch thermalisiert und nimmt teil an der langsamen Diffusion nach außen. Wie außerordentlich langsam die Photonendiffusion im Inneren ist, kann man aus der freien Weglänge der Photonen ($\overline{\Delta x} = 1$ cm) abschätzen: Die Reemission erfolgt isotrop, der Weg eines Photons ist daher ein „random walk" (Irrfahrt). Nach n Absorptionen und Reemissionen ist eine Strecke $\bar{x} \approx \sqrt{n}\,\Delta x$ zurückgelegt. Mit $\bar{x} = R_\odot = 10^{11}$ cm ergeben sich $n = 10^{22}$ Absorptionsprozesse. Im Mittel wird das Photon etwa 10^{-8} sek im Termschema eines Ions gespeichert, ehe es reemittiert wird. D.h. ein Photon benötigt im Mittel $10^{22} \cdot 10^{-8}$ sek $\approx 10^6$ a, um vom Ort seiner ersten Entstehung bis zur Oberfläche zu gelangen. Es ist dabei zu beachten, daß sich die Energien der Photonen bei der Diffusion vom Zentrum zum Sternrand entsprechend dem Wienschen Verschiebungsgesetz von kurzen Wellenlängen ($\lambda = 3$ Å) zu langen ($\lambda \sim 6000$ Å) verschieben, und sich die Zahl der Photonen durch Kaskadensprünge in den Thermschemata im gleichen Verhältnis vervielfacht.

In der Eddingtonschen Näherung ($P_r = \frac{1}{3} u$) und der Näherung des LTE, die $u = aT^4$ (Gleichung XII,22) zur Folge hat, – beide Näherungen gelten mit hoher Genauigkeit –, und mit $L_r = 4\pi r^2 H$ ergibt sich schließlich aus Gleichung XII,20

$$L_r = 4\,\pi\, r^2\, \frac{4\,a\,c}{3}\, \frac{T^3}{\kappa\,\rho}\, \frac{d\,T}{d\,r}\,. \tag{XII,23}$$

Dies ist die eingangs beschriebene Diffusionsnäherung für L_r.

Bisher ist die Frequenzabhängigkeit von κ verschwiegen worden. Der Absorptionskoeffizient ist jedoch stets eine Funktion der Frequenz: $\kappa = \kappa_\nu$ (sogen. Nichtgrauer Fall). Gleichung XII,23 bleibt dennoch in guter Näherung richtig, wenn man nur einen passenden Mittelwert für κ_ν wählt. Dieser Mittelwert ist die Rosselandsche Opazität $\bar{\kappa}$, die man aus Gleichung XII,20 durch Zufügung des Index ν wie folgt erhält:

$$H_\nu = -\frac{1}{3}\,\frac{c}{\kappa_\nu\,\rho}\,\frac{d\,u_\nu}{d\,r}\,. \tag{XII,24}$$

Für $u = \int_0^\infty u_\nu\, d\,\nu$ wurde gezeigt, daß in sehr guter Näherung $u = \frac{4\pi}{c}\, B = aT^4$ ist. Wesentlich gröber ist die Annahme, daß die auf die Frequenzeinheit bezogene Energiedichte u_ν gleich der Planck-Funktion $\frac{c}{4\pi}\, B_\nu$ ist ($B_\nu = \frac{2\,h\,\nu^3}{c^2}\,\frac{1}{e^{h\nu/kT} - 1}$). ($u_\nu\,(\nu)$ weist die typischen Absorptionskanten auf. B_ν dagegen ist eine stetige Funktion!) Mit der Näherung $u_\nu = \frac{4\pi}{c}\, B_\nu$ wird Gleichung XII,24

$$H_\nu = -\frac{4\pi}{3}\,\frac{1}{\kappa_\nu\,\rho}\,\frac{d\,B_\nu}{d\,r} = -\frac{4\pi}{3}\,\frac{1}{\kappa_\nu\,\rho}\,\frac{d\,B_\nu}{d\,T}\,\frac{d\,T}{d\,r}\,.$$

Daraus erhält man durch Integration den Gesamtstrom ($H = \int_0^\infty H_\nu\, d\,\nu$)

$$H = -\frac{4\pi}{3}\,\frac{d\,T}{d\,r}\,\frac{1}{\rho}\int_0^\infty \frac{1}{\kappa_\nu}\,\frac{d\,B_\nu}{d\,T}\, d\,\nu\,.$$

Andererseits soll nach Gleichung XII,20 und mit $u = aT^4$

$$H = -\frac{4\pi}{3}\,\frac{1}{\bar{\kappa}\,\rho}\,\frac{d\,B}{d\,r} = -\frac{4\pi}{3}\,\frac{1}{\bar{\kappa}\,\rho}\,\frac{d\,B}{d\,T}\,\frac{d\,T}{d\,r}$$

sein. Durch Vergleich folgt (mit $\frac{d\,B}{d\,T} = \int_0^\infty \frac{d\,B_\nu}{d\,T}\, d\,\nu$)

$$\frac{1}{\bar{\kappa}} = \frac{\int_0^\infty \frac{1}{\kappa_\nu}\,\frac{d\,B_\nu}{d\,T}\, d\,\nu}{\int_0^\infty \frac{d\,B_\nu}{d\,T}\, d\,\nu} \tag{XII,25}$$

Der Rosselandsche Mittelwert $\bar{\kappa}$ stellt ein harmonisches Mittel dar. Er berücksichtigt daher gerade die Spektralbereiche großer optischer Durchlässigkeit, in denen auch der Hauptenergiestrom fließt.

Aus Gleichung XII,23 soll die Leuchtkraft L abgeschätzt werden. Macht man die vereinfachende Annahme, daß κ wenig von Stern zu Stern variiert, und ersetzt man $\frac{dT}{dr} \sim \frac{T}{R}$, $L_r \sim L$, $r \sim R$, so hat man die Proportionalität $L \sim RT^4/\rho$. Hieraus eliminiert man zunächst T mittels der Zustandsgleichung $T \sim P/\rho \rightarrow L \sim R\,(P/\rho)^4\;1/\rho$, dann P mittels der hydrostatischen Gleichung (für die in gleicher Näherung $P/R \sim \rho M/R^2$ gilt) $\frac{P}{\rho} \sim \frac{M}{R} \rightarrow L \sim R\,(\frac{M}{R})^4\,\frac{1}{\rho}$ und setzt schließlich $\rho \sim M/R^3$; man erhält so $L \sim M^3$ (unabhängig von R!) in guter Übereinstimmung mit der Beobachtung (Abbildung XII,6).

Die Leuchtkraft erweist sich als unabhängig von der Kernenergieerzeugung ϵ. Das ist zunächst überraschend, insofern als die außen abgestrahlte Energie ursprünglich durch Kernprozesse erzeugt ist. Dieser Befund ist jedoch eine Konsequenz des hydrostatischen Gleichgewichts: Die Gravitationskraft muß durch den Druckgradienten ausbalanciert sein. Dies erzwingt einen hohen Druck- und damit auch Temperaturgradienten. Letzterer bestimmt allein den Energiefluß (Gleichung XII,23). Würde beispielsweise mehr Energie abfließen, als gemäß ϵ erzeugt wird, so würde sich der Stern im Inneren zunächst abkühlen. Die Folge wäre eine Abnahme des Druckes P_c und damit des Druckgradienten. Der Stern müßte wegen des Überwiegens der Gravitationskräfte kontrahieren. Dabei wird Gravitationsenergie frei, von der nach dem Virialsatz nur die Hälfte abgestrahlt, die andere Hälfte jedoch in Form von Innerer Energie gespeichert wird. Die Folge der ursprünglichen Abkühlung wäre am Ende eine Aufheizung! Da die Kernenergieerzeugung empfindlich von der Temperatur abhängt, würde damit die Energieerzeugung in die Höhe gehen, und zwar so lange, bis die Leuchtkraft L genau kompensiert ist durch die Kernenergieerzeugung. Durch Kontraktion und Expansion kann der Stern also die Energieerzeugung auf den erforderlichen Wert einregulieren. Dieser Thermostat funktioniert immer dann, wenn ein ideales Gas vorliegt ($P \sim T$). Ist jedoch die stellare Materie entartet – in diesem Fall ist P unabhängig von T –, so fehlt dieser Regulierungsmechanismus, und es kommt u. U. zu explosiven Vorgängen (Flash-Phänomen – siehe Abschnitt XII,6.4).

Konvektion

Gleichung XII,23 definiert den sogen. radiativen Temperaturgradienten $(\frac{dT}{dr})_{rad}$.
Wie groß kann $(\frac{dT}{dr})_{rad}$ werden, ohne daß der Aufbau des Sternes instabil wird?

Dazu betrachtet man ein willkürlich herausgegriffenes Volumenelement und fragt, wie sich die Dichte ρ ändert, wenn dieses Element durch eine zufällige Störung adiabatisch um dr z. B. nach oben, verschoben wird. Ist seine Dichte $\rho_{ad}\,(r + dr)$ nach dem Aufstieg geringer als die Umgebungsdichte $\rho\,(r + dr)$, so erfährt dieses Element einen Auftrieb und steigt weiter auf (Instabilität); im anderen Fall ($\rho_{ad} > \rho$) sinkt es auf seine Ausgangslage zurück (stabiles Gleichgewicht).

Die Bedingung für Stabiiität $\rho_{ad} > \rho$ bedeutet also, daß $|\frac{d\rho}{dr}|_{rad} > |\frac{d\rho}{dr}|_{ad}$ ist. Statt der Dichtegradienten kann man die Temperaturgradienten einführen. Man muß nur beachten, daß das betrachtete Element stets im Druckgleichgewicht mit seiner Umgebung ist. Es gilt dann nach Logarithmieren und Differenzieren der idealen Gasgleichung ($P \sim \rho T$) wegen des Druckausgleiches $\frac{dP}{P} = \frac{d\rho}{\rho} + \frac{dT}{T} = 0$.

Damit hat man

$$\left|\frac{dT}{dr}\right|_{\text{rad}} < \left|\frac{dT}{dr}\right|_{\text{ad}} \tag{XII,26}$$

$\left|\frac{dT}{dr}\right|_{\text{ad}}$ berechnet sich aus der Adiabatengleichung: $P = const\ \rho^{\gamma}$, wobei $\gamma = c_p/c_v$ (c_p, c_v spezifische Wärmen) ist. Mit $\rho \sim P/T$ (ideales Gas) schreibt sich die Adiabate $P^{\gamma-1} = \text{const}\ T^{\gamma}$. Daraus erhält man (nach Logarithmieren und Differenzieren) $\frac{dT}{dP} = \frac{\gamma - 1}{\gamma}\frac{T}{P}$. Damit ist

$$\left|\frac{dT}{dr}\right|_{\text{ad}} = \frac{dT}{dP}\left|\frac{dP}{dr}\right| = \left(1 - \frac{1}{\gamma}\right)\frac{T}{P}\left|\frac{dP}{dr}\right|, \tag{XII,27}$$

wobei der Druckgradient durch die hydrostatische Gleichung XII,2 gegeben ist.

Eine äquivalente und oft gebrauchte Formulierung des Gradienten erhält man durch Multiplikation mit dr/T und Integration:

$$\left(\frac{d\ln T}{d\ln P}\right)_{\text{ad}} = 1 - \frac{1}{\gamma}$$

Diesen logarithmischen Gradienten bezeichnet man mit ∇_{ad}.

Schreibt man analog $\nabla_{\text{rad}} = \left(\frac{d\ln T}{d\ln P}\right)_{\text{rad}}$, so lautet die Bedingung für Stabilität:

$$\nabla_{\text{rad}} < \nabla_{\text{ad}}\ . \tag{XII,28}$$

Dies ist das Schwarzschildsche Stabilitätskriterium.

Ergibt sich bei der Integration der Gleichung XII,23, daß die Bedingung der Gleichung XII,26 bzw. 28 in einer Kugelschale (Zone) verletzt ist, so muß man in dieser Zone den konvektiven Energiestrom H_{konv} berechnen. Der Gesamtenergiestrom pro cm^2 H ist dann die Summe von H_{konv} und dem bereits berechneten radiativen Strom H_{rad} (oben mit H bezeichnet). Somit ist $L_r = 4\pi r^2 (H_{\text{konv}} + H_{\text{rad}})$. Aufgrund des Zusammenwirkens beider Transportmechanismen wird sich ein mittlerer Gradient einstellen: $\nabla_{\text{rad}} > \nabla > \nabla_{\text{ad}}$. Der konvektive Energiestrom H_{konv} wird meistens in der Näherung der Mischungsweg-Theorie berechnet (nach dieser zerfallen die aufsteigenden Elemente, nachdem sie um eine Mischungsweglänge aufgestiegen sind, und übertragen dabei ihre Überschußenergie auf die Umgebung). Die Mischungsweg-Theorie läßt sich wegen der großen Dichtevariation $\rho(r)$ allerdings nicht ohne weiteres auf das Sterninnere anwenden. Da sich im instabilen Fall jedoch ein Gradient ∇ einstellt, der meist dicht an ∇_{ad} liegt, kann man näherungsweise, unter Umgehung der mathematisch aufwendigeren Mischungsweg-Theorie $\nabla = \nabla_{ad}$ setzen, bzw. einfach

$$\frac{dT}{dr} = \left(1 - \frac{1}{\gamma}\right) \frac{T}{P} \frac{dP}{dr} \qquad \text{(XII,29)}$$

schreiben. Diese Näherung ist brauchbar in den konvektiven Kernen heißer Sterne, in denen das Plasma vollionisiert ist ($\gamma = 5/3$ und $\nabla_{ad} = 0.40$). In den Hüllen kühler Sterne (Wasserstoff-Konvektionszone, siehe unten) ist jedoch $\nabla > \nabla_{ad}$ und daher Gleichung XII,29 eine schlechte Näherung. Das Fehlen einer zuverlässigen Theorie der Konvektion erweist sich als das stärkste Handicap für die Theorie der Sternenentwicklung. – Im vollkonvektiven Gleichgewicht (Gleichung XII,29) ist der Zustand des Sternes übrigens bereits durch die beiden Gleichungen XII,2 und 3 für das hydrostatische Gleichgewicht und die Massenzunahme sowie durch die Adiabatenbeziehung $P = K\rho^{\gamma}$ bestimmt (siehe Abschnitt XII,5.4).

Unter welchen Bedingungen ist Konvektion zu erwarten, bzw. wann überschreitet $\frac{dT}{dr}$ den kritischen Wert? Nach Gleichung XII,23 ist $\frac{dT}{dr}$ groß, 1. wenn $\frac{L_r}{4\pi r^2}$ groß ist. Dies ist in den Kernen massereicher (heißer) Sterne der Fall, weil in ihnen die Energieerzeugung auf ein kleines Volumen beschränkt (siehe Abschnitt XII,6.2) ist ($L_r \approx L$ bei $r \approx 0.1\,R$). 2. Wenn κ groß ist (sogen. κ-Effekt). κ ist groß in den Zonen, in denen der Wasserstoff (und auch das Helium) partiell ionisiert ist (siehe Abschnitt XII,4.2). Dies ist vor allem in den äußeren Schichten kühler Sterne gegeben, den Wasserstoff-Konvektionszonen (WKZ) bzw. Helium-Konvektionszonen. 3. Es kann auch die rechte Seite der Gleichung XII,26 bzw. 28 klein werden. Denn nur für einatomige Gase ist $\nabla_{ad} = 1 - \frac{1}{\gamma} = 0.40$. Für ein aufsteigendes und dabei expandierendes Element, das z.B. aus partiell ionisiertem H besteht, sind die spezifischen Wärmen nicht konstant, weil mit der Abkühlung (Ionisationsformel!) Ionen und Elektronen rekombinieren, und dabei Rekombinationswärme (13.6 eV pro Ion) freisetzen. ∇_{ad} ist daher eine Funktion des Ionisationsgrades. Bei einem Ionisationsgrad von 50 % ist ∇_{ad} auf 0.02 abgesunken. Dieser sogen. γ-Effekt ist wiederum in der WKZ kühler Sterne wirksam. Durch das Zusammenwirken von κ- und γ-Effekt wird die Konvektion in der WKZ angefacht.

4. Konstitutive Gleichungen

Die 4 Gleichungen XII,2, 3, 9 und 23 bzw. 29 beschreiben das stellare Gleichgewicht. Sie enthalten 7 abhängige Variable. Zur vollständigen Definition des Gleichgewichts werden daher noch 3 weitere Gleichungen benötigt. Es sind dies die konstitutiven Gleichungen $P(\rho, T)$, $\kappa(\rho, T)$ und $\epsilon(\rho, T)$. Durch sie werden die Eigenschaften des Gases charakterisiert.

4.1 Zustandsgleichung $P(\rho, T)$

Die Sternmaterie liegt im allgemeinen in Form eines hochionisierten Gases (Plasma) vor, praktisch also eines Gemisches von Atomkernen und Elektronen. Es ist daher überwiegend ein ideales Gas, mit Ausnahme einiger überdichter Konfigurationen (Weiße Zwerge, Kerne Roter Riesen), in denen das Gas entartet ist.

Die Zustandsgleichung für das **ideale Gas** lautet $P = nkT$, wobei n die Zahl aller Teilchen pro cm^3 und k die Boltzmannkonstante ist. Es bleibt nur die Aufgabe, bei vorgegebenem ρ und gegebener chemischer Zusammensetzung n auszurechnen. Die Massenbruchteile für die wichtigsten Elemente seien X (Wasserstoff), Y (Helium) und Z (Metalle) (wobei man alles, was nicht H und He ist, das sind im wesentlichen die Elemente C bis Fe, mit Metall bezeichnet). Es gilt die Definition $X + Y + Z = 1$. Typisch für einen Population I-Stern ist $X = 0.70$, $Y = 0.28$ und $Z = 0.02$.

Die Zahl der Ionen von H, He und Metalle pro cm^3 ist $X\rho/m_p$, $Y\rho/4m_p$ und $Z\rho/Am_p$ (m_p = Protonenmasse, A = Atomgewicht). Im vollionisierten Zustand erhält man pro H-Ion ein freies Elektron, pro Helium-Ion zwei und pro Metall im Mittel rund $1/2\,A$ Elektronen (da die Kernladungszahl etwa $1/2\,A$ ist). Wegen $A \geqslant 16$ ist der Ionenanteil der Metalle zu vernachlässigen. Die Summe aller Teilchen ist dann:
$n = (2X + \frac{3}{4}Y + \frac{1}{2}Z)\frac{\rho}{m_p}$, und damit $P = (2X + \frac{3}{4}Y + \frac{1}{2}Z)\frac{k}{m_p}\rho T$. k/m_p ist die Gaskonstante. Schreibt man

$$P = \frac{1}{\mu}\frac{k}{m_p}\rho T, \tag{XII,30}$$

so erhält man durch Vergleich das mittlere Molekulargewicht μ

$$\frac{1}{\mu} = 2X + \frac{3}{4}Y + \frac{1}{2}Z. \tag{XII,31}$$

Ist z.B. $Y = Z = 0$ ($X = 1$, reiner Wasserstoffstern), so ist $P = 2\frac{k}{m_p}\rho T$, d.h. der Druck ist infolge der Ionisation doppelt so hoch wie beim Neutralgas, weil sowohl Ionen wie Elektronen zum Druck beitragen (Gleichverteilung!). Ist das Gas nur partiell ionisiert, so muß der Ionisationsgrad und damit der Anteil der freien Elektronen als Funktion der Zustandsgrößen explizit (Saha-Formel) berechnet werden.

Strahlungsdruck. Bei hohen Temperaturen addiert sich zum Gasdruck der Strahlungsdruck (Gl. XII,19 mit $u = aT^4$)

$$P_r = \frac{1}{3} a T^4 . \qquad \text{(XII,32)}$$

Bei der Sonne spielt P_r wegen der niedrigen Temperatur keine Rolle. Mit zunehmender Masse jedoch nimmt P_r zu. In Abbildung XII,9 ist im T,ρ-Diagramm die Grenzlinie eingezeichnet, an der beide Drucke gleich sind: $\frac{1}{3} aT^4 = \frac{1}{\mu} \frac{k}{m_p} \rho T$. Oberhalb dieser Linie überwiegt der Strahlungsdruck. Für Sterne mit ungefähr $M \geqslant 150 M_\odot$ ist P_r schließlich so groß, daß keine stabile Konfiguration mehr möglich ist: Durch die Strahlung werden radiale Pulsationen angefacht, die zu Massenverlusten führen.

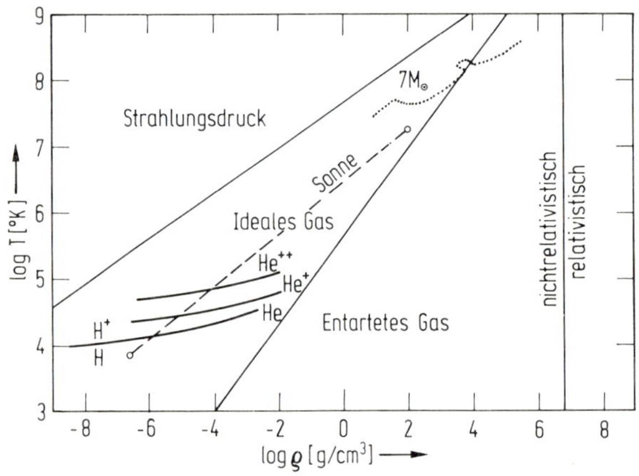

Abb. XII,9. Zustands-Diagramm der Materie. - - - Variation der solaren Zustandsgrößen von der Oberfläche bis zum Zentrum. ...... Zeitliche Entwicklung der zentralen Zustandsgrößen eines 7 $M_\odot$-Sternes. Ebenfalls angegeben sind die Grenzen für die Ionisation von H, He und He^+.

Entartung: Bei den hohen Dichten in den Weißen Zwergen ($\rho \approx 10^6$–10^8 g/cm^3) und den Kernen Roter Riesen ist das Elektronengas entartet. Der Partialdruck der Elektronen P_e ist dann wesentlich größer als der Partialdruck der nichtentarteten Ionen, also $P \approx P_e$. Im Grenzfall vollständiger Entartung ist P_e unabhängig von der Temperatur. Im nichtrelativistischen Fall (Elektronengeschwindigkeit $\ll c$) ist

$$P_e = K_1 (\rho/\mu_e)^{5/3} \qquad \text{(XII,33)}$$

mit

$$K_1 = \frac{h^2}{20 m_e m_p} \left(\frac{3}{\pi m_p}\right)^{2/3} = 9{,}91 \cdot 10^{12} .$$

h ist das Plancksche Wirkungsquantum, m_e die Elektronenmasse. μ_e ist das Molekulargewicht der Elektronen, das man bei gegebenem ρ und vorgegebener chemischer Zusammensetzung wieder durch Abzählung (s.o.) der freien Elektronen/cm^3 erhält:
$n_e = (X + \frac{1}{2} Y + \frac{1}{2} Z) \rho/m_p = \frac{1}{2}(1 + X) \rho/m_p$ (wegen $X + Y + Z = 1$). Oder aber nach Definition $n_e = \rho/\mu_e m_p$, woraus durch Vergleich

$$\frac{1}{\mu_e} = \frac{1}{2}(1 + X) \quad \text{folgt.} \tag{XII,34}$$

Ist ρ so hoch, daß die Geschwindigkeiten der Elektronen relativistisch werden, so hat man den Grenzfall vollständiger relativistischer Entartung:

$$P_e = K_2 (\rho/\mu_e)^{4/3} \tag{XII,35}$$

mit

$$K_2 = \frac{h\,c}{8\,m_p} \left(\frac{3}{\pi\,m_p}\right)^{1/3} = 1{,}23 \cdot 10^{15}.$$

Die Abgrenzung des Bereiches, in dem die ideale Gasgleichung gültig ist, gegen den nichtrelativistisch entarteten Bereich erhält man, indem man die beiden Drucke einander gleichsetzt: $\frac{\rho}{\mu} \frac{k}{m_p} T = 9{,}9 \cdot 10^{12} (\rho/\mu_e)^{5/3}$. In gleicher Weise erhält man die Abgrenzung zwischen nichtrelativistischer und relativistischer Entartung:
$9{,}9 \cdot 10^{12} (\rho/\mu_e)^{5/3} = 1{,}23 \cdot 10^{15} (\rho/\mu_e)^{4/3}$ (Abbildung XII,9). Die Übergangsgebiete lassen sich mit Hilfe der Fermi-Dirac-Statistik berechnen.

4.2 Opazitätskoeffizient $\kappa(\rho, T)$

κ ist der über alle Frequenzen gemäß Gleichung XII,25 gemittelte Absorptionskoeffizient. Wegen der großen Zahl der Absorptionsmöglichkeiten in einem Gas, das aus einer Vielzahl von chemischen Elementen besteht, die ihrerseits alle wieder in mehreren Ionisationsstufen vorkommen können, ist κ eine kompliziert zusammengesetzte Funktion von ρ und T sowie der Häufigkeiten X, Y, Z. Hier sollen nur die wichtigsten Prozesse skizziert werden. In Abbildung XII,10 ist ein Termschema eines Ions wiedergegeben. Danach besitzt ein Ion 3 verschiedene Möglichkeiten, Photonenenergie zu speichern:

1) gebunden-freie Übergänge = Photoionisation. Diese setzen bei einer minimalen Frequenz ν_0 (Absorptionskante) ein und ergeben für ein wasserstoffähnliches Ion in korrespondenzmäßiger Näherung für den Absorptionskoeffizienten κ_{gf} den bekannten Verlauf $\kappa_{gf} \sim \nu^{-3}$.

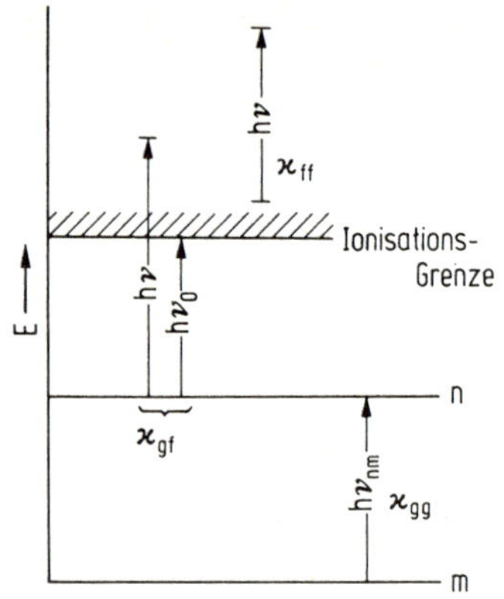

Abb. XII,10. Termschema zur Erklärung der 3 Absorptionsprozesse: gebunden–frei (κ_{gf}), frei–frei (κ_{ff}) und gebunden–gebunden (κ_{gg}) Übergänge.

2) frei-frei Übergänge. Das freie Elektron, das sich klassisch auf einer Hyperbelbahn mit dem Ion im Brennpunkt befindet, nimmt Energie in Form von kinetischer Energie auf. Hier gibt es keine minimale Frequenz. Für die Abhängigkeit des Absorptionskoeffizienten κ_{ff} von der Frequenz gilt korrespondenzmäßig ebenfalls $\kappa_{ff} \sim \nu^{-3}$.

3) gebunden-gebunden Übergänge = Linienabsorption. Der Linienbeitrag ist bis vor wenigen Jahren noch weitgehend unberücksichtigt geblieben, weil man glaubte, daß ihr Beitrag wegen der geringen Breite der Linien zu vernachlässigen sei. Die Halbwertsbreite von z.B. Ly_α kann jedoch die Hälfte der Halbwertsbreite vom Ly-Kontinuum betragen. Genaue Rechnungen zeigen, daß in günstigen Fällen sich der Opazitätskoeffizient durch die Hinzunahme der Linien verdreifacht. Der numerische Aufwand ist wegen der großen Zahl zusätzlicher Frequenzpunkte beträchtlich.

4) Während bei den bisher genannten Prozessen Photonen-Energie gespeichert wird, bleibt bei der Thomson-Streuung an freien Elektronen die Energie des Photons ungeändert, nur seine Richtung ändert sich (die Reemission wird meistens isotrop angenommen), wobei der ursprünglichen Strahlrichtung Energie entzogen wird.

Wegen dieses von 1–3 grundsätzlich verschiedenen Reemissionsprozesses ist die Formulierung des Strahlungstransportes bei Streuung auch verschieden. Erst in den Näherungen LTE und „grauer Fall" (κ unabhängig von der Wellenlänge) ist es erlaubt, die Streuprozesse formal als Absorptionsprozesse aufzufassen.

Alle 4 Absorptionskoeffizienten werden für jede Frequenz aufaddiert und gemäß der Rosselandschen Mittelungsvorschrift gemittelt. Dabei ist zu beachten, daß die zunächst pro absorptionsfähiges Ion berechneten Absorptionskoeffizienten noch mit der Zahl der absorptionsfähigen Ionen multipliziert werden müssen. Damit z.B. ein Balmerkontinuum entstehen kann, müssen erstens genügend neutrale H-Atome vorliegen, und diese müssen sich zweitens im Ausgangsterm mit $n = 2$ befinden. Diese sogen. Besetzungszahlen des Ausgangsterms erhält man mittels der Saha- (Ionisations-) und Boltzmann-Formel.

Unter stark vereinfachenden Annahmen (Korrespondenzprinzip, Annahme sogen. starker Ionisation) erhält man für κ_{gf} nach Kramers:

$$\kappa_{gf} = 4{,}3 \cdot 10^{25}\, Z\,(1+X)\,\rho/T^{3.5} \quad \text{und} \qquad \text{(XII,36)}$$
$$\kappa_{ff} = 3{,}7 \cdot 10^{22}\,(1+X)\,(X+Y)\,\rho/T^{3.5}$$

Für Elektronenstreuung gilt $\kappa_e = 0{,}20\,(1+X)$.

Die älteren Modelle sind mit solchen Ansätzen berechnet. Moderne Rechnungen basieren auf Tabellen, die mit einigem numerischen Aufwand für bestimmte chemische Zusammensetzungen als Funktion von ρ und T berechnet sind. Abbildung XII,11 zeigt einen typischen Frequenzverlauf und Abbildung XII,12 $\kappa\,(\rho,T)$. Im Maximum von

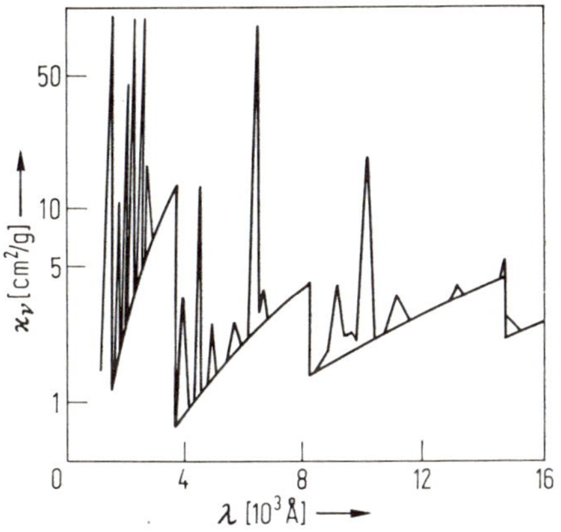

Abb. XII,11. Der Absorptionskoeffizient κ als Funktion der Wellenlänge für $T = 8400\,^\circ$K und $P_e = 10^2/\text{cm}^2$. Absorptionslinien (schematisch) und Grenzkontinua (Wasserstoff) sind getrennt dargestellt. (nach A. N. Cox in Stellar Structure, Stars and Stellar Systems, S. 255, The University of Chicago Press 1965)

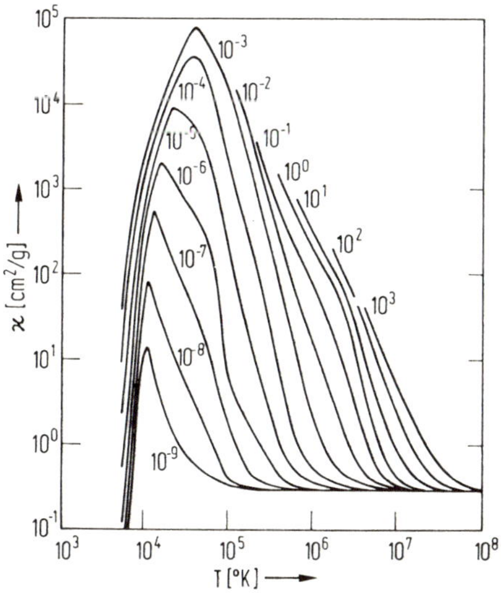

Abb. XII,12. Opazität (= frequenz-gemittelter Absorptionskoeffizient) solarer Materie als Funktion der Temperatur. Der Parameter ist ρ [g/cm³]. (nach D. Ezer und A. G. W. Cameron, Icarus 1, 422 (1963))

$\kappa\ (\rho,T)$ ist H partiell ionisiert (WKZ). In diesem T,ρ-Bereich kommt der Hauptbeitrag von den gebunden-frei Übergängen des neutralen Wasserstoffs. Da die Anregungsenergie des wichtigsten Terms mit $n = 2$ schon 3/4 der Ionisationsenergie ausmacht, geht mit der Anregung dieses Terms bereits eine starke Ionisation einher. In tieferen Schichten sind H und He vollständig ionisiert und liefern daher nur frei-frei Kontinua, während die partiell ionisierten Metalle gebunden-frei Beiträge liefern. Wenn $Z > 0.01$ (Population I-Sterne) ist, dominiert der letztere Anteil (man beachte die Zahlenfaktoren der Gleichung XII,36). Gl. XII,36 beschreibt den Verlauf jenseits des Maximums in Abb. XII,12 ($T > 10^4 - 10^5$ °K). Mit wachsender Temperatur nähert sich κ dem (konstanten) Wert für Elektronenstreuung κ_E.

4.3 Kernenergie-Erzeugung $\epsilon\ (\rho,T)$

Die Vielfalt der möglichen Kernprozesse erscheint zunächst verwirrend angesichts der zahlreich vorkommenden Elemente und Isotope. Eine erste Übersicht erhält man, wenn man die thermischen Energien der in Frage kommenden Reaktionspartner und die zu überwindenden Coulomb-Barrieren betrachtet. Die Coulomb-Barrieren zwischen zwei miteinander reagierenden Kernen mit den Ladungen Z_1 und Z_2 ist $E_{\text{coulomb}} = \frac{Z_1 Z_2}{r} e^2$, wobei r dem Kernradius ($\approx 10^{-13}$ cm) entspricht. Der Mindestwert ergibt sich für Protonen ($Z_1 = Z_2 = 1$) zu $E_{\text{coulomb}} \approx 10^3$ keV. Bei $T = 10^7$ °K (Zentrum der Sonne) ist die mittlere thermische Energie jedoch nur $\frac{3}{2} kT \approx 1$ keV. Reaktionen könnten also ohne den Tunneleffekt nicht stattfinden. Der Tunneleffekt nimmt mit wachsender Energie zu, die Zahl der thermischen Teilchen dagegen ab (Boltzmann-Verteilung). Das Maximum der untertunnelnden und reagierenden Protonen liegt bei etwa 5 keV (Abbildung XII,13). Für größere Kernladungen sind die Potentialschwellen größer und Reaktionswahrscheinlichkeiten daher geringer. Bei $T = 10^7$ °K können deshalb nur die 14 stabilen Isotope unterhalb von Sauerstoff mit

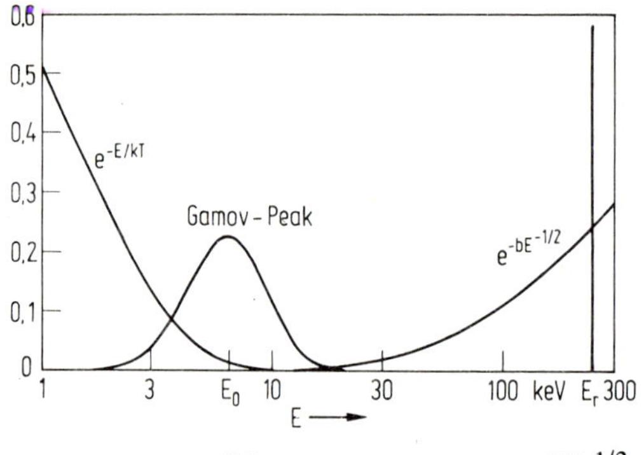

Abb. XII,13. Boltzmann-Verteilung ($e^{-E/kt}$) und Tunnel-Effekt ($e^{-bE^{-1/2}}$) ergeben als Produkt den Gamow-Peak (10^5fach vergrößert). Die Resonanzkurve bei E_r kann wegen der extrem geringen Breite der Dispersionsverteilung ($\Delta E \approx 1$ eV) nur als δ-Funktion wiedergegeben werden.

Protonen reagieren. Deren Reaktionsquerschnitte sind aus der Kernphysik hinreichend bekannt. Als energieliefernde Prozesse kommen nur die (5) Fusionsreaktionen H → He (Wasserstoffbrennen) in Frage, deren wichtigste die pp-Kette und der CNO-Zyklus sind. Bei $T = 10^8$ °K, die in Kerngebieten entwickelter Sterne realisiert sind, sind schon erheblich mehr Reaktionsmöglichkeiten eröffnet. Der wichtigste energieliefernde Prozeß ist der Tripel-α-Prozeß, d.h. die Umwandlung von He in C (oder Heliumbrennen). Dann folgt das Kohlenstoffbrennen etc. Bei $T = 10^9$ °K ist eine vollständige Übersicht über die Reaktionsmöglichkeiten nicht mehr gegeben. Eine große Zahl von Reaktionen läuft mit großer Geschwindigkeit gleichzeitig ab, so daß sich schon nach kurzer Zeit ein thermodynamisches Gleichgewicht einstellen kann. Dies führt zu einer Anreicherung der Elemente, deren Bindungsenergie maximal ist (Eisenspitze der Häufigkeitsverteilung). Energetisch spielen diese Prozesse wegen der geringen verfügbaren Bindungsenergie eine relativ geringe Rolle. Sie sind wichtig bei der Frage nach der Entstehung der chemischen Elemente (Nukleogenese). Temperaturen um 10^9 °K dürften in gewissen Spätphasen der Sternentwicklung realisiert sein (Supernova).

Die **Proton-Proton-Kette (pp-Reaktion)** ist durch folgende Reaktionen beschrieben:

$$\begin{array}{lllll} 2\,\mathrm{x} \left\{ \begin{array}{l} H^1 + H^1 \to D^2 + e^+ + \nu \\ D^2 + H^1 \to He^3 + \gamma \end{array} \right. & \begin{array}{l} + \; 1.19\,\mathrm{MeV} \\ + \; 5.49 \end{array} & \begin{array}{l} \tau = 10^{10}\,\mathrm{a} \\ 10\,\mathrm{sek} \end{array} \\ He^3 + He^3 \to He^4 + H^1 + H^1 & + \; \underline{12.85} & 10^6\,\mathrm{a} \\ & 26.21\,\mathrm{MeV} & \end{array} \qquad \text{(XII,37)}$$

Die beiden ersten Reaktionen müssen zweimal durchlaufen werden, ehe die letzte Reaktion anlaufen kann. Am Ende hat man die Teilchenbilanz $4H^1 \to He^4 + 2e^+ + 2\gamma + \nu$. Insgesamt sind dabei 26.21 MeV in Form von γ-Quanten und kinetischer Energie freigesetzt. Aus dem Massendefekt $\Delta m = 4m_p - m_{He^4}$ sollte sich ein Energiebetrag von $c^2 \Delta m = 26.72$ MeV ergeben. Das Defizit von 0.51 MeV entfällt auf das gebildete Neutrino. Dieses verläßt den Stern ungehindert.

Anstatt der letzten Reaktion in Gl. XII,37 kann, sofern schon genügend He^4 vorhanden ist, folgende Kette ablaufen:

$$He^3 + He^4 \to Be^7, \quad Be^7 + p \to B^8, \quad B^8 \to Be^8 + e^+ + \bar{\nu}, \quad Be^8 \to He^4 + He^4.$$

Der Fluß der beim Zerfall von B^8 freiwerdenden solaren Neutrinos sollte auf der Erde $10^{11}/\mathrm{cm}^2\mathrm{sek}$ betragen. Der Nachweis ist bisher nicht eindeutig gelungen. Nach dem Experiment von Davies beträgt der gemessene Fluß höchstens 1/9 des theoretisch vorhergesagten Flusses. Da die Neutrino-Intensität empfindlich von der Temperatur abhängt, dürfte das bislang angenommene Modell der Sonne (siehe unten) nicht richtig sein. Eine plausible Erklärung dieser Diskrepanz steht noch aus.

Der **CNO-Zyklus (Bethe-Weizsäcker-Zyklus)**. Während die pp-Reaktion mit Wasserstoff beginnt, setzt der CNO-Zyklus bereits die Existenz von C^{12} voraus. C^{12} mit seinen

Zwischenprodukten N und O wirkt dabei nur als Katalysator:

$$\begin{array}{llll} C^{12} + H^1 \to N^{13} + \gamma & + 1.94\,\text{MeV} & \tau = 10^7\ \text{a} & \\ \quad N^{13} \to C^{13} + e^+ + \nu + & 1.51 & 10\ \text{min} & \\ C^{13} + H^1 \to N^{14} + \gamma & + 7.54 & 10^6\ \text{a} & \\ N^{14} + H^1 \to O^{15} + \gamma & + 7.29 & 10^8\ \text{a} & \quad (\text{XII},38) \\ \quad O^{15} \to N^{15} + e^+ + \nu + & 1.76 & 1\ \text{min} & \\ N^{15} + H^1 \to C^{12} + \text{He} & + 4.96 & 10^5\ \text{a} & \\ \hline & 25.02\,\text{MeV} & & \end{array}$$

Die Bilanz erhält man durch Addition aller 6 Gleichungen: $4H^1 \to He^4 + 3\gamma + 2e^+ + 2\nu$. Der auf die Neutrinos entfallende (in Gleichung XII,38 nicht enthaltene) Energiebetrag ist diesmal größer: 1.69 MeV. Gleichung XII,37 und 38 beschreiben die wichtigsten Wasserstoff-Fusions-Reaktionen.

Die Reaktionsgeschwindigkeiten. Der langsamste Prozeß in einer Reaktionskette bestimmt das Tempo der Fusion. Beim CNO-Zyklus hat man 4 Stoßreaktionen und 2 β-Zerfälle. Letztere haben Halbwertszeiten in der Größenordnung von Minuten. Diese Zeiten sind verschwindend im Vergleich zu den Stoßreaktionszeiten. Im pp-Zyklus liegen nur Stoßreaktionen vor.

Betrachtet man den Stoß zweier Partner der Sorten 1 und 2, mit den Teilchendichten $n_1 = X_1 \dfrac{\rho}{m_p}$ und $n_2 = X_2 \dfrac{\rho}{m_p}$ (X_1, X_2 Massenbruchteile), so ist die Zahl der Stöße pro cm^3 und sek:

$$r = \int_0^\infty n_1\, n_2\, v\, f(v)\, \sigma(v)\, d\,v, \qquad (\text{XII},39)$$

wobei $n_2 f(v) v \sigma(v)$ die Zahl der Teilchen mit der Geschwindigkeit v ist, die pro sek ein Teilchen der Sorte 1 anströmen. σ ist der Stoßquerschnitt. $f(v)d\,v \sim \sqrt{E}\, e^{-E/kT}\, dE$ ist die Geschwindigkeitsverteilung (E kinetische Energie). Um alle Stöße pro cm^3 zu erfassen, muß diese Zahl noch mit n_1 multipliziert und über alle v bzw. E integriert werden. In dem niederenergetischen stellaren Bereich ($kT \approx 1$ - 10 keV) läßt sich σ als Produkt von 3 Faktoren darstellen, 1) dem (quanten-) geometrischen Faktor $\pi\lambda^2$, wobei λ die de Broglie-Wellenlänge ist, also $\pi\lambda^2 \sim \dfrac{1}{p^2} \sim \dfrac{1}{E}$ (p = Impuls), 2) dem Tunneleffekt $\sim e^{-2\pi Z_1 Z_2 e^2/\hbar v}$, der angibt, mit welcher Wahrscheinlichkeit die Coulomb-Barriere durchdrungen wird, und 3) einer Größe $S(E)$, die im Sinne einer Übergangswahrscheinlichkeit angibt, mit welcher Wahrscheinlichkeit die Reaktion abläuft, nachdem der Coulomb-Wall durchdrungen ist. Sieht man von Kernresonanzen ab, so ist dieser letzte Faktor, der sogen. astrophysikalische Faktor S, in größeren Bereichen konstant.

Der Integrand von Gleichung XII,39 ist von der Form $\exp\left(-\frac{E}{kT}-\frac{b}{\sqrt{E}}\right)$ und in Abbildung XII,13 dargestellt. Er besitzt ein steiles Maximum (G a m o w - P e a k). Die Lage des Maximums E_0 erhält man durch Differentiation des Exponenten $f(E)=\frac{E}{kT}+bE^{-1/2}$, aus $\frac{df(E)}{dE}=0$:

$$E_0=\left(\frac{b\,k\,T}{2}\right)^{2/3}=1.22\,(Z_1^2\,Z_2^2\,A_{1,2}\,T_6^2)^{1/3}\ \text{keV}.$$

$A_{1,2}$ ist hierin das reduzierte Atomgewicht $\frac{A_1 A_2}{A_1+A_2}$ und $T_6=T/10^6\ {}^\circ\text{K}$. Der G a m o w - P e a k kann durch eine G a u s s - F u n k t i o n $\exp\left\{-\left(\frac{E-E_0}{\Delta/2}\right)^2\right\}$ angenähert werden, wobei Δ durch die Forderung bestimmt wird, daß die 2. Ableitungen an der Stelle E_0 übereinstimmen; dies ergibt $\Delta=\frac{4}{\sqrt{3}}\,(E_0kT)^{1/2}=0.75\,(Z_1^2\,Z_2^2\,A_{1,2}T_6^5)^{1/6}$ keV.
Mit diesem Näherungsansatz läßt sich das Integral (Gleichung XII,39), das nun von der Form $\int\limits_0^\infty e^{-x^2}dx$ ist, leicht ausrechnen:

$$r=c_{1,2}\,\rho^2\,X_1\,X_2\,\frac{1}{T^{2/3}}\,e^{-3\left(2\pi^4\,e^4\,\frac{m_p}{h^2\,k}\,\frac{Z_1^2\,Z_2^2\,A_{1,2}}{T}\right)^{1/3}} \tag{XII,40}$$

$c_{1,2}$ enthält Atomkonstanten sowie $S(E_0)$.
Aus der Stoßrate kann die m i t t l e r e R e a k t i o n s z e i t τ eines Teilchens abgeschätzt werden. Der Abbau der Teilchen der Sorte 1 pro sek und cm^3 ist gleich der Stoßrate r; also ist $\frac{dN_1}{dt}=r\approx\frac{N_1}{\tau}$. Daraus ergibt sich $\tau=N_1/r$. Die Reaktionszeiten τ (Gleichung XII,37 und 38) sind für $T=1{,}3\cdot10^{7\,\circ}$, $\rho X(H^1)=100\ g/cm^3$, $\rho X(He^3)=0.01\ g/cm^3$ (typisch für Sonnenzentrum) angegeben. Die enorm großen mittleren Reaktionszeiten (10^{10} a $\approx$ A l t e r d e r W e l t für die Reaktion $H^1+H^1\rightarrow D^2$) sind zunächst überraschend. In jedem cm^3 befinden sich jedoch 10^{26} H-Atome, von denen jedes einzelne im Mittel zwar erst innerhalb von 10^{17} sek reagiert, die aber pro cm^3 insgesamt $10^{26-17}=10^9$ Reaktionen pro sek liefern, genug, um den Energiebedarf zu decken.
Um die Energieerzeugung z.B. im CNO-Zyklus zu erhalten, muß man die Stoßrate r mit der beim Stoß umgesetzten Energie E multiplizieren: $\epsilon\rho=rE$. Welche der 4 Stoßprozesse wählt man aus und welche Häufigkeiten von C oder N sind dabei einzusetzen?
Im stationären Betrieb wird der Kreislauf, beginnend bei C^{12} und wieder endend bei C^{12}, so durchlaufen, daß der Durchfluß durch die einzelnen (hier durchnumerierten) Stoßreaktionen konstant ist, d.h. es muß $r_1=r_2=\ldots$ oder auch $\frac{N_1}{\tau_1}=\frac{N_2}{\tau_2}=\ldots$ sein.
Im Reaktionsverlauf stellen sich daher die Häufigkeiten der Isotope C^{12}, C^{13}, N^{14} und

N^{15} proportional ihrer Lebensdauer τ ein. Mit den in Gleichung XII,38 angegebenen τ-Werten erhält man 3 unabhängige Gleichungen, deren Lösung

$$\begin{aligned} X(C^{12})/X(C^{13}) &= 4 \\ X(N^{14})/X(N^{15}) &= 3000 \\ X(N^{14}+N^{15})/X(C^{12}+C^{13}) &= 20 \end{aligned} \qquad \text{(XII,41)}$$

ergibt.

Alle Relationen gelten unabhängig von ρ, da sich ρ aus den Gleichungen $r_1 = r_2 = \ldots$ herauskürzt. Die beiden ersten Relationen sind praktisch unabhängig von T, da gleiches Z_2 und fast gleiches $A_{1,2}$ vorliegt. Die letzte Relation ist schwach T-abhängig. Obiges Gleichgewicht stellt sich allerdings erst nach einer Anlaufzeit ein, die noch die Größenordnung der Gravitationszeitskala (Gleichung XII,7) übertreffen kann.

Das Verhältnis $X(C^{12})/X(C^{13})$ ist in der Erdkruste viel größer als 4, ebenso in den meisten normalen Sternen. Diese Materie kann also kaum durch den stellaren Atomofen mit CNO-Reaktionen gelaufen sein. Es gibt aber eine Gruppe von Sternen, die Kohlenstoff-Sterne, bei denen das Verhältnis von C^{12}/C^{13} in obiger Größenordnung liegt. Hier dürfte der Kohlenstoff entweder in einer früheren Entwicklungsphase des betreffenden Sternes oder aber in einer früheren Sterngeneration am CNO-Zyklus teilgenommen haben.

Ähnlich legt die pp-Reaktion die Häufigkeiten von H^1, D^2 und He^3 fest. Weil die beiden ersten Reaktionen 2mal durchlaufen sein müssen, ehe die dritte Reaktion stattfinden kann, muß im stationären Fall $r_1 = r_2 = 2r_3$ gelten. Daraus ergibt sich

$$\left.\begin{aligned} X(D^2)/X(H^1) &= 10^{-17} \\ X(He^3)/X(H^1) &= 10^{-4} \end{aligned}\right\} \quad T = 1{,}3 \cdot 10^7\ {}^\circ\mathrm{K}\,.$$

Letzteres Verhältnis hängt empfindlich von T ab.

Nach diesen Vorbemerkungen kann die Energieerzeugung $\epsilon\rho = rE$ vollends formuliert werden. E sei die gesamte umgesetzte Energie (ohne Neutrinoanteil), r ist irgendeine Stoßrate im Zyklus. Im pp-Prozeß wählt man hierfür die 1. Reaktion, da dann nur die Häufigkeit von H^1 auftritt. Im CNO-Zyklus wählt man die 4. Reaktion, weil dann das nach Gleichung XII,41 häufigste Isotop N^{14} einzusetzen ist. Statt der i.a. unbekannten Häufigkeit von N^{14} setzt man dafür (wegen $X(N) > X(C)$) die spektroskopisch gefundene Gesamthäufigkeit von C und N ein: X_{CN}. Damit hat man (mit $T_6 = T/10^6\ {}^\circ$K)

$$\epsilon_{pp} = 2{,}2 \cdot 10^6\, \rho X^2\, T_6^{-2/3} \cdot \exp\left(-\ 33{,}8 \cdot T_6^{-\frac{1}{3}}\right)$$

$$\epsilon_{CNO} = 8 \cdot 10^{27}\, \rho X X_{CN}\, T_6^{-2/3} \exp\left(-\ 152{,}3 \cdot T_6^{-\frac{1}{3}}\right)$$

In Abbildung XII,14 sind ϵ_{pp} und ϵ_{CNO} wiedergegeben. Bei niedrigen Temperaturen ($T < 15 \cdot 10^6\ {}^\circ$K) überwiegen die pp-Reaktionen, bei höheren der CNO-Zyklus. Der

CNO-Zyklus ist im Vergleich zur pp-Reaktion stark temperaturabhängig, wie folgender Potenzansatz zeigt:

$$\begin{aligned} \epsilon_{pp} &\sim \rho X^2 T^5 \qquad &(\text{für } T = 10^7\ {}^\circ\text{K}) \\ \epsilon_{CNO} &\sim \rho X X_{CN} T^{16} \qquad &(\text{für } T = 10^{7,5}\ {}^\circ\text{K}) \end{aligned} \tag{XII,42}$$

Das **Heliumbrennen (Tripel-α-Prozesse, *Salpeter*-Prozeß)** erfolgt nach dem Schema

$$\begin{aligned} &He^4 + He^4 \to Be^8 + \gamma - 92\ \text{keV} \\ &Be^8 + He^4 \to C^{12} + \gamma + 7.4\ \text{MeV} \end{aligned} \tag{XII,43}$$

Die erste Reaktion ist endotherm, d.h. im Gleichgewicht überwiegt He. Mit Hilfe der Saha-Formel $\left(N(Be^8) \sim N^2(He^4)\,\frac{1}{T^{3/2}}\,e^{-92\ \text{keV}/kT}\right)$ findet man für $T = 10^8\ {}^\circ$K und $\rho = 10^5$ g/cm^3 (Kerne Roter Riesen) $N(Be^8)/N(He^4) \approx 10^{-9}$. Daß trotz dieser niedrigen Be-Dichte die Reaktion (Gleichung XII,43) dennoch mit nennenswerter Geschwindigkeit abläuft, liegt daran, daß die 2. Reaktion eine starke Resonanz besitzt. Der astrophysikalische Faktor $S(E)$ ist in diesem Fall keine Konstante wie oben, sondern eine Dispersionsverteilung (Breit-Wigner-Kurve) mit einem steilen Maximum bei $E_R = 278$ keV (Abbildung XII,13). Bei solchen Resonanzen ist der Gamow-Peak im Integranden von Gleichung XII,39 meistens zu vernachlässigen gegenüber dem Beitrag aus der Umgebung von E_R. Wegen der geringen Breite der Dispersionsverteilung (nur ca. 1 eV) ist r daher im wesentlichen durch den Integranden (Maxwell-Verteilung) an der Stelle $E = E_R$, also proportional $e^{-E_R/kT}$ gegeben. Ferner ist r proportional zu N(Be^8) und daher wegen der Saha-Formel zu $e^{-92\,\text{keV}/kT}$, so daß insgesamt $e^{-(278+92)\,\text{keV}/kT}$ resultiert:

$$r = const\ \rho^3\ Y^3\ \frac{1}{T^3}\ e^{-370\,\text{keV}/kT}$$

(Die Proportionalität $\rho^3\ Y^3 \sim N^3(He^4)$ kommt von der Saha-Formel $(N(Be^8) \sim N^2(He^4))$ sowie vom Stoßintegral (Gleichung XII,39), in dem $N_2 = N(He^4)$ zu setzen ist.) Die Energieerzeugung ergibt damit:

$$\epsilon_{3\alpha} = 3{,}5 \cdot 10^{11}\ \rho^2\ Y^3\ T_8^{-3}\ e^{-43{,}2\,T_8^{-1}}$$

Sie ist extrem T-abhängig, wie der Potenzansatz zeigt (siehe auch Abbildung XII,14):

$$\epsilon_{3\alpha} \sim \rho^2\ Y^3\ T_8^{30} \qquad (\text{für } T = 10^{8,2}\ {}^\circ\text{K}) \tag{XII,44}$$

Bei noch höheren Temperaturen ($T = 10^{8,7}\ {}^\circ$K) kommt es zum **Kohlenstoffbrennen**, entweder durch α-Einfang, wenn noch genügend α-Teilchen vorhanden sind, oder durch Reaktion des Kohlenstoffs mit sich selbst (siehe Abbildung XII,14). Die Kette der α-Einfangprozesse endet bei etwa Ca^{40}, da dann die Coulomb-Barrieren zu hoch werden. Die Bildung von noch schwereren Elementen kann im wesentlichen nur durch den Einfang freier Neutronen erfolgen (dies setzt gewisse Reaktionen voraus, die genügend freie Neutronen erzeugen), da es für Neutronen keine Coulomb-Barrieren gibt.

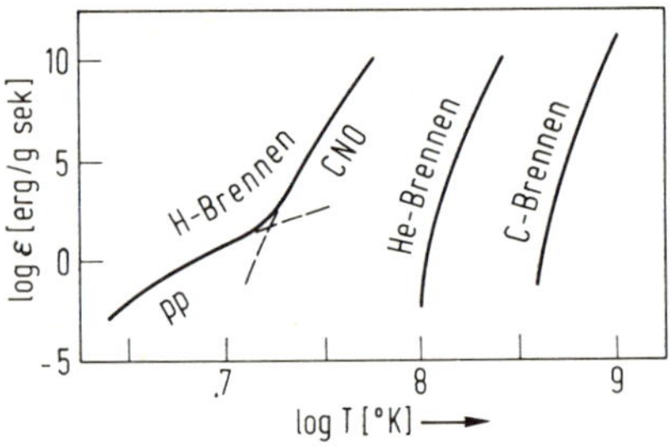

Abb. XII,14. Kernenergieerzeugung pro g und s.

Temperaturen oberhalb von 10^8 °K werden nicht von allen Sternen erreicht (siehe Abschnitte XII,6.3). Erreicht jedoch die Zentraltemperatur 10^9 °K, so werden **Energieverluste durch Neutrinos** wesentlich. Neutrinos und Antineutrinos können dabei auf verschiedene Weisen erzeugt werden. Die hohe Energie der Photonen (γ-Quanten) reicht beispielsweise aus zur Paarbildung, wodurch es z.B. zur Paar-Annihilation kommt:

$$\gamma + \gamma \to e^- + e^+ \to \nu + \bar{\nu}$$

Die erzeugten Neutrinos verlassen den Stern ungehindert. Dieser Energieverlust führt dabei zunächst zu einer Abkühlung des Kerngebietes des Sterns. Der Kern kontrahiert daraufhin und wird heißer (Virialsatz). Dies kann seine Entwicklung erheblich beschleunigen und u. U. zur Instabilität führen, da mit wachsender Temperatur die Neutrinoproduktion zunimmt.

Während des Ablaufes der Kernprozesse ändert sich die chemische Zusammensetzung eines Sternes. Ein anfangs homogen aufgebauter Stern wird i.a. zunehmend inhomogen, weil die Kernprozesse in den zentralen Gebieten ablaufen. Die **Änderung der chemischen Zusammensetzung** berechnet sich aus der Energieerzeugung ϵ, wie zunächst am Beispiel der pp-Reaktion gezeigt werden soll. Die Energieerzeugung ϵ_{pp} pro g und sek ist gleich der pro g umgesetzten Energie $E_{pp}/4m_p$ mal der sekundlichen Änderung des auf Wasserstoff entfallenden Anteils: $\epsilon_{pp} = (E_{pp}/4m_p)\frac{dX}{dt}$. Hieraus folgt für die Abnahme von X (gleich unter Hinzunahme des CNO-Zyklus)

$$\frac{dX}{dt} = -\frac{\epsilon_{pp}}{E_{pp}/4\,m_p} - \frac{\epsilon_{CNO}}{E_{CNO}/4\,m_p} \qquad \text{(XII,45)}$$

Die Änderung von Y ist entsprechend

$$\frac{dY}{dt} = \frac{dX}{dt} - \frac{\epsilon_{3\alpha}}{E_{3\alpha}/12\, m_p} \qquad \text{(XII,46)}$$

5. Lösungen der Aufbaugleichungen

5.1 Randbedingungen, „Eindeutigkeits"-Satz (Russell-Vogt-Theorem)

Mit den 4 Aufbaugleichungen nebst den 3 konstitutiven Gleichungen ist das Problem nunmehr vollständig bestimmt. Es sind nur noch die 4 Randbedingungen zu formulieren. Zunächst seien die Aufbaugleichungen umgeschrieben durch Übergang von r als unabhängiger Variable zu M_r (das Massenelement dM_r als Lagrangesche Variable).

Dies geschieht durch Multiplikation der Gleichungen XII,2, 9, 23 bzw. 29 mit $\frac{dr}{dM_r} = \frac{1}{4\pi r^2 \rho}$:

$$\begin{aligned}
&\text{(a)} \quad \frac{dP}{dM_r} = -\frac{G M_r}{4\pi r^4} \\
&\text{(b)} \quad \frac{dr}{dM_r} = \frac{1}{4\pi r^2 \rho} \\
&\text{(c)} \quad \frac{dL_r}{dM_r} = \epsilon - \epsilon_G \\
&\text{(d)} \quad \frac{dT}{dM_r} = -\frac{3\kappa L_r}{64\pi^2 acr^4 T^3} \quad \text{radiativ} \\
&\text{(e)} \quad \frac{dT}{dM_r} = -\left(1 - \frac{1}{\gamma}\right)\frac{T}{P}\frac{G M_r}{4\pi r^4} \quad \text{konvektiv}
\end{aligned} \qquad \text{(XII,47)}$$

Die 4 Randbedingungen lauten:

Zentrum $M_r = 0$: $r = 0$, $L_r = 0$

Oberfläche $M_r = M$: $P = 0$, $T = T_0$

T_0 ist die Oberflächentemperatur. Eine zuverlässige Bestimmung von T_0 erlaubt erst die Theorie der Sternatmosphären (Berücksichtigung der Nichtgrauheit des Absorptionskoeffizienten sowie der Anisotropie des Strahlungsfeldes bei der Herleitung des radiativen Temperaturgradienten). Da jedoch $T_0 \ll T_c$, kann man zumindest für heiße Sterne in guter Näherung $T_0 = 0$ setzen.

Mit diesen Randbedingungen ergibt sich bei gegebener Elementhäufigkeit X, Y und Z (konstant im ganzen Stern angenommen!) für eine vorgegebene Masse M nur eine Gleichgewichtskonfiguration und somit ein definierter Radius R, eine Leuchtkraft L und eine Effektivtemperatur T_{eff}. Homogene Sterne gleicher chemischer Zusammensetzung, aber verschiedener Masse verteilen sich im H.-R.-D. (L als Funktion von T_{eff}) daher nicht beliebig, sondern entlang einer Linie, der sogen. Hauptreihe (Abbildung XII,15). Ebenso ordnen sich die homogenen Sterne im L, M-Diagramm (Masse-Leuchtkraft-Beziehung) entlang einer Linie an (Abbildung XII,6). 99 % aller Sterne liegen auf der Hauptreihe. Dies liegt an der großen nuklearen Zeitskala.

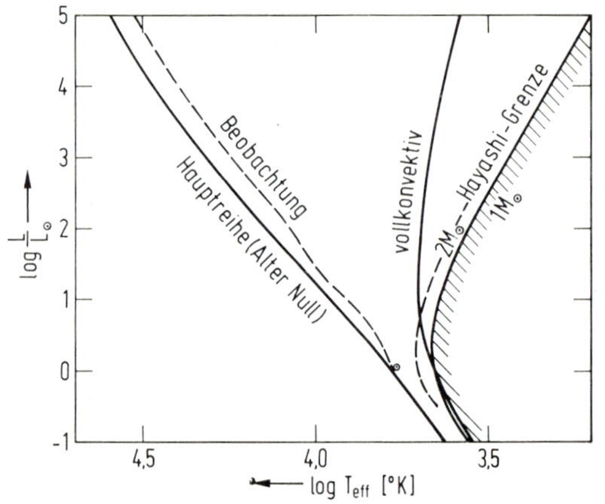

Abb. XII,15. H.-R.-D.: links die Alter-Null-Hauptreihe (——Theorie). Vollkonvektive Sterne befinden sich zwischen der angegebenen Linie und der Hayashi-Grenze. Letztere ist für 1 $M_\odot$ und 2 $M_\odot$ (- - - -) angegeben. Rechts von der Hayashi-Grenze existieren keine stabilen Sterne.

Eindeutigkeit liegt i.a. nicht vor, wenn der Stern inhomogen aufgebaut ist, also X und Y Funktionen von M_r sind. Für eine vorgegebene Masse M und ein vorgegebenes „chemisches Profil" $X(M_r)$, $Y(M_r)$ können u.U. mehrere Lösungen existieren, mit verschiedenem L und T_{eff}. So kann ein Stern mit He-Kern und H-Hülle gegebenenfalls sowohl a) ein blauer als auch b) ein roter Riese sein. Eine Eindeutigkeit ist aber wieder durch die Vorgeschichte des Sterns gegeben, in dem Sinne, daß der betreffende Stern beispielsweise nur b) erreichen kann.

Das chemische Profil bestimmt sich ebenfalls aus der Vorgeschichte. Der Stern beginne auf der Hauptreihe mit $X_0(M_r) = const$ (Modell 0). Dann hat nach Ablauf der Zeit Δt das Modell 1 folgende Verteilung $X_1(M_r)$, $Y_1(M_r)$:

$$X_1 = X_0 + \Delta t \left.\frac{dX}{dt}\right|_0$$
$$Y_1 = Y_0 + \Delta t \left.\frac{dY}{dt}\right|_0 \qquad \text{(XII,48)}$$

An dies schließen das Modell 2 und alle weiteren Modelle nach dem gleichen Schema an. Da wegen der starken Temperaturempfindlichkeit der Kernprozesse meistens nur die zentralen Regionen des Sternes am Kernumsatz beteiligt sind (kleines M_r), werden dort X relativ rasch ab- und gleichzeitig Y aufgebaut, während in der Hülle (großes M_r) X und Y praktisch unverändert bleiben. Die in Zeitschritten Δt sich aufbauenden Modelle beschreiben die Entwicklung des Sternes (Abbildung XII,16). Es sind gerade die Inhomogenitäten, die die drastischen Veränderungen der beobachtbaren Zustandsgrößen hervorrufen.

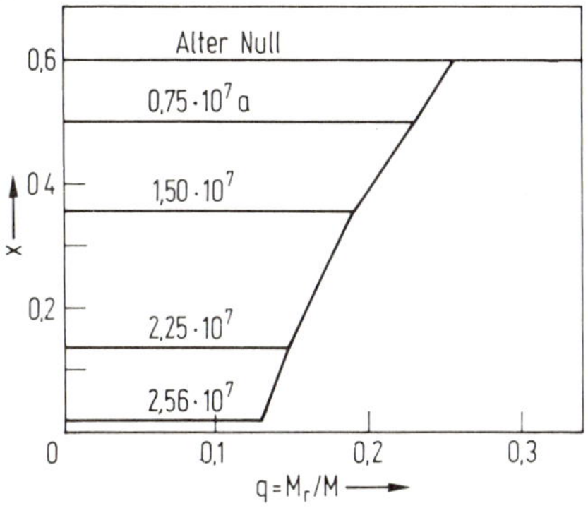

Abb. XII,16. Abbau des Wasserstoffs (X) im zentralen Bereich durch das Wasserstoff-Brennen. Zeitliche Folge von Modellen eines 7 $M_\odot$-Sternes. (nach E. Hoffmeister, R. Kippenhahn und A. Weigert, Z. Astrophysik 59, 242 (1964))

5.2 Lösungsmethoden

Es gibt keine analytischen Lösungen des Gleichungssystems XII,47, es sei denn für stark vereinfachte Modelle wie das eines polytropen Gases

$$P = K \rho \frac{n+1}{n}, \tag{XII,49}$$

wobei K und n konstant im ganzen Stern sein sollen. In diesem Falle sind die beiden ersten Aufbaugleichungen für sich bereits lösbar. Vereinigt ergeben sie eine Differential-Gleichung 2. Ordnung, die sogen. Lane-Emden-Gleichung. Vor Kenntnis der Transportgleichung und Kernenergieerzeugung spielte diese Gleichung eine große Rolle. Die Polytrope $n = 3/2$ ist in vollkonvektiven Sternen (Gleichung XII,29 mit $\gamma = 5/3$) realisiert. Ferner sind $n = 3/2$ und $n = 3$ Grenzfälle der Konfigurationen Weißer Zwerge (Gleichung XII,33 und 35). Im übrigen haben die Polytropen Bedeutung, wenn es gilt, sich mit geringem Aufwand eine Übersicht zu verschaffen, z.B. über die Struktur „übermassiver" Objekte ($M = 10^4 - 10^9\ M_\odot$) wie bei der Diskussion der (immer noch rätselhaften) Quasare.

Ansonsten ist das Gleichungssystem numerisch zu lösen. Das besondere Problem dabei sind die Randbedingungen. Am inneren Rand ($M_r = 0$) ist $r = L_r = 0$ bekannt, während T_c und P_c geraten werden müssen, um einen vollständigen Anfangswert für die numerische Integration zu erhalten. Ebenso sind am äußeren Rand $T = P = 0$ (vereinfachte Randbedingungen) bekannt, dagegen $L_r = L$ und $r = R$ unbekannt (2-point-boundary-value). Es gelingt auch nicht, mit der numerischen Lösung am Kern beginnend bis zum Außenrand zu integrieren, um dort nachzuprüfen, ob die äußeren Bedingungen erfüllt werden und somit die Wahl von T_c und P_c richtig war, weil wegen des Faktors T^3 im Nenner von Gleichung XII,47 (d) mit abnehmendem T nach außen die Fehler immer größer werden. Umgekehrt gilt für die Integration von außen nach innen, daß die Fehler wegen r^4 im Nenner von Gleichung XII,47 (a) bei Annäherung an $r = 0$ beliebig anwachsen. Es müssen also gleichzeitig je zwei Versuchslösungen, je eine von innen nach außen wie von außen nach innen, berechnet werden, die an einer passenden Zwischenstelle stetig ineinander übergehen (Fit). Dies ist nur möglich, wenn T_c, P_c, L und R richtig gewählt sind (Fit-Methode). D.h. es müssen i.a. alle 4 Größen (T_c, P_c, L und R) simultan variiert werden, bis ein Fit erreicht ist, was einen beträchtlichen Aufwand bedingt. Durch Transformationen kann die Zahl der zu variierenden Parameter auf 2 reduziert werden (siehe Abschnitt XII,5.3).

Die Henyey-Methode (Relaxationsmethode) ist das z.Zt. gebräuchlichste Verfahren, Modelle zu erzeugen. Das Prinzip des Verfahrens besteht darin, zu einer gegebenen 0. Näherung Korrekturen zu finden und damit iterativ zur Lösung zu kommen. Nullte Näherungen verschafft man sich entweder mit Hilfe von homologen Transformationen (s.u.) oder aber in einer zeitlichen Reihe von Entwicklungsmodellen durch Extrapolation aus den vorangegangenen. Um Korrekturen zu erhalten, werden in den Aufbaugleichungen die Differentialquotienten durch Differenzenquotienten angenähert (damit ist der Stern de facto in diskrete Massenschalen M_r zerlegt – gewöhnlich genügen 100 Schalen). Dann wird die Variation aller abhängigen Variablen in einer Massenschale gebildet: δr_i, δP_i, δL_{ri}, δT_i. Das liefert 4 lineare Gleichungen, die nach den einzelnen δr_i, δP_i, . . . aufgelöst werden. In Verbindung mit den Randbedingungen erhält man dann ein System von Rekursionsbeziehungen, die automatisch die Einhaltung der Randbedingungen gewährleisten. Von außen nach innen fortschreitend bringt man schließlich an jeder Massenschale die nötigen Korrektionen δr_i, δP_i, . . . an und erhält auf diese Weise ein verbessertes Modell. (Dieses numerische Verfahren simuliert in gewisser Weise die physikalische Situation, in der ein System gestört ist und nach Beendigung der störenden Kraft wieder in seine Gleichgewichtslage relaxiert.)

5.3 Standard-Transformation, Homologe Sterne

Eine wesentliche Vereinfachung der Fit-Methode bringt die sogen. Standard-Transformation:

$$M_r = q\,M,\ L_r = f\,L,\ r = x\,R,\ P = p\,\frac{G\,M^2}{4\,\pi\,R^4},\ T = t\,\mu\,\frac{m_p}{k}\,\frac{G\,M}{R}\,. \qquad \text{(XII,50)}$$

Die neuen Koordinaten q, f, x, p und t sind dimensionslos (für p zu zeigen anhand von Gleichung XII,2), für t an Gleichung XII,30). Bevor diese in die Aufbaugleichungen eingesetzt werden, müssen die konstitutiven Gleichungen noch spezifiziert werden, für die der Einfachheit halber

$$P = \frac{1}{\mu} \frac{k}{m_\mathrm{H}} \rho T \qquad \text{(Gleichung XII,30)}, \tag{XII,51}$$

$$\kappa = \kappa_0 \rho T^{-3,5} \qquad \text{(Gleichung XII,36) und}$$

$$\epsilon = \epsilon_0 \rho T^{\nu} \qquad \text{(Gleichung XII,42)}$$

angesetzt werden; ferner sei $\epsilon_\mathrm{G} = 0$. Der Energietransport soll durch Strahlung erfolgen. Damit lauten die Aufbaugleichungen (XII,2, 3, 9 und 23)

$$\begin{aligned} &\text{(a)} \quad \frac{dp}{dx} = -\frac{p}{t} \frac{q}{x^2} \\ &\text{(b)} \quad \frac{dq}{dx} = \frac{p}{t} x^2 \\ &\text{(c)} \quad \frac{df}{dx} = A p^2 t^{\nu-2} x^2 \\ &\text{(d)} \quad \frac{dt}{dx} = -B \frac{p^2}{t^{8,5}} \frac{f}{x^2} \end{aligned} \tag{XII,52}$$

Alle Konstanten sind in den (dimensionslosen) Größen

$$A = \left(\frac{m_\mathrm{p} G}{k}\right)^{\nu} \frac{1}{4\pi} (\epsilon_0 \mu^{\nu}) \left(\frac{M^{\nu+2}}{L R^{\nu+3}}\right), \tag{XII,53}$$

$$B = \frac{3}{4ac} \left(\frac{k}{m_\mathrm{p} G}\right)^{7,5} \left(\frac{1}{4\pi}\right)^{3} \left(\frac{\kappa_0}{\mu^{7,5}}\right) \left(\frac{L R^{0,5}}{M^{5,5}}\right)$$

enthalten. Die Grenzbedingungen lauten jetzt:

$$\begin{aligned} q = 0&: \ x = f = 0 \\ q = 1&: \ q = f = 1, \ t = p = 0 \end{aligned} \tag{XII,54}$$

Für die Integration von außen hat man jetzt vollständige Anfangsbedingungen. Dafür hat man die noch unbestimmten Konstanten A und B eingehandelt. In der Hülle findet jedoch keine Kernenergieerzeugung statt, dort gilt $\frac{df}{dx} = 0$, so daß für die Hüllenlösung A nicht bekannt zu sein braucht. Mithin muß nur ein Parameter, nämlich B, richtig gewählt sein. Um für die Kernlösung vollständige Anfangsbedingungen zu erhalten, muß man noch ein 2. Mal transformieren. Ganz analog erhält man dann einen einzigen Parameter, den man variieren muß, bis ein Fit zustande kommt. Durch die Koordinatentransformation ist damit der Aufwand erheblich reduziert.

Der Fit gelingt nur für ein einziges Wertpaar A, B (feste Zahlen). A und B sind die Eigenwerte des Problems. D.h. für die oben angenommenen konstitutiven Gleichungen existiert in den transformierten Koordinaten nur eine Lösung $f(q), r(t), p(q), t(q)$, und zwar unabhängig von M. Bei der Rücktransformation gemäß Gleichung XII,50 werden alle Variablen nur mit Konstanten multipliziert. Die Lösungen bleiben daher ähnlich. Ähnlich aufgebaute Sterne nennt man homolog. Gibt man die Masse M vor, so erhält man aus $A = const,\ B = const$ durch Elimination von R sofort L (Masse-Leuchtkraft-Beziehung)

$$L \sim M^{\frac{10\nu+31}{2\nu+5}} \sim M^5 \qquad \text{(XII,55)}$$

Die Beobachtung liefert allerdings einen mittleren Exponenten von 3.9. Die Masse-Radius-Beziehung erhält man durch Elimination von L:

$$R \sim M^{\frac{\nu-3.5}{\nu+2.5}} \qquad \text{(XII,56)}$$

Für $\nu = 16$ (Gleichung XII,42) (nur heiße Sterne mit CNO-Zyklus haben eine radiative Hülle) ergibt sich $R \sim M$ in guter Übereinstimmung mit der Beobachtung. Die Relation $L,\ T_{\text{eff}}$ (H.-R.-D.) erhält man unter zusätzlicher Verwendung von $L = 4\pi R^2 \sigma T_{\text{eff}}^4$, indem man R eliminiert:

$$L \sim T_{\text{eff}}^{4\frac{10\nu+31}{6\nu+45}} \sim T_{\text{eff}}^{6,7} \qquad \text{(XII,57)}$$

in ebenfalls guter Übereinstimmung mit der Beobachtung. Es ist jedoch zu bedenken, daß bei dieser Ableitung alle Details wie Elektronenstreuung in der Opazität, Strahlungsdruck etc. unberücksichtigt bleiben. Ferner existiert kein Stern, der völlig im Strahlungsgleichgewicht ist. Bei kühlen Hauptsequenzsternen ist der Kern radiativ, die Hülle konvektiv, bei heißen Sternen ist es umgekehrt. A und B sind daher in Wirklichkeit keine Konstanten, sondern explizite Funktionen der Masse (siehe Abschnitt XII,6.2). Abbildung XII,17 zeigt die nahezu homologen numerischen Lösungen von Hauptreihensternen (5 und 7 $M_\odot$). Abbildung XII,18 gibt ein Beispiel für ein vergleichsweise nicht homologes Modell eines Roten Riesen.

Die Homologie-Relationen A und B können auch dazu verwendet werden, um abzuschätzen, wie sich die integralen Zustandsgrößen ändern, wenn sich die chemische Zusammensetzung ändert. μ, κ_0 und ϵ_0 hängen von der Zusammensetzung wie folgt ab: $\kappa_0 \sim Z(1+X)$ (κ_{gf} nach Gleichung XII,36) und $\epsilon_0 \sim XX_{\text{CN}} \sim XZ$ (ϵ_{CNO}

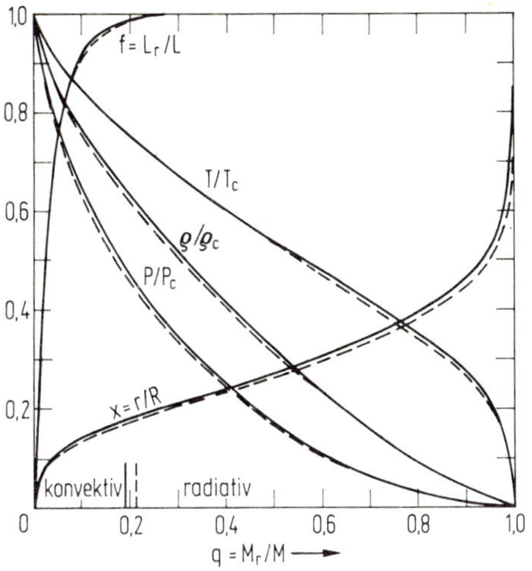

Abb. XII,17. Homogene Sterne: Modelle eines 5 $M_{\odot}$ (——) und 7 $M_{\odot}$ Hauptreihen-Sternes (- - - -). An der Abszisse ist die Grenze zwischen Konvektion und radiativem Energietransport markiert. Für 5 $M_{\odot}$ (7 $M_{\odot}$) ist $\log P_c = 16.74$ (16.61), $\log T_c = 7.42$ (7.46), $\log \rho_c = 1.21$ (1.03) und $\log R = 11.27$ (11.37). Wegen der geringen Unterschiede sind die beiden Modelle praktisch homolog.

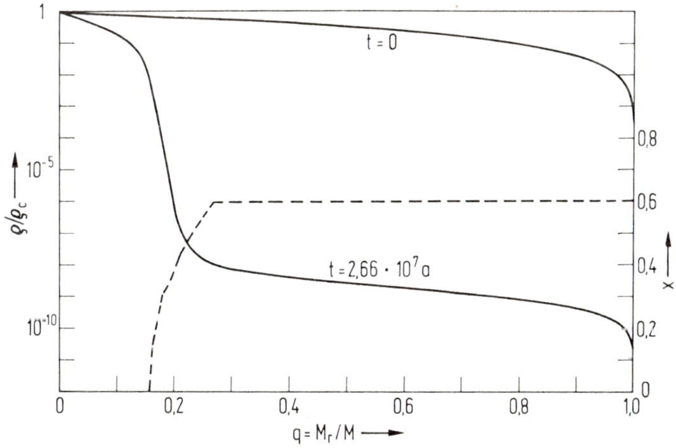

Abb. XII,18. Inhomogenes Modell: Der Aufbau eines Roten Riesen (7 $M_{\odot}$) wird mit seinem homogenen Anfangsmodell (oben) verglichen. Alter 2,66 · 10^7 a (Position E in Abbildung XII,30). Der Dichte-Sprung bei $q = 0.2$ ist durch den Sprung in X (- - - -) bedingt.

nach Gleichung XII,42 mit der Annahme, daß $X_{CN} \sim Z$ ist). Damit erhält man aus A und B mit $M = const$:

$$X Z \mu^{\nu} L^{-1} R^{-\nu-3} = const$$
$$Z (1 + X) \mu^{-7,5} L R^{1/2} = const . \qquad \text{(XII,58)}$$

Nach Gleichung XII,31 ist $\mu \approx \frac{4}{5X+3}$, da $Z \ll X$. Das Molekulargewicht ist also praktisch nur eine Funktion von X. Hält man Z fest und variiert μ, so folgt aus Gleichung XII,58 und XII,1 näherungsweise für $\nu = 16$:

$$R \sim \mu^{0.3}, \quad L \sim \mu^{8}, \quad T_{\text{eff}} \sim \mu^{1.9} \tag{XII,59}$$

D.h. vergrößert sich das Molekulargewicht des Sternes dadurch, daß H zu He verbrennt, und bleibt der Stern dabei homogen durchmischt, so wachsen seine Leuchtkraft und Effektivtemperatur. Er wandert im H.-R.-D. wegen der geringen μ-Abhängigkeit von R etwa auf einer Linie $R = const$ $(L \sim T_{\text{eff}}^4)$ nach links oben. Da der Verlauf der Hauptreihe nach Gleichung XII,57 steiler ist als die Linie $R = const$, heißt das, daß die Helium-Hauptsequenz links von der Wasserstoff-Hauptsequenz liegt (Abbildung XII,19). Noch weiter links würde eine Kohlenstoff-Hauptsequenz liegen. Einige O-Sterne vom Typ SdO mögen auf der Helium-Hauptsequenz liegen. Die Kohlenstoff-Hauptsequenz ist unbesetzt.

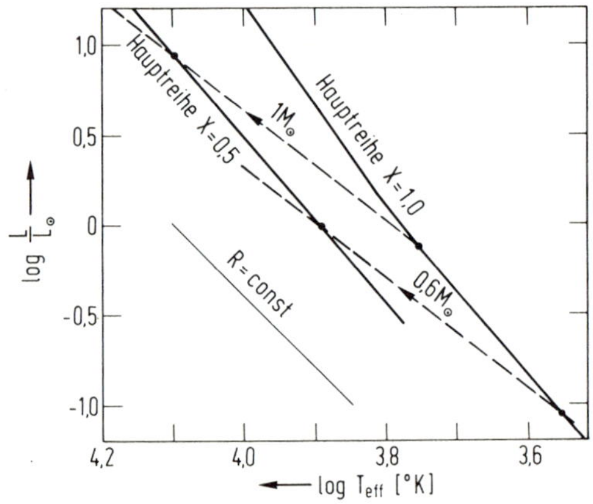

Abb. XII,19. Abhängigkeit der Hauptreihe vom Wasserstoffgehalt X (schematisch).

Bei festgehaltenem X bzw. μ erhält man nach Elimination von L bzw. R aus der Gleichung XII,58

$$R \approx const, \quad L \sim Z^{-1} \tag{XII,60}$$

D.h. mit abnehmender Metallhäufigkeit steigt die Leuchtkraft wiederum auf einer Linie $R = const$ an. Dies liegt daran, daß die Opazität κ (Hauptbeitrag durch gebunden-frei Übergänge) proportional zu Z ist, und nach Gleichung XII,23 $L \sim 1/\kappa$. Metallarme Sterne liegen daher links von der normalen Hauptreihe (Abbildung XII,20). Da diese Hauptreihe auch als unterhalb von der normalen Hauptreihe (Zwergsterne) befindlich betrachtet werden kann, nennt man die metallarmen Sterne paradoxerweise Unterzwerge. (Der Effekt wird noch dadurch verstärkt, daß bei diesen Sternen die (dunklen)

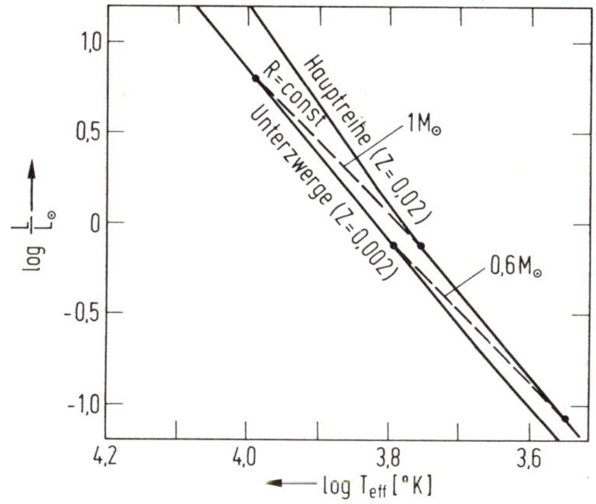

Abb. XII,20. Abhängigkeit der Hauptreihe vom Metallgehalt Z (schematisch).

Metallinien im Spektrum geschwächt sind. Letztere häufen sich bei den kurzen Wellenlängen, so daß die metallarmen Sterne blauer, d. h. weiter links im Farben-Helligkeits-Diagramm erscheinen.)

5.4 Vollkonvektive Sterne. Hayashi-Grenze

Bei den oben besprochenen Sternen erfolgt der Energietransport in wesentlichen Bereichen durch Strahlung. Gibt es vollkonvektive Sterne und wo sind diese im H.-R.-D. lokalisiert? Im Falle, daß der Stern vollkonvektiv ist, ist der Temperaturgradient durch Gleichung XII,29 definiert. Außer in der WKZ, deren Massenanteil am Gesamtstern jedoch gering ist, ist $\gamma = 5/3$. Damit gilt Gleichung XII,29 in guter Näherung

$$\frac{dT}{dr} = 0{,}40\,\frac{T}{P}\frac{dP}{dr} \quad . \qquad \text{(XII,61)}$$

Diese Gleichung kann direkt integriert werden:

$$P = K\,T^{5/2}, \qquad \text{(XII,62)}$$

mit K als Integrationskonstante. D.h. ein vollkonvektiver Stern ist eine Polytrope (Gleichung XII,49) mit $n = \frac{3}{2}$ (um n zu erhalten, setze man $T \sim P/\rho$ in Gleichung XII,62 ein). Mit den Standard-Koordinaten (Gleichung XII,50) lautet Gleichung XII,62

$$p = E\,t^{5/2}, \qquad \text{(XII,63)}$$

wobei

$$E = 4\,\pi\,\left(\frac{m_p}{k}\right)^{5/2} G^{3/2}\,\mu^{5/2}\,M^{1/2}\,R^{3/2}\,K \quad \text{ist.} \qquad \text{(XII,64)}$$

Gleichung XII,63 tritt anstelle von Gleichung XII,52 (d), und der Eigenwert E anstelle von B (Gleichung XII,53). Gleichung XII,52 (a), (b) und XII,63 zusammengefaßt ergeben die Lane-Emden-Gleichung (s. o.), deren Lösung bekannt ist (Lane-Emden-Funktion). Für $n = 3/2$ hat die Lösung den Eigenwert $E = 45{,}48$. Es sollte damit analog zur Hauptreihe eine einparametrige (Masse als Parameter) Schar von homologen Lösungen existieren. Es besteht jedoch ein Problem: K ist noch unbestimmt. K kann aus den Aufbaugleichungen selbst nicht abgeleitet werden und ist daher für einen vollkonvektiven Stern nicht bestimmbar. Aber selbst ein vollkonvektiver Stern wird zumindestens an einer Stelle radiativ, nämlich in der Atmosphäre (Photosphäre), wo die Energie des Sternes letztlich abgestrahlt wird. Die physikalischen Bedingungen in der Photosphäre (Index ph) definieren daher K:

$$K_{ph} = \frac{P_{ph}}{T_{ph}^{5/2}} \qquad \text{(XII,65)}$$

Im folgenden soll kurz die Bestimmung von K_{ph} skizziert werden. In der Atmosphäre ist $M_r = M$ und $r = R - h$, wobei h der Abstand vom Rand ist. Gleichung XII,2 lautet damit in der Atmosphäre (mit $dr = -dh$):

$$\frac{dP}{dh} = G\,\frac{M}{R^2}\,\rho$$

oder nach Division durch $\kappa\rho$ und Einführung der optischen Tiefe $d\tau = \kappa\rho\, dh$:

$$\frac{dP}{d\tau} = G\,\frac{M}{R^2}\,\frac{1}{\kappa}\,.$$

Mit einem geeigneten Mittelwert $\kappa \approx const$ ergibt die Integration

$$P = \frac{GM}{R^2}\,\frac{\tau}{\kappa}\,.$$

Die Strahlung entstammt einer Schicht mit $\tau_{ph} \approx 1$. Dort ist $P = P_{ph}$ und $T = T_{ph} \approx T_{eff}$. Es ist also

$$P_{ph} = \frac{GM}{R^2}\,\frac{1}{\kappa\,(P_{ph}, T_{eff})} \qquad \text{(XII,66)}$$

Für Pop. I-Sterne ergeben detaillierte Opazitätsrechnungen im Bereich um $T = 3500\ ^\circ\mathrm{K}$ (hier kommt der Hauptbeitrag zur Opazität vom H^--Ion)

$$\kappa = 6{,}9 \cdot 10^{-26}\, P^{0,7}\, T^{5,3}. \qquad \text{(XII,67)}$$

In Gleichung XII,66 eingesetzt (mit $P = P_{ph}$ und $T = T_{eff}$) und nach P_{ph} aufgelöst hat man:

$$P_{ph} = 4 \cdot 10^{10} \left(\frac{M}{R^2}\right)^{0,59} T_{eff}^{-3,1} , \qquad \text{(XII,68)}$$

so daß schließlich

$$K_{ph} = 4 \cdot 10^{10} \left(\frac{M}{R^2}\right)^{0,59} T_{eff}^{-5,6} \qquad \text{(XII,69)}$$

ist.

Somit ist die Emdensche Lösung für den konvektiven Stern vollständig bestimmt. K_{ph} (Gl. XII,69) in Gl. XII,64 mit $E = 45.5$ eingesetzt und nach T_{eff} aufgelöst, ergibt:

$$T_{eff} = 2{,}1 \cdot 10^3 \mu^{0.45} \left(\frac{M}{M_\odot}\right)^{0.19} \left(\frac{R}{R_\odot}\right)^{0.06} \qquad \text{(XII,70)}$$

und mit

$$L = 4 \pi R^2 \sigma T_{eff}^4 ,$$

$$\frac{L}{L_\odot} = 2{,}5 \cdot 10^{-2} \mu^{1.8} \left(\frac{M}{M_\odot}\right)^{0.77} \left(\frac{R}{R_\odot}\right)^{2.24} . \qquad \text{(XII,71)}$$

Der Radius ist ebenfalls in der Emdenschen Lösung durch Vorgabe von M eindeutig gegeben. Er ist jedoch von keiner praktischen Bedeutung, da der Radius eines vollkonvektiven Sterns durch andere Effekte (z.B. inhomogener Aufbau) bestimmt wird (Abschn. XII,6).

Vollkonvektive Sterne sollten etwa auf der in Abb. XII,15 angegebenen Linie liegen. Junge (kontrahierende) Sterne mit kleiner Masse sind während einer kürzeren Phase weitgehend konvektiv (Abschnitt XII,6.1), sowie Sterne sehr großer Masse, bei denen der Strahlungsdruck überwiegt. Ferner nähern sich dieser Linie asymptotisch die Sterne in den Spätphasen ihrer Entwicklung (Abschnitt XII,6.4).

Gleichung XII,70 hat jedoch eine wichtige Bedeutung. Sie definiert in Verbindung mit Gleichung XII,71 den geometrischen Ort im H.-R.-D., auf dem alle Sterne mit der Masse M liegen, die vollkonvektiv ($E = 45{,}48$) sind (Abbildung XII,15). Sterne, die links von dieser Linie liegen, sind teilkonvektiv (z.B. die Hauptreihen-Sterne). Ein Stern, der rechts davon liegt (kleineres T_{eff}), müßte (bei vorgegebener Leuchtkraft) wegen $L \sim R^2 T_{eff}^4 = \text{const}$ einen so großen Radius besitzen, daß er sich nicht mehr im hydrostatischen Gleichgewicht befände. Ein solcher Stern würde innerhalb der Zeitskala für den freien Fall (τ_{FF}, Gleichung XII,4) seinen Radius korrigieren, er würde kollabieren. D.h. rechts von dieser sogen. Hayashi-Grenze existieren keine stabilen Sterne.

Die durch Gleichung XII,70 definierte minimale Effektiv-Temperatur ist nahezu unabhängig von R. (Obige Herleitung gilt streng nur für $\log L/L_\odot < 1$.) Die Hayashi-Grenze verläuft daher etwa vertikal im H.-R.-D. Der physikalische Grund dafür ist die extreme

Temperaturabhängigkeit der Opazität in der Photosphäre (Gleichung XII,67). Die Grenze ist nur schwach massenabhängig. Mit wachsender Masse verschiebt sie sich etwas nach links. Der genaue Verlauf ist in Abbildung XII,15 wiedergegeben. Stabile Sterne mit Kernenergieerzeugung liegen im H.-R.-D. also ausschließlich in dem durch die Hauptsequenz und Hayashi-Linie begrenzten Feld.

6. Sternentwicklung

In den vorangegangenen Abschnitten sind die Prinzipien des Sternaufbaus besprochen und einige Ergebnisse mitgeteilt worden, soweit sie mit analytischen Methoden zu gewinnen sind. Diese beziehen sich hauptsächlich auf die Eigenschaften von Hauptreihen-Sternen. Realistische Modelle können jedoch nur numerisch gewonnen werden. Im folgenden wird also vielfach nur über die Ergebnisse numerischer Rechnungen referiert, wobei versucht werden soll, die Entwicklung eines Sternes vom Beginn der Kontraktion einer interstellaren Wolke bis zum Ende als Weißer Zwerg oder Neutronenstern zu skizzieren.

6.1 Sternentstehung

Ein heißer O-Stern verbraucht soviel Energie, daß seine Lebensdauer als O-Stern nur etwa 10^5 a ist (Abschnitt XII,6.2). Er kann also erst innerhalb dieser „Entwicklungszeit" entstanden sein. Da diese Zeit extrem kurz im Vergleich zum Alter der Galaxis (10^{10} a) ist, müssen folglich Sterne auch gegenwärtig entstehen. Die Sternentstehungsrate $R(t)$ dürfte in den ersten Milliarden Jahren unserer Galaxis allerdings um eine Größenordnung höher gewesen sein. Mindestens die Hälfte aller Sterne sind vermutlich damals entstanden. $R(t)$ ist dann rasch auf den heutigen Wert abgesunken. Sie ist jetzt nahezu konstant, da etwa ein Gleichgewicht zwischen Sternentstehung und Rücklieferung der stellaren Materie an den interstellaren Raum durch Supernova-Explosionen oder ähnliche Mechanismen später Entwicklungsphasen besteht.

Die Sternentstehungsrate $R(t)$ kann aus der Häufigkeitsverteilung der Sterne als Funktion der Leuchtkraft, der sogen. Leuchtkraftfunktion, erschlossen werden. Je größer nämlich der Anteil an heißen Sternen in der Leuchtkraftfunktion ist, um so kürzer muß das Ereignis der Sternentstehung zurückliegen und um so flacher sollte $R(t)$ verlaufen und umgekehrt. Der resultierende rasche Abfall von $R(t)$ ergibt sich auch aus theoretischen Überlegungen, z.B. wenn man die plausible Annahme macht, daß $R(t)$ proportional zur jeweils vorhandenen Gasmenge ist.

Die Sterne entstehen in den Gebieten, in denen Gas und Staub in größerer Dichte vorhanden sind, also in der galaktischen Ebene, und hier wiederum konzentriert in den Spiralarmen (Abbildung XII,4 und 5). Dort häufen sich die jungen Objekte. Mit zunehmendem Alter diffundieren die Sterne dann auch in höhere galaktische Breiten. Die

Dunkelwolken des Sternbildes Taurus und der Orion-Nebel sind wegen ihres hohen Gehaltes an interstellarer Materie favorisierte Gebiete der Sternentstehung. Hier finden sich in großer Zahl T Tauri-Sterne, von denen man annimmt, daß sie junge Sterne sind.

Die Kontraktionsphase. Die Bedingungen, unter denen eine interstellare Wolke infolge anfänglicher Störungen kollabiert, sind noch nicht völlig verstanden. Ein Gas, das sich im hydrostatischen Gleichgewicht befindet, kann nämlich nicht spontan kollabieren. Bei der Kontraktion wird aufgrund des Virialsatzes die freiwerdende Gravitationsenergie in Innere Energie umgesetzt, wodurch sich der Druck erhöht und eine weitere Kontraktion verhindert wird. Erst, wenn Energie abgeführt werden kann, z. B. durch Strahlung, kann sich die Kontraktion fortsetzen. Auf jeden Fall können nur größere Massen kollabieren, wie die folgende Diskussion der Gesamtenergie $E_{\text{ges}} = E_{\text{pot}} + E_{\text{kin}}$ einer Wolke mit dem Radius R und der Masse M zeigt:

Mit $$E_{\text{pot}} \approx -\frac{GM^2}{R} = -\left(\frac{4\pi}{3}\right)^2 G\rho^2 R^5$$ und

$$E_{\text{kin}} = \frac{4\pi}{3}\rho R^3 \frac{3}{2}\frac{k}{m_{\text{p}}} T$$

ist $$E_{\text{ges}} = -\left(\frac{4\pi}{3}\right)^2 G\rho^2 R^5 \left(1 - \left(\frac{R_0}{R}\right)^2\right),$$

wobei $$R_0 = \left(\frac{9}{8\pi}\frac{k}{m_{\text{p}}} T/G\rho\right)^{1/2}$$ ist.

Damit die Wolke gravitationsgebunden ist (Mindestforderung), muß $E_{\text{ges}} < 0$, bzw. $R > R_0$ sein. In dichten H I-Regionen – das sind kühle Wolken, in denen das Wasserstoff-Gas neutral ist, im Gegensatz zu den H II-Regionen, in denen $T \approx 10^4$ °K und H ionisiert ist – ist $T = 10$–20 °K und $\rho \approx 10^2$ H-Atome/cm$^3 \approx 10^{-22}$ g/cm^3. Mit diesen Werten ergibt sich der Mindestradius zu $R_0 \approx 10^{18}$ cm ≈ 1 pc und die Mindestmasse zu $M \approx 10\,M_\odot$. D.h. es können i.a. nur Massen $\gtrsim 10\,M_\odot$ kollabieren. Es kommt dabei meistens nicht zur Ausbildung eines einzelnen (über)massiven Sternes, sondern offenbar bereits in einem frühen Stadium zur Fragmentierung der kollabierenden Wolke. Es entsteht daher in der Regel ein Mehrfachsystem oder sogar ein Sternhaufen. (Zur Fragmentierung kommt es, weil der in der Wolke anfänglich, infolge turbulenter Bewegungen in der Wolke vorhandene Drehimpuls erhalten bleibt, die Wolke bei der Verdichtung rotiert und dadurch Zentrifugalkräfte wirksam werden.)

Die Kondensation der interstellaren Wolke erfolgt nach Überschreiten der Stabilität so rasch, daß praktisch die ganze Wolke zunächst im freien Fall kollabiert (in der um das Trägheitsgleid erweiterten Gl. XII,2 überwiegt jetzt der Term $\rho\ddot{r}$). Dadurch sinkt die Dichte am Rand, während sie innen steigt. War die Dichte anfangs homogen mit z. B. $\rho_0 = 10^{-19}$ g/cm^3, so liegt schon nach einigen 10^5 a eine extrem inhomogene Verteilung mit einem Verlauf $\rho \sim r^{-2}$ vor. Die Temperatur bleibt dabei zunächst isotherm (10 °K). Der entstehende Druckgradient $\frac{dP}{dr} \sim \frac{d\rho}{\partial r}$ bremst den Fall zunehmend ab.

Bei einer Zentraldichte von $\rho_c = 10^{-13}$ g/cm^3 wird in einem kleinen Zentralgebiet die Opazität (Absorption von Staubkörnern) so groß, daß der Kern optisch dick wird, Strahlung kaum mehr entweichen kann und die weitere Verdichtung des Kerns (praktisch) adiabatisch verläuft. Infolgedessen steigen T_c und P_c rapide an, wodurch der Kollaps im Zentrum gestoppt wird und sich ein hydrostatisches Gleichgewicht einstellt. Die Kernmasse beträgt in diesem Stadium ($5 \cdot 10^5$ a nach Beginn des Kollapses) $M_c = 10^{-2}\ M_\odot$ (die Gesamtmasse der Wolke sei mit $1\ M_\odot$ angenommen) und der Radius $R_c = 10^3\ R_\odot$; ferner ist $\rho_c = 10^{-10}$ g/cm^3 und $T_c = 170$ °K. An der „Oberfläche" des Kerns fällt die Dichte abrupt ab. Auf diese Oberfläche „regnet" das Material der Wolke ab. Es erzeugt beim Aufprall eine Stoßfront. Der Kern wächst entsprechend in Masse, während jedoch der Radius wegen der (geringen) Strahlungsverluste, die durch Gravitationsenergie ersetzt werden, schrumpft.

Wenn die Kernmasse um das Zweifache angewachsen (und der Radius um den gleichen Faktor geschrumpft) ist, hat $T_c = 2000$ °K erreicht, worauf H_2 zu dissozieren beginnt. In diesem Zustand wird der Kern erneut dynamisch instabil, da alle durch weitere Kontraktion freiwerdende Energie zur Dissoziation verbraucht wird und die Temperatur sich nicht erhöhen kann. Der Kern kollabiert erneut im freien Fall, ähnlich wie im Anfang die ganze Wolke; nur ist die Zeitskala jetzt wesentlich kürzer. Nachdem H_2 vollständig dissoziiert ist, kommt es wiederum zur Herausbildung eines „harten" Kerns, der jedoch nur die Masse $1{,}5 \cdot 10^{-3}\ M_\odot$ und den Radius $1\ R_\odot$ besitzt. Die Dichte und Temperatur ist jedoch so hoch: $\rho = 2 \cdot 10^{-2}$ g/cm^3 und $T = 2 \cdot 10^4$ °K, daß man bereits von einem stellaren Kern sprechen kann. Dieser innere Kern sammelt wiederum Materie aus der Umgebung auf (Accretion), und an seiner Oberfläche entsteht eine zweite Stoßfront. Der äußere Kern verarmt zunehmend. Ca. 1 Jahr nach Entstehen des inneren Kerns ist der Dichtesprung sowie die Stoßfront des äußeren Kerns nicht mehr vorhanden. Der stellare Kern umfaßt nunmehr die Masse von $10^{-2}\ M_\odot$ bei einem Radius von $12\ R_\odot$.

Jetzt wird der Protostern zum ersten Mal direkt sichtbar, da die Dichte der einfallenden Hüllenmaterie auf unter 10^{-8} g/cm^3 abgesunken ist, und die Hülle damit für Strahlung zu 90 % durchlässig wird. In Abb. XII,21 ist Leuchtkraft und Effektivtemperatur der Oberfläche (Stoßfront) des protostellaren Kerns wiedergegeben. Aufgrund der Strahlungsverluste kontrahiert der Proto-Stern rasch (Zeitintervall $10-10^2$ a nach Herausbilden der Kerns). Im Zeitintervall 10^2-10^5 a wächst T_{eff} erheblich an, da sich die Stoßfront durch die kinetische Energie der aufgefangenen Materie aufheizt. Der Radius bleibt etwa konstant. Nach 10^5 a ist die Hälfte der ursprünglichen Wolkenmasse im Stern vereinigt. Leuchtkraft und Effektivtemperatur nehmen maximale Werte an: $L = 30\ L_\odot$ und $T_{eff} = 8300$ °K. Der nachfolgende Accretion-Prozeß verläuft langsamer, die Strahlungsverluste überwiegen die Energiegewinne, und die Oberfläche kühlt ab (etwa bei $R \approx$ const). Nach 10^6 a – dies ist die 5fache Freie-Fallzeit – ist praktisch die Gesamtmasse der ursprünglichen Wolke im Kern vereinigt und der Sternentstehungsprozeß beendet. Der Stern hat die Hayashi-Grenze erreicht. Der Radius beträgt noch $2\ R_\odot$, mit $T_{eff} = 4400$ °K und $L = 1{,}3\ L_\odot$. Er besitzt eine Konvektionszone, die bis in die Hälfte des Sterns hineinreicht. Die restliche Kontraktion auf die Hauptreihe erfordert noch einen sehr langen Zeitraum, nämlich fast die gesamte Helmholtz-Kelvin-

Kontraktionszeit $\tau_G = 6 \cdot 10^7$ a (Gl. XII,7); denn die Schrumpfungsrate nimmt stetig ab. Dabei bewegt sich der Stern zunächst an der Hayashi-Grenze abwärts, und schließlich, wenn der Energietransport durch Strahlung überwiegt, entsprechend dem Eigenwert $B \sim LR^{0,5}$ = const (Gl. XII,53) in Verbindung mit $L \sim R^2 T_{\rm eff}^4$ auf einer Linie $L \sim T_{\rm eff}^{0,8}$ nach links. Auf der Hauptreihe hat die Zentraltemperatur T_c den kritischen Wert für die Kernreaktion überschritten. Mit dem Zünden der Kernprozesse wird eine weitere Kontraktion verhindert.

Der oben geschilderte Entwicklungsweg ist das Ergebnis numerischer Rechnungen, wobei manche Details von den speziellen Anfangsbedingungen, sowie den Opazitäten etc. abhängen. Andere Modelle, mit anderen Anfangsbedingungen, liefern jedoch überwiegend das extrem nicht homologe Modell eines in der Wolke eingebetteten protostellaren Kerns. Hieran dürfte wohl liegen, daß die Entwicklung eines $5\,M_\odot$ Sterns qualitativ wesentlich anders verläuft als die eines $1\,M_\odot$ Sterns (Abb. XII,21).

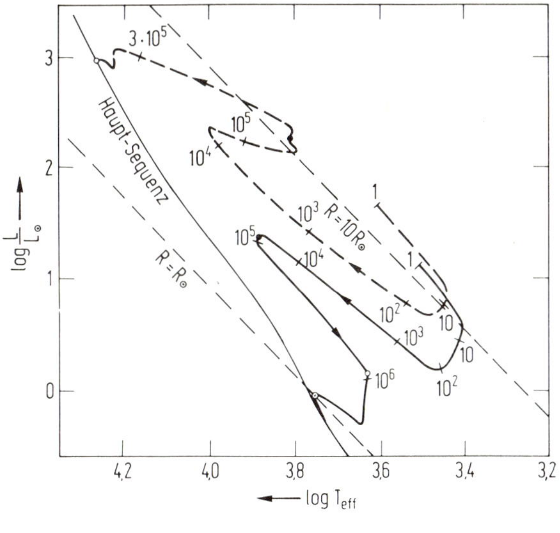

Abb. XII,21. Kontraktionswege der Proto-Sterne mit 1 (——) und 5 $M_\odot$ (- - - -). Die Zeit nach Bildung des stellaren Kerns ist in Jahren angegeben. Bei dem Punkt (•) ist die Hälfte der Masse im Kern vereinigt, bei dem Kreis (○) die Gesamtmasse. (Nach R. B. Larson, M.N. **157**, 121 (1972))

Zur Theorie passen gut die Beobachtungen: Die Frühphase läßt sich wohl mit den sogen. „Globulen“ identifizieren. Dies sind dichte Dunkelwolken mit einem Radius von z.B. 0.05 pc ($\rho = 10^{-19}$ g/cm^3) und der Masse $0.8\,M_\odot$, fast in Übereinstimmung mit den oben angenommenen Anfangsbedingungen. Während der Phase, in der bereits ein protostellarer Kern existiert, die Hülle jedoch noch undurchsichtig ist, strahlt die Hülle die vom Kern im UV zugestrahlte Energie ab. Aufgrund der thermischen Umsetzung erfolgt die Reemission aber im Infraroten, mit einer „Effektiv“- temperatur von nur einigen 100 °K. Wegen der kurzen Zeitdauer dieser Phase sollte die Häufigkeit solcher Objekte gering sein. In der Tat wurden mehrere Infrarot-Objekte gefunden, darunter ein ausgedehnter Nebel mit einer Temperatur von nur 70 °K. In der folgenden Phase, in der die Hülle transparent wird, beobachtet man Sterne, die neben ihrem visuellen Spektrum ein kräftiges Infrarot-Spektrum (eben das der Hülle) emittieren, wie R Mon, R CrA etc. T Tauri-Sterne repräsentieren ein noch späteres Entwicklungsstadium, in dem der Einfluß der Hülle nicht mehr dominiert. Bei einigen von ihnen kann der Rest der verbliebenen zirkumstellaren Hülle direkt beobachtet werden.

Aus Gl. XII,7 kann die Kontraktionszeit allgemein abgeschätzt werden. Da M/R nach Gl. XII,56 auf der Hauptsequenz etwa konstant ist, gilt

$$\frac{\tau_G}{\tau_{G_\odot}} = \frac{M}{M_\odot} \frac{L_\odot}{L} = \left(\frac{M}{M_\odot}\right)^{-2.9} ,$$

wenn man die Masse-Leuchtkraft-Beziehung $L \sim M^{3.9}$ einsetzt. Mit $\tau_{G_\odot} = 6 \cdot 10^7$ a ist also

$$\tau_G = 6 \cdot 10^7 \left(\frac{M}{M_\odot}\right)^{-2.9} \text{a} . \qquad \text{(XII,72)}$$

Für einen B0-Stern ($40 M_\odot$) ergibt sich $\tau_G = 10^3$ a und für einen M0-Stern ($\frac{1}{2} M_\odot$) $\tau_G = 4 \cdot 10^8$ a.

In Sternen mit Massen unterhalb von etwa $0.08\, M_\odot$ erreicht T_c den kritischen Wert nicht. Allerdings kommt auch hier schließlich die Kontraktion zu einem Stillstand, wenn nämlich das Elektronengas entartet ist (s.u.). Es bildet sich ein kühler, sogen. „Schwarzer Zwerg" heraus.

6.2 Hauptreihen-Phase

Die Hauptreihen-Phase ist in ihren Grundzügen bereits in Abschnitt XII,5.3 besprochen. Sie ist die längste Phase der Sternentwicklung. Erst wenn nämlich ca. 10 % der ursprünglichen Vorrats an Wasserstoff (Faustregel!) verbraucht sind, beginnen sich die integralen Zustandsgrößen infolge der sich ausbildenden chemischen Inhomogenität merklich zu ändern. Für die Sonne errechnet sich damit eine Verweilzeit τ_E (Entwicklungszeit) $\approx 1/10\, \tau_N$ auf der Hauptsequenz von $6 \cdot 10^9$ a. Für andere Massen gilt entsprechend Gleichung XII,8

$$\tau_E = 6 \cdot 10^9 \frac{M/M_\odot}{L/L_\odot} = 6 \cdot 10^9 \left(\frac{M}{M_\odot}\right)^{-2.9} \text{a} , \qquad \text{(XII,73)}$$

wieder mit $L \sim M^{3.9}$. Für einen B0-Stern resultiert eine Lebensdauer als B0-Stern von nur 10^5 a, für einen M0-Stern von $4 \cdot 10^{10}$ a. In allen Fällen ist $\tau_E \approx 10^2\, \tau_G$ (Gleichung XII,72).

Die Hauptreihensterne unterscheiden sich (sieht man von den geringfügigen Unterschieden in der chemischen Zusammensetzung ab) nur hinsichtlich ihrer Massen. Hier gibt es eine Zweiteilung: denn oberhalb $M > 1.5\,M_\odot$ ist $T_c > 2 \cdot 10^7\,^\circ$K, und die Energieerzeugung erfolgt im CNO-Zyklus (Abbildung XII,14), während für $M < 1.5\,M_\odot$ die pp-Reaktionen dominieren. Wegen der hohen T-Empfindlichkeit des CNO-Zyklus ($\epsilon_{CNO} \sim T^{16}$, Gleichung XII,42) wird der Wasserstoff nur in einem kleinen Kerngebiet verbrannt. L_r erreicht dann schon bei kleinem Teilradius große Werte ($\approx L$). Dies erzwingt nach Gleichung XII,23 einen Temperaturgradienten, der so steil ist, daß Konvektion angefacht wird. Auf der oberen Hauptreihe besitzen die Sterne daher einen konvektiven Kern und eine radiative Hülle. Auf der unteren Hauptreihe liegen die Verhältnisse gerade umgekehrt. Die Kernenergieerzeugung ist über ein größeres Volumen verteilt, dT/dr im Kern ist daher klein, und der Kern befindet sich im Strahlungsgleichgewicht. In der Hülle existieren jedoch ausgedehnte Zonen, in denen H (und auch He I, He II) partiell ionisiert ist, die WKZ (s. Abschnitt XII,3.3). Dort ist sowohl $\frac{dT}{dr}$ groß wegen der großen Opazität κ (gebunden-frei Absorption vom H I), als auch $|\frac{dT}{dr}|_{ad}$ klein wegen der Ionisationsenergie. Die Hülle ist daher konvektiv. Je kleiner die Masse, um so tiefer reicht die WKZ in den Stern. Bei der Sonne erstreckt sich die WKZ über etwa $1/10\,R_\odot$.

Die Zweiteilung der Hauptreihe ist einer der Gründe dafür, daß die Homologie-Relationen (Gleichung XII,53) nicht gültig sind. Der Eigenwert B wird eine explizite Funktion der Masse: $\log A = -6.58\ (10\,M_\odot)$, $-6.14\ (5\,M_\odot)$ und $-5.79\ (2.5\,M_\odot)$.

Die Eigenschaften der Hauptreihensterne sind in Tabelle XII,2 (nach Voigt) zusammengestellt. (Alles in cgs-Einheiten; Index k: Werte an der Grenze zwischen konvektivem und radiativem Gebiet; r_ϵ: Radius, an dem $L_r = 0.99\,L$ erreicht. $X = 0.602$; $Y = 0.354$; $Z = 0.044$ (Pop. I).)

Tabelle XII,2. Hauptreihen-Modelle. (nach Voigt, 1969)

	$M/M_\odot$	0.8	1.0	2.5	10.0	50
Integralwerte	$R/R_\odot$	0.72	0.98	2.0	4.3	8.4
	$L/L_\odot$	0.40	1.10	50	7100	$3{,}8\ 10^5$
	T_{eff}	5400°	5900°	11000°	26000°	45000°
Zentralwerte	$\log T_c$	7.13	7.19	7.35	7.49	7.59
	$\log P_c$	17.22	17.31	17.05	16.49	16.20
	$\log \rho_c$	2.01	2.01	1.60	0.86	0.32
Grenze der Konvektion	r_k/R	0.72	0.76	0.13	0.22	0.27
	M_k/M	0.96	0.99	0.15	0.29	0.63
	$\log T_k$	6.42	6.28	7.24	7.33	7.28
		Konvektion außen		Konvektion innen		
	r_ϵ/R	0.28	0.23	0.18	0.19	0.27

In Abbildung XII,17 sind die Modelle eines 5 und $7\,M_\odot$-Sternes und in Abbildung XII,22 der Sonne wiedergegeben. In Abbildung XII,6 ist die Masse-Leuchtkraft-Beziehung dar-

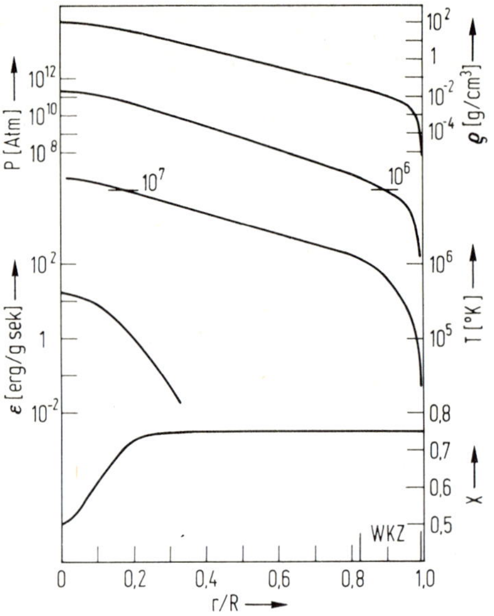

Abb. XII,22. Modell der Sonne.

gestellt. Das H.-R.-D. (Abbildung XII,15) bezieht sich auf Sterne, bei denen die Kernenergieerzeugung erstmalig eingesetzt hat (Alter Null). Da alle beobachteten Sterne eine mehr oder minder lange Entwicklungszeit hinter sich haben, erhält man die ,,Alter Null"-Hauptreihe nicht direkt aus der Beobachtung, sondern erst durch rückwärtige Extrapolation. Dies mag zum Teil die Diskrepanz zwischen Theorie und Beobachtung erklären.

6.3 Nachhauptreihen-Entwicklung. Alter von Sternhaufen

Das ausgebrannte, mit He angereicherte Zentralgebiet besitzt zunächst keine Kernenergiequellen mehr. Es ist daher wegen Gleichung XII,47 (c) und (d) isotherm. Der Druckgradient ist dann allein proportional dem Dichtegradienten. Dieser reicht jedoch nicht aus, die Gravitationskraft zu kompensieren, sobald der Heliumkern eine kritische Größe erreicht hat (Schönberg-Chandrasekhar-Grenze). Diese beträgt bei einem $4\,M_\odot$-Stern rund 1/10 der Gesamtmasse. (Bei massereichen Sternen ist die kritische relative Masse kleiner, bei massеärmeren größer.) Der Heliumkern beginnt zu kontrahieren, während sich am Rande des He-Kernes eine H-brennende Schalenquelle ausbildet. Es ist ein Ergebnis der numerischen Rechnung, daß sich die Bewegungen an Schalenquellen spiegeln (siehe weiter unten): während also der Kern kontrahiert und damit T_c steigt, expandiert die Hülle und kühlt sich ab. Die Bewegung im H.-R.-D. verläuft zunächst etwas nach oben und dann nach rechts (Abbildung XII,23); der Stern wird heller und röter.

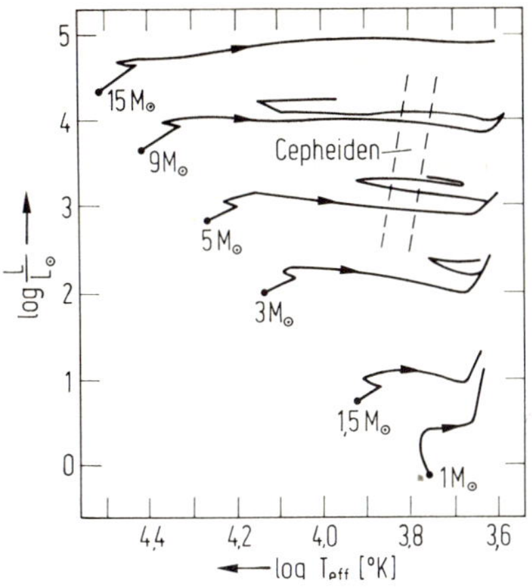

Abb. XII,23. Nachhauptreihen-Entwicklung. Die Bewegung beginnt bei der „Alter-Null"-Hauptreihe und verläuft dann rasch nach rechts zur Hayashi-Grenze. Massive Sterne durchfahren dabei den Streifen der Cepheiden-Instabilität. (nach I. Iben, Astrophysic. J. **140**, 1631 (1964))

Entsprechend der Entwicklungszeit τ_E (Tabelle XII,2) setzt diese Bewegung für massereiche Sterne früh und für massearme spät ein. Ebenso verhalten sich die Geschwindigkeiten der Bewegungen im H.-R.-D. Die Bewegungen sind viel zu langsam, um an einem Stern verfolgt werden zu können. Sie können jedoch am H.-R.-D. eines Sternhaufens verfolgt werden. Es gibt 2 Typen von Sternhaufen: die offenen (galaktischen) mit im Mittel 10^2 Mitgliedern, die zur Pop. I ($Z > 0.01$) gehören, und die Kugelhaufen (Abbildung XII,24) mit $10^5 - 10^7$ Sternen der Pop. II ($Z < 0.01$). Die Sterne eines Haufens besitzen die gleiche chemische Zusammensetzung und (etwa) das gleiche Alter, sie unterscheiden sich im wesentlichen nur in der Masse. Massereiche Sterne haben sich im H.-R.-D. schon weiter nach rechts bewegt, masseärmere befinden sich gegebenenfalls noch auf der Hauptreihe. Das H.-R.-D. eines Sternhaufens ist eine Isochrone (Linie gleichen Alters) (Abbildung XII,25). Je älter der Haufen, um so tiefer liegt das „Knie", an dem das H.-R.-D. von der ursprünglichen Hauptreihe abbiegt. Aus der Lage des Knies kann also das Alter datiert werden. In Abbildung XII,26 ist das H.-R.-D. eines offenen Haufens wiedergegeben, in Abbildung XII,27 die H.-R.-D. verschiedener Sternhaufen (schematisch). Danach existieren offene Sternhaufen mit Altern zwischen 10^6 und $4 \cdot 10^9$ a. Die Hauptreihe der Kugelsternhaufen ist wegen der geringen Metallhäufigkeit (siehe Abschnitt XII,5.3) etwas nach links verschoben (Abbildung XII,3). Sie besitzen einen Riesenast und – was es bei Pop. I-Sternen nicht gibt – einen Horizontalast (siehe auch Abschnitt XII,6.5). Kugelhaufen sind alte Objekte ($\approx 6 \cdot 10^9$ a).

Für die Sonne mit einem Alter von $4{,}5 \cdot 10^9$ a ist die Entwicklungszeit ($6 \cdot 10^9$ a) noch nicht abgelaufen. Dennoch dürften sich seit Beginn der Kernreaktionen der Radius um etwa 2 % und die Leuchtkraft bereits um 40 % erhöht haben (siehe auch Abbildung XII,22 bezüglich $X(M_r)$).

Abb. XII,24. Der Kugelhaufen M 13. (nach O. Struve: Astronomie, S. 326)

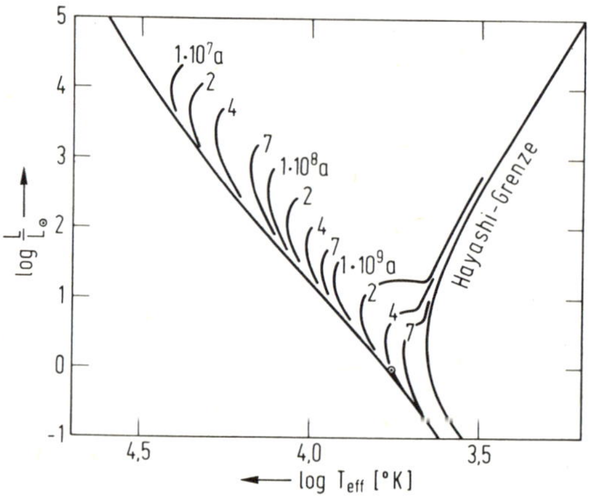

Abb. XII,25. Isochronen im H.-R.-D. Die Bewegung im H.-R.-D. (Abb. XII,23) ist rasch für große Massen, langsam für kleine Massen. Verbindet man die Punkte gleichen Alters, so erhält man obige Isochronen. (Alter als Parameter.)

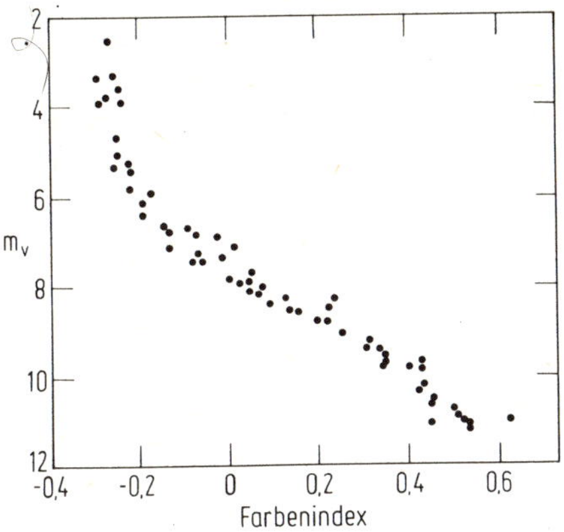

Abb. XII,26. Farben-Helligkeits-Diagramm (bzw. H.-R.-D.) der Plejaden (ein offener Sternhaufen). (nach O. Struve: Astronomie, S. 330)

6.4 Rote Riesen. He-Flash

Die weitere Entwicklung ins Riesengebiet hängt stark von der Masse ab. Eins ist jedoch allen Sternen gemeinsam: eine rasche Entwicklung horizontal nach rechts bis zur Hayashi-Grenze und von dort entweder sofort ($M < 2.5\,M_\odot$), oder erst nach ein bis zwei rückläufigen Schleifen ($M > 2.5\,M_\odot$), an dieser Grenze nach oben (Abbildung XII,23). Die Schleifen sind durch das Zünden des He-Brennens im nicht-entarteten He-Kern bedingt. Die Nachhauptreihen-Entwicklung erfolgt etwa in der Kontraktionszeitskala. Sie beträgt nur einige Hundertstel bis ein Zehntel der Verweilzeit auf der Hauptreihe (τ_E). Die Häufigkeit der Sterne in einer bestimmten Entwicklungsphase ist proportional zur Verweilzeit in dieser Phase. Daher beobachtet man auch keine Sterne in dem Zwischengebiet zwischen Hauptreihe und Hayashi-Grenze (Hertzsprung-Lücke). Wegen des Auseinanderklaffens von Hauptreihe und Hayashi-Grenze ist die Hertzsprung-Lücke im H.-R.-D. oben breit und unten schmal (Abbildung XII,27). An der Hayashi-Grenze ist die Verweilzeit wieder größer (bei Sternen mit

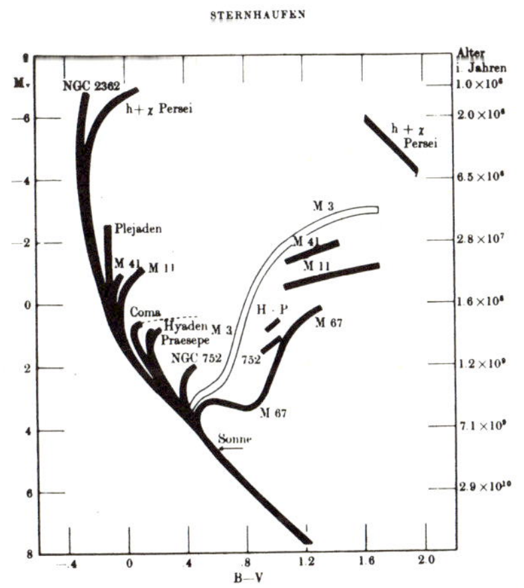

Abb. XII,27. Farben-Helligkeits-Diagramme (bzw. H.-R.-D.) von offenen Sternhaufen (——) und M 3 (═══), schematisch. Das Alter ergibt sich aus der Lage des „Knies“. (nach O. Struve: Astronomie, S. 337)

$M > 2.5\, M_\odot$ wird die weitere Kontraktion zunächst durch das He-Brennen aufgehalten). Es kommt daher dort zu einer Anhäufung: die Roten Riesen.

Je größer die Masse ist, um so größer ist zwar T_c, paradoxerweise aber nicht ρ_c. Nach Tabelle XII,2 nimmt ρ_c von 100 g/cm^3 bei der Sonne ($1\, M_\odot$) auf 2 g/cm^3 bei $M = 50\, M_\odot$ ab. Aufgrund der hohen Zentraltemperatur T_c und der niedrigen Zentraldichte ρ_c spielt daher die Entartung des Elektronengases bei Sternen mit $M > 15\, M_\odot$ keine Rolle. Sterne mit $M < 1/2\, M_\odot$ dagegen sind bereits nach Ausbildung des He-Kernes im Inneren entartet. Im Zwischenbereich bilden sich entartete Kerne erst im Riesenstadium aus.

Der durch Kontraktion im Riesengebiet entstandene überdichte und entartete Kern ist gewissermaßen ein vorgebildeter Weißer Zwerg mit einer Teilmasse von der Größenordnung $1\, M_\odot$ und einer Dichte ρ_c von $10^4 - 10^7$ g/cm^3, der wegen der Erhaltung des Drehimpulses vermutlich mit hoher Frequenz rotiert. Er ist in einer vergleichsweise sehr dünnen und ausgedehnten Hülle, dem Roten Riesen eingebettet. Im Zustand der Entartung besitzt der Kern keine (momentan) aktiven Kernenergiequellen. Entsprechend der Gleichung XII,33 ist der Druck des entarteten Elektronengases unabhängig von der Temperatur. Wenn nun infolge weiterer Kernkontraktion T_c so weit steigt, daß in dem bis dahin inaktiven Kern die nächste Serie von Kernprozessen zündet, steigt T_c rasch an. Da P_c aber unabhängig von T_c ist und daher nicht ansteigt, kann der Stern nicht mit einer (adiabatischen) Expansion reagieren, wodurch sonst die Temperatur heruntergeregelt wird. Die sehr temperaturempfindlichen Kernprozesse ($\epsilon \sim T^{30}$) laufen dadurch schneller ab. Die Überschuß-Energie kann nicht mehr abgestrahlt werden ($L \sim T^4$), T_c steigt darauf weiter usf. In extrem nichtlinearer Weise klettert T_c, bis der für die Entartung kritische Wert (Abbildung XII,9) überschritten ist. Dann steigt der Druck sprunghaft an, und der Kern expandiert rapide: dies ist der He-Flash beim Zünden des He-Brennens, bzw. der C-Flash beim C-Brennen. Obwohl während des He-Flash die Kernenergieerzeugung momentan Werte annimmt, die 10^{14} Sonnenleuchtkräften entsprechen, dringt von dieser Energie wahrscheinlich kaum etwas an die Oberfläche, weil die Energie überwiegend von der Expansion und der Inneren Energie absorbiert wird. Durch den Flash wird jedoch die Aufwärtsbewegung im H.-R.-D. beendet ($L_{\max} \approx 10^4\, L_\odot$, $T_{\mathrm{eff}_{\min}} \approx 10^{3.6}$ °K).

Damit es zum He-Flash kommt, muß T_c die Brenntemperatur ($T_c = 10^{8.3}$ °K) erreichen. Dazu muß die Masse im He-Kern $M_{\mathrm{Kern}} \geqslant 0.5\, M_\odot$ sein. Es muß andererseits $M < 2.5\, M_\odot$ sein, da sonst die Dichte zu niedrig ist und keine Entartung auftritt. Ein Stern mit $M < 0.5\, M_\odot$ entwickelt sich daher nach Ausbrennen des H-Kernes direkt zum Weißen Zwerg (Abbildung XII,28).

Für den C-Flash sind die Bedingungen $0.7\, M_\odot < M \leqslant 4\, M_\odot$. Anders als beim He-Flash dürfte hier jedoch die freigesetzte Energie ausreichen, um den ganzen Stern auseinanderzureißen; d.h. der C-Flash dürfte eine Supernova-Explosion (vom Typ II) auslösen.

Nach den oben genannten Massenkriterien lassen sich bezüglich der Entwicklung folgende Gruppen einteilen:

Massereiche Sterne, Cepheiden ($M > 4\, M_\odot$). Als Beispiel für einen Stern ohne He- und C-flash wird die Entwicklung eines $5\, M_\odot$-Sternes nach Hoffmeister, Kippenhahn

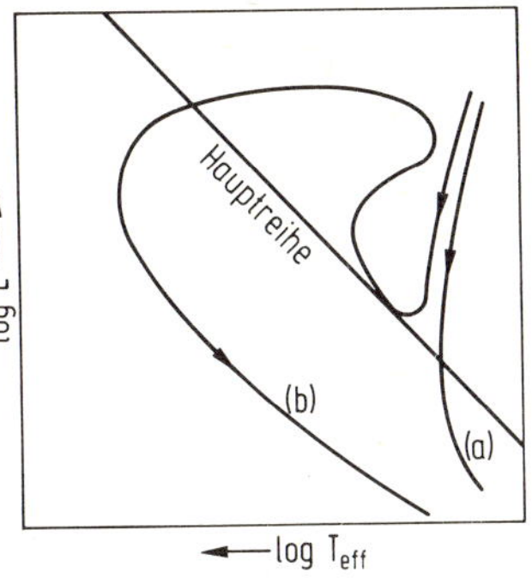

Abb. XII,28. Entwicklung von Sternen mit $M < 0.1\, M_\odot$ (a) und $0.1\, M_\odot < M < 0.5\, M_\odot$ (b) (schematisch).

und Weigert in Abbildung XII,29 besprochen. Das homogene Anfangsmodell (Alter „Null" Hauptreihe) besitzt folgende Zusammensetzung: $X = 0.602$, $Y = 0.354$,

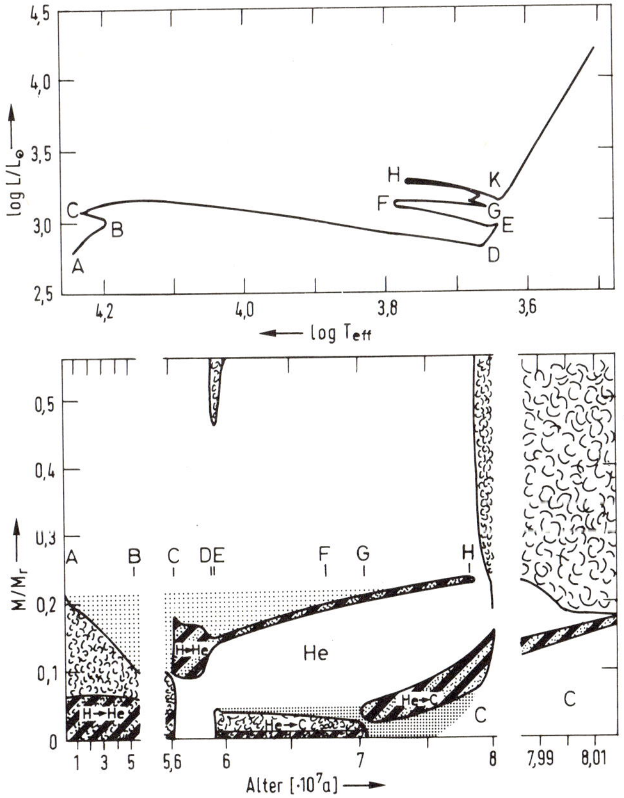

Abb. XII,29. Entwicklung eines Sternes mit 5 Sonnenmassen: oben Weg im H.-R.-D., unten Beschreibung des inneren Aufbaus als Funktion der Zeit. Schraffiert: Massenschalen mit Kernenergie-Erzeugung; gewölkt: konvektiv; punktiert: Anreicherung mit He bzw. C (nach R. Kippenhahn, Mitt. Astron. Ges. 1965, 53 (1965))

$Z = 0.044$. Die Zeit auf der Hauptreihe (A–C) beträgt $5{,}6 \cdot 10^7$ a (Entwicklungszeit τ_E), während der raschen Kontraktion (C–D) nur $0{,}3 \cdot 10^7$ a ($\approx$ Kontraktionszeit τ_G). Die Aufenthaltsdauer im Riesengebiet (D–K) beträgt $2 \cdot 10^7$ a und erklärt damit die Häufigkeit der Roten Riesen. Die Entwicklung D–E und später als K verläuft an der Hayashi-Grenze. Die rückläufige Bewegung z.B. bei G–H entsteht durch die Kontraktion des Kohlenstoff-Kernes, mit Spiegelung der Bewegung an den beiden Schalenquellen (He → C, darüber Expansion; und H → He, darüber Kontraktion). Die Spiegelung der Bewegung an einer Schalenquelle erkennt man anhand von Abbildung XII,30.

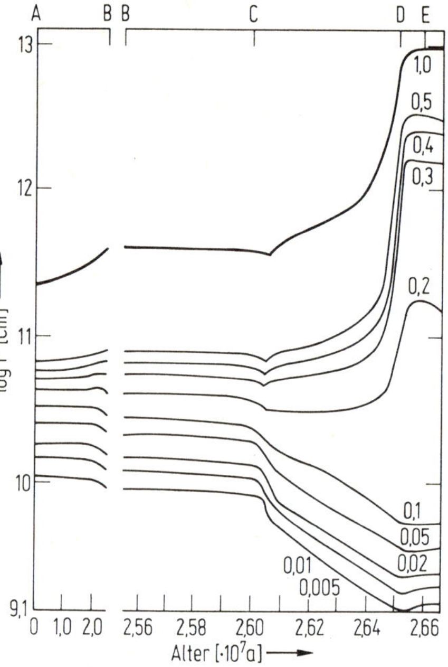

Abb. XII,30. Spiegelung der Bewegung an einer Schalenquelle. 7 $M_\odot$-Modell. Parameter: $M_r/M = q$. Der Sternradius R ist die Kurve mit $q = 1$. Bei $q \approx 0.15$ befindet sich die Wasserstoffbrennende Schalenquelle. Oberhalb davon expandieren, unterhalb kontrahieren die Massenschalen. Die Bedeutung der Buchstaben ist die gleiche wie in Abb. XII,29, nur sind die Zeiten wegen der größeren Masse etwas kürzer. (nach E. Hoffmeister, R. Kippenhahn und A. Weigert, Z. Astrophysik **59**, 242 (1964))

In Abbildung XII,31 ist die Energieerzeugung als Funktion von q diskutiert. In den Schleifen (Abbildung XII,29) durchkreuzt der Stern mehrfach das Gebiet der δ-Cephei-Sterne. Diese sind radial pulsierende Variable. Die Anfachung der Pulsation erfolgt in den H- und He-Ionisationszonen. Die Pulsationsperioden τ_p sind durch die Dichteverteilung $\rho(r)$ bestimmt. Je größer $\bar{\rho}$, um so kürzer ist τ_p. (Es gilt die Beziehung $\tau_p \approx \tau_{FF} \sim 1/\sqrt{\bar{\rho}}$ nach Gleichung XII,4). Die Übereinstimmung zwischen Theorie und Beobachtung ist sehr gut. – Für Sterne mit $2{,}5 < M/M_\odot < 4$ ist der Verlauf ähnlich, nur daß es am Ende der Entwicklung oberhalb vom Punkt K einen Kohlenstoff-Flash gibt.

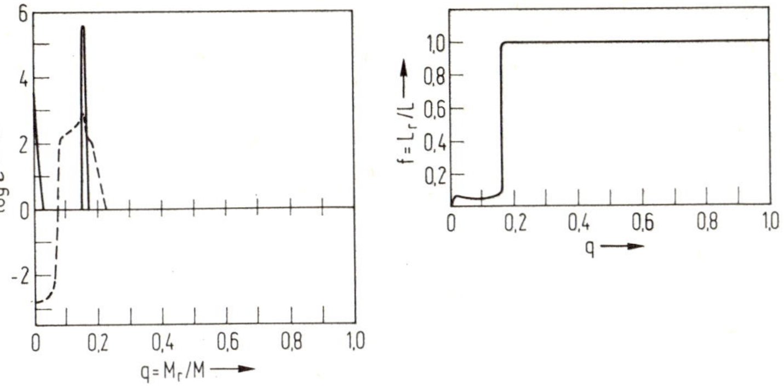

Abb. XII,31. Energieerzeugung in einem entwickelten 7 $M_\odot$-Stern (Roter Riese, Alter 2,66 · 10^7 a, Position E in Abb. XII,29). Man erkennt links die heliumbrennende Kernquelle, sowie die wasserstoffbrennende Schalenquelle. Infolge der Expansion oberhalb der Kernquelle wird ein erheblicher Bruchteil der erzeugten Energie durch ϵ_G zwar verzehrt (- - - -), aber durch Kontraktion im Bereich der Schalenquelle (Spiegelbewegung) wieder gewonnen (ϵ_G positiv). Insgesamt resultiert L_r/L (rechte Seite). (nach E. Hoffmeister, R. Kippenhahn und A. Weigert, Z. Astrophysik **59**, 242 (1964))

Mittlere Massen, Sonne ($0.5\,M_\odot < M < 2{,}5\,M_\odot$). Sie bilden einen isothermen, degenerierten He-Kern aus mit einer dünnen wasserstoffbrennenden Schalenquelle. Der Entwicklungsweg ist in Abbildung XII,32 wiedergegeben. Wenn die Masse des He-Kernes etwa 40 % der Gesamtmasse erreicht hat, ist L um den Faktor 10^3 vergrößert. Der Stern entwickelt sich zum Überriesen. In dieser Phase zündet der Helium-Flash.

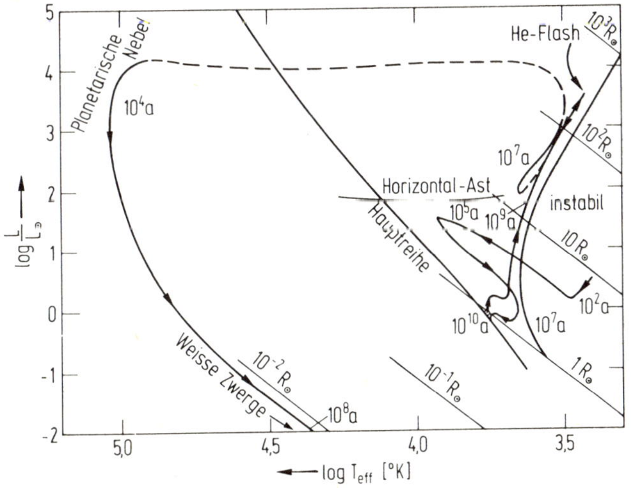

Abb. XII,32. Entwicklungsweg der Sonne von der Kollaps-Phase bis zum Weißen Zwerg. Die Zeiten sind die (angenäherten) Verweilzeiten in den betreffenden Entwicklungsphasen. Linien R = *const* sind ebenfalls dargestellt. Längs der gestrichelten Linien sind die Wege hypothetisch. Auf ihnen sollte die Entwicklung sehr rasch verlaufen.

Kleine Massen ($0.1\,M_\odot < M < 0.5\,M_\odot$) verbrennen ihren Wasserstoff nur in einer Kernquelle. Danach kommt es zur Abkühlung zum Weißen Zwerg (Abbildung XII,28). Ihre Entwicklungszeit übertrifft jedoch bereits das Alter der Galaxis.

Sehr kleine Massen ($M < 0.1\,M_\odot$) erreichen im Zentrum nicht (s.o.) die Zündtemperatur. Sie entwickeln sich ohne Umweg zu Schwarzen Zwergen (Abbildung XII,28).

6.5 Massenverlust. Spätphasen

Allen Entwicklungen gemeinsam ist die Herausbildung eines überdichten Kernes. Bis zu welcher Zentraldichte ρ_c kann ein Stern kontrahieren? Je nach der Masse (und auch chemischen Zusammensetzung), die kontrahiert, kann das Ende ein Weißer Zwerg ($\rho_c < 10^9$ g/cm^3), ein Neutronen-Stern ($\rho_c < 2 \cdot 10^{15}$ g/cm^3) oder ein kollabierter Stern (Schwarzes Loch) sein. Für den Weißen Zwerg existiert eine Grenzmasse (s.u.): $M_{WZ} \approx 1{,}2 - 1{,}4\,M_\odot$, für den Neutronenstern die Grenzmasse $M_{\mathrm{Neutr.}} \approx 1{,}5 - 2\,M_\odot$. Ein Stern mit $M > M_{WZ}$ – und nur Sterne mit $M > 1\,M_\odot$ können sich innerhalb des Alters unserer Galaxis (10^{10} a) entwickelt haben – kann sich daher nicht zum Weißen Zwerg entwickeln, es sei denn, er hat die Überschußmasse im Laufe seiner Entwicklung verloren. Gleiches gilt für den Neutronenstern. Sterne mit $M > 2\,M_\odot$ kollabieren ansonsten in die Schwarzschild-Singularität. Aus der großen Häufigkeit der Weißen Zwerge und der seit 1967 bekannten Neutronensterne (Pulsare) ist man gehalten zu schließen, daß ein größerer Teil der Sterne in einer späten Entwicklungsphase ihre Überschußmasse $M - M_{WZ}$ bzw. $M - M_{\mathrm{Neutr.}}$ verliert.

Ein langsamer, aber stetiger Massenverlust findet im Riesenstadium statt, wenn infolge der Expansion der Radius auf das $10^2 - 10^3$fache des ursprünglichen Radius (Abstand Sonne–Jupiter) angewachsen und damit die Gravitationsbeschleunigung in der Atmosphäre auf das $10^{-4} - 10^{-6}$fache abgesunken ist. Die leichten Moleküle können dann in gewissen Grenzen dem Schwerefeld entweichen. Einen erheblichen Massenverlust bringt eine Supernova-Explosion. (Diesen Massenverlust kann man noch heute an dem rasch expandierenden Krebsnebel beobachten, in dessen Zentrum im Jahre 1054 eine Supernova explodiert ist (Abbildung XII,33).) Wegen der Seltenheit der Supernova-Ereignisse dürfte jedoch nur ein kleiner Bruchteil der Sterne durch diese Phase laufen. Massenverlust findet ebenfalls statt bei Nova-Explosionen und in Zentralsternen Planetarischer Nebel. In beiden Fällen beobachtet man expandierende Nebel.

Ein interessantes Beispiel für Massenverlust bieten weiterhin enge Doppelsterne. Die massereichere Komponente (Primär-Stern) durchläuft ihre Entwicklung rasch. Während die masseärmere Komponente (Sekundär-Stern) noch ein Hauptreihen-Stern ist, kann der Primär-Stern sich bereits zum Roten Riesen aufgebläht haben. Wird dabei das sogen. Roche-Volumen (nur innerhalb dieses Volumens ist die Materie gravitativ an den Primär-Stern gebunden) ausgefüllt, so strömt Materie vom Primär-Stern auf den Sekundär-Stern über (Abbildung XII,34). Der Sekundär-Stern wird dadurch massereich und avanciert zum Primär-Stern, während der ursprüngliche Primär-Stern nach Verlust seiner Hülle ein Weißer Zwerg geworden ist. Ein solcher Massenaustausch kann in sehr

Abb. XII,33. Krebsnebel. Im Zentrum des expandierenden Nebels explodierte im Jahre 1054 eine Supernova. (aus O. Struve: Astronomie, S. 371 oben)

kurzen Zeiten ablaufen (60000 a). Zahlreiche Beispiele sind dafür bekannt, darunter das Doppelstern-System Sirius, dessen heutige Primär-Komponente noch ein Hauptreihen A-Stern mit 3 $M_\odot$, während die (heutige) Sekundär-Komponente bereits ein Weißer Zwerg mit nur 1 $M_\odot$ ist. Wenn kein Massenaustausch stattgefunden hätte, so müßte gerade die Primär-Komponente in ihrer Entwicklung der Sekundär-Komponente voraus sein.

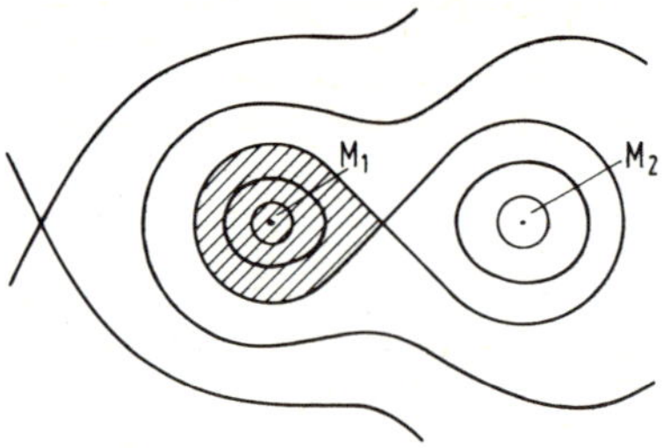

Abb. XII,34. Äquipotentialflächen enger Doppelsterne. Schraffiert: Roche-Volumen.

Die Supernova-Explosion findet vermutlich statt, wenn ein Stern in ruhiger Entwicklung (keine Durchmischung durch Konvektion oder schnelle Rotation) Energiequelle nach Energiequelle gezündet hat. Jede der Quellen brennt zuerst im Zentrum aus und wandert als Schalenquelle nach außen. Am Ende mag sich ein Stern mit Fe^{56} im Kern herausgebildet haben. Da Fe^{56} die größte Bindungsenergie besitzt, benötigen weitere Elementumwandlungen Energie. Tritt dies ein (z.B. durch Neutronen-Einfang oder durch Absorption von γ-Quanten), so wird dem Kerngebiet Energie entzogen: es wird kälter und kollabiert. In der ersten Phase der Supernova-Instabilität implodiert der Stern. Durch auslaufende Stoßwellen werden äußere Schalen, die noch reich an H und He sind, auf $T \approx 10^9$ °K aufgeheizt. Dies löst schlagartig Kernfusionen aus, die zu einer Explosion führen. Eine solche Explosion könnte ebenfalls durch einen C-Flash eingeleitet werden.

Größerer Massenverlust tritt also in schnellen Entwicklungsphasen auf. Die linke Seite der hydrostatischen Gleichung XII,2 ist dann um das Trägheitsglied $\rho \ddot{r}$ zu ergänzen. Die numerische Behandlung wird damit extrem schwierig, weil man sehr kurze Zeitintervalle Δt zwischen aufeinanderfolgenden Modellen nehmen muß. Die Rechnungen später Entwicklungsphasen werden auch deshalb unsicher, weil sich die Fehler (Abrundung und Truncation) aller vorangegangenen Modelle fortpflanzen und akkumulieren. Hierzu kommen noch systematische Fehler, die die Physik betreffen (Opazität, Energieerzeugung). Physikalische Details erhalten ein immer größeres Gewicht. So hängen die „Loops" in Abb. XII,23 empfindlich von den Details des „chemischen Profils" ab. Der unsicherste Faktor bleibt die Theorie der Konvektion (Mischungsweg-Theorie). Die späten Entwicklungsphasen liegen jedoch alle in der Nähe der Hayashi-Grenze, wo gerade der Energietransport durch Konvektion dominiert. Weiterhin ist ungeklärt, ob nach einem He-Flash eine konvektive Durchmischung von H- und He-reichen Zonen stattfindet. Der He-brennende Kern ist nämlich wegen der starken T-Abhängigkeit des 3α-Prozesses konvektiv. Wenn die innere Konvektionszone die H-Hülle erreicht, ändern sich die Verhältnisse abrupt: der Stern springt, da wieder homogen, praktisch auf die Hauptreihe zurück und beginnt seine Laufbahn erneut (d.h. Bewegung von links nach rechts).

Der Horizontalast des H.-R.-D. eines Kugelhaufens (Abbildung XII,3) dürfte mit Sternen besetzt sein, die ihre Entwicklung zum Roten Riesen trotz geringer Massen ($M < M_\odot$) bereits hinter sich haben. Sie besitzen zwei Energiequellen: eine H-brennende Schale und einen He-brennenden Kern. Von den Zentralsternen Planetarischer Nebel ist durch Beobachtung belegt, daß sie sich in rascher Kontraktion auf die Phase der Weißen Zwerge zu entwickeln. Der mutmaßliche Entwicklungsweg eines 1 $M_\odot$-Sternes ist in Abbildung XII,32 skizziert.

7. Endstadien

7.1 Weiße Zwerge

Sie besitzen Radien von $\approx 1/100\, R_\odot \approx$ Erdradius. Da die Massen $\approx 1\, M_\odot$ betragen, liegt $\bar{\rho}$ bei 10^6 g/cm^3, mit $\rho_c = 10^7$ g/cm^3 (= 10 t/cm^3). Die Oberflächentemperaturen sind mit denen mittlerer Hauptreihen-Sterne vergleichbar (daher „Weiß“). Die Leuchtkräfte $L = 4\pi R^2\, \sigma T_{\text{eff}}^4$ sind wegen der kleinen Oberfläche ($\sim R^2$) um einen Faktor 10^4 geringer als beim Hauptreihen-Stern.

Bei der hohen Dichte und mäßigen Temperatur ($T_c \approx 10^7$ °K) ist das Elektronengas entartet. In diesem Fall ist P unabhängig von T (Gleichungen XII,33 und 35) und das Gleichgewicht bereits durch die beiden ersten Aufbaugleichungen XII,2 und 3 vollständig beschrieben. In den Grenzfällen nichtrelativistischer bzw. relativistischer Entartung sind Weiße Zwerge Polytrope (Gleichung XII,49) mit dem Index $n = 3/2$ bzw. $n = 3$. Im Übergangsgebiet erhält man eine der Lane-Emden-Gleichung analoge Differentialgleichung, deren numerische Lösung das überraschende Resultat liefert, daß mit zunehmender Masse des Sternes die Zentraldichte ρ_c so stark anwächst, daß der Radius kleiner wird. Die Masse-Radius-Beziehung für kalte Körper („kalt“ bedeutet $T < T_{\text{krit}}$ für Entartung – siehe Abbildung XII,9!) ist in Abbildung XII,35 dargestellt.

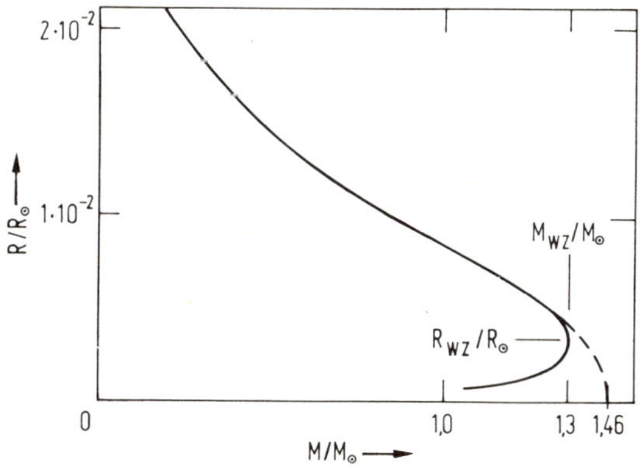

Abb. XII,35. Masse Radius-Beziehung für „Kalte“ Körper. M_{WZ} bzw. R_{WZ} ist die Grenzmasse bzw. der Grenzradius Weißer Zwerge.

Bei $M = 1.46\,M_\odot$ geht $R \to 0$ (gestrichelte Kurve). Dies ist die Grenzmasse für Weiße Zwerge. Sie läßt sich aus der hydrostatischen Gleichung XII,2 abschätzen:

$$P \approx \frac{GM^2}{R^4} \quad \text{und} \quad \rho \approx \frac{M}{R^3}$$

Durch Elimination von R aus diesen beiden Gleichungen erhält man für M:

$$M \approx \left(\frac{P}{G\,\rho^{4/3}}\right)^{3/2}.$$

Im Grenzfall relativistischer Entartung wird $P = K_2\,(\rho/\mu_e)^{4/3}$ (Gleichung XII,35) und damit

$$M_{WZ} \approx \left(\frac{K_2}{G}\right)^{3/2} \frac{1}{\mu_e^2} = \left(\frac{1{,}23 \cdot 10^{15}}{6{,}67 \cdot 10^{-8}}\right)^{3/2} \frac{1}{\mu_e^2} = \frac{2.5}{\mu_e^2}\,M_\odot \qquad \text{(XII,74)}$$

anstelle des exakten Wertes von $5{,}8/\mu_e^2$. Das Molekulargewicht der Elektronen ist nach Gleichung XII,34 für einen reinen Helium-Stern bzw. Kohlenstoff-Stern ($X = 0$) $\mu_e = 2$ (entartete Materie darf wegen der in Abschnitt XII,6.4 besprochenen Instabilitäten keinen Kernbrennstoff mehr erhalten; der Weiße Zwerg muß also mindestens ein Helium-Stern sein). Damit ist $M_{WZ} = 5{,}8/4 = 1{,}46$. Da die Entartung eine weitere Kontraktion verhindert, „lebt" ein Weißer Zwerg nur noch von dem thermischen Energievorrat der (nichtentarteten) Atomkerne. (Überdies ist nach Gleichung XII,10 $\epsilon_G \sim \frac{\partial}{\partial t}\,(P/\rho^{5/3})$. Da nach Gleichung XII,33 $P/\rho^{5/3} = const$ ist, folgt ohnehin $\epsilon_G = 0$

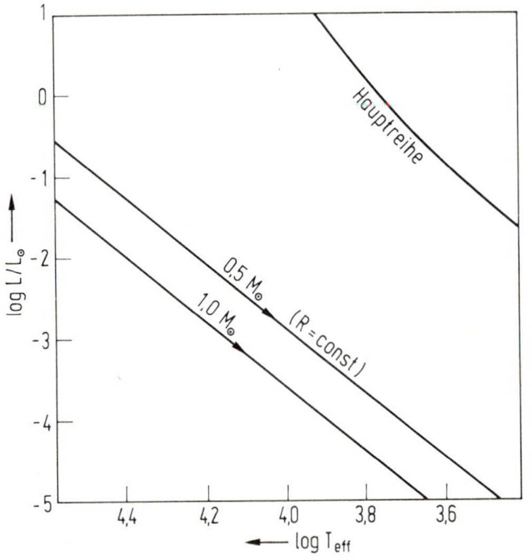

Abb. XII,36. Weiße Zwerge im H.-R.-D.

für ein nichtrelativistisch entartetes Elektronengas.) Im Verlaufe der wegen der geringen Leuchtkraft langsamen Abkühlung ordnen sich die Atomkerne in Gittern an. Die dabei freiwerdende Gitter-Energie verlängert das Leben des Weißen Zwerges nicht unbeträchtlich. Die Abkühlung erfolgt etwa in $10^8 - 10^9$ a, und zwar auf einer Linie $R = const$ (Abbildung XII,36).

Massen $M \approx 1{,}4\,M_\odot$ werden instabil. Unter dem gewaltigen Druck wird nämlich ein Teil der freien Elektronen in die Atomkerne gepreßt (inverser β-Zerfall). Dadurch vermindert sich die Zahl der freien Elektronen und – da der Gasdruck praktisch gleich dem Partialdruck der Elektronen ist (Abschnitt XII,4.1) – damit auch der Druck. Der Stern kollabiert, wenn $\rho > 10^9$ g/cm^3 ist. Unter Berücksichtigung des inversen β-Zerfalls resultiert anstelle von $R = 0$ ein Grenzradius R_c (Abbildung XII,35).

7.2 Neutronensterne

In Abbildung XII,37 ist die Abhängigkeit der Zentraldichte ρ_c von der Masse M dargestellt. In dem Dichte-Bereich, in dem $dM/d\rho_c > 0$ ist, existieren stabile Konfigurationen; wenn jedoch $dM/d\rho_c < 0$ ist, ist der Stern dynamisch instabil, wie man zeigen kann, und kollabiert auf die nächste stabile Konfiguration. Im Übergangsgebiet zwischen Weißem Zwerg und Neutronenstern passiert folgendes: infolge inversen β-Zerfalls werden die Atomkerne neutronenreich und zunehmend instabil. Sie zerfallen in freie Neutronen und Restkern. Mit weiterem inversen β-Zerfall zerfällt auch der Restkern usf. Am Ende des Kollaps, der innerhalb der freien Fallzeit τ_{FF} (Größenordnung Sekunden!) erfolgt, besteht der Stern überwiegend aus Neutronen.

Für einen relativistisch entarteten Neutronenstern gilt wiederum nach Gleichung XII,35 $P = K_2 (\rho/\mu_n)^{4/3}$. Mit dem Molekulargewicht des Neutrons $\mu_n = 1$ würde daher nach Gleichung XII,74 wegen μ^2 im Nenner eine 4mal so große Masse $M_{Neutr.}$ resultieren. Die genauere Diskussion der Zustandsgleichung eines Neutronengases liefert jedoch

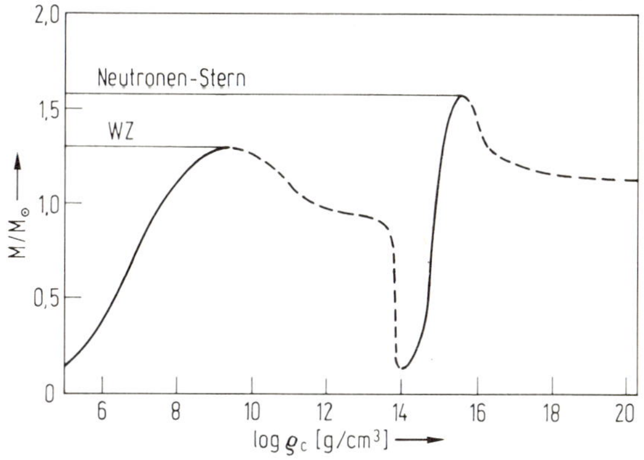

Abb. XII,37. Der Zusammenhang zwischen Zentraldichte ρ_c und Gesamtmasse M. WZ = Weißer Zwerg. Im gestrichelten Verlauf sind die Sterne instabil und kollabieren.

$M_{\text{Neutr.}} \approx 1 - 2\,M_\odot$. Die Dichte im Neutronenstern läßt sich wie folgt abschätzen: Das Phasenvolumen/cm³ der Neutronen mit dem Impuls $0 \ldots p$ ist $\frac{4}{3}\pi p^3$, die Zahl der darin enthaltenen Quantenzellen also $\frac{4\pi}{3}\,p^3/h^3$. In jeder Quantenzelle befinden sich 2 Neutronen. Daher ist die Zahl der Neutronen/cm³ $n_{\text{n}} = \frac{8\pi}{3}\,p^3/h^3$. Im relativistischen Fall ist $p = m_{\text{p}}c$ und damit $n_{\text{n}} = \frac{8\pi}{3}\frac{m_{\text{p}}^3 c^3}{h^3}$ bzw. $\rho = m_{\text{p}} n_{\text{n}} = \frac{8\pi}{3}\frac{m_{\text{p}}^4 c^3}{h^3} \approx 6 \cdot 10^{15}$ g/cm³. Dies entspricht der Dichte dichtgepackter Neutronen (Neutronenvolumen $\approx r_{\text{Neutr.}}^3 \approx$ $\approx 10^{-39}$ cm³, $m_{\text{n}} \approx 10^{-24}$ g $\rightarrow \rho = 10^{-24}/10^{-39} = 10^{15}$ g/cm³). Die Dichte ist also 1 Milliarde to pro cm³! Der Radius (aus $\frac{4}{3}\pi R^3 \rho = 1{,}5\,M_\odot$) liegt bei nur $R = 10$ km $= 10^{-5}\,R_\odot$. Wegen der Entartung (dies bedeutet große freie Weglängen und damit große Leitfähigkeit) ist das Innere isotherm, mit $T_{\text{c}} \approx 10^9$ °K. T_{eff} soll nach Modellrechnungen $10^6 - 10^7$ °K betragen. Die Leuchtkraft berechnet sich damit aus Gleichung XII,1

$$\frac{L}{L_\odot} = \left(\frac{R}{R_\odot}\right)^2 \left(\frac{T_{\text{eff}}}{T_{\text{eff}\,\odot}}\right)^4 = 10^{-10}\,(10^3)^4 = 10^2.$$

Die Energie würde nach dem Wienschen Verschiebungsgesetz überwiegend im (weichen) Röntgengebiet ($\lambda \sim 5$ Å) abgestrahlt. Tatsächlich erfolgt die Ausstrahlung jedoch auf nicht-thermischem Weg (Synchrotron-Strahlung). Die Abkühlzeiten sind extrem kurz (Größenordnung $10^3 - 10^4$ Jahre). Die Entdeckungswahrscheinlichkeit war daher sehr niedrig angesetzt. Um so überraschender war die Entdeckung des ersten Neutronensternes Ende 1967. Es war eine Zufallsentdeckung der Radioastronomen: es wurden diskrete Radioquellen gefunden, deren Helligkeiten rasch pulsieren. Die Perioden sind jeweils sehr konstant und liegen bei etwa 1 sek. Die kürzeste Periode von 0.03 sek läßt nur die Deutung eines entweder rotierenden (weniger kompakte Sterne würden durch die Zentrifugalkraft auseinandergerissen) oder radial pulsierenden Neutronensternes zu (die zwischen der Periode τ und der mittleren Dichte $\bar{\rho}$ geltende Beziehung $\tau\sqrt{\bar{\rho}} = const$ (Gleichung XII,4) erfordert eine hohe Dichte). Die Rotationshypothese besitzt eine hohe Wahrscheinlichkeit: würde die Sonne nämlich auf die Dimension eines Neutronensternes schrumpfen, und würden hierbei nur 1 % des Drehimpulses erhalten bleiben, so würde die Sonne mit ihrer jetzigen Periode von $27\text{ d} = 3 \cdot 10^6$ sek mit einer Periode von etwa 0.03 sek rotieren. Man vermutet, daß die Emission (Synchrotron-Strahlung) aus ein oder zwei begrenzten Oberflächenregionen stammt und in einen engen Kegel gerichtet ist, der ähnlich wie der Scheinwerferkegel eines rotierenden Leuchtfeuers den Beobachter periodisch überstreicht.

Im Jahre 1969 ist der erste Pulsar auch im optischen Bereich und im Röntgengebiet identifiziert worden. Es ist dies der Zentralstern des Krebsnebels, des Überrestes der im Jahre 1054 explodierten Supernova (Abbildung XII,38).

Abb. XII,38. Direktphotographie des Krebsnebels im polarisierten Licht. Der Pulsar (Neutronenstern) ist durch einen Pfeil gekennzeichnet. (aus O. Struve: Astronomie, S. 372 unten)

7.3 Schwarze Löcher (kollabierte Sterne)

Sterne mit $M > M_{\text{Neutr.}}$, die keinen Massenverlust erleiden, müssen kollabieren. Denn oberhalb $\rho_c > 10^{15}$ g/cm^3 (Abbildung XII,37) ist $\frac{dM}{d\rho_c} < 0$: eine solche Konfiguration wird dynamisch instabil, weil sich bei diesen extremen Drucken Neutronen in Hyperonen verwandeln. Es gibt keine weiteren Haltepunkte (d.h. Gebiete mit $\frac{dM}{d\rho_c} > 0$). Der Radius schrumpft bis auf den Wert R_s, bei dem Gravitationsenergie $\frac{GM^2}{R_s}$ und Ruheenergie Mc^2 vergleichbar werden, also $\frac{1}{2} Mc^2 = \frac{GM^2}{R_s}$. Bei diesem Radius $R_s = \frac{2GM}{c^2}$ (Schwarzschild-Radius) wird die Metrik singulär. Von einem Objekt, das sich innerhalb der Schwarzschild-Singularität ($R_s = 3$ km für $M = 1\,M_\odot$) „zurückgezogen" hat, empfängt man kein Lichtsignal mehr. Das starke Gravitationsfeld verhindert ein Entweichen von Photonen. Ein relativistisch kollabierender Stern „geht" plötzlich „aus", gleichfalls erfolgt der Kollaps für einen mitbewegten Beobachter am Ende mit Lichtgeschwindigkeit. (Wegen der Zeitdilatation geschieht dies für einen fernen Beobachter jedoch unendlich langsam bei Annäherung an R_s.) Schwarze Löcher behalten ihre Gravitationswirkung. Der Nachweis könnte daher an einem Doppelsternpaar gelingen, dessen eine Komponente ein Schwarzes Loch ist. Die andere (sichtbare) Komponente würde eine Ellipsenbahn um den gemeinsamen Schwerpunkt beschreiben. (Die Sterne ϵ Aur und β Lyr, sowie die variable Röntgenquelle HZ Her gelten u.a. als mögliche Kandidaten.)

8. Schlußbetrachtung

Sternentwicklung bedeutet fortgesetzte Kontraktion, zunächst des Sternes als Ganzen, später der Kernregionen. Die Zentraldichte ρ_c wächst dabei monoton mit Ausnahme einiger kurzzeitiger Phasen. Die Kontraktion wird i.a. nur aufgehalten für die Dauer jeweils einer Atomkern-brennenden Phase. Der längste Haltepunkt ist der der wasserstoffbrennenden Phase (Hauptreihen-Stern). In diesen Phasen wird der Energiebedarf durch Kernenergie gedeckt. Die inneren Zonen des Sterns reichern sich dabei sukzessiv mit schwereren Elementen an ($H^1 \rightarrow He^4 \rightarrow C^{12} \rightarrow$ bis maximal zum Fe^{56}). Bei der (offenbar häufig realisierten) Entwicklung zum Neutronenstern (oder auch zum Schwarzen Loch) laufen am Ende die Kernprozesse wieder in umgekehrter Richtung ($Fe^{56} \rightarrow \ldots \rightarrow He^4 \rightarrow H^1 \rightarrow n$), und zwar unter Energieaufnahme. Es wird dabei genausoviel Energie aufgenommen, wie die Kernprozesse einst freigesetzt haben. Diese Energie entstammt dem sehr großen Gravitationsenergie-Vorrat eines Neutronensternes $E_G \approx \frac{GM^2}{R_{\text{Neutr.}}}$, der von der Größenordnung 10^{53} erg ist und damit eine Größenordnung über dem der Kernenergie liegt. Bei diesen Sternen werden im Laufe ihrer Entwicklung also nur vorübergehende Anleihen an Kernenergien gemacht. Am Ende haben sie doch nur von Gravitationsenergie gelebt. In diesem Lichte erscheinen die Ideen von H. von Helmholtz (1854) und Lord Kelvin (1861), daß das Sternlicht der Gravitationsenergie entstammt, letztlich bestätigt.

Literatur

O. Struve: Astronomie, Walter de Gruyter & Co., Berlin 1963. (Allgemeine astronomische Grundlagen.)

H.-H. Voigt: Abriß der Astronomie, BI Hochschultaschenbücher, Nr. 807/807a und 819/819a, Bibliographisches Institut, Mannheim, Wien, Zürich, 1969) (Allgemeine astronomische Grundlagen.)

M. Schwarzschild: Structure and Evolution of the Stars, Dover Publications, New York, 1965. (Die Originalausgabe ist von 1958.)

J. P. Cox: Principles of Stellar Structure. 2 Bände. Gordon and Breach, New York, London, Paris, 1968. (Umfassende Darstellung.)

R. J. Tayler: The Stars: their structure and evolution. The Wykeham Science Series, London and Winchester, 1970. (Leichtfassliche Einführung.)

Namen- und Sachregister

Konstanten

Gravitationskonstante $G = (6{,}670 \pm 0{,}015) \cdot 10^{-11}\,m^3 kg^{-1} s^{-2}$
Vakuumlichtgeschwindigkeit $c_0 = 299\,792\,456{,}2 \pm 1{,}1\ ms^{-1}$
Planck-Konstante $h = (6{,}626\,196 \pm 0{,}000\,050) \cdot 10^{-34}$ Js
Avogadro-Konstante $N_A = (6{,}022\,094\,3 \pm 0{,}000\,006\,3) \cdot 10^{23}\ mol^{-1}$
Boltzmann-Konstante $k = (1{,}380\,54 \pm 0{,}000\,18) \cdot 10^{-23}\ JK^{-1}$
Molare Gaskonstante $R_0 = 8{,}3143 \pm 0{,}001\,2\ JK^{-1}\ mol^{-1}$
Molares Normvolumen idealer Gase $V_{mo} = (2{,}241\,36 \pm 0{,}000\,30) \cdot 10^{-2}\ m^3 mol^{-1}$
Elektrische Elementarladung $e = (1{,}602\,191\,7 \pm 0{,}000\,007\,0) \cdot 10^{-19}$ As
Ruhemasse des Elektrons $m_e = (9{,}109\,558 \pm 0{,}000\,054) \cdot 10^{-31}$ kg
Inverse Feinstruktur-Konstante $\alpha^{-1} = 137{,}036\,02 \pm 0{,}000\,21$
Bohrsches Magneton $\mu_B = (9{,}273\,2 \pm 0{,}000\,6) \cdot 10^{-24}$ J/T
Magn. Moment des Elektrons $\mu_e = (9{,}284\,0 \pm 0{,}000\,6) \cdot 10^{-24}$ J/T
Magn. Moment des Protons $\mu_P = (1{,}410\,49 \pm 0{,}00\,13) \cdot 10^{-26}$ J/T
Kernmagneton $\mu_N = (5{,}050\,5 \pm 0{,}000\,4) \cdot 10^{-27}$ J/T

Umrechnungsfaktoren für Energie-Einheiten

	J	kWh	cal	eV	K
1 J	1	$2{,}777\,778 \cdot 10^{-7}$	$2{,}388\,459 \cdot 10^{-1}$	$(6{,}241\,8 \pm 0{,}000\,3) \cdot 10^{18}$	$(7{,}243\,5 \pm 0{,}001\,0) \cdot 10^{22}$
1 erg	10^{-7}	$2{,}777\,778 \cdot 10^{-14}$	$2{,}388\,459 \cdot 10^{-8}$	$(6{,}241\,8 \pm 0{,}000\,3) \cdot 10^{11}$	$(7{,}243\,5 \pm 0{,}001\,0) \cdot 10^{15}$
1 kWh	$3{,}600\,000 \cdot 10^{6}$	1	$8{,}598\,452 \cdot 10^{5}$	$(2{,}247\,05 \pm 0{,}000\,10) \cdot 10^{25}$	$(2{,}607\,7 \pm 0{,}000\,3) \cdot 10^{29}$
1 cal	4,186 800	$1{,}163\,000 \cdot 10^{-6}$	1	$(2{,}613\,32 \pm 0{,}000\,11) \cdot 10^{19}$	$(3{,}032\,7 \pm 0{,}000\,4) \cdot 10^{23}$
1 kpm	9,806 650	$2{,}724\,069 \cdot 10^{-6}$	2,342 278	$(6{,}121\,1 \pm 0{,}000\,3) \cdot 10^{19}$	$(7{,}103\,5 \pm 0{,}001\,0) \cdot 10^{23}$
1 eV	$(1{,}602\,10 \pm 0{,}000\,07) \cdot 10^{-19}$	$(4{,}450\,28 \pm 0{,}000\,19) \cdot 10^{-26}$	$(3{,}826\,55 \pm 0{,}000\,16) \cdot 10^{-20}$	1	$(1{,}160\,49 \pm 0{,}000\,16) \cdot 10^{4}$
1 cm^{-1}	$(1{,}986\,30 \pm 0{,}000\,14) \cdot 10^{-23}$	$(5{,}517\,5 \pm 0{,}000\,4) \cdot 10^{-30}$	$(4{,}744\,2 \pm 0{,}000\,3) \cdot 10^{-24}$	$(1{,}239\,81 \pm 0{,}000\,03) \cdot 10^{-4}$	$1{,}438\,8 \pm 0{,}000\,2$
1 K	$(1{,}380\,54 \pm 0{,}000\,18) \cdot 10^{-23}$	$(3{,}834\,8 \pm 0{,}000\,5) \cdot 10^{-30}$	$(3{,}297\,4 \pm 0{,}000\,4) \cdot 10^{-24}$	$(8{,}617\,0 \pm 0{,}001\,2) \cdot 10^{-5}$	1